세상이 변해도
배움의 즐거움은
변함없도록

시대는 빠르게 변해도
배움의 즐거움은
변함없어야 하기에

어제의 비상은
남다른 교재부터
결이 다른 콘텐츠
전에 없던 교육 플랫폼까지

변함없는 혁신으로
교육 문화 환경의 새로운 전형을
실현해왔습니다.

비상은 오늘, 다시 한번
새로운 교육 문화 환경을 실현하기 위한
또 하나의 혁신을 시작합니다.

오늘의 내가 어제의 나를 초월하고
오늘의 교육이 어제의 교육을 초월하여
배움의 즐거움을 지속하는 혁신,

바로, 메타인지 기반 완전 학습을.

상상을 실현하는 교육 문화 기업 비상

메타인지 기반 완전 학습
초월을 뜻하는 meta와 생각을 뜻하는 인지가 결합한 메타인지는
자신이 알고 모르는 것을 스스로 구분하고 학습계획을 세우도록 하는
궁극의 학습 능력입니다. 비상의 메타인지 기반 완전 학습 시스템은
잠들어 있는 메타인지를 깨워 공부를 100% 내 것으로 만들도록 합니다.

개념과 **유형**이 하나로

개념 $+^{\text{PLUS}}$ 유형

개념편 수학 Ⅰ

STRUCTURE ··· 구성과 특징

개념편

개념을 완벽하게
이해할 수 있습니다!

개념 정리
한 번에 학습할 수 있는 효과적인 분량으로
구성하여 중요한 개념을 보다 쉽게 이해할
수 있도록 하였습니다.

필수 예제
시험에 출제되는 꼭 필요한 문제를 풀이 방법과
함께 제시하여 학교 내신에 대비할 수 있도록 하
였습니다.

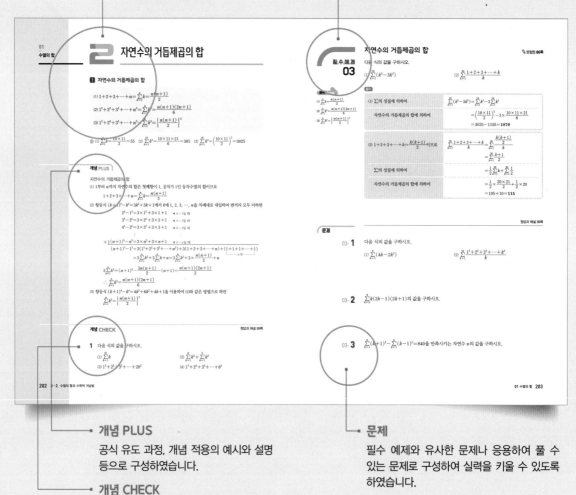

개념 PLUS
공식 유도 과정, 개념 적용의 예시와 설명
등으로 구성하였습니다.

개념 CHECK
개념을 바로 적용할 수 있는 간단한 문제
로 구성하여 배운 내용을 확인할 수 있도
록 하였습니다.

문제
필수 예제와 유사한 문제나 응용하여 풀 수
있는 문제로 구성하여 실력을 키울 수 있도록
하였습니다.

연습문제

각 소단원을 정리할 수 있는 기본 문제와
실력 문제로 구성하였습니다.

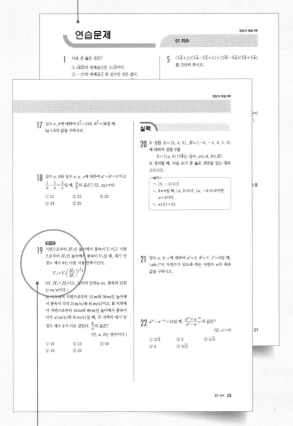

실전 문제를 유형별로
풀어볼 수 있습니다!

기초 문제 Training

개념을 다지는 기초 문제를 풀어볼 수 있습니다.

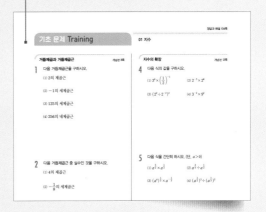

핵심 유형 Training

개념편의 필수 예제를 보충하고 더 많은 유형의
문제를 풀어볼 수 있습니다.

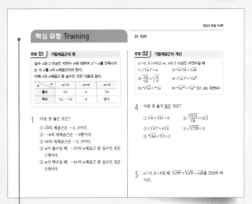

수능, 평가원, 교육청

수능, 평가원, 교육청 기출 문제로 수능에 대한
감각을 익힐 수 있도록 하였습니다.

CONTENTS ... 차례

III

수열

개념과 유형이 하나로!
가장 효과적인 수학 공부 방법을 제시합니다.

Ⅰ

지수함수와
로그함수

거듭제곱과 거듭제곱근

1 거듭제곱

실수 a와 자연수 n에 대하여 a를 n번 곱한 것을 a의 n제곱이라 하고, a^n으로 나타낸다.

이때 a, a^2, a^3, $\cdots$, a^n, $\cdots$을 통틀어 a의 거듭제곱이라 하고, a^n에서 a를 거듭제곱의 밑, n을 거듭제곱의 지수라 한다.

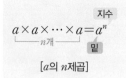

2 거듭제곱근

(1) 거듭제곱근

실수 a와 2 이상인 자연수 n에 대하여 n제곱하여 a가 되는 수, 즉 $x^n = a$를 만족시키는 수 x를 a의 n제곱근이라 한다.

이때 a의 제곱근, a의 세제곱근, a의 네제곱근, $\cdots$을 통틀어 a의 **거듭제곱근**이라 한다.

$$a의\ n제곱근 \iff n제곱하여\ a가\ 되는\ 수 \iff 방정식\ x^n = a의\ 근\ x$$

참고 실수 a의 n제곱근은 복소수의 범위에서 n개가 있음이 알려져 있다.

(2) 실수 a의 n제곱근 중 실수인 것

① n이 홀수인 경우

a의 n제곱근 중 실수인 것은 오직 하나뿐이고, 이를 $\sqrt[n]{a}$로 나타낸다.

② n이 짝수인 경우

(i) $a > 0$일 때, a의 n제곱근 중 실수인 것은 양수와 음수 각각 하나씩 있고, 이를 각각 $\sqrt[n]{a}$, $-\sqrt[n]{a}$로 나타낸다.

(ii) $a = 0$일 때, a의 n제곱근은 0 하나뿐이다. 즉, $\sqrt[n]{0} = 0$이다.

(iii) $a < 0$일 때, a의 n제곱근 중 실수인 것은 없다.

예 • -8의 세제곱근은 방정식 $x^3 = -8$의 근이므로

$x^3 + 8 = 0$, $(x+2)(x^2-2x+4) = 0$ ∴ $x = -2$ 또는 $x = 1 \pm \sqrt{3}i$

따라서 -8의 세제곱근은 -2, $1 \pm \sqrt{3}i$이고, 이 중 실수인 것은 -2이다. ➡ $\sqrt[3]{-8} = -2$

• 16의 네제곱근은 방정식 $x^4 = 16$의 근이므로

$x^4 - 16 = 0$, $(x+2)(x-2)(x^2+4) = 0$ ∴ $x = \pm 2$ 또는 $x = \pm 2i$

따라서 16의 네제곱근은 ± 2, $\pm 2i$이고, 이 중 실수인 것은 ± 2이다. ➡ $\sqrt[4]{16} = 2$, $-\sqrt[4]{16} = -2$

• -4의 네제곱근은 네제곱해서 -4가 되는 실수는 없으므로 -4의 네제곱근 중 실수인 것은 없다.

참고 $\sqrt[n]{a}$는 'n제곱근 a'라 읽는다. 또 $\sqrt[2]{a}$는 간단히 $\sqrt{a}$로 나타낸다.

주의 'a의 n제곱근'과 'n제곱근 a'는 다름에 주의한다. ➡ 16의 네제곱근은 ± 2, $\pm 2i$, 네제곱근 16은 $\sqrt[4]{16} = 2$

3 거듭제곱근의 성질

$a > 0$, $b > 0$이고 m, n이 2 이상인 자연수일 때

(1) $\left(\sqrt[n]{a}\right)^n = a$

(2) $\sqrt[n]{a}\sqrt[n]{b} = \sqrt[n]{ab}$

(3) $\dfrac{\sqrt[n]{a}}{\sqrt[n]{b}} = \sqrt[n]{\dfrac{a}{b}}$

(4) $\left(\sqrt[n]{a}\right)^m = \sqrt[n]{a^m}$

(5) $\sqrt[m]{\sqrt[n]{a}} = \sqrt[mn]{a}$

(6) $\sqrt[np]{a^{mp}} = \sqrt[n]{a^m}$ (단, p는 자연수)

실수 a의 n제곱근 중 실수인 것

실수 a의 n제곱근 중 실수인 것은 방정식 $x^n=a$의 실근이므로 함수 $y=x^n$의 그래프와 직선 $y=a$의 교점의 x좌표와 같다.

(1) n이 홀수인 경우

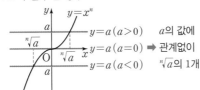

a의 값에 관계없이 $\Rightarrow$ $\sqrt[n]{a}$의 1개

(2) n이 짝수인 경우

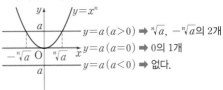

$y=a\,(a>0) \Rightarrow \sqrt[n]{a},\ -\sqrt[n]{a}$의 2개
$y=a\,(a=0) \Rightarrow 0$의 1개
$y=a\,(a<0) \Rightarrow$ 없다.

거듭제곱근의 성질

$a>0$, $b>0$이고 m, n이 2 이상인 자연수일 때

(1) $\sqrt[n]{a}$는 a의 양의 n제곱근이므로 $(\sqrt[n]{a})^n=a$

(2) $(ab)^n=a^n b^n$이므로 $(\sqrt[n]{a}\sqrt[n]{b})^n=(\sqrt[n]{a})^n(\sqrt[n]{b})^n=ab$

    $a>0$, $b>0$에서 $\sqrt[n]{a}>0$, $\sqrt[n]{b}>0$이므로 $\sqrt[n]{a}\sqrt[n]{b}>0$

    따라서 $\sqrt[n]{a}\sqrt[n]{b}$는 ab의 양의 n제곱근이므로 $\sqrt[n]{a}\sqrt[n]{b}=\sqrt[n]{ab}$

(3) $\left(\dfrac{a}{b}\right)^n=\dfrac{a^n}{b^n}$이므로 $\left(\dfrac{\sqrt[n]{a}}{\sqrt[n]{b}}\right)^n=\dfrac{(\sqrt[n]{a})^n}{(\sqrt[n]{b})^n}=\dfrac{a}{b}$

    $a>0$, $b>0$에서 $\sqrt[n]{a}>0$, $\sqrt[n]{b}>0$이므로 $\dfrac{\sqrt[n]{a}}{\sqrt[n]{b}}>0$

    따라서 $\dfrac{\sqrt[n]{a}}{\sqrt[n]{b}}$는 $\dfrac{a}{b}$의 양의 n제곱근이므로 $\dfrac{\sqrt[n]{a}}{\sqrt[n]{b}}=\sqrt[n]{\dfrac{a}{b}}$

(4) $(a^m)^n=a^{mn}$이므로 $\{(\sqrt[n]{a})^m\}^n=(\sqrt[n]{a})^{mn}=\{(\sqrt[n]{a})^n\}^m=a^m$

    $a>0$에서 $\sqrt[n]{a}>0$이므로 $(\sqrt[n]{a})^m>0$

    따라서 $(\sqrt[n]{a})^m$은 a^m의 양의 n제곱근이므로 $(\sqrt[n]{a})^m=\sqrt[n]{a^m}$

(5) $a^{mn}=(a^m)^n$이므로 $(\sqrt[m]{\sqrt[n]{a}})^{mn}=\{(\sqrt[m]{\sqrt[n]{a}})^m\}^n=(\sqrt[n]{a})^n=a$

    $a>0$에서 $\sqrt[m]{\sqrt[n]{a}}>0$이므로 $\sqrt[m]{\sqrt[n]{a}}$는 a의 양의 mn제곱근이다.

    $\therefore \sqrt[m]{\sqrt[n]{a}}=\sqrt[mn]{a}$

(6) $(a^m)^n=a^{mn}$이고 거듭제곱근의 성질에 의하여

    $(\sqrt[np]{a^{mp}})^n=(\sqrt[n]{\sqrt[p]{a^{mp}}})^n=\sqrt[p]{a^{mp}}=(\sqrt[p]{a^m})^p=a^m$

    $a>0$에서 $\sqrt[np]{a^{mp}}>0$, $a^m>0$이므로 $\sqrt[np]{a^{mp}}$은 a^m의 양의 n제곱근이다.

    $\therefore \sqrt[np]{a^{mp}}=\sqrt[n]{a^m}$

개념 CHECK

정답과 해설 2쪽

1 다음 거듭제곱근을 구하시오.

    (1) 64의 세제곱근   (2) 4의 네제곱근

2 다음 값을 구하시오.

    (1) $\sqrt[3]{216}$ (2) $-\sqrt[4]{625}$ (3) $\sqrt[5]{-243}$ (4) $\sqrt[8]{(-2)^8}$

거듭제곱근의 뜻

✎ 유형편 5쪽

필.수.예.제 01

다음 보기 중 옳은 것만을 있는 대로 고르시오.

---보기---

ㄱ. 27의 세제곱근은 3뿐이다.

ㄴ. -16의 네제곱근 중 실수인 것은 없다.

ㄷ. 제곱근 36은 ± 6이다.

ㄹ. n이 홀수일 때, 3의 n제곱근 중 실수인 것은 1개이다.

공략 Point

(1) a의 n제곱근
   ➡ 방정식 $x^n=a$의 근 x
(2) n제곱근 a
   ➡ $\sqrt[n]{a}$
(3) a의 n제곱근 중 실수인 것

a \ n	홀수	짝수
$a>0$	$\sqrt[n]{a}$	$\sqrt[n]{a}, -\sqrt[n]{a}$
$a=0$	0	0
$a<0$	$\sqrt[n]{a}$	없다.

풀이

ㄱ. 27의 세제곱근을 x라 하면	$x^3=27,\ x^3-27=0$ $(x-3)(x^2+3x+9)=0$ $\therefore\ x=3$ 또는 $x=\dfrac{-3\pm3\sqrt{3}i}{2}$
따라서 27의 세제곱근은	$3,\ \dfrac{-3\pm3\sqrt{3}i}{2}$
ㄴ. -16의 네제곱근을 x라 하면	$x^4=-16$
이를 만족시키는 실수 x의 값은 존재하지 않으므로	-16의 네제곱근 중 실수인 것은 없다.
ㄷ. 제곱근 36은 $\sqrt{36}$이므로	$\sqrt{36}=6$
ㄹ. n이 홀수일 때, 3의 n제곱근 중 실수인 것은	$\sqrt[n]{3}$의 1개
따라서 보기 중 옳은 것은	ㄴ, ㄹ

정답과 해설 2쪽

문제

01-1 다음 중 옳은 것은?

① -4의 제곱근은 ± 2이다.

② -512의 세제곱근은 -8뿐이다.

③ $\sqrt{256}$의 네제곱근 중 실수인 것은 2뿐이다.

④ 49의 네제곱근 중 실수인 것은 없다.

⑤ n이 짝수일 때, 6의 n제곱근 중 실수인 것은 2개이다.

01-2 $\sqrt{81}$의 네제곱근 중 음수인 것을 a, -125의 세제곱근 중 실수인 것을 b라 할 때, ab의 값을 구하시오.

거듭제곱근의 계산

✎ 유형편 **5쪽**

필.수.예.제
02

다음 식을 간단히 하시오. (단, $x>0$)

(1) $\sqrt[4]{3}\times\sqrt[4]{27}-\sqrt[4]{16}$

(2) $(\sqrt[3]{5})^5\div\sqrt[3]{25}+\sqrt[3]{\sqrt{64}}$

(3) $\sqrt[3]{x^2}\times\sqrt[4]{x^3}\times\sqrt[12]{x^7}$

(4) $\sqrt[5]{\dfrac{\sqrt[3]{x}}{x}}\times\sqrt[3]{\dfrac{\sqrt{x}}{\sqrt[5]{x}}}\times\sqrt{\dfrac{\sqrt[5]{x}}{\sqrt[3]{x}}}$

공략 Point

근호 안이 양수인지 확인한 후 거듭제곱근의 성질을 이용하여 주어진 식을 간단히 한다.

풀이

(1) $\sqrt[n]{a}\sqrt[n]{b}=\sqrt[n]{ab}$이므로

$$\sqrt[4]{3}\times\sqrt[4]{27}-\sqrt[4]{16}=\sqrt[4]{3\times27}-\sqrt[4]{16}$$
$$=\sqrt[4]{3^4}-\sqrt[4]{2^4}$$
$$=3-2=\boldsymbol{1}$$

(2) $(\sqrt[n]{a})^m=\sqrt[n]{a^m}$, $\sqrt[m]{\sqrt[n]{a}}=\sqrt[mn]{a}$이므로

$\dfrac{\sqrt[n]{a}}{\sqrt[n]{b}}=\sqrt[n]{\dfrac{a}{b}}$이므로

$$(\sqrt[3]{5})^5\div\sqrt[3]{25}+\sqrt[3]{\sqrt{64}}=\sqrt[3]{5^5}\div\sqrt[3]{5^2}+\sqrt[6]{64}$$
$$=\sqrt[3]{\dfrac{5^5}{5^2}}+\sqrt[6]{2^6}$$
$$=\sqrt[3]{5^3}+2$$
$$=5+2=\boldsymbol{7}$$

(3) $\sqrt[n]{a^m}=\sqrt[np]{a^{mp}}$이므로

$\sqrt[n]{a}\sqrt[n]{b}=\sqrt[n]{ab}$이므로

$$\sqrt[3]{x^2}\times\sqrt[4]{x^3}\times\sqrt[12]{x^7}=\sqrt[12]{(x^2)^4}\times\sqrt[12]{(x^3)^3}\times\sqrt[12]{x^7}$$
$$=\sqrt[12]{x^8}\times\sqrt[12]{x^9}\times\sqrt[12]{x^7}$$
$$=\sqrt[12]{x^8\times x^9\times x^7}$$
$$=\sqrt[12]{x^{24}}=\boldsymbol{x^2}$$

(4) $\sqrt[n]{\dfrac{a}{b}}=\dfrac{\sqrt[n]{a}}{\sqrt[n]{b}}$이므로

$\sqrt[m]{\sqrt[n]{a}}=\sqrt[mn]{a}$이므로

$$\sqrt[5]{\dfrac{\sqrt[3]{x}}{x}}\times\sqrt[3]{\dfrac{\sqrt{x}}{\sqrt[5]{x}}}\times\sqrt{\dfrac{\sqrt[5]{x}}{\sqrt[3]{x}}}=\dfrac{\sqrt[5]{\sqrt[3]{x}}}{\sqrt[5]{x}}\times\dfrac{\sqrt[3]{\sqrt{x}}}{\sqrt[3]{\sqrt[5]{x}}}\times\dfrac{\sqrt{\sqrt[5]{x}}}{\sqrt{\sqrt[3]{x}}}$$
$$=\dfrac{\sqrt[15]{x}}{\sqrt[5]{x}}\times\dfrac{\sqrt[6]{x}}{\sqrt[15]{x}}\times\dfrac{\sqrt[10]{x}}{\sqrt[6]{x}}=\boldsymbol{1}$$

정답과 해설 2쪽

문제

02-**1** 다음 식을 간단히 하시오. (단, $x>0$)

(1) $\sqrt[6]{4}\times\sqrt[6]{16}+\sqrt[4]{81}$

(2) $(\sqrt[3]{7})^4\div\sqrt[3]{7}-\sqrt{\sqrt[3]{729}}$

(3) $\sqrt[5]{x^4}\times\sqrt[3]{x^2}\div\sqrt[15]{x^7}$

(4) $\sqrt[3]{\dfrac{\sqrt[4]{x}}{\sqrt{x}}}\times\sqrt{\dfrac{\sqrt[3]{x}}{\sqrt[4]{x}}}\times\sqrt{\dfrac{\sqrt{x}}{\sqrt[3]{x}}}$

02-**2** 다음 식의 값을 구하시오.

(1) $\sqrt{\dfrac{8^{12}+4^{12}}{8^6+4^{15}}}$

(2) $\dfrac{\sqrt{\sqrt[3]{4}}+\sqrt[3]{8}}{\sqrt[3]{\sqrt{16}}+1}$

거듭제곱근의 대소 비교

필.수.예.제 03

공략 Point

$a>0$, $b>0$일 때,
$$a>b \iff \sqrt[n]{a}>\sqrt[n]{b}$$
(단, n은 2 이상인 자연수)

세 수 $\sqrt[3]{2}$, $\sqrt[4]{3}$, $\sqrt[6]{5}$의 대소를 비교하시오.

풀이

$\sqrt[3]{2}$, $\sqrt[4]{3}$, $\sqrt[6]{5}$에서 3, 4, 6의 최소공배수가 12이므로 주어진 세 수를 $\sqrt[12]{\bullet}$ 꼴로 변형하면	$\sqrt[3]{2}=\sqrt[12]{2^4}=\sqrt[12]{16}$ $\sqrt[4]{3}=\sqrt[12]{3^3}=\sqrt[12]{27}$ $\sqrt[6]{5}=\sqrt[12]{5^2}=\sqrt[12]{25}$
이때 $16<25<27$이므로	$\sqrt[12]{16}<\sqrt[12]{25}<\sqrt[12]{27}$ $\therefore \sqrt[3]{2}<\sqrt[6]{5}<\sqrt[4]{3}$

정답과 해설 2쪽

문제

03-**1** 세 수 $\sqrt[12]{6}$, $\sqrt[8]{3}$, $\sqrt[6]{2}$의 대소를 비교하시오.

03-**2** 세 수 $\sqrt[3]{\sqrt{6}}$, $\sqrt[3]{2}$, $\sqrt[4]{\sqrt[3]{12}}$ 중에서 가장 작은 수를 a라 할 때, a^{12}의 값을 구하시오.

03-**3** 세 수 $A=\sqrt[3]{3}+2\sqrt{2}$, $B=2\sqrt[3]{3}+\sqrt{2}$, $C=4\sqrt{2}-\sqrt[3]{3}$의 대소를 비교하시오.

2 지수의 확장

1 지수법칙 – 자연수인 지수

a, b가 실수이고 m, n이 자연수일 때

(1) $a^m a^n = a^{m+n}$ (2) $a^m \div a^n = \begin{cases} a^{m-n} & (m > n) \\ 1 & (m = n) \ (\text{단, } a \neq 0) \\ \dfrac{1}{a^{n-m}} & (m < n) \end{cases}$ (3) $(a^m)^n = a^{mn}$

(4) $(ab)^n = a^n b^n$ (5) $\left(\dfrac{a}{b}\right)^n = \dfrac{a^n}{b^n}$ (단, $b \neq 0$)

주의 ① $a^m + a^n \neq a^{m+n}$ ② $a^m \times a^n \neq a^{mn}$ ③ $(a^m)^n \neq a^{m^n}$ ④ $a^m \div a^m \neq 0$ (단, $a \neq 0$)

위의 지수법칙은 중학교에서 배웠다. 이제 지수의 범위를 정수, 유리수, 실수로 확장해보자.

2 정수인 지수와 지수법칙

(1) 0 또는 음의 정수인 지수

 $a \neq 0$이고 n이 양의 정수일 때   ◀ 밑이 0인 경우, 즉 0^0, 0^{-2} 등은 정의되지 않는다.

 ① $a^0 = 1$ ② $a^{-n} = \dfrac{1}{a^n}$

예 (1) $2^0 = 1$, $(-5)^0 = 1$ (2) $2^{-3} = \dfrac{1}{2^3} = \dfrac{1}{8}$, $\left(\dfrac{2}{3}\right)^{-1} = \dfrac{1}{\dfrac{2}{3}} = \dfrac{3}{2}$

(2) 지수법칙 – 정수인 지수

 $a \neq 0$, $b \neq 0$이고 m, n이 정수일 때   ◀ 지수가 정수일 때의 지수법칙은 밑이 0이 아닌 경우에만 성립한다.

 ① $a^m a^n = a^{m+n}$ ② $\underset{m, \ n \text{의 대소에 관계없이 성립한다.}}{\underline{a^m \div a^n = a^{m-n}}}$ ③ $(a^m)^n = a^{mn}$ ④ $(ab)^n = a^n b^n$

3 유리수인 지수와 지수법칙

(1) 유리수인 지수

 $a > 0$이고 m, $n(n \geq 2)$이 정수일 때
 ① $a^{\frac{m}{n}} = \sqrt[n]{a^m}$ ② $a^{\frac{1}{n}} = \sqrt[n]{a}$

예 (1) $9^{\frac{2}{3}} = \sqrt[3]{9^2} = \sqrt[3]{3^4} = 3\sqrt[3]{3}$ (2) $25^{\frac{1}{2}} = \sqrt{25} = \sqrt{5^2} = 5$

(2) 지수법칙 – 유리수인 지수

 $a > 0$, $b > 0$이고 p, q가 유리수일 때   ◀ 지수가 유리수일 때의 지수법칙은 밑이 양수인 경우에만 성립한다.
 ① $a^p a^q = a^{p+q}$ ② $a^p \div a^q = a^{p-q}$ ③ $(a^p)^q = a^{pq}$ ④ $(ab)^p = a^p b^p$

4 지수법칙 – 실수인 지수

$a > 0$, $b > 0$이고 x, y가 실수일 때

(1) $a^x a^y = a^{x+y}$ (2) $a^x \div a^y = a^{x-y}$ (3) $(a^x)^y = a^{xy}$ (4) $(ab)^x = a^x b^x$

예 (1) $7^2 \times 7^{-4} = 7^{2+(-4)} = 7^{-2} = \dfrac{1}{7^2} = \dfrac{1}{49}$ (2) $5^{\frac{2}{3}} \div 5^{\frac{1}{6}} = 5^{\frac{2}{3} - \frac{1}{6}} = 5^{\frac{1}{2}} = \sqrt{5}$

 (3) $\left(3^{\frac{3}{2}}\right)^{\frac{4}{3}} = 3^{\frac{3}{2} \times \frac{4}{3}} = 3^2 = 9$ (4) $2^{\sqrt{5}} \times 3^{\sqrt{5}} = (2 \times 3)^{\sqrt{5}} = 6^{\sqrt{5}}$

0 또는 음의 정수인 지수

$a \neq 0$이고 m, n이 양의 정수일 때 성립하는 지수법칙 $a^m a^n = a^{m+n}$이 $m=0$ 또는 $m=-n$일 때도 성립한다고 하면 a^0, a^{-n}을 다음과 같이 정의할 수 있다.

(1) $m=0$일 때, $a^0 a^n = a^{0+n} = a^n$이므로 $a^0 = 1$

(2) $m=-n$일 때, $a^{-n} a^n = a^{-n+n} = a^0 = 1$이므로 $a^{-n} = \dfrac{1}{a^n}$

지수법칙 - 정수인 지수

m, n이 양의 정수일 때 지수법칙이 성립함을 알고 있고, m, n 중 어느 하나가 0인 경우에는 $a^0 = 1$, $a^{-n} = \dfrac{1}{a^n}$에서 지수법칙이 성립함을 알 수 있다.

$a \neq 0$, $b \neq 0$이고, $m=-p$, $n=-q$(p, q는 양의 정수)라 하면 ◀ m, n은 음의 정수

① $a^m a^n = a^{-p} a^{-q} = \dfrac{1}{a^p} \times \dfrac{1}{a^q} = \dfrac{1}{a^{p+q}} = a^{-(p+q)} = a^{(-p)+(-q)} = a^{m+n}$

같은 방법으로 하면 정수인 지수의 지수법칙 ②, ③, ④가 성립함을 알 수 있다.

유리수인 지수

$a > 0$이고 m, $n(n \geq 2)$이 정수일 때 성립하는 지수법칙 $(a^m)^n = a^{mn}$이 지수가 유리수 $\dfrac{m}{n}$인 경우에도 성립한다고 하면 $\left(a^{\frac{m}{n}}\right)^n = a^{\frac{m}{n} \times n} = a^m$

이때 $a > 0$에서 $a^{\frac{m}{n}} > 0$이므로 $a^{\frac{m}{n}}$은 a^m의 양의 n제곱근이다. ∴ $a^{\frac{m}{n}} = \sqrt[n]{a^m}$

지수법칙 - 유리수인 지수

$a > 0$, $b > 0$이고, $p = \dfrac{m}{n}$, $q = \dfrac{r}{s}$(m, n, r, s는 정수, $n \geq 2$, $s \geq 2$)라 하면

① $a^p a^q = a^{\frac{m}{n}} \times a^{\frac{r}{s}} = a^{\frac{ms}{ns}} a^{\frac{nr}{ns}} = \sqrt[ns]{a^{ms}} \, \sqrt[ns]{a^{nr}} = \sqrt[ns]{a^{ms+nr}} = a^{\frac{ms+nr}{ns}} = a^{\frac{m}{n}+\frac{r}{s}} = a^{p+q}$

같은 방법으로 하면 유리수인 지수의 지수법칙 ②, ③, ④가 성립함을 알 수 있다.

실수인 지수의 정의

무리수 $\sqrt{2} = 1.4142\cdots$이므로 $\sqrt{2}$에 한없이 가까워지는 유리수 1.4, 1.41, 1.414, 1.4142, $\cdots$를 지수로 가지는 수 $2^{1.4}$, $2^{1.41}$, $2^{1.414}$, $2^{1.4142}$, $\cdots$은 어떤 일정한 수에 한없이 가까워진다. 이때 이 일정한 수를 $2^{\sqrt{2}}$으로 정의한다. 이와 같은 방법으로 $a > 0$이고 x가 실수일 때 a^x을 정의할 수 있다.

개념 CHECK

정답과 해설 3쪽

1 다음 식의 값을 구하시오.

(1) $8^{-3} \div 4^{-5}$

(2) $\left(-\dfrac{1}{3}\right)^0 + \left(\dfrac{1}{9}\right)^{-2}$

2 다음 식을 간단히 하시오. (단, $a > 0$)

(1) $a^{\frac{3}{2}} \div a^{\frac{5}{6}} \times (a^2)^{\frac{2}{3}}$

(2) $\left(\sqrt{a^3} \times \sqrt[4]{a}\right)^{\frac{1}{7}}$

(3) $3^{1+\sqrt{3}} \times 3^{1-\sqrt{3}}$

(4) $\left(2^{\sqrt{32}} \div 2^{\sqrt{2}}\right)^{\frac{1}{\sqrt{2}}}$

지수의 확장

필.수.예.제 04

다음 식의 값을 구하시오.

(1) $6^{\frac{1}{3}} \div 18^{\frac{2}{3}} \times 16^{\frac{1}{3}}$

(2) $\{(-3)^4\}^{\frac{1}{2}} \times \left(\dfrac{125}{27}\right)^{\frac{2}{3}}$

(3) $\sqrt[3]{4\sqrt[4]{2}} \times \sqrt[4]{32}$

(4) $(3^{\sqrt{2}-\sqrt{6}} \div 5^{\sqrt{2}})^{\sqrt{2}} \times 9^{\sqrt{3}}$

공략 Point

(1) 지수가 유리수일 때는 밑을 양수로 고친 후 지수법칙을 이용한다.

(2) $a > 0$일 때, $\sqrt[n]{a^m} = a^{\frac{m}{n}}$임을 이용하여 거듭제곱근을 유리수인 지수로 변형한 후 지수법칙을 이용한다.

풀이

(1) 지수법칙에 의하여

$$6^{\frac{1}{3}} \div 18^{\frac{2}{3}} \times 16^{\frac{1}{3}} = (2 \times 3)^{\frac{1}{3}} \div (2 \times 3^2)^{\frac{2}{3}} \times (2^4)^{\frac{1}{3}}$$
$$= (2^{\frac{1}{3}} \times 3^{\frac{1}{3}}) \div (2^{\frac{2}{3}} \times 3^{\frac{4}{3}}) \times 2^{\frac{4}{3}}$$
$$= 2^{\frac{1}{3} - \frac{2}{3} + \frac{4}{3}} \times 3^{\frac{1}{3} - \frac{4}{3}} = 2 \times 3^{-1} = \boldsymbol{\dfrac{2}{3}}$$

(2) 지수가 유리수이므로 밑을 양수로 고치면

$$\{(-3)^4\}^{\frac{1}{2}} \times \left(\dfrac{125}{27}\right)^{\frac{2}{3}} = (3^4)^{\frac{1}{2}} \times \left\{\left(\dfrac{5}{3}\right)^3\right\}^{\frac{2}{3}}$$

지수법칙에 의하여

$$= 3^2 \times \left(\dfrac{5}{3}\right)^2 = 3^2 \times \dfrac{5^2}{3^2} = 5^2 = \boldsymbol{25}$$

(3) 거듭제곱근을 유리수인 지수로 변형하면

$$\sqrt[3]{4\sqrt[4]{2}} \times \sqrt[4]{32} = (4 \times 2^{\frac{1}{4}})^{\frac{1}{3}} \times 2^{\frac{5}{4}}$$

지수법칙에 의하여

$$= (2^{\frac{9}{4}})^{\frac{1}{3}} \times 2^{\frac{5}{4}} = 2^{\frac{3}{4}} \times 2^{\frac{5}{4}}$$
$$= 2^{\frac{3}{4} + \frac{5}{4}} = 2^2 = \boldsymbol{4}$$

(4) 지수법칙에 의하여

$$(3^{\sqrt{2}-\sqrt{6}} \div 5^{\sqrt{2}})^{\sqrt{2}} \times 9^{\sqrt{3}} = \left(\dfrac{3^{\sqrt{2}-\sqrt{6}}}{5^{\sqrt{2}}}\right)^{\sqrt{2}} \times (3^2)^{\sqrt{3}}$$
$$= \dfrac{3^{2-2\sqrt{3}}}{5^2} \times 3^{2\sqrt{3}} = \dfrac{3^2}{5^2} = \boldsymbol{\dfrac{9}{25}}$$

정답과 해설 3쪽

문제

04-1 다음 식의 값을 구하시오.

(1) $4^{\frac{1}{4}} \times 8^{-\frac{1}{2}} \div 16^{-\frac{3}{4}}$

(2) $\left\{\left(-\dfrac{1}{2}\right)^4\right\}^{0.75} \times \left\{\left(\dfrac{16}{25}\right)^{\frac{5}{4}}\right\}^{-\frac{2}{5}}$

(3) $\sqrt[4]{\sqrt[3]{81}} \times \sqrt{\sqrt[3]{81}}$

(4) $(2^{\sqrt{6}} \times 3^{2\sqrt{6}-\sqrt{3}})^{\sqrt{3}} \div 18^{3\sqrt{2}}$

04-2 다음을 만족시키는 유리수 k의 값을 구하시오. (단, $a > 0$, $a \neq 1$)

(1) $\sqrt{a\sqrt[3]{a^2\sqrt{a^3}}} = a^k$

(2) $\sqrt{\dfrac{\sqrt[6]{a}}{\sqrt[4]{a}}} \times \sqrt[4]{\dfrac{\sqrt[3]{a^4}}{\sqrt{a}}} = a^k$

지수법칙과 곱셈 공식

유형편 7쪽

필.수.예.제 05

공략 Point

다음을 이용하여 식을 간단히 한다.
(1) $(A+B)(A-B)$
$=A^2-B^2$
(2) $(A\pm B)(A^2\mp AB+B^2)$
$=A^3\pm B^3$ (복부호 동순)

다음 식을 간단히 하시오. (단, $a>0$, $b>0$)

(1) $(a^{\frac{1}{2}}-b^{\frac{1}{2}})(a^{\frac{1}{2}}+b^{\frac{1}{2}})(a+b)$

(2) $(a^{\frac{1}{3}}+b^{-\frac{1}{3}})(a^{\frac{2}{3}}-a^{\frac{1}{3}}b^{-\frac{1}{3}}+b^{-\frac{2}{3}})$

풀이

(1) 곱셈 공식 $(A+B)(A-B)=A^2-B^2$을 이용하여 주어진 식을 간단히 하면

$(a^{\frac{1}{2}}-b^{\frac{1}{2}})(a^{\frac{1}{2}}+b^{\frac{1}{2}})(a+b)$
$=\{(a^{\frac{1}{2}})^2-(b^{\frac{1}{2}})^2\}(a+b)$
$=(a-b)(a+b)$
$=\boldsymbol{a^2-b^2}$

(2) 곱셈 공식 $(A+B)(A^2-AB+B^2)=A^3+B^3$을 이용하여 주어진 식을 간단히 하면

$(a^{\frac{1}{3}}+b^{-\frac{1}{3}})(a^{\frac{2}{3}}-a^{\frac{1}{3}}b^{-\frac{1}{3}}+b^{-\frac{2}{3}})$
$=(a^{\frac{1}{3}}+b^{-\frac{1}{3}})\{(a^{\frac{1}{3}})^2-a^{\frac{1}{3}}b^{-\frac{1}{3}}+(b^{-\frac{1}{3}})^2\}$
$=(a^{\frac{1}{3}})^3+(b^{-\frac{1}{3}})^3$
$=a+b^{-1}$
$=\boldsymbol{a+\dfrac{1}{b}}$

문제

05-1 다음 식의 값을 구하시오.

(1) $(3^{\frac{1}{4}}-1)(3^{\frac{1}{4}}+1)(3^{\frac{1}{2}}+1)(3+1)(3^2+1)$

(2) $(2^{\frac{1}{3}}-5^{\frac{1}{3}})(4^{\frac{1}{3}}+10^{\frac{1}{3}}+25^{\frac{1}{3}})$

05-2 다음 식을 간단히 하시오. (단, $a>0$, $a\neq 1$)

(1) $(a^{\frac{2}{3}}+a^{-\frac{1}{3}})^3+(a^{\frac{2}{3}}-a^{-\frac{1}{3}})^3$

(2) $\dfrac{1}{1-a^{\frac{1}{4}}}+\dfrac{1}{1+a^{\frac{1}{4}}}+\dfrac{2}{1+a^{\frac{1}{2}}}+\dfrac{4}{1+a}$

$a^x + a^{-x}$ 꼴의 식의 값 구하기

✎ 유형편 8쪽

필.수.예.제
06

$x^{\frac{1}{2}} + x^{-\frac{1}{2}} = 4$일 때, 다음 식의 값을 구하시오. (단, $x > 0$)

(1) $x + x^{-1}$　　　　　　(2) $x^2 + x^{-2}$　　　　　　(3) $x^{\frac{3}{2}} + x^{-\frac{3}{2}}$

공략 Point

주어진 식 $a^x + a^{-x} = k$의 양변을 제곱 또는 세제곱하여 식을 정리한 후 식의 값을 구한다.

풀이

(1) $x^{\frac{1}{2}} + x^{-\frac{1}{2}} = 4$의 양변을 제곱하여 정리하면	$(x^{\frac{1}{2}} + x^{-\frac{1}{2}})^2 = 4^2$ $x + 2 + x^{-1} = 16$ $\therefore x + x^{-1} = \mathbf{14}$
(2) $x + x^{-1} = 14$의 양변을 제곱하여 정리하면	$(x + x^{-1})^2 = 14^2$ $x^2 + 2 + x^{-2} = 196$ $\therefore x^2 + x^{-2} = \mathbf{194}$
(3) $x^{\frac{1}{2}} + x^{-\frac{1}{2}} = 4$의 양변을 세제곱하여 정리하면	$(x^{\frac{1}{2}} + x^{-\frac{1}{2}})^3 = 4^3$ $x^{\frac{3}{2}} + 3(x^{\frac{1}{2}} + x^{-\frac{1}{2}}) + x^{-\frac{3}{2}} = 64$ $x^{\frac{3}{2}} + 3 \times 4 + x^{-\frac{3}{2}} = 64$ $\therefore x^{\frac{3}{2}} + x^{-\frac{3}{2}} = \mathbf{52}$

정답과 해설 4쪽

문제

06-1 $x^{\frac{1}{2}} - x^{-\frac{1}{2}} = 2$일 때, 다음 식의 값을 구하시오. (단, $x > 0$)

(1) $x + x^{-1}$　　　　　　(2) $x^2 + x^{-2}$　　　　　　(3) $x^{\frac{3}{2}} - x^{-\frac{3}{2}}$

06-2 $x + x^{-1} = 23$일 때, $x^{\frac{1}{2}} + x^{-\frac{1}{2}}$의 값을 구하시오. (단, $x > 0$)

06-3 $2^x + 2^{-x} = 5$일 때, $8^x + 8^{-x}$의 값을 구하시오.

필.수.예.제 07

$a^{2x}=5$일 때, 다음 식의 값을 구하시오. (단, $a>0$)

(1) $\dfrac{a^x-a^{-x}}{a^x+a^{-x}}$ 　　　　　　(2) $\dfrac{a^{3x}+a^{-3x}}{a^x+a^{-x}}$

공략 Point

a^{2x}의 값이 주어지면 구하는 식의 분모, 분자에 a^x을 곱하여 a^{2x}을 포함한 식으로 변형한다.

풀이

(1) 주어진 식의 분모, 분자에 a^x을 곱하면	$\dfrac{a^x-a^{-x}}{a^x+a^{-x}}=\dfrac{(a^x-a^{-x})a^x}{(a^x+a^{-x})a^x}$
	$=\dfrac{a^{2x}-1}{a^{2x}+1}$
$a^{2x}=5$이므로	$=\dfrac{5-1}{5+1}=\dfrac{2}{3}$

(2) 주어진 식의 분모, 분자에 a^x을 곱하면	$\dfrac{a^{3x}+a^{-3x}}{a^x+a^{-x}}=\dfrac{(a^{3x}+a^{-3x})a^x}{(a^x+a^{-x})a^x}$
	$=\dfrac{a^{4x}+a^{-2x}}{a^{2x}+1}$
	$=\dfrac{(a^{2x})^2+(a^{2x})^{-1}}{a^{2x}+1}$
$a^{2x}=5$이므로	$=\dfrac{5^2+5^{-1}}{5+1}=\dfrac{25+\dfrac{1}{5}}{6}=\dfrac{21}{5}$

정답과 해설 4쪽

문제

07-1 $a^{2x}=2$일 때, 다음 식의 값을 구하시오. (단, $a>0$)

(1) $\dfrac{a^x-a^{-x}}{a^x+a^{-x}}$ 　　　　　　(2) $\dfrac{a^{3x}-a^{-3x}}{a^{3x}+a^{-3x}}$

07-2 $\dfrac{a^m+a^{-m}}{a^m-a^{-m}}=3$일 때, a^m의 값을 구하시오. (단, $a>0$)

07-3 $3^{\frac{1}{x}}=25$일 때, $\dfrac{5^{3x}+5^{-3x}}{5^x-5^{-x}}$의 값을 구하시오.

UP

필.수.예.제 08 밑이 다른 식이 주어질 때의 식의 값 구하기

📝 유형편 9쪽

실수 x, y, z에 대하여 다음 물음에 답하시오.

(1) $148^x=8$, $37^y=16$일 때, $\dfrac{3}{x}-\dfrac{4}{y}$의 값을 구하시오.

(2) $2^x=4^y=8^z$일 때, $\dfrac{1}{x}+\dfrac{1}{y}-\dfrac{1}{z}$의 값을 구하시오. (단, $xyz\ne0$)

공략 Point

$a^x=b$에서 $a=b^{\frac{1}{x}}$임을 이용하여 주어진 조건을 구하는 식에 대입할 수 있도록 변형한다.

풀이

(1) $148^x=8$에서	$148=8^{\frac{1}{x}}$, $148=(2^3)^{\frac{1}{x}}$
	$\therefore 2^{\frac{3}{x}}=148$ ······ ㉠
$37^y=16$에서	$37=16^{\frac{1}{y}}$, $37=(2^4)^{\frac{1}{y}}$
	$\therefore 2^{\frac{4}{y}}=37$ ······ ㉡
㉠, ㉡에서 $2^{\frac{3}{x}}\div2^{\frac{4}{y}}$을 하면	$2^{\frac{3}{x}}\div2^{\frac{4}{y}}=148\div37=4$, $2^{\frac{3}{x}-\frac{4}{y}}=2^2$
	$\therefore \dfrac{3}{x}-\dfrac{4}{y}=\mathbf{2}$

(2) $2^x=4^y=8^z=k\,(k>0)$로 놓으면	$k\ne1\;(\because xyz\ne0)$
$2^x=k$에서	$2=k^{\frac{1}{x}}$ ······ ㉠
$4^y=k$에서	$4=k^{\frac{1}{y}}$ ······ ㉡
$8^z=k$에서	$8=k^{\frac{1}{z}}$ ······ ㉢
㉠, ㉡, ㉢에서 $k^{\frac{1}{x}}\times k^{\frac{1}{y}}\div k^{\frac{1}{z}}$을 하면	$k^{\frac{1}{x}}\times k^{\frac{1}{y}}\div k^{\frac{1}{z}}=2\times4\div8=1$ $\therefore k^{\frac{1}{x}+\frac{1}{y}-\frac{1}{z}}=1$
그런데 $k\ne1$이므로	$\dfrac{1}{x}+\dfrac{1}{y}-\dfrac{1}{z}=\mathbf{0}$

정답과 해설 4쪽

문제

08-1 실수 x, y, z에 대하여 다음 물음에 답하시오.

(1) $73^x=9$, $219^y=27$일 때, $\dfrac{2}{x}-\dfrac{3}{y}$의 값을 구하시오.

(2) $2^x=5^y=\left(\dfrac{1}{10}\right)^z$일 때, $\dfrac{1}{x}+\dfrac{1}{y}+\dfrac{1}{z}$의 값을 구하시오. (단, $xyz\ne0$)

08-2 실수 a, b, c에 대하여 $2^a=3^3$, $3^b=5^4$이고 $abc=60$일 때, 5^c의 값을 구하시오.

지수의 실생활에의 활용

✏️ 유형편 9쪽

필.수.예.제 09

어느 회사에서 신제품이 출시된 지 t일 후의 하루 매출액을 P_t라 하면
$$P_t = 56 \times 1.034^t \times 10^6 (원)$$
인 관계가 성립한다고 한다. 신제품이 출시된 지 50일 후의 하루 매출액은 신제품이 출시된 지 8일 후의 하루 매출액의 몇 배인지 구하시오. (단, $1.034^{21} = 2$로 계산한다.)

공략 Point

조건에 따라 주어진 식에 각각의 수를 대입하고 지수법칙을 이용하여 값을 구한다.

풀이

신제품이 출시된 지 50일 후의 하루 매출액은	$P_{50} = 56 \times 1.034^{50} \times 10^6$
신제품이 출시된 지 8일 후의 하루 매출액은	$P_8 = 56 \times 1.034^8 \times 10^6$
이때 $\dfrac{P_{50}}{P_8}$ 을 구하면	$\dfrac{P_{50}}{P_8} = \dfrac{56 \times 1.034^{50} \times 10^6}{56 \times 1.034^8 \times 10^6}$ $= 1.034^{42} = (1.034^{21})^2$ $= 2^2 = 4$
따라서 신제품이 출시된 지 50일 후의 하루 매출액은 신제품이 출시된 지 8일 후의 하루 매출액의	**4배**

정답과 해설 5쪽

문제

09-1 어느 호수의 수면에서의 빛의 세기를 I_0, 수심이 d m인 곳에서의 빛의 세기를 I_d라 하면
$$I_d = I_0 \times 2^{-\frac{d}{4}}$$
인 관계가 성립한다고 한다. 이 호수에서 수심이 5 m인 곳에서의 빛의 세기는 수심이 17 m인 곳에서의 빛의 세기의 몇 배인지 구하시오.

09-2 어떤 식품의 부패 지수 P와 일평균 습도 $H(\%)$, 일평균 기온 $T(℃)$ 사이에는 다음과 같은 관계식이 성립한다고 한다.
$$P = \frac{H-65}{14} \times 1.05^T$$
일평균 습도가 79 %, 일평균 기온이 24℃인 날의 식품의 부패 지수를 P_1, 일평균 습도가 72 %, 일평균 기온이 12℃인 날의 식품의 부패 지수를 P_2라 하면 P_1은 P_2의 몇 배인지 구하시오.
(단, $1.05^{12} = 1.8$로 계산한다.)

연습문제

1 다음 중 옳은 것은?

① $\sqrt{625}$의 네제곱근은 $\pm\sqrt{5}$이다.

② -27의 세제곱근 중 실수인 것은 없다.

③ 36의 네제곱근 중 실수인 것은 $\pm\sqrt{6}$이다.

④ 4의 네제곱근 중 실수인 것은 4개이다.

⑤ 제곱근 25는 ±5이다.

2 실수 x와 2 이상인 자연수 n에 대하여 x의 n제곱근 중 실수인 것의 개수를 $N(x, n)$이라 할 때,
$$N(2, 2)+N(-5, 4)+N(8, 3)$$
의 값을 구하시오.

3 $\sqrt[4]{\sqrt[3]{64}} \times \sqrt[6]{\sqrt{8}} \div \sqrt[3]{\sqrt[4]{32}}$를 간단히 하면?

① $\sqrt[6]{2}$ ② $\sqrt[5]{2}$ ③ $\sqrt[4]{2}$

④ $\sqrt[3]{2}$ ⑤ $\sqrt{2}$

4 $\sqrt{\dfrac{\sqrt[3]{a}}{\sqrt{a}}} \times \sqrt{\dfrac{\sqrt{a}}{\sqrt[4]{a}}} \times \sqrt[4]{\dfrac{\sqrt{a}}{\sqrt[3]{a}}}=\sqrt[n]{a}$일 때, 자연수 n의 값은? (단, $a>0$, $a\neq1$)

① 8 ② 9 ③ 10

④ 11 ⑤ 12

5 $(\sqrt[3]{2}+1)(\sqrt[3]{4}-\sqrt[3]{2}+1)+(\sqrt[4]{9}-\sqrt[4]{4})(\sqrt[4]{9}+\sqrt[4]{4})$ 를 간단히 하시오.

교육청

6 x에 대한 이차방정식 $x^2-\sqrt[3]{81}x+a=0$의 두 근이 $\sqrt[3]{3}$과 b일 때, ab의 값은? (단, a, b는 상수이다.)

① 6 ② $3\sqrt[3]{9}$ ③ $6\sqrt[3]{3}$

④ 12 ⑤ $6\sqrt[3]{9}$

7 세 수 $A=\sqrt{2\sqrt[3]{3}}$, $B=\sqrt[3]{2\sqrt{3}}$, $C=\sqrt[3]{3\sqrt{2}}$의 대소를 비교하면?

① $A<B<C$ ② $B<A<C$

③ $B<C<A$ ④ $C<A<B$

⑤ $C<B<A$

8 $\dfrac{10}{3^2+9^2} \times \dfrac{27}{2^{-5}+8^{-2}}$의 값은?

① 32 ② 54 ③ 64

④ 81 ⑤ 108

9 $\sqrt[5]{a^3 \times \sqrt{a^k}} = a^{\frac{3}{4}}$을 만족시키는 유리수 k의 값을 구하시오. (단, $a > 0$, $a \neq 1$)

10 $(a^{\sqrt{2}})^{\sqrt{18}+1} \times (a^{\sqrt{3}})^{2\sqrt{3}-\sqrt{6}} \div (a^2)^{3-\sqrt{2}} = a^k$을 만족시키는 실수 k의 값은? (단, $a > 0$, $a \neq 1$)

① $2\sqrt{6}$ ② 5 ③ $3\sqrt{3}$
④ $4\sqrt{2}$ ⑤ 6

11 $\sqrt{2} = a$, $\sqrt[4]{3} = b$일 때, $\sqrt[8]{6}$을 a, b로 나타내면?

① $a^{\frac{1}{6}} b^{\frac{1}{3}}$ ② $a^{\frac{1}{3}} b^{\frac{1}{6}}$ ③ $a^{\frac{1}{4}} b^{\frac{1}{2}}$
④ $a^{\frac{1}{2}} b^{\frac{1}{4}}$ ⑤ $a^{\frac{1}{2}} b^{\frac{1}{2}}$

12 $(2^{3+\sqrt{3}} + 2^{3-\sqrt{3}})^2 - (2^{3+\sqrt{3}} - 2^{3-\sqrt{3}})^2$의 값은?

① 81 ② 128 ③ 243
④ 256 ⑤ 512

13 $x = 3^{\frac{1}{3}} + 3^{-\frac{1}{3}}$일 때, $3x^3 - 9x - 6$의 값은?

① 3 ② 4 ③ 5
④ 6 ⑤ 7

14 $x^{\frac{1}{2}} + x^{-\frac{1}{2}} = \sqrt{5}$일 때, $x\sqrt{x} + \dfrac{1}{x\sqrt{x}}$의 값을 구하시오. (단, $x > 0$)

교육청

15 두 실수 a, b에 대하여
$$2^a + 2^b = 2, \quad 2^{-a} + 2^{-b} = \frac{9}{4}$$
일 때, 2^{a+b}의 값은 $\dfrac{q}{p}$이다. $p + q$의 값을 구하시오.
(단, p와 q는 서로소인 자연수이다.)

16 $\dfrac{a^x - a^{-x}}{a^x + a^{-x}} = \dfrac{2}{3}$일 때, a^{4x}의 값은? (단, $a > 0$)

① $\sqrt{3}$ ② $\sqrt{5}$ ③ 5
④ 9 ⑤ 25

17 실수 a, b에 대하여 $2^{\frac{2}{a}}=216$, $9^{\frac{2}{b}}=36$일 때, $3a+b$의 값을 구하시오.

18 양수 a, b와 실수 x, y, z에 대하여 $a^x=b^y=5^z$이고 $\dfrac{1}{x}-\dfrac{1}{y}=\dfrac{2}{z}$일 때, $\dfrac{a}{b}$의 값은? (단, $xyz\neq0$)

① 21 　　② 22 　　③ 23
④ 24 　　⑤ 25

평가원

19 지면으로부터 H_1인 높이에서 풍속이 V_1이고 지면으로부터 H_2인 높이에서 풍속이 V_2일 때, 대기 안정도 계수 k는 다음 식을 만족시킨다.

$$V_2=V_1\left(\frac{H_2}{H_1}\right)^{\frac{2}{2-k}}$$

(단, $H_1<H_2$이고, 높이의 단위는 m, 풍속의 단위는 m/s이다.)

A 지역에서 지면으로부터 12 m와 36 m인 높이에서 풍속이 각각 2(m/s)와 8(m/s)이고, B 지역에서 지면으로부터 10 m와 90 m인 높이에서 풍속이 각각 a(m/s)와 b(m/s)일 때, 두 지역의 대기 안정도 계수 k가 서로 같았다. $\dfrac{b}{a}$의 값은?

(단, a, b는 양수이다.)

① 10 　　② 13 　　③ 16
④ 19 　　⑤ 22

20 두 집합 $A=\{3,\ 4,\ 5\}$, $B=\{-3,\ -1,\ 0,\ 1,\ 3\}$에 대하여 집합 S를
$$S=\{(a,\ b)\,|\,{}^a\!\sqrt{b}\text{는 실수},\ a\in A,\ b\in B\}$$
로 정의할 때, 다음 보기 중 옳은 것만을 있는 대로 고르시오.

⊸보기⊷

ㄱ. $(5,\ -3)\in S$
ㄴ. $b\neq0$일 때, $(a,\ b)\in S$, $(a,\ -b)\in S$이면 $a=4$이다.
ㄷ. $n(S)=13$

21 양수 a, b, c에 대하여 $a^3=3$, $b^5=7$, $c^6=9$일 때, $(abc)^n$이 자연수가 되도록 하는 자연수 n의 최솟값을 구하시오.

22 $a^{3x}-a^{-3x}=14$일 때, $\dfrac{a^{2x}+a^{-2x}}{a^x-a^{-x}}$의 값은?

(단, $a>0$)

① $2\sqrt{2}$ 　　② 3 　　③ $2\sqrt{3}$
④ 4 　　⑤ $3\sqrt{2}$

로그의 뜻과 성질

1 로그의 정의

$a>0$, $a\neq1$일 때, 양수 N에 대하여 $a^x=N$을 만족시키는 실수 x는 오직 하나 존재한다. 이 실수 x를

$$x=\log_a N$$

과 같이 나타내고, a를 **밑**으로 하는 N의 **로그**라 한다. 이때 N을 $\log_a N$의 **진수**라 한다.

$$a^x=N \iff x=\log_a N$$

(단, $a>0$, $a\neq1$, $N>0$)

예 • $5^2=25 \iff 2=\log_5 25$ • $3^{-3}=\dfrac{1}{27} \iff -3=\log_3 \dfrac{1}{27}$

참고 log는 logarithm의 약자이다.

2 로그의 밑과 진수의 조건

$\log_a N$이 정의되려면
(1) 밑은 1이 아닌 양수이어야 한다. ➡ $a>0$, $a\neq1$
(2) 진수는 양수이어야 한다. ➡ $N>0$

예 (1) $\log_{x-1}3$이 정의되려면 $x-1>0$, $x-1\neq1$ ∴ $1<x<2$ 또는 $x>2$
(2) $\log_3(x-1)$이 정의되려면 $x-1>0$ ∴ $x>1$

참고 특별한 언급이 없이 $\log_a N$이 주어지면 $a>0$, $a\neq1$, $N>0$을 만족시키는 것으로 본다.

3 로그의 성질

$a>0$, $a\neq1$, $M>0$, $N>0$일 때
(1) $\log_a 1=0$, $\log_a a=1$
(2) $\log_a MN=\log_a M+\log_a N$
(3) $\log_a \dfrac{M}{N}=\log_a M-\log_a N$ ➡ 비교: $a^m a^n=a^{m+n}$, $\dfrac{a^m}{a^n}=a^{m-n}$
(4) $\log_a M^k=k\log_a M$ (단, k는 실수)

예 (1) $\log_5 1=0$, $\log_5 5=1$
(2) $\log_2 10=\log_2(2\times5)=\log_2 2+\log_2 5=1+\log_2 5$
(3) $\log_2 \dfrac{5}{2}=\log_2 5-\log_2 2=\log_2 5-1$
(4) $\log_3 3^4=4\log_3 3=4\times1=4$

주의 (1) $\log_1 1\neq0$, $\log_1 1\neq1$ ➡ 밑이 1인 로그는 정의되지 않는다.
(2) $\log_a(M+N)\neq\log_a M+\log_a N$
$\log_a M\times\log_a N\neq\log_a M+\log_a N$ ➡ $\log_a MN=\log_a M+\log_a N$
(3) $\log_a(M-N)\neq\log_a M-\log_a N$
$\dfrac{\log_a M}{\log_a N}\neq\log_a M-\log_a N$ ➡ $\log_a \dfrac{M}{N}=\log_a M-\log_a N$
(4) $(\log_a M)^k\neq k\log_a M$ ➡ $\log_a M^k=k\log_a M$

로그의 밑과 진수의 조건

(1) (i) $a<0$인 경우

$\log_{(-3)}2=x$라 하면 $(-3)^x=2$이므로 이를 만족시키는 실수 x는 존재하지 않는다.

(ii) $a=0$인 경우

$\log_0 2=x$라 하면 $0^x=2$이므로 이를 만족시키는 실수 x는 존재하지 않는다.

(iii) $a=1$인 경우

$\log_1 2=x$라 하면 $1^x=2$이므로 이를 만족시키는 실수 x는 존재하지 않는다.

(i), (ii), (iii)에서 $\log_a N$의 밑 a는 1이 아닌 양수이어야 한다.

(2) (i) $N<0$인 경우

$\log_3(-2)=x$라 하면 $3^x=-2$이므로 이를 만족시키는 실수 x는 존재하지 않는다.

(ii) $N=0$인 경우

$\log_3 0=x$라 하면 $3^x=0$이므로 이를 만족시키는 실수 x는 존재하지 않는다.

(i), (ii)에서 $\log_a N$의 진수 N은 양수이어야 한다.

로그의 성질

$a>0$, $a\neq1$, $M>0$, $N>0$일 때

(1) $a^0=1 \Longleftrightarrow \log_a 1=0$, $a^1=a \Longleftrightarrow \log_a a=1$

(2) $\log_a M=m$, $\log_a N=n$이라 하면 $M=a^m$, $N=a^n$이므로

$$MN=a^m a^n=a^{m+n} \Longleftrightarrow \log_a MN=m+n=\log_a M+\log_a N$$

(3) $\log_a M=m$, $\log_a N=n$이라 하면 $M=a^m$, $N=a^n$이므로

$$\frac{M}{N}=\frac{a^m}{a^n}=a^{m-n} \Longleftrightarrow \log_a \frac{M}{N}=m-n=\log_a M-\log_a N$$

(4) $\log_a M=m$이라 하면 $M=a^m$이므로

$$M^k=a^{mk}(\text{단, } k\text{는 실수}) \Longleftrightarrow \log_a M^k=mk=k\log_a M$$

개념 CHECK

정답과 해설 7쪽

1 다음 등식을 $x=\log_a N$ 꼴로 나타내시오.

(1) $3^5=243$

(2) $5^0=1$

(3) $8^{-\frac{2}{3}}=\frac{1}{4}$

(4) $\left(\frac{1}{5}\right)^3=0.008$

2 다음이 정의되도록 하는 실수 x의 값의 범위를 구하시오.

(1) $\log_{x+3}5$

(2) $\log_2(x-2)$

3 다음 식의 값을 구하시오.

(1) $\log_5 5+\log_9 1$

(2) $\log_6 3+\log_6 12$

(3) $\log_2 \frac{4}{3}-\log_2 \frac{1}{12}$

(4) $\log_3 \frac{1}{9}+\log_3 \sqrt[3]{3}$

로그의 정의

유형편 11쪽

필.수.예.제 01

다음 등식을 만족시키는 실수 x의 값을 구하시오.

(1) $\log_2 \dfrac{1}{32} = x$

(2) $\log_{\sqrt{3}} x = 4$

(3) $\log_x 2\sqrt{2} = \dfrac{3}{8}$

(4) $\log_3 (\log_8 x) = -1$

공략 Point

$a > 0$, $a \neq 1$, $N > 0$일 때,
$$a^x = N \iff x = \log_a N$$

풀이

(1) $\log_2 \dfrac{1}{32} = x$에서	$2^x = \dfrac{1}{32} = 2^{-5}$ $\quad \therefore x = -5$
(2) $\log_{\sqrt{3}} x = 4$에서	$x = (\sqrt{3})^4 = 3^2 = 9$
(3) $\log_x 2\sqrt{2} = \dfrac{3}{8}$에서	$x^{\frac{3}{8}} = 2\sqrt{2} = 2^{\frac{3}{2}}$ $\quad \therefore x = (2^{\frac{3}{2}})^{\frac{8}{3}} = 2^4 = 16$
(4) $\log_3 (\log_8 x) = -1$에서	$\log_8 x = 3^{-1} = \dfrac{1}{3}$
$\log_8 x = \dfrac{1}{3}$에서	$x = 8^{\frac{1}{3}} = (2^3)^{\frac{1}{3}} = 2$

정답과 해설 7쪽

문제

01-1 다음 등식을 만족시키는 실수 x의 값을 구하시오.

(1) $\log_{\sqrt{5}} 25 = x$

(2) $\log_9 x = 0.5$

(3) $\log_x 81 = -\dfrac{4}{3}$

(4) $\log_{\frac{1}{2}} (\log_{64} x) = 1$

01-2 $x = \log_2 27$일 때, $2^{\frac{x}{6}}$의 값을 구하시오.

01-3 $\log_a \dfrac{1}{8} = -2$, $\log_{\sqrt{2}} b = 5$를 만족시키는 실수 a, b에 대하여 ab의 값을 구하시오.

로그의 밑과 진수의 조건

✎ 유형편 11쪽

필.수.예.제 02

다음이 정의되도록 하는 실수 x의 값의 범위를 구하시오.

(1) $\log_3(x-3)^2$ (2) $\log_{x-4}(-x^2+6x-5)$

공략 Point

$\log_a N$이 정의되려면
$a>0,\ a\neq1,\ N>0$

풀이

(1) (진수)>0이어야 하므로	$(x-3)^2>0$
	$\therefore\ \boldsymbol{x\neq3}$인 모든 실수
(2) (밑)>0, (밑)≠1이어야 하므로	$x-4>0,\ x-4\neq1$
	$x>4,\ x\neq5$ …… ㉠
(진수)>0이어야 하므로	$-x^2+6x-5>0,\ x^2-6x+5<0$
	$(x-1)(x-5)<0$
	$\therefore\ 1<x<5$ …… ㉡
따라서 ㉠, ㉡을 동시에 만족시키는 x의 값의 범위는	$\boldsymbol{4<x<5}$

정답과 해설 8쪽

문제

02-1 다음이 정의되도록 하는 실수 x의 값의 범위를 구하시오.

(1) $\log_{x-3}(4-x)$ (2) $\log_{x-2}(-x^2+2x+3)$

02-2 $\log_{3-x}(-x^2+3x+4)$가 정의되도록 하는 정수 x의 값을 모두 구하시오.

02-3 모든 실수 x에 대하여 $\log_{p-1}(x^2-2px+6p)$가 정의되도록 하는 모든 자연수 p의 값의 합을 구하시오.

로그의 성질을 이용한 계산

필.수.예.제 03

다음 식의 값을 구하시오.

$(1)\ \log_3\sqrt{54}-\log_3\dfrac{1}{4}-\dfrac{1}{2}\log_3 96$

$(2)\ 3\log_2\sqrt[3]{3}+\dfrac{1}{2}\log_2\sqrt{2}+\log_2\dfrac{\sqrt{2}}{3}$

공략 Point

(1) $\log_a 1=0,\ \log_a a=1$

(2) $\log_a MN$
$=\log_a M+\log_a N$

(3) $\log_a \dfrac{M}{N}$
$=\log_a M-\log_a N$

(4) $\log_a M^k=k\log_a M$

풀이

(1) 주어진 식을 계산하면

$$\log_3\sqrt{54}-\log_3\frac{1}{4}-\frac{1}{2}\log_3 96$$
$$=\log_3 3\sqrt{6}-\log_3 4^{-1}-\log_3 96^{\frac{1}{2}}$$
$$=\log_3 3\sqrt{6}+\log_3 4-\log_3\sqrt{96}$$
$$=\log_3 3\sqrt{6}+\log_3 4-\log_3 4\sqrt{6}$$
$$=\log_3\frac{3\sqrt{6}\times 4}{4\sqrt{6}}$$
$$=\log_3 3=\mathbf{1}$$

(2) 주어진 식을 계산하면

$$3\log_2\sqrt[3]{3}+\frac{1}{2}\log_2\sqrt{2}+\log_2\frac{\sqrt{2}}{3}$$
$$=3\log_2 3^{\frac{1}{3}}+\frac{1}{2}\log_2 2^{\frac{1}{2}}+\log_2\sqrt{2}-\log_2 3$$
$$=\log_2 3+\frac{1}{4}\log_2 2+\log_2 2^{\frac{1}{2}}-\log_2 3$$
$$=\frac{1}{4}+\frac{1}{2}\log_2 2$$
$$=\frac{1}{4}+\frac{1}{2}=\mathbf{\frac{3}{4}}$$

정답과 해설 8쪽

문제

03-1 다음 식의 값을 구하시오.

$(1)\ 3\log_5 3-2\log_5 75-\log_5 15$

$(2)\ \log_3\sqrt{16}-\dfrac{1}{2}\log_3\dfrac{1}{5}-\dfrac{3}{2}\log_3\sqrt[3]{80}$

03-2 $\log_{10}\left(1-\dfrac{1}{2}\right)+\log_{10}\left(1-\dfrac{1}{3}\right)+\log_{10}\left(1-\dfrac{1}{4}\right)+\log_{10}\left(1-\dfrac{1}{5}\right)+\cdots+\log_{10}\left(1-\dfrac{1}{100}\right)$의 값을 구하시오.

로그의 밑의 변환

1 로그의 밑의 변환

$a > 0$, $a \neq 1$, $b > 0$일 때

(1) $\log_a b = \dfrac{\log_c b}{\log_c a}$ (단, $c > 0$, $c \neq 1$)   (2) $\log_a b = \dfrac{1}{\log_b a}$ (단, $b \neq 1$)

예 (1) $\log_2 3 = \dfrac{\log_5 3}{\log_5 2}$ (2) $\log_3 2 = \dfrac{1}{\log_2 3}$

2 로그의 여러 가지 성질

$a > 0$, $a \neq 1$, $b > 0$일 때

(1) $\log_{a^m} b^n = \dfrac{n}{m} \log_a b$ (단, $m \neq 0$이고, m, n은 실수)

(2) $a^{\log_c b} = b^{\log_c a}$ (단, $c > 0$, $c \neq 1$)

예 (1) $\log_{5^2} 7^3 = \dfrac{3}{2} \log_5 7$ (2) $3^{\log_3 5} = 5^{\log_3 3} = 5$

개념 PLUS

로그의 밑의 변환

(1) $\log_a b = x$, $\log_c a = y$라 하면 $a^x = b$, $c^y = a$이므로 $b = a^x = (c^y)^x = c^{xy}$

로그의 정의에 의하여 $xy = \log_c b$이므로 $\log_a b \times \log_c a = \log_c b$

이때 $a \neq 1$에서 $\log_c a \neq 0$이므로 양변을 $\log_c a$로 나누면 $\log_a b = \dfrac{\log_c b}{\log_c a}$

(2) (1)에서 $c = b$라 하면 $\log_a b = \dfrac{\log_b b}{\log_b a} = \dfrac{1}{\log_b a}$

로그의 여러 가지 성질

(1) 로그의 밑의 변환에 의하여 $\log_{a^m} b^n = \dfrac{\log_a b^n}{\log_a a^m} = \dfrac{n \log_a b}{m \log_a a} = \dfrac{n}{m} \log_a b$

(2) $x = a^{\log_c b}$이라 하고 양변에 c를 밑으로 하는 로그를 취하면

$\log_c x = \log_c a^{\log_c b} = \log_c b \times \log_c a = \log_c a \times \log_c b = \log_c b^{\log_c a}$

즉, $x = b^{\log_c a}$이므로 $a^{\log_c b} = b^{\log_c a}$

개념 CHECK

정답과 해설 8쪽

1 다음 식의 값을 구하시오.

(1) $\log_{25} 125$ (2) $\log_3 4 \times \log_2 3$

(3) $3^{\log_3 10} + 7^{\log_7 2}$ (4) $\log_3 5 + \log_3 2 - \dfrac{2}{\log_{10} 9}$

필.수.예.제 04

로그의 밑의 변환을 이용한 계산

다음 식의 값을 구하시오.

(1) $\log_2 81 \times \log_3 \sqrt{5} \times \log_5 \sqrt{2}$

(2) $\log_2 (\log_3 2 \times \log_4 3)$

공략 Point

· $\log_a b = \dfrac{\log_c b}{\log_c a}$

· $\log_a b = \dfrac{1}{\log_b a}$

풀이

(1) 로그의 밑을 같게 변형하면

$$\log_2 81 \times \log_3 \sqrt{5} \times \log_5 \sqrt{2}$$
$$= \log_2 3^4 \times \frac{\log_2 \sqrt{5}}{\log_2 3} \times \frac{\log_2 \sqrt{2}}{\log_2 5}$$
$$= 4\log_2 3 \times \frac{\frac{1}{2}\log_2 5}{\log_2 3} \times \frac{\frac{1}{2}\log_2 2}{\log_2 5}$$
$$= 4 \times \frac{1}{2} \times \frac{1}{2} = \mathbf{1}$$

(2) 진수에 있는 로그의 밑을 같게 변형하면

$$\log_2 (\log_3 2 \times \log_4 3) = \log_2 \left(\log_3 2 \times \frac{1}{\log_3 4} \right)$$
$$= \log_2 \left(\log_3 2 \times \frac{1}{2\log_3 2} \right)$$
$$= \log_2 \frac{1}{2} = \log_2 2^{-1} = \mathbf{-1}$$

정답과 해설 8쪽

문제

04-1 다음 식의 값을 구하시오.

(1) $\log_3 6 \times \log_9 8 \times \log_2 3 \times \log_6 9$

(2) $\log_6 \sqrt{27} + \dfrac{1}{\log_{\sqrt{8}} 6}$

04-2 $\dfrac{\log_7 4}{a} = \dfrac{\log_7 12}{b} = \dfrac{\log_7 27}{c} = \log_7 6$일 때, $a+b+c$의 값을 구하시오. (단, $abc \neq 0$)

04-3 $\log_{10}(\log_2 3) + \log_{10}(\log_3 4) + \log_{10}(\log_4 5) + \cdots + \log_{10}(\log_{1023} 1024)$의 값을 구하시오.

로그의 여러 가지 성질을 이용한 계산

유형편 13쪽

필.수.예.제 05

다음 식의 값을 구하시오.

(1) $(\log_2 3 + \log_8 9)(\log_3 2 + \log_9 8)$

(2) $2^{\log_2 \frac{2}{3} + \log_2 27 - \log_2 3}$

공략 Point

· $\log_{a^m} b^n = \dfrac{n}{m} \log_a b$

· $a^{\log_c b} = b^{\log_c a}$

풀이

(1) $\log_8 9$는 밑을 2로, $\log_9 8$은 밑을 3으로 변형하면

$(\log_2 3 + \log_8 9)(\log_3 2 + \log_9 8)$

$= (\log_2 3 + \log_{2^3} 3^2)(\log_3 2 + \log_{3^2} 2^3)$

$= \left(\log_2 3 + \dfrac{2}{3} \log_2 3\right)\left(\log_3 2 + \dfrac{3}{2} \log_3 2\right)$

$= \dfrac{5}{3} \log_2 3 \times \dfrac{5}{2} \log_3 2$

$= \dfrac{25}{6} \times \log_2 3 \times \dfrac{1}{\log_2 3}$

$= \dfrac{25}{6}$

(2) 지수를 간단히 하면

$\log_2 \dfrac{2}{3} + \log_2 27 - \log_2 3 = \log_2 \dfrac{\frac{2}{3} \times 27}{3}$

$= \log_2 6$

따라서 구하는 식의 값은

$2^{\log_2 \frac{2}{3} + \log_2 27 - \log_2 3} = 2^{\log_2 6} = 6^{\log_2 2} = 6$

정답과 해설 9쪽

문제

05-1

다음 식의 값을 구하시오.

(1) $(\log_2 3 + \log_4 \sqrt{3})(\log_3 5 + \log_{\sqrt{3}} 5)(\log_5 2 + \log_{125} 2)$

(2) $5^{\log_5 4 \times \log_2 3}$

05-2

$(\log_2 5)(\log_{16} x) = \log_4 5$일 때, 양수 x의 값을 구하시오.

05-3

$a = \dfrac{3}{\log_3 25} + \log_{25} 6 - \dfrac{\log_{\sqrt{2}} 3}{\log_{\sqrt{2}} 5}$일 때, 5^a의 값을 구하시오.

필.수.예.제 **06**

로그의 값을 문자로 나타내기

다음 물음에 답하시오.

(1) $\log_5 2 = a$, $\log_5 3 = b$일 때, $\log_5 24$를 a, b로 나타내시오.

(2) $\log_{10} 2 = a$, $\log_{10} 3 = b$일 때, $\log_{20} 72$를 a, b로 나타내시오.

공략 Point

진수를 소인수분해하여 주어진 조건의 진수를 인수로 갖도록 변형한다.

풀이

(1) 로그의 진수가 2 또는 3을 인수로 갖도록 $\log_5 24$를 변형하면	$\log_5 24 = \log_5 (2^3 \times 3) = \log_5 2^3 + \log_5 3$ $= 3\log_5 2 + \log_5 3$
$\log_5 2 = a$, $\log_5 3 = b$이므로	$= 3a + b$

(2) $\log_{20} 72$에서 밑을 10으로 변형하면	$\log_{20} 72 = \dfrac{\log_{10} 72}{\log_{10} 20}$
로그의 진수가 2 또는 3 또는 5를 인수로 갖도록 $\log_{10} 72$, $\log_{10} 20$을 각각 변형하면	$= \dfrac{\log_{10}(2^3 \times 3^2)}{\log_{10}(2^2 \times 5)} = \dfrac{\log_{10} 2^3 + \log_{10} 3^2}{\log_{10} 2^2 + \log_{10} 5}$ $= \dfrac{3\log_{10} 2 + 2\log_{10} 3}{2\log_{10} 2 + \log_{10} \dfrac{10}{2}}$ $= \dfrac{3\log_{10} 2 + 2\log_{10} 3}{2\log_{10} 2 + \log_{10} 10 - \log_{10} 2}$ $= \dfrac{3\log_{10} 2 + 2\log_{10} 3}{\log_{10} 2 + 1}$
$\log_{10} 2 = a$, $\log_{10} 3 = b$이므로	$= \dfrac{3a + 2b}{a + 1}$

정답과 해설 9쪽

문제

06-1 다음 물음에 답하시오.

(1) $\log_3 2 = a$, $\log_3 5 = b$일 때, $\log_3 \dfrac{2}{15}$를 a, b로 나타내시오.

(2) $\log_{10} 2 = a$, $\log_{10} 3 = b$일 때, $\log_5 12$를 a, b로 나타내시오.

06-2 $3^a = 2$, $3^b = 5$일 때, $\log_{15} 20$을 a, b로 나타내시오.

조건을 이용하여 식의 값 구하기

유형편 **14쪽**

다음 물음에 답하시오.

(1) 실수 x, y에 대하여 $52^x=13^y=26$일 때, $\dfrac{1}{x}+\dfrac{1}{y}$의 값을 구하시오.

(2) 1이 아닌 양수 a, b, c에 대하여 $\log_a c : \log_b c = 1 : 3$일 때, $\log_a b + \log_b a$의 값을 구하시오.

공략 Point

(1) 로그의 정의를 이용하여 x, y의 값을 구한 후 로그의 밑의 변환을 이용하여 식의 값을 구한다.

(2) 주어진 조건을 이용하여 a, b 사이의 관계식을 구한 후 구하는 식에 대입한다.

풀이

(1) $52^x=26$에서	$x=\log_{52}26$ $\quad\therefore \dfrac{1}{x}=\log_{26}52$
$13^y=26$에서	$y=\log_{13}26$ $\quad\therefore \dfrac{1}{y}=\log_{26}13$
따라서 $\dfrac{1}{x}+\dfrac{1}{y}$의 값은	$\dfrac{1}{x}+\dfrac{1}{y}=\log_{26}52+\log_{26}13=\log_{26}(52\times13)$ $=\log_{26}26^2=\mathbf{2}$

(2) $\log_a c : \log_b c = 1 : 3$에서	$\log_b c=3\log_a c,\ \dfrac{1}{\log_c b}=\dfrac{3}{\log_c a}$ $\log_c a=3\log_c b,\ \log_c a=\log_c b^3$ $\therefore a=b^3$
따라서 $\log_a b + \log_b a$의 값은	$\log_a b + \log_b a = \log_{b^3} b + \log_b b^3$ $=\dfrac{1}{3}+3=\dfrac{\mathbf{10}}{\mathbf{3}}$

다른 풀이

(1) $52^x=26$, $13^y=26$에서	$52=26^{\frac{1}{x}}$, $13=26^{\frac{1}{y}}$
$26^{\frac{1}{x}}\times26^{\frac{1}{y}}$을 하면	$26^{\frac{1}{x}}\times26^{\frac{1}{y}}=52\times13,\ 26^{\frac{1}{x}+\frac{1}{y}}=26^2$ $\quad\therefore \dfrac{1}{x}+\dfrac{1}{y}=\mathbf{2}$

정답과 해설 10쪽

문제

07-1 다음 물음에 답하시오.

(1) 실수 x, y에 대하여 $8^x=125^y=10$일 때, $\dfrac{1}{x}+\dfrac{1}{y}$의 값을 구하시오.

(2) 1이 아닌 양수 a, b에 대하여 $\log_2 a \times \log_b 16 = 1$일 때, $\log_a b + \log_b a$의 값을 구하시오.

07-2 양수 x, y, z에 대하여 $\log_{\sqrt{3}}\sqrt{x}+\log_9 4y^2+\log_3 3z=1$일 때, $\{(81^x)^y\}^z$의 값을 구하시오.

로그와 이차방정식

유형편 14쪽

필.수.예.제 08

공략 Point

이차방정식의 근과 계수의 관계를 이용하여 로그에 관한 식으로 나타낸 후 이 식을 이용할 수 있도록 구하는 식의 밑을 변형한다.

➡ $ax^2+bx+c=0\,(a\neq0)$ 의 두 근이 α, β일 때,
$$\alpha+\beta=-\frac{b}{a},\ \alpha\beta=\frac{c}{a}$$

이차방정식 $x^2-4x+2=0$의 두 근이 $\log_5\alpha$, $\log_5\beta$일 때, $\log_\alpha\beta+\log_\beta\alpha$의 값을 구하시오.

풀이

이차방정식의 근과 계수의 관계에 의하여	$\log_5\alpha+\log_5\beta=4$ ······ ㉠ $\log_5\alpha\times\log_5\beta=2$ ······ ㉡
$\log_\alpha\beta+\log_\beta\alpha$에서 밑을 5로 변형하면	$\log_\alpha\beta+\log_\beta\alpha$ $=\dfrac{\log_5\beta}{\log_5\alpha}+\dfrac{\log_5\alpha}{\log_5\beta}$ $=\dfrac{(\log_5\beta)^2+(\log_5\alpha)^2}{\log_5\alpha\times\log_5\beta}$ $=\dfrac{(\log_5\alpha+\log_5\beta)^2-2\log_5\alpha\times\log_5\beta}{\log_5\alpha\times\log_5\beta}$
㉠, ㉡을 대입하면	$=\dfrac{4^2-2\times2}{2}=\mathbf{6}$

정답과 해설 10쪽

문제

08-1 이차방정식 $x^2-8x+4=0$의 두 근을 α, β라 할 때, $\log_{\alpha\beta}(\alpha+\beta)-\log_{\frac{1}{\alpha\beta}}\left(\dfrac{1}{\alpha}+\dfrac{1}{\beta}\right)$의 값을 구하시오.

08-2 이차방정식 $x^2+2x\log_63+\log_62-\log_63=0$의 두 근을 α, β라 할 때, $(\alpha-1)(\beta-1)$의 값을 구하시오.

08-3 이차방정식 $x^2+5x+3=0$의 두 근이 $\log_{10}\alpha$, $\log_{10}\beta$일 때, $\log_\alpha\alpha\beta^3+\log_\beta\alpha^3\beta$의 값을 구하시오.

연습문제

1 $\log_{\sqrt{2}} a = 4$, $\log_{\frac{1}{9}} 3 = b$를 만족시키는 실수 a, b에 대하여 ab의 값은?

① -4 ② -2 ③ 1

④ 2 ⑤ 4

2 $\log_5 \{\log_3 (\log_2 x)\} = 0$을 만족시키는 실수 x의 값은?

① 2 ② 4 ③ 8

④ 16 ⑤ 64

3 모든 실수 x에 대하여 $\log_{a-1} (ax^2 + ax + 1)$이 정의되도록 하는 정수 a의 값을 구하시오.

수능

4 2 이상의 자연수 n에 대하여 $5\log_n 2$의 값이 자연수가 되도록 하는 모든 n의 값의 합은?

① 34 ② 38 ③ 42

④ 46 ⑤ 50

5 다음 보기 중 옳은 것만을 있는 대로 고르시오.

◦보기◦

ㄱ. $\log_3 (3 \times 3^2 \times 3^3 \times 3^4 \times 3^5) = 15$

ㄴ. $\log_2 1 + \log_2 2 + \log_2 3 + \log_2 4 + \log_2 5$
$= \log_2 15$

ㄷ. $\frac{1}{2} \log_2 4 + \frac{2}{3} \log_2 8 + \frac{3}{4} \log_2 16 + \frac{4}{5} \log_2 32$
$= 10$

ㄹ. $\log_2 2^2 \times \log_3 3^2 \times \log_4 4^2 \times \log_5 5^2 = 8$

평가원

6 두 실수 a, b가
$$ab = \log_3 5, \quad b - a = \log_2 5$$
를 만족시킬 때, $\dfrac{1}{a} - \dfrac{1}{b}$의 값은?

① $\log_5 2$ ② $\log_3 2$ ③ $\log_3 5$

④ $\log_2 3$ ⑤ $\log_2 5$

7 $3^{(\log_{243} 8)(\log_9 2 + \log_3 4)(\log_2 3 - \log_8 9)}$의 값은?

① $\sqrt{2}$ ② $\sqrt{3}$ ③ $\sqrt{6}$

④ 3 ⑤ $\sqrt{10}$

8 세 수 $A = \log_{64} 3 \times \log_9 125 \times \log_5 8$, $B = 5^{\log_5 7 - \log_5 14}$, $C = \log_{27} 81 - \log_{64} 16$의 대소를 비교하시오.

연습문제

9 $(\log_3 2 + 2\log_3 5)\log_{5\sqrt{2}} a = 4$일 때, 양수 a의 값을 구하시오.

10 $\log_2 3 = a$, $\log_3 7 = b$일 때, $\log_7 4\sqrt{3}$을 a, b로 나타내면?

① $\dfrac{a+2}{2ab}$ ② $\dfrac{a+2}{ab}$ ③ $\dfrac{2ab}{a+4}$

④ $\dfrac{a+4}{2ab}$ ⑤ $\dfrac{a+4}{ab}$

11 실수 x, y에 대하여 $2^x = 3^y = 54$일 때, $(x-1)(y-3)$의 값은?

① 1 ② $\dfrac{3}{2}$ ③ 2

④ $\dfrac{5}{2}$ ⑤ 3

12 이차방정식 $x^2 - 5x + 5 = 0$의 두 근을 α, β라 할 때, $\log_{\alpha-\beta}\alpha + \log_{\alpha-\beta}\beta$의 값은? (단, $\alpha > \beta$)

① -2 ② -1 ③ 0

④ 1 ⑤ 2

실력

13 0이 아닌 실수 a, b, c에 대하여 $a+b+c=0$이고 $3^a = x$, $3^b = y$, $3^c = z$일 때, $\log_x yz + \log_y zx + \log_z xy$의 값은?

① -6 ② -3 ③ 1

④ 3 ⑤ 6

14 양수 a, b, c가 다음 조건을 모두 만족시킬 때, $\log_3 abc$의 값을 구하시오.

> (가) $\sqrt[4]{a} = \sqrt{b} = \sqrt[3]{c}$
>
> (나) $\log_9 a + \log_{27} b + \log_3 c = 34$

15 1이 아닌 서로 다른 두 양수 a, b에 대하여 $\log_a b = \log_b a$일 때, $a+4b$의 최솟값은?

① 1 ② $\sqrt{2}$ ③ 2

④ 4 ⑤ 6

상용로그

1 상용로그

10을 밑으로 하는 로그를 **상용로그**라 한다.

이때 양수 N에 대하여 상용로그 $\log_{10} N$은 밑 10을 생략하여

$$\log N$$

으로 나타낸다.

예
- $\log 10000 = \log_{10} 10^4 = 4 \log_{10} 10 = 4$
- $\log \dfrac{1}{100} = \log_{10} 10^{-2} = -2 \log_{10} 10 = -2$
- $\log \sqrt{10} = \log_{10} 10^{\frac{1}{2}} = \dfrac{1}{2} \log_{10} 10 = \dfrac{1}{2}$

2 상용로그표

상용로그표는 0.01의 간격으로 1.00부터 9.99까지의 수의 상용로그의 값을 반올림하여 소수점 아래 넷째 자리까지 나타낸 것이다.

예를 들어 상용로그표에서 $\log 5.17$의 값을 구하려면 5.1의 가로줄과 7의 세로줄이 만나는 곳에 있는 수를 찾으면 된다.

이때 상용로그표에서 .7135는 0.7135를 뜻하므로 $\log 5.17 = 0.7135$이다.

수	0	1	...	7	8
1.0	.0000	.0043	...	.0294	.0334
1.1	.0414	.0453	...	.0682	.0719
1.2	.0792	.0828	...	.1038	.1072
⋮	⋮	⋮	...	⋮	⋮
5.0	.6990	.5922	...	.7050	.7059
5.1	.7076	.7084	...	.7135	.7143
5.2	.7160	.7168	...	.7218	.7226

참고
- 상용로그표의 값은 반올림하여 어림한 값이므로 $\log 5.17 \fallingdotseq 0.7135$로 쓰는 것이 옳지만 편의상 등호 $=$를 사용하여 $\log 5.17 = 0.7135$로 나타낸다.
- 로그의 성질을 이용하여 상용로그표에 없는 양수의 상용로그의 값도 구할 수 있다.

3 상용로그의 정수 부분과 소수 부분

임의의 양수 N에 대하여 상용로그는 다음과 같이 정수 부분과 소수 부분의 합의 꼴로 나타낼 수 있다.

$$\log N = n + \alpha \ (\text{단, } n \text{은 정수, } 0 \le \alpha < 1)$$

$\log N$의 정수 부분 ┘ └ $\log N$의 소수 부분

예 $\log 3.75 = 0.574$일 때
- $\log 375 = \log(10^2 \times 3.75) = 2 + \log 3.75 = 2 + 0.574$

  정수 부분 ┘ └ 소수 부분
- $\log 0.0375 = \log(10^{-2} \times 3.75) = -2 + \log 3.75 = -2 + 0.574$

  정수 부분 ┘ └ 소수 부분

참고 상용로그의 값이 음수인 경우에도 소수 부분의 범위는 항상 $0 \le$(소수 부분)< 1이어야 한다.

➡ $\log 0.0375 = -2 + 0.574 = -1.426$에서

(정수 부분)$\ne -1$, (소수 부분)$\ne 0.426$

4 상용로그의 정수 부분과 소수 부분의 성질

(1) 상용로그의 정수 부분

① 정수 부분이 n자리인 양수의 상용로그의 정수 부분은 $n-1$이다.

② 소수점 아래 n째 자리에서 처음으로 0이 아닌 숫자가 나타나는 양수의 상용로그의 정수 부분은 $-n$이다.

(2) 상용로그의 소수 부분

숫자의 배열이 같고 소수점의 위치만 다른 양수의 상용로그의 소수 부분은 모두 같다.

개념 PLUS

상용로그의 정수 부분과 소수 부분의 성질

$\log 3.45 = 0.5378$임을 이용하여 상용로그의 정수 부분과 소수 부분의 성질을 알아보자.

$\log 3450 = \log(10^3 \times 3.45) = 3 + \log 3.45 = ③ + \underline{0.5378}$

$\log 345 = \log(10^2 \times 3.45) = 2 + \log 3.45 = ② + \underline{0.5378}$

$\log 34.5 = \log(10 \times 3.45) = 1 + \log 3.45 = ① + \underline{0.5378}$

$\log 3.45 = ⓪.\underline{5378}$

$\log 0.345 = \log(10^{-1} \times 3.45) = -1 + \log 3.45 = -1 + \underline{0.5378}$

$\log 0.0345 = \log(10^{-2} \times 3.45) = -2 + \log 3.45 = -2 + \underline{0.5378}$

$\log 0.00345 = \log(10^{-3} \times 3.45) = -3 + \log 3.45 = -3 + \underline{0.5378}$

└── 숫자의 배열이 같은 수의 소수 부분은 모두 같다. ──┘

정수 부분이 n자리인 수의 상용로그의 정수 부분은 $n-1$이다.

소수점 아래 n째 자리에서 처음으로 0이 아닌 숫자가 나타나는 수의 상용로그의 정수 부분은 $-n$이다.

개념 CHECK

정답과 해설 12쪽

1 다음 값을 구하시오.

(1) $\log 10^5$

(2) $\log 0.01$

(3) $\log \sqrt[3]{100}$

(4) $\log \dfrac{1}{\sqrt{10}}$

2 상용로그표(p.230~231)를 이용하여 다음 x의 값을 구하시오.

(1) $x = \log 2.94$

(2) $x = \log 6.08$

(3) $\log x = 0.9112$

(4) $\log x = 0.6946$

3 다음 상용로그의 정수 부분을 구하시오.

(1) $\log 5.57$

(2) $\log 6750$

(3) $\log 0.193$

(4) $\log 0.00214$

상용로그의 값

🖉 유형편 **16쪽**

필.수.예.제 01

$\log 4.25 = 0.6284$일 때, 다음 값을 구하시오.

(1) $\log 42.5$
(2) $\log 4250$
(3) $\log 0.0425$

공략 Point

상용로그의 값을 사용할 수 있도록 로그의 진수 N을
$$N = 10^n \times a$$
$(1 \le a < 10,\ n$은 정수$)$
꼴로 나타낸다.

풀이

(1) $42.5 = 10 \times 4.25$이므로

로그의 성질에 의하여

$$\log 42.5 = \log(10 \times 4.25)$$
$$= \log 10 + \log 4.25$$
$$= 1 + 0.6284 = \mathbf{1.6284}$$

(2) $4250 = 10^3 \times 4.25$이므로

로그의 성질에 의하여

$$\log 4250 = \log(10^3 \times 4.25)$$
$$= \log 10^3 + \log 4.25$$
$$= 3\log 10 + \log 4.25$$
$$= 3 + 0.6284 = \mathbf{3.6284}$$

(3) $0.0425 = 10^{-2} \times 4.25$이므로

로그의 성질에 의하여

$$\log 0.0425 = \log(10^{-2} \times 4.25)$$
$$= \log 10^{-2} + \log 4.25$$
$$= -2\log 10 + \log 4.25$$
$$= -2 + 0.6284 = \mathbf{-1.3716}$$

정답과 해설 12쪽

문제

01-1

$\log 7.68 = 0.8854$일 때, 다음 값을 구하시오.

(1) $\log 768$
(2) $\log 0.768$
(3) $\log \sqrt{7.68}$

01-2

$\log 2 = 0.3010$, $\log 3 = 0.4771$일 때, 다음 값을 구하시오.

(1) $\log 5$
(2) $\log 12$
(3) $\log 0.6$

01-3

다음 상용로그표를 이용하여 $\log \sqrt[3]{0.364}$의 값을 구하시오.

수	0	1	2	3	4	5	6	7
3.5	.5441	.5453	.5465	.5478	.5490	.5502	.5514	.5527
3.6	.5563	.5575	.5587	.5599	.5611	.5623	.5635	.5647
3.7	.5682	.5694	.5705	.5717	.5729	.5740	.5752	.5763
3.8	.5798	.5809	.5821	.5832	.5843	.5855	.5866	.5877
3.9	.5911	.5922	.5933	.5944	.5955	.5966	.5977	.5988

상용로그의 진수 구하기

유형편 16쪽

필.수.예.제 02

$\log 2.05 = 0.3118$일 때, 다음 등식을 만족시키는 양수 N의 값을 구하시오.

(1) $\log N = 3.3118$ (2) $\log N = -2.6882$

공략 Point

주어진 상용로그의 값을 사용할 수 있도록 로그의 값을 $\log N = n + \alpha$ 꼴로 나타낸다. 이때 소수 부분 α는 $0 \le \alpha < 1$이어야 한다.

풀이

(1) $\log N = n + \alpha$ (n은 정수, $0 \le \alpha < 1$) 꼴로 나타내면

$\log N = 3 + 0.3118 = \log 10^3 + \log 2.05$
$= \log(10^3 \times 2.05) = \log 2050$

따라서 N의 값은 **2050**

(2) $\log N = n + \alpha$ (n은 정수, $0 \le \alpha < 1$) 꼴로 나타내면

$\log N = -2 + (-0.6882)$
$= (-2-1) + (1-0.6882)$
$= -3 + \underline{0.3118}$ ◀ $0 \le ($소수 부분$) < 1$
$= \log 10^{-3} + \log 2.05 = \log(10^{-3} \times 2.05)$
$= \log 0.00205$

따라서 N의 값은 **0.00205**

공략 Point

숫자의 배열이 같고 소수점의 위치만 다른 양수의 상용로그는 소수 부분이 모두 같음을 이용한다.

다른 풀이

(1) $\log 2.05 = \underline{0.3118}$과 $\log N = 3 + \underline{0.3118}$의 소수 부분이 같으므로

N은 2.05와 숫자의 배열이 같다.

이때 $\log N$의 정수 부분이 3이므로

N은 4자리의 수이다.

따라서 N의 값은 **2050**

(2) $\log 2.05 = 0.3118$과 $\log N = -3 + \underline{0.3118}$의 소수 부분이 같으므로

N은 2.05와 숫자의 배열이 같다.

이때 $\log N$의 정수 부분이 -3이므로

N은 소수점 아래 셋째 자리에서 처음으로 0이 아닌 숫자가 나타난다.

따라서 N의 값은 **0.00205**

정답과 해설 13쪽

문제

02-1 $\log 5.36 = 0.7292$일 때, 다음 등식을 만족시키는 양수 N의 값을 구하시오.

(1) $\log N = 4.7292$ (2) $\log N = -3.2708$

02-2 $\log 612 = 2.7868$일 때, $\log N = -2.2132$를 만족시키는 양수 N의 값을 구하시오.

자릿수와 상용로그

✎ 유형편 17쪽

필.수.예.제
03

$\log 3 = 0.4771$일 때, 다음 물음에 답하시오.

(1) 3^{50}은 몇 자리의 자연수인지 구하시오.

(2) 3^{-14}은 소수점 아래 몇째 자리에서 처음으로 0이 아닌 숫자가 나타나는지 구하시오.

공략 Point

자연수 n에 대하여
(1) $\log N$의 정수 부분이 n
➡ N은 $n+1$자리의 수
(2) $\log N$의 정수 부분이 $-n$
➡ N은 소수점 아래 n째 자리에서 처음으로 0이 아닌 숫자가 나타난다.

풀이

(1) 3^{50}에 상용로그를 취하면	$\log 3^{50} = 50 \log 3$ $\qquad = 50 \times 0.4771$ $\qquad = 23.855 = 23 + 0.855$
$\log 3^{50}$의 정수 부분이 23이므로 3^{50}은	**24자리**의 자연수이다.

(2) 3^{-14}에 상용로그를 취하면	$\log 3^{-14} = -14 \log 3$ $\qquad = -14 \times 0.4771$ $\qquad = -6.6794$ $\qquad = (-6-1) + (1-0.6794)$ $\qquad = -7 + 0.3206$
$\log 3^{-14}$의 정수 부분이 -7이므로 3^{-14}은	**소수점 아래 7째** 자리에서 처음으로 0이 아닌 숫자가 나타난다.

정답과 해설 13쪽

문제

03-1 $\log 2 = 0.3010$, $\log 3 = 0.4771$일 때, 다음 물음에 답하시오.

(1) 12^{20}은 몇 자리의 자연수인지 구하시오.

(2) $\left(\dfrac{1}{6}\right)^{30}$은 소수점 아래 몇째 자리에서 처음으로 0이 아닌 숫자가 나타나는지 구하시오.

03-2 7^{100}이 85자리의 자연수일 때, 7^{25}은 몇 자리의 자연수인지 구하시오.

03-3 자연수 a에 대하여 a^{10}이 95자리의 자연수일 때, $\dfrac{1}{a}$은 소수점 아래 몇째 자리에서 처음으로 0이 아닌 숫자가 나타나는지 구하시오.

소수 부분의 조건이 주어진 상용로그

유형편 17쪽

필.수.예.제 04

다음 물음에 답하시오.

(1) $\log N$의 정수 부분이 1이고 $\log N$의 소수 부분과 $\log N^3$의 소수 부분이 같을 때, 양수 N의 값을 구하시오.

(2) $1 < N < 10$이고 $\log N$의 소수 부분과 $\log N^2$의 소수 부분의 합이 1일 때, 양수 N의 값을 구하시오.

공략 Point

(1) 두 상용로그의 소수 부분이 같다.
➡ (두 상용로그의 차)
 =(정수)

(2) 두 상용로그의 소수 부분의 합이 1이다.
➡ (두 상용로그의 합)
 =(정수)

풀이

(1) 두 상용로그의 소수 부분이 같으면 두 상용로그의 차는 정수이므로	$\log N^3 - \log N = 3\log N - \log N$ $\qquad = 2\log N$ ➡ 정수
$\log N$의 정수 부분이 1이므로	$1 \leq \log N < 2$ $\quad \therefore 2 \leq 2\log N < 4$
이때 $2\log N$이 정수이므로	$2\log N = 2$ 또는 $2\log N = 3$ $\therefore \log N = 1$ 또는 $\log N = \dfrac{3}{2}$
따라서 로그의 정의에 의하여	$N = \mathbf{10}$ 또는 $N = 10^{\frac{3}{2}} = \mathbf{10\sqrt{10}}$

(2) 두 상용로그의 소수 부분의 합이 1이면 두 상용로그의 합은 정수이므로	$\log N + \log N^2 = \log N + 2\log N$ $\qquad = 3\log N$ ➡ 정수
$1 < N < 10$에서	$0 < \log N < 1$ $\quad \therefore 0 < 3\log N < 3$
이때 $3\log N$이 정수이므로	$3\log N = 1$ 또는 $3\log N = 2$ $\therefore \log N = \dfrac{1}{3}$ 또는 $\log N = \dfrac{2}{3}$
따라서 로그의 정의에 의하여	$N = 10^{\frac{1}{3}} = \sqrt[3]{\mathbf{10}}$ 또는 $N = 10^{\frac{2}{3}} = \sqrt[3]{\mathbf{100}}$

정답과 해설 13쪽

문제

04-1 다음 물음에 답하시오.

(1) $100 < N < 1000$이고 $\log N$의 소수 부분과 $\log \dfrac{1}{N}$의 소수 부분이 같을 때, 양수 N의 값을 구하시오.

(2) $\log N$의 정수 부분이 4이고 $\log N$의 소수 부분과 $\log \sqrt[3]{N}$의 소수 부분의 합이 1일 때, 양수 N의 값을 구하시오.

04-2 $\log N$의 정수 부분이 3이고 $\log \dfrac{N}{4}$의 소수 부분이 $\log N$의 소수 부분의 2배일 때, 양수 N의 값을 구하시오.

필.수.예.제 05

어떤 물질의 공기 중의 농도 C와 냄새의 세기 I 사이에는 다음과 같은 관계식이 성립한다고 한다.

$$I=\frac{5(\log C-1)}{3}+k \ (\text{단, } k\text{는 상수})$$

이 물질의 냄새의 세기가 6일 때의 공기 중의 농도는 냄새의 세기가 1일 때의 공기 중의 농도의 몇 배인지 구하시오.

공략 Point

주어진 조건을 식에 대입한 후 로그의 성질을 이용하여 값을 구한다.

풀이

이 물질의 냄새의 세기가 6일 때의 공기 중의 농도를 C_1이라 하면	$6=\frac{5(\log C_1-1)}{3}+k$ ...... ㉠
이 물질의 냄새의 세기가 1일 때의 공기 중의 농도를 C_2라 하면	$1=\frac{5(\log C_2-1)}{3}+k$ ...... ㉡
㉠-㉡을 하면	$5=\frac{5}{3}(\log C_1-\log C_2),\ \log\frac{C_1}{C_2}=3$
로그의 정의에 의하여	$\frac{C_1}{C_2}=10^3=1000$
따라서 이 물질의 냄새의 세기가 6일 때의 공기 중의 농도는 냄새의 세기가 1일 때의 공기 중의 농도의	**1000배**

정답과 해설 14쪽

문제

05-1 어느 지역에서 1년 동안 발생하는 규모 M 이상인 지진의 평균 발생 횟수를 N이라 할 때, 다음과 같은 관계식이 성립한다고 한다.

$$\log N=a-0.9M \ (\text{단, } a\text{는 양의 상수})$$

이 지역에서는 규모 4 이상인 지진이 1년에 평균 64번 발생하고 규모 x 이상인 지진은 1년에 평균 한 번 발생한다고 할 때, x의 값을 구하시오. (단, $\log 2=0.3$으로 계산한다.)

05-2 별의 등급 m과 별의 밝기 I 사이에는 다음과 같은 관계식이 성립한다고 한다.

$$m=-\frac{5}{2}\log I+C \ (\text{단, } C\text{는 상수})$$

이때 2등급인 별의 밝기는 7등급인 별의 밝기의 몇 배인지 구하시오.

🖊 유형편 18쪽

상용로그의 실생활에의 활용 - 증가하거나 감소하는 경우

필.수.예.제 06

어느 보험사에서 화재 보험에 가입한 건물의 보상 기준 가격을 매년 전년도 대비 10 %씩 낮춘다고 한다. 이 화재 보험에 가입한 건물의 10년 후 보상 기준 가격은 현재 가격의 몇 %인지 구하시오.

(단, $\log 3 = 0.477$, $\log 3.47 = 0.54$로 계산한다.)

처음 양 a가 매년 r %씩 감소할 때 n년 후의 양은

$$a\left(1 - \frac{r}{100}\right)^n$$

임을 이용하여 식을 세운다.

풀이

현재 가격을 a라 하면 보상 기준 가격이 매년 10 %씩 떨어지므로 10년 후 보상 기준 가격은	$a\left(1 - \frac{10}{100}\right)^{10}$ ∴ $a \times 0.9^{10}$ ...... ㉠
0.9^{10}에 상용로그를 취하면	$\log 0.9^{10} = 10 \log 0.9 = 10 \log \frac{9}{10}$ $= 10(2 \log 3 - 1)$
$\log 3 = 0.477$이므로	$= 10(2 \times 0.477 - 1) = -0.46$ $= -1 + (1 - 0.46) = -1 + 0.54$
$\log 3.47 = 0.54$이므로	$= -1 + \log 3.47 = \log 10^{-1} + \log 3.47$ $= \log(10^{-1} \times 3.47) = \log 0.347$
즉, 0.9^{10}의 값은	$0.9^{10} = 0.347$
이를 ㉠에 대입하면	$a \times 0.347$
따라서 건물의 10년 후 보상 기준 가격은 현재 가격의	**34.7 %**

정답과 해설 14쪽

문제

06-1
방사성 물질을 보관하는 곳에는 외부로 방사선 입자가 누출되는 것을 막기 위하여 특수 보호막을 설치한다. 어느 방사선 입자가 특수 보호막 한 장을 통과할 때마다 그 양이 20 %씩 감소한다고 할 때, 15장째 특수 보호막을 통과한 방사선 입자의 양은 처음 방사선 입자의 양의 몇 %인지 구하시오. (단, $\log 2 = 0.301$, $\log 3.51 = 0.545$로 계산한다.)

06-2
어느 기업에서 올해부터 매년 일정한 비율로 매출을 증가시켜 10년 후 매출이 올해 매출의 4배가 되게 하려고 한다. 이 기업은 매년 몇 %씩 매출을 증가시켜야 하는지 구하시오.

(단, $\log 2 = 0.3$, $\log 1.15 = 0.06$으로 계산한다.)

연습문제

1 $\log 6.78 = 0.8312$일 때, 다음 중 옳지 <u>않은</u> 것은?

① $\log 67.8 = 1.8312$

② $\log 6780 = 3.8312$

③ $\log 678000 = 5.8312$

④ $\log 0.678 = -0.8312$

⑤ $\log 0.0678 = -1.1688$

2 $\log 2 = 0.3$, $\log 3 = 0.48$일 때, $\log \sqrt{3} + \log 4 - \log \sqrt{32}$의 값을 구하시오.

3 $\log 56.7 = 1.7536$일 때, $\log N = -4.2464$를 만족시키는 양수 N의 값은?

① 0.0000567 ② 0.000567

③ 0.00567 ④ 0.0567

⑤ 0.567

4 자연수 N에 대하여 $\log N$의 정수 부분을 $f(N)$이라 할 때, $f(1) + f(2) + f(3) + \cdots + f(999)$의 값을 구하시오.

5 양수 A에 대하여 $\log A$의 정수 부분과 소수 부분이 이차방정식 $3x^2 + 5x + k = 0$의 두 근일 때, 실수 k의 값은?

① -2 ② -1 ③ 0

④ 1 ⑤ 2

6 $10 < x < 100$이고
$$\log x = n + \alpha \, (n\text{은 정수}, \ 0 \le \alpha < 1)$$
라 할 때, $3\alpha^2 + 2\log x = 3$이다. 이때 $\log x$의 값을 구하시오.

7 $a > 1$일 때, $(\log_a \sqrt{a})^{20}$은 소수점 아래 몇째 자리에서 처음으로 0이 아닌 숫자가 나타나는가?
(단, $\log 2 = 0.301$로 계산한다.)

① 4째 자리 ② 5째 자리 ③ 6째 자리

④ 7째 자리 ⑤ 8째 자리

연습문제

8 외부 자극의 세기 I와 감각의 세기 S 사이에는 다음과 같은 관계식이 성립한다고 한다.

$$S=k\log I \text{ (단, } k\text{는 상수)}$$

어느 자극의 세기가 500일 때의 감각의 세기가 0.6일 때, 이 자극의 세기가 8일 때의 감각의 세기는?

(단, $\log 2=0.3$으로 계산한다.)

① 0.18   ② 0.2   ③ 0.22
④ 0.24   ⑤ 0.26

(평가원)

9 고속철도의 최고소음도 $L(\mathrm{dB})$을 예측하는 모형에 따르면 한 지점에서 가까운 선로 중앙 지점까지의 거리를 $d(\mathrm{m})$, 열차가 가까운 선로 중앙 지점을 통과할 때의 속력을 $v(\mathrm{km/h})$라 할 때, 다음과 같은 관계식이 성립한다고 한다.

$$L=80+28\log\frac{v}{100}-14\log\frac{d}{25}$$

가까운 선로 중앙 지점 P까지의 거리가 75 m인 한 지점에서 속력이 서로 다른 두 열차 A, B의 최고소음도를 예측하고자 한다. 열차 A가 지점 P를 통과할 때의 속력이 열차 B가 지점 P를 통과할 때의 속력의 0.9배일 때, 두 열차 A, B의 예측 최고소음도를 각각 L_A, L_B라 하자. L_B-L_A의 값은?

① $14-28\log 3$ ② $28-56\log 3$
③ $28-28\log 3$ ④ $56-84\log 3$
⑤ $56-56\log 3$

실력

10 5^{25}은 m자리의 수이고 5^{25}의 최고 자리의 숫자는 n일 때, $m+n$의 값은?

(단, $\log 2=0.3010$, $\log 3=0.4771$로 계산한다.)

① 16   ② 17   ③ 18
④ 19   ⑤ 20

11 $100<N<1000$이고

$$\log N-[\log N]=\log N^3-[\log N^3]$$

일 때, 양수 N의 값을 구하시오.

(단, $[x]$는 x보다 크지 않은 최대의 정수)

12 어느 휴대 전화는 전파 기지국에서 멀어질 때마다 통화하는 데 필요한 에너지의 양이 일정한 비율로 증가한다. 기지국에서 통화하는 데 필요한 에너지의 양은 기지국에서 1750 m 떨어진 지점에서 통화하는 데 필요한 에너지의 양의 $\frac{1}{5}$배이다. 이때 100 m 멀어질 때마다 통화하는 데 필요한 에너지의 양은 몇 %씩 증가하는지 구하시오.

(단, $\log 1.1=0.04$, $\log 2=0.3$으로 계산한다.)

Ⅰ

지수함수와
로그함수

지수함수

1 지수함수의 뜻

a가 1이 아닌 양수일 때, 실수 x에 대하여 a^x의 값은 하나로 정해지므로

$$y=a^x \ (a>0, \ a\neq1)$$

은 x에 대한 함수가 된다. 이 함수를 a를 밑으로 하는 **지수함수**라 한다.

(예) $y=4^x$, $y=\left(\dfrac{1}{7}\right)^x$, $y=3\times2^{2x}$ ➡ 지수함수

(참고) • 함수 $y=a^x$에서 지수 x는 실수이므로 밑 a는 양수인 경우만 생각한다.
　　　 • 함수 $y=a^x$에서 $a=1$이면 $y=1^x=1$이므로 $y=a^x$은 상수함수가 된다. 따라서 지수함수의 밑은 1이 아닌 양수인 경우만 생각한다.

2 지수함수의 그래프와 성질

지수함수 $y=a^x(a>0, \ a\neq1)$의 그래프는 a의 값의 범위에 따라 다음과 같다.

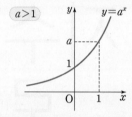 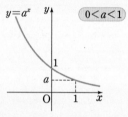

이때 지수함수 $y=a^x(a>0, \ a\neq1)$의 성질은 다음과 같다.

(1) 정의역은 실수 전체의 집합이고, 치역은 양의 실수 전체의 집합이다.

(2) 일대일함수이다.

(3) $a>1$일 때, x의 값이 증가하면 y의 값도 증가한다. ◀ $x_1<x_2$이면 $a^{x_1}<a^{x_2}$

　　$0<a<1$일 때, x의 값이 증가하면 y의 값은 감소한다. ◀ $x_1<x_2$이면 $a^{x_1}>a^{x_2}$

(4) 그래프는 점 $(0, 1)$을 지나고, 그래프의 점근선은 x축(직선 $y=0$)이다.

(참고) • 곡선이 어떤 직선에 한없이 가까워지면 이 직선을 그 곡선의 점근선이라 한다.
　　　 • $a>0$, $a\neq1$일 때, $y=a^x$의 그래프와 $y=\left(\dfrac{1}{a}\right)^x$의 그래프는 y축에 대하여 대칭이다.

3 지수함수의 그래프의 평행이동과 대칭이동

지수함수 $y=a^x(a>0, \ a\neq1)$의 그래프를

(1) x축의 방향으로 m만큼, y축의 방향으로 n만큼 평행이동한 그래프의 식
　　➡ $y=a^{x-m}+n$　◀ x 대신 $x-m$, y 대신 $y-n$ 대입

(2) x축에 대하여 대칭이동한 그래프의 식 ➡ $y=-a^x$　◀ y 대신 $-y$ 대입

(3) y축에 대하여 대칭이동한 그래프의 식 ➡ $y=a^{-x}=\left(\dfrac{1}{a}\right)^x$　◀ x 대신 $-x$ 대입

(4) 원점에 대하여 대칭이동한 그래프의 식 ➡ $y=-a^{-x}=-\left(\dfrac{1}{a}\right)^x$　◀ x 대신 $-x$, y 대신 $-y$ 대입

4 지수함수의 최대, 최소

$m \leq x \leq n$에서 지수함수 $f(x)=a^x (a>0, a \neq 1)$은

(1) $a>1$이면 x의 값이 가장 작을 때 최솟값, x의 값이 가장 클 때 최댓값을 갖는다.

➡ $x=m$에서 최솟값 $f(m)$, $x=n$에서 최댓값 $f(n)$을 갖는다.

(2) $0<a<1$이면 x의 값이 가장 작을 때 최댓값, x의 값이 가장 클 때 최솟값을 갖는다.

➡ $x=m$에서 최댓값 $f(m)$, $x=n$에서 최솟값 $f(n)$을 갖는다.

(1) $-3 \leq x \leq 2$일 때, 함수 $y=2^x$은 $x=-3$에서 최솟값 $2^{-3}=\dfrac{1}{8}$, $x=2$에서 최댓값 $2^2=4$를 갖는다.

(2) $-1 \leq x \leq 4$일 때, 함수 $y=\left(\dfrac{1}{3}\right)^x$은 $x=-1$에서 최댓값 $\left(\dfrac{1}{3}\right)^{-1}=3$, $x=4$에서 최솟값

$\left(\dfrac{1}{3}\right)^4=\dfrac{1}{81}$을 갖는다.

개념 PLUS

지수함수 $y=2^x$, $y=\left(\dfrac{1}{2}\right)^x$의 그래프 그리기

지수함수 $y=2^x$에서 실수 x의 값에 대응하는 y의 값은 다음 표와 같다.

x	$\cdots$	-3	-2	-1	0	1	2	3	$\cdots$
y	$\cdots$	$\dfrac{1}{8}$	$\dfrac{1}{4}$	$\dfrac{1}{2}$	1	2	4	8	$\cdots$

x, y의 값의 순서쌍 (x, y)를 좌표평면 위에 나타내고, x의 값의 간격을 점점 더 작게 하면 지수함수 $y=2^x$의 그래프는 오른쪽 그림과 같이 매끄러운 곡선이 된다.

이때 $y=\left(\dfrac{1}{2}\right)^x=(2^{-1})^x=2^{-x}$이므로 지수함수 $y=\left(\dfrac{1}{2}\right)^x$의 그래프는

지수함수 $y=2^x$의 그래프를 y축에 대하여 대칭이동한 것과 같다.

따라서 지수함수 $y=\left(\dfrac{1}{2}\right)^x$의 그래프는 오른쪽 그림과 같다.

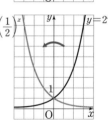

개념 CHECK

정답과 해설 16쪽

1 다음 보기 중 지수함수인 것만을 있는 대로 고르시오.

> ●보기●
> ㄱ. $y=3^{-5x}$　　　　ㄴ. $y=x^5$　　　　ㄷ. $y=\left(\dfrac{1}{2}\right)^{x+2}$　　　ㄹ. $y=2^{10}$

2 함수 $f(x)=3^x$에 대하여 다음 값을 구하시오.

(1) $f(1)$　　　　(2) $f(3)$　　　　(3) $f(-1)$　　　　(4) $f\left(\dfrac{1}{2}\right)$

3 다음 함수의 그래프를 그리시오.

(1) $y=3^x$　　　　　　　　　(2) $y=\left(\dfrac{1}{3}\right)^x$

지수함수의 그래프

✏️ 유형편 21쪽

필.수.예.제 01

다음 함수의 그래프를 그리고, 치역과 점근선의 방정식을 구하시오.

(1) $y=2^{x-3}+1$ (2) $y=2^{-x}-2$ (3) $y=-2^x$

공략 Point

지수함수 $y=a^x$의 그래프를 그린 후 지수함수의 그래프의 평행이동 또는 대칭이동을 이용한다.

풀이

(1) $y=2^{x-3}+1$의 그래프는 $y=2^x$의 그래프를 x축의 방향으로 3만큼, y축의 방향으로 1만큼 평행이동한 것이므로 오른쪽 그림과 같다.

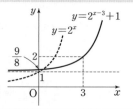

따라서 치역과 점근선의 방정식은   치역: $\{y|y>1\}$, 점근선의 방정식: $y=1$

(2) $y=2^{-x}-2=\left(\dfrac{1}{2}\right)^x-2$의 그래프는 $y=\left(\dfrac{1}{2}\right)^x$ 의 그래프를 y축의 방향으로 -2만큼 평행이동한 것이므로 오른쪽 그림과 같다.

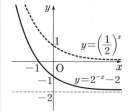

따라서 치역과 점근선의 방정식은   치역: $\{y|y>-2\}$, 점근선의 방정식: $y=-2$

(3) $y=-2^x$의 그래프는 $y=2^x$의 그래프를 x축에 대하여 대칭이동한 것이므로 오른쪽 그림과 같다.

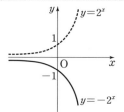

따라서 치역과 점근선의 방정식은   치역: $\{y|y<0\}$, 점근선의 방정식: $y=0$

정답과 해설 16쪽

문제

01-1 다음 함수의 그래프를 그리고, 치역과 점근선의 방정식을 구하시오.

(1) $y=\left(\dfrac{1}{3}\right)^{x+1}-2$ (2) $y=\left(\dfrac{1}{3}\right)^{-x+2}$ (3) $y=-\left(\dfrac{1}{3}\right)^x$

01-2 함수 $y=-4\times2^{x-1}$의 그래프를 그리시오.

지수함수의 그래프의 평행이동과 대칭이동

🔖유형편 22쪽

필.수.예.제 02

함수 $y=\left(\dfrac{1}{2}\right)^x$의 그래프를 x축의 방향으로 1만큼, y축의 방향으로 -4만큼 평행이동한 후 y축에 대하여 대칭이동한 그래프의 식이 $y=a\times2^x+b$일 때, 상수 a, b에 대하여 ab의 값을 구하시오.

공략 Point

지수함수 $y=a^{x-m}+n$의 그래프는 지수함수 $y=a^x$의 그래프를 x축의 방향으로 m만큼, y축의 방향으로 n만큼 평행이동한 것이다.

풀이

$y=\left(\dfrac{1}{2}\right)^x$의 그래프를 x축의 방향으로 1만큼, y축의 방향으로 -4만큼 평행이동하면	$y+4=\left(\dfrac{1}{2}\right)^{x-1}$ $\therefore y=\left(\dfrac{1}{2}\right)^{x-1}-4$ $\cdots\cdots$ ㉠
㉠의 그래프를 y축에 대하여 대칭이동하면	$y=\left(\dfrac{1}{2}\right)^{-x-1}-4=\left(\dfrac{1}{2}\right)^{-(x+1)}-4=2^{x+1}-4$ $\therefore y=2\times2^x-4$ $\cdots\cdots$ ㉡
㉡의 식이 $y=a\times2^x+b$와 일치하므로	$a=2,\ b=-4$ $\therefore ab=-8$

정답과 해설 17쪽

문제

02-1 함수 $y=3^x$의 그래프를 x축의 방향으로 -3만큼, y축의 방향으로 2만큼 평행이동한 후 원점에 대하여 대칭이동한 그래프의 식이 $y=a\times\left(\dfrac{1}{3}\right)^x+b$일 때, 상수 a, b의 값을 구하시오.

02-2 함수 $y=9\times3^x-2$의 그래프를 x축의 방향으로 2만큼 평행이동한 후 y축에 대하여 대칭이동한 그래프가 점 $(-2, k)$를 지날 때, k의 값을 구하시오.

02-3 함수 $y=\left(\dfrac{1}{2}\right)^{x+2}$의 그래프를 x축의 방향으로 a만큼, y축의 방향으로 b만큼 평행이동한 그래프가 오른쪽 그림과 같을 때, $a+b$의 값을 구하시오.

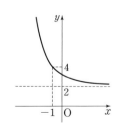

지수함수의 그래프 위의 점

🖉 유형편 22쪽

필.수.예.제 03

함수 $y=3^x$의 그래프와 직선 $y=x$가 오른쪽 그림과 같을 때, $\dfrac{c}{b}$의 값을 구하시오. (단, 점선은 x축 또는 y축에 평행하다.)

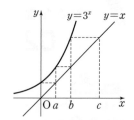

공략 Point

지수함수 $y=a^x$의 그래프가
점 (m, n)을 지나면
➡ $n=a^m$

풀이

$y=3^x$의 그래프는 점 $(0, 1)$을 지나므로	$a=1$
$y=3^x$의 그래프는 점 (a, b), 즉 점 $(1, b)$를 지나므로	$b=3^1=3$
$y=3^x$의 그래프는 점 (b, c), 즉 점 $(3, c)$를 지나므로	$c=3^3=27$
따라서 $\dfrac{c}{b}$의 값은	$\dfrac{c}{b}=\dfrac{27}{3}=9$

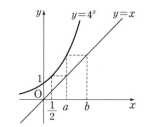

정답과 해설 17쪽

문제

03-1 함수 $y=4^x$의 그래프와 직선 $y=x$가 오른쪽 그림과 같을 때, $a+b$의 값을 구하시오. (단, 점선은 x축 또는 y축에 평행하다.)

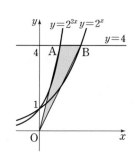

03-2 오른쪽 그림과 같이 두 함수 $y=2^{2x}$, $y=2^x$의 그래프와 직선 $y=4$가 만나는 점을 각각 A, B라 할 때, 삼각형 AOB의 넓이를 구하시오.
(단, O는 원점)

지수함수를 이용한 수의 대소 비교

필.수.예.제 04

유형편 23쪽

다음 세 수의 대소를 비교하시오.

(1) $\sqrt[3]{4}$, $\sqrt[4]{8}$, $\sqrt[5]{16}$

(2) $\sqrt{0.1}$, $\sqrt[3]{0.01}$, $\sqrt[4]{0.001}$

공략 Point

지수함수 $y=a^x$에서
(1) $a>1$일 때
 ➡ $x_1<x_2$이면 $a^{x_1}<a^{x_2}$
(2) $0<a<1$일 때
 ➡ $x_1<x_2$이면 $a^{x_1}>a^{x_2}$

풀이

(1) $\sqrt[3]{4}$, $\sqrt[4]{8}$, $\sqrt[5]{16}$을 밑이 2인 거듭제곱 꼴로 나타내면

$\sqrt[3]{4}=\sqrt[3]{2^2}=2^{\frac{2}{3}}$, $\sqrt[4]{8}=\sqrt[4]{2^3}=2^{\frac{3}{4}}$, $\sqrt[5]{16}=\sqrt[5]{2^4}=2^{\frac{4}{5}}$

$\dfrac{2}{3}<\dfrac{3}{4}<\dfrac{4}{5}$이고, 밑이 1보다 크므로

$2^{\frac{2}{3}}<2^{\frac{3}{4}}<2^{\frac{4}{5}}$

$\therefore \sqrt[3]{4}<\sqrt[4]{8}<\sqrt[5]{16}$

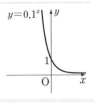

(2) $\sqrt{0.1}$, $\sqrt[3]{0.01}$, $\sqrt[4]{0.001}$을 밑이 0.1인 거듭제곱 꼴로 나타내면

$\sqrt{0.1}=0.1^{\frac{1}{2}}$, $\sqrt[3]{0.01}=\sqrt[3]{0.1^2}=0.1^{\frac{2}{3}}$, $\sqrt[4]{0.001}=\sqrt[4]{0.1^3}=0.1^{\frac{3}{4}}$

$\dfrac{1}{2}<\dfrac{2}{3}<\dfrac{3}{4}$이고, 밑이 1보다 작으므로

$0.1^{\frac{3}{4}}<0.1^{\frac{2}{3}}<0.1^{\frac{1}{2}}$

$\therefore \sqrt[4]{0.001}<\sqrt[3]{0.01}<\sqrt{0.1}$

정답과 해설 17쪽

문제

04-1 다음 세 수의 대소를 비교하시오.

(1) $\sqrt{3}$, $\sqrt[3]{9}$, $\sqrt[5]{27}$

(2) $\sqrt{\dfrac{1}{2}}$, $\sqrt[3]{\dfrac{1}{4}}$, $\sqrt[5]{\dfrac{1}{16}}$

04-2 다음 중 가장 큰 수와 가장 작은 수의 곱을 구하시오.

$$0.5^{-\frac{2}{3}}, \quad \sqrt[4]{32}, \quad \sqrt[3]{2\sqrt{8}}, \quad \left(\dfrac{1}{16}\right)^{-\frac{1}{3}}$$

지수함수의 최대, 최소

📎 유형편 23쪽

필.수.예.제 05

다음 함수의 최댓값과 최솟값을 구하시오.

(1) $y=2^{x-1}+1 \ (-2 \le x \le 1)$ (2) $y=2^{-2x}3^x \ (-1 \le x \le 1)$

공략 Point

$m \le x \le n$에서 지수함수
$f(x)=a^x$은
(1) $a>1$이면
　➡ 최댓값: $f(n)$
　　최솟값: $f(m)$
(2) $0<a<1$이면
　➡ 최댓값: $f(m)$
　　최솟값: $f(n)$

풀이

(1) 함수 $y=2^{x-1}+1$의 밑이 1보다 크므로 $-2 \le x \le 1$에서 함수 $y=2^{x-1}+1$의 최댓값과 최솟값을 구하면

$x=1$일 때, **최댓값은 2**

$x=-2$일 때, **최솟값은 $\dfrac{9}{8}$**

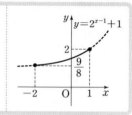

(2) $y=2^{-2x}3^x$을 변형하면

$y=\left(\dfrac{1}{4}\right)^x \times 3^x = \left(\dfrac{3}{4}\right)^x$

함수 $y=\left(\dfrac{3}{4}\right)^x$의 밑이 1보다 작으므로 $-1 \le x \le 1$에서 함수 $y=2^{-2x}3^x$의 최댓값과 최솟값을 구하면

$x=-1$일 때, **최댓값은 $\dfrac{4}{3}$**

$x=1$일 때, **최솟값은 $\dfrac{3}{4}$**

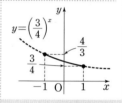

정답과 해설 18쪽

문제

05-1 다음 함수의 최댓값과 최솟값을 구하시오.

(1) $y=\left(\dfrac{1}{3}\right)^{x+1} \ (-2 \le x \le 2)$ (2) $y=2^{x-1}+3 \ (0 \le x \le 3)$

(3) $y=4^{1-x} \ (-2 \le x \le 1)$ (4) $y=3^{2x}5^{-x} \ (0 \le x \le 2)$

05-2 $-2 \le x \le 1$에서 함수 $y=2^{x+1}+k$의 최댓값이 5일 때, 최솟값을 구하시오. (단, k는 상수)

함수 $y=a^{px^2+qx+r}$ 꼴의 최대, 최소

필.수.예.제 06

다음 함수의 최댓값과 최솟값을 구하시오.

(1) $y=\left(\dfrac{1}{3}\right)^{x^2-6x+6}$

(2) $y=2^{-x^2+4x-3}$ $(1\leq x\leq 4)$

지수함수 $y=a^{f(x)}$에서
(1) $a>1$이면
➡ $f(x)$가 최대일 때
$a^{f(x)}$도 최대, $f(x)$가
최소일 때 $a^{f(x)}$도 최소
(2) $0<a<1$이면
➡ $f(x)$가 최소일 때
$a^{f(x)}$은 최대, $f(x)$가
최대일 때 $a^{f(x)}$은 최소

풀이

(1) $y=\left(\dfrac{1}{3}\right)^{x^2-6x+6}$ 에서 $f(x)=x^2-6x+6$이라 하면	$f(x)=(x-3)^2-3$
$f(x)$의 값의 범위는	$f(x)\geq -3$
따라서 함수 $y=\left(\dfrac{1}{3}\right)^{f(x)}$의 밑이 1보다 작으므로 $f(x)\geq -3$에서 함수 $y=\left(\dfrac{1}{3}\right)^{f(x)}$의 최댓값과 최솟값을 구하면	$f(x)=-3$일 때, **최댓값은 27** **최솟값은 없다.**
(2) $y=2^{-x^2+4x-3}$에서 $f(x)=-x^2+4x-3$이라 하면	$f(x)=-(x-2)^2+1$
$1\leq x\leq 4$에서 $f(x)$의 값의 범위는	$-3\leq f(x)\leq 1$
따라서 함수 $y=2^{f(x)}$의 밑이 1보다 크므로 $-3\leq f(x)\leq 1$에서 함수 $y=2^{f(x)}$의 최댓값과 최솟값을 구하면	$f(x)=1$일 때, **최댓값은 2** $f(x)=-3$일 때, **최솟값은 $\dfrac{1}{8}$**

문제

06-1 다음 함수의 최댓값과 최솟값을 구하시오.

(1) $y=\left(\dfrac{1}{2}\right)^{x^2-2x-1}$

(2) $y=5^{-x^2-4x}$ $(-3\leq x\leq 0)$

06-2 정의역이 $\{x\,|\,1\leq x\leq 4\}$인 함수 $y=2^{x^2-4x-2}$이 $x=a$에서 최댓값 b를 가질 때, ab의 값을 구하시오.

a^x 꼴이 반복되는 함수의 최대, 최소

다음 물음에 답하시오.

(1) $0 \le x \le 2$일 때, 함수 $y = 9^x - 2 \times 3^{x+1} + 4$의 최댓값과 최솟값을 구하시오.

(2) 함수 $y = 4^x + 4^{-x} + 4(2^x + 2^{-x})$의 최솟값을 구하시오.

공략 Point

(1) a^x 꼴이 반복되는 경우는 $a^x = t$로 놓고 t의 값의 범위에서 t에 대한 함수의 최댓값과 최솟값을 구한다. 이때 $t > 0$임에 유의한다.

(2) 모든 실수 x에 대하여 $a^x > 0$, $a^{-x} > 0$이므로 산술평균과 기하평균의 관계에 의하여 $a^x + a^{-x} \ge 2\sqrt{a^x \times a^{-x}} = 2$ (단, 등호는 $x = 0$일 때 성립) 임을 이용한다.

풀이

(1) $y = 9^x - 2 \times 3^{x+1} + 4$를 변형하면	$y = (3^2)^x - 2 \times 3 \times 3^x + 4$ $= (3^x)^2 - 6 \times 3^x + 4$
$3^x = t\,(t > 0)$로 놓으면 $0 \le x \le 2$에서	$3^0 \le t \le 3^2$ $\quad \therefore 1 \le t \le 9$
이때 주어진 함수는	$y = t^2 - 6t + 4 = (t-3)^2 - 5$
따라서 $1 \le t \le 9$에서 함수 $y = (t-3)^2 - 5$의 최댓값과 최솟값을 구하면	$t = 9$일 때, **최댓값은 31** $t = 3$일 때, **최솟값은 −5**

(2) $2^x + 2^{-x} = t$로 놓으면 $2^x > 0$, $2^{-x} > 0$이므로 산술평균과 기하평균의 관계에 의하여	$t = 2^x + 2^{-x} \ge 2\sqrt{2^x \times 2^{-x}} = 2$ (단, 등호는 $2^x = 2^{-x}$, 즉 $x = 0$일 때 성립) $\therefore t \ge 2$
$4^x + 4^{-x}$을 t에 대한 식으로 나타내면	$4^x + 4^{-x} = (2^x)^2 + (2^{-x})^2$ $= (2^x + 2^{-x})^2 - 2$ $= t^2 - 2$
주어진 함수를 t에 대한 함수로 나타내면	$y = t^2 - 2 + 4t = (t+2)^2 - 6$
따라서 $t \ge 2$에서 함수 $y = (t+2)^2 - 6$의 최솟값을 구하면	$t = 2$일 때, 최솟값은 **10**

정답과 해설 18쪽

문제

07-1 $0 \le x \le 2$일 때, 함수 $y = 2^{x+2} - 4^x - 1$의 최댓값과 최솟값을 구하시오.

07-2 다음 함수의 최솟값을 구하시오.

(1) $y = 3^x + 3^{2-x}$

(2) $y = 9^x + 9^{-x} - 2(3^x + 3^{-x}) + 1$

연습문제

01 지수함수

1 함수 $f(x)=a^x\,(a>0,\ a\neq1)$에서 $f(6)=8$일 때, $f(-6)+f(-2)$의 값을 구하시오.

2 함수 $y=(a^2-a+1)^x$에서 x의 값이 증가할 때 y의 값이 감소하도록 하는 실수 a의 값의 범위를 구하시오.

3 다음 중 함수 $y=\dfrac{1}{3}\times3^{-x}-1$에 대한 설명으로 옳지 <u>않은</u> 것은?

① 치역은 $\{y\,|\,y>-1\}$이다.
② 그래프는 점 $(-1,\ 0)$을 지난다.
③ x의 값이 증가하면 y의 값은 감소한다.
④ 그래프는 제3사분면과 제4사분면을 지나지 않는다.
⑤ 그래프는 $y=3^x$의 그래프를 y축에 대하여 대칭이동한 후 x축의 방향으로 -1만큼, y축의 방향으로 -1만큼 평행이동한 것과 같다.

4 함수 $y=2^{-x+a}+b$의 그래프가 점 $(2,\ 5)$를 지나고, 그래프의 점근선의 방정식이 $y=3$일 때, 상수 $a,\ b$에 대하여 $a+b$의 값을 구하시오.

5 다음 보기의 함수 중 그 그래프가 함수 $y=2^x$의 그래프를 평행이동 또는 대칭이동하여 겹쳐질 수 있는 것만을 있는 대로 고르시오.

> **• 보기 •**
> ㄱ. $y=8\times2^x$　　　　　ㄴ. $y=2^{2x}$
> ㄷ. $y=\left(\dfrac{1}{2}\right)^{x-1}$　　　ㄹ. $y=2(2^x-1)$

6 함수 $y=2^{-x+4}+k$의 그래프가 제1사분면을 지나지 않도록 하는 상수 k의 최댓값을 구하시오.

교육청

7 그림과 같이 함수 $y=3^{x+1}$의 그래프 위의 한 점 A와 함수 $y=3^{x-2}$의 그래프 위의 두 점 B, C에 대하여 선분 AB는 x축에 평행하고 선분 AC는 y축에 평행하다. $\overline{\mathrm{AB}}=\overline{\mathrm{AC}}$가 될 때, 점 A의 y좌표는?
（단, 점 A는 제1사분면 위에 있다.）

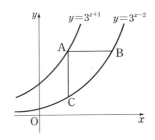

① $\dfrac{81}{26}$　　　② $\dfrac{44}{13}$　　　③ $\dfrac{95}{26}$

④ $\dfrac{101}{26}$　　　⑤ $\dfrac{54}{13}$

연습문제

8 함수 $y=2^x$의 그래프와 직선 $y=x$가 오른쪽 그림과 같을 때, $a+b+c$의 값을 구하시오. (단, 점선은 x축 또는 y축에 평행하다.)

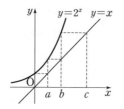

9 $0<a<1$일 때, 2 이상의 자연수 n에 대하여 세 수 $A=\sqrt[n]{a^{n+1}}$, $B=\sqrt[n+1]{a^{n+2}}$, $C=\sqrt[n+2]{a^{n+3}}$의 대소를 비교하시오.

10 $-1\leq x\leq 2$에서 함수 $y=a^x\,(0<a<1)$의 최솟값은 $\dfrac{4}{9}$, 최댓값은 M이다. 이때 상수 a, M에 대하여 $a+M$의 값을 구하시오.

11 $-2\leq x\leq 0$에서 함수 $y=4^{-x}-3\times 2^{1-x}+a$의 최솟값이 4일 때, 상수 a의 값을 구하시오.

12 함수 $y=2(5^x+5^{-x})-(25^x+25^{-x})$의 최댓값을 구하시오.

실력

13 두 함수 $y=2^x$, $y=8\times 2^x$의 그래프와 두 직선 $y=2$, $y=8$로 둘러싸인 부분의 넓이를 구하시오.

14 오른쪽 그림과 같이 그래프의 점근선의 방정식이 $y=1$인 두 지수함수 $f(x)=a^{x-m}+n$, $g(x)=a^{m-x}+n$의 그래프가 직선 $x=2$에 대하여 대칭이다. 두 함수 $y=f(x)$, $y=g(x)$의 그래프가 직선 $x=3$과 만나는 점을 각각 A, B라 하면 $\overline{\text{AB}}=\dfrac{8}{3}$일 때, 상수 a, m, n에 대하여 $a+m+n$의 값을 구하시오. (단, $a>1$)

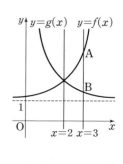

15 $-1\leq x\leq 1$에서 함수 $y=a^{4^x-2^{x+1}+2}\,(a>0,\ a\neq 1)$의 최댓값이 4일 때, 상수 a의 값을 구하시오.

지수함수의 활용

1 지수에 미지수를 포함한 방정식의 풀이

지수에 미지수를 포함한 방정식은 다음 성질을 이용하여 푼다.

$$a>0,\ a\neq1일\ 때,\ a^{x_1}=a^{x_2} \Longleftrightarrow x_1=x_2$$

(예) • $9^x=3^{x+1}$에서 $3^{2x}=3^{x+1}$이므로 $2x=x+1$ $\qquad \therefore\ x=1$

• $2^x=\dfrac{1}{8}$에서 $2^x=2^{-3}$이므로 $x=-3$

(참고) • 지수에 미지수를 포함한 방정식을 지수방정식이라 한다.

• 지수함수 $y=a^x\,(a>0,\ a\neq1)$은 실수 전체의 집합에서 양의 실수 전체의 집합으로의 일대일대응이므로 임의의 양수 p에 대하여 지수방정식 $a^x=p$는 단 하나의 해를 갖는다.

따라서 위의 성질이 성립한다.

2 지수에 미지수를 포함한 부등식의 풀이

지수에 미지수를 포함한 부등식은 다음 성질을 이용하여 푼다.

(1) $a>1$일 때, $a^{x_1}<a^{x_2} \Longleftrightarrow x_1<x_2$ ◀ 부등호 방향 그대로

(2) $0<a<1$일 때, $a^{x_1}<a^{x_2} \Longleftrightarrow x_1>x_2$ ◀ 부등호 방향 반대로

(예) (1) $3^x<27$에서 $3^x<3^3$

밑이 1보다 크므로 $x<3$

(2) $\left(\dfrac{1}{2}\right)^x\geq8$에서 $\left(\dfrac{1}{2}\right)^x\geq\left(\dfrac{1}{2}\right)^{-3}$

밑이 1보다 작으므로 $x\leq-3$

(참고) 지수에 미지수를 포함한 부등식을 지수부등식이라 한다.

개념 CHECK

정답과 해설 21쪽

1 다음 방정식을 푸시오.

(1) $2^x=2^{2x+4}$

(2) $\left(\dfrac{1}{4}\right)^x=64$

(3) $3^{x-1}=\dfrac{1}{81}$

2 다음 부등식을 푸시오.

(1) $3^{2x+1}<3^x$

(2) $4^x>128$

(3) $\left(\dfrac{1}{3}\right)^x\leq\dfrac{1}{27}$

밑을 같게 할 수 있는 지수방정식

필.수.예.제 01

다음 방정식을 푸시오.

(1) $2^{x^2-8}=4^x$

(2) $\left(\dfrac{3}{4}\right)^{2x^2-7}=\left(\dfrac{4}{3}\right)^{4-x}$

공략 Point

밑을 같게 한 후 다음을 이용한다.
$a^{f(x)}=a^{g(x)}$
$\iff f(x)=g(x)$

풀이

(1) $2^{x^2-8}=4^x$에서 밑을 2로 같게 변형하면

지수가 같아야 하므로

$2^{x^2-8}=2^{2x}$

$x^2-8=2x,\ x^2-2x-8=0$

$(x+2)(x-4)=0$

$\therefore x=-2$ 또는 $x=4$

(2) $\left(\dfrac{3}{4}\right)^{2x^2-7}=\left(\dfrac{4}{3}\right)^{4-x}$에서 밑을 $\dfrac{3}{4}$으로 같게 변형하면

지수가 같아야 하므로

$\left(\dfrac{3}{4}\right)^{2x^2-7}=\left\{\left(\dfrac{3}{4}\right)^{-1}\right\}^{4-x}$

$\left(\dfrac{3}{4}\right)^{2x^2-7}=\left(\dfrac{3}{4}\right)^{-4+x}$

$2x^2-7=-4+x,\ 2x^2-x-3=0$

$(x+1)(2x-3)=0$

$\therefore x=-1$ 또는 $x=\dfrac{3}{2}$

정답과 해설 21쪽

문제

01- 1 다음 방정식을 푸시오.

(1) $8^{x-1}=16\times4^x$

(2) $8^{x+1}=\sqrt[3]{32}$

(3) $(\sqrt{3})^{x^2}=9$

(4) $4^{x^2}-16\times\left(\dfrac{1}{4}\right)^x=0$

01- 2 방정식 $9^x=\left(\dfrac{1}{3}\right)^{x^2-3}$의 두 근을 α, β라 할 때, $\alpha^2+\beta^2$의 값을 구하시오.

유형편 26쪽

필.수.예.제 02

다음 방정식을 푸시오.

(1) $4^x - 3 \times 2^{x+1} - 16 = 0$

(2) $3^x - 9 \times 3^{-x} = 8$

공략 Point

a^x 꼴이 반복되는 경우는 $a^x = t \,(t>0)$로 놓고 t에 대한 방정식을 푼다.
이때 $t>0$임에 유의한다.

풀이

(1) $4^x - 3 \times 2^{x+1} - 16 = 0$을 변형하면	$(2^2)^x - 3 \times 2 \times 2^x - 16 = 0$ $(2^x)^2 - 6 \times 2^x - 16 = 0$
$2^x = t \,(t>0)$로 놓고 방정식을 풀면	$t^2 - 6t - 16 = 0,\ (t+2)(t-8) = 0$ $\therefore t = 8 \,(\because t>0)$
$t = 2^x$이므로	$2^x = 8,\ 2^x = 2^3$ $\therefore \boldsymbol{x = 3}$
(2) $3^x - 9 \times 3^{-x} = 8$을 변형하면	$3^x - \dfrac{9}{3^x} = 8$
$3^x = t \,(t>0)$로 놓고 방정식을 풀면	$t - \dfrac{9}{t} = 8,\ t^2 - 8t - 9 = 0$ $(t+1)(t-9) = 0 \qquad \therefore t = 9 \,(\because t>0)$
$t = 3^x$이므로	$3^x = 9,\ 3^x = 3^2$ $\therefore \boldsymbol{x = 2}$

정답과 해설 22쪽

문제

02-1 다음 방정식을 푸시오.

(1) $4^{-x} - 2^{-x+1} - 8 = 0$

(2) $9^x - 4 \times 3^{x+1} + 27 = 0$

(3) $5^x + 5^{-x} = 2$

(4) $2^x + 4 \times 2^{-x} = 5$

02-2 방정식 $(\sqrt{2}+1)^x - (\sqrt{2}-1)^x - 2 = 0$을 푸시오.

밑과 지수에 모두 미지수가 있는 방정식

🖉 유형편 27쪽

필.수.예.제
03

다음 방정식을 푸시오.

(1) $(x+2)^{x-1}=4^{x-1}$ (단, $x>-2$) (2) $(x-1)^{x^2}=(x-1)^{3+2x}$ (단, $x>1$)

공략 Point

(1) 지수가 같은 경우
$a^{f(x)}=b^{f(x)}$
$\Longleftrightarrow a=b$ 또는 $f(x)=0$

(2) 밑이 같은 경우
$a^{f(x)}=a^{g(x)}$
$\Longleftrightarrow a=1$ 또는
$\quad\quad f(x)=g(x)$

풀이

(1) 지수가 같으므로 이 방정식이 성립하려면 밑이 같거나 지수가 0이어야 한다.

(i) 밑이 같으면	$x+2=4$ $\quad \therefore x=2$
(ii) 지수가 0이면	$x-1=0$ $\quad \therefore x=1$
(i), (ii)에서 주어진 방정식의 해는	$x=1$ 또는 $x=2$

(2) 밑이 같으므로 이 방정식이 성립하려면 밑이 1이거나 지수가 같아야 한다.

(i) 밑이 1이면	$x-1=1$ $\quad \therefore x=2$
(ii) 지수가 같으면	$x^2=3+2x,\ x^2-2x-3=0$ $(x+1)(x-3)=0$ $\therefore x=3\ (\because x>1)$
(i), (ii)에서 주어진 방정식의 해는	$x=2$ 또는 $x=3$

정답과 해설 22쪽

문제

03-1 다음 방정식을 푸시오.

(1) $5^{2x+1}=x^{2x+1}$ (단, $x>0$) (2) $(x-2)^{x-3}=(2x-3)^{x-3}$ (단, $x>2$)

(3) $x^{3x+4}=x^{-x+2}$ (단, $x>0$) (4) $(x+2)^{x+1}=(x+2)^{x^2-11}$ (단, $x>-2$)

03-2 방정식 $16(x+1)^x=2^{2x}(x+1)^2$의 모든 근의 곱을 구하시오. (단, $x>-1$)

03-3 방정식 $x^x x^x=(x^x)^x$을 푸시오. (단, $x>0$)

a^x 꼴이 반복되는 방정식의 응용

필.수.예.제 04

다음 물음에 답하시오.

(1) 방정식 $9^x-5\times3^{x+1}+27=0$의 두 근을 α, β라 할 때, $\alpha+\beta$의 값을 구하시오.

(2) 방정식 $4^x-(a+1)2^{x+1}+a+7=0$이 서로 다른 두 실근을 가질 때, 상수 a의 값의 범위를 구하시오.

공략 Point

(1) 방정식
$pa^{2x}+qa^x+r=0\,(p\neq0)$
의 두 근이 α, β일 때,
$a^x=t\,(t>0)$로 놓으면 t에 대한 이차방정식
$pt^2+qt+r=0$의 두 근은
a^α, a^β임을 이용한다.

(2) 이차방정식이 서로 다른 두 양의 실근을 가질 조건은
(i) (판별식)>0
(ii) (두 근의 합)>0
(iii) (두 근의 곱)>0

풀이

(1) $9^x-5\times3^{x+1}+27=0$을 변형하면	$(3^x)^2-15\times3^x+27=0$ ⋯⋯ ㉠
$3^x=t\,(t>0)$로 놓으면	$t^2-15t+27=0$ ⋯⋯ ㉡
방정식 ㉠의 두 근이 α, β이므로 방정식 ㉡의 두 근은	3^α, 3^β
㉡에서 이차방정식의 근과 계수의 관계에 의하여	$3^\alpha\times3^\beta=27$, $3^{\alpha+\beta}=3^3$ $\therefore \alpha+\beta=3$

(2) $4^x-(a+1)2^{x+1}+a+7=0$을 변형하면	$(2^x)^2-2(a+1)2^x+a+7=0$
$2^x=t\,(t>0)$로 놓으면	$t^2-2(a+1)t+a+7=0$ ⋯⋯ ㉠
실수 x에 대하여 $t=2^x>0$이므로 주어진 방정식이 서로 다른 두 실근을 가지면	이차방정식 ㉠은 서로 다른 두 양의 실근을 갖는다.
(i) 이차방정식 ㉠의 판별식을 D라 하면 $D>0$이어야 하므로	$\dfrac{D}{4}=(a+1)^2-(a+7)>0$ $a^2+a-6>0$, $(a+3)(a-2)>0$ $\therefore a<-3$ 또는 $a>2$
(ii) (두 근의 합)>0이어야 하므로	$2(a+1)>0$ $\therefore a>-1$
(iii) (두 근의 곱)>0이어야 하므로	$a+7>0$ $\therefore a>-7$
(i), (ii), (iii)을 동시에 만족시키는 a의 값의 범위는	$a>2$

정답과 해설 23쪽

문제

04-1 다음 물음에 답하시오.

(1) 방정식 $4^x-3\times2^{x+2}+8=0$의 두 근을 α, β라 할 때, $\alpha+\beta$의 값을 구하시오.

(2) 방정식 $9^x-4\times3^{x+1}-k=0$의 두 근의 합이 2일 때, 상수 k의 값을 구하시오.

04-2 방정식 $4^x-a\times2^{x+2}+16=0$이 서로 다른 두 실근을 가질 때, 상수 a의 값의 범위를 구하시오.

밑을 같게 할 수 있는 지수부등식

◈ 유형편 28쪽

필.수.예.제 05

다음 부등식을 푸시오.

(1) $27^{x+1} > \left(\dfrac{1}{9}\right)^{x-1}$

(2) $\left(\dfrac{1}{4}\right)^{x^2} \leq \left(\dfrac{1}{16}\right)^{x^2+x-4}$

공략 Point

밑을 같게 한 후 다음을 이용한다.

(1) $a > 1$일 때,
$$a^{f(x)} < a^{g(x)}$$
$$\iff f(x) < g(x)$$

(2) $0 < a < 1$일 때,
$$a^{f(x)} < a^{g(x)}$$
$$\iff f(x) > g(x)$$

풀이

(1) $27^{x+1} > \left(\dfrac{1}{9}\right)^{x-1}$ 에서 밑을 3으로 같게 변형하면	$(3^3)^{x+1} > (3^{-2})^{x-1}$ $3^{3x+3} > 3^{-2x+2}$
밑이 1보다 크므로	$3x+3 > -2x+2,\ 5x > -1$ $\therefore x > -\dfrac{1}{5}$

(2) $\left(\dfrac{1}{4}\right)^{x^2} \leq \left(\dfrac{1}{16}\right)^{x^2+x-4}$ 에서 밑을 $\dfrac{1}{4}$로 같게 변형하면	$\left(\dfrac{1}{4}\right)^{x^2} \leq \left\{\left(\dfrac{1}{4}\right)^2\right\}^{x^2+x-4}$ $\left(\dfrac{1}{4}\right)^{x^2} \leq \left(\dfrac{1}{4}\right)^{2x^2+2x-8}$
밑이 1보다 작으므로	$x^2 \geq 2x^2+2x-8,\ x^2+2x-8 \leq 0$ $(x+4)(x-2) \leq 0$ $\therefore -4 \leq x \leq 2$

정답과 해설 23쪽

문제

05-1 다음 부등식을 푸시오.

(1) $4^{2x-1} \leq 8 \times 2^{3x-2}$

(2) $9^{x(x-1)} < 27^{2-x}$

(3) $\left(\dfrac{1}{3}\right)^{2x+1} \geq \left(\dfrac{1}{81}\right)^{x}$

(4) $125 \times 0.2^{x^2} > \left(\dfrac{1}{25}\right)^{-x}$

05-2 부등식 $\left(\dfrac{1}{8}\right)^{2x+1} \leq 32 \leq \left(\dfrac{1}{2}\right)^{3x-9}$ 을 만족시키는 x의 최댓값을 M, 최솟값을 m이라 할 때, $M-m$의 값을 구하시오.

a^x 꼴이 반복되는 부등식

필.수.예.제 06

다음 부등식을 푸시오.

(1) $4^x - 3 \times 2^x + 2 > 0$

(2) $\left(\dfrac{1}{9}\right)^x - \left(\dfrac{1}{\sqrt{3}}\right)^{2x} - 6 \leq 0$

공략 Point

a^x 꼴이 반복되는 경우는 $a^x = t\,(t>0)$로 놓고 t에 대한 부등식을 푼다.
이때 $t>0$임에 유의한다.

풀이

(1) $4^x - 3 \times 2^x + 2 > 0$을 변형하면	$(2^x)^2 - 3 \times 2^x + 2 > 0$
$2^x = t\,(t>0)$로 놓고 부등식을 풀면	$t^2 - 3t + 2 > 0$, $(t-1)(t-2) > 0$ $\therefore\ t < 1$ 또는 $t > 2$
그런데 $t>0$이므로	$0 < t < 1$ 또는 $t > 2$
$t = 2^x$이므로	$0 < 2^x < 1$ 또는 $2^x > 2$ $2^x < 2^0$ 또는 $2^x > 2^1$
밑이 1보다 크므로	$\boldsymbol{x < 0}$ **또는** $\boldsymbol{x > 1}$

(2) $\left(\dfrac{1}{9}\right)^x - \left(\dfrac{1}{\sqrt{3}}\right)^{2x} - 6 \leq 0$을 변형하면	$\left\{\left(\dfrac{1}{3}\right)^x\right\}^2 - \left\{\left(\dfrac{1}{\sqrt{3}}\right)^2\right\}^x - 6 \leq 0$ $\left\{\left(\dfrac{1}{3}\right)^x\right\}^2 - \left(\dfrac{1}{3}\right)^x - 6 \leq 0$
$\left(\dfrac{1}{3}\right)^x = t\,(t>0)$로 놓고 부등식을 풀면	$t^2 - t - 6 \leq 0$, $(t+2)(t-3) \leq 0$ $\therefore\ -2 \leq t \leq 3$
그런데 $t>0$이므로	$0 < t \leq 3$
$t = \left(\dfrac{1}{3}\right)^x$이므로	$0 < \left(\dfrac{1}{3}\right)^x \leq 3$, $\left(\dfrac{1}{3}\right)^x \leq \left(\dfrac{1}{3}\right)^{-1}$
밑이 1보다 작으므로	$\boldsymbol{x \geq -1}$

정답과 해설 24쪽

문제

06-1 다음 부등식을 푸시오.

(1) $25^x - 6 \times 5^{x+1} + 125 < 0$

(2) $9^x - 10 \times 3^{x+1} + 81 > 0$

(3) $\left(\dfrac{1}{4}\right)^x - 5 \times \left(\dfrac{1}{2}\right)^{x-1} + 16 \leq 0$

(4) $\left(\dfrac{1}{9}\right)^x + \left(\dfrac{1}{3}\right)^{x-1} \geq \left(\dfrac{1}{3}\right)^{x-2} + 27$

06-2 부등식 $4^x - a \times 2^x + b > 0$의 해가 $x < -2$ 또는 $x > 1$일 때, 상수 a, b에 대하여 ab의 값을 구하시오.

밑과 지수에 모두 미지수가 있는 부등식

필.수.예.제 07

부등식 $x^{2x+5}>x^{3x-2}$을 푸시오. (단, $x>0$)

풀이

(i) $0<x<1$일 때	$2x+5<3x-2$ $\quad \therefore x>7$
그런데 $0<x<1$이므로	해는 없다.
(ii) $x=1$일 때	$1>1$이므로 모순이다.
	따라서 해는 없다.
(iii) $x>1$일 때	$2x+5>3x-2$ $\quad \therefore x<7$
그런데 $x>1$이므로	$1<x<7$
(i), (ii), (iii)에서 주어진 부등식의 해는	$\mathbf{1<x<7}$

정답과 해설 25쪽

문제

07-1 부등식 $x^{3x-2}>x^{x+4}$을 푸시오. (단, $x>0$)

07-2 부등식 $x^{x^2}\leq x^{2x+3}$의 해가 $m\leq x\leq n$일 때, mn의 값을 구하시오. (단, $x>0$)

07-3 부등식 $(x-1)^{x+2}<(x-1)^{4x-1}$을 푸시오. (단, $x>1$)

a^x 꼴이 반복되는 부등식의 응용

✎ 유형편 **30쪽**

필.수.예.제
08

공략 Point

모든 실수 x에 대하여 부등식 $(a^x)^2+pa^x+q>0$이 성립하려면 $a^x=t\,(t>0)$로 놓을 때, t에 대한 이차부등식 $t^2+pt+q>0$이 $t>0$에서 항상 성립해야 한다.

모든 실수 x에 대하여 부등식 $4^x-2^{x+3}+k\geq0$이 성립하도록 하는 상수 k의 값의 범위를 구하시오.

풀이

$4^x-2^{x+3}+k\geq0$을 변형하면	$(2^x)^2-8\times2^x+k\geq0$
$2^x=t\,(t>0)$로 놓으면	$t^2-8t+k\geq0$
$f(t)=t^2-8t+k$라 하면	$f(t)=(t-4)^2+k-16$
$t>0$에서 $f(t)$의 최솟값은 $k-16$이므로 부등식 $f(t)\geq0$이 $t>0$인 모든 실수 t에 대하여 성립하려면	$k-16\geq0$ $\therefore\ \boldsymbol{k\geq16}$

정답과 해설 **25쪽**

문제

08-1 다음 물음에 답하시오.

(1) 모든 실수 x에 대하여 부등식 $9^x-2\times3^{x+1}+k\geq0$이 성립하도록 하는 상수 k의 값의 범위를 구하시오.

(2) 모든 실수 x에 대하여 부등식 $\left(\dfrac{1}{4}\right)^x+\left(\dfrac{1}{2}\right)^{x-1}+k-1>0$이 성립하도록 하는 상수 k의 값의 범위를 구하시오.

08-2 모든 실수 x에 대하여 부등식 $4^x-a\times2^{x+2}+4\geq0$이 성립하도록 하는 상수 a의 값의 범위를 구하시오.

지수방정식과 지수부등식의 실생활에의 활용

🖉 유형편 30쪽

필.수.예.제
09

처음 가격이 128만 원인 어느 제품의 가격이 매년 25 %씩 하락한다고 한다. 이 제품의 가격이 54만 원이 되는 것은 몇 년 후인지 구하시오.

공략 Point

주어진 상황에 맞게 미지수를 정하여 식을 세운 후 지수방정식 또는 지수부등식을 푼다.

풀이

처음 가격이 128만 원인 제품의 x년 후의 가격은	$128 \times (1-0.25)^x = 128 \times \left(\dfrac{3}{4}\right)^x$ (만 원)
x년 후 이 제품의 가격이 54만 원이 된다고 하면	$128 \times \left(\dfrac{3}{4}\right)^x = 54$
	$\left(\dfrac{3}{4}\right)^x = \dfrac{27}{64} = \left(\dfrac{3}{4}\right)^3 \qquad \therefore x=3$
따라서 제품의 가격이 54만 원이 되는 것은	**3년 후**

정답과 해설 25쪽

문제

09-1 1마리의 박테리아 A는 x시간 후 a^x마리로 번식한다고 한다. 처음에 10마리였던 박테리아 A가 3시간 후에 640마리가 되었을 때, 10마리였던 박테리아 A가 10240마리 이상이 되는 것은 번식을 시작한 지 몇 시간 후부터인지 구하시오.

09-2 별의 밝기는 등급으로 나타내며 맨눈으로 볼 수 있는 가장 어두운 별의 밝기는 6등급이라 한다. 또 1등급인 별은 6등급인 별보다 100배 밝고, 한 등급 간의 별의 밝기의 비인 $\dfrac{(n\text{등급의 밝기})}{(n+1\text{등급의 밝기})}$ 의 값은 일정하다고 한다. 이때 6등급의 별보다 1000배 어두운 별의 등급을 구하시오.

연습문제

1 방정식 $27^{x^2+1}-9^{x+4}=0$의 두 근을 α, β라 할 때, $3\beta-\alpha$의 값을 구하시오. (단, $\alpha<\beta$)

2 연립방정식 $\begin{cases} 2^{x+1}-3^{y-1}=-1 \\ 2^{x-2}+3^{y+1}=82 \end{cases}$의 해가 $x=\alpha$, $y=\beta$ 일 때, $\alpha\beta$의 값은?

① $\dfrac{1}{6}$ ② $\dfrac{1}{3}$ ③ 1

④ 3   ⑤ 6

3 두 함수 $f(x)=2^x+10$, $g(x)=2x+2$에 대하여 방정식 $(f\circ g)(x)=(g\circ f)(x)$의 해를 구하시오.

4 방정식 $(x^2)^x=x^x\times x^6$의 모든 근의 곱은? (단, $x>0$)

① 2   ② 3   ③ 4

④ 5   ⑤ 6

5 두 함수 $y=2^{-x+3}-4$, $y=2^x-2$의 그래프가 y축과 만나는 점을 각각 A, B라 하고 두 함수의 그래프의 교점을 C라 할 때, 삼각형 ABC의 넓이를 구하시오.

6 방정식 $2^{2x+1}-9\times2^x+k=0$의 두 근의 합이 1일 때, 상수 k의 값을 구하시오.

7 방정식 $9^x-k\times3^{x+1}+9=0$이 오직 하나의 실근을 가질 때, 상수 k의 값을 구하시오.

8 부등식 $\left(\dfrac{1}{9}\right)^{x^2+2x+5}\leq\left(\dfrac{1}{81}\right)^{x^2+2x-5}$을 만족시키는 x의 최댓값과 최솟값의 합은?

① -4 ② -2 ③ 0

④ 2   ⑤ 4

연습문제

9 부등식 $(3^x - 81)\left(\dfrac{1}{5^x} - 125\right) > 0$을 만족시키는 모든 정수 x의 개수를 구하시오.

10 부등식 $x^{-x+2} > x^{2x-10}$의 해가 $m < x < n$일 때, $m-n$의 값을 구하시오. (단, $x > 0$)

11 모든 실수 x에 대하여 부등식 $9^x - a \times 3^x + 4 \geq 0$이 성립하도록 하는 상수 a의 값의 범위를 구하시오.

교육청

12 최대 충전 용량이 $Q_0 (Q_0 > 0)$인 어떤 배터리를 완전히 방전시킨 후 t시간 동안 충전한 배터리의 충전 용량을 $Q(t)$라 할 때, 다음 식이 성립한다고 한다.

$$Q(t) = Q_0\left(1 - 2^{-\frac{t}{a}}\right) \text{ (단, } a \text{는 양의 상수이다.)}$$

$\dfrac{Q(4)}{Q(2)} = \dfrac{3}{2}$일 때, a의 값은?

(단, 배터리의 충전 용량의 단위는 mAh이다.)

① $\dfrac{3}{2}$ ② 2 ③ $\dfrac{5}{2}$

④ 3 ⑤ $\dfrac{7}{2}$

실력

수능

13 이차함수 $y = f(x)$의 그래프와 일차함수 $y = g(x)$의 그래프가 그림과 같을 때, 부등식

$$\left(\dfrac{1}{2}\right)^{f(x)g(x)} \geq \left(\dfrac{1}{8}\right)^{g(x)}$$

을 만족시키는 모든 자연수 x의 값의 합은?

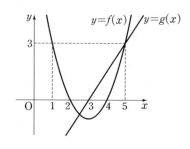

① 7 ② 9 ③ 11

④ 13 ⑤ 15

14 방사성 물질의 양이 처음 양의 반으로 줄어드는 데 걸리는 시간을 반감기라 한다. 반감기가 50년인 물질의 양이 처음 양의 $\dfrac{1}{100}$이 되는 것이 n년 후라 할 때, n의 값의 범위는?

① $200 < n < 250$ ② $250 < n < 300$

③ $300 < n < 350$ ④ $350 < n < 400$

⑤ $400 < n < 450$

1 로그함수

1 로그함수의 뜻

지수함수 $y=a^x (a>0,\ a\neq1)$은 실수 전체의 집합에서 양의 실수 전체의 집합으로의 일대일대응이므로 역함수를 갖는다.

이때 로그의 정의에 의하여 $x=\log_a y$이므로 x와 y를 서로 바꾸면 지수함수 $y=a^x$의 역함수

$$y=\log_a x\ (a>0,\ a\neq1)$$

를 얻는다. 이 함수를 a를 밑으로 하는 **로그함수**라 한다.

⑩ 함수 $y=3^x$의 역함수는 $y=\log_3 x$이고, 이는 3을 밑으로 하는 로그함수이다.

2 로그함수의 그래프와 성질

로그함수 $y=\log_a x$는 지수함수 $y=a^x$의 역함수이므로 $y=\log_a x$의 그래프는 $y=a^x$의 그래프와 직선 $y=x$에 대하여 대칭이다.

따라서 로그함수 $y=\log_a x (a>0,\ a\neq1)$의 그래프는 a의 값의 범위에 따라 다음과 같다.

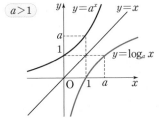 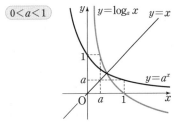

이때 로그함수 $y=\log_a x (a>0,\ a\neq1)$의 성질은 다음과 같다.

(1) 정의역은 양의 실수 전체의 집합이고, 치역은 실수 전체의 집합이다.

(2) 일대일함수이다.

(3) $a>1$일 때, x의 값이 증가하면 y의 값도 증가한다. ◀ $0<x_1<x_2$이면 $\log_a x_1<\log_a x_2$

　　$0<a<1$일 때, x의 값이 증가하면 y의 값은 감소한다. ◀ $0<x_1<x_2$이면 $\log_a x_1>\log_a x_2$

(4) 그래프는 점 $(1,\ 0)$을 지나고, 그래프의 점근선은 y축(직선 $x=0$)이다.

참고 $a>0,\ a\neq1$일 때, $y=\log_a x$의 그래프와 $y=\log_{\frac{1}{a}} x$의 그래프는 x축에 대하여 대칭이다.

3 로그함수의 그래프의 평행이동과 대칭이동

로그함수 $y=\log_a x (a>0,\ a\neq1)$의 그래프를

(1) x축의 방향으로 m만큼, y축의 방향으로 n만큼 평행이동한 그래프의 식

　➡ $y=\log_a (x-m)+n$

(2) x축에 대하여 대칭이동한 그래프의 식 ➡ $y=-\log_a x=\log_a \dfrac{1}{x}$

(3) y축에 대하여 대칭이동한 그래프의 식 ➡ $y=\log_a (-x)$

(4) 원점에 대하여 대칭이동한 그래프의 식 ➡ $y=-\log_a (-x)=\log_a \left(-\dfrac{1}{x}\right)$

(5) 직선 $y=x$에 대하여 대칭이동한 그래프의 식 ➡ $y=a^x$

4 로그함수의 최대, 최소

$m \le x \le n$에서 로그함수 $f(x) = \log_a x \, (a > 0, \, a \ne 1)$는

(1) $a > 1$이면 x의 값이 가장 작을 때 최솟값, x의 값이 가장 클 때 최댓값을 갖는다.

  ➡ $x = m$에서 최솟값 $f(m)$, $x = n$에서 최댓값 $f(n)$을 갖는다.

(2) $0 < a < 1$이면 x의 값이 가장 작을 때 최댓값, x의 값이 가장 클 때 최솟값을 갖는다.

  ➡ $x = m$에서 최댓값 $f(m)$, $x = n$에서 최솟값 $f(n)$을 갖는다.

예 (1) $-3 \le x \le 3$일 때, 함수 $y = \log_2 (x+5)$는 $x = -3$에서 최솟값 $\log_2 2 = 1$, $x = 3$에서 최댓값 $\log_2 8 = 3$을 갖는다.

(2) $1 \le x \le 5$일 때, 함수 $y = \log_{\frac{1}{3}} (2x-1)$은 $x = 1$에서 최댓값 $\log_{\frac{1}{3}} 1 = 0$, $x = 5$에서 최솟값 $\log_{\frac{1}{3}} 9 = -2$를 갖는다.

개념 CHECK

정답과 해설 28쪽

1 다음 보기 중 로그함수인 것만을 있는 대로 고르시오.

┌─ 보기 ──┐
ㄱ. $y = \log_{10} x$ ㄴ. $y = x \log_2 5$ ㄷ. $y = 2 \log_{\frac{1}{2}} x$ ㄹ. $y = \log_3 2^x$
└──┘

2 함수 $f(x) = \log_2 x$에 대하여 다음 값을 구하시오.

(1) $f\left(\dfrac{1}{2}\right)$　　　(2) $f(1)$　　　(3) $f(\sqrt{2})$　　　(4) $f(8)$

3 다음 함수의 그래프를 그리시오.

(1) $y = \log_5 x$　　　　　　(2) $y = \log_{\frac{1}{5}} x$

4 다음 함수의 역함수를 구하시오.

(1) $y = 2^x$　　　　　　(2) $y = \left(\dfrac{1}{3}\right)^x$

로그함수의 그래프

유형편 32쪽

필.수.예.제
01

공략 Point
로그함수 $y=\log_a x$의 그래프를 그린 후 로그함수의 그래프의 평행이동 또는 대칭이동을 이용한다.

다음 함수의 그래프를 그리고, 정의역과 점근선의 방정식을 구하시오.

(1) $y=\log_2(x+1)+1$　　(2) $y=\log_2(-x)$　　　　(3) $y=-\log_2 x$

풀이

(1) $y=\log_2(x+1)+1$의 그래프는 $y=\log_2 x$의 그래프를 x축의 방향으로 -1만큼, y축의 방향으로 1만큼 평행이동한 것이므로 오른쪽 그림과 같다.

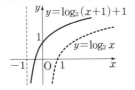

따라서 정의역과 점근선의 방정식은

정의역: $\{x|x>-1\}$, 점근선의 방정식: $x=-1$

(2) $y=\log_2(-x)$의 그래프는 $y=\log_2 x$의 그래프를 y축에 대하여 대칭이동한 것이므로 오른쪽 그림과 같다.

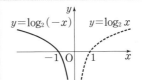

따라서 정의역과 점근선의 방정식은

정의역: $\{x|x<0\}$, 점근선의 방정식: $x=0$

(3) $y=-\log_2 x$의 그래프는 $y=\log_2 x$의 그래프를 x축에 대하여 대칭이동한 것이므로 오른쪽 그림과 같다.

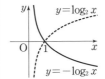

따라서 정의역과 점근선의 방정식은

정의역: $\{x|x>0\}$, 점근선의 방정식: $x=0$

정답과 해설 28쪽

문제

01-**1** 다음 함수의 그래프를 그리고, 정의역과 점근선의 방정식을 구하시오.

(1) $y=\log_{\frac{1}{3}}(x+1)$　　　　(2) $y=\log_{\frac{1}{3}}(-x)$　　　　(3) $y=-\log_{\frac{1}{3}}(-x)$

01-**2** 함수 $y=\log_2 4(x-1)$의 그래프를 그리시오.

로그함수의 그래프의 평행이동과 대칭이동

필.수.예.제 02

✎ 유형편 **33쪽**

함수 $y=\log_3 x$의 그래프를 x축의 방향으로 -1만큼, y축의 방향으로 1만큼 평행이동한 후 y축에 대하여 대칭이동한 그래프의 식이 $y=\log_3(ax+b)$일 때, 상수 a, b에 대하여 ab의 값을 구하시오.

공략 Point

로그함수
$y=\log_a(x-m)+n$의 그래프는 로그함수 $y=\log_a x$의 그래프를 x축의 방향으로 m만큼, y축의 방향으로 n만큼 평행이동한 것이다.

풀이

$y=\log_3 x$의 그래프를 x축의 방향으로 -1만큼, y축의 방향으로 1만큼 평행이동하면	$y-1=\log_3(x+1)$ $\therefore y=\log_3(x+1)+1$ ······ ㉠
㉠의 그래프를 y축에 대하여 대칭이동하면	$y=\log_3(-x+1)+1$ $\quad=\log_3(-x+1)+\log_3 3$ $\therefore y=\log_3(-3x+3)$ ······ ㉡
㉡의 식이 $y=\log_3(ax+b)$와 일치하므로	$a=-3$, $b=3$ $\therefore ab=-9$

정답과 해설 **29쪽**

문제

02- 1 함수 $y=\log_2 x$의 그래프를 y축의 방향으로 2만큼 평행이동한 후 y축에 대하여 대칭이동한 그래프의 식이 $y=\log_2 ax$일 때, 상수 a의 값을 구하시오.

02- 2 함수 $y=4\log_3 x-5$의 그래프를 x축에 대하여 대칭이동한 후 x축의 방향으로 -3만큼, y축의 방향으로 2만큼 평행이동한 그래프가 점 $(6, k)$를 지날 때, k의 값을 구하시오.

02- 3 함수 $y=\log_3 x$의 그래프를 x축의 방향으로 a만큼, y축의 방향으로 b만큼 평행이동한 그래프가 오른쪽 그림과 같을 때, $a+b$의 값을 구하시오.

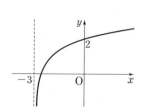

로그함수의 그래프 위의 점

유형편 **33쪽**

필.수.예.제 03

함수 $y=\log_2 x$의 그래프와 직선 $y=x$가 오른쪽 그림과 같을 때, $a+b+c$의 값을 구하시오. (단, 점선은 x축 또는 y축에 평행하다.)

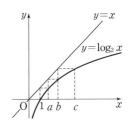

공략 Point

로그함수 $y=\log_a x$의 그래프가 점 (m, n)을 지나면
➡ $n=\log_a m \iff a^n=m$

풀이

$y=\log_2 x$의 그래프는 점 $(a, 1)$을 지나므로	$1=\log_2 a$ $\therefore a=2$
$y=\log_2 x$의 그래프는 점 (b, a), 즉 점 $(b, 2)$를 지나므로	$2=\log_2 b$ $\therefore b=2^2=4$
$y=\log_2 x$의 그래프는 점 (c, b), 즉 점 $(c, 4)$를 지나므로	$4=\log_2 c$ $\therefore c=2^4=16$
따라서 $a+b+c$의 값은	$a+b+c=2+4+16=\mathbf{22}$

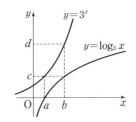

정답과 해설 29쪽

문제

03-1 두 함수 $y=\log_3 x$, $y=3^x$의 그래프가 오른쪽 그림과 같을 때, $\log_b d$의 값을 구하시오. (단, 점선은 x축 또는 y축에 평행하다.)

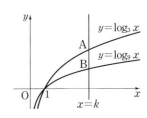

03-2 오른쪽 그림과 같이 두 함수 $y=\log_3 x$, $y=\log_9 x$의 그래프와 직선 $x=k$가 만나는 점을 각각 A, B라 할 때, $\overline{AB}=\dfrac{3}{2}$이다. 이때 k의 값을 구하시오. (단, $k>1$)

로그함수를 이용한 수의 대소 비교

필.수.예.제
04

다음 세 수의 대소를 비교하시오.

(1) 2, $\log_2 5$, $\log_4 24$

(2) $\log_{\frac{1}{3}} 4$, $\log_{\frac{1}{9}} 12$, -1

공략 Point

로그함수 $y=\log_a x$에서
(1) $a>1$일 때
➡ $x_1<x_2$이면
  $\log_a x_1<\log_a x_2$
(2) $0<a<1$일 때
➡ $x_1<x_2$이면
  $\log_a x_1>\log_a x_2$

풀이

(1) 2, $\log_4 24$를 밑이 2인 로그로 나타내면

$$2=\log_2 2^2=\log_2 4$$
$$\log_4 24=\log_{2^2} 24=\frac{1}{2}\log_2 24$$
$$=\log_2 24^{\frac{1}{2}}=\log_2 \sqrt{24}$$

$4<\sqrt{24}<5$이고, 밑이 1보다 크므로

$$\log_2 4<\log_2 \sqrt{24}<\log_2 5$$
$$\therefore \mathbf{2<\log_4 24<\log_2 5}$$

(2) $\log_{\frac{1}{9}} 12$, -1을 밑이 $\frac{1}{3}$인 로그로 나타내면

$$\log_{\frac{1}{9}} 12=\log_{(\frac{1}{3})^2} 12=\frac{1}{2}\log_{\frac{1}{3}} 12$$
$$=\log_{\frac{1}{3}} 12^{\frac{1}{2}}=\log_{\frac{1}{3}} \sqrt{12}$$
$$-1=\log_{\frac{1}{3}}\left(\frac{1}{3}\right)^{-1}=\log_{\frac{1}{3}} 3$$

$3<\sqrt{12}<4$이고, 밑이 1보다 작으므로

$$\log_{\frac{1}{3}} 4<\log_{\frac{1}{3}} \sqrt{12}<\log_{\frac{1}{3}} 3$$
$$\therefore \mathbf{\log_{\frac{1}{3}} 4<\log_{\frac{1}{9}} 12<-1}$$

정답과 해설 **29**쪽

문제

04-1 다음 세 수의 대소를 비교하시오.

(1) 2, $\log_3 7$, $\log_9 80$

(2) $\log_{\frac{1}{4}} 20$, $\log_{\frac{1}{2}} 5$, -2

04-2 $0<a<1$일 때, 세 수 $A=2\log_a 5$, $B=-3\log_{\frac{1}{a}} 3$, $C=3\log_a 2+\log_a 3$의 대소를 비교하시오.

지수함수와 로그함수의 역함수

🔖 유형편 **34쪽**

필.수.예.제
05

다음 함수의 역함수를 구하시오.

(1) $y=2^{-x+3}-1$

(2) $y=\log_3(x-2)+1$

공략 Point

함수 $y=f(x)$의 역함수는
$y=f(x)$를 정리하여
$x=g(y)$의 꼴로 고친 후 x와
y를 서로 바꾸어 구한다.

풀이

(1) $y=2^{-x+3}-1$에서	$y+1=2^{-x+3}$
로그의 정의에 의하여	$-x+3=\log_2(y+1)$
	$\therefore\ x=-\log_2(y+1)+3$
x와 y를 서로 바꾸어 역함수를 구하면	$y=-\log_2(x+1)+3$
	$\therefore\ \boldsymbol{y=\log_{\frac{1}{2}}(x+1)+3}$
(2) $y=\log_3(x-2)+1$에서	$y-1=\log_3(x-2)$
로그의 정의에 의하여	$x-2=3^{y-1}$
	$\therefore\ x=3^{y-1}+2$
x와 y를 서로 바꾸어 역함수를 구하면	$\boldsymbol{y=3^{x-1}+2}$

정답과 해설 30쪽

문제

05- 1 다음 함수의 역함수를 구하시오.

(1) $y=2^{x-1}+1$

(2) $y=\log_{\frac{1}{3}}(x-2)-3$

05- 2 함수 $y=\log_2(x+a)-3$의 역함수가 $y=2^{x+b}-2$일 때, 상수 a, b에 대하여 $a+b$의 값을 구하시오.

05- 3 두 점 $P(a,\ b)$, $Q(-1,\ b)$가 각각 함수 $y=\log_{\frac{1}{3}}x$와 그 역함수 $y=f(x)$의 그래프 위의 점일 때, ab의 값을 구하시오.

로그함수의 최대, 최소

유형편 35쪽

필.수.예.제
06

다음 함수의 최댓값과 최솟값을 구하시오.

(1) $y = \log_3 (2x+1)$ $(1 \leq x \leq 4)$

(2) $y = \log_{\frac{1}{2}} (x+1) - 2$ $(0 \leq x \leq 3)$

공략 Point

$m \leq x \leq n$에서 로그함수
$f(x) = \log_a x$는
(1) $a > 1$이면
➡ 최댓값: $f(n)$
최솟값: $f(m)$
(2) $0 < a < 1$이면
➡ 최댓값: $f(m)$
최솟값: $f(n)$

풀이

(1) 함수 $y = \log_3 (2x+1)$의 밑이 1보다 크므로 $1 \leq x \leq 4$에서 함수 $y = \log_3 (2x+1)$의 최댓값과 최솟값을 구하면

$x = 4$일 때, **최댓값**은 **2**
$x = 1$일 때, **최솟값**은 **1**

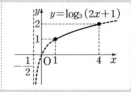

(2) 함수 $y = \log_{\frac{1}{2}} (x+1) - 2$의 밑이 1보다 작으므로 $0 \leq x \leq 3$에서 함수 $y = \log_{\frac{1}{2}} (x+1) - 2$의 최댓값과 최솟값을 구하면

$x = 0$일 때, **최댓값**은 **-2**
$x = 3$일 때, **최솟값**은 **-4**

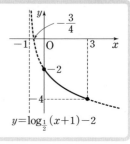

정답과 해설 30쪽

문제

06-1 다음 함수의 최댓값과 최솟값을 구하시오.

(1) $y = \log_2 (x-1)$ $(3 \leq x \leq 9)$

(2) $y = \log_{\frac{1}{3}} (2x-1) + 1$ $(2 \leq x \leq 5)$

06-2 $2 \leq x \leq 14$에서 함수 $y = \log_5 (2x-3) + 4$의 최댓값을 M, 최솟값을 m이라 할 때, $M-m$의 값을 구하시오.

06-3 $5 \leq x \leq 11$에서 함수 $y = \log_{\frac{1}{3}} (x-a)$의 최솟값이 -2일 때, 최댓값을 구하시오. (단, a는 상수)

필.수.예.제
07

다음 함수의 최댓값과 최솟값을 구하시오.

(1) $y=\log_2(x^2-6x+11)$ (2) $y=\log_{\frac{1}{2}}(-x^2+4x+4)\ (0\le x\le4)$

공략 Point

로그함수 $y=\log_a f(x)$에서
(1) $a>1$이면
➡ $f(x)$가 최대일 때
  $\log_a f(x)$도 최대,
  $f(x)$가 최소일 때
  $\log_a f(x)$도 최소
(2) $0<a<1$이면
➡ $f(x)$가 최소일 때
  $\log_a f(x)$는 최대,
  $f(x)$가 최대일 때
  $\log_a f(x)$는 최소

풀이

(1) $y=\log_2(x^2-6x+11)$에서
$f(x)=x^2-6x+11$이라 하면

$f(x)$의 값의 범위는

따라서 함수 $y=\log_2 f(x)$의 밑이 1보다 크므로 $f(x)\ge2$에서 함수 $y=\log_2 f(x)$의 최댓값과 최솟값을 구하면

$f(x)=x^2-6x+11=(x-3)^2+2$

$f(x)\ge2$

최댓값은 없다.
$f(x)=2$일 때, **최솟값은 1**

(2) $y=\log_{\frac{1}{2}}(-x^2+4x+4)$에서
$f(x)=-x^2+4x+4$라 하면

$0\le x\le4$에서 $f(x)$의 값의 범위는

따라서 함수 $y=\log_{\frac{1}{2}}f(x)$의 밑이 1보다 작으므로 $4\le f(x)\le8$에서 함수 $y=\log_{\frac{1}{2}}f(x)$의 최댓값과 최솟값을 구하면

$f(x)=-x^2+4x+4=-(x-2)^2+8$

$4\le f(x)\le8$

$f(x)=4$일 때, **최댓값은 -2**
$f(x)=8$일 때, **최솟값은 -3**

정답과 해설 30쪽

문제

07-**1** 다음 함수의 최댓값과 최솟값을 구하시오.

(1) $y=\log_{\frac{1}{3}}(x^2-4x+13)$ (2) $y=\log_3(-x^2+2x+9)\ (2\le x\le4)$

07-**2** 함수 $y=\log_2(x-3)+\log_2(5-x)$의 최댓값을 구하시오.

07-**3** $-3\le x\le4$에서 함수 $y=\log_a(x^2-4x+6)$의 최솟값이 -3일 때, 상수 a의 값을 구하시오. (단, $0<a<1$)

$\log_a x$ 꼴이 반복되는 함수의 최대, 최소

필.수.예.제 08

다음 물음에 답하시오.

(1) $1 \le x \le 8$일 때, 함수 $y = (\log_2 x)^2 - \log_2 x^2 + 2$의 최댓값과 최솟값을 구하시오.

(2) $x > 1$일 때, 함수 $y = \log_5 x + \log_x 625$의 최솟값을 구하시오.

공략 Point

(1) $\log_a x$ 꼴이 반복되는 경우는 $\log_a x = t$로 놓고 t의 값의 범위에서 t에 대한 함수의 최댓값과 최솟값을 구한다.

(2) $\log_a b > 0$, $\log_b a > 0$이므로 산술평균과 기하평균의 관계에 의하여

$\log_a b + \log_b a$
$\ge 2\sqrt{\log_a b \times \log_b a} = 2$
(단, 등호는 $\log_a b = \log_b a$
일 때 성립)

임을 이용한다.

풀이

(1) $y = (\log_2 x)^2 - \log_2 x^2 + 2$를 변형하면	$y = (\log_2 x)^2 - 2\log_2 x + 2$
$\log_2 x = t$로 놓으면 $1 \le x \le 8$에서	$\log_2 1 \le t \le \log_2 8$ $\therefore$ $0 \le t \le 3$
이때 주어진 함수는	$y = t^2 - 2t + 2 = (t-1)^2 + 1$
따라서 $0 \le t \le 3$에서 함수 $y = (t-1)^2 + 1$의 최댓값과 최솟값을 구하면	$t = 3$일 때, **최댓값은 5** $t = 1$일 때, **최솟값은 1**

(2) 주어진 함수를 밑이 5인 로그로 나타내면	$y = \log_5 x + \log_x 625$ $= \log_5 x + 4\log_x 5$ $= \log_5 x + \dfrac{4}{\log_5 x}$
$x > 1$에서 $\log_5 x > 0$이므로 산술평균과 기하평균의 관계에 의하여	$\ge 2\sqrt{\log_5 x \times \dfrac{4}{\log_5 x}} = 4$ (단, 등호는 $\log_5 x = 2$일 때 성립)
따라서 구하는 최솟값은	**4**

정답과 해설 **31**쪽

문제

08-1 다음 물음에 답하시오.

(1) $1 \le x \le 4$일 때, 함수 $y = 2(\log_{\frac{1}{2}} x)^2 + \log_{\frac{1}{2}} x^2$의 최댓값과 최솟값을 구하시오.

(2) $x > 1$일 때, 함수 $y = \log_2 x + \log_x 512$의 최솟값을 구하시오.

08-2 함수 $y = (\log_3 x)^2 + a\log_{27} x^2 + b$가 $x = \dfrac{1}{3}$에서 최솟값 1을 가질 때, 상수 a, b의 값을 구하시오.

연습문제

1 함수 $f(x)=\log_2 x$에서 $f(2)=a$, $f(8)=b$일 때, $f(k)=a+b$를 만족시키는 실수 k의 값을 구하시오.

2 다음 중 함수 $y=\log_2 2(x-4)+2$에 대한 설명으로 옳지 <u>않은</u> 것은?

① 정의역은 $\{x|x>4\}$이다.
② 그래프는 제2사분면과 제3사분면을 지나지 않는다.
③ x의 값이 증가하면 y의 값도 증가한다.
④ 그래프는 점 $(6, 3)$을 지난다.
⑤ 그래프는 $y=\log_2 x$의 그래프를 x축의 방향으로 4만큼, y축의 방향으로 3만큼 평행이동한 것과 같다.

3 함수 $y=\log_2 8x+3$의 그래프를 x축의 방향으로 2만큼 평행이동한 후 x축에 대하여 대칭이동한 그래프가 점 $(3, k)$를 지날 때, k의 값을 구하시오.

교육청

4 함수 $y=\log x$의 그래프를 x축의 방향으로 a만큼, y축의 방향으로 b만큼 평행이동시킨 그래프가 두 점 $(4, b)$, $(13, 11)$을 지날 때, 상수 a, b의 곱 ab의 값을 구하시오.

5 함수 $y=\log_3(x-a)+b$의 그래프가 다음 그림과 같을 때, 상수 a, b에 대하여 $a+b$의 값을 구하시오.

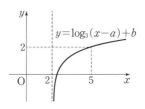

6 다음 보기의 함수 중 그 그래프가 함수 $y=\log_3 x$의 그래프를 평행이동 또는 대칭이동하여 겹쳐질 수 있는 것만을 있는 대로 고르시오.

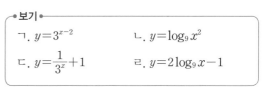

보기
ㄱ. $y=3^{x-2}$ ㄴ. $y=\log_9 x^2$
ㄷ. $y=\dfrac{1}{3^x}+1$ ㄹ. $y=2\log_9 x-1$

7 함수 $y=\log_{\frac{1}{3}}(x+3)+k$의 그래프가 제3사분면을 지나지 않도록 하는 상수 k의 최솟값은?

① -2 ② -1 ③ 0
④ 1 ⑤ 2

8 다음 그림과 같이 함수 $y=\log_2 x$의 그래프 위의 점 D, E와 x축 위의 점 B, C, G에 대하여 정사각형 ABCD의 한 변의 길이가 4일 때, 정사각형 FGBE의 한 변의 길이는?

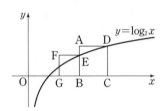

① $2-\log_2 3$ ② 2 ③ $4-\log_2 3$
④ $2+\log_2 3$ ⑤ $3+\log_3 2$

9 다음 그림과 같이 세 함수 $f(x)=\log_a x$, $g(x)=\log_b x$, $h(x)=-\log_a x$의 그래프가 직선 $x=2$와 만나는 점을 각각 P, Q, R라 하자. $\overline{PQ}:\overline{QR}=1:2$일 때, $g(a)$의 값을 구하시오.

(단, $1<a<b$)

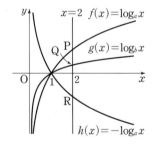

10 $1<x<3$일 때, 세 수 $A=\log_x 3$, $B=\log_3 x$, $C=(\log_3 x)^2$의 대소를 비교하시오.

11 함수 $y=\log_9 (x-1)+\dfrac{3}{2}$의 역함수가 $y=3^{2x+a}+b$일 때, 상수 a, b에 대하여 $a+b$의 값을 구하시오.

12 함수 $f(x)=\log_3 \dfrac{x+1}{x-1}\,(x>1)$의 역함수 $g(x)$에 대하여 $g(\alpha)=3$, $g(\beta)=5$일 때, $\alpha+\beta$의 값은?

① -2 ② -1 ③ 0
④ 1 ⑤ 2

13 오른쪽 그림과 같이 함수 $y=2^x$의 그래프 위의 점 A, C, E와 함수 $y=\log_2 x$의 그래프 위의 점 B, D, F에 대하여 $\overline{AB}$, $\overline{CD}$, $\overline{EF}$가 x축에 평행할 때, 점 F의 좌표를 구하시오.

14 함수 $y=\log_a x+b$의 그래프와 그 역함수의 그래프가 두 점에서 만나고 두 교점의 x좌표가 1, 3일 때, 상수 a, b에 대하여 ab의 값은? (단, $a>1$)

① $\sqrt{2}$ ② $\sqrt{3}$ ③ 2
④ $\sqrt{5}$ ⑤ $\sqrt{6}$

15 $3 \leq x \leq 21$에서 함수 $y = \log_3 (x-a) + 2$의 최댓값이 5일 때, 최솟값을 구하시오. (단, a는 상수)

16 $3 \leq x \leq 9$에서 함수 $y = \log_2 (x^2 - 4x + a)$의 최솟값이 4일 때, 최댓값을 구하시오. (단, a는 상수)

17 함수 $y = 3^{\log x} \times x^{\log 3} - 3(x^{\log 3} + 3^{\log x}) + 10$이 $x = a$에서 최솟값 b를 가질 때, $a + b$의 값은?

① 11　　　② 12　　　③ 13

④ 14　　　⑤ 15

18 $0 < x < 1$일 때, 함수 $y = \log_{\frac{1}{2}} x + \log_x \dfrac{1}{256}$의 최솟값은?

① $2\sqrt{2}$　　　② $3\sqrt{2}$　　　③ $4\sqrt{2}$

④ $5\sqrt{2}$　　　⑤ $6\sqrt{2}$

실력

19 오른쪽 그림과 같이 두 함수 $y = \log_2 2x$, $y = \log_2 \dfrac{x}{2}$의 그래프와 두 직선 $x = a$, $x = a+4$로 둘러싸인 부분의 넓이를 구하시오. (단, $a > 2$)

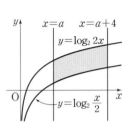

20 다음 보기 중 옳은 것만을 있는 대로 고르시오.

> **보기**
> ㄱ. $a < b$이면 $(\log_4 3)^a < (\log_4 3)^b$이다.
> ㄴ. $0 < x < 1$이면 $\log_3 x < \log_4 x$이다.
> ㄷ. $\log_{\frac{1}{3}} 5 < \log_{\frac{1}{4}} 5$

교육청

21 점 $\mathrm{A}(4, 0)$을 지나고 y축에 평행한 직선이 곡선 $y = \log_2 x$와 만나는 점을 B라 하고, 점 B를 지나고 기울기가 -1인 직선이 곡선 $y = 2^{x+1} + 1$과 만나는 점을 C라 할 때, 삼각형 ABC의 넓이는?

① 3　　　② $\dfrac{7}{2}$　　　③ 4

④ $\dfrac{9}{2}$　　　⑤ 2

로그함수의 활용

1 **로그의 진수 또는 밑에 미지수를 포함한 방정식의 풀이**

로그의 진수 또는 밑에 미지수를 포함한 방정식은 다음 성질을 이용하여 푼다.

> $a>0$, $a\neq1$일 때
> (1) $\log_a x=p \Longleftrightarrow x=a^p$
> (2) $\log_a x_1=\log_a x_2 \Longleftrightarrow x_1=x_2$

이때 구하는 해는 (밑)>0, (밑)$\neq1$, (진수)>0을 만족시켜야 한다.

예 (1) $\log_2 x=5$에서 $x=2^5=32$

이때 진수의 조건에서 $x>0$이므로 주어진 방정식의 해는 $x=32$

(2) $\log_{\frac{1}{3}} x=\log_{\frac{1}{3}}(3x-2)$에서 $x=3x-2$ $\therefore x=1$

이때 진수의 조건에서 $x>\dfrac{2}{3}$이므로 주어진 방정식의 해는 $x=1$

참고 • 로그의 진수 또는 밑에 미지수를 포함한 방정식을 로그방정식이라 한다.
• 로그함수 $y=\log_a x\,(a>0,\ a\neq1)$는 양의 실수 전체의 집합에서 실수 전체의 집합으로의 일대일대응이므로 임의의 실수 p에 대하여 로그방정식 $\log_a x=p$는 단 하나의 해를 갖는다.
따라서 위의 성질이 성립한다.

2 **로그의 진수 또는 밑에 미지수를 포함한 부등식의 풀이**

로그의 진수 또는 밑에 미지수를 포함한 부등식은 다음 성질을 이용하여 푼다.

> (1) $a>1$일 때, $\log_a x_1>\log_a x_2 \Longleftrightarrow x_1>x_2$ ◀ 부등호 방향 그대로
> (2) $0<a<1$일 때, $\log_a x_1>\log_a x_2 \Longleftrightarrow x_1<x_2$ ◀ 부등호 방향 반대로

이때 구하는 해는 (밑)>0, (밑)$\neq1$, (진수)>0을 만족시켜야 한다.

예 (1) $\log_2 x>\log_2 3$에서 밑이 1보다 크므로 $x>3$

이때 진수의 조건에서 $x>0$이므로 주어진 부등식의 해는 $x>3$

(2) $\log_{\frac{1}{3}} x>\log_{\frac{1}{3}} 5$에서 밑이 1보다 작으므로 $x<5$

이때 진수의 조건에서 $x>0$이므로 주어진 부등식의 해는 $0<x<5$

참고 로그의 진수 또는 밑에 미지수를 포함한 부등식을 로그부등식이라 한다.

개념 CHECK   정답과 해설 34쪽

1 다음 방정식을 푸시오.

    (1) $\log_2(3x+1)=4$ (2) $\log_{\frac{1}{2}}(x+1)=\log_{\frac{1}{2}} 2$

2 다음 부등식을 푸시오.

    (1) $\log_2(2x-3)\leq2$ (2) $\log_{\frac{1}{3}}(2x-5)<\log_{\frac{1}{3}}(x-3)$

밑을 같게 할 수 있는 로그방정식

유형편 **38**쪽

필.수.예.제 01

다음 방정식을 푸시오.

(1) $\log_2(x+1)+\log_2(x-3)=5$

(2) $\log_{\frac{1}{3}}(x+1)=\log_{\frac{1}{9}}(x+13)$

공략 Point

밑을 같게 한 후 다음을 이용한다.
(1) $\log_a f(x)=p$
$\iff f(x)=a^p$
(2) $\log_a f(x)=\log_a g(x)$
$\iff f(x)=g(x)$
이때 구한 해가 진수의 조건을 만족시키는지 확인한다.

풀이

(1) 진수의 조건에서	$x+1>0,\ x-3>0$ ∴ $x>3$ ······ ㉠
$\log_2(x+1)+\log_2(x-3)=5$를 변형하면	$\log_2(x+1)(x-3)=5$
로그의 정의에 의하여	$(x+1)(x-3)=2^5,\ x^2-2x-35=0$
	$(x+5)(x-7)=0$
	∴ $x=-5$ 또는 $x=7$
따라서 ㉠에 의하여 주어진 방정식의 해는	$x=7$

(2) 진수의 조건에서	$x+1>0,\ x+13>0$ ∴ $x>-1$ ······ ㉠
$\log_{\frac{1}{3}}(x+1)=\log_{\frac{1}{9}}(x+13)$을 변형하면	$\log_{\frac{1}{3}}(x+1)=\dfrac{1}{2}\log_{\frac{1}{3}}(x+13)$
	$2\log_{\frac{1}{3}}(x+1)=\log_{\frac{1}{3}}(x+13)$
	$\log_{\frac{1}{3}}(x+1)^2=\log_{\frac{1}{3}}(x+13)$
진수끼리 비교하면	$(x+1)^2=x+13,\ x^2+x-12=0$
	$(x+4)(x-3)=0$
	∴ $x=-4$ 또는 $x=3$
따라서 ㉠에 의하여 주어진 방정식의 해는	$x=3$

정답과 해설 34쪽

문제

01-1 다음 방정식을 푸시오.

(1) $\log_{\frac{1}{3}}(x-2)+\log_{\frac{1}{3}}(x+6)=-2$

(2) $\log_2(x-1)+\log_2(x-3)=3$

(3) $\log_2(x+2)+\log_2(x-3)=\log_2(5x+1)$

(4) $\log_{\frac{1}{4}}(2x+1)=\log_{\frac{1}{2}}(x-1)$

01-2 방정식 $\log_{x^2-2x+1}(2x-1)=\log_4(2x-1)$을 푸시오.

$\log_a x$ 꼴이 반복되는 방정식

유형편 **38쪽**

필.수.예.제 02

다음 방정식을 푸시오.

(1) $(\log_3 x)^2 - \log_3 x^3 + 2 = 0$

(2) $\log_{\frac{1}{3}} x - \log_x \frac{1}{9} = 1$

공략 Point

$\log_a x$ 꼴이 반복되는 경우는 $\log_a x = t$로 놓고 t에 대한 방정식을 푼다.
이때 구한 해가 진수의 조건을 만족시키는지 확인한다.

풀이

(1) 진수의 조건에서	$x > 0,\ x^3 > 0$ $\therefore x > 0$ ······ ㉠
$(\log_3 x)^2 - \log_3 x^3 + 2 = 0$을 변형하면	$(\log_3 x)^2 - 3\log_3 x + 2 = 0$
$\log_3 x = t$로 놓으면	$t^2 - 3t + 2 = 0,\ (t-1)(t-2) = 0$ $\therefore t = 1$ 또는 $t = 2$
$t = \log_3 x$이므로	$\log_3 x = 1$ 또는 $\log_3 x = 2$ $\therefore x = 3^1 = 3$ 또는 $x = 3^2 = 9$
따라서 ㉠에 의하여 주어진 방정식의 해는	$\boldsymbol{x = 3}$ **또는** $\boldsymbol{x = 9}$

(2) 밑과 진수의 조건에서	$x > 0,\ x \neq 1$ $\therefore 0 < x < 1$ 또는 $x > 1$ ······ ㉠
$\log_{\frac{1}{3}} x - \log_x \frac{1}{9} = 1$을 변형하면	$\log_{\frac{1}{3}} x - 2\log_x \frac{1}{3} = 1,\ \log_{\frac{1}{3}} x - \dfrac{2}{\log_{\frac{1}{3}} x} = 1$
$\log_{\frac{1}{3}} x = t$로 놓으면	$t - \dfrac{2}{t} = 1,\ t^2 - t - 2 = 0,\ (t+1)(t-2) = 0$ $\therefore t = -1$ 또는 $t = 2$
$t = \log_{\frac{1}{3}} x$이므로	$\log_{\frac{1}{3}} x = -1$ 또는 $\log_{\frac{1}{3}} x = 2$ $\therefore x = \left(\dfrac{1}{3}\right)^{-1} = 3$ 또는 $x = \left(\dfrac{1}{3}\right)^2 = \dfrac{1}{9}$
따라서 ㉠에 의하여 주어진 방정식의 해는	$\boldsymbol{x = \dfrac{1}{9}}$ **또는** $\boldsymbol{x = 3}$

정답과 해설 **35쪽**

문제

02-1 다음 방정식을 푸시오.

(1) $(\log_2 x)^2 - \log_2 x^5 + 6 = 0$

(2) $(\log x)^2 = \log x^2 + 8$

(3) $\log_{\frac{1}{2}} \dfrac{4}{x} \times \log_{\frac{1}{2}} \dfrac{x}{8} = -2$

(4) $\log_2 x = \log_x 8 + 2$

02-2 방정식 $\log_3 x + \log_x 27 = 4$의 두 근을 α, β라 할 때, $\alpha\beta$의 값을 구하시오.

양변에 로그를 취하는 방정식

필.수.예.제
03

공략 Point

지수에 $\log_a x$가 있는 경우는 양변에 밑이 a인 로그를 취하여 푼다.

방정식 $x^{\log_2 x} = \dfrac{8}{x^2}$을 푸시오.

풀이

$\log_2 x$에서 진수의 조건에서	$x > 0 \quad \cdots\cdots \ \bigcirc$
$x^{\log_2 x} = \dfrac{8}{x^2}$의 양변에 밑이 2인 로그를 취하여 정리하면	$\log_2 x^{\log_2 x} = \log_2 \dfrac{8}{x^2}$ $\log_2 x \times \log_2 x = \log_2 8 - \log_2 x^2$ $(\log_2 x)^2 + 2\log_2 x - 3 = 0$
$\log_2 x = t$로 놓으면	$t^2 + 2t - 3 = 0, \ (t+3)(t-1) = 0$ $\therefore \ t = -3$ 또는 $t = 1$
$t = \log_2 x$이므로	$\log_2 x = -3$ 또는 $\log_2 x = 1$ $\therefore \ x = 2^{-3} = \dfrac{1}{8}$ 또는 $x = 2^1 = 2$
따라서 $\bigcirc$에 의하여 주어진 방정식의 해는	$x = \dfrac{1}{8}$ 또는 $x = 2$

정답과 해설 36쪽

문제

03-1 다음 방정식을 푸시오.

(1) $x^{\log x} = 1000x^2$

(2) $x^{2\log_3 x} = \dfrac{9}{x^3}$

03-2 방정식 $2^{\log 2x} = 3^{\log 3x}$을 푸시오.

밑을 같게 할 수 있는 로그부등식

📎 유형편 **40쪽**

필.수.예.제
04

다음 부등식을 푸시오.

(1) $\log_2 x+\log_2(5-x)>\log_2(4x-2)$

(2) $\log_{\frac{1}{3}}(x-2)>\log_{\frac{1}{9}}(x+4)$

공략 Point

밑을 같게 한 후 다음을 이용한다.

(1) $a>1$일 때,
$\log_a f(x)>\log_a g(x)$
$\Longleftrightarrow f(x)>g(x)$

(2) $0<a<1$일 때,
$\log_a f(x)>\log_a g(x)$
$\Longleftrightarrow f(x)<g(x)$

이때 구한 해가 진수의 조건을 만족시키는지 확인한다.

풀이

(1) 진수의 조건에서	$x>0,\ 5-x>0,\ 4x-2>0$ $\therefore\ \dfrac{1}{2}<x<5$ $\quad$ ...... ㉠
$\log_2 x+\log_2(5-x)>\log_2(4x-2)$를 변형하면	$\log_2 x(5-x)>\log_2(4x-2)$
밑이 1보다 크므로	$x(5-x)>4x-2,\ x^2-x-2<0$ $(x+1)(x-2)<0$ $\therefore\ -1<x<2$ $\quad$ ...... ㉡
㉠, ㉡을 동시에 만족시키는 x의 값의 범위는	$\dfrac{1}{2}<x<2$

(2) 진수의 조건에서	$x-2>0,\ x+4>0$ $\quad\therefore\ x>2$ $\quad$ ...... ㉠
$\log_{\frac{1}{3}}(x-2)>\log_{\frac{1}{9}}(x+4)$를 변형하면	$\log_{\frac{1}{3}}(x-2)>\dfrac{1}{2}\log_{\frac{1}{3}}(x+4)$ $2\log_{\frac{1}{3}}(x-2)>\log_{\frac{1}{3}}(x+4)$ $\log_{\frac{1}{3}}(x-2)^2>\log_{\frac{1}{3}}(x+4)$
밑이 1보다 작으므로	$(x-2)^2<x+4,\ x^2-5x<0$ $x(x-5)<0$ $\quad\therefore\ 0<x<5$ $\quad$ ...... ㉡
㉠, ㉡을 동시에 만족시키는 x의 값의 범위는	$2<x<5$

정답과 해설 36쪽

문제

04-**1** 다음 부등식을 푸시오.

(1) $\log x+\log(7-x)<\log(5x-8)$

(2) $\log_{\frac{1}{5}}(2x-2)\leq 2\log_{\frac{1}{5}}(x-5)$

(3) $\log_{\frac{1}{2}}(x-1)+\log_{\frac{1}{2}}(x-4)\geq -2$

(4) $\log_5(x-2)+\log_{25}4>2$

04-**2** 부등식 $\log_3(\log_2 x)\leq 0$을 만족시키는 자연수 x의 값을 구하시오.

$\log_a x$ 꼴이 반복되는 부등식

필.수.예.제
05

다음 부등식을 푸시오.

(1) $(\log_2 x)^2 - \log_2 x^4 + 3 > 0$

(2) $\log_{\frac{1}{5}} 25x \times \log_{\frac{1}{5}} 125x \le 2$

공략 Point

$\log_a x$ 꼴이 반복되는 경우는 $\log_a x = t$로 놓고 t에 대한 부등식을 푼다.
이때 구한 해가 진수의 조건을 만족시키는지 확인한다.

풀이

(1) 진수의 조건에서	$x > 0,\ x^4 > 0$ $\quad \therefore\ x > 0$ $\quad \cdots\cdots$ ㉠
$(\log_2 x)^2 - \log_2 x^4 + 3 > 0$을 변형하면	$(\log_2 x)^2 - 4\log_2 x + 3 > 0$
$\log_2 x = t$로 놓으면	$t^2 - 4t + 3 > 0,\ (t-1)(t-3) > 0$
	$\therefore\ t < 1$ 또는 $t > 3$
$t = \log_2 x$이므로	$\log_2 x < 1$ 또는 $\log_2 x > 3$
	$\log_2 x < \log_2 2$ 또는 $\log_2 x > \log_2 8$
밑이 1보다 크므로	$x < 2$ 또는 $x > 8$ $\quad\cdots\cdots$ ㉡
㉠, ㉡을 동시에 만족시키는 x의 값의 범위는	$\mathbf{0 < x < 2}$ **또는** $\mathbf{x > 8}$

(2) 진수의 조건에서	$25x > 0,\ 125x > 0$ $\quad\therefore\ x > 0$ $\quad\cdots\cdots$ ㉠
$\log_{\frac{1}{5}} 25x \times \log_{\frac{1}{5}} 125x \le 2$를 변형하면	$(\log_{\frac{1}{5}} 25 + \log_{\frac{1}{5}} x)(\log_{\frac{1}{5}} 125 + \log_{\frac{1}{5}} x) \le 2$
	$(-2 + \log_{\frac{1}{5}} x)(-3 + \log_{\frac{1}{5}} x) \le 2$
	$(\log_{\frac{1}{5}} x)^2 - 5\log_{\frac{1}{5}} x + 4 \le 0$
$\log_{\frac{1}{5}} x = t$로 놓으면	$t^2 - 5t + 4 \le 0,\ (t-1)(t-4) \le 0$
	$\therefore\ 1 \le t \le 4$
$t = \log_{\frac{1}{5}} x$이므로	$1 \le \log_{\frac{1}{5}} x \le 4$
	$\log_{\frac{1}{5}} \dfrac{1}{5} \le \log_{\frac{1}{5}} x \le \log_{\frac{1}{5}} \dfrac{1}{625}$
밑이 1보다 작으므로	$\dfrac{1}{625} \le x \le \dfrac{1}{5}$ $\quad\cdots\cdots$ ㉡
㉠, ㉡을 동시에 만족시키는 x의 값의 범위는	$\dfrac{1}{625} \le x \le \dfrac{1}{5}$

정답과 해설 37쪽

문제

05- 1 다음 부등식을 푸시오.

(1) $(\log_4 x)^2 - \log_4 x \le 2$

(2) $(\log_{\frac{1}{3}} x)^2 - \log_{\frac{1}{3}} x - 6 \ge 0$

(3) $\log_2 4x \times \log_2 16x < 3$

(4) $\log_3 81x^2 \times \log_3 \dfrac{1}{x} > -6$

05- 2 부등식 $(\log_2 x)^2 + \log_{\frac{1}{2}} x^4 > 12$의 해가 $0 < x < \alpha$ 또는 $x > \beta$일 때, $\alpha\beta$의 값을 구하시오.

양변에 로그를 취하는 부등식

유형편 41쪽

부등식 $x^{\log x} < \dfrac{1000}{x^2}$ 을 푸시오.

풀이

$\log x$에서 진수의 조건에서	$x>0$ ...... ㉠
$x^{\log x} < \dfrac{1000}{x^2}$의 양변에 상용로그를 취하여 정리하면	$\log x^{\log x} < \log \dfrac{1000}{x^2}$ $\log x \times \log x < \log 1000 - \log x^2$ $(\log x)^2 + 2\log x - 3 < 0$
$\log x = t$로 놓으면	$t^2 + 2t - 3 < 0,\ (t+3)(t-1) < 0$ $\therefore\ -3 < t < 1$
$t = \log x$이므로	$-3 < \log x < 1$ $\log 10^{-3} < \log x < \log 10$ $\log \dfrac{1}{1000} < \log x < \log 10$
밑이 1보다 크므로	$\dfrac{1}{1000} < x < 10$ ...... ㉡
㉠, ㉡을 동시에 만족시키는 x의 값의 범위는	$\dfrac{1}{1000} < x < 10$

정답과 해설 38쪽

문제

06- 1 다음 부등식을 푸시오.

    (1) $x^{\log_2 x} < 16x^3$ (2) $x^{\log_{\frac{1}{3}} x} \geq 9x^3$

06- 2 부등식 $x^{\log_5 x} < 25x$를 만족시키는 자연수 x의 개수를 구하시오.

$\log_a x$ 꼴이 반복되는 부등식의 응용

유형편 42쪽

필.수.예.제
07

다음 물음에 답하시오.

(1) 이차방정식 $(2\log_2 a-1)x^2+2(\log_2 a-2)x+1=0$이 서로 다른 두 실근을 갖도록 하는 상수 a의 값의 범위를 구하시오. (단, $a\neq\sqrt{2}$)

(2) 모든 양수 x에 대하여 부등식 $(\log_2 x)^2-4\log_2 x+4\log_2 k>0$이 성립하도록 하는 상수 k의 값의 범위를 구하시오.

공략 Point

(1) 이차방정식이 서로 다른 두 실근을 가지려면 이차방정식의 판별식 D가 $D>0$이어야 한다.

(2) 모든 실수 x에 대하여 이차부등식 $ax^2+bx+c>0$이 성립하려면 이차방정식 $ax^2+bx+c=0$의 판별식 D가 $D<0$이어야 한다.

풀이

(1) 진수의 조건에서	$0<a<\sqrt{2}$ 또는 $a>\sqrt{2}$ $\cdots\cdots$ ㉠
주어진 이차방정식의 판별식을 D라 하면 $D>0$이어야 하므로	$\dfrac{D}{4}=(\log_2 a-2)^2-(2\log_2 a-1)>0$ $(\log_2 a)^2-6\log_2 a+5>0$
$\log_2 a=t$로 놓으면	$t^2-6t+5>0,\ (t-1)(t-5)>0$ $\therefore\ t<1$ 또는 $t>5$
$t=\log_2 a$이므로	$\log_2 a<1$ 또는 $\log_2 a>5$ $\log_2 a<\log_2 2$ 또는 $\log_2 a>\log_2 32$
밑이 1보다 크므로	$a<2$ 또는 $a>32$ $\cdots\cdots$ ㉡
㉠, ㉡을 동시에 만족시키는 a의 값의 범위는	$\mathbf{0<a<\sqrt{2}}$ 또는 $\mathbf{\sqrt{2}<a<2}$ 또는 $\mathbf{a>32}$

(2) 진수의 조건에서	$k>0$ $\cdots\cdots$ ㉠
$\log_2 x=t$로 놓으면	$t^2-4t+4\log_2 k>0$ $\cdots\cdots$ ㉡
주어진 부등식이 모든 양수 x에 대하여 성립하려면 $t=\log_2 x$에서	모든 실수 t에 대하여 부등식 ㉡이 성립해야 한다.
이차방정식 $t^2-4t+4\log_2 k=0$의 판별식을 D라 하면 $D<0$이어야 하므로	$\dfrac{D}{4}=4-4\log_2 k<0,\ \log_2 k>1$ $\log_2 k>\log_2 2$
밑이 1보다 크므로	$k>2$ $\cdots\cdots$ ㉢
㉠, ㉢을 동시에 만족시키는 k의 값의 범위는	$\boldsymbol{k>2}$

정답과 해설 39쪽

문제

07-**1**

다음 물음에 답하시오.

(1) 이차방정식 $x^2-2x\log_3 a+\log_3 a+2=0$이 실근을 갖도록 하는 상수 a의 값의 범위를 구하시오.

(2) 모든 양수 x에 대하여 부등식 $(\log_3 x)^2+2\log_3 3x-\log_9 k\geq0$이 성립하도록 하는 상수 k의 값의 범위를 구하시오.

필.수.예.제 08

소리의 강도 $P(\text{W/m}^2)$와 소리의 크기 $D(\text{dB})$ 사이에는 다음과 같은 관계식이 성립한다고 한다.

$$D=10\log\frac{P}{P_0} \text{ (단, } P_0\text{은 상수)}$$

어느 지점에서 소리의 크기가 50 dB일 때의 소리의 강도가 $10^{-7}\,\text{W/m}^2$일 때, 이 지점에서 소리의 크기가 120 dB 이상 150 dB 이하일 때의 소리의 강도의 범위를 구하시오.

공략 Point

주어진 상황에 맞게 미지수를 정하여 식을 세운 후 로그방정식 또는 로그부등식을 푼다.

풀이

소리의 크기가 50 dB일 때의 소리의 강도가 $10^{-7}\,\text{W/m}^2$이므로	$50=10\log\dfrac{10^{-7}}{P_0}$ $5=\log 10^{-7}-\log P_0$ $\log P_0=-12$ $\therefore P_0=10^{-12}$
소리의 크기가 120 dB 이상 150 dB 이하일 때의 소리의 강도를 $x\,\text{W/m}^2$라 하면	$120\leq 10\log\dfrac{x}{10^{-12}}\leq 150$ $12\leq\log x+12\leq 15$ $0\leq\log x\leq 3$ $\log 1\leq\log x\leq\log 1000$
밑이 1보다 크므로	$1\leq x\leq 1000$
따라서 소리의 크기가 120 dB 이상 150 dB 이하일 때의 소리의 강도의 범위는	**1 W/m² 이상 1000 W/m² 이하**

정답과 해설 39쪽

문제

08-1 어느 회사에서 판매하는 방향제는 처음 분사한 방향제의 양 $M_0\,\text{mL}$와 분사한 다음 t시간 후에 대기 중에 남아 있는 방향제의 양 $M\,\text{mL}$ 사이에 다음과 같은 관계식이 성립한다고 한다.

$$t=6\log_2\frac{M_0}{M}$$

처음 방향제를 $a\,\text{mL}$ 분사한 다음 6시간 후에 대기 중에 남아 있는 방향제의 양이 16 mL일 때, 처음 방향제를 $a\,\text{mL}$ 분사한 다음 24시간 후에 대기 중에 남아 있는 방향제의 양을 구하시오.

08-2 어느 기업의 매출액이 매년 5 %씩 증가한다고 할 때, 이 기업의 매출액이 현재의 3배 이상이 되는 것은 몇 년 후부터인지 구하시오. (단, $\log 1.05=0.02$, $\log 3=0.48$로 계산한다.)

연습문제

1 방정식 $\log_2(x-3)=\log_4(9-x)$를 푸시오.

2 연립방정식 $\begin{cases} \log_3 x + \log_2 y = 6 \\ \log_3 x \times \log_2 y = 8 \end{cases}$의 해가 $x=\alpha$, $y=\beta$일 때, $\alpha+\beta$의 값을 구하시오. (단, $\alpha<\beta$)

3 방정식 $(\log_2 x)^2 - \log_2 x^2 - 2 = 0$의 두 근을 α, β라 할 때, $\log_\alpha \beta + \log_\beta \alpha$의 값은?

① -6 ② -4 ③ -2
④ 0 ⑤ 2

4 이차방정식 $x^2 - 2(\log a + 2)x + 2\log a + 7 = 0$이 중근을 갖도록 하는 모든 상수 a의 값의 곱은?

① $\dfrac{1}{10000}$ ② $\dfrac{1}{1000}$ ③ $\dfrac{1}{100}$
④ $\dfrac{1}{10}$ ⑤ 1

5 방정식 $\left(\dfrac{x}{4}\right)^{\log_2 x} = 16 \times 2^{\log_2 x}$의 서로 다른 두 근을 α, β라 할 때, $\alpha\beta$의 값을 구하시오.

6 부등식 $\log_{\frac{1}{9}}(3x+1) > \log_{\frac{1}{3}}(2x-1)$을 만족시키는 자연수 x의 최솟값을 구하시오.

7 평가원
부등식 $2\log_2 |x-1| \le 1 - \log_2 \dfrac{1}{2}$을 만족시키는 모든 정수 x의 개수는?

① 2 ② 4 ③ 6
④ 8 ⑤ 10

8 부등식 $3^{\log x} \times x^{\log 3} - 2(3^{\log x} + x^{\log 3}) + 3 < 0$의 해가 $\alpha < x < \beta$일 때, $\alpha+\beta$의 값은?

① 5 ② 10 ③ 11
④ 110 ⑤ 1010

연습문제

9 부등식 $x^{\log_3 x}<243x^4$을 만족시키는 자연수 x의 개수를 구하시오.

10 이차방정식 $x^2-2(1+\log_3 a)x+4(1+\log_3 a)=0$의 실근이 존재하지 않도록 하는 상수 a의 값의 범위를 구하시오.

11 이차방정식 $x^2-2x\log_2 a+2-\log_2 a=0$의 근이 모두 양수가 되도록 하는 모든 자연수 a의 값의 합은?

① 5   ② 6   ③ 7
④ 8   ⑤ 9

교육청

12 어떤 약물을 사람의 정맥에 일정한 속도로 주입하기 시작한 지 t분 후 정맥에서의 약물 농도가 $C(\text{ng/mL})$일 때, 다음 식이 성립한다고 한다.

$$\log(10-C)=1-kt$$

(단, $C<10$이고, k는 양의 상수이다.)

이 약물을 사람의 정맥에 일정한 속도로 주입하기 시작한 지 30분 후 정맥에서의 약물 농도는 $2\,\text{ng/mL}$이고, 주입하기 시작한 지 60분 후 정맥에서의 약물 농도가 $a(\text{ng/mL})$일 때, a의 값은?

① 3   ② 3.2   ③ 3.4
④ 3.6   ⑤ 3.8

13 어떤 문서를 82 % 축소 복사하고, 그 복사본을 다시 82 % 축소 복사하는 과정을 반복해 나갈 때, 축소 복사한 문서의 크기가 원래 문서의 크기의 10 % 이하가 되게 하려면 82 % 축소 복사를 최소한 몇 번 시행해야 하는지 구하시오.

(단, $\log 8.2=0.91$로 계산한다.)

실력

평가원

14 직선 $x=k$가 두 곡선 $y=\log_2 x$, $y=-\log_2(8-x)$와 만나는 점을 각각 A, B라 하자. $\overline{AB}=2$가 되도록 하는 모든 실수 k의 값의 곱은? (단, $0<k<8$)

① $\dfrac{1}{2}$ ② 1   ③ $\dfrac{3}{2}$
④ 2   ⑤ $\dfrac{5}{2}$

15 두 집합
$$A=\{x\,|\,x^2-9x+8\le 0\},$$
$$B=\{x\,|\,(\log_2 x)^2-2k\log_2 x+k^2-1\le 0\}$$
에 대하여 $A\cap B\ne\varnothing$을 만족시키는 정수 k의 개수는?

① 2   ② 3   ③ 4
④ 5   ⑤ 6

Ⅱ

삼각함수

1 일반각

1 시초선과 동경

평면 위의 두 반직선 OX와 OP가 ∠XOP를 결정할 때, ∠XOP의
크기는 반직선 OP가 고정된 반직선 OX의 위치에서 점 O를 중심으
로 반직선 OP의 위치까지 회전한 양이다. 이때 반직선 OX를 **시초
선**, 반직선 OP를 **동경**이라 한다.

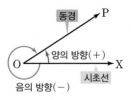

동경 OP가 점 O를 중심으로 회전할 때, 시계 반대 방향을 양의 방향,
시계 방향을 음의 방향이라 한다. 이때 각의 크기는 회전하는 방향이 양의 방향이면 양의 부호 +
를, 음의 방향이면 음의 부호 −를 붙여서 나타낸다.

> **참고** • 시초선(始初線)은 처음 시작하는 선이고, 동경(動徑)은 움직이는 선이라는 뜻이다.
> • 각의 크기를 나타낼 때, 보통 양의 부호 +는 생략한다.

2 일반각

시초선 OX와 동경 OP가 나타내는 한 각의 크기를 $a°$라 하면
∠XOP의 크기는 다음과 같은 꼴로 나타낼 수 있다.

$$360° \times n + a° \text{ (단, } n\text{은 정수)}$$

이것을 동경 OP가 나타내는 **일반각**이라 한다.

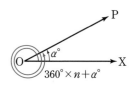

> **참고** 일반각으로 나타낼 때, $a°$는 보통 $0° \le a° < 360°$의 범위로 한다.

3 사분면의 각

좌표평면의 원점 O에서 x축의 양의 방향으로 시초선을 잡을 때, 동경
OP가 제1사분면, 제2사분면, 제3사분면, 제4사분면에 있으면 동경
OP가 나타내는 각을 각각 제1사분면의 각, 제2사분면의 각, 제3사분
면의 각, 제4사분면의 각이라 한다.

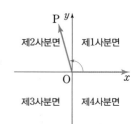

> **예** • $530° = 360° \times 1 + 170°$이므로 $530°$는 제2사분면의 각이다.
> • $-700° = 360° \times (-2) + 20°$이므로 $-700°$는 제1사분면의 각이다.

> **참고** • 좌표평면에서 시초선은 보통 x축의 양의 방향으로 정한다.
> • 동경 OP가 $0°$, $90°$, $180°$, $270°$, $360°$ 등과 같이 좌표축 위에 있을 때는 어느 사분면에도 속하지 않는다.

개념 PLUS

일반각의 표현

시초선은 고정되어 있으므로 각의 크기가 주어지면 동경의 위치는 하나로 정해진다. 그러나 동경의 위치
가 정해져도 동경이 회전한 횟수나 방향에 따라 각의 크기는 다음과 같이 여러 가지로 나타낼 수 있다.

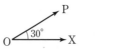

$$360° \times 0 + 30° = 30°$$

$$360° \times 1 + 30° = 390°$$

$$360° \times (-1) + 30° = -330°$$

이때 위의 각은 모두 $360° \times n + 30°$ (n은 정수)로 나타낼 수 있다.

사분면과 일반각

각 θ를 나타내는 동경이 존재하는 각 사분면에 따라 θ의 범위를 일반각으로 표현하면 다음과 같다.

(단, n은 정수)

(1) θ가 제1사분면의 각 ➡ $360° \times n + 0° < \theta < 360° \times n + 90°$

(2) θ가 제2사분면의 각 ➡ $360° \times n + 90° < \theta < 360° \times n + 180°$

(3) θ가 제3사분면의 각 ➡ $360° \times n + 180° < \theta < 360° \times n + 270°$

(4) θ가 제4사분면의 각 ➡ $360° \times n + 270° < \theta < 360° \times n + 360°$

두 동경의 위치 관계

두 동경이 나타내는 각의 크기를 각각 α, β라 할 때, 두 동경의 위치 관계에 대하여 다음이 성립한다.

(단, n은 정수)

(1) 두 동경이 일치한다. ➡ $\alpha - \beta = 360° \times n$

(2) 두 동경이 일직선 위에 있고 방향이 반대이다. ➡ $\alpha - \beta = 360° \times n + 180°$

(3) 두 동경이 x축에 대하여 대칭이다. ➡ $\alpha + \beta = 360° \times n$

(4) 두 동경이 y축에 대하여 대칭이다. ➡ $\alpha + \beta = 360° \times n + 180°$

(5) 두 동경이 직선 $y = x$에 대하여 대칭이다. ➡ $\alpha + \beta = 360° \times n + 90°$

개념 CHECK

정답과 해설 43쪽

1 다음 각을 나타내는 시초선 OX와 동경 OP의 위치를 그림으로 나타내시오.

(1) $60°$　　　　　　　　　　　　　　(2) $570°$

(3) $-240°$　　　　　　　　　　　　 (4) $-405°$

2 다음 각의 동경이 나타내는 일반각을 $360° \times n + \alpha°$ 꼴로 나타내시오.

(단, n은 정수, $0° \leq \alpha° < 360°$)

(1) $430°$　　　　　　　　　　　　　 (2) $670°$

(3) $-110°$　　　　　　　　　　　　 (4) $-590°$

3 다음 각을 나타내는 동경이 존재하는 사분면을 구하시오.

(1) $-250°$　　　　　　　　　　　　 (2) $560°$

(3) $1380°$　　　　　　　　　　　　 (4) $-1000°$

사분면의 각

유형편 45쪽

필.수.예.제
01

공략 Point

각 θ를 나타내는 동경의 위치가 주어진 경우 θ의 범위를 일반각으로 나타내어 계산한다.

θ가 제1사분면의 각일 때, 각 $\dfrac{\theta}{3}$를 나타내는 동경이 존재할 수 있는 사분면을 모두 구하시오.

풀이

θ가 제1사분면의 각이므로 일반각으로 나타내면	$360° \times n + 0° < \theta < 360° \times n + 90°$ (단, n은 정수) $\therefore 120° \times n < \dfrac{\theta}{3} < 120° \times n + 30°$ ...... ㉠
$360° = 120° \times 3$이므로 ㉠에서 n을 $n = 3k$, $n = 3k+1$, $n = 3k+2$ (k는 정수) 인 경우로 나누어 $\dfrac{\theta}{3}$의 범위를 일반각으로 나타내면	(i) $n = 3k$일 때, $360° \times k < \dfrac{\theta}{3} < 360° \times k + 30°$ 따라서 $\dfrac{\theta}{3}$는 제1사분면의 각 (ii) $n = 3k+1$일 때, $360° \times k + 120° < \dfrac{\theta}{3} < 360° \times k + 150°$ 따라서 $\dfrac{\theta}{3}$는 제2사분면의 각 (iii) $n = 3k+2$일 때, $360° \times k + 240° < \dfrac{\theta}{3} < 360° \times k + 270°$ 따라서 $\dfrac{\theta}{3}$는 제3사분면의 각
(i), (ii), (iii)에서 각 $\dfrac{\theta}{3}$를 나타내는 동경이 존재할 수 있는 사분면은	제1사분면, 제2사분면, 제3사분면

정답과 해설 43쪽

문제

01- **1** θ가 제3사분면의 각일 때, 각 $\dfrac{\theta}{2}$를 나타내는 동경이 존재할 수 있는 사분면을 모두 구하시오.

01- **2** 3θ가 제4사분면의 각일 때, 각 θ를 나타내는 동경이 존재할 수 있는 사분면을 모두 구하시오.

두 동경의 위치 관계

✎ 유형편 46쪽

각 θ를 나타내는 동경과 각 7θ를 나타내는 동경이 일치할 때, 각 θ의 크기를 모두 구하시오.

(단, $0° < \theta < 90°$)

공략 Point

두 동경의 합 또는 차를 일반 각으로 나타내어 계산한다.

풀이

두 각 θ, 7θ를 나타내는 두 동경이 일치 하므로	$7\theta - \theta = 360° \times n$ (단, n은 정수) $6\theta = 360° \times n$ $\therefore \theta = 60° \times n$ ······ ㉠
$0° < \theta < 90°$이므로	$0° < 60° \times n < 90°$ $\therefore 0 < n < \dfrac{3}{2}$
이때 n은 정수이므로	$n = 1$ ······ ㉡
㉡을 ㉠에 대입하여 θ의 크기를 구하면	$\theta = 60°$

정답과 해설 43쪽

문제

02- 1 각 θ를 나타내는 동경과 각 5θ를 나타내는 동경이 일직선 위에 있고 방향이 반대일 때, 각 θ의 크기를 모두 구하시오. (단, $0° < \theta < 180°$)

02- 2 각 θ를 나타내는 동경과 각 11θ를 나타내는 동경이 x축에 대하여 대칭일 때, 각 θ의 크기를 모두 구하시오. (단, $90° < \theta < 180°$)

02- 3 각 θ를 나타내는 동경과 각 8θ를 나타내는 동경이 y축에 대하여 대칭일 때, 각 θ의 크기를 모두 구하시오. (단, $0° < \theta < 90°$)

호도법

1 호도법

지금까지는 각의 크기를 나타낼 때, $45°$, $70°$, $120°$와 같이 도($°$)를 단위로 하는 육십분법을 사용하였다.

이제 각의 크기를 나타내는 새로운 단위에 대하여 알아보자.

반지름의 길이가 r인 원에서 길이가 r인 호 AB에 대한 중심각의 크기를 $a°$라 하면 호의 길이는 중심각의 크기에 정비례하므로

$$r : 2\pi r = a° : 360° \qquad \therefore \ a° = \frac{180°}{\pi}$$

따라서 중심각의 크기 $a°$는 원의 반지름의 길이 r에 관계없이 항상 일정하다.

이 일정한 각의 크기 $\frac{180°}{\pi}$를 **1라디안**(radian)이라 하고, 이것을 단위로 하여 각의 크기를 나타내는 방법을 **호도법**이라 한다.

> 참고 • 육십분법은 원의 둘레를 360등분 하여 각 호에 대한 중심각의 크기를 1도($°$), 1도의 $\frac{1}{60}$을 1분($'$), 1분의 $\frac{1}{60}$을 1초($''$)로 정의하여 각의 크기를 나타내는 방법이다.
> • 라디안(radian)은 반지름(radius)과 각(angle)의 합성어이고, 호도법의 호도(弧度)는 호의 중심각의 크기라는 뜻이다.

2 육십분법과 호도법의 관계

$$1° = \frac{\pi}{180}\text{라디안}, \quad 1\text{라디안} = \frac{180°}{\pi}$$

> 예 • $30° = 30 \times \dfrac{\pi}{180} = \dfrac{\pi}{6}$(라디안)
> • $\dfrac{\pi}{4}$(라디안) $= \dfrac{\pi}{4} \times \dfrac{180°}{\pi} = 45°$

> 참고 • 각의 크기를 호도법으로 나타낼 때 보통 각의 단위인 라디안을 생략한다.
> • 1라디안을 육십분법으로 나타내면 약 $57°$이다.

3 부채꼴의 호의 길이와 넓이

반지름의 길이가 r, 중심각의 크기가 θ(라디안)인 부채꼴의 호의 길이를 l, 넓이를 S라 하면

$$l = r\theta, \quad S = \frac{1}{2}r^2\theta = \frac{1}{2}rl$$

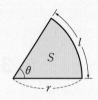

> 예 반지름의 길이가 6 cm이고 중심각의 크기가 $\dfrac{\pi}{6}$인 부채꼴의 호의 길이를 l, 넓이를 S라 하면
>
> $$l = 6 \times \frac{\pi}{6} = \pi(\text{cm}), \ S = \frac{1}{2} \times 6^2 \times \frac{\pi}{6} = 3\pi(\text{cm}^2)$$

> 참고 부채꼴의 중심각의 크기 θ는 호도법으로 나타내어야 한다.

육십분법과 호도법의 관계

(1) 육십분법의 각을 호도법의 각으로 나타낼 때 ➡ (육십분법의 각)$\times\dfrac{\pi}{180}$

(2) 호도법의 각을 육십분법의 각으로 나타낼 때 ➡ (호도법의 각)$\times\dfrac{180°}{\pi}$

육십분법의 각	$0°$	$30°$	$45°$	$60°$	$90°$	$180°$	$270°$	$360°$
호도법의 각	0	$\dfrac{\pi}{6}$	$\dfrac{\pi}{4}$	$\dfrac{\pi}{3}$	$\dfrac{\pi}{2}$	π	$\dfrac{3}{2}\pi$	2π

일반각을 호도법으로 나타내기

동경 OP가 나타내는 한 각의 크기를 θ(라디안)라 하면 그 일반각은 다음과 같이 나타낼 수 있다.

$2n\pi+\theta$ (단, n은 정수)

이때 θ는 보통 $0\le\theta<2\pi$의 범위에서 나타낸다.

부채꼴의 호의 길이와 넓이

반지름의 길이가 r, 중심각의 크기가 θ(라디안)인 부채꼴의 호의 길이를 l, 넓이를 S
라 하면

(1) 한 원에 대한 부채꼴의 호의 길이는 중심각의 크기에 정비례하므로

$\qquad l:2\pi r=\theta:2\pi \qquad \therefore l=r\theta$ ◀ 부채꼴의 호의 길이

(2) 한 원에 대한 부채꼴의 넓이는 중심각의 크기에 정비례하므로

$\qquad S:\pi r^2=\theta:2\pi \qquad \therefore S=\dfrac{1}{2}r^2\theta$ ······ ㉠

$l=r\theta$이므로 ㉠에서 $S=\dfrac{1}{2}r^2\theta=\dfrac{1}{2}r\times r\theta=\dfrac{1}{2}rl$ ◀ 부채꼴의 넓이

개념 CHECK

정답과 해설 44쪽

1 다음 각을 호도법으로 나타내시오.

(1) $120°$ (2) $290°$ (3) $675°$ (4) $-700°$

2 다음 각을 육십분법으로 나타내시오.

(1) $\dfrac{7}{10}\pi$ (2) $\dfrac{4}{3}\pi$ (3) $\dfrac{13}{6}\pi$ (4) $-\dfrac{7}{9}\pi$

3 다음 각의 동경이 나타내는 일반각을 $2n\pi+\theta$ 꼴로 나타내시오. (단, n은 정수, $0\le\theta<2\pi$)

(1) $50°$ (2) $570°$

(3) $-120°$ (4) $-940°$

4 반지름의 길이가 6이고 중심각의 크기가 $\dfrac{\pi}{3}$인 부채꼴의 호의 길이와 넓이를 구하시오.

육십분법과 호도법의 관계

◈ 유형편 **46쪽**

필.수.예.제 03

다음 보기 중 옳은 것만을 있는 대로 고르시오.

보기

ㄱ. $315° = \dfrac{7}{4}\pi$　　ㄴ. $-600° = -\dfrac{11}{3}\pi$　　ㄷ. $\dfrac{7}{6}\pi = 210°$　　ㄹ. $\dfrac{7}{12}\pi = 110°$

공략 Point

(1) 육십분법의 각을 호도법의 각으로 나타낼 때
→ (육십분법의 각) $\times \dfrac{\pi}{180}$

(2) 호도법의 각을 육십분법의 각으로 나타낼 때
→ (호도법의 각) $\times \dfrac{180°}{\pi}$

풀이

$1° = \dfrac{\pi}{180}$ (라디안)이므로	ㄱ. $315° = 315 \times \dfrac{\pi}{180} = \dfrac{7}{4}\pi$
	ㄴ. $-600° = -600 \times \dfrac{\pi}{180} = -\dfrac{10}{3}\pi$
1(라디안)$= \dfrac{180°}{\pi}$ 이므로	ㄷ. $\dfrac{7}{6}\pi = \dfrac{7}{6}\pi \times \dfrac{180°}{\pi} = 210°$
	ㄹ. $\dfrac{7}{12}\pi = \dfrac{7}{12}\pi \times \dfrac{180°}{\pi} = 105°$
따라서 보기 중 옳은 것은	ㄱ, ㄷ

정답과 해설 **44쪽**

문제

03-1 다음 중 옳지 <u>않은</u> 것은?

① $-135° = -\dfrac{3}{4}\pi$　　　② $150° = \dfrac{5}{6}\pi$　　　③ $-\dfrac{8}{5}\pi = -288°$

④ $\dfrac{5}{3}\pi = 330°$　　　⑤ $\dfrac{3}{2}\pi = 270°$

03-2 다음 중 각을 나타내는 동경이 나머지 넷과 <u>다른</u> 하나는?

① $50°$　　　　　　② $770°$　　　　　　③ $-310°$

④ $\dfrac{5}{18}\pi$　　　　　　⑤ $-\dfrac{41}{18}\pi$

03-3 다음 보기의 각 중 제4사분면의 각만을 있는 대로 고르시오.

보기

ㄱ. $-60°$　　　ㄴ. $1000°$　　　ㄷ. $\dfrac{7}{3}\pi$　　　ㄹ. 2π

ㅁ. $\dfrac{15}{4}\pi$　　　ㅂ. $-\dfrac{4}{3}\pi$　　　ㅅ. $-4230°$　　　ㅇ. -1

부채꼴의 호의 길이와 넓이

필.수.예.제
04

공략 Point

반지름의 길이가 r, 중심각의 크기가 θ인 부채꼴의 호의 길이를 l, 넓이를 S라 하면

$l = r\theta$, $S = \dfrac{1}{2}r^2\theta = \dfrac{1}{2}rl$

반지름의 길이가 3이고 호의 길이가 2π인 부채꼴의 중심각의 크기를 θ, 넓이를 S라 할 때, $\theta + S$의 값을 구하시오.

풀이

부채꼴의 반지름의 길이를 r, 호의 길이를 l이라 하면	$r = 3$, $l = 2\pi$
이때 $l = r\theta$이므로	$2\pi = 3\theta$ $\therefore \theta = \dfrac{2}{3}\pi$
또 부채꼴의 넓이 S를 구하면	$S = \dfrac{1}{2}rl = \dfrac{1}{2} \times 3 \times 2\pi = 3\pi$
따라서 $\theta + S$의 값은	$\theta + S = \dfrac{2}{3}\pi + 3\pi = \dfrac{11}{3}\pi$

정답과 해설 44쪽

문제

04- **1**   반지름의 길이가 6이고 넓이가 24π인 부채꼴의 중심각의 크기를 θ, 호의 길이를 l이라 할 때, $\theta + l$의 값을 구하시오.

04- **2**   반지름의 길이가 3인 부채꼴의 둘레의 길이와 넓이가 같을 때, 중심각의 크기를 구하시오.

04- **3**   밑면인 원의 반지름의 길이가 4이고, 모선의 길이가 12인 원뿔의 겉넓이를 구하시오.

삼각함수

1 삼각함수

좌표평면의 원점 O에서 x축의 양의 방향으로 시초선을 잡을 때, 일반각 θ를 나타내는 동경과 원점 O를 중심으로 하고 반지름의 길이가 r인 원의 교점을 $P(x, y)$라 하면 $\dfrac{y}{r}$, $\dfrac{x}{r}$, $\dfrac{y}{x}$ $(x \neq 0)$의 값은 r의 값에 관계없이 θ의 값에 따라 각각 하나씩 정해진다. 따라서

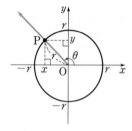

$$\theta \to \frac{y}{r},\ \theta \to \frac{x}{r},\ \theta \to \frac{y}{x}\ (x \neq 0)$$

와 같은 대응은 θ에 대한 함수이다.

이 함수를 각각 **사인함수, 코사인함수, 탄젠트함수**라 하고, 기호로 각각

$$\sin\theta = \frac{y}{r}, \quad \cos\theta = \frac{x}{r}, \quad \tan\theta = \frac{y}{x}\ (x \neq 0)$$

와 같이 나타낸다. 이와 같이 정의한 함수를 통틀어 θ에 대한 **삼각함수**라 한다.

예 오른쪽 그림과 같이 원점 O와 점 $P(3, -4)$에 대하여 동경 OP가 나타내는 각의 크기를 θ라 하면 $\overline{OP} = \sqrt{3^2 + (-4)^2} = 5$이므로

$$\sin\theta = \frac{-4}{5} = -\frac{4}{5},\ \cos\theta = \frac{3}{5},\ \tan\theta = \frac{-4}{3} = -\frac{4}{3}$$

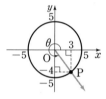

2 삼각함수의 값의 부호

삼각함수의 값의 부호는 각 θ를 나타내는 동경이 존재하는 사분면에 따라 다음과 같이 정해진다.

(1) $\sin\theta$의 값의 부호

(2) $\cos\theta$의 값의 부호

(3) $\tan\theta$의 값의 부호

참고 각 사분면에서 삼각함수의 값의 부호가 양수인 것만을 나타내면 오른쪽 그림과 같으므로 '얼(all)−싸(sin)−안(tan)−코(cos)'로 기억한다.

3 삼각함수 사이의 관계

삼각함수 사이에는 다음과 같은 관계가 성립한다.

(1) $\tan\theta = \dfrac{\sin\theta}{\cos\theta}$

(2) $\sin^2\theta + \cos^2\theta = 1$

참고 $(\sin\theta)^2 = \sin^2\theta$, $(\cos\theta)^2 = \cos^2\theta$, $(\tan\theta)^2 = \tan^2\theta$로 나타낸다.

개념 PLUS

삼각함수의 값의 부호

일반각 θ를 나타내는 동경 OP에 대하여 점 P의 좌표를 (x, y), $\overline{\text{OP}}=r\,(r>0)$라 할 때, 삼각함수의 값의 부호는 각 θ를 나타내는 동경이 존재하는 사분면의 x좌표, y좌표의 부호에 따라 다음과 같이 정해진다.

사분면 삼각함수	제1사분면 $(x>0, y>0)$	제2사분면 $(x<0, y>0)$	제3사분면 $(x<0, y<0)$	제4사분면 $(x>0, y<0)$
$\sin\theta=\dfrac{y}{r}$	$+$	$+$	$-$	$-$
$\cos\theta=\dfrac{x}{r}$	$+$	$-$	$-$	$+$
$\tan\theta=\dfrac{y}{x}$	$+$	$-$	$+$	$-$
	↓	↓	↓	↓
	모두 양수	$\sin\theta$만 양수	$\tan\theta$만 양수	$\cos\theta$만 양수

삼각함수 사이의 관계

오른쪽 그림과 같이 각 θ를 나타내는 동경과 단위원의 교점을 $\text{P}(x, y)$라 하면

$$\sin\theta=\frac{y}{1}=y,\ \cos\theta=\frac{x}{1}=x$$

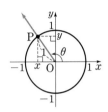

(1) $\tan\theta=\dfrac{y}{x}\,(x\neq0)$이므로 $\tan\theta=\dfrac{\sin\theta}{\cos\theta}$

(2) 점 $\text{P}(x, y)$는 단위원 위의 점이므로 $x^2+y^2=1$

그런데 $x=\cos\theta$, $y=\sin\theta$이므로

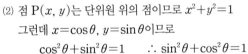

$$\cos^2\theta+\sin^2\theta=1 \quad \therefore\ \sin^2\theta+\cos^2\theta=1$$

참고 원점을 중심으로 하고 반지름의 길이가 1인 원을 단위원이라 한다.

개념 CHECK

정답과 해설 45쪽

1 원점 O와 점 $\text{P}(-1, \sqrt{3})$을 지나는 동경 OP가 나타내는 각의 크기를 θ라 할 때, 다음 값을 구하시오.

(1) $\sin\theta$ (2) $\cos\theta$ (3) $\tan\theta$

2 각 θ의 크기가 다음과 같을 때, $\sin\theta$, $\cos\theta$, $\tan\theta$의 값의 부호를 말하시오.

(1) $240°$ (2) $400°$ (3) $\dfrac{5}{6}\pi$ (4) $-\dfrac{17}{4}\pi$

3 다음을 동시에 만족시키는 각 θ를 나타내는 동경이 존재할 수 있는 사분면을 구하시오.

(1) $\sin\theta>0$, $\tan\theta<0$ (2) $\cos\theta<0$, $\tan\theta>0$

삼각함수의 값

유형편 48쪽

필.수.예.제 05

다음 물음에 답하시오.

(1) 원점 O와 점 $P(4, -3)$을 지나는 동경 OP가 나타내는 각의 크기를 θ라 할 때, $\sin\theta + 2\cos\theta$의 값을 구하시오.

(2) $\theta = \dfrac{7}{6}\pi$일 때, $2\cos\theta - 3\tan\theta$의 값을 구하시오.

공략 Point

$\sin\theta = \dfrac{y}{r}$, $\cos\theta = \dfrac{x}{r}$,

$\tan\theta = \dfrac{y}{x}$ $(x \neq 0)$

풀이

(1) 선분 OP의 길이는	$\overline{\text{OP}} = \sqrt{4^2 + (-3)^2} = 5$	
$\sin\theta$, $\cos\theta$의 값을 각각 구하면	$\sin\theta = \dfrac{-3}{5} = -\dfrac{3}{5}$ $\cos\theta = \dfrac{4}{5}$	
따라서 $\sin\theta + 2\cos\theta$의 값은	$\sin\theta + 2\cos\theta = -\dfrac{3}{5} + 2 \times \dfrac{4}{5} = \mathbf{1}$	

(2) 오른쪽 그림과 같이 $\dfrac{7}{6}\pi$를 나타내는 동경과 단위원의 교점을 P, 점 P에서 x축에 내린 수선의 발을 H라 하면 삼각형 POH에서 $\overline{\text{OP}} = 1$이고, $\angle\text{POH} = \dfrac{\pi}{6}$이므로	$\overline{\text{PH}} = \overline{\text{OP}}\sin\dfrac{\pi}{6} = \dfrac{1}{2}$ $\overline{\text{OH}} = \overline{\text{OP}}\cos\dfrac{\pi}{6} = \dfrac{\sqrt{3}}{2}$
점 P의 좌표는	$\left(-\dfrac{\sqrt{3}}{2}, -\dfrac{1}{2}\right)$
$\cos\theta$, $\tan\theta$의 값을 각각 구하면	$\cos\theta = \dfrac{-\dfrac{\sqrt{3}}{2}}{1} = -\dfrac{\sqrt{3}}{2}$, $\tan\theta = \dfrac{-\dfrac{1}{2}}{-\dfrac{\sqrt{3}}{2}} = \dfrac{\sqrt{3}}{3}$
따라서 $2\cos\theta - 3\tan\theta$의 값은	$2\cos\theta - 3\tan\theta = 2 \times \left(-\dfrac{\sqrt{3}}{2}\right) - 3 \times \dfrac{\sqrt{3}}{3} = \mathbf{-2\sqrt{3}}$

정답과 해설 45쪽

문제

05-1

다음 물음에 답하시오.

(1) 원점 O와 점 $P(-8, 15)$를 지나는 동경 OP가 나타내는 각의 크기를 θ라 할 때, $\dfrac{17\sin\theta + 16\tan\theta}{17\cos\theta + 3}$의 값을 구하시오.

(2) $\theta = -\dfrac{3}{4}\pi$일 때, $\sin\theta - \cos\theta + \tan\theta$의 값을 구하시오.

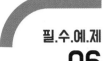

삼각함수의 값의 부호

유형편 48쪽

필.수.예.제
06

공략 Point

각 사분면에서의 삼각함수의 값의 부호를 판단한다.

$$\begin{array}{c|c} \sin(+) & \text{all}(+) \\ \hline \tan(+) & \cos(+) \end{array}$$

$\sin\theta\cos\theta>0$, $\sin\theta\tan\theta<0$을 동시에 만족시키는 각 θ는 제몇 사분면의 각인지 구하시오.

풀이

(i) $\sin\theta\cos\theta>0$에서	$\sin\theta>0$, $\cos\theta>0$ 또는 $\sin\theta<0$, $\cos\theta<0$
$\sin\theta>0$, $\cos\theta>0$인 θ는	제1사분면의 각
$\sin\theta<0$, $\cos\theta<0$인 θ는	제3사분면의 각
$\sin\theta\cos\theta>0$을 만족시키는 θ는	제1사분면 또는 제3사분면의 각
(ii) $\sin\theta\tan\theta<0$에서	$\sin\theta>0$, $\tan\theta<0$ 또는 $\sin\theta<0$, $\tan\theta>0$
$\sin\theta>0$, $\tan\theta<0$인 θ는	제2사분면의 각
$\sin\theta<0$, $\tan\theta>0$인 θ는	제3사분면의 각
$\sin\theta\tan\theta<0$을 만족시키는 θ는	제2사분면 또는 제3사분면의 각
(i), (ii)에서 주어진 조건을 동시에 만족시키는 θ는	**제3사분면**의 각

정답과 해설 45쪽

문제

06-1 $\cos\theta\sin\theta<0$, $\cos\theta\tan\theta>0$을 동시에 만족시키는 각 θ는 제몇 사분면의 각인지 구하시오.

06-2 $\sqrt{\sin\theta}\sqrt{\tan\theta}=-\sqrt{\sin\theta\tan\theta}$를 만족시키는 각 θ는 제몇 사분면의 각인지 구하시오.
(단, $\sin\theta\tan\theta\neq0$)

06-3 θ가 제3사분면의 각일 때, $|\sin\theta|-\sqrt{(\sin\theta-\tan\theta)^2}$을 간단히 하시오.

필.수.예.제
07

삼각함수 사이의 관계를 이용하여 식 간단히 하기

유형편 49쪽

다음 식을 간단히 하시오.

(1) $(\sin\theta+\cos\theta)^2+(\sin\theta-\cos\theta)^2$

(2) $\dfrac{\sin\theta\cos\theta}{1+\sin\theta}+\dfrac{\sin\theta\cos\theta}{1-\sin\theta}$

공략 Point

곱셈 공식을 이용하여 식을 전개하거나 분수식을 통분한 후 다음과 같은 삼각함수 사이의 관계를 이용하여 식을 간단히 한다.

· $\tan\theta=\dfrac{\sin\theta}{\cos\theta}$

· $\sin^2\theta+\cos^2\theta=1$

풀이

(1) 주어진 식을 전개하면	$(\sin\theta+\cos\theta)^2+(\sin\theta-\cos\theta)^2$ $=\sin^2\theta+2\sin\theta\cos\theta+\cos^2\theta+\sin^2\theta-2\sin\theta\cos\theta+\cos^2\theta$ $=2(\sin^2\theta+\cos^2\theta)$
$\sin^2\theta+\cos^2\theta=1$이므로	$=2$

(2) 주어진 식의 분모를 통분하면	$\dfrac{\sin\theta\cos\theta}{1+\sin\theta}+\dfrac{\sin\theta\cos\theta}{1-\sin\theta}$ $=\dfrac{\sin\theta\cos\theta(1-\sin\theta)+\sin\theta\cos\theta(1+\sin\theta)}{(1+\sin\theta)(1-\sin\theta)}$ $=\dfrac{2\sin\theta\cos\theta}{1-\sin^2\theta}$
$1-\sin^2\theta=\cos^2\theta$이므로	$=\dfrac{2\sin\theta\cos\theta}{\cos^2\theta}=\dfrac{2\sin\theta}{\cos\theta}$
$\tan\theta=\dfrac{\sin\theta}{\cos\theta}$이므로	$=2\tan\theta$

정답과 해설 45쪽

문제

07-1 다음 식을 간단히 하시오.

(1) $(1+\tan^2\theta)(1-\sin^2\theta)$

(2) $\dfrac{\cos\theta}{1-\sin\theta}-\tan\theta$

07-2 $(1+\tan\theta)^2\cos^2\theta+(1-\tan\theta)^2\cos^2\theta$를 간단히 하시오.

07-3 $\dfrac{\tan\theta}{1+\cos\theta}-\dfrac{\tan\theta}{1-\cos\theta}=\dfrac{a}{\sin\theta}$일 때, 상수 a의 값을 구하시오.

삼각함수 사이의 관계를 이용하여 식의 값 구하기 (1)

📎 유형편 49쪽

필.수.예.제 08

공략 Point

주어진 삼각함수의 값과 삼각
함수 사이의 관계를 이용하여
식의 값을 구한다.
이때 θ의 부호에 유의한다.

θ가 제2사분면의 각이고 $\dfrac{1-\sin\theta}{1+\sin\theta}=\dfrac{1}{2}$일 때, $\tan\theta$의 값을 구하시오.

풀이

$\dfrac{1-\sin\theta}{1+\sin\theta}=\dfrac{1}{2}$에서	$2(1-\sin\theta)=1+\sin\theta$ $2-2\sin\theta=1+\sin\theta$ $\therefore\ \sin\theta=\dfrac{1}{3}$ $\quad$ ······ ㉠
$\sin^2\theta+\cos^2\theta=1$이므로	$\cos^2\theta=1-\sin^2\theta=1-\dfrac{1}{9}=\dfrac{8}{9}$
이때 θ가 제2사분면의 각이면 $\cos\theta<0$이므로	$\cos\theta=-\dfrac{2\sqrt{2}}{3}$ $\quad$ ······ ㉡
따라서 $\tan\theta=\dfrac{\sin\theta}{\cos\theta}$이므로 ㉠, ㉡에서	$\tan\theta=-\dfrac{\sqrt{2}}{4}$

정답과 해설 46쪽

문제

08-1 θ가 제3사분면의 각이고 $\cos\theta=-\dfrac{5}{13}$일 때, $\tan\theta$의 값을 구하시오.

08-2 θ가 제4사분면의 각이고 $\dfrac{1-\cos\theta}{1+\cos\theta}=\dfrac{1}{9}$일 때, $15\sin\theta+8\tan\theta$의 값을 구하시오.

08-3 $\dfrac{\sin\theta}{1+\cos\theta}+\dfrac{1+\cos\theta}{\sin\theta}=5$일 때, $\cos\theta$의 값을 구하시오. $\left(\text{단, } \dfrac{\pi}{2}<\theta<\pi\right)$

삼각함수 사이의 관계를 이용하여 식의 값 구하기 (2)

📎 유형편 50쪽

필.수.예.제 09

$\sin\theta+\cos\theta=\dfrac{1}{2}$일 때, 다음 식의 값을 구하시오. $\left(\text{단, } \dfrac{3}{2}\pi<\theta<2\pi\right)$

(1) $\sin\theta\cos\theta$

(2) $\sin\theta-\cos\theta$

(3) $\sin^3\theta+\cos^3\theta$

(4) $\sin^4\theta-\cos^4\theta$

공략 Point

$\sin\theta\pm\cos\theta$, $\sin\theta\cos\theta$의 값이 주어지면
$$(\sin\theta\pm\cos\theta)^2$$
$$=1\pm2\sin\theta\cos\theta$$
(복부호 동순)
임을 이용한다.

풀이

(1) $\sin\theta+\cos\theta=\dfrac{1}{2}$의 양변을 제곱하면	$\sin^2\theta+2\sin\theta\cos\theta+\cos^2\theta=\dfrac{1}{4}$
$\sin^2\theta+\cos^2\theta=1$이므로	$1+2\sin\theta\cos\theta=\dfrac{1}{4}$, $2\sin\theta\cos\theta=-\dfrac{3}{4}$ $\therefore\ \sin\theta\cos\theta=-\dfrac{3}{8}$
(2) $(\sin\theta-\cos\theta)^2$의 값을 구하면	$(\sin\theta-\cos\theta)^2=1-2\sin\theta\cos\theta$ $\qquad=1-2\times\left(-\dfrac{3}{8}\right)=\dfrac{7}{4}$ ······ ㉠
이때 $\dfrac{3}{2}\pi<\theta<2\pi$이면 $\sin\theta<0$, $\cos\theta>0$이므로	$\sin\theta-\cos\theta<0$
따라서 ㉠에서 $\sin\theta-\cos\theta$의 값은	$\sin\theta-\cos\theta=-\dfrac{\sqrt{7}}{2}$
(3) $\sin^3\theta+\cos^3\theta$의 값을 구하면	$\sin^3\theta+\cos^3\theta$ $=(\sin\theta+\cos\theta)^3-3\sin\theta\cos\theta(\sin\theta+\cos\theta)$ $=\left(\dfrac{1}{2}\right)^3-3\times\left(-\dfrac{3}{8}\right)\times\dfrac{1}{2}=\dfrac{11}{16}$
(4) $\sin^4\theta-\cos^4\theta$의 값을 구하면	$\sin^4\theta-\cos^4\theta=(\sin^2\theta-\cos^2\theta)(\sin^2\theta+\cos^2\theta)$ $=(\sin\theta-\cos\theta)(\sin\theta+\cos\theta)$ $=\left(-\dfrac{\sqrt{7}}{2}\right)\times\dfrac{1}{2}=-\dfrac{\sqrt{7}}{4}$

정답과 해설 46쪽

문제

09-1 $\sin\theta-\cos\theta=\dfrac{1}{3}$일 때, 다음 식의 값을 구하시오. $\left(\text{단, } 0<\theta<\dfrac{\pi}{2}\right)$

(1) $\sin\theta\cos\theta$

(2) $\sin\theta+\cos\theta$

(3) $\sin^3\theta-\cos^3\theta$

(4) $\sin^4\theta+\cos^4\theta$

09-2 θ가 제3사분면의 각이고 $\tan\theta+\dfrac{1}{\tan\theta}=2$일 때, $\sin\theta+\cos\theta$의 값을 구하시오.

삼각함수와 이차방정식

유형편 50쪽

필.수.예.제 10

이차방정식 $4x^2-x+k=0$의 두 근을 $\sin\theta$, $\cos\theta$라 할 때, 상수 k의 값을 구하시오.

풀이

공략 Point

이차방정식 $ax^2+bx+c=0$의 두 근이 $\sin\theta$, $\cos\theta$이면

$\Rightarrow \sin\theta+\cos\theta=-\dfrac{b}{a}$,

$\sin\theta\cos\theta=\dfrac{c}{a}$

이차방정식의 근과 계수의 관계에 의하여	$\sin\theta+\cos\theta=\dfrac{1}{4}$ ······ ㉠ $\sin\theta\cos\theta=\dfrac{k}{4}$ ······ ㉡
㉠의 양변을 제곱하면	$\sin^2\theta+2\sin\theta\cos\theta+\cos^2\theta=\dfrac{1}{16}$ $1+2\sin\theta\cos\theta=\dfrac{1}{16}$ $\therefore \sin\theta\cos\theta=-\dfrac{15}{32}$ ······ ㉢
따라서 ㉡, ㉢에서	$\dfrac{k}{4}=-\dfrac{15}{32}$ $\therefore k=-\dfrac{15}{8}$

정답과 해설 47쪽

문제

10-1 이차방정식 $3x^2+x+k=0$의 두 근을 $\sin\theta$, $\cos\theta$라 할 때, 상수 k의 값을 구하시오.

10-2 이차방정식 $5x^2+kx-3=0$의 두 근을 $\cos\theta$, $\tan\theta$라 할 때, 상수 k의 값을 구하시오.

$\left(\text{단, } \dfrac{3}{2}\pi<\theta<2\pi\right)$

10-3 이차방정식 $x^2-2kx+2=0$의 두 근을 $\dfrac{1}{\sin\theta}$, $\dfrac{1}{\cos\theta}$이라 할 때, 상수 k의 값을 구하시오.

$\left(\text{단, } 0<\theta<\dfrac{\pi}{2}\right)$

1 다음 중 각을 나타내는 동경이 존재하는 사분면이 나머지 넷과 <u>다른</u> 하나는?

① $-1970°$ ② $3450°$ ③ $-460°$

④ $660°$ ⑤ $945°$

2 θ가 제3사분면의 각일 때, 각 $\dfrac{\theta}{3}$를 나타내는 동경이 존재할 수 <u>없는</u> 사분면을 말하시오.

3 각 θ를 나타내는 동경과 각 5θ를 나타내는 동경이 직선 $y=x$에 대하여 대칭일 때, 모든 각 θ의 크기의 합은? (단, $0° < \theta < 90°$)

① $30°$ ② $60°$ ③ $90°$

④ $105°$ ⑤ $180°$

4 다음 보기 중 옳은 것만을 있는 대로 고르시오.

┌ 보기 ┐

ㄱ. $225° = \dfrac{5}{4}\pi$ ㄴ. $-540° = -\dfrac{10}{3}\pi$

ㄷ. $-\dfrac{5}{6}\pi = -150°$ ㄹ. $\dfrac{12}{5}\pi = 430°$

5 중심각의 크기가 4이고 넓이가 48인 부채꼴의 호의 길이는?

① $4\sqrt{6}$ ② $6\sqrt{6}$ ③ $8\sqrt{6}$

④ $10\sqrt{6}$ ⑤ $12\sqrt{6}$

6 둘레의 길이가 20인 부채꼴 중에서 그 넓이가 최대인 것의 반지름의 길이를 r, 호의 길이를 l이라 할 때, $r+l$의 값을 구하시오.

7 원점 O와 점 $P(a, -2\sqrt{6})$ $(a>0)$을 지나는 동경 OP가 나타내는 각의 크기를 θ라 하면 $\tan\theta = -2\sqrt{2}$이다. $\overline{OP}=r$라 할 때, $a+r$의 값은?

① $\sqrt{3}$ ② $2\sqrt{3}$ ③ $3\sqrt{3}$

④ $4\sqrt{3}$ ⑤ $5\sqrt{3}$

8 원점 O와 점 $P(-4, -3)$에 대하여 선분 OP가 x축의 양의 방향과 이루는 각의 크기를 α, 점 P를 직선 $y=x$에 대하여 대칭이동한 점 Q에 대하여 선분 OQ가 x축의 양의 방향과 이루는 각의 크기를 β라 할 때, $\sin\alpha + \cos\beta$의 값을 구하시오.

9 $\sin\theta\cos\theta<0$일 때, 다음 중 옳은 것은?

① $\sin\theta>0$ ② $\cos\theta<0$

③ $\tan\theta<0$ ④ $\cos\theta\tan\theta<0$

⑤ $\sin\theta\tan\theta>0$

10 $\cos\theta\tan\theta>0$, $\cos\theta+\tan\theta<0$을 동시에 만족시키는 각 θ에 대하여
$\sqrt{\tan^2\theta}+\sqrt{\cos^2\theta}+|\sin\theta|-\sqrt{(\tan\theta+\cos\theta)^2}$
을 간단히 하면?

① $\sin\theta$ ② $-\sin\theta$

③ $\sin\theta-2\cos\theta$ ④ $\sin\theta+2\tan\theta$

⑤ $\sin\theta-2\cos\theta-2\tan\theta$

11 다음 보기 중 옳은 것만을 있는 대로 고른 것은?

┌─ 보기 ─
ㄱ. $\cos^2\theta-\sin^2\theta=\sin^2\theta\tan^2\theta$

ㄴ. $\dfrac{\tan\theta}{\cos\theta}+\dfrac{1}{\cos^2\theta}=\dfrac{1}{1-\sin\theta}$

ㄷ. $\dfrac{\cos^2\theta-\sin^2\theta}{1+2\sin\theta\cos\theta}+\dfrac{\tan\theta-1}{\tan\theta+1}=0$
└───

① ㄱ   ② ㄴ   ③ ㄷ

④ ㄱ, ㄴ   ⑤ ㄴ, ㄷ

12 θ가 제2사분면의 각이고 $\tan\theta=-\dfrac{1}{2}$일 때, $\sqrt{5}(\sin\theta-\cos\theta)$의 값을 구하시오.

13 $\dfrac{1+\sin\theta}{1-\sin\theta}=2+\sqrt{3}$일 때, $\tan\theta$의 값은?
$\left(\text{단, } \dfrac{\pi}{2}<\theta<\pi\right)$

① $-\sqrt{3}$ ② $-\sqrt{2}$ ③ $-\dfrac{\sqrt{2}}{2}$

④ $-\dfrac{\sqrt{3}}{3}$ ⑤ $-\dfrac{\sqrt{6}}{6}$

14 $\cos\theta+\cos^2\theta=1$일 때, $\sin^2\theta+\sin^6\theta+\sin^8\theta$의 값은?

① $\dfrac{1}{2}$ ② 1 ③ $\dfrac{3}{2}$

④ 2 ⑤ $\dfrac{5}{2}$

교육청

15 $\sin\theta+\cos\theta=\dfrac{2}{3}$일 때, $\sin^3\theta+\cos^3\theta$의 값은?

① $\dfrac{19}{27}$ ② $\dfrac{20}{27}$ ③ $\dfrac{7}{9}$

④ $\dfrac{22}{27}$ ⑤ $\dfrac{23}{27}$

연습문제

16 $\sin\theta\cos\theta=-\dfrac{1}{8}$일 때, $\dfrac{1}{\cos\theta}-\dfrac{1}{\sin\theta}$의 값을 구하시오. $\left(\text{단, } \dfrac{\pi}{2}<\theta<\pi\right)$

17 $\sin\theta\cos\theta=\dfrac{1}{4}$일 때, $\tan^2\theta-\dfrac{1}{\tan^2\theta}$의 값은?
$\left(\text{단, } \pi<\theta<\dfrac{3}{2}\pi,\ \sin\theta<\cos\theta\right)$

① $7\sqrt{3}$ ② $8\sqrt{3}$ ③ $9\sqrt{3}$
④ $10\sqrt{3}$ ⑤ $11\sqrt{3}$

18 이차방정식 $2x^2-\sqrt{3}x+k=0$의 두 근을 $\sin\theta$, $\cos\theta$라 할 때, 상수 k에 대하여 $k(\sin\theta-\cos\theta)$의 값을 구하시오. (단, $\sin\theta>\cos\theta$)

실력

19 오른쪽 그림과 같이 반지름의 길이가 12인 원에 내접하는 크기가 같은 6개의 원이 서로 외접할 때, 색칠한 부분의 넓이가 $p\pi+q\sqrt{3}$이다. 이때 정수 p, q에 대하여 $p+q$의 값은?

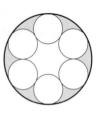

① -20 ② -18 ③ -16
④ -14 ⑤ -12

20 좌표평면 위에 중심이 원점이고 반지름의 길이가 1인 원 C가 있다. 각 α를 나타내는 동경과 원 C의 교점을 A(a, b)라 할 때, 각 $-\beta$를 나타내는 동경과 원 C의 교점은 B$(-b, -a)$이다. $\sin\alpha=\dfrac{1}{4}$일 때, $4\sin\beta$의 값을 구하시오. (단, $a>0$, $b>0$)

21 오른쪽 그림과 같이 반지름의 길이가 1이고 중심각의 크기가 θ인 부채꼴 AOB 위의 점 A에서 선분 OB에 내린 수선의 발을 C, 점 B를 지나고 선분 OB에 수직인 직선이 선분 OA의 연장선과 만나는 점을 D라 하자. $3\overline{OC}=\overline{AC}\times\overline{BD}$일 때, $\sin\theta\cos\theta$의 값을 구하시오. $\left(\text{단, } 0<\theta<\dfrac{\pi}{2}\right)$

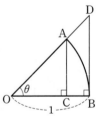

삼각함수의 그래프

1 주기와 주기함수

함수 $y=f(x)$의 정의역에 속하는 모든 x에 대하여

$$f(x+p)=f(x)$$

를 만족시키는 0이 아닌 상수 p가 존재할 때, 함수 $y=f(x)$를 **주기함수**라 하고, 상수 p 중에서 최소인 양수를 그 함수의 **주기**라 한다.

2 함수 $y=\sin x$, 함수 $y=\cos x$의 그래프와 성질

(1) 정의역은 실수 전체의 집합이고, 치역은
$\{y|-1 \leq y \leq 1\}$이다.

(2) 함수 $y=\sin x$의 그래프는 원점에 대하여 대칭이고,
함수 $y=\cos x$의 그래프는 y축에 대하여 대칭이다.

(3) 주기가 2π인 주기함수이다.

(4) 함수 $y=\cos x$의 그래프는 함수 $y=\sin x$의 그래프를
x축의 방향으로 $-\dfrac{\pi}{2}$만큼 평행이동한 것과 같다.

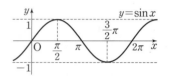

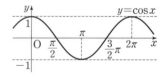

> **참고** • 함수 $y=\sin x$의 그래프는 원점에 대하여 대칭이므로 $\sin(-x)=-\sin x$이다.
> • 함수 $y=\cos x$의 그래프는 y축에 대하여 대칭이므로 $\cos(-x)=\cos x$이다.

3 함수 $y=\tan x$의 그래프와 성질

(1) 정의역은 $x=n\pi+\dfrac{\pi}{2}$ (n은 정수)를 제외한 실수 전체의
집합이고, 치역은 실수 전체의 집합이다.

(2) 그래프의 점근선은 직선 $x=n\pi+\dfrac{\pi}{2}$ (n은 정수)이다.

(3) 그래프는 원점에 대하여 대칭이다.

(4) 주기가 π인 주기함수이다.

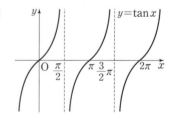

> **참고** 함수 $y=\tan x$의 그래프는 원점에 대하여 대칭이므로 $\tan(-x)=-\tan x$이다.

4 삼각함수의 최댓값, 최솟값, 주기

사인함수, 코사인함수, 탄젠트함수의 최댓값, 최솟값, 주기는 다음과 같다.

삼각함수	최댓값	최솟값	주기
$y=a\sin(bx+c)+d$	$|a|+d$	$-|a|+d$	$\dfrac{2\pi}{|b|}$
$y=a\cos(bx+c)+d$	$|a|+d$	$-|a|+d$	$\dfrac{2\pi}{|b|}$
$y=a\tan(bx+c)+d$	없다.	없다.	$\dfrac{\pi}{|b|}$

함수 $y = \sin x$, 함수 $y = \cos x$의 그래프

오른쪽 그림과 같이 각 θ를 나타내는 동경과 단위원의 교점을 $\mathrm{P}(x, y)$라 하면

$$\sin\theta = \frac{y}{1} = y, \ \cos\theta = \frac{x}{1} = x$$

이므로 $\sin\theta$의 값은 점 P의 y좌표로 정해지고, $\cos\theta$의 값은 점 P의 x좌표로 정해진다.

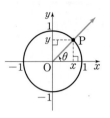

θ의 값을 가로축에, $\sin\theta$의 값을 세로축에 나타내어 함수 $y = \sin\theta$의 그래프를 그리면 다음과 같다.

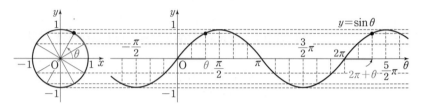

또 θ의 값을 가로축에, $\cos\theta$의 값을 세로축에 나타내어 함수 $y = \cos\theta$의 그래프를 그리면 다음과 같다.

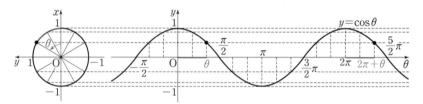

함수의 정의역의 원소는 보통 x로 나타내므로 사인함수 $y = \sin\theta$, 코사인함수 $y = \cos\theta$에서 θ를 x로 바꾸어 각각 $y = \sin x$, $y = \cos x$로 쓴다.

함수 $y = \tan x$의 그래프

각 θ가 $\theta \neq n\pi + \dfrac{\pi}{2}$ (n은 정수)일 때, 오른쪽 그림과 같이 각 θ를 나타내는 동경과 단위원의 교점을 $\mathrm{P}(x, y)$라 하고, 점 $(1, 0)$에서 단위원에 접하는 접선이 동경 OP 또는 그 연장선과 만나는 점을 $\mathrm{T}(1, t)$라 하면

$$\tan\theta = \frac{y}{x} = \frac{t}{1} = t \ (x \neq 0)$$

이므로 $\tan\theta$의 값은 점 T의 y좌표로 정해진다.

한편 $\theta = n\pi + \dfrac{\pi}{2}$ (n은 정수)일 때, 각 θ를 나타내는 동경 OP는 y축 위에 있다.

이때 점 P의 x좌표가 0이므로 $\tan\theta$의 값은 정의되지 않는다.

θ의 값을 가로축에, $\tan\theta$의 값을 세로축에 나타내어 함수 $y = \tan\theta$의 그래프를 그리면 다음과 같다.

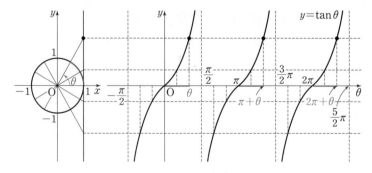

사인함수, 코사인함수와 마찬가지로 탄젠트함수 $y = \tan\theta$를 $y = \tan x$로 쓴다.

평행이동하거나 변형한 삼각함수의 그래프

함수 $y=\sin x$의 그래프를 평행이동하거나 변형한 그래프와 치역, 주기는 다음과 같다.

	$y=a\sin x$	$y=\sin bx$	$y=a\sin bx$
설명	$y=\sin x$의 그래프를 y축의 방향으로 $\lvert a \rvert$배 한 그래프이다.	$y=\sin x$의 그래프를 x축의 방향으로 $\dfrac{1}{\lvert b \rvert}$배 한 그래프이다.	$y=\sin x$의 그래프를 x축의 방향으로 $\dfrac{1}{\lvert b \rvert}$배, y축의 방향으로 $\lvert a \rvert$배 한 그래프이다.
그래프			
치역	$\{y\,\lvert\,-\lvert a\rvert \leq y \leq \lvert a\rvert\}$ 최솟값　최댓값	$\{y\,\lvert\,-1 \leq y \leq 1\}$ 최솟값　최댓값	$\{y\,\lvert\,-\lvert a\rvert \leq y \leq \lvert a\rvert\}$ 최솟값　최댓값
주기	2π	$\dfrac{2\pi}{\lvert b \rvert}$	$\dfrac{2\pi}{\lvert b \rvert}$

	$y=a\sin(bx+c)$	$y=a\sin bx+d$	$y=a\sin(bx+c)+d$
설명	$y=a\sin b\left(x+\dfrac{c}{b}\right)$이므로 $y=a\sin bx$의 그래프를 x축의 방향으로 $-\dfrac{c}{b}$만큼 평행이동한 그래프이다.	$y=a\sin bx$의 그래프를 y축의 방향으로 d만큼 평행이동한 그래프이다.	$y=a\sin b\left(x+\dfrac{c}{b}\right)+d$이므로 $y=a\sin bx$의 그래프를 x축의 방향으로 $-\dfrac{c}{b}$만큼, y축의 방향으로 d만큼 평행이동한 그래프이다.
그래프			
치역	$\{y\,\lvert\,-\lvert a\rvert \leq y \leq \lvert a\rvert\}$ 최솟값　최댓값	$\{y\,\lvert\,-\lvert a\rvert+d \leq y \leq \lvert a\rvert+d\}$ 최솟값　최댓값	$\{y\,\lvert\,-\lvert a\rvert+d \leq y \leq \lvert a\rvert+d\}$ 최솟값　최댓값
주기	$\dfrac{2\pi}{\lvert b \rvert}$	$\dfrac{2\pi}{\lvert b \rvert}$	$\dfrac{2\pi}{\lvert b \rvert}$

함수 $y=\cos x$, 함수 $y=\tan x$의 그래프를 평행이동하거나 변형한 그래프도 같은 방법으로 그릴 수 있다.

개념 CHECK

정답과 해설 51쪽

1 다음 함수의 주기를 구하고, 그 그래프를 그리시오.

(1) $y=2\sin x$　　　　　(2) $y=\cos 2x$　　　　　(3) $y=\tan\dfrac{x}{2}$

삼각함수의 그래프

유형편 52쪽

필.수.예.제 01

다음 함수의 그래프를 그리고, 최댓값, 최솟값, 주기를 구하시오.

(1) $y=\sin(2x-\pi)$ (2) $y=2\cos x-1$ (3) $y=\tan\left(\dfrac{x}{2}-\dfrac{\pi}{2}\right)+1$

공략 Point

· $y=a\sin(bx+c)+d$,
 $y=a\cos(bx+c)+d$
➡ 최댓값: $|a|+d$
 최솟값: $-|a|+d$
 주기: $\dfrac{2\pi}{|b|}$

· $y=a\tan(bx+c)+d$
➡ 최댓값, 최솟값은 없다.
 주기: $\dfrac{\pi}{|b|}$

풀이

(1) $y=\sin(2x-\pi)=\sin 2\left(x-\dfrac{\pi}{2}\right)$의 그래프는 $y=\sin x$의 그래프를 x축의 방향으로 $\dfrac{1}{2}$배 한 후 x축의 방향으로 $\dfrac{\pi}{2}$만큼 평행이동한 것이므로 오른쪽 그림과 같다.

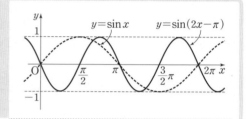

따라서 함수 $y=\sin(2x-\pi)$의 최댓값, 최솟값, 주기를 구하면

최댓값: **1**, 최솟값: **−1**, 주기: $\dfrac{2\pi}{2}=\pi$

(2) $y=2\cos x-1$의 그래프는 $y=\cos x$의 그래프를 y축의 방향으로 2배 한 후 y축의 방향으로 −1만큼 평행이동한 것이므로 오른쪽 그림과 같다.

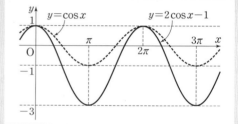

따라서 함수 $y=2\cos x-1$의 최댓값, 최솟값, 주기를 구하면

최댓값: **1**, 최솟값: **−3**, 주기: $\dfrac{2\pi}{1}=2\pi$

(3) $y=\tan\left(\dfrac{x}{2}-\dfrac{\pi}{2}\right)+1=\tan\dfrac{1}{2}(x-\pi)+1$의 그래프는 $y=\tan x$의 그래프를 x축의 방향으로 2배 한 후 x축의 방향으로 π만큼, y축의 방향으로 1만큼 평행이동한 것이므로 오른쪽 그림과 같다.

따라서 함수 $y=\tan\left(\dfrac{x}{2}-\dfrac{\pi}{2}\right)+1$의 최댓값, 최솟값, 주기를 구하면

최댓값: **없다.**, 최솟값: **없다.**, 주기: $\dfrac{\pi}{\frac{1}{2}}=2\pi$

정답과 해설 51쪽

문제

01-1 다음 함수의 그래프를 그리고, 최댓값, 최솟값, 주기를 구하시오.

(1) $y=2\sin 3x+1$ (2) $y=2\cos\left(x-\dfrac{\pi}{3}\right)-1$ (3) $y=\tan 2\left(x-\dfrac{\pi}{4}\right)$

필.수.예.제 02

삼각함수의 미정계수 구하기

함수 $y=a\sin(bx-c)$의 그래프가 오른쪽 그림과 같을 때, 상수 a, b, c에 대하여 $a+b+c$의 값을 구하시오.

(단, $a>0$, $b>0$, $0<c\leq\pi$)

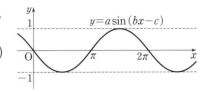

공략 Point

주어진 그래프에서 최댓값, 최솟값, 주기, 그래프 위의 점을 이용하여 미정계수를 구한다.

풀이

주어진 함수 $y=a\sin(bx-c)$의 그래프에서 최댓값은 1, 최솟값은 -1이고 $a>0$이므로	$a=1$
주어진 그래프에서 주기는 2π이고 $b>0$이므로	$\dfrac{2\pi}{b}=2\pi$ $\quad\therefore b=1$
따라서 주어진 함수의 식은	$y=\sin(x-c)$
이 함수의 그래프가 점 $(\pi,0)$을 지나므로	$0=\sin(\pi-c)$ $\quad\therefore \sin(\pi-c)=0$
이때 $0<c\leq\pi$에서 $0\leq\pi-c<\pi$이므로	$\pi-c=0$ $\quad\therefore c=\pi$
따라서 $a+b+c$의 값은	$a+b+c=1+1+\pi=\mathbf{2+\pi}$

정답과 해설 52쪽

문제

02-1 함수 $y=a\cos(bx+c)+d$의 그래프가 오른쪽 그림과 같을 때, 상수 a, b, c, d에 대하여 $abcd$의 값을 구하시오. $\left(\text{단, } a>0,\ b>0,\ -\dfrac{\pi}{2}\leq c\leq0\right)$

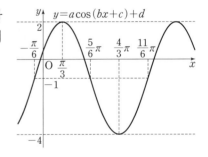

02-2 함수 $f(x)=a\tan bx$의 주기가 $\dfrac{\pi}{6}$이고 $f\left(\dfrac{\pi}{24}\right)=7$일 때, 상수 a, b에 대하여 $a+b$의 값을 구하시오. (단, $b>0$)

02-3 함수 $f(x)=a\sin\dfrac{x}{b}+c$의 최댓값은 5, 주기는 4π이고 $f\left(-\dfrac{\pi}{3}\right)=\dfrac{7}{2}$일 때, 상수 a, b, c에 대하여 $a+b-c$의 값을 구하시오. (단, $a>0$, $b<0$)

절댓값 기호를 포함한 삼각함수의 그래프

절댓값 기호를 포함한 삼각함수의 그래프는 다음과 같은 방법으로 그린다.

(1) $y=|\sin x|$, $y=|\cos x|$, $y=|\tan x|$의 그래프

  ➡ $y=\sin x$, $y=\cos x$, $y=\tan x$의 그래프를 그린 후 $y\geq0$인 부분은 그대로 두고, $y<0$인 부분을 x축에 대하여 대칭이동한다.

(2) $y=\sin|x|$, $y=\cos|x|$, $y=\tan|x|$의 그래프

  ➡ $y=\sin x$, $y=\cos x$, $y=\tan x$의 그래프를 $x\geq0$인 부분만 그린 후 $x<0$인 부분은 $x\geq0$인 부분을 y축에 대하여 대칭이동하여 그린다.

	$y=|\sin x|$	$y=|\cos x|$	$y=|\tan x|$
그래프			
치역	$\{y|0\leq y\leq1\}$	$\{y|0\leq y\leq1\}$	$\{y|y\geq0\}$
주기	π	π	π
대칭성	y축에 대하여 대칭	y축에 대하여 대칭	y축에 대하여 대칭

	$y=\sin|x|$	$y=\cos|x|$	$y=\tan|x|$
그래프			
치역	$\{y|-1\leq y\leq1\}$	$\{y|-1\leq y\leq1\}$	실수 전체의 집합
주기	없다.	2π	없다.
대칭성	y축에 대하여 대칭	y축에 대하여 대칭	y축에 대하여 대칭

예 다음 함수의 그래프를 그리고, 치역을 구하시오.

  (1) $y=|\cos 2x|$ (2) $y=2\sin|x|$

풀이 (1) $y=|\cos 2x|$의 그래프는 $y=\cos 2x$의 그래프를 그린 후 $y\geq0$인 부분은 그대로 두고, $y<0$인 부분을 x축에 대하여 대칭이동한 것이므로 오른쪽 그림과 같다. 이때 치역은 $\{y|0\leq y\leq1\}$이다.

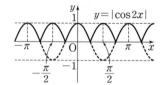

  (2) $y=2\sin|x|$의 그래프는 $y=2\sin x$의 그래프에서 $x\geq0$인 부분만 그린 후 $x<0$인 부분은 $x\geq0$인 부분을 y축에 대하여 대칭이동하여 그린 것이므로 오른쪽 그림과 같다. 이때 치역은 $\{y|-2\leq y\leq2\}$이다.

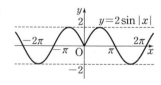

삼각함수의 성질

1 삼각함수의 성질

(1) $2n\pi + x$ (n은 정수)의 삼각함수

$$\sin(2n\pi + x) = \sin x, \quad \cos(2n\pi + x) = \cos x, \quad \tan(2n\pi + x) = \tan x$$

(2) $-x$의 삼각함수

$$\sin(-x) = -\sin x, \quad \cos(-x) = \cos x, \quad \tan(-x) = -\tan x$$

(3) $\pi \pm x$의 삼각함수

$$\sin(\pi + x) = -\sin x, \quad \cos(\pi + x) = -\cos x, \quad \tan(\pi + x) = \tan x$$
$$\sin(\pi - x) = \sin x, \quad \cos(\pi - x) = -\cos x, \quad \tan(\pi - x) = -\tan x$$

(4) $\dfrac{\pi}{2} \pm x$의 삼각함수

$$\sin\left(\frac{\pi}{2} + x\right) = \cos x, \quad \cos\left(\frac{\pi}{2} + x\right) = -\sin x, \quad \tan\left(\frac{\pi}{2} + x\right) = -\frac{1}{\tan x}$$
$$\sin\left(\frac{\pi}{2} - x\right) = \cos x, \quad \cos\left(\frac{\pi}{2} - x\right) = \sin x, \quad \tan\left(\frac{\pi}{2} - x\right) = \frac{1}{\tan x}$$

예 **(1)** $\sin\dfrac{9}{4}\pi = \sin\left(2\pi + \dfrac{\pi}{4}\right) = \sin\dfrac{\pi}{4} = \dfrac{\sqrt{2}}{2}$ **(2)** $\cos\left(-\dfrac{\pi}{6}\right) = \cos\dfrac{\pi}{6} = \dfrac{\sqrt{3}}{2}$

    (3) $\tan\dfrac{7}{6}\pi = \tan\left(\pi + \dfrac{\pi}{6}\right) = \tan\dfrac{\pi}{6} = \dfrac{\sqrt{3}}{3}$ **(4)** $\cos\dfrac{2}{3}\pi = \cos\left(\dfrac{\pi}{2} + \dfrac{\pi}{6}\right) = -\sin\dfrac{\pi}{6} = -\dfrac{1}{2}$

참고 여러 가지 각의 삼각함수는 삼각함수의 성질을 이용하여 간단히 나타낼 수 있지만 다음과 같은 순서로 삼각함수를 변형하여 나타낼 수도 있다.

    (1) 주어진 각을 $90° \times n \pm \theta$ 또는 $\dfrac{\pi}{2} \times n \pm \theta$ (n은 정수, θ는 예각) 꼴로 변형한다.   ◀ 각 변형하기

    (2) n이 **짝수**이면 **그대로** ➡ $\sin \longrightarrow \sin$, $\cos \longrightarrow \cos$, $\tan \longrightarrow \tan$

        n이 **홀수**이면 **바꾸어** ➡ $\sin \longrightarrow \cos$, $\cos \longrightarrow \sin$, $\tan \longrightarrow \dfrac{1}{\tan}$ ◀ 삼각함수 정하기

    (3) $90° \times n \pm \theta$ 또는 $\dfrac{\pi}{2} \times n \pm \theta$를 나타내는 동경이 존재하는 사분면에서의 처음 주어진 삼각함수의 부호를 따

        른다.   ◀ 부호 정하기

    예 $\sin \underline{300°} = \sin(90° \times 3 + 30°) = \ominus \cos 30° = -\dfrac{\sqrt{3}}{2}$

       $\underset{\sin \ominus}{}$ $\underset{홀수(\sin \to \cos)}{}$

2 일반각에 대한 삼각함수의 값

삼각함수의 성질을 이용하면 일반각에 대한 삼각함수를 $0°$에서 $90°$까지의 각에 대한 삼각함수로 나타낼 수 있다.

따라서 삼각함수표(p. 232)를 이용하여 일반각에 대한 삼각함수의 값을 구할 수 있다.

θ	$\sin\theta$	$\cos\theta$	$\tan\theta$
$0°$	0.0000	1.0000	0.0000
$1°$	0.0175	0.9998	0.0175
$2°$	0.0349	0.9994	0.0349
⋮	⋮	⋮	⋮
$40°$	0.6428	0.7660	0.8391

    예 • $\sin 400° = \sin(360° + 40°) = \sin 40° = 0.6428$

       • $\cos 178° = \cos(180° - 2°) = -\cos 2° = -0.9994$

삼각함수의 성질

(1) $2n\pi+x$ (n은 정수)의 삼각함수

　두 함수 $y=\sin x$, $y=\cos x$의 주기는 2π, 함수 $y=\tan x$의 주기는 π이므로

$$y=\sin x=\sin(x+2\pi)=\sin(x+4\pi)=\cdots$$
$$y=\cos x=\cos(x+2\pi)=\cos(x+4\pi)=\cdots$$
$$y=\tan x=\tan(x+\pi)=\tan(x+2\pi)=\cdots$$
$$\therefore \sin(2n\pi+x)=\sin x,\ \cos(2n\pi+x)=\cos x,\ \tan(2n\pi+x)=\tan x$$

(2) $-x$의 삼각함수

　두 함수 $y=\sin x$, $y=\tan x$의 그래프는 각각 원점에 대하여 대칭이므로

$$\sin(-x)=-\sin x,\ \tan(-x)=-\tan x \qquad f(-x)=-f(x)$$

　함수 $y=\cos x$의 그래프는 y축에 대하여 대칭이므로

$$\cos(-x)=\cos x \qquad f(-x)=f(x)$$

(3) $\pi\pm x$의 삼각함수

　함수 $y=\sin x$의 그래프를 x축의 방향으로 $-\pi$만큼 평행이
동하면 함수 $y=-\sin x$의 그래프와 겹쳐지므로

$$\sin(\pi+x)=-\sin x \qquad \cdots\cdots \ \bigcirc$$

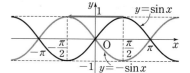

　또 함수 $y=\cos x$의 그래프를 x축의 방향으로 $-\pi$만큼 평
행이동하면 함수 $y=-\cos x$의 그래프와 겹쳐지므로

$$\cos(\pi+x)=-\cos x \qquad \cdots\cdots \ \bigcirc\!\!\!\bigcirc$$

　한편 함수 $y=\tan x$의 주기는 π이므로

$$\tan(\pi+x)=\tan x \qquad \cdots\cdots \ \boxdot$$

　따라서 $\bigcirc$, $\bigcirc\!\!\!\bigcirc$, $\boxdot$에 각각 x 대신 $-x$를 대입하여 정리하면

$$\sin(\pi-x)=-\sin(-x)=\sin x,\ \cos(\pi-x)=-\cos(-x)=-\cos x,$$
$$\tan(\pi-x)=\tan(-x)=-\tan x$$

(4) $\dfrac{\pi}{2}\pm x$의 삼각함수

　함수 $y=\sin x$의 그래프를 x축의 방향으로 $-\dfrac{\pi}{2}$만큼 평행
이동하면 함수 $y=\cos x$의 그래프와 겹쳐지므로

$$\sin\!\left(\dfrac{\pi}{2}+x\right)=\cos x \qquad \cdots\cdots \ \bigcirc$$

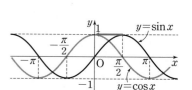

　또 함수 $y=\cos x$의 그래프를 x축의 방향으로 $-\dfrac{\pi}{2}$만큼 평
행이동하면 함수 $y=-\sin x$의 그래프와 겹쳐지므로

$$\cos\!\left(\dfrac{\pi}{2}+x\right)=-\sin x \qquad \cdots\cdots \ \bigcirc\!\!\!\bigcirc$$

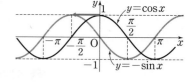

　이때 $\bigcirc$, $\bigcirc\!\!\!\bigcirc$에서

$$\tan\!\left(\dfrac{\pi}{2}+x\right)=\dfrac{\sin\!\left(\dfrac{\pi}{2}+x\right)}{\cos\!\left(\dfrac{\pi}{2}+x\right)}=\dfrac{\cos x}{-\sin x}=-\dfrac{1}{\tan x} \qquad \cdots\cdots \ \boxdot$$

　따라서 $\bigcirc$, $\bigcirc\!\!\!\bigcirc$, $\boxdot$에 각각 x 대신 $-x$를 대입하여 정리하면

$$\sin\!\left(\dfrac{\pi}{2}-x\right)=\cos(-x)=\cos x,\ \cos\!\left(\dfrac{\pi}{2}-x\right)=-\sin(-x)=\sin x,$$
$$\tan\!\left(\dfrac{\pi}{2}-x\right)=-\dfrac{1}{\tan(-x)}=\dfrac{1}{\tan x}$$

여러 가지 각의 삼각함수의 값 (1)

필.수.예.제
03

공략 Point

예각 θ에 대하여 주어진 삼각함수의 각을 $2n\pi\pm\theta$, $\pi\pm\theta$, $\frac{\pi}{2}\pm\theta$ 꼴로 고친 후 삼각함수의 성질을 이용하여 θ에 대한 삼각함수로 나타낸다.

$\sin\dfrac{2}{3}\pi\tan\dfrac{5}{4}\pi+\cos\dfrac{17}{6}\pi$의 값을 구하시오.

풀이

$\sin\dfrac{2}{3}\pi$에서 $\sin(\pi-x)=\sin x$이므로	$\sin\dfrac{2}{3}\pi=\sin\left(\pi-\dfrac{\pi}{3}\right)=\sin\dfrac{\pi}{3}=\dfrac{\sqrt{3}}{2}$
$\tan\dfrac{5}{4}\pi$에서 $\tan(\pi+x)=\tan x$이므로	$\tan\dfrac{5}{4}\pi=\tan\left(\pi+\dfrac{\pi}{4}\right)=\tan\dfrac{\pi}{4}=1$
$\cos\dfrac{17}{6}\pi$에서 $\cos(2\pi+x)=\cos x$, $\cos(\pi-x)=-\cos x$이므로	$\cos\dfrac{17}{6}\pi=\cos\left(2\pi+\dfrac{5}{6}\pi\right)$ $=\cos\dfrac{5}{6}\pi=\cos\left(\pi-\dfrac{\pi}{6}\right)$ $=-\cos\dfrac{\pi}{6}=-\dfrac{\sqrt{3}}{2}$
따라서 구하는 값은	$\sin\dfrac{2}{3}\pi\tan\dfrac{5}{4}\pi+\cos\dfrac{17}{6}\pi=\dfrac{\sqrt{3}}{2}\times1+\left(-\dfrac{\sqrt{3}}{2}\right)=\mathbf{0}$

정답과 해설 52쪽

문제

03-1 다음 식의 값을 구하시오.

(1) $\sin\dfrac{29}{6}\pi+\cos\left(-\dfrac{20}{3}\pi\right)+\tan\dfrac{11}{3}\pi$

(2) $\sin(-750°)+\cos1395°+\cos240°-\tan495°$

03-2 다음 식의 값을 구하시오.

(1) $\tan(270°-\theta)\cos(180°-\theta)+\cos(-\theta)\tan(90°-\theta)$

(2) $\dfrac{\cos(\pi+\theta)}{\sin\left(\dfrac{3}{2}\pi+\theta\right)\cos^2(\pi-\theta)}+\dfrac{\sin(\pi+\theta)\tan^2(\pi-\theta)}{\cos\left(\dfrac{3}{2}\pi+\theta\right)}$

03-3 오른쪽 삼각함수표를 이용하여 $\sin110°+\cos260°+\tan340°$의 값을 구하시오.

θ	$\sin\theta$	$\cos\theta$	$\tan\theta$
$10°$	0.1736	0.9848	0.1763
$20°$	0.3420	0.9397	0.3640

여러 가지 각의 삼각함수의 값 (2)

✎ 유형편 55쪽

필.수.예.제
04

$\cos^2 0° + \cos^2 1° + \cos^2 2° + \cdots + \cos^2 89° + \cos^2 90°$의 값을 구하시오.

풀이

공략 Point

일정하게 증가하는 각에 대한
삼각함수의 값은 다음과 같은
순서로 구한다.

(1) 각의 크기의 합이 90°인
것끼리 짝을 짓는다.

(2) $\cos(90°-x)=\sin x$를
이용하여 각을 변형한다.

(3) $\sin^2 x + \cos^2 x = 1$임을
이용한다.

$\cos(90°-x)=\sin x$임을 이용하여 $\cos 90°, \cos 89°, \cos 88°, \cdots, \cos 46°$ 를 변형하면	$\cos 90° = \cos(90°-0°) = \sin 0°$ $\cos 89° = \cos(90°-1°) = \sin 1°$ $\cos 88° = \cos(90°-2°) = \sin 2°$ $\vdots$ $\cos 46° = \cos(90°-44°) = \sin 44°$
이를 주어진 식에 대입하면	$\cos^2 0° + \cos^2 1° + \cos^2 2° + \cdots + \cos^2 89° + \cos^2 90°$ $= \cos^2 0° + \cos^2 1° + \cos^2 2° + \cdots + \sin^2 1° + \sin^2 0°$ $= (\sin^2 0° + \cos^2 0°) + (\sin^2 1° + \cos^2 1°)$ $\qquad + \cdots + (\sin^2 44° + \cos^2 44°) + \cos^2 45°$
$\sin^2 x + \cos^2 x = 1$이므로	$= 1 + 1 + \cdots + 1 + \left(\dfrac{\sqrt{2}}{2}\right)^2$ $= 1 \times 45 + \dfrac{1}{2} = \dfrac{91}{2}$

정답과 해설 53쪽

문제

04-1 다음 식의 값을 구하시오.

(1) $\sin^2 1° + \sin^2 3° + \sin^2 5° + \cdots + \sin^2 87° + \sin^2 89°$

(2) $\tan 1° \times \tan 2° \times \tan 3° \times \cdots \times \tan 88° \times \tan 89°$

04-2 $\left(1 - \dfrac{1}{\sin 40°}\right)\left(1 + \dfrac{1}{\cos 50°}\right)\left(1 - \dfrac{1}{\cos 40°}\right)\left(1 + \dfrac{1}{\sin 50°}\right)$의 값을 구하시오.

04-3 $\sin^2 \dfrac{\pi}{8} + \sin^2 \dfrac{2}{8}\pi + \sin^2 \dfrac{3}{8}\pi + \cdots + \sin^2 \dfrac{7}{8}\pi$의 값을 구하시오.

삼각함수를 포함한 식의 최대, 최소 (1)

유형편 56쪽

다음 함수의 최댓값과 최솟값을 구하시오.

(1) $y = 3\sin x - \cos\left(x - \dfrac{\pi}{2}\right) + 1$

(2) $y = 2\left|\sin x - \dfrac{1}{2}\right| + 1$

공략 Point

(1) 두 종류의 삼각함수를 포함하는 일차식 꼴의 삼각함수의 최댓값과 최솟값은 삼각함수의 성질을 이용하여 한 종류의 삼각함수로 변형한 후 구한다.

(2) 절댓값 기호를 포함하는 일차식 꼴의 삼각함수의 최댓값과 최솟값은 삼각함수를 t로 치환한 후 t의 값의 범위에서 구한다.

풀이

(1) $\cos(-x) = \cos x$이므로

$$y = 3\sin x - \cos\left(x - \dfrac{\pi}{2}\right) + 1$$
$$= 3\sin x - \cos\left\{-\left(\dfrac{\pi}{2} - x\right)\right\} + 1$$
$$= 3\sin x - \cos\left(\dfrac{\pi}{2} - x\right) + 1$$

$\cos\left(\dfrac{\pi}{2} - x\right) = \sin x$이므로

$$= 3\sin x - \sin x + 1$$
$$= 2\sin x + 1$$

이때 $-1 \le \sin x \le 1$이므로

$-2 \le 2\sin x \le 2$ ∴ $-1 \le 2\sin x + 1 \le 3$

따라서 함수 $y = 2\sin x + 1$의 최댓값과 최솟값을 구하면

최댓값은 3, 최솟값은 -1

(2) 주어진 함수에서 $\sin x = t$로 놓으면

$y = 2\left|t - \dfrac{1}{2}\right| + 1$ ······ ㉠

t의 값의 범위를 구하면

$-1 \le \sin x \le 1$
∴ $-1 \le t \le 1$

따라서 $-1 \le t \le 1$에서 ㉠의 그래프는 오른쪽 그림과 같으므로 함수 $y = 2\left|t - \dfrac{1}{2}\right| + 1$의 최댓값과 최솟값을 구하면

$t = -1$일 때, **최댓값은 4**
$t = \dfrac{1}{2}$일 때, **최솟값은 1**

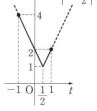

다른 풀이

(2) $-1 \le \sin x \le 1$이므로

$-\dfrac{3}{2} \le \sin x - \dfrac{1}{2} \le \dfrac{1}{2}$, $0 \le \left|\sin x - \dfrac{1}{2}\right| \le \dfrac{3}{2}$

$0 \le 2\left|\sin x - \dfrac{1}{2}\right| \le 3$ ∴ $1 \le 2\left|\sin x - \dfrac{1}{2}\right| + 1 \le 4$

따라서 함수 $y = 2\left|\sin x - \dfrac{1}{2}\right| + 1$의 최댓값과 최솟값을 구하면

최댓값은 4, 최솟값은 1

정답과 해설 54쪽

문제

05- **1** 다음 함수의 최댓값과 최솟값을 구하시오.

(1) $y = 3\cos(x - \pi) - 2\sin\left(x - \dfrac{\pi}{2}\right) - 2$

(2) $y = 4|\cos 2x - 1| - 2$

삼각함수를 포함한 식의 최대, 최소 (2)

필.수.예.제 06

다음 함수의 최댓값과 최솟값을 구하시오.

(1) $y=\dfrac{\sin x+1}{\sin x+2}$

(2) $y=-\sin^2 x-\sin\left(x+\dfrac{\pi}{2}\right)+2$

공략 Point

(1) 유리함수 꼴의 삼각함수의 최댓값과 최솟값은 삼각함수를 t로 치환한 후 t의 값의 범위에서 구한다.

(2) 이차식 꼴의 삼각함수의 최댓값과 최솟값은 삼각함수 사이의 관계를 이용하여 한 종류의 삼각함수로 변형한 후 t로 치환하여 t의 값의 범위에서 구한다.

풀이

(1) 주어진 함수에서 $\sin x=t$로 놓으면

t의 값의 범위를 구하면

$y=\dfrac{t+1}{t+2}=\dfrac{(t+2)-1}{t+2}=-\dfrac{1}{t+2}+1$ ······ ㉠

$-1\le\sin x\le 1$

$\therefore -1\le t\le 1$

따라서 $-1\le t\le 1$에서 ㉠의 그래프는 오른쪽 그림과 같으므로 함수 $y=-\dfrac{1}{t+2}+1$의 최댓값과 최솟값을 구하면

$t=1$일 때, **최댓값**은 $\dfrac{2}{3}$

$t=-1$일 때, **최솟값**은 **0**

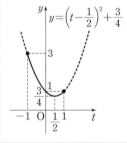

(2) $\sin^2 x+\cos^2 x=1$,

$\sin\left(x+\dfrac{\pi}{2}\right)=\cos x$이므로

$\cos x=t$로 놓으면

$y=-(1-\cos^2 x)-\cos x+2$
　$=\cos^2 x-\cos x+1$

$y=t^2-t+1$
　$=\left(t-\dfrac{1}{2}\right)^2+\dfrac{3}{4}$ ······ ㉠

따라서 $-1\le t\le 1$에서 ㉠의 그래프는 오른쪽 그림과 같으므로 함수 $y=\left(t-\dfrac{1}{2}\right)^2+\dfrac{3}{4}$의 최댓값과 최솟값을 구하면

$t=-1$일 때, **최댓값**은 **3**

$t=\dfrac{1}{2}$일 때, **최솟값**은 $\dfrac{3}{4}$

다른 풀이

(1) 주어진 함수를 변형하면

$-1\le\sin x\le 1$이므로

$y=\dfrac{\sin x+1}{\sin x+2}=-\dfrac{1}{\sin x+2}+1$

$\dfrac{1}{3}\le\dfrac{1}{\sin x+2}\le 1$, $-1\le-\dfrac{1}{\sin x+2}\le-\dfrac{1}{3}$

$\therefore 0\le-\dfrac{1}{\sin x+2}+1\le\dfrac{2}{3}$

따라서 함수 $y=\dfrac{\sin x+1}{\sin x+2}$의 최댓값과 최솟값을 구하면

최댓값은 $\dfrac{2}{3}$, **최솟값**은 **0**

정답과 해설 54쪽

문제

06-1 다음 함수의 최댓값과 최솟값을 구하시오.

(1) $y=\dfrac{2\cos x}{\cos x+2}$

(2) $y=-\cos^2 x-\cos\left(x-\dfrac{\pi}{2}\right)+4$

연습문제

1 함수 $y=2\sin(3x+\pi)-1$의 주기를 a, 최댓값을 b, 최솟값을 c라 할 때, abc의 값을 구하시오.

2 다음 함수 중 $f(x+6)=f(x)$를 만족시키지 <u>않는</u> 것은?

① $f(x)=\tan\dfrac{\pi}{3}x$ ② $f(x)=\tan\pi x$

③ $f(x)=\sin\dfrac{\pi}{3}x$ ④ $f(x)=\cos\dfrac{\pi}{2}x$

⑤ $f(x)=\sin\pi x$

3 함수 $y=5\cos(2x-\pi)+6$의 그래프는 함수 $y=5\cos 2x$의 그래프를 x축의 방향으로 a만큼, y축의 방향으로 b만큼 평행이동한 것이다. 이때 a, b에 대하여 ab의 값을 구하시오. (단, $0<a<\pi$)

4 다음 중 함수 $y=2\tan(3x-\pi)+1$에 대한 설명으로 옳은 것은?

① 주기는 π이다.

② 그래프는 점 $(\pi,\ 3)$을 지난다.

③ 최댓값은 3이고, 최솟값은 -1이다.

④ 그래프의 점근선의 방정식은 $x=n\pi+\dfrac{\pi}{3}$ (n은 정수)이다.

⑤ 그래프는 함수 $y=2\tan 3x$의 그래프를 x축의 방향으로 $\dfrac{\pi}{3}$만큼, y축의 방향으로 1만큼 평행이동한 것이다.

교육청

5 좌표평면에서 곡선 $y=4\sin\dfrac{\pi}{2}x$ $(0\le x\le 2)$ 위의 점 중 y좌표가 정수인 점의 개수를 구하시오.

6 함수 $y=a\sin(bx-c)$의 그래프가 다음 그림과 같을 때, 상수 a, b, c에 대하여 $\dfrac{9abc}{\pi}$의 값은?

(단, $a>0$, $b>0$, $0<c<\pi$)

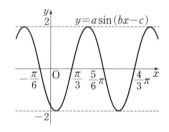

① 16   ② 20   ③ 24

④ 28   ⑤ 32

7 함수 $f(x)=a\cos\left(bx+\dfrac{\pi}{2}\right)+c$의 최댓값이 2, 최솟값이 -4이고 주기가 $\dfrac{2}{3}\pi$일 때, $f\left(\dfrac{\pi}{6}\right)$의 값은?

(단, $a<0$, $b>0$, c는 상수)

① -4 ② $-\dfrac{5}{2}$ ③ -1

④ $\dfrac{1}{2}$ ⑤ 2

8 $\cos\dfrac{32}{3}\pi+\sin\dfrac{41}{6}\pi-\tan\left(-\dfrac{45}{4}\pi\right)$의 값은?

① -1 ② $-\dfrac{1}{2}$ ③ 0

④ 1 ⑤ $\dfrac{1}{2}$

9 x가 제1사분면의 각이고 $\sin x=\dfrac{3}{5}$일 때,

$$\dfrac{\cos x}{1+\sin x}+\dfrac{\sin\left(\dfrac{\pi}{2}+x\right)}{1-\cos\left(\dfrac{\pi}{2}-x\right)}$$의 값을 구하시오.

10 $\theta=15°$일 때, 다음 식의 값을 구하시오.

$$\log_3\tan\theta+\log_3\tan 2\theta+\log_3\tan 3\theta$$
$$+\log_3\tan 4\theta+\log_3\tan 5\theta$$

11 오른쪽 그림과 같이 $\angle B=90°$인 직각삼각형 ABC에서 $\overline{AB}=4$, $\overline{BC}=3$, $\overline{AC}=5$이고, $\angle A=\alpha$, $\angle C=\beta$일 때, $\sin(2\alpha+3\beta)$의 값을 구하시오.

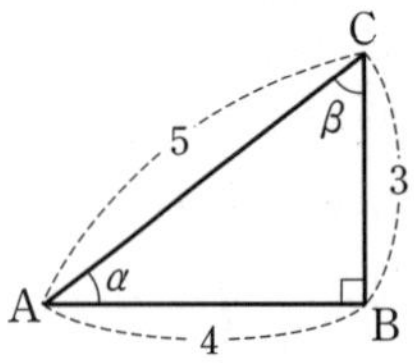

12 함수 $y=a\cos(x+\pi)-2\sin\left(x+\dfrac{\pi}{2}\right)+b$의 최댓값이 1, 최솟값이 -5일 때, 상수 a, b에 대하여 ab의 값을 구하시오. (단, $a>0$)

13 함수 $y=a|\sin 2x+2|+b$의 최댓값이 4, 최솟값이 2일 때, 상수 a, b에 대하여 $a-b$의 값은?
(단, $a>0$)

① -2 ② -1 ③ 0
④ 1 ⑤ 2

14 함수 $y=\dfrac{4\sin x+4}{\sin x+3}$의 최댓값을 M, 최솟값을 m이라 할 때, $M-m$의 값은?

① 1 ② 2 ③ 3
④ 4 ⑤ 5

15 $0 \le x \le \dfrac{\pi}{2}$일 때, 함수

$$y = 3\sin^2\left(x + \dfrac{\pi}{2}\right) - 4\cos^2 x + 6\sin(x + \pi) + 5$$

는 $x = a$에서 최솟값 b를 갖는다. 이때 ab의 값은?

① $-\pi$ ② $-\dfrac{\pi}{2}$ ③ $-\dfrac{\pi}{3}$

④ $-\dfrac{\pi}{4}$ ⑤ $-\dfrac{\pi}{6}$

실력

16 함수 $y = 4\sin\dfrac{x}{3}$ $(0 \le x \le 8\pi)$의 그래프와 직선 $y = 2$가 만나는 점들 중 서로 다른 두 점 A, B와 이 함수의 그래프 위의 점 P에 대하여 삼각형 PAB 의 넓이의 최댓값을 구하시오.

(단, 점 P는 직선 $y = 2$ 위의 점이 아니다.)

17 다음 조건을 모두 만족시키는 함수 $f(x)$에 대하여 함수 $y = f(x)$의 그래프와 직선 $y = \dfrac{x}{2\pi}$가 만나는 점의 개수를 구하시오.

(개) 모든 실수 x에 대하여 $f(x + 2\pi) = f(x)$
(내) $0 \le x \le \pi$일 때, $f(x) = \sin 2x$
(대) $\pi < x \le 2\pi$일 때, $f(x) = -\sin 2x$

교육청

18 함수 $f(x) = \sin \pi x$ $(x \ge 0)$의 그래프와 직선 $y = \dfrac{2}{3}$가 만나는 점의 x좌표를 작은 것부터 차례대로 α, β, γ라 할 때,

$$f(\alpha + \beta + \gamma + 1) + f\left(\alpha + \beta + \dfrac{1}{2}\right)$$

의 값은?

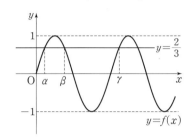

① $-\dfrac{2}{3}$ ② $-\dfrac{1}{3}$ ③ 0

④ $\dfrac{1}{3}$ ⑤ $\dfrac{2}{3}$

19 다음 그림과 같이 반지름의 길이가 1인 사분원의 호 AB를 8등분 하는 점을 각각 P_1, P_2, P_3, $\cdots$, P_7 이라 하자. 점 P_1, P_2, P_3, $\cdots$, P_7에서 반지름 OA 에 내린 수선의 발을 각각 Q_1, Q_2, Q_3, $\cdots$, Q_7이라 할 때, $\overline{P_1Q_1}^2 + \overline{P_2Q_2}^2 + \overline{P_3Q_3}^2 + \cdots + \overline{P_7Q_7}^2$의 값을 구하시오.

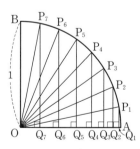

1 삼각함수가 포함된 방정식과 부등식

1 삼각함수가 포함된 방정식의 풀이

$\sin x = -1$, $\tan x = \sqrt{3}$ 등과 같이 각의 크기에 미지수가 있는 삼각함수가 포함된 방정식은 삼각함수의 그래프를 이용하여 다음과 같은 순서로 푼다.

> (1) 주어진 방정식을 $\sin x = k$ (또는 $\cos x = k$ 또는 $\tan x = k$) 꼴로 고친다.
> (2) 함수 $y = \sin x$ (또는 $y = \cos x$ 또는 $y = \tan x$)의 그래프와 직선 $y = k$를 그린다.
> (3) 주어진 범위에서 삼각함수의 그래프와 직선의 교점의 x좌표를 찾아 방정식의 해를 구한다.

예 $0 \le x < 2\pi$일 때, 방정식 $\sin x = \dfrac{1}{2}$의 해를 구해 보자.

오른쪽 그림과 같이 $0 \le x < 2\pi$에서 함수 $y = \sin x$의 그래프와 직선 $y = \dfrac{1}{2}$의 교점의 x좌표는 $\dfrac{\pi}{6}$, $\dfrac{5}{6}\pi$이므로 주어진 방정식의 해는

$$x = \frac{\pi}{6} \ \text{또는} \ x = \frac{5}{6}\pi$$

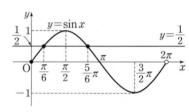

참고 삼각함수의 각의 크기를 미지수로 하는 방정식을 삼각방정식이라 한다.

2 삼각함수가 포함된 부등식의 풀이

$\cos x > \dfrac{1}{2}$, $\tan x \le 1$ 등과 같이 각의 크기에 미지수가 있는 삼각함수가 포함된 부등식은 삼각함수의 그래프를 이용하여 다음과 같이 푼다.

> (1) $\sin x > k$ (또는 $\cos x > k$ 또는 $\tan x > k$) 꼴
> ➡ $y = \sin x$ (또는 $y = \cos x$ 또는 $y = \tan x$)의 그래프가 직선 $y = k$ 보다 위쪽에 있는 x의 값의 범위를 구한다.
> (2) $\sin x < k$ (또는 $\cos x < k$ 또는 $\tan x < k$) 꼴
> ➡ $y = \sin x$ (또는 $y = \cos x$ 또는 $y = \tan x$)의 그래프가 직선 $y = k$ 보다 아래쪽에 있는 x의 값의 범위를 구한다.

예 $0 \le x < 2\pi$일 때, 부등식 $\sin x \ge \dfrac{1}{2}$의 해를 구해 보자.

주어진 부등식의 해는 오른쪽 그림과 같이 함수 $y = \sin x$의 그래프가 직선 $y = \dfrac{1}{2}$과 만나거나 위쪽에 있는 x의 값의 범위이므로

$$\frac{\pi}{6} \le x \le \frac{5}{6}\pi$$

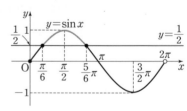

참고 삼각함수의 각의 크기를 미지수로 하는 부등식을 삼각부등식이라 한다.

개념 PLUS

삼각함수의 주기와 그래프의 대칭성의 이용

삼각방정식과 삼각부등식을 풀 때, 삼각함수의 주기와 그래프의 대칭성을 이용하면 편리하다.

예를 들어 $0 \le x < 3\pi$일 때, 방정식 $\sin x = k\,(0 < k < 1)$의 해를 구해 보자.

함수 $y = \sin x$의 그래프와 직선 $y = k$의 교점의 x좌표를 작은
것부터 차례대로 a, b, c, d라 하면 오른쪽 그림과 같다. 이때
함수 $y = \sin x$의 그래프는 직선 $x = \dfrac{\pi}{2}$에 대하여 대칭이므로
오른쪽 그림에서 색칠한 선분의 길이가 같다.

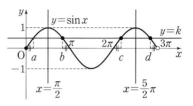

$$\therefore b = \pi - a$$

또 함수 $y = \sin x$의 주기는 2π이므로 $c = 2\pi + a$

함수 $y = \sin x$의 그래프는 직선 $x = \dfrac{5}{2}\pi$에 대하여 대칭이므로 $d = 3\pi - a$

따라서 $0 \le x < 3\pi$일 때, 방정식 $\sin x = k\,(0 < k < 1)$의 해는

$$x = a \text{ 또는 } x = \pi - a \text{ 또는 } x = 2\pi + a \text{ 또는 } x = 3\pi - a$$

개념 CHECK

정답과 해설 58쪽

1 다음은 $0 \le x < 2\pi$일 때, 방정식 $\cos x = -\dfrac{1}{2}$의 해를 구하는 과정이다. 이때 (가), (나)에 알맞은
것을 구하시오.

> 오른쪽 그림과 같이 $0 \le x < 2\pi$에서 함수
> $y = \cos x$의 그래프와 직선 $y = -\dfrac{1}{2}$의 교
> 점의 x좌표는 ☐(가) , ☐(나)
> 따라서 주어진 방정식의 해는
> $x =$ ☐(가) 또는 $x =$ ☐(나)

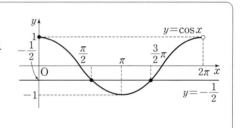

2 다음은 $0 \le x < 2\pi$일 때, 부등식 $\tan x \le \dfrac{\sqrt{3}}{3}$의 해를 구하는 과정이다. 이때 (가)~(마)에 알맞은
것을 구하시오.

> 오른쪽 그림과 같이 $0 \le x < 2\pi$에서 함수 $y = \tan x$의
> 그래프와 직선 $y = \dfrac{\sqrt{3}}{3}$의 교점의 x좌표는
> ☐(가) , ☐(나)
> 따라서 주어진 부등식의 해는 함수 $y = \tan x$의 그래
> 프가 직선 $y = \dfrac{\sqrt{3}}{3}$과 만나거나 아래쪽에 있는 x의 값의
> 범위이므로
> ☐(다) 또는 ☐(라) 또는 ☐(마)

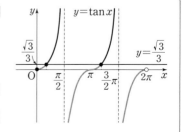

삼각방정식 – 일차식 꼴

✎ 유형편 58쪽

필.수.예.제
01

$0 \leq x < \pi$일 때, 다음 방정식을 푸시오.

(1) $\sqrt{2} \sin x - 1 = 0$

(2) $\cos\left(2x - \dfrac{\pi}{2}\right) = \dfrac{\sqrt{3}}{2}$

공략 Point

$\sin(ax+b)=k$ 꼴이 주어지면 $ax+b=t$로 놓고 푼다. 이때 t의 값의 범위에 유의한다.

풀이

(1) $\sqrt{2}\sin x - 1 = 0$에서	$\sqrt{2}\sin x = 1$ $\quad \therefore \sin x = \dfrac{\sqrt{2}}{2}$
$0 \leq x < \pi$에서 함수 $y = \sin x$의 그래프와 직선 $y = \dfrac{\sqrt{2}}{2}$의 교점의 x좌표를 구하면	$\dfrac{\pi}{4},\ \dfrac{3}{4}\pi$
따라서 주어진 방정식의 해는	$x = \dfrac{\pi}{4}$ 또는 $x = \dfrac{3}{4}\pi$

(2) $2x - \dfrac{\pi}{2} = t$로 놓으면 $0 \leq x < \pi$에서	$0 \leq 2x < 2\pi,\ -\dfrac{\pi}{2} \leq 2x - \dfrac{\pi}{2} < \dfrac{3}{2}\pi$ $\therefore -\dfrac{\pi}{2} \leq t < \dfrac{3}{2}\pi$
이때 주어진 방정식은	$\cos t = \dfrac{\sqrt{3}}{2}$
$-\dfrac{\pi}{2} \leq t < \dfrac{3}{2}\pi$에서 함수 $y = \cos t$의 그래프와 직선 $y = \dfrac{\sqrt{3}}{2}$의 교점의 t좌표를 구하면	$-\dfrac{\pi}{6},\ \dfrac{\pi}{6}$ 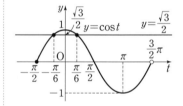
$t = 2x - \dfrac{\pi}{2}$이므로	$2x - \dfrac{\pi}{2} = -\dfrac{\pi}{6}$ 또는 $2x - \dfrac{\pi}{2} = \dfrac{\pi}{6}$ $\therefore x = \dfrac{\pi}{6}$ 또는 $x = \dfrac{\pi}{3}$

정답과 해설 58쪽

문제

01-**1** $0 \leq x < \pi$일 때, 다음 방정식을 푸시오.

(1) $\sqrt{3}\tan x - 3 = 0$

(2) $\sin 2x = \dfrac{1}{2}$

(3) $2\cos\left(\dfrac{x}{2} + \pi\right) = -1$

(4) $\tan\left(x - \dfrac{\pi}{6}\right) - 1 = 0$

삼각방정식 - 이차식 꼴

✎ 유형편 58쪽

필.수.예.제 02

공략 Point

두 종류의 삼각함수를 포함한 방정식은 삼각함수 사이의 관계를 이용하여 한 종류의 삼각함수에 대한 방정식으로 고쳐서 푼다.

$0 \le x < 2\pi$일 때, 방정식 $2\sin^2 x - 5\cos x + 1 = 0$을 푸시오.

풀이

$2\sin^2 x - 5\cos x + 1 = 0$에서 $\sin^2 x + \cos^2 x = 1$이므로	$2(1 - \cos^2 x) - 5\cos x + 1 = 0$ $2\cos^2 x + 5\cos x - 3 = 0$ $(\cos x + 3)(2\cos x - 1) = 0$ $\therefore \cos x = -3$ 또는 $\cos x = \dfrac{1}{2}$
그런데 $0 \le x < 2\pi$에서 $-1 \le \cos x \le 1$이므로	$\cos x = \dfrac{1}{2}$
$0 \le x < 2\pi$에서 함수 $y = \cos x$의 그래프와 직선 $y = \dfrac{1}{2}$의 교점의 x좌표를 구하면	$\dfrac{\pi}{3}, \dfrac{5}{3}\pi$ 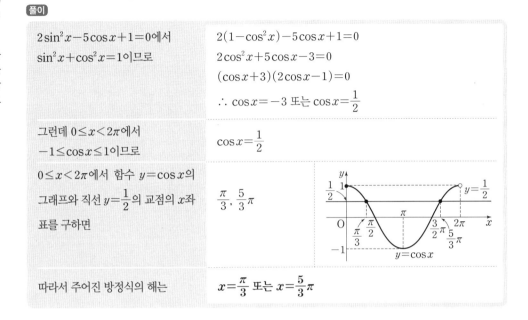
따라서 주어진 방정식의 해는	$x = \dfrac{\pi}{3}$ 또는 $x = \dfrac{5}{3}\pi$

정답과 해설 58쪽

문제

02-**1** $0 \le x < 2\pi$일 때, 방정식 $2\cos^2 x - \sin x - 1 = 0$을 푸시오.

02-**2** $0 < x < \pi$일 때, 방정식 $\tan x + 3\tan\left(\dfrac{\pi}{2} - x\right) = 2\sqrt{3}$을 푸시오.

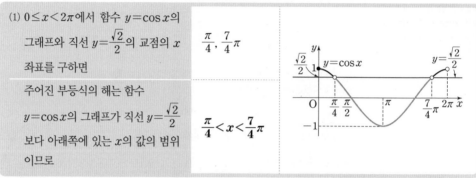

삼각부등식 – 일차식 꼴

📎 유형편 **59쪽**

필.수.예.제
03

$0 \le x < 2\pi$일 때, 다음 부등식을 푸시오.

(1) $\cos x < \dfrac{\sqrt{2}}{2}$

(2) $\sin\left(x - \dfrac{\pi}{3}\right) \ge \dfrac{\sqrt{3}}{2}$

공략 Point

$\sin(ax+b) \ge k$ 꼴이 주어지면 $ax+b=t$로 놓고 푼다. 이때 t의 값의 범위에 유의한다.

풀이

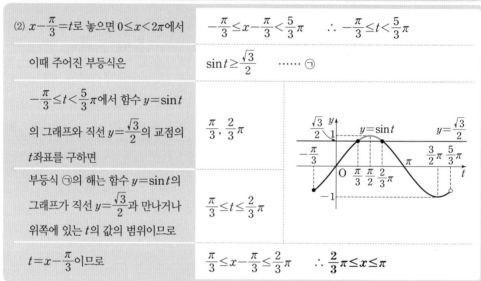

(1) $0 \le x < 2\pi$에서 함수 $y=\cos x$의 그래프와 직선 $y=\dfrac{\sqrt{2}}{2}$의 교점의 x좌표를 구하면

$$\dfrac{\pi}{4}, \ \dfrac{7}{4}\pi$$

주어진 부등식의 해는 함수 $y=\cos x$의 그래프가 직선 $y=\dfrac{\sqrt{2}}{2}$보다 아래쪽에 있는 x의 값의 범위이므로

$$\dfrac{\pi}{4} < x < \dfrac{7}{4}\pi$$

(2) $x - \dfrac{\pi}{3} = t$로 놓으면 $0 \le x < 2\pi$에서

$$-\dfrac{\pi}{3} \le x - \dfrac{\pi}{3} < \dfrac{5}{3}\pi \qquad \therefore -\dfrac{\pi}{3} \le t < \dfrac{5}{3}\pi$$

이때 주어진 부등식은

$$\sin t \ge \dfrac{\sqrt{3}}{2} \quad \cdots\cdots \ \text{㉠}$$

$-\dfrac{\pi}{3} \le t < \dfrac{5}{3}\pi$에서 함수 $y=\sin t$의 그래프와 직선 $y=\dfrac{\sqrt{3}}{2}$의 교점의 t좌표를 구하면

$$\dfrac{\pi}{3}, \ \dfrac{2}{3}\pi$$

부등식 ㉠의 해는 함수 $y=\sin t$의 그래프가 직선 $y=\dfrac{\sqrt{3}}{2}$과 만나거나 위쪽에 있는 t의 값의 범위이므로

$$\dfrac{\pi}{3} \le t \le \dfrac{2}{3}\pi$$

$t = x - \dfrac{\pi}{3}$이므로

$$\dfrac{\pi}{3} \le x - \dfrac{\pi}{3} \le \dfrac{2}{3}\pi \qquad \therefore \dfrac{2}{3}\pi \le x \le \pi$$

정답과 해설 **59쪽**

문제

03-**1** $0 \le x < \pi$일 때, 다음 부등식을 푸시오.

(1) $\sin x \le \dfrac{1}{2}$

(2) $\tan\left(x + \dfrac{\pi}{3}\right) > 1$

삼각부등식 – 이차식 꼴

유형편 **60쪽**

필.수.예.제 04

공략 **Point**

두 종류의 삼각함수를 포함한 부등식은 삼각함수 사이의 관계를 이용하여 한 종류의 삼각함수에 대한 부등식으로 고쳐서 푼다.

$0 < x < 2\pi$일 때, 부등식 $2\cos^2 x + \sin x - 2 > 0$을 푸시오.

풀이

$2\cos^2 x + \sin x - 2 > 0$에서 $\sin^2 x + \cos^2 x = 1$이므로	$2(1 - \sin^2 x) + \sin x - 2 > 0$ $2\sin^2 x - \sin x < 0,\ \sin x(2\sin x - 1) < 0$ $\therefore\ 0 < \sin x < \dfrac{1}{2}$ $\cdots\cdots$ ㉠	
$0 < x < 2\pi$에서 함수 $y = \sin x$의 그래프와 두 직선 $y = 0$, $y = \dfrac{1}{2}$의 교점의 x좌표를 구하면	$\dfrac{\pi}{6},\ \dfrac{5}{6}\pi,\ \pi$	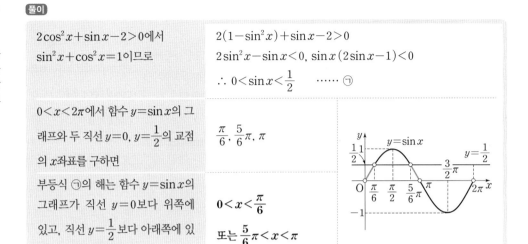
부등식 ㉠의 해는 함수 $y = \sin x$의 그래프가 직선 $y = 0$보다 위쪽에 있고, 직선 $y = \dfrac{1}{2}$보다 아래쪽에 있는 x의 값의 범위이므로	$0 < x < \dfrac{\pi}{6}$ 또는 $\dfrac{5}{6}\pi < x < \pi$	

정답과 해설 59쪽

문제

04-1 $0 \le x < \pi$일 때, 부등식 $1 - \cos x \le \sin^2 x$를 푸시오.

04-2 $0 \le x < \pi$일 때, 부등식 $\tan^2 x + (\sqrt{3} + 1)\tan x + \sqrt{3} > 0$을 푸시오.

04-3 $0 \le x < 2\pi$일 때, 부등식 $2\cos^2 x - \cos\left(x + \dfrac{\pi}{2}\right) - 1 \ge 0$을 푸시오.

삼각방정식과 삼각부등식의 활용

유형편 60쪽

필.수.예.제
05

모든 실수 x에 대하여 부등식 $x^2-2x\cos\theta-3\cos\theta>0$이 성립하도록 하는 θ의 값의 범위를 구하시오. (단, $0\le\theta<2\pi$)

공략 Point

이차부등식 $ax^2+bx+c>0$이 항상 성립하려면 다음을 모두 만족시켜야 한다.
(i) $a>0$
(ii) 이차방정식
$ax^2+bx+c=0$의 판별식
$D<0$

풀이

모든 실수 x에 대하여 주어진 부등식이 성립하려면 이차방정식 $x^2-2x\cos\theta-3\cos\theta=0$의 판별식을 D라 할 때, $D<0$이어야 하므로	$\dfrac{D}{4}=\cos^2\theta+3\cos\theta<0$ $\cos\theta(\cos\theta+3)<0$
이때 $\cos\theta+3>0$이므로	$\cos\theta<0$ ······ ㉠
$0\le\theta<2\pi$에서 함수 $y=\cos\theta$의 그래프와 직선 $y=0$의 교점의 θ좌표를 구하면	$\dfrac{\pi}{2},\ \dfrac{3}{2}\pi$ 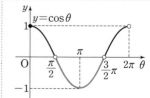
부등식 ㉠의 해는 함수 $y=\cos\theta$의 그래프가 직선 $y=0$보다 아래쪽에 있는 θ의 값의 범위이므로	$\dfrac{\pi}{2}<\theta<\dfrac{3}{2}\pi$

정답과 해설 60쪽

문제

05-1 이차방정식 $x^2+2x+\sqrt{2}\cos\theta=0$이 실근을 갖도록 하는 θ의 값의 범위는 $\alpha\le\theta\le\beta$이다. 이때 $\dfrac{\beta}{\alpha}$의 값을 구하시오. (단, $0\le\theta<2\pi$)

05-2 모든 실수 x에 대하여 부등식 $3x^2-2\sqrt{2}x\cos\theta+\sin\theta>0$이 성립하도록 하는 θ의 값의 범위를 구하시오. (단, $0\le\theta<\pi$)

05-3 이차함수 $y=x^2-2x\cos\theta+1$의 그래프와 직선 $y=x$가 접하도록 하는 θ의 값을 $\theta_1,\ \theta_2\ (\theta_1<\theta_2)$라 할 때, $\theta_2-\theta_1$의 값을 구하시오. (단, $0\le\theta<2\pi$)

연습문제

1 $0 \le x < \pi$일 때, 방정식 $2\sin\left(2x - \dfrac{\pi}{3}\right) + \sqrt{3} = 0$의 모든 근의 합을 구하시오.

수능

2 $0 \le x < 2\pi$일 때, 방정식 $\cos^2 x = \sin^2 x - \sin x$의 모든 해의 합은?

① 2π ② $\dfrac{5}{2}\pi$ ③ 3π

④ $\dfrac{7}{2}\pi$ ⑤ 4π

3 $0 \le x \le \pi$일 때, 방정식 $(\sin x + \cos x)^2 = \sqrt{3}\cos x + 1$의 모든 근의 합을 구하시오.

4 $0 \le x < \pi$에서 방정식 $\sin x = \dfrac{1}{3}$의 두 근을 α, β라 할 때, $\sin\left(\alpha + \beta + \dfrac{\pi}{3}\right)$의 값을 구하시오.

5 방정식 $\sin 2\pi x = \dfrac{1}{2}x$의 서로 다른 실근의 개수를 구하시오.

6 방정식 $\sin^2 x + 2\cos x + k = 0$이 실근을 갖도록 하는 상수 k의 최댓값을 M, 최솟값을 m이라 할 때, $M + m$의 값을 구하시오.

7 부등식 $|2\cos x| \le 1$을 풀면? (단, $0 < x < 2\pi$)

① $\dfrac{\pi}{3} \le x \le \dfrac{5}{3}\pi$

② $\dfrac{\pi}{6} \le x \le \dfrac{7}{6}\pi$

③ $\dfrac{\pi}{6} \le x \le \dfrac{2}{3}\pi$ 또는 $\dfrac{7}{6}\pi \le x \le \dfrac{5}{3}\pi$

④ $\dfrac{\pi}{6} \le x \le \dfrac{5}{6}\pi$ 또는 $\dfrac{7}{6}\pi \le x \le \dfrac{11}{6}\pi$

⑤ $\dfrac{\pi}{3} \le x \le \dfrac{2}{3}\pi$ 또는 $\dfrac{4}{3}\pi \le x \le \dfrac{5}{3}\pi$

8 $0 < x < 2\pi$에서 부등식 $\sin x + \cos x < 0$의 해가 $\alpha < x < \beta$일 때, $\alpha + \beta$의 값은?

① $\dfrac{3}{2}\pi$ ② 2π ③ $\dfrac{5}{2}\pi$

④ 3π ⑤ $\dfrac{7}{2}\pi$

연습문제

9 $0 \leq x < \pi$에서 부등식 $2\sin^2 x - \cos x - 1 < 0$의 해가 $\alpha \leq x < \beta$일 때, $\alpha + \beta$의 값을 구하시오.

10 모든 실수 x에 대하여 부등식 $\cos^2 x + 2\sin x - a \leq 0$이 성립하도록 하는 상수 a의 최솟값은?

① 1   ② 2   ③ 3
④ 4   ⑤ 5

11 x에 대한 이차함수 $y = x^2 - 2x\sin\theta + \cos^2\theta$의 그래프의 꼭짓점이 직선 $y = \sqrt{3}x + 1$ 위에 있도록 하는 θ의 값을 작은 것부터 차례대로 x_1, x_2, x_3이라 할 때, $x_1 + 3(x_3 - x_2)$의 값은? (단, $0 < \theta < 2\pi$)

① π ② 2π ③ 3π
④ 4π ⑤ 5π

12 이차방정식 $x^2 - 2x\cos\theta + \cos\theta = 0$이 실근을 갖지 않도록 하는 θ의 값의 범위를 구하시오.
(단, $0 < \theta < 2\pi$)

13 이차방정식 $2x^2 + 6x\sin\theta + 1 = 0$의 두 근 사이에 1이 있도록 하는 θ의 값의 범위를 구하시오.
(단, $0 \leq \theta < 2\pi$)

실력

14 $0 \leq x < 2\pi$일 때, 방정식 $\sin(\pi\cos x) = 1$의 두 근의 차는?

① $\dfrac{\pi}{3}$ ② $\dfrac{2}{3}\pi$ ③ π
④ $\dfrac{4}{3}\pi$ ⑤ $\dfrac{5}{3}\pi$

15 x에 대한 방정식 $\sin x - |\sin x| = ax - 2$가 서로 다른 세 실근을 갖도록 하는 양수 a의 값의 범위를 구하시오.

II

삼각함수

사인법칙

❶ 사인법칙

삼각형의 세 변의 길이와 세 각의 크기 사이에는 다음과 같은 관계가 성립하고, 이를 **사인법칙**이라 한다.

삼각형 ABC의 외접원의 반지름의 길이를 R라 하면

$$\frac{a}{\sin A}=\frac{b}{\sin B}=\frac{c}{\sin C}=2R$$

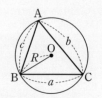

참고 삼각형 ABC의 세 각 ∠A, ∠B, ∠C의 크기를 각각 A, B, C로 나타내고, 이들의 대변의 길이를 각각 a, b, c로 나타낸다.

❷ 사인법칙의 변형

(1) $\sin A=\dfrac{a}{2R}$, $\sin B=\dfrac{b}{2R}$, $\sin C=\dfrac{c}{2R}$

(2) $a=2R\sin A$, $b=2R\sin B$, $c=2R\sin C$

(3) $a:b:c=\sin A:\sin B:\sin C$

개념 PLUS

사인법칙

삼각형 ABC의 외접원의 중심을 O, 반지름의 길이를 R라 할 때, ∠A의 크기에 따라 다음 세 가지 경우로 나누어 생각할 수 있다.

(i) $A<90°$일 때

점 B를 지나는 지름의 다른 한 끝 점을 A′이라 하면 $A=A'$이고 <u>한 호에 대한 원주각의 크기는 모두 같다.</u>
∠BCA′=90°이므로

$$\sin A=\sin A'=\frac{a}{2R}\qquad\therefore\ \frac{a}{\sin A}=2R$$

(ii) $A=90°$일 때

$\sin A=\sin 90°=1$이고 $2R=a$이므로 <u>반원에 대한 원주각의 크기는 90°이다.</u>

$$\sin A=\frac{a}{2R}\qquad\therefore\ \frac{a}{\sin A}=2R$$

(iii) $A>90°$일 때

점 B를 지나는 지름의 다른 한 끝 점을 A′이라 하면 $A=180°-A'$이고 <u>원에 내접하는 사각형에서 마주 보는 두 내각의 크기의 합은 180°이다.</u>
∠A′CB=90°이므로

$$\sin A=\sin(180°-A')=\sin A'=\frac{a}{2R}\qquad\therefore\ \frac{a}{\sin A}=2R$$

(i), (ii), (iii)에서 ∠A의 크기에 관계없이 $\dfrac{a}{\sin A}=2R$가 성립한다.

같은 방법으로 $\dfrac{b}{\sin B}=2R$, $\dfrac{c}{\sin C}=2R$가 성립함을 알 수 있다.

사인법칙

✏️ 유형편 63쪽

필.수.예.제
01

삼각형 ABC에서 다음을 구하시오.

(1) $a=2\sqrt{2}$, $A=30°$, $C=45°$일 때, c의 값

(2) $b=3$, $A=45°$, $C=75°$일 때, 외접원의 반지름의 길이 R의 값

(3) $b=2$, $c=\sqrt{6}$, $B=45°$일 때, A, C의 값

공략 Point

삼각형에서 다음과 같은 조건이 주어진 경우 사인법칙을 이용한다.

(1) 한 변의 길이와 두 각의 크기가 주어진 경우

(2) 두 변의 길이와 끼인각이 아닌 한 각의 크기가 주어진 경우

풀이

(1) 사인법칙에 의하여 $\dfrac{a}{\sin A}=\dfrac{c}{\sin C}$이므로

$\dfrac{2\sqrt{2}}{\sin 30°}=\dfrac{c}{\sin 45°}$

$2\sqrt{2}\sin 45°=c\sin 30°$

$2\sqrt{2}\times\dfrac{\sqrt{2}}{2}=c\times\dfrac{1}{2}$ $\therefore c=\mathbf{4}$

(2) $A+B+C=180°$이므로

$B=180°-(45°+75°)=60°$

사인법칙에 의하여 $\dfrac{b}{\sin B}=2R$이므로

$\dfrac{3}{\sin 60°}=2R$

$2R\sin 60°=3$

$\sqrt{3}R=3$ $\therefore R=\sqrt{3}$

(3) 사인법칙에 의하여 $\dfrac{b}{\sin B}=\dfrac{c}{\sin C}$이므로

$\dfrac{2}{\sin 45°}=\dfrac{\sqrt{6}}{\sin C}$

$2\sin C=\sqrt{6}\sin 45°$

$\therefore \sin C=\sqrt{6}\times\dfrac{\sqrt{2}}{2}\times\dfrac{1}{2}=\dfrac{\sqrt{3}}{2}$

이때 $0°<C<180°$이므로

$C=60°$ 또는 $C=120°$

(i) $C=60°$일 때

$A=180°-(45°+60°)=75°$

(ii) $C=120°$일 때

$A=180°-(45°+120°)=15°$

(i), (ii)에서

$\mathbf{A=75°}$, $\mathbf{C=60°}$ 또는 $\mathbf{A=15°}$, $\mathbf{C=120°}$

정답과 해설 64쪽

문제

01-**1**

삼각형 ABC에서 다음을 구하시오.

(1) $a=3$, $A=60°$, $B=45°$일 때, b의 값

(2) $a=3\sqrt{3}$, $B=45°$, $C=105°$일 때, 외접원의 반지름의 길이 R의 값

(3) $a=\sqrt{3}$, $b=1$, $A=120°$일 때, B, C의 값

사인법칙의 변형

✏️ 유형편 63쪽

필.수.예.제 02

공략 Point

$\sin A : \sin B : \sin C$
$= \dfrac{a}{2R} : \dfrac{b}{2R} : \dfrac{c}{2R}$
$= a : b : c$

삼각형 ABC에서 $(a+b) : (b+c) : (c+a) = 5 : 6 : 7$일 때, $\sin A : \sin B : \sin C$를 구하시오.

풀이

$(a+b) : (b+c) : (c+a) = 5 : 6 : 7$이므로 양수 k에 대하여	$a+b=5k,\ b+c=6k,\ c+a=7k$
세 식을 변끼리 더하면	$2(a+b+c)=18k$ $\therefore\ a+b+c=9k$ ...... ㉠
$a+b=5k$를 ㉠에 대입하여 풀면	$c=4k$
$b+c=6k$를 ㉠에 대입하여 풀면	$a=3k$
$c+a=7k$를 ㉠에 대입하여 풀면	$b=2k$
따라서 $\sin A : \sin B : \sin C = a : b : c$이므로	$\sin A : \sin B : \sin C = 3k : 2k : 4k$ $\qquad\qquad\qquad\qquad = \mathbf{3 : 2 : 4}$

정답과 해설 64쪽

문제

02-1 삼각형 ABC에서 $\sin A : \sin B : \sin C = 2 : 4 : 5$일 때, $ab : bc : ca$를 구하시오.

02-2 삼각형 ABC에서 $a-2b+2c=0$, $2a+b-2c=0$이 성립할 때, $\sin A : \sin B : \sin C$를 구하시오.

02-3 삼각형 ABC에서 $A : B : C = 1 : 1 : 4$일 때, $\dfrac{c^2}{ab}$의 값을 구하시오.

삼각형의 모양 결정 (1)

🏷 유형편 **64쪽**

필.수.예.제
03

공략 Point
사인법칙을 이용하여 주어진
등식을 변의 길이에 대한 식
으로 변형한다.

삼각형 ABC에서 $a \sin A + b \sin B = c \sin C$가 성립할 때, 삼각형 ABC는 어떤 삼각형인지 말하시
오.

풀이

삼각형 ABC의 외접원의 반지름의 길이를 R라 하면 사인법칙에 의하여	$\sin A = \dfrac{a}{2R}$, $\sin B = \dfrac{b}{2R}$, $\sin C = \dfrac{c}{2R}$
이를 $a \sin A + b \sin B = c \sin C$에 대입하면	$a \times \dfrac{a}{2R} + b \times \dfrac{b}{2R} = c \times \dfrac{c}{2R}$ $\therefore a^2 + b^2 = c^2$
따라서 삼각형 ABC는	$C = 90°$인 직각삼각형

정답과 해설 64쪽

문제

03- **1**   삼각형 ABC에서 $\sin^2 A = \sin^2 B + \sin^2 C$가 성립할 때, 삼각형 ABC는 어떤 삼각형인지 말하
시오.

03- **2**   삼각형 ABC에서 $a \sin A = b \sin B$가 성립할 때, 삼각형 ABC는 어떤 삼각형인지 말하시오.

03- **3**   삼각형 ABC에서 $(a-c) \sin B = a \sin A - c \sin C$가 성립할 때, 삼각형 ABC는 어떤 삼각형
인지 말하시오.

사인법칙의 실생활에의 활용

📎 유형편 64쪽

필.수.예.제 04

오른쪽 그림과 같이 200 m 떨어진 두 지점 A, B에서 지점 C에 떠 있는 비행기를 올려본각의 크기가 각각 45°, 75°일 때, 두 지점 B, C 사이의 거리를 구하시오.

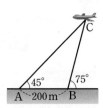

공략 Point

길이가 주어진 변의 대각의 크기를 구한 후 사인법칙을 이용한다.

풀이

∠CAB+∠ACB=75°이므로	$45°+∠ACB=75°$ $∴ ∠ACB=30°$
삼각형 ABC에서 사인법칙에 의하여	$\dfrac{200}{\sin 30°}=\dfrac{\overline{BC}}{\sin 45°}$ $200\sin 45°=\overline{BC}\sin 30°$ $200\times\dfrac{\sqrt{2}}{2}=\overline{BC}\times\dfrac{1}{2}$ $∴ \overline{BC}=200\sqrt{2}\,(m)$
따라서 두 지점 B, C 사이의 거리는	$\mathbf{200\sqrt{2}\ m}$

정답과 해설 65쪽

문제

04-1 오른쪽 그림과 같이 호수 옆에 곧게 뻗은 인도가 있다. 서로 100 m 떨어진 인도 위의 두 지점 B, C에서 호수 건너편의 한 지점 A를 바라본 각의 크기가 각각 75°, 60°일 때, 두 지점 A, B 사이의 거리를 구하시오.

04-2 오른쪽 그림과 같이 지면에 수직으로 서 있는 나무의 높이 PQ를 구하기 위하여 서로 24 m 떨어진 두 지점 A, B에서 각의 크기를 측정하였더니 ∠PAQ=30°, ∠BAQ=75°, ∠ABQ=45°이었다. 이때 나무의 높이 PQ를 구하시오.

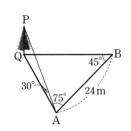

2 코사인법칙

1 코사인법칙

삼각형의 세 변의 길이와 세 각의 크기 사이에는 다음과 같은 관계가 성립하고, 이를 **코사인법칙**이라 한다.

삼각형 ABC에서
$$a^2=b^2+c^2-2bc\cos A$$
$$b^2=c^2+a^2-2ca\cos B$$
$$c^2=a^2+b^2-2ab\cos C$$

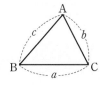

2 코사인법칙의 변형

$$\cos A=\frac{b^2+c^2-a^2}{2bc} \quad \blacktriangleleft a^2=b^2+c^2-2bc\cos A\text{의 변형}$$

$$\cos B=\frac{c^2+a^2-b^2}{2ca} \quad \blacktriangleleft b^2=c^2+a^2-2ca\cos B\text{의 변형}$$

$$\cos C=\frac{a^2+b^2-c^2}{2ab} \quad \blacktriangleleft c^2=a^2+b^2-2ab\cos C\text{의 변형}$$

개념 PLUS

코사인법칙

삼각형 ABC의 꼭짓점 A에서 변 BC 또는 그 연장선에 내린 수선의 발을 H라 할 때, ∠C의 크기에 따라 다음 세 가지 경우로 나누어 생각할 수 있다.

(ⅰ) $C<90°$일 때
$\overline{BH}=\overline{BC}-\overline{CH}=a-b\cos C$이고 $\overline{AH}=b\sin C$이므로

$$c^2=\overline{BH}^2+\overline{AH}^2=(a-b\cos C)^2+(b\sin C)^2$$
$$=a^2-2ab\cos C+b^2\cos^2 C+b^2\sin^2 C$$
$$=a^2+b^2-2ab\cos C$$

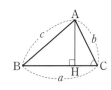

(ⅱ) $C=90°$일 때
$\cos C=\cos 90°=0$이므로
$$c^2=a^2+b^2=a^2+b^2-2ab\cos C$$

(ⅲ) $C>90°$일 때
$\overline{BH}=\overline{BC}+\overline{CH}=a+b\cos(180°-C)=a-b\cos C$이고
$\overline{AH}=b\sin(180°-C)=b\sin C$이므로
$$c^2=\overline{BH}^2+\overline{AH}^2=(a-b\cos C)^2+(b\sin C)^2$$
$$=a^2-2ab\cos C+b^2\cos^2 C+b^2\sin^2 C$$
$$=a^2+b^2-2ab\cos C$$

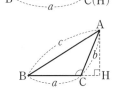

(ⅰ), (ⅱ), (ⅲ)에서 ∠C의 크기에 관계없이 $c^2=a^2+b^2-2ab\cos C$가 성립한다.

같은 방법으로 $b^2=c^2+a^2-2ca\cos B$, $a^2=b^2+c^2-2bc\cos A$가 성립함을 알 수 있다.

코사인법칙

유형편 65쪽

필.수.예.제 05

삼각형 ABC에서 다음을 구하시오.

(1) $a=6$, $b=10$, $C=120°$일 때, c의 값

(2) $a=2$, $c=4$, $B=60°$일 때, C의 값

공략 Point

삼각형에서 두 변의 길이와 그 끼인각의 크기가 주어진 경우 코사인법칙을 이용한다.

풀이

(1) 코사인법칙에 의하여
$c^2=a^2+b^2-2ab\cos C$이므로

$c^2=6^2+10^2-2×6×10×\cos120°$

$=36+100+60$

$=196$

$\therefore c=\mathbf{14}\ (\because c>0)$

(2) 코사인법칙에 의하여
$b^2=c^2+a^2-2ca\cos B$이므로

$b^2=4^2+2^2-2×4×2×\cos60°$

$=16+4-8$

$=12$

$\therefore b=2\sqrt{3}\ (\because b>0)$

또 사인법칙에 의하여
$\dfrac{b}{\sin B}=\dfrac{c}{\sin C}$이므로

$\dfrac{2\sqrt{3}}{\sin60°}=\dfrac{4}{\sin C}$

$2\sqrt{3}\sin C=4\sin60°$

$\sin C=4×\dfrac{\sqrt{3}}{2}×\dfrac{1}{2\sqrt{3}}=1$

$\therefore C=\mathbf{90°}$

정답과 해설 65쪽

문제

05-1

삼각형 ABC에서 다음을 구하시오.

(1) $b=6$, $c=4$, $A=60°$일 때, a의 값

(2) $a=\sqrt{2}$, $b=1+\sqrt{3}$, $C=45°$일 때, A의 값

05-2

삼각형 ABC에서 $a=4$, $c=\sqrt{3}$, $B=30°$일 때, 삼각형 ABC의 외접원의 넓이를 구하시오.

코사인법칙의 변형

✎ 유형편 65쪽

필.수.예.제 06

공략 Point

세 변의 길이를 한 문자로 나타낸 후 코사인법칙의 변형을 이용하여 각의 크기를 구한다.

삼각형 ABC에서 $a : b : c = 3 : 7 : 5$일 때, B의 값을 구하시오.

풀이

$a : b : c = 3 : 7 : 5$이므로 양수 k에 대하여	$a = 3k,\ b = 7k,\ c = 5k$
코사인법칙에 의하여 $\cos B = \dfrac{c^2 + a^2 - b^2}{2ca}$이므로	$\cos B = \dfrac{(5k)^2 + (3k)^2 - (7k)^2}{2 \times 5k \times 3k} = -\dfrac{1}{2}$
이때 $0° < B < 180°$이므로	$B = \mathbf{120°}$

정답과 해설 65쪽

문제

06-1 삼각형 ABC에서 $a = 2\sqrt{2}$, $b = 2\sqrt{3}$, $c = \sqrt{2} + \sqrt{6}$일 때, B의 값을 구하시오.

06-2 삼각형 ABC에서 $\sin A : \sin B : \sin C = 2 : 3 : 4$일 때, $\cos C$의 값을 구하시오.

06-3 삼각형 ABC에서 $a = 2$, $b = 2\sqrt{3}$, $c = 2\sqrt{7}$일 때, 세 내각 중 가장 큰 각의 크기를 구하시오.

삼각형의 모양 결정 (2)

필.수.예.제 07

공략 Point

코사인법칙과 사인법칙을 이용하여 주어진 등식을 길이에 대한 식으로 변형한다.

삼각형 ABC에서 $\sin A = 2\cos B \sin C$가 성립할 때, 삼각형 ABC는 어떤 삼각형인지 말하시오.

풀이

삼각형 ABC의 외접원의 반지름의 길이를 R라 하면 사인법칙과 코사인법칙에 의하여	$\sin A = \dfrac{a}{2R}$, $\sin C = \dfrac{c}{2R}$, $\cos B = \dfrac{c^2+a^2-b^2}{2ca}$
이를 $\sin A = 2\cos B \sin C$에 대입하면	$\dfrac{a}{2R} = 2 \times \dfrac{c^2+a^2-b^2}{2ca} \times \dfrac{c}{2R}$ $a^2 = c^2+a^2-b^2,\ b^2=c^2$ $\therefore b=c\ (\because b>0,\ c>0)$
따라서 삼각형 ABC는	$b=c$인 이등변삼각형

정답과 해설 66쪽

문제

07-1 삼각형 ABC에서 $a\cos B - b\cos A = c$가 성립할 때, 삼각형 ABC는 어떤 삼각형인지 말하시오.

07-2 삼각형 ABC에서 $\tan A \cos C = \sin C$가 성립할 때, 삼각형 ABC는 어떤 삼각형인지 말하시오.

07-3 삼각형 ABC에서 $\tan A : \tan B = a^2 : b^2$이 성립할 때, 삼각형 ABC는 어떤 삼각형인지 말하시오.

코사인법칙의 실생활에의 활용

✑ 유형편 66쪽

필.수.예.제 08

오른쪽 그림과 같이 두 지점 C, D 사이의 거리를 구하기 위하여 강 반대편의 60 m 떨어진 두 지점 A, B에서 각의 크기를 측정하였더니 $\angle CAB=90°$, $\angle ABC=30°$, $\angle DAB=30°$, $\angle ABD=60°$이었다. 이때 두 지점 C, D 사이의 거리를 구하시오.

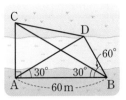

공략 Point

삼각형에서 두 변의 길이와 그 끼인각의 크기가 주어지면 코사인법칙을 이용하여 한 변의 길이를 구한다.

풀이

삼각형 ABC에서 $\angle CAB=90°$이므로	$\overline{BC}=\dfrac{\overline{AB}}{\cos 30°}=60\times\dfrac{2}{\sqrt{3}}=40\sqrt{3}\,(\text{m})$
삼각형 DAB에서 $\angle BDA=180°-(30°+60°)=90°$이므로	$\overline{BD}=\overline{AB}\sin 30°=60\times\dfrac{1}{2}=30\,(\text{m})$
삼각형 CBD에서 $\angle CBD=60°-30°=30°$이므로 코사인법칙에 의하여	$\overline{CD}^2=(40\sqrt{3})^2+30^2-2\times40\sqrt{3}\times30\times\cos 30°$ $=4800+900-3600$ $=2100$
그런데 $\overline{CD}>0$이므로	$\overline{CD}=10\sqrt{21}\,(\text{m})$
따라서 두 지점 C, D 사이의 거리는	$\mathbf{10\sqrt{21}\ m}$

정답과 해설 66쪽

문제

08-1
오른쪽 그림과 같이 호수의 양쪽에 있는 두 나무 A, B 사이의 거리를 구하기 위하여 지점 C에서 두 나무 A, B까지의 거리와 A, B를 바라본 각의 크기를 측정하였더니 $\overline{AC}=120$ m, $\overline{BC}=100$ m, $\angle ACB=120°$이었다. 이때 두 나무 A, B 사이의 거리를 구하시오.

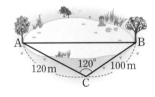

08-2
오른쪽 그림과 같이 어느 마을의 네 집 A, B, C, D 중 세 집 B, C, D가 일직선 위에 있다. $\overline{AB}=6\sqrt{7}$ km, $\overline{BC}=6$ km, $\overline{CD}=8$ km, $\overline{AC}=12$ km일 때, 두 집 A, D 사이의 거리를 구하시오.

삼각형의 넓이

1 삼각형의 넓이

(1) 삼각형 ABC의 넓이를 S라 하면

$$S=\frac{1}{2}bc\sin A=\frac{1}{2}ca\sin B=\frac{1}{2}ab\sin C$$

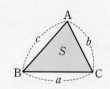

(2) 외접원의 반지름의 길이 R가 주어질 때, 삼각형 ABC의 넓이를 S라 하면

$$S=\frac{abc}{4R}=2R^2\sin A\sin B\sin C$$

◉ 삼각형 ABC에서 $a=3$, $b=4$, $C=60°$일 때, 삼각형 ABC의 넓이는

$$\frac{1}{2}\times 3\times 4\times\sin 60°=3\sqrt{3}$$

참고 내접원의 반지름의 길이가 r일 때, 삼각형 ABC의 넓이를 S라 하면

$$S=\frac{1}{2}r(a+b+c)\quad\blacktriangleleft\ \triangle ABC=\triangle IAB+\triangle IBC+\triangle ICA$$

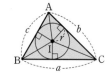

2 사각형의 넓이

(1) 평행사변형의 넓이

이웃하는 두 변의 길이가 a, b이고 그 끼인각의 크기가 θ인 평행사변형 ABCD의 넓이를 S라 하면

$$S=ab\sin\theta$$

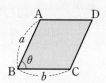

(2) 사각형의 넓이

두 대각선의 길이가 a, b이고 두 대각선이 이루는 각의 크기가 θ인 사각형 ABCD의 넓이를 S라 하면

$$S=\frac{1}{2}ab\sin\theta$$

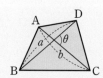

개념 PLUS

삼각형의 넓이

(1) 삼각형 ABC의 꼭짓점 A에서 변 BC 또는 그 연장선에 내린 수선의 발을 H, $\overline{AH}=h$라 할 때, $\angle B$의 크기에 따라 다음 세 가지 경우로 나누어 생각할 수 있다.

(i) $B<90°$일 때   (ii) $B=90°$일 때   (iii) $B>90°$일 때

  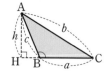

$h=c\sin B$ $h=c=c\sin B$ $h=c\sin(180°-B)=c\sin B$

(i), (ii), (iii)에서 $\angle$B의 크기에 관계없이 $h=c\sin B$가 성립한다.

따라서 삼각형 ABC의 넓이를 S라 하면 $S=\dfrac{1}{2}ah=\dfrac{1}{2}ac\sin B$

같은 방법으로 $S=\dfrac{1}{2}ab\sin C=\dfrac{1}{2}bc\sin A$가 성립함을 알 수 있다.

(2) 사인법칙에 의하여 $\sin A=\dfrac{a}{2R}$이므로 $S=\dfrac{1}{2}bc\sin A=\dfrac{1}{2}bc\times\dfrac{a}{2R}=\dfrac{abc}{4R}$

또 사인법칙에 의하여 $b=2R\sin B$, $c=2R\sin C$이므로

$$S=\dfrac{1}{2}bc\sin A=\dfrac{1}{2}\times 2R\sin B\times 2R\sin C\times\sin A=2R^2\sin A\sin B\sin C$$

사각형의 넓이

(1) **평행사변형의 넓이**

평행사변형 ABCD에서 대각선 AC를 그으면 삼각형 ABC와 삼각형 CDA는 서로 합동이므로

$$S=2\triangle\text{ABC}=2\left(\dfrac{1}{2}ab\sin\theta\right)=ab\sin\theta$$

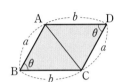

(2) **사각형의 넓이**

오른쪽 그림과 같이 사각형 ABCD의 대각선 AC에 평행하고 두 꼭짓점 B, D를 각각 지나는 직선과 대각선 BD에 평행하고 두 꼭짓점 A, C를 각각 지나는 직선의 교점을 이용하여 평행사변형 PQRS를 만들면

$$\overline{\text{PS}}=\overline{\text{BD}}=a,\ \overline{\text{PQ}}=\overline{\text{AC}}=b,\ \angle\text{SPQ}=\angle\text{DOC}=\theta$$

따라서 사각형 ABCD의 넓이 S는 평행사변형 PQRS의 넓이의 $\dfrac{1}{2}$

배이므로

$$S=\dfrac{1}{2}\square\text{PQRS}=\dfrac{1}{2}ab\sin\theta$$

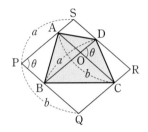

개념 CHECK

정답과 해설 66쪽

1 다음을 만족시키는 삼각형 ABC의 넓이를 구하시오.

(1) $a=12$, $c=11$, $B=60°$ (2) $a=3$, $b=4$, $C=135°$

2 다음을 만족시키는 평행사변형 ABCD의 넓이를 구하시오.

(1) $\overline{\text{AB}}=2$, $\overline{\text{BC}}=3$, $B=60°$ (2) $\overline{\text{AB}}=6$, $\overline{\text{BC}}=8$, $C=135°$

3 다음 그림과 같은 사각형 ABCD의 넓이를 구하시오.

(1)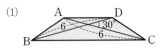

(2)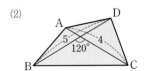

삼각형의 넓이 - 헤론의 공식

삼각형의 세 변의 길이가 주어질 때, 다음과 같이 헤론의 공식을 이용하여 삼각형의 넓이를 구할 수 있다.

> 삼각형 ABC의 세 변의 길이가 주어질 때, 삼각형 ABC의 넓이를 S라 하면
> $$S=\sqrt{s(s-a)(s-b)(s-c)}\left(\text{단, } s=\frac{a+b+c}{2}\right)$$

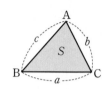

증명 $S=\dfrac{1}{2}bc\sin A=\dfrac{1}{2}bc\sqrt{1-\cos^2 A}$

$\qquad=\dfrac{1}{2}bc\sqrt{(1+\cos A)(1-\cos A)}$

$\qquad=\dfrac{1}{2}bc\sqrt{\left(1+\dfrac{b^2+c^2-a^2}{2bc}\right)\left(1-\dfrac{b^2+c^2-a^2}{2bc}\right)}$

$\qquad=\dfrac{1}{2}bc\sqrt{\dfrac{(2bc+b^2+c^2-a^2)(2bc-b^2-c^2+a^2)}{(2bc)^2}}$

$\qquad=\dfrac{bc}{4bc}\sqrt{\{(b+c)^2-a^2\}\{a^2-(b-c)^2\}}$

$\qquad=\dfrac{1}{4}\sqrt{(a+b+c)(-a+b+c)(a-b+c)(a+b-c)}$

이때 $\dfrac{a+b+c}{2}=s$로 놓으면 $a+b+c=2s$이므로

$\qquad -a+b+c=(a+b+c)-2a=2s-2a=2(s-a)$

$\qquad a-b+c=(a+b+c)-2b=2s-2b=2(s-b)$

$\qquad a+b-c=(a+b+c)-2c=2s-2c=2(s-c)$

$\qquad \therefore S=\dfrac{1}{4}\sqrt{2s\times 2(s-a)\times 2(s-b)\times 2(s-c)}$

$\qquad\qquad =\sqrt{s(s-a)(s-b)(s-c)}$

예 오른쪽 그림과 같은 삼각형 ABC의 넓이를 구하시오.

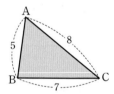

풀이 $s=\dfrac{7+8+5}{2}=10$이라 하면 헤론의 공식에 의하여

$\qquad \triangle ABC=\sqrt{s(s-a)(s-b)(s-c)}$

$\qquad\qquad\quad =\sqrt{10\times(10-7)\times(10-8)\times(10-5)}$

$\qquad\qquad\quad =\sqrt{10\times 3\times 2\times 5}$

$\qquad\qquad\quad =10\sqrt{3}$

삼각형의 넓이

✎ 유형편 **67쪽**

필.수.예.제 09

다음을 구하시오.

(1) 삼각형 ABC에서 $b=3$, $c=4$이고 넓이가 3일 때, A의 값

(2) 삼각형 ABC에서 $a=6$, $C=120°$이고 넓이가 $6\sqrt{3}$일 때, c의 값

공략 Point

두 변의 길이와 그 끼인각의 크기가 주어진 삼각형 ABC의 넓이 S는

$$S=\frac{1}{2}bc\sin A$$
$$=\frac{1}{2}ca\sin B$$
$$=\frac{1}{2}ab\sin C$$

풀이

(1) 삼각형 ABC의 넓이가 3이므로	$\frac{1}{2}\times3\times4\times\sin A=3$ $\quad\therefore\ \sin A=\frac{1}{2}$
이때 $0°<A<180°$이므로	$A=\mathbf{30°}$ 또는 $A=\mathbf{150°}$
(2) 삼각형 ABC의 넓이가 $6\sqrt{3}$이므로	$\frac{1}{2}\times6\times b\times\sin120°=6\sqrt{3}$
	$\frac{1}{2}\times6\times b\times\frac{\sqrt{3}}{2}=6\sqrt{3}$ $\quad\therefore\ b=4$
코사인법칙에 의하여 $c^2=a^2+b^2-2ab\cos C$이므로	$c^2=6^2+4^2-2\times6\times4\times\cos120°$ $\quad\ =36+16+24=76$ $\therefore\ c=\mathbf{2\sqrt{19}}\ (\because\ c>0)$

정답과 해설 67쪽

문제

09-1

다음을 구하시오.

(1) 삼각형 ABC에서 $b=4$, $c=3$이고 넓이가 $3\sqrt{3}$일 때, A의 값

(2) 삼각형 ABC에서 $b=8$, $A=135°$이고 넓이가 8일 때, a의 값

09-2

삼각형 ABC에서 $a=3$, $c=5$, $\cos B=\frac{1}{3}$일 때, 삼각형 ABC의 넓이를 구하시오.

09-3

오른쪽 그림과 같이 $\overline{AB}=6$, $\overline{AC}=4$, $A=120°$인 삼각형 ABC에서 $\angle A$의 이등분선과 변 BC가 만나는 점을 D라 할 때, 선분 AD의 길이를 구하시오.

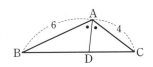

삼각형의 넓이와 세 변의 길이

✎유형편 67쪽

필.수.예.제
10

다음을 구하시오.

(1) 삼각형 ABC에서 $a=5$, $b=6$, $c=7$일 때, 삼각형 ABC의 넓이

(2) 반지름의 길이가 2인 원에 내접하는 삼각형 ABC의 넓이가 5일 때, abc의 값

공략 Point

삼각형 ABC의 넓이 S는
(1) 세 변의 길이가 주어질 때
➡ 코사인법칙을 이용하여 $\cos C$의 값을 구한 후 $\sin^2 C + \cos^2 C = 1$임을 이용하여 $\sin C$의 값을 구한다.
(2) 외접원의 반지름의 길이 R가 주어질 때
➡ $S = \dfrac{abc}{4R}$임을 이용한다.

풀이

(1) 코사인법칙에 의하여	$\cos C = \dfrac{5^2 + 6^2 - 7^2}{2 \times 5 \times 6} = \dfrac{1}{5}$
이때 $0° < C < 180°$이므로	$\sin C = \sqrt{1 - \cos^2 C} = \sqrt{1 - \left(\dfrac{1}{5}\right)^2} = \dfrac{2\sqrt{6}}{5}$
따라서 삼각형 ABC의 넓이는	$\dfrac{1}{2} \times 5 \times 6 \times \dfrac{2\sqrt{6}}{5} = \mathbf{6\sqrt{6}}$
(2) 삼각형 ABC의 외접원의 반지름의 길이를 R라 하면 삼각형 ABC의 넓이는 $\dfrac{abc}{4R}$이 므로	$\dfrac{abc}{4 \times 2} = 5$ $\quad \therefore abc = \mathbf{40}$

공략 Point

$S = \sqrt{s(s-a)(s-b)(s-c)}$
$\left(\text{단, } s = \dfrac{a+b+c}{2}\right)$

다른 풀이

(1) 헤론의 공식을 이용하면 $s = \dfrac{5+6+7}{2} = 9$ 이므로 삼각형 ABC의 넓이는	$\sqrt{9(9-5)(9-6)(9-7)} = \mathbf{6\sqrt{6}}$

정답과 해설 67쪽

문제

10-1

다음을 구하시오.

(1) 삼각형 ABC에서 $a=13$, $b=14$, $c=15$일 때, 삼각형 ABC의 넓이

(2) 반지름의 길이가 $2\sqrt{3}$인 원에 내접하는 삼각형 ABC의 넓이가 $8\sqrt{3}$일 때, abc의 값

10-2

삼각형 ABC에서 $a=9$, $b=10$, $c=11$일 때, 삼각형 ABC의 내접원의 반지름의 길이를 구하시오.

사각형의 넓이 – 삼각형의 합 이용

유형편 68쪽

필.수.예.제 11

오른쪽 그림과 같이 원에 내접하는 사각형 ABCD에서 $\overline{AB}=5$, $\overline{BC}=4$, $\overline{AD}=4$, $A=60°$일 때, 사각형 ABCD의 넓이를 구하시오.

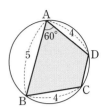

공략 Point

사각형을 두 개의 삼각형으로 나눈 후 각각의 삼각형의 넓이의 합을 구한다.

풀이

선분 BD를 그으면 삼각형 ABD 에서 코사인법칙에 의하여	$\overline{BD}^2 = 5^2 + 4^2 - 2 \times 5 \times 4 \times \cos 60°$ $= 25 + 16 - 20$ $= 21$ $\therefore \overline{BD} = \sqrt{21} \ (\because \overline{BD} > 0)$
원에 내접하는 사각형 ABCD에 서 $A+C=180°$이므로	$60° + C = 180° \qquad \therefore C = 120°$
$\overline{CD}=x\,(x>0)$라 하면 삼각형 BCD에서 코사인법칙에 의하여	$(\sqrt{21})^2 = 4^2 + x^2 - 2 \times 4 \times x \times \cos 120°$ $21 = 16 + x^2 + 4x,\ x^2 + 4x - 5 = 0$ $(x+5)(x-1)=0 \qquad \therefore x=1\ (\because x>0)$
따라서 사각형 ABCD의 넓이는	$\square ABCD = \triangle ABD + \triangle BCD$ $= \dfrac{1}{2} \times 5 \times 4 \times \sin 60° + \dfrac{1}{2} \times 4 \times 1 \times \sin 120°$ $= 5\sqrt{3} + \sqrt{3} = \mathbf{6\sqrt{3}}$

정답과 해설 67쪽

문제

11-1 오른쪽 그림과 같은 사각형 ABCD에서 $\overline{AB}=4$, $\overline{BC}=8$, $\overline{CD}=3$, $\overline{BD}=7$, $\angle ABD=30°$일 때, 사각형 ABCD의 넓이를 구하시오.

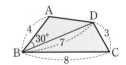

11-2 오른쪽 그림과 같은 사각형 ABCD에서 $\overline{AB}=2\sqrt{3}$, $\overline{BC}=3\sqrt{3}$, $\overline{CD}=4$, $B=D=60°$일 때, 사각형 ABCD의 넓이를 구하시오.

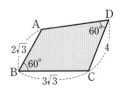

사각형의 넓이

✎ 유형편 68쪽

필.수.예.제

12

다음 물음에 답하시오.

(1) 평행사변형 ABCD에서 $\overline{BC}=5$, $\overline{CD}=8$이고 넓이가 $20\sqrt{2}$일 때, C의 값을 구하시오.

(2) 등변사다리꼴 ABCD에서 두 대각선이 이루는 각의 크기가 $150°$이고 넓이가 4일 때, 대각선의 길이를 구하시오.

공략 Point

(1) 이웃하는 두 변의 길이가 a, b이고 그 끼인각의 크기가 θ인 평행사변형 ABCD의 넓이 S는
$$S=ab\sin\theta$$

(2) 두 대각선의 길이가 a, b이고 두 대각선이 이루는 각의 크기가 θ인 사각형 ABCD의 넓이 S는
$$S=\frac{1}{2}ab\sin\theta$$

풀이

(1) 평행사변형 ABCD의 넓이가 $20\sqrt{2}$이므로	$5\times 8\times \sin C=20\sqrt{2}$ $$\therefore \sin C=\frac{\sqrt{2}}{2}$$
이때 $0°<C<180°$이므로	$C=45°$ 또는 $C=135°$
(2) 등변사다리꼴 ABCD에서 두 대각선의 길이는 같으므로	$\overline{AC}=\overline{BD}$
등변사다리꼴 ABCD의 넓이가 4이므로	$\frac{1}{2}\times\overline{AC}\times\overline{AC}\times\sin 150°=4$ $\frac{1}{4}\overline{AC}^2=4$, $\overline{AC}^2=16$ $\therefore \overline{AC}=4 \ (\because \overline{AC}>0)$
따라서 대각선의 길이는	**4**

정답과 해설 68쪽

문제

12-1 다음 물음에 답하시오.

(1) 평행사변형 ABCD에서 $\overline{AB}=2$, $\overline{BC}=2\sqrt{3}$이고 넓이가 6일 때, A의 값을 구하시오.

(2) 두 대각선의 길이가 각각 6, x이고 두 대각선이 이루는 각의 크기가 $45°$인 사각형 ABCD의 넓이가 $9\sqrt{2}$일 때, x의 값을 구하시오.

12-2 오른쪽 그림과 같이 두 대각선의 길이가 각각 6, 9이고 두 대각선이 이루는 각의 크기가 θ인 사각형 ABCD에서 $\cos\theta=\frac{1}{3}$일 때, 사각형 ABCD의 넓이를 구하시오.

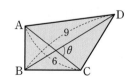

연습문제

1 삼각형 ABC에서 $a=2\sqrt{2}$, $B=60°$, $C=75°$일 때, b의 값은?

① 3   ② $2\sqrt{3}$ ③ 4

④ $3\sqrt{2}$ ⑤ $3\sqrt{3}$

교육청

2 그림과 같이 한 원에 내접하는 두 삼각형 ABC, ABD에서 $\overline{AB}=16\sqrt{2}$, $\angle ABD=45°$, $\angle BCA=30°$일 때, 선분 AD의 길이를 구하시오.

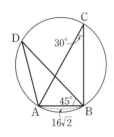

3 반지름의 길이가 4인 원에 내접하는 삼각형 ABC에서 $4\cos(B+C)\cos A=-1$이 성립할 때, 변 BC의 길이는?

① 1   ② $\sqrt{3}$ ③ $2\sqrt{3}$

④ $3\sqrt{3}$ ⑤ $4\sqrt{3}$

4 반지름의 길이가 3인 원에 내접하는 삼각형 ABC의 둘레의 길이가 12일 때, $\sin A+\sin B+\sin C$의 값을 구하시오.

5 삼각형 ABC에서 $A:B:C=1:2:3$이고 $a+b+c=6$일 때, 삼각형 ABC의 외접원의 반지름의 길이를 구하시오.

6 삼각형 ABC에서 $a\sin A=b\sin B=c\sin C$가 성립할 때, 삼각형 ABC는 어떤 삼각형인지 말하시오.

7 서연이가 다음 그림과 같이 100 m만큼 떨어진 두 지점 A, B에서 지점 C에 떠 있는 기구를 올려본각의 크기가 각각 14°, 43°일 때, 이 기구와 지면 사이의 거리를 구하시오. (단, 서연이의 눈의 높이는 지면으로부터 1.6 m이고, $\sin 14°=0.24$, $\sin 29°=0.48$, $\sin 43°=0.68$로 계산한다.)

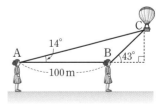

8 오른쪽 그림과 같이 원에 내접 하는 사각형 ABCD에서 $\overline{\text{AD}}=2$, $\overline{\text{CD}}=4$이고 $\cos B=\dfrac{1}{4}$일 때, 선분 AC의 길이를 구하시오.

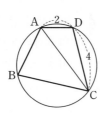

9 오른쪽 그림과 같이 $\overline{\text{AB}}=\sqrt{3}$, $\overline{\text{AC}}=\sqrt{6}$, $B=45°$인 삼각형 ABC에서 변 BC 위 의 점 D에 대하여 $\overline{\text{AD}}=\sqrt{2}$일 때, 선분 CD의 길 이를 구하시오. (단, $\overline{\text{CD}}<\sqrt{6}$)

10 삼각형 ABC에서 $a^2=b^2+bc+c^2$이 성립할 때, A 의 값은?

① 30°   ② 60°   ③ 90°

④ 120°   ⑤ 150°

11 삼각형 ABC에서 $\dfrac{\sin A}{3}=\dfrac{\sin B}{4}=\dfrac{\sin C}{5}$일 때, $\sin A$의 값을 구하시오.

12 삼각형 ABC에서 $c\cos A=a\cos C$가 성립할 때, 삼각형 ABC는 어떤 삼각형인가?

① $A=90°$인 직각삼각형

② $C=90°$인 직각삼각형

③ $a=b$인 이등변삼각형

④ $a=c$인 이등변삼각형

⑤ 정삼각형

13 오른쪽 그림과 같이 지 면에 수직으로 서 있는 타워의 높이 PQ를 구하 기 위하여 서로 120 m 떨어진 두 지점 A, B에 서 각의 크기를 측정하 였더니 $\angle \text{PAQ}=30°$, $\angle \text{PBQ}=45°$, $\angle \text{AQB}=30°$ 이었다. 이때 타워의 높이 PQ를 구하시오.

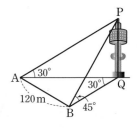

14 삼각형 ABC에서 $a=3$, $b=4$, $\sin(A+B)=\dfrac{1}{4}$ 일 때, 삼각형 ABC의 넓이는?

① $\dfrac{1}{2}$ ② 1   ③ $\dfrac{3}{2}$

④ 2   ⑤ $\dfrac{5}{2}$

15 삼각형 ABC에서 $b=8$, $c=5$, $A=60°$일 때, 삼각형 ABC의 내접원의 반지름의 길이를 구하시오.

16 반지름의 길이가 4인 원에 내접하는 삼각형 ABC의 넓이가 15일 때, abc의 값을 구하시오.

17 오른쪽 그림과 같은 삼각형 ABC에서 변 AB를 $2:1$로 내분하는 점을 P, 변 AC를 $2:3$으로 내분하는 점을 Q라 할 때, 삼각형 ABC와 삼각형 APQ의 넓이의 비는?

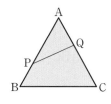

① $15:4$ ② $5:1$ ③ $3:2$

④ $4:1$ ⑤ $6:5$

18 오른쪽 그림과 같은 사각형 ABCD에서 $\overline{AB}=4$, $\overline{BC}=10$, $\overline{CD}=3\sqrt{3}$, $B=60°$, $D=90°$일 때, 사각형 ABCD의 넓이를 구하시오.

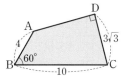

19 그림은 선분 AB를 지름으로 하는 원 O에 내접하는 사각형 APBQ를 나타낸 것이다. $\overline{AP}=4$, $\overline{BP}=2$이고 $\overline{QA}=\overline{QB}$일 때, 선분 PQ의 길이는?

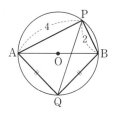

① $3\sqrt{2}$ ② $\dfrac{10\sqrt{2}}{3}$ ③ $\sqrt{14}$

④ $\dfrac{4\sqrt{10}}{3}$ ⑤ 4

20 오른쪽 그림과 같은 평행사변형 ABCD에서 $\overline{AB}=8$, $\overline{BC}=10$, $\overline{BD}=12$일 때, 평행사변형 ABCD의 넓이는?

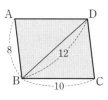

① $10\sqrt{7}$ ② $20\sqrt{7}$ ③ $30\sqrt{7}$

④ $40\sqrt{7}$ ⑤ $50\sqrt{7}$

21 오른쪽 그림과 같이 두 대각선의 길이가 각각 4, 9이고 두 대각선이 이루는 각의 크기가 θ인 사각형 ABCD의 넓이가 $6\sqrt{6}$일 때, $\cos\theta$의 값을 구하시오. (단, $0°<\theta<90°$)

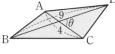

연습문제

실력

22 오른쪽 그림과 같이 밑면의 반지름의 길이가 2이고 모선의 길이가 6인 원뿔에서 점 P가 선분 OB를 2 : 1로 내분하는 점일 때, 원뿔의 표면을 따라 두 점 A, P를 잇는 최단 거리를 구하시오. (단, 두 점 A, B는 원뿔의 밑면인 원의 지름의 양 끝 점이다.)

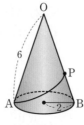

교육청

23 그림과 같이 한 변의 길이가 $2\sqrt{3}$이고 ∠B=120°인 마름모 ABCD의 내부에 $\overline{EF}=\overline{EG}=2$이고 ∠EFG=30°인 이등변삼각형 EFG가 있다. 점 F는 선분 AB 위에, 점 G는 선분 BC 위에 있도록 삼각형 EFG를 움직일 때, ∠BGF=θ라 하자. 보기에서 항상 옳은 것만을 있는 대로 고른 것은?

(단, 0°<θ<60°)

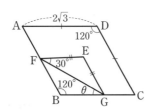

---**보기**---

ㄱ. ∠BFE=90°−θ

ㄴ. $\overline{BF}=4\sin\theta$

ㄷ. 선분 BE의 길이는 항상 일정하다.

---

① ㄱ   ② ㄱ, ㄴ   ③ ㄱ, ㄷ

④ ㄴ, ㄷ   ⑤ ㄱ, ㄴ, ㄷ

24 오른쪽 그림과 같이 $\overline{AB}=12$, $\overline{AC}=16$, $A=120$°인 삼각형 ABC에서 변 BC 위의 점 D에 대하여 $\overline{BD}:\overline{CD}=3:4$일 때, 선분 AD의 길이를 구하시오.

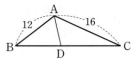

25 오른쪽 그림과 같은 삼각형 ABC에서 $\overline{AB}=4$, $\overline{AC}=5$, $A=60$°이다. 변 AB, AC 위에 삼각형 APQ의 넓이가 삼각형 ABC의 넓이의 $\frac{1}{2}$이 되도록 두 점 P, Q를 각각 잡을 때, 선분 PQ의 길이의 최솟값은?

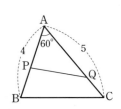

① $2\sqrt{2}$ ② 3   ③ $\sqrt{10}$

④ $\sqrt{11}$ ⑤ $2\sqrt{3}$

26 오른쪽 그림과 같이 원에 내접하는 사각형 ABCD에서 $A=120$°, $\overline{AB}+\overline{AD}=6$, $\overline{BC}+\overline{CD}=2\sqrt{26}$, $\overline{BD}=4\sqrt{2}$일 때, 사각형 ABCD의 넓이를 구하시오.

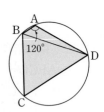

Ⅲ

수열

수열

1 수열

어떤 규칙에 따라 차례대로 나열한 수의 열을 **수열**이라 하고, 수열을 이루고 있는 각각의 수를 그 수열의 **항**이라 한다.

일반적으로 수열을 a_1, a_2, a_3, $\cdots$, a_n, $\cdots$과 같이 나타내고, 앞에서부터 차례대로 첫째항, 둘째항, 셋째항, $\cdots$, n째항, $\cdots$ 또는 제1항, 제2항, 제3항, $\cdots$, 제n항, $\cdots$이라 한다.

예 수열 3, 6, 9, 12, 15, $\cdots$에서 첫째항은 3이고, 제3항은 9이다.

2 수열의 일반항

수열의 제n항 a_n을 이 수열의 **일반항**이라 하고, 일반항이 a_n인 수열을 간단히

$$\{a_n\}$$

과 같이 나타낸다.

이때 일반항 a_n이 n에 대한 식으로 주어지면 n에 1, 2, 3, $\cdots$을 차례대로 대입하여 수열 $\{a_n\}$의 모든 항을 구할 수 있다.

예 수열 $\{a_n\}$의 일반항이 $a_n = 2n$일 때,
$a_1 = 2 \times 1 = 2$, $a_2 = 2 \times 2 = 4$, $a_3 = 2 \times 3 = 6$, $a_4 = 2 \times 4 = 8$, $\cdots$
따라서 수열 $\{a_n\}$은 2, 4, 6, 8, $\cdots$이다.

개념 PLUS

수열 $\{a_n\}$은 1, 2, 3, $\cdots$에 a_1, a_2, a_3, $\cdots$을 차례대로 대응시킨 것이므로 자연수 전체의 집합 N에서 실수 전체의 집합 R로의 함수

$$f : N \longrightarrow R, \ f(n) = a_n$$

으로 생각할 수 있다.

따라서 일반항 a_n이 n에 대한 식 $f(n)$으로 주어지면 n에 1, 2, 3, $\cdots$을 차례대로 대입하여 수열 $\{a_n\}$의 모든 항을 구할 수 있다.

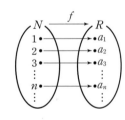

개념 CHECK

정답과 해설 72쪽

1 다음 수열의 제5항을 구하시오.

(1) 1, 5, 9, 13, $\cdots$

(2) 1, -2, 4, -8, $\cdots$

2 수열 $\{a_n\}$의 일반항이 다음과 같을 때, 첫째항부터 제4항까지를 나열하시오.

(1) $a_n = 3n + 2$

(2) $a_n = 2^n + 1$

수열의 일반항

📝 유형편 71쪽

필.수.예.제 01

다음 수열의 일반항 a_n을 구하시오.

(1) $\dfrac{1}{2}, \dfrac{2}{3}, \dfrac{3}{4}, \dfrac{4}{5}, \cdots$

(2) $-1, 1, -1, 1, \cdots$

(3) $9, 99, 999, 9999, \cdots$

공략 Point

각 항의 규칙을 찾아 제n항을 n에 대한 식으로 나타낸다.

풀이

(1) $a_1, a_2, a_3, a_4, \cdots$의 규칙을 찾아보면	$a_1 = \dfrac{1}{2} = \dfrac{1}{1+1}$ $a_2 = \dfrac{2}{3} = \dfrac{2}{2+1}$ $a_3 = \dfrac{3}{4} = \dfrac{3}{3+1}$ $a_4 = \dfrac{4}{5} = \dfrac{4}{4+1}$ $\vdots$
따라서 일반항 a_n은	$a_n = \dfrac{n}{n+1}$
(2) $a_1, a_2, a_3, a_4, \cdots$의 규칙을 찾아보면	$a_1 = -1 = (-1)^1$ $a_2 = 1 = (-1)^2$ $a_3 = -1 = (-1)^3$ $a_4 = 1 = (-1)^4$ $\vdots$
따라서 일반항 a_n은	$a_n = (-1)^n$
(3) $a_1, a_2, a_3, a_4, \cdots$의 규칙을 찾아보면	$a_1 = 9 = 10 - 1$ $a_2 = 99 = 100 - 1 = 10^2 - 1$ $a_3 = 999 = 1000 - 1 = 10^3 - 1$ $a_4 = 9999 = 10000 - 1 = 10^4 - 1$ $\vdots$
따라서 일반항 a_n은	$a_n = 10^n - 1$

정답과 해설 72쪽

문제

01-1 다음 수열의 일반항 a_n을 구하시오.

(1) $1 \times 2, 2 \times 3, 3 \times 4, 4 \times 5, \cdots$

(2) $1, 4, 9, 16, \cdots$

(3) $3, 33, 333, 3333, \cdots$

등차수열

1 등차수열

(1) 등차수열과 공차

첫째항부터 차례대로 일정한 수를 더하여 만든 수열을 **등차수열**이라 하고, 그 일정한 수를 **공차**라 한다.

(2) 등차수열에서 이웃하는 두 항 사이의 관계

공차가 d인 등차수열 $\{a_n\}$의 이웃하는 두 항 a_n, a_{n+1}에 대하여
$$a_{n+1}=a_n+d \iff a_{n+1}-a_n=d \ (n=1,\ 2,\ 3,\ \cdots)$$

> 예 1, 4, 7, 10, 13, $\cdots$ ➡ 첫째항이 1, 공차가 3인 등차수열
> $+3$ $+3$ $+3$ $+3$

> 참고 공차는 영어로 common difference라 하고 보통 d로 나타낸다.

2 등차수열의 일반항

(1) 등차수열의 일반항

첫째항이 a, 공차가 d인 등차수열의 일반항 a_n은
$$a_n=a+(n-1)d \ (n=1, 2, 3, \cdots)$$

> 예 첫째항이 6, 공차가 -2인 등차수열의 일반항 a_n은
> $$a_n=6+(n-1)\times(-2)=-2n+8$$

(2) 등차수열의 일반항의 특징

일반항 a_n이 n에 대한 일차식 $a_n=An+B$ (A, B는 상수, $n=1, 2, 3, \cdots$)인 수열 $\{a_n\}$은 첫째항이 $A+B$이고 공차가 A인 등차수열이다.

> 예 일반항 a_n이 $a_n=2n+3$이면 수열 $\{a_n\}$은 첫째항이 $2+3=5$이고 공차가 2인 등차수열이다.
> 공차

3 등차중항

세 수 a, b, c가 이 순서대로 등차수열을 이룰 때, b를 a와 c의 **등차중항**이라 한다.
이때 $b-a=c-b$이므로
$$b=\frac{a+c}{2}$$

> 예 세 수 2, x, 8이 이 순서대로 등차수열을 이루면 x는 2와 8의 등차중항이므로
> $$x=\frac{2+8}{2}=5$$

> 참고 • 등차수열 a, b, c에서 등차중항 $b=\frac{a+c}{2}$는 a와 c의 산술평균과 같다.
> • 등차수열 $\{a_n\}$의 연속하는 세 항 a_n, a_{n+1}, a_{n+2}에 대하여
> $$2a_{n+1}=a_n+a_{n+2} \ (n=1, 2, 3, \cdots)$$

등차수열의 일반항

첫째항이 a, 공차가 d인 등차수열 $\{a_n\}$에서

$$a_1=a=a+0\times d \qquad \Rightarrow a_1=a+(1-1)\times d$$
$$a_2=a_1+d=a+d=a+1\times d \qquad \Rightarrow a_2=a+(2-1)\times d$$
$$a_3=a_2+d=(a+d)+d=a+2\times d \Rightarrow a_3=a+(3-1)\times d$$
$$a_4=a_3+d=(a+2d)+d=a+3\times d \Rightarrow a_4=a+(4-1)\times d$$
$$\vdots \qquad\qquad\qquad \vdots$$

따라서 일반항 a_n은

$$a_n=a+(n-1)d \ (n=1, 2, 3, \cdots)$$

등차수열의 일반항의 특징

첫째항이 a, 공차가 d인 등차수열 $\{a_n\}$의 일반항 $a_n=a+(n-1)d$를 n에 대하여 정리하면

$$a_n=a+(n-1)d=dn+a-d$$

이 식에서 $d=A$, $a-d=B$로 놓으면

$$a_n=An+B$$

이때 첫째항 a_1과 공차 d를 구하면

$$a_1=A+B, \ d=a_2-a_1=(2A+B)-(A+B)=A$$

따라서 일반항 a_n이 $a_n=An+B$인 수열 $\{a_n\}$은 첫째항이 $A+B$이고 공차가 A인 등차수열이다.

개념 CHECK

정답과 해설 72쪽

1 다음 등차수열의 공차를 구하시오.

(1) $3, 5, 7, 9, \cdots$ 　　　　(2) $6, 2, -2, -6, \cdots$

2 다음 수열이 등차수열을 이룰 때, $\square$ 안에 알맞은 수를 써넣으시오.

(1) $-5, -2, \square, 4, \cdots$ 　　(2) $\dfrac{1}{2}, \dfrac{1}{3}, \square, 0, \cdots$

3 다음 등차수열의 일반항 a_n을 구하시오.

(1) 첫째항이 7, 공차가 -2 　　(2) $-1, 3, 7, 11, \cdots$

4 다음 수열이 등차수열이 되도록 하는 x, y의 값을 구하시오.

(1) $4, x, -2, y, -8, \cdots$ 　　(2) $\dfrac{2}{3}, x, 4, y, \dfrac{22}{3}, \cdots$

등차수열의 일반항

유형편 **71쪽**

필.수.예.제 02

다음 등차수열의 일반항 a_n을 구하시오.

(1) 첫째항이 1, 제4항이 -5

(2) 제5항이 16, 제8항이 25

공략 Point

첫째항이 a, 공차가 d인 등차수열의 일반항 a_n은
$$a_n=a+(n-1)d$$

풀이

(1) 공차를 d라 하면 첫째항이 1, 제4항이 -5이므로	$1+3d=-5$ $3d=-6$　　$\therefore d=-2$
따라서 첫째항이 1, 공차가 -2인 등차수열의 일반항 a_n은	$a_n=1+(n-1)\times(-2)$ $=-2n+3$
(2) 첫째항을 a, 공차를 d라 하면 제5항이 16, 제8항이 25이므로	$a+4d=16,\ a+7d=25$
두 식을 연립하여 풀면	$a=4,\ d=3$
따라서 첫째항이 4, 공차가 3인 등차수열의 일반항 a_n은	$a_n=4+(n-1)\times3$ $=3n+1$

정답과 해설 72쪽

문제

02-1 다음 등차수열의 일반항 a_n을 구하시오.

(1) 첫째항이 2, 제3항이 $\dfrac{2}{3}$

(2) 제2항이 -10, 제7항이 20

02-2 등차수열 8, 5, 2, -1, …에서 제20항을 구하시오.

02-3 등차수열 $\{a_n\}$에서 $a_2+a_4=14$, $a_{10}+a_{20}=62$일 때, 이 수열의 첫째항과 공차를 구하시오.

등차수열에서 조건을 만족시키는 항 구하기

유형편 **72쪽**

첫째항이 19, 공차가 $-\dfrac{3}{2}$인 등차수열에서 처음으로 음수가 되는 항은 제몇 항인지 구하시오.

풀이

첫째항이 19, 공차가 $-\dfrac{3}{2}$인 등차수열의 일반항을 a_n이라 하면	$a_n=19+(n-1)\times\left(-\dfrac{3}{2}\right)$ $=-\dfrac{3}{2}n+\dfrac{41}{2}$
이때 제n항에서 처음으로 음수가 된다고 하면 $a_n<0$에서	$-\dfrac{3}{2}n+\dfrac{41}{2}<0$ $\dfrac{3}{2}n>\dfrac{41}{2}$ $\quad\therefore n>13.6\cdots$
그런데 n은 자연수이므로 n의 최솟값은	14
따라서 처음으로 음수가 되는 항은	**제14항**

정답과 해설 73쪽

문제

03-**1** 첫째항이 -50, 공차가 3인 등차수열에서 처음으로 양수가 되는 항은 제몇 항인지 구하시오.

03-**2** 등차수열 $\{a_n\}$에서 $a_5=82$, $a_{10}=57$일 때, 처음으로 음수가 되는 항은 제몇 항인지 구하시오.

03-**3** 등차수열 -9, -4, 1, 6, $\cdots$에서 처음으로 100보다 커지는 항은 제몇 항인지 구하시오.

두 수 사이에 수를 넣어 만든 등차수열

유형편 72쪽

필.수.예.제 04

두 수 -3과 30 사이에 10개의 수를 넣어 만든 수열

$$-3, x_1, x_2, x_3, \cdots, x_{10}, 30$$

이 이 순서대로 등차수열을 이룰 때, x_7의 값을 구하시오.

공략 Point

두 수 a와 b 사이에 k개의 수를 넣어 만든 등차수열은 첫째항이 a, 제$(k+2)$항이 b이므로

$$b=a+(k+1)d$$

(단, d는 공차)

풀이

주어진 등차수열의 공차를 d라 하면 첫째항이 -3, 제12항이 30이므로	$-3+11d=30$ $11d=33$ $\therefore d=3$
이때 x_7은 제8항이므로	$x_7=-3+(8-1)\times 3$ $\quad =\mathbf{18}$

정답과 해설 73쪽

문제

04-1 두 수 -2와 46 사이에 15개의 수를 넣어 만든 수열

$$-2, x_1, x_2, x_3, \cdots, x_{15}, 46$$

이 이 순서대로 등차수열을 이룰 때, x_{10}의 값을 구하시오.

04-2 두 수 3과 19 사이에 3개의 수를 넣어 만든 수열 3, x, y, z, 19가 이 순서대로 등차수열을 이룰 때, $x+y+z$의 값을 구하시오.

04-3 두 수 4와 34 사이에 m개의 수를 넣어 만든 수열

$$4, x_1, x_2, x_3, \cdots, x_m, 34$$

가 이 순서대로 등차수열을 이룬다. 이 수열의 공차가 2일 때, m의 값을 구하시오.

필.수.예.제 05

공략 Point

세 수 a, b, c가 이 순서대로
등차수열을 이루면
$$b = \frac{a+c}{2}$$

세 수 $2x$, x^2-3, $x-4$가 이 순서대로 등차수열을 이룰 때, 모든 x의 값의 합을 구하시오.

풀이

x^2-3은 $2x$와 $x-4$의 등차중항이므로	$x^2-3 = \dfrac{2x+(x-4)}{2}$
	$2(x^2-3) = 3x-4$
	$2x^2-3x-2 = 0$
	$(2x+1)(x-2) = 0$
	$\therefore x = -\dfrac{1}{2}$ 또는 $x=2$
따라서 모든 x의 값의 합은	$-\dfrac{1}{2}+2 = \dfrac{3}{2}$

정답과 해설 73쪽

문제

05-1 세 수 $-x$, x^2+2x, $3x+4$가 이 순서대로 등차수열을 이룰 때, x의 값을 모두 구하시오.

05-2 세 수 x, 5, y가 이 순서대로 등차수열을 이루고, 세 수 $-2y$, 5, $3x$도 이 순서대로 등차수열을 이룰 때, x, y의 값을 구하시오.

05-3 다항식 $f(x) = x^2+ax+1$을 $x+2$, $x+1$, $x-1$로 나누었을 때의 나머지가 이 순서대로 등차수열을 이룰 때, 상수 a의 값을 구하시오.

등차수열을 이루는 수

필.수.예.제
06

공략 Point

세 수가 등차수열을 이루면 세 수를 $a-d$, a, $a+d$로 놓고 식을 세운다.

삼차방정식 $x^3+6x^2+kx+4=0$의 세 실근이 등차수열을 이룰 때, 상수 k의 값을 구하시오.

풀이

세 실근을 $a-d$, a, $a+d$라 하면 삼차방정식의 근과 계수의 관계에 의하여	$(a-d)+a+(a+d)=-6$ $3a=-6$ $\therefore a=-2$
따라서 주어진 삼차방정식의 한 근이 -2이므로 주어진 삼차방정식에 $x=-2$를 대입하면	$(-2)^3+6\times(-2)^2+k\times(-2)+4=0$ $2k=20$ $\therefore k=\mathbf{10}$

정답과 해설 74쪽

문제

06-1 등차수열을 이루는 세 수의 합이 12이고 곱이 28일 때, 세 수의 제곱의 합을 구하시오.

06-2 삼차방정식 $x^3-3x^2+kx+1=0$의 세 실근이 등차수열을 이룰 때, 상수 k의 값을 구하시오.

06-3 네 내각의 크기가 등차수열을 이루는 사각형에서 가장 작은 각의 크기가 $63°$일 때, 이 사각형의 가장 큰 각의 크기를 구하시오.

등차수열의 합

1 등차수열의 합

등차수열의 첫째항부터 제n항까지의 합을 S_n이라 하면

(1) 첫째항이 a, 제n항이 l일 때, $S_n = \dfrac{n(a+l)}{2}$

(2) 첫째항이 a, 공차가 d일 때, $S_n = \dfrac{n\{2a+(n-1)d\}}{2}$

예 (1) 첫째항이 2, 제10항이 29인 등차수열의 첫째항부터 제10항까지의 합 S_{10}은
$$S_{10} = \frac{10(2+29)}{2} = 155$$

(2) 첫째항이 3, 공차가 4인 등차수열의 첫째항부터 제10항까지의 합 S_{10}은
$$S_{10} = \frac{10\{2\times 3 + (10-1)\times 4\}}{2} = 210$$

2 수열의 합과 일반항 사이의 관계

수열 $\{a_n\}$의 첫째항부터 제n항까지의 합을 S_n이라 하면
$$a_1 = S_1, \quad a_n = S_n - S_{n-1} \ (n \geq 2)$$

참고 수열의 합과 일반항 사이의 관계는 등차수열뿐만 아니라 모든 수열에서 성립한다.

개념 PLUS

등차수열의 합

첫째항이 a, 공차가 d인 등차수열의 제n항을 l, 첫째항부터 제n항까지의 합을 S_n이라 하면
$$S_n = a + (a+d) + (a+2d) + \cdots + (l-2d) + (l-d) + l \qquad \cdots\cdots\ \text{㉠}$$
㉠에서 우변의 각 항의 순서를 거꾸로 하면
$$S_n = l + (l-d) + (l-2d) + \cdots + (a+2d) + (a+d) + a \qquad \cdots\cdots\ \text{㉡}$$
㉠, ㉡을 변끼리 더하면
$$2S_n = \underbrace{(a+l) + (a+l) + (a+l) + \cdots + (a+l) + (a+l) + (a+l)}_{n개} = n(a+l)$$
$$\therefore S_n = \frac{n(a+l)}{2} \qquad \cdots\cdots\ \text{㉢}$$

이때 $l = a + (n-1)d$이므로 이를 ㉢에 대입하여 정리하면 $S_n = \dfrac{n\{2a+(n-1)d\}}{2}$

수열의 합과 일반항 사이의 관계

수열 $\{a_n\}$의 첫째항부터 제n항까지의 합을 S_n이라 하면
$$S_1 = a_1$$
$$S_2 = a_1 + a_2 = S_1 + a_2$$
$$S_3 = a_1 + a_2 + a_3 = S_2 + a_3$$
$$\vdots$$
$$S_n = a_1 + a_2 + a_3 + \cdots + a_{n-1} + a_n = S_{n-1} + a_n$$
이므로 $a_1 = S_1$, $a_n = S_n - S_{n-1} \ (n \geq 2)$

등차수열의 합

유형편 74쪽

필.수.예.제 07

다음 물음에 답하시오.

(1) 제2항이 4, 제5항이 22인 등차수열의 첫째항부터 제30항까지의 합을 구하시오.

(2) 두 수 2와 40 사이에 m개의 수를 넣어 만든 등차수열 2, x_1, x_2, x_3, $\cdots$, x_m, 40의 모든 항의 합이 420일 때, m의 값을 구하시오.

공략 Point

- 첫째항이 a, 제n항이 l일 때
  $\Rightarrow S_n = \dfrac{n(a+l)}{2}$
- 첫째항이 a, 공차가 d일 때
  $\Rightarrow S_n = \dfrac{n\{2a+(n-1)d\}}{2}$

풀이

(1) 첫째항을 a, 공차를 d라 하면 제2항이 4, 제5항이 22이므로

$a+d=4$, $a+4d=22$

두 식을 연립하여 풀면

$a=-2$, $d=6$

따라서 첫째항이 -2, 공차가 6인 등차수열의 첫째항부터 제30항까지의 합은

$\dfrac{30\{2\times(-2)+(30-1)\times 6\}}{2}=\mathbf{2550}$

(2) 첫째항이 2, 끝항이 40, 항수가 $m+2$인 등차수열의 모든 항의 합이 420이므로

$\dfrac{(m+2)(2+40)}{2}=420$

$21(m+2)=420$ $\therefore m=\mathbf{18}$

정답과 해설 74쪽

문제

07-1 다음 물음에 답하시오.

(1) 제3항이 22, 제7항이 6인 등차수열의 첫째항부터 제20항까지의 합을 구하시오.

(2) 두 수 3과 15 사이에 m개의 수를 넣어 만든 등차수열 3, x_1, x_2, x_3, $\cdots$, x_m, 15의 모든 항의 합이 63일 때, m의 값을 구하시오.

07-2 첫째항이 3, 공차가 5인 등차수열의 제k항이 98일 때, 첫째항부터 제k항까지의 합을 구하시오.

07-3 등차수열 7, 11, 15, 19, $\cdots$, 63의 모든 항의 합을 구하시오.

부분의 합이 주어진 등차수열의 합

필.수.예.제 08

공략 Point

첫째항을 a, 공차를 d로 놓고 주어진 등차수열의 합을 이용하여 a, d에 대한 식을 세운다.

첫째항부터 제5항까지의 합이 15, 첫째항부터 제10항까지의 합이 80인 등차수열의 첫째항부터 제20항까지의 합을 구하시오.

풀이

첫째항을 a, 공차를 d, 첫째항부터 제n항까지의 합을 S_n이라 하자.

$S_5=15$이므로	$\dfrac{5\{2a+(5-1)d\}}{2}=15$ $\therefore a+2d=3$ ······ ㉠
$S_{10}=80$이므로	$\dfrac{10\{2a+(10-1)d\}}{2}=80$ $\therefore 2a+9d=16$ ······ ㉡
㉠, ㉡을 연립하여 풀면	$a=-1$, $d=2$
따라서 첫째항이 -1, 공차가 2인 등차수열의 첫째항부터 제20항까지의 합은	$S_{20}=\dfrac{20\{2\times(-1)+(20-1)\times2\}}{2}$ $=\mathbf{360}$

정답과 해설 74쪽

문제

08- 1 첫째항부터 제15항까지의 합이 255, 첫째항부터 제25항까지의 합이 675인 등차수열의 첫째항부터 제30항까지의 합을 구하시오.

08- 2 첫째항부터 제10항까지의 합이 155, 제11항부터 제20항까지의 합이 455인 등차수열의 제21항부터 제30항까지의 합을 구하시오.

등차수열의 합의 최대, 최소

필.수.예.제 09

첫째항이 14, 공차가 -4인 등차수열 $\{a_n\}$의 첫째항부터 제n항까지의 합을 S_n이라 할 때, S_n의 최댓값을 구하시오.

공략 Point

· 등차수열의 합의 최댓값
➡ (첫째항)>0, (공차)<0인 경우 첫째항부터 마지막 양수가 나오는 항까지의 합

· 등차수열의 합의 최솟값
➡ (첫째항)<0, (공차)>0인 경우 첫째항부터 마지막 음수가 나오는 항까지의 합

풀이

첫째항이 14, 공차가 -4인 등차수열의 일반항 a_n은	$\begin{aligned} a_n &= 14+(n-1)\times(-4) \\ &= -4n+18 \end{aligned}$
이때 제n항에서 처음으로 음수가 된다고 하면 $a_n<0$에서	$-4n+18<0$ $4n>18 \quad \therefore n>4.5$
따라서 첫째항부터 제4항까지 양수이고, 제5항부터 음수이므로 구하는 최댓값은	$\begin{aligned} S_4 &= \dfrac{4\{2\times14+(4-1)\times(-4)\}}{2} \\ &= \mathbf{32} \end{aligned}$

다른 풀이

첫째항이 14, 공차가 -4인 등차수열의 첫째항부터 제n항까지의 합 S_n은	$\begin{aligned} S_n &= \dfrac{n\{2\times14+(n-1)\times(-4)\}}{2} \\ &= -2n^2+16n \\ &= -2(n-4)^2+32 \end{aligned}$
따라서 구하는 최댓값은 $n=4$일 때	**32**

정답과 해설 75쪽

문제

09-1 첫째항이 -50, 공차가 4인 등차수열 $\{a_n\}$의 첫째항부터 제n항까지의 합을 S_n이라 할 때, S_n의 최솟값을 구하시오.

09-2 첫째항이 6인 등차수열 $\{a_n\}$의 첫째항부터 제n항까지의 합을 S_n이라 할 때, $S_3=S_7$이다. 이때 S_n이 최대가 되는 n의 값을 구하시오.

필.수.예.제

10

유형편 75쪽

공략 Point

조건을 만족시키는 자연수를 작은 것부터 차례대로 나열한 후 규칙을 찾아본다.

나머지가 같은 자연수의 합

100 이하의 자연수 중에서 4로 나누었을 때의 나머지가 3인 수의 총합을 구하시오.

풀이

100 이하의 자연수 중에서 4로 나누었을 때의 나머지가 3인 수를 작은 것부터 차례대로 나열하면	$3, 7, 11, 15, \cdots, 99$
이는 첫째항이 3, 공차가 4인 등차수열이므로 99를 제n항이라 하면	$3+(n-1)\times 4=99$ $4(n-1)=96 \quad \therefore n=25$
따라서 구하는 합은 첫째항이 3, 제25항이 99인 등차수열의 첫째항부터 제25항까지의 합이므로	$\dfrac{25(3+99)}{2}=1275$

정답과 해설 75쪽

문제

10- 1 100 이하의 자연수 중에서 6으로 나누었을 때의 나머지가 2인 수의 총합을 구하시오.

10- 2 세 자리의 자연수 중에서 9의 배수의 총합을 구하시오.

10- 3 두 자리의 자연수 중에서 4 또는 6으로 나누어떨어지는 수의 총합을 구하시오.

수열의 합과 일반항 사이의 관계

유형편 **76쪽**

필.수.예.제 11

수열 $\{a_n\}$의 첫째항부터 제n항까지의 합 S_n이 다음과 같을 때, 일반항 a_n을 구하시오.

(1) $S_n = n^2 - 3n$　　　　　　　　　　　(2) $S_n = 3n^2 + n + 2$

공략 Point

수열 $\{a_n\}$의 첫째항부터 제n항까지의 합을 S_n이라 하면
$a_1 = S_1$,
$a_n = S_n - S_{n-1}$ $(n \geq 2)$

풀이

(1) $S_n = n^2 - 3n$에서

(i) $n \geq 2$일 때

$a_n = S_n - S_{n-1}$
$\quad = n^2 - 3n - \{(n-1)^2 - 3(n-1)\}$
$\quad = 2n - 4$ ⋯⋯ ㉠

(ii) $n = 1$일 때

$a_1 = S_1 = 1^2 - 3 \times 1 = -2$ ⋯⋯ ㉡

이때 ㉡은 ㉠에 $n = 1$을 대입한 값과 같으므로 구하는 일반항 a_n은

$\boldsymbol{a_n = 2n - 4}$

(2) $S_n = 3n^2 + n + 2$에서

(i) $n \geq 2$일 때

$a_n = S_n - S_{n-1}$
$\quad = 3n^2 + n + 2 - \{3(n-1)^2 + (n-1) + 2\}$
$\quad = 6n - 2$ ⋯⋯ ㉠

(ii) $n = 1$일 때

$a_1 = S_1 = 3 \times 1^2 + 1 + 2 = 6$ ⋯⋯ ㉡

이때 ㉡은 ㉠에 $n = 1$을 대입한 값과 같지 않으므로 구하는 일반항 a_n은

$\boldsymbol{a_1 = 6, \ a_n = 6n - 2 \ (n \geq 2)}$

정답과 해설 76쪽

문제

11-1 수열 $\{a_n\}$의 첫째항부터 제n항까지의 합 S_n이 다음과 같을 때, 일반항 a_n을 구하시오.

(1) $S_n = 2n^2 - 3n$　　　　　　　　　　　(2) $S_n = n^2 + 3n - 1$

11-2 수열 $\{a_n\}$의 첫째항부터 제n항까지의 합 S_n이 $S_n = 2n^2 - 4n + 1$일 때, $a_1 + a_9$의 값을 구하시오.

11-3 수열 $\{a_n\}$의 첫째항부터 제n항까지의 합 S_n이 $S_n = n^2 - 6n$일 때, $a_2 + a_4 + a_6 + \cdots + a_{20}$의 값을 구하시오.

연습문제

1 제31항이 85, 제45항이 127인 등차수열에서 175는 제몇 항인지 구하시오.

2 등차수열 $\{a_n\}$에서 제3항과 제9항은 절댓값이 같고 부호가 반대이며 제7항은 -5일 때, 제10항을 구하시오.

3 등차수열 $\{a_n\}$에서 $a_1+a_2=132$, $a_5+a_6+a_7=63$일 때, 처음으로 음수가 되는 항은 제몇 항인가?

① 제8항　　　② 제9항　　　③ 제10항
④ 제11항　　　⑤ 제12항

4 공차가 3인 등차수열 $\{a_n\}$에서 $a_{10}=-7$일 때, $|a_n|$의 값이 최소가 되는 자연수 n의 값은?

① 10　　　② 11　　　③ 12
④ 13　　　⑤ 14

5 두 수 3과 78 사이에 m개의 수를 넣어 만든 수열
$$3,\ x_1,\ x_2,\ x_3,\ \cdots,\ x_m,\ 78$$
이 이 순서대로 등차수열을 이룬다. 이 수열의 공차가 1이 아닌 자연수일 때, m의 최댓값을 구하시오.

6 이차방정식 $x^2-3x-6=0$의 두 근이 α, β일 때, p는 α, β의 등차중항이고 q는 $\dfrac{1}{\alpha}$, $\dfrac{1}{\beta}$의 등차중항이다. 이때 상수 p, q에 대하여 $p+q$의 값은?

① $\dfrac{1}{4}$　　　② $\dfrac{1}{2}$　　　③ $\dfrac{3}{4}$

④ 1　　　⑤ $\dfrac{5}{4}$

7 등차수열을 이루는 세 수의 합이 15이고 제곱의 합이 83일 때, 세 수를 구하시오.

8 삼차방정식 $x^3-6x^2-3x+k=0$의 세 실근이 등차수열을 이룰 때, 상수 k의 값을 구하시오.

9 수열 $-11, x_1, x_2, x_3, \cdots, x_m, 31$이 등차수열을 이루고 $x_1+x_2+x_3+\cdots+x_m=200$일 때, x_8의 값을 구하시오.

10 첫째항이 60, 공차가 -4인 등차수열 $\{a_n\}$에서 첫째항부터 제n항까지의 합을 S_n이라 할 때, S_n의 값이 처음으로 음수가 되는 n의 값은?

① 30   ② 31   ③ 32
④ 33   ⑤ 34

11 공차가 4인 등차수열 $\{a_n\}$의 첫째항부터 제n항까지의 합을 S_n이라 할 때, $S_{100}=200$이다. 이때 $a_2+a_3+a_4+\cdots+a_{101}$의 값을 구하시오.

12 등차수열 $\{a_n\}$에서 $a_1+a_3+a_5=27$, $a_2+a_4+a_6+\cdots+a_{20}=-310$이다. 등차수열 $\{a_n\}$의 첫째항부터 제n항까지의 합을 S_n이라 할 때, S_{20}의 값은?

① -570 ② -550 ③ -530
④ -510 ⑤ -490

13 등차수열 $\{a_n\}$의 첫째항부터 제n항까지의 합을 S_n이라 할 때, $S_{10}=165$, $S_{20}=630$이다. 이때 $a_{11}+a_{12}+a_{13}+\cdots+a_{40}$의 값을 구하시오.

14 첫째항이 47이고 공차가 정수인 등차수열 $\{a_n\}$의 첫째항부터 제n항까지의 합을 S_n이라 할 때, S_n의 최댓값은 S_{16}이다. 이때 수열 $\{a_n\}$의 공차는? (단, $a_n \neq 0$)

① -5 ② -4 ③ -3
④ -2 ⑤ -1

15 3으로 나누었을 때의 나머지가 2이고, 5로 나누었을 때의 나머지가 3인 자연수를 작은 것부터 차례대로

$$a_1, a_2, a_3, \cdots, a_n, \cdots$$

이라 하자. 이때 $a_1+a_2+a_3+\cdots+a_{10}$의 값은?

① 720   ② 755   ③ 805
④ 830   ⑤ 865

평가원

16 수열 $\{a_n\}$의 첫째항부터 제n항까지의 합 S_n이 $S_n=n^2-10n$일 때, $a_n<0$을 만족시키는 자연수 n의 개수는?

① 5   ② 6   ③ 7
④ 8   ⑤ 9

17 첫째항부터 제n항까지의 합이 각각 $3n^2+kn$, $2n^2+5n$인 두 수열 $\{a_n\}$, $\{b_n\}$에서 $a_{10}=b_{10}$일 때, 상수 k의 값을 구하시오.

21 오른쪽 그림에서 가로줄과 세로줄에 있는 세 수가 각각 등차수열을 이룬다. 예를 들어 a, b, -2와 -2, d, f는 각각 이 순서대로 등차수열을 이룬다. 이때 $a+b-d-f$의 값은?

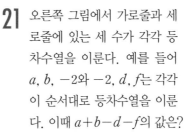

a	b	-2
5	c	d
e	4	f

① 1   ② 2   ③ 3
④ 4   ⑤ 5

실력

18 오른쪽 그림과 같이 직선 l 위에 점 $P_1(5, 0)$, $P_2(2, 2)$, $P_3(-1, 4)$, $\cdots$, $P_n(x_n, y_n)$이 일정한 간격으로 놓여 있다. 이때 점 P_{40}의 좌표를 구하시오.

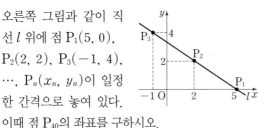

19 두 수 5와 20 사이에 m개, 두 수 20과 50 사이에 n개의 수를 넣어 만든 수열
$$5, x_1, x_2, \cdots, x_m, 20, y_1, y_2, \cdots, y_n, 50$$
이 이 순서대로 등차수열을 이룰 때, $\dfrac{n-1}{m}$의 값을 구하시오.

22 등차수열 $\{a_n\}$에서 $a_2=-19$, $a_{13}=25$일 때, $|a_1|+|a_2|+|a_3|+\cdots+|a_{20}|$의 값은?

① 455   ② 456   ③ 457
④ 458   ⑤ 459

수능
20 공차가 양수인 등차수열 $\{a_n\}$이 다음 조건을 만족시킬 때, a_2의 값은?

> (가) $a_6+a_8=0$
> (나) $|a_6|=|a_7|+3$

① -15 ② -13 ③ -11
④ -9 ⑤ -7

수능
23 수열 $\{a_n\}$에 대하여 첫째항부터 제n항까지의 합을 S_n이라 하자. 수열 $\{S_{2n-1}\}$은 공차가 -3인 등차수열이고, 수열 $\{S_{2n}\}$은 공차가 2인 등차수열이다. $a_2=1$일 때, a_8의 값을 구하시오.

등비수열

1 등비수열

(1) 등비수열과 공비

첫째항부터 차례대로 일정한 수를 곱하여 만든 수열을 **등비수열**이라 하고, 그 일정한 수를 **공비**라 한다.

(2) 등비수열에서 이웃하는 두 항 사이의 관계

공비가 r인 등비수열 $\{a_n\}$의 이웃하는 두 항 a_n, a_{n+1}에 대하여

$$a_{n+1}=ra_n \iff \frac{a_{n+1}}{a_n}=r \ (n=1,\ 2,\ 3,\ \cdots)$$

예 $32,\quad 16,\quad 8,\quad 4,\quad 2,\ \cdots$ ➡ 첫째항이 32, 공비가 $\frac{1}{2}$인 등비수열

$\times\frac{1}{2}\quad \times\frac{1}{2}\quad \times\frac{1}{2}\quad \times\frac{1}{2}$

참고 공비는 영어로 common ratio라 하고 보통 r로 나타낸다.

2 등비수열의 일반항

첫째항이 a, 공비가 $r\,(r\neq0)$인 등비수열의 일반항 a_n은
$$a_n=ar^{n-1}\ (n=1,\ 2,\ 3,\ \cdots)$$

예 첫째항이 3, 공비가 -2인 등비수열의 일반항 a_n은
$$a_n=3\times(-2)^{n-1}$$

참고 등비수열은 (첫째항)$\neq0$, (공비)$\neq0$인 것만 다루도록 한다.

3 등비중항

0이 아닌 세 수 a, b, c가 이 순서대로 등비수열을 이룰 때, b를 a와 c의 **등비중항**이라 한다.

이때 $\dfrac{b}{a}=\dfrac{c}{b}$이므로

$$b^2=ac$$

예 세 수 4, x, 16이 이 순서대로 등비수열을 이루면 x는 4와 16의 등비중항이므로
$$x^2=4\times16=64 \qquad \therefore\ x=-8 \ \text{또는}\ x=8$$

참고 ·$b^2=ac$에서 $a>0$, $c>0$일 때, a와 c의 등비중항 $b=\sqrt{ac}$는 a와 c의 기하평균과 같다.

·등비수열 $\{a_n\}$의 연속하는 세 항 a_n, a_{n+1}, a_{n+2}에 대하여
$$a_{n+1}{}^2=a_n a_{n+2}\ (n=1,\ 2,\ 3,\ \cdots)$$

등비수열의 일반항

첫째항이 a, 공비가 $r\,(r \neq 0)$인 등비수열 $\{a_n\}$에서

$$a_1 = a \qquad\qquad \Rightarrow a_1 = ar^{1-1}$$
$$a_2 = a_1 r = ar^1 \qquad \Rightarrow a_2 = ar^{2-1}$$
$$a_3 = a_2 r = (ar)r = ar^2 \Rightarrow a_3 = ar^{3-1}$$
$$a_4 = a_3 r = (ar^2)r = ar^3 \Rightarrow a_4 = ar^{4-1}$$
$$\vdots \qquad\qquad\qquad\quad \vdots$$

따라서 등비수열의 일반항 a_n은

$$a_n = ar^{n-1} \ (n = 1,\ 2,\ 3,\ \cdots)$$

개념 CHECK

정답과 해설 80쪽

1 다음 등비수열의 공비를 구하시오.

(1) $\sqrt{2},\ 2,\ 2\sqrt{2},\ 4,\ \cdots$

(2) $1,\ -\dfrac{1}{2},\ \dfrac{1}{4},\ -\dfrac{1}{8},\ \cdots$

2 다음 수열이 등비수열을 이룰 때, ☐ 안에 알맞은 수를 써넣으시오.

(1) $0.1,\ 0.01,\ \boxed{},\ 0.0001,\ \cdots$

(2) $81,\ \boxed{},\ 9,\ -3,\ \cdots$

3 다음 등비수열의 일반항 a_n을 구하시오.

(1) 첫째항이 4, 공비가 $\dfrac{1}{5}$

(2) $9,\ -3\sqrt{3},\ 3,\ -\sqrt{3},\ \cdots$

4 다음 수열이 등비수열이 되도록 하는 $x,\ y$의 값을 구하시오.

(1) $1,\ x,\ 9,\ y,\ 81,\ \cdots$

(2) $4,\ x,\ 1,\ y,\ \dfrac{1}{4},\ \cdots$

등비수열의 일반항

유형편 78쪽

필.수.예.제 01

다음 등비수열의 일반항 a_n을 구하시오.

(1) 첫째항이 2, 제4항이 54

(2) 제5항이 -48, 제8항이 384

공략 Point

첫째항이 a, 공비가 $r(r \neq 0)$ 인 등비수열의 일반항 a_n은
$$a_n = ar^{n-1}$$

풀이

(1) 공비를 r라 하면 첫째항이 2, 제4항이 54이므로	$2r^3 = 54$, $r^3 = 27$ $\therefore r = 3$
따라서 첫째항이 2, 공비가 3인 등비수열의 일반항 a_n은	$a_n = 2 \times 3^{n-1}$

(2) 첫째항을 a, 공비를 r라 하면 제5항이 -48, 제8항이 384이므로	$ar^4 = -48$ ······ ㉠ $ar^7 = 384$ ······ ㉡
㉡÷㉠을 하면	$\dfrac{ar^7}{ar^4} = \dfrac{384}{-48}$, $r^3 = -8$ $\therefore r = -2$
$r = -2$를 ㉠에 대입하면	$16a = -48$ $\therefore a = -3$
따라서 첫째항이 -3, 공비가 -2인 등비수열의 일반항 a_n은	$a_n = -3 \times (-2)^{n-1}$

정답과 해설 80쪽

문제

01-1 다음 등비수열의 일반항 a_n을 구하시오.

(1) 첫째항이 64, 제6항이 2
(2) 제2항이 -6, 제5항이 162

01-2 등비수열 2, $-2\sqrt{2}$, 4, $-4\sqrt{2}$, 8, $\cdots$에서 제12항을 구하시오.

01-3 등비수열 $\{a_n\}$에서 $a_2 + a_5 = 54$, $a_3 + a_6 = 108$일 때, a_6의 값을 구하시오.

등비수열에서 조건을 만족시키는 항 구하기

유형편 78쪽

필.수.예.제 02

공략 Point

첫째항이 a, 공비가 r인 등비수열에서 처음으로 k보다 커지는 항을 구하려면 $ar^{n-1}>k$를 만족시키는 자연수 n의 최솟값을 구한다.

첫째항이 5, 공비가 3인 등비수열에서 처음으로 10000보다 커지는 항은 제몇 항인지 구하시오.

풀이

첫째항이 5, 공비가 3인 등비수열의 일반항을 a_n이라 하면	$a_n=5\times3^{n-1}$
이때 제n항에서 처음으로 10000보다 커진다고 하면 $a_n>10000$에서	$5\times3^{n-1}>10000$ $\therefore 3^{n-1}>2000$
그런데 n은 자연수이고 $3^6=729$, $3^7=2187$이므로	$n-1\geq7$ $\therefore n\geq8$
따라서 처음으로 10000보다 커지는 항은	**제8항**

정답과 해설 81쪽

문제

02-1 첫째항이 2, 공비가 2인 등비수열에서 처음으로 2000보다 커지는 항은 제몇 항인지 구하시오.

02-2 $a_2=5$, $a_4=25$이고 공비가 양수인 등비수열 $\{a_n\}$에서 $a_n{}^2>8000$을 만족시키는 자연수 n의 최솟값을 구하시오.

02-3 첫째항이 4, 공비가 3인 등비수열 $\{a_n\}$에서 $a_n>10^{10}$을 만족시키는 자연수 n의 최솟값을 구하시오. (단, $\log2=0.3$, $\log3=0.48$로 계산한다.)

두 수 사이에 수를 넣어 만든 등비수열

✎ 유형편 79쪽

필.수.예.제 03

두 수 3과 243 사이에 3개의 수 x_1, x_2, x_3을 넣어 만든 수열

$$3, \ x_1, \ x_2, \ x_3, \ 243$$

이 이 순서대로 등비수열을 이룰 때, $x_1 x_3$의 값을 구하시오.

공략 Point

두 수 a와 b 사이에 k개의 수를 넣어 만든 등비수열은 첫째항이 a, 제$(k+2)$항이 b이므로

$b = ar^{k+1}$ (단, r는 공비)

풀이

공비를 r라 하면 첫째항이 3, 제5항이 243이므로	$3r^4 = 243$ $\quad \therefore r^4 = 81$
이때 x_1, x_3은 각각 제2항, 제4항이므로	$x_1 = 3r, \ x_3 = 3r^3$
따라서 $x_1 x_3$의 값은	$x_1 x_3 = (3r) \times (3r^3) = 9r^4$ $= 9 \times 81 = \mathbf{729}$

정답과 해설 81쪽

문제

03-1

두 수 2와 1024 사이에 8개의 수 x_1, x_2, x_3, $\cdots$, x_8을 넣어 만든 수열

$$2, \ x_1, \ x_2, \ x_3, \ \cdots, \ x_8, \ 1024$$

가 이 순서대로 등비수열을 이룰 때, 이 수열의 공비를 구하시오.

03-2

두 수 6과 192 사이에 5개의 수 x_1, x_2, x_3, x_4, x_5를 넣어 만든 수열

$$6, \ x_1, \ x_2, \ x_3, \ x_4, \ x_5, \ 192$$

가 이 순서대로 등비수열을 이룰 때, $x_2 x_4$의 값을 구하시오.

03-3

두 수 3과 2187 사이에 m개의 수 x_1, x_2, x_3, $\cdots$, x_m을 넣어 만든 수열

$$3, \ x_1, \ x_2, \ x_3, \ \cdots, \ x_m, \ 2187$$

이 이 순서대로 등비수열을 이룬다. 이 수열의 공비가 3일 때, m의 값을 구하시오.

등비중항

📎 유형편 **79쪽**

필.수.예.제
04

공략 Point

세 수 a, b, c가 이 순서대로
등비수열을 이루면
$$b^2=ac$$

세 양수 $x-1$, $x+1$, $2x-1$이 이 순서대로 등비수열을 이룰 때, x의 값을 구하시오.

풀이

$x+1$은 $x-1$과 $2x-1$의 등비중항이므로	$(x+1)^2=(x-1)(2x-1)$
	$x^2+2x+1=2x^2-3x+1$
	$x^2-5x=0$, $x(x-5)=0$
	$\therefore\ x=0$ 또는 $x=5$
이때 $x-1$, $x+1$, $2x-1$은 양수이므로	$x=5$

정답과 해설 82쪽

문제

04-1 세 양수 $x+1$, $3x$, $8x$가 이 순서대로 등비수열을 이룰 때, x의 값을 구하시오.

04-2 세 수 4, x, y는 이 순서대로 등차수열을 이루고, x, y, 4는 이 순서대로 공비가 음수인 등비수열을 이룰 때, x, y의 값을 구하시오.

04-3 이차방정식 $x^2-25x+k=0$의 두 근이 α, $\beta\,(\alpha<\beta)$일 때, α, $\beta-\alpha$, β가 이 순서대로 등비수열을 이룬다. 이때 상수 k의 값을 구하시오.

등비수열을 이루는 수

유형편 80쪽

필.수.예.제 05

공략 Point

세 수가 등비수열을 이루면 세 수를 a, ar, ar^2으로 놓고 식을 세운다.

삼차방정식 $x^3-2x^2+x-k=0$의 세 실근이 등비수열을 이룰 때, 상수 k의 값을 구하시오.

풀이

세 실근을 a, ar, ar^2이라 하면 삼차방정식의 근과 계수의 관계에 의하여	$a+ar+ar^2=2$ $\therefore a(1+r+r^2)=2$ ...... ㉠ $a\times ar+ar\times ar^2+a\times ar^2=1$ $\therefore a^2r(1+r+r^2)=1$ ...... ㉡ $a\times ar\times ar^2=k$ $\therefore (ar)^3=k$ ...... ㉢
㉡÷㉠을 하면	$\dfrac{a^2r(1+r+r^2)}{a(1+r+r^2)}=\dfrac{1}{2}$ $\therefore ar=\dfrac{1}{2}$
따라서 $ar=\dfrac{1}{2}$을 ㉢에 대입하면	$k=\dfrac{1}{8}$

정답과 해설 82쪽

문제

05-1 등비수열을 이루는 세 수의 합이 7이고 곱이 8일 때, 세 수를 구하시오.

05-2 삼차방정식 $x^3+4x^2-8x+k=0$의 세 실근이 등비수열을 이룰 때, 상수 k의 값을 구하시오.

05-3 오른쪽 그림과 같이 세 모서리의 길이가 l, m, n인 직육면체가 있다. l, m, n이 이 순서대로 등비수열을 이루고 이 직육면체의 부피가 27, 겉넓이가 60일 때, 모든 모서리의 길이의 합을 구하시오.

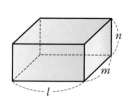

등비수열의 활용

📄 유형편 **80쪽**

필.수.예.제 06

다음 그림과 같이 한 변의 길이가 5인 정사각형을 첫 번째 시행에서 9등분 하여 중앙의 정사각형을 제거한다. 두 번째 시행에서는 첫 번째 시행의 결과로 남은 8개의 정사각형을 각각 9등분 하여 중앙의 정사각형을 제거한다. 이와 같은 시행을 반복할 때, 10번째 시행 후 남은 도형의 넓이를 구하시오.

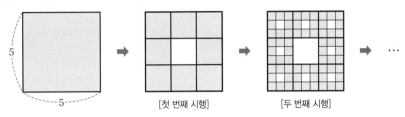

[첫 번째 시행]　　　　[두 번째 시행]

공략 Point

도형의 넓이나 길이가 일정한 비율로 변할 때, 첫째항부터 차례대로 나열하여 규칙을 찾는다.

풀이

주어진 정사각형의 넓이가 $5 \times 5 = 25$이므로 첫 번째 시행 후 남은 도형의 넓이는	$25 \times \dfrac{8}{9}$
두 번째 시행 후 남은 도형의 넓이는	$25 \times \dfrac{8}{9} \times \dfrac{8}{9} = 25 \times \left(\dfrac{8}{9}\right)^2$
세 번째 시행 후 남은 도형의 넓이는	$25 \times \left(\dfrac{8}{9}\right)^2 \times \dfrac{8}{9} = 25 \times \left(\dfrac{8}{9}\right)^3$
$\vdots$	$\vdots$
n번째 시행 후 남은 도형의 넓이는	$25 \times \left(\dfrac{8}{9}\right)^n$
따라서 10번째 시행 후 남은 도형의 넓이는	$25 \times \left(\dfrac{8}{9}\right)^{10}$

정답과 해설 82쪽

문제

06-1 다음 그림과 같이 길이가 l인 선분을 첫 번째 시행에서 3등분 하여 그 중간 부분은 버린다. 두 번째 시행에서는 첫 번째 시행의 결과로 남은 두 선분을 각각 3등분 하여 그 중간 부분은 버린다. 이와 같은 시행을 반복할 때, 남은 선분의 길이의 합이 $\left(\dfrac{2}{3}\right)^{20} l$이 되는 것은 몇 번째 시행 후인지 구하시오. (단, l은 상수)

[첫 번째 시행]　　　　[두 번째 시행]

06-2 한 변의 길이가 2인 정삼각형 모양의 종이가 있다. 오른쪽 그림과 같이 첫 번째 시행에서 정삼각형의 각 변의 중점을 이어서 만든 정삼각형을 오려 낸다. 두 번째 시행에서는 첫 번째 시행의 결과로 남은 3개의 정삼각형에서 같은 방법으로 각각의 정삼각형을 오려 낸다. 이와 같은 시행을 반복할 때, 10번째 시행 후 남은 종이의 넓이를 구하시오.

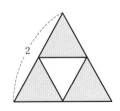

등비수열의 합

1 등비수열의 합

첫째항이 a, 공비가 $r\,(r\neq0)$인 등비수열의 첫째항부터 제n항까지의 합을 S_n이라 하면

(1) $r\neq1$일 때, $S_n=\dfrac{a(1-r^n)}{1-r}=\dfrac{a(r^n-1)}{r-1}$

(2) $r=1$일 때, $S_n=na$

참고 $r<1$일 때는 $S_n=\dfrac{a(1-r^n)}{1-r}$, $r>1$일 때는 $S_n=\dfrac{a(r^n-1)}{r-1}$을 이용하면 편리하다.

예 (1) 첫째항이 2, 공비가 3인 등비수열의 첫째항부터 제20항까지의 합 S_{20}은

$$S_{20}=\frac{2(3^{20}-1)}{3-1}=3^{20}-1$$

(2) 첫째항이 4, 공비가 1인 등비수열의 첫째항부터 제10항까지의 합 S_{10}은

$$S_{10}=10\times4=40$$

2 등비수열의 합의 활용

(1) **원리합계**

원금에 이자를 합한 금액을 원리합계라 한다.

이때 원금 a원을 연이율 r로 n년 동안 예금할 때의 원리합계 S는

① 단리로 예금하는 경우 ◀ 원금에 대해서만 이자를 계산한다.

　➡ $S=a(1+rn)$ (원)

② 복리로 예금하는 경우 ◀ 원금에 이자를 더한 금액을 다시 원금으로 보고 이자를 계산한다.

　➡ $S=a(1+r)^n$ (원)

(2) **적립금의 원리합계**

연이율이 r이고 1년마다 복리로 일정한 금액 a원을 n년 동안 적립할 때, n년 말의 적립금의 원리합계 S는

① 매년 초에 적립하는 경우

　➡ $S=a(1+r)+a(1+r)^2+a(1+r)^3+\cdots+a(1+r)^n=\dfrac{a(1+r)\{(1+r)^n-1\}}{r}$ (원)

② 매년 말에 적립하는 경우

　➡ $S=a+a(1+r)+a(1+r)^2+\cdots+a(1+r)^{n-1}=\dfrac{a\{(1+r)^n-1\}}{r}$ (원)

개념 PLUS

등비수열의 합

첫째항이 a, 공비가 $r\,(r\neq0)$인 등비수열의 첫째항부터 제n항까지의 합을 S_n이라 하면

$$S_n=a+ar+ar^2+\cdots+ar^{n-2}+ar^{n-1} \qquad \cdots\cdots \text{㉠}$$

(1) $r\neq1$일 때

㉠의 양변에 공비 r를 곱하면

$$rS_n=ar+ar^2+ar^3+\cdots+ar^{n-1}+ar^n \qquad \cdots\cdots \text{㉡}$$

⊙에서 ⓒ을 변끼리 빼면

$$S_n = a + ar + ar^2 + \cdots + ar^{n-2} + ar^{n-1}$$
$$\underline{-)\quad rS_n = \qquad ar + ar^2 + \cdots + ar^{n-2} + ar^{n-1} + ar^n}$$
$$(1-r)S_n = a \qquad\qquad\qquad\qquad\qquad - ar^n$$

$$\therefore S_n = \frac{a(1-r^n)}{1-r} = \frac{a(r^n-1)}{r-1}$$

(2) $r=1$일 때

⊙에서 $S_n = \underbrace{a + a + a + \cdots + a + a}_{n\text{개}} = na$

원리합계

원금 a원을 연이율 r로 예금할 때, 1년, 2년, $\cdots$, n년 후의 원리합계를 구하면 다음과 같다.

	단리로 예금하는 경우	복리로 예금하는 경우
1년 후	$a + ar = a(1+r)$	$a + ar = a(1+r)$
2년 후	$a + ar + ar = a(1+2r)$	$a(1+r) + a(1+r)r = a(1+r)^2$
$\vdots$	$\vdots$	$\vdots$
n년 후	$a + ar + \cdots + ar = a(1+nr)$	$a(1+r)(1+r)\cdots(1+r) = a(1+r)^n$

적립금의 원리합계

연이율이 r이고 1년마다 복리로 일정한 금액 a원을 n년 동안 적립할 때, n년 말의 적립금의 원리합계 S를 구하면 다음과 같다.

(1) 매년 초에 적립하는 경우

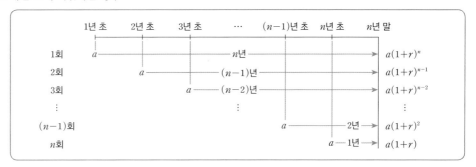

$$\therefore S = a(1+r) + a(1+r)^2 + a(1+r)^3 + \cdots + a(1+r)^n$$

◀ 첫째항이 $a(1+r)$, 공비가 $1+r$, 항수가 n인 등비수열의 합

$$= \frac{a(1+r)\{(1+r)^n - 1\}}{(1+r)-1} = \frac{a(1+r)\{(1+r)^n - 1\}}{r} \text{(원)}$$

(2) 매년 말에 적립하는 경우

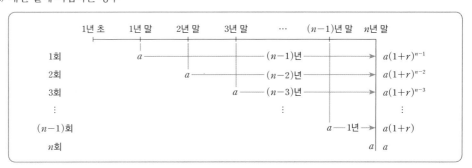

$$\therefore S = a + a(1+r) + a(1+r)^2 + \cdots + a(1+r)^{n-1}$$

◀ 첫째항이 a, 공비가 $1+r$, 항수가 n인 등비수열의 합

$$= \frac{a\{(1+r)^n - 1\}}{(1+r)-1} = \frac{a\{(1+r)^n - 1\}}{r} \text{(원)}$$

등비수열의 합

유형편 81쪽

필.수.예.제 07

공비가 양수인 등비수열의 제2항이 $\frac{1}{2}$, 제6항이 8일 때, 이 수열의 첫째항부터 제8항까지의 합을 구하시오.

공략 Point

첫째항이 a, 공비가 r인 등비수열의 첫째항부터 제n항까지의 합을 S_n이라 하면

$$S_n = \frac{a(1-r^n)}{1-r}$$
$$= \frac{a(r^n-1)}{r-1}$$

(단, $r \neq 1$)

풀이

첫째항을 a, 공비를 r라 하면 제2항이 $\frac{1}{2}$, 제6항이 8이므로	$ar = \frac{1}{2}$ ······ ㉠ $ar^5 = 8$ ······ ㉡
㉡÷㉠을 하면	$\dfrac{ar^5}{ar} = 16$, $r^4 = 16$ ∴ $r = 2 \ (\because r > 0)$
$r = 2$를 ㉠에 대입하면	$2a = \frac{1}{2}$ ∴ $a = \frac{1}{4}$
따라서 첫째항이 $\frac{1}{4}$, 공비가 2인 등비수열의 첫째항부터 제8항까지의 합은	$\dfrac{\frac{1}{4}(2^8-1)}{2-1} = \dfrac{255}{4}$

정답과 해설 83쪽

문제

07-1 등비수열 $1, \frac{1}{2}, \frac{1}{4}, \frac{1}{8}, \cdots$의 첫째항부터 제20항까지의 합을 구하시오.

07-2 공비가 음수인 등비수열의 제4항이 6, 제6항이 54일 때, 이 수열의 첫째항부터 제10항까지의 합을 구하시오.

07-3 공비가 양수인 등비수열 $\{a_n\}$에서 $a_2 + a_4 = 15$, $a_4 + a_6 = 135$이다. 이 수열의 첫째항부터 제n항까지의 합을 S_n이라 할 때, S_{20}의 값을 구하시오.

유형편 81쪽

필.수.예.제 08

공략 Point

첫째항을 a, 공비를 r로 놓고 주어진 등비수열의 합을 이용하여 a, r에 대한 식을 세운다.

첫째항부터 제5항까지의 합이 5, 첫째항부터 제10항까지의 합이 20인 등비수열의 첫째항부터 제15항까지의 합을 구하시오.

풀이

첫째항을 a, 공비를 r, 첫째항부터 제n항까지의 합을 S_n이라 하자.

$S_5=5$이므로

$$\frac{a(1-r^5)}{1-r}=5 \qquad \cdots\cdots \text{㉠}$$

$S_{10}=20$이므로

$$\frac{a(1-r^{10})}{1-r}=20$$

$$\therefore \frac{a(1-r^5)(1+r^5)}{1-r}=20 \qquad \cdots\cdots \text{㉡}$$

㉠을 ㉡에 대입하면

$$5(1+r^5)=20 \qquad \therefore r^5=3$$

따라서 첫째항부터 제15항까지의 합은

$$\frac{a(1-r^{15})}{1-r}=\frac{a(1-r^5)(1+r^5+r^{10})}{1-r}$$
$$=5(1+3+3^2)=\mathbf{65}$$

정답과 해설 83쪽

문제

08- **1**   첫째항부터 제4항까지의 합이 18, 첫째항부터 제8항까지의 합이 54인 등비수열의 첫째항부터 제12항까지의 합을 구하시오.

08- **2**   첫째항부터 제10항까지의 합이 9, 첫째항부터 제20항까지의 합이 63인 등비수열의 제21항부터 제30항까지의 합을 구하시오.

등비수열의 합과 일반항 사이의 관계

필.수.예.제 09

공략 Point

수열 $\{a_n\}$의 첫째항부터 제n항까지의 합을 S_n이라 하면
$a_1=S_1$,
$a_n=S_n-S_{n-1}$ $(n\geq2)$

수열 $\{a_n\}$의 첫째항부터 제n항까지의 합 S_n이 $S_n=3\times2^{n+1}+4k$일 때, 수열 $\{a_n\}$이 첫째항부터 등비수열을 이루도록 하는 상수 k의 값을 구하시오.

풀이

$S_n=3\times2^{n+1}+4k$에서

(i) $n\geq2$일 때

$a_n=S_n-S_{n-1}$
$=3\times2^{n+1}+4k-(3\times2^n+4k)$
$=3\times2^n(2-1)$
$=3\times2^n$ ...... ㉠

(ii) $n=1$일 때

$a_1=S_1=3\times2^2+4k=12+4k$ ...... ㉡

이때 첫째항부터 등비수열을 이루려면 ㉠에 $n=1$을 대입한 값이 ㉡과 같아야 하므로

$3\times2=12+4k$, $6=12+4k$
$\therefore k=-\dfrac{3}{2}$

정답과 해설 84쪽

문제

09-1 수열 $\{a_n\}$의 첫째항부터 제n항까지의 합 S_n이 $S_n=2\times3^n-2$일 때, a_4의 값을 구하시오.

09-2 수열 $\{a_n\}$의 첫째항부터 제n항까지의 합 S_n이 $S_n=4\times3^{n+2}+k$일 때, 수열 $\{a_n\}$이 첫째항부터 등비수열을 이루도록 하는 상수 k의 값을 구하시오.

09-3 수열 $\{a_n\}$의 일반항이 $a_n=ar^{n-1}$이고 첫째항부터 제n항까지의 합을 S_n이라 하면 $3S_n+1=10^n$일 때, $a+r$의 값을 구하시오.

UP

등비수열의 합의 활용

필.수.예.제
10

📝 **유형편 82쪽**

연이율 10 %, 1년마다 복리로 50만 원씩 10년 동안 적립하려고 한다. 적립 시기가 다음과 같을 때, 10년 말의 적립금의 원리합계를 구하시오. (단, $1.1^{10}=2.6$으로 계산한다.)

(1) 매년 초에 적립   (2) 매년 말에 적립

공략 Point

연이율이 r, 1년마다 복리로 a원씩 n년 동안 적립할 때, n년말의 적립금의 원리합계는
(1) 매년 초에 적립하는 경우
➡ $\dfrac{a(1+r)\{(1+r)^n-1\}}{r}$
(2) 매년 말에 적립하는 경우
➡ $\dfrac{a\{(1+r)^n-1\}}{r}$

풀이

(1) 연이율 10 %, 1년마다 복리로 매년 초에 50만 원씩 10년 동안 적립할 때, 10년 말의 적립금의 원리합계를 S라 하면

$$S=50(1+0.1)+50(1+0.1)^2+\cdots+50(1+0.1)^{10}$$

첫째항이 $50(1+0.1)$, 공비가 $1+0.1$인 등비수열의 첫째항부터 제10항까지의 합이므로

$$=\frac{50(1+0.1)\{(1+0.1)^{10}-1\}}{(1+0.1)-1}$$
$$=\frac{50\times1.1\times1.6}{0.1}=880(\text{만 원})$$

(2) 연이율 10 %, 1년마다 복리로 매년 말에 50만 원씩 10년 동안 적립할 때, 10년 말의 적립금의 원리합계를 S라 하면

$$S=50+50(1+0.1)+50(1+0.1)^2+\cdots+50(1+0.1)^9$$

첫째항이 50, 공비가 $1+0.1$인 등비수열의 첫째항부터 제10항까지의 합이므로

$$=\frac{50\{(1+0.1)^{10}-1\}}{(1+0.1)-1}$$
$$=\frac{50\times1.6}{0.1}=800(\text{만 원})$$

정답과 해설 84쪽

문제

10-1 연이율 8 %, 1년마다 복리로 10만 원씩 20년 동안 적립하려고 한다. 적립 시기가 다음과 같을 때, 20년 말의 적립금의 원리합계를 구하시오. (단, $1.08^{20}=4.66$으로 계산한다.)

(1) 매년 초에 적립   (2) 매년 말에 적립

10-2 월이율 0.2 %, 1개월마다 복리로 매월 초에 10만 원씩 24개월 동안 적립할 때, 24개월 말의 적립금의 원리합계를 구하시오. (단, $1.002^{24}=1.05$로 계산한다.)

연습문제

1 제3항이 12, 제6항이 -96인 등비수열의 첫째항과 공비의 합은?

① -3　　　② -2　　　③ -1

④ 0　　　⑤ 1

2 첫째항과 공비가 모두 양수인 등비수열 $\{a_n\}$에서 $a_3+a_4=24$, $a_3 : a_4=2 : 1$일 때, a_8의 값을 구하시오.

3 두 등비수열 $\{a_n\}$, $\{b_n\}$에 대하여 $a_5 b_5=10$, $a_8 b_8=20$일 때, $a_{11} b_{11}$의 값은?

① 10　　　② 20　　　③ 30

④ 40　　　⑤ 50

4 $a_2=6$, $a_5=48$인 등비수열 $\{a_n\}$에서 처음으로 3000보다 커지는 항은 제몇 항인가?

① 제8항　　　② 제9항　　　③ 제10항

④ 제11항　　　⑤ 제12항

5 두 수 9와 $\dfrac{32}{27}$ 사이에 4개의 수 x_1, x_2, x_3, x_4를 넣어 만든 수열

$$9, \; x_1, \; x_2, \; x_3, \; x_4, \; \frac{32}{27}$$

가 이 순서대로 등비수열을 이룰 때, $\dfrac{x_2}{x_3}$의 값은?

① $\dfrac{2}{3}$　　　② 1　　　③ $\dfrac{3}{2}$

④ 2　　　⑤ $\dfrac{5}{2}$

수능

6 세 수 a, $a+b$, $2a-b$는 이 순서대로 등차수열을 이루고, 세 수 1, $a-1$, $3b+1$은 이 순서대로 공비가 양수인 등비수열을 이룬다. a^2+b^2의 값을 구하시오.

수능

7 두 자연수 a와 b에 대하여 세 수 a^n, $2^4 \times 3^6$, b^n이 이 순서대로 등비수열을 이룰 때, ab의 최솟값을 구하시오. (단, n은 자연수이다.)

8 공차가 0이 아닌 등차수열 a_1, a_2, a_3, $\cdots$, a_n, $\cdots$에서 a_1, a_2, a_5가 이 순서대로 등비수열을 이룰 때, 이 등비수열의 공비를 구하시오.

9 곡선 $y=x^3-3x^2$과 직선 $y=6x-k$가 서로 다른 세 점에서 만나고 교점의 x좌표가 등비수열을 이룰 때, 상수 k의 값을 구하시오.

10 오른쪽 그림과 같이 한 변의 길이가 $\sqrt{3}$인 정삼각형 R_1의 높이를 한 변으로 하는 정삼각형을 R_2, 정삼각형 R_2의 높이를 한 변으로 하는 정삼각형을 R_3이라 하자. 이와 같은 시행을 반복하여 정삼각형 R_n의 한 변의 길이를 a_n이라 할 때, a_{20}의 값을 구하시오.

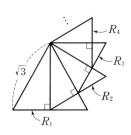

11 공비가 양수인 등비수열 $\{a_n\}$에서 $a_1+a_3=10$, $a_3+a_5=90$이다. 이 수열의 첫째항부터 제n항까지의 합을 S_n이라 할 때, S_{30}의 값을 구하시오.

12 공비가 3, 제n항이 729인 등비수열의 첫째항부터 제n항까지의 합이 1092일 때, n의 값을 구하시오.

13 첫째항부터 제4항까지의 합이 5, 첫째항부터 제12항까지의 합이 105인 등비수열의 첫째항부터 제16항까지의 합을 구하시오.

14 등비수열 $\{a_n\}$의 첫째항부터 제n항까지의 합을 S_n이라 하면 $S_{2k}=4S_k$일 때, $\dfrac{S_{3k}}{S_k}$의 값은?

① 10   ② 11   ③ 12
④ 13   ⑤ 14

수능
15 첫째항이 7인 등비수열 $\{a_n\}$의 첫째항부터 제n항까지의 합을 S_n이라 하자.
$$\frac{S_9-S_5}{S_6-S_2}=3$$
일 때, a_7의 값을 구하시오.

연습문제

16 수열 $\{a_n\}$의 첫째항부터 제n항까지의 합 S_n이 $S_n=3^{n+1}-2$일 때, 다음 보기 중 옳은 것만을 있는 대로 고르시오.

> **보기**
> ㄱ. $a_1=7$, $a_n=2\times3^n$ $(n\geq2)$
> ㄴ. $a_1+a_3=60$
> ㄷ. 수열 $\{a_{2n}\}$의 공비는 9이다.

17 수열 $\{a_n\}$의 첫째항부터 제n항까지의 합을 S_n이라 할 때, $\log_2(S_n+k)=n+2$가 성립한다. 이때 수열 $\{a_n\}$이 첫째항부터 등비수열을 이루도록 하는 상수 k의 값은?

① 1 ② 2 ③ 3
④ 4 ⑤ 5

18 연이율 2%, 1년마다 복리로 매년 초에 일정한 금액을 5년 동안 적립하여 5년 말의 적립금의 원리합계가 510만 원이 되게 하려고 한다. 매년 초에 얼마씩을 적립해야 하는지 구하시오.

(단, $1.02^5=1.1$로 계산한다.)

실력

19 첫째항이 1000, 공비가 $\frac{1}{2}$인 등비수열 $\{a_n\}$에서 $a_1\times a_2\times a_3\times\cdots\times a_n$의 값이 최대가 되는 n의 값을 구하시오. (단, $a_n\neq1$)

20 등비수열 $\{a_n\}$에 대하여 $T_n=\dfrac{1}{a_1}+\dfrac{1}{a_2}+\cdots+\dfrac{1}{a_n}$이라 하자. $T_2=\dfrac{1}{2}$, $T_4=4$일 때, T_8의 값은?

① 100 ② 200 ③ 300
④ 400 ⑤ 500

21 채린이는 이달 초에 100만 원짜리 핸드폰을 구입하고 이달 말부터 일정한 금액씩 24개월에 걸쳐 지불하려고 한다. 월이율 0.8 %, 1개월마다 복리로 계산할 때, 매달 지불해야 하는 금액을 구하시오.

(단, $1.008^{24}=1.2$로 계산한다.)

Ⅲ

수열

합의 기호 $\sum$와 그 성질

1 합의 기호 $\sum$

수열 $\{a_n\}$의 첫째항부터 제n항까지의 합 $a_1+a_2+a_3+\cdots+a_n$을 합의 기호 $\sum$를 사용하여 다음과 같이 나타낸다.

$$a_1+a_2+a_3+\cdots+a_n=\sum_{k=1}^{n}a_k$$

일반항
제n항까지
첫째항부터

예 (1) $3+6+9+\cdots+30=\displaystyle\sum_{k=1}^{10}3k$ (2) $\displaystyle\sum_{k=1}^{8}7^k=7+7^2+7^3+\cdots+7^8$

참고 • $\sum$는 합을 뜻하는 영어 sum의 첫 글자 s에 해당하는 그리스 문자의 대문자로 '시그마(sigma)'라 읽는다.

• $\displaystyle\sum_{k=1}^{n}a_k$는 일반항 a_k의 k에 1, 2, 3, $\cdots$, n을 차례대로 대입하여 얻은 항 a_1, a_2, a_3, $\cdots$, a_n의 합을 뜻한다.

• $\displaystyle\sum_{k=1}^{n}a_k$에서 k 대신 다른 문자를 사용하여 $\displaystyle\sum_{i=1}^{n}a_i$, $\displaystyle\sum_{j=1}^{n}a_j$ 등과 같이 나타낼 수도 있다.

2 합의 기호 $\sum$의 성질

두 수열 $\{a_n\}$, $\{b_n\}$과 상수 c에 대하여

(1) $\displaystyle\sum_{k=1}^{n}(a_k+b_k)=\sum_{k=1}^{n}a_k+\sum_{k=1}^{n}b_k$ (2) $\displaystyle\sum_{k=1}^{n}(a_k-b_k)=\sum_{k=1}^{n}a_k-\sum_{k=1}^{n}b_k$

(3) $\displaystyle\sum_{k=1}^{n}ca_k=c\sum_{k=1}^{n}a_k$ (4) $\displaystyle\sum_{k=1}^{n}c=cn$

주의 • $\displaystyle\sum_{k=1}^{n}a_kb_k\neq\sum_{k=1}^{n}a_k\sum_{k=1}^{n}b_k$ • $\displaystyle\sum_{k=1}^{n}\frac{a_k}{b_k}\neq\frac{\displaystyle\sum_{k=1}^{n}a_k}{\displaystyle\sum_{k=1}^{n}b_k}$ • $\displaystyle\sum_{k=1}^{n}a_k^2\neq\left(\sum_{k=1}^{n}a_k\right)^2$

개념 PLUS

합의 기호 $\sum$를 이용한 식의 변형

수열 $\{a_n\}$의 제m항부터 제n항$(m\le n)$까지의 합

$$a_m+a_{m+1}+a_{m+2}+\cdots+a_n$$

을 합의 기호 $\sum$를 사용하여 $\displaystyle\sum_{k=m}^{n}a_k$로 나타낼 수 있다. 즉,

$$\sum_{k=m}^{n}a_k=a_m+a_{m+1}+a_{m+2}+\cdots+a_n$$

따라서 합의 기호 $\sum$를 이용하여 다음과 같이 식을 변형할 수 있다. (단, $m\le n$)

(1) $\displaystyle\sum_{k=m}^{n}a_k=\sum_{k=1}^{n}a_k-\sum_{k=1}^{m-1}a_k$ (단, $m\ge2$)

(2) $\displaystyle\sum_{k=1}^{n}a_k=\sum_{k=1}^{m}a_k+\sum_{k=m+1}^{n}a_k$

또 $\displaystyle\sum_{k=0}^{n-1}a_{k+1}=a_1+a_2+a_3+\cdots+a_n$, $\displaystyle\sum_{k=2}^{n+1}a_{k-1}=a_1+a_2+a_3+\cdots+a_n$이므로

$$\sum_{k=1}^{n}a_k=\sum_{k=0}^{n-1}a_{k+1}=\sum_{k=2}^{n+1}a_{k-1}$$

합의 기호 $\sum$의 성질

두 수열 $\{a_n\}$, $\{b_n\}$과 상수 c에 대하여

(1) $\displaystyle\sum_{k=1}^{n}(a_k+b_k)=(a_1+b_1)+(a_2+b_2)+(a_3+b_3)+\cdots+(a_n+b_n)$

$\qquad\qquad\qquad=(a_1+a_2+a_3+\cdots+a_n)+(b_1+b_2+b_3+\cdots+b_n)$

$\qquad\qquad\qquad=\displaystyle\sum_{k=1}^{n}a_k+\sum_{k=1}^{n}b_k$

(2) $\displaystyle\sum_{k=1}^{n}(a_k-b_k)=(a_1-b_1)+(a_2-b_2)+(a_3-b_3)+\cdots+(a_n-b_n)$

$\qquad\qquad\qquad=(a_1+a_2+a_3+\cdots+a_n)-(b_1+b_2+b_3+\cdots+b_n)$

$\qquad\qquad\qquad=\displaystyle\sum_{k=1}^{n}a_k-\sum_{k=1}^{n}b_k$

(3) $\displaystyle\sum_{k=1}^{n}ca_k=ca_1+ca_2+ca_3+\cdots+ca_n$

$\qquad\quad\;\;=c(a_1+a_2+a_3+\cdots+a_n)$

$\qquad\quad\;\;=c\displaystyle\sum_{k=1}^{n}a_k$

(4) $\displaystyle\sum_{k=1}^{n}c=\underbrace{c+c+c+\cdots+c}_{n개}=cn$

개념 CHECK

1 다음을 합의 기호 $\sum$를 사용하여 나타내시오.

(1) $1\times2+2\times3+3\times4+\cdots+49\times50$

(2) $5+5+5+5+5+5+5$

(3) $1+\dfrac{1}{3}+\dfrac{1}{5}+\cdots+\dfrac{1}{25}$

(4) $3+3^2+3^3+\cdots+3^{20}$

2 다음을 합의 기호 $\sum$를 사용하지 않은 합의 꼴로 나타내시오.

(1) $\displaystyle\sum_{i=1}^{5}2^i$

(2) $\displaystyle\sum_{k=1}^{n}(-1)^k\times k$

(3) $\displaystyle\sum_{j=1}^{20}\dfrac{1}{j(j+2)}$

(4) $\displaystyle\sum_{m=3}^{8}(2m-1)$

3 $\displaystyle\sum_{k=1}^{5}a_k=7$, $\displaystyle\sum_{k=1}^{5}b_k=3$일 때, 다음 식의 값을 구하시오.

(1) $\displaystyle\sum_{k=1}^{5}(a_k+b_k)$

(2) $\displaystyle\sum_{k=1}^{5}(a_k-b_k)$

(3) $\displaystyle\sum_{k=1}^{5}3a_k$

(4) $\displaystyle\sum_{k=1}^{5}(2b_k+2)$

합의 기호 $\sum$

필.수.예.제
01

공략 Point

$\sum\limits_{k=1}^{n}(a_{2k-1}+a_{2k})$
$=(a_1+a_2)+(a_3+a_4)$
$\qquad +\cdots+(a_{2n-1}+a_{2n})$
$=\sum\limits_{k=1}^{2n}a_k$

유형편 85쪽

$\sum\limits_{k=1}^{n}a_k=3n$일 때, $\sum\limits_{k=1}^{20}(a_{2k-1}+a_{2k})$의 값을 구하시오.

풀이

$\sum$의 정의에 의하여	$\sum\limits_{k=1}^{20}(a_{2k-1}+a_{2k})$
	$=(a_1+a_2)+(a_3+a_4)+(a_5+a_6)+\cdots+(a_{39}+a_{40})$
	$=\sum\limits_{k=1}^{40}a_k$
$\sum\limits_{k=1}^{n}a_k=3n$이므로	$=3\times40=\mathbf{120}$

정답과 해설 88쪽

문제

01-**1** $\sum\limits_{k=1}^{n}a_k=n^2-n+1$일 때, $\sum\limits_{k=1}^{10}(a_{2k-1}+a_{2k})$의 값을 구하시오.

01-**2** $\sum\limits_{k=1}^{99}a_k=20$, $a_{100}=\dfrac{1}{9}$일 때, $\sum\limits_{k=1}^{99}k(a_k-a_{k+1})$의 값을 구하시오.

01-**3** 함수 $f(x)$에 대하여 $f(1)=20$, $f(15)=80$일 때, $\sum\limits_{k=1}^{14}f(k+1)-\sum\limits_{k=2}^{15}f(k-1)$의 값을 구하시오.

합의 기호 $\sum$의 성질

유형편 85쪽

필.수.예.제 02

다음을 구하시오.

(1) $\sum\limits_{k=1}^{30} a_k = 10$, $\sum\limits_{k=1}^{30} a_k^2 = 20$일 때, $\sum\limits_{k=1}^{30} (2a_k+1)^2$의 값

(2) $\sum\limits_{k=1}^{4} (5^{k-1}+6)$의 값

공략 Point

두 수열 $\{a_n\}$, $\{b_n\}$과 상수 c에 대하여

(1) $\sum\limits_{k=1}^{n}(a_k+b_k)=\sum\limits_{k=1}^{n}a_k+\sum\limits_{k=1}^{n}b_k$

(2) $\sum\limits_{k=1}^{n}(a_k-b_k)=\sum\limits_{k=1}^{n}a_k-\sum\limits_{k=1}^{n}b_k$

(3) $\sum\limits_{k=1}^{n}ca_k=c\sum\limits_{k=1}^{n}a_k$

(4) $\sum\limits_{k=1}^{n}c=cn$

풀이

(1) $\sum$의 성질에 의하여	$\sum\limits_{k=1}^{30}(2a_k+1)^2=\sum\limits_{k=1}^{30}(4a_k^2+4a_k+1)$
	$=4\sum\limits_{k=1}^{30}a_k^2+4\sum\limits_{k=1}^{30}a_k+\sum\limits_{k=1}^{30}1$
$\sum\limits_{k=1}^{30}a_k=10$, $\sum\limits_{k=1}^{30}a_k^2=20$이므로	$=4\times20+4\times10+1\times30$ $=80+40+30=\mathbf{150}$
(2) $\sum$의 성질에 의하여	$\sum\limits_{k=1}^{4}(5^{k-1}+6)=\sum\limits_{k=1}^{4}5^{k-1}+\sum\limits_{k=1}^{4}6$
	$=(1+5+5^2+5^3)+6\times4$
	$=\dfrac{1\times(5^4-1)}{5-1}+24$
	$=156+24=\mathbf{180}$

정답과 해설 88쪽

문제

02- 1 다음을 구하시오.

(1) $\sum\limits_{k=1}^{10} a_k = 5$, $\sum\limits_{k=1}^{10} a_k^2 = 10$일 때, $\sum\limits_{k=1}^{10}(2a_k-1)^2-\sum\limits_{k=1}^{10}(a_k+3)^2$의 값

(2) $\sum\limits_{k=1}^{12}\dfrac{6^{k-1}-3^k-2^{k+1}}{6^k}$의 값

02- 2 $\sum\limits_{k=1}^{n} a_k = -4n$, $\sum\limits_{k=1}^{n} b_k = n^2+2n$일 때, $\sum\limits_{k=1}^{5}(2a_k+b_k)$의 값을 구하시오.

02- 3 $\sum\limits_{k=1}^{n}(2^k+2)-\sum\limits_{k=5}^{n}(2^k+2)$의 값을 구하시오.

2 자연수의 거듭제곱의 합

1 자연수의 거듭제곱의 합

(1) $1+2+3+\cdots+n=\sum\limits_{k=1}^{n}k=\dfrac{n(n+1)}{2}$

(2) $1^2+2^2+3^2+\cdots+n^2=\sum\limits_{k=1}^{n}k^2=\dfrac{n(n+1)(2n+1)}{6}$

(3) $1^3+2^3+3^3+\cdots+n^3=\sum\limits_{k=1}^{n}k^3=\left\{\dfrac{n(n+1)}{2}\right\}^2$

예 (1) $\sum\limits_{k=1}^{10}k=\dfrac{10\times11}{2}=55$ (2) $\sum\limits_{k=1}^{10}k^2=\dfrac{10\times11\times21}{6}=385$ (3) $\sum\limits_{k=1}^{10}k^3=\left(\dfrac{10\times11}{2}\right)^2=3025$

개념 PLUS

자연수의 거듭제곱의 합

(1) 1부터 n까지 자연수의 합은 첫째항이 1, 공차가 1인 등차수열의 합이므로

$$1+2+3+\cdots+n=\sum\limits_{k=1}^{n}k=\dfrac{n(n+1)}{2}$$

(2) 항등식 $(k+1)^3-k^3=3k^2+3k+1$에서 k에 1, 2, 3, $\cdots$, n을 차례대로 대입하여 변끼리 모두 더하면

$$2^3-1^3=3\times1^2+3\times1+1 \quad \blacktriangleleft k=1일\ 때$$
$$3^3-2^3=3\times2^2+3\times2+1 \quad \blacktriangleleft k=2일\ 때$$
$$4^3-3^3=3\times3^2+3\times3+1 \quad \blacktriangleleft k=3일\ 때$$
$$\vdots$$
$$+)\ (n+1)^3-n^3=3\times n^2+3\times n+1 \quad \blacktriangleleft k=n일\ 때$$

$$(n+1)^3-1^3=3(1^2+2^2+3^2+\cdots+n^2)+3(1+2+3+\cdots+n)+(\underbrace{1+1+1+\cdots+1}_{n\text{개}})$$

$$=3\sum\limits_{k=1}^{n}k^2+3\sum\limits_{k=1}^{n}k+n=3\sum\limits_{k=1}^{n}k^2+3\times\dfrac{n(n+1)}{2}+n$$

$$3\sum\limits_{k=1}^{n}k^2=(n+1)^3-\dfrac{3n(n+1)}{2}-(n+1)=\dfrac{n(n+1)(2n+1)}{2}$$

$$\therefore \sum\limits_{k=1}^{n}k^2=\dfrac{n(n+1)(2n+1)}{6}$$

(3) 항등식 $(k+1)^4-k^4=4k^3+6k^2+4k+1$을 이용하여 (2)와 같은 방법으로 하면

$$\sum\limits_{k=1}^{n}k^3=\left\{\dfrac{n(n+1)}{2}\right\}^2$$

개념 CHECK

정답과 해설 89쪽

1 다음 식의 값을 구하시오.

(1) $\sum\limits_{k=1}^{15}k$

(2) $\sum\limits_{k=1}^{6}k^2+\sum\limits_{k=1}^{5}k^3$

(3) $1^2+2^2+3^2+\cdots+20^2$

(4) $1^3+2^3+3^3+\cdots+8^3$

자연수의 거듭제곱의 합

필.수.예.제
03

다음 식의 값을 구하시오.

(1) $\sum_{k=1}^{10} (k^3 - 3k^2)$

(2) $\sum_{k=1}^{20} \dfrac{1+2+3+\cdots+k}{k}$

공략 Point

(1) $\sum_{k=1}^{n} k = \dfrac{n(n+1)}{2}$

(2) $\sum_{k=1}^{n} k^2 = \dfrac{n(n+1)(2n+1)}{6}$

(3) $\sum_{k=1}^{n} k^3 = \left\{ \dfrac{n(n+1)}{2} \right\}^2$

풀이

(1) $\sum$의 성질에 의하여	$\sum_{k=1}^{10}(k^3-3k^2)=\sum_{k=1}^{10}k^3-3\sum_{k=1}^{10}k^2$
자연수의 거듭제곱의 합에 의하여	$=\left(\dfrac{10\times11}{2}\right)^2-3\times\dfrac{10\times11\times21}{6}$ $=3025-1155=\mathbf{1870}$

(2) $1+2+3+\cdots+k=\dfrac{k(k+1)}{2}$이므로	$\sum_{k=1}^{20}\dfrac{1+2+3+\cdots+k}{k}=\sum_{k=1}^{20}\dfrac{\dfrac{k(k+1)}{2}}{k}$ $=\sum_{k=1}^{20}\dfrac{k+1}{2}$
$\sum$의 성질에 의하여	$=\dfrac{1}{2}\sum_{k=1}^{20}k+\sum_{k=1}^{20}\dfrac{1}{2}$
자연수의 거듭제곱의 합에 의하여	$=\dfrac{1}{2}\times\dfrac{20\times21}{2}+\dfrac{1}{2}\times20$ $=105+10=\mathbf{115}$

정답과 해설 **89쪽**

문제

03-1 다음 식의 값을 구하시오.

(1) $\sum_{k=1}^{8} (4k - 2k^2)$

(2) $\sum_{k=1}^{10} \dfrac{1^2 + 2^2 + 3^2 + \cdots + k^2}{k}$

03-2 $\sum_{k=5}^{9} k(2k-1)(2k+1)$의 값을 구하시오.

03-3 $\sum_{k=1}^{n} (k+1)^2 - \sum_{k=1}^{n} (k-1)^2 = 840$을 만족시키는 자연수 n의 값을 구하시오.

필.수.예.제
04

다음 수열의 첫째항부터 제n항까지의 합을 구하시오.

(1) 1^2, 3^2, 5^2, 7^2, $\cdots$

(2) 1, $1+2$, $1+2+3$, $1+2+3+4$, $\cdots$

공략 Point

주어진 수열의 일반항을 구한 후 수열의 합을 ∑를 사용하여 나타낸다.

풀이

(1) 주어진 수열의 일반항을 a_n이라 하면

$a_n = (2n-1)^2 = 4n^2 - 4n + 1$

따라서 수열 $\{a_n\}$의 첫째항부터 제n항까지의 합은

$$\sum_{k=1}^{n} a_k = \sum_{k=1}^{n} (4k^2 - 4k + 1)$$
$$= 4\sum_{k=1}^{n} k^2 - 4\sum_{k=1}^{n} k + \sum_{k=1}^{n} 1$$
$$= 4 \times \frac{n(n+1)(2n+1)}{6} - 4 \times \frac{n(n+1)}{2} + n$$
$$= \frac{n(2n+1)(2n-1)}{3}$$

(2) 주어진 수열의 일반항을 a_n이라 하면

$a_n = 1 + 2 + 3 + \cdots + n = \dfrac{n(n+1)}{2}$

따라서 수열 $\{a_n\}$의 첫째항부터 제n항까지의 합은

$$\sum_{k=1}^{n} a_k = \sum_{k=1}^{n} \frac{k(k+1)}{2}$$
$$= \frac{1}{2}\sum_{k=1}^{n} k^2 + \frac{1}{2}\sum_{k=1}^{n} k$$
$$= \frac{1}{2} \times \frac{n(n+1)(2n+1)}{6} + \frac{1}{2} \times \frac{n(n+1)}{2}$$
$$= \frac{n(n+1)(n+2)}{6}$$

정답과 해설 89쪽

문제

04-**1** 다음 수열의 첫째항부터 제n항까지의 합을 구하시오.

(1) $1^2 \times 2$, $2^2 \times 3$, $3^2 \times 4$, $4^2 \times 5$, $\cdots$

(2) 1, $1+3$, $1+3+5$, $1+3+5+7$, $\cdots$

04-**2** $1 \times 3 + 2 \times 4 + 3 \times 5 + \cdots + 12 \times 14$의 값을 구하시오.

$\sum$를 여러 개 포함한 식의 계산

✎ 유형편 87쪽

필.수.예.제
05

다음 물음에 답하시오.

(1) $\displaystyle\sum_{j=1}^{10}\left\{\sum_{k=1}^{j}(2k+3)\right\}$의 값을 구하시오.

(2) $\displaystyle\sum_{k=1}^{n}\left\{\sum_{i=1}^{k}(i+k)\right\}$를 간단히 하시오.

공략 Point

상수인 것과 상수가 아닌 것을 구분하여 괄호 안의 $\sum$부터 차례대로 계산한다.

풀이

(1) $\displaystyle\sum_{k=1}^{j}(2k+3)$을 계산하면

$$\sum_{k=1}^{j}(2k+3)=2\sum_{k=1}^{j}k+\sum_{k=1}^{j}3$$
$$=2\times\frac{j(j+1)}{2}+3j=j^2+4j$$

따라서 $\displaystyle\sum_{j=1}^{10}\left\{\sum_{k=1}^{j}(2k+3)\right\}$의 값은

$$\sum_{j=1}^{10}\left\{\sum_{k=1}^{j}(2k+3)\right\}=\sum_{j=1}^{10}(j^2+4j)=\sum_{j=1}^{10}j^2+4\sum_{j=1}^{10}j$$
$$=\frac{10\times11\times21}{6}+4\times\frac{10\times11}{2}$$
$$=385+220=\mathbf{605}$$

(2) $\displaystyle\sum_{i=1}^{k}(i+k)$를 계산하면

$$\sum_{i=1}^{k}(i+k)=\sum_{i=1}^{k}i+\sum_{i=1}^{k}k$$
$$=\frac{k(k+1)}{2}+k\times k=\frac{3k^2+k}{2}$$

따라서 $\displaystyle\sum_{k=1}^{n}\left\{\sum_{i=1}^{k}(i+k)\right\}$를 간단히 하면

$$\sum_{k=1}^{n}\left\{\sum_{i=1}^{k}(i+k)\right\}$$
$$=\sum_{k=1}^{n}\frac{3k^2+k}{2}=\frac{3}{2}\sum_{k=1}^{n}k^2+\frac{1}{2}\sum_{k=1}^{n}k$$
$$=\frac{3}{2}\times\frac{n(n+1)(2n+1)}{6}+\frac{1}{2}\times\frac{n(n+1)}{2}$$
$$=\frac{n(n+1)^2}{2}$$

정답과 해설 90쪽

문제

05-**1** 다음 물음에 답하시오.

(1) $\displaystyle\sum_{k=1}^{5}\left(\sum_{j=1}^{10}jk^2\right)-\sum_{k=1}^{10}\left(\sum_{j=1}^{5}jk\right)$의 값을 구하시오.

(2) $\displaystyle\sum_{l=1}^{n}\left\{\sum_{k=1}^{10}(k+l)\right\}$을 간단히 하시오.

05-**2** $\displaystyle\sum_{m=1}^{n}\left\{\sum_{l=1}^{m}\left(\sum_{k=1}^{l}6\right)\right\}=120$을 만족시키는 자연수 n의 값을 구하시오.

필.수.예.제 06

수열 $\{a_n\}$의 첫째항부터 제n항까지의 합을 S_n이라 하면 $S_n=\sum\limits_{k=1}^{n}a_k$이므로 수열의 합과 일반항 사이의 관계를 이용하여 일반항 a_n을 구한다.

➡ $a_1=S_1$,
$a_n=S_n-S_{n-1}\ (n\geq 2)$

$\sum\limits_{k=1}^{n}a_k=n^2+2n$일 때, $\sum\limits_{k=1}^{10}ka_{3k}$의 값을 구하시오.

풀이

수열 $\{a_n\}$의 첫째항부터 제n항까지의 합을 S_n이라 하면	$S_n=\sum\limits_{k=1}^{n}a_k=n^2+2n$
(i) $n\geq 2$일 때	$a_n=S_n-S_{n-1}$ $=n^2+2n-\{(n-1)^2+2(n-1)\}$ $=2n+1$ ...... ㉠
(ii) $n=1$일 때	$a_1=S_1=1^2+2\times 1=3$ ...... ㉡
이때 ㉡은 ㉠에 $n=1$을 대입한 값과 같으므로 일반항 a_n은	$a_n=2n+1$
따라서 $a_{3k}=2\times 3k+1=6k+1$이므로	$\sum\limits_{k=1}^{10}ka_{3k}=\sum\limits_{k=1}^{10}k(6k+1)$ $=\sum\limits_{k=1}^{10}(6k^2+k)=6\sum\limits_{k=1}^{10}k^2+\sum\limits_{k=1}^{10}k$ $=6\times\dfrac{10\times 11\times 21}{6}+\dfrac{10\times 11}{2}$ $=2310+55=\mathbf{2365}$

정답과 해설 90쪽

문제

06-1 $\sum\limits_{k=1}^{n}a_k=n^2+n$일 때, $\sum\limits_{k=1}^{20}(k-12)a_{2k}$의 값을 구하시오.

06-2 $\sum\limits_{k=1}^{n}a_k=2^{n+1}+1$일 때, $\sum\limits_{k=1}^{5}a_{2k+1}$의 값을 구하시오.

06-3 $\sum\limits_{k=1}^{n}a_k=n^2-11n$일 때, $\sum\limits_{k=1}^{30}|a_{2k}|$의 값을 구하시오.

여러 가지 수열의 합

1 분모가 곱으로 표현된 수열의 합

분모가 곱으로 표현된 수열의 합은 $\dfrac{1}{AB}=\dfrac{1}{B-A}\left(\dfrac{1}{A}-\dfrac{1}{B}\right)(A\neq B)$임을 이용하여 다음과
같이 변형한 후 구한다.

(1) $\displaystyle\sum_{k=1}^{n}\dfrac{1}{k(k+a)}=\dfrac{1}{a}\sum_{k=1}^{n}\left(\dfrac{1}{k}-\dfrac{1}{k+a}\right)$

(2) $\displaystyle\sum_{k=1}^{n}\dfrac{1}{(k+a)(k+b)}=\dfrac{1}{b-a}\sum_{k=1}^{n}\left(\dfrac{1}{k+a}-\dfrac{1}{k+b}\right)$

예 (1) $\displaystyle\sum_{k=1}^{5}\dfrac{1}{k(k+1)}=\sum_{k=1}^{5}\left(\dfrac{1}{k}-\dfrac{1}{k+1}\right)$

$\qquad=\left(1-\dfrac{1}{2}\right)+\left(\dfrac{1}{2}-\dfrac{1}{3}\right)+\left(\dfrac{1}{3}-\dfrac{1}{4}\right)+\left(\dfrac{1}{4}-\dfrac{1}{5}\right)+\left(\dfrac{1}{5}-\dfrac{1}{6}\right)$

◀ 앞에서 남는 항과
뒤에서 남는 항은
서로 대칭이 되는
위치에 있다.

$\qquad=1-\dfrac{1}{6}=\dfrac{5}{6}$

(2) $\displaystyle\sum_{k=1}^{5}\dfrac{1}{(k+1)(k+2)}=\sum_{k=1}^{5}\left(\dfrac{1}{k+1}-\dfrac{1}{k+2}\right)$

$\qquad=\left(\dfrac{1}{2}-\dfrac{1}{3}\right)+\left(\dfrac{1}{3}-\dfrac{1}{4}\right)+\left(\dfrac{1}{4}-\dfrac{1}{5}\right)+\left(\dfrac{1}{5}-\dfrac{1}{6}\right)+\left(\dfrac{1}{6}-\dfrac{1}{7}\right)$

$\qquad=\dfrac{1}{2}-\dfrac{1}{7}=\dfrac{5}{14}$

2 분모가 무리식인 수열의 합

분모가 무리식인 수열의 합은 다음과 같이 분모를 유리화한 후 구한다.

$$\sum_{k=1}^{n}\dfrac{1}{\sqrt{k}+\sqrt{k+1}}=\sum_{k=1}^{n}\dfrac{\sqrt{k}-\sqrt{k+1}}{(\sqrt{k}+\sqrt{k+1})(\sqrt{k}-\sqrt{k+1})}=\sum_{k=1}^{n}(\sqrt{k+1}-\sqrt{k})$$

예 $\displaystyle\sum_{k=1}^{10}\dfrac{1}{\sqrt{k}+\sqrt{k+1}}=\sum_{k=1}^{10}\dfrac{\sqrt{k}-\sqrt{k+1}}{(\sqrt{k}+\sqrt{k+1})(\sqrt{k}-\sqrt{k+1})}$

$\qquad=\displaystyle\sum_{k=1}^{10}(\sqrt{k+1}-\sqrt{k})$

$\qquad=(\sqrt{2}-1)+(\sqrt{3}-\sqrt{2})+(\sqrt{4}-\sqrt{3})+\cdots+(\sqrt{11}-\sqrt{10})$

$\qquad=\sqrt{11}-1$

개념 CHECK

정답과 해설 91쪽

1 다음 식의 값을 구하시오.

(1) $\displaystyle\sum_{k=1}^{10}\dfrac{1}{(k+2)(k+3)}$

(2) $\displaystyle\sum_{k=1}^{13}\dfrac{1}{\sqrt{k+2}+\sqrt{k+3}}$

필.수.예.제
07

✎ 유형편 88쪽

수열 $\dfrac{1}{1\times 2}$, $\dfrac{1}{2\times 3}$, $\dfrac{1}{3\times 4}$, $\dfrac{1}{4\times 5}$, …의 첫째항부터 제n항까지의 합을 구하시오.

공략 Point

분모가 곱으로 표현된 수열의 합은 다음을 이용하여 변형한 후 구한다.

➡ $\dfrac{1}{AB}=\dfrac{1}{B-A}\left(\dfrac{1}{A}-\dfrac{1}{B}\right)$

(단, $A\neq B$)

풀이

주어진 수열의 일반항을 a_n이라 하면	$a_n=\dfrac{1}{n(n+1)}$
따라서 수열 $\{a_n\}$의 첫째항부터 제n항까지의 합은	$\begin{aligned}\sum_{k=1}^{n} a_k &=\sum_{k=1}^{n}\dfrac{1}{k(k+1)} \\ &=\sum_{k=1}^{n}\left(\dfrac{1}{k}-\dfrac{1}{k+1}\right) \\ &=\left(1-\dfrac{1}{2}\right)+\left(\dfrac{1}{2}-\dfrac{1}{3}\right)+\cdots+\left(\dfrac{1}{n}-\dfrac{1}{n+1}\right) \\ &=1-\dfrac{1}{n+1}=\dfrac{\boldsymbol{n}}{\boldsymbol{n+1}}\end{aligned}$

정답과 해설 91쪽

문제

07-**1** 수열 $\dfrac{1}{3^2-1}$, $\dfrac{1}{5^2-1}$, $\dfrac{1}{7^2-1}$, …의 첫째항부터 제n항까지의 합을 구하시오.

07-**2** $1+\dfrac{1}{1+2}+\dfrac{1}{1+2+3}+\cdots+\dfrac{1}{1+2+3+\cdots+9}$ 의 값을 구하시오.

07-**3** $\displaystyle\sum_{k=1}^{n} a_k=n^2+3n$일 때, $\displaystyle\sum_{k=1}^{10}\dfrac{4}{a_k a_{k+1}}$의 값을 구하시오.

분모가 무리식인 수열의 합

유형편 88쪽

필.수.예.제 08

공략 Point

분모가 무리식인 수열의 합은 분모를 유리화한 후 구한다.

수열 $\dfrac{1}{1+\sqrt{2}}$, $\dfrac{1}{\sqrt{2}+\sqrt{3}}$, $\dfrac{1}{\sqrt{3}+\sqrt{4}}$, $\cdots$의 첫째항부터 제48항까지의 합을 구하시오.

풀이

주어진 수열의 일반항을 a_n이라 하면	$a_n = \dfrac{1}{\sqrt{n}+\sqrt{n+1}}$
따라서 수열 $\{a_n\}$의 첫째항부터 제48항까지의 합은	$\displaystyle\sum_{k=1}^{48} a_k = \sum_{k=1}^{48} \dfrac{1}{\sqrt{k}+\sqrt{k+1}}$ $= \displaystyle\sum_{k=1}^{48} \dfrac{\sqrt{k}-\sqrt{k+1}}{(\sqrt{k}+\sqrt{k+1})(\sqrt{k}-\sqrt{k+1})}$ $= \displaystyle\sum_{k=1}^{48} (\sqrt{k+1}-\sqrt{k})$ $= (\sqrt{2}-\sqrt{1})+(\sqrt{3}-\sqrt{2})+\cdots+(\sqrt{49}-\sqrt{48})$ $= -1+7 = \mathbf{6}$

정답과 해설 92쪽

문제

08-1 수열 $\dfrac{1}{1+\sqrt{3}}$, $\dfrac{1}{\sqrt{3}+\sqrt{5}}$, $\dfrac{1}{\sqrt{5}+\sqrt{7}}$, $\cdots$의 첫째항부터 제60항까지의 합을 구하시오.

08-2 첫째항이 3, 공차가 2인 등차수열 $\{a_n\}$에 대하여 $\displaystyle\sum_{k=1}^{36} \dfrac{1}{\sqrt{a_k}+\sqrt{a_{k+1}}}$의 값을 구하시오.

08-3 자연수 n에 대하여 $f(n)=\sqrt{n+1}+\sqrt{n+2}$일 때, $\displaystyle\sum_{k=1}^{n} \dfrac{1}{f(k)}=3\sqrt{2}$를 만족시키는 n의 값을 구하시오.

(등차수열)×(등비수열) 꼴의 수열의 합

수열의 합 $1\times5+2\times5^2+3\times5^3+\cdots+n\times5^n$을 구해 보자.

주어진 수열의 합은 등차수열 $1, 2, 3, \cdots, n$과 등비수열 $5, 5^2, 5^3, \cdots, 5^n$을 서로 대응하는 항끼리 곱하여 더한 것이다.

구하는 합을 S로 놓으면

$$S=1\times5+2\times5^2+3\times5^3+\cdots+n\times5^n \qquad \cdots\cdots \text{㉠}$$

㉠의 양변에 등비수열의 공비 5를 곱하면

$$5S=1\times5^2+2\times5^3+3\times5^4+\cdots+n\times5^{n+1} \qquad \cdots\cdots \text{㉡}$$

㉠에서 ㉡을 변끼리 빼면

$$S=1\times5+2\times5^2+3\times5^3+4\times5^4+\cdots+n\times5^n$$
$$-)\ 5S=\qquad\ \ 1\times5^2+2\times5^3+3\times5^4+\cdots+(n-1)\times5^n+n\times5^{n+1}$$
$$\overline{-4S=1\times5+1\times5^2+1\times5^3+1\times5^4+\cdots+1\times5^n-n\times5^{n+1}}$$
$$=(5+5^2+5^3+5^4+\cdots+5^n)-n\times5^{n+1}$$
$$=\frac{5(5^n-1)}{5-1}-n\times5^{n+1}$$
$$\therefore S=-\frac{5(5^n-1)}{16}+\frac{n\times5^{n+1}}{4}$$

일반적으로 (등차수열)×(등비수열) 꼴의 수열의 합은 다음과 같은 순서로 구한다.

> (1) 주어진 수열의 합을 S로 놓는다.
> (2) 등비수열의 공비가 r일 때, $S-rS$를 계산한다. (단, $r\neq1$)
> (3) (2)의 식에서 S의 값을 구한다.

예 수열의 합 $1\times2+2\times2^2+3\times2^3+\cdots+8\times2^8$의 값을 구하시오.

풀이 구하는 합을 S로 놓으면

$$S=1\times2+2\times2^2+3\times2^3+\cdots+8\times2^8 \qquad \cdots\cdots \text{㉠}$$

㉠의 양변에 등비수열의 공비 2를 곱하면

$$2S=1\times2^2+2\times2^3+3\times2^4+\cdots+8\times2^9 \qquad \cdots\cdots \text{㉡}$$

㉠에서 ㉡을 변끼리 빼면

$$S=1\times2+2\times2^2+3\times2^3+4\times2^4+\cdots+8\times2^8$$
$$-)\ 2S=\qquad\ +1\times2^2+2\times2^3+3\times2^4+\cdots+7\times2^8+8\times2^9$$
$$\overline{-S=1\times2+1\times2^2+1\times2^3+\cdots+1\times2^8-8\times2^9}$$
$$=(2+2^2+2^3+\cdots+2^8)-8\times2^9=\frac{2(2^8-1)}{2-1}-8\times2^9$$
$$=2^9-2-8\times2^9=-7\times2^9-2$$
$$\therefore S=7\times2^9+2$$

따라서 구하는 합은 3586

PLUS 특강   군수열

수열을 몇 개의 항씩 묶어서 규칙을 가진 군으로 나눈 수열을 군수열이라 하고, 각 군을 앞에서부터 차례대로 제1군, 제2군, 제3군, …이라 한다.

일반적으로 군수열에 대한 문제는 다음과 같은 순서로 해결한다.

> (1) 수열의 각 항의 규칙을 파악하여 군으로 묶는다.
> (2) 각 군의 항의 개수와 제n군까지의 항의 개수 및 제n군의 항에 대한 규칙을 파악한다.
> (3) 제k항이 제몇 군의 제몇 항인지 구한다.

예 다음 물음에 답하시오.

(1) 수열 $1, 1, 2, 1, 2, 3, 1, 2, 3, 4, 1, 2, 3, 4, 5, \cdots$에서 제100항을 구하시오.

(2) 수열 $\dfrac{1}{1}, \dfrac{1}{2}, \dfrac{2}{2}, \dfrac{1}{3}, \dfrac{2}{3}, \dfrac{3}{3}, \dfrac{1}{4}, \dfrac{2}{4}, \dfrac{3}{4}, \dfrac{4}{4}, \cdots$에서 첫째항부터 제175항까지의 합을 구하시오.

풀이 (1) 주어진 수열을 각 군의 첫째항이 1이 되도록 묶으면

$$\underset{\text{제1군}}{(1)}, \underset{\text{제2군}}{(1, 2)}, \underset{\text{제3군}}{(1, 2, 3)}, \underset{\text{제4군}}{(1, 2, 3, 4)}, \underset{\text{제5군}}{(1, 2, 3, 4, 5)}, \cdots, \underset{\text{제}n\text{군}}{(1, 2, 3, 4, \cdots, n)}$$

제n군의 항의 개수는 n이므로 제1군부터 제n군까지의 항의 개수는

$$1+2+3+\cdots+n=\sum_{k=1}^{n}k=\frac{n(n+1)}{2}$$

제1군부터 제13군까지의 항의 개수는 $\dfrac{13 \times 14}{2}=91$이므로 제100항은 제14군의 9번째 항이다.

이때 각 군은 첫째항이 1, 제k항이 k이므로 제100항은 9이다.

(2) 주어진 수열을 분모가 같은 것끼리 묶으면

$$\underset{\text{제1군}}{\left(\frac{1}{1}\right)}, \underset{\text{제2군}}{\left(\frac{1}{2}, \frac{2}{2}\right)}, \underset{\text{제3군}}{\left(\frac{1}{3}, \frac{2}{3}, \frac{3}{3}\right)}, \underset{\text{제4군}}{\left(\frac{1}{4}, \frac{2}{4}, \frac{3}{4}, \frac{4}{4}\right)}, \cdots, \underset{\text{제}n\text{군}}{\left(\frac{1}{n}, \frac{2}{n}, \frac{3}{n}, \frac{4}{n}, \cdots, \frac{n}{n}\right)}$$

제n군의 항의 개수는 n이므로 제1군부터 제n군까지의 항의 개수는

$$1+2+3+\cdots+n=\sum_{k=1}^{n}k=\frac{n(n+1)}{2}$$

제1군부터 제18군까지의 항의 개수는 $\dfrac{18 \times 19}{2}=171$이므로 제175항은 제19군의 4번째 항이다.

또 제n군의 항의 합은

$$\frac{1}{n}+\frac{2}{n}+\frac{3}{n}+\cdots+\frac{n}{n}=\frac{1+2+3+\cdots+n}{n}=\frac{\dfrac{n(n+1)}{2}}{n}=\frac{n+1}{2}$$

따라서 첫째항부터 제175항까지의 합은 (제1군부터 제18군까지의 합)+(제19군의 첫째항부터 제4항까지의 합)이므로

$$\sum_{k=1}^{18}\frac{k+1}{2}+\left(\frac{1}{19}+\frac{2}{19}+\frac{3}{19}+\frac{4}{19}\right)=\frac{1}{2}\sum_{k=1}^{18}k+\sum_{k=1}^{18}\frac{1}{2}+\frac{10}{19}=\frac{1}{2}\times\frac{18\times19}{2}+\frac{1}{2}\times18+\frac{10}{19}$$

$$=\frac{171}{2}+9+\frac{10}{19}=\frac{3611}{38}$$

1 다음 보기 중 옳은 것만을 있는 대로 고른 것은?

┌─ 보기 ──────────────────────┐

ㄱ. $\sum\limits_{k=1}^{n} k^2 = \sum\limits_{k=0}^{n-1} (k+1)^2$

ㄴ. $\sum\limits_{k=1}^{n} 3^k = \sum\limits_{k=2}^{n+1} 3^k$

ㄷ. $\sum\limits_{i=1}^{m-1} a_i + \sum\limits_{j=m}^{n} a_j = \sum\limits_{k=1}^{n} a_k$ (단, $n \geq m \geq 2$)

ㄹ. $\sum\limits_{k=1}^{n} (a_{3k} + a_{3k+1} + a_{3k+2}) = \sum\limits_{k=3}^{3n} a_k$

└─────────────────────────────┘

① ㄱ, ㄴ   ② ㄱ, ㄷ   ③ ㄴ, ㄷ

④ ㄴ, ㄹ   ⑤ ㄷ, ㄹ

2 $\sum\limits_{k=1}^{100} ka_k = 600$, $\sum\limits_{k=1}^{99} ka_{k+1} = 300$일 때, $\sum\limits_{k=1}^{100} a_k$의 값은?

① 100   ② 200   ③ 300

④ 400   ⑤ 500

3 $\sum\limits_{k=1}^{40} (a_k + a_{k+1}) = 30$, $\sum\limits_{k=1}^{20} (a_{2k-1} + a_{2k}) = 10$일 때, $a_1 - a_{41}$의 값은?

① -20 ② -10 ③ 0

④ 10   ⑤ 20

4 등차수열 $\{a_n\}$에 대하여 $a_{11} = 28$이고 $\sum\limits_{k=1}^{10} k(a_k - a_{k+1}) = -165$일 때, a_{21}의 값을 구하시오.

5 $\sum\limits_{k=1}^{30} \log_5 \{\log_{k+1} (k+2)\}$의 값은?

① $\dfrac{1}{5}$ ② $\dfrac{1}{2}$ ③ 1

④ 2   ⑤ 5

(평가원)

6 두 수열 $\{a_n\}$, $\{b_n\}$이 모든 자연수 n에 대하여 $a_n + b_n = 10$을 만족시킨다. $\sum\limits_{k=1}^{10} (a_k + 2b_k) = 160$일 때, $\sum\limits_{k=1}^{10} b_k$의 값은?

① 60   ② 70   ③ 80

④ 90   ⑤ 100

7 $\sum\limits_{k=1}^{10} (3a_k - 2b_k + 1) = 15$, $\sum\limits_{k=1}^{10} (2a_k + 5b_k) = 130$일 때, $\sum\limits_{k=1}^{10} (a_k + b_k)$의 값은?

① 30   ② 35   ③ 40

④ 45   ⑤ 50

8 $\displaystyle\sum_{k=1}^{8}\left(2^{k+1}-\frac{1}{6}k^3\right)$의 값은?

① 800 ② 802 ③ 804

④ 806 ⑤ 808

11 $\displaystyle\sum_{k=1}^{11}(k-a)(2k-a)$의 값이 최소가 되도록 하는 상수 a의 값은?

① 7 ② 8 ③ 9

④ 10 ⑤ 11

9 $\displaystyle\sum_{k=2}^{20}\frac{k^3}{k-1}-\sum_{k=2}^{20}\frac{1}{k-1}$의 값은?

① 3096 ② 3097 ③ 3098

④ 3099 ⑤ 3100

12 수열 1, 2+4, 3+6+9, 4+8+12+16, ⋯의 첫째항부터 제15항까지의 합은?

① 7800 ② 7810 ③ 7820

④ 7830 ④ 7840

수능

10 자연수 n에 대하여 다항식 $2x^2-3x+1$을 $x-n$으로 나누었을 때의 나머지를 a_n이라 할 때, $\displaystyle\sum_{n=1}^{7}(a_n-n^2+n)$의 값을 구하시오.

13 다음 식을 간단히 하시오.

$$1\times n+2\times(n-1)+3\times(n-2)$$
$$+\cdots+(n-1)\times 2+n\times 1$$

14 $\displaystyle\sum_{k=1}^{10}\left\{\sum_{m=1}^{n}2^m(2k-1)\right\}=a(2^n-1)$을 만족시키는 자연수 a의 값은?

① 100   ② 200   ③ 300

④ 400   ⑤ 500

15 $\displaystyle\sum_{k=1}^{n}a_k=\frac{n}{n+1}$일 때, $\displaystyle\sum_{k=1}^{12}\frac{1}{a_k}$의 값은?

① 722   ② 724   ③ 726

④ 728   ⑤ 730

16 x에 대한 이차방정식 $x^2+2x-n^2+1=0$의 두 근을 a_n, b_n이라 할 때, $\displaystyle\sum_{n=2}^{10}\left(\frac{1}{a_k}+\frac{1}{b_k}\right)$의 값을 구하시오. (단, $n\geq2$)

17 첫째항이 2이고, 각 항이 양수인 수열 $\{a_n\}$의 첫째항부터 제n항까지의 합을 S_n이라 하자. $\displaystyle\sum_{k=1}^{10}\frac{a_{k+1}}{S_kS_{k+1}}=\frac{1}{3}$일 때, S_{11}의 값은?

① 6   ② 7   ③ 8

④ 9   ⑤ 10

18 $\displaystyle\sum_{k=1}^{n}a_k=2n^2+n$일 때, $\displaystyle\sum_{k=1}^{80}\frac{2}{\sqrt{a_k+1}+\sqrt{a_{k+1}+1}}$의 값은?

① 8   ② 9   ③ 10

④ 11   ⑤ 12

19 오른쪽 그림과 같이 함수 $y=\sqrt{x}$의 그래프와 x축이 두 직선 $x=k$, $x=k+1$ $(k>0)$과 만나는 네 점을 꼭짓점으로 하는 사각형의 넓이를 S_k라 할 때, $\displaystyle\sum_{k=1}^{99}\frac{1}{S_k}$의 값을 구하시오.

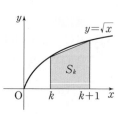

실력

20 수열 $\{a_n\}$의 각 항의 값은 0, 1, 3 중 하나이고 $\sum\limits_{k=1}^{10} a_k = 10$, $\sum\limits_{k=1}^{10} a_k^{\,2} = 22$일 때, $\sum\limits_{k=1}^{10} a_k^{\,3}$의 값은?

① 56   ② 57   ③ 58

④ 59   ⑤ 60

21 다음과 같이 자연수를 배열할 때, n행에 나열된 모든 수의 합을 a_n이라 하자. 이때 $\sum\limits_{k=1}^{15} a_k$의 값을 구하시오.

1행					1				
2행				1	2	1			
3행			1	2	3	2	1		
4행	1	2	3	4	3	2	1		

$\vdots$

22 수열 $\{a_n\}$에 대하여
$$a_1 + 2a_2 + 3a_3 + \cdots + na_n = n(n+1)(n+2)$$
일 때, $\sum\limits_{k=1}^{10}(a_{2k-1} + a_{2k})$의 값을 구하시오.

23 함수 $f(x) = x^2 + x - \dfrac{1}{3}$에 대하여 부등식
$$f(n) < k < f(n) + 1 \ (n = 1, 2, 3, \cdots)$$
을 만족시키는 정수 k의 값을 a_n이라 하자.
$\sum\limits_{n=1}^{100} \dfrac{1}{a_n} = \dfrac{q}{p}$일 때, $p+q$의 값을 구하시오.

(단, p와 q는 서로소인 자연수이다.)

24 $S_n = 1 + \dfrac{2}{2} + \dfrac{3}{2^2} + \cdots + \dfrac{n}{2^{n-1}}$일 때, $S_{10} = a - \dfrac{b}{2^7}$를 만족시키는 자연수 a, b에 대하여 $a+b$의 값은?

① 5   ② 6   ③ 7

④ 8   ⑤ 9

25 다음과 같이 자연수를 배열할 때, 위에서 10번째 줄에 나열된 모든 수의 합을 구하시오.

			1			
		2	3	4		
	5	6	7	8	9	
10	11	12	13	14	15	16

$\vdots$

수열의 귀납적 정의

1 수열의 귀납적 정의

수열 $\{a_n\}$에 대하여

(i) 첫째항 a_1의 값

(ii) 이웃하는 두 항 a_n, a_{n+1} ($n=1, 2, 3, \cdots$) 사이의 관계식

이 주어질 때, $n=1, 2, 3, \cdots$을 차례대로 대입하면 수열 $\{a_n\}$의 모든 항을 구할 수 있다.

일반적으로 처음 몇 개의 항과 이웃하는 여러 항 사이의 관계식으로 수열을 정의하는 것을 수열의 **귀납적 정의**라 한다.

[예] 수열 $\{a_n\}$이 $a_1=2$, $a_{n+1}=a_n+2$ ($n=1, 2, 3, \cdots$)로 정의되면 이 수열의 모든 항은 다음과 같이 구할 수 있다.

$$a_2=a_1+2=4,\ a_3=a_2+2=6,\ a_4=a_3+2=8,\ \cdots$$

2 등차수열과 등비수열을 나타내는 관계식

(1) 등차수열을 나타내는 관계식

① $a_{n+1}=a_n+d \iff a_{n+1}-a_n=d$ ◀ 공차가 d인 등차수열

② $2a_{n+1}=a_n+a_{n+2} \iff a_{n+2}-a_{n+1}=a_{n+1}-a_n$ ◀ 등차중항

(2) 등비수열을 나타내는 관계식

① $a_{n+1}=ra_n \iff \dfrac{a_{n+1}}{a_n}=r$ ◀ 공비가 r인 등비수열

② $a_{n+1}{}^2=a_n a_{n+2} \iff \dfrac{a_{n+2}}{a_{n+1}}=\dfrac{a_{n+1}}{a_n}$ ◀ 등비중항

3 여러 가지 수열의 귀납적 정의

(1) $a_{n+1}=a_n+f(n)$ 꼴

n에 $1, 2, 3, \cdots, n-1$을 차례대로 대입하여 변끼리 모두 더한다.

$$\Rightarrow a_n=a_1+f(1)+f(2)+f(3)$$
$$+\cdots+f(n-1)$$
$$=a_1+\sum_{k=1}^{n-1} f(k)$$

$$
\begin{aligned}
a_2 &= a_1+f(1)\\
a_3 &= a_2+f(2)\\
a_4 &= a_3+f(3)\\
&\ \vdots\\
+\ )\ a_n &= a_{n-1}+f(n-1)\\
\hline
a_n &= a_1+f(1)+f(2)+\cdots+f(n-1)
\end{aligned}
$$

(2) $a_{n+1}=a_n f(n)$ 꼴

n에 $1, 2, 3, \cdots, n-1$을 차례대로 대입하여 변끼리 모두 곱한다.

$$\Rightarrow a_n=a_1 f(1)f(2)f(3)\cdots f(n-1)$$

$$
\begin{aligned}
a_2 &= a_1 f(1)\\
a_3 &= a_2 f(2)\\
a_4 &= a_3 f(3)\\
&\ \vdots\\
\times\ )\ a_n &= a_{n-1} f(n-1)\\
\hline
a_n &= a_1 f(1)f(2)f(3)\cdots f(n-1)
\end{aligned}
$$

등차수열의 귀납적 정의

✏ 유형편 **90쪽**

필.수.예.제
01

다음과 같이 정의된 수열 $\{a_n\}$의 제15항을 구하시오.

(1) $a_1=2$, $a_{n+1}=a_n+3$ $(n=1, 2, 3, \cdots)$

(2) $a_1=1$, $a_2=5$, $2a_{n+1}=a_n+a_{n+2}$ $(n=1, 2, 3, \cdots)$

공략 Point

등차수열을 나타내는 관계식
(1) $a_{n+1}=a_n+d$
(2) $2a_{n+1}=a_n+a_{n+2}$

풀이

(1) 수열 $\{a_n\}$은 첫째항이 2, 공차가 3인 등차수열이므로 일반항 a_n은	$a_n=2+(n-1)\times3=3n-1$
따라서 제15항을 구하면	$a_{15}=3\times15-1=\mathbf{44}$

(2) 수열 $\{a_n\}$은 첫째항이 1, 공차가 4인 등차수열이므로 일반항 a_n은	$a_n=1+(n-1)\times4=4n-3$
따라서 제15항을 구하면	$a_{15}=4\times15-3=\mathbf{57}$

정답과 해설 96쪽

문제

01-1

다음과 같이 정의된 수열 $\{a_n\}$의 제10항을 구하시오.

(1) $a_1=5$, $a_{n+1}=a_n-2$ $(n=1, 2, 3, \cdots)$

(2) $a_1=2$, $a_2=7$, $2a_{n+1}=a_n+a_{n+2}$ $(n=1, 2, 3, \cdots)$

01-2

$a_1=-2$, $a_{n+1}=a_n+6$ $(n=1, 2, 3, \cdots)$으로 정의된 수열 $\{a_n\}$에서 $a_k=112$를 만족시키는 자연수 k의 값을 구하시오.

01-3

$a_1=20$, $a_4=11$, $2a_{n+1}-a_n-a_{n+2}=0$ $(n=1, 2, 3, \cdots)$으로 정의된 수열 $\{a_n\}$에 대하여 $\sum\limits_{k=1}^{12}a_k$의 값을 구하시오.

등비수열의 귀납적 정의

필.수.예.제 02

공략 Point

등비수열을 나타내는 관계식
(1) $a_{n+1}=ra_n$
(2) $a_{n+1}{}^2=a_na_{n+2}$

유형편 90쪽

다음과 같이 정의된 수열 $\{a_n\}$의 제25항을 구하시오.

(1) $a_1=3$, $a_{n+1}=2a_n$ $(n=1, 2, 3, \cdots)$

(2) $a_1=-2$, $a_2=6$, $a_{n+1}{}^2=a_na_{n+2}$ $(n=1, 2, 3, \cdots)$

풀이

(1) 수열 $\{a_n\}$은 첫째항이 3, 공비가 2인 등비수열이므로 일반항 a_n은	$a_n=3\times2^{n-1}$
따라서 제25항을 구하면	$a_{25}=3\times2^{24}$

(2) 수열 $\{a_n\}$은 첫째항이 -2, 공비가 -3인 등비수열이므로 일반항 a_n은	$a_n=-2\times(-3)^{n-1}$
따라서 제25항을 구하면	$a_{25}=-2\times3^{24}$

정답과 해설 96쪽

문제

02-1 다음과 같이 정의된 수열 $\{a_n\}$의 제12항을 구하시오.

(1) $a_1=2$, $a_{n+1}=5a_n$ $(n=1, 2, 3, \cdots)$

(2) $a_1=-1$, $a_2=2$, $a_{n+1}{}^2=a_na_{n+2}$ $(n=1, 2, 3, \cdots)$

02-2 $a_1=6$, $a_{n+1}=3a_n$ $(n=1, 2, 3, \cdots)$으로 정의된 수열 $\{a_n\}$에 대하여 $\displaystyle\sum_{k=1}^{15}a_k$의 값을 구하시오.

02-3 $a_1=5$, $a_2=25$, $\dfrac{a_{n+2}}{a_{n+1}}=\dfrac{a_{n+1}}{a_n}$ $(n=1, 2, 3, \cdots)$로 정의된 수열 $\{a_n\}$의 첫째항부터 제n항까지의 합을 S_n이라 할 때, $S_n\geq400$을 만족시키는 자연수 n의 최솟값을 구하시오.

$a_{n+1}=a_n+f(n)$ 꼴인 수열의 귀납적 정의

필.수.예.제 03

공략 Point

주어진 식의 n에 1, 2, 3, $\cdots$, $n-1$을 차례대로 대입하여 변끼리 모두 더한다.

🔖 유형편 91쪽

$a_1=5$, $a_{n+1}=a_n+2n$ ($n=1$, 2, 3, $\cdots$)으로 정의된 수열 $\{a_n\}$에서 a_{10}의 값을 구하시오.

풀이

$a_{n+1}=a_n+2n$의 n에 1, 2, 3, $\cdots$, $n-1$을 차례대로 대입하여 변끼리 모두 더하면	$\begin{aligned} a_2 &= a_1+2\times1 \\ a_3 &= a_2+2\times2 \\ a_4 &= a_3+2\times3 \\ &\quad\vdots \\ +)\ a_n &= a_{n-1}+2\times(n-1) \\ \hline a_n &= a_1+2\{1+2+3+\cdots+(n-1)\} \end{aligned}$
일반항 a_n을 구하면	$\begin{aligned} a_n &= a_1+2\sum_{k=1}^{n-1}k \\ &= 5+2\times\frac{(n-1)n}{2} \\ &= n^2-n+5 \end{aligned}$
따라서 a_{10}의 값은	$a_{10}=10^2-10+5=\mathbf{95}$

정답과 해설 97쪽

문제

03-1 $a_1=1$, $a_{n+1}=a_n+4n-2$ ($n=1$, 2, 3, $\cdots$)로 정의된 수열 $\{a_n\}$에서 a_{15}의 값을 구하시오.

03-2 $a_1=1$, $a_{n+1}-a_n=3^n$ ($n=1$, 2, 3, $\cdots$)으로 정의된 수열 $\{a_n\}$에서 1093은 제몇 항인지 구하시오.

03-3 $a_1=1$, $a_{n+1}=a_n+\dfrac{1}{\sqrt{n+1}+\sqrt{n}}$ ($n=1$, 2, 3, $\cdots$)로 정의된 수열 $\{a_n\}$에서 $a_{75}-a_{48}$의 값을 구하시오.

$a_{n+1}=a_n f(n)$ 꼴인 수열의 귀납적 정의

필.수.예.제 04

공략 Point

주어진 식의 n에 1, 2, 3, $\cdots$, $n-1$을 차례대로 대입하여 변끼리 모두 곱한다.

$a_1=2$, $a_{n+1}=\dfrac{n}{n+1}a_n$ $(n=1, 2, 3, \cdots)$으로 정의된 수열 $\{a_n\}$에서 a_{20}의 값을 구하시오.

풀이

$a_{n+1}=\dfrac{n}{n+1}a_n$의 n에 1, 2, 3, $\cdots$, $n-1$을 차례대로 대입하여 변끼리 모두 곱하면	$a_2=\dfrac{1}{2}a_1$ $a_3=\dfrac{2}{3}a_2$ $a_4=\dfrac{3}{4}a_3$ $\vdots$ $\times\Big)\ a_n=\dfrac{n-1}{n}a_{n-1}$ $a_n=a_1\times\left(\dfrac{1}{2}\times\dfrac{2}{3}\times\dfrac{3}{4}\times\cdots\times\dfrac{n-1}{n}\right)$
일반항 a_n을 구하면	$a_n=a_1\times\dfrac{1}{n}=\dfrac{2}{n}$
따라서 a_{20}의 값은	$a_{20}=\dfrac{2}{20}=\dfrac{1}{10}$

정답과 해설 97쪽

문제

04-1 $a_1=1$, $a_{n+1}=\left(1-\dfrac{1}{n+2}\right)a_n$ $(n=1, 2, 3, \cdots)$으로 정의된 수열 $\{a_n\}$에서 a_{10}의 값을 구하시오.

04-2 $a_1=\sqrt{3}$, $a_{n+1}=(\sqrt{3})^n\times a_n$ $(n=1, 2, 3, \cdots)$으로 정의된 수열 $\{a_n\}$에 대하여 $\log_3 a_{10}$의 값을 구하시오.

04-3 $a_1=1$, $\sqrt{n+1}\,a_{n+1}=\sqrt{n}\,a_n$ $(n=1, 2, 3, \cdots)$으로 정의된 수열 $\{a_n\}$에서 $a_k=\dfrac{1}{4}$을 만족시키는 자연수 k의 값을 구하시오.

📎 유형편 92쪽

필.수.예.제 05

공략 Point

주어진 식의 n에 1, 2, 3, …
을 차례대로 대입하여 각 항
을 구한다.

$a_1=5$, $a_n a_{n+1}=5$ $(n=1, 2, 3, \cdots)$로 정의된 수열 $\{a_n\}$에 대하여 $\sum\limits_{k=1}^{10} a_k$의 값을 구하시오.

풀이

$a_n a_{n+1}=5$의 n에 1, 2, 3, …을 차례대로 대입하여 각 항을 구하면	$a_1 a_2 = 5$ $\therefore a_2 = 1$ $a_2 a_3 = 5$ $\therefore a_3 = 5$ $a_3 a_4 = 5$ $\therefore a_4 = 1$ $\vdots$
일반항 a_n을 구하면	$a_n = \begin{cases} 5 & (n \text{은 홀수}) \\ 1 & (n \text{은 짝수}) \end{cases}$
따라서 $\sum\limits_{k=1}^{10} a_k$의 값은	$\sum\limits_{k=1}^{10} a_k = 5\sum\limits_{k=1}^{2} a_k = 5(5+1) = \mathbf{30}$

정답과 해설 98쪽

문제

05-1 $a_1=2$, $a_{n+1}=3a_n+2$ $(n=1, 2, 3, \cdots)$로 정의된 수열 $\{a_n\}$에서 a_5의 값을 구하시오.

05-2 $a_1=1$, $a_{n+1}=\begin{cases} \dfrac{a_n+3}{2} & (a_n \text{은 홀수}) \\ \dfrac{a_n}{2} & (a_n \text{은 짝수}) \end{cases}$ 으로 정의된 수열 $\{a_n\}$에 대하여 $\sum\limits_{k=1}^{20} a_k$의 값을 구하시오.

05-3 $a_1=3$, $a_{n+1}=$ ($11a_n$을 7로 나누었을 때의 나머지) $(n=1, 2, 3, \cdots)$로 정의된 수열 $\{a_n\}$에서 $a_{2020}+a_{2021}$의 값을 구하시오.

필.수.예.제 06

✏ 유형편 **92쪽**

수열 $\{a_n\}$의 첫째항부터 제n항까지의 합을 S_n이라 할 때,
$$a_1=1, \ S_n=3a_n-2 \ (n=1, 2, 3, \cdots)$$
가 성립한다. 이때 a_{10}의 값을 구하시오.

공략 Point

수열의 합과 일반항 사이의 관계에 의하여
$S_{n+1}-S_n=a_{n+1}(n=1, 2, 3, \cdots)$
임을 이용한다.

풀이

$S_n=3a_n-2$의 n에 $n+1$을 대입하면	$S_{n+1}=3a_{n+1}-2$
$S_{n+1}-S_n$을 하면	$S_{n+1}-S_n=3a_{n+1}-2-(3a_n-2)$ $=3a_{n+1}-3a_n$
이때 $S_{n+1}-S_n=a_{n+1} \ (n=1, 2, 3, \cdots)$ 이므로	$a_{n+1}=3a_{n+1}-3a_n, \ 2a_{n+1}=3a_n$ $\therefore \ a_{n+1}=\dfrac{3}{2}a_n$
수열 $\{a_n\}$은 첫째항이 1, 공비가 $\dfrac{3}{2}$인 등비수열이므로 일반항 a_n을 구하면	$a_n=1\times\left(\dfrac{3}{2}\right)^{n-1}=\left(\dfrac{3}{2}\right)^{n-1}$
따라서 a_{10}의 값은	$a_{10}=\left(\dfrac{3}{2}\right)^9$

정답과 해설 98쪽

문제

06-1 수열 $\{a_n\}$의 첫째항부터 제n항까지의 합을 S_n이라 할 때,
$$a_1=3, \ S_{n+1}=2S_n \ (n=1, 2, 3, \cdots)$$
이 성립한다. 이때 a_7의 값을 구하시오.

06-2 수열 $\{a_n\}$의 첫째항부터 제n항까지의 합을 S_n이라 할 때,
$$a_1=1, \ S_n=4a_n-3 \ (n=1, 2, 3, \cdots)$$
이 성립한다. 이때 a_8의 값을 구하시오.

06-3 수열 $\{a_n\}$의 첫째항부터 제n항까지의 합을 S_n이라 할 때,
$$a_1=-3, \ S_n=2a_n+3n \ (n=1, 2, 3, \cdots)$$
이 성립한다. 이때 a_5의 값을 구하시오.

귀납적 정의의 활용

📎유형편 93쪽

필.수.예.제 07

어떤 그릇에 물 10 L가 들어 있다. 한 번의 시행에서 그릇에 있는 물의 절반을 버리고 3 L를 다시 넣는다고 할 때, n번째 시행 후 그릇에 남은 물의 양을 a_n L라 하자. 이때 a_1의 값을 구하고 a_n과 a_{n+1} 사이의 관계식을 구하시오.

공략 Point

첫째항부터 차례대로 구해 보며 규칙을 파악한다.

풀이

첫 번째 시행 후 그릇에 남은 물의 양 a_1 L는 10 L의 절반을 버리고 3 L를 다시 넣은 양이므로	$a_1 = 10 \times \dfrac{1}{2} + 3 = 8$
$(n+1)$번째 시행 후 그릇에 남은 물의 양 a_{n+1} L는 n번째 시행 후 남은 양 a_n의 절반을 버리고 3 L를 다시 넣은 양이므로	$a_{n+1} = \dfrac{1}{2}a_n + 3 \ (n=1, 2, 3, \cdots)$

정답과 해설 99쪽

문제

07-1 다음 그림과 같이 정삼각형 모양으로 성냥개비를 배열하였다. 가장 아랫변에 놓인 성냥개비가 n개일 때 성냥개비의 총개수를 a_n이라 하자. 이때 a_1의 값을 구하고 a_n과 a_{n+1} 사이의 관계식을 구하시오.

a_1　　a_2　　a_3　　$\cdots$

07-2 어떤 그릇에 농도가 5 %인 소금물 200 g이 들어 있다. 이 그릇에서 소금물 40 g을 덜어 내고 물 40 g을 넣는 것을 1회 시행이라 하자. n번째 시행 후 소금물의 농도를 a_n %라 할 때, a_1의 값을 구하고 a_n과 a_{n+1} 사이의 관계식을 구하시오.

수학적 귀납법

1 수학적 귀납법

자연수 n에 대한 명제 $p(n)$이 모든 자연수 n에 대하여 성립함을 증명하려면 다음 두 가지를 보이면 된다.

> (i) $n=1$일 때, 명제 $p(n)$이 성립한다.
> (ii) $n=k$일 때, 명제 $p(n)$이 성립한다고 가정하면 $n=k+1$일 때도 명제 $p(n)$이 성립한다.

이와 같은 방법으로 명제 $p(n)$이 성립함을 증명하는 것을 **수학적 귀납법**이라 한다.

예 모든 자연수 n에 대하여 등식
$$1+3+5+7+\cdots+(2n-1)=n^2 \qquad \cdots\cdots \,\text{㉠}$$
이 성립함을 증명해 보자.

(i) $n=1$일 때, (좌변)$=1$, (우변)$=1^2=1$이므로 등식 ㉠이 성립한다.

(ii) $n=k$일 때, 등식 ㉠이 성립한다고 가정하면
$$1+3+5+7+\cdots+(2k-1)=k^2$$
이 등식의 양변에 $(2k+1)$을 더하면
$$1+3+5+7+\cdots+(2k-1)+(2k+1)=k^2+(2k+1)=(k+1)^2$$
이므로 $n=k+1$일 때도 등식 ㉠이 성립한다.

등식 ㉠이 (i)에 의하여 $n=1$일 때 성립한다.

등식 ㉠이 $n=1$일 때 성립하므로 (ii)에 의하여 $n=2$일 때도 성립한다.

등식 ㉠이 $n=2$일 때 성립하므로 (ii)에 의하여 $n=3$일 때도 성립한다.
$$\vdots$$
이와 같이 등식 ㉠이 모든 자연수 n에 대하여 성립함을 알 수 있다.

따라서 (i), (ii)가 성립함을 보이면 모든 자연수 n에 대하여 등식 ㉠이 성립함을 증명할 수 있다.

참고 · 명제 $p(k)$가 성립한다고 가정하고 명제 $p(k+1)$이 성립함을 보일 때, $p(k)$의 양변에 어떤 값을 더하거나 곱한다.

· 자연수 n에 대한 명제 $p(n)$이 $n \geq m$(m은 자연수)인 모든 자연수 n에 대하여 성립함을 증명하려면 다음 두 가지를 보이면 된다.

(i) $n=m$일 때, 명제 $p(n)$이 성립한다.

(ii) $n=k\,(k \geq m)$일 때, 명제 $p(n)$이 성립한다고 가정하면 $n=k+1$일 때도 명제 $p(n)$이 성립한다.

개념 CHECK

정답과 해설 99쪽

1 모든 자연수 n에 대하여 명제 $p(n)$이 참이면 명제 $p(n+2)$가 참일 때, 다음 보기 중 옳은 것만을 있는 대로 고르시오.

> ●보기●
> ㄱ. $p(1)$이 참이면 $p(4)$도 참이다.
> ㄴ. $p(2)$가 참이면 $p(8)$도 참이다.
> ㄷ. $p(1)$, $p(2)$가 참이면 모든 자연수 n에 대하여 $p(n)$이 참이다.

수학적 귀납법을 이용한 등식의 증명

모든 자연수 n에 대하여 다음 등식이 성립함을 수학적 귀납법으로 증명하시오.

$$1^2+2^2+3^2+\cdots+n^2=\frac{1}{6}n(n+1)(2n+1)$$

공략 Point

자연수 n에 대한 명제 $p(n)$이 모든 자연수 n에 대하여 성립함을 증명하려면 다음 두 가지를 보이면 된다.

(i) $n=1$일 때, 명제 $p(n)$이 성립한다.

(ii) $n=k$일 때, 명제 $p(n)$이 성립한다고 가정하면 $n=k+1$일 때도 명제 $p(n)$이 성립한다.

증명

$$1^2+2^2+3^2+\cdots+n^2=\frac{1}{6}n(n+1)(2n+1) \quad\cdots\cdots \ \text{㉠}$$

(i) $n=1$일 때,

(좌변)$=1^2=1$, (우변)$=\frac{1}{6}\times1\times2\times3=1$

따라서 $n=1$일 때 등식 ㉠이 성립한다.

(ii) $n=k$일 때, 등식 ㉠이 성립한다고 가정하면

$$1^2+2^2+3^2+\cdots+k^2=\frac{1}{6}k(k+1)(2k+1)$$

이 등식의 양변에 $(k+1)^2$을 더하면

$$1^2+2^2+3^2+\cdots+k^2+(k+1)^2=\frac{1}{6}k(k+1)(2k+1)+(k+1)^2$$

$$=\frac{1}{6}(k+1)(k+2)(2k+3)$$

$$=\frac{1}{6}(k+1)\{(k+1)+1\}\{2(k+1)+1\}$$

따라서 $n=k+1$일 때도 등식 ㉠이 성립한다.

(i), (ii)에서 모든 자연수 n에 대하여 등식 ㉠이 성립한다.

정답과 해설 99쪽

문제

08-**1** 모든 자연수 n에 대하여 다음 등식이 성립함을 수학적 귀납법으로 증명하시오.

$$\frac{1}{1\times2}+\frac{1}{2\times3}+\frac{1}{3\times4}+\cdots+\frac{1}{n(n+1)}=\frac{n}{n+1}$$

08-**2** 모든 자연수 n에 대하여 다음 등식이 성립함을 수학적 귀납법으로 증명하시오.

$$\frac{1}{2}+\frac{2}{2^2}+\frac{3}{2^3}+\cdots+\frac{n}{2^n}=2-\frac{n+2}{2^n}$$

필.수.예.제 09

공략 Point

자연수 n에 대한 명제 $p(n)$이 $n \geq m$(m은 자연수)인 모든 자연수 n에 대하여 성립함을 증명하려면 다음 두 가지를 보이면 된다.

(i) $n=m$일 때, 명제 $p(n)$이 성립한다.

(ii) $n=k$ $(k \geq m)$일 때, 명제 $p(n)$이 성립한다고 가정하면 $n=k+1$일 때도 명제 $p(n)$이 성립한다.

$h>0$일 때, $n \geq 2$인 모든 자연수 n에 대하여 다음 부등식이 성립함을 수학적 귀납법으로 증명하시오.

$$(1+h)^n > 1+nh$$

증명

$(1+h)^n > 1+nh$ ······ ㉠

(i) $n=2$일 때,

(좌변)$=(1+h)^2=1+2h+h^2$, (우변)$=1+2h$

이때 $h^2>0$이므로 $n=2$일 때 부등식 ㉠이 성립한다.

(ii) $n=k$ $(k \geq 2)$일 때, 부등식 ㉠이 성립한다고 가정하면

$$(1+h)^k > 1+kh$$

이 부등식의 양변에 $(1+h)$를 곱하면

$(1+h)^{k+1} > (1+kh)(1+h)$

$\qquad\qquad = 1+(k+1)h+kh^2$

$\qquad\qquad > 1+(k+1)h$

$\therefore (1+h)^{k+1} > 1+(k+1)h$

따라서 $n=k+1$일 때도 부등식 ㉠이 성립한다.

(i), (ii)에서 $n \geq 2$인 모든 자연수 n에 대하여 부등식 ㉠이 성립한다.

정답과 해설 100쪽

문제

09-1 $n \geq 4$인 모든 자연수 n에 대하여 다음 부등식이 성립함을 수학적 귀납법으로 증명하시오.

$$1 \times 2 \times 3 \times \cdots \times n > 2^n$$

09-2 $n \geq 2$인 모든 자연수 n에 대하여 다음 부등식이 성립함을 수학적 귀납법으로 증명하시오.

$$1 + \frac{1}{2^2} + \frac{1}{3^2} + \cdots + \frac{1}{n^2} < 2 - \frac{1}{n}$$

연습문제

1 수열 $\{a_n\}$이

$$a_{n+1}=\frac{a_n+a_{n+2}}{2} \ (n=1, 2, 3, \cdots)$$

를 만족시키고 $a_5=11$, $a_9=19$일 때, $a_n>100$을 만족시키는 자연수 n의 최솟값은?

① 48 　　② 49 　　③ 50
④ 51 　　⑤ 52

2 $a_1=2$, $a_2=4$, $2a_{n+1}=a_n+a_{n+2}$ $(n=1, 2, 3, \cdots)$ 로 정의된 수열 $\{a_n\}$의 첫째항부터 제n항까지의 합을 S_n이라 할 때, $\sum\limits_{k=1}^{10}\dfrac{1}{S_k}$의 값은?

① $\dfrac{10}{11}$ 　　② $\dfrac{20}{21}$ 　　③ $\dfrac{21}{20}$
④ $\dfrac{11}{10}$ 　　⑤ $\dfrac{21}{11}$

3 $a_1=3$, ${a_{n+1}}^2=a_n a_{n+2}$ $(n=1, 2, 3, \cdots)$를 만족시키는 수열 $\{a_n\}$에 대하여 $\log_3 a_6=6$일 때, a_{10}의 값은?

① 3^8 　　② 3^9 　　③ 3^{10}
④ 3^{11} 　　⑤ 3^{12}

4 $\dfrac{a_{n+2}}{a_{n+1}}=\dfrac{a_{n+1}}{a_n}$ $(n=1, 2, 3, \cdots)$을 만족시키는 수열 $\{a_n\}$의 첫째항부터 제n항까지의 합을 S_n이라 할 때, $S_3=78$, $S_6=2184$이다. 이때 S_9의 값은?

① 3^9-3 　　② 3^9-1 　　③ $3^{10}-3$
④ $3^{10}-1$ 　　⑤ $3^{11}-3$

5 $a_1=1$, $a_{n+1}-a_n=n$ $(n=1, 2, 3, \cdots)$으로 정의된 수열 $\{a_n\}$에서 a_{10}의 값을 구하시오.

6 $a_1=1$, $(n+1)^2 a_{n+1}=n(n+2)a_n$ $(n=1, 2, 3, \cdots)$ 으로 정의된 수열 $\{a_n\}$에서 $a_k=\dfrac{51}{100}$을 만족시키는 자연수 k의 값을 구하시오.

7 $a_1=7$, $a_{n+1}=2a_n-5$ $(n=1, 2, 3, \cdots)$로 정의된 수열 $\{a_n\}$에서 a_6-a_3의 값은?

① 52 　　② 54 　　③ 56
④ 58 　　⑤ 60

수능

8 수열 $\{a_n\}$은 $a_1=2$이고, 모든 자연수 n에 대하여
$$a_{n+1}=\begin{cases} \dfrac{a_n}{2-3a_n} & (n\text{이 홀수인 경우}) \\ 1+a_n & (n\text{이 짝수인 경우}) \end{cases}$$
를 만족시킨다. $\displaystyle\sum_{n=1}^{40} a_n$의 값은?

① 30   ② 35   ③ 40

④ 45   ⑤ 50

9 수열 $\{a_n\}$의 첫째항부터 제n항까지의 합을 S_n이라 할 때,
$$a_1=1,\ S_n=-a_n+2n\ (n=1,\ 2,\ 3,\ \cdots)$$
이 성립한다. 이때 a_6의 값은?

① $\dfrac{61}{32}$ ② $\dfrac{31}{16}$ ③ $\dfrac{63}{32}$

④ $\dfrac{3}{2}$ ⑤ $\dfrac{65}{32}$

10 어느 실험실에서 10마리의 단세포 생물을 배양한다. 이 단세포 생물은 한 시간이 지날 때마다 3마리가 죽고 나머지는 각각 2마리로 분열한다고 할 때, 5시간이 지난 후 살아 있는 단세포 생물의 수를 구하시오.

11 평면 위의 어느 두 직선도 평행하지 않고 어느 세 직선도 한 점에서 만나지 않도록 n개의 직선을 그을 때, 이 n개의 직선으로 나누어지는 영역의 개수를 a_n이라 하자. 예를 들어 위의 그림에서 $a_3=7$이다. 이때 a_5의 값을 구하시오.

교육청

12 다음은 모든 자연수 n에 대하여
$$\sum_{k=1}^{n}(-1)^{k+1}k^2=(-1)^{n+1}\times\frac{n(n+1)}{2}\quad\cdots\cdots(*)$$
이 성립함을 수학적 귀납법으로 증명한 것이다.

> (i) $n=1$일 때,
> (좌변)$=(-1)^2\times 1^2=1$
> (우변)$=(-1)^2\times\dfrac{1\times 2}{2}=1$
> 따라서 $(*)$이 성립한다.
>
> (ii) $n=m$일 때, $(*)$이 성립한다고 가정하면
> $$\sum_{k=1}^{m+1}(-1)^{k+1}k^2$$
> $$=\sum_{k=1}^{m}(-1)^{k+1}k^2+\boxed{\ \text{(가)}\ }$$
> $$=\boxed{\ \text{(나)}\ }+\boxed{\ \text{(가)}\ }$$
> $$=(-1)^{m+2}\times\frac{(m+1)(m+2)}{2}$$
> 이다.
> 따라서 $n=m+1$일 때도 $(*)$이 성립한다.
>
> (i), (ii)에 의하여 모든 자연수 n에 대하여 $(*)$이 성립한다.

위의 (가), (나)에 알맞은 식을 각각 $f(m)$, $g(m)$이라 할 때, $\dfrac{f(5)}{g(2)}$의 값은?

① 8   ② 10   ③ 12

④ 14   ⑤ 16

13 다음은 모든 자연수 n에 대하여 9^n-1이 8의 배수임을 수학적 귀납법으로 증명하는 과정이다. 이때 (가), (나)에 알맞은 것을 구하시오.

> (i) $n=1$일 때, $9^1-1=8$은 8의 배수이다.
> (ii) $n=k$일 때, $9^k-1=8m$ (m은 자연수)이라
>   하면
> $9^{k+1}-1=\boxed{(가)}\times9^k-1$
>   　　　　　$=8\times9^k+\boxed{(나)}=8(9^k+m)$
>   따라서 $n=k+1$일 때도 8의 배수이다.
> (i), (ii)에서 모든 자연수 n에 대하여 9^n-1은 8의
> 배수이다.

14 다음은 $n\geq5$인 모든 자연수 n에 대하여 부등식
　　　$2^n>n^2$　　 …… ㉠
이 성립함을 수학적 귀납법으로 증명하는 과정이다. 이때 (가), (나)에 알맞은 식을 각각 $f(k)$, $g(k)$라 할 때, $f(2)+g(1)$의 값을 구하시오.

> (i) $n=5$일 때,
>   (좌변)$=2^5=32$, (우변)$=5^2=25$
>   따라서 $n=5$일 때 부등식 ㉠이 성립한다.
> (ii) $n=k\,(k\geq5)$일 때, 부등식 ㉠이 성립한다고
>   가정하면
> $2^k>k^2$
>   이 부등식의 양변에 2를 곱하면
> $2^{k+1}>2k^2$
>   이때 $k\geq5$이면 $k^2-2k-1=\boxed{(가)}-2>0$
>   이므로
> $k^2>2k+1$
> $\therefore\ 2^{k+1}>2k^2=k^2+k^2>k^2+2k+1=\boxed{(나)}$
>   따라서 $n=k+1$일 때도 부등식 ㉠이 성립한다.
> (i), (ii)에서 $n\geq5$인 모든 자연수 n에 대하여 부
> 등식 ㉠이 성립한다.

실력

평가원

15 수열 $\{a_n\}$은 $a_1=7$이고, 다음 조건을 만족시킨다.

> (가) $a_{n+2}=a_n-4$ ($n=1, 2, 3, 4$)
> (나) 모든 자연수 n에 대하여 $a_{n+6}=a_n$이다.

$\displaystyle\sum_{k=1}^{50}a_k=258$일 때, a_2의 값을 구하시오.

16 수열 $\{a_n\}$의 첫째항부터 제n항까지의 합을 S_n이라 할 때,
　　　$a_1=1$, $a_2=4$,
　　　$a_n=3S_{n+1}-S_{n+2}-2S_n$ ($n=1, 2, 3, \cdots$)
이 성립한다. 이때 a_{20}의 값은?

① 56　　　　② 58　　　　③ 60
④ 62　　　　⑤ 64

17 한 걸음에 한 계단 또는 두 계단을 올라 n개의 계단을 오르는 모든 경우의 수를 a_n이라 할 때, a_7의 값은?

① 18　　　　② 19　　　　③ 20
④ 21　　　　⑤ 22

상용로그표

수	0	1	2	3	4	5	6	7	8	9
1.0	.0000	.0043	.0086	.0128	.0170	.0212	.0253	.0294	.0334	.0374
1.1	.0414	.0453	.0492	.0531	.0569	.0607	.0645	.0682	.0719	.0755
1.2	.0792	.0828	.0864	.0899	.0934	.0969	.1004	.1038	.1072	.1106
1.3	.1139	.1173	.1206	.1239	.1271	.1303	.1335	.1367	.1399	.1430
1.4	.1461	.1492	.1523	.1553	.1584	.1614	.1644	.1673	.1703	.1732
1.5	.1761	.1790	.1818	.1847	.1875	.1903	.1931	.1959	.1987	.2014
1.6	.2041	.2068	.2095	.2122	.2148	.2175	.2201	.2227	.2253	.2279
1.7	.2304	.2330	.2355	.2380	.2405	.2430	.2455	.2480	.2504	.2529
1.8	.2553	.2577	.2601	.2625	.2648	.2672	.2695	.2718	.2742	.2765
1.9	.2788	.2810	.2833	.2856	.2878	.2900	.2923	.2945	.2967	.2989
2.0	.3010	.3032	.3054	.3075	.3096	.3118	.3139	.3160	.3181	.3201
2.1	.3222	.3243	.3263	.3284	.3304	.3324	.3345	.3365	.3385	.3404
2.2	.3424	.3444	.3464	.3483	.3502	.3522	.3541	.3560	.3579	.3598
2.3	.3617	.3636	.3655	.3674	.3692	.3711	.3729	.3747	.3766	.3784
2.4	.3802	.3820	.3838	.3856	.3874	.3892	.3909	.3927	.3945	.3962
2.5	.3979	.3997	.4014	.4031	.4048	.4065	.4082	.4099	.4116	.4133
2.6	.4150	.4166	.4183	.4200	.4216	.4232	.4249	.4265	.4281	.4298
2.7	.4314	.4330	.4346	.4362	.4378	.4393	.4409	.4425	.4440	.4456
2.8	.4472	.4487	.4502	.4518	.4533	.4548	.4564	.4579	.4594	.4609
2.9	.4624	.4639	.4654	.4669	.4683	.4698	.4713	.4728	.4742	.4757
3.0	.4771	.4786	.4800	.4814	.4829	.4843	.4857	.4871	.4886	.4900
3.1	.4914	.4928	.4942	.4955	.4969	.4983	.4997	.5011	.5024	.5038
3.2	.5051	.5065	.5079	.5092	.5105	.5119	.5132	.5145	.5159	.5172
3.3	.5185	.5198	.5211	.5224	.5237	.5250	.5263	.5276	.5289	.5302
3.4	.5315	.5328	.5340	.5353	.5366	.5378	.5391	.5403	.5416	.5428
3.5	.5441	.5453	.5465	.5478	.5490	.5502	.5514	.5527	.5539	.5551
3.6	.5563	.5575	.5587	.5599	.5611	.5623	.5635	.5647	.5658	.5670
3.7	.5682	.5694	.5705	.5717	.5729	.5740	.5752	.5763	.5775	.5786
3.8	.5798	.5809	.5821	.5832	.5843	.5855	.5866	.5877	.5888	.5899
3.9	.5911	.5922	.5933	.5944	.5955	.5966	.5977	.5988	.5999	.6010
4.0	.6021	.6031	.6042	.6053	.6064	.6075	.6085	.6096	.6107	.6117
4.1	.6128	.6138	.6149	.6160	.6170	.6180	.6191	.6201	.6212	.6222
4.2	.6232	.6243	.6253	.6263	.6274	.6284	.6294	.6304	.6314	.6325
4.3	.6335	.6345	.6355	.6365	.6375	.6385	.6395	.6405	.6415	.6425
4.4	.6435	.6444	.6454	.6464	.6474	.6484	.6493	.6503	.6513	.6522
4.5	.6532	.6542	.6551	.6561	.6571	.6580	.6590	.6599	.6609	.6618
4.6	.6628	.6637	.6646	.6656	.6665	.6675	.6684	.6693	.6702	.6712
4.7	.6721	.6730	.6739	.6749	.6758	.6767	.6776	.6785	.6794	.6803
4.8	.6812	.6821	.6830	.6839	.6848	.6857	.6866	.6875	.6884	.6893
4.9	.6902	.6911	.6920	.6928	.6937	.6946	.6955	.6964	.6972	.6981
5.0	.6990	.6998	.7007	.7016	.7024	.7033	.7042	.7050	.7059	.7067
5.1	.7076	.7084	.7093	.7101	.7110	.7118	.7126	.7135	.7143	.7152
5.2	.7160	.7168	.7177	.7185	.7193	.7202	.7210	.7218	.7226	.7235
5.3	.7243	.7251	.7259	.7267	.7275	.7284	.7292	.7300	.7308	.7316
5.4	.7324	.7332	.7340	.7348	.7356	.7364	.7372	.7380	.7388	.7396

수	0	1	2	3	4	5	6	7	8	9
5.5	.7404	.7412	.7419	.7427	.7435	.7443	.7451	.7459	.7466	.7474
5.6	.7482	.7490	.7497	.7505	.7513	.7520	.7528	.7536	.7543	.7551
5.7	.7559	.7566	.7574	.7582	.7589	.7597	.7604	.7612	.7619	.7627
5.8	.7634	.7642	.7649	.7657	.7664	.7672	.7679	.7686	.7694	.7701
5.9	.7709	.7716	.7723	.7731	.7738	.7745	.7752	.7760	.7767	.7774
6.0	.7782	.7789	.7796	.7803	.7810	.7818	.7825	.7832	.7839	.7846
6.1	.7853	.7860	.7868	.7875	.7882	.7889	.7896	.7903	.7910	.7917
6.2	.7924	.7931	.7938	.7945	.7952	.7959	.7966	.7973	.7980	.7987
6.3	.7993	.8000	.8007	.8014	.8021	.8028	.8035	.8041	.8048	.8055
6.4	.8062	.8069	.8075	.8082	.8089	.8096	.8102	.8109	.8116	.8122
6.5	.8129	.8136	.8142	.8149	.8156	.8162	.8169	.8176	.8182	.8189
6.6	.8195	.8202	.8209	.8215	.8222	.8228	.8235	.8241	.8248	.8254
6.7	.8261	.8267	.8274	.8280	.8287	.8293	.8299	.8306	.8312	.8319
6.8	.8325	.8331	.8338	.8344	.8351	.8357	.8363	.8370	.8376	.8382
6.9	.8388	.8395	.8401	.8407	.8414	.8420	.8426	.8432	.8439	.8445
7.0	.8451	.8457	.8463	.8470	.8476	.8482	.8488	.8494	.8500	.8506
7.1	.8513	.8519	.8525	.8531	.8537	.8543	.8549	.8555	.8561	.8567
7.2	.8573	.8579	.8585	.8591	.8597	.8603	.8609	.8615	.8621	.8627
7.3	.8633	.8639	.8645	.8651	.8657	.8663	.8669	.8675	.8681	.8686
7.4	.8692	.8698	.8704	.8710	.8716	.8722	.8727	.8733	.8739	.8745
7.5	.8751	.8756	.8762	.8768	.8774	.8779	.8785	.8791	.8797	.8802
7.6	.8808	.8814	.8820	.8825	.8831	.8837	.8842	.8848	.8854	.8859
7.7	.8865	.8871	.8876	.8882	.8887	.8893	.8899	.8904	.8910	.8915
7.8	.8921	.8927	.8932	.8938	.8943	.8949	.8954	.8960	.8965	.8971
7.9	.8976	.8982	.8987	.8993	.8998	.9004	.9009	.9015	.9020	.9025
8.0	.9031	.9036	.9042	.9047	.9053	.9058	.9063	.9069	.9074	.9079
8.1	.9085	.9090	.9096	.9101	.9106	.9112	.9117	.9122	.9128	.9133
8.2	.9138	.9143	.9149	.9154	.9159	.9165	.9170	.9175	.9180	.9186
8.3	.9191	.9196	.9201	.9206	.9212	.9217	.9222	.9227	.9232	.9238
8.4	.9243	.9248	.9253	.9258	.9263	.9269	.9274	.9279	.9284	.9289
8.5	.9294	.9299	.9304	.9309	.9315	.9320	.9325	.9330	.9335	.9340
8.6	.9345	.9350	.9355	.9360	.9365	.9370	.9375	.9380	.9385	.9390
8.7	.9395	.9400	.9405	.9410	.9415	.9420	.9425	.9430	.9435	.9440
8.8	.9445	.9450	.9455	.9460	.9465	.9469	.9474	.9479	.9484	.9489
8.9	.9494	.9499	.9504	.9509	.9513	.9518	.9523	.9528	.9533	.9538
9.0	.9542	.9547	.9552	.9557	.9562	.9566	.9571	.9576	.9581	.9586
9.1	.9590	.9595	.9600	.9605	.9609	.9614	.9619	.9624	.9628	.9633
9.2	.9638	.9643	.9647	.9652	.9657	.9661	.9666	.9671	.9675	.9680
9.3	.9685	.9689	.9694	.9699	.9703	.9708	.9713	.9717	.9722	.9727
9.4	.9731	.9736	.9741	.9745	.9750	.9754	.9759	.9763	.9768	.9773
9.5	.9777	.9782	.9786	.9791	.9795	.9800	.9805	.9809	.9814	.9818
9.6	.9823	.9827	.9832	.9836	.9841	.9845	.9850	.9854	.9859	.9863
9.7	.9868	.9872	.9877	.9881	.9886	.9890	.9894	.9899	.9903	.9908
9.8	.9912	.9917	.9921	.9926	.9930	.9934	.9939	.9943	.9948	.9952
9.9	.9956	.9961	.9965	.9969	.9974	.9978	.9983	.9987	.9991	.9996

삼각함수표

θ	$\sin\theta$	$\cos\theta$	$\tan\theta$	θ	$\sin\theta$	$\cos\theta$	$\tan\theta$
0°	0.0000	1.0000	0.0000	45°	0.7071	0.7071	1.0000
1°	0.0175	0.9998	0.0175	46°	0.7193	0.6947	1.0355
2°	0.0349	0.9994	0.0349	47°	0.7314	0.6820	1.0724
3°	0.0523	0.9986	0.0524	48°	0.7431	0.6691	1.1106
4°	0.0698	0.9976	0.0699	49°	0.7547	0.6561	1.1504
5°	0.0872	0.9962	0.0875	50°	0.7660	0.6428	1.1918
6°	0.1045	0.9945	0.1051	51°	0.7771	0.6293	1.2349
7°	0.1219	0.9925	0.1228	52°	0.7880	0.6157	1.2799
8°	0.1392	0.9903	0.1405	53°	0.7986	0.6018	1.3270
9°	0.1564	0.9877	0.1584	54°	0.8090	0.5878	1.3764
10°	0.1736	0.9848	0.1763	55°	0.8192	0.5736	1.4281
11°	0.1908	0.9816	0.1944	56°	0.8290	0.5592	1.4826
12°	0.2079	0.9781	0.2126	57°	0.8387	0.5446	1.5399
13°	0.2250	0.9744	0.2309	58°	0.8480	0.5299	1.6003
14°	0.2419	0.9703	0.2493	59°	0.8572	0.5150	1.6643
15°	0.2588	0.9659	0.2679	60°	0.8660	0.5000	1.7321
16°	0.2756	0.9613	0.2867	61°	0.8746	0.4848	1.8040
17°	0.2924	0.9563	0.3057	62°	0.8829	0.4695	1.8807
18°	0.3090	0.9511	0.3249	63°	0.8910	0.4540	1.9626
19°	0.3256	0.9455	0.3443	64°	0.8988	0.4384	2.0503
20°	0.3420	0.9397	0.3640	65°	0.9063	0.4226	2.1445
21°	0.3584	0.9336	0.3839	66°	0.9135	0.4067	2.2460
22°	0.3746	0.9272	0.4040	67°	0.9205	0.3907	2.3559
23°	0.3907	0.9205	0.4245	68°	0.9272	0.3746	2.4751
24°	0.4067	0.9135	0.4452	69°	0.9336	0.3584	2.6051
25°	0.4226	0.9063	0.4663	70°	0.9397	0.3420	2.7475
26°	0.4384	0.8988	0.4877	71°	0.9455	0.3256	2.9042
27°	0.4540	0.8910	0.5095	72°	0.9511	0.3090	3.0777
28°	0.4695	0.8829	0.5317	73°	0.9563	0.2924	3.2709
29°	0.4848	0.8746	0.5543	74°	0.9613	0.2756	3.4874
30°	0.5000	0.8660	0.5774	75°	0.9659	0.2588	3.7321
31°	0.5150	0.8572	0.6009	76°	0.9703	0.2419	4.0108
32°	0.5299	0.8480	0.6249	77°	0.9744	0.2250	4.3315
33°	0.5446	0.8387	0.6494	78°	0.9781	0.2079	4.7046
34°	0.5592	0.8290	0.6745	79°	0.9816	0.1908	5.1446
35°	0.5736	0.8192	0.7002	80°	0.9848	0.1736	5.6713
36°	0.5878	0.8090	0.7265	81°	0.9877	0.1564	6.3138
37°	0.6018	0.7986	0.7536	82°	0.9903	0.1392	7.1154
38°	0.6157	0.7880	0.7813	83°	0.9925	0.1219	8.1443
39°	0.6293	0.7771	0.8098	84°	0.9945	0.1045	9.5144
40°	0.6428	0.7660	0.8391	85°	0.9962	0.0872	11.4301
41°	0.6561	0.7547	0.8693	86°	0.9976	0.0698	14.3007
42°	0.6691	0.7431	0.9004	87°	0.9986	0.0523	19.0811
43°	0.6820	0.7314	0.9325	88°	0.9994	0.0349	28.6363
44°	0.6947	0.7193	0.9657	89°	0.9998	0.0175	57.2900
45°	0.7071	0.7071	1.0000	90°	1.0000	0.0000	

개념과 **유형**이 하나로

개념+유형

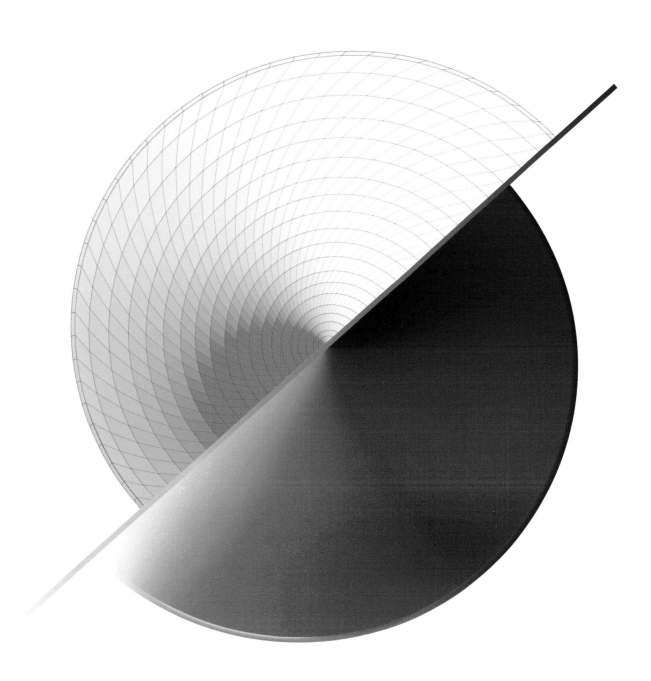

15개정 교육과정

개념^{PLUS}유형

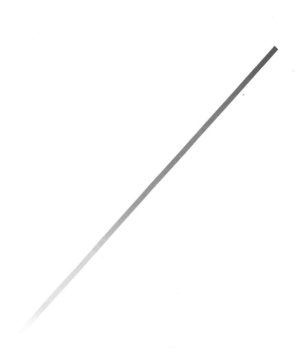

유형편 수학 I

CONTENTS ... 차례

I

지수함수와
로그함수

기초 문제 Training

01 지수

거듭제곱과 거듭제곱근   개념편 8쪽

1 다음 거듭제곱근을 구하시오.

(1) 2의 제곱근

(2) -1의 세제곱근

(3) 125의 세제곱근

(4) 256의 네제곱근

2 다음 거듭제곱근 중 실수인 것을 구하시오.

(1) 4의 제곱근

(2) $-\dfrac{1}{8}$의 세제곱근

(3) 64의 네제곱근

(4) -27의 네제곱근

3 다음 값을 구하시오.

(1) $\sqrt{256}$ (2) $\sqrt[3]{8}$

(3) $\sqrt[3]{-27}$ (4) $\sqrt[4]{(-4)^2}$

지수의 확장   개념편 13쪽

4 다음 식의 값을 구하시오.

(1) $3^0 \times \left(\dfrac{1}{2}\right)^{-1}$ (2) $2^{-3} \times 2^6$

(3) $\left(2^2 \div 2^{-2}\right)^2$ (4) $3^{-2} \times 9^2$

5 다음 식을 간단히 하시오. (단, $a > 0$)

(1) $a^{\frac{5}{2}} \times a^{\frac{1}{2}}$ (2) $a^{\frac{3}{4}} \div a^{\frac{1}{2}}$

(3) $\left(a^4\right)^{\frac{1}{3}} \times a^{-\frac{1}{3}}$ (4) $\left(a^{\frac{1}{2}}\right)^3 \div \left(a^{\frac{1}{3}}\right)^2$

6 다음 식의 값을 구하시오.

(1) $7^{1+\sqrt{3}} \times 7^{1-\sqrt{3}}$ (2) $\left(3^{\sqrt{5}-1}\right)^{\sqrt{5}+1}$

(3) $\left(2^{\sqrt{3}}\right)^{2\sqrt{3}} \div 2^3$ (4) $\left(8^{\frac{1}{\sqrt{3}}} \times 3^{\sqrt{\frac{4}{3}}}\right)^{\sqrt{3}}$

핵심 유형 Training

유형 01 거듭제곱근의 뜻

실수 a와 2 이상인 자연수 n에 대하여 $x^n=a$를 만족시키는 수 x를 a의 n제곱근이라 한다.
이때 a의 n제곱근 중 실수인 것은 다음과 같다.

n \ a	$a>0$	$a=0$	$a<0$
홀수	$\sqrt[n]{a}$	0	$\sqrt[n]{a}$
짝수	$\sqrt[n]{a}, -\sqrt[n]{a}$	0	없다.

1 다음 중 옳은 것은?

① $\sqrt{9}$의 제곱근은 -3, 3이다.

② -8의 세제곱근은 -2뿐이다.

③ 16의 네제곱근은 -2, 2이다.

④ n이 홀수일 때, -27의 n제곱근 중 실수인 것은 1개이다.

⑤ n이 짝수일 때, -81의 n제곱근 중 실수인 것은 2개이다.

2 27의 세제곱근 중 실수인 것을 a, $\sqrt{625}$의 네제곱근 중 양수인 것을 b라 할 때, ab의 값은?

① 1　　② $\sqrt{5}$　　③ $3\sqrt{5}$

④ 9　　⑤ $9\sqrt{5}$

3 (UP) 실수 x와 2 이상인 자연수 n에 대하여 x의 n제곱근 중 실수인 것의 개수를 $N(x, n)$이라 할 때, 다음 보기 중 옳은 것만을 있는 대로 고르시오.

보기
ㄱ. $x>0$일 때, $N(x, n)+N(x, n+1)=3$
ㄴ. n이 홀수일 때, $N(x, n)-N(-x, n)=1$
ㄷ. $N(-3, 3)+N(-1, 4)+N(2, 4)=3$

유형 02 거듭제곱근의 계산

$a>0$, $b>0$이고 m, n이 2 이상인 자연수일 때

(1) $(\sqrt[n]{a})^n=a$

(2) $\sqrt[n]{a}\sqrt[n]{b}=\sqrt[n]{ab}$

(3) $\dfrac{\sqrt[n]{a}}{\sqrt[n]{b}}=\sqrt[n]{\dfrac{a}{b}}$

(4) $(\sqrt[n]{a})^m=\sqrt[n]{a^m}$

(5) $\sqrt[m]{\sqrt[n]{a}}=\sqrt[mn]{a}$

(6) $\sqrt[np]{a^{mp}}=\sqrt[n]{a^m}$ (단, p는 자연수)

4 다음 중 옳지 <u>않은</u> 것은?

① $\sqrt[3]{9}\times\sqrt[3]{81}=9$　　② $\dfrac{\sqrt[4]{512}}{\sqrt[4]{8}}=2\sqrt{2}$

③ $(\sqrt[3]{4})^4=4\sqrt[3]{4}$　　④ $\sqrt{\sqrt[3]{729}}=3$

⑤ $\sqrt[18]{64}\times\sqrt[6]{2}=2$

5 $a>0$, $b>0$일 때, $\sqrt[3]{a^2b^3}\times\sqrt[6]{a^3b}\div\sqrt{ab}$를 간단히 하시오.

6 $\sqrt{\dfrac{\sqrt[4]{a}}{\sqrt[3]{a}}}\times\sqrt[3]{\dfrac{\sqrt{a}}{\sqrt[4]{a}}}\div\sqrt[4]{\dfrac{\sqrt{a}}{\sqrt[3]{a}}}$ 를 간단히 하면? (단, $a>0$)

① 1　　② $\sqrt{a}$　　③ $\sqrt[3]{a}$

④ $\sqrt[4]{a}$　　⑤ $\sqrt[6]{a}$

7 $\sqrt[3]{a\sqrt{a}\times\dfrac{a}{\sqrt[4]{a}}}=\sqrt[m]{a^n}$을 만족시키는 서로소인 자연수 m, n에 대하여 $m+n$의 값을 구하시오.
(단, $a>0$, $a\neq1$)

유형 03 거듭제곱근의 대소 비교

$a>0$, $b>0$일 때,
$$a>b \Longleftrightarrow \sqrt[n]{a}>\sqrt[n]{b} \ (단, n은 2 \ 이상인 \ 자연수)$$

8 세 수 $\sqrt[3]{4}$, $\sqrt[4]{6}$, $\sqrt[6]{15}$의 대소를 비교하면?

① $\sqrt[3]{4}<\sqrt[4]{6}<\sqrt[6]{15}$　　② $\sqrt[3]{4}<\sqrt[6]{15}<\sqrt[4]{6}$

③ $\sqrt[4]{6}<\sqrt[3]{4}<\sqrt[6]{15}$　　④ $\sqrt[4]{6}<\sqrt[6]{15}<\sqrt[3]{4}$

⑤ $\sqrt[6]{15}<\sqrt[4]{6}<\sqrt[3]{4}$

9 다음 중 가장 큰 수는?

① $\sqrt[3]{2\times3}$　　② $\sqrt{3\sqrt[3]{2}}$　　③ $\sqrt{2\sqrt[3]{5}}$

④ $\sqrt[3]{2\sqrt{5}}$　　⑤ $\sqrt[3]{5\sqrt{2}}$

10 세 수 $A=\sqrt{2}+\sqrt[3]{3}$, $B=2\sqrt[3]{3}$, $C=\sqrt[4]{5}+\sqrt[3]{3}$의 대소를 비교하면?

① $A<B<C$　　② $A<C<B$

③ $B<A<C$　　④ $B<C<A$

⑤ $C<B<A$

유형 04 지수의 확장

(1) $a\neq0$이고 n이 양의 정수일 때,
$$a^0=1, \ a^{-n}=\frac{1}{a^n}$$

(2) $a>0$이고 m, $n(n\geq2)$이 정수일 때,
$$a^{\frac{m}{n}}=\sqrt[n]{a^m}, \ a^{\frac{1}{n}}=\sqrt[n]{a}$$

(3) $a>0$, $b>0$이고 x, y가 실수일 때
① $a^x a^y=a^{x+y}$　　② $a^x\div a^y=a^{x-y}$

③ $(a^x)^y=a^{xy}$　　④ $(ab)^x=a^x b^x$

11 $\{(-3)^4\}^{\frac{1}{2}}-25^{-\frac{3}{2}}\times100^{\frac{3}{2}}$의 값은?

① -2　　② -1　　③ 0

④ 1　　⑤ 2

12 $\dfrac{9^{-10}+3^{-8}}{3^{-10}+9^{-11}}\times\dfrac{26}{5^2+25^2}$의 값을 구하시오.

13 $\sqrt{2}\times\sqrt[3]{3}\times\sqrt[4]{4}\times\sqrt[6]{6}=2^a\times3^b$을 만족시키는 유리수 a, b에 대하여 $a+b$의 값은?

① $\dfrac{4}{3}$　　② $\dfrac{5}{3}$　　③ 2

④ $\dfrac{7}{3}$　　⑤ $\dfrac{8}{3}$

14 $\dfrac{\sqrt{2\sqrt{2\sqrt{2}}}}{\sqrt[4]{4\sqrt[4]{4}}}=2^k$을 만족시키는 유리수 k의 값은?

① $\dfrac{1}{4}$　　② $\dfrac{1}{2}$　　③ 1

④ $\dfrac{3}{2}$　　⑤ 2

15 $(a^{\sqrt{3}})^{2\sqrt{2}} \times (\sqrt[3]{a})^{6\sqrt{6}} \div a^{3\sqrt{6}} = a^k$을 만족시키는 실수 k에 대하여 k^2의 값을 구하시오. (단, $a > 0$, $a \neq 1$)

16 넓이가 $\sqrt[3]{32}\pi$인 원의 둘레의 길이를 $a\pi$, 부피가 $\sqrt[4]{27}$인 정육면체의 겉넓이를 b라 할 때, $ab = 2^{\alpha}3^{\beta}$이 성립한다. 이때 유리수 α, β에 대하여 $\alpha + \beta$의 값은?

① $\dfrac{13}{6}$ ② $\dfrac{11}{3}$ ③ $\dfrac{13}{3}$

④ $\dfrac{11}{2}$ ⑤ $\dfrac{13}{2}$

17 $a = \sqrt{3}$, $b = \sqrt[3]{2}$일 때, $12^{\frac{1}{6}}$을 a, b로 나타내면?

① $a^{\frac{1}{6}}b^{\frac{1}{3}}$ ② $a^{\frac{1}{3}}b^{\frac{1}{6}}$ ③ $a^{\frac{1}{3}}b^{\frac{1}{3}}$

④ $a^{\frac{1}{3}}b$ ⑤ $ab^{\frac{1}{3}}$

18 $625^{\frac{1}{n}}$이 자연수가 되도록 하는 모든 정수 n의 값의 합은?

① 6   ② 7   ③ 8

④ 9   ⑤ 10

유형 05 **지수법칙과 곱셈 공식**

$a > 0$, $b > 0$이고 x, y가 실수일 때
(1) $(a^x + b^y)(a^x - b^y) = a^{2x} - b^{2y}$
(2) $(a^x \pm b^y)^2 = a^{2x} \pm 2a^x b^y + b^{2y}$ (복부호 동순)
(3) $(a^x \pm b^y)(a^{2x} \mp a^x b^y + b^{2y}) = a^{3x} \pm b^{3y}$ (복부호 동순)
(4) $(a^x \pm b^y)^3 = a^{3x} \pm 3a^{2x}b^y + 3a^x b^{2y} \pm b^{3y}$ (복부호 동순)

19 $\dfrac{(3^{\frac{1}{3}}-1)(9^{\frac{1}{3}}+3^{\frac{1}{3}}+1)}{(2^{\frac{1}{2}}-1)^2(2^{\frac{3}{2}}+3)}$의 값은?

① 1   ② $\sqrt{2}$ ③ $\sqrt{3}$

④ 2   ⑤ $\sqrt{6}$

20 $(a^{\frac{1}{3}}+a^{-\frac{2}{3}})^3 - 3a^{-\frac{1}{3}}(a^{\frac{1}{3}}+a^{-\frac{2}{3}})$을 간단히 하면? (단, $a > 0$)

① $a - 1$ ② $a - \dfrac{1}{a}$ ③ $a + \dfrac{1}{a}$

④ $a - \dfrac{1}{a^2}$ ⑤ $a + \dfrac{1}{a^2}$

21 $a = 9$일 때,

$$\frac{1}{1-a^{-\frac{1}{8}}} + \frac{1}{1+a^{-\frac{1}{8}}} + \frac{2}{1+a^{-\frac{1}{4}}} + \frac{4}{1+a^{-\frac{1}{2}}}$$

의 값을 구하시오.

22 $x = 2^{\frac{1}{3}} - 2^{-\frac{1}{3}}$일 때, $2x^3 + 6x + 1$의 값은?

① 2   ② 3   ③ 4

④ 5   ⑤ 6

유형 06 $a^x + a^{-x}$ 꼴의 식의 값 구하기

주어진 식 $a^x + a^{-x} = k$의 양변을 제곱 또는 세제곱하여 식을 정리한 후 이 값을 이용할 수 있도록 구하는 식을 변형하여 대입한다.

23 $x^{\frac{1}{2}} - x^{-\frac{1}{2}} = 1$일 때, $x^3 + x^{-3}$의 값은? (단, $x > 0$)

① 14   ② 16   ③ 18
④ 20   ⑤ 22

24 $x^{\frac{1}{2}} + x^{-\frac{1}{2}} = \sqrt{6}$일 때, $x\sqrt{x} + \dfrac{1}{x\sqrt{x}}$의 값을 구하시오.

(단, $x > 0$)

25 $x^{\frac{1}{3}} + x^{-\frac{1}{3}} = 4$일 때, $x^{\frac{1}{2}} - x^{-\frac{1}{2}}$의 값은? (단, $x > 1$)

① $\sqrt{2}$ ② $2\sqrt{2}$ ③ $3\sqrt{2}$
④ $4\sqrt{2}$ ⑤ $5\sqrt{2}$

26 $9^x + 9^{-x} = 47$일 때, $3^{\frac{x}{4}} + 3^{-\frac{x}{4}}$의 값은?

① 1   ② $\sqrt{3}$ ③ 2
④ $\sqrt{5}$ ⑤ 3

유형 07 $\dfrac{a^x - a^{-x}}{a^x + a^{-x}}$ 꼴의 식의 값 구하기

a^{2x}의 값이 주어진 경우

➡ $\dfrac{a^x - a^{-x}}{a^x + a^{-x}}$의 분모, 분자에 a^x을 곱하여 a^{2x}을 포함한 식으로 변형한다.

27 $a^{2x} = 7$일 때, $\dfrac{a^x + a^{-x}}{a^x - a^{-x}}$의 값은? (단, $a > 0$)

① $\dfrac{3}{4}$ ② $\dfrac{7}{8}$ ③ $\dfrac{8}{7}$
④ $\dfrac{4}{3}$ ⑤ $\dfrac{7}{4}$

28 $4^x = 5$일 때, $\dfrac{2^{3x} - 2^{-3x}}{2^x + 2^{-x}}$의 값은?

① $\dfrac{62}{15}$ ② $\dfrac{21}{5}$ ③ $\dfrac{64}{15}$
④ $\dfrac{13}{3}$ ⑤ $\dfrac{22}{5}$

29 $\dfrac{a^m + a^{-m}}{a^m - a^{-m}} = 3$일 때, $(a^m + a^{-m})(a^m - a^{-m})$의 값은? (단, $a > 0$)

① $\dfrac{4}{3}$ ② $\dfrac{3}{2}$ ③ $\dfrac{5}{3}$
④ $\dfrac{5}{2}$ ⑤ 3

유형 08 ^{UP} 밑이 다른 식이 주어질 때의 식의 값 구하기

$a>0$, $b>0$이고 x가 0이 아닌 실수일 때,
$$a^x=b \Longleftrightarrow a=b^{\frac{1}{x}}$$
임을 이용하여 주어진 조건을 구하는 식에 대입할 수 있도록 변형한다.

30 실수 x, y에 대하여 $3^x=4$, $48^y=8$일 때, $\dfrac{2}{x}-\dfrac{3}{y}$의 값은?

① -4 ② $-\dfrac{1}{4}$ ③ $\dfrac{1}{4}$

④ 4 ⑤ 16

31 양수 a, b, c와 실수 x, y, z에 대하여 $abc=8$이고 $a^x=b^y=c^z=16$일 때, $\dfrac{1}{x}+\dfrac{1}{y}+\dfrac{1}{z}$의 값은?

① $\dfrac{1}{2}$ ② $\dfrac{3}{4}$ ③ $\dfrac{4}{3}$

④ 2 ⑤ 3

32 등식 $\dfrac{1}{x}-\dfrac{1}{2y}=-1$을 만족시키는 실수 x, y 중에서 $3^x=25^y=k$를 만족시키는 x, y가 존재할 때, 상수 k의 값을 구하시오.

33 양수 a, b와 실수 x, y, z에 대하여 $a^x=b^y=4^z$이고 $\dfrac{1}{x}+\dfrac{1}{y}-\dfrac{3}{z}=0$일 때, ab의 값을 구하시오.

(단, $xyz \neq 0$)

유형 09 지수의 실생활에의 활용

(1) 식이 주어진 경우 ➡ 주어진 식에서 각 문자가 나타내는 것이 무엇인지 파악한 후 조건에 따라 수를 대입하고 지수법칙을 이용하여 값을 구한다.

(2) 식이 주어지지 않은 경우 ➡ 조건에 맞도록 식을 세운 후 지수법칙을 이용하여 값을 구한다.

34 버튼을 누르면 일정한 비율로 커진 수를 출력하도록 설정된 계산기가 있다. 이 계산기에 2를 입력하고 버튼을 6번 눌렀더니 4가 출력되었다고 한다. 버튼을 4번 더 눌렀을 때, 출력되는 수는?

① $2^{\frac{2}{3}}$ ② $2^{\frac{4}{3}}$ ③ $2^{\frac{5}{3}}$

④ $2^{\frac{8}{3}}$ ⑤ $2^{\frac{11}{3}}$

35 어느 전자레인지로 음식물을 데우는 데 걸리는 시간 t와 음식물의 개수 p, 음식물의 부피 q 사이에는 다음과 같은 관계식이 성립한다고 한다.

$$t=ap^{\frac{1}{2}}q^{\frac{3}{2}} \text{ (단, } a\text{는 상수)}$$

이때 음식물의 개수가 4배, 음식물의 부피가 8배가 되면 음식물을 데우는 데 걸리는 시간은 몇 배 증가하는가?

① $2\sqrt{2}$배   ② $4\sqrt{2}$배   ③ $8\sqrt{2}$배

④ $16\sqrt{2}$배   ⑤ $32\sqrt{2}$배

36 ^{UP} 두 품목 A, B의 가격이 n년 동안 a원에서 b원으로 올랐을 때 연평균 가격 상승률을 $\sqrt[n]{\dfrac{b}{a}}-1$로 계산하기로 한다. 두 품목 A, B의 가격이 최근 10년 동안 각각 2배, 4배 올랐다고 할 때, 이 기간 동안 품목 B의 연평균 가격 상승률은 품목 A의 연평균 가격 상승률의 몇 배인지 구하시오.

(단, $1.07^{10}=2$로 계산한다.)

기초 문제 Training

로그의 뜻과 성질

개념편 24쪽

1 다음 등식을 $x = \log_a N$ 꼴로 나타내시오.

(1) $2^2 = 4$

(2) $(\sqrt{6})^4 = 36$

(3) $25^{\frac{1}{2}} = 5$

(4) $7^0 = 1$

2 다음 등식을 $a^x = N$ 꼴로 나타내시오.

(1) $\log_3 27 = 3$

(2) $\log_{\frac{1}{2}} 8 = -3$

(3) $\log_{\sqrt{2}} 16 = 8$

(4) $\log_9 \frac{1}{3} = -\frac{1}{2}$

3 다음이 정의되도록 하는 실수 x의 값의 범위를 구하시오.

(1) $\log_{\frac{1}{2}} (x+2)$

(2) $\log_3 (3-x)$

(3) $\log_{x-6} 10$

(4) $\log_{-x-1} 12$

4 다음 값을 구하시오.

(1) $\log_2 32$

(2) $\log_3 \frac{1}{27}$

(3) $\log_{\frac{1}{5}} 25$

(4) $\log_{\frac{1}{10}} \frac{1}{1000}$

5 다음 식의 값을 구하시오.

(1) $\log_2 \frac{1}{4} - \log_3 \frac{1}{3}$

(2) $\log_2 16 - \log_5 25$

(3) $\log_6 4 + \log_6 9$

(4) $\log_2 10 - \log_2 5$

로그의 밑의 변환

개념편 29쪽

6 다음 □ 안에 알맞은 것을 써넣으시오.

(1) $\dfrac{\log_{13} 15}{\log_{13} 3} = \log_3 \square$

(2) $\log_3 2 = \dfrac{1}{\boxed{}}$

7 다음 식의 값을 구하시오.

(1) $\log_2 9 \times \log_3 8$

(2) $\log_2 5 \times \log_5 7 \times \log_7 2$

8 다음 값을 구하시오.

(1) $\log_4 128$

(2) $\log_{\frac{1}{2}} \sqrt[3]{4}$

(3) $8^{\log_2 3}$

(4) $3^{\log_9 7}$

핵심 유형 Training

유형 01 로그의 정의

$a>0$, $a\neq1$, $N>0$일 때,
$$a^x=N \iff x=\log_a N$$

1 $\log_{\frac{1}{2}} x=4$, $\log_y 2=-\dfrac{1}{3}$을 만족시키는 실수 x, y에 대하여 $\dfrac{1}{x}+\dfrac{1}{y}$의 값을 구하시오.

2 $\log_2\{\log_4(\log_3 a)\}=-1$을 만족시키는 실수 a의 값은?

① $\dfrac{1}{4}$ ② $\dfrac{1}{3}$ ③ 8

④ 9   ⑤ 16

3 $a=\log_2 9$일 때, $2^{\frac{a}{2}}$의 값은?

① 2   ② 3   ③ 4

④ 5   ⑤ 6

4 $x=\log_5(\sqrt{2}+1)$일 때, 5^x+5^{-x}의 값은?

① $\sqrt{2}-1$ ② $\sqrt{2}$ ③ $\sqrt{2}+1$

④ $2\sqrt{2}$ ⑤ $\sqrt{2}+2$

유형 02 로그의 밑과 진수의 조건

$\log_a N$이 정의되려면
(1) 밑은 1이 아닌 양수이어야 한다. ➡ $a>0$, $a\neq1$
(2) 진수는 양수이어야 한다. ➡ $N>0$

5 $\log_{a-5}(-a^2+11a-18)$이 정의되도록 하는 정수 a의 개수는?

① 2   ② 3   ③ 4

④ 5   ⑤ 6

6 $\log_{a-3}(a-1)$과 $\log_{a-3}(8-a)$가 모두 정의되도록 하는 모든 정수 a의 값의 합은?

① 11   ② 18   ③ 22

④ 25   ⑤ 33

7 $\log_{|x-1|}(-x^2+3x+4)$가 정의되도록 하는 정수 x의 값을 구하시오.

8 모든 실수 x에 대하여 $\log_{(a-2)^2}(ax^2+2ax+8)$이 정의되도록 하는 정수 a의 최댓값과 최솟값의 합을 구하시오.

유형 03 로그의 성질을 이용한 계산

$a>0$, $a\neq1$, $M>0$, $N>0$일 때
(1) $\log_a 1=0$, $\log_a a=1$
(2) $\log_a MN=\log_a M+\log_a N$
(3) $\log_a \dfrac{M}{N}=\log_a M-\log_a N$
(4) $\log_a M^k=k\log_a M$ (단, k는 실수)

9 $\log_3 \sqrt{15}-\dfrac{1}{2}\log_3 5+\dfrac{3}{2}\log_3 \sqrt[3]{9}$의 값을 구하시오.

10 다음 식의 값은?

$$\log_2\left(1-\dfrac{1}{4}\right)+\log_2\left(1-\dfrac{1}{9}\right)+\log_2\left(1-\dfrac{1}{16}\right)$$
$$+\cdots+\log_2\left(1-\dfrac{1}{64}\right)$$

① $\log_2 3-2$ ② $\log_2 3-1$
③ $2\log_2 3-4$ ④ $2\log_2 3-2$
⑤ $2\log_2 3-1$

11 36의 모든 양의 약수를 a_1, a_2, a_3, a_4, a_5, a_6, $\cdots$, a_9라 할 때,
  $\log_6 a_1+\log_6 a_2+\log_6 a_3+\cdots+\log_6 a_8+\log_6 a_9$
의 값을 구하시오.

유형 04 로그의 밑의 변환을 이용한 계산

$a>0$, $a\neq1$, $b>0$일 때
(1) $\log_a b=\dfrac{\log_c b}{\log_c a}$ (단, $c>0$, $c\neq1$)
(2) $\log_a b=\dfrac{1}{\log_b a}$ (단, $b\neq1$)

12 $\log_3 4\times\log_2 5\times\log_5 6-\log_3 25\times\log_5 2$의 값은?

① $\dfrac{1}{3}$ ② $\dfrac{1}{2}$ ③ 1
④ 2 ⑤ 3

13 $\dfrac{1}{\log_3 2}+\dfrac{1}{\log_5 2}+\dfrac{1}{\log_7 2}=\log_2 k$를 만족시키는 양수 k의 값을 구하시오.

14 $\log_2(\log_3 5)+\log_2(\log_5 10)+\log_2(\log_{10} 81)$의 값은?

① -2 ② -1 ③ 0
④ 1 ⑤ 2

15 1이 아닌 양수 a, b에 대하여
$(\log_a b)^2+(\log_b \sqrt{a})^2$의 최솟값을 구하시오.

유형 05 로그의 여러 가지 성질을 이용한 계산

$a>0$, $a\neq1$, $b>0$일 때

(1) $\log_{a^m} b^n = \dfrac{n}{m}\log_a b$ (단, $m\neq0$이고, m, n은 실수)

(2) $a^{\log_c b} = b^{\log_c a}$ (단, $c>0$, $c\neq1$)

16 $\left(\log_2 5 + \log_4 \dfrac{1}{5}\right)\left(\log_5 2 + \log_{25} \dfrac{1}{2}\right)$의 값은?

① $\dfrac{1}{4}$ ② $\dfrac{1}{2}$ ③ 1

④ 2 ⑤ 4

17 $5^{\log_5 2 \times 2\log_2 3} \times 4^{\log_2 5}$의 값은?

① 45 ② 144 ③ 225

④ 256 ⑤ 400

18 두 수 $A=2\log_{\frac{1}{4}} 8 - \log_{\frac{1}{2}} \sqrt{8}$, $B=\log_{32} \dfrac{1}{512}$의 대소를 비교하시오.

19 $\log_3 12$의 정수 부분을 x, 소수 부분을 y라 할 때, $\dfrac{3^y+3^{-y}}{2^x-2^{-x}}$의 값을 구하시오.

유형 06 로그의 값을 문자로 나타내기

로그의 값을 문자로 나타낼 때는 다음과 같은 순서로 한다.

(1) 로그의 밑의 변환을 이용하여 주어진 문자를 나타내는 로그와 구하는 로그의 밑을 같게 한다.

(2) 구하는 로그의 진수를 곱의 꼴로 나타낸 후 로그의 성질을 이용하여 로그의 합 또는 차의 꼴로 나타낸다.

(3) (2)의 식에 주어진 문자를 대입한다.

20 $\log_5 2=a$, $\log_5 3=b$일 때, $\log_5 54$를 a, b로 나타내시오.

21 $\log_{10} 2=a$, $\log_{10} 3=b$일 때, $\log_5 18$을 a, b로 나타내시오.

22 $\log_2 3=a$, $\log_3 15=b$일 때, $\log_{30} 24$를 a, b로 나타내면?

① $\dfrac{a+3}{ab+2}$ ② $\dfrac{a+2}{ab+1}$ ③ $\dfrac{a+3}{ab+1}$

④ $\dfrac{3a+1}{ab+1}$ ⑤ $\dfrac{3a+2}{ab+1}$

23 $2^a=3$, $3^b=5$, $5^c=7$일 때, $\log_5 42$를 a, b, c로 나타내면?

① $\dfrac{1+b+abc}{a}$ ② $\dfrac{a+b+c}{a}$

③ $\dfrac{1+a+abc}{ab}$ ④ $\dfrac{1+b+abc}{ab}$

⑤ $\dfrac{a+b+abc}{abc}$

유형 07 조건을 이용하여 식의 값 구하기

로그의 여러 가지 성질을 이용하여 주어진 조건을 변형한 후
이를 구하는 식에 대입하여 식의 값을 구한다.
특히 $a^x=b$ 꼴이 주어진 경우 로그의 정의에 의하여
$x=\log_a b$임을 이용한다.

24 실수 x, y에 대하여 $27^x=12^y=18$일 때, $\dfrac{x+y}{xy}$의
값을 구하시오.

25 양수 a, b에 대하여 $a^2 b^3=1$일 때, $\log_{a^2} a^7 b^6$의 값
은?

① $\dfrac{1}{2}$　　② 1　　③ $\dfrac{3}{2}$

④ 2　　⑤ $\dfrac{5}{2}$

26 1이 아닌 양수 a, b에 대하여 $\log_a 9=\log_b 27$일 때,
$\log_{ab} a^2 b^3$의 값은?

① $\dfrac{4}{5}$　　② $\dfrac{7}{4}$　　③ $\dfrac{9}{5}$

④ $\dfrac{9}{4}$　　⑤ $\dfrac{13}{5}$

27 양수 x, y, z에 대하여
$$\log_3 x-2\log_9 y+3\log_{27} z=-1$$
일 때, $27^{\frac{xz}{y}}$의 값을 구하시오.

유형 08 로그와 이차방정식

이차방정식 $ax^2+bx+c=0\,(a\neq 0)$의 두 근이 $\log_r \alpha$,
$\log_r \beta$일 때, 근과 계수의 관계에 의하여

(1) $\log_r \alpha+\log_r \beta=-\dfrac{b}{a} \Longleftrightarrow \log_r \alpha\beta=-\dfrac{b}{a}$
$$\Longleftrightarrow \alpha\beta=r^{-\frac{b}{a}}$$

(2) $\log_r \alpha \times \log_r \beta=\dfrac{c}{a}$

28 이차방정식 $x^2-3x+1=0$의 두 근이 $\log_3 \alpha$,
$\log_3 \beta$일 때, $\alpha\beta$의 값은?

① $\dfrac{1}{27}$　　② $\dfrac{1}{3}$　　③ 1

④ 3　　⑤ 27

29 이차방정식 $x^2+5x+5=0$의 두 근이 $\log_2 \alpha$,
$\log_2 \beta$일 때, $\log_\alpha \beta+\log_\beta \alpha$의 값은?

① 2　　② 3　　③ 5

④ 7　　⑤ 10

30 이차방정식 $2x^2-10x+5=0$의 두 근이 α, β이고
$a=|\alpha-\beta|$일 때, $\log_a 2\alpha+\log_a 3\beta$의 값은?

① $\dfrac{1}{2}$　　② 1　　③ 2

④ 5　　⑤ 15

기초 문제 Training

상용로그

개념편 37쪽

1 다음 값을 구하시오.

(1) $\log 1000$

(2) $\log 0.001$

(3) $\log \sqrt[3]{10000}$

(4) $\log \dfrac{1}{\sqrt[3]{100}}$

(5) $\log \dfrac{1}{\sqrt[5]{1000}}$

2 다음 식의 값을 구하시오.

(1) $\log 25 + \log 4$

(2) $3 \log 2 + \log 1250$

(3) $\log \dfrac{1}{2} + \log \dfrac{1}{5}$

(4) $\log \dfrac{1}{8} - 3 \log 5$

(5) $2 \log \dfrac{1}{20} - 2 \log 5$

3 상용로그표를 이용하여 다음 값을 구하시오.

수	0	1	2	3
3.0	.4771	.4786	.4800	.4814
3.1	.4914	.4928	.4942	.4955
3.2	.5051	.5065	.5079	.5092
3.3	.5185	.5198	.5211	.5224
3.4	.5315	.5328	.5340	.5353

(1) $\log 3.01$ (2) $\log 3.13$

(3) $\log 3.32$ (4) $\log 3.41$

4 상용로그의 값이 다음과 같을 때, 상용로그의 정수 부분과 소수 부분을 각각 구하시오.

(1) $\log 28.2 = 1.4502$

(2) $\log 372 = 2.5705$

(3) $\log 0.217 = -0.6635$

(4) $\log 0.0042 = -2.3768$

5 다음 상용로그의 정수 부분을 구하시오.

(1) $\log 384$

(2) $\log 1584$

(3) $\log 0.0034$

(4) $\log 0.0002551$

핵심 유형 Training

03 상용로그

유형 01 상용로그의 값

10을 밑으로 하는 로그를 상용로그라 하고, 밑을 생략하여 $\log N$으로 나타낸다.
상용로그의 값은 로그의 성질과 $\log 10^x = x$임을 이용하여 주어진 상용로그를 변형한 후 구한다.

1 $\log \sqrt{10} - \log \sqrt[3]{100} + \log \sqrt{\dfrac{1}{1000}}$ 의 값을 구하시오.

2 $x = 10^{\frac{3}{10}}$일 때, $\log 10x^3 - \log \dfrac{x^5}{\sqrt{10}} + \log \dfrac{1}{\sqrt[3]{x^2}}$의 값은?

① $-\dfrac{3}{10}$ ② $-\dfrac{1}{10}$ ③ $\dfrac{3}{10}$

④ $\dfrac{7}{10}$ ⑤ $\dfrac{13}{10}$

3 $\log 1.63 = 0.2122$일 때, 다음 중 옳지 <u>않은</u> 것은?

① $\log 163 = 2.2122$
② $\log 1630 = 3.2122$
③ $\log 0.163 = -0.2122$
④ $\log 0.0163 = -1.7878$
⑤ $\log 0.00163 = -2.7878$

4 $\log 2 = 0.3010$, $\log 3 = 0.4771$일 때, $\log \sqrt{3} - \log 2\sqrt{6} + \log 6$의 값을 구하시오.

유형 02 상용로그의 진수 구하기

숫자의 배열이 같고 소수점의 위치만 다른 양수의 상용로그는 소수 부분이 모두 같음을 이용한다.

예 $\log 4.81 = 0.6821$일 때, $\log x = 1.6821$이면
$\log x = 1 + \log 4.81 = \log 48.1$이므로 $x = 48.1$

5 $\log 2.34 = 0.3692$일 때, $a = \log 2340$, $\log b = -1.6308$을 만족시키는 양수 a, b에 대하여 $a + 100b$의 값은?

① 3.3926 ② 4.6308 ③ 4.6923
④ 5.0234 ⑤ 5.7092

6 $\log 0.155 = -0.8097$, $\log 641 = 2.8069$일 때, $\log a = 0.8069$, $\log b = 1.1903$을 만족시키는 양수 a, b에 대하여 $a + b$의 값을 구하시오.

7 $\log 2 = 0.3010$, $\log 3 = 0.4771$일 때, $\log A = -1.2219$를 만족시키는 양수 A에 대하여 $100A$의 값을 구하시오.

유형 03 자릿수와 상용로그

자연수 n에 대하여

(1) $\log N$의 정수 부분이 n
→ N은 $n+1$자리의 수이다.

(2) $\log N$의 정수 부분이 $-n$
→ N은 소수점 아래 n째 자리에서 처음으로 0이 아닌 숫자가 나타난다.

8 15^{30}은 몇 자리의 자연수인가?
(단, $\log 2 = 0.3010$, $\log 3 = 0.4771$로 계산한다.)

① 32자리　　② 33자리　　③ 34자리
④ 35자리　　⑤ 36자리

9 $\left(\dfrac{2}{3}\right)^{50}$은 소수점 아래 n째 자리에서 처음으로 0이 아닌 숫자가 나타날 때, n의 값을 구하시오.
(단, $\log 2 = 0.3010$, $\log 3 = 0.4771$로 계산한다.)

10 자연수 N에 대하여 N^{100}이 150자리의 자연수일 때, $\dfrac{1}{N}$은 소수점 아래 몇째 자리에서 처음으로 0이 아닌 숫자가 나타나는가?

① 2째 자리　　② 3째 자리　　③ 4째 자리
④ 5째 자리　　⑤ 6째 자리

유형 04 ^{UP} 소수 부분의 조건이 주어진 상용로그

$\log a$, $\log b$에 대하여

(1) 소수 부분이 같으면 두 상용로그의 차는 정수이다.
→ $\log a - \log b = $(정수)

(2) 소수 부분의 합이 1이면 두 상용로그의 합은 정수이다.
→ $\log a + \log b = $(정수)

11 $\log x$의 정수 부분이 2이고 $\log x^2$의 소수 부분과 $\log \sqrt[3]{x}$의 소수 부분이 같을 때, $\log x$의 값을 구하시오.

12 $1000 < x < 10000$이고 $\log x^4$의 소수 부분과 $\log \dfrac{1}{x}$의 소수 부분의 합이 1일 때, 모든 x의 값의 곱은?

① 10^7　　② 10^8　　③ 10^9
④ 10^{10}　　⑤ 10^{11}

13 $1 < x < 10$이고 $\log x^2$과 $\log \dfrac{1}{\sqrt{x}}$의 합이 정수일 때, $3\log x$의 값을 구하시오.

14 다음 조건을 모두 만족시키는 모든 $\log x$의 값의 합을 구하시오.
(단, $[x]$는 x보다 크지 않은 최대의 정수)

(가) $[\log x] = 2$
(나) $\log x^3 - [\log x^3] = \log \dfrac{1}{x^4} - \left[\log \dfrac{1}{x^4}\right]$

유형 05 **상용로그의 실생활에의 활용
– 관계식이 주어진 경우**

상용로그의 실생활에의 활용에서 관계식이 주어진 경우는 다음과 같은 순서로 구한다.
(1) 주어진 조건을 식에 대입한다.
(2) (1)의 식에서 로그의 정의 및 성질을 이용하여 값을 구한다.

유형 06 **상용로그의 실생활에의 활용
– 증가하거나 감소하는 경우**

(1) 처음 양 a가 매년 $r\%$씩 증가할 때 n년 후의 양
$$\Rightarrow a\left(1+\frac{r}{100}\right)^n$$
(2) 처음 양 a가 매년 $r\%$씩 감소할 때 n년 후의 양
$$\Rightarrow a\left(1-\frac{r}{100}\right)^n$$

15 해수면으로부터 높이가 h km인 곳의 기압을 P기압이라 할 때, 다음과 같은 관계식이 성립한다고 한다.
$$h=3.3\log\frac{1}{P}$$
이때 높이가 400 m인 곳의 기압은 높이가 7 km인 곳의 기압의 몇 배인지 구하시오.

16 중고 상품을 판매하는 어느 회사에서 새 상품의 가격 P만 원, 연평균 감가상각비율 r, t년 후의 중고 상품의 가격 W만 원 사이에는 다음과 같은 관계식이 성립한다고 한다.
$$\log(1-r)=\frac{1}{t}\log\frac{W}{P}$$
이때 250만 원짜리 새 상품의 연평균 감가상각비율이 0.2일 때, 3년 후의 중고 상품의 가격을 구하시오.

17 망각의 법칙에 따르면 학습한 처음 기억 상태를 L_0, t개월 후의 기억 상태를 L이라 할 때, 다음과 같은 관계식이 성립한다고 한다.
$$\log\frac{L_0}{L}=c\log(t+1) \text{ (단, } c\text{는 상수)}$$
어느 학습에서 처음 기억 상태가 100일 때, 1개월 후의 기억 상태는 7개월 후의 기억 상태의 2배이다. 이때 상수 c의 값을 구하시오.

18 매달 저축 금액을 일정한 비율로 증가시켜 1년 후의 저축 금액이 이번 달의 2배가 되도록 하려고 할 때, 매달 몇 $\%$씩 증가시켜야 하는지 구하시오.
(단, $\log 2=0.3$, $\log 1.06=0.025$로 계산한다.)

19 정부는 미세 먼지의 농도를 매년 일정한 비율로 감소시켜 10년 후의 농도가 현재 농도의 $\frac{1}{3}$이 되도록 정책을 수립하려고 한다. 매년 몇 $\%$씩 감소시켜야 하는가?
(단, $\log 3=0.48$, $\log 8.96=0.952$로 계산한다.)

① 8.9 %   ② 9.5 %   ③ 10.4 %
④ 11.2 %   ⑤ 12.4 %

20 어느 회사의 2005년 매출액은 창업한 해인 2004년 매출액의 50 %에 그쳤지만 2005년을 기준으로 꾸준히 매출액이 10 %씩 증가하였다. 2025년의 매출액은 창업한 해의 매출액의 몇 배인지 구하시오.
(단, $\log 1.1=0.041$, $\log 2=0.301$, $\log 3.3=0.519$로 계산한다.)

I

지수함수와
로그함수

기초 문제 Training

01 지수함수

지수함수 개념편 48쪽

1 다음 보기 중 지수함수인 것만을 있는 대로 고르시오.

> **보기**
> ㄱ. $y=2^{x-3}$ ㄴ. $y=x^2$
> ㄷ. $y=4^3$ ㄹ. $y=0.5^{x+1}$

2 함수 $f(x)=2^x$에 대하여 다음 값을 구하시오.

(1) $f(0)$ (2) $f(2)$

(3) $f\left(\dfrac{1}{2}\right)$ (4) $f(-2)f(3)$

3 함수 $f(x)=\left(\dfrac{1}{3}\right)^x$에 대하여 다음 값을 구하시오.

(1) $f(0)$ (2) $f(3)$

(3) $f(-2)$ (4) $f(-4)f(1)$

4 다음 보기 중 함수 $y=a^x\,(a>0,\ a\neq1)$에 대한 설명으로 옳은 것만을 있는 대로 고르시오.

> **보기**
> ㄱ. 정의역은 $\{x\,|\,x>0\}$이다.
> ㄴ. 치역은 $\{y\,|\,y>0\}$이다.
> ㄷ. 그래프는 점 $(0,\,1)$을 지난다.
> ㄹ. x의 값이 증가하면 y의 값도 증가한다.
> ㅁ. 그래프의 점근선의 방정식은 $y=0$이다.

5 함수 $y=a^x$의 그래프가 오른쪽 그림과 같을 때, 다음 함수의 그래프를 그리시오.

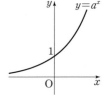

(1) $y=-a^x$

(2) $y=\left(\dfrac{1}{a}\right)^x$

(3) $y=a^{x-1}$

(4) $y=a^x-1$

6 다음 함수의 그래프를 그리고, 치역과 점근선의 방정식을 구하시오.

(1) $y=2^{x+2}$ (2) $y=\left(\dfrac{1}{2}\right)^x-3$

(3) $y=2^{x-1}-2$ (4) $y=\left(\dfrac{1}{2}\right)^{x+1}+1$

7 다음 함수의 최댓값과 최솟값을 구하시오.

(1) $y=2^x\ (-1\leq x\leq3)$

(2) $y=\left(\dfrac{1}{3}\right)^x\ (-2\leq x\leq1)$

핵심 유형 Training

유형 01 지수함수의 함숫값

지수함수 $f(x)=a^x(a>0,\ a\neq1)$에서 $f(\alpha)$의 값을 구할 때는 x에 α를 대입한 후 지수법칙을 이용한다.

1 함수 $f(x)=a^x(a>0,\ a\neq1)$에서 $f(m)=3$, $f(n)=6$일 때, $f(m+n)$의 값은?

① 9   ② 12   ③ 15
④ 18   ⑤ 21

2 함수 $f(x)=a^x$에 대하여 다음 보기 중 옳은 것만을 있는 대로 고르시오. (단, $a>0,\ a\neq1,\ m\neq0$)

┌ 보기 ┐
ㄱ. $f(m)f(-m)=1$
ㄴ. $f(2m)=2f(m)$
ㄷ. $f(m+n)=f(m)f(n)$
ㄹ. $f\left(\dfrac{1}{m}\right)=\dfrac{1}{f(m)}$

3 집합 $A=\left\{(x,\ y)\left|y=\left(\dfrac{1}{3}\right)^x,\ x\text{는 실수}\right.\right\}$에 대하여 다음 보기 중 옳은 것만을 있는 대로 고른 것은?

┌ 보기 ┐
ㄱ. $(a,\ b)\in A$이면 $(a-1,\ 3b)\in A$이다.
ㄴ. $(-a,\ b)\in A$이면 $\left(-\dfrac{a}{2},\ \sqrt{b}\right)\in A$이다.
ㄷ. $(2a,\ b)\in A$이면 $(a,\ b^2)\in A$이다.

① ㄱ   ② ㄱ, ㄴ   ③ ㄱ, ㄷ
④ ㄴ, ㄷ   ⑤ ㄱ, ㄴ, ㄷ

유형 02 지수함수의 그래프

지수함수 $y=a^{x-p}+q$의 그래프는 지수함수 $y=a^x$의 그래프를 x축의 방향으로 p만큼, y축의 방향으로 q만큼 평행이동하여 그린다.

참고 지수함수 $y=a^{x-p}+q$의 성질
(1) 정의역은 실수 전체의 집합이고, 치역은 $\{y|y>q\}$이다.
(2) 일대일함수이다.
(3) $a>1$일 때 x의 값이 증가하면 y의 값도 증가하고, $0<a<1$일 때 x의 값이 증가하면 y의 값은 감소한다.
(4) 그래프는 점 $(p,\ q+1)$을 지나고, 그래프의 점근선의 방정식은 $y=q$이다.

4 다음 중 함수 $f(x)=2^{x-2}-1$에 대한 설명으로 옳은 것은?

① 정의역은 $\{x|x\geq-1\}$이다.
② 치역은 실수 전체의 집합이다.
③ 그래프는 점 $(2,\ -1)$을 지난다.
④ x의 값이 증가하면 y의 값은 감소한다.
⑤ $x_1\neq x_2$이면 $f(x_1)\neq f(x_2)$이다.

5 다음 중 함수 $y=3^{-x+1}-2$의 그래프로 옳은 것은?

①   ②
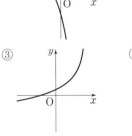

③   ④

⑤
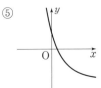

유형 03 | 지수함수의 그래프의 평행이동과 대칭이동

지수함수 $y=a^x(a>0,\ a\neq1)$의 그래프를

(1) x축의 방향으로 m만큼, y축의 방향으로 n만큼 평행이동
    ➡ $y=a^{x-m}+n$

(2) x축에 대하여 대칭이동 ➡ $y=-a^x$

(3) y축에 대하여 대칭이동 ➡ $y=a^{-x}=\left(\dfrac{1}{a}\right)^x$

(4) 원점에 대하여 대칭이동 ➡ $y=-a^{-x}=-\left(\dfrac{1}{a}\right)^x$

6 함수 $y=2^{2x}$의 그래프를 x축의 방향으로 m만큼, y축의 방향으로 n만큼 평행이동한 그래프의 식이 $y=4(2^{2x}+1)$일 때, $m+n$의 값을 구하시오.

7 다음 보기의 함수 중 그 그래프가 함수 $y=3^x$의 그래프를 평행이동 또는 대칭이동하여 겹쳐질 수 있는 것만을 있는 대로 고르시오.

┌─ 보기 ────────────────────────────┐
ㄱ. $y=-3^{x+1}$ ㄴ. $y=\left(\dfrac{1}{3}\right)^x+1$

ㄷ. $y=\dfrac{3^x+1}{3}$ ㄹ. $y=3^{3x}+1$
└──────────────────────────────────┘

8 함수 $y=\left(\dfrac{1}{5}\right)^x$의 그래프를 y축에 대하여 대칭이동한 후 x축의 방향으로 a만큼, y축의 방향으로 b만큼 평행이동한 그래프가 오른쪽 그림과 같을 때, $a-b$의 값을 구하시오.

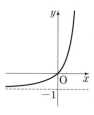

유형 04 | 지수함수의 그래프 위의 점

지수함수 $y=a^x(a>0,\ a\neq1)$의 그래프가 점 $(m,\ n)$을 지나면

➡ $n=a^m$

9 함수 $y=2^x$의 그래프와 직선 $y=x$가 오른쪽 그림과 같을 때, 2^{a-b}의 값을 구하시오. (단, 점선은 x축 또는 y축에 평행하다.)

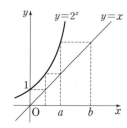

10 함수 $y=3^x$의 그래프 위의 두 점 A, B에 대하여 직선 AB의 기울기가 2이고 $\overline{\text{AB}}=5$이다. 두 점 A, B의 x좌표를 각각 a, b라 할 때, 3^b-3^a의 값은?
(단, $a<b$)

① 4   ② $3\sqrt{2}$ ③ $2\sqrt{5}$
④ $\sqrt{22}$ ⑤ $2\sqrt{6}$

11 오른쪽 그림과 같이 두 함수 $y=3^{2x}$, $y=3^x$의 그래프와 직선 $y=k(k>1)$가 만나는 점을 각각 A, B라 할 때, $\overline{\text{AB}}=\dfrac{3}{4}$이다. 이때 상수 k의 값을 구하시오.

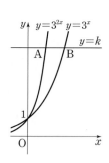

유형 05 지수함수를 이용한 수의 대소 비교

주어진 수의 밑을 같게 한 후 다음 성질을 이용한다.
(1) $a>1$일 때, $x_1<x_2$이면 $a^{x_1}<a^{x_2}$
(2) $0<a<1$일 때, $x_1<x_2$이면 $a^{x_1}>a^{x_2}$

12 세 수 $A=8^{\frac{1}{4}}$, $B=\sqrt[5]{16}$, $C=0.25^{-\frac{1}{3}}$의 대소를 비교하면?

① $A<B<C$ ② $B<A<C$
③ $B<C<A$ ④ $C<A<B$
⑤ $C<B<A$

13 다음 중 가장 큰 수와 가장 작은 수의 곱을 구하시오.

$$\frac{1}{\sqrt{5}}, \quad \frac{1}{\sqrt[3]{25}}, \quad \sqrt[5]{\frac{1}{25}}, \quad \sqrt[3]{0.2}$$

14 $0<a<1<b$, $m<n<0$일 때, 네 수 a^m, a^n, b^m, b^n의 대소를 비교하시오.

유형 06 지수함수의 최대, 최소

$m\leq x\leq n$에서 지수함수 $f(x)=a^x\,(a>0,\ a\neq1)$은
(1) $a>1$이면 $x=m$에서 최솟값 $f(m)$, $x=n$에서 최댓값 $f(n)$을 갖는다.
(2) $0<a<1$이면 $x=m$에서 최댓값 $f(m)$, $x=n$에서 최솟값 $f(n)$을 갖는다.

15 $-1\leq x\leq1$에서 함수 $y=2^{3x}3^{-2x}$의 최댓값을 M, 최솟값을 m이라 할 때, $M-m$의 값은?

① $\dfrac{17}{72}$ ② $\dfrac{1}{4}$ ③ $\dfrac{19}{72}$

④ $\dfrac{5}{18}$ ⑤ $\dfrac{7}{24}$

16 $-2\leq x\leq0$에서 함수 $y=3^{-x}+k$의 최댓값이 10, 최솟값이 m일 때, 상수 k에 대하여 $k+m$의 값을 구하시오.

17 $1\leq x\leq3$에서 함수 $y=a^{x-1}+2$의 최댓값이 18일 때, 상수 a의 값을 구하시오. (단, $a>0$, $a\neq1$)

18 $-1\leq x\leq2$에서 함수 $y=a^{3-x}$의 최댓값을 M, 최솟값을 m이라 할 때, $\dfrac{M}{m}=8$이다. 이때 모든 상수 a의 값의 합을 구하시오. (단, $a>0$, $a\neq1$)

유형 07 함수 $y=a^{px^2+qx+r}$ 꼴의 최대, 최소

함수 $y=a^{px^2+qx+r}$ $(a>0,\ a\neq1)$ 꼴의 최댓값과 최솟값은 다음과 같은 순서로 구한다.

(1) $f(x)=px^2+qx+r$로 놓는다.

(2) 함수 $f(x)=px^2+qx+r$의 최댓값과 최솟값을 구하여 $f(x)$의 값의 범위를 구한다.

(3) (2)에서 구한 범위에서 함수 $y=a^{f(x)}$의 최댓값과 최솟값을 구한다.

19 $-1\leq x\leq2$에서 함수 $y=\left(\dfrac{1}{2}\right)^{-x^2+2x+1}$의 최댓값을 M, 최솟값을 m이라 할 때, $M-4m$의 값은?

① 2 ② 3 ③ 4
④ 5 ⑤ 6

20 함수 $y=a^{2x^2-4x+5}$의 최댓값이 $\dfrac{8}{27}$일 때, 상수 a의 값은? (단, $0<a<1$)

① $\dfrac{1}{3}$ ② $\dfrac{4}{9}$ ③ $\dfrac{1}{2}$
④ $\dfrac{2}{3}$ ⑤ $\dfrac{3}{4}$

21 함수 $y=\left(\dfrac{3}{2}\right)^{-x^2+8x-a}$은 $x=b$에서 최댓값 $\dfrac{2}{3}$를 가질 때, 상수 $a,\ b$에 대하여 $a+b$의 값은?

① 18 ② 19 ③ 20
④ 21 ⑤ 22

유형 08 a^x 꼴이 반복되는 함수의 최대, 최소

(1) a^x 꼴이 반복되는 경우는 $a^x=t$로 놓고 t의 값의 범위에서 t에 대한 함수의 최댓값과 최솟값을 구한다. 이때 $t>0$임에 유의한다.

(2) 함수 $y=a^x+a^{-x}$ $(a>0,\ a\neq1)$의 최댓값과 최솟값은 산술평균과 기하평균의 관계를 이용한다.

➡ $a^x+a^{-x}\geq2\sqrt{a^x\times a^{-x}}=2$

(단, 등호는 $x=0$일 때 성립)

22 $-3\leq x\leq1$에서 함수 $y=\dfrac{1-2^{x+1}+4^{x+1}}{4^x}$의 최댓값을 M, 최솟값을 m이라 할 때, $M-m$의 값은?

① 43 ② 46 ③ 49
④ 52 ⑤ 55

23 함수 $y=6(3^x+3^{-x})-(9^x+9^{-x})$의 최댓값을 구하시오.

24 정의역이 $\{x|-2\leq x\leq1\}$인 함수 $y=25^x-2\times5^x+2$가 $x=a$에서 최댓값 b, $x=c$에서 최솟값 d를 가질 때, $a-b+c-d$의 값을 구하시오.

25 함수 $y=9^x-2\times3^{x+a}+4\times3^b$은 $x=1$에서 최솟값 3을 가질 때, 상수 $a,\ b$에 대하여 $a+b$의 값은?

① -1 ② 1 ③ 2
④ 3 ⑤ 4

기초 문제 Training

지수함수의 활용 개념편 59쪽

1 다음 방정식을 푸시오.

(1) $2^{2x-1}=2^{x+4}$

(2) $3^x=9^{x-1}$

(3) $4^x=\dfrac{1}{16}$

(4) $2^{x-1}=\sqrt{2}$

2 다음은 방정식 $2^{2x}-2^x-12=0$의 해를 구하는 과정이다. □ 안에 알맞은 수를 써넣으시오.

$2^x=t\,(t>0)$로 놓으면

$t^2-t-12=0$

$\therefore t=\boxed{}\,(\because t>0)$

$t=2^x$이므로

$2^x=\boxed{}$, $2^x=2^{\boxed{}}$

$\therefore x=\boxed{}$

3 다음 방정식을 푸시오.

(1) $3^{2x}-2\times3^x-3=0$

(2) $\left(\dfrac{1}{4}\right)^x-6\times\left(\dfrac{1}{2}\right)^x+8=0$

4 다음 부등식을 푸시오.

(1) $2^x<8$

(2) $3^{x-1}>\dfrac{1}{3}$

(3) $5^{2x}\geq5^{x+3}$

(4) $\left(\dfrac{1}{3}\right)^{x+1}\leq\left(\dfrac{1}{3}\right)^{2x-3}$

5 다음은 부등식 $\left(\dfrac{1}{2}\right)^{2x}-5\times\left(\dfrac{1}{2}\right)^x+4\leq0$의 해를 구하는 과정이다. □ 안에 알맞은 수를 써넣으시오.

$\left(\dfrac{1}{2}\right)^x=t\,(t>0)$로 놓으면

$t^2-5t+4\leq0$ $\therefore \boxed{}\leq t\leq\boxed{}$

$t=\left(\dfrac{1}{2}\right)^x$이므로

$\boxed{}\leq\left(\dfrac{1}{2}\right)^x\leq\boxed{}$

$\therefore \boxed{}\leq x\leq\boxed{}$

6 다음 부등식을 푸시오.

(1) $4^{2x}-20\times4^x+64\geq0$

(2) $\left(\dfrac{1}{9}\right)^x-10\times\left(\dfrac{1}{3}\right)^x+9<0$

밑을 같게 할 수 있는 지수방정식

밑을 같게 한 후 다음을 이용한다.
$$a^{f(x)}=a^{g(x)} \Longleftrightarrow f(x)=g(x)$$

1 방정식 $2^{x^2}4^x=8$의 두 근을 α, β라 할 때, $\beta-\alpha$의 값을 구하시오. (단, $\alpha<\beta$)

2 방정식 $(2^{2x}-16)(3^{3x}-27)=0$의 두 근을 α, β라 할 때, $\alpha\beta$의 값은?

① $\dfrac{3}{2}$ ② 2 ③ $\dfrac{5}{2}$

④ 3 ⑤ $\dfrac{7}{2}$

3 방정식 $\left(\dfrac{2}{3}\right)^{2x^2-8}=\left(\dfrac{3}{2}\right)^{5-x}$의 두 근을 α, β라 할 때, $2\beta-\alpha$의 값을 구하시오. (단, $\alpha<\beta$)

4 방정식 $(2\sqrt{2})^{x^2}=4^{x+1}$을 만족시키는 자연수 x의 값을 구하시오.

a^x 꼴이 반복되는 방정식

a^x 꼴이 반복되는 경우는 $a^x=t\,(t>0)$로 놓고 t에 대한 방정식을 푼다.
이때 $t>0$임에 유의한다.

5 방정식 $\left(\dfrac{1}{3}\right)^{2x}+\left(\dfrac{1}{3}\right)^{x+2}=\left(\dfrac{1}{3}\right)^{x-2}+1$의 근을 α라 할 때, $\log_2\alpha^2$의 값은?

① -2 ② -1 ③ 0

④ 1 ⑤ 2

6 연립방정식 $\begin{cases} 2^{x+2}-3^{y-1}=29 \\ 2^{x-1}+3^{y+2}=85 \end{cases}$의 해가 $x=\alpha$, $y=\beta$일 때, $\alpha+\beta$의 값은?

① 3 ② 5 ③ 6

④ 9 ⑤ 10

7 두 함수 $f(x)=2x+2$, $g(x)=2^x$에 대하여 방정식 $(f\circ g)(x)=(g\circ f)(x)$의 해를 구하시오.

8 방정식 $2(4^x+4^{-x})-3(2^x+2^{-x})-1=0$을 푸시오.
UP

유형 **03** 밑과 지수에 모두 미지수가 있는 방정식

(1) 지수가 같은 경우

$$a^{f(x)}=b^{f(x)} \Longleftrightarrow a=b \text{ 또는 } f(x)=0$$

(2) 밑이 같은 경우

$$a^{f(x)}=a^{g(x)} \Longleftrightarrow a=1 \text{ 또는 } f(x)=g(x)$$

9 방정식 $(4x-1)^{2x-5}=(2x+2)^{2x-5}$의 모든 근의 합은? $\left(\text{단, } x>\dfrac{1}{4}\right)$

① 2   ② $\dfrac{5}{2}$ ③ 3

④ $\dfrac{7}{2}$ ⑤ 4

10 방정식 $x^{x+6}=(x^x)^3$의 모든 근의 합은? (단, $x>0$)

① $\dfrac{3}{2}$ ② 2   ③ $\dfrac{7}{2}$

④ 4   ⑤ $\dfrac{9}{2}$

11 방정식 $(x-1)^{3+2x}=(x-1)^{x^2}$의 모든 근의 곱은? (단, $x>1$)

① 2   ② 4   ③ 6

④ 8   ⑤ 10

유형 **04** a^x 꼴이 반복되는 방정식의 응용 (1)

방정식 $pa^{2x}+qa^x+r=0\,(p\neq0)$의 두 근이 α, β일 때, $a^x=t\,(t>0)$로 놓으면 t에 대한 이차방정식 $pt^2+qt+r=0$의 두 근은 a^{α}, a^{β}임을 이용한다.

➡ 이차방정식의 근과 계수의 관계에 의하여

$$a^{\alpha}a^{\beta}=a^{\alpha+\beta}=\frac{r}{p}$$

12 방정식 $9^{x+2}-3^{x+4}+1=0$의 두 근을 α, β라 할 때, $\alpha+\beta$의 값은?

① -4 ② -2 ③ 1

④ 2   ⑤ 4

13 방정식 $4^x-10\times2^x+20=0$의 두 근을 α, β라 할 때, $2^{2\alpha}+2^{2\beta}$의 값은?

① 30   ② 50   ③ 60

④ 70   ⑤ 90

14 방정식 $3^{2x+1}-3^x+k=0$의 두 근의 합이 -4일 때, 상수 k의 값을 구하시오.

15 방정식 $a^{2x}-7a^x+5=0$의 두 근의 합이 $\dfrac{1}{2}$일 때, 양수 a의 값은?

① 4   ② 9   ③ 16

④ 25   ⑤ 36

유형 05 a^x 꼴이 반복되는 방정식의 응용 (2)

방정식 $pa^{2x}+qa^x+r=0\,(p\neq0)$에서 $a^x=t\,(t>0)$로 놓고 이차방정식의 실근의 부호 또는 이차방정식의 실근의 위치를 이용한다.

16 방정식 $4^{x+1}-2\times2^{x+a}+16=0$이 오직 하나의 실근 α만을 가질 때, 실수 a에 대하여 $a+\alpha$의 값은?

① 2　　　　② 3　　　　③ 4
④ 5　　　　⑤ 6

17 방정식 $\left(\dfrac{1}{3}\right)^{2x}-a\left(\dfrac{1}{3}\right)^{x}+2=0$이 서로 다른 두 실근을 가질 때, 정수 a의 최솟값은?

① -1　　　② 1　　　　③ 3
④ 5　　　　⑤ 7

18 방정식 $4^x-2(m-4)2^x+2m=0$의 두 근이 모두 1보다 클 때, 상수 m의 값의 범위를 구하시오.

유형 06 밑을 같게 할 수 있는 지수부등식

밑을 같게 한 후 다음을 이용한다.
(1) $a>1$일 때, $a^{f(x)}<a^{g(x)}\iff f(x)<g(x)$
(2) $0<a<1$일 때, $a^{f(x)}<a^{g(x)}\iff f(x)>g(x)$

19 부등식 $5^{x(x+1)}\geq\left(\dfrac{1}{5}\right)^{x-3}$ 을 풀면?

① $-3\leq x\leq-1$　　　② $-3\leq x\leq1$
③ $-1\leq x\leq3$　　　④ $x\leq-3$ 또는 $x\geq1$
⑤ $x\leq-1$ 또는 $x\geq3$

20 부등식 $\left(\dfrac{\sqrt{2}}{2}\right)^{x}<4<\left(\dfrac{\sqrt{2}}{2}\right)^{2x-5}$ 을 만족시키는 정수 x의 개수를 구하시오.

21 일차함수 $y=f(x)$의 그래프와 이차함수 $y=g(x)$의 그래프가 다음 그림과 같을 때, 부등식 $\left(\dfrac{1}{2}\right)^{f(x)}\geq\left(\dfrac{1}{2}\right)^{g(x)}$ 을 만족시키는 정수 x의 개수를 구하시오.

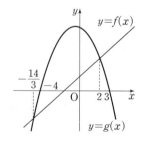

22 두 집합 $A=\left\{x\middle|\left(\dfrac{1}{2}\right)^{x+6}<\left(\dfrac{1}{2}\right)^{x^2}\right\}$,
ⓊⓅ $B=\{x\,|\,3^{|x-2|}\leq3^a\}$에 대하여 $A\cap B=A$가 성립하도록 하는 양수 a의 최솟값을 구하시오.

유형 07 a^x 꼴이 반복되는 부등식

a^x 꼴이 반복되는 경우는 $a^x = t\,(t > 0)$로 놓고 t에 대한 부등식을 푼다.
이때 $t > 0$임에 유의한다.

23 부등식 $9^x + 7 \le 4(3^{x+1} - 5)$를 만족시키는 모든 자연수 x의 값의 합은?

① 3   ② 4   ③ 5
④ 6   ⑤ 7

24 부등식 $\left(\dfrac{1}{25}\right)^x \ge 4 \times 5^{-x+1} + 125$를 만족시키는 실수 x의 최댓값을 구하시오.

25 부등식 $4^{x+1} - a \times 2^x + b < 0$의 해가 $-2 < x < 1$일 때, 상수 a, b에 대하여 ab의 값을 구하시오.

26 연립부등식 $\begin{cases} 2^{x^2-6} \le \left(\dfrac{1}{2}\right)^x \\ \left(\dfrac{1}{4}\right)^x - 3 \times 2^{-x} - 4 < 0 \end{cases}$ 을 만족시키는 모든 정수 x의 값의 합을 구하시오.

유형 08 밑과 지수에 모두 미지수가 있는 부등식

밑과 지수에 모두 미지수가 있으면
  (i) $0 < (밑) < 1$ (ii) $(밑) = 1$ (iii) $(밑) > 1$
인 경우로 나누어 푼다.

27 부등식 $x^{x-3} \ge x^{5-x}$을 풀면? (단, $x > 0$)

① $0 < x < 1$ 또는 $x \ge 4$
② $0 < x \le 1$ 또는 $x > 4$
③ $0 < x \le 1$ 또는 $x \ge 4$
④ $0 < x \le 4$
⑤ $x \ge 4$

28 부등식 $(x-1)^{x^2-x} < (x-1)^{8+x}$의 해가 $\alpha < x < \beta$일 때, $\alpha + \beta$의 값은? (단, $x > 1$)

① 3   ② 4   ③ 5
④ 6   ⑤ 7

29 부등식 $(x^2 - x + 1)^{2x-5} < (x^2 - x + 1)^{x+2}$을 만족시키는 자연수 x의 개수는?

① 3   ② 4   ③ 5
④ 6   ⑤ 7

유형 **09** a^x 꼴이 반복되는 부등식의 응용

모든 실수 x에 대하여 부등식 $(a^x)^2+pa^x+q>0$이 성립하려면 $a^x=t\,(t>0)$로 놓을 때, t에 대한 이차부등식 $t^2+pt+q>0$이 $t>0$에서 항상 성립해야 한다.

30 모든 실수 x에 대하여 부등식 $25^x-5^{x+1}+k\geq0$이 성립하도록 하는 자연수 k의 최솟값은?

① 5   ② 6   ③ 7
④ 8   ⑤ 9

31 모든 실수 x에 대하여 부등식
$2^{2x+1}+2^{x+2}+2-a>0$이 성립하도록 하는 모든 자연수 a의 값의 합은?

① 3   ② 5   ③ 6
④ 9   ⑤ 10

32 모든 실수 x에 대하여 부등식 $9^x-a\times3^{x+1}+9\geq0$이 성립하도록 하는 상수 a의 값의 범위를 구하시오.

유형 **10** 지수방정식과 지수부등식의 실생활에의 활용

주어진 조건을 파악하여 식을 세운 후 지수방정식 또는 지수부등식을 푼다.

참고 처음의 양 a가 매시간 p배씩 늘어날 때, x시간 후 변화된 양 y는 $y=ap^x$

33 현재 실험실 A에는 2^{10}개의 암모니아 분자가 있는데 매분 8배씩 늘어나고 있고, 실험실 B에는 4^{15}개의 암모니아 분자가 있는데 매분 2배씩 늘어나고 있다고 한다. 이때 두 실험실의 암모니아 분자 수가 같아지는 것은 몇 분 후인가?

① 4분   ② 8분   ③ 10분
④ 15분   ⑤ 20분

34 어느 회사에 a만 원을 투자하면 t년 후에 $f(t)$만 원이 된다고 할 때, 다음과 같은 관계식이 성립한다고 한다.

$$f(t)=a\times2^{\frac{t}{5}}\ (단,\ a는\ 상수)$$

투자한 금액이 2500만 원일 때, 이 투자금이 1억 원 이상이 되는 것은 몇 년 후부터인가?

① 5년   ② 10년   ③ 15년
④ 20년   ⑤ 25년

35 어느 공장에서 생산되는 보조 배터리의 초기 불량률은 12.8 %이었다. 매주 불량률을 절반으로 감소시킬 때, 보조 배터리의 불량률이 처음으로 0.2 % 이하가 되는 것은 몇 주 후부터인가?

① 3주   ② 4주   ③ 5주
④ 6주   ⑤ 7주

기초 문제 Training

로그함수 개념편 71쪽

1 다음 보기 중 로그함수인 것만을 있는 대로 고르시오.

> ●보기●
> ㄱ. $y=\log_4 10$ ㄴ. $y=\log_2(x-1)$
> ㄷ. $y=x-\log_2 3$ ㄹ. $y=\log_2 x^3$

2 함수 $f(x)=\log_3 x$에 대하여 다음 값을 구하시오.

(1) $f(1)$ (2) $f(3)$

(3) $f\left(\dfrac{1}{9}\right)$ (4) $f\left(\dfrac{1}{3}\right)f(27)$

3 함수 $f(x)=\log_{\frac{1}{2}} x$에 대하여 다음 값을 구하시오.

(1) $f(1)$ (2) $f(4)$

(3) $f\left(\dfrac{1}{8}\right)$ (4) $f\left(\dfrac{1}{2}\right)f(16)$

4 다음 보기 중 함수 $y=\log_a x\,(0<a<1)$에 대한 설명으로 옳은 것만을 있는 대로 고르시오.

> ●보기●
> ㄱ. 정의역은 $\{x\,|\,x>0\}$이다.
> ㄴ. 치역은 $\{y\,|\,y>0\}$이다.
> ㄷ. 그래프는 점 $(1,\ 0)$을 지난다.
> ㄹ. x의 값이 증가하면 y의 값도 증가한다.
> ㅁ. 그래프의 점근선의 방정식은 $y=0$이다.

5 함수 $y=\log_a x$의 그래프가 오른쪽 그림과 같을 때, 다음 함수의 그래프를 그리시오.

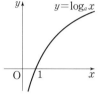

(1) $y=\log_a(-x)$

(2) $y=\log_a \dfrac{1}{x}$

(3) $y=\log_a(x-1)$

(4) $y=\log_a x-1$

6 다음 함수의 그래프를 그리고, 정의역과 점근선의 방정식을 구하시오.

(1) $y=\log_2(x+3)$ (2) $y=\log_{\frac{1}{2}} x-1$

(3) $y=\log_2(x+2)-2$ (4) $y=\log_{\frac{1}{2}}(x-1)-3$

7 다음 함수의 역함수를 구하시오.

(1) $y=5^x$ (2) $y=\left(\dfrac{1}{10}\right)^x$

8 다음 함수의 최댓값과 최솟값을 구하시오.

(1) $y=\log_3 x\ (9\leq x\leq 243)$

(2) $y=\log_{\frac{1}{5}} x\ (1\leq x\leq 125)$

유형 01　로그함수의 함숫값

로그함수 $f(x)=\log_a x\,(a>0,\ a\neq1)$에서 $f(a)$의 값을 구할 때는 x에 a를 대입한 후 로그의 성질을 이용한다.

1 함수 $f(x)=\log_a x$에서 $f(m)=2$, $f(n)=4$일 때, $f(mn)$의 값은? (단, $a>0$, $a\neq1$)

① 2 　　　 ② 4 　　　 ③ 6

④ 8 　　　 ⑤ 16

2 함수 $f(x)=\log_2 x$에 대하여 다음 보기 중 옳은 것만을 있는 대로 고르시오. (단, $a>0$, $b>0$)

　보기

ㄱ. $f(ab)=f(a)+f(b)$

ㄴ. $f(a)+f\left(\dfrac{1}{a}\right)=1$

ㄷ. $f(a-b)=f(a)-f(b)$

3 함수 $f(x)=\left(1+\dfrac{1}{x+1}\right)^{\log_2 3}$에 대하여

$f(1)\times f(2)\times f(3)\times\cdots\times f(14)$의 값은?

① 1 　　　 ② 4 　　　 ③ 9

④ 16 　　　 ⑤ 27

유형 02　로그함수의 그래프

로그함수 $y=\log_a(x-p)+q$의 그래프는 로그함수 $y=\log_a x$의 그래프를 x축의 방향으로 p만큼, y축의 방향으로 q만큼 평행이동하여 그린다.

참고 로그함수 $y=\log_a(x-p)+q$의 성질

(1) 정의역은 $\{x|x>p\}$이고, 치역은 실수 전체의 집합이다.

(2) 일대일함수이다.

(3) $a>1$일 때 x의 값이 증가하면 y의 값도 증가하고, $0<a<1$일 때 x의 값이 증가하면 y의 값은 감소한다.

(4) 그래프는 점 $(p+1,\ q)$를 지나고, 그래프의 점근선의 방정식은 $x=p$이다.

4 다음 중 함수 $y=\log_{\frac{1}{3}}(x+2)-3$에 대한 설명으로 옳지 <u>않은</u> 것은?

① 정의역은 $\{x|x>-2\}$이다.

② 치역은 실수 전체의 집합이다.

③ 그래프는 점 $(1,\ -4)$를 지난다.

④ x의 값이 증가하면 y의 값도 증가한다.

⑤ 그래프는 $y=\log_{\frac{1}{3}} x$의 그래프를 x축의 방향으로 -2만큼, y축의 방향으로 -3만큼 평행이동한 것과 같다.

5 다음 중 함수 $y=\log_2 2(x-2)+1$의 그래프로 옳은 것은?

①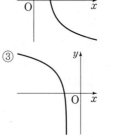

②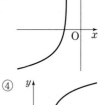

③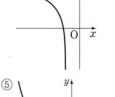

④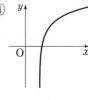

⑤

유형 03 로그함수의 그래프의 평행이동과 대칭이동

로그함수 $y=\log_a x\,(a>0,\ a\neq1)$의 그래프를

(1) x축의 방향으로 m만큼, y축의 방향으로 n만큼 평행이동
 ➡ $y=\log_a(x-m)+n$

(2) x축에 대하여 대칭이동 ➡ $y=-\log_a x$

(3) y축에 대하여 대칭이동 ➡ $y=\log_a(-x)$

(4) 원점에 대하여 대칭이동 ➡ $y=-\log_a(-x)$

(5) 직선 $y=x$에 대하여 대칭이동 ➡ $y=a^x$

6 함수 $y=\log_5(x+2)$의 그래프를 x축의 방향으로 -1만큼, y축의 방향으로 4만큼 평행이동한 그래프가 점 $(2,\ k)$를 지날 때, k의 값을 구하시오.

7 함수 $y=\log_2 x$의 그래프를 x축에 대하여 대칭이동한 후 x축의 방향으로 m만큼, y축의 방향으로 n만큼 평행이동한 그래프가 오른쪽 그림과 같을 때, $m+n$의 값을 구하시오.

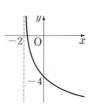

8 다음 그림과 같이 두 함수 $y=\log_3 x$, $y=\log_3(x+3)$의 그래프와 두 직선 $y=\dfrac{1}{3}$, $y=1$로 둘러싸인 부분의 넓이를 구하시오.

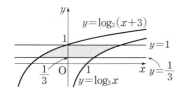

유형 04 로그함수의 그래프 위의 점

로그함수 $y=\log_a x\,(a>0,\ a\neq1)$의 그래프가 점 $(m,\ n)$을 지나면
 ➡ $n=\log_a m \iff a^n=m$

9 함수 $y=\log_{\frac{1}{3}} x$의 그래프와 직선 $y=x$가 오른쪽 그림과 같을 때, 다음 중 3^{-a-c}의 값과 같은 것은? (단, 점선은 x축 또는 y축에 평행하다.)

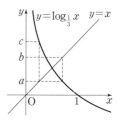

① b ② $a+b$ ③ ab
④ $\dfrac{a+b}{3}$ ⑤ $\dfrac{bc}{2}$

10 다음 그림과 같이 함수 $y=\log_3 x$의 그래프 위의 점 A와 x축 위의 두 점 B, C에 대하여 사각형 ABCD는 한 변의 길이가 1인 정사각형이다. 이때 점 D의 x좌표를 구하시오.

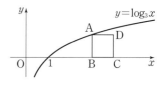

11 오른쪽 그림과 같이 두 함수 $y=\log_{\frac{1}{4}} x$, $y=\log_{\sqrt{2}} x$의 그래프가 직선 $x=\dfrac{1}{2}$과 만나는 점을 각각 A, B, 직선 $x=2$와 만나는 점을 각각 C, D라 할 때, 사각형 ABCD의 넓이를 구하시오.

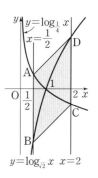

유형 05   로그함수를 이용한 수의 대소 비교

밑을 같게 한 후 다음 성질을 이용한다.
(1) $a>1$일 때, $x_1<x_2$이면 $\log_a x_1<\log_a x_2$
(2) $0<a<1$일 때, $x_1<x_2$이면 $\log_a x_1>\log_a x_2$

12 세 수 $A=2\log_3 5$, $B=3$, $C=\log_9 400$의 대소를 비교하면?

① $A<C<B$ ② $B<A<C$
③ $B<C<A$ ④ $C<A<B$
⑤ $C<B<A$

13 $0<b<a<1$일 때, 다음 네 수의 대소를 비교하시오.

$$\log_a ab,\quad \log_a b,\quad \log_b a,\quad \log_b \frac{a}{b}$$

14 $a>0$일 때, 함수 $f(x)=\log_3 x$에 대하여
$$A=-f(a+1),\ B=f(a+1)-f(a),$$
$$C=f(a+2)-f(a+1)$$
의 대소를 비교하면?

① $A<B<C$ ② $A<C<B$
③ $B<A<C$ ④ $B<C<A$
⑤ $C<B<A$

유형 06   지수함수와 로그함수의 역함수

로그함수의 역함수는 다음과 같은 순서로 구한다.
(1) 로그의 정의를 이용하여 x에 대하여 정리한다.
(2) x와 y를 서로 바꾸어 나타낸다.
참고 $f^{-1}(a)=b \iff f(b)=a$

15 함수 $y=\dfrac{1}{2}\log_2 (x-3)+1$의 역함수가
$y=a^{x+b}+c$일 때, 상수 a, b, c에 대하여 $a+b+c$의 값은?

① 3   ② 4   ③ 5
④ 6   ⑤ 7

16 함수 $f(x)=\log_{\frac{1}{3}}(x-k)+2$의 역함수를 $g(x)$라
하면 $g(2)=4$일 때, $g(1)$의 값은? (단, k는 상수)

① 6   ② 7   ③ 8
④ 9   ⑤ 10

17 함수 $f(x)=\log_2 (x+1)$에 대하여 함수 $g(x)$가
$(f\circ g)(x)=x$를 만족시킨다.
$(g\circ g\circ g)(a)=127$일 때, 실수 a의 값을 구하시오.

18 두 점 $\mathrm{P}(a,\ b)$, $\mathrm{Q}(2,\ b)$가 각각 함수
$y=\log_2 (x-1)$과 그 역함수 $y=g(x)$의 그래프
위의 점일 때, $a+b$의 값을 구하시오.

유형 07 ^{UP} 지수함수와 로그함수의 그래프

로그함수 $y=\log_a x$는 지수함수 $y=a^x$의 역함수이므로 두 함수의 그래프는 직선 $y=x$에 대하여 대칭이다.

19 다음 그림과 같이 직선 $y=x$와 수직으로 만나는 두 직선 l, m이 두 함수 $f(x)=\log_2 x$, $g(x)=2^x$의 그래프와 만나는 네 점을 A, B, C, D라 하자. $f(b)=g(-1)=a$일 때, 사각형 ABCD의 넓이를 구하시오. (단, $0<a<1<b$)

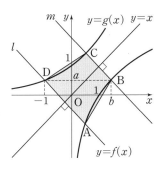

20 다음 그림과 같이 두 함수
$$f(x)=\log_a(x+b)+1, \; g(x)=a^{x-1}-b$$
의 그래프가 점 $(4, 4)$에서 만난다. 직선 $y=-x$가 두 함수 $y=f(x)$, $y=g(x)$의 그래프와 만나는 점 P, Q에 대하여 $\overline{PQ}=4\sqrt{2}$일 때, $f(12)+g(1)$의 값을 구하시오. (단, $a>1$, $b>0$)

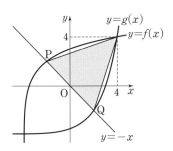

유형 08 로그함수의 최대, 최소

$m \le x \le n$에서 로그함수 $f(x)=\log_a x \; (a>0, \; a \ne 1)$는
(1) $a>1$이면 $x=m$에서 최솟값 $f(m)$, $x=n$에서 최댓값 $f(n)$을 갖는다.
(2) $0<a<1$이면 $x=m$에서 최댓값 $f(m)$, $x=n$에서 최솟값 $f(n)$을 갖는다.

21 $3 \le x \le 17$에서 함수 $y=\log_{\frac{1}{2}}(x-1)+2$의 최댓값을 M, 최솟값을 m이라 할 때, $2M+m$의 값은?

① -1 ② 0 ③ 1
④ 2 ⑤ 3

22 $3 \le x \le 13$에서 함수 $y=\log_3(x+2)+k$의 최댓값을 M, 최솟값을 m이라 할 때, $M-m$의 값을 구하시오. (단, k는 상수)

23 $a \le x \le 10$에서 함수 $y=\log_{\frac{1}{3}}(x-1)+b$의 최댓값이 1, 최솟값이 -3일 때, 상수 a, b에 대하여 $9ab$의 값은?

① -10 ② -9 ③ -8
④ -7 ⑤ -6

24 $-3 \le x \le 5$에서 함수 $y=\log_a(x+4)+1$의 최댓값이 3일 때, 상수 a의 값을 구하시오.
(단, $a>0$, $a \ne 1$)

유형 09 | 함수 $y=\log_a(px^2+qx+r)$ 꼴의 최대, 최소

함수 $y=\log_a(px^2+qx+r)\,(a>0,\ a\neq1)$ 꼴의 최댓값과 최솟값은 다음과 같은 순서로 구한다.

(1) $f(x)=px^2+qx+r$로 놓는다.

(2) 함수 $f(x)=px^2+qx+r$의 최댓값과 최솟값을 구하여 $f(x)$의 값의 범위를 구한다.

(3) (2)에서 구한 범위에서 함수 $y=\log_a f(x)$의 최댓값과 최솟값을 구한다.

25 함수 $y=\log(x-5)+\log(25-x)$의 최댓값은?

① -1 ② 0 ③ 1

④ 2 ⑤ 3

26 $2\le x\le6$에서 함수 $y=\log_{\frac{1}{3}}(x^2-2x+3)$의 최댓값을 M, 최솟값을 m이라 할 때, M^2+m의 값은?

① -3 ② -2 ③ -1

④ 1 ⑤ 2

27
UP $0\le x\le7$에서 함수 $y=\log_a(|x-1|+2)$의 최댓값이 -1일 때, 최솟값은? (단, $a>0$, $a\neq1$)

① $-\dfrac{9}{2}$ ② -4 ③ $-\dfrac{7}{2}$

④ -3 ⑤ $-\dfrac{5}{2}$

유형 10 | $\log_a x$ 꼴이 반복되는 함수의 최대, 최소

(1) $\log_a x$ 꼴이 반복되는 경우는 $\log_a x=t$로 놓고 t의 값의 범위에서 t에 대한 함수의 최댓값과 최솟값을 구한다.

(2) 함수 $y=\log_a b+\log_b a\,(\log_a b>0,\ \log_b a>0)$의 최댓값과 최솟값은 산술평균과 기하평균의 관계를 이용한다.

➡ $\log_a b+\log_b a\ge2\sqrt{\log_a b\times\log_b a}=2$

(단, 등호는 $\log_a b=\log_b a$일 때 성립)

28 $1\le x\le27$에서 함수 $y=(\log_{\frac{1}{3}}x)^2-\log_{\frac{1}{3}}x^2+3$의 최댓값을 M, 최솟값을 m이라 할 때, $M+2m$의 값을 구하시오.

29 $x>1$일 때, 함수 $y=\log_2 x+\log_x 128$의 최솟값은?

① $2\sqrt{6}$ ② $2\sqrt{7}$ ③ $4\sqrt{2}$

④ 6 ⑤ $7\sqrt{2}$

30 $10\le x\le1000$에서 함수 $y=\log x^{\log x}-4\log10x$의 최댓값을 M, 최솟값을 m이라 할 때, $M-m$의 값은?

① 1 ② 2 ③ 4

④ 5 ⑤ 10

31 함수 $y=\log_2 4x\times\log_2\dfrac{16}{x}$은 $x=a$에서 최댓값 M을 가질 때, $a+M$의 값을 구하시오.

기초 문제 Training

로그함수의 활용 개념편 84쪽

1 다음 방정식을 푸시오.

(1) $\log_2 x = 3$

(2) $\log_3 (x-1) = 1$

(3) $\log_{x+1} 16 = 2$

(4) $\log_{3x} 18 = 2$

2 다음은 방정식 $(\log x)^2 - \log x^3 - 4 = 0$의 해를 구하는 과정이다. ☐ 안에 알맞은 수를 써넣으시오.

진수의 조건에서 $x > \boxed{}$ ····· ㉠

$\log x = t$로 놓으면

$t^2 - 3t - 4 = 0$ ∴ $t = -1$ 또는 $t = \boxed{}$

$t = \log x$이므로

$\log x = -1$ 또는 $\log x = \boxed{}$

∴ $x = \dfrac{1}{10}$ 또는 $x = \boxed{}$

따라서 ㉠에 의하여 주어진 방정식의 해는

$x = \dfrac{1}{10}$ 또는 $x = \boxed{}$

3 다음 방정식을 푸시오.

(1) $(\log_2 x)^2 - 6\log_2 x + 8 = 0$

(2) $(\log_3 x)^2 - 2\log_3 x - 3 = 0$

4 다음 부등식을 푸시오.

(1) $\log_3 (x-2) < 2$

(2) $\log_5 (3-x) \geq 1$

(3) $\log_{\frac{1}{9}} x^2 \geq -1$

(4) $\log_{\frac{1}{2}} (x^2 + x + 2) > -2$

5 다음은 부등식 $(\log_2 x)^2 - 2\log_2 x - 8 \leq 0$의 해를 구하는 과정이다. ☐ 안에 알맞은 수를 써넣으시오.

진수의 조건에서 $x > \boxed{}$ ····· ㉠

$\log_2 x = t$로 놓으면

$t^2 - 2t - 8 \leq 0$ ∴ $\boxed{} \leq t \leq \boxed{}$

$t = \log_2 x$이므로 $\boxed{} \leq \log_2 x \leq \boxed{}$

∴ $\boxed{} \leq x \leq \boxed{}$ ····· ㉡

따라서 ㉠, ㉡을 동시에 만족시키는 x의 값의 범위는

$\boxed{} \leq x \leq \boxed{}$

6 다음 부등식을 푸시오.

(1) $(\log x)^2 - \log x - 2 \geq 0$

(2) $(\log_3 x)^2 - 4\log_3 x - 5 < 0$

유형 01 밑을 같게 할 수 있는 로그방정식

밑을 같게 한 후 다음을 이용한다.

$$\log_a f(x) = \log_a g(x) \iff f(x) = g(x)$$

이때 구한 해가 진수의 조건을 만족시키는지 확인한다.

유형 02 $\log_a x$ 꼴이 반복되는 방정식

$\log_a x$ 꼴이 반복되는 경우는 $\log_a x = t$로 놓고 t에 대한 방정식을 푼다.

이때 구한 해가 진수의 조건을 만족시키는지 확인한다.

1 방정식 $\log_2 3(2x-3) = 2\log_2 x$를 푸시오.

2 방정식 $\log_2 (x-1) + \log_2 (x+2) = 2$의 근을 α라 할 때, 2α의 값은?

① 2   ② 4   ③ 6

④ 8   ⑤ 10

3 방정식 $2\log_4 (x^2-3x-10) = \log_2 (x-2) + 1$을 풀면?

① $x=6$ ② $x=-1$ 또는 $x=6$

③ $x=8$ ④ $x=6$ 또는 $x=8$

⑤ $x=8$ 또는 $x=10$

4 방정식 $\log_2 \sqrt{2x+2} = 1 - \dfrac{1}{2}\log_2 (2x-1)$을 푸시오.

5 방정식 $\left(\log_3 \dfrac{x}{3}\right)^2 = \log_3 x + 5$의 두 근을 α, β라 할 때, $\beta - 3\alpha$의 값을 구하시오. (단, $\alpha < \beta$)

6 방정식 $2^{\log x} \times x^{\log 2} + 2^{\log x} - 6 = 0$을 푸시오.

7 방정식 $\log_5 x + 6\log_x 5 - 5 = 0$의 두 근을 α, β라 할 때, $\dfrac{\beta}{\alpha}$의 값을 구하시오. (단, $\alpha < \beta$)

8 _{UP} 연립방정식 $\begin{cases} \log_2 x + \log_3 y = 7 \\ \log_3 x \times \log_2 y = 10 \end{cases}$ 의 해가 $x=\alpha$, $y=\beta$일 때, $\alpha - \beta$의 값은? (단, $\alpha > \beta$)

① 3   ② 8   ③ 13

④ 18   ⑤ 23

유형 **03** 양변에 로그를 취하는 방정식

밑 또는 지수를 같게 할 수 없는 경우는 양변에 로그를 취하여 푼다.

9 $\log 2 = a$일 때, 방정식 $2^{x-1} = 5^{1-2x}$의 해를 a에 대한 식으로 나타내면?

① $\dfrac{1}{2-2a}$ ② $\dfrac{1}{2-a}$ ③ $\dfrac{1}{1-a}$

④ $1-a$ ⑤ $2-a$

10 방정식 $x^{\log_3 x} = \dfrac{27}{x^2}$을 풀면?

① $x = \dfrac{1}{27}$ 또는 $x = 3$ ② $x = \dfrac{1}{3}$ 또는 $x = 27$

③ $x = 1$ 또는 $x = 27$ ④ $x = 3$

⑤ $x = 3$ 또는 $x = 27$

11 방정식 $(5x)^{\log 5x} = (3x)^{\log 3x}$을 만족시키는 x의 값을 a라 할 때, $\dfrac{1}{a^2}$의 값은?

① $\dfrac{1}{15}$ ② $\dfrac{1}{5}$ ③ $\dfrac{1}{3}$

④ 5 ⑤ 15

유형 **04** $\log_a x$ 꼴이 반복되는 방정식의 응용

방정식 $p(\log_a x)^2 + q \log_a x + r = 0 \, (p \neq 0)$의 두 근이 α, β일 때, $\log_a x = t$로 놓으면 t에 대한 이차방정식 $pt^2 + qt + r = 0$의 두 근은 $\log_a \alpha$, $\log_a \beta$임을 이용한다.

➡ 이차방정식의 근과 계수의 관계에 의하여

$$\log_a \alpha + \log_a \beta = \log_a \alpha\beta = -\frac{q}{p}$$

12 방정식 $(\log_2 2x)^2 - 2\log_2 8x^2 = 0$의 두 근의 곱은?

① 4 ② 6 ③ 8

④ 9 ⑤ 10

13 방정식 $\log_3 2x \times \log_3 5x = 2$의 두 근을 α, β라 할 때, $\alpha\beta$의 값은?

① $\dfrac{1}{10}$ ② $\dfrac{9}{10}$ ③ $\dfrac{10}{9}$

④ $\dfrac{5}{3}$ ⑤ 10

14 방정식 $(\log_4 x + k)(\log_4 x + 1) + 2 = 0$의 두 근의 곱이 64일 때, 상수 k의 값을 구하시오.

유형 **05** 밑을 같게 할 수 있는 로그부등식

밑을 같게 한 후 다음을 이용한다.
(1) $a>1$일 때,
$$\log_a f(x)>\log_a g(x) \Longleftrightarrow f(x)>g(x)$$
(2) $0<a<1$일 때,
$$\log_a f(x)>\log_a g(x) \Longleftrightarrow f(x)<g(x)$$
이때 구한 해가 진수의 조건을 만족시키는지 확인한다.

15 부등식 $\log_3(x^2-2x-15)<\log_3(x-3)+1$의 해가 $\alpha<x<\beta$일 때, $\beta-\alpha$의 값은?

① 1 　　　② 2 　　　③ 3
④ 5 　　　⑤ 7

16 부등식 $\log_{\frac{1}{2}}(1-x)>\log_{\frac{1}{4}}(2x+6)$을 풀면?

① $-3<x<-1$ 　　② $-3<x<1$
③ $-3<x<5$ 　　④ $-1<x<1$
⑤ $-1<x<5$

17 부등식 $\log_{\frac{1}{2}}|x-3|>-2$를 만족시키는 정수 x의 개수는?

① 3 　　　② 4 　　　③ 5
④ 6 　　　⑤ 7

18 부등식 $\log_{\frac{1}{2}}(\log_9 x)>1$을 만족시키는 자연수 x의 값을 구하시오.

19 연립부등식 $\begin{cases} \log_2(x^2-2x)<3 \\ 2\log_{\frac{1}{3}}(x-3)\ge\log_{\frac{1}{3}}(x+3) \end{cases}$ 을 푸시오.

20 두 함수 $f(x)=-x+3$, $g(x)=-x^2+5$의 그래프가 다음 그림과 같을 때, 부등식 $\log_{\frac{1}{2}}f(x)\ge\log_{\frac{1}{2}}g(x)$를 만족시키는 정수 x의 개수를 구하시오.

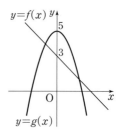

21 부등식 $\log_5(x-1)\le\log_5\left(\dfrac{x}{2}+k\right)$를 만족시키는
🆙 정수 x가 7개일 때, 자연수 k의 값을 구하시오.

유형 06 | $\log_a x$ 꼴이 반복되는 부등식

$\log_a x$ 꼴이 반복되는 경우는 $\log_a x = t$로 놓고 t에 대한 부등식을 푼다.
이때 구한 해가 진수의 조건을 만족시키는지 확인한다.

22 부등식 $\log_2 \dfrac{32}{x} \times \log_2 4x \leq 6$을 푸시오.

23 부등식 $\log_4 x^2 - \log_4 x \times \log_4 2x + 1 \geq 0$을 만족시키는 자연수 x의 개수는?

① 13   ② 14   ③ 15
④ 16   ⑤ 17

24 부등식 $\left(1+\log_{\frac{1}{2}} x\right) \log_2 x > -2$의 해가 $\alpha < x < \beta$일 때, $\alpha\beta$의 값을 구하시오.

25 부등식 $\left(\log_{\frac{1}{3}} x\right)^2 + a \log_{\frac{1}{3}} x^2 + b < 0$의 해가 $1 < x < 9$일 때, 상수 a, b에 대하여 $a+b$의 값은?

① -2 ② -1 ③ 0
④ 1 ⑤ 2

유형 07 | 양변에 로그를 취하는 부등식

밑 또는 지수를 같게 할 수 없는 경우는 양변에 로그를 취하여 푼다.
이때 로그의 밑이 $0<$(밑)<1이면 부등호의 방향이 바뀜에 유의한다.

26 부등식 $4^{x-5} < 10^{3-x}$을 만족시키는 자연수 x의 개수는? (단, $\log 2 = 0.3$으로 계산한다.)

① 2   ② 3   ③ 4
④ 5   ⑤ 6

27 부등식 $x^{\log x} < 1000x^2$을 만족시키는 자연수 x의 최댓값과 최솟값의 합은?

① 99   ② 100   ③ 999
④ 1000   ⑤ 1001

28 부등식 $x^{\log_3 x - 3} < \dfrac{1}{9}$을 만족시키는 모든 자연수 x의 값의 합은?

① 18   ② 24   ③ 30
④ 36   ⑤ 42

유형 08 $\log_a x$ 꼴이 반복되는 부등식의 응용

근에 대한 조건을 이용하여 로그부등식을 세운 후 $\log_a x = t$로 놓고 t에 대한 이차방정식을 풀거나 이차부등식의 근의 조건을 이용한다.

29 이차방정식 $x^2 - 2(2 - \log_2 a)x + 1 = 0$이 실근을 갖도록 하는 한 자리의 자연수 a의 개수는?

① 1   ② 2   ③ 3
④ 4   ⑤ 5

30 모든 실수 x에 대하여 이차부등식 $x^2 + 2(2 - \log_3 a)x - \log_3 a + 8 > 0$이 성립하도록 하는 자연수 a의 개수를 구하시오.

31 모든 양수 x에 대하여 부등식 $(\log x)^2 + 2\log 10x - \log k \geq 0$이 성립하도록 하는 상수 k의 값의 범위를 구하시오.

32 이차방정식 $x^2 - 2x\log_2 a + 2 - \log_2 a = 0$의 근이 모두 음수가 되도록 하는 상수 a의 값의 범위를 구하시오.

유형 09 로그방정식과 로그부등식의 실생활에의 활용

(1) 식이 주어진 경우 ➡ 주어진 식에서 각 문자가 나타내는 것이 무엇인지 파악하여 적절한 수를 대입한 후 로그방정식 또는 로그부등식을 푼다.
(2) 식이 주어지지 않은 경우 ➡ 주어진 조건에 맞게 미지수를 정하여 식을 세운 후 로그방정식 또는 로그부등식을 푼다.

33 어느 등대의 광도 I와 등대에서 x m 떨어진 곳의 조도 L 사이에는 다음과 같은 관계식이 성립한다고 한다.

$$x = -\frac{1000}{k}\log\frac{Lx^2}{I} \text{ (단, } k\text{는 상수)}$$

$k = 2$일 때, 광도가 3×10^5인 등대에서 1000 m 떨어진 곳의 조도는?

① 0.003   ② 0.006   ③ 0.009
④ 0.0003   ⑤ 0.0006

34 어느 저수지에 물이 가득 차 있다. 남아 있는 물의 양의 10 %씩 매일 사용할 때, 저수지에 남아 있는 물의 양이 처음의 절반 이하가 되는 것은 며칠 후부터인가? (단, $\log 2 = 0.3$, $\log 3 = 0.48$로 계산한다.)

① 5일   ② 6일   ③ 7일
④ 8일   ⑤ 9일

35 전자파의 방출량이 T_0인 어느 전자 기기로부터 거리가 l cm인 곳에서 측정되는 전자파의 양을 T라 할 때, 다음과 같은 관계식이 성립한다고 한다.

$$l = k\log_{\frac{1}{2}}\frac{T}{T_0} \text{ (단, } k\text{는 상수)}$$

이 전자 기기로부터 거리가 30 cm인 곳에서의 전자파의 양이 방출량의 절반일 때, 거리가 120 cm 이하인 곳에서의 전자파의 양은 방출량의 최소 몇 % 이상인지 구하시오.

Ⅱ

삼각함수

기초 문제 Training

일반각
개념편 96쪽

1 다음 각의 동경이 나타내는 일반각을 $360° \times n + \alpha°$ 꼴로 나타내시오. (단, n은 정수, $0° \leq \alpha° < 360°$)

(1) $780°$ (2) $1210°$

(3) $-385°$ (4) $-890°$

2 다음 각을 나타내는 동경이 존재하는 사분면을 구하시오.

(1) $-410°$ (2) $620°$

(3) $1240°$ (4) $-1065°$

호도법
개념편 100쪽

3 다음 각을 호도법의 각은 육십분법의 각으로, 육십분법의 각은 호도법의 각으로 나타내시오.

(1) $-144°$ (2) $690°$

(3) $-\dfrac{7}{4}\pi$ (4) $\dfrac{7}{5}\pi$

4 반지름의 길이와 중심각의 크기가 다음과 같은 부채꼴의 호의 길이 l과 넓이 S를 구하시오.

(1) 반지름의 길이가 12, 중심각의 크기가 $\dfrac{\pi}{3}$

(2) 반지름의 길이가 10, 중심각의 크기가 $36°$

01 삼각함수

삼각함수
개념편 104쪽

5 원점 O와 점 $P(-\sqrt{3}, -1)$을 지나는 동경 OP가 나타내는 각의 크기를 θ라 할 때, 다음 값을 구하시오.

(1) $\sin\theta$

(2) $\cos\theta$

(3) $\tan\theta$

6 각 θ의 크기가 다음과 같을 때, $\sin\theta$, $\cos\theta$, $\tan\theta$의 값의 부호를 말하시오.

(1) $-170°$ (2) $1160°$

(3) $\dfrac{11}{6}\pi$ (4) $-\dfrac{13}{4}\pi$

7 다음을 동시에 만족시키는 각 θ를 나타내는 동경이 존재할 수 있는 사분면을 구하시오.

(1) $\sin\theta < 0$, $\cos\theta > 0$

(2) $\sin\theta < 0$, $\tan\theta > 0$

(3) $\sin\theta\cos\theta > 0$

(4) $\sin\theta\tan\theta < 0$

8 θ가 제2사분면의 각이고 $\cos\theta = -\dfrac{4}{5}$일 때, 다음 값을 구하시오.

(1) $\sin\theta$ (2) $\tan\theta$

핵심 유형 Training

유형 01 동경의 위치와 일반각

시초선 OX와 동경 OP가 나타내는 한 각의 크기를 $a°$라 할 때, 동경 OP가 나타내는 일반각은 $360° \times n + a°$ (단, n은 정수)

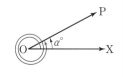

1 시초선 OX와 동경 OP가 나타내는 각이 오른쪽 그림과 같을 때, 다음 중 동경 OP가 나타낼 수 <u>없는</u> 각은?

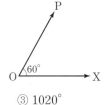

① $420°$ ② $780°$ ③ $1020°$

④ $-300°$ ⑤ $-660°$

2 다음 보기의 각을 나타내는 동경 중 675°를 나타내는 동경과 일치하는 것만을 있는 대로 고른 것은?

●보기●
ㄱ. $315°$ ㄴ. $585°$ ㄷ. $1125°$
ㄹ. $-405°$ ㅁ. $-765°$ ㅂ. $-1035°$

① ㄱ, ㄴ, ㄹ ② ㄱ, ㄹ, ㅁ ③ ㄴ, ㄷ, ㅂ
④ ㄴ, ㄹ, ㅁ ⑤ ㄷ, ㅁ, ㅂ

3 정수 n에 대하여 다음 각을
$$360° \times n + a° \ (0° \le a° < 360°)$$
꼴로 나타낼 때, a의 값이 나머지 넷과 <u>다른</u> 하나는?

① $840°$ ② $1200°$ ③ $1680°$

④ $-240°$ ⑤ $-1320°$

유형 02 사분면의 각

(1) 제1사분면의 각: $360° \times n + 0° < \theta < 360° \times n + 90°$
(2) 제2사분면의 각: $360° \times n + 90° < \theta < 360° \times n + 180°$
(3) 제3사분면의 각: $360° \times n + 180° < \theta < 360° \times n + 270°$
(4) 제4사분면의 각: $360° \times n + 270° < \theta < 360° \times n + 360°$
(단, n은 정수)

4 다음 보기의 각을 나타내는 동경이 같은 사분면에 있는 각끼리 짝지은 것은?

●보기●
ㄱ. $160°$ ㄴ. $390°$ ㄷ. $570°$
ㄹ. $-70°$ ㅁ. $-480°$ ㅂ. $-600°$

① ㄱ－ㄴ ② ㄱ－ㄹ ③ ㄴ－ㅁ
④ ㄷ－ㅁ ⑤ ㄷ－ㅂ

5 θ가 제2사분면의 각일 때, 각 $\dfrac{\theta}{2}$를 나타내는 동경이 존재할 수 있는 사분면은?

① 제1사분면 또는 제2사분면
② 제1사분면 또는 제3사분면
③ 제2사분면 또는 제3사분면
④ 제2사분면 또는 제4사분면
⑤ 제3사분면 또는 제4사분면

6 두 각 θ, 660°를 나타내는 두 동경이 같은 사분면에 있을 때, 각 $\dfrac{\theta}{3}$를 나타내는 동경이 존재할 수 <u>없는</u> 사분면을 구하시오.

유형 03 두 동경의 위치 관계

두 동경이 나타내는 각의 크기를 각각 α, β라 할 때, 두 동경의 위치 관계에 대하여 다음이 성립한다. (단, n은 정수)

(1) 일치한다. ➡ $\alpha - \beta = 360° \times n$

(2) 일직선 위에 있고 방향이 반대이다.

  ➡ $\alpha - \beta = 360° \times n + 180°$

(3) x축에 대하여 대칭이다. ➡ $\alpha + \beta = 360° \times n$

(4) y축에 대하여 대칭이다. ➡ $\alpha + \beta = 360° \times n + 180°$

(5) 직선 $y = x$에 대하여 대칭이다.

  ➡ $\alpha + \beta = 360° \times n + 90°$

7 각 θ를 나타내는 동경과 각 9θ를 나타내는 동경이 일치할 때, 각 θ의 크기는? (단, $90° < \theta < 180°$)

① $120°$ ② $135°$ ③ $144°$

④ $150°$ ⑤ $165°$

8 각 2θ를 나타내는 동경과 각 6θ를 나타내는 동경이 일직선 위에 있고 방향이 반대일 때, 모든 각 θ의 크기의 합을 구하시오. (단, $0° < \theta < 180°$)

9 각 5θ를 나타내는 동경과 각 7θ를 나타내는 동경이 y축에 대하여 대칭일 때, 각 θ의 크기의 최댓값과 최솟값의 합은? (단, $0° < \theta < 360°$)

① $180°$ ② $240°$ ③ $270°$

④ $300°$ ⑤ $360°$

10 각 θ를 나타내는 동경과 각 5θ를 나타내는 동경이 직선 $y = x$에 대하여 대칭일 때, 각 θ의 개수를 구하시오. (단, $0° < \theta < 360°$)

유형 04 육십분법과 호도법의 관계

$1° = \dfrac{\pi}{180}$ 라디안, 1라디안 $= \dfrac{180°}{\pi}$이므로

(1) 육십분법의 각을 호도법의 각으로 나타낼 때

  ➡ (육십분법의 각) $\times \dfrac{\pi}{180}$

(2) 호도법의 각을 육십분법의 각으로 나타낼 때

  ➡ (호도법의 각) $\times \dfrac{180°}{\pi}$

11 다음 중 옳지 <u>않은</u> 것은?

① $10° = \dfrac{\pi}{18}$ ② $36° = \dfrac{2}{5}\pi$ ③ $\dfrac{5}{12}\pi = 75°$

④ $\dfrac{8}{9}\pi = 160°$ ⑤ $132° = \dfrac{11}{15}\pi$

12 다음 중 각을 나타내는 동경이 존재하는 사분면이 나머지 넷과 <u>다른</u> 하나는?

① $-880°$ ② $985°$ ③ $\dfrac{19}{6}\pi$

④ $-\dfrac{16}{3}\pi$ ⑤ $\dfrac{71}{10}\pi$

13 다음 보기 중 옳은 것만을 있는 대로 고르시오.

┌─ 보기 ─────────────────

ㄱ. $25° = \dfrac{5}{36}\pi$

ㄴ. $3 = \dfrac{540°}{\pi}$

ㄷ. $-\dfrac{5}{6}\pi$는 제2사분면의 각이다.

ㄹ. $-\dfrac{2}{5}\pi$, $\dfrac{18}{5}\pi$, $\dfrac{38}{5}\pi$를 나타내는 동경은 모두 일치한다.

└────────────────────────

유형 05 부채꼴의 호의 길이와 넓이

반지름의 길이가 r, 중심각의 크기가 θ(라디안)인 부채꼴의 호의 길이를 l, 넓이를 S라 하면

$$l = r\theta$$

$$S = \frac{1}{2}r^2\theta = \frac{1}{2}rl$$

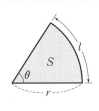

14 중심각의 크기가 $\dfrac{\pi}{3}$이고 호의 길이가 π인 부채꼴의 넓이는?

① π　　　② $\dfrac{3}{2}\pi$　　　③ 2π

④ $\dfrac{5}{2}\pi$　　　⑤ 3π

15 호의 길이와 넓이가 모두 $\dfrac{3}{2}\pi$인 부채꼴의 반지름의 길이를 r, 중심각의 크기를 θ라 할 때, $\dfrac{\theta}{r}$의 값을 구하시오.

16 종이로 오른쪽 그림과 같은 부채를 만들려고 한다. 두 부채꼴 OAB, OCD의 반지름의 길이가 각각 4 cm, 16 cm이고 $\angle \text{BOA} = \dfrac{5}{8}\pi$일 때, 필요한 종이의 넓이는?

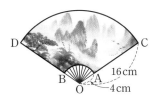

① 65π cm² 　② 70π cm² 　③ 75π cm²

④ 80π cm² 　⑤ 85π cm²

유형 06 부채꼴의 둘레의 길이와 넓이의 최대, 최소

반지름의 길이가 r, 둘레의 길이가 a인 부채꼴의 넓이 S는

$$S = \frac{1}{2}r(a-2r)$$

➡ 이차함수의 최대, 최소를 이용하여 S의 최댓값을 구한다.

17 둘레의 길이가 16인 부채꼴 중에서 그 넓이가 최대인 것의 반지름의 길이는?

① 1　　　② 2　　　③ 3

④ 4　　　⑤ 5

18 오른쪽 그림과 같이 둘레의 길이가 100 m인 부채꼴 모양의 꽃밭을 만들려고 할 때, 이 꽃밭의 넓이의 최댓값은?

① 545 m² 　② 590 m² 　③ 625 m²

④ 654 m² 　⑤ 720 m²

19 둘레의 길이가 일정한 부채꼴 중에서 그 넓이가 최대인 것의 중심각의 크기는?

① $\dfrac{\pi}{4}$　　　② 1　　　③ $\dfrac{\pi}{2}$

④ 2　　　⑤ π

유형 **07** 삼각함수의 값

중심이 원점 O이고 반지름의
길이가 r인 원 위의 임의의 점
P(x, y)에 대하여 동경 OP가
x축의 양의 방향과 이루는 각의
크기를 θ라 하면

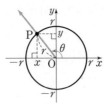

$$\sin\theta=\frac{y}{r},\ \cos\theta=\frac{x}{r},\ \tan\theta=\frac{y}{x}\ (x\neq0)$$

20 원점 O와 점 P$(-12, 5)$를 지나는 동경 OP가 나타내는 각의 크기를 θ라 할 때, $13\cos\theta-12\tan\theta$ 의 값은?

① -7 ② -5 ③ 1

④ 7 ⑤ 8

21 θ가 제2사분면의 각이고 $\tan\theta=-\dfrac{15}{8}$일 때, $\sin\theta-\cos\theta$의 값을 구하시오.

22 오른쪽 그림과 같이 원점 O와 제3사분면에 있는 직선 $y=\dfrac{4}{3}x$ 위의 점 P에 대하여 동경 OP 가 나타내는 각의 크기를 θ라 할 때, $\sin\theta+\cos\theta$의 값을 구하시오.

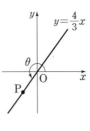

23 원점 O와 원 $x^2+y^2=4$ 위의 점 P(a, b)를 지나는 동경 OP가 나타내는 각의 크기 θ가 다음 조건을 모두 만족시킬 때, $\sin\theta\tan\theta$의 값을 구하시오.

> (가) $a^2 : b^2=1 : 3$ (나) $\dfrac{3}{2}\pi<\theta<2\pi$

유형 **08** 삼각함수의 값의 부호

삼각함수의 값의 부호는 각 θ를
나타내는 동경이 존재하는 사분
면에 따라 달라진다. 이때 각 사
분면에서 삼각함수의 값이 양수
인 것만을 나타내면 오른쪽 그림
과 같다.

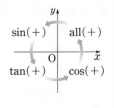

24 다음 보기 중 옳은 것만을 있는 대로 고른 것은?

> •보기•
> ㄱ. $\dfrac{\pi}{2}<\theta<\pi$이면 $\sin\theta-\cos\theta>0$
> ㄴ. $\pi<\theta<\dfrac{3}{2}\pi$이면 $\sin\theta\cos\theta\tan\theta<0$
> ㄷ. $\dfrac{3}{2}\pi<\theta<2\pi$이면 $\dfrac{\cos\theta\sin\theta}{\sin\theta+\tan\theta}>0$

① ㄱ   ② ㄴ   ③ ㄱ, ㄷ

④ ㄴ, ㄷ   ⑤ ㄱ, ㄴ, ㄷ

25 $\pi<\theta<\dfrac{3}{2}\pi$일 때, $\dfrac{\sin\theta}{|\sin\theta|}-\dfrac{\cos\theta}{|\cos\theta|}+\dfrac{\tan\theta}{|\tan\theta|}$ 를 간단히 하면?

① -1 ② 0 ③ 1

④ 2 ⑤ 3

26 $\sin\theta\cos\theta<0$, $\sin\theta\tan\theta<0$을 동시에 만족시키는 각 θ에 대하여
$$\sqrt{\cos^2\theta}+\sqrt{(\sin\theta-\tan\theta)^2}-\sqrt{(\cos\theta+\tan\theta)^2}$$
을 간단히 하면?

① $-\sin\theta$ ② $\sin\theta$

③ $2\cos\theta-\sin\theta$ ④ $\sin\theta-2\tan\theta$

⑤ $\sin\theta+2\cos\theta$

유형 09 삼각함수 사이의 관계를 이용하여 식 간단히 하기

곱셈 공식을 이용하여 식을 전개하거나 분수식을 통분한 후 다음과 같은 삼각함수 사이의 관계를 이용하여 식을 간단히 한다.

(1) $\tan\theta = \dfrac{\sin\theta}{\cos\theta}$ (2) $\sin^2\theta + \cos^2\theta = 1$

27 $\dfrac{1+2\sin\theta\cos\theta}{\sin\theta+\cos\theta} + \dfrac{1-2\sin\theta\cos\theta}{\sin\theta-\cos\theta}$ 를 간단히 하면?

① -1 ② 0 ③ 1

④ $2\sin\theta$ ⑤ $2\cos\theta$

28 다음 보기 중 옳은 것만을 있는 대로 고르시오.

┌ 보기 ┐

ㄱ. $\dfrac{\sin\theta}{1-\cos\theta} + \dfrac{1-\cos\theta}{\sin\theta} = \dfrac{2}{\sin\theta}$

ㄴ. $\dfrac{\cos\theta - \tan\theta\sin\theta}{1-\tan\theta} = \sin\theta - \cos\theta$

ㄷ. $\tan^2\theta + (1-\tan^4\theta)\cos^2\theta = 1$

29 다음 (가), (나)에 알맞은 것은?

- $\sin^4\theta - \cos^4\theta = 1 - \boxed{\text{(가)}}$
- $\dfrac{\sin^2\theta}{\cos^2\theta} - \dfrac{\tan^2\theta}{1+\tan^2\theta} = \sin^2\theta \times \boxed{\text{(나)}}$

① $2\sin^2\theta,\ \sin^2\theta$ ② $2\sin^2\theta,\ \cos^2\theta$

③ $2\cos^2\theta,\ \sin^2\theta$ ④ $2\cos^2\theta,\ \cos^2\theta$

⑤ $2\cos^2\theta,\ \tan^2\theta$

유형 10 삼각함수 사이의 관계를 이용하여 식의 값 구하기 (1)

주어진 삼각함수의 값과 삼각함수 사이의 관계를 이용하여 식의 값을 구한다.
이때 θ의 부호에 유의한다.

30 θ가 제3사분면의 각이고 $\sin\theta = -\dfrac{3}{5}$일 때, $4\tan\theta - 5\cos\theta$의 값은?

① 1 ② 3 ③ 5

④ 7 ⑤ 8

31 $\dfrac{1}{1-\cos\theta} + \dfrac{1}{1+\cos\theta} = 4$일 때, $\sin\theta\tan\theta$의 값을 구하시오. $\left(\text{단, } \dfrac{\pi}{2} < \theta < \pi \right)$

32 $\dfrac{\tan\theta}{\sqrt{1+\tan^2\theta}} = \dfrac{1}{3}$일 때, $\dfrac{1}{\cos\theta} + \tan\theta$의 값은? $\left(\text{단, } 0 < \theta < \dfrac{\pi}{2} \right)$

① $\dfrac{1}{3}$ ② $\dfrac{1}{2}$ ③ $\dfrac{\sqrt{3}}{3}$

④ $\dfrac{\sqrt{2}}{2}$ ⑤ $\sqrt{2}$

유형 11 삼각함수 사이의 관계를 이용하여 식의 값 구하기 (2)

$\sin\theta\pm\cos\theta$ 또는 $\sin\theta\cos\theta$의 값이 주어지면 다음을 이용하여 식의 값을 구한다.

$$(\sin\theta\pm\cos\theta)^2=\sin^2\theta\pm2\sin\theta\cos\theta+\cos^2\theta$$
$$=1\pm2\sin\theta\cos\theta \text{ (복부호 동순)}$$

33 $\sin\theta+\cos\theta=\dfrac{1}{3}$일 때, $\tan\theta+\dfrac{1}{\tan\theta}$의 값은?

① $-\dfrac{9}{4}$ ② $-\dfrac{1}{4}$ ③ $\dfrac{1}{4}$

④ $\dfrac{3}{4}$ ⑤ $\dfrac{9}{4}$

34 $\sin\theta-\cos\theta=-\dfrac{1}{5}$일 때, $\dfrac{1}{\sin\theta}-\dfrac{1}{\cos\theta}$의 값을 구하시오.

35 θ가 제2사분면의 각이고 $\sin\theta\cos\theta=-\dfrac{3}{8}$일 때, $\sin^3\theta-\cos^3\theta$의 값은?

① $\dfrac{\sqrt{7}}{8}$ ② $\dfrac{3}{4}$ ③ $\dfrac{5\sqrt{7}}{16}$

④ $\dfrac{3\sqrt{7}}{8}$ ⑤ $\dfrac{9\sqrt{7}}{16}$

36 $\tan\theta+\dfrac{1}{\tan\theta}=-3$일 때, $\sin\theta-\cos\theta$의 값을 구하시오. $\left(\text{단, } \dfrac{\pi}{2}<\theta<\pi\right)$

유형 12 삼각함수와 이차방정식

이차방정식의 두 근이 삼각함수로 주어지면 이차방정식의 근과 계수의 관계를 이용하여 삼각함수에 대한 식을 세운다.

➡ 이차방정식 $ax^2+bx+c=0$의 두 근이 $\sin\theta$, $\cos\theta$ 이면

$$\sin\theta+\cos\theta=-\frac{b}{a}, \quad \sin\theta\cos\theta=\frac{c}{a}$$

37 이차방정식 $5x^2-7x+\dfrac{k}{5}=0$의 두 근이 $\sin\theta$, $\cos\theta$일 때, 상수 k의 값은?

① -12 ② -7 ③ 7

④ 12 ⑤ 24

38 이차방정식 $x^2-x+a=0$의 두 근이 $\cos\theta+\sin\theta$, $\cos\theta-\sin\theta$일 때, 상수 a의 값은?

① -1 ② $-\dfrac{1}{2}$ ③ 0

④ 1 ⑤ $\dfrac{1}{2}$

39 이차방정식 $x^2-kx+8=0$의 두 근이 $\dfrac{1}{\sin\theta}$, $\dfrac{1}{\cos\theta}$일 때, 상수 k의 값을 구하시오. (단, $\sin\theta>0$, $\cos\theta>0$)

40 이차방정식 $2x^2+x+p=0$의 두 근이 $\sin\theta$, $\cos\theta$일 때, $\tan\theta$, $\dfrac{1}{\tan\theta}$을 두 근으로 하고 x^2의 계수가 3인 이차방정식을 구하시오. (단, p는 상수)

기초 문제 Training

삼각함수의 그래프 개념편 115쪽

1 다음 함수의 주기와 치역을 구하시오.

(1) $y = 3\sin x$ (2) $y = -\sin 2x$

(3) $y = \dfrac{1}{3}\cos x$ (4) $y = \cos\dfrac{x}{2}$

2 다음 함수의 주기와 점근선의 방정식을 구하시오.

(1) $y = \dfrac{1}{2}\tan x$ (2) $y = \tan 2x$

3 다음 함수의 그래프를 그리시오.

(1) $y = \sin\left(x - \dfrac{\pi}{2}\right)$

(2) $y = -\cos\dfrac{x}{2}$

(3) $y = 2\tan x$

02 삼각함수의 그래프

4 다음 함수의 최댓값, 최솟값, 주기를 구하시오.

(1) $y = 3\sin(2x + \pi)$

(2) $y = -\cos\left(4x + \dfrac{\pi}{2}\right)$

(3) $y = -\dfrac{1}{2}\sin\left(3x + \dfrac{\pi}{3}\right)$

(4) $y = 2\cos\left(\dfrac{x}{2} + \pi\right)$

(5) $y = \tan\left(\dfrac{x}{3} + \dfrac{\pi}{2}\right)$

(6) $y = 4\tan 3\pi x$

삼각함수의 성질 개념편 121쪽

5 다음 삼각함수의 값을 구하시오.

(1) $\sin\dfrac{5}{6}\pi$ (2) $\sin\dfrac{10}{3}\pi$

(3) $\cos(-390°)$ (4) $\cos\dfrac{4}{3}\pi$

(5) $\tan\dfrac{7}{6}\pi$ (6) $\tan\left(-\dfrac{7}{3}\pi\right)$

유형 01 삼각함수의 그래프

(1) 삼각함수의 그래프의 평행이동

$y=a\sin(bx+c)+d$의 그래프는 $y=a\sin bx$의 그래프를 x축의 방향으로 $-\dfrac{c}{b}$만큼, y축의 방향으로 d만큼 평행이동한 것이다.

(2) 삼각함수의 최댓값, 최솟값, 주기

삼각함수	최댓값	최솟값	주기
$y=a\sin(bx+c)+d$	$\lvert a\rvert+d$	$-\lvert a\rvert+d$	$\dfrac{2\pi}{\lvert b\rvert}$
$y=a\cos(bx+c)+d$	$\lvert a\rvert+d$	$-\lvert a\rvert+d$	$\dfrac{2\pi}{\lvert b\rvert}$
$y=a\tan(bx+c)+d$	없다.	없다.	$\dfrac{\pi}{\lvert b\rvert}$

1 함수 $y=2\sin\left(4x-\dfrac{\pi}{2}\right)+1$의 최댓값을 a, 최솟값을 b, 주기를 c라 할 때, abc의 값은?

① $-\dfrac{5}{2}\pi$　　② -2π　　③ $-\dfrac{3}{2}\pi$

④ $-\pi$　　⑤ $-\dfrac{\pi}{2}$

2 다음 함수 중 $f(x+2)=f(x)$를 만족시키는 것은?

① $f(x)=\sin\dfrac{\pi}{4}x$　　② $f(x)=\sin\dfrac{\pi}{3}x$

③ $f(x)=\cos\dfrac{\pi}{2}x$　　④ $f(x)=\tan\dfrac{\pi}{3}x$

⑤ $f(x)=\tan 4\pi x$

3 함수 $y=\cos 2x+2$의 그래프를 x축에 대하여 대칭이동한 후 y축의 방향으로 $\dfrac{3}{2}$만큼 평행이동한 그래프의 식이 $y=a\cos 2x+b$일 때, 상수 a, b에 대하여 $a+b$의 값은?

① -3　　② $-\dfrac{5}{2}$　　③ -2

④ $-\dfrac{3}{2}$　　⑤ -1

4 다음 보기 중 함수 $y=-3\cos\left(\dfrac{x}{2}+\dfrac{\pi}{6}\right)+2$에 대한 설명으로 옳은 것만을 있는 대로 고르시오.

⌐ 보기 ────────────────

ㄱ. 최댓값은 5, 최솟값은 -1이다.

ㄴ. 주기는 $\dfrac{\pi}{2}$이다.

ㄷ. 그래프는 함수 $y=-3\cos\dfrac{x}{2}$의 그래프를 x축의 방향으로 $-\dfrac{\pi}{3}$만큼, y축의 방향으로 2만큼 평행이동한 것이다.

5 다음 중 함수 $y=3\tan\left(\dfrac{\pi}{2}x-\pi\right)-4$의 주기와 점근선의 방정식을 차례로 나열한 것은? (단, n은 정수)

① $\dfrac{1}{2}$, $x=\dfrac{n}{2}+1$　　② $\dfrac{1}{2}$, $x=n+1$

③ 2, $x=\dfrac{n}{2}+1$　　④ 2, $x=n+1$

⑤ 2, $x=2n+1$

유형 02 | 삼각함수의 그래프의 대칭성

(1) $f(x)=\sin x\,(0\le x\le\pi)$에서 $f(a)=f(b)\,(a\ne b)$이면

→ $\dfrac{a+b}{2}=\dfrac{\pi}{2}$ ∴ $a+b=\pi$

(2) $f(x)=\cos x\,(0\le x\le 2\pi)$에서 $f(a)=f(b)\,(a\ne b)$이면

→ $\dfrac{a+b}{2}=\pi$ ∴ $a+b=2\pi$

(3) $f(x)=\tan x$에서 $f(a)=f(b)$이면

→ $a-b=n\pi$ (단, n은 정수)

6 다음 그림과 같이 $0\le x\le 4\pi$에서 함수 $y=\cos x$ 의 그래프와 직선 $y=k\,(0<k<1)$의 교점의 x좌 표를 작은 것부터 차례대로 x_1, x_2, x_3, x_4라 할 때, $x_1+x_2+x_3+x_4$의 값을 구하시오.

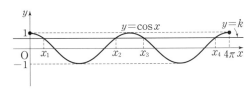

7 오른쪽 그림과 같이 $-\dfrac{\pi}{4}<x<\dfrac{3}{4}\pi$에서 함 수 $y=\tan 2x$의 그래 프와 두 직선 $y=2$, $y=-2$로 둘러싸인 부 분의 넓이를 구하시오.

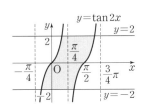

8 ^{UP} 함수 $f(x)=\sin\dfrac{2}{3}\pi x$의 그래프가 오른쪽 그림과 같을 때,

$f(\alpha)=f(\beta)=f(\gamma)=\dfrac{3}{4}$

이다. 이때 $f\left(\alpha+\beta+\gamma+\dfrac{3}{2}\right)$의 값을 구하시오.

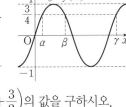

유형 03 | 삼각함수의 미정계수 구하기 – 조건이 주어진 경우

삼각함수의 미정계수는 주어진 최댓값, 최솟값, 주기, 함 숫값을 이용하여 결정한다.

참고 x축의 방향으로 평행이동 결정
$y=\boxed{a}\sin(\boxed{b}\,x+\boxed{c})+\boxed{d}$ – y축의 방향으로 평행이동 결정
주기 결정
최댓값, 최솟값 결정

9 함수 $y=a\sin bx+c$의 최댓값이 5, 최솟값이 -1, 주기가 $\dfrac{\pi}{2}$일 때, 상수 a, b, c에 대하여 abc의 값 은? (단, $a>0$, $b>0$)

① 16   ② 18   ③ 20
④ 22   ⑤ 24

10 함수 $f(x)=a\cos\left(bx+\dfrac{\pi}{6}\right)+c$가 다음 조건을 모 두 만족시킬 때, 함수 $f(x)$의 최솟값을 구하시오.
                (단, $a>0$, $b>0$, c는 상수)

> (가) $f\left(\dfrac{\pi}{4}\right)=1$
>
> (나) 함수 $f(x)$의 최댓값은 4이다.
>
> (다) 모든 실수 x에 대하여 $f(x+p)=f(x)$를 만 족시키는 양수 p의 최솟값은 3π이다.

11 함수 $y=2\tan(ax-\pi)+1$의 주기가 3π이고, 점 근선의 방정식이 $x=3n\pi+b\pi\,(n$은 정수)일 때, 상수 a, b에 대하여 ab의 값을 구하시오.
                (단, $a>0$, $1<b<2$)

유형 **04** 삼각함수의 미정계수 구하기
　　　　　－ 그래프가 주어진 경우

주어진 그래프에서 주기, 최댓값, 최솟값을 구한 후 이를
이용하여 삼각함수의 미정계수를 결정한다.

12 함수 $y=a\sin b\left(x-\dfrac{\pi}{2}\right)+c$의 그래프가 다음 그림과 같을 때, 상수 a, b, c에 대하여 abc의 값을 구하시오. (단, $a>0$, $b>0$)

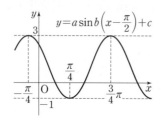

13 함수 $y=a\cos(bx-c)+d$의 그래프가 다음 그림과 같을 때, 상수 a, b, c, d에 대하여 $abcd$의 값을 구하시오. (단, $a>0$, $b>0$, $0<c<\pi$)

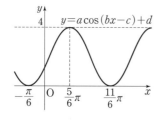

14 함수 $y=\tan(ax+b)+c$의 그래프가 다음 그림과 같을 때, 상수 a, b, c에 대하여 abc의 값을 구하시오. $\left($단, $a>0$, $-\dfrac{\pi}{2}<b<0\right)$

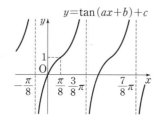

유형 **05** ⓤ 절댓값 기호를 포함한 삼각함수의 그래프

(1) $y=|f(x)|$의 그래프
　➡ $y=f(x)$의 그래프를 그린 후 $y\ge0$인 부분은 그대로 두고, $y<0$인 부분은 x축에 대하여 대칭이동한다.
(2) $y=f(|x|)$의 그래프
　➡ $y=f(x)$의 그래프를 $x\ge0$인 부분만 그린 후 $x<0$인 부분은 $x\ge0$인 부분을 y축에 대하여 대칭이동하여 그린다.

15 다음 보기 중 두 함수의 그래프가 일치하는 것만을 있는 대로 고른 것은?

┌ 보기 ────────────────
│ ㄱ. $y=\sin|x|$, $y=|\sin x|$
│ ㄴ. $y=\cos x$, $y=\cos|x|$
│ ㄷ. $y=\tan|x|$, $y=|\tan x|$
│ ㄹ. $y=|\sin x|$, $y=\left|\cos\left(x+\dfrac{\pi}{2}\right)\right|$
└──────────────────

① ㄱ, ㄴ　　② ㄱ, ㄹ　　③ ㄴ, ㄷ
④ ㄴ, ㄹ　　⑤ ㄷ, ㄹ

16 다음 보기의 함수 중 주기가 같은 것끼리 바르게 짝지은 것은?

┌ 보기 ────────────────
│ ㄱ. $y=|\cos 2x|$　　ㄴ. $y=\cos 2|x|$
│ ㄷ. $y=|\tan 2x|$　　ㄹ. $y=\left|\sin\dfrac{x}{2}\right|$
└──────────────────

① ㄱ－ㄴ　　② ㄱ－ㄷ　　③ ㄴ－ㄷ
④ ㄴ－ㄹ　　⑤ ㄷ－ㄹ

17 함수 $y=3|\sin 2x|+1\ (-\pi\le x\le\pi)$의 그래프와 직선 $y=n$의 교점의 개수를 a_n이라 할 때, $a_1+a_2+a_3+a_4$의 값을 구하시오.

유형 06 여러 가지 각의 삼각함수의 값 (1)

n은 정수일 때

(1) $\sin(2n\pi+x)=\sin x$, $\cos(2n\pi+x)=\cos x$,
 $\tan(2n\pi+x)=\tan x$

(2) $\sin(-x)=-\sin x$, $\cos(-x)=\cos x$,
 $\tan(-x)=-\tan x$

(3) $\sin(\pi\pm x)=\mp\sin x$, $\cos(\pi\pm x)=-\cos x$,
 $\tan(\pi\pm x)=\pm\tan x$ (복부호 동순)

(4) $\sin\left(\dfrac{\pi}{2}\pm x\right)=\cos x$, $\cos\left(\dfrac{\pi}{2}\pm x\right)=\mp\sin x$,
 $\tan\left(\dfrac{\pi}{2}\pm x\right)=\mp\dfrac{1}{\tan x}$ (복부호 동순)

18 $\cos\dfrac{7}{6}\pi\tan\left(-\dfrac{4}{3}\pi\right)+\sin\dfrac{11}{6}\pi\tan\dfrac{5}{4}\pi$의 값을 구하시오.

19 $\dfrac{\sin\left(\dfrac{\pi}{2}-\theta\right)}{1+\sin(\pi+\theta)}\times\dfrac{\cos(\pi-\theta)}{1+\cos\left(\dfrac{3}{2}\pi+\theta\right)}$ 를 간단히 하시오.

20 $\theta=\dfrac{2}{3}\pi$일 때,

$\dfrac{\sin\left(\dfrac{\pi}{2}-\theta\right)}{\sin(\pi+\theta)}\times\dfrac{\cos\left(\theta+\dfrac{\pi}{2}\right)}{\cos(\theta+\pi)}\times\dfrac{\tan\left(\dfrac{3}{2}\pi+\theta\right)}{\tan(\pi-\theta)}$

의 값을 구하시오.

21 삼각형 ABC에 대하여 다음 보기 중 옳은 것만을 있는 대로 고르시오.

┌─ 보기 ─
 ㄱ. $\sin A=\sin(B+C)$
 ㄴ. $\cos\dfrac{A}{2}=\cos\dfrac{B+C}{2}$
 ㄷ. $\tan A\tan(B+C)=1$
└

유형 07 여러 가지 각의 삼각함수의 값 (2)

각의 크기가 여러 가지인 삼각함수의 값을 구할 때는 각의 크기의 합이 $\dfrac{n}{2}\pi$ (n은 정수)인 것끼리 짝을 지어 각을 변형한다.

22 $\tan^2 10°\times\tan^2 20°\times\cdots\times\tan^2 70°\times\tan^2 80°$의 값은?

① $\dfrac{1}{2}$ ② 1 ③ $\sqrt{2}$
④ $\sqrt{3}$ ⑤ 3

23 $a=\sin^2 10°+\sin^2 30°+\sin^2 50°+\sin^2 70°$,
$b=\cos^2 110°+\cos^2 130°+\cos^2 150°+\cos^2 170°$
일 때, $a+b$의 값은?

① 2 ② 3 ③ 4
④ 5 ⑤ 6

24 오른쪽 그림과 같이 반지름의 길이가 1인 사분원을 10등분 하는 각 점을 차례대로 P_1, P_2, P_3, P_4, $\cdots$, P_9라 하자. $\angle P_1OP=\theta$라 할 때,
$\sin^2\theta+\sin^2 2\theta+\sin^2 3\theta+\cdots+\sin^2 9\theta$의 값을 구하시오.

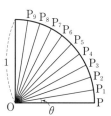

유형 **08** 삼각함수를 포함한 식의 최대, 최소 (1)

(1) 두 종류의 삼각함수를 포함하는 일차식 꼴의 삼각함수의 최댓값과 최솟값은 삼각함수의 성질을 이용하여 한 종류의 삼각함수로 변형한 후 구한다.

(2) 절댓값 기호를 포함하는 일차식 꼴의 삼각함수의 최댓값과 최솟값은 삼각함수를 t로 치환한 후 t의 값의 범위에서 구한다.

25 함수 $y=2\sin(x+\pi)+\cos\left(x+\dfrac{\pi}{2}\right)-2$의 최댓값을 M, 최솟값을 m이라 할 때, $M-m$의 값을 구하시오.

26 함수 $y=\left|\sin x-\dfrac{1}{2}\right|+\dfrac{1}{2}$의 최댓값을 M, 최솟값을 m이라 할 때, $M+m$의 값은?

① 1 ② $\dfrac{3}{2}$ ③ 2

④ $\dfrac{5}{2}$ ⑤ 3

27 함수 $y=a|2\cos x+1|+b$의 최댓값이 5, 최솟값이 -1일 때, 상수 a, b에 대하여 $a+b$의 값은?

(단, $a>0$)

① -1 ② 0 ③ 1

④ 2 ⑤ 3

28 $-\dfrac{\pi}{4}\le x\le\dfrac{\pi}{4}$에서 함수 $y=-|\tan x-1|+k$의 최댓값과 최솟값의 합이 4일 때, 상수 k의 값을 구하시오.

유형 **09** 삼각함수를 포함한 식의 최대, 최소 (2)

(1) 유리함수 꼴의 삼각함수의 최댓값과 최솟값은 삼각함수를 t로 치환한 후 t의 값의 범위에서 구한다.

(2) 이차식 꼴의 삼각함수의 최댓값과 최솟값은 삼각함수 사이의 관계를 이용하여 한 종류의 삼각함수로 변형한 후 t로 치환하여 t의 값의 범위에서 구한다.

29 함수 $y=\dfrac{1}{\sin x-2}+1$의 최댓값을 M, 최솟값을 m이라 할 때, $M+m$의 값은?

① $\dfrac{1}{3}$ ② $\dfrac{2}{3}$ ③ 1

④ $\dfrac{4}{3}$ ⑤ $\dfrac{5}{3}$

30 함수 $y=\dfrac{\cos x-5}{\cos x+3}$의 치역이 $\{y\,|\,a\le y\le b\}$일 때, a^2+b^2의 값은?

① 2 ② 5 ③ 8

④ 10 ⑤ 13

31 함수 $y=\sin^2 x-3\cos^2 x-4\sin x$의 최댓값을 M, 최솟값을 m이라 할 때, $M-m$의 값을 구하시오.

32 함수 $y=\cos^2\left(x+\dfrac{\pi}{2}\right)-4\cos(\pi-x)+a$의 최댓값이 3일 때, 상수 a의 값은?

① -2 ② -1 ③ 0

④ 1 ⑤ 2

기초 문제 Training

삼각함수가 포함된 방정식과 부등식

개념편 130쪽

1 다음은 $0 \le x < 2\pi$일 때, 방정식 $\sin x = \dfrac{\sqrt{3}}{2}$의 해를 구하는 과정이다. 이때 ㈎, ㈏에 알맞은 것을 구하시오.

> $0 \le x < 2\pi$에서 함수 $y = \sin x$의 그래프와 직선 $y = \dfrac{\sqrt{3}}{2}$은 다음 그림과 같다.
>
>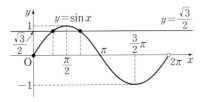
>
> 두 그래프의 교점의 x좌표는
>
> ㈎ , ㈏
>
> 따라서 주어진 방정식의 해는
>
> $x =$ ㈎ 또는 $x =$ ㈏

2 $0 \le x < 2\pi$일 때, 다음 방정식을 푸시오.

(1) $\sin x = \dfrac{\sqrt{2}}{2}$

(2) $\cos x = -\dfrac{\sqrt{3}}{2}$

(3) $\tan x = \dfrac{\sqrt{3}}{3}$

03 삼각함수의 그래프의 활용

3 다음은 $0 \le x < 2\pi$일 때, 부등식 $\cos x \le -\dfrac{1}{2}$의 해를 구하는 과정이다. 이때 ㈎, ㈏, ㈐에 알맞은 것을 구하시오.

> $0 \le x < 2\pi$에서 함수 $y = \cos x$의 그래프와 직선 $y = -\dfrac{1}{2}$은 다음 그림과 같다.
>
>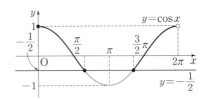
>
> 두 그래프의 교점의 x좌표는
>
> ㈎ , ㈏
>
> 따라서 주어진 부등식의 해는 함수 $y = \cos x$의 그래프가 직선 $y = -\dfrac{1}{2}$과 만나거나 아래쪽에 있는 x의 값의 범위이므로
>
> ㈐

4 $0 \le x < 2\pi$일 때, 다음 부등식을 푸시오.

(1) $\sin x \le \dfrac{\sqrt{3}}{2}$

(2) $\cos x > \dfrac{\sqrt{2}}{2}$

(3) $\tan x \ge \sqrt{3}$

유형 01 삼각방정식 – 일차식 꼴

일차식 꼴로 주어진 삼각방정식은 다음과 같은 순서로 푼다.

(1) 주어진 방정식을 $\sin x = k$ (또는 $\cos x = k$ 또는 $\tan x = k$) 꼴로 변형한다.

(2) 함수 $y = \sin x$ (또는 $y = \cos x$ 또는 $y = \tan x$)의 그래프와 직선 $y = k$의 교점의 x좌표를 구한다.

1 $0 \le x < \pi$에서 방정식 $2\cos 2x - \sqrt{3} = 0$의 두 근을 α, β라 할 때, $\beta - \alpha$의 값을 구하시오. (단, $\alpha < \beta$)

2 $0 < x < 2\pi$에서 방정식 $\sqrt{2}\sin\left(\dfrac{1}{2}x - \dfrac{\pi}{3}\right) = 1$의 해가 $x = \alpha$일 때, $\sin 4\alpha$의 값은?

① $-\dfrac{\sqrt{3}}{2}$　　② $-\dfrac{1}{2}$　　③ $\dfrac{1}{2}$

④ $\dfrac{\sqrt{3}}{2}$　　⑤ 1

3 $0 < x < 2\pi$일 때, 방정식 $\cos\left(2x + \dfrac{\pi}{4}\right) = \sin\left(2x + \dfrac{\pi}{4}\right)$의 모든 근의 합은?

① 2π　　② $\dfrac{5}{2}\pi$　　③ 3π

④ $\dfrac{7}{2}\pi$　　⑤ 4π

4 (UP) $0 \le x < 2\pi$일 때, 방정식 $\sin(\pi \sin x) = -1$의 모든 근의 합을 구하시오.

유형 02 삼각방정식 – 이차식 꼴

두 종류의 삼각함수를 포함한 방정식은 삼각함수 사이의 관계를 이용하여 한 종류의 삼각함수에 대한 방정식으로 고쳐서 푼다.

5 $0 \le x < 2\pi$일 때, 방정식 $\cos^2 x + \sin x - \sin^2 x = 0$의 모든 근의 합은?

① 2π　　② $\dfrac{5}{2}\pi$　　③ 3π

④ $\dfrac{7}{2}\pi$　　⑤ 4π

6 $0 < x < \pi$일 때, 방정식 $\tan x + \dfrac{1}{\tan x} = 2$를 푸시오.

7 삼각형 ABC에 대하여 $3\sin^2 \dfrac{A}{2} - 5\cos \dfrac{A}{2} = 1$이 성립할 때, $\sin \dfrac{B+C}{2}$의 값은?

① $\dfrac{1}{4}$　　② $\dfrac{1}{3}$　　③ $\dfrac{1}{2}$

④ $\dfrac{2}{3}$　　⑤ $\dfrac{3}{4}$

유형 03 | 삼각방정식이 실근을 가질 조건

삼각방정식 $f(x)=k$가 실근을 가지려면 $y=f(x)$의 그래프와 직선 $y=k$가 교점을 가져야 한다.

8 방정식 $\cos^2 x+4\sin x+k=0$이 실근을 갖도록 하는 실수 k의 최댓값을 M, 최솟값을 m이라 할 때, $M-m$의 값은?

① 7   ② 8   ③ 9
④ 10   ⑤ 11

9 방정식 $2\sin^2\left(\dfrac{\pi}{2}+x\right)-3\cos\left(\dfrac{\pi}{2}+x\right)+k=0$이 실근을 갖도록 하는 실수 k의 값의 범위를 구하시오.

10 $0 \le x \le \pi$일 때, 방정식 $\cos^2 x+\cos(\pi+x)-k+1=0$이 오직 하나의 실근을 갖도록 하는 모든 정수 k의 값의 합은?

① 3   ② 4   ③ 5
④ 6   ⑤ 7

유형 04 | 삼각부등식 – 일차식 꼴

(1) $\sin x > k$ (또는 $\cos x > k$ 또는 $\tan x > k$)
  ➡ $y=\sin x$ (또는 $y=\cos x$ 또는 $y=\tan x$)의 그래프가 직선 $y=k$보다 위쪽에 있는 x의 값의 범위
(2) $\sin x < k$ (또는 $\cos x < k$ 또는 $\tan x < k$)
  ➡ $y=\sin x$ (또는 $y=\cos x$ 또는 $y=\tan x$)의 그래프가 직선 $y=k$보다 아래쪽에 있는 x의 값의 범위

11 $0 < x < \pi$에서 부등식 $2\sin\left(2x-\dfrac{\pi}{3}\right)+\sqrt{3}<0$의 해가 $\alpha < x < \beta$일 때, $\beta-\alpha$의 값을 구하시오.

12 $0 \le x < 2\pi$에서 부등식 $\sin x-\cos x>0$의 해가 $\alpha < x < \beta$일 때, $\alpha+\beta$의 값을 구하시오.

13 부등식 $\log_2(\cos x)+1 \le 0$을 만족시키는 x의 최댓값을 α, 최솟값을 β라 할 때, $\cos(\alpha-\beta)$의 값을 구하시오. (단, $0 \le x < 2\pi$)

14 삼각형 ABC에 대하여 부등식
  $\tan A-\tan(B+C)+2 \le 0$
이 성립할 때, A의 최댓값은?

① $\dfrac{\pi}{4}$ ② $\dfrac{\pi}{3}$ ③ $\dfrac{\pi}{2}$
④ $\dfrac{2}{3}\pi$ ⑤ $\dfrac{3}{4}\pi$

유형 05 삼각부등식 – 이차식 꼴

두 종류의 삼각함수를 포함한 부등식은 삼각함수 사이의 관계를 이용하여 한 종류의 삼각함수에 대한 부등식으로 고쳐서 푼다.

15 $0 \le x < 2\pi$에서 부등식 $2\cos^2 x - 3\sin x \le 0$의 해가 $\alpha \le x \le \beta$일 때, $\sin(\beta - \alpha)$의 값은?

① $-\dfrac{\sqrt{3}}{2}$ ② $-\dfrac{1}{2}$ ③ 0

④ $\dfrac{1}{2}$ ⑤ $\dfrac{\sqrt{3}}{2}$

16 $0 \le x < \pi$에서 부등식 $\cos x + \sin^2\left(\dfrac{\pi}{2} + x\right) < \cos^2\left(\dfrac{\pi}{2} + x\right)$의 해가 $\alpha < x < \beta$일 때, $\alpha + \beta$의 값은?

① $\dfrac{2}{3}\pi$ ② π ③ $\dfrac{4}{3}\pi$

④ $\dfrac{5}{3}\pi$ ⑤ 2π

17 모든 실수 x에 대하여 부등식 $\sin^2 x + 4\cos x + 2a \le 0$이 성립하도록 하는 상수 a의 최댓값은?

① -5 ② -4 ③ -3

④ -2 ⑤ -1

유형 06 삼각방정식과 삼각부등식의 활용

이차방정식 또는 이차부등식에서 계수가 삼각함수로 주어지고 근에 대한 조건이 있는 경우에는 이차방정식의 판별식을 이용하여 삼각방정식 또는 삼각부등식을 세운다.

참고   이차방정식 $ax^2 + bx + c = 0$의 판별식을 D라 하면

(1) $D > 0 \iff$ 서로 다른 두 실근
(2) $D = 0 \iff$ 중근
(3) $D < 0 \iff$ 서로 다른 두 허근

18 모든 실수 x에 대하여 부등식 $x^2 - 2x\sin\theta + \sin\theta \ge 0$이 성립하도록 하는 θ의 값의 범위가 $\alpha \le \theta \le \beta$일 때, $\alpha + \beta$의 값은?

(단, $0 \le \theta < 2\pi$)

① $-\pi$ ② $-\dfrac{\pi}{2}$ ③ 0

④ $\dfrac{\pi}{2}$ ⑤ π

19 x에 대한 이차방정식 $x^2 - 2x\cos\theta + \sin^2\theta + \cos\theta = 0$이 중근을 갖도록 하는 θ의 값을 α, $\beta\ (\alpha < \beta)$라 할 때, $\beta - \alpha$의 값을 구하시오. (단, $0 < \theta < 2\pi$)

20 다음 중 x에 대한 이차방정식 $x^2 + 2x\sin\theta + \cos^2\theta = 0$이 서로 다른 두 실근을 갖도록 하는 θ의 값이 <u>아닌</u> 것은? (단, $0 < \theta \le 2\pi$)

① $\dfrac{\pi}{2}$ ② $\dfrac{2}{3}\pi$ ③ π

④ $\dfrac{4}{3}\pi$ ⑤ $\dfrac{3}{2}\pi$

Ⅱ

삼각함수

기초 문제 Training

사인법칙
개념편 140쪽

1 삼각형 ABC에서 다음을 구하시오.

(1) $c=3$, $A=45°$, $C=60°$일 때, a의 값

(2) $c=4$, $B=30°$, $C=45°$일 때, b의 값

(3) $b=8$, $B=30°$, $C=120°$일 때, c의 값

2 삼각형 ABC에서 다음을 구하시오.

(1) $a=1$, $c=\sqrt{2}$, $C=135°$일 때, A의 값

(2) $a=3$, $b=3\sqrt{2}$, $A=30°$일 때, B의 값

(3) $b=2\sqrt{3}$, $c=2$, $C=30°$일 때, B의 값

3 다음을 만족시키는 삼각형 ABC의 외접원의 반지름의 길이를 구하시오.

(1) $a=4\sqrt{3}$, $A=60°$

(2) $b=3$, $B=45°$

코사인법칙
개념편 145쪽

4 삼각형 ABC에서 다음을 구하시오.

(1) $b=5$, $c=7$, $A=60°$일 때, a의 값

(2) $a=3$, $c=\sqrt{2}$, $B=45°$일 때, b의 값

(3) $a=6$, $b=3$, $C=120°$일 때, c의 값

5 삼각형 ABC에서 다음을 구하시오.

(1) $a=4$, $b=5$, $c=6$일 때, $\cos A$의 값

(2) $a=4\sqrt{3}$, $b=4$, $c=4$일 때, $\cos B$의 값

(3) $a=5$, $b=3$, $c=\sqrt{19}$일 때, $\cos C$의 값

삼각형의 넓이
개념편 150쪽

6 다음을 만족시키는 삼각형 ABC의 넓이를 구하시오.

(1) $a=6$, $b=10$, $C=30°$

(2) $b=5$, $c=4$, $A=120°$

(3) $a=4$, $c=3\sqrt{2}$, $B=45°$

7 다음을 만족시키는 평행사변형 ABCD의 넓이를 구하시오.

(1) $\overline{AB}=3$, $\overline{BC}=4$, $B=30°$

(2) $\overline{AB}=8$, $\overline{BC}=12$, $C=120°$

8 다음 그림과 같은 사각형 ABCD의 넓이를 구하시오.

(1)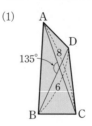

(2)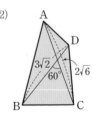

핵심 유형 Training

유형 01 사인법칙

삼각형 ABC의 외접원의 반지름의 길이를 R라 하면

$$\frac{a}{\sin A}=\frac{b}{\sin B}=\frac{c}{\sin C}=2R$$

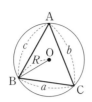

1 삼각형 ABC에서 $a=2\sqrt{6}$, $B=60°$, $C=75°$일 때, b의 값은?

① 3　　　　② $3\sqrt{3}$　　　　③ 6

④ $3\sqrt{6}$　　　　⑤ 9

2 삼각형 ABC에서 $c=12$, $A=45°$, $B=105°$일 때, 삼각형 ABC의 외접원의 넓이는?

① 36π　　　　② 42π　　　　③ 64π

④ 100π　　　　⑤ 144π

3 반지름의 길이가 2인 원에 내접하는 삼각형 ABC에서 $2\sin A\sin(B+C)=1$이 성립할 때, a의 값을 구하시오.

4 오른쪽 그림과 같은 사각형 ABCD에서 $A=C=90°$, $D=135°$, $\overline{BD}=20$일 때, 대각선 AC의 길이를 구하시오.

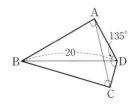

유형 02 사인법칙의 변형

삼각형 ABC의 외접원의 반지름의 길이를 R라 하면

(1) $\sin A=\dfrac{a}{2R}$, $\sin B=\dfrac{b}{2R}$, $\sin C=\dfrac{c}{2R}$

(2) $a=2R\sin A$, $b=2R\sin B$, $c=2R\sin C$

(3) $a:b:c=\sin A:\sin B:\sin C$

5 삼각형 ABC에서 $(a+b):(b+c):(c+a)=6:7:9$일 때, $\sin A:\sin B:\sin C$를 구하시오.

6 삼각형 ABC에서 $\sin A:\sin B:\sin C=4:5:7$일 때, $\dfrac{a^2+c^2}{ab}$의 값을 구하시오.

7 삼각형 ABC에서 $A:B:C=1:2:1$일 때, $\dfrac{b^2}{ac}$의 값은?

① $\dfrac{1}{2}$　　　　② $\dfrac{3}{2}$　　　　③ 2

④ $\dfrac{5}{2}$　　　　⑤ 3

8 반지름의 길이가 5인 원에 내접하는 삼각형 ABC에서 $\sin A+\sin B+\sin C=\dfrac{3}{2}$일 때, 이 삼각형의 둘레의 길이는?

① 12　　　　② 15　　　　③ 18

④ 20　　　　⑤ 25

유형 03 삼각형의 모양 결정 (1)

삼각형 ABC에서 $\sin A$, $\sin B$, $\sin C$에 대한 관계식이 주어지면 사인법칙에 의하여

$$\sin A = \frac{a}{2R},\ \sin B = \frac{b}{2R},\ \sin C = \frac{c}{2R}$$

임을 이용하여 a, b, c에 대한 식으로 변형한 후 삼각형의 모양을 판단한다.

9 삼각형 ABC에서 $b^2 \sin C = c^2 \sin B$가 성립할 때, 삼각형 ABC는 어떤 삼각형인가?

① 정삼각형
② $a = b$인 이등변삼각형
③ $b = c$인 이등변삼각형
④ $A = 90°$인 직각삼각형
⑤ $C = 90°$인 직각삼각형

10 삼각형 ABC에서 $\cos^2 A + \cos^2 B = \cos^2 C + 1$이 성립할 때, 삼각형 ABC는 어떤 삼각형인가?

① 정삼각형
② $a = b$인 이등변삼각형
③ $a = c$인 이등변삼각형
④ $B = 90°$인 직각삼각형
⑤ $C = 90°$인 직각삼각형

11 이차방정식 $x^2 \sin A + 2x \sin B + \sin A = 0$이 중근을 가질 때, 삼각형 ABC는 어떤 삼각형인지 말하시오.

유형 04 사인법칙의 실생활에의 활용

삼각형 ABC에서 한 변의 길이와 그 양 끝 각의 크기를 알 때, $A + B + C = 180°$임을 이용하여 나머지 한 각의 크기를 구한 후 사인법칙을 이용하여 나머지 두 변의 길이를 구한다.

12 반지름의 길이가 30 m인 원 모양의 호숫가에서 세 지점 A, B, C를 잡았더니 A 지점에서 두 지점 B, C를 바라본 각의 크기가 60°이었다. 이때 두 지점 B, C 사이의 거리를 구하시오.

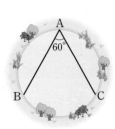

13 오른쪽 그림과 같이 60 m 떨어진 두 지점 A, B에서 지점 C에 떠 있는 비행기를 올려본 각의 크기가 각각 45°, 75°일 때, 두 지점 B, C 사이의 거리는?

① $20\sqrt{2}$ m
② $20\sqrt{3}$ m
③ 40 m
④ $20\sqrt{5}$ m
⑤ $20\sqrt{6}$ m

14 오른쪽 그림과 같이 지면에 수직으로 서 있는 나무의 높이 PQ를 구하기 위하여 서로 20 m 떨어진 두 지점 A, B에서 각의 크기를 측정하였더니 $\angle PBQ = 45°$, $\angle QBA = 75°$, $\angle QAB = 60°$이었다. 이때 나무의 높이 PQ를 구하시오.

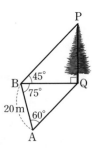

유형 05 코사인법칙

삼각형 ABC에서
$$a^2=b^2+c^2-2bc\cos A$$
$$b^2=c^2+a^2-2ca\cos B$$
$$c^2=a^2+b^2-2ab\cos C$$

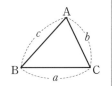

유형 06 코사인법칙의 변형

삼각형 ABC에서
$$\cos A=\frac{b^2+c^2-a^2}{2bc},\ \cos B=\frac{c^2+a^2-b^2}{2ca},$$
$$\cos C=\frac{a^2+b^2-c^2}{2ab}$$

15 오른쪽 그림과 같이 원에 내접하는 사각형 ABCD에서 $\overline{AB}=5$, $\overline{BC}=3$, $\angle ADC=120°$일 때, 대각선 AC의 길이를 구하시오.

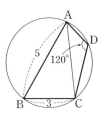

18 삼각형 ABC에서 $\sin A:\sin B:\sin C=3:5:4$일 때, $\cos C$의 값을 구하시오.

19 세 변의 길이가 7, 8, 13인 삼각형의 세 내각 중 가장 큰 내각의 크기를 구하시오.

16 삼각형 ABC에서 $b=4$, $c=5$, $A=60°$일 때, 삼각형 ABC의 외접원의 반지름의 길이는?

① $\sqrt{7}$ ② $2\sqrt{2}$ ③ 3

④ $\sqrt{10}$ ⑤ $2\sqrt{3}$

20 오른쪽 그림과 같이 한 변의 길이가 6인 정육각형에서 변 EF의 중점을 M이라 하자. $\angle FAM=\theta$라 할 때, $\cos\theta$의 값을 구하시오.

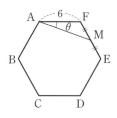

17 삼각형 ABC에서 $a=\sqrt{2}$, $c=\sqrt{3}+1$, $B=45°$일 때, A의 값은?

① $30°$ ② $45°$ ③ $60°$

④ $90°$ ⑤ $120°$

21 오른쪽 그림과 같이 $\overline{AB}=8$, $\overline{AC}=7$인 삼각형 ABC에서 변 BC 위의 점 D에 대하여 $\overline{BD}=6$, $\overline{CD}=3$일 때, 선분 AD의 길이를 구하시오.

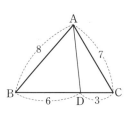

유형 07 삼각형의 모양 결정 (2)

삼각형 ABC에서 A, B, C에 대한 관계식이 주어지면 사인법칙과 코사인법칙을 이용하여 a, b, c에 대한 식으로 변형한 후 삼각형의 모양을 판단한다.

22 삼각형 ABC에서 $b=2a\cos C$가 성립할 때, 삼각형 ABC는 어떤 삼각형인가?

① $a=b$인 이등변삼각형
② $a=c$인 이등변삼각형
③ $A=90°$인 직각삼각형
④ $B=90°$인 직각삼각형
⑤ $C=90°$인 직각삼각형

23 삼각형 ABC에서 $\sin A\cos B=\cos A\sin B$가 성립할 때, 삼각형 ABC는 어떤 삼각형인지 말하시오.

24 삼각형 ABC에서 $a\cos A+c\cos C=b\cos B$가 성립할 때, 삼각형 ABC는 어떤 삼각형인가?

① 정삼각형
② $a=b$인 이등변삼각형
③ $b=c$인 이등변삼각형
④ $A=90°$ 또는 $C=90°$인 직각삼각형
⑤ $B=90°$ 또는 $C=90°$인 직각삼각형

유형 08 코사인법칙의 실생활에의 활용

삼각형에서 두 변의 길이와 그 끼인각의 크기를 알 때, 코사인법칙을 이용하여 나머지 한 변의 길이를 구한다.

25 오른쪽 그림과 같이 호숫가의 양 끝에 서 있는 두 나무 P, Q 사이의 거리를 구하기 위하여 지점 A에서 두 나무 P, Q 까지의 거리와 P, Q를 바라본 각의 크기를 측정하였더니 $\overline{AP}=120$ m, $\overline{AQ}=80$ m, $\angle PAQ=60°$이었다. 이때 두 나무 P, Q 사이의 거리를 구하시오.

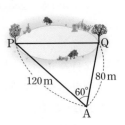

26 오른쪽 그림과 같이 원 모양의 물웅덩이의 넓이를 구하기 위하여 물웅덩이의 둘레 위에 세 점 A, B, C를 잡아 거리를 측정하였더니 $\overline{AB}=7$ m, $\overline{AC}=8$ m, $\overline{BC}=13$ m이었다. 이때 물웅덩이의 넓이를 구하시오.

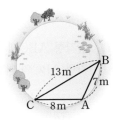

27 오른쪽 그림과 같이 지면에 수직으로 서 있는 가로등의 높이 PQ를 구하기 위하여 서로 10 m 떨어진 두 지점 A, B에서 각의 크기를 측정하였더니 $\angle PAQ=45°$, $\angle PBQ=30°$, $\angle APB=45°$이었다. 이때 가로등의 높이 PQ를 구하시오.

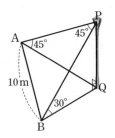

유형 **09** 삼각형의 넓이

두 변의 길이와 그 끼인각의 크기가 주어진 삼각형 ABC
의 넓이 S는

$$S=\frac{1}{2}bc\sin A=\frac{1}{2}ca\sin B=\frac{1}{2}ab\sin C$$

28 삼각형 ABC에서 $b=6$, $c=10$이고 넓이가 $15\sqrt{3}$
일 때, a의 값은? (단, $A>90°$)

① 11   ② 12   ③ 13

④ 14   ⑤ 15

29 오른쪽 그림과 같이 반지름
의 길이가 6인 원 위의 세 점
A, B, C에 대하여
$\widehat{AB}:\widehat{BC}:\widehat{CA}=3:4:5$
일 때, 삼각형 ABC의 넓이
는?

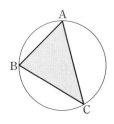

① $6(1+\sqrt{3})$ ② $6(2+\sqrt{3})$ ③ $9(1+\sqrt{3})$

④ $6(3+\sqrt{3})$ ⑤ $9(3+\sqrt{3})$

30 오른쪽 그림과 같이 한 변
의 길이가 8인 정삼각형
ABC의 세 변 AB, BC,
CA를 $3:1$로 내분하는 점
을 각각 P, Q, R라 할 때,
삼각형 PQR의 넓이는?

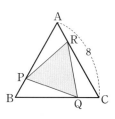

① $6\sqrt{3}$ ② $\dfrac{13\sqrt{3}}{2}$ ③ $7\sqrt{3}$

④ $\dfrac{15\sqrt{3}}{2}$ ⑤ $8\sqrt{3}$

유형 **10** 삼각형의 넓이와 세 변의 길이

(1) 삼각형 ABC에서 세 변의 길이가 주어질 때
  ➡ 코사인법칙을 이용하여 $\cos C$의 값을 구한 후
  $\sin^2 C+\cos^2 C=1$임을 이용하여 $\sin C$의 값을 구
  하여 삼각형 ABC의 넓이를 구한다.

(2) 삼각형 ABC의 외접원의 반지름의 길이 R가 주어질 때
  ➡ 삼각형 ABC의 넓이를 S라 하면

$$S=\frac{abc}{4R}=2R^2\sin A\sin B\sin C$$

참고 내접원의 반지름의 길이가 r일 때, 삼각형 ABC의 넓이를
S라 하면

$$S=\frac{1}{2}r(a+b+c)$$

31 삼각형 ABC에서 $a=8$, $b=10$, $c=12$일 때, 삼각
형 ABC의 넓이는?

① $12\sqrt{5}$ ② $12\sqrt{7}$ ③ $15\sqrt{5}$

④ $15\sqrt{7}$ ⑤ $16\sqrt{6}$

32 반지름의 길이가 $\sqrt{3}$인 원에 내접하는 삼각형의 넓
이가 $2\sqrt{3}$일 때, 이 삼각형의 세 변의 길이의 곱을
구하시오.

33 삼각형 ABC에서 $a=5$, $b=7$, $c=8$일 때, 삼각형
ABC의 내접원의 반지름의 길이는?

① 1   ② $\sqrt{2}$ ③ $\sqrt{3}$

④ 2   ⑤ $\sqrt{5}$

유형 11 사각형의 넓이 – 삼각형의 합 이용

사각형을 두 개의 삼각형으로 나눈 후 각각의 삼각형의 넓이의 합을 구한다.

34 오른쪽 그림과 같은 사각형 ABCD에서 $\overline{AB}=6$, $\overline{BC}=10$, $\overline{CD}=5$, $\angle ABD=30°$, $\angle BCD=60°$일 때, 사각형 ABCD의 넓이를 구하시오.

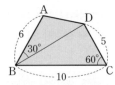

35 오른쪽 그림과 같은 사각형 ABCD에서 $\overline{AB}=3\sqrt{2}$, $\overline{CD}=7\sqrt{2}$, $\overline{AD}=8$, $A=135°$, $C=45°$일 때, 사각형 ABCD의 넓이는?

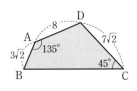

① 64 ② 66 ③ 68
④ 70 ⑤ 72

36 오른쪽 그림과 같이 원에 내접하는 사각형 ABCD에서 $\overline{AB}=2$, $\overline{BC}=2$, $\overline{CD}=4$, $\overline{DA}=6$일 때, 사각형 ABCD의 넓이는?

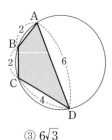

① $5\sqrt{2}$ ② $5\sqrt{3}$ ③ $6\sqrt{3}$
④ $6\sqrt{5}$ ⑤ $8\sqrt{3}$

유형 12 사각형의 넓이

(1) 이웃하는 두 변의 길이가 a, b이고 그 끼인각의 크기가 θ인 평행사변형 ABCD의 넓이 S는
$$S=ab\sin\theta$$
(2) 두 대각선의 길이가 a, b이고 두 대각선이 이루는 각의 크기가 θ인 사각형 ABCD의 넓이 S는
$$S=\frac{1}{2}ab\sin\theta$$

37 오른쪽 그림과 같은 평행사변형 ABCD의 넓이가 20일 때, 대각선 AC의 길이를 구하시오.

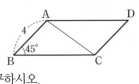

38 오른쪽 그림과 같이 $A=B=90°$이고 $\overline{AB}=\overline{AD}=4$, $\overline{BC}=8$인 사다리꼴 ABCD에서 두 대각선 AC와 BD가 이루는 각의 크기를 θ라 할 때, $\sin\theta$의 값을 구하시오.

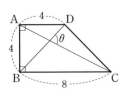

39 오른쪽 그림과 같이 두 대각선의 길이가 각각 5, 6이고 두 대각선이 이루는 각의 크기가 θ인 사각형 ABCD에서 $\tan\theta=\frac{3}{4}$일 때, 사각형 ABCD의 넓이를 구하시오.

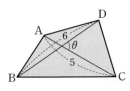

40 오른쪽 그림과 같은 평행사변형 ABCD에서 $\overline{AB}=6$, $\overline{BC}=8$이고 두 대각선이 이루는 각의 크기가 60°일 때, 평행사변형 ABCD의 넓이를 구하시오.

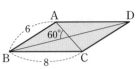

Ⅲ

수열

기초 문제 Training

01 등차수열

수열
개념편 162쪽

1 다음 수열의 제6항을 구하시오.

(1) 1, 3, 5, 7, …

(2) 1, 4, 16, 64, …

(3) $\dfrac{1}{2}$, $\dfrac{1}{3}$, $\dfrac{1}{4}$, $\dfrac{1}{5}$, …

(4) 6, 3, 0, −3, …

2 수열 $\{a_n\}$의 일반항이 다음과 같을 때, 첫째항부터 제3항까지를 나열하시오.

(1) $a_n = n+1$ 　　　(2) $a_n = \dfrac{n}{3n+1}$

등차수열
개념편 164쪽

3 다음 등차수열의 공차를 구하시오.

(1) 8, 6, 4, 2, …

(2) $\dfrac{1}{2}$, 1, $\dfrac{3}{2}$, 2, …

4 다음 수열이 등차수열을 이룰 때, □ 안에 알맞은 수를 써넣으시오.

(1) 2, 5, □, 11, …

(2) −1, 1, □, 5, …

---

5 다음 등차수열의 일반항 a_n을 구하시오.

(1) 첫째항이 1, 공차가 3

(2) 첫째항이 −3, 공차가 5

(3) 2, 6, 10, 14, …

(4) −5, −8, −11, −14, …

6 다음 수열이 등차수열이 되도록 하는 x, y의 값을 구하시오.

(1) 3, x, 7, y, 11, …

(2) −2, x, 0, y, 2, …

등차수열의 합
개념편 171쪽

7 다음을 구하시오.

(1) 첫째항이 10, 제8항이 2인 등차수열의 첫째항부터 제8항까지의 합

(2) 첫째항이 5, 공차가 2인 등차수열의 첫째항부터 제20항까지의 합

(3) 등차수열 1, 5, 9, 13, …의 첫째항부터 제12항까지의 합

(4) 등차수열 $\dfrac{1}{3}$, $\dfrac{4}{3}$, $\dfrac{7}{3}$, $\dfrac{10}{3}$, …의 첫째항부터 제24항까지의 합

핵심 유형 Training

유형 01 수열의 일반항

수열의 일반항을 구할 때는 각 항의 규칙을 찾아 제n항을 n에 대한 식으로 나타낸다.

1 수열 2^2-1, 3^2-2, 4^2-3, 5^2-4, $\cdots$의 일반항 a_n은?

① $a_n=n^2-n+1$ 　② $a_n=n^2-n+2$

③ $a_n=n^2+n$ 　④ $a_n=n^2+n+1$

⑤ $a_n=n^2+n+2$

2 수열 1, $\dfrac{1}{3}$, $\dfrac{1}{5}$, $\dfrac{1}{7}$, $\cdots$의 일반항을 a_n이라 할 때,

$a_k=\dfrac{1}{101}$을 만족시키는 자연수 k의 값은?

① 48　　② 49　　③ 50

④ 51　　⑤ 52

3 수열 3, 8, 15, 24, 35, $\cdots$의 일반항을 a_n이라 할 때, $a_{10}-a_9$의 값은?

① 11　　② 21　　③ 31

④ 41　　⑤ 51

유형 02 등차수열의 일반항

첫째항이 a, 공차가 d인 등차수열의 일반항 a_n은
$$a_n=a+(n-1)d \ (n=1,\ 2,\ 3,\ \cdots)$$

4 등차수열 $\{a_n\}$에서 $a_2=7$, $a_{10}=23$일 때, 이 수열의 공차는?

① 2　　　② 3　　　③ 4

④ 5　　　⑤ 6

5 등차수열 $\{a_n\}$에서 $a_2+a_8=16$, $a_3=2a_6$일 때, a_9의 값은?

① -2　　② -1　　③ 0

④ 1　　　⑤ 2

6 등차수열 $\{a_n\}$에서 제2항과 제6항은 절댓값이 같고 부호가 반대이며 제5항은 4일 때, 일반항 a_n을 구하시오.

7 첫째항이 같은 두 등차수열 $\{a_n\}$, $\{b_n\}$에서
$$a_3 : b_3=4 : 5,\quad a_5 : b_5=7 : 9$$
일 때, $a_7 : b_7$은?

① $10 : 11$　　② $10 : 13$　　③ $11 : 12$

④ $12 : 13$　　⑤ $13 : 14$

유형 03 등차수열에서 조건을 만족시키는 항 구하기

첫째항이 a, 공차가 d인 등차수열 $\{a_n\}$에서

(1) 처음으로 k보다 커지는 항

   ➡ $a_n=a+(n-1)d>k$를 만족시키는 자연수 n의 최솟값을 구한다.

(2) 처음으로 k보다 작아지는 항

   ➡ $a_n=a+(n-1)d<k$를 만족시키는 자연수 n의 최솟값을 구한다.

8 제6항이 32, 제10항이 20인 등차수열에서 처음으로 음수가 되는 항은 제몇 항인지 구하시오.

9 $a_3=-47$, $a_{10}=-19$인 등차수열 $\{a_n\}$에서 처음으로 양수가 되는 항은 제몇 항인가?

① 제12항   ② 제13항   ③ 제14항

④ 제15항   ⑤ 제16항

10 $a_7=16$, $a_3 : a_9=2 : 5$인 등차수열 $\{a_n\}$에서 처음으로 50보다 커지는 항은 제몇 항인지 구하시오.

11 등차수열 $\{a_n\}$에서 $a_1=47$, $a_{10}=11$일 때, $|a_n|$의 값이 최소가 되는 자연수 n의 값을 구하시오.

유형 04 두 수 사이에 수를 넣어 만든 등차수열

두 수 a와 b 사이에 k개의 수를 넣어 만든 등차수열은 첫째항이 a, 제$(k+2)$항이 b이므로

   $b=a+(k+1)d$ (단, d는 공차)

12 두 수 8과 20 사이에 5개의 수를 넣어 만든 수열

   $8, x_1, x_2, x_3, x_4, x_5, 20$

이 이 순서대로 등차수열을 이룰 때, 이 수열의 공차를 구하시오.

13 두 수 15와 3 사이에 3개의 수를 넣어 만든 수열

   $15, x, y, z, 3$이 이 순서대로 등차수열을 이룰 때,

$x^2+y^2+z^2$의 값을 구하시오.

14 두 수 -10과 20 사이에 m개의 수를 넣어 만든 수열

   $-10, x_1, x_2, x_3, \cdots, x_m, 20$

이 이 순서대로 등차수열을 이룬다. 이 수열의 공차가 $\dfrac{3}{4}$일 때, m의 값은?

① 36   ② 37   ③ 38

④ 39   ⑤ 40

15 두 수 1과 100 사이에 m개의 수를 넣어 만든 수열

   $1, x_1, x_2, x_3, \cdots, x_m, 100$

이 이 순서대로 등차수열을 이룬다. 이 수열의 공차가 d일 때, 자연수 d의 개수는? (단, $m \neq 0$)

① 5   ② 6   ③ 7

④ 8   ⑤ 9

유형 05 등차중항

세 수 a, b, c가 이 순서대로 등차수열을 이룰 때

➡ $b = \dfrac{a+c}{2}$

16 세 수 a, a^2-1, a^2+a+1이 이 순서대로 등차수열을 이룰 때, 모든 a의 값의 곱은?

① -3 ② -2 ③ -1

④ 1 ⑤ 2

17 네 수 $1-2\sqrt{3}$, a, 1, b가 이 순서대로 등차수열을 이루고, 네 수 5, c, 1, d도 이 순서대로 등차수열을 이룰 때, $ab-c+d$의 값을 구하시오.

18 이차방정식 $x^2-6x+6=0$의 두 근을 α, β라 할 때, p는 α, β의 등차중항이고, q는 $\dfrac{1}{\alpha}$, $\dfrac{1}{\beta}$의 등차중항이다. 이때 상수 p, q에 대하여 $\dfrac{p}{q}$의 값을 구하시오.

19 오른쪽 그림에서 가로줄과 세로줄에 있는 세 수가 각각 등차수열을 이룬다. 예를 들어 a, b, 10과 10, c, d는 각각 이 순서대로 등차수열을 이룬다. 이때 $a-b+c-d$의 값을 구하시오.

a	b	10
5	e	c
f	0	d

유형 06 등차수열을 이루는 수

(1) 세 수가 등차수열을 이룰 때

➡ 세 수를 $a-d$, a, $a+d$로 놓고 주어진 조건을 이용하여 식을 세운다.

(2) 네 수가 등차수열을 이룰 때

➡ 네 수를 $a-3d$, $a-d$, $a+d$, $a+3d$로 놓고 주어진 조건을 이용하여 식을 세운다.

20 삼차방정식 $x^3-9x^2+26x+k=0$의 세 실근이 등차수열을 이룰 때, 상수 k의 값을 구하시오.

21 모든 모서리의 길이의 합이 48, 부피가 60인 직육면체의 가로의 길이, 세로의 길이, 높이가 이 순서대로 등차수열을 이룰 때, 이 직육면체의 겉넓이는?

① 72 ② 84 ③ 94

④ 106 ⑤ 120

22 다음 조건을 모두 만족시키는 직각삼각형의 넓이를 구하시오.

(가) 세 변의 길이는 등차수열을 이룬다.
(나) 빗변의 길이는 15이다.

23 등차수열을 이루는 네 수의 합이 20이고 제곱의 합이 120일 때, 네 수 중 가장 큰 수와 가장 작은 수의 차를 구하시오.

유형 **07** 등차수열의 합

등차수열의 첫째항부터 제n항까지의 합을 S_n이라 하면

(1) 첫째항이 a, 제n항이 l일 때

$\Rightarrow S_n = \dfrac{n(a+l)}{2}$

(2) 첫째항이 a, 공차가 d일 때

$\Rightarrow S_n = \dfrac{n\{2a+(n-1)d\}}{2}$

24 등차수열 $\{a_n\}$에서 $a_2=5$, $a_6=17$일 때, 이 수열의 첫째항부터 제20항까지의 합은?

① 610 ② 620 ③ 630
④ 640 ⑤ 650

25 두 등차수열 $\{a_n\}$, $\{b_n\}$의 첫째항의 합이 2이고 공차의 합이 4일 때,
$(a_1+a_2+a_3+\cdots+a_{10})+(b_1+b_2+b_3+\cdots+b_{10})$
의 값을 구하시오.

26 두 수 1과 58 사이에 m개의 수를 넣어 만든 등차수열 $1, x_1, x_2, x_3, \cdots, x_m, 58$의 모든 항의 합이 590일 때, 공차를 구하시오.

27 등차수열 $\{a_n\}$에서 $a_1=6$, $a_{10}=-12$일 때,
⒰ $|a_1|+|a_2|+|a_3|+\cdots+|a_{19}|$의 값을 구하시오.

유형 **08** 부분의 합이 주어진 등차수열의 합

부분의 합이 주어진 등차수열의 합은 다음과 같은 순서로 구한다.

(1) 첫째항을 a, 공차를 d로 놓고 주어진 조건을 이용하여 a, d에 대한 식을 세운다.

(2) a와 d의 값을 구한 후 등차수열의 합을 구한다.

28 등차수열 $\{a_n\}$의 첫째항부터 제n항까지의 합을 S_n이라 할 때, $S_3=6$, $S_6=3$이다. 이때 S_9의 값은?

① -11 ② -10 ③ -9
④ -8 ⑤ -7

29 등차수열 $\{a_n\}$의 첫째항부터 제n항까지의 합을 S_n이라 하자. $a_1+a_2+a_3+a_4+a_5=40$,
$a_6+a_7+a_8+\cdots+a_{15}=305$일 때, S_{10}의 값은?

① 150 ② 155 ③ 160
④ 165 ⑤ 170

30 등차수열 $\{a_n\}$이 다음 조건을 모두 만족시킬 때, $a_{11}+a_{12}+a_{13}+\cdots+a_{30}$의 값을 구하시오.

> (개) $a_1+a_2+a_3+\cdots+a_{20}=90$
> (내) $a_{21}+a_{22}+a_{23}+\cdots+a_{40}=490$

유형 09 등차수열의 합의 최대, 최소

(1) 등차수열의 합의 최댓값
 ➡ (첫째항)>0, (공차)<0인 경우 첫째항부터 마지막 양수가 나오는 항까지의 합

(2) 등차수열의 합의 최솟값
 ➡ (첫째항)<0, (공차)>0인 경우 첫째항부터 마지막 음수가 나오는 항까지의 합

31 첫째항이 15, 공차가 -2인 등차수열 $\{a_n\}$의 첫째항부터 제n항까지의 합을 S_n이라 할 때, S_n의 최댓값은?

① 62 ② 64 ③ 66
④ 68 ⑤ 70

32 제6항이 -55, 제10항이 -23인 등차수열 $\{a_n\}$의 첫째항부터 제n항까지의 합을 S_n이라 할 때, S_n이 최소가 되는 n의 값을 구하시오.

33 첫째항이 17인 등차수열 $\{a_n\}$의 첫째항부터 제n항까지의 합을 S_n이라 할 때, $S_7=S_{11}$이다. 이때 S_n이 최대가 되는 n의 값을 구하시오.

34 $a_1=-45$, $a_{10}=-27$인 등차수열 $\{a_n\}$에서 첫째항부터 제k항까지의 합이 최소이고, 그때의 최솟값이 m이다. 이때 $k-m$의 값은?

① 496 ② 529 ③ 552
④ 580 ⑤ 592

유형 10 나머지가 같은 자연수의 합

(1) 자연수 d로 나누었을 때의 나머지가 $a\,(0<a<d)$인 자연수를 작은 것부터 차례대로 나열하면
$$a,\ a+d,\ a+2d,\ a+3d,\ \cdots$$
 ➡ 첫째항이 a, 공차가 d인 등차수열

(2) 자연수 d로 나누어떨어지는 자연수를 작은 것부터 차례대로 나열하면
$$d,\ 2d,\ 3d,\ 4d,\ \cdots$$
 ➡ 첫째항과 공차가 모두 d인 등차수열

35 두 자리의 자연수 중에서 7로 나누었을 때의 나머지가 5인 수의 총합은?

① 701 ② 702 ③ 703
④ 704 ⑤ 705

36 100 이상 300 이하의 자연수 중에서 3으로 나누어떨어지고 5로도 나누어떨어지는 수의 총합은?

① 2430 ② 2630 ③ 2835
④ 3040 ⑤ 3240

37 3으로 나누어떨어지고 4로 나누었을 때의 나머지가 1인 자연수를 작은 것부터 차례대로 나열한 수열을 $\{a_n\}$이라 하자. 수열 $\{a_n\}$의 첫째항부터 제n항까지의 합을 S_n이라 할 때, S_{10}의 값을 구하시오.

유형 **11** 수열의 합과 일반항 사이의 관계

수열 $\{a_n\}$의 첫째항부터 제n항까지의 합을 S_n이라 하면
$$a_1=S_1,\ a_n=S_n-S_{n-1}\ (n\geq2)$$

38 수열 $\{a_n\}$의 첫째항부터 제n항까지의 합 S_n이
$S_n=3n^2-5n+7$일 때, a_1+a_{10}의 값은?

① 54   ② 55   ③ 56

④ 57   ⑤ 58

39 수열 $\{a_n\}$의 첫째항부터 제n항까지의 합 S_n이 다
항식 x^2+2x를 일차식 $x+n$으로 나누었을 때의
나머지와 같을 때, a_3+a_7의 값은?

① 10   ② 11   ③ 12

④ 13   ⑤ 14

40 수열 $\{a_n\}$의 첫째항부터 제n항까지의 합 S_n이
$S_n=2n^2+n$일 때, 수열 $\{a_n\}$은 첫째항이 a, 공차
가 d인 등차수열이다. 이때 ad의 값을 구하시오.

41 수열 $\{a_n\}$의 첫째항부터 제n항까지의 합 S_n이
$S_n=n^2-12n$일 때, $a_n<0$을 만족시키는 자연수
n의 개수는?

① 3   ② 4   ③ 5

④ 6   ⑤ 7

유형 **12** ^{UP} 등차수열의 합의 활용

(1) 첫째항과 공차가 주어지면
 ➡ 등차수열의 합의 공식을 이용하여 식을 세운다.

(2) 첫째항과 공차가 주어지지 않으면
 ➡ 처음 몇 개의 항을 나열하여 규칙을 파악한 후 식을
 세운다.

42 어떤 n각형의 내각의 크기는 공차가 $10°$인 등차수
열을 이룬다. 가장 작은 내각의 크기가 $95°$일 때, n
의 값을 구하시오.

(단, 한 내각의 크기는 $180°$보다 작다.)

43 다음 그림과 같이 평행하지 않은 두 직선 l, m 사
이에 직선 m에 수직인 선분 10개를 일정한 간격으
로 긋고 그 길이를 차례대로 a_1, a_2, $\cdots$, a_{10}이라 하
자. $a_1=5$, $a_{10}=10$일 때, $a_1+a_2+a_3+\cdots+a_{10}$의
값을 구하시오.

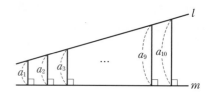

44 다음 그림과 같이 두 함수 $y=x^2+ax+b$, $y=x^2$
의 그래프의 교점에서 오른쪽 방향으로 두 곡선
사이에 y축과 평행한 선분 13개를 일정한 간격
으로 긋고 그 선분의 길이를 왼쪽부터 차례대로
l_1, l_2, l_3, $\cdots$, l_{13}이라 하자. $l_1=3$, $l_{13}=19$일 때,
$l_1+l_2+l_3+\cdots+l_{13}$의 값을 구하시오.

(단, $a>0$이고, a, b는 상수)

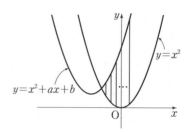

기초 문제 Training

등비수열   개념편 180쪽

1 다음 등비수열의 공비를 구하시오.

(1) $1, 3, 9, 27, \cdots$

(2) $\dfrac{1}{2}, 2, 8, 32, \cdots$

(3) $3, 3\sqrt{3}, 9, 9\sqrt{3}, \cdots$

(4) $-5, 5, -5, 5, \cdots$

2 다음 수열이 등비수열을 이룰 때, □ 안에 알맞은 수를 써넣으시오.

(1) $3, 6, \square, 24, \cdots$

(2) $-1, 2, \square, 8, \cdots$

(3) $\dfrac{1}{4}, \dfrac{1}{8}, \dfrac{1}{16}, \square, \cdots$

(4) $1, -\sqrt{2}, 2, \square, \cdots$

3 다음 등비수열의 일반항 a_n을 구하시오.

(1) 첫째항이 1, 공비가 2

(2) 첫째항이 3, 공비가 $-\dfrac{1}{3}$

(3) $\sqrt{5}, 5, 5\sqrt{5}, 25, \cdots$

(4) $7, -\dfrac{7}{2}, \dfrac{7}{4}, -\dfrac{7}{8}, \cdots$

02 등비수열

4 다음 수열이 등비수열이 되도록 하는 양수 x, y의 값을 구하시오.

(1) $-1, x, -4, y, -16, \cdots$

(2) $\dfrac{1}{3}, x, \dfrac{3}{4}, y, \dfrac{27}{16}, \cdots$

(3) $\sqrt{6}, x, 6\sqrt{6}, y, 36\sqrt{6}, \cdots$

(4) $64, x, 16, y, 4, \cdots$

등비수열의 합   개념편 188쪽

5 다음을 구하시오.

(1) 첫째항이 2, 공비가 3인 등비수열의 첫째항부터 제6항까지의 합

(2) 첫째항이 -1, 공비가 $-\dfrac{1}{2}$인 등비수열의 첫째항부터 제8항까지의 합

(3) 등비수열 $-1, 2, -4, 8, \cdots$의 첫째항부터 제10항까지의 합

(4) 등비수열 $0.1, 0.01, 0.001, 0.0001, \cdots$의 첫째항부터 제10항까지의 합

유형 01 등비수열의 일반항

첫째항이 a, 공비가 r $(r \neq 0)$인 등비수열의 일반항 a_n은
$a_n = ar^{n-1}$

1 첫째항이 $\dfrac{1}{2}$, 공비가 $-\dfrac{1}{2}$인 등비수열 $\{a_n\}$에서 $a_k = \dfrac{1}{32}$을 만족시키는 자연수 k의 값을 구하시오.

2 첫째항이 a, 공비가 r인 등비수열 $\{a_n\}$에서 $a_4 = 24$, $a_7 = 192$일 때, $a + r$의 값은?

① 2   ② 3   ③ 4
④ 5   ⑤ 6

3 등비수열 $\{a_n\}$에서 $a_1 + a_3 = 5$, $a_4 + a_6 = -40$일 때, $a_7 + a_8$의 값은?

① -64 ② -32 ③ 32
④ 64   ⑤ 128

4 공비가 양수인 등비수열 $\{a_n\}$에서 $a_3 = 36$, $a_5 = 324$일 때, $\log_3 \dfrac{a_9}{4}$의 값은?

① 6   ② 7   ③ 8
④ 9   ⑤ 10

유형 02 등비수열에서 조건을 만족시키는 항 구하기

첫째항이 a, 공비가 r인 등비수열에서
(1) 처음으로 k보다 커지는 항
→ $a_n = ar^{n-1} > k$를 만족시키는 자연수 n의 최솟값을 구한다.
(2) 처음으로 k보다 작아지는 항
→ $a_n = ar^{n-1} < k$를 만족시키는 자연수 n의 최솟값을 구한다.

5 첫째항이 4, 제5항이 $\dfrac{1}{4}$이고 공비가 양수인 등비수열에서 처음으로 $\dfrac{1}{1000}$보다 작아지는 항은 제몇항인가?

① 제10항   ② 제11항   ③ 제12항
④ 제13항   ⑤ 제14항

6 등비수열 $\{a_n\}$에서 $a_2 = 6$, $a_5 = 48$일 때, $500 < a_n < 1000$을 만족시키는 자연수 n의 값은?

① 7   ② 8   ③ 9
④ 10   ⑤ 11

7 첫째항이 2, 공비가 $\sqrt{3}$인 등비수열 $\{a_n\}$에서 $a_n^2 > 4000$을 만족시키는 자연수 n의 최솟값을 구하시오.

유형 **03** 두 수 사이에 수를 넣어 만든 등비수열

두 수 a와 b 사이에 k개의 수를 넣어 만든 등비수열은 첫째항이 a, 제$(k+2)$항이 b이므로
$b=ar^{k+1}$ (단, r는 공비)

8 두 수 4와 128 사이에 4개의 수 x_1, x_2, x_3, x_4를 넣어 만든 수열

　　$4, x_1, x_2, x_3, x_4, 128$

이 이 순서대로 등비수열을 이룰 때, $x_1+x_2+x_3+x_4$의 값은?

① 120　　② 124　　③ 128
④ 132　　⑤ 136

9 두 수 3과 48 사이에 11개의 양수 x_1, x_2, x_3, $\cdots$, x_{11}을 넣어 만든 수열

　　$3, x_1, x_2, x_3, \cdots, x_{11}, 48$

이 이 순서대로 등비수열을 이룰 때, $\dfrac{x_{10}}{x_7}$의 값은?

① $\dfrac{1}{2}$　　② 1　　③ 2
④ 3　　⑤ 4

10 두 수 $\dfrac{64}{81}$와 $\dfrac{81}{4}$ 사이에 m개의 수 x_1, x_2, x_3, $\cdots$, x_m을 넣어 만든 수열

　　$\dfrac{64}{81}, x_1, x_2, x_3, \cdots, x_m, \dfrac{81}{4}$

이 이 순서대로 등비수열을 이룬다. 이 수열의 공비가 $\dfrac{3}{2}$일 때, m의 값을 구하시오.

유형 **04** 등비중항

세 수 a, b, c가 이 순서대로 등비수열을 이룰 때
➡ $b^2=ac$

11 세 수 $x+2$, $4x+3$, $10x+15$가 이 순서대로 등비수열을 이룰 때, 정수 x의 값을 구하시오.

12 세 수 1, a, b는 이 순서대로 등차수열을 이루고, a, b, 1은 이 순서대로 등비수열을 이룰 때, $4a+2b$의 값은? (단, $b<0$)

① -2　　② -1　　③ 0
④ 1　　⑤ 2

13 1이 아닌 세 양수 a, b, c가 이 순서대로 등비수열을 이룰 때, $\dfrac{1}{\log_a b}+\dfrac{1}{\log_c b}$의 값은?

① $\dfrac{1}{4}$　　② $\dfrac{1}{2}$　　③ 1
④ 2　　⑤ 4

14 세 수 a, b, $c\,(a>b>c)$가 다음 조건을 모두 만족시킬 때, $a+b+c$의 값을 구하시오.

㈎ a, b, c는 이 순서대로 등차수열을 이룬다.
㈏ c, a, b는 이 순서대로 등비수열을 이룬다.
㈐ $abc=27$

유형 05 등비수열을 이루는 수

세 수가 등비수열을 이룰 때
➡ 세 수를 a, ar, ar^2이라 하고 주어진 조건을 이용하여 식을 세운다.

15 등비수열을 이루는 세 수의 합이 21이고 곱이 216일 때, 세 수 중 가장 큰 수를 구하시오.

16 삼차방정식 $x^3 - px^2 - 84x + 216 = 0$의 세 실근이 등비수열을 이룰 때, 상수 p의 값은?

① 8　　　　② 9　　　　③ 12
④ 14　　　⑤ 15

17 모든 모서리의 길이의 합이 76, 겉넓이가 228인 직육면체의 가로의 길이, 세로의 길이, 높이가 이 순서대로 등비수열을 이룰 때, 이 직육면체의 부피는?

① 174　　　② 188　　　③ 204
④ 216　　　⑤ 230

유형 06 등비수열의 활용

도형의 길이, 넓이, 부피, 세포나 세균의 개수 등이 일정한 비율로 변할 때, 처음 몇 개의 항을 나열하여 규칙을 찾은 후 일반항을 구한다.

18 물이 어떤 여과기를 한 번 통과할 때마다 유해 물질의 양이 일정한 비율로 감소한다고 한다. 유해 물질 100 g이 포함된 물이 이 여과기를 3번 통과한 후의 유해 물질의 양이 4 g일 때, 6번 통과한 후의 유해 물질의 양을 구하시오.

19 다음 그림과 같이 첫 번째 시행에서 정사각형을 4등분 하여 그중 한 조각을 버린다. 두 번째 시행에서는 첫 번째 시행의 결과로 남은 3개의 정사각형을 각각 다시 4등분 하여 그중 한 조각을 버린다. 이와 같은 시행을 반복할 때, 남은 조각의 수가 처음으로 1000개를 넘는 것은 몇 번째 시행 후인지 구하시오.

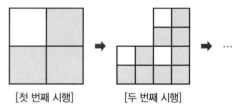

[첫 번째 시행]　　　[두 번째 시행]

20 오른쪽 그림과 같이 한 변의 길이가 1인 정삼각형 ABC에서 각 변의 중점을 이어 정삼각형을 그리는 시행을 반복할 때, n번째 그린 정삼각형을 $A_nB_nC_n$이라 하자. 정삼각형 $A_nB_nC_n$의 둘레의 길이를 l_n이라 할 때, l_{10}의 값을 구하시오.

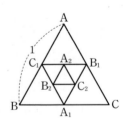

유형 07 등비수열의 합

첫째항이 a, 공비가 r인 등비수열의 첫째항부터 제n항까지의 합을 S_n이라 하면

(1) $r \neq 1$일 때 ➡ $S_n = \dfrac{a(1-r^n)}{1-r} = \dfrac{a(r^n-1)}{r-1}$

(2) $r = 1$일 때 ➡ $S_n = na$

21 첫째항이 3, 공비가 2인 등비수열의 첫째항부터 제n항까지의 합을 S_n이라 할 때, $S_k = 189$를 만족시키는 k의 값은?

① 5　　　　② 6　　　　③ 7
④ 8　　　　⑤ 9

22 등비수열 $\{a_n\}$에서 $a_1 + a_4 = 9$, $a_4 + a_7 = 72$일 때, 이 수열의 첫째항부터 제10항까지의 합을 구하시오.

23 공비가 양수인 등비수열 $\{a_n\}$에서 $a_3 = 6$, $a_7 = 24$일 때, $a_1^2 + a_2^2 + a_3^2 + \cdots + a_{10}^2$의 값을 구하시오.

24 등비수열 $\{a_n\}$의 첫째항부터 제n항까지의 합을 S_n이라 할 때, $\dfrac{S_6}{S_3} = 28$이다. 이때 $\dfrac{a_6}{a_4}$의 값을 구하시오.

유형 08 부분의 합이 주어진 등비수열의 합

부분의 합이 주어진 등비수열의 합은 다음과 같은 순서로 구한다.

(1) 첫째항을 a, 공비를 r로 놓고 주어진 조건을 이용하여 a, r에 대한 식을 세운다.

(2) a와 r의 값을 구한 후 등비수열의 합을 구한다.

25 공비가 -2인 등비수열의 첫째항부터 제5항까지의 합이 22일 때, 이 수열의 제6항부터 제11항까지의 합은?

① 1220　　　② 1280　　　③ 1328
④ 1344　　　⑤ 1442

26 첫째항부터 제10항까지의 합이 7, 제11항부터 제20항까지의 합이 21인 등비수열에서 첫째항부터 제30항까지의 합은?

① 89　　　　② 90　　　　③ 91
④ 92　　　　⑤ 93

27 항의 개수가 짝수인 등비수열에서 홀수 번째의 항의 합은 119이고 짝수 번째의 항의 합은 357일 때, 이 수열의 공비는?

① 1　　　　② $\dfrac{3}{2}$　　　　③ 2
④ $\dfrac{5}{2}$　　　　⑤ 3

유형 09　등비수열의 합과 일반항 사이의 관계

수열 $\{a_n\}$의 첫째항부터 제n항까지의 합을 S_n이라 하면
$$a_1=S_1,\ a_n=S_n-S_{n-1}\ (n\geq2)$$

28 수열 $\{a_n\}$의 첫째항부터 제n항까지의 합 S_n이 $S_n=3^n-1$일 때, $a_1+a_3+a_5$의 값은?

① 180　　② 181　　③ 182
④ 183　　⑤ 184

29 수열 $\{a_n\}$의 첫째항부터 제n항까지의 합 S_n이 $S_n=2\times3^{n+1}+2k$일 때, 수열 $\{a_n\}$이 첫째항부터 등비수열을 이루도록 하는 상수 k의 값은?

① -3　　② -2　　③ 1
④ 2　　⑤ 3

30 수열 $\{a_n\}$의 첫째항부터 제n항까지의 합 S_n에 대하여 $\log_2 S_n=n+1$일 때, $a_2+a_4+a_6+\cdots+a_{12}$의 값을 구하시오.

31 공비가 2인 등비수열 $\{a_n\}$의 첫째항부터 제n항까지의 합을 S_n이라 하면 $S_n=a^{n+1}+b$이다. 이때 상수 a, b에 대하여 a^2+b^2의 값을 구하시오.

유형 10 UP　등비수열의 합의 활용

연이율 r, 1년마다 복리로 a원씩 n년 동안 적립할 때, n년 말의 적립금의 원리합계는
(1) 매년 초에 적립하는 경우
➡ $a(1+r)+a(1+r)^2+\cdots+a(1+r)^n$
$=\dfrac{a(1+r)\{(1+r)^n-1\}}{r}$ (원)
(2) 매년 말에 적립하는 경우
➡ $a+a(1+r)+\cdots+a(1+r)^{n-1}$
$=\dfrac{a\{(1+r)^n-1\}}{r}$ (원)

32 월이율 0.4 %, 1개월마다 복리로 매월 말에 5만 원씩 3년 동안 적립할 때, 3년 말의 적립금의 원리합계를 구하시오. (단, $1.004^{36}=1.15$로 계산한다.)

33 어떤 가정에서 연이율 1 %, 1년마다 복리로 계산되는 20년 만기인 정기적금을 가입하려고 한다. 매년 말에 10만 원씩 넣을 때, 만기 시 원리합계는?
(단, $1.01^{20}=1.22$로 계산한다.)

① 200만 원　② 210만 원　③ 220만 원
④ 230만 원　⑤ 240만 원

34 보라는 매년 초에 일정한 금액을 적립하여 10년 말까지 세계 여행 경비 1260만 원을 마련하려고 한다. 연이율 5 %, 1년마다 복리로 계산할 때, 매년 초에 얼마씩 적립해야 하는가?
(단, $1.05^{10}=1.6$으로 계산한다.)

① 100만 원　② 102만 원　③ 105만 원
④ 108만 원　⑤ 110만 원

Ⅲ

수열

기초 문제 Training

합의 기호 $\sum$와 그 성질
개념편 198쪽

1 다음을 합의 기호 $\sum$를 사용하여 나타내시오.

(1) $1 \times 3 + 2 \times 4 + 3 \times 5 + \cdots + 10 \times 12$

(2) $7 + 7 + 7 + 7 + 7 + 7$

(3) $3 + 6 + 9 + \cdots + 45$

(4) $\dfrac{1}{2} + \dfrac{1}{4} + \dfrac{1}{8} + \cdots + \dfrac{1}{1024}$

2 다음을 합의 기호 $\sum$를 사용하지 않은 합의 꼴로 나타내시오.

(1) $\displaystyle\sum_{k=1}^{5} 5k$

(2) $\displaystyle\sum_{i=1}^{7} (-1)^i$

(3) $\displaystyle\sum_{j=1}^{20} (3j-2)$

(4) $\displaystyle\sum_{k=2}^{10} (k+1)^2$

3 $\displaystyle\sum_{k=1}^{6} a_k = 5$, $\displaystyle\sum_{k=1}^{6} b_k = -2$일 때, 다음 식의 값을 구하시오.

(1) $\displaystyle\sum_{k=1}^{6} (a_k + b_k)$

(2) $\displaystyle\sum_{k=1}^{6} (a_k - b_k)$

(3) $\displaystyle\sum_{k=1}^{6} (2a_k + 3b_k)$

(4) $\displaystyle\sum_{k=1}^{6} (a_k + 2b_k - 3)$

01 수열의 합

자연수의 거듭제곱의 합
개념편 202쪽

4 다음 식의 값을 구하시오.

(1) $1 + 2 + 3 + \cdots + 7$

(2) $1^2 + 2^2 + 3^2 + \cdots + 7^2$

(3) $1^3 + 2^3 + 3^3 + \cdots + 7^3$

5 다음 식의 값을 구하시오.

(1) $\displaystyle\sum_{k=1}^{20} 3k$

(2) $\displaystyle\sum_{k=1}^{10} (k^2+1)$

(3) $\displaystyle\sum_{k=1}^{5} (k^3-2k)$

(4) $\displaystyle\sum_{k=1}^{6} (k+1)(k+2)$

여러 가지 수열의 합
개념편 207쪽

6 다음 식의 값을 구하시오.

(1) $\displaystyle\sum_{k=1}^{10} \dfrac{1}{k(k+1)}$

(2) $\displaystyle\sum_{k=1}^{8} \dfrac{1}{\sqrt{k}+\sqrt{k+1}}$

핵심 유형 Training

유형 01 합의 기호 $\sum$

(1) $\displaystyle\sum_{k=1}^{n} a_k = a_1 + a_2 + a_3 + \cdots + a_n$

(2) $\displaystyle\sum_{k=1}^{n} a_{2k} = a_2 + a_4 + a_6 + \cdots + a_{2n}$

(3) $\displaystyle\sum_{k=1}^{n} k a_k = a_1 + 2a_2 + 3a_3 + \cdots + n a_n$

1 다음 보기 중 옳은 것만을 있는 대로 고른 것은?

• 보기 •

ㄱ. $\displaystyle\sum_{k=1}^{10} a_k + \sum_{k=1}^{10} a_{k+10} = \sum_{k=1}^{20} a_k$

ㄴ. $\displaystyle\sum_{k=1}^{9} a_{k+1} - \sum_{k=2}^{10} a_{k-1} = a_1 - a_{10}$

ㄷ. $\displaystyle\sum_{k=1}^{10} a_{2k-1} + \sum_{k=1}^{10} a_{2k} = \sum_{k=1}^{10} a_k$

ㄹ. $\displaystyle\sum_{k=1}^{20} a_k - \sum_{k=1}^{19} a_{k+1} = a_1$

① ㄱ, ㄴ   ② ㄱ, ㄷ   ③ ㄱ, ㄹ

④ ㄴ, ㄷ.   ⑤ ㄴ, ㄹ

2 $\displaystyle\sum_{k=1}^{n} (a_{3k-2} + a_{3k-1} + a_{3k}) = n^2 + n$일 때, $\displaystyle\sum_{k=1}^{15} a_k$의 값은?

① 30   ② 56   ③ 90

④ 110   ⑤ 240

3 $\displaystyle\sum_{k=1}^{19} k a_{k+1} = 247$, $\displaystyle\sum_{k=1}^{20} (k+1) a_k = 285$일 때, $\displaystyle\sum_{k=1}^{20} a_k$의 값을 구하시오.

4 $\displaystyle\sum_{k=1}^{20} (a_k + a_{k+1}) = 40$, $\displaystyle\sum_{k=1}^{10} (a_{2k-1} + a_{2k}) = 15$일 때, $a_{21} - a_1$의 값을 구하시오.

유형 02 합의 기호 $\sum$의 성질

두 수열 $\{a_n\}$, $\{b_n\}$과 상수 c에 대하여

(1) $\displaystyle\sum_{k=1}^{n} (a_k + b_k) = \sum_{k=1}^{n} a_k + \sum_{k=1}^{n} b_k$

(2) $\displaystyle\sum_{k=1}^{n} (a_k - b_k) = \sum_{k=1}^{n} a_k - \sum_{k=1}^{n} b_k$

(3) $\displaystyle\sum_{k=1}^{n} c a_k = c \sum_{k=1}^{n} a_k$

(4) $\displaystyle\sum_{k=1}^{n} c = cn$

5 $\displaystyle\sum_{k=1}^{5} a_k = 4$, $\displaystyle\sum_{k=1}^{5} a_k^2 = 10$일 때, $\displaystyle\sum_{k=1}^{5} (a_k + 2)(a_k - 1)$의 값을 구하시오.

6 $\displaystyle\sum_{k=1}^{6} a_k = 5$일 때, $\displaystyle\sum_{k=1}^{6} (a_k + 3^k)$의 값을 구하시오.

7 $\displaystyle\sum_{k=1}^{20} (2a_k + b_k)^2 = 40$, $\displaystyle\sum_{k=1}^{20} (a_k - 2b_k)^2 = 60$일 때, $\displaystyle\sum_{k=1}^{20} (a_k^2 + b_k^2 + 1)$의 값은?

① 10   ② 20   ③ 30

④ 40   ⑤ 50

8 $\displaystyle\sum_{k=1}^{10} (3a_k - 2b_k + 1) = 7$, $\displaystyle\sum_{k=1}^{10} (a_k + 3b_k) = 21$일 때, $\displaystyle\sum_{k=1}^{10} (a_k + b_k)$의 값을 구하시오.

유형 **03** 자연수의 거듭제곱의 합

(1) $1+2+3+\cdots+n=\sum\limits_{k=1}^{n}k=\dfrac{n(n+1)}{2}$

(2) $1^2+2^2+3^2+\cdots+n^2=\sum\limits_{k=1}^{n}k^2=\dfrac{n(n+1)(2n+1)}{6}$

(3) $1^3+2^3+3^3+\cdots+n^3=\sum\limits_{k=1}^{n}k^3=\left\{\dfrac{n(n+1)}{2}\right\}^2$

9 $\sum\limits_{k=1}^{10}k^2(k+1)-\sum\limits_{k=1}^{10}k(k-1)$의 값은?

① 2809   ② 2862   ③ 2916

④ 2970   ⑤ 3080

10 $\sum\limits_{k=n}^{2n}(2k-1)=319$를 만족시키는 자연수 n의 값을 구하시오.

11 첫째항이 2, 공차가 3인 등차수열 $\{a_n\}$에 대하여 $\sum\limits_{k=1}^{20}a_{2k-1}$의 값은?

① 1160   ② 1180   ③ 1200

④ 1220   ⑤ 1240

12 이차방정식 $x^2-x-1=0$의 두 근을 α, β라 할 때, $\sum\limits_{k=1}^{11}(\alpha-k)(\beta-k)$의 값을 구하시오.

유형 **04** $\sum$를 이용한 여러 가지 수열의 합

여러 가지 수열의 합은 $\sum$를 이용하여 다음과 같은 순서로 구한다.

(1) 주어진 수열의 제k항 a_k를 구한다.

(2) $\sum$의 성질 및 자연수의 거듭제곱의 합을 이용하여 수열의 합을 구한다.

13 다음 수열의 첫째항부터 제20항까지의 합은?

$$1, \ \frac{1+2}{2}, \ \frac{1+2+3}{3}, \ \frac{1+2+3+4}{4}, \ \cdots$$

① 110   ② 115   ③ 120

④ 125   ⑤ 130

14 $1\times1+4\times3+9\times5+16\times7+\cdots+81\times17$의 값을 구하시오.

15 다음 식을 간단히 하시오.

$$2\times(n-1)+3\times(n-2)+4\times(n-3)$$
$$+\cdots+(n-1)\times2+n\times1$$

유형 05 ∑를 여러 개 포함한 식의 계산

상수인 것과 상수가 아닌 것을 구분하여 괄호 안의 ∑부터 차례대로 계산한다.

16 $\displaystyle\sum_{k=1}^{10}\left\{\sum_{l=1}^{5}(k+2l)\right\}$의 값은?

① 305 　　② 425 　　③ 575
④ 715 　　⑤ 850

17 $\displaystyle\sum_{k=1}^{n}\left(\sum_{m=1}^{k}km\right)=\dfrac{1}{a}n(n+1)(n+b)(3n+c)$를 만족시키는 정수 $a,\,b,\,c$에 대하여 $a+b+c$의 값은?

① 15 　　② 20 　　③ 24
④ 27 　　⑤ 32

18 $\displaystyle\sum_{k=1}^{n}\left\{\sum_{l=1}^{k}\left(\sum_{m=1}^{l}12\right)\right\}=420$을 만족시키는 자연수 n의 값은?

① 4 　　② 5 　　③ 6
④ 7 　　⑤ 8

유형 06 ∑로 표현된 수열의 합과 일반항 사이의 관계

수열 $\{a_n\}$의 첫째항부터 제n항까지의 합을 S_n이라 하면 $S_n=\displaystyle\sum_{k=1}^{n}a_k$이므로 수열의 합과 일반항 사이의 관계를 이용하여 일반항 a_n을 구한다.
➡ $a_1=S_1,\ a_n=S_n-S_{n-1}\ (n\ge2)$

19 $\displaystyle\sum_{k=1}^{n}a_k=n^2+n$일 때, $\displaystyle\sum_{k=1}^{20}a_{2k-1}$의 값은?

① 200 　　② 400 　　③ 600
④ 800 　　⑤ 1000

20 $\displaystyle\sum_{k=1}^{n}a_k=n(n+2)$일 때, $\displaystyle\sum_{k=1}^{5}ka_{2k}+\sum_{k=1}^{5}a_{k+1}$의 값은?

① 275 　　② 280 　　③ 285
④ 290 　　⑤ 295

21 $\displaystyle\sum_{k=1}^{n}a_k=3(3^n-1)$일 때, $\displaystyle\sum_{k=1}^{10}a_{2k-1}=\dfrac{3^p-3}{q}$이다. 이때 자연수 $p,\,q$에 대하여 $p+q$의 값은?

① 25 　　② 26 　　③ 27
④ 28 　　⑤ 29

22 $\displaystyle\sum_{k=1}^{n}a_k=\log\dfrac{(n+1)(n+2)}{2}$일 때, $\displaystyle\sum_{k=1}^{15}a_{2k}=p$이다. 이때 10^p의 값을 구하시오.

유형 07 분모가 곱으로 표현된 수열의 합

분모가 곱으로 표현된 수열의 합은
$$\frac{1}{AB}=\frac{1}{B-A}\left(\frac{1}{A}-\frac{1}{B}\right) (A\neq B)$$
임을 이용하여 식을 변형한 후 구한다.

23 $\dfrac{1}{2^2-1}+\dfrac{1}{4^2-1}+\dfrac{1}{6^2-1}+\cdots+\dfrac{1}{20^2-1}$의 값은?

① $\dfrac{10}{21}$ ② $\dfrac{13}{21}$ ③ $\dfrac{5}{7}$

④ $\dfrac{17}{21}$ ⑤ $\dfrac{19}{21}$

24 자연수 n에 대하여 다항식 x^2+5x+6을 $x-n$으로 나누었을 때의 나머지를 a_n이라 할 때, $\displaystyle\sum_{k=1}^{10}\frac{1}{a_k}$의 값을 구하시오.

25 수열 $\{a_n\}$의 일반항이 $a_n=\dfrac{2n+1}{1^2+2^2+3^2+\cdots+n^2}$일 때, $\displaystyle\sum_{k=1}^{m}a_k=\frac{40}{7}$을 만족시키는 자연수 m의 값을 구하시오.

26 첫째항이 3, 공차가 2인 등차수열 $\{a_n\}$의 첫째항부터 제n항까지의 합을 S_n이라 할 때, $\displaystyle\sum_{k=1}^{8}\frac{1}{S_k}=\frac{q}{p}$이다. 이때 $p+q$의 값을 구하시오.
(단, p, q는 서로소인 자연수)

유형 08 분모가 무리식인 수열의 합

분모가 무리식인 수열의 합은 분모를 유리화하여 구한다.
$$\sum_{k=1}^{n}\frac{1}{\sqrt{k}+\sqrt{k+1}}=\sum_{k=1}^{n}\frac{\sqrt{k}-\sqrt{k+1}}{(\sqrt{k}+\sqrt{k+1})(\sqrt{k}-\sqrt{k+1})}$$
$$=\sum_{k=1}^{n}(\sqrt{k+1}-\sqrt{k})$$

27 $\dfrac{1}{\sqrt{2}+\sqrt{3}}+\dfrac{1}{\sqrt{3}+\sqrt{4}}+\dfrac{1}{\sqrt{4}+\sqrt{5}}+\cdots+\dfrac{1}{\sqrt{24}+\sqrt{25}}$의 값이 $a+b\sqrt{2}$일 때, 유리수 a, b에 대하여 $a+b$의 값은?

① 4 ② 5 ③ 6

④ 7 ⑤ 8

28 첫째항이 2, 공차가 2인 등차수열 $\{a_n\}$에 대하여 $\displaystyle\sum_{k=1}^{99}\frac{2}{\sqrt{a_{k+1}}+\sqrt{a_k}}$의 값을 구하시오.

29 수열 $\{a_n\}$의 일반항이 $a_n=\dfrac{1}{\sqrt{2n-1}+\sqrt{2n+1}}$일 때, $\displaystyle\sum_{k=1}^{m}a_k=3$을 만족시키는 자연수 m의 값은?

① 24 ② 25 ③ 26

④ 27 ⑤ 28

기초 문제 Training

수열의 귀납적 정의

개념편 216쪽

1 다음과 같이 정의된 수열 $\{a_n\}$의 제4항을 구하시오.

(1) $a_1=-1$, $a_{n+1}=a_n-2$ $(n=1, 2, 3, \cdots)$

(2) $a_1=3$, $a_{n+1}=\dfrac{1}{3}a_n$ $(n=1, 2, 3, \cdots)$

(3) $a_1=2$, $a_{n+1}=a_n+n$ $(n=1, 2, 3, \cdots)$

(4) $a_1=5$, $a_{n+1}=na_n$ $(n=1, 2, 3, \cdots)$

2 다음과 같이 정의된 수열 $\{a_n\}$의 일반항 a_n을 구하시오.

(1) $a_1=-2$, $a_{n+1}=a_n+3$ $(n=1, 2, 3, \cdots)$

(2) $a_1=5$, $a_2=7$,
  $2a_{n+1}=a_n+a_{n+2}$ $(n=1, 2, 3, \cdots)$

(3) $a_1=1$, $a_{n+1}=2a_n$ $(n=1, 2, 3, \cdots)$

(4) $a_1=2$, $a_2=-\dfrac{2}{3}$,
  ${a_{n+1}}^2=a_na_{n+2}$ $(n=1, 2, 3, \cdots)$

수학적 귀납법

개념편 224쪽

3 자연수 n에 대한 명제 $p(n)$이 모든 자연수 n에 대하여 성립함을 증명하려면 다음 두 가지를 보이면 된다. 이때 (개), (내)에 알맞은 것을 구하시오.

> (i) $n=$ (개) 일 때, 명제 $p(n)$이 성립한다.
>
> (ii) $n=k$일 때, 명제 $p(n)$이 성립한다고 가정하면 $n=$ (내) 일 때도 명제 $p(n)$이 성립한다.
>
> 이와 같은 방법으로 명제 $p(n)$이 성립함을 증명하는 것을 수학적 귀납법이라 한다.

4 다음은 모든 자연수 n에 대하여 등식
$$1+2+3+\cdots+n=\frac{n(n+1)}{2} \quad \cdots\cdots \ \unicode{x1D4F1}$$
이 성립함을 수학적 귀납법으로 증명하는 과정이다. 이때 (개), (내)에 알맞은 것을 구하시오.

> (i) $n=1$일 때,
>
> (좌변)$=1$, (우변)$=\dfrac{1\times 2}{2}=1$이므로 등식 ㉠
> 이 성립한다.
>
> (ii) $n=k$일 때, 등식 ㉠이 성립한다고 가정하면
> $$1+2+3+\cdots+k=\frac{k(k+1)}{2}$$
> 위의 식의 양변에 (개) 을(를) 더하면
> $$1+2+3+\cdots+k+ \boxed{\text{(개)}}$$
> $$=\frac{k(k+1)}{2}+ \boxed{\text{(개)}}$$
> $$=\frac{(k+1)(\boxed{\text{(내)}})}{2}$$
> 따라서 $n=k+1$일 때도 등식 ㉠이 성립한다.
>
> (i), (ii)에서 모든 자연수 n에 대하여 등식 ㉠이 성립한다.

유형 **01** 등차수열의 귀납적 정의

등차수열을 나타내는 관계식
(1) $a_{n+1}=a_n+d \iff a_{n+1}-a_n=d$
(2) $2a_{n+1}=a_n+a_{n+2} \iff a_{n+2}-a_{n+1}=a_{n+1}-a_n$

1 수열 $\{a_n\}$이 $2a_{n+1}=a_n+a_{n+2}\,(n=1, 2, 3, \cdots)$를 만족시키고 $a_1=2$, $a_3=5$일 때, a_{99}의 값은?

① 148   ② 149   ③ 150
④ 151   ⑤ 152

2 $a_1=102$, $a_{n+1}+4=a_n\,(n=1, 2, 3, \cdots)$으로 정의된 수열 $\{a_n\}$에서 $a_n<0$을 만족시키는 자연수 n의 최솟값을 구하시오.

3 두 수열 $\{a_n\}$, $\{b_n\}$에 대하여
$$a_{n+1}-a_n=2,\ b_{n+1}-b_n=d\,(n=1, 2, 3, \cdots),$$
$$b_n=\frac{a_1+a_2+a_3+\cdots+a_n}{n}$$
일 때, 상수 d의 값은?

① $\dfrac{1}{5}$ ② $\dfrac{1}{4}$ ③ $\dfrac{1}{3}$
④ $\dfrac{1}{2}$ ⑤ 1

유형 **02** 등비수열의 귀납적 정의

등비수열을 나타내는 관계식
(1) $a_{n+1}=ra_n \iff \dfrac{a_{n+1}}{a_n}=r$
(2) $a_{n+1}{}^2=a_na_{n+2} \iff \dfrac{a_{n+2}}{a_{n+1}}=\dfrac{a_{n+1}}{a_n}$

4 수열 $\{a_n\}$이 $a_n=\dfrac{1}{3}a_{n+1}\,(n=1, 2, 3, \cdots)$을 만족시키고 $a_2=1$일 때, a_{15}의 값은?

① $\dfrac{1}{3^{14}}$ ② $\dfrac{1}{3^{13}}$ ③ 3^{13}
④ 3^{14} ⑤ 3^{15}

5 $a_1=\dfrac{1}{4}$, $\dfrac{a_{n+1}}{a_n}=2\,(n=1, 2, 3, \cdots)$로 정의된 수열 $\{a_n\}$에서 $a_k=512$를 만족시키는 자연수 k의 값은?

① 9   ② 10   ③ 11
④ 12   ⑤ 13

6 $a_1=3$, $a_2=\dfrac{3}{4}$, $a_{n+1}{}^2=a_na_{n+2}\,(n=1, 2, 3, \cdots)$로 정의된 수열 $\{a_n\}$에 대하여 $\displaystyle\sum_{k=1}^{10}a_k=a-\left(\dfrac{1}{2}\right)^b$이다. 이때 자연수 a, b에 대하여 $a+b$의 값을 구하시오.

유형 03 $a_{n+1}=a_n+f(n)$ 꼴인 수열의 귀납적 정의

주어진 식의 n에 1, 2, 3, $\cdots$, $n-1$을 차례대로 대입한 후 변끼리 모두 더하여 일반항을 구한다.

7 $a_1=1$, $a_{n+1}=a_n+4n-1$ ($n=1$, 2, 3, $\cdots$)로 정의된 수열 $\{a_n\}$에서 a_{10}의 값은?

① 162   ② 172   ③ 182
④ 192   ⑤ 202

8 $a_1=2$, $a_{n+1}-a_n=\dfrac{1}{n(n+1)}$ ($n=1$, 2, 3, $\cdots$)로 정의된 수열 $\{a_n\}$에서 $\left|a_n-3\right|<\dfrac{1}{100}$을 만족시키는 자연수 n의 최솟값은?

① 98   ② 99   ③ 100
④ 101   ⑤ 102

9 $a_1=2$, $a_{n+1}=a_n+2^n$ ($n=1$, 2, 3, $\cdots$)으로 정의된 수열 $\{a_n\}$에 대하여 $\displaystyle\sum_{k=1}^{10}(a_{2k-1}+a_{2k})$의 값은?

① $2^{20}-2$ ② $2^{20}-1$ ③ $2^{21}-2$
④ $2^{21}-1$ ⑤ $2^{22}-2$

유형 04 $a_{n+1}=a_n f(n)$ 꼴인 수열의 귀납적 정의

주어진 식의 n에 1, 2, 3, $\cdots$, $n-1$을 차례대로 대입한 후 변끼리 모두 곱하여 일반항을 구한다.

10 $a_1=3$, $a_{n+1}=\dfrac{2n-1}{2n+1}a_n$ ($n=1$, 2, 3, $\cdots$)으로 정의된 수열 $\{a_n\}$에서 a_{10}의 값을 구하시오.

11 $a_1=3$, $a_{n+1}=\dfrac{(n+1)(n+3)}{(n+2)^2}a_n$ ($n=1$, 2, 3, $\cdots$)으로 정의된 수열 $\{a_n\}$에 대하여 $\displaystyle\sum_{k=1}^{10}(a_k-2)(a_{k+1}-2)$의 값은?

① $\dfrac{4}{3}$ ② $\dfrac{5}{3}$ ③ $\dfrac{7}{4}$
④ $\dfrac{9}{4}$ ⑤ $\dfrac{5}{2}$

12 $a_1=1$, $\dfrac{a_{n+1}}{a_n}=\left(\dfrac{1}{2}\right)^n$ ($n=1$, 2, 3, $\cdots$)으로 정의된 수열 $\{a_n\}$에 대하여 $\log_2 a_{20}$의 값은?

① -190 ② -188 ③ -186
④ -184 ⑤ -182

유형 05 여러 가지 수열의 귀납적 정의

주어진 식의 n에 1, 2, 3, …을 차례대로 대입하여 각 항을 구한다.

13 $a_1=1$, $a_{n+1}=3a_n+4$ $(n=1, 2, 3, \cdots)$로 정의된 수열 $\{a_n\}$에 대하여 $\sum\limits_{k=1}^{4} a_k$의 값은?

① 110   ② 112   ③ 114

④ 116   ⑤ 118

14 $a_1=\dfrac{1}{2}$, $a_{n+1}=\dfrac{a_n}{1+na_n}$ $(n=1, 2, 3, \cdots)$으로 정의된 수열 $\{a_n\}$에서 $a_k=\dfrac{1}{12}$을 만족시키는 자연수 k의 값은?

① 2   ② 3   ③ 4

④ 5   ⑤ 6

15 $a_1=1$, $a_2=2$, $a_{n+2}=\dfrac{a_{n+1}+1}{a_n}$ $(n=1, 2, 3, \cdots)$로 정의된 수열 $\{a_n\}$에 대하여 $\sum\limits_{k=1}^{50} a_k$의 값을 구하시오.

16 $a_1=2$, $a_{n+1}=\begin{cases} a_n-1 & (a_n\geq4) \\ a_n+2 & (a_n<4) \end{cases}$ $(n=1, 2, 3, \cdots)$로 정의된 수열 $\{a_n\}$에서 $a_k=5$를 만족시키는 20 이하의 자연수 k의 개수를 구하시오.

유형 06 수열의 합 S_n이 포함된 수열의 귀납적 정의

수열의 합과 일반항 사이의 관계에 의하여
$$S_{n+1}-S_n=a_{n+1} \ (n=1, 2, 3, \cdots)$$
임을 이용하여 주어진 식을 a_n 또는 S_n에 대한 식으로 변형한다.

17 수열 $\{a_n\}$의 첫째항부터 제n항까지의 합을 S_n이라 할 때,
$$a_1=1, \ S_n=-\frac{1}{4}a_n+\frac{5}{4} \ (n=1, 2, 3, \cdots)$$
가 성립한다. 이때 a_{15}의 값은?

① $\dfrac{1}{4^{14}}$ ② $\dfrac{1}{5^{14}}$ ③ $\dfrac{1}{5^{15}}$

④ 4^{14} ⑤ 5^{14}

18 수열 $\{a_n\}$의 첫째항부터 제n항까지의 합을 S_n이라 할 때,
$$a_1=1, \ S_n=n^2a_n \ (n=1, 2, 3, \cdots)$$
이 성립한다. 이때 $\dfrac{1}{a_{20}}$의 값은?

① 210   ② 213   ③ 310

④ 420   ⑤ 423

19 수열 $\{a_n\}$의 첫째항부터 제n항까지의 합을 S_n이라 할 때,
$$a_1=2, \ a_2=3,$$
$$2S_{n+2}-3S_{n+1}+S_n=a_n \ (n=1, 2, 3, \cdots)$$
이 성립한다. 이때 a_5의 값을 구하시오.

유형 07 귀납적 정의의 활용

처음 몇 개의 항을 나열하여 규칙을 파악한 후 제n항을 a_n으로 놓고 a_n과 a_{n+1} 사이의 관계식을 찾는다.

20 용기 안에 있는 50마리의 세균으로 실험을 하고 있다. 실험을 한 번 할 때마다 세균 5마리가 죽고 나머지는 각각 2마리로 분열한다고 할 때, 4번째 실험 후 살아 있는 세균의 수를 구하시오.

21 어떤 물탱크에 100 L의 물이 들어 있다. 매일 물탱크에 들어 있는 물의 절반을 사용하고 다시 10 L의 물을 채워 넣는다고 할 때, 5일 후 물탱크에 들어 있는 물의 양은?

① 21.5 L   ② 22 L   ③ 22.5 L
④ 23 L   ⑤ 24 L

22 다음 그림과 같이 크기가 같은 정사각형을 변끼리 붙여 새로운 도형을 만들려고 한다. 이와 같은 시행을 반복하여 n번째 도형을 만드는 데 필요한 정사각형의 개수를 a_n이라 할 때, a_5의 값을 구하시오.

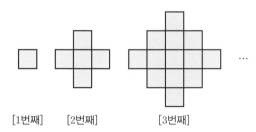

[1번째]   [2번째]   [3번째]

유형 08 수학적 귀납법

자연수 n에 대한 명제 $p(n)$이
(i) $p(1)$이 참이다.
(ii) $p(k)$가 참이면 $p(k+1)$도 참이다. (단, k는 자연수)
를 모두 만족시키면 명제 $p(n)$은 모든 자연수 n에 대하여 참이다.

23 모든 자연수 n에 대하여 명제 $p(n)$이 아래 조건을 모두 만족시킬 때, 다음 중 반드시 참인 것은?

(단, k는 자연수)

> ㈎ $p(1)$이 참이다.
> ㈐ $p(k)$가 참이면 $p(3k)$도 참이다.
> ㈑ $p(k)$가 참이면 $p(5k)$도 참이다.

① $p(30)$ ② $p(90)$ ③ $p(135)$
④ $p(175)$ ⑤ $p(210)$

24 모든 자연수 n에 대하여 명제 $p(n)$이 참이면 명제 $p(n+3)$이 참일 때, 다음 보기 중 옳은 것만을 있는 대로 고르시오.

> ◦보기◦
> ㄱ. $p(1)$이 참이면 모든 자연수 k에 대하여 $p(3k+1)$이 참이다.
> ㄴ. $p(3)$이 참이면 모든 자연수 k에 대하여 $p(3k)$가 참이다.
> ㄷ. $p(1)$, $p(2)$, $p(3)$이 참이면 모든 자연수 k에 대하여 $p(k)$가 참이다.

유형 09 | **수학적 귀납법을 이용한 등식의 증명**

자연수 n에 대한 명제 $p(n)$이 모든 자연수 n에 대하여 성립함을 증명하려면 다음 두 가지를 보이면 된다.
(i) $n=1$일 때, 명제 $p(n)$이 성립한다.
(ii) $n=k$일 때, 명제 $p(n)$이 성립한다고 가정하면 $n=k+1$일 때도 명제 $p(n)$이 성립한다.

25 다음은 모든 자연수 n에 대하여 등식

$$1\times2+2\times3+\cdots+n(n+1)$$
$$=\frac{1}{3}n(n+1)(n+2) \quad \cdots\cdots \ \bigcirc$$

가 성립함을 수학적 귀납법으로 증명하는 과정이다. 이때 (가), (나)에 알맞은 식을 각각 $f(k)$, $g(k)$라 할 때, $\dfrac{f(2)}{g(1)}$의 값은?

(i) $n=1$일 때,
　(좌변)$=1\times2=2$, (우변)$=\dfrac{1}{3}\times1\times2\times3=2$
　따라서 $n=1$일 때 등식 $\bigcirc$이 성립한다.
(ii) $n=k$일 때, 등식 $\bigcirc$이 성립한다고 가정하면
　$1\times2+2\times3+\cdots+k(k+1)$
　$=\dfrac{1}{3}k(k+1)(k+2)$
　위의 식의 양변에 $\boxed{(가)}$을(를) 더하면
　$1\times2+2\times3+\cdots+k(k+1)+\boxed{(가)}$
　$=\dfrac{1}{3}k(k+1)(k+2)+\boxed{(가)}$
　$=\dfrac{1}{3}(k+1)(k+2)(\boxed{(나)})$
　따라서 $n=k+1$일 때도 등식 $\bigcirc$이 성립한다.
(i), (ii)에서 모든 자연수 n에 대하여 등식 $\bigcirc$이 성립한다.

① $\dfrac{1}{3}$　　② $\dfrac{1}{2}$　　③ 1
④ 2　　⑤ 3

26 다음은 모든 자연수 n에 대하여 등식

$$1^3+2^3+3^3+\cdots+n^3=\left\{\frac{n(n+1)}{2}\right\}^2 \quad \cdots\cdots \ \bigcirc$$

이 성립함을 수학적 귀납법으로 증명하는 과정이다. 이때 (가), (나)에 알맞은 것을 구하시오.

(i) $n=1$일 때,
　(좌변)$=1^3=1$, (우변)$=\left(\dfrac{1\times2}{2}\right)^2=1$
　따라서 $n=1$일 때 등식 $\bigcirc$이 성립한다.
(ii) $n=k$일 때, 등식 $\bigcirc$이 성립한다고 가정하면
　$1^3+2^3+3^3+\cdots+k^3=\left\{\dfrac{k(k+1)}{2}\right\}^2$
　위의 식의 양변에 $\boxed{(가)}$을(를) 더하면
　$1^3+2^3+3^3+\cdots+k^3+\boxed{(가)}$
　$=\left\{\dfrac{k(k+1)}{2}\right\}^2+\boxed{(가)}$
　$=\{\boxed{(나)}\}^2$
　따라서 $n=k+1$일 때도 등식 $\bigcirc$이 성립한다.
(i), (ii)에서 모든 자연수 n에 대하여 등식 $\bigcirc$이 성립한다.

27 다음은 모든 자연수 n에 대하여 $5^{n+1}+2\times3^n+1$이 8의 배수임을 수학적 귀납법으로 증명하는 과정이다. 이때 (가), (나)에 알맞은 것을 구하시오.

(i) $n=1$일 때,
　$5^2+2\times3^1+1=32$는 8의 배수이다.
(ii) $n=k$일 때,
　$5^{k+1}+2\times3^k+1=8m$ (m은 자연수)이라 하면
　$5^{k+2}+2\times3^{k+1}+1=5\times5^{k+1}+6\times3^k+1$
　　　　　　　　　　　　　$=8m+\boxed{(가)}(5^{k+1}+3^k)$
　그런데 $5^{k+1}+3^k$은 $\boxed{(나)}$이므로
　$n=k+1$일 때도 8의 배수이다.
(i), (ii)에서 모든 자연수 n에 대하여
$5^{n+1}+2\times3^n+1$은 8의 배수이다.

유형 10 수학적 귀납법을 이용한 부등식의 증명

자연수 n에 대한 명제 $p(n)$이 $n \geq m$(m은 자연수)인 모든 자연수 n에 대하여 성립함을 증명하려면 다음 두 가지를 보이면 된다.

(i) $n=m$일 때, 명제 $p(n)$이 성립한다.

(ii) $n=k$($k \geq m$)일 때, 명제 $p(n)$이 성립한다고 가정하면 $n=k+1$일 때도 명제 $p(n)$이 성립한다.

28 다음은 $n \geq 2$인 모든 자연수 n에 대하여 부등식

$$1 + \frac{1}{2} + \frac{1}{3} + \cdots + \frac{1}{n} > \frac{2n}{n+1} \quad \cdots\cdots \ \text{㉠}$$

이 성립함을 수학적 귀납법으로 증명하는 과정이다. 이때 ㈎, ㈏에 알맞은 식을 각각 $f(k)$, $g(k)$라 할 때, $f(3) + g(2)$의 값을 구하시오.

(i) $n=2$일 때,

(좌변)$= 1 + \dfrac{1}{2} = \dfrac{3}{2}$, (우변)$= \dfrac{4}{2+1} = \dfrac{4}{3}$

따라서 $n=2$일 때 부등식 ㉠이 성립한다.

(ii) $n=k$($k \geq 2$)일 때, 부등식 ㉠이 성립한다고 가정하면

$$1 + \frac{1}{2} + \frac{1}{3} + \cdots + \frac{1}{k} > \frac{2k}{k+1}$$

위의 식의 양변에 $\boxed{㈎}$ 을(를) 더하면

$$1 + \frac{1}{2} + \frac{1}{3} + \cdots + \frac{1}{k} + \boxed{㈎}$$
$$> \frac{2k}{k+1} + \boxed{㈎}$$

이때

$$\frac{2k+1}{k+1} - \frac{2k+2}{k+2} = \frac{k}{(k+1)(k+2)} > 0$$

이므로 $\dfrac{2k}{k+1} + \boxed{㈎} > \boxed{㈏}$

$$\therefore \ 1 + \frac{1}{2} + \frac{1}{3} + \cdots + \frac{1}{k} + \boxed{㈎} > \boxed{㈏}$$

따라서 $n=k+1$일 때도 부등식 ㉠이 성립한다.

(i), (ii)에서 $n \geq 2$인 모든 자연수 n에 대하여 부등식 ㉠이 성립한다.

29 다음은 $n \geq 3$인 모든 자연수 n에 대하여 부등식

$$2^n > 2n+1 \quad \cdots\cdots \ \text{㉠}$$

이 성립함을 수학적 귀납법으로 증명하는 과정이다. 이때 ㈎, ㈏, ㈐에 알맞은 것을 각각 a, $f(k)$, $g(k)$라 할 때, $\displaystyle\sum_{k=1}^{10} \{a + f(k) + g(k)\}$의 값은?

(i) $n=3$일 때,

(좌변)$= 2^3 = 8$, (우변)$= 2 \times 3 + 1 = 7$

따라서 $n=3$일 때 부등식 ㉠이 성립한다.

(ii) $n=k$($k \geq 3$)일 때, 부등식 ㉠이 성립한다고 가정하면

$$2^k > 2k+1$$

위의 식의 양변에 $\boxed{㈎}$ 을(를) 곱하면

$$2^k \times \boxed{㈎} > (2k+1) \times \boxed{㈎}$$

$$2^{k+1} > \boxed{㈏}$$

이때 $\left(\boxed{㈏} \right) - \left(\boxed{㈐} \right) > 0$이므로

$$2^{k+1} > \boxed{㈐}$$

따라서 $n=k+1$일 때도 부등식 ㉠이 성립한다.

(i), (ii)에서 $n \geq 3$인 모든 자연수 n에 대하여 부등식 ㉠이 성립한다.

① 362   ② 377   ③ 393

④ 400   ⑤ 412

수학의 신

최상위권을 위한 수학 심화 학습서

· 모든 고난도 문제를 한 권에 담아 공부 효율 강화
· 내신 출제 비중이 높아진 수능형 문제와 변형 문제 수록
· 까다롭고 어려워진 내신 대비를 위해 양질의 심화 문제를 엄선

고등 수학(상), 고등 수학(하) / 수학Ⅰ / 수학Ⅱ / 미적분 / 확률과 통계

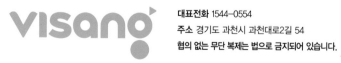

+ 개념·플러스·유형·시리즈 개념과 유형이 하나로! 가장 효과적인 수학 공부 방법을 제시합니다.

visang

대표전화 1544-0554
주소 경기도 과천시 과천대로2길 54
협의 없는 무단 복제는 법으로 금지되어 있습니다.

개념╋유형

수학 Ⅰ
정답과 해설

15개정 교육과정

visang

ABOVE IMAGINATION

우리는 남다른 상상과 혁신으로
교육 문화의 새로운 전형을 만들어
모든 이의 행복한 경험과 성장에 기여한다

수학 I

정답과 해설

개념편

정답과 해설

I-1 **01 지수**

1 거듭제곱과 거듭제곱근

개념 CHECK 9쪽

1 답 (1) 4, $-2\pm2\sqrt{3}i$ (2) $\pm\sqrt{2}$, $\pm\sqrt{2}i$

2 답 (1) 6 (2) -5 (3) -3 (4) 2

문제 10~12쪽

01-1 답 ⑤

① -4의 제곱근을 x라 하면 $x^2=-4$
  $\therefore x=\pm2i$
  따라서 -4의 제곱근은 $\pm2i$이다.

② -512의 세제곱근을 x라 하면 $x^3=-512$
  $x^3+512=0$, $(x+8)(x^2-8x+64)=0$
  $\therefore x=-8$ 또는 $x=4\pm4\sqrt{3}i$
  따라서 -512의 세제곱근은 -8, $4\pm4\sqrt{3}i$이다.

③ $\sqrt{256}=16$의 네제곱근을 x라 하면 $x^4=16$
  $x^4-16=0$, $(x+2)(x-2)(x^2+4)=0$
  $\therefore x=\pm2$ 또는 $x=\pm2i$
  따라서 $\sqrt{256}$의 네제곱근 중 실수인 것은 ±2이다.

④ 49의 네제곱근을 x라 하면 $x^4=49$
  $x^4-49=0$, $(x^2-7)(x^2+7)=0$
  $\therefore x=\pm\sqrt{7}$ 또는 $x=\pm\sqrt{7}i$
  따라서 49의 네제곱근 중 실수인 것은 $\pm\sqrt{7}$이다.

⑤ n이 짝수일 때, 6의 n제곱근 중 실수인 것은 $\pm\sqrt[n]{6}$의 2개
  따라서 옳은 것은 ⑤이다.

01-2 답 $5\sqrt{3}$

$\sqrt{81}=9$의 네제곱근을 x라 하면 $x^4=9$
$x^4-9=0$, $(x^2-3)(x^2+3)=0$
$\therefore x=\pm\sqrt{3}$ 또는 $x=\pm\sqrt{3}i$
이때 음수인 것은 $-\sqrt{3}$이므로 $a=-\sqrt{3}$
-125의 세제곱근을 y라 하면 $y^3=-125$
$y^3+125=0$, $(y+5)(y^2-5y+25)=0$
$\therefore y=-5$ 또는 $y=\dfrac{5\pm5\sqrt{3}i}{2}$
이때 실수인 것은 -5이므로 $b=-5$
$\therefore ab=-\sqrt{3}\times(-5)=5\sqrt{3}$

02-1 답 (1) 5 (2) 4 (3) x (4) $\sqrt[24]{x}$

(1) $\sqrt[6]{4}\times\sqrt[6]{16}+\sqrt[4]{81}=\sqrt[6]{4\times16}+\sqrt[4]{3^4}$
$=\sqrt[6]{2^6}+3=2+3=5$

(2) $(\sqrt[3]{7})^4\div\sqrt[3]{7}-\sqrt[3]{\sqrt{729}}=\sqrt[3]{7^4}\div\sqrt[3]{7}-\sqrt[6]{729}$
$=\sqrt[3]{\dfrac{7^4}{7}}-\sqrt[6]{3^6}=\sqrt[3]{7^3}-3$
$=7-3=4$

(3) $\sqrt[5]{x^4}\times\sqrt[3]{x^2}\div\sqrt[15]{x^7}=\sqrt[15]{x^{12}}\times\sqrt[15]{x^{10}}\div\sqrt[15]{x^7}$
$=\sqrt[15]{\dfrac{x^{12}\times x^{10}}{x^7}}=\sqrt[15]{x^{15}}=x$

(4) $\sqrt[3]{\dfrac{\sqrt[4]{x}}{\sqrt{x}}}\times\sqrt{\dfrac{\sqrt[3]{x}}{\sqrt[4]{x}}}\times\sqrt{\dfrac{\sqrt{x}}{\sqrt[3]{x}}}=\dfrac{\sqrt[12]{x}}{\sqrt[6]{x}}\times\dfrac{\sqrt[6]{x}}{\sqrt[8]{x}}\times\dfrac{\sqrt[4]{x}}{\sqrt[6]{x}}$
$=\dfrac{\sqrt[12]{x}\times\sqrt[4]{x}}{\sqrt[8]{x}\times\sqrt[6]{x}}=\dfrac{\sqrt[24]{x^2}\times\sqrt[24]{x^6}}{\sqrt[24]{x^3}\times\sqrt[24]{x^4}}$
$=\sqrt[24]{\dfrac{x^2\times x^6}{x^3\times x^4}}=\sqrt[24]{x}$

02-2 답 (1) 8 (2) $\sqrt[3]{2}$

(1) $\sqrt{\dfrac{8^{12}+4^{12}}{8^6+4^{15}}}=\sqrt{\dfrac{(2^3)^{12}+(2^2)^{12}}{(2^3)^6+(2^2)^{15}}}=\sqrt{\dfrac{2^{36}+2^{24}}{2^{18}+2^{30}}}$
$=\sqrt{\dfrac{2^{24}(2^{12}+1)}{2^{18}(1+2^{12})}}=\sqrt{2^6}=2^3=8$

(2) $\dfrac{\sqrt{\sqrt[3]{4}}+\sqrt[3]{8}}{\sqrt[3]{\sqrt{16}}+1}=\dfrac{\sqrt[6]{2^2}+\sqrt[3]{2^3}}{\sqrt[6]{2^4}+1}=\dfrac{\sqrt[3]{2}+\sqrt[3]{2^3}}{\sqrt[3]{2^2}+1}$
$=\dfrac{\sqrt[3]{2}(1+\sqrt[3]{2^2})}{\sqrt[3]{2^2}+1}=\sqrt[3]{2}$

03-1 답 $\sqrt[6]{2}<\sqrt[8]{3}<\sqrt[12]{6}$

$\sqrt[12]{6}$, $\sqrt[8]{3}$, $\sqrt[6]{2}$에서 12, 8, 6의 최소공배수가 24이므로
$\sqrt[12]{6}=\sqrt[24]{6^2}=\sqrt[24]{36}$, $\sqrt[8]{3}=\sqrt[24]{3^3}=\sqrt[24]{27}$,
$\sqrt[6]{2}=\sqrt[24]{2^4}=\sqrt[24]{16}$
이때 $16<27<36$이므로 $\sqrt[24]{16}<\sqrt[24]{27}<\sqrt[24]{36}$
$\therefore \sqrt[6]{2}<\sqrt[8]{3}<\sqrt[12]{6}$

03-2 답 12

$\sqrt[3]{\sqrt{6}}=\sqrt[6]{6}$, $\sqrt[3]{2}$, $\sqrt[4]{\sqrt[3]{12}}$에서 6, 3, 12의 최소공배수
가 12이므로

$\sqrt[6]{6}=\sqrt[12]{6^2}=\sqrt[12]{36}$, $\sqrt[3]{2}=\sqrt[12]{2^4}=\sqrt[12]{16}$

이때 $12<16<36$이므로 $\sqrt[12]{12}<\sqrt[12]{16}<\sqrt[12]{36}$

$\therefore \sqrt[4]{\sqrt[3]{12}}<\sqrt[3]{2}<\sqrt[3]{\sqrt{6}}$

따라서 $a=\sqrt[4]{\sqrt[3]{12}}=\sqrt[12]{12}$이므로

$a^{12}=(\sqrt[12]{12})^{12}=12$

03-3 답 $C<A<B$

$A-B=(\sqrt[3]{3}+2\sqrt{2})-(2\sqrt[3]{3}+\sqrt{2})=\sqrt{2}-\sqrt[3]{3}$

$\qquad =\sqrt[6]{2^3}-\sqrt[6]{3^2}=\sqrt[6]{8}-\sqrt[6]{9}<0$

$\therefore A<B$ $\quad\cdots\cdots$ ㉠

$A-C=(\sqrt[3]{3}+2\sqrt{2})-(4\sqrt{2}-\sqrt[3]{3})=2\sqrt[3]{3}-2\sqrt{2}$

$\qquad =2(\sqrt[6]{3^2}-\sqrt[6]{2^3})=2(\sqrt[6]{9}-\sqrt[6]{8})>0$

$\therefore A>C$ $\quad\cdots\cdots$ ㉡

㉠, ㉡에서 $C<A<B$

2 지수의 확장

개념 CHECK
14쪽

1 답 (1) 2 (2) 82

2 답 (1) a^2 (2) $\sqrt[4]{a}$ (3) 9 (4) 8

문제
15~20쪽

04-1 답 (1) 4 (2) $\dfrac{5}{32}$ (3) 3 (4) $\dfrac{1}{27}$

(1) $4^{\frac{1}{4}}\times 8^{-\frac{1}{2}}\div 16^{-\frac{3}{4}}=(2^2)^{\frac{1}{4}}\times(2^3)^{-\frac{1}{2}}\div(2^4)^{-\frac{3}{4}}$

$\qquad\qquad =2^{\frac{1}{2}}\times 2^{-\frac{3}{2}}\div 2^{-3}$

$\qquad\qquad =2^{\frac{1}{2}-\frac{3}{2}-(-3)}=2^2=4$

(2) $\left\{\left(-\dfrac{1}{2}\right)^4\right\}^{0.75}\times\left\{\left(\dfrac{16}{25}\right)^{\frac{5}{4}}\right\}^{-\frac{2}{5}}$

$\qquad =\left\{\left(\dfrac{1}{2}\right)^4\right\}^{0.75}\times\left(\dfrac{4}{5}\right)^{2\times\frac{5}{4}\times\left(-\frac{2}{5}\right)}=\left(\dfrac{1}{2}\right)^3\times\left(\dfrac{4}{5}\right)^{-1}$

$\qquad =\dfrac{1}{8}\times\dfrac{5}{4}=\dfrac{5}{32}$

(3) $\sqrt[4]{\sqrt[3]{81}}\times\sqrt{\sqrt[3]{81}}=\{(3^4)^{\frac{1}{3}}\}^{\frac{1}{4}}\times\{(3^4)^{\frac{1}{3}}\}^{\frac{1}{2}}$

$\qquad\qquad\qquad\quad =3^{\frac{1}{3}}\times 3^{\frac{2}{3}}=3^{\frac{1}{3}+\frac{2}{3}}=3$

(4) $(2^{\sqrt{6}}\times 3^{2\sqrt{6}-\sqrt{3}})^{\sqrt{3}}\div 18^{3\sqrt{2}}$

$\qquad =(2^{\sqrt{6}})^{\sqrt{3}}\times(3^{2\sqrt{6}-\sqrt{3}})^{\sqrt{3}}\div(2\times 3^2)^{3\sqrt{2}}$

$\qquad =2^{3\sqrt{2}}\times 3^{6\sqrt{2}-3}\div(2^{3\sqrt{2}}\times 3^{6\sqrt{2}})$

$\qquad =3^{-3}=\dfrac{1}{27}$

04-2 답 (1) $\dfrac{13}{12}$ (2) $\dfrac{1}{6}$

(1) $\sqrt{a^3\sqrt{a^2\sqrt{a^3}}}=\{a\times(a^2\times a^{\frac{3}{2}})^{\frac{1}{3}}\}^{\frac{1}{2}}=\{a\times(a^{\frac{7}{2}})^{\frac{1}{3}}\}^{\frac{1}{2}}$

$\qquad\qquad =(a\times a^{\frac{7}{6}})^{\frac{1}{2}}=(a^{\frac{13}{6}})^{\frac{1}{2}}=a^{\frac{13}{12}}$

즉, $a^k=a^{\frac{13}{12}}$이므로 $k=\dfrac{13}{12}$

(2) $\sqrt{\dfrac{\sqrt[6]{a}}{\sqrt[4]{a}}}\times\sqrt[4]{\dfrac{\sqrt[3]{a^4}}{\sqrt{a}}}=\left(\dfrac{a^{\frac{1}{6}}}{a^{\frac{1}{4}}}\right)^{\frac{1}{2}}\times\left(\dfrac{a^{\frac{4}{3}}}{a^{\frac{1}{2}}}\right)^{\frac{1}{4}}=\dfrac{a^{\frac{1}{12}}}{a^{\frac{1}{8}}}\times\dfrac{a^{\frac{1}{3}}}{a^{\frac{1}{8}}}$

$\qquad\qquad =a^{\frac{1}{12}+\frac{1}{3}-\frac{1}{8}-\frac{1}{8}}=a^{\frac{1}{6}}$

즉, $a^k=a^{\frac{1}{6}}$이므로 $k=\dfrac{1}{6}$

05-1 답 (1) 80 (2) -3

(1) $(3^{\frac{1}{4}}-1)(3^{\frac{1}{4}}+1)(3^{\frac{1}{2}}+1)(3+1)(3^2+1)$

$\qquad =\{(3^{\frac{1}{4}})^2-1\}(3^{\frac{1}{2}}+1)(3+1)(3^2+1)$

$\qquad =(3^{\frac{1}{2}}-1)(3^{\frac{1}{2}}+1)(3+1)(3^2+1)$

$\qquad =\{(3^{\frac{1}{2}})^2-1\}(3+1)(3^2+1)$

$\qquad =(3-1)(3+1)(3^2+1)$

$\qquad =(3^2-1)(3^2+1)$

$\qquad =3^4-1=80$

(2) $(2^{\frac{1}{3}}-5^{\frac{1}{3}})(4^{\frac{1}{3}}+10^{\frac{1}{3}}+25^{\frac{1}{3}})$

$\qquad =(2^{\frac{1}{3}}-5^{\frac{1}{3}})\{(2^{\frac{1}{3}})^2+2^{\frac{1}{3}}\times 5^{\frac{1}{3}}+(5^{\frac{1}{3}})^2\}$

$\qquad =(2^{\frac{1}{3}})^3-(5^{\frac{1}{3}})^3$

$\qquad =2-5=-3$

05-2 답 (1) $2a^2+6$ (2) $\dfrac{8}{1-a^2}$

(1) $a^{\frac{2}{3}}=X$, $a^{-\frac{1}{3}}=Y$로 놓으면

$\quad (a^{\frac{2}{3}}+a^{-\frac{1}{3}})^3+(a^{\frac{2}{3}}-a^{-\frac{1}{3}})^3$

$\quad =(X+Y)^3+(X-Y)^3$

$\quad =(X^3+3X^2Y+3XY^2+Y^3)$

$\qquad\qquad\qquad +(X^3-3X^2Y+3XY^2-Y^3)$

$\quad =2X^3+6XY^2=2(a^{\frac{2}{3}})^3+6a^{\frac{2}{3}}(a^{-\frac{1}{3}})^2$

$\quad =2a^2+6a^{\frac{2}{3}-\frac{2}{3}}=2a^2+6$

(2) $\dfrac{1}{1-a^{\frac{1}{4}}}+\dfrac{1}{1+a^{\frac{1}{4}}}+\dfrac{2}{1+a^{\frac{1}{2}}}+\dfrac{4}{1+a}$

$=\dfrac{1+a^{\frac{1}{4}}+1-a^{\frac{1}{4}}}{(1-a^{\frac{1}{4}})(1+a^{\frac{1}{4}})}+\dfrac{2}{1+a^{\frac{1}{2}}}+\dfrac{4}{1+a}$

$=\dfrac{2}{1-a^{\frac{1}{2}}}+\dfrac{2}{1+a^{\frac{1}{2}}}+\dfrac{4}{1+a}$

$=\dfrac{2(1+a^{\frac{1}{2}})+2(1-a^{\frac{1}{2}})}{(1-a^{\frac{1}{2}})(1+a^{\frac{1}{2}})}+\dfrac{4}{1+a}$

$=\dfrac{4}{1-a}+\dfrac{4}{1+a}$

$=\dfrac{4(1+a)+4(1-a)}{(1-a)(1+a)}$

$=\dfrac{8}{1-a^2}$

06-1 답 (1) **6**　(2) **34**　(3) **14**

(1) $x^{\frac{1}{2}}-x^{-\frac{1}{2}}=2$의 양변을 제곱하면

$(x^{\frac{1}{2}}-x^{-\frac{1}{2}})^2=2^2,\ x-2+x^{-1}=4$

$\therefore\ x+x^{-1}=6$

(2) $x+x^{-1}=6$의 양변을 제곱하면

$(x+x^{-1})^2=6^2,\ x^2+2+x^{-2}=36$

$\therefore\ x^2+x^{-2}=34$

(3) $x^{\frac{1}{2}}-x^{-\frac{1}{2}}=2$의 양변을 세제곱하면

$(x^{\frac{1}{2}}-x^{-\frac{1}{2}})^3=2^3$

$x^{\frac{3}{2}}-3(x^{\frac{1}{2}}-x^{-\frac{1}{2}})-x^{-\frac{3}{2}}=8$

$x^{\frac{3}{2}}-3\times2-x^{-\frac{3}{2}}=8$

$\therefore\ x^{\frac{3}{2}}-x^{-\frac{3}{2}}=14$

06-2 답 **5**

$(x^{\frac{1}{2}}+x^{-\frac{1}{2}})^2=x+2+x^{-1}=23+2=25$이므로

$x^{\frac{1}{2}}+x^{-\frac{1}{2}}=\pm5$

그런데 $x>0$이면 $x^{\frac{1}{2}}+x^{-\frac{1}{2}}>0$이므로

$x^{\frac{1}{2}}+x^{-\frac{1}{2}}=5$

06-3 답 **110**

$2^x+2^{-x}=5$의 양변을 세제곱하면

$(2^x+2^{-x})^3=5^3$

$2^{3x}+3(2^x+2^{-x})+2^{-3x}=125$

$8^x+3\times5+8^{-x}=125$

$\therefore\ 8^x+8^{-x}=110$

07-1 답 (1) $\dfrac{1}{3}$　(2) $\dfrac{7}{9}$

(1) 주어진 식의 분모, 분자에 a^x을 곱하면

$\dfrac{a^x-a^{-x}}{a^x+a^{-x}}=\dfrac{(a^x-a^{-x})a^x}{(a^x+a^{-x})a^x}=\dfrac{a^{2x}-1}{a^{2x}+1}$

$=\dfrac{2-1}{2+1}=\dfrac{1}{3}$

(2) 주어진 식의 분모, 분자에 a^x을 곱하면

$\dfrac{a^{3x}-a^{-3x}}{a^{3x}+a^{-3x}}=\dfrac{(a^{3x}-a^{-3x})a^x}{(a^{3x}+a^{-3x})a^x}=\dfrac{a^{4x}-a^{-2x}}{a^{4x}+a^{-2x}}$

$=\dfrac{(a^{2x})^2-(a^{2x})^{-1}}{(a^{2x})^2+(a^{2x})^{-1}}$

$=\dfrac{2^2-2^{-1}}{2^2+2^{-1}}=\dfrac{4-\dfrac{1}{2}}{4+\dfrac{1}{2}}=\dfrac{7}{9}$

07-2 답 $\sqrt{2}$

$\dfrac{a^m+a^{-m}}{a^m-a^{-m}}=3$의 좌변의 분모, 분자에 a^m을 곱하면

$\dfrac{(a^m+a^{-m})a^m}{(a^m-a^{-m})a^m}=3,\ \dfrac{a^{2m}+1}{a^{2m}-1}=3$

$a^{2m}+1=3a^{2m}-3,\ 2a^{2m}=4$　$\therefore\ a^{2m}=2$

이때 $a>0$이므로

$a^m=(a^{2m})^{\frac{1}{2}}=2^{\frac{1}{2}}=\sqrt{2}$

[다른 풀이]

$\dfrac{a^m+a^{-m}}{a^m-a^{-m}}=3$에서 $a^m+a^{-m}=3(a^m-a^{-m})$

$2a^m=4a^{-m}$　$\therefore\ a^m=2a^{-m}$

양변에 a^m을 곱하면 $a^{2m}=2$

이때 $a>0$이므로

$a^m=(a^{2m})^{\frac{1}{2}}=2^{\frac{1}{2}}=\sqrt{2}$

07-3 답 $\dfrac{14}{3}$

$3^{\frac{1}{x}}=25$의 양변을 x제곱하면

$3=25^x$　$\therefore\ 5^{2x}=3$

주어진 식의 분모, 분자에 5^x을 곱하면

$\dfrac{5^{3x}+5^{-3x}}{5^x-5^{-x}}=\dfrac{(5^{3x}+5^{-3x})5^x}{(5^x-5^{-x})5^x}=\dfrac{5^{4x}+5^{-2x}}{5^{2x}-1}$

$=\dfrac{(5^{2x})^2+(5^{2x})^{-1}}{5^{2x}-1}=\dfrac{9+\dfrac{1}{3}}{3-1}=\dfrac{14}{3}$

08-1 답 (1) **−1**　(2) **0**

(1) $73^x=9$에서

$73=9^{\frac{1}{x}},\ 73=(3^2)^{\frac{1}{x}}$　$\therefore\ 3^{\frac{2}{x}}=73$　　　$\cdots\cdots$ ㉠

$219^y=27$에서

$219=27^{\frac{1}{y}},\ 219=(3^3)^{\frac{1}{y}}$　$\therefore\ 3^{\frac{3}{y}}=219$　　$\cdots\cdots$ ㉡

③, ⓒ에서

$$3^{\frac{2}{x}} \div 3^{\frac{3}{y}} = 73 \div 219 = \frac{1}{3}, \quad 3^{\frac{2}{x} - \frac{3}{y}} = 3^{-1}$$

$$\therefore \frac{2}{x} - \frac{3}{y} = -1$$

(2) $2^x = 5^y = \left(\dfrac{1}{10}\right)^z = k \, (k > 0)$로 놓으면

$k \neq 1 \ (\because xyz \neq 0)$

$2^x = k$에서 $2 = k^{\frac{1}{x}}$ ⸱⸱⸱⸱⸱⸱ ㉠

$5^y = k$에서 $5 = k^{\frac{1}{y}}$ ⸱⸱⸱⸱⸱⸱ ㉡

$\left(\dfrac{1}{10}\right)^z = k$에서 $\dfrac{1}{10} = k^{\frac{1}{z}}$ ⸱⸱⸱⸱⸱⸱ ㉢

㉠, ㉡, ㉢에서

$$k^{\frac{1}{x}} \times k^{\frac{1}{y}} \times k^{\frac{1}{z}} = 2 \times 5 \times \frac{1}{10} = 1$$

$$\therefore k^{\frac{1}{x} + \frac{1}{y} + \frac{1}{z}} = 1$$

그런데 $k \neq 1$이므로 $\dfrac{1}{x} + \dfrac{1}{y} + \dfrac{1}{z} = 0$

08-2 답 **32**

$2^a = 3^3$에서 $3 = 2^{\frac{a}{3}}$

$3^b = 5^4$에서 $5 = 3^{\frac{b}{4}}$

$$\therefore 5^c = (3^{\frac{b}{4}})^c = 3^{\frac{bc}{4}} = (2^{\frac{a}{3}})^{\frac{bc}{4}} = 2^{\frac{abc}{12}} = 2^5 = 32$$

09-1 답 **8배**

수심이 5 m인 곳에서의 빛의 세기는

$$I_5 = I_0 \times 2^{-\frac{5}{4}}$$

수심이 17 m인 곳에서의 빛의 세기는

$$I_{17} = I_0 \times 2^{-\frac{17}{4}}$$

$$\therefore \frac{I_5}{I_{17}} = \frac{I_0 \times 2^{-\frac{5}{4}}}{I_0 \times 2^{-\frac{17}{4}}} = 2^3 = 8$$

따라서 수심이 5 m인 곳에서의 빛의 세기는 수심이 17 m인 곳에서의 빛의 세기의 8배이다.

09-2 답 **3.6배**

일평균 습도가 79 %, 일평균 기온이 24 °C인 날의 식품의 부패 지수는

$$P_1 = \frac{79 - 65}{14} \times 1.05^{24} = 1.05^{24}$$

일평균 습도가 72 %, 일평균 기온이 12 °C인 날의 식품의 부패 지수는

$$P_2 = \frac{72 - 65}{14} \times 1.05^{12} = 0.5 \times 1.05^{12}$$

$$\therefore \frac{P_1}{P_2} = \frac{1.05^{24}}{0.5 \times 1.05^{12}} = 2 \times 1.05^{12} = 2 \times 1.8 = 3.6$$

따라서 P_1은 P_2의 3.6배이다.

연습문제

1 ③ **2** 3 **3** ④ **4** ⑤ **5** 4

6 ④ **7** ③ **8** ③ **9** $\dfrac{3}{2}$ **10** ⑤

11 ③ **12** ④ **13** ② **14** $2\sqrt{5}$ **15** 17

16 ⑤ **17** 2 **18** ⑤ **19** ③ **20** ㄱ, ㄷ

21 15 **22** ②

1 ① $\sqrt{625} = 25$의 네제곱근을 x라 하면 $x^4 = 25$

$x^4 - 25 = 0, \ (x^2 - 5)(x^2 + 5) = 0$

$\therefore x = \pm\sqrt{5}$ 또는 $x = \pm\sqrt{5}i$

따라서 $\sqrt{625}$의 네제곱근은 $\pm\sqrt{5}, \ \pm\sqrt{5}i$이다.

② -27의 세제곱근을 x라 하면 $x^3 = -27$

$x^3 + 27 = 0, \ (x + 3)(x^2 - 3x + 9) = 0$

$$\therefore x = -3 \ \text{또는} \ x = \frac{3 \pm 3\sqrt{3}i}{2}$$

따라서 -27의 세제곱근 중 실수인 것은 -3이다.

③ 36의 네제곱근을 x라 하면 $x^4 = 36$

$x^4 - 36 = 0, \ (x^2 - 6)(x^2 + 6) = 0$

$\therefore x = \pm\sqrt{6}$ 또는 $x = \pm\sqrt{6}i$

따라서 36의 네제곱근 중 실수인 것은 $\pm\sqrt{6}$이다.

④ 4의 네제곱근을 x라 하면 $x^4 = 4$

$x^4 - 4 = 0, \ (x^2 - 2)(x^2 + 2) = 0$

$\therefore x = \pm\sqrt{2}$ 또는 $x = \pm\sqrt{2}i$

따라서 4의 네제곱근 중 실수인 것은 $\pm\sqrt{2}$의 2개이다.

⑤ 제곱근 25는 $\sqrt{25} = 5$이다.

따라서 옳은 것은 ③이다.

2 2의 제곱근을 x라 하면 $x^2 = 2$

$\therefore x = \pm\sqrt{2}$ $\therefore N(2, 2) = 2$

-5의 네제곱근을 x라 하면 $x^4 = -5$이고 이 방정식의 실근은 없다. $\therefore N(-5, 4) = 0$

8의 세제곱근을 x라 하면 $x^3 = 8$이므로

$x^3 - 8 = 0, \ (x - 2)(x^2 + 2x + 4) = 0$

$\therefore x = 2 \ (\because x$는 실수$)$

$\therefore N(8, 3) = 1$

$\therefore N(2, 2) + N(-5, 4) + N(8, 3)$

$\quad = 2 + 0 + 1 = 3$

3 $\sqrt[4]{\sqrt[3]{64}} \times \sqrt[6]{\sqrt{8}} \div \sqrt[3]{\sqrt[4]{32}} = \sqrt[12]{2^6} \times \sqrt[12]{2^3} \div \sqrt[12]{2^5}$

$$= \sqrt[12]{\frac{2^6 \times 2^3}{2^5}}$$

$$= \sqrt[12]{2^4} = \sqrt[3]{2}$$

4 $\sqrt{\dfrac{\sqrt[3]{a}}{\sqrt{a}}} \times \sqrt[4]{\dfrac{\sqrt{a}}{\sqrt[4]{a}}} \times \sqrt[4]{\dfrac{\sqrt[4]{a}}{\sqrt[3]{a}}} = \dfrac{\sqrt[6]{a}}{\sqrt[4]{a}} \times \dfrac{\sqrt[8]{a}}{\sqrt[8]{a}} \times \dfrac{\sqrt[8]{a}}{\sqrt[12]{a}}$

$\qquad = \dfrac{\sqrt[6]{a}}{\sqrt[12]{a}} = \dfrac{\sqrt[12]{a^2}}{\sqrt[12]{a}} = \sqrt[12]{\dfrac{a^2}{a}} = \sqrt[12]{a}$

즉, $\sqrt[n]{a} = \sqrt[12]{a}$이므로 $n=12$

5 $(\sqrt[3]{2}+1)(\sqrt[3]{4}-\sqrt[3]{2}+1)+(\sqrt[4]{9}-\sqrt[4]{4})(\sqrt[4]{9}+\sqrt[4]{4})$

$= (\sqrt[3]{2}+1)(\sqrt[3]{2^2}-\sqrt[3]{2}+1)+(\sqrt{9}-\sqrt{4})$

$= \{(\sqrt[3]{2})^3+1\}+(3-2) = 2+1+1 = 4$

6 이차방정식의 근과 계수의 관계에 의하여 $\sqrt[3]{3}+b=\sqrt[3]{81}$,

$\sqrt[3]{3} \times b = a$이므로

$b = \sqrt[3]{81}-\sqrt[3]{3} = \sqrt[3]{3^4}-\sqrt[3]{3} = 3\sqrt[3]{3}-\sqrt[3]{3} = 2\sqrt[3]{3}$

$a = \sqrt[3]{3} \times (2\sqrt[3]{3}) = 2\sqrt[3]{3^2}$

$\therefore ab = 2\sqrt[3]{3^2} \times 2\sqrt[3]{3} = 4 \times \sqrt[3]{3^3} = 4 \times 3 = 12$

7 $A = \sqrt{2\sqrt[3]{3}} = \sqrt[3]{2^3 \times 3} = \sqrt[6]{24}$

$B = \sqrt[3]{2\sqrt{3}} = \sqrt[3]{\sqrt{2^2 \times 3}} = \sqrt[6]{12}$

$C = \sqrt[3]{3\sqrt{2}} = \sqrt[3]{\sqrt{3^2 \times 2}} = \sqrt[6]{18}$

이때 $12<18<24$이므로 $\sqrt[6]{12}<\sqrt[6]{18}<\sqrt[6]{24}$

$\therefore B<C<A$

8 $\dfrac{10}{3^2+9^2} \times \dfrac{27}{2^{-5}+8^{-2}} = \dfrac{10}{3^2+(3^2)^2} \times \dfrac{3^3}{2^{-5}+(2^3)^{-2}}$

$\qquad = \dfrac{10}{3^2+3^4} \times \dfrac{3^3}{2^{-5}+2^{-6}}$

$\qquad = \dfrac{10}{3^2(1+3^2)} \times \dfrac{3^3}{2^{-6}(2+1)}$

$\qquad = \dfrac{1}{2^{-6}} = 2^6 = 64$

9 $\sqrt[5]{a^3 \times \sqrt{a^k}} = (a^3 \times a^{\frac{k}{2}})^{\frac{1}{5}} = a^{\frac{1}{5}\left(3+\frac{k}{2}\right)}$

즉, $a^{\frac{1}{5}\left(3+\frac{k}{2}\right)} = a^{\frac{3}{4}}$이므로

$\dfrac{1}{5}\left(3+\dfrac{k}{2}\right) = \dfrac{3}{4}$, $3+\dfrac{k}{2} = \dfrac{15}{4}$ $\qquad \therefore k = \dfrac{3}{2}$

10 $(a^{\sqrt{2}})^{\sqrt{18}+1} \times (a^{\sqrt{3}})^{2\sqrt{3}-\sqrt{6}} \div (a^2)^{3-\sqrt{2}}$

$= a^{6+\sqrt{2}} \times a^{6-3\sqrt{2}} \div a^{6-2\sqrt{2}} = a^{6+\sqrt{2}+6-3\sqrt{2}-6+2\sqrt{2}} = a^6$

$\therefore k=6$

11 $\sqrt{2}=a$에서 $2^{\frac{1}{2}}=a$ $\qquad \therefore 2=a^2$

$\sqrt[4]{3}=b$에서 $3^{\frac{1}{4}}=b$ $\qquad \therefore 3=b^4$

$\therefore \sqrt[8]{6} = 6^{\frac{1}{8}} = (2 \times 3)^{\frac{1}{8}} = 2^{\frac{1}{8}} \times 3^{\frac{1}{8}} = (a^2)^{\frac{1}{8}}(b^4)^{\frac{1}{8}} = a^{\frac{1}{4}}b^{\frac{1}{2}}$

12 $2^{3+\sqrt{3}}=X$, $2^{3-\sqrt{3}}=Y$로 놓으면

$(2^{3+\sqrt{3}}+2^{3-\sqrt{3}})^2-(2^{3+\sqrt{3}}-2^{3-\sqrt{3}})^2$

$= (X+Y)^2-(X-Y)^2 = 4XY$

$= 2^2 \times 2^{3+\sqrt{3}} \times 2^{3-\sqrt{3}} = 2^{2+3+\sqrt{3}+3-\sqrt{3}} = 2^8 = 256$

13 $x = 3^{\frac{1}{3}}+3^{-\frac{1}{3}}$의 양변을 세제곱하면

$x^3 = 3+3^{-1}+3(3^{\frac{1}{3}}+3^{-\frac{1}{3}})$

$x^3 = \dfrac{10}{3}+3x$ $\qquad \therefore 3x^3-9x=10$

$\therefore 3x^3-9x-6 = 10-6 = 4$

14 $x\sqrt{x}+\dfrac{1}{x\sqrt{x}} = x^{\frac{3}{2}}+x^{-\frac{3}{2}}$

$\qquad = (x^{\frac{1}{2}}+x^{-\frac{1}{2}})^3-3(x^{\frac{1}{2}}+x^{-\frac{1}{2}})$

$\qquad = (\sqrt{5})^3-3 \times \sqrt{5} = 2\sqrt{5}$

15 $2^{-a}+2^{-b} = \dfrac{9}{4}$에서

$\dfrac{1}{2^a}+\dfrac{1}{2^b} = \dfrac{9}{4}$, $\dfrac{2^a+2^b}{2^{a+b}} = \dfrac{9}{4}$

$\therefore 2^{a+b} = \dfrac{4(2^a+2^b)}{9} = \dfrac{4 \times 2}{9} = \dfrac{8}{9}$

따라서 $p=9$, $q=8$이므로

$p+q=17$

16 $\dfrac{a^x-a^{-x}}{a^x+a^{-x}} = \dfrac{2}{3}$의 좌변의 분모, 분자에 a^x을 곱하면

$\dfrac{(a^x-a^{-x})a^x}{(a^x+a^{-x})a^x} = \dfrac{2}{3}$, $\dfrac{a^{2x}-1}{a^{2x}+1} = \dfrac{2}{3}$

$3(a^{2x}-1) = 2(a^{2x}+1)$ $\qquad \therefore a^{2x}=5$

$\therefore a^{4x} = (a^{2x})^2 = 5^2 = 25$

17 $2^{\frac{2}{a}}=216$에서 $2^{\frac{2}{a}}=6^3$

$\therefore 6^{3a}=2^2$ $\qquad \cdots\cdots$ ㉠

$9^{\frac{2}{b}}=36$에서 $3^{\frac{4}{b}}=6^2$

$\therefore 6^b=3^2$ $\qquad \cdots\cdots$ ㉡

㉠, ㉡에서

$6^{3a} \times 6^b = 2^2 \times 3^2 = 36$, $6^{3a+b}=6^2$

$\therefore 3a+b=2$

18 $a^x=b^y=5^z=k\,(k>0)$로 놓으면 $k \neq 1\,(\because xyz \neq 0)$

$a^x=k$에서 $a=k^{\frac{1}{x}}$

$b^y=k$에서 $b=k^{\frac{1}{y}}$

$5^z=k$에서 $5=k^{\frac{1}{z}}$

이때 $\dfrac{1}{x}-\dfrac{1}{y} = \dfrac{2}{z}$이므로

$\dfrac{a}{b} = k^{\frac{1}{x}} \div k^{\frac{1}{y}} = k^{\frac{1}{x}-\frac{1}{y}} = k^{\frac{2}{z}} = (k^{\frac{1}{z}})^2 = 5^2 = 25$

19 A 지역에서 지면으로부터 $12\,\mathrm{m}$와 $36\,\mathrm{m}$인 높이에서 풍속이 각각 $2(\mathrm{m/s})$와 $8(\mathrm{m/s})$이므로

$8 = 2 \times \left(\dfrac{36}{12}\right)^{\frac{2}{2-k}}$ $\qquad \therefore 4 = 3^{\frac{2}{2-k}}$

B 지역에서 지면으로부터 $10\,\text{m}$와 $90\,\text{m}$인 높이에서 풍속이 각각 $a(\text{m/s})$와 $b(\text{m/s})$이므로

$$b=a\times\left(\frac{90}{10}\right)^{\frac{2}{2-k}} \qquad \therefore b=a\times 3^{\frac{4}{2-k}}$$

$$\therefore \frac{b}{a}=3^{\frac{4}{2-k}}=(3^{\frac{2}{2-k}})^2=4^2=16$$

20 ㄱ. $\sqrt[5]{-3}$은 실수이므로 $(5,\,-3)\in S$

ㄴ. $b\neq 0$일 때, $\sqrt[a]{b}$와 $\sqrt[a]{-b}$가 모두 실수이려면 a는 홀수이어야 하므로

$a=3$ 또는 $a=5$

ㄷ. $\sqrt[a]{b}$에서 a가 짝수인 경우와 홀수인 경우로 나누어 생각하면

(ⅰ) a가 짝수일 때, 즉 $a=4$일 때

$b\geq 0$이어야 $\sqrt[a]{b}$가 실수이므로 S의 원소는

$(4,\,0),\,(4,\,1),\,(4,\,3)$의 3개

(ⅱ) a가 홀수일 때, 즉 $a=3$ 또는 $a=5$일 때

모든 b에 대하여 $\sqrt[a]{b}$가 실수이므로 S의 원소는

$(3,\,-3),\,(3,\,-1),\,(3,\,0),\,(3,\,1),\,(3,\,3),$
$(5,\,-3),\,(5,\,-1),\,(5,\,0),\,(5,\,1),\,(5,\,3)$
의 10개

(ⅰ), (ⅱ)에서 $n(S)=3+10=13$

따라서 보기 중 옳은 것은 ㄱ, ㄷ이다.

21 $a^3=3$에서 $a=3^{\frac{1}{3}}$

$b^5=7$에서 $b=7^{\frac{1}{5}}$

$c^6=9$에서 $c=9^{\frac{1}{6}}=3^{\frac{1}{3}}$

$$\therefore (abc)^n=(3^{\frac{1}{3}}\times 7^{\frac{1}{5}}\times 3^{\frac{1}{3}})^n=(3^{\frac{2}{3}}\times 7^{\frac{1}{5}})^n$$
$$=3^{\frac{2n}{3}}\times 7^{\frac{n}{5}}$$

$3^{\frac{2n}{3}}$이 자연수가 되려면 $n=3,\,6,\,9,\,12,\,\textcircled{15},\,18,\,\cdots$

$7^{\frac{n}{5}}$이 자연수가 되려면 $n=5,\,10,\,\textcircled{15},\,20,\,25,\,30,\,\cdots$

따라서 $(abc)^n=3^{\frac{2n}{3}}\times 7^{\frac{n}{5}}$이 자연수가 되도록 하는 자연수 n의 최솟값은 15이다.

22 $a^{3x}-a^{-3x}=14$에서

$(a^x-a^{-x})^3+3(a^x-a^{-x})=14$

이때 $a^x-a^{-x}=t$ (t는 실수)로 놓으면

$t^3+3t=14$, $(t-2)(t^2+2t+7)=0$

$\therefore t=2$ ($\because t$는 실수)

즉, $a^x-a^{-x}=2$이므로

$$\frac{a^{2x}+a^{-2x}}{a^x-a^{-x}}=\frac{(a^x-a^{-x})^2+2}{a^x-a^{-x}}=\frac{2^2+2}{2}=3$$

Ⅰ-1 02 로그

1 로그의 뜻과 성질

개념 CHECK 25쪽

1 답 (1) $5=\log_3 243$ (2) $0=\log_5 1$

(3) $-\dfrac{2}{3}=\log_8 \dfrac{1}{4}$ (4) $3=\log_{\frac{1}{5}} 0.008$

2 답 (1) $-3<x<-2$ 또는 $x>-2$ (2) $x>2$

3 답 (1) 1 (2) 2 (3) 4 (4) $-\dfrac{5}{3}$

문제 26~28쪽

01-1 답 (1) 4 (2) 3 (3) $\dfrac{1}{27}$ (4) 8

(1) $\log_{\sqrt{5}} 25=x$에서

$(\sqrt{5})^x=25,\ 5^{\frac{x}{2}}=5^2$

$\dfrac{x}{2}=2$이므로 $x=4$

(2) $\log_9 x=0.5$에서

$x=9^{0.5}=(3^2)^{0.5}=3$

(3) $\log_x 81=-\dfrac{4}{3}$에서

$x^{-\frac{4}{3}}=81=3^4$

$\therefore x=(3^4)^{-\frac{3}{4}}=3^{-3}=\dfrac{1}{27}$

(4) $\log_{\frac{1}{2}}(\log_{64} x)=1$에서

$\log_{64} x=\dfrac{1}{2}$

$\therefore x=64^{\frac{1}{2}}=(2^6)^{\frac{1}{2}}=2^3=8$

01-2 답 $\sqrt{3}$

$x=\log_2 27$에서 $2^x=27=3^3$

$\therefore 2^{\frac{x}{6}}=(2^x)^{\frac{1}{6}}=(3^3)^{\frac{1}{6}}=3^{\frac{1}{2}}=\sqrt{3}$

01-3 답 16

$\log_a \dfrac{1}{8}=-2$에서 $a^{-2}=\dfrac{1}{8}=2^{-3}$

$\therefore a=(2^{-3})^{-\frac{1}{2}}=2^{\frac{3}{2}}$

$\log_{\sqrt{2}} b=5$에서

$b=(\sqrt{2})^5=(2^{\frac{1}{2}})^5=2^{\frac{5}{2}}$

$\therefore ab=2^{\frac{3}{2}}\times 2^{\frac{5}{2}}=2^4=16$

02-1 답 (1) $3<x<4$ (2) $2<x<3$

(1) (i) (밑)>0, (밑)$\neq1$이어야 하므로

$x-3>0$, $x-3\neq1$

$\therefore x>3$, $x\neq4$ ...... ㉠

(ii) (진수)>0이어야 하므로

$4-x>0$ $\therefore x<4$ ...... ㉡

따라서 ㉠, ㉡을 동시에 만족시키는 x의 값의 범위는

$3<x<4$

(2) (i) (밑)>0, (밑)$\neq1$이어야 하므로

$x-2>0$, $x-2\neq1$

$\therefore x>2$, $x\neq3$ ...... ㉠

(ii) (진수)>0이어야 하므로

$-x^2+2x+3>0$, $x^2-2x-3<0$

$(x+1)(x-3)<0$

$\therefore -1<x<3$ ...... ㉡

따라서 ㉠, ㉡을 동시에 만족시키는 x의 값의 범위는

$2<x<3$

02-2 답 0, 1

(i) (밑)>0, (밑)$\neq1$이어야 하므로

$3-x>0$, $3-x\neq1$

$\therefore x<3$, $x\neq2$ ...... ㉠

(ii) (진수)>0이어야 하므로

$-x^2+3x+4>0$, $x^2-3x-4<0$

$(x+1)(x-4)<0$

$\therefore -1<x<4$ ...... ㉡

㉠, ㉡을 동시에 만족시키는 x의 값의 범위는

$-1<x<2$ 또는 $2<x<3$

따라서 정수 x의 값은 0, 1이다.

02-3 답 12

(i) (밑)>0, (밑)$\neq1$이어야 하므로

$p-1>0$, $p-1\neq1$

$\therefore p>1$, $p\neq2$ ...... ㉠

(ii) (진수)>0이어야 하므로 모든 실수 x에 대하여

$x^2-2px+6p>0$

이차방정식 $x^2-2px+6p=0$의 판별식을 D라 하면

$D<0$이어야 하므로

$\dfrac{D}{4}=(-p)^2-6p<0$, $p^2-6p<0$

$p(p-6)<0$ $\therefore 0<p<6$ ...... ㉡

㉠, ㉡을 동시에 만족시키는 p의 값의 범위는

$1<p<2$ 또는 $2<p<6$

따라서 자연수 p는 3, 4, 5이므로 그 합은

$3+4+5=12$

03-1 답 (1) -5 (2) 0

(1) $3\log_5 3-2\log_5 75-\log_5 15$

$=\log_5 3^3-\log_5 75^2-\log_5 15$

$=\log_5 \dfrac{3^3}{75^2\times15}=\log_5 \dfrac{3^3}{(3\times5^2)^2\times3\times5}$

$=\log_5 \dfrac{1}{5^5}=\log_5 5^{-5}=-5\log_5 5=-5$

(2) $\log_3 \sqrt{16}-\dfrac{1}{2}\log_3 \dfrac{1}{5}-\dfrac{3}{2}\log_3 \sqrt[3]{80}$

$=\log_3 \sqrt{16}+\log_3 (5^{-1})^{-\frac{1}{2}}-\log_3 (80^{\frac{1}{3}})^{\frac{3}{2}}$

$=\log_3 \sqrt{16}+\log_3 \sqrt{5}-\log_3 \sqrt{80}$

$=\log_3 \dfrac{\sqrt{16}\times\sqrt{5}}{\sqrt{80}}=\log_3 1=0$

03-2 답 -2

$\log_{10}\left(1-\dfrac{1}{2}\right)+\log_{10}\left(1-\dfrac{1}{3}\right)+\log_{10}\left(1-\dfrac{1}{4}\right)$

$\qquad +\log_{10}\left(1-\dfrac{1}{5}\right)+\cdots+\log_{10}\left(1-\dfrac{1}{100}\right)$

$=\log_{10}\dfrac{1}{2}+\log_{10}\dfrac{2}{3}+\log_{10}\dfrac{3}{4}+\log_{10}\dfrac{4}{5}+\cdots+\log_{10}\dfrac{99}{100}$

$=\log_{10}\left(\dfrac{1}{2}\times\dfrac{2}{3}\times\dfrac{3}{4}\times\dfrac{4}{5}\times\cdots\times\dfrac{99}{100}\right)$

$=\log_{10}\dfrac{1}{100}=\log_{10}10^{-2}$

$=-2\log_{10}10=-2$

2 로그의 밑의 변환

개념 CHECK

29쪽

1 답 (1) $\dfrac{3}{2}$ (2) 2 (3) 12 (4) 0

문제

30~34쪽

04-1 답 (1) 3 (2) $\dfrac{3}{2}$

(1) $\log_3 6\times\log_9 8\times\log_2 3\times\log_6 9$

$=\log_3 6\times\dfrac{\log_3 8}{\log_3 9}\times\dfrac{1}{\log_3 2}\times\dfrac{\log_3 9}{\log_3 6}$

$=\dfrac{3\log_3 2}{\log_3 2}=3$

(2) $\log_6 \sqrt{27}+\dfrac{1}{\log_{\sqrt{8}}6}=\log_6 \sqrt{27}+\log_6 \sqrt{8}$

$\qquad\qquad =\log_6 (\sqrt{27}\times\sqrt{8})$

$\qquad\qquad =\log_6 (\sqrt{3^3\times2^3})$

$\qquad\qquad =\log_6 6^{\frac{3}{2}}=\dfrac{3}{2}$

04-2 답 **4**

$\dfrac{\log_7 4}{a} = \log_7 6$에서

$a = \dfrac{\log_7 4}{\log_7 6} = \log_6 4$

$\dfrac{\log_7 12}{b} = \log_7 6$에서

$b = \dfrac{\log_7 12}{\log_7 6} = \log_6 12$

$\dfrac{\log_7 27}{c} = \log_7 6$에서

$c = \dfrac{\log_7 27}{\log_7 6} = \log_6 27$

$\therefore a + b + c = \log_6 4 + \log_6 12 + \log_6 27$

$\qquad\qquad = \log_6 (4 \times 12 \times 27)$

$\qquad\qquad = \log_6 6^4 = 4$

04-3 답 **1**

$\log_{10}(\log_2 3) + \log_{10}(\log_3 4) + \log_{10}(\log_4 5)$

$\qquad\qquad\qquad + \cdots + \log_{10}(\log_{1023} 1024)$

$= \log_{10}(\log_2 3 \times \log_3 4 \times \log_4 5 \times \cdots \times \log_{1023} 1024)$

$= \log_{10}\left(\log_2 3 \times \dfrac{\log_2 4}{\log_2 3} \times \dfrac{\log_2 5}{\log_2 4} \times \cdots \times \dfrac{\log_2 1024}{\log_2 1023} \right)$

$= \log_{10}(\log_2 1024)$

$= \log_{10}(\log_2 2^{10})$

$= \log_{10} 10 = 1$

05-1 답 **(1) 5 (2) 9**

(1) $\log_2 3 + \log_4 \sqrt{3} = \log_2 3 + \log_{2^2} 3^{\frac{1}{2}}$

$\qquad\qquad\qquad = \log_2 3 + \dfrac{1}{4} \log_2 3$

$\qquad\qquad\qquad = \dfrac{5}{4} \log_2 3 \qquad \cdots\cdots \text{㉠}$

$\log_3 5 + \log_{\sqrt{3}} 5 = \log_3 5 + \log_{3^{\frac{1}{2}}} 5$

$\qquad\qquad\qquad = \log_3 5 + 2 \log_3 5$

$\qquad\qquad\qquad = 3 \log_3 5 \qquad \cdots\cdots \text{㉡}$

$\log_5 2 + \log_{125} 2 = \log_5 2 + \log_{5^3} 2$

$\qquad\qquad\qquad = \log_5 2 + \dfrac{1}{3} \log_5 2$

$\qquad\qquad\qquad = \dfrac{4}{3} \log_5 2 \qquad \cdots\cdots \text{㉢}$

㉠, ㉡, ㉢에 의하여

$(\log_2 3 + \log_4 \sqrt{3})(\log_3 5 + \log_{\sqrt{3}} 5)(\log_5 2 + \log_{125} 2)$

$= \dfrac{5}{4} \log_2 3 \times 3 \log_3 5 \times \dfrac{4}{3} \log_5 2$

$= 5 \log_2 3 \times \log_3 5 \times \log_5 2$

$= 5 \log_2 3 \times \dfrac{\log_2 5}{\log_2 3} \times \dfrac{1}{\log_2 5}$

$= 5$

(2) $5^{\log_5 4 \times \log_2 3} = (5^{\log_5 4})^{\log_2 3} = (4^{\log_5 5})^{\log_2 3}$

$\qquad\qquad = 4^{\log_2 3} = 3^{\log_2 4}$

$\qquad\qquad = 3^{2\log_2 2} = 3^2 = 9$

05-2 답 **4**

$(\log_2 5)(\log_{16} x) = \log_4 5$에서

$(\log_2 5)(\log_{2^4} x) = \log_{2^2} 5$

$(\log_2 5)\left(\dfrac{1}{4} \log_2 x \right) = \dfrac{1}{2} \log_2 5$

$\dfrac{1}{4} \log_2 x = \dfrac{1}{2}, \ \log_2 x = 2$

$\therefore x = 2^2 = 4$

05-3 답 $3\sqrt{2}$

$a = \dfrac{3}{\log_3 25} + \log_{25} 6 - \dfrac{\log_{\sqrt{2}} 3}{\log_{\sqrt{2}} 5}$

$\quad = \dfrac{3}{\log_3 5^2} + \log_{5^2} 6 - \log_5 3$

$\quad = \dfrac{3}{2} \log_5 3 + \dfrac{1}{2} \log_5 6 - \log_5 3$

$\quad = \dfrac{1}{2} \log_5 3 + \dfrac{1}{2} \log_5 6$

$\quad = \dfrac{1}{2}(\log_5 3 + \log_5 6)$

$\quad = \dfrac{1}{2} \log_5 18 = \log_5 \sqrt{18}$

$\quad = \log_5 3\sqrt{2}$

$\therefore 5^a = 5^{\log_5 3\sqrt{2}} = (3\sqrt{2})^{\log_5 5} = 3\sqrt{2}$

06-1 답 **(1)** $a - b - 1$ **(2)** $\dfrac{2a+b}{1-a}$

(1) $\log_3 \dfrac{2}{15} = \log_3 2 - \log_3 15$

$\qquad\qquad = \log_3 2 - \log_3 (3 \times 5)$

$\qquad\qquad = \log_3 2 - (\log_3 3 + \log_3 5)$

$\qquad\qquad = \log_3 2 - 1 - \log_3 5$

$\qquad\qquad = a - b - 1$

(2) $\log_5 12 = \dfrac{\log_{10} 12}{\log_{10} 5}$

$\qquad\qquad = \dfrac{\log_{10}(2^2 \times 3)}{\log_{10} \dfrac{10}{2}}$

$\qquad\qquad = \dfrac{\log_{10} 2^2 + \log_{10} 3}{\log_{10} 10 - \log_{10} 2}$

$\qquad\qquad = \dfrac{2\log_{10} 2 + \log_{10} 3}{1 - \log_{10} 2}$

$\qquad\qquad = \dfrac{2a+b}{1-a}$

06-2 답 $\dfrac{2a+b}{b+1}$

$3^a=2$에서 $a=\log_3 2$

$3^b=5$에서 $b=\log_3 5$

$$\therefore \log_{15}20=\frac{\log_3 20}{\log_3 15}=\frac{\log_3(2^2\times 5)}{\log_3(3\times 5)}$$

$$=\frac{2\log_3 2+\log_3 5}{\log_3 3+\log_3 5}=\frac{2a+b}{b+1}$$

07-1 답 (1) 3 (2) $\dfrac{17}{4}$

(1) $8^x=10$에서 $x=\log_8 10$ $\quad\therefore \dfrac{1}{x}=\log_{10}8$

$125^y=10$에서 $y=\log_{125}10$ $\quad\therefore \dfrac{1}{y}=\log_{10}125$

$$\therefore \frac{1}{x}+\frac{1}{y}=\log_{10}8+\log_{10}125=\log_{10}1000$$

$$=\log_{10}10^3=3$$

(2) $\log_2 a\times\log_b 16=1$에서

$$\log_2 a\times\frac{\log_2 16}{\log_2 b}=1, \ 4\log_2 a=\log_2 b$$

$$\log_2 a^4=\log_2 b \quad\therefore b=a^4$$

$$\therefore \log_a b+\log_b a=\log_a a^4+\log_{a^4} a=4+\frac{1}{4}=\frac{17}{4}$$

다른 풀이

(1) $8^x=10$, $125^y=10$에서 $8=10^{\frac{1}{x}}$, $125=10^{\frac{1}{y}}$

$10^{\frac{1}{x}}\times 10^{\frac{1}{y}}=8\times 125$에서 $10^{\frac{1}{x}+\frac{1}{y}}=10^3$

$$\therefore \frac{1}{x}+\frac{1}{y}=3$$

07-2 답 9

$\log_{\sqrt{3}}\sqrt{x}+\log_9 4y^2+\log_3 3z=1$에서

$$\log_{3^{\frac{1}{2}}}x^{\frac{1}{2}}+\log_{3^2}(2y)^2+\log_3 3z=1$$

$$\log_3 x+\log_3 2y+\log_3 3z=1 \quad\therefore \log_3 6xyz=1$$

로그의 정의에 의하여 $6xyz=3$ $\quad\therefore xyz=\dfrac{1}{2}$

$$\therefore \{(81^x)^y\}^z=(3^4)^{xyz}=(3^4)^{\frac{1}{2}}=3^2=9$$

08-1 답 2

이차방정식의 근과 계수의 관계에 의하여

$\alpha+\beta=8$, $\alpha\beta=4$

$$\therefore \log_{\alpha\beta}(\alpha+\beta)-\log_{\frac{1}{\alpha\beta}}\left(\frac{1}{\alpha}+\frac{1}{\beta}\right)$$

$$=\log_{\alpha\beta}(\alpha+\beta)+\log_{\alpha\beta}\frac{\alpha+\beta}{\alpha\beta}$$

$$=\log_4 8+\log_4 \frac{8}{4}=\log_4 16$$

$$=\log_4 4^2=2$$

08-2 답 2

이차방정식의 근과 계수의 관계에 의하여

$\alpha+\beta=-2\log_6 3$, $\alpha\beta=\log_6 2-\log_6 3$

$$\therefore (\alpha-1)(\beta-1)=\alpha\beta-(\alpha+\beta)+1$$

$$=\log_6 2-\log_6 3+2\log_6 3+1$$

$$=\log_6 2+\log_6 3+1$$

$$=\log_6(2\times 3)+1$$

$$=1+1=2$$

08-3 답 21

이차방정식의 근과 계수의 관계에 의하여

$\log_{10}\alpha+\log_{10}\beta=-5$, $\log_{10}\alpha\times\log_{10}\beta=3$

$$\therefore \log_\alpha \alpha\beta^3+\log_\beta \alpha^3\beta$$

$$=\log_\alpha \alpha+3\log_\alpha \beta+3\log_\beta \alpha+\log_\beta \beta$$

$$=3(\log_\alpha \beta+\log_\beta \alpha)+2$$

$$=3\left(\frac{\log_{10}\beta}{\log_{10}\alpha}+\frac{\log_{10}\alpha}{\log_{10}\beta}\right)+2$$

$$=3\times\frac{(\log_{10}\alpha)^2+(\log_{10}\beta)^2}{\log_{10}\alpha\times\log_{10}\beta}+2$$

$$=3\times\frac{(\log_{10}\alpha+\log_{10}\beta)^2-2\log_{10}\alpha\times\log_{10}\beta}{\log_{10}\alpha\times\log_{10}\beta}+2$$

$$=3\times\frac{(-5)^2-2\times 3}{3}+2=21$$

연습문제 35~36쪽

1 ②	**2** ③	**3** 3	**4** ①	**5** ㄱ, ㄷ
6 ④	**7** ①	**8** $B<C<A$		**9** 9
10 ④	**11** ⑤	**12** ⑤	**13** ②	**14** 54
15 ④				

1 $\log_{\sqrt{2}}a=4$에서 $a=(\sqrt{2})^4=(2^{\frac{1}{2}})^4=2^2=4$

$\log_{\frac{1}{9}}3=b$에서 $\left(\dfrac{1}{9}\right)^b=3$, $3^{-2b}=3$

$-2b=1$이므로 $b=-\dfrac{1}{2}$

$$\therefore ab=4\times\left(-\frac{1}{2}\right)=-2$$

2 $\log_5\{\log_3(\log_2 x)\}=0$에서 $\log_3(\log_2 x)=5^0=1$

$\log_3(\log_2 x)=1$에서 $\log_2 x=3$

$$\therefore x=2^3=8$$

3 (i) (밑)>0, (밑)$\neq 1$이어야 하므로

$a-1>0$, $a-1\neq 1$

$\therefore a>1$, $a\neq 2$ ...... ㉠

(ii) (진수)>0이어야 하므로 모든 실수 x에 대하여

$ax^2+ax+1>0$

㉠에서 $a>0$이고 이차방정식 $ax^2+ax+1=0$의 판별식을 D라 하면 $D<0$이어야 하므로

$D=a^2-4a<0$, $a(a-4)<0$

$\therefore 0<a<4$ ...... ㉡

㉠, ㉡을 동시에 만족시키는 a의 값의 범위는

$1<a<2$ 또는 $2<a<4$

따라서 정수 a의 값은 3이다.

4 $5\log_n 2=m$ (m은 자연수)이라 하면

$\log_n 2=\dfrac{m}{5}$이므로 $n^{\frac{m}{5}}=2$ $\quad\therefore n=2^{\frac{5}{m}}$

이때 n이 2 이상의 자연수이려면 $\dfrac{5}{m}$가 자연수이어야 하므로 $m=1$ 또는 $m=5$

$m=1$일 때, $n=2^{\frac{5}{1}}=2^5=32$

$m=5$일 때, $n=2^{\frac{5}{5}}=2^1=2$

따라서 모든 n의 값의 합은 $32+2=34$

5 ㄱ. $\log_3(3\times3^2\times3^3\times3^4\times3^5)$

$=\log_3 3^{1+2+3+4+5}=\log_3 3^{15}=15$

ㄴ. $\log_2 1+\log_2 2+\log_2 3+\log_2 4+\log_2 5$

$=\log_2(1\times2\times3\times4\times5)=\log_2 120$

ㄷ. $\dfrac{1}{2}\log_2 4+\dfrac{2}{3}\log_2 8+\dfrac{3}{4}\log_2 16+\dfrac{4}{5}\log_2 32$

$=\dfrac{1}{2}\log_2 2^2+\dfrac{2}{3}\log_2 2^3+\dfrac{3}{4}\log_2 2^4+\dfrac{4}{5}\log_2 2^5$

$=\dfrac{1}{2}\times2+\dfrac{2}{3}\times3+\dfrac{3}{4}\times4+\dfrac{4}{5}\times5$

$=1+2+3+4=10$

ㄹ. $\log_2 2^2\times\log_3 3^2\times\log_4 4^2\times\log_5 5^2$

$=2\times2\times2\times2=16$

따라서 보기 중 옳은 것은 ㄱ, ㄷ이다.

6 $\dfrac{1}{a}-\dfrac{1}{b}=\dfrac{b-a}{ab}=\dfrac{\log_2 5}{\log_3 5}=\dfrac{\log_5 3}{\log_5 2}=\log_2 3$

7 지수를 간단히 하면

$(\log_{243}8)(\log_9 2+\log_3 4)(\log_2 3-\log_8 9)$

$=(\log_{3^5}2^3)(\log_{3^2}2+\log_3 2^2)(\log_2 3-\log_{2^3}3^2)$

$=\left(\dfrac{3}{5}\log_3 2\right)\left(\dfrac{1}{2}\log_3 2+2\log_3 2\right)\left(\log_2 3-\dfrac{2}{3}\log_2 3\right)$

$=\dfrac{3}{5}\log_3 2\times\dfrac{5}{2}\log_3 2\times\dfrac{1}{3}\log_2 3$

$=\dfrac{1}{2}\log_3 2=\log_3 2^{\frac{1}{2}}=\log_3\sqrt{2}$

$\therefore 3^{(\log_{243}8)(\log_9 2+\log_3 4)(\log_2 3-\log_8 9)}=3^{\log_3\sqrt{2}}=(\sqrt{2})^{\log_3 3}=\sqrt{2}$

8 $A=\log_{64}3\times\log_9 125\times\log_5 8$

$=\log_{2^6}3\times\log_{3^2}5^3\times\log_5 2^3$

$=\dfrac{1}{6}\log_2 3\times\dfrac{3}{2}\log_3 5\times3\log_5 2$

$=\dfrac{1}{6}\log_2 3\times\dfrac{3\log_2 5}{2\log_2 3}\times\dfrac{3}{\log_2 5}=\dfrac{3}{4}$

$B=5^{\log_5 7-\log_5 14}=5^{\log_5\frac{7}{14}}=5^{\log_5\frac{1}{2}}$

$=\left(\dfrac{1}{2}\right)^{\log_5 5}=\dfrac{1}{2}$

$C=\log_{27}81-\log_{64}16=\log_{3^3}3^4-\log_{2^6}2^4$

$=\dfrac{4}{3}-\dfrac{2}{3}=\dfrac{2}{3}$

$\therefore B<C<A$

9 $(\log_3 2+2\log_3 5)\log_{5\sqrt{2}}a$

$=(\log_3 2+\log_3 5^2)\dfrac{\log_3 a}{\log_3 5\sqrt{2}}$

$=\log_3(2\times5^2)\dfrac{\log_3 a}{\log_3 5\sqrt{2}}$

$=\log_3 50\times\dfrac{\log_3 a}{\log_3 5\sqrt{2}}$

$=\log_3(5\sqrt{2})^2\times\dfrac{\log_3 a}{\log_3 5\sqrt{2}}$

$=2\log_3 5\sqrt{2}\times\dfrac{\log_3 a}{\log_3 5\sqrt{2}}$

$=2\log_3 a$

즉, $2\log_3 a=4$이므로 $\log_3 a=2$

$\therefore a=3^2=9$

10 $\log_2 3=a$에서 $\log_3 2=\dfrac{1}{a}$

$\therefore \log_7 4\sqrt{3}=\dfrac{\log_3 4\sqrt{3}}{\log_3 7}=\dfrac{\log_3(2^2\times3^{\frac{1}{2}})}{\log_3 7}$

$=\dfrac{2\log_3 2+\dfrac{1}{2}}{\log_3 7}=\dfrac{\dfrac{2}{a}+\dfrac{1}{2}}{b}=\dfrac{a+4}{2ab}$

11 $2^x=54$에서 $x=\log_2 54$

$3^y=54$에서 $y=\log_3 54$

$\therefore (x-1)(y-3)$

$=(\log_2 54-1)(\log_3 54-3)$

$=(\log_2 54-\log_2 2)(\log_3 54-\log_3 3^3)$

$=\log_2\dfrac{54}{2}\times\log_3\dfrac{54}{3^3}=\log_2 27\times\log_3 2$

$=\log_2 3^3\times\dfrac{1}{\log_2 3}$

$=3\log_2 3\times\dfrac{1}{\log_2 3}=3$

12 이차방정식의 근과 계수의 관계에 의하여

$\alpha+\beta=5$, $\alpha\beta=5$

$\therefore (\alpha-\beta)^2=(\alpha+\beta)^2-4\alpha\beta=5^2-4\times5=5$

이때 $\alpha>\beta$이므로 $\alpha-\beta=\sqrt{5}$

$\therefore \log_{\alpha-\beta}\alpha+\log_{\alpha-\beta}\beta=\log_{\alpha-\beta}\alpha\beta=\log_{\sqrt5}5$

$\qquad\qquad\qquad\qquad\qquad =\log_{5^{\frac12}}5=2\log_5 5=2$

13 $3^a=x$, $3^b=y$, $3^c=z$에서

$xyz=3^a\times3^b\times3^c=3^{a+b+c}=3^0=1$

$\therefore \log_x yz+\log_y zx+\log_z xy$

$=\log_x \dfrac{1}{x}+\log_y \dfrac{1}{y}+\log_z \dfrac{1}{z}$

$=-1-1-1=-3$

다른 풀이

$\log_x yz+\log_y zx+\log_z xy$

$=\log_{3^a}(3^b\times3^c)+\log_{3^b}(3^c\times3^a)+\log_{3^c}(3^a\times3^b)$

$=\log_{3^a}3^{b+c}+\log_{3^b}3^{c+a}+\log_{3^c}3^{a+b}$

$=\dfrac{b+c}{a}+\dfrac{c+a}{b}+\dfrac{a+b}{c}$

$=\dfrac{-a}{a}+\dfrac{-b}{b}+\dfrac{-c}{c}$ ($\because a+b+c=0$)

$=-1-1-1=-3$

14 ㈎에서 $\sqrt[4]{a}=\sqrt{b}=\sqrt[3]{c}=k$ $(k>0)$로 놓으면

$a=k^4$, $b=k^2$, $c=k^3$

㈏에서

$\log_9 a+\log_{27} b+\log_3 c$

$=\log_{3^2}k^4+\log_{3^3}k^2+\log_3 k^3$

$=2\log_3 k+\dfrac{2}{3}\log_3 k+3\log_3 k$

$=\dfrac{17}{3}\log_3 k$

즉, $\dfrac{17}{3}\log_3 k=34$이므로 $\log_3 k=6$

$\therefore \log_3 abc=\log_3 (k^4\times k^2\times k^3)=\log_3 k^9$

$\qquad\qquad =9\log_3 k=9\times6=54$

15 $\log_a b=\log_b a$에서 $\log_a b=\dfrac{1}{\log_a b}$

$(\log_a b)^2=1$ $\quad\therefore \log_a b=\pm1$

그런데 $a\ne b$이므로 $\log_a b=-1$

$\therefore b=a^{-1}=\dfrac{1}{a}$

$a>0$, $b>0$이므로 산술평균과 기하평균의 관계에 의하여

$a+4b=a+\dfrac{4}{a}\ge2\sqrt{a\times\dfrac{4}{a}}=4$

(단, 등호는 $a=2$일 때 성립)

따라서 $a+4b$의 최솟값은 4이다.

Ⅰ-1 03 상용로그

1 상용로그

개념 CHECK   38쪽

1 답 (1) 5   (2) -2 (3) $\dfrac{2}{3}$ (4) $-\dfrac{1}{2}$

2 답 (1) 0.4683   (2) 0.7839   (3) 8.15   (4) 4.95

3 답 (1) 0   (2) 3   (3) -1 (4) -3

문제   39~44쪽

01-1 답 (1) 2.8854   (2) -0.1146 (3) 0.4427

(1) $\log 768=\log(10^2\times7.68)=\log 10^2+\log 7.68$

$\qquad\quad =2\log 10+\log 7.68$

$\qquad\quad =2+0.8854=2.8854$

(2) $\log 0.768=\log(10^{-1}\times7.68)=\log 10^{-1}+\log 7.68$

$\qquad\qquad =-\log 10+\log 7.68$

$\qquad\qquad =-1+0.8854=-0.1146$

(3) $\log\sqrt{7.68}=\log 7.68^{\frac12}=\dfrac{1}{2}\log 7.68$

$\qquad\qquad\quad =\dfrac{1}{2}\times0.8854=0.4427$

01-2 답 (1) 0.699   (2) 1.0791   (3) -0.2219

(1) $\log 5=\log\dfrac{10}{2}=\log 10-\log 2$

$\qquad\quad =1-0.3010=0.699$

(2) $\log 12=\log(2^2\times3)=\log 2^2+\log 3$

$\qquad\quad =2\log 2+\log 3=2\times0.3010+0.4771$

$\qquad\quad =1.0791$

(3) $\log 0.6=\log\dfrac{2\times3}{10}=\log 2+\log 3-\log 10$

$\qquad\quad =0.3010+0.4771-1=-0.2219$

01-3 답 -0.1463

상용로그표에서 $\log 3.64=0.5611$이므로

$\log\sqrt[3]{0.364}=\log 0.364^{\frac13}=\dfrac{1}{3}\log 0.364$

$\qquad\qquad\quad =\dfrac{1}{3}\log(10^{-1}\times3.64)$

$\qquad\qquad\quad =\dfrac{1}{3}(\log 10^{-1}+\log 3.64)$

$\qquad\qquad\quad =\dfrac{1}{3}(-1+0.5611)=-0.1463$

02-1 답 (1) **53600** (2) **0.000536**

(1) $\log N = 4 + 0.7292 = \log 10^4 + \log 5.36$
$\qquad\qquad = \log(10^4 \times 5.36) = \log 53600$
$\qquad \therefore N = 53600$

(2) $\log N = -3 + (-0.2708) = (-3-1) + (1-0.2708)$
$\qquad\qquad = -4 + 0.7292$
$\qquad\qquad = \log 10^{-4} + \log 5.36 = \log(10^{-4} \times 5.36)$
$\qquad\qquad = \log 0.000536$
$\qquad \therefore N = 0.000536$

다른 풀이

(1) $\log 5.36 = \underline{0.7292}$와 $\log N = 4 + \underline{0.7292}$의 소수 부분이 같으므로 N은 5.36과 숫자의 배열이 같다.
이때 $\log N$의 정수 부분이 4이므로 N은 5자리의 수이다.
$\quad \therefore N = 53600$

(2) $\log 5.36 = \underline{0.7292}$와 $\log N = -4 + \underline{0.7292}$의 소수 부분이 같으므로 N은 5.36과 숫자의 배열이 같다.
이때 $\log N$의 정수 부분이 -4이므로 N은 소수점 아래 넷째 자리에서 처음으로 0이 아닌 숫자가 나타난다.
$\quad \therefore N = 0.000536$

02-2 답 **0.00612**

$\log N = -2 + (-0.2132) = (-2-3) + (3-0.2132)$
$\qquad\quad = -5 + 2.7868$
$\qquad\quad = \log 10^{-5} + \log 612 \ (\because \log 612 = 2.7868)$
$\qquad\quad = \log(10^{-5} \times 612) = \log 0.00612$
$\quad \therefore N = 0.00612$

03-1 답 (1) **22자리** (2) **소수점 아래 24째 자리**

(1) 12^{20}에 상용로그를 취하면
$\log 12^{20} = 20 \log 12 = 20 \log(2^2 \times 3)$
$\qquad\qquad = 20(2 \log 2 + \log 3)$
$\qquad\qquad = 20(2 \times 0.3010 + 0.4771)$
$\qquad\qquad = 21.582 = 21 + 0.582$
따라서 $\log 12^{20}$의 정수 부분이 21이므로 12^{20}은 22자리의 자연수이다.

(2) $\left(\dfrac{1}{6}\right)^{30}$에 상용로그를 취하면
$\log\left(\dfrac{1}{6}\right)^{30} = \log 6^{-30} = -30 \log 6$
$\qquad\qquad = -30 \log(2 \times 3) = -30(\log 2 + \log 3)$
$\qquad\qquad = -30(0.3010 + 0.4771)$
$\qquad\qquad = -23.343$
$\qquad\qquad = (-23-1) + (1-0.343)$
$\qquad\qquad = -24 + 0.657$

따라서 $\log\left(\dfrac{1}{6}\right)^{30}$의 정수 부분이 -24이므로 $\left(\dfrac{1}{6}\right)^{30}$은 소수점 아래 24째 자리에서 처음으로 0이 아닌 숫자가 나타난다.

03-2 답 **22자리**

7^{100}이 85자리의 자연수이므로 $\log 7^{100}$의 정수 부분이 84이다. 즉, $84 \le \log 7^{100} < 85$이므로
$84 \le 100 \log 7 < 85 \quad \therefore 0.84 \le \log 7 < 0.85 \quad \cdots\cdots \ ㉠$
이때 $\log 7^{25} = 25 \log 7$이므로 ㉠에서
$25 \times 0.84 \le 25 \log 7 < 25 \times 0.85$
$\therefore 21 \le \log 7^{25} < 21.25$
따라서 $\log 7^{25}$의 정수 부분이 21이므로 7^{25}은 22자리의 자연수이다.

03-3 답 **소수점 아래 10째 자리**

a^{10}이 95자리의 자연수이므로 $\log a^{10}$의 정수 부분이 94이다. 즉, $94 \le \log a^{10} < 95$이므로
$94 \le 10 \log a < 95 \quad \therefore 9.4 \le \log a < 9.5 \quad \cdots\cdots \ ㉠$
이때 $\log \dfrac{1}{a} = -\log a$이므로 ㉠에서
$-9.5 < -\log a \le -9.4, \ -9.5 < \log \dfrac{1}{a} \le -9.4$
$(-9-1) + (1-0.5) < \log \dfrac{1}{a} \le (-9-1) + (1-0.4)$
$\therefore -10 + 0.5 < \log \dfrac{1}{a} \le -10 + 0.6$

따라서 $\log \dfrac{1}{a}$의 정수 부분이 -10이므로 $\dfrac{1}{a}$은 소수점 아래 10째 자리에서 처음으로 0이 아닌 숫자가 나타난다.

04-1 답 (1) **$100\sqrt{10}$** (2) **$10000\sqrt{10}$**

(1) $\log N$의 소수 부분과 $\log \dfrac{1}{N}$의 소수 부분이 같으므로

$\log N - \log \dfrac{1}{N} = \log N - (-\log N)$
$\qquad\qquad\qquad = 2 \log N \ \Rightarrow$ 정수

$100 < N < 1000$에서 $2 < \log N < 3$
$\therefore 4 < 2 \log N < 6$
이때 $2 \log N$이 정수이므로
$2 \log N = 5 \quad \therefore \log N = \dfrac{5}{2}$
$\therefore N = 10^{\frac{5}{2}} = 100\sqrt{10}$

(2) $\log N$의 소수 부분과 $\log \sqrt[3]{N}$의 소수 부분의 합이 1이므로

$\log N + \log \sqrt[3]{N} = \log N + \dfrac{1}{3} \log N$
$\qquad\qquad\qquad = \dfrac{4}{3} \log N \ \Rightarrow$ 정수

$\log N$의 정수 부분이 4이므로

$4 \le \log N < 5$ $\therefore \dfrac{16}{3} \le \dfrac{4}{3} \log N < \dfrac{20}{3}$

이때 $\dfrac{4}{3} \log N$이 정수이므로

$\dfrac{4}{3} \log N = 6$ $\therefore \log N = \dfrac{9}{2}$

$\therefore N = 10^{\frac{9}{2}} = 10000\sqrt{10}$

04-2 답 2500

$\log \dfrac{N}{4}$의 소수 부분이 $\log N$의 소수 부분의 2배이므로

$2 \log N$의 소수 부분과 $\log \dfrac{N}{4}$의 소수 부분이 같다.

$\therefore 2 \log N - \log \dfrac{N}{4} = \log N^2 - \log \dfrac{N}{4}$

$= \log \left(N^2 \times \dfrac{4}{N} \right)$

$= \log 4N \Rightarrow$ 정수

이때 $\log N$의 정수 부분이 3이므로

$3 \le \log N < 4$, $\log 1000 \le \log N < \log 10000$

$\therefore 1000 \le N < 10000$ ...... ㉠

$\log 4N$이 정수이려면 $4N$이 10의 거듭제곱 꼴이어야 하고, ㉠에서 $4000 \le 4N < 40000$이므로

$4N = 10000$ $\therefore N = 2500$

05-1 답 6

규모 4 이상인 지진이 1년에 평균 64번 발생하므로

$\log 64 = a - 0.9 \times 4$

$\therefore a = \log 64 + 3.6 = 6 \log 2 + 3.6$

$= 6 \times 0.3 + 3.6 = 5.4$ ...... ㉠

또 규모 x 이상인 지진은 1년에 평균 한 번 발생하므로

$\log 1 = a - 0.9x$, $0 = 5.4 - 0.9x$ ($\because$ ㉠)

$\therefore x = 6$

05-2 답 100배

2등급인 별의 밝기를 I_1이라 하면

$2 = -\dfrac{5}{2} \log I_1 + C$ ...... ㉠

7등급인 별의 밝기를 I_2라 하면

$7 = -\dfrac{5}{2} \log I_2 + C$ ...... ㉡

㉠－㉡을 하면

$-5 = -\dfrac{5}{2} (\log I_1 - \log I_2)$, $\log \dfrac{I_1}{I_2} = 2$

로그의 정의에 의하여 $\dfrac{I_1}{I_2} = 10^2 = 100$

따라서 2등급인 별의 밝기는 7등급인 별의 밝기의 100배이다.

06-1 답 3.51%

방사선 입자가 특수 보호막 한 장을 통과할 때마다 그 양이 20%씩 감소하므로 처음 방사선 입자의 양을 a라 하면 15장째 특수 보호막을 통과한 입자의 양은

$a \left(1 - \dfrac{20}{100} \right)^{15}$ $\therefore a \times 0.8^{15}$ ...... ㉠

0.8^{15}에 상용로그를 취하면

$\log 0.8^{15} = 15 \log 0.8 = 15 \log \dfrac{8}{10}$

$= 15(3 \log 2 - 1) = 15(3 \times 0.301 - 1)$

$= -1.455 = (-1 - 1) + (1 - 0.455)$

$= -2 + 0.545 = -2 + \log 3.51$

$= \log 10^{-2} + \log 3.51$

$= \log(10^{-2} \times 3.51) = \log 0.0351$

$\therefore 0.8^{15} = 0.0351$

이를 ㉠에 대입하면 $a \times 0.0351$

따라서 15장째 특수 보호막을 통과한 방사선 입자의 양은 처음 방사선 입자의 양의 3.51%이다.

06-2 답 15%

올해의 매출을 a, 매출의 증가율을 r%라 하면 10년 후의 매출은 $4a$이므로

$a \left(1 + \dfrac{r}{100} \right)^{10} = 4a$ $\therefore \left(1 + \dfrac{r}{100} \right)^{10} = 4$

양변에 상용로그를 취하면

$\log \left(1 + \dfrac{r}{100} \right)^{10} = \log 4$, $10 \log \left(1 + \dfrac{r}{100} \right) = 2 \log 2$

$\log \left(1 + \dfrac{r}{100} \right) = \dfrac{\log 2}{5}$, $\log \left(1 + \dfrac{r}{100} \right) = 0.06$

이때 $\log 1.15 = 0.06$이므로

$1 + \dfrac{r}{100} = 1.15$ $\therefore r = 15$

따라서 매년 15%씩 매출을 증가시켜야 한다.

연습문제   45~46쪽

1 ④	**2** 0.09	**3** ①	**4** 1890	**5** ①
6 $\dfrac{4}{3}$	**7** ④	**8** ②	**9** ②	**10** ⑤
11 $100\sqrt{10}$		**12** 10%		

1 ① $\log 67.8 = \log(10 \times 6.78) = \log 10 + \log 6.78$
$= 1 + 0.8312 = 1.8312$

② $\log 6780 = \log(10^3 \times 6.78) = 3 \log 10 + \log 6.78$
$= 3 + 0.8312 = 3.8312$

③ $\log 678000 = \log(10^5 \times 6.78) = 5\log 10 + \log 6.78$
$\qquad\qquad = 5 + 0.8312 = 5.8312$

④ $\log 0.678 = \log(10^{-1} \times 6.78) = -\log 10 + \log 6.78$
$\qquad\qquad = -1 + 0.8312 = -0.1688$

⑤ $\log 0.0678 = \log(10^{-2} \times 6.78) = -2\log 10 + \log 6.78$
$\qquad\qquad = -2 + 0.8312 = -1.1688$

따라서 옳지 않은 것은 ④이다.

2 $\log \sqrt{3} + \log 4 - \log \sqrt{32}$

$= \log 3^{\frac{1}{2}} + \log 2^2 - \log 2^{\frac{5}{2}}$

$= \frac{1}{2}\log 3 + 2\log 2 - \frac{5}{2}\log 2$

$= \frac{1}{2}\log 3 - \frac{1}{2}\log 2 = \frac{1}{2}(\log 3 - \log 2)$

$= \frac{1}{2}(0.48 - 0.3) = 0.09$

3 $\log N = -4 + (-0.2464) = (-4 - 2) + (2 - 0.2464)$

$\qquad = -6 + 1.7536$

$\qquad = \log 10^{-6} + \log 56.7 \; (\because \log 56.7 = 1.7536)$

$\qquad = \log(10^{-6} \times 56.7) = \log 0.0000567$

$\therefore N = 0.0000567$

4 $1 \le N \le 9$일 때, $f(N) = 0$

$10 \le N \le 99$일 때, $f(N) = 1$

$100 \le N \le 999$일 때, $f(N) = 2$

$\therefore f(1) + f(2) + f(3) + \cdots + f(999)$

$\qquad = 90 \times 1 + 900 \times 2 = 1890$

5 $\log A$의 정수 부분을 n, 소수 부분을 $\alpha\,(0 \le \alpha < 1)$라 하면 이차방정식의 근과 계수의 관계에 의하여

$n + \alpha = -\dfrac{5}{3} = -2 + \dfrac{1}{3}$

$\therefore n = -2, \; \alpha = \dfrac{1}{3}$

$x = -2$는 이차방정식 $3x^2 + 5x + k = 0$의 한 근이므로

$3 \times (-2)^2 + 5 \times (-2) + k = 0$

$\therefore k = -2$

6 $10 < x < 100$에서 $1 < \log x < 2$이므로

$n = 1$

$\therefore \log x = 1 + \alpha$

이를 $3\alpha^2 + 2\log x = 3$에 대입하면

$3\alpha^2 + 2(1 + \alpha) = 3, \; 3\alpha^2 + 2\alpha - 1 = 0$

$(\alpha + 1)(3\alpha - 1) = 0 \qquad \therefore \alpha = -1 \text{ 또는 } \alpha = \dfrac{1}{3}$

그런데 $0 \le \alpha < 1$이므로 $\alpha = \dfrac{1}{3}$

$\therefore \log x = 1 + \dfrac{1}{3} = \dfrac{4}{3}$

7 $(\log_a \sqrt{a})^{20} = (\log_a a^{\frac{1}{2}})^{20} = \left(\dfrac{1}{2}\right)^{20}$

$\therefore \log\left(\dfrac{1}{2}\right)^{20} = \log 2^{-20} = -20\log 2$

$\qquad\qquad\qquad = -20 \times 0.301 = -6.02$

$\qquad\qquad\qquad = -6 + (-0.02)$

$\qquad\qquad\qquad = (-6 - 1) + (1 - 0.02)$

$\qquad\qquad\qquad = -7 + 0.98$

따라서 $\log\left(\dfrac{1}{2}\right)^{20}$의 정수 부분이 -7이므로 $\left(\dfrac{1}{2}\right)^{20}$, 즉 $(\log_a \sqrt{a})^{20}$은 소수점 아래 7째 자리에서 처음으로 0이 아닌 숫자가 나타난다.

8 $I = 500$일 때 $S = 0.6$이므로

$0.6 = k\log 500$

$\therefore k = \dfrac{0.6}{\log 500} = \dfrac{0.6}{\log \dfrac{1000}{2}} = \dfrac{0.6}{3 - \log 2}$

$\qquad = \dfrac{0.6}{3 - 0.3} = \dfrac{0.6}{2.7} = \dfrac{2}{9}$

따라서 $I = 8$일 때 감각의 세기는

$k\log 8 = \dfrac{2}{9} \times 3\log 2 = \dfrac{2}{9} \times 3 \times 0.3 = 0.2$

따라서 자극의 세기가 8일 때의 감각의 세기는 0.2이다.

9 두 열차 A, B가 지점 P를 통과할 때의 속력을 각각 v_A, v_B라 하면

$v_A = 0.9v_B$ $\qquad\qquad\qquad$ ······ ㉠

$L_A = 80 + 28\log \dfrac{v_A}{100} - 14\log \dfrac{75}{25}$ ······ ㉡

$L_B = 80 + 28\log \dfrac{v_B}{100} - 14\log \dfrac{75}{25}$ ······ ㉢

㉢ $-$ ㉡을 하면

$L_B - L_A = 28\log \dfrac{v_B}{100} - 28\log \dfrac{v_A}{100}$

$\qquad\quad = 28\log \dfrac{v_B}{v_A} = 28\log \dfrac{v_B}{0.9v_B} \; (\because \text{㉠})$

$\qquad\quad = 28\log \dfrac{10}{9} = 28(1 - 2\log 3)$

$\qquad\quad = 28 - 56\log 3$

10 5^{25}에 상용로그를 취하면

$\log 5^{25} = 25\log \dfrac{10}{2} = 25(\log 10 - \log 2)$

$\qquad\quad = 25(1 - 0.3010) = 17.475$

$\qquad\quad = 17 + 0.475$ $\qquad$ ······ ㉠

$\log 5^{25}$의 정수 부분이 17이므로 5^{25}은 18자리의 수이다.

$\therefore m=18$

한편 숫자의 배열은 상용로그의 소수 부분과 관련 있고,

㉠에서 $\log 5^{25}$의 소수 부분은 0.475이다.

이때 $\log 2=0.3010$, $\log 3=0.4771$이므로

$\log 2 < 0.475 < \log 3$

$17+\log 2 < 17.475 < 17+\log 3$

$\log(2 \times 10^{17}) < \log 5^{25} < \log(3 \times 10^{17})$

$\therefore 2 \times 10^{17} < 5^{25} < 3 \times 10^{17}$

따라서 5^{25}의 최고 자리의 숫자는 2이므로

$n=2$

$\therefore m+n=18+2=20$

11 $\log N - [\log N] = \log N^3 - [\log N^3]$에서

$\log N^3 - \log N = [\log N^3] - [\log N]$

$3\log N - \log N = [3\log N] - [\log N]$

$2\log N = [3\log N] - [\log N]$

이때 $[3\log N] - [\log N]$이 정수이므로 $2\log N$은 정수이다.

$100 < N < 1000$에서 $2 < \log N < 3$

$\therefore 4 < 2\log N < 6$

이때 $2\log N$은 정수이므로

$2\log N = 5$ $\therefore \log N = \dfrac{5}{2}$

$\therefore N = 10^{\frac{5}{2}} = 100\sqrt{10}$

12 전파 기지국에서 통화하는 데 필요한 에너지의 양을 a, 기지국에서 $100\,\mathrm{m}$ 멀어질 때마다 통화하는 데 필요한 에너지의 양의 증가율을 $r\,\%$라 하면 기지국에서 $1750\,\mathrm{m}$ 떨어진 지점에서 통화하는 데 필요한 에너지의 양은 $5a$이므로

$a\left(1+\dfrac{r}{100}\right)^{17.5} = 5a$ $\therefore \left(1+\dfrac{r}{100}\right)^{17.5} = 5$

양변에 상용로그를 취하면

$17.5\log\left(1+\dfrac{r}{100}\right) = \log 5$

$17.5\log\left(1+\dfrac{r}{100}\right) = \log\dfrac{10}{2}$

$\log\left(1+\dfrac{r}{100}\right) = \dfrac{1-\log 2}{17.5} = \dfrac{1-0.3}{17.5} = 0.04$

이때 $\log 1.1 = 0.04$이므로

$1+\dfrac{r}{100} = 1.1$ $\therefore r = 10$

따라서 기지국에서 $100\,\mathrm{m}$ 멀어질 때마다 통화하는 데 필요한 에너지의 양은 $10\,\%$씩 증가한다.

Ⅰ-2 01 지수함수

1 지수함수

개념 CHECK   49쪽

1 답 ㄱ, ㄷ

2 답 (1) **3** (2) **27** (3) $\dfrac{1}{3}$ (4) $\sqrt{3}$

3 답 (1)
(2)

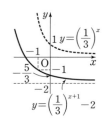

문제   50~56쪽

01-1 답 풀이 참조

(1) $y=\left(\dfrac{1}{3}\right)^{x+1}-2$의 그래프는

$y=\left(\dfrac{1}{3}\right)^{x}$의 그래프를 x축의 방향으로 -1만큼, y축의 방향으로 -2만큼 평행이동한 것이므로 오른쪽 그림과 같다.

$\therefore$ 치역: $\{y \mid y > -2\}$, 점근선의 방정식: $y=-2$

(2) $y=\left(\dfrac{1}{3}\right)^{-x+2} = \left(\dfrac{1}{3}\right)^{-(x-2)} = 3^{x-2}$

따라서 $y=\left(\dfrac{1}{3}\right)^{-x+2}$의 그래프는 $y=3^{x}$의 그래프를 x축의 방향으로 2만큼 평행이동한 것이므로 오른쪽 그림과 같다.

$\therefore$ 치역: $\{y \mid y > 0\}$, 점근선의 방정식: $y=0$

(3) $y=-\left(\dfrac{1}{3}\right)^{x}$의 그래프는

$y=\left(\dfrac{1}{3}\right)^{x}$의 그래프를 x축에 대하여 대칭이동한 것이므로 오른쪽 그림과 같다.

$\therefore$ 치역: $\{y \mid y < 0\}$, 점근선의 방정식: $y=0$

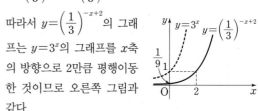

01-2 답 풀이 참조

$y=-4\times 2^{x-1}=-2^{x+1}$

따라서 $y=-4\times 2^{x-1}$의 그래프는
$y=2^x$의 그래프를 x축에 대하여 대
칭이동한 후 x축의 방향으로 -1만
큼 평행이동한 것이므로 오른쪽 그
림과 같다.

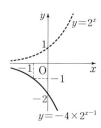

02-1 답 $a=-27,\ b=-2$

$y=3^x$의 그래프를 x축의 방향으로 -3만큼, y축의 방향
으로 2만큼 평행이동하면

$y-2=3^{x+3}$ ∴ $y=3^{x+3}+2$

이 그래프를 원점에 대하여 대칭이동하면

$-y=3^{-x+3}+2$

∴ $y=-3^3\times 3^{-x}-2$

  $=-27\times\left(\dfrac{1}{3}\right)^x-2$

∴ $a=-27,\ b=-2$

02-2 답 7

$y=9\times 3^x-2=3^{x+2}-2$의 그래프를 x축의 방향으로 2만
큼 평행이동하면

$y=3^x-2$

이 그래프를 y축에 대하여 대칭이동하면

$y=3^{-x}-2$

이 그래프가 점 $(-2,\ k)$를 지나므로

$k=3^2-2=7$

02-3 답 4

$y=\left(\dfrac{1}{2}\right)^{x+2}$의 그래프를 x축의 방향으로 a만큼, y축의 방
향으로 b만큼 평행이동하면

$y=\left(\dfrac{1}{2}\right)^{x-a+2}+b$

주어진 함수의 그래프에서 점근선의 방정식이 $y=2$이므로

$b=2$

$y=\left(\dfrac{1}{2}\right)^{x-a+2}+2$의 그래프가 점 $(-1,\ 4)$를 지나므로

$4=\left(\dfrac{1}{2}\right)^{1-a}+2,\ 2^{a-1}=2$

$2^{a-1}=2$에서

$a-1=1$ ∴ $a=2$

∴ $a+b=2+2=4$

03-1 답 18

$y=4^x$의 그래프는 점 $\left(\dfrac{1}{2},\ a\right)$를 지나므로

$a=4^{\frac{1}{2}}=2$

$y=4^x$의 그래프는 점 $(a,\ b)$, 즉 점 $(2,\ b)$를 지나므로

$b=4^2=16$

∴ $a+b=2+16=18$

03-2 답 2

함수 $y=2^{2x}$의 그래프와 직선 $y=4$가 만나는 점의 x좌표는

$2^{2x}=4=2^2$에서 $2x=2$

∴ $x=1$ ∴ A$(1,\ 4)$

함수 $y=2^x$의 그래프와 직선 $y=4$가 만나는 점의 x좌표는

$2^x=4=2^2$에서 $x=2$ ∴ B$(2,\ 4)$

따라서 삼각형 AOB의 넓이는

$\dfrac{1}{2}\times 1\times 4=2$

04-1 답 (1) $\sqrt{3}<\sqrt[5]{27}<\sqrt[3]{9}$ (2) $\sqrt[5]{\dfrac{1}{16}}<\sqrt[3]{\dfrac{1}{4}}<\sqrt{\dfrac{1}{2}}$

(1) $\sqrt{3}=3^{\frac{1}{2}},\ \sqrt[3]{9}=\sqrt[3]{3^2}=3^{\frac{2}{3}},\ \sqrt[5]{27}=\sqrt[5]{3^3}=3^{\frac{3}{5}}$

$\dfrac{1}{2}<\dfrac{3}{5}<\dfrac{2}{3}$이고, 밑이 1보다 크므로

$3^{\frac{1}{2}}<3^{\frac{3}{5}}<3^{\frac{2}{3}}$

∴ $\sqrt{3}<\sqrt[5]{27}<\sqrt[3]{9}$

(2) $\sqrt{\dfrac{1}{2}}=\left(\dfrac{1}{2}\right)^{\frac{1}{2}},\ \sqrt[3]{\dfrac{1}{4}}=\sqrt[3]{\left(\dfrac{1}{2}\right)^2}=\left(\dfrac{1}{2}\right)^{\frac{2}{3}},$

$\sqrt[5]{\dfrac{1}{16}}=\sqrt[5]{\left(\dfrac{1}{2}\right)^4}=\left(\dfrac{1}{2}\right)^{\frac{4}{5}}$

$\dfrac{1}{2}<\dfrac{2}{3}<\dfrac{4}{5}$이고, 밑이 1보다 작으므로

$\left(\dfrac{1}{2}\right)^{\frac{4}{5}}<\left(\dfrac{1}{2}\right)^{\frac{2}{3}}<\left(\dfrac{1}{2}\right)^{\frac{1}{2}}$

∴ $\sqrt[5]{\dfrac{1}{16}}<\sqrt[3]{\dfrac{1}{4}}<\sqrt{\dfrac{1}{2}}$

04-2 답 4

$0.5^{-\frac{2}{3}}=\left(\dfrac{1}{2}\right)^{-\frac{2}{3}}=2^{\frac{2}{3}},\ \sqrt[4]{32}=\sqrt[4]{2^5}=2^{\frac{5}{4}},$

$\sqrt[3]{2\sqrt{8}}=\sqrt[3]{\sqrt{2^2\times 8}}=\sqrt[6]{2^5}=2^{\frac{5}{6}},\ \left(\dfrac{1}{16}\right)^{-\frac{1}{3}}=(2^{-4})^{-\frac{1}{3}}=2^{\frac{4}{3}}$

$\dfrac{2}{3}<\dfrac{5}{6}<\dfrac{5}{4}<\dfrac{4}{3}$이고, 밑이 1보다 크므로

$2^{\frac{2}{3}}<2^{\frac{5}{6}}<2^{\frac{5}{4}}<2^{\frac{4}{3}}$

따라서 가장 큰 수는 $2^{\frac{4}{3}}$이고, 가장 작은 수는 $2^{\frac{2}{3}}$이므로
두 수의 곱은

$2^{\frac{4}{3}}\times 2^{\frac{2}{3}}=2^2=4$

05-1 답 (1) 최댓값: 3, 최솟값: $\dfrac{1}{27}$

(2) 최댓값: 7, 최솟값: $\dfrac{7}{2}$

(3) 최댓값: 64, 최솟값: 1

(4) 최댓값: $\dfrac{81}{25}$, 최솟값: 1

(1) 함수 $y=\left(\dfrac{1}{3}\right)^{x+1}$의 밑이 1보다 작으므로 $-2\le x\le2$

에서 함수 $y=\left(\dfrac{1}{3}\right)^{x+1}$은

$x=-2$일 때, 최댓값은 $\left(\dfrac{1}{3}\right)^{-1}=3$

$x=2$일 때, 최솟값은 $\left(\dfrac{1}{3}\right)^{3}=\dfrac{1}{27}$

(2) 함수 $y=2^{x-1}+3$의 밑이 1보다 크므로 $0\le x\le3$에서

함수 $y=2^{x-1}+3$은

$x=3$일 때, 최댓값은 $2^{2}+3=7$

$x=0$일 때, 최솟값은 $2^{-1}+3=\dfrac{7}{2}$

(3) $y=4^{1-x}=4^{-(x-1)}=\left(\dfrac{1}{4}\right)^{x-1}$

함수 $y=4^{1-x}$의 밑이 1보다 작으므로 $-2\le x\le1$에서

함수 $y=4^{1-x}$은

$x=-2$일 때, 최댓값은 $4^{3}=64$

$x=1$일 때, 최솟값은 $4^{0}=1$

(4) $y=3^{2x}5^{-x}=9^{x}\left(\dfrac{1}{5}\right)^{x}=\left(\dfrac{9}{5}\right)^{x}$

함수 $y=3^{2x}5^{-x}$의 밑이 1보다 크므로 $0\le x\le2$에서 함수 $y=3^{2x}5^{-x}$은

$x=2$일 때, 최댓값은 $\left(\dfrac{9}{5}\right)^{2}=\dfrac{81}{25}$

$x=0$일 때, 최솟값은 $\left(\dfrac{9}{5}\right)^{0}=1$

05-2 답 $\dfrac{3}{2}$

함수 $y=2^{x+1}+k$의 밑이 1보다 크므로 $-2\le x\le1$에서

함수 $y=2^{x+1}+k$는 $x=1$일 때 최댓값은 $4+k$, $x=-2$일 때 최솟값은 $\dfrac{1}{2}+k$이다.

이때 최댓값이 5이므로

$4+k=5$ ∴ $k=1$

따라서 함수 $y=2^{x+1}+1$의 최솟값은

$\dfrac{1}{2}+1=\dfrac{3}{2}$

06-1 답 (1) 최댓값: 4, 최솟값: 없다.

(2) 최댓값: 625, 최솟값: 1

(1) $y=\left(\dfrac{1}{2}\right)^{x^2-2x-1}$에서 $f(x)=x^2-2x-1$이라 하면

$f(x)=(x-1)^2-2$이므로 $f(x)\ge-2$

이때 함수 $y=\left(\dfrac{1}{2}\right)^{f(x)}$의 밑이 1보다 작으므로

$f(x)\ge-2$에서 함수 $y=\left(\dfrac{1}{2}\right)^{f(x)}$은

$f(x)=-2$일 때, 최댓값은 $\left(\dfrac{1}{2}\right)^{-2}=4$

최솟값은 없다.

(2) $y=5^{-x^2-4x}$에서 $f(x)=-x^2-4x$라 하면

$f(x)=-(x+2)^2+4$

$-3\le x\le0$에서 $0\le f(x)\le4$

이때 함수 $y=5^{f(x)}$의 밑이 1보다 크므로 $0\le f(x)\le4$

에서 함수 $y=5^{f(x)}$은

$f(x)=4$일 때, 최댓값은 $5^{4}=625$

$f(x)=0$일 때, 최솟값은 $5^{0}=1$

06-2 답 1

$y=2^{x^2-4x-2}$에서 $f(x)=x^2-4x-2$라 하면

$f(x)=(x-2)^2-6$

$1\le x\le4$에서 $-6\le f(x)\le-2$

이때 함수 $y=2^{f(x)}$의 밑이 1보다 크므로

$-6\le f(x)\le-2$에서 함수 $y=2^{f(x)}$은 $f(x)=-2$, 즉

$x=4$일 때, 최댓값은 $2^{-2}=\dfrac{1}{4}$이다.

따라서 $a=4$, $b=\dfrac{1}{4}$이므로

$ab=1$

07-1 답 최댓값: 3, 최솟값: -1

$y=2^{x+2}-4^{x}-1=-(2^{x})^2+4\times2^{x}-1$

$2^{x}=t\,(t>0)$로 놓으면 $0\le x\le2$에서

$2^{0}\le t\le2^{2}$ ∴ $1\le t\le4$

이때 주어진 함수는

$y=-t^2+4t-1=-(t-2)^2+3$

따라서 $1\le t\le4$에서 함수 $y=-(t-2)^2+3$은

$t=2$일 때, 최댓값은 3

$t=4$일 때, 최솟값은 -1

07-2 답 (1) 6 (2) -1

(1) $3^{x}>0$, $3^{2-x}>0$이므로 산술평균과 기하평균의 관계에

의하여

$3^{x}+3^{2-x}\ge2\sqrt{3^{x}\times3^{2-x}}=6$

(단, 등호는 $3^{x}=3^{2-x}$, 즉 $x=1$일 때 성립)

따라서 함수 $y=3^{x}+3^{2-x}$의 최솟값은 6이다.

(2) $3^x+3^{-x}=t$로 놓으면 $3^x>0$, $3^{-x}>0$이므로 산술평균
과 기하평균의 관계에 의하여

$$t=3^x+3^{-x}\geq2\sqrt{3^x\times3^{-x}}=2$$

(단, 등호는 $3^x=3^{-x}$, 즉 $x=0$일 때 성립)

$$\therefore t\geq2$$

9^x+9^{-x}을 t에 대한 식으로 나타내면

$$9^x+9^{-x}=(3^x)^2+(3^{-x})^2$$
$$=(3^x+3^{-x})^2-2=t^2-2$$

이때 주어진 함수는

$$y=t^2-2-2t+1=(t-1)^2-2$$

따라서 $t\geq2$에서 함수 $y=(t-1)^2-2$는

$t=2$일 때, 최솟값은 -1

연습문제
57~58쪽

1 $\dfrac{5}{8}$	2 $0<a<1$	3 ④	4 6
5 ㄱ, ㄷ, ㄹ		6 -16	7 ①	8 7
9 $A<B<C$		10 $\dfrac{13}{6}$	11 13	12 2
13 18	14 6	15 2	

1 $f(6)=8$이므로 $a^6=8$

$$f(-6)=a^{-6}=(a^6)^{-1}=8^{-1}=\dfrac{1}{8}$$

$$f(-2)=a^{-2}=(a^6)^{-\frac{1}{3}}=8^{-\frac{1}{3}}=2^{-1}=\dfrac{1}{2}$$

$$\therefore f(-6)+f(-2)=\dfrac{1}{8}+\dfrac{1}{2}=\dfrac{5}{8}$$

2 x의 값이 증가할 때 y의 값이 감소하려면
$0<a^2-a+1<1$이어야 한다.

(i) $a^2-a+1>0$에서

$$a^2-a+1=\left(a-\dfrac{1}{2}\right)^2+\dfrac{3}{4}>0$$

따라서 항상 성립한다.

(ii) $a^2-a+1<1$에서

$$a^2-a<0,\ a(a-1)<0$$

$$\therefore 0<a<1$$

(i), (ii)에서 $0<a<1$

3 $y=\dfrac{1}{3}\times3^{-x}-1=\dfrac{1}{3}\times\left(\dfrac{1}{3}\right)^x-1$

$$=\left(\dfrac{1}{3}\right)^{x+1}-1 \quad \cdots\cdots \text{㉠}$$

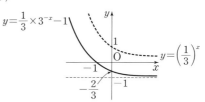

① 치역은 $\{y|y>-1\}$이다.

② ㉠에 $x=-1$을 대입하면

$$y=\left(\dfrac{1}{3}\right)^0-1=1-1=0$$

따라서 함수 $y=\dfrac{1}{3}\times3^{-x}-1$의 그래프는 점 $(-1,0)$
을 지난다.

③ ㉠에서 밑이 1보다 작으므로 x의 값이 증가하면 y의
값은 감소한다.

④ 그래프는 제1사분면을 지나지 않는다.

⑤ $y=3^x$의 그래프를 y축에 대하여 대칭이동하면

$$y=3^{-x}=\left(\dfrac{1}{3}\right)^x$$

이 그래프를 x축의 방향으로 -1만큼, y축의 방향으로
-1만큼 평행이동하면

$$y=\left(\dfrac{1}{3}\right)^{x+1}-1$$

따라서 옳지 않은 것은 ④이다.

4 함수 $y=2^{-x+a}+b$의 그래프의 점근선의 방정식이 $y=3$
이므로 $b=3$

함수 $y=2^{-x+a}+3$의 그래프가 점 $(2,5)$를 지나므로

$$5=2^{-2+a}+3,\ 2^{-2+a}=2$$

$$-2+a=1 \quad \therefore a=3$$

$$\therefore a+b=3+3=6$$

5 ㄱ. $y=8\times2^x=2^{x+3}$

따라서 $y=8\times2^x$의 그래프는 $y=2^x$의 그래프를 x축
의 방향으로 -3만큼 평행이동한 것과 같다.

ㄴ. $y=2^{2x}=4^x$

따라서 $y=2^{2x}$은 $y=2^x$과 밑이 다르므로 $y=2^x$의 그
래프를 평행이동 또는 대칭이동하여 겹쳐질 수 없다.

ㄷ. $y=\left(\dfrac{1}{2}\right)^{x-1}=2^{-(x-1)}$

따라서 $y=\left(\dfrac{1}{2}\right)^{x-1}$의 그래프는 $y=2^x$의 그래프를 y축
에 대하여 대칭이동한 후 x축의 방향으로 1만큼 평행
이동한 것과 같다.

ㄹ. $y=2(2^x-1)=2^{x+1}-2$

따라서 $y=2(2^x-1)$의 그래프는 $y=2^x$의 그래프를 x축의 방향으로 -1만큼, y축의 방향으로 -2만큼 평행이동한 것과 같다.

따라서 보기의 함수 중 그 그래프가 $y=2^x$의 그래프를 평행이동 또는 대칭이동하여 겹쳐질 수 있는 것은 ㄱ, ㄷ, ㄹ이다.

6 함수 $y=2^{-x+4}+k=\left(\dfrac{1}{2}\right)^{x-4}+k$의 그래프는 $y=\left(\dfrac{1}{2}\right)^x$의 그래프를 x축의 방향으로 4만큼, y축의 방향으로 k만큼 평행이동한 것이다.

이때 이 함수의 그래프가 제1사분면을 지나지 않으려면 오른쪽 그림과 같아야 하므로

$\left(\dfrac{1}{2}\right)^{-4}+k\le0$

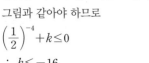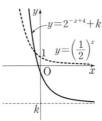

$\therefore k\le-16$

따라서 k의 최댓값은 -16이다.

7 함수 $y=3^{x-2}$의 그래프는 함수 $y=3^{x+1}$의 그래프를 x축의 방향으로 3만큼 평행이동한 것이므로 $\overline{AB}=3$

두 점 A, C의 x좌표를 a라 하면

$A(a, 3^{a+1})$, $C(a, 3^{a-2})$

$\overline{AC}=\overline{AB}=3$이므로 $3^{a+1}-3^{a-2}=3$

$3^{a+1}(1-3^{-3})=3$, $3^{a+1}\times\dfrac{26}{27}=3$

$\therefore 3^{a+1}=3\times\dfrac{27}{26}=\dfrac{81}{26}$

따라서 점 A의 y좌표는 $\dfrac{81}{26}$이다.

8 $y=2^x$의 그래프는 점 $(0, 1)$을 지나므로 $a=1$

$y=2^x$의 그래프는 점 (a, b), 즉 점 $(1, b)$를 지나므로

$b=2^1=2$

$y=2^x$의 그래프는 점 (b, c), 즉 점 $(2, c)$를 지나므로

$c=2^2=4$

$\therefore a+b+c=1+2+4=7$

9 $A=\sqrt[n]{a^{n+1}}=a^{\frac{n+1}{n}}=a^{1+\frac{1}{n}}$,

$B=\sqrt[n+1]{a^{n+2}}=a^{\frac{n+2}{n+1}}=a^{1+\frac{1}{n+1}}$,

$C=\sqrt[n+2]{a^{n+3}}=a^{\frac{n+3}{n+2}}=a^{1+\frac{1}{n+2}}$

$1+\dfrac{1}{n+2}<1+\dfrac{1}{n+1}<1+\dfrac{1}{n}$이고, $0<a<1$이므로

$a^{1+\frac{1}{n}}<a^{1+\frac{1}{n+1}}<a^{1+\frac{1}{n+2}}$ $\therefore A<B<C$

10 $-1\le x\le2$에서 함수 $y=a^x(0<a<1)$은 $x=-1$일 때 최댓값은 $\dfrac{1}{a}$, $x=2$일 때 최솟값은 a^2이다.

이때 최솟값이 $\dfrac{4}{9}$이므로

$a^2=\dfrac{4}{9}$ $\therefore a=\dfrac{2}{3}$ $(\because 0<a<1)$

또 최댓값이 M이므로

$\dfrac{1}{a}=M$ $\therefore M=\dfrac{3}{2}$

$\therefore a+M=\dfrac{2}{3}+\dfrac{3}{2}=\dfrac{13}{6}$

11 $y=4^{-x}-3\times2^{1-x}+a=(2^{-x})^2-6\times2^{-x}+a$

$=\left\{\left(\dfrac{1}{2}\right)^x\right\}^2-6\times\left(\dfrac{1}{2}\right)^x+a$

$\left(\dfrac{1}{2}\right)^x=t(t>0)$로 놓으면 $-2\le x\le0$에서

$\left(\dfrac{1}{2}\right)^0\le t\le\left(\dfrac{1}{2}\right)^{-2}$ $\therefore 1\le t\le4$

이때 주어진 함수는

$y=t^2-6t+a=(t-3)^2+a-9$

따라서 $1\le t\le4$에서 함수 $y=(t-3)^2+a-9$는

$t=3$일 때 최솟값이 4이므로

$a-9=4$ $\therefore a=13$

12 $5^x+5^{-x}=t$로 놓으면 $5^x>0$, $5^{-x}>0$이므로 산술평균과 기하평균의 관계에 의하여

$t=5^x+5^{-x}\ge2\sqrt{5^x\times5^{-x}}=2$

(단, 등호는 $5^x=5^{-x}$, 즉 $x=0$일 때 성립)

$\therefore t\ge2$

25^x+25^{-x}을 t에 대한 식으로 나타내면

$25^x+25^{-x}=(5^x)^2+(5^{-x})^2=(5^x+5^{-x})^2-2=t^2-2$

이때 주어진 함수는

$y=2t-(t^2-2)=-(t-1)^2+3$

따라서 $t\ge2$에서 함수 $y=-(t-1)^2+3$은

$t=2$일 때, 최댓값은 2

13 $y=8\times2^x=2^{x+3}$의 그래프는 $y=2^x$의 그래프를 x축의 방향으로 -3만큼 평행이동한 것이다.

따라서 오른쪽 그림에서 빗금 친 두 부분의 넓이가 같으므로 두 함수 $y=2^x$, $y=8\times2^x$의 그래프와 두 직선 $y=2$, $y=8$로 둘러싸인 부분의 넓이는 직사각형 ABCD의 넓이와 같다.

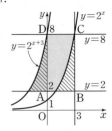

따라서 구하는 넓이는

$\overline{AD}\times\overline{CD}=6\times3=18$

14 $f(x)=a^{x-m}+n$의 그래프는 $y=a^x$의 그래프를 x축의 방향으로 m만큼, y축의 방향으로 n만큼 평행이동한 그래프이고, $g(x)=a^{m-x}+n=\left(\dfrac{1}{a}\right)^{x-m}+n$의 그래프는 $y=\left(\dfrac{1}{a}\right)^x$의 그래프를 x축의 방향으로 m만큼, y축의 방향으로 n만큼 평행이동한 그래프이다.

이때 $y=a^x$의 그래프와 $y=\left(\dfrac{1}{a}\right)^x$의 그래프는 y축, 즉 직선 $x=0$에 대하여 대칭이므로 $y=f(x)$의 그래프와 $y=g(x)$의 그래프는 직선 $x=m$에 대하여 대칭이다.

$\therefore m=2$

또 두 함수 $y=f(x)$, $y=g(x)$의 그래프의 점근선의 방정식이 $y=1$이므로 $n=1$

따라서 $f(x)=a^{x-2}+1$, $g(x)=\left(\dfrac{1}{a}\right)^{x-2}+1$이므로

$A(3,\,a+1)$, $B\left(3,\,\dfrac{1}{a}+1\right)$

이때 $\overline{AB}=\dfrac{8}{3}$이므로

$a+1-\left(\dfrac{1}{a}+1\right)=\dfrac{8}{3}$, $a-\dfrac{1}{a}=\dfrac{8}{3}$

$3a^2-8a-3=0$, $(3a+1)(a-3)=0$

$a=-\dfrac{1}{3}$ 또는 $a=3$

그런데 $a>1$이므로 $a=3$

$\therefore a+m+n=3+2+1=6$

15 함수 $y=a^{4^x-2^{x+1}+2}$에서 $s=4^x-2^{x+1}+2$라 하면

$s=(2^x)^2-2\times 2^x+2$

$2^x=t\,(t>0)$로 놓으면

$s=t^2-2t+2=(t-1)^2+1$

$-1\leq x\leq 1$에서 $2^{-1}\leq t\leq 2^1$

$\therefore \dfrac{1}{2}\leq t\leq 2$

$s=(t-1)^2+1$은 $\dfrac{1}{2}\leq t\leq 2$에서

$1\leq s\leq 2$

이때 $1\leq s\leq 2$에서 함수 $y=a^s$을 $a>1$, $0<a<1$인 경우로 나누어 생각하면

(i) $a>1$인 경우

함수 $y=a^s$은 $s=2$일 때 최댓값이 a^2이므로

$a^2=4$ $\therefore a=2\,(\because a>1)$

(ii) $0<a<1$인 경우

함수 $y=a^s$은 $s=1$일 때 최댓값이 a이므로

$a=4$

그런데 $0<a<1$이므로 $a=4$는 모순이다.

(i), (ii)에서 $a=2$

---

1 지수함수의 활용

개념 CHECK 59쪽

1 답 (1) $x=-4$ (2) $x=-3$ (3) $x=-3$

2 답 (1) $x<-1$ (2) $x>\dfrac{7}{2}$ (3) $x\geq 3$

문제 60~68쪽

01-1 답 (1) $x=7$ (2) $x=-\dfrac{4}{9}$

(3) $x=-2$ 또는 $x=2$ (4) $x=-2$ 또는 $x=1$

(1) $8^{x-1}=16\times 4^x$에서 $2^{3x-3}=2^{4+2x}$이므로

$3x-3=4+2x$

$\therefore x=7$

(2) $8^{x+1}=\sqrt[3]{32}$에서 $2^{3x+3}=2^{\frac{5}{3}}$이므로

$3x+3=\dfrac{5}{3}$, $3x=-\dfrac{4}{3}$

$\therefore x=-\dfrac{4}{9}$

(3) $(\sqrt{3})^{x^2}=9$에서 $3^{\frac{1}{2}x^2}=3^2$이므로

$\dfrac{1}{2}x^2=2$, $x^2=4$

$\therefore x=-2$ 또는 $x=2$

(4) $4^x-16\times\left(\dfrac{1}{4}\right)^x=0$에서 $4^x=4^{2-x}$이므로

$x^2=2-x$, $x^2+x-2=0$

$(x+2)(x-1)=0$

$\therefore x=-2$ 또는 $x=1$

01-2 답 **10**

$9^x=\left(\dfrac{1}{3}\right)^{x^2-3}$에서 $3^{2x}=3^{-x^2+3}$이므로

$2x=-x^2+3$, $x^2+2x-3=0$

$(x+3)(x-1)=0$

$\therefore x=-3$ 또는 $x=1$

따라서 주어진 방정식의 두 근이 -3, 1이므로

$\alpha^2+\beta^2=(-3)^2+1^2=10$

02-1 답 (1) $x=-2$　(2) $x=1$ 또는 $x=2$
　　　　(3) $x=0$　　(4) $x=0$ 또는 $x=2$

(1) $4^{-x}-2^{-x+1}-8=0$에서

$(2^2)^{-x}-2\times2^{-x}-8=0$

$(2^{-x})^2-2\times2^{-x}-8=0$

$\left\{\left(\dfrac{1}{2}\right)^x\right\}^2-2\times\left(\dfrac{1}{2}\right)^x-8=0$

$\left(\dfrac{1}{2}\right)^x=t\,(t>0)$로 놓으면

$t^2-2t-8=0,\ (t+2)(t-4)=0$

$\therefore t=4\,(\because t>0)$

$t=\left(\dfrac{1}{2}\right)^x$이므로

$\left(\dfrac{1}{2}\right)^x=4,\ \left(\dfrac{1}{2}\right)^x=\left(\dfrac{1}{2}\right)^{-2}$

$\therefore x=-2$

(2) $9^x-4\times3^{x+1}+27=0$에서

$(3^2)^x-4\times3\times3^x+27=0$

$(3^x)^2-12\times3^x+27=0$

$3^x=t\,(t>0)$로 놓으면

$t^2-12t+27=0,\ (t-3)(t-9)=0$

$\therefore t=3$ 또는 $t=9$

$t=3^x$이므로

$3^x=3$ 또는 $3^x=9$

$3^x=3$ 또는 $3^x=3^2$

$\therefore x=1$ 또는 $x=2$

(3) $5^x+5^{-x}=2$에서 $5^x+\dfrac{1}{5^x}=2$

$5^x=t\,(t>0)$로 놓으면

$t+\dfrac{1}{t}=2,\ t^2-2t+1=0$

$(t-1)^2=0\quad\therefore t=1$

$t=5^x$이므로

$5^x=1,\ 5^x=5^0$

$\therefore x=0$

(4) $2^x+4\times2^{-x}=5$에서 $2^x+\dfrac{4}{2^x}=5$

$2^x=t\,(t>0)$로 놓으면

$t+\dfrac{4}{t}=5,\ t^2-5t+4=0$

$(t-1)(t-4)=0\quad\therefore t=1$ 또는 $t=4$

$t=2^x$이므로

$2^x=1$ 또는 $2^x=4$

$2^x=2^0$ 또는 $2^x=2^2$

$\therefore x=0$ 또는 $x=2$

02-2 답 $x=1$

$\dfrac{1}{\sqrt{2}+1}=\dfrac{\sqrt{2}-1}{(\sqrt{2}+1)(\sqrt{2}-1)}=\sqrt{2}-1$이므로

$(\sqrt{2}+1)^x-(\sqrt{2}-1)^x-2=0$에서

$(\sqrt{2}+1)^x-\dfrac{1}{(\sqrt{2}+1)^x}-2=0$

$(\sqrt{2}+1)^x=t\,(t>0)$로 놓으면

$t-\dfrac{1}{t}-2=0,\ t^2-2t-1=0$

$\therefore t=1+\sqrt{2}\,(\because t>0)$

$t=(\sqrt{2}+1)^x$이므로

$(\sqrt{2}+1)^x=1+\sqrt{2}\quad\therefore x=1$

03-1 답 (1) $x=5$　(2) $x=3$
　　　　(3) $x=1$　(4) $x=-1$ 또는 $x=4$

(1) $5^{2x+1}=x^{2x+1}$에서

(i) 밑이 같으면 $x=5$

(ii) 지수가 0이면

$2x+1=0\quad\therefore x=-\dfrac{1}{2}$

그런데 $x>0$이므로 해는 없다.

(i), (ii)에서 주어진 방정식의 해는 $x=5$

(2) $(x-2)^{x-3}=(2x-3)^{x-3}$에서

(i) 밑이 같으면

$x-2=2x-3\quad\therefore x=1$

그런데 $x>2$이므로 해는 없다.

(ii) 지수가 0이면

$x-3=0\quad\therefore x=3$

(i), (ii)에서 주어진 방정식의 해는 $x=3$

(3) $x^{3x+4}=x^{-x+2}$에서

(i) 밑이 1이면 $x=1$

(ii) 지수가 같으면

$3x+4=-x+2\quad\therefore x=-\dfrac{1}{2}$

그런데 $x>0$이므로 해는 없다.

(i), (ii)에서 주어진 방정식의 해는 $x=1$

(4) $(x+2)^{x+1}=(x+2)^{x^2-11}$에서

(i) 밑이 1이면

$x+2=1\quad\therefore x=-1$

(ii) 지수가 같으면

$x+1=x^2-11,\ x^2-x-12=0$

$(x+3)(x-4)=0\quad\therefore x=-3$ 또는 $x=4$

그런데 $x>-2$이므로 $x=4$

(i), (ii)에서 주어진 방정식의 해는

$x=-1$ 또는 $x=4$

03-2 답 **6**

$x>-1$에서 $x+1>0$이므로

$16(x+1)^x=2^{2x}(x+1)^2$에서

$(x+1)^{x-2}=2^{2x-4}$, $(x+1)^{x-2}=4^{x-2}$

(i) 밑이 같으면

　$x+1=4$ ∴ $x=3$

(ii) 지수가 0이면

　$x-2=0$ ∴ $x=2$

(i), (ii)에서 모든 근의 곱은

$2\times3=6$

03-3 답 $x=1$ 또는 $x=2$

$x>0$이므로 $x^xx^x=(x^x)^x$에서

$x^{2x}=x^{x^2}$

(i) 밑이 1이면 $x=1$

(ii) 지수가 같으면

　$2x=x^2$, $x(x-2)=0$

　∴ $x=0$ 또는 $x=2$

　그런데 $x>0$이므로 $x=2$

(i), (ii)에서 주어진 방정식의 해는

$x=1$ 또는 $x=2$

04-1 답 (1) **3** (2) **−9**

(1) $4^x-3\times2^{x+2}+8=0$에서

　$(2^x)^2-12\times2^x+8=0$ ‥‥‥ ㉠

　$2^x=t\,(t>0)$로 놓으면

　$t^2-12t+8=0$ ‥‥‥ ㉡

　방정식 ㉠의 두 근이 α, β이므로 방정식 ㉡의 두 근은

　2^α, 2^β

　따라서 ㉡에서 이차방정식의 근과 계수의 관계에 의하여

　$2^\alpha\times2^\beta=8$, $2^{\alpha+\beta}=2^3$

　∴ $\alpha+\beta=3$

(2) $9^x-4\times3^{x+1}-k=0$에서

　$(3^x)^2-12\times3^x-k=0$ ‥‥‥ ㉠

　$3^x=t\,(t>0)$로 놓으면

　$t^2-12t-k=0$ ‥‥‥ ㉡

　방정식 ㉠의 두 근을 α, β라 하면 방정식 ㉡의 두 근은

　3^α, 3^β

　㉡에서 이차방정식의 근과 계수의 관계에 의하여

　$3^\alpha\times3^\beta=-k$

　이때 ㉠의 두 근의 합이 2, 즉 $\alpha+\beta=2$이므로

　$k=-3^{\alpha+\beta}=-3^2=-9$

04-2 답 $a>2$

$4^x-a\times2^{x+2}+16=0$에서

$(2^x)^2-4a\times2^x+16=0$

$2^x=t\,(t>0)$로 놓으면

$t^2-4at+16=0$ ‥‥‥ ㉠

실수 x에 대하여 $t=2^x>0$이므로 주어진 방정식이 서로 다른 두 실근을 가지면 이차방정식 ㉠은 서로 다른 두 양의 실근을 갖는다.

(i) 이차방정식 ㉠의 판별식을 D라 하면 판별식 $D>0$이어야 하므로

　$\dfrac{D}{4}=4a^2-16>0$

　$a^2-4>0$, $(a+2)(a-2)>0$

　∴ $a<-2$ 또는 $a>2$

(ii) (두 근의 합)>0이어야 하므로

　$4a>0$ ∴ $a>0$

(iii) (두 근의 곱)>0이어야 하므로

　$16>0$

(i), (ii), (iii)을 동시에 만족시키는 a의 값의 범위는

$a>2$

05-1 답 (1) $x\le3$ (2) $-2<x<\dfrac{3}{2}$

　　　(3) $x\ge\dfrac{1}{2}$ (4) $-3<x<1$

(1) $4^{2x-1}\le8\times2^{3x-2}$에서

　$(2^2)^{2x-1}\le2^3\times2^{3x-2}$

　$2^{4x-2}\le2^{3x+1}$

　밑이 1보다 크므로

　$4x-2\le3x+1$ ∴ $x\le3$

(2) $9^{x(x-1)}<27^{2-x}$에서

　$(3^2)^{x(x-1)}<(3^3)^{2-x}$

　$3^{2x^2-2x}<3^{6-3x}$

　밑이 1보다 크므로

　$2x^2-2x<6-3x$, $2x^2+x-6<0$

　$(x+2)(2x-3)<0$

　∴ $-2<x<\dfrac{3}{2}$

(3) $\left(\dfrac{1}{3}\right)^{2x+1}\ge\left(\dfrac{1}{81}\right)^x$에서

　$\left(\dfrac{1}{3}\right)^{2x+1}\ge\left\{\left(\dfrac{1}{3}\right)^4\right\}^x$

　$\left(\dfrac{1}{3}\right)^{2x+1}\ge\left(\dfrac{1}{3}\right)^{4x}$

　밑이 1보다 작으므로

　$2x+1\le4x$ ∴ $x\ge\dfrac{1}{2}$

(4) $125 \times 0.2^{x^2} > \left(\frac{1}{25}\right)^{-x}$ 에서

$5^3 \times \left(\frac{1}{5}\right)^{x^2} > \left\{\left(\frac{1}{5}\right)^2\right\}^{-x}$, $\left(\frac{1}{5}\right)^{x^2-3} > \left(\frac{1}{5}\right)^{-2x}$

밑이 1보다 작으므로

$x^2-3 < -2x$, $x^2+2x-3 < 0$

$(x+3)(x-1) < 0$

$\therefore -3 < x < 1$

05-2 답 $\dfrac{8}{3}$

$\left(\frac{1}{8}\right)^{2x+1} \leq 32 \leq \left(\frac{1}{2}\right)^{3x-9}$ 에서

$2^{-3(2x+1)} \leq 2^5 \leq 2^{-(3x-9)}$, $2^{-6x-3} \leq 2^5 \leq 2^{-3x+9}$

밑이 1보다 크므로

$-6x-3 \leq 5 \leq -3x+9$

(i) $-6x-3 \leq 5$에서 $x \geq -\dfrac{4}{3}$

(ii) $5 \leq -3x+9$에서 $x \leq \dfrac{4}{3}$

(i), (ii)를 동시에 만족시키는 x의 값의 범위는

$-\dfrac{4}{3} \leq x \leq \dfrac{4}{3}$

따라서 $M=\dfrac{4}{3}$, $m=-\dfrac{4}{3}$이므로

$M-m=\dfrac{8}{3}$

06-1 답 (1) $1 < x < 2$ (2) $x < 1$ 또는 $x > 3$

       (3) $-3 \leq x \leq -1$ (4) $x \leq -2$

(1) $25^x - 6 \times 5^{x+1} + 125 < 0$에서

$(5^x)^2 - 30 \times 5^x + 125 < 0$

$5^x = t (t>0)$로 놓으면

$t^2-30t+125 < 0$, $(t-5)(t-25) < 0$

$\therefore 5 < t < 25$

$t = 5^x$이므로

$5 < 5^x < 25$, $5^1 < 5^x < 5^2$

밑이 1보다 크므로 $1 < x < 2$

(2) $9^x - 10 \times 3^{x+1} + 81 > 0$에서

$(3^x)^2 - 30 \times 3^x + 81 > 0$

$3^x = t (t>0)$로 놓으면

$t^2-30t+81 > 0$, $(t-3)(t-27) > 0$

$\therefore t < 3$ 또는 $t > 27$

그런데 $t>0$이므로 $0 < t < 3$ 또는 $t > 27$

$t = 3^x$이므로

$0 < 3^x < 3$ 또는 $3^x > 27$

$3^x < 3^1$ 또는 $3^x > 3^3$

밑이 1보다 크므로 $x < 1$ 또는 $x > 3$

(3) $\left(\frac{1}{4}\right)^x - 5 \times \left(\frac{1}{2}\right)^{x-1} + 16 \leq 0$에서

$\left\{\left(\frac{1}{2}\right)^x\right\}^2 - 10 \times \left(\frac{1}{2}\right)^x + 16 \leq 0$

$\left(\frac{1}{2}\right)^x = t (t>0)$로 놓으면

$t^2-10t+16 \leq 0$, $(t-2)(t-8) \leq 0$

$\therefore 2 \leq t \leq 8$

$t = \left(\frac{1}{2}\right)^x$이므로

$2 \leq \left(\frac{1}{2}\right)^x \leq 8$, $\left(\frac{1}{2}\right)^{-1} \leq \left(\frac{1}{2}\right)^x \leq \left(\frac{1}{2}\right)^{-3}$

밑이 1보다 작으므로 $-3 \leq x \leq -1$

(4) $\left(\frac{1}{9}\right)^x + \left(\frac{1}{3}\right)^{x-1} \geq \left(\frac{1}{3}\right)^{x-2} + 27$에서

$\left\{\left(\frac{1}{3}\right)^x\right\}^2 + 3 \times \left(\frac{1}{3}\right)^x \geq 9 \times \left(\frac{1}{3}\right)^x + 27$

$\left\{\left(\frac{1}{3}\right)^x\right\}^2 - 6 \times \left(\frac{1}{3}\right)^x - 27 \geq 0$

$\left(\frac{1}{3}\right)^x = t (t>0)$로 놓으면

$t^2-6t-27 \geq 0$, $(t+3)(t-9) \geq 0$

$\therefore t \leq -3$ 또는 $t \geq 9$

그런데 $t>0$이므로 $t \geq 9$

$t = \left(\frac{1}{3}\right)^x$이므로

$\left(\frac{1}{3}\right)^x \geq 9$, $\left(\frac{1}{3}\right)^x \geq \left(\frac{1}{3}\right)^{-2}$

밑이 1보다 작으므로 $x \leq -2$

06-2 답 $\dfrac{9}{8}$

$4^x - a \times 2^x + b > 0$에서

$(2^x)^2 - a \times 2^x + b > 0$ …… ㉠

$2^x = t (t>0)$로 놓으면

$t^2-at+b > 0$ …… ㉡

부등식 ㉠의 해가 $x < -2$ 또는 $x > 1$이므로

$2^x < 2^{-2}$ 또는 $2^x > 2^1$

따라서 부등식 ㉡의 해는

$t < \dfrac{1}{4}$ 또는 $t > 2$

해가 $t < \dfrac{1}{4}$ 또는 $t > 2$이고 t^2의 계수가 1인 이차부등식은

$\left(t - \dfrac{1}{4}\right)(t-2) > 0$

$\therefore t^2 - \dfrac{9}{4}t + \dfrac{1}{2} > 0$

$t = 2^x$이므로 $4^x - \dfrac{9}{4} \times 2^x + \dfrac{1}{2} > 0$

따라서 $a = \dfrac{9}{4}$, $b = \dfrac{1}{2}$이므로 $ab = \dfrac{9}{8}$

07-1 답 **$0<x<1$ 또는 $x>3$**

(i) $0<x<1$일 때, $3x-2<x+4$ $\quad\therefore x<3$

그런데 $0<x<1$이므로 $0<x<1$

(ii) $x=1$일 때, $1>1$이므로 모순이다.

따라서 해는 없다.

(iii) $x>1$일 때, $3x-2>x+4$ $\quad\therefore x>3$

(i), (ii), (iii)에서 주어진 부등식의 해는

$0<x<1$ 또는 $x>3$

07-2 답 **3**

(i) $0<x<1$일 때, $x^2\geq 2x+3$, $x^2-2x-3\geq 0$

$(x+1)(x-3)\geq 0$ $\quad\therefore x\leq -1$ 또는 $x\geq 3$

그런데 $0<x<1$이므로 해는 없다.

(ii) $x=1$일 때, $1\leq 1$이므로 $x=1$은 해이다.

(iii) $x>1$일 때, $x^2\leq 2x+3$, $x^2-2x-3\leq 0$

$(x+1)(x-3)\leq 0$ $\quad\therefore -1\leq x\leq 3$

그런데 $x>1$이므로 $1<x\leq 3$

(i), (ii), (iii)에서 주어진 부등식의 해는 $1\leq x\leq 3$

따라서 $m=1$, $n=3$이므로 $mn=3$

07-3 답 **$x>2$**

(i) $0<x-1<1$, 즉 $1<x<2$일 때,

$x+2>4x-1$ $\quad\therefore x<1$

그런데 $1<x<2$이므로 해는 없다.

(ii) $x-1=1$, 즉 $x=2$일 때, $1<1$이므로 모순이다.

따라서 해는 없다.

(iii) $x-1>1$, 즉 $x>2$일 때,

$x+2<4x-1$ $\quad\therefore x>1$

그런데 $x>2$이므로 $x>2$

(i), (ii)에서 주어진 부등식의 해는 $x>2$

08-1 답 **(1) $k\geq 9$ (2) $k\geq 1$**

(1) $9^x-2\times 3^{x+1}+k\geq 0$에서

$(3^x)^2-6\times 3^x+k\geq 0$

$3^x=t\,(t>0)$로 놓으면

$t^2-6t+k\geq 0$

$f(t)=t^2-6t+k$라 하면

$f(t)=(t-3)^2+k-9$

$t>0$에서 $f(t)$의 최솟값은

$k-9$

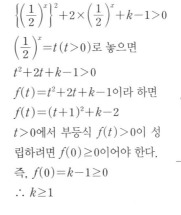

따라서 부등식 $f(t)\geq 0$이 $t>0$

인 모든 실수 t에 대하여 성립하려면

$k-9\geq 0$ $\quad\therefore k\geq 9$

(2) $\left(\dfrac{1}{4}\right)^x+\left(\dfrac{1}{2}\right)^{x-1}+k-1>0$에서

$\left\{\left(\dfrac{1}{2}\right)^x\right\}^2+2\times\left(\dfrac{1}{2}\right)^x+k-1>0$

$\left(\dfrac{1}{2}\right)^x=t\,(t>0)$로 놓으면

$t^2+2t+k-1>0$

$f(t)=t^2+2t+k-1$이라 하면

$f(t)=(t+1)^2+k-2$

$t>0$에서 부등식 $f(t)>0$이 성

립하려면 $f(0)\geq 0$이어야 한다.

즉, $f(0)=k-1\geq 0$

$\therefore k\geq 1$

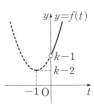

08-2 답 **$a\leq 1$**

$4^x-a\times 2^{x+2}+4\geq 0$에서

$(2^x)^2-4a\times 2^x+4\geq 0$

$2^x=t\,(t>0)$로 놓으면

$t^2-4at+4\geq 0$

$f(t)=t^2-4at+4$라 하면

$f(t)=(t-2a)^2+4-4a^2$

$t>0$에서 부등식 $f(t)\geq 0$이 성립하려면

(i) $2a\geq 0$, 즉 $a\geq 0$일 때,

$4-4a^2\geq 0$이어야 하므로

$a^2-1\leq 0$, $(a+1)(a-1)\leq 0$

$\therefore -1\leq a\leq 1$

그런데 $a\geq 0$이므로 $0\leq a\leq 1$

(ii) $2a<0$, 즉 $a<0$일 때,

$f(0)\geq 0$이어야 한다.

$f(0)=4\geq 0$이므로 모든 실수 t

에 대하여 성립한다.

$\therefore a<0$

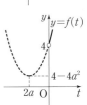

(i), (ii)에서 $t>0$에서 부등식 $f(t)\geq 0$이 성립하려면

$a\leq 1$

09-1 답 **5시간**

10마리의 박테리아 A가 3시간 후에 640마리가 되므로

$10\times a^3=640$, $a^3=64$

$\therefore a=4$

10마리의 박테리아 A가 x시간 후에 10240마리 이상이 된

다고 하면

$10\times 4^x\geq 10240$, $4^x\geq 1024$

$4^x\geq 4^5$ $\quad\therefore x\geq 5$

따라서 박테리아 A가 10240마리 이상이 되는 것은 번식

을 시작한 지 5시간 후부터이다.

09-2 답 13.5등급

$\dfrac{(n\text{등급의 밝기})}{(n+1\text{등급의 밝기})}=k$라 하자.

1등급의 별의 밝기가 6등급의 별의 밝기의 100배이므로

$\dfrac{(1\text{등급의 밝기})}{(6\text{등급의 밝기})}=k^5=100$

$\dfrac{(1\text{등급의 밝기})}{(2\text{등급의 밝기})}\times\dfrac{(2\text{등급의 밝기})}{(3\text{등급의 밝기})}\times\cdots\times\dfrac{(5\text{등급의 밝기})}{(6\text{등급의 밝기})}$

$\therefore\ k=100^{\frac{1}{5}}=10^{\frac{2}{5}}$

즉, n등급의 별은 $n+1$등급의 별보다 $10^{\frac{2}{5}}$배 밝다.

6등급의 별보다 1000배 어두운 별의 등급을 x라 하면

6등급의 별은 x등급의 별보다 1000배 밝으므로

$\dfrac{(6\text{등급의 밝기})}{(x\text{등급의 밝기})}=k^{x-6}=1000$에서

$10^{\frac{2}{5}(x-6)}=10^3$

따라서 $\dfrac{2}{5}(x-6)=3$이므로

$x-6=\dfrac{15}{2}$ $\therefore\ x=\dfrac{27}{2}=13.5$

따라서 6등급의 별보다 1000배 어두운 별은 13.5등급이다.

연습문제 69~70쪽

1 6	**2** ⑤	**3** $x=1$	**4** ⑤	**5** $\dfrac{5}{2}$
6 4	**7** 2	**8** ②	**9** 6	**10** -3
11 $a\le4$	**12** ②	**13** ④	**14** ③	

1 $27^{x+1}-9^{x+4}=0$에서 $27^{x+1}=9^{x+4}$

$(3^3)^{x+1}=(3^2)^{x+4}$, $3^{3x+3}=3^{2x+8}$

$3x^2+3=2x+8$이므로

$3x^2-2x-5=0$, $(x+1)(3x-5)=0$

$\therefore\ x=-1$ 또는 $x=\dfrac{5}{3}$

따라서 $\alpha=-1$, $\beta=\dfrac{5}{3}$이므로

$3\beta-\alpha=3\times\dfrac{5}{3}-(-1)=6$

2 $\begin{cases}2^{x+1}-3^{y-1}=-1\\2^{x-2}+3^{y+1}=82\end{cases}$에서

$\begin{cases}2\times2^x-\dfrac{1}{3}\times3^y=-1\\\dfrac{1}{4}\times2^x+3\times3^y=82\end{cases}$

$2^x=X$, $3^y=Y$로 놓으면

$\begin{cases}2X-\dfrac{1}{3}Y=-1\\\dfrac{1}{4}X+3Y=82\end{cases}$

이 연립방정식을 풀면 $X=4$, $Y=27$

즉, $2^x=4=2^2$, $3^y=27=3^3$이므로

$x=2$, $y=3$

따라서 $\alpha=2$, $\beta=3$이므로 $\alpha\beta=6$

3 $(f\circ g)(x)=(g\circ f)(x)$에서

$2^{2x+2}+10=2(2^x+10)+2$

$4\times(2^x)^2-2\times2^x-12=0$

$2^x=t\ (t>0)$로 놓으면

$4t^2-2t-12=0$, $2t^2-t-6=0$

$(2t+3)(t-2)=0$ $\therefore\ t=2\ (\because\ t>0)$

$t=2^x$이므로 $2^x=2$ $\therefore\ x=1$

4 $x>0$이므로 $(x^2)^x=x^x\times x^6$에서

$x^{2x}=x^{x+6}$

(i) 밑이 1이면 $x=1$

(ii) 지수가 같으면 $2x=x+6$ $\therefore\ x=6$

(i), (ii)에서 모든 근의 곱은 $1\times6=6$

5 함수 $y=2^{-x+3}-4$의 그래프가 y축과 만나는 점의 y좌표는

$2^3-4=4$ $\therefore\ \mathrm{A}(0,\ 4)$

함수 $y=2^x-2$의 그래프가 y축과 만나는 점의 y좌표는

$2^0-2=-1$ $\therefore\ \mathrm{B}(0,\ -1)$

두 함수의 그래프의 교점의 x좌표는

$2^{-x+3}-4=2^x-2$, $2^x-8\times2^{-x}+2=0$

$2^x=t\ (t>0)$로 놓으면

$t-\dfrac{8}{t}+2=0$, $t^2+2t-8=0$

$(t+4)(t-2)=0$

$\therefore\ t=2\ (\because\ t>0)$

$t=2^x$이므로

$2^x=2$ $\therefore\ x=1$

$y=2^x-2$에 $x=1$을 대입하면

$y=2^1-2=0$ $\therefore\ \mathrm{C}(1,\ 0)$

따라서 삼각형 ABC의 넓이는

$\dfrac{1}{2}\times5\times1=\dfrac{5}{2}$

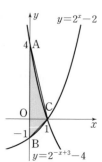

6 $2^{2x+1}-9\times 2^x+k=0$에서

$2(2^x)^2-9\times 2^x+k=0$ ...... ㉠

$2^x=t\,(t>0)$로 놓으면

$2t^2-9t+k=0$ ...... ㉡

방정식 ㉠의 두 근을 α, β라 하면 방정식 ㉡의 두 근은

2^α, 2^β

따라서 ㉡에서 이차방정식의 근과 계수의 관계에 의하여

$2^\alpha\times 2^\beta=\dfrac{k}{2}$

이때 ㉠의 두 근의 합이 1, 즉 $\alpha+\beta=1$이므로

$k=2^{\alpha+\beta+1}=2^{1+1}=4$

7 $9^x-k\times 3^{x+1}+9=0$에서

$(3^x)^2-3k\times 3^x+9=0$

$3^x=t\,(t>0)$로 놓으면

$t^2-3kt+9=0$ ...... ㉠

주어진 방정식이 오직 하나의 실근을 가지면 ㉠은 오직

하나의 양의 실근을 갖는다.

이때 ㉠에서 (두 근의 곱)$=9>0$이므로 ㉠은 양수인 중근

을 갖는다.

㉠의 판별식을 D라 하면 $D=0$이어야 하므로

$D=9k^2-36=0$, $k^2-4=0$

$(k+2)(k-2)=0$ $\therefore k=-2$ 또는 $k=2$

그런데 ㉠의 근이 양수이어야 하므로

$k=2$

8 $\left(\dfrac{1}{9}\right)^{x^2+2x+5}\le\left(\dfrac{1}{81}\right)^{x^2+2x-5}$에서

$\left(\dfrac{1}{9}\right)^{x^2+2x+5}\le\left(\dfrac{1}{9}\right)^{2x^2+4x-10}$

밑이 1보다 작으므로

$x^2+2x+5\ge 2x^2+4x-10$, $x^2+2x-15\le 0$

$(x+5)(x-3)\le 0$ $\therefore -5\le x\le 3$

따라서 x의 최댓값은 3, 최솟값은 -5이므로 그 합은

$3+(-5)=-2$

9 $(3^x-81)\left(\dfrac{1}{5^x}-125\right)>0$이므로

$3^x-81>0$, $\dfrac{1}{5^x}-125>0$ 또는 $3^x-81<0$, $\dfrac{1}{5^x}-125<0$

(i) $3^x-81>0$, $\dfrac{1}{5^x}-125>0$인 경우

$3^x>81$에서 $3^x>3^4$ $\therefore x>4$ ...... ㉠

$\dfrac{1}{5^x}>125$에서 $\left(\dfrac{1}{5}\right)^x>\left(\dfrac{1}{5}\right)^{-3}$

$\therefore x<-3$ ...... ㉡

㉠, ㉡을 동시에 만족시키는 해는 없다.

(ii) $3^x-81<0$, $\dfrac{1}{5^x}-125<0$인 경우

$3^x<81$에서

$3^x<3^4$ $\therefore x<4$ ...... ㉢

$\dfrac{1}{5^x}<125$에서

$\left(\dfrac{1}{5}\right)^x<\left(\dfrac{1}{5}\right)^{-3}$ $\therefore x>-3$ ...... ㉣

㉢, ㉣을 동시에 만족시키는 x의 값의 범위는

$-3<x<4$

(i), (ii)에서 주어진 부등식의 해는

$-3<x<4$

따라서 정수 x는 -2, -1, 0, 1, 2, 3의 6개이다.

10 (i) $0<x<1$일 때,

$-x+2<2x-10$, $-3x<-12$ $\therefore x>4$

그런데 $0<x<1$이므로 해는 없다.

(ii) $x=1$일 때, $1>1$이므로 해는 없다.

(iii) $x>1$일 때,

$-x+2>2x-10$, $-3x>-12$ $\therefore x<4$

그런데 $x>1$이므로 $1<x<4$

(i), (ii), (iii)에서 주어진 부등식의 해는

$1<x<4$

따라서 $m=1$, $n=4$이므로

$m-n=-3$

11 $9^x-a\times 3^x+4\ge 0$에서

$(3^x)^2-a\times 3^x+4\ge 0$

$3^x=t\,(t>0)$로 놓으면 $t^2-at+4\ge 0$

$f(t)=t^2-at+4$라 하면

$f(t)=\left(t-\dfrac{a}{2}\right)^2+4-\dfrac{a^2}{4}$

$t>0$에서 부등식 $f(t)\ge 0$이 성립하려면

(i) $\dfrac{a}{2}\ge 0$, 즉 $a\ge 0$일 때,

$4-\dfrac{a^2}{4}\ge 0$이어야 하므로

$a^2-16\le 0$, $(a+4)(a-4)\le 0$

$\therefore -4\le a\le 4$

그런데 $a\ge 0$이므로 $0\le a\le 4$

(ii) $\dfrac{a}{2}<0$, 즉 $a<0$일 때,

$f(0)\ge 0$이어야 한다.

$f(0)=4\ge 0$이므로 모든 실수 t

에 대하여 성립한다.

$\therefore a<0$

(i), (ii)에서 $t>0$에서 부등식 $f(t)\ge 0$이 성립하려면

$a\le 4$

12 $\dfrac{Q(4)}{Q(2)}=\dfrac{3}{2}$ 에서 $\dfrac{Q_0(1-2^{-\frac{4}{a}})}{Q_0(1-2^{-\frac{2}{a}})}=\dfrac{3}{2}$

$2(1-2^{-\frac{4}{a}})=3(1-2^{-\frac{2}{a}})$

$2(1-2^{-\frac{2}{a}})(1+2^{-\frac{2}{a}})=3(1-2^{-\frac{2}{a}})$ ······ ㉠

a는 양의 상수이므로 $2^{-\frac{2}{a}}\neq1$

㉠의 양변을 $1-2^{-\frac{2}{a}}$으로 나누면

$2(1+2^{-\frac{2}{a}})=3,\ 2^{-\frac{2}{a}}=\dfrac{1}{2},\ 2^{-\frac{2}{a}}=2^{-1}$

$-\dfrac{2}{a}=-1$ $\quad\therefore a=2$

13 $\left(\dfrac{1}{2}\right)^{f(x)g(x)}\geq\left(\dfrac{1}{8}\right)^{g(x)}$ 에서

$\left(\dfrac{1}{2}\right)^{f(x)g(x)}\geq\left(\dfrac{1}{2}\right)^{3g(x)}$

밑이 1보다 작으므로

$f(x)g(x)\leq3g(x),\ g(x)\{f(x)-3\}\leq0$

$\therefore g(x)\geq0,\ f(x)\leq3$ 또는 $g(x)\leq0,\ f(x)\geq3$

(i) $g(x)\geq0,\ f(x)\leq3$인 경우

$g(x)\geq0$에서 $x\geq3$ ······ ㉠

$f(x)\leq3$에서 $1\leq x\leq5$ ······ ㉡

㉠, ㉡을 동시에 만족시키는 x의 값의 범위는

$3\leq x\leq5$

(ii) $g(x)\leq0,\ f(x)\geq3$인 경우

$g(x)\leq0$에서 $x\leq3$ ······ ㉢

$f(x)\geq3$에서 $x\leq1$ 또는 $x\geq5$ ······ ㉣

㉢, ㉣을 동시에 만족시키는 x의 값의 범위는

$x\leq1$

(i), (ii)에서 주어진 부등식의 해는

$x\leq1$ 또는 $3\leq x\leq5$

따라서 자연수 x는 1, 3, 4, 5이므로 그 합은

$1+3+4+5=13$

14 50년마다 방사성 물질의 양이 반으로 줄어들므로 n년 후 방사성 물질의 양은 처음 양의 $\left(\dfrac{1}{2}\right)^{\frac{n}{50}}$이 된다.

$\therefore \left(\dfrac{1}{2}\right)^{\frac{n}{50}}=\dfrac{1}{100}$

이때 $\left(\dfrac{1}{2}\right)^{7}<\dfrac{1}{100}<\left(\dfrac{1}{2}\right)^{6}$이므로

$\left(\dfrac{1}{2}\right)^{7}<\left(\dfrac{1}{2}\right)^{\frac{n}{50}}<\left(\dfrac{1}{2}\right)^{6}$

밑이 1보다 작으므로

$6<\dfrac{n}{50}<7$ $\quad\therefore 300<n<350$

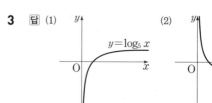

Ⅰ-2 03 로그함수

1 로그함수

개념 CHECK 72쪽

1 답 ㄱ, ㄷ

2 답 (1) -1 (2) 0 (3) $\dfrac{1}{2}$ (4) 3

3 답 (1) | (2)

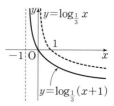

4 답 (1) $y=\log_2 x$ (2) $y=\log_{\frac{1}{3}} x$

문제 73~80쪽

01-1 답 풀이 참조

(1) $y=\log_{\frac{1}{3}}(x+1)$의 그래프는 $y=\log_{\frac{1}{3}} x$의 그래프를 x축의 방향으로 -1만큼 평행이동한 것이므로 다음 그림과 같다.

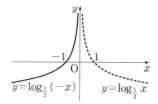

$\therefore$ 정의역: $\{x\,|\,x>-1\}$, 점근선의 방정식: $x=-1$

(2) $y=\log_{\frac{1}{3}}(-x)$의 그래프는 $y=\log_{\frac{1}{3}} x$의 그래프를 y축에 대하여 대칭이동한 것이므로 다음 그림과 같다.

$\therefore$ 정의역: $\{x\,|\,x<0\}$, 점근선의 방정식: $x=0$

(3) $y=-\log_{\frac{1}{3}}(-x)$의 그래프는 $y=\log_{\frac{1}{3}}x$의 그래프를 원점에 대하여 대칭이동한 것이므로 다음 그림과 같다.

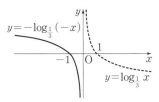

∴ 정의역: $\{x|x<0\}$, 점근선의 방정식: $x=0$

01-2 답 풀이 참조

$y=\log_2 4(x-1)$
$=\log_2 4+\log_2(x-1)$
$=\log_2(x-1)+2$

따라서 $y=\log_2 4(x-1)$의 그래프는 $y=\log_2 x$의 그래프를 x축의 방향으로 1만큼, y축의 방향으로 2만큼 평행이동한 것이므로 다음 그림과 같다.

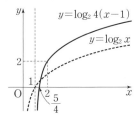

02-1 답 -4

$y=\log_2 x$의 그래프를 y축의 방향으로 2만큼 평행이동하면
$y-2=\log_2 x$
$\therefore y=\log_2 x+2$
이 그래프를 y축에 대하여 대칭이동하면
$y=\log_2(-x)+2$
$=\log_2(-x)+\log_2 4$
$=\log_2(-4x)$
$\therefore a=-4$

02-2 답 -1

$y=4\log_3 x-5$의 그래프를 x축에 대하여 대칭이동하면
$-y=4\log_3 x-5$
$\therefore y=-4\log_3 x+5$
이 그래프를 x축의 방향으로 -3만큼, y축의 방향으로 2만큼 평행이동하면
$y-2=-4\log_3(x+3)+5$
$\therefore y=-4\log_3(x+3)+7$
이 그래프가 점 $(6, k)$를 지나므로
$k=-4\log_3(6+3)+7$
$=-4\log_3 9+7$
$=-8+7=-1$

02-3 답 -2

$y=\log_3 x$의 그래프를 x축의 방향으로 a만큼, y축의 방향으로 b만큼 평행이동하면
$y-b=\log_3(x-a)$
$\therefore y=\log_3(x-a)+b$
점근선의 방정식이 $x=-3$이므로 $a=-3$
$y=\log_3(x+3)+b$의 그래프가 점 $(0, 2)$를 지나므로
$2=\log_3 3+b$ $\therefore b=1$
$\therefore a+b=-3+1=-2$

03-1 답 9

$y=\log_3 x$의 그래프는 점 $(1, 0)$을 지나므로
$a=1$
$y=3^x$의 그래프는 점 (a, c), 즉 점 $(1, c)$를 지나므로
$c=3^1=3$
$y=\log_3 x$의 그래프는 점 (b, c), 즉 점 $(b, 3)$을 지나므로
$3=\log_3 b$ $\therefore b=3^3=27$
$y=3^x$의 그래프는 점 (b, d), 즉 점 $(27, d)$를 지나므로
$d=3^{27}$
$\therefore \log_b d=\log_{3^3} 3^{27}=\frac{27}{3}=9$

03-2 답 27

$\overline{AB}=\frac{3}{2}$이므로 $\log_3 k-\log_9 k=\frac{3}{2}$
$\log_3 k-\frac{1}{2}\log_3 k=\frac{3}{2}$, $\frac{1}{2}\log_3 k=\frac{3}{2}$
$\log_3 k=3$ $\therefore k=3^3=27$

04-1 답 (1) $\log_3 7<\log_9 80<2$
　　　　(2) $\log_{\frac{1}{2}} 5<\log_{\frac{1}{4}} 20<-2$

(1) $2=\log_3 3^2=\log_3 9$

$\log_9 80=\log_{3^2} 80=\frac{1}{2}\log_3 80$
$=\log_3 80^{\frac{1}{2}}=\log_3 \sqrt{80}$
$7<\sqrt{80}<9$이고, 밑이 1보다 크므로
$\log_3 7<\log_3 \sqrt{80}<\log_3 9$
$\therefore \log_3 7<\log_9 80<2$

(2) $\log_{\frac{1}{4}} 20=\log_{\left(\frac{1}{2}\right)^2} 20=\frac{1}{2}\log_{\frac{1}{2}} 20$
$=\log_{\frac{1}{2}} 20^{\frac{1}{2}}=\log_{\frac{1}{2}} \sqrt{20}$

$-2=\log_{\frac{1}{2}}\left(\frac{1}{2}\right)^{-2}=\log_{\frac{1}{2}} 4$

$4<\sqrt{20}<5$이고, 밑이 1보다 작으므로
$\log_{\frac{1}{2}} 5<\log_{\frac{1}{2}} \sqrt{20}<\log_{\frac{1}{2}} 4$
$\therefore \log_{\frac{1}{2}} 5<\log_{\frac{1}{4}} 20<-2$

04-2 답 $B<A<C$

$A=2\log_a 5=\log_a 5^2=\log_a 25$

$B=-3\log_{\frac{1}{a}}3=-3\log_{a^{-1}}3=3\log_a 3=\log_a 3^3=\log_a 27$

$C=3\log_a 2+\log_a 3=\log_a 2^3+\log_a 3=\log_a(2^3\times 3)$
$\quad=\log_a 24$

$24<25<27$이고, $0<a<1$이므로

$\log_a 27<\log_a 25<\log_a 24$

$\therefore B<A<C$

05-1 답 (1) $y=\log_2(x-1)+1$

(2) $y=\left(\dfrac{1}{3}\right)^{x+3}+2$

(1) $y=2^{x-1}+1$에서 $y-1=2^{x-1}$

로그의 정의에 의하여 $x-1=\log_2(y-1)$

$\therefore x=\log_2(y-1)+1$

x와 y를 서로 바꾸어 역함수를 구하면

$y=\log_2(x-1)+1$

(2) $y=\log_{\frac{1}{3}}(x-2)-3$에서 $y+3=\log_{\frac{1}{3}}(x-2)$

로그의 정의에 의하여

$x-2=\left(\dfrac{1}{3}\right)^{y+3}$ $\quad\therefore x=\left(\dfrac{1}{3}\right)^{y+3}+2$

x와 y를 서로 바꾸어 역함수를 구하면

$y=\left(\dfrac{1}{3}\right)^{x+3}+2$

05-2 답 5

$y=\log_2(x+a)-3$에서 $y+3=\log_2(x+a)$

로그의 정의에 의하여

$x+a=2^{y+3}$ $\quad\therefore x=2^{y+3}-a$

x와 y를 서로 바꾸어 역함수를 구하면

$y=2^{x+3}-a$

따라서 $a=2$, $b=3$이므로

$a+b=5$

05-3 답 $\dfrac{1}{9}$

두 함수 $y=\log_{\frac{1}{3}}x$, $y=f(x)$가 서로 역함수이므로 두 함수의 그래프는 직선 $y=x$에 대하여 대칭이다.

점 $Q(-1, b)$가 $y=f(x)$의 그래프 위의 점이므로

점 $(b, -1)$은 $y=\log_{\frac{1}{3}}x$의 그래프 위의 점이다.

$-1=\log_{\frac{1}{3}}b$에서 $b=\left(\dfrac{1}{3}\right)^{-1}=3$

따라서 점 $P(a, 3)$은 $y=\log_{\frac{1}{3}}x$의 그래프 위의 점이므로

$3=\log_{\frac{1}{3}}a$ $\quad\therefore a=\left(\dfrac{1}{3}\right)^3=\dfrac{1}{27}$

$\therefore ab=\dfrac{1}{27}\times 3=\dfrac{1}{9}$

06-1 답 (1) 최댓값: 3, 최솟값: 1

(2) 최댓값: 0, 최솟값: -1

(1) 함수 $y=\log_2(x-1)$은 밑이 1보다 크므로 $3\leq x\leq 9$에서 함수 $y=\log_2(x-1)$은

$x=9$일 때, 최댓값은 $\log_2 8=3$

$x=3$일 때, 최솟값은 $\log_2 2=1$

(2) 함수 $y=\log_{\frac{1}{3}}(2x-1)+1$은 밑이 1보다 작으므로

$2\leq x\leq 5$에서 함수 $y=\log_{\frac{1}{3}}(2x-1)+1$은

$x=2$일 때, 최댓값은 $\log_{\frac{1}{3}}3+1=0$

$x=5$일 때, 최솟값은 $\log_{\frac{1}{3}}9+1=-1$

06-2 답 2

함수 $y=\log_5(2x-3)+4$의 밑이 1보다 크므로

$2\leq x\leq 14$에서 함수 $y=\log_5(2x-3)+4$는

$x=14$일 때, $M=\log_5 25+4=6$

$x=2$일 때, $m=\log_5 1+4=4$

$\therefore M-m=6-4=2$

06-3 답 -1

함수 $y=\log_{\frac{1}{3}}(x-a)$의 밑이 1보다 작으므로 $5\leq x\leq 11$

에서 함수 $y=\log_{\frac{1}{3}}(x-a)$는 $x=5$일 때 최댓값은

$\log_{\frac{1}{3}}(5-a)$, $x=11$일 때 최솟값은 $\log_{\frac{1}{3}}(11-a)$이다.

이때 최솟값이 -2이므로 $-2=\log_{\frac{1}{3}}(11-a)$

$\left(\dfrac{1}{3}\right)^{-2}=11-a$ $\quad\therefore a=2$

따라서 함수 $y=\log_{\frac{1}{3}}(x-2)$의 최댓값은

$\log_{\frac{1}{3}}(5-2)=-1$

07-1 답 (1) 최댓값: -2, 최솟값: 없다.

(2) 최댓값: 2, 최솟값: 0

(1) $y=\log_{\frac{1}{3}}(x^2-4x+13)$에서 $f(x)=x^2-4x+13$이라

하면 $f(x)=(x-2)^2+9$ $\quad\therefore f(x)\geq 9$

따라서 함수 $y=\log_{\frac{1}{3}}f(x)$의 밑이 1보다 작으므로

$f(x)\geq 9$에서 함수 $y=\log_{\frac{1}{3}}f(x)$는

$f(x)=9$일 때, 최댓값은 $\log_{\frac{1}{3}}9=-2$

최솟값은 없다.

(2) $y=\log_3(-x^2+2x+9)$에서 $f(x)=-x^2+2x+9$라

하면 $f(x)=-(x-1)^2+10$

$2\leq x\leq 4$에서 $f(x)$의 값의 범위는 $1\leq f(x)\leq 9$

따라서 함수 $y=\log_3 f(x)$의 밑이 1보다 크므로

$1\leq f(x)\leq 9$에서 함수 $y=\log_3 f(x)$는

$f(x)=9$일 때, 최댓값은 $\log_3 9=2$

$f(x)=1$일 때, 최솟값은 $\log_3 1=0$

07-2 답 0

진수의 조건에서

$x-3>0$, $5-x>0$

$\therefore 3<x<5$ ······ ㉠

$y=\log_2(x-3)+\log_2(5-x)$에서

$y=\log_2(x-3)(5-x)=\log_2(-x^2+8x-15)$

$f(x)=-x^2+8x-15$라 하면

$f(x)=-(x-4)^2+1$

㉠에서 $0<f(x)\leq1$

따라서 함수 $y=\log_2 f(x)$의 밑이 1보다 크므로

$0<f(x)\leq1$에서 함수 $y=\log_2 f(x)$는

$f(x)=1$일 때, 최댓값은 $\log_2 1=0$

07-3 답 $\dfrac{1}{3}$

$y=\log_a(x^2-4x+6)$에서 $f(x)=x^2-4x+6$이라 하면

$f(x)=(x-2)^2+2$

$-3\leq x\leq4$에서 $2\leq f(x)\leq27$

따라서 함수 $y=\log_a f(x)$에서 $0<a<1$이므로

$2\leq f(x)\leq27$에서 함수 $y=\log_a f(x)$는 $f(x)=27$일 때

최솟값은 $\log_a 27$이다.

이때 최솟값이 -3이므로

$-3=\log_a 27$, $a^{-3}=27$

$\therefore a=27^{-\frac{1}{3}}=3^{-1}=\dfrac{1}{3}$

08-1 답 (1) 최댓값: 4, 최솟값: $-\dfrac{1}{2}$ (2) 6

(1) $y=2(\log_{\frac{1}{2}} x)^2+\log_{\frac{1}{2}} x^2=2(\log_{\frac{1}{2}} x)^2+2\log_{\frac{1}{2}} x$

$\log_{\frac{1}{2}} x=t$로 놓으면 $1\leq x\leq4$에서

$\log_{\frac{1}{2}} 4\leq t\leq\log_{\frac{1}{2}} 1$ $\therefore -2\leq t\leq0$

이때 주어진 함수는

$y=2t^2+2t=2\left(t+\dfrac{1}{2}\right)^2-\dfrac{1}{2}$

따라서 $-2\leq t\leq0$에서 함수 $y=2\left(t+\dfrac{1}{2}\right)^2-\dfrac{1}{2}$은

$t=-2$일 때, 최댓값은 4

$t=-\dfrac{1}{2}$일 때, 최솟값은 $-\dfrac{1}{2}$

(2) $y=\log_2 x+\log_x 512=\log_2 x+\log_x 2^9$

$=\log_2 x+9\log_x 2=\log_2 x+\dfrac{9}{\log_2 x}$

$x>1$에서 $\log_2 x>0$이므로 산술평균과 기하평균의 관계에 의하여

$y=\log_2 x+\dfrac{9}{\log_2 x}\geq2\sqrt{\log_2 x\times\dfrac{9}{\log_2 x}}=6$

(단, 등호는 $\log_2 x=3$일 때 성립)

따라서 구하는 최솟값은 6이다.

08-2 답 $a=3$, $b=2$

$y=(\log_3 x)^2+a\log_{27} x^2+b=(\log_3 x)^2+\dfrac{2}{3}a\log_3 x+b$

$\log_3 x=t$로 놓으면

$y=t^2+\dfrac{2}{3}at+b=\left(t+\dfrac{1}{3}a\right)^2-\dfrac{1}{9}a^2+b$

이때 $x=\dfrac{1}{3}$, 즉 $t=-1$에서 최솟값 1을 가지므로

$-\dfrac{1}{3}a=-1$, $-\dfrac{1}{9}a^2+b=1$

$\therefore a=3$, $b=2$

연습문제
81~83쪽

1 16 **2** ④ **3** -6 **4** 30 **5** 3

6 ㄱ, ㄷ, ㄹ **7** ④ **8** ④ **9** $\dfrac{1}{3}$

10 $A>B>C$ **11** -2 **12** ④ **13** $(16, 4)$

14 ② **15** 4 **16** 6 **17** ① **18** ③

19 8 **20** ㄴ, ㄷ **21** ①

---

1 $f(2)=\log_2 2=1$ $\therefore a=1$

$f(8)=\log_2 8=3$ $\therefore b=3$

$f(k)=a+b=4$이므로

$\log_2 k=4$ $\therefore k=2^4=16$

2 $y=\log_2 2(x-4)+2=\log_2 2+\log_2(x-4)+2$

$=\log_2(x-4)+3$ ······ ㉠

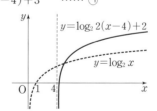

① 정의역은 $\{x|x>4\}$이다.

② 그래프는 제2사분면과 제3사분면을 지나지 않는다.

③ 밑이 1보다 크므로 x의 값이 증가하면 y의 값도 증가한다.

④ ㉠에 $x=6$을 대입하면 $y=\log_2(6-4)+3=4$

따라서 점 $(6, 4)$를 지난다.

⑤ $y=\log_2 x$의 그래프를 x축의 방향으로 4만큼, y축의 방향으로 3만큼 평행이동한 것과 같다.

따라서 옳지 않은 것은 ④이다.

3 $y=\log_2 8x+3=\log_2 x+6$의 그래프를 x축의 방향으로 2만큼 평행이동하면

$y=\log_2(x-2)+6$

이 그래프를 x축에 대하여 대칭이동하면

$y=-\log_2(x-2)-6$

이 그래프가 점 $(3,\,k)$를 지나므로

$k=-\log_2 1-6=-6$

4 $y=\log x$의 그래프를 x축의 방향으로 a만큼, y축의 방향으로 b만큼 평행이동하면

$y=\log(x-a)+b$

이 그래프가 점 $(4,\,b)$를 지나므로

$b=\log(4-a)+b$, $\log(4-a)=0$ $\quad\therefore a=3$

$y=\log(x-3)+b$의 그래프가 점 $(13,\,11)$을 지나므로

$11=\log(13-3)+b$, $11=1+b$ $\quad\therefore b=10$

$\therefore ab=3\times10=30$

5 점근선의 방정식이 $x=2$이므로 $a=2$

$y=\log_3(x-2)+b$의 그래프가 점 $(5,\,2)$를 지나므로

$2=\log_3(5-2)+b$, $2=1+b$ $\quad\therefore b=1$

$\therefore a+b=2+1=3$

6 ㄱ. $y=\log_3 x$의 그래프를 직선 $y=x$에 대하여 대칭이동하면 $y=3^x$

이 그래프를 x축의 방향으로 2만큼 평행이동하면

$y=3^{x-2}$

ㄴ. $y=\log_9 x^2=\dfrac{1}{2}\log_3 x^2=\log_3\sqrt{x^2}=\log_3|x|$

따라서 $y=\log_9 x^2$의 그래프는 오른쪽 그림과 같으므로 $y=\log_3 x$의 그래프를 평행이동 또는 대칭이동하여 겹쳐질 수 없다.

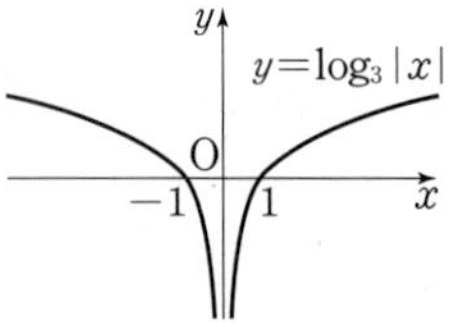

ㄷ. $y=\log_3 x$의 그래프를 직선 $y=x$에 대하여 대칭이동하면 $y=3^x$

이 그래프를 y축에 대하여 대칭이동하면 $y=3^{-x}=\dfrac{1}{3^x}$

이 그래프를 y축의 방향으로 1만큼 평행이동하면

$y=\dfrac{1}{3^x}+1$

ㄹ. $y=2\log_9 x-1=\log_3 x-1$

따라서 $y=2\log_9 x-1$의 그래프는 $y=\log_3 x$의 그래프를 y축의 방향으로 -1만큼 평행이동한 것과 같다.

따라서 보기의 함수 중 그 그래프가 $y=\log_3 x$의 그래프를 평행이동 또는 대칭이동하여 겹쳐질 수 있는 것은 ㄱ, ㄷ, ㄹ이다.

7 $y=\log_{\frac{1}{3}}(x+3)+k$의 그래프는 $y=\log_{\frac{1}{3}}x$의 그래프를 x축의 방향으로 -3만큼, y축의 방향으로 k만큼 평행이동한 것이다.

이때 그래프가 제3사분면을 지나지 않으려면 오른쪽 그림과 같아야 한다.

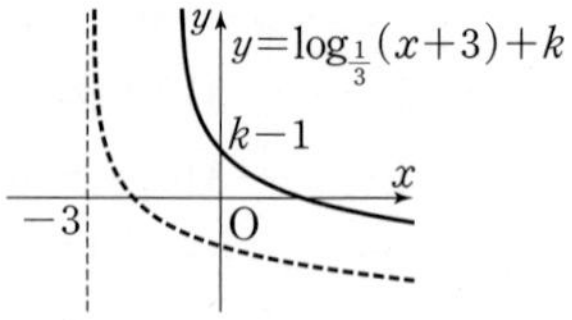

$f(x)=\log_{\frac{1}{3}}(x+3)+k$

라 하면 $f(0)\geq0$이어야 하므로 $k-1\geq0$ $\quad\therefore k\geq1$

따라서 k의 최솟값은 1이다.

8 $C(k,\,0)$이라 하면 $\overline{CD}=4$이므로 $D(k,\,4)$

점 D가 $y=\log_2 x$의 그래프 위의 점이므로

$4=\log_2 k$ $\quad\therefore k=2^4=16$

$\therefore C(16,\,0)$

한편 $\overline{BC}=4$이므로 $B(12,\,0)$

이때 $E(12,\,t)$라 하면 점 E는 $y=\log_2 x$의 그래프 위의 점이고 $\overline{BE}=t$이므로

$t=\log_2 12=\log_2(2^2\times3)=2+\log_2 3$

따라서 정사각형 FGBE의 한 변의 길이는 $2+\log_2 3$이다.

9 $P(2,\,\log_a 2)$, $Q(2,\,\log_b 2)$, $R(2,\,-\log_a 2)$이므로

$\overline{PQ}=\log_a 2-\log_b 2$, $\overline{QR}=\log_b 2+\log_a 2$

$\overline{PQ}:\overline{QR}=1:2$에서 $\overline{QR}=2\overline{PQ}$이므로

$\log_b 2+\log_a 2=2(\log_a 2-\log_b 2)$, $\log_a 2=3\log_b 2$

$\dfrac{1}{\log_2 a}=\dfrac{3}{\log_2 b}$, $3\log_2 a=\log_2 b$

$\log_2 a^3=\log_2 b$ $\quad\therefore a^3=b$

$\therefore g(a)=\log_b a=\log_{a^3}a=\dfrac{1}{3}$

10 $1<x<3$의 각 변에 밑이 3인 로그를 취하면

$\log_3 1<\log_3 x<\log_3 3$

$\therefore 0<\log_3 x<1$ $\quad\therefore 0<B<1$

$A=\log_x 3=\dfrac{1}{\log_3 x}>1$ $\quad\therefore A>B$

$B-C=\log_3 x-(\log_3 x)^2=\log_3 x(1-\log_3 x)>0$

$\therefore B>C$ $\quad\therefore A>B>C$

11 $y=\log_9(x-1)+\dfrac{3}{2}$에서 $y-\dfrac{3}{2}=\log_9(x-1)$

$x-1=9^{y-\frac{3}{2}}$ $\quad\therefore x=9^{y-\frac{3}{2}}+1$

x와 y를 서로 바꾸면 $y=9^{x-\frac{3}{2}}+1=3^{2x-3}+1$

따라서 $a=-3$, $b=1$이므로 $a+b=-2$

12 함수 $f(x)=\log_3\dfrac{x+1}{x-1}(x>1)$의 역함수가 $g(x)$이고,

$g(\alpha)=3,\ g(\beta)=5$이므로

$f(3)=\alpha,\ f(5)=\beta$

$\alpha=f(3)=\log_3\dfrac{3+1}{3-1}=\log_3 2$

$\beta=f(5)=\log_3\dfrac{5+1}{5-1}=\log_3\dfrac{3}{2}=1-\log_3 2$

$\therefore\ \alpha+\beta=\log_3 2+1-\log_3 2=1$

13 $y=2^x$의 그래프는 점 $(0,\ 1)$을 지나므로

$A(0,\ 1)$

점 B의 y좌표는 1이므로 $B(b,\ 1)$이라 하면

$\log_2 b=1$ $\therefore\ b=2$ $\therefore\ B(2,\ 1)$

한편 함수 $y=\log_2 x$는 함수 $y=2^x$의 역함수이므로 두 함수의 그래프는 직선 $y=x$에 대하여 대칭이다.

따라서 점 B와 점 C는 직선 $y=x$에 대하여 대칭이므로

$C(1,\ 2)$

점 D의 y좌표는 2이므로 $D(d,\ 2)$라 하면

$\log_2 d=2$ $\therefore\ d=2^2=4$ $\therefore\ D(4,\ 2)$

점 D와 점 E는 직선 $y=x$에 대하여 대칭이므로

$E(2,\ 4)$

점 F의 y좌표는 4이므로 $F(f,\ 4)$라 하면

$\log_2 f=4$ $\therefore\ f=2^4=16$ $\therefore\ F(16,\ 4)$

14 $a>1$이므로 함수 $y=\log_a x+b$의 그래프와 그 역함수의 그래프의 교점은 $y=\log_a x+b$의 그래프와 직선 $y=x$의 교점과 같다.

이때 두 교점의 x좌표가 1, 3이므로 $y=\log_a x+b$의 그래프는 두 점 $(1,\ 1),\ (3,\ 3)$을 지난다.

$1=\log_a 1+b$에서 $b=1$

$3=\log_a 3+1$에서 $2=\log_a 3$

$a^2=3$ $\therefore\ a=\sqrt{3}\ (\because\ a>1)$

$\therefore\ ab=\sqrt{3}\times 1=\sqrt{3}$

15 함수 $y=\log_3(x-a)+2$의 밑이 1보다 크므로 $3\le x\le 21$에서 함수 $y=\log_3(x-a)+2$는 $x=21$일 때 최댓값 $\log_3(21-a)+2$, $x=3$일 때 최솟값 $\log_3(3-a)+2$이다.

이때 최댓값이 5이므로

$\log_3(21-a)+2=5,\ 21-a=3^3$ $\therefore\ a=-6$

따라서 함수 $y=\log_3(x+6)+2$의 최솟값은

$\log_3 9+2=4$

16 함수 $y=\log_2(x^2-4x+a)$에서 $f(x)=x^2-4x+a$라 하면

$f(x)=(x-2)^2+a-4$

$3\le x\le 9$에서 $a-3\le f(x)\le a+45$

함수 $y=\log_2 f(x)$의 밑이 1보다 크므로

$a-3\le f(x)\le a+45$에서 함수 $y=\log_2 f(x)$는

$f(x)=a+45$일 때 최댓값은 $\log_2(a+45)$,

$f(x)=a-3$일 때 최솟값은 $\log_2(a-3)$이다.

이때 최솟값이 4이므로

$4=\log_2(a-3),\ a-3=2^4$ $\therefore\ a=19$

따라서 함수 $y=\log_2 f(x)$의 최댓값은

$\log_2(19+45)=\log_2 64=6$

17 $y=3^{\log x}\times x^{\log 3}-3(x^{\log 3}+3^{\log x})+10$

$\quad=3^{\log x}\times 3^{\log x}-3(3^{\log x}+3^{\log x})+10$

$\quad=(3^{\log x})^2-6\times 3^{\log x}+10$

$3^{\log x}=t\,(t>0)$로 놓으면 주어진 함수는

$y=t^2-6t+10=(t-3)^2+1$

$t=3$일 때, 최솟값이 1이므로

$3^{\log x}=3$에서 $\log x=1$

$\therefore\ x=10$ $\therefore\ a=10$

최솟값이 1이므로 $b=1$

$\therefore\ a+b=10+1=11$

18 $y=\log_{\frac{1}{2}}x+\log_x\dfrac{1}{256}=\log_{\frac{1}{2}}x+\dfrac{8}{\log_{\frac{1}{2}}x}$

$0<x<1$에서 $\log_{\frac{1}{2}}x>0$이므로 산술평균과 기하평균의 관계에 의하여

$y=\log_{\frac{1}{2}}x+\dfrac{8}{\log_{\frac{1}{2}}x}\ge 2\sqrt{\log_{\frac{1}{2}}x\times\dfrac{8}{\log_{\frac{1}{2}}x}}=4\sqrt{2}$

(단, 등호는 $\log_{\frac{1}{2}}x=2\sqrt{2}$일 때 성립)

따라서 구하는 최솟값은 $4\sqrt{2}$이다.

19 $y=\log_2 2x=\log_2 x+1,\ y=\log_2\dfrac{x}{2}=\log_2 x-1$이므로

함수 $y=\log_2\dfrac{x}{2}$의 그래프는 함수 $y=\log_2 2x$의 그래프를 y축의 방향으로 -2만큼 평행이동한 것이다.

즉, 오른쪽 그림에서 빗금 친 두 부분의 넓이가 서로 같으므로 구하는 넓이는 평행사변형 ABCD의 넓이와 같다.

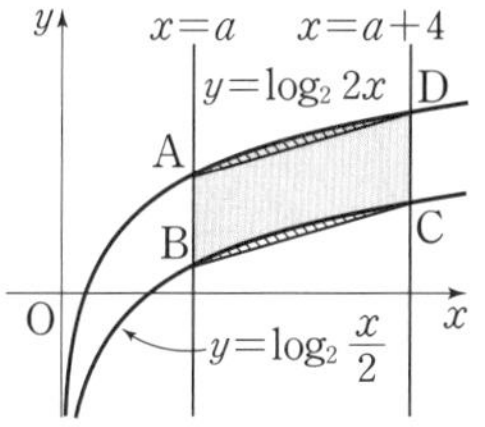

이때 $\overline{AB}=2$이고 두 직선 $x=a,\ x=a+4$ 사이의 거리는 4이므로

$\square ABCD=2\times 4=8$

20 두 함수 $y=\log_3 x$와 $y=\log_4 x$의 그래프는 다음 그림과 같다.

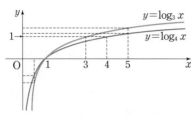

ㄱ. 함수 $y=(\log_4 3)^x$에서 밑 $\log_4 3$이 $0<\log_4 3<1$이므로 $a<b$이면
$$(\log_4 3)^a>(\log_4 3)^b$$

ㄴ. 위의 그림에서 $0<x<1$일 때 함수 $y=\log_4 x$의 그래프가 함수 $y=\log_3 x$의 그래프보다 위에 있으므로
$$\log_3 x<\log_4 x$$

ㄷ. 주어진 로그의 밑을 변환하면
$$\log_{\frac{1}{3}}5=-\log_3 5$$
$$\log_{\frac{1}{4}}5=-\log_4 5$$
위의 그림에서 $\log_4 5<\log_3 5$이므로
$$-\log_3 5<-\log_4 5$$
$$\therefore \log_{\frac{1}{3}}5<\log_{\frac{1}{4}}5$$

따라서 보기 중 옳은 것은 ㄴ, ㄷ이다.

21 점 B의 x좌표는 4이므로
$$\log_2 4=2 \qquad \therefore B(4, 2)$$
점 $B(4, 2)$를 지나고 기울기가 -1인 직선을 l이라 하고, 함수 $y=2^x$의 그래프가 직선 l과 만나는 점을 C'이라 하자.

함수 $y=2^{x+1}+1$의 그래프는 함수 $y=2^x$의 그래프를 x축의 방향으로 -1만큼, y축의 방향으로 1만큼 평행이동한 것이므로 점 C는 점 C'을 x축의 방향으로 -1만큼, y축의 방향으로 1만큼 평행이동한 것이다.

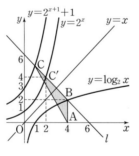

이때 함수 $y=\log_2 x$의 역함수는 $y=2^x$이고 $B(4, 2)$이므로
$$C'(2, 4)$$
즉, 점 C의 좌표는 점 C'을 x축의 방향으로 -1만큼, y축의 방향으로 1만큼 평행이동한 것이므로
$$(2-1, 4+1) \qquad \therefore C(1, 5)$$
따라서 삼각형 ABC의 넓이는
$$\frac{1}{2}\times 2\times (4-1)=3$$

1 로그함수의 활용

개념 CHECK   84쪽

1 답 (1) $x=5$ (2) $x=1$

2 답 (1) $\dfrac{3}{2}<x\leq\dfrac{7}{2}$ (2) $x>3$

문제   85~92쪽

01-1 답 (1) $x=3$ (2) $x=5$ (3) $x=7$ (4) $x=4$

(1) 진수의 조건에서
$$x-2>0,\ x+6>0 \qquad \therefore x>2 \quad \cdots\cdots\ \bigcirc$$
$\log_{\frac{1}{3}}(x-2)+\log_{\frac{1}{3}}(x+6)=-2$에서
$$\log_{\frac{1}{3}}(x-2)(x+6)=-2$$
로그의 정의에 의하여
$$(x-2)(x+6)=\left(\frac{1}{3}\right)^{-2},\ x^2+4x-21=0$$
$$(x+7)(x-3)=0 \qquad \therefore x=-7\ \text{또는}\ x=3$$
따라서 $\bigcirc$에 의하여 주어진 방정식의 해는 $x=3$

(2) 진수의 조건에서
$$x-1>0,\ x-3>0 \qquad \therefore x>3 \quad \cdots\cdots\ \bigcirc$$
$\log_2(x-1)+\log_2(x-3)=3$에서
$$\log_2(x-1)(x-3)=3$$
로그의 정의에서
$$(x-1)(x-3)=2^3,\ x^2-4x-5=0$$
$$(x+1)(x-5)=0 \qquad \therefore x=-1\ \text{또는}\ x=5$$
따라서 $\bigcirc$에 의하여 주어진 방정식의 해는 $x=5$

(3) 진수의 조건에서
$$x+2>0,\ x-3>0,\ 5x+1>0$$
$$\therefore x>3 \quad \cdots\cdots\ \bigcirc$$
$\log_2(x+2)+\log_2(x-3)=\log_2(5x+1)$에서
$$\log_2(x+2)(x-3)=\log_2(5x+1)$$
진수끼리 비교하면
$$(x+2)(x-3)=5x+1,\ x^2-6x-7=0$$
$$(x+1)(x-7)=0 \qquad \therefore x=-1\ \text{또는}\ x=7$$
따라서 $\bigcirc$에 의하여 주어진 방정식의 해는 $x=7$

(4) 진수의 조건에서

$2x+1>0$, $x-1>0$ $\therefore$ $x>1$ ······ ㉠

$\log_{\frac{1}{4}}(2x+1)=\log_{\frac{1}{2}}(x-1)$에서

$\dfrac{1}{2}\log_{\frac{1}{2}}(2x+1)=\log_{\frac{1}{2}}(x-1)$

$\log_{\frac{1}{2}}(2x+1)=2\log_{\frac{1}{2}}(x-1)$

$\log_{\frac{1}{2}}(2x+1)=\log_{\frac{1}{2}}(x-1)^2$

진수끼리 비교하면

$2x+1=(x-1)^2$, $x^2-4x=0$

$x(x-4)=0$ $\therefore$ $x=0$ 또는 $x=4$

따라서 ㉠에 의하여 주어진 방정식의 해는 $x=4$

01-2 답 $x=3$

밑과 진수의 조건에서

$x^2-2x+1>0$, $x^2-2x+1\neq1$, $2x-1>0$

$\therefore$ $\dfrac{1}{2}<x<1$ 또는 $1<x<2$ 또는 $x>2$ ······ ㉠

$\log_{x^2-2x+1}(2x-1)=\log_4(2x-1)$에서

(i) 밑이 같으면

$x^2-2x+1=4$, $x^2-2x-3=0$

$(x+1)(x-3)=0$ $\therefore$ $x=-1$ 또는 $x=3$

그런데 ㉠에 의하여 $x=3$

(ii) 진수가 1이면

$2x-1=1$ $\therefore$ $x=1$

그런데 ㉠에 의하여 해는 없다.

(i), (ii)에서 주어진 방정식의 해는 $x=3$

02-1 답 (1) $x=4$ 또는 $x=8$

(2) $x=\dfrac{1}{100}$ 또는 $x=10000$

(3) $x=2$ 또는 $x=16$

(4) $x=\dfrac{1}{2}$ 또는 $x=8$

(1) 진수의 조건에서

$x>0$, $x^5>0$ $\therefore$ $x>0$ ······ ㉠

$(\log_2 x)^2-\log_2 x^5+6=0$에서

$(\log_2 x)^2-5\log_2 x+6=0$

$\log_2 x=t$로 놓으면

$t^2-5t+6=0$, $(t-2)(t-3)=0$

$\therefore$ $t=2$ 또는 $t=3$

$t=\log_2 x$이므로 $\log_2 x=2$ 또는 $\log_2 x=3$

$\therefore$ $x=2^2=4$ 또는 $x=2^3=8$

따라서 ㉠에 의하여 주어진 방정식의 해는

$x=4$ 또는 $x=8$

(2) 진수의 조건에서

$x>0$, $x^2>0$ $\therefore$ $x>0$ ······ ㉠

$(\log x)^2=\log x^2+8$에서

$(\log x)^2=2\log x+8$

$\log x=t$로 놓으면

$t^2=2t+8$, $t^2-2t-8=0$

$(t+2)(t-4)=0$ $\therefore$ $t=-2$ 또는 $t=4$

$t=\log x$이므로

$\log x=-2$ 또는 $\log x=4$

$\therefore$ $x=10^{-2}=\dfrac{1}{100}$ 또는 $x=10^4=10000$

따라서 ㉠에 의하여 주어진 방정식의 해는

$x=\dfrac{1}{100}$ 또는 $x=10000$

(3) 진수의 조건에서

$\dfrac{4}{x}>0$, $\dfrac{x}{8}>0$ $\therefore$ $x>0$ ······ ㉠

$\log_{\frac{1}{2}}\dfrac{4}{x}\times\log_{\frac{1}{2}}\dfrac{x}{8}=-2$에서

$\left(\log_{\frac{1}{2}}4-\log_{\frac{1}{2}}x\right)\left(\log_{\frac{1}{2}}x-\log_{\frac{1}{2}}8\right)=-2$

$\left(-2-\log_{\frac{1}{2}}x\right)\left(\log_{\frac{1}{2}}x+3\right)=-2$

$\log_{\frac{1}{2}}x=t$로 놓으면

$(-2-t)(t+3)=-2$, $t^2+5t+4=0$

$(t+4)(t+1)=0$ $\therefore$ $t=-4$ 또는 $t=-1$

$t=\log_{\frac{1}{2}}x$이므로

$\log_{\frac{1}{2}}x=-4$ 또는 $\log_{\frac{1}{2}}x=-1$

$\therefore$ $x=\left(\dfrac{1}{2}\right)^{-4}=16$ 또는 $x=\left(\dfrac{1}{2}\right)^{-1}=2$

따라서 ㉠에 의하여 주어진 방정식의 해는

$x=2$ 또는 $x=16$

(4) 밑과 진수의 조건에서

$x>0$, $x\neq1$ $\therefore$ $0<x<1$ 또는 $x>1$ ······ ㉠

$\log_2 x=\log_x 8+2$에서

$\log_2 x=3\log_x 2+2$

$\log_2 x=\dfrac{3}{\log_2 x}+2$

$\log_2 x=t$로 놓으면 $t=\dfrac{3}{t}+2$, $t^2-2t-3=0$

$(t+1)(t-3)=0$ $\therefore$ $t=-1$ 또는 $t=3$

$t=\log_2 x$이므로

$\log_2 x=-1$ 또는 $\log_2 x=3$

$x=2^{-1}=\dfrac{1}{2}$ 또는 $x=2^3=8$

따라서 ㉠에 의하여 주어진 방정식의 해는

$x=\dfrac{1}{2}$ 또는 $x=8$

02-2 **답** 81

밑과 진수의 조건에서

$x>0$, $x\neq1$

$\therefore 0<x<1$ 또는 $x>1$ $\quad$ …… ㉠

$\log_3 x+\log_x 27=4$에서

$\log_3 x+3\log_x 3=4$

$\log_3 x+\dfrac{3}{\log_3 x}=4$

$\log_3 x=t$로 놓으면 $t+\dfrac{3}{t}=4$

$t^2-4t+3=0$ $\quad$ …… ㉡

$(t-1)(t-3)=0$ $\quad$ $\therefore t=1$ 또는 $t=3$

$t=\log_3 x$이므로

$\log_3 x=1$ 또는 $\log_3 x=3$

$\therefore x=3^1=3$ 또는 $x=3^3=27$

따라서 ㉠에 의하여 주어진 방정식의 해는

$x=3$ 또는 $x=27$

$\therefore \alpha\beta=3\times27=81$

다른 풀이

주어진 방정식의 두 근이 α, β이므로 방정식 ㉡의 두 근은

$\log_3 \alpha$, $\log_3 \beta$

㉡에서 이차방정식의 근과 계수의 관계에 의하여

$\log_3 \alpha+\log_3 \beta=4$, $\log_3 \alpha\beta=4$

$\therefore \alpha\beta=3^4=81$

03-1 **답** (1) $x=\dfrac{1}{10}$ 또는 $x=1000$

$\qquad$ (2) $x=\dfrac{1}{9}$ 또는 $x=\sqrt{3}$

(1) 진수의 조건에서

$x>0$ $\quad$ …… ㉠

$x^{\log x}=1000x^2$의 양변에 상용로그를 취하면

$\log x^{\log x}=\log 1000x^2$

$\log x\times\log x=\log 1000+\log x^2$

$(\log x)^2-2\log x-3=0$

$\log x=t$로 놓으면

$t^2-2t-3=0$, $(t+1)(t-3)=0$

$\therefore t=-1$ 또는 $t=3$

$t=\log x$이므로

$\log x=-1$ 또는 $\log x=3$

$\therefore x=10^{-1}=\dfrac{1}{10}$ 또는 $x=10^3=1000$

따라서 ㉠에 의하여 주어진 방정식의 해는

$x=\dfrac{1}{10}$ 또는 $x=1000$

(2) 진수의 조건에서 $x>0$ $\quad$ …… ㉠

$x^{2\log_3 x}=\dfrac{9}{x^3}$의 양변에 밑이 3인 로그를 취하면

$\log_3 x^{2\log_3 x}=\log_3 \dfrac{9}{x^3}$

$2\log_3 x\times\log_3 x=\log_3 9-\log_3 x^3$

$2(\log_3 x)^2+3\log_3 x-2=0$

$\log_3 x=t$로 놓으면

$2t^2+3t-2=0$, $(t+2)(2t-1)=0$

$\therefore t=-2$ 또는 $t=\dfrac{1}{2}$

$t=\log_3 x$이므로

$\log_3 x=-2$ 또는 $\log_3 x=\dfrac{1}{2}$

$\therefore x=3^{-2}=\dfrac{1}{9}$ 또는 $x=3^{\frac{1}{2}}=\sqrt{3}$

따라서 ㉠에 의하여 주어진 방정식의 해는

$x=\dfrac{1}{9}$ 또는 $x=\sqrt{3}$

03-2 **답** $x=\dfrac{1}{6}$

진수의 조건에서 $x>0$ $\quad$ …… ㉠

$2^{\log 2x}=3^{\log 3x}$의 양변에 상용로그를 취하면

$\log 2^{\log 2x}=\log 3^{\log 3x}$

$\log 2x\times\log 2=\log 3x\times\log 3$

$(\log 2+\log x)\log 2=(\log 3+\log x)\log 3$

$(\log 2-\log 3)\log x=(\log 3)^2-(\log 2)^2$

$\therefore \log x=\dfrac{(\log 3+\log 2)(\log 3-\log 2)}{\log 2-\log 3}$

$\qquad\qquad =-(\log 3+\log 2)=-\log 6=\log \dfrac{1}{6}$

$\therefore x=\dfrac{1}{6}$ $(\because$ ㉠$)$

04-1 **답** (1) $4<x<7$ (2) $5<x\leq9$

$\qquad$ (3) $4<x\leq5$ (4) $x>\dfrac{29}{2}$

(1) 진수의 조건에서

$x>0$, $7-x>0$, $5x-8>0$

$\therefore \dfrac{8}{5}<x<7$ $\quad$ …… ㉠

$\log x+\log (7-x)<\log (5x-8)$에서

$\log x(7-x)<\log (5x-8)$

밑이 1보다 크므로 $x(7-x)<5x-8$

$x^2-2x-8>0$, $(x+2)(x-4)>0$

$\therefore x<-2$ 또는 $x>4$ $\quad$ …… ㉡

㉠, ㉡을 동시에 만족시키는 x의 값의 범위는

$4<x<7$

(2) 진수의 조건에서

$2x-2>0$, $x-5>0$ $\therefore x>5$ …… ㉠

$\log_{\frac{1}{5}}(2x-2)\le 2\log_{\frac{1}{5}}(x-5)$에서

$\log_{\frac{1}{5}}(2x-2)\le\log_{\frac{1}{5}}(x-5)^2$

밑이 1보다 작으므로 $2x-2\ge(x-5)^2$

$x^2-12x+27\le 0$, $(x-3)(x-9)\le 0$

$\therefore 3\le x\le 9$ …… ㉡

㉠, ㉡을 동시에 만족시키는 x의 값의 범위는

$5<x\le 9$

(3) 진수의 조건에서

$x-1>0$, $x-4>0$ $\therefore x>4$ …… ㉠

$\log_{\frac{1}{2}}(x-1)+\log_{\frac{1}{2}}(x-4)\ge -2$에서

$\log_{\frac{1}{2}}(x-1)(x-4)\ge\log_{\frac{1}{2}}4$

밑이 1보다 작으므로 $(x-1)(x-4)\le 4$

$x^2-5x\le 0$, $x(x-5)\le 0$

$\therefore 0\le x\le 5$ …… ㉡

㉠, ㉡을 동시에 만족시키는 x의 값의 범위는

$4<x\le 5$

(4) 진수의 조건에서

$x-2>0$ $\therefore x>2$ …… ㉠

$\log_5(x-2)+\log_{25}4>2$에서

$\log_5(x-2)+\log_5 2>\log_5 25$

$\log_5 2(x-2)>\log_5 25$

밑이 1보다 크므로

$2(x-2)>25$, $x-2>\dfrac{25}{2}$

$\therefore x>\dfrac{29}{2}$ …… ㉡

㉠, ㉡을 동시에 만족시키는 x의 값의 범위는

$x>\dfrac{29}{2}$

04-2 답 2

진수의 조건에서 $x>0$, $\log_2 x>0$

$x>0$, $\log_2 x>\log_2 1$

$\therefore x>1$ …… ㉠

$\log_3(\log_2 x)\le 0$에서

$\log_3(\log_2 x)\le\log_3 1$

밑이 1보다 크므로 $\log_2 x\le 1$

$\log_2 x\le 1$에서 $\log_2 x\le\log_2 2$

밑이 1보다 크므로

$x\le 2$ …… ㉡

㉠, ㉡을 동시에 만족시키는 x의 값의 범위는

$1<x\le 2$

따라서 자연수 x의 값은 2이다.

05-1 답 (1) $\dfrac{1}{4}\le x\le 16$ (2) $0<x\le\dfrac{1}{27}$ 또는 $x\ge 9$

(3) $\dfrac{1}{32}<x<\dfrac{1}{2}$ (4) $\dfrac{1}{27}<x<3$

(1) 진수의 조건에서 $x>0$ …… ㉠

$\log_4 x=t$로 놓으면

$t^2-t\le 2$, $t^2-t-2\le 0$

$(t+1)(t-2)\le 0$ $\therefore -1\le t\le 2$

$t=\log_4 x$이므로 $-1\le\log_4 x\le 2$

$\log_4\dfrac{1}{4}\le\log_4 x\le\log_4 16$

밑이 1보다 크므로

$\dfrac{1}{4}\le x\le 16$ …… ㉡

㉠, ㉡을 동시에 만족시키는 x의 값의 범위는

$\dfrac{1}{4}\le x\le 16$

(2) 진수의 조건에서 $x>0$ …… ㉠

$\log_{\frac{1}{3}}x=t$로 놓으면

$t^2-t-6\ge 0$, $(t+2)(t-3)\ge 0$

$\therefore t\le -2$ 또는 $t\ge 3$

$t=\log_{\frac{1}{3}}x$이므로 $\log_{\frac{1}{3}}x\le -2$ 또는 $\log_{\frac{1}{3}}x\ge 3$

$\log_{\frac{1}{3}}x\le\log_{\frac{1}{3}}9$ 또는 $\log_{\frac{1}{3}}x\ge\log_{\frac{1}{3}}\dfrac{1}{27}$

밑이 1보다 작으므로

$x\ge 9$ 또는 $x\le\dfrac{1}{27}$ …… ㉡

㉠, ㉡을 동시에 만족시키는 x의 값의 범위는

$0<x\le\dfrac{1}{27}$ 또는 $x\ge 9$

(3) 진수의 조건에서

$4x>0$, $16x>0$ $\therefore x>0$ …… ㉠

$\log_2 4x\times\log_2 16x<3$에서

$(2+\log_2 x)(4+\log_2 x)<3$

$(\log_2 x)^2+6\log_2 x+5<0$

$\log_2 x=t$로 놓으면

$t^2+6t+5<0$, $(t+5)(t+1)<0$

$\therefore -5<t<-1$

$t=\log_2 x$이므로 $-5<\log_2 x<-1$

$\log_2\dfrac{1}{32}<\log_2 x<\log_2\dfrac{1}{2}$

밑이 1보다 크므로

$\dfrac{1}{32}<x<\dfrac{1}{2}$ …… ㉡

㉠, ㉡을 동시에 만족시키는 x의 값의 범위는

$\dfrac{1}{32}<x<\dfrac{1}{2}$

(4) 진수의 조건에서

$$81x^2>0,\ \frac{1}{x}>0 \qquad \therefore\ x>0 \qquad \cdots\cdots \ \text{㉠}$$

$\log_3 81x^2 \times \log_3 \frac{1}{x}>-6$에서

$(\log_3 81+\log_3 x^2)(-\log_3 x)>-6$

$(2\log_3 x+4)(-\log_3 x)>-6$

$2(\log_3 x)^2+4\log_3 x-6<0$

$\log_3 x=t$로 놓으면

$2t^2+4t-6<0,\ t^2+2t-3<0$

$(t+3)(t-1)<0 \qquad \therefore\ -3<t<1$

$t=\log_3 x$이므로 $-3<\log_3 x<1$

$\log_3 \frac{1}{27}<\log_3 x<\log_3 3$

밑이 1보다 크므로 $\dfrac{1}{27}<x<3 \qquad \cdots\cdots \ \text{㉡}$

㉠, ㉡을 동시에 만족시키는 x의 값의 범위는

$$\frac{1}{27}<x<3$$

05-2 답 **16**

진수의 조건에서

$x>0,\ x^4>0 \qquad \therefore\ x>0 \qquad \cdots\cdots \ \text{㉠}$

$(\log_2 x)^2+\log_{\frac{1}{2}} x^4>12$에서

$(\log_2 x)^2-4\log_2 x-12>0$

$\log_2 x=t$로 놓으면

$t^2-4t-12>0,\ (t+2)(t-6)>0$

$\therefore\ t<-2$ 또는 $t>6$

$t=\log_2 x$이므로

$\log_2 x<-2$ 또는 $\log_2 x>6$

$\log_2 x<\log_2 \frac{1}{4}$ 또는 $\log_2 x>\log_2 64$

밑이 1보다 크므로

$x<\dfrac{1}{4}$ 또는 $x>64 \qquad \cdots\cdots \ \text{㉡}$

㉠, ㉡을 동시에 만족시키는 x의 값의 범위는

$0<x<\dfrac{1}{4}$ 또는 $x>64$

따라서 $\alpha=\dfrac{1}{4},\ \beta=64$이므로

$\alpha\beta=16$

06-1 답 (1) $\dfrac{1}{2}<x<16$ (2) $\dfrac{1}{9}\le x\le\dfrac{1}{3}$

(1) 진수의 조건에서 $x>0 \qquad \cdots\cdots \ \text{㉠}$

$x^{\log_2 x}<16x^3$의 양변에 밑이 2인 로그를 취하면

$\log_2 x^{\log_2 x}<\log_2 16x^3,\ \log_2 x\times\log_2 x<\log_2 16+\log_2 x^3$

$\therefore\ (\log_2 x)^2-3\log_2 x-4<0$

$\log_2 x=t$로 놓으면

$t^2-3t-4<0,\ (t+1)(t-4)<0$

$\therefore\ -1<t<4$

$t=\log_2 x$이므로 $-1<\log_2 x<4$

$\log_2 \frac{1}{2}<\log_2 x<\log_2 16$

밑이 1보다 크므로 $\dfrac{1}{2}<x<16 \qquad \cdots\cdots \ \text{㉡}$

㉠, ㉡을 동시에 만족시키는 x의 값의 범위는

$$\frac{1}{2}<x<16$$

(2) 진수의 조건에서 $x>0 \qquad \cdots\cdots \ \text{㉠}$

$x^{\log_{\frac{1}{3}} x}\ge 9x^3$의 양변에 밑이 $\dfrac{1}{3}$인 로그를 취하면

$\log_{\frac{1}{3}} x^{\log_{\frac{1}{3}} x}\le\log_{\frac{1}{3}} 9x^3 \qquad \blacktriangleleft\text{부등호 방향이 바뀜}$

$\log_{\frac{1}{3}} x\times\log_{\frac{1}{3}} x\le\log_{\frac{1}{3}} 9+\log_{\frac{1}{3}} x^3$

$(\log_{\frac{1}{3}} x)^2-3\log_{\frac{1}{3}} x+2\le 0$

$\log_{\frac{1}{3}} x=t$로 놓으면

$t^2-3t+2\le 0,\ (t-1)(t-2)\le 0$

$\therefore\ 1\le t\le 2$

$t=\log_{\frac{1}{3}} x$이므로 $1\le\log_{\frac{1}{3}} x\le 2$

$\log_{\frac{1}{3}} \frac{1}{3}\le\log_{\frac{1}{3}} x\le\log_{\frac{1}{3}} \frac{1}{9}$

밑이 1보다 작으므로

$\dfrac{1}{9}\le x\le\dfrac{1}{3} \qquad \cdots\cdots \ \text{㉡}$

㉠, ㉡을 동시에 만족시키는 x의 값의 범위는

$$\frac{1}{9}\le x\le\frac{1}{3}$$

06-2 답 **24**

진수의 조건에서 $x>0 \qquad \cdots\cdots \ \text{㉠}$

$x^{\log_5 x}<25x$의 양변에 밑이 5인 로그를 취하면

$\log_5 x^{\log_5 x}<\log_5 25x$

$\log_5 x\times\log_5 x<\log_5 25+\log_5 x$

$(\log_5 x)^2-\log_5 x-2<0$

$\log_5 x=t$로 놓으면

$t^2-t-2<0,\ (t+1)(t-2)<0$

$\therefore\ -1<t<2$

$t=\log_5 x$이므로 $-1<\log_5 x<2$

$\log_5 \frac{1}{5}<\log_5 x<\log_5 25$

밑이 1보다 크므로 $\dfrac{1}{5}<x<25 \qquad \cdots\cdots \ \text{㉡}$

㉠, ㉡을 동시에 만족시키는 x의 값의 범위는

$\dfrac{1}{5}<x<25$

따라서 자연수 x는 1, 2, 3, $\cdots$, 24의 24개이다.

07-1 답 (1) $0<a\leq\dfrac{1}{3}$ 또는 $a\geq9$ (2) $0<k\leq9$

(1) 진수의 조건에서

$a>0$ ...... ㉠

이차방정식 $x^2-2x\log_3a+\log_3a+2=0$의 판별식을 D라 하면 $D\geq0$이어야 하므로

$\dfrac{D}{4}=(\log_3a)^2-(\log_3a+2)\geq0$

$(\log_3a)^2-\log_3a-2\geq0$

$\log_3a=t$로 놓으면

$t^2-t-2\geq0$, $(t+1)(t-2)\geq0$

$\therefore t\leq-1$ 또는 $t\geq2$

$t=\log_3a$이므로 $\log_3a\leq-1$ 또는 $\log_3a\geq2$

$\log_3a\leq\log_3\dfrac{1}{3}$ 또는 $\log_3a\geq\log_39$

밑이 1보다 크므로

$a\leq\dfrac{1}{3}$ 또는 $a\geq9$ ...... ㉡

㉠, ㉡을 동시에 만족시키는 a의 값의 범위는

$0<a\leq\dfrac{1}{3}$ 또는 $a\geq9$

(2) 진수의 조건에서

$k>0$ ...... ㉠

$(\log_3x)^2+2\log_33x-\log_9k\geq0$에서

$(\log_3x)^2+2(1+\log_3x)-\log_9k\geq0$

$(\log_3x)^2+2\log_3x+2-\log_9k\geq0$

$\log_3x=t$로 놓으면

$t^2+2t+2-\log_9k\geq0$ ...... ㉡

주어진 부등식이 모든 양수 x에 대하여 성립하려면 $t=\log_3x$에서 모든 실수 t에 대하여 부등식 ㉡이 성립해야 한다.

이차방정식 $t^2+2t+2-\log_9k=0$의 판별식을 D라 하면 $D\leq0$이어야 하므로

$\dfrac{D}{4}=1^2-(2-\log_9k)\leq0$

$\log_9k\leq1$, $\log_9k\leq\log_99$

밑이 1보다 크므로

$k\leq9$ ...... ㉢

㉠, ㉢을 동시에 만족시키는 k의 값의 범위는

$0<k\leq9$

08-1 답 2 mL

처음 방향제를 a mL 분사한 다음 6시간 후에 대기 중에 남아 있는 방향제의 양이 16 mL이므로

$6=6\log_2\dfrac{a}{16}$, $1=\log_2a-\log_216$

$\log_2a=5$ $\therefore a=2^5=32$

처음 방향제를 32 mL 분사한 다음 24시간 후에 대기 중에 남아 있는 방향제의 양을 x mL라 하면

$24=6\log_2\dfrac{32}{x}$, $4=\log_232-\log_2x$

$\log_2x=1$ $\therefore x=2$

따라서 24시간 후에 대기 중에 남아 있는 방향제의 양은 2 mL이다.

08-2 답 24년

현재 매출액을 a라 하고 n년 후 매출액이 현재 매출액의 3배 이상이 된다고 하면

$a\times1.05^n\geq3a$ $\therefore 1.05^n\geq3$

양변에 상용로그를 취하면

$n\log1.05\geq\log3$

$\therefore n\geq\dfrac{\log3}{\log1.05}=\dfrac{0.48}{0.02}=24$

따라서 매출액이 현재의 3배 이상이 되는 것은 24년 후부터이다.

연습문제 93~94쪽

1 $x=5$ **2** 25 **3** ② **4** ③ **5** 8

6 2 **7** ② **8** ③ **9** 242

10 $\dfrac{1}{3}<a<27$ **11** ① **12** ④ **13** 12번

14 ② **15** ⑤

1 진수의 조건에서

$x-3>0$, $9-x>0$

$\therefore 3<x<9$ ...... ㉠

$\log_2(x-3)=\log_4(9-x)$에서

$\log_2(x-3)=\dfrac{1}{2}\log_2(9-x)$

$2\log_2(x-3)=\log_2(9-x)$

$\log_2(x-3)^2=\log_2(9-x)$

진수끼리 비교하면

$(x-3)^2=9-x$, $x^2-5x=0$

$x(x-5)=0$ $\therefore x=0$ 또는 $x=5$

따라서 ㉠에 의하여 주어진 방정식의 해는

$x=5$

2 진수의 조건에서

$x>0,\ y>0$ ...... ㉠

$\log_3 x=X,\ \log_2 y=Y$로 놓으면 주어진 연립방정식은

$$\begin{cases} X+Y=6 \\ XY=8 \end{cases}$$

이 연립방정식을 풀면

$X=2,\ Y=4$ 또는 $X=4,\ Y=2$

$X=\log_3 x,\ Y=\log_2 y$이므로

(i) $X=2,\ Y=4$일 때,

$\log_3 x=2,\ \log_2 y=4$

$\therefore x=3^2=9,\ y=2^4=16$

(ii) $X=4,\ Y=2$일 때,

$\log_3 x=4,\ \log_2 y=2$

$\therefore x=3^4=81,\ y=2^2=4$

㉠에 의하여 주어진 방정식의 해는

$x=9,\ y=16$ 또는 $x=81,\ y=4$

그런데 $\alpha<\beta$이므로

$\alpha=9,\ \beta=16$

$\therefore \alpha+\beta=25$

3 $(\log_2 x)^2-\log_2 x^2-2=0$에서

$(\log_2 x)^2-2\log_2 x-2=0$ ...... ㉠

$\log_2 x=t$로 놓으면

$t^2-2t-2=0$ ...... ㉡

이때 방정식 ㉠의 두 근이 $\alpha,\ \beta$이므로 방정식 ㉡의 두 근은

$\log_2 \alpha,\ \log_2 \beta$

㉡에서 이차방정식의 근과 계수의 관계에 의하여

$\log_2 \alpha+\log_2 \beta=2,\ \log_2 \alpha\times\log_2 \beta=-2$

$\therefore \log_\alpha \beta+\log_\beta \alpha$

$=\dfrac{\log_2 \beta}{\log_2 \alpha}+\dfrac{\log_2 \alpha}{\log_2 \beta}$

$=\dfrac{(\log_2 \alpha)^2+(\log_2 \beta)^2}{\log_2 \alpha\times\log_2 \beta}$

$=\dfrac{(\log_2 \alpha+\log_2 \beta)^2-2\log_2 \alpha\times\log_2 \beta}{\log_2 \alpha\times\log_2 \beta}$

$=\dfrac{2^2-2\times(-2)}{-2}$

$=-4$

4 진수의 조건에서

$a>0$ ...... ㉠

주어진 이차방정식의 판별식을 D라 하면 $D=0$이어야 하므로

$\dfrac{D}{4}=(\log a+2)^2-(2\log a+7)=0$

$(\log a)^2+2\log a-3=0$ ...... ㉡

$\log a=t$로 놓으면

$t^2+2t-3=0,\ (t+3)(t-1)=0$

$\therefore t=-3$ 또는 $t=1$

$t=\log a$이므로

$\log a=-3$ 또는 $\log a=1$

$\log a=\log 10^{-3}$ 또는 $\log a=\log 10$

$\therefore a=\dfrac{1}{1000}$ 또는 $a=10$

㉠에 의하여 방정식 ㉡의 해는 $a=\dfrac{1}{1000}$ 또는 $a=10$

따라서 모든 상수 a의 값의 곱은

$\dfrac{1}{1000}\times 10=\dfrac{1}{100}$

5 진수의 조건에서

$x>0$ ...... ㉠

$\left(\dfrac{x}{4}\right)^{\log_2 x}=16\times 2^{\log_2 x}$의 양변에 밑이 2인 로그를 취하면

$\log_2\left(\dfrac{x}{4}\right)^{\log_2 x}=\log_2(16\times 2^{\log_2 x})$

$\log_2 x(\log_2 x-\log_2 4)=\log_2 16+\log_2 x\times\log_2 2$

$\log_2 x(\log_2 x-2)=\log_2 x+4$

$(\log_2 x)^2-3\log_2 x-4=0$

$\log_2 x=t$로 놓으면

$t^2-3t-4=0$ ...... ㉡

$(t+1)(t-4)=0$ $\therefore t=-1$ 또는 $t=4$

$t=\log_2 x$이므로

$\log_2 x=-1$ 또는 $\log_2 x=4$

$\therefore x=2^{-1}=\dfrac{1}{2}$ 또는 $x=2^4=16$

㉠에 의하여 주어진 방정식의 해는

$x=\dfrac{1}{2}$ 또는 $x=16$

$\therefore \alpha\beta=\dfrac{1}{2}\times 16=8$

다른 풀이

주어진 방정식의 두 근이 $\alpha,\ \beta$이므로 방정식 ㉡의 두 근은

$\log_2 \alpha,\ \log_2 \beta$

㉡에서 이차방정식의 근과 계수의 관계에 의하여

$\log_2 \alpha+\log_2 \beta=3,\ \log_2 \alpha\beta=3$

$\therefore \alpha\beta=2^3=8$

6 진수의 조건에서

$3x+1>0,\ 2x-1>0$

$\therefore x>\dfrac{1}{2}$ ...... ㉠

$\log_{\frac{1}{9}}(3x+1) > \log_{\frac{1}{3}}(2x-1)$에서

$\dfrac{1}{2}\log_{\frac{1}{3}}(3x+1) > \log_{\frac{1}{3}}(2x-1)$

$\log_{\frac{1}{3}}(3x+1) > 2\log_{\frac{1}{3}}(2x-1)$

$\log_{\frac{1}{3}}(3x+1) > \log_{\frac{1}{3}}(2x-1)^2$

밑이 1보다 작으므로

$3x+1 < (2x-1)^2,\ 4x^2-7x > 0$

$x(4x-7) > 0$

$\therefore\ x < 0$ 또는 $x > \dfrac{7}{4}$ $\quad$ …… ㉡

㉠, ㉡을 동시에 만족시키는 x의 값의 범위는

$x > \dfrac{7}{4}$

따라서 자연수 x의 최솟값은 2이다.

7 진수의 조건에서

$|x-1| \neq 0 \quad \therefore\ x \neq 1$ $\quad$ …… ㉠

$2\log_2|x-1| \leq 1 - \log_2\dfrac{1}{2}$에서

$\log_2|x-1| \leq 1,\ \log_2|x-1| \leq \log_2 2$

밑이 1보다 크므로

$|x-1| \leq 2,\ -2 \leq x-1 \leq 2$

$\therefore\ -1 \leq x \leq 3$ $\quad$ …… ㉡

㉠, ㉡을 동시에 만족시키는 x의 값의 범위는

$-1 \leq x < 1$ 또는 $1 < x \leq 3$

따라서 정수 x는 $-1,\ 0,\ 2,\ 3$의 4개이다.

8 진수의 조건에서

$x > 0$ $\quad$ …… ㉠

$3^{\log x} \times x^{\log 3} - 2(3^{\log x} + x^{\log 3}) + 3 < 0$에서

$3^{\log x} \times 3^{\log x} - 2(3^{\log x} + 3^{\log x}) + 3 < 0$

$(3^{\log x})^2 - 4 \times 3^{\log x} + 3 < 0$

$3^{\log x} = t\ (t > 0)$로 놓으면

$t^2 - 4t + 3 < 0,\ (t-1)(t-3) < 0$

$\therefore\ 1 < t < 3$

$t = 3^{\log x}$이므로

$1 < 3^{\log x} < 3,\ 3^0 < 3^{\log x} < 3^1$

지수의 밑이 1보다 크므로

$0 < \log x < 1$

$\log 1 < \log x < \log 10$

로그의 밑이 1보다 크므로

$1 < x < 10$ $\quad$ …… ㉡

㉠, ㉡을 동시에 만족시키는 x의 값의 범위는

$1 < x < 10$

따라서 $\alpha = 1,\ \beta = 10$이므로 $\alpha + \beta = 11$

9 진수의 조건에서

$x > 0$ $\quad$ …… ㉠

$x^{\log_3 x} < 243 x^4$의 양변에 밑이 3인 로그를 취하면

$\log_3 x^{\log_3 x} < \log_3 243 x^4$

$(\log_3 x)^2 < \log_3 243 + \log_3 x^4$

$(\log_3 x)^2 - 4\log_3 x - 5 < 0$

$\log_3 x = t$로 놓으면

$t^2 - 4t - 5 < 0,\ (t+1)(t-5) < 0$

$\therefore\ -1 < t < 5$

$t = \log_3 x$이므로 $-1 < \log_3 x < 5$

$\log_3 \dfrac{1}{3} < \log_3 x < \log_3 243$

밑이 1보다 크므로

$\dfrac{1}{3} < x < 243$ $\quad$ …… ㉡

㉠, ㉡을 동시에 만족시키는 x의 값의 범위는

$\dfrac{1}{3} < x < 243$

따라서 자연수 x는 $1,\ 2,\ 3,\ \cdots,\ 242$의 242개이다.

10 진수의 조건에서 $a > 0$ $\quad$ …… ㉠

이차방정식 $x^2 - 2(1+\log_3 a)x + 4(1+\log_3 a) = 0$의 실근이 존재하지 않으려면 이 이차방정식의 판별식을 D라 할 때 $D < 0$이어야 하므로

$\dfrac{D}{4} = (1+\log_3 a)^2 - 4(1+\log_3 a) < 0$

$(\log_3 a)^2 - 2\log_3 a - 3 < 0$

$\log_3 a = t$로 놓으면

$t^2 - 2t - 3 < 0,\ (t+1)(t-3) < 0$

$\therefore\ -1 < t < 3$

$t = \log_3 a$이므로 $-1 < \log_3 a < 3$

$\log_3 \dfrac{1}{3} < \log_3 a < \log_3 27$

밑이 1보다 크므로 $\dfrac{1}{3} < a < 27$ $\quad$ …… ㉡

㉠, ㉡을 동시에 만족시키는 a의 값의 범위는

$\dfrac{1}{3} < a < 27$

11 진수의 조건에서 $a > 0$ $\quad$ …… ㉠

주어진 이차방정식의 두 근이 모두 양수일 조건은

(i) 판별식 $D \geq 0$이어야 하므로

$\quad \dfrac{D}{4} = (\log_2 a)^2 - (2 - \log_2 a) \geq 0$

$\quad (\log_2 a)^2 + \log_2 a - 2 \geq 0$

$\quad \log_2 a = t$로 놓으면

$\quad t^2 + t - 2 \geq 0,\ (t+2)(t-1) \geq 0$

$\quad t \leq -2$ 또는 $t \geq 1$

$t=\log_2 a$이므로

$\log_2 a \leq -2$ 또는 $\log_2 a \geq 1$

$\log_2 a \leq \log_2 \dfrac{1}{4}$ 또는 $\log_2 a \geq \log_2 2$

밑이 1보다 크므로 $a \leq \dfrac{1}{4}$ 또는 $a \geq 2$

(ii) (두 근의 합) >0이어야 하므로

$2\log_2 a > 0$, $\log_2 a > \log_2 1$

밑이 1보다 크므로 $a > 1$

(iii) (두 근의 곱) >0이어야 하므로

$2-\log_2 a > 0$, $\log_2 a < 2$

$\log_2 a < \log_2 4$

밑이 1보다 크므로 $a < 4$

(i), (ii), (iii)을 동시에 만족시키는 a의 값의 범위는

$2 \leq a < 4$ …… ⓛ

㉠, ⓛ을 동시에 만족시키는 a의 값의 범위는

$2 \leq a < 4$

따라서 모든 자연수 a의 값의 합은

$2+3=5$

---

12 30분 후 농도가 $2\,\mathrm{ng/mL}$이므로

$\log(10-2)=1-30k$

$30k=\log 10 - \log 8 = \log \dfrac{5}{4}$

$\therefore k=\dfrac{1}{30}\log \dfrac{5}{4}$

또 60분 후 농도가 $a\,\mathrm{ng/mL}$이므로

$\log(10-a)=1-60k$

$\log(10-a)=\log 10 - 2\log \dfrac{5}{4} = \log \dfrac{32}{5}$

$10-a=\dfrac{32}{5}$ $\therefore a=\dfrac{18}{5}=3.6$

---

13 원래 문서의 크기를 X라 하면 n번 82 % 축소 복사한 문서의 크기는 $0.82^n X$이므로

$0.82^n X \leq 0.1X$ $\therefore 0.82^n \leq 0.1$

양변에 상용로그를 취하면

$n \log 0.82 \leq \log 0.1$

$\therefore n\log 0.82 \leq -1$ …… ㉠

이때 $\log 8.2=0.91$이므로

$\log 0.82 = \log(8.2 \times 10^{-1}) = \log 8.2 + \log 10^{-1}$

$\qquad\qquad = 0.91-1=-0.09$

이를 ㉠에 대입하면

$-0.09n \leq -1$

$\therefore n \geq \dfrac{1}{0.09} = \dfrac{100}{9} = 11.1\cdots$

따라서 최소한 12번을 축소 복사해야 한다.

---

14 두 점 A, B의 좌표는 각각

$(k, \log_2 k)$, $(k, -\log_2(8-k))$

$\overline{AB}=2$이므로

$|\log_2 k + \log_2(8-k)| = 2$

$\log_2 k(8-k)=-2$ 또는 $\log_2 k(8-k)=2$

진수의 조건에서

$k(8-k)>0$ $\therefore 0<k<8$ …… ㉠

(i) $\log_2 k(8-k)=-2$일 때,

$\qquad k(8-k)=2^{-2}$, $k^2-8k+\dfrac{1}{4}=0$

$\qquad \therefore k=\dfrac{8-3\sqrt{7}}{2}$ 또는 $k=\dfrac{8+3\sqrt{7}}{2}$

이때 k의 값은 모두 ㉠을 만족시킨다.

(ii) $\log_2 k(8-k)=2$일 때,

$\qquad k(8-k)=2^2$, $k^2-8k+4=0$

$\qquad \therefore k=4-2\sqrt{3}$ 또는 $k=4+2\sqrt{3}$

이때 k의 값은 모두 ㉠을 만족시킨다.

따라서 구하는 모든 실수 k의 값의 곱은

$\left(\dfrac{8-3\sqrt{7}}{2}\right) \times \left(\dfrac{8+3\sqrt{7}}{2}\right) \times (4-2\sqrt{3})(4+2\sqrt{3})$

$=\dfrac{1}{4} \times 4 = 1$

---

15 $x^2-9x+8 \leq 0$에서

$(x-1)(x-8) \leq 0$ $\therefore 1 \leq x \leq 8$

$\therefore A=\{x \,|\, 1 \leq x \leq 8\}$

$(\log_2 x)^2 - 2k\log_2 x + k^2 - 1 \leq 0$에서 진수의 조건에서

$x>0$ …… ㉠

$\log_2 x = t$로 놓으면

$t^2-2kt+k^2-1 \leq 0$, $(t-k+1)(t-k-1) \leq 0$

$\therefore k-1 \leq t \leq k+1$

$t=\log_2 x$이므로

$k-1 \leq \log_2 x \leq k+1$, $\log_2 2^{k-1} \leq \log_2 x \leq \log_2 2^{k+1}$

$\therefore 2^{k-1} \leq x \leq 2^{k+1}$

이때 ㉠에 의하여 $2^{k-1} \leq x \leq 2^{k+1}$

$\therefore B=\{x \,|\, 2^{k-1} \leq x \leq 2^{k+1}\}$

이때 $A \cap B = \varnothing$이려면

$2^{k-1}>8$ 또는 $2^{k+1}<1$

$2^{k-1}>2^3$ 또는 $2^{k+1}<2^0$

밑이 1보다 크므로

$k-1>3$ 또는 $k+1<0$

$\therefore k>4$ 또는 $k<-1$

이때 $A \cap B \neq \varnothing$이려면 $k \leq 4$이고 $k \geq -1$이므로

$-1 \leq k \leq 4$

따라서 정수 k는 -1, 0, 1, 2, 3, 4의 6개이다.

1 일반각

개념 CHECK

97쪽

1 답 (1) (2)

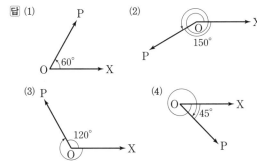

(3) (4)

2 답 (1) $360° \times n + 70°$ (2) $360° \times n + 310°$
(3) $360° \times n + 250°$ (4) $360° \times n + 130°$

3 답 (1) 제2사분면 (2) 제3사분면
(3) 제4사분면 (4) 제1사분면

문제

98~99쪽

01-1 답 제2사분면, 제4사분면
θ가 제3사분면의 각이므로
$360° \times n + 180° < \theta < 360° \times n + 270°$ (단, n은 정수)
$\therefore 180° \times n + 90° < \dfrac{\theta}{2} < 180° \times n + 135°$
(ⅰ) $n = 2k$ (k는 정수)일 때,
　$360° \times k + 90° < \dfrac{\theta}{2} < 360° \times k + 135°$
　따라서 $\dfrac{\theta}{2}$는 제2사분면의 각
(ⅱ) $n = 2k+1$ (k는 정수)일 때,
　$360° \times k + 270° < \dfrac{\theta}{2} < 360° \times k + 315°$
　따라서 $\dfrac{\theta}{2}$는 제4사분면의 각
(ⅰ), (ⅱ)에서 각 $\dfrac{\theta}{2}$를 나타내는 동경이 존재할 수 있는
사분면은 제2사분면, 제4사분면이다.

01-2 답 제2사분면, 제3사분면, 제4사분면
3θ가 제4사분면의 각이므로
$360° \times n + 270° < 3\theta < 360° \times n + 360°$ (단, n은 정수)
$\therefore 120° \times n + 90° < \theta < 120° \times n + 120°$

(ⅰ) $n = 3k$ (k는 정수)일 때,
　$360° \times k + 90° < \theta < 360° \times k + 120°$
　따라서 θ는 제2사분면의 각
(ⅱ) $n = 3k+1$ (k는 정수)일 때,
　$360° \times k + 210° < \theta < 360° \times k + 240°$
　따라서 θ는 제3사분면의 각
(ⅲ) $n = 3k+2$ (k는 정수)일 때,
　$360° \times k + 330° < \theta < 360° \times k + 360°$
　따라서 θ는 제4사분면의 각
(ⅰ), (ⅱ), (ⅲ)에서 각 θ를 나타내는 동경이 존재할 수 있는
사분면은 제2사분면, 제3사분면, 제4사분면이다.

02-1 답 $45°$, $135°$
두 각 θ, 5θ를 나타내는 두 동경이 일
직선 위에 있고 방향이 반대이므로
$5\theta - \theta = 360° \times n + 180°$
　　　　　　　　(단, n은 정수)
$4\theta = 360° \times n + 180°$
$\therefore \theta = 90° \times n + 45°$ …… ㉠
$0° < \theta < 180°$이므로
$0° < 90° \times n + 45° < 180°$, $-45° < 90° \times n < 135°$
$\therefore -\dfrac{1}{2} < n < \dfrac{3}{2}$
이때 n은 정수이므로 $n=0$ 또는 $n=1$
이를 ㉠에 대입하면 $\theta = 45°$ 또는 $\theta = 135°$

02-2 답 $120°$, $150°$
두 각 θ, 11θ를 나타내는 두 동경이 x
축에 대하여 대칭이므로
$\theta + 11\theta = 360° \times n$ (단, n은 정수)
$12\theta = 360° \times n$
$\therefore \theta = 30° \times n$ …… ㉠
$90° < \theta < 180°$이므로
$90° < 30° \times n < 180°$
$\therefore 3 < n < 6$
이때 n은 정수이므로 $n=4$ 또는 $n=5$
이를 ㉠에 대입하면 $\theta = 120°$ 또는 $\theta = 150°$

02-3 답 $20°$, $60°$
두 각 θ, 8θ를 나타내는 두 동경이 y
축에 대하여 대칭이므로
$\theta + 8\theta = 360° \times n + 180°$
　　　　　　　　(단, n은 정수)
$9\theta = 360° \times n + 180°$
$\therefore \theta = 40° \times n + 20°$ …… ㉠

$0°<\theta<90°$이므로

$0°<40°\times n+20°<90°$, $-20°<40°\times n<70°$

$\therefore -\dfrac{1}{2}<n<\dfrac{7}{4}$

이때 n은 정수이므로 $n=0$ 또는 $n=1$

이를 ㉠에 대입하면 $\theta=20°$ 또는 $\theta=60°$

2 호도법

개념 CHECK

101쪽

1 탭 (1) $\dfrac{2}{3}\pi$ (2) $\dfrac{29}{18}\pi$ (3) $\dfrac{15}{4}\pi$ (4) $-\dfrac{35}{9}\pi$

2 탭 (1) $126°$ (2) $240°$ (3) $390°$ (4) $-140°$

3 탭 (1) $2n\pi+\dfrac{5}{18}\pi$ (2) $2n\pi+\dfrac{7}{6}\pi$

    (3) $2n\pi+\dfrac{4}{3}\pi$ (4) $2n\pi+\dfrac{7}{9}\pi$

4 탭 호의 길이: 2π, 넓이: 6π

문제

102~103쪽

03-1 탭 ④

① $-135°=-135\times\dfrac{\pi}{180}=-\dfrac{3}{4}\pi$

② $150°=150\times\dfrac{\pi}{180}=\dfrac{5}{6}\pi$

③ $-\dfrac{8}{5}\pi=-\dfrac{8}{5}\pi\times\dfrac{180°}{\pi}=-288°$

④ $\dfrac{5}{3}\pi=\dfrac{5}{3}\pi\times\dfrac{180°}{\pi}=300°$

⑤ $\dfrac{3}{2}\pi=\dfrac{3}{2}\pi\times\dfrac{180°}{\pi}=270°$

따라서 옳지 않은 것은 ④이다.

03-2 탭 ⑤

① $50°$

② $770°=360°\times2+50°$

③ $-310°=360°\times(-1)+50°$

④ $\dfrac{5}{18}\pi=\dfrac{5}{18}\pi\times\dfrac{180°}{\pi}=50°$

⑤ $-\dfrac{41}{18}\pi=-\dfrac{41}{18}\pi\times\dfrac{180°}{\pi}=-410°$

            $=360°\times(-2)+310°$

따라서 동경이 나머지 넷과 다른 하나는 ⑤이다.

03-3 탭 ㄱ, ㄴ, ㅁ, ㅇ

ㄱ. $-60°$ ➡ 제4사분면의 각

ㄴ. $1000°=360°\times2+280°$ ➡ 제4사분면의 각

ㄷ. $\dfrac{7}{3}\pi=2\pi+\underset{=60°}{\dfrac{\pi}{3}}$ ➡ 제1사분면의 각

ㄹ. 2π를 나타내는 동경이 x축 위에 있으므로 어느 사분면에도 속하지 않는다.

ㅁ. $\dfrac{15}{4}\pi=2\pi+\underset{=315°}{\dfrac{7}{4}\pi}$ ➡ 제4사분면의 각

ㅂ. $-\dfrac{4}{3}\pi=-2\pi+\underset{=120°}{\dfrac{2}{3}\pi}$ ➡ 제2사분면의 각

ㅅ. $-4230°=360°\times(-12)+90°$를 나타내는 동경이 y축 위에 있으므로 어느 사분면에도 속하지 않는다.

ㅇ. -1(라디안)$=-1\times\dfrac{180°}{\pi}$

   약 $-57°$ ➡ 제4사분면의 각

따라서 보기의 각 중 제4사분면의 각인 것은 ㄱ, ㄴ, ㅁ, ㅇ이다.

04-1 탭 $\dfrac{28}{3}\pi$

부채꼴의 넓이가 24π이므로

$24\pi=\dfrac{1}{2}\times6^2\times\theta$ $\therefore \theta=\dfrac{4}{3}\pi$

또 부채꼴의 호의 길이 l은 $l=6\times\dfrac{4}{3}\pi=8\pi$

$\therefore \theta+l=\dfrac{4}{3}\pi+8\pi=\dfrac{28}{3}\pi$

04-2 탭 **4**

부채꼴의 중심각의 크기를 θ라 하면 반지름의 길이가 3이므로 부채꼴의 둘레의 길이는 $2\times3+3\theta=6+3\theta$

또 부채꼴의 넓이는 $\dfrac{1}{2}\times3^2\times\theta=\dfrac{9}{2}\theta$

이때 부채꼴의 둘레의 길이와 넓이가 같으므로

$6+3\theta=\dfrac{9}{2}\theta$, $\dfrac{3}{2}\theta=6$ $\therefore \theta=4$

04-3 탭 64π

원뿔의 전개도는 오른쪽 그림과 같고, 옆면인 부채꼴의 호의 길이는 밑면인 원의 둘레의 길이와 같으므로 부채꼴의 호의 길이는 $2\pi\times4=8\pi$

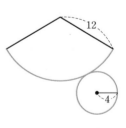

옆면인 부채꼴의 넓이는

$\dfrac{1}{2}\times12\times8\pi=48\pi$

또 밑면인 원의 넓이는 $\pi\times4^2=16\pi$

따라서 구하는 원뿔의 겉넓이는 $48\pi+16\pi=64\pi$

■3 삼각함수

1 답 (1) $\dfrac{\sqrt{3}}{2}$ 　(2) $-\dfrac{1}{2}$ 　(3) $-\sqrt{3}$

2 답 (1) $\sin\theta<0$, $\cos\theta<0$, $\tan\theta>0$
　　(2) $\sin\theta>0$, $\cos\theta>0$, $\tan\theta>0$
　　(3) $\sin\theta>0$, $\cos\theta<0$, $\tan\theta<0$
　　(4) $\sin\theta<0$, $\cos\theta>0$, $\tan\theta<0$

3 답 (1) 제2사분면　(2) 제3사분면

문제

05-1 답 (1) **3**　(2) **1**

(1) 오른쪽 그림에서

$\overline{\text{OP}}=\sqrt{(-8)^2+15^2}=17$

$\sin\theta=\dfrac{15}{17}$, $\cos\theta=-\dfrac{8}{17}$

$\tan\theta=-\dfrac{15}{8}$

$\therefore \dfrac{17\sin\theta+16\tan\theta}{17\cos\theta+3}$

$=\dfrac{17\times\dfrac{15}{17}+16\times\left(-\dfrac{15}{8}\right)}{17\times\left(-\dfrac{8}{17}\right)+3}$

$=\dfrac{15-30}{-8+3}=\dfrac{-15}{-5}=3$

(2) 오른쪽 그림에서 $\overline{\text{OP}}=1$이고,

$\angle\text{POH}=\dfrac{\pi}{4}$이므로

$\overline{\text{PH}}=\overline{\text{OP}}\sin\dfrac{\pi}{4}=\dfrac{\sqrt{2}}{2}$

$\overline{\text{OH}}=\overline{\text{OP}}\cos\dfrac{\pi}{4}=\dfrac{\sqrt{2}}{2}$

$\therefore \text{P}\left(-\dfrac{\sqrt{2}}{2},\ -\dfrac{\sqrt{2}}{2}\right)$

따라서 $\sin\theta=-\dfrac{\sqrt{2}}{2}$, $\cos\theta=-\dfrac{\sqrt{2}}{2}$, $\tan\theta=1$이므로

$\sin\theta-\cos\theta+\tan\theta=-\dfrac{\sqrt{2}}{2}-\left(-\dfrac{\sqrt{2}}{2}\right)+1=1$

06-1 답 제2사분면

(ⅰ) $\cos\theta\sin\theta<0$에서

　$\cos\theta>0$, $\sin\theta<0$ 또는 $\cos\theta<0$, $\sin\theta>0$

　$\cos\theta>0$, $\sin\theta<0$이면 θ는 제4사분면의 각이다.

　$\cos\theta<0$, $\sin\theta>0$이면 θ는 제2사분면의 각이다.

　따라서 θ는 제2사분면 또는 제4사분면의 각이다.

(ⅱ) $\cos\theta\tan\theta>0$에서

　$\cos\theta>0$, $\tan\theta>0$ 또는 $\cos\theta<0$, $\tan\theta<0$

　$\cos\theta>0$, $\tan\theta>0$이면 θ는 제1사분면의 각이다.

　$\cos\theta<0$, $\tan\theta<0$이면 θ는 제2사분면의 각이다.

　따라서 θ는 제1사분면 또는 제2사분면의 각이다.

(ⅰ), (ⅱ)에서 주어진 조건을 동시에 만족시키는 θ는 제2사분면의 각이다.

06-2 답 제4사분면

$\sin\theta\tan\theta\neq0$이므로 음수의 제곱근의 성질에 의하여

$\sin\theta<0$, $\tan\theta<0$ 　$\sqrt{a}\sqrt{b}=-\sqrt{ab} \iff a<0,\ b<0$ (단, $ab\neq0$)

따라서 θ는 제4사분면의 각이다.

06-3 답 $-\tan\theta$

θ는 제3사분면의 각이므로

$\sin\theta<0$, $\tan\theta>0$

따라서 $\sin\theta-\tan\theta<0$이므로

$|\sin\theta|-\sqrt{(\sin\theta-\tan\theta)^2}$

$=|\sin\theta|-|\sin\theta-\tan\theta|$

$=-\sin\theta+(\sin\theta-\tan\theta)$

$=-\tan\theta$

07-1 답 (1) **1**　(2) $\dfrac{1}{\cos\theta}$

(1) $(1+\tan^2\theta)(1-\sin^2\theta)$

$=(1+\tan^2\theta)\cos^2\theta$ 　◀ $\sin^2\theta+\cos^2\theta=1$

$=\left(1+\dfrac{\sin^2\theta}{\cos^2\theta}\right)\times\cos^2\theta$ 　◀ $\tan\theta=\dfrac{\sin\theta}{\cos\theta}$

$=\cos^2\theta+\sin^2\theta=1$ 　◀ $\sin^2\theta+\cos^2\theta=1$

(2) $\dfrac{\cos\theta}{1-\sin\theta}-\tan\theta$

$=\dfrac{\cos\theta}{1-\sin\theta}-\dfrac{\sin\theta}{\cos\theta}$ 　◀ $\tan\theta=\dfrac{\sin\theta}{\cos\theta}$

$=\dfrac{\cos^2\theta-\sin\theta+\sin^2\theta}{(1-\sin\theta)\cos\theta}$

$=\dfrac{1-\sin\theta}{(1-\sin\theta)\cos\theta}$ 　◀ $\sin^2\theta+\cos^2\theta=1$

$=\dfrac{1}{\cos\theta}$

07-2 답 2

$$(1+\tan\theta)^2\cos^2\theta+(1-\tan\theta)^2\cos^2\theta$$
$$=\cos^2\theta\{(1+\tan\theta)^2+(1-\tan\theta)^2\}$$
$$=\cos^2\theta(2+2\tan^2\theta)$$
$$=2\cos^2\theta(1+\tan^2\theta)$$
$$=2\cos^2\theta\left(1+\frac{\sin^2\theta}{\cos^2\theta}\right)$$
$$=2(\cos^2\theta+\sin^2\theta)=2$$

07-3 답 -2

$$\frac{\tan\theta}{1+\cos\theta}-\frac{\tan\theta}{1-\cos\theta}$$
$$=\frac{\tan\theta(1-\cos\theta)-\tan\theta(1+\cos\theta)}{(1+\cos\theta)(1-\cos\theta)}$$
$$=\frac{-2\tan\theta\cos\theta}{1-\cos^2\theta}=\frac{\dfrac{-2\sin\theta}{\cos\theta}\times\cos\theta}{\sin^2\theta}$$
$$=\frac{-2\sin\theta}{\sin^2\theta}=\frac{-2}{\sin\theta}$$
$$\therefore a=-2$$

08-1 답 $\dfrac{12}{5}$

$\sin^2\theta+\cos^2\theta=1$이므로
$$\sin^2\theta=1-\cos^2\theta=1-\frac{25}{169}=\frac{144}{169}$$
이때 θ가 제3사분면의 각이면 $\sin\theta<0$이므로
$$\sin\theta=-\frac{12}{13}$$
$$\therefore \tan\theta=\frac{\sin\theta}{\cos\theta}=\frac{12}{5}$$

08-2 답 -15

$\dfrac{1-\cos\theta}{1+\cos\theta}=\dfrac{1}{9}$에서
$9(1-\cos\theta)=1+\cos\theta,\ 9-9\cos\theta=1+\cos\theta$
$$\therefore \cos\theta=\frac{4}{5}\quad\cdots\cdots\ \bigcirc$$
$\sin^2\theta+\cos^2\theta=1$이므로
$$\sin^2\theta=1-\cos^2\theta=1-\frac{16}{25}=\frac{9}{25}$$
이때 θ가 제4사분면의 각이면 $\sin\theta<0$이므로
$$\sin\theta=-\frac{3}{5}\quad\cdots\cdots\ \bigcirc$$
$\bigcirc$, $\bigcirc$에서
$$\tan\theta=\frac{\sin\theta}{\cos\theta}=-\frac{3}{4}$$
$$\therefore 15\sin\theta+8\tan\theta=15\times\left(-\frac{3}{5}\right)+8\times\left(-\frac{3}{4}\right)$$
$$=-9-6=-15$$

08-3 답 $-\dfrac{\sqrt{21}}{5}$

주어진 등식의 좌변을 간단히 하면
$$\frac{\sin\theta}{1+\cos\theta}+\frac{1+\cos\theta}{\sin\theta}$$
$$=\frac{\sin^2\theta+(1+\cos\theta)^2}{(1+\cos\theta)\sin\theta}$$
$$=\frac{\sin^2\theta+1+2\cos\theta+\cos^2\theta}{(1+\cos\theta)\sin\theta}$$
$$=\frac{2(1+\cos\theta)}{(1+\cos\theta)\sin\theta}$$
$$=\frac{2}{\sin\theta}$$
즉, $\dfrac{2}{\sin\theta}=5$이므로 $\sin\theta=\dfrac{2}{5}$
$\sin^2\theta+\cos^2\theta=1$이므로
$$\cos^2\theta=1-\sin^2\theta=1-\frac{4}{25}=\frac{21}{25}$$
이때 $\dfrac{\pi}{2}<\theta<\pi$이면 $\cos\theta<0$이므로
$$\cos\theta=-\frac{\sqrt{21}}{5}$$

09-1 답 (1) $\dfrac{4}{9}$ (2) $\dfrac{\sqrt{17}}{3}$ (3) $\dfrac{13}{27}$ (4) $\dfrac{49}{81}$

(1) $\sin\theta-\cos\theta=\dfrac{1}{3}$의 양변을 제곱하면
$$\sin^2\theta-2\sin\theta\cos\theta+\cos^2\theta=\frac{1}{9}$$
$$1-2\sin\theta\cos\theta=\frac{1}{9}$$
$$\therefore \sin\theta\cos\theta=\frac{4}{9}$$

(2) $(\sin\theta+\cos\theta)^2$
$$=1+2\sin\theta\cos\theta$$
$$=1+2\times\frac{4}{9}=\frac{17}{9}\quad\cdots\cdots\ \bigcirc$$
이때 $0<\theta<\dfrac{\pi}{2}$이면 $\sin\theta>0$, $\cos\theta>0$이므로
$\sin\theta+\cos\theta>0$
따라서 $\bigcirc$에서
$$\sin\theta+\cos\theta=\frac{\sqrt{17}}{3}$$

(3) $\sin^3\theta-\cos^3\theta$
$$=(\sin\theta-\cos\theta)^3+3\sin\theta\cos\theta(\sin\theta-\cos\theta)$$
$$=\left(\frac{1}{3}\right)^3+3\times\frac{4}{9}\times\frac{1}{3}=\frac{13}{27}$$

(4) $\sin^4\theta+\cos^4\theta$
$$=(\sin^2\theta+\cos^2\theta)^2-2\sin^2\theta\cos^2\theta$$
$$=1^2-2\times\left(\frac{4}{9}\right)^2=\frac{49}{81}$$

09-2 답 $-\sqrt{2}$

$\tan\theta + \dfrac{1}{\tan\theta} = 2$에서

$\dfrac{\sin\theta}{\cos\theta} + \dfrac{\cos\theta}{\sin\theta} = 2$, $\dfrac{\sin^2\theta + \cos^2\theta}{\cos\theta\sin\theta} = 2$

$\dfrac{1}{\sin\theta\cos\theta} = 2$ $\therefore \sin\theta\cos\theta = \dfrac{1}{2}$

$(\sin\theta + \cos\theta)^2 = 1 + 2\sin\theta\cos\theta$

$\qquad\qquad\qquad = 1 + 2 \times \dfrac{1}{2} = 2$ ...... ㉠

이때 θ가 제3사분면의 각이면 $\sin\theta < 0$, $\cos\theta < 0$이므로

$\sin\theta + \cos\theta < 0$

따라서 ㉠에서 $\sin\theta + \cos\theta = -\sqrt{2}$

10-1 답 $-\dfrac{4}{3}$

이차방정식의 근과 계수의 관계에 의하여

$\sin\theta + \cos\theta = -\dfrac{1}{3}$ ...... ㉠

$\sin\theta\cos\theta = \dfrac{k}{3}$ ...... ㉡

㉠의 양변을 제곱하면

$1 + 2\sin\theta\cos\theta = \dfrac{1}{9}$

$\therefore \sin\theta\cos\theta = -\dfrac{4}{9}$ ...... ㉢

㉡, ㉢에서

$\dfrac{k}{3} = -\dfrac{4}{9}$ $\therefore k = -\dfrac{4}{3}$

10-2 답 $-\dfrac{1}{4}$

이차방정식의 근과 계수의 관계에 의하여

$\cos\theta + \tan\theta = -\dfrac{k}{5}$ ...... ㉠

$\cos\theta\tan\theta = -\dfrac{3}{5}$ ...... ㉡

㉡에서

$\cos\theta \times \dfrac{\sin\theta}{\cos\theta} = -\dfrac{3}{5}$ $\therefore \sin\theta = -\dfrac{3}{5}$

$\sin^2\theta + \cos^2\theta = 1$이므로

$\cos^2\theta = 1 - \sin^2\theta = 1 - \dfrac{9}{25} = \dfrac{16}{25}$

이때 $\dfrac{3}{2}\pi < \theta < 2\pi$이면 $\cos\theta > 0$이므로

$\cos\theta = \dfrac{4}{5}$

$\therefore \tan\theta = \dfrac{\sin\theta}{\cos\theta} = -\dfrac{3}{4}$

㉠에서

$\dfrac{4}{5} - \dfrac{3}{4} = -\dfrac{k}{5}$ $\therefore k = -5\left(\dfrac{4}{5} - \dfrac{3}{4}\right) = -\dfrac{1}{4}$

10-3 답 $\sqrt{2}$

이차방정식의 근과 계수의 관계에 의하여

$\dfrac{1}{\sin\theta} + \dfrac{1}{\cos\theta} = 2k$ ...... ㉠

$\dfrac{1}{\sin\theta\cos\theta} = 2$ ...... ㉡

㉡에서 $\sin\theta\cos\theta = \dfrac{1}{2}$

㉠에서 $\dfrac{\sin\theta + \cos\theta}{\sin\theta\cos\theta} = 2k$이므로 ㉡을 대입하면

$2(\sin\theta + \cos\theta) = 2k$

$\therefore k = \sin\theta + \cos\theta$

양변을 제곱하면

$k^2 = 1 + 2\sin\theta\cos\theta$

$\quad = 1 + 2 \times \dfrac{1}{2} = 2$ ...... ㉢

이때 $0 < \theta < \dfrac{\pi}{2}$이면 $\sin\theta > 0$, $\cos\theta > 0$이므로

$\sin\theta + \cos\theta > 0$

따라서 ㉢에서 $k = \sqrt{2}$

연습문제

112~114쪽

1 ④	**2** 제2사분면	**3** ③	**4** ㄱ, ㄷ
5 ③	**6** 15	**7** ④	**8** $-\dfrac{6}{5}$	**9** ③
10 ①	**11** ⑤	**12** 3	**13** ③	**14** ②
15 ⑤	**16** $-4\sqrt{5}$	**17** ②	**18** $-\dfrac{\sqrt{5}}{8}$	**19** ③
20 $\sqrt{15}$	**21** $\dfrac{\sqrt{3}}{4}$		

1 ① $-1970° = 360° \times (-6) + 190°$

　　➡ 제3사분면의 각

② $3450° = 360° \times 9 + 210°$

　　➡ 제3사분면의 각

③ $-460° = 360° \times (-2) + 260°$

　　➡ 제3사분면의 각

④ $660° = 360° \times 1 + 300°$

　　➡ 제4사분면의 각

⑤ $945° = 360° \times 2 + 225°$

　　➡ 제3사분면의 각

따라서 동경이 존재하는 사분면이 나머지 넷과 다른 하나는 ④이다.

2 θ가 제3사분면의 각이므로

$360° \times n + 180° < \theta < 360° \times n + 270°$ (단, n은 정수)

$\therefore 120° \times n + 60° < \dfrac{\theta}{3} < 120° \times n + 90°$

(i) $n = 3k$ (k는 정수)일 때,

$360° \times k + 60° < \dfrac{\theta}{3} < 360° \times k + 90°$

따라서 $\dfrac{\theta}{3}$는 제1사분면의 각

(ii) $n = 3k + 1$ (k는 정수)일 때,

$360° \times k + 180° < \dfrac{\theta}{3} < 360° \times k + 210°$

따라서 $\dfrac{\theta}{3}$는 제3사분면의 각

(iii) $n = 3k + 2$ (k는 정수)일 때,

$360° \times k + 300° < \dfrac{\theta}{3} < 360° \times k + 330°$

따라서 $\dfrac{\theta}{3}$는 제4사분면의 각

(i), (ii), (iii)에서 각 $\dfrac{\theta}{3}$를 나타내는 동경이 존재할 수 없는 사분면은 제2사분면이다.

3 두 각 θ, 5θ를 나타내는 두 동경이 직선 $y = x$에 대하여 대칭이므로

$\theta + 5\theta = 360° \times n + 90°$

(단, n은 정수)

$6\theta = 360° \times n + 90°$

$\therefore \theta = 60° \times n + 15°$ ...... ㉠

$0° < \theta < 90°$이므로

$0° < 60° \times n + 15° < 90°$

$-15° < 60° \times n < 75°$

$\therefore -\dfrac{1}{4} < n < \dfrac{5}{4}$

이때 n은 정수이므로 $n = 0$ 또는 $n = 1$

이를 ㉠에 대입하면

$\theta = 15°$ 또는 $\theta = 75°$

따라서 모든 각 θ의 크기의 합은

$15° + 75° = 90°$

4 ㄱ. $225° = 225 \times \dfrac{\pi}{180} = \dfrac{5}{4}\pi$

ㄴ. $-540° = -540 \times \dfrac{\pi}{180} = -3\pi$

ㄷ. $-\dfrac{5}{6}\pi = -\dfrac{5}{6}\pi \times \dfrac{180°}{\pi} = -150°$

ㄹ. $\dfrac{12}{5}\pi = \dfrac{12}{5}\pi \times \dfrac{180°}{\pi} = 432°$

따라서 보기 중 옳은 것은 ㄱ, ㄷ이다.

5 부채꼴의 반지름의 길이를 r라 하면 중심각의 크기가 4, 부채꼴의 넓이가 48이므로

$48 = \dfrac{1}{2} \times r^2 \times 4$, $r^2 = 24$

$\therefore r = 2\sqrt{6}$

따라서 부채꼴의 호의 길이는

$2\sqrt{6} \times 4 = 8\sqrt{6}$

6 부채꼴의 호의 길이가 20이므로

$2r + l = 20$ $\therefore l = 20 - 2r$

이때 $r > 0$, $20 - 2r > 0$이므로

$0 < r < 10$

부채꼴의 넓이는

$\dfrac{1}{2}r(20 - 2r) = -r^2 + 10r = -(r - 5)^2 + 25$

즉, 부채꼴의 넓이는 $0 < r < 10$에서 $r = 5$일 때 최댓값이 25이다.

이때 호의 길이는

$l = 20 - 2 \times 5 = 10$

$\therefore r + l = 5 + 10 = 15$

7 $P(a, -2\sqrt{6})$ $(a > 0)$에서 $\tan\theta = -2\sqrt{2}$이므로

$\dfrac{-2\sqrt{6}}{a} = -2\sqrt{2}$ $\therefore a = \sqrt{3}$

$P(\sqrt{3}, -2\sqrt{6})$이므로

$r = \overline{OP} = \sqrt{(\sqrt{3})^2 + (-2\sqrt{6})^2} = 3\sqrt{3}$

$\therefore a + r = \sqrt{3} + 3\sqrt{3} = 4\sqrt{3}$

8 원점 O와 점 $P(-4, -3)$에 대하여

$\overline{OP} = \sqrt{(-4)^2 + (-3)^2} = 5$

$\therefore \sin\alpha = -\dfrac{3}{5}$

점 $P(-4, -3)$을 직선 $y = x$에 대하여 대칭이동한 점 Q의 좌표는 $(-3, -4)$이므로

$\overline{OQ} = \sqrt{(-3)^2 + (-4)^2} = 5$

$\therefore \cos\beta = -\dfrac{3}{5}$

$\therefore \sin\alpha + \cos\beta = -\dfrac{3}{5} + \left(-\dfrac{3}{5}\right)$

$= -\dfrac{6}{5}$

9 $\sin\theta\cos\theta < 0$이므로

$\sin\theta > 0$, $\cos\theta < 0$ 또는 $\sin\theta < 0$, $\cos\theta > 0$

$\sin\theta > 0$, $\cos\theta < 0$이면 θ는 제2사분면의 각이다.

$\sin\theta < 0$, $\cos\theta > 0$이면 θ는 제4사분면의 각이다

따라서 θ는 제2사분면 또는 제4사분면의 각이다.

① $\sin\theta>0$인 θ는 제1사분면 또는 제2사분면의 각이다.

② $\cos\theta<0$인 θ는 제2사분면 또는 제3사분면의 각이다.

③ $\tan\theta<0$인 θ는 제2사분면 또는 제4사분면의 각이다.

④ $\cos\theta\tan\theta=\cos\theta\times\dfrac{\sin\theta}{\cos\theta}=\sin\theta<0$인 θ는
  제3사분면 또는 제4사분면의 각이다.

⑤ $\sin\theta\tan\theta=\sin\theta\times\dfrac{\sin\theta}{\cos\theta}=\dfrac{\sin^2\theta}{\cos\theta}>0$인 θ는
  제1사분면 또는 제4사분면의 각이다.

따라서 옳은 것은 ③이다.

10 $\cos\theta\tan\theta>0$이므로

$\cos\theta>0,\ \tan\theta>0$ 또는 $\cos\theta<0,\ \tan\theta<0$

이때 $\cos\theta+\tan\theta<0$이므로

$\cos\theta<0,\ \tan\theta<0$

따라서 θ는 제2사분면의 각이므로

$\sin\theta>0$

$\therefore\ \sqrt{\tan^2\theta}+\sqrt{\cos^2\theta}+|\sin\theta|-\sqrt{(\tan\theta+\cos\theta)^2}$

$\quad=|\tan\theta|+|\cos\theta|+|\sin\theta|-|\tan\theta+\cos\theta|$

$\quad=-\tan\theta-\cos\theta+\sin\theta+\tan\theta+\cos\theta$

$\quad=\sin\theta$

11 ㄱ. $\cos^2\theta-\sin^2\theta=\sin^2\theta\left(\dfrac{\cos^2\theta}{\sin^2\theta}-1\right)$

$\qquad\qquad\qquad\quad=\sin^2\theta\left(\dfrac{1}{\tan^2\theta}-1\right)$

$\qquad\qquad\qquad\quad=\sin^2\theta\left(\dfrac{1-\tan^2\theta}{\tan^2\theta}\right)$

$\qquad\qquad\qquad\quad\neq\sin^2\theta\tan^2\theta$

ㄴ. $\dfrac{\tan\theta}{\cos\theta}+\dfrac{1}{\cos^2\theta}=\dfrac{\sin\theta}{\cos\theta}\times\dfrac{1}{\cos\theta}+\dfrac{1}{\cos^2\theta}$

$\qquad\qquad\qquad\quad=\dfrac{\sin\theta+1}{\cos^2\theta}$

$\qquad\qquad\qquad\quad=\dfrac{1+\sin\theta}{1-\sin^2\theta}$

$\qquad\qquad\qquad\quad=\dfrac{1+\sin\theta}{(1+\sin\theta)(1-\sin\theta)}$

$\qquad\qquad\qquad\quad=\dfrac{1}{1-\sin\theta}$

ㄷ. $\dfrac{\cos^2\theta-\sin^2\theta}{1+2\sin\theta\cos\theta}+\dfrac{\tan\theta-1}{\tan\theta+1}$

$\quad=\dfrac{\cos^2\theta-\sin^2\theta}{\sin^2\theta+\cos^2\theta+2\sin\theta\cos\theta}+\dfrac{\dfrac{\sin\theta}{\cos\theta}-1}{\dfrac{\sin\theta}{\cos\theta}+1}$

$\quad=\dfrac{(\cos\theta+\sin\theta)(\cos\theta-\sin\theta)}{(\sin\theta+\cos\theta)^2}+\dfrac{\sin\theta-\cos\theta}{\sin\theta+\cos\theta}$

$\quad=\dfrac{\cos\theta-\sin\theta}{\sin\theta+\cos\theta}+\dfrac{\sin\theta-\cos\theta}{\sin\theta+\cos\theta}=0$

따라서 보기 중 옳은 것은 ㄴ, ㄷ이다.

12 $\tan\theta=-\dfrac{1}{2}$이므로 $\dfrac{\sin\theta}{\cos\theta}=-\dfrac{1}{2}$

$\cos\theta=-2\sin\theta$ ······ ㉠

$\sin^2\theta+\cos^2\theta=1$에 ㉠을 대입하면

$\sin^2\theta+(-2\sin\theta)^2=1,\ 5\sin^2\theta=1$

$\sin^2\theta=\dfrac{1}{5}$

이때 θ가 제2사분면의 각이면 $\sin\theta>0$이므로

$\sin\theta=\dfrac{1}{\sqrt{5}}$

㉠에서 $\cos\theta=-\dfrac{2}{\sqrt{5}}$

$\therefore\ \sqrt{5}\,(\sin\theta-\cos\theta)$

$\quad=\sqrt{5}\left\{\dfrac{1}{\sqrt{5}}-\left(-\dfrac{2}{\sqrt{5}}\right)\right\}$

$\quad=3$

13 $\dfrac{1+\sin\theta}{1-\sin\theta}=2+\sqrt{3}$에서

$1+\sin\theta=(2+\sqrt{3})(1-\sin\theta)$

$(3+\sqrt{3})\sin\theta=1+\sqrt{3}$

$\therefore\ \sin\theta=\dfrac{1+\sqrt{3}}{3+\sqrt{3}}=\dfrac{(1+\sqrt{3})(3-\sqrt{3})}{(3+\sqrt{3})(3-\sqrt{3})}=\dfrac{\sqrt{3}}{3}$

$\sin^2\theta+\cos^2\theta=1$이므로

$\cos^2\theta=1-\sin^2\theta=1-\dfrac{1}{3}=\dfrac{2}{3}$

이때 $\dfrac{\pi}{2}<\theta<\pi$이면 $\cos\theta<0$이므로

$\cos\theta=-\dfrac{\sqrt{6}}{3}$

$\therefore\ \tan\theta=\dfrac{\sin\theta}{\cos\theta}=-\dfrac{\sqrt{3}}{\sqrt{6}}=-\dfrac{\sqrt{2}}{2}$

14 $\cos\theta+\cos^2\theta=1$에서 $1-\cos^2\theta=\cos\theta$이므로

$\sin^2\theta=\cos\theta$

$\therefore\ \sin^2\theta+\sin^6\theta+\sin^8\theta$

$\quad=\cos\theta+\cos^3\theta+\cos^4\theta$

$\quad=\cos\theta+\cos^2\theta(\cos\theta+\cos^2\theta)$

$\quad=\cos\theta+\cos^2\theta=1\ (\because\ \cos\theta+\cos^2\theta=1)$

15 $\sin\theta+\cos\theta=\dfrac{2}{3}$의 양변을 제곱하면

$1+2\sin\theta\cos\theta=\dfrac{4}{9}$

$\therefore\ \sin\theta\cos\theta=-\dfrac{5}{18}$

$\therefore\ \sin^3\theta+\cos^3\theta$

$\quad=(\sin\theta+\cos\theta)^3-3\sin\theta\cos\theta(\sin\theta+\cos\theta)$

$\quad=\left(\dfrac{2}{3}\right)^3-3\times\left(-\dfrac{5}{18}\right)\times\dfrac{2}{3}=\dfrac{23}{27}$

16 $\dfrac{1}{\cos\theta}-\dfrac{1}{\sin\theta}=\dfrac{\sin\theta-\cos\theta}{\sin\theta\cos\theta}$ ...... ㉠

한편 $\sin\theta\cos\theta=-\dfrac{1}{8}$이므로

$$(\sin\theta-\cos\theta)^2=1-2\sin\theta\cos\theta$$
$$=1-2\times\left(-\dfrac{1}{8}\right)=\dfrac{5}{4}$$ ...... ㉡

이때 $\dfrac{\pi}{2}<\theta<\pi$이면 $\sin\theta>0$, $\cos\theta<0$이므로

$\sin\theta-\cos\theta>0$

㉡에서 $\sin\theta-\cos\theta=\dfrac{\sqrt{5}}{2}$ ...... ㉢

따라서 ㉢을 ㉠에 대입하면

$$\dfrac{1}{\cos\theta}-\dfrac{1}{\sin\theta}=\dfrac{\sin\theta-\cos\theta}{\sin\theta\cos\theta}$$
$$=\dfrac{\dfrac{\sqrt{5}}{2}}{-\dfrac{1}{8}}=-4\sqrt{5}$$

17 $\tan^2\theta-\dfrac{1}{\tan^2\theta}$

$$=\dfrac{\sin^2\theta}{\cos^2\theta}-\dfrac{\cos^2\theta}{\sin^2\theta}$$
$$=\dfrac{\sin^4\theta-\cos^4\theta}{\sin^2\theta\cos^2\theta}$$
$$=\dfrac{(\sin^2\theta+\cos^2\theta)(\sin^2\theta-\cos^2\theta)}{\sin^2\theta\cos^2\theta}$$
$$=\dfrac{\sin^2\theta-\cos^2\theta}{\sin^2\theta\cos^2\theta}$$
$$=\dfrac{(\sin\theta+\cos\theta)(\sin\theta-\cos\theta)}{\sin^2\theta\cos^2\theta}$$ ...... ㉠

한편 $\sin\theta\cos\theta=\dfrac{1}{4}$이므로

$$(\sin\theta+\cos\theta)^2=1+2\sin\theta\cos\theta$$
$$=1+2\times\dfrac{1}{4}=\dfrac{3}{2}$$ ...... ㉡

이때 $\pi<\theta<\dfrac{3}{2}\pi$이면 $\sin\theta<0$, $\cos\theta<0$이므로

$\sin\theta+\cos\theta<0$

㉡에서 $\sin\theta+\cos\theta=-\dfrac{\sqrt{6}}{2}$ ...... ㉢

$$(\sin\theta-\cos\theta)^2=1-2\sin\theta\cos\theta$$
$$=1-2\times\dfrac{1}{4}=\dfrac{1}{2}$$ ...... ㉣

이때 $\sin\theta<\cos\theta$이면 $\sin\theta-\cos\theta<0$이므로 ㉣에서

$\sin\theta-\cos\theta=-\dfrac{\sqrt{2}}{2}$ ...... ㉤

㉢, ㉤을 ㉠에 대입하면

$$\tan^2\theta-\dfrac{1}{\tan^2\theta}=\dfrac{(\sin\theta+\cos\theta)(\sin\theta-\cos\theta)}{\sin^2\theta\cos^2\theta}$$
$$=\dfrac{-\dfrac{\sqrt{6}}{2}\times\left(-\dfrac{\sqrt{2}}{2}\right)}{\left(\dfrac{1}{4}\right)^2}=8\sqrt{3}$$

18 이차방정식의 근과 계수의 관계에 의하여

$\sin\theta+\cos\theta=\dfrac{\sqrt{3}}{2}$ ...... ㉠

$\sin\theta\cos\theta=\dfrac{k}{2}$ ...... ㉡

㉠의 양변을 제곱하면

$1+2\sin\theta\cos\theta=\dfrac{3}{4}$

$\therefore\ \sin\theta\cos\theta=-\dfrac{1}{8}$ ...... ㉢

㉡, ㉢에서

$\dfrac{k}{2}=-\dfrac{1}{8}$ $\therefore\ k=-\dfrac{1}{4}$

$\therefore\ (\sin\theta-\cos\theta)^2=1-2\sin\theta\cos\theta$
$$=1-2\times\left(-\dfrac{1}{8}\right)=\dfrac{5}{4}$$

그런데 $\sin\theta>\cos\theta$이므로

$\sin\theta-\cos\theta>0$

$\therefore\ \sin\theta-\cos\theta=\dfrac{\sqrt{5}}{2}$

$\therefore\ k(\sin\theta-\cos\theta)=\left(-\dfrac{1}{4}\right)\times\dfrac{\sqrt{5}}{2}=-\dfrac{\sqrt{5}}{8}$

19 오른쪽 그림과 같이 반지름의 길이가 12인 원을 6등분 한 부채꼴은 중심각의 크기가

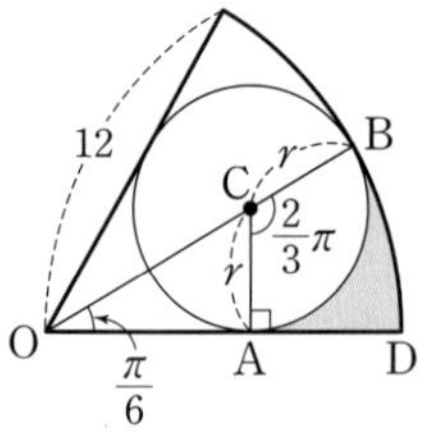

$2\pi\times\dfrac{1}{6}=\dfrac{\pi}{3}$이므로

$\angle\text{COA}=\dfrac{\pi}{6}$, $\angle\text{ACO}=\dfrac{\pi}{3}$

$\therefore\ \angle\text{BCA}=\dfrac{2}{3}\pi$

내접원의 반지름의 길이를 r라 하면 직각삼각형 COA에서

$\overline{\text{CA}}=r$이므로

$\overline{\text{OC}}=2r$, $\overline{\text{OA}}=\sqrt{3}r$

이때 $\overline{\text{OB}}=12$이므로

$2r+r=12$ $\therefore\ r=4$

위의 그림에서 색칠한 부분의 넓이를 S라 하면

$S=$(부채꼴 BOD의 넓이)$-$(부채꼴 BCA의 넓이)

$\qquad\qquad\qquad\quad-$(삼각형 COA의 넓이)

$$=\dfrac{1}{2}\times12^2\times\dfrac{\pi}{6}-\dfrac{1}{2}\times4^2\times\dfrac{2}{3}\pi-\dfrac{1}{2}\times4\sqrt{3}\times4$$
$$=12\pi-\dfrac{16}{3}\pi-8\sqrt{3}=\dfrac{20}{3}\pi-8\sqrt{3}$$

구하는 넓이는 $12S$이므로

$$12S=12\left(\dfrac{20}{3}\pi-8\sqrt{3}\right)=80\pi-96\sqrt{3}$$

따라서 $p=80$, $q=-96$이므로

$p+q=-16$

20 오른쪽 그림과 같이 점
$\mathrm{A}(a,\,b)\,(a>0,\,b>0)$에
대하여

$$\sin\alpha=\frac{b}{1}$$

이때 $\sin\alpha=\frac{1}{4}$이므로

$$b=\frac{1}{4}$$

점 $\mathrm{A}\!\left(a,\,\dfrac{1}{4}\right)$은 원 $x^2+y^2=1$ 위의 점이므로

$$a^2+\left(\frac{1}{4}\right)^2=1,\ a^2=\frac{15}{16}$$

$$a=\frac{\sqrt{15}}{4}\ (\because\ a>0)$$

각 $-\beta$를 나타내는 동경과 원 C의 교점이 $\mathrm{B}(-b,\,-a)$
이므로 각 β를 나타내는 동경과 원 C의 교점을 B'이라
하면 점 B'은 점 B를 x축에 대하여 대칭이동한 점이다.

$\mathrm{B}'(-b,\,a)$, 즉 $\left(-\dfrac{1}{4},\,\dfrac{\sqrt{15}}{4}\right)$이므로

$$\sin\beta=\frac{\sqrt{15}}{4}$$

$$\therefore\ 4\sin\beta=4\times\frac{\sqrt{15}}{4}=\sqrt{15}$$

21 $\overline{\mathrm{OA}}=\overline{\mathrm{OB}}=1$이므로
삼각형 AOC에서
$\overline{\mathrm{OC}}=\overline{\mathrm{OA}}\cos\theta=\cos\theta$
$\overline{\mathrm{AC}}=\overline{\mathrm{OA}}\sin\theta=\sin\theta$
삼각형 DOB에서
$\overline{\mathrm{BD}}=\overline{\mathrm{OB}}\tan\theta=\tan\theta$
$3\overline{\mathrm{OC}}=\overline{\mathrm{AC}}\times\overline{\mathrm{BD}}$이므로

$$3\cos\theta=\sin\theta\tan\theta,\ 3\cos\theta=\sin\theta\times\frac{\sin\theta}{\cos\theta}$$

$$3\cos^2\theta=\sin^2\theta,\ 3\cos^2\theta=1-\cos^2\theta$$

$$\cos^2\theta=\frac{1}{4}$$

이때 $0<\theta<\dfrac{\pi}{2}$이면 $\cos\theta>0$이므로

$$\cos\theta=\frac{1}{2}$$

$\sin^2\theta+\cos^2\theta=1$이므로

$$\sin^2\theta=1-\cos^2\theta=1-\frac{1}{4}=\frac{3}{4}$$

이때 $0<\theta<\dfrac{\pi}{2}$이면 $\sin\theta>0$이므로

$$\sin\theta=\frac{\sqrt{3}}{2}$$

$$\therefore\ \sin\theta\cos\theta=\frac{\sqrt{3}}{2}\times\frac{1}{2}=\frac{\sqrt{3}}{4}$$

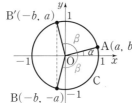

Ⅱ-1 02 삼각함수의 그래프

1 삼각함수의 그래프

개념 CHECK 117쪽

1 **답** (1) 주기: 2π, 그래프: 풀이 참조
 (2) 주기: π, 그래프: 풀이 참조
 (3) 주기: 2π, 그래프: 풀이 참조

(1) $y=2\sin x$의 그래프는 다음 그림과 같다.

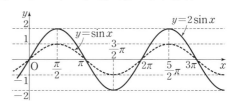

(2) $y=\cos 2x$의 그래프는 다음 그림과 같다.

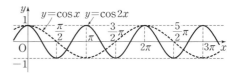

(3) $y=\tan\dfrac{x}{2}$에 $x=\dfrac{\pi}{2}$를 대입하면 $y=1$

$y=\tan\dfrac{x}{2}$의 그래프는 다음 그림과 같다.

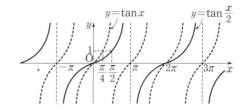

문제 118~119쪽

01-1 **답** 풀이 참조

(1) $y=2\sin 3x+1$의 그래프는 $y=\sin x$의 그래프를 x축
의 방향으로 $\dfrac{1}{3}$배, y축의 방향으로 2배 한 후 y축의 방
향으로 1만큼 평행이동한 것이므로 다음 그림과 같다.

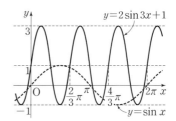

$\therefore$ 최댓값: 3, 최솟값: -1, 주기: $\dfrac{2\pi}{3}=\dfrac{2}{3}\pi$

(2) $y=2\cos\left(x-\dfrac{\pi}{3}\right)-1$의 그래프는 $y=\cos x$의 그래프

를 y축의 방향으로 2배 한 후 x축의 방향으로 $\dfrac{\pi}{3}$만큼,

y축의 방향으로 -1만큼 평행이동한 것이므로 다음
그림과 같다.

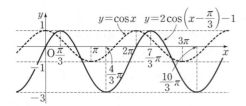

$\therefore$ 최댓값: 1, 최솟값: -3, 주기: $\dfrac{2\pi}{1}=2\pi$

(3) $y=\tan 2\left(x-\dfrac{\pi}{4}\right)$의 그래프는 $y=\tan x$의 그래프를

x축의 방향으로 $\dfrac{1}{2}$배 한 후 x축의 방향으로 $\dfrac{\pi}{4}$만큼 평

행이동한 것이므로 다음 그림과 같다.

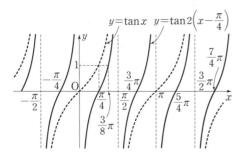

$\therefore$ 최댓값: 없다., 최솟값: 없다., 주기: $\dfrac{\pi}{2}$

02-1 답 π

주어진 함수 $y=a\cos(bx+c)+d$의 그래프에서 최댓값
은 2, 최솟값은 -4이고 $a>0$이므로

$a+d=2$ $\qquad\cdots\cdots$ ㉠

$-a+d=-4$ $\qquad\cdots\cdots$ ㉡

㉠, ㉡을 연립하여 풀면 $a=3$, $d=-1$

주어진 그래프에서 주기는 $\dfrac{11}{6}\pi-\left(-\dfrac{\pi}{6}\right)=2\pi$이고 $b>0$

이므로 $\dfrac{2\pi}{b}=2\pi$ $\qquad\therefore b=1$

따라서 주어진 함수의 식은 $y=3\cos(x+c)-1$이고, 이

함수의 그래프가 점 $\left(\dfrac{\pi}{3},\ 2\right)$를 지나므로

$2=3\cos\left(\dfrac{\pi}{3}+c\right)-1$ $\qquad\therefore \cos\left(\dfrac{\pi}{3}+c\right)=1$

이때 $-\dfrac{\pi}{2}\le c\le 0$에서 $-\dfrac{\pi}{6}\le \dfrac{\pi}{3}+c\le \dfrac{\pi}{3}$이므로

$\dfrac{\pi}{3}+c=0$ $\qquad\therefore c=-\dfrac{\pi}{3}$

$\therefore abcd=3\times 1\times\left(-\dfrac{\pi}{3}\right)\times(-1)=\pi$

02-2 답 13

$f(x)=a\tan bx$의 주기가 $\dfrac{\pi}{6}$이고 $b>0$이므로

$\dfrac{\pi}{b}=\dfrac{\pi}{6}$ $\qquad\therefore b=6$

$f(x)=a\tan 6x$에서 $f\left(\dfrac{\pi}{24}\right)=7$이므로

$a\tan\dfrac{\pi}{4}=7$ $\qquad\therefore a=7$

$\therefore a+b=7+6=13$

02-3 답 -1

$f(x)=a\sin\dfrac{x}{b}+c$의 최댓값이 5이고 $a>0$이므로

$a+c=5$ $\qquad\cdots\cdots$ ㉠

한편 주기가 4π이고 $b<0$이므로

$\dfrac{2\pi}{-\dfrac{1}{b}}=4\pi$, $-2b\pi=4\pi$ $\qquad\therefore b=-2$

$f(x)=a\sin\left(-\dfrac{x}{2}\right)+c$에서 $f\left(-\dfrac{\pi}{3}\right)=\dfrac{7}{2}$이므로

$a\sin\dfrac{\pi}{6}+c=\dfrac{7}{2}$

$\dfrac{a}{2}+c=\dfrac{7}{2}$ $\qquad\therefore a+2c=7$ $\qquad\cdots\cdots$ ㉡

㉠, ㉡을 연립하여 풀면 $a=3$, $c=2$

$\therefore a+b-c=3+(-2)-2=-1$

2 삼각함수의 성질

문제 123~126쪽

03-1 답 (1) $-\sqrt{3}$ (2) $\dfrac{\sqrt{2}}{2}$

(1) $\sin\dfrac{29}{6}\pi=\sin\left(2\pi\times 2+\dfrac{5}{6}\pi\right)=\sin\dfrac{5}{6}\pi$

$\qquad =\sin\left(\pi-\dfrac{\pi}{6}\right)=\sin\dfrac{\pi}{6}=\dfrac{1}{2}$

$\cos\left(-\dfrac{20}{3}\pi\right)=\cos\dfrac{20}{3}\pi=\cos\left(2\pi\times 3+\dfrac{2}{3}\pi\right)$

$\qquad =\cos\dfrac{2}{3}\pi=\cos\left(\pi-\dfrac{\pi}{3}\right)$

$\qquad =-\cos\dfrac{\pi}{3}=-\dfrac{1}{2}$

$\tan\dfrac{11}{3}\pi=\tan\left(2\pi\times 2-\dfrac{\pi}{3}\right)=\tan\left(-\dfrac{\pi}{3}\right)$

$\qquad =-\tan\dfrac{\pi}{3}=-\sqrt{3}$

$\therefore \sin\dfrac{29}{6}\pi+\cos\left(-\dfrac{20}{3}\pi\right)+\tan\dfrac{11}{3}\pi$

$\qquad =\dfrac{1}{2}+\left(-\dfrac{1}{2}\right)+(-\sqrt{3})=-\sqrt{3}$

(2) $\sin(-750°)=-\sin 750°=-\sin(360°\times 2+30°)$

$\qquad\qquad =-\sin 30°=-\dfrac{1}{2}$

$\cos 1395°=\cos(360°\times 4-45°)$

$\qquad\qquad =\cos(-45°)=\cos 45°=\dfrac{\sqrt{2}}{2}$

$\cos 240°=\cos(180°+60°)=-\cos 60°=-\dfrac{1}{2}$

$\tan 495°=\tan(360°+135°)=\tan 135°$

$\qquad\qquad =\tan(180°-45°)=-\tan 45°=-1$

$\therefore \sin(-750°)+\cos 1395°+\cos 240°-\tan 495°$

$\qquad =-\dfrac{1}{2}+\dfrac{\sqrt{2}}{2}+\left(-\dfrac{1}{2}\right)-(-1)=\dfrac{\sqrt{2}}{2}$

03-2 답 (1) **0** (2) **1**

(1) $\tan(270°-\theta)=\tan(180°+90°-\theta)$

$\qquad\qquad\qquad =\tan(90°-\theta)=\dfrac{1}{\tan\theta}$

$\therefore \tan(270°-\theta)\cos(180°-\theta)$

$\qquad\qquad\qquad\qquad +\cos(-\theta)\tan(90°-\theta)$

$\qquad =\dfrac{1}{\tan\theta}\times(-\cos\theta)+\cos\theta\times\dfrac{1}{\tan\theta}=0$

(2) $\sin\left(\dfrac{3}{2}\pi+\theta\right)=\sin\left(\pi+\dfrac{\pi}{2}+\theta\right)=-\sin\left(\dfrac{\pi}{2}+\theta\right)$

$\qquad\qquad\qquad =-\cos\theta$

$\cos\left(\dfrac{3}{2}\pi+\theta\right)=\cos\left(\pi+\dfrac{\pi}{2}+\theta\right)=-\cos\left(\dfrac{\pi}{2}+\theta\right)$

$\qquad\qquad\qquad =-(-\sin\theta)=\sin\theta$

$\therefore \dfrac{\cos(\pi+\theta)}{\sin\left(\dfrac{3}{2}\pi+\theta\right)\cos^2(\pi-\theta)}$

$\qquad\qquad\qquad +\dfrac{\sin(\pi+\theta)\tan^2(\pi-\theta)}{\cos\left(\dfrac{3}{2}\pi+\theta\right)}$

$\qquad =\dfrac{-\cos\theta}{-\cos\theta\times(-\cos\theta)^2}+\dfrac{-\sin\theta\times(-\tan\theta)^2}{\sin\theta}$

$\qquad =\dfrac{1}{\cos^2\theta}-\tan^2\theta$

$\qquad =\dfrac{1}{\cos^2\theta}-\dfrac{\sin^2\theta}{\cos^2\theta}$

$\qquad =\dfrac{1-\sin^2\theta}{\cos^2\theta}=\dfrac{\cos^2\theta}{\cos^2\theta}=1$

03-3 답 **0.4021**

$\sin 110°=\sin(90°+20°)=\cos 20°=0.9397$

$\cos 260°=\cos(180°+80°)=-\cos 80°$

$\qquad\qquad =-\cos(90°-10°)=-\sin 10°=-0.1736$

$\tan 340°=\tan(360°-20°)=-\tan 20°=-0.3640$

$\therefore \sin 110°+\cos 260°+\tan 340°$

$\qquad =0.9397-0.1736-0.3640=0.4021$

04-1 답 (1) $\dfrac{45}{2}$ (2) **1**

(1) $\sin(90°-x)=\cos x$이므로

$\sin 89°=\sin(90°-1°)=\cos 1°$

$\sin 87°=\sin(90°-3°)=\cos 3°$

$\sin 85°=\sin(90°-5°)=\cos 5°$

$\qquad\qquad\vdots$

$\sin 47°=\sin(90°-43°)=\cos 43°$

$\therefore \sin^2 1°+\sin^2 3°+\sin^2 5°+\cdots+\sin^2 87°+\sin^2 89°$

$\quad =\sin^2 1°+\sin^2 3°+\sin^2 5°+\cdots+\cos^2 3°+\cos^2 1°$

$\quad =(\sin^2 1°+\cos^2 1°)+(\sin^2 3°+\cos^2 3°)$

$\qquad\qquad +\cdots+(\sin^2 43°+\cos^2 43°)+\sin^2 45°$

$\quad =1+1+\cdots+1+\left(\dfrac{\sqrt{2}}{2}\right)^2$

$\quad =1\times 22+\dfrac{1}{2}=\dfrac{45}{2}$

(2) $\tan(90°-x)=\dfrac{1}{\tan x}$이므로

$\tan 89°=\tan(90°-1°)=\dfrac{1}{\tan 1°}$

$\tan 88°=\tan(90°-2°)=\dfrac{1}{\tan 2°}$

$\tan 87°=\tan(90°-3°)=\dfrac{1}{\tan 3°}$

$\qquad\qquad\vdots$

$\tan 46°=\tan(90°-44°)=\dfrac{1}{\tan 44°}$

$\therefore \tan 1°\times\tan 2°\times\tan 3°\times\cdots\times\tan 88°\times\tan 89°$

$\quad =\tan 1°\times\tan 2°\times\tan 3°\times\cdots\times\dfrac{1}{\tan 2°}\times\dfrac{1}{\tan 1°}$

$\quad =\left(\tan 1°\times\dfrac{1}{\tan 1°}\right)\times\left(\tan 2°\times\dfrac{1}{\tan 2°}\right)$

$\qquad\qquad \times\cdots\times\left(\tan 44°\times\dfrac{1}{\tan 44°}\right)\times\tan 45°$

$\quad =1\times 1\times\cdots\times 1\times 1=1$

04-2 답 **1**

$\cos 50°=\cos(90°-40°)=\sin 40°,$

$\sin 50°=\sin(90°-40°)=\cos 40°$이므로

$\left(1-\dfrac{1}{\sin 40°}\right)\left(1+\dfrac{1}{\cos 50°}\right)\left(1-\dfrac{1}{\cos 40°}\right)\left(1+\dfrac{1}{\sin 50°}\right)$

$=\left(1-\dfrac{1}{\sin 40°}\right)\left(1+\dfrac{1}{\sin 40°}\right)$

$\qquad\qquad\qquad \times\left(1-\dfrac{1}{\cos 40°}\right)\left(1+\dfrac{1}{\cos 40°}\right)$

$=\left(1-\dfrac{1}{\sin^2 40°}\right)\left(1-\dfrac{1}{\cos^2 40°}\right)$

$=\dfrac{\sin^2 40°-1}{\sin^2 40°}\times\dfrac{\cos^2 40°-1}{\cos^2 40°}$

$=-\dfrac{\cos^2 40°}{\sin^2 40°}\times\left(-\dfrac{\sin^2 40°}{\cos^2 40°}\right)=1$

04-3 답 **4**

$$\sin\frac{7}{8}\pi=\sin\left(\frac{\pi}{2}+\frac{3}{8}\pi\right)=\cos\frac{3}{8}\pi,$$

$$\sin\frac{6}{8}\pi=\sin\left(\frac{\pi}{2}+\frac{2}{8}\pi\right)=\cos\frac{2}{8}\pi,$$

$$\sin\frac{5}{8}\pi=\sin\left(\frac{\pi}{2}+\frac{\pi}{8}\right)=\cos\frac{\pi}{8},$$

$$\sin\frac{4}{8}\pi=\sin\frac{\pi}{2}$$이므로

$$\sin^2\frac{\pi}{8}+\sin^2\frac{2}{8}\pi+\sin^2\frac{3}{8}\pi+\cdots+\sin^2\frac{7}{8}\pi$$

$$=\sin^2\frac{\pi}{8}+\sin^2\frac{2}{8}\pi+\sin^2\frac{3}{8}\pi+\sin^2\frac{4}{8}\pi$$

$$\qquad\qquad+\cos^2\frac{\pi}{8}+\cos^2\frac{2}{8}\pi+\cos^2\frac{3}{8}\pi$$

$$=\left(\sin^2\frac{\pi}{8}+\cos^2\frac{\pi}{8}\right)+\left(\sin^2\frac{2}{8}\pi+\cos^2\frac{2}{8}\pi\right)$$

$$\qquad\qquad+\left(\sin^2\frac{3}{8}\pi+\cos^2\frac{3}{8}\pi\right)+\sin^2\frac{\pi}{2}$$

$$=1+1+1+1=4$$

05-1 답 (1) 최댓값: -1, 최솟값: -3
　　　　(2) 최댓값: 6, 최솟값: -2

(1) $y=3\cos(x-\pi)-2\sin\left(x-\frac{\pi}{2}\right)-2$

$$=3\cos\{-(\pi-x)\}-2\sin\left\{-\left(\frac{\pi}{2}-x\right)\right\}-2$$

$$=3\cos(\pi-x)+2\sin\left(\frac{\pi}{2}-x\right)-2$$

$$=-3\cos x+2\cos x-2$$

$$=-\cos x-2$$

이때 $-1\leq\cos x\leq1$이므로 $-1\leq-\cos x\leq1$

$$\therefore\ -3\leq-\cos x-2\leq-1$$

따라서 최댓값은 -1, 최솟값은 -3이다.

(2) $\cos2x=t$로 놓으면

$$y=4|t-1|-2\quad\cdots\cdots\ \bigcirc$$

이때 $-1\leq\cos2x\leq1$이므로
$-1\leq t\leq1$

따라서 $-1\leq t\leq1$에서 $\bigcirc$의
그래프는 오른쪽 그림과 같
으므로

$t=-1$일 때, 최댓값은 6

$t=1$일 때, 최솟값은 -2

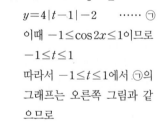

다른 풀이

(2) $-1\leq\cos2x\leq1$이므로 $-2\leq\cos2x-1\leq0$

$$0\leq|\cos2x-1|\leq2,\ 0\leq4|\cos2x-1|\leq8$$

$$\therefore\ -2\leq4|\cos2x-1|-2\leq6$$

따라서 최댓값은 6, 최솟값은 -2이다.

06-1 답 (1) 최댓값: $\dfrac{2}{3}$, 최솟값: -2

　　　　(2) 최댓값: 5, 최솟값: $\dfrac{11}{4}$

(1) $\cos x=t$로 놓으면

$$y=\frac{2t}{t+2}=-\frac{4}{t+2}+2\quad\cdots\cdots\ \bigcirc$$

이때 $-1\leq\cos x\leq1$이므로
$-1\leq t\leq1$

따라서 $-1\leq t\leq1$에서 $\bigcirc$의
그래프는 오른쪽 그림과 같
으므로

$t=1$일 때, 최댓값은 $\dfrac{2}{3}$

$t=-1$일 때, 최솟값은 -2

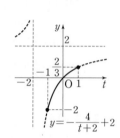

(2) $y=-\cos^2 x-\cos\left(x-\frac{\pi}{2}\right)+4$

$$=-(1-\sin^2 x)-\cos\left\{-\left(\frac{\pi}{2}-x\right)\right\}+4$$

$$=\sin^2 x-1-\cos\left(\frac{\pi}{2}-x\right)+4$$

$$=\sin^2 x-\sin x+3$$

$\sin x=t$로 놓으면

$$y=t^2-t+3=\left(t-\frac{1}{2}\right)^2+\frac{11}{4}\quad\cdots\cdots\ \bigcirc$$

이때 $-1\leq\sin x\leq1$이므로
$-1\leq t\leq1$

따라서 $-1\leq t\leq1$에서
$\bigcirc$의 그래프는 오른쪽
그림과 같으므로

$t=-1$일 때, 최댓값은 5

$t=\dfrac{1}{2}$일 때, 최솟값은 $\dfrac{11}{4}$

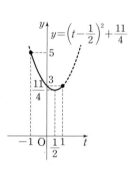

다른 풀이

(1) 주어진 함수를 변형하면

$$y=\frac{2\cos x}{\cos x+2}$$

$$=-\frac{4}{\cos x+2}+2$$

이때 $-1\leq\cos x\leq1$이므로

$$\frac{1}{3}\leq\frac{1}{\cos x+2}\leq1$$

$$-4\leq-\frac{4}{\cos x+2}\leq-\frac{4}{3}$$

$$\therefore\ -2\leq-\frac{4}{\cos x+2}+2\leq\frac{2}{3}$$

따라서 최댓값은 $\dfrac{2}{3}$, 최솟값은 -2이다.

1 -2π	**2** ④	**3** 3π	**4** ⑤	**5** 9
6 ③	**7** ⑤	**8** ④	**9** $\dfrac{5}{2}$	**10** 0
11 $-\dfrac{4}{5}$	**12** -2	**13** ③	**14** ②	**15** ②
16 18π	**17** 8	**18** ②	**19** $\dfrac{7}{2}$	

1 주기는 $a=\dfrac{2\pi}{3}$

최댓값은 $b=2-1=1$

최솟값은 $c=-2-1=-3$

$\therefore abc=\dfrac{2\pi}{3}\times1\times(-3)=-2\pi$

2 함수 $f(x)$는 주기함수이고 주기를 p라 할 때, $pn=6$을 만족시키는 정수 n이 존재해야 한다.

① 함수의 주기는 $\dfrac{\pi}{\frac{\pi}{3}}=3$이므로 $3\times2=6$

② 함수의 주기는 $\dfrac{\pi}{\pi}=1$이므로 $1\times6=6$

③ 함수의 주기는 $\dfrac{2\pi}{\frac{\pi}{3}}=6$이므로 $6\times1=6$

④ 함수의 주기는 $\dfrac{2\pi}{\frac{\pi}{2}}=4$이므로 $4n=6$을 만족시키는 정수 n이 존재하지 않는다.

⑤ 함수의 주기는 $\dfrac{2\pi}{\pi}=2$이므로 $2\times3=6$

따라서 $f(x+6)=f(x)$를 만족시키지 않는 것은 ④이다.

3 함수 $y=5\cos2x$의 그래프를 x축의 방향으로 a만큼, y축의 방향으로 b만큼 평행이동하면

$y-b=5\cos2(x-a)$ $\therefore y=5\cos(2x-2a)+b$

이 함수는 $y=5\cos(2x-\pi)+6$과 일치하고,

$0<a<\pi$이므로 $2a=\pi$, $b=6$

따라서 $a=\dfrac{\pi}{2}$, $b=6$이므로 $ab=3\pi$

4 ① 주기는 $\dfrac{\pi}{3}$이다.

② 그래프는 점 $(\pi,\ 1)$을 지난다.

③ 최댓값과 최솟값은 없다.

④ 점근선의 방정식은 $3x-\pi=n\pi+\dfrac{\pi}{2}$에서

$x=\dfrac{n+1}{3}\pi+\dfrac{\pi}{6}$ (n은 정수)

$\therefore x=\dfrac{n}{3}\pi+\dfrac{\pi}{6}$ (단, n은 정수)

⑤ $y=2\tan(3x-\pi)+1=2\tan3\left(x-\dfrac{\pi}{3}\right)+1$이므로

주어진 함수의 그래프는 함수 $y=2\tan3x$의 그래프를 x축의 방향으로 $\dfrac{\pi}{3}$만큼, y축의 방향으로 1만큼 평행이동한 것이다.

따라서 옳은 것은 ⑤이다.

5 $y=4\sin\dfrac{\pi}{2}x$에서 이 함수의 주기는 $\dfrac{2\pi}{\frac{\pi}{2}}=4$이고,

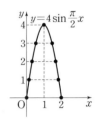

최댓값 4, 최솟값은 -4이다.

따라서 $0\le x\le2$에서 곡선 $y=4\sin\dfrac{\pi}{2}x$는 오른쪽 그림과 같다.

이 곡선 위의 점 중 y좌표가 정수인 점은 이 곡선과 직선 $y=k$(k는 정수)의 교점과 같으므로 구하는 점의 개수는 9이다.

6 $y=a\sin(bx-c)$의 그래프에서 최댓값은 2, 최솟값은 -2이고 $a>0$이므로 $a=2$

주어진 그래프에서 주기는 $\dfrac{4}{3}\pi-\dfrac{\pi}{3}=\pi$이고 $b>0$이므로

$\dfrac{2\pi}{b}=\pi$ $\therefore b=2$

따라서 $y=2\sin(2x-c)$이고, 이 함수의 그래프가 점 $\left(\dfrac{\pi}{3},\ 0\right)$을 지나므로

$0=2\sin\left(\dfrac{2}{3}\pi-c\right)$ $\therefore \sin\left(\dfrac{2}{3}\pi-c\right)=0$

이때 $0<c<\pi$에서 $-\dfrac{\pi}{3}<\dfrac{2}{3}\pi-c<\dfrac{2}{3}\pi$이므로

$\dfrac{2}{3}\pi-c=0$ $\therefore c=\dfrac{2}{3}\pi$

$\therefore \dfrac{9abc}{\pi}=\dfrac{9\times2\times2\times\frac{2}{3}\pi}{\pi}=24$

7 $f(x)=a\cos\left(bx+\dfrac{\pi}{2}\right)+c$의 최댓값이 2, 최솟값이 -4이고 $a<0$이므로

$-a+c=2$, $a+c=-4$

두 식을 연립하여 풀면 $a=-3$, $c=-1$

한편 주기가 $\dfrac{2}{3}\pi$이고, $b>0$이므로

$\dfrac{2\pi}{b}=\dfrac{2}{3}\pi$ $\therefore b=3$

따라서 $f(x)=-3\cos\left(3x+\dfrac{\pi}{2}\right)-1$이므로

$f\left(\dfrac{\pi}{6}\right)=-3\cos\pi-1=-3\times(-1)-1=2$

8 $\cos\dfrac{32}{3}\pi=\cos\left(2\pi\times5+\dfrac{2}{3}\pi\right)=\cos\dfrac{2}{3}\pi$

$\qquad=\cos\left(\pi-\dfrac{\pi}{3}\right)$

$\qquad=-\cos\dfrac{\pi}{3}=-\dfrac{1}{2}$

$\sin\dfrac{41}{6}\pi=\sin\left(2\pi\times3+\dfrac{5}{6}\pi\right)=\sin\dfrac{5}{6}\pi$

$\qquad=\sin\left(\pi-\dfrac{\pi}{6}\right)$

$\qquad=\sin\dfrac{\pi}{6}=\dfrac{1}{2}$

$\tan\left(-\dfrac{45}{4}\pi\right)=-\tan\dfrac{45}{4}\pi$

$\qquad=-\tan\left(2\pi\times5+\dfrac{5}{4}\pi\right)=-\tan\dfrac{5}{4}\pi$

$\qquad=-\tan\left(\pi+\dfrac{\pi}{4}\right)$

$\qquad=-\tan\dfrac{\pi}{4}=-1$

$\therefore\ \cos\dfrac{32}{3}\pi+\sin\dfrac{41}{6}\pi-\tan\left(-\dfrac{45}{4}\pi\right)$

$\qquad=-\dfrac{1}{2}+\dfrac{1}{2}-(-1)=1$

9 $\dfrac{\cos x}{1+\sin x}+\dfrac{\sin\left(\dfrac{\pi}{2}+x\right)}{1-\cos\left(\dfrac{\pi}{2}-x\right)}$

$=\dfrac{\cos x}{1+\sin x}+\dfrac{\cos x}{1-\sin x}\qquad\cdots\cdots\ \text{㉠}$

$\sin x=\dfrac{3}{5}$, x가 제1사분면의 각이므로

$\cos x=\sqrt{1-\sin^2 x}=\sqrt{1-\left(\dfrac{3}{5}\right)^2}=\dfrac{4}{5}$

$\sin x=\dfrac{3}{5}$, $\cos x=\dfrac{4}{5}$를 ㉠에 대입하면

$\dfrac{\cos x}{1+\sin x}+\dfrac{\cos x}{1-\sin x}$

$=\dfrac{\dfrac{4}{5}}{1+\dfrac{3}{5}}+\dfrac{\dfrac{4}{5}}{1-\dfrac{3}{5}}=\dfrac{5}{2}$

10 $\theta=15°$이므로

$\tan 5\theta=\tan 75°=\tan(90°-15°)$

$\qquad=\dfrac{1}{\tan 15°}=\dfrac{1}{\tan\theta}$

$\tan 4\theta=\tan 60°=\tan(90°-30°)$

$\qquad=\dfrac{1}{\tan 30°}=\dfrac{1}{\tan 2\theta}$

$\tan 3\theta=\tan 45°=1$

$\therefore\ \log_3\tan\theta+\log_3\tan 2\theta+\log_3\tan 3\theta$

$\qquad\qquad\qquad\qquad+\log_3\tan 4\theta+\log_3\tan 5\theta$

$=\log_3(\tan\theta\times\tan 2\theta\times\tan 3\theta\times\tan 4\theta\times\tan 5\theta)$

$=\log_3\left(\tan\theta\times\tan 2\theta\times 1\times\dfrac{1}{\tan 2\theta}\times\dfrac{1}{\tan\theta}\right)$

$=\log_3 1=0$

11 직각삼각형 ABC에서 $\alpha+\beta=\dfrac{\pi}{2}$이므로

$2\alpha+2\beta=\pi$

$\therefore\ \sin(2\alpha+3\beta)=\sin(2\alpha+2\beta+\beta)$

$\qquad\qquad\qquad=\sin(\pi+\beta)=-\sin\beta=-\dfrac{4}{5}$

12 $y=a\cos(\pi+x)-2\sin\left(x+\dfrac{\pi}{2}\right)+b$

$\quad=-a\cos x-2\cos x+b$

$\quad=-(a+2)\cos x+b$

$a>0$이고 최댓값이 1, 최솟값이 -5이므로

(최댓값)$=a+2+b=1$

$\therefore\ a+b=-1\qquad\cdots\cdots\ \text{㉠}$

(최솟값)$=-(a+2)+b=-5$

$\therefore\ a-b=3\qquad\cdots\cdots\ \text{㉡}$

㉠, ㉡을 연립하여 풀면

$a=1$, $b=-2$ $\qquad\therefore\ ab=-2$

13 $\sin 2x=t$로 놓으면

$y=a|t+2|+b\qquad\cdots\cdots\ \text{㉠}$

이때 $-1\leq\sin 2x\leq 1$이므로 $-1\leq t\leq 1$

$a>0$이므로 $-1\leq t\leq 1$에서

㉠의 그래프는 오른쪽 그림

과 같으므로 $t=1$일 때 최댓

값은 $3a+b$, $t=-1$일 때 최

솟값은 $a+b$이다.

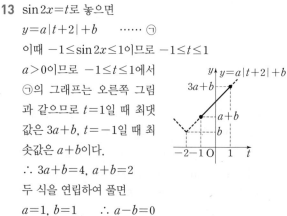

$\therefore\ 3a+b=4$, $a+b=2$

두 식을 연립하여 풀면

$a=1$, $b=1$ $\qquad\therefore\ a-b=0$

14 $\sin x=t$로 놓으면

$y=\dfrac{4t+4}{t+3}=-\dfrac{8}{t+3}+4\qquad\cdots\cdots\ \text{㉠}$

이때 $-1\leq\sin x\leq 1$이므로 $-1\leq t\leq 1$

$-1\leq t\leq 1$에서 ㉠의 그래프는

오른쪽 그림과 같으므로

$t=1$일 때, $M=2$

$t=-1$일 때, $m=0$

$\therefore\ M-m=2$

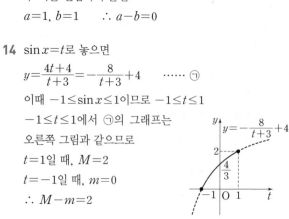

15 $y=3\sin^2\left(x+\dfrac{\pi}{2}\right)-4\cos^2x+6\sin(x+\pi)+5$

$\quad=3\cos^2x-4\cos^2x-6\sin x+5$

$\quad=-\cos^2x-6\sin x+5$

$\quad=-(1-\sin^2x)-6\sin x+5$

$\quad=\sin^2x-6\sin x+4$

$\sin x=t$로 놓으면

$y=t^2-6t+4=(t-3)^2-5$ $\quad\cdots\cdots$ ㉠

이때 $0\le x\le\dfrac{\pi}{2}$에서 $0\le\sin x\le1$이므로 $0\le t\le1$

$0\le t\le1$에서 ㉠의 그래프는 오른
쪽 그림과 같으므로 $t=1$일 때 최
솟값은 -1이다. $\quad\therefore b=-1$

한편 $t=\sin x$이므로 $\sin x=1$

$0\le x\le\dfrac{\pi}{2}$이므로

$x=\dfrac{\pi}{2}\quad\therefore a=\dfrac{\pi}{2}$

$\therefore ab=\dfrac{\pi}{2}\times(-1)=-\dfrac{\pi}{2}$

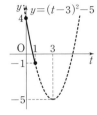

16 함수 $y=4\sin\dfrac{x}{3}\ (0\le x\le8\pi)$의 그래프와 직선 $y=2$는
다음 그림과 같다.

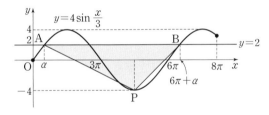

이때 선분 AB의 길이가 최대이고 높이가 최대가 되는 점
P에서 삼각형 PAB의 넓이가 최대가 된다.

주기는 6π이므로 점 A의 x좌표를 α라 하면 점 B의 x좌
표는 $6\pi+\alpha\quad\therefore\overline{AB}=6\pi$

따라서 삼각형 PAB의 넓이의 최댓값은

$\dfrac{1}{2}\times6\pi\times(2+4)=18\pi$

17 ㈏에서 $0\le x\le\pi$일 때, $f(x)=\sin2x$

㈐에서 $\pi<x\le2\pi$일 때, $f(x)=-\sin2x$

㈎에서 함수 $f(x)$의 주기는 2π이므로 함수 $y=f(x)$의

그래프와 직선 $y=\dfrac{x}{2\pi}$는 다음 그림과 같다.

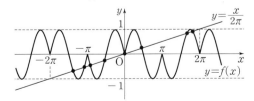

따라서 직선 $y=\dfrac{x}{2\pi}$가 두 점 $(2\pi,\ 1)$, $(-2\pi,\ -1)$을

지나므로 함수 $y=f(x)$의 그래프와 직선 $y=\dfrac{x}{2\pi}$가 만나

는 점의 개수는 8이다.

18 함수 $f(x)=\sin\pi x\ (x\ge0)$의 주기는 $\dfrac{2\pi}{\pi}=2$

주어진 그림에서 $\beta=1-\alpha$, $\gamma=2+\alpha$이므로

$f(\alpha+\beta+\gamma+1)=\underset{\text{주기가 2}}{f(4+\alpha)}=f(\alpha)=\dfrac{2}{3}$

$f\left(\alpha+\beta+\dfrac{1}{2}\right)=f\left(\dfrac{3}{2}\right)$

$\qquad\qquad\qquad=\sin\dfrac{3}{2}\pi=\sin\left(\pi+\dfrac{\pi}{2}\right)$

$\qquad\qquad\qquad=-\sin\dfrac{\pi}{2}=-1$

$\therefore f(\alpha+\beta+\gamma+1)+f\left(\alpha+\beta+\dfrac{1}{2}\right)$

$\qquad=\dfrac{2}{3}+(-1)=-\dfrac{1}{3}$

19 $\angle\mathrm{P_1OA}=\dfrac{\pi}{2}\times\dfrac{1}{8}=\dfrac{\pi}{16}$이므로 $\angle\mathrm{P_2OA}=\dfrac{2}{16}\pi$,

$\angle\mathrm{P_3OA}=\dfrac{3}{16}\pi,\ \cdots,\ \angle\mathrm{P_7OA}=\dfrac{7}{16}\pi$

직각삼각형 $\mathrm{P_1OQ_1}$에서 $\overline{\mathrm{P_1Q_1}}=\overline{\mathrm{OP_1}}\sin\dfrac{\pi}{16}=\sin\dfrac{\pi}{16}$

같은 방법으로 하면

$\overline{\mathrm{P_2Q_2}}=\sin\dfrac{2}{16}\pi,\ \overline{\mathrm{P_3Q_3}}=\sin\dfrac{3}{16}\pi,$

$\overline{\mathrm{P_4Q_4}}=\sin\dfrac{4}{16}\pi=\sin\dfrac{\pi}{4},$

$\overline{\mathrm{P_5Q_5}}=\sin\dfrac{5}{16}\pi=\sin\left(\dfrac{\pi}{2}-\dfrac{3}{16}\pi\right)=\cos\dfrac{3}{16}\pi,$

$\overline{\mathrm{P_6Q_6}}=\sin\dfrac{6}{16}\pi=\sin\left(\dfrac{\pi}{2}-\dfrac{2}{16}\pi\right)=\cos\dfrac{2}{16}\pi,$

$\overline{\mathrm{P_7Q_7}}=\sin\dfrac{7}{16}\pi=\sin\left(\dfrac{\pi}{2}-\dfrac{\pi}{16}\right)=\cos\dfrac{\pi}{16}$

$\therefore\overline{\mathrm{P_1Q_1}}^2+\overline{\mathrm{P_2Q_2}}^2+\overline{\mathrm{P_3Q_3}}^2+\cdots+\overline{\mathrm{P_7Q_7}}^2$

$=\sin^2\dfrac{\pi}{16}+\sin^2\dfrac{2}{16}\pi+\sin^2\dfrac{3}{16}\pi+\cdots+\sin^2\dfrac{7}{16}\pi$

$=\sin^2\dfrac{\pi}{16}+\sin^2\dfrac{2}{16}\pi+\sin^2\dfrac{3}{16}\pi+\sin^2\dfrac{\pi}{4}$

$\qquad+\cos^2\dfrac{3}{16}\pi+\cos^2\dfrac{2}{16}\pi+\cos^2\dfrac{\pi}{16}$

$=\left(\sin^2\dfrac{\pi}{16}+\cos^2\dfrac{\pi}{16}\right)+\left(\sin^2\dfrac{2}{16}\pi+\cos^2\dfrac{2}{16}\pi\right)$

$\qquad+\left(\sin^2\dfrac{3}{16}\pi+\cos^2\dfrac{3}{16}\pi\right)+\sin^2\dfrac{\pi}{4}$

$=1+1+1+\dfrac{1}{2}=\dfrac{7}{2}$

1 삼각함수가 포함된 방정식과 부등식

개념 CHECK

131쪽

1 답 (개) $\dfrac{2}{3}\pi$ (내) $\dfrac{4}{3}\pi$

2 답 (개) $\dfrac{\pi}{6}$ (내) $\dfrac{7}{6}\pi$ (대) $0 \le x \le \dfrac{\pi}{6}$

  (래) $\dfrac{\pi}{2} < x \le \dfrac{7}{6}\pi$ (매) $\dfrac{3}{2}\pi < x < 2\pi$

문제

132~136쪽

01-1 답 (1) $x = \dfrac{\pi}{3}$ (2) $x = \dfrac{\pi}{12}$ 또는 $x = \dfrac{5}{12}\pi$

  (3) $x = \dfrac{2}{3}\pi$ (4) $x = \dfrac{5}{12}\pi$

(1) $\sqrt{3}\tan x - 3 = 0$에서

$\sqrt{3}\tan x = 3$ ∴ $\tan x = \sqrt{3}$

$0 \le x < \pi$에서 함수 $y = \tan x$의 그래프와 직선 $y = \sqrt{3}$

의 교점의 x좌표는 $\dfrac{\pi}{3}$

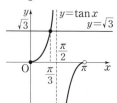

따라서 주어진 방정식의 해는 $x = \dfrac{\pi}{3}$

(2) $2x = t$로 놓으면 $0 \le x < \pi$에서

$0 \le 2x < 2\pi$ ∴ $0 \le t < 2\pi$

이때 주어진 방정식은 $\sin t = \dfrac{1}{2}$

$0 \le t < 2\pi$에서 함수 $y = \sin t$의 그래프와 직선 $y = \dfrac{1}{2}$

의 교점의 t좌표는 $\dfrac{\pi}{6}, \dfrac{5}{6}\pi$

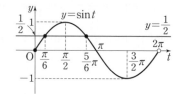

$t = 2x$이므로

$2x = \dfrac{\pi}{6}$ 또는 $2x = \dfrac{5}{6}\pi$

∴ $x = \dfrac{\pi}{12}$ 또는 $x = \dfrac{5}{12}\pi$

(3) $\dfrac{x}{2} + \pi = t$로 놓으면 $0 \le x < \pi$에서

$0 \le \dfrac{x}{2} < \dfrac{\pi}{2}$, $\pi \le \dfrac{x}{2} + \pi < \dfrac{3}{2}\pi$

∴ $\pi \le t < \dfrac{3}{2}\pi$

이때 주어진 방정식은

$2\cos t = -1$ ∴ $\cos t = -\dfrac{1}{2}$

$\pi \le t < \dfrac{3}{2}\pi$에서 함수 $y = \cos t$의 그래프와 직선

$y = -\dfrac{1}{2}$의 교점의 t좌표는 $\dfrac{4}{3}\pi$

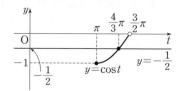

$t = \dfrac{x}{2} + \pi$이므로

$\dfrac{x}{2} + \pi = \dfrac{4}{3}\pi$ ∴ $x = \dfrac{2}{3}\pi$

(4) $x - \dfrac{\pi}{6} = t$로 놓으면 $0 \le x < \pi$에서

$-\dfrac{\pi}{6} \le x - \dfrac{\pi}{6} < \dfrac{5}{6}\pi$ ∴ $-\dfrac{\pi}{6} \le t < \dfrac{5}{6}\pi$

이때 주어진 방정식은

$\tan t - 1 = 0$ ∴ $\tan t = 1$

$-\dfrac{\pi}{6} \le t < \dfrac{5}{6}\pi$에서 함수 $y = \tan t$의 그래프와 직선

$y = 1$의 교점의 t좌표는 $\dfrac{\pi}{4}$

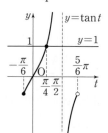

$t = x - \dfrac{\pi}{6}$이므로

$x - \dfrac{\pi}{6} = \dfrac{\pi}{4}$ ∴ $x = \dfrac{5}{12}\pi$

02-1 답 $x = \dfrac{\pi}{6}$ 또는 $x = \dfrac{5}{6}\pi$ 또는 $x = \dfrac{3}{2}\pi$

$2\cos^2 x - \sin x - 1 = 0$에서

$2(1 - \sin^2 x) - \sin x - 1 = 0$

$2\sin^2 x + \sin x - 1 = 0$, $(\sin x + 1)(2\sin x - 1) = 0$

∴ $\sin x = -1$ 또는 $\sin x = \dfrac{1}{2}$

$0 \le x < 2\pi$에서 함수 $y = \sin x$의 그래프와 두 직선

$y = -1$, $y = \dfrac{1}{2}$의 교점의 x좌표는 $\dfrac{\pi}{6}$, $\dfrac{5}{6}\pi$, $\dfrac{3}{2}\pi$

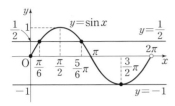

따라서 주어진 방정식의 해는

$x = \dfrac{\pi}{6}$ 또는 $x = \dfrac{5}{6}\pi$ 또는 $x = \dfrac{3}{2}\pi$

02-2 답 $x = \dfrac{\pi}{3}$

$\tan x + 3\tan\left(\dfrac{\pi}{2} - x\right) = 2\sqrt{3}$에서

$\tan x + \dfrac{3}{\tan x} = 2\sqrt{3}$

이때 $0 < x < \pi$에서 $\tan x \ne 0$이므로 양변에 $\tan x$를 곱하면

$\tan^2 x + 3 = 2\sqrt{3}\tan x$

$\tan^2 x - 2\sqrt{3}\tan x + 3 = 0$

$(\tan x - \sqrt{3})^2 = 0$ ∴ $\tan x = \sqrt{3}$

$0 < x < \pi$에서 함수 $y = \tan x$의
그래프와 직선 $y = \sqrt{3}$의 교점의
x좌표는 $\dfrac{\pi}{3}$

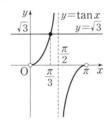

따라서 주어진 방정식의 해는

$x = \dfrac{\pi}{3}$

03-1 답 (1) $0 \le x \le \dfrac{\pi}{6}$ 또는 $\dfrac{5}{6}\pi \le x < \pi$

　　(2) $0 \le x < \dfrac{\pi}{6}$ 또는 $\dfrac{11}{12}\pi < x < \pi$

(1) $0 \le x < \pi$에서 함수 $y = \sin x$의 그래프와 직선 $y = \dfrac{1}{2}$

의 교점의 x좌표를 구하면 $\dfrac{\pi}{6}$, $\dfrac{5}{6}\pi$

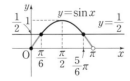

주어진 부등식의 해는 함수 $y = \sin x$의 그래프가 직선

$y = \dfrac{1}{2}$과 만나거나 아래쪽에 있는 x의 값의 범위이므로

$0 \le x \le \dfrac{\pi}{6}$ 또는 $\dfrac{5}{6}\pi \le x < \pi$

(2) $x + \dfrac{\pi}{3} = t$로 놓으면 $0 \le x < \pi$에서

$\dfrac{\pi}{3} \le x + \dfrac{\pi}{3} < \dfrac{4}{3}\pi$

∴ $\dfrac{\pi}{3} \le t < \dfrac{4}{3}\pi$

이때 주어진 부등식은

$\tan t > 1$ ⋯⋯ ㉠

$\dfrac{\pi}{3} \le t < \dfrac{4}{3}\pi$에서 함수
$y = \tan t$의 그래프와 직
선 $y = 1$의 교점의 t좌표
는 $\dfrac{5}{4}\pi$

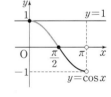

부등식 ㉠의 해는 함수
$y = \tan t$의 그래프가 직
선 $y = 1$보다 위쪽에 있
는 t의 값의 범위이므로

$\dfrac{\pi}{3} \le t < \dfrac{\pi}{2}$ 또는 $\dfrac{5}{4}\pi < t < \dfrac{4}{3}\pi$

따라서 $t = x + \dfrac{\pi}{3}$이므로

$\dfrac{\pi}{3} \le x + \dfrac{\pi}{3} < \dfrac{\pi}{2}$ 또는 $\dfrac{5}{4}\pi < x + \dfrac{\pi}{3} < \dfrac{4}{3}\pi$

∴ $0 \le x < \dfrac{\pi}{6}$ 또는 $\dfrac{11}{12}\pi < x < \pi$

04-1 답 $0 \le x \le \dfrac{\pi}{2}$

$1 - \cos x \le \sin^2 x$에서

$1 - \cos x \le 1 - \cos^2 x$, $\cos^2 x - \cos x \le 0$

$\cos x(\cos x - 1) \le 0$

∴ $0 \le \cos x \le 1$ ⋯⋯ ㉠

$0 \le x < \pi$에서 함수 $y = \cos x$의
그래프와 두 직선 $y = 0$, $y = 1$의
교점의 x좌표는

0, $\dfrac{\pi}{2}$

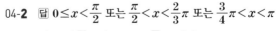

부등식 ㉠의 해는 함수 $y = \cos x$
의 그래프가 직선 $y = 0$과 만나거나 위쪽에 있고, 직선
$y = 1$과 만나거나 아래쪽에 있는 x의 값의 범위이므로

$0 \le x \le \dfrac{\pi}{2}$

04-2 답 $0 \le x < \dfrac{\pi}{2}$ 또는 $\dfrac{\pi}{2} < x < \dfrac{2}{3}\pi$ 또는 $\dfrac{3}{4}\pi < x < \pi$

$\tan^2 x + (\sqrt{3} + 1)\tan x + \sqrt{3} > 0$에서

$(\tan x + \sqrt{3})(\tan x + 1) > 0$

∴ $\tan x < -\sqrt{3}$ 또는 $\tan x > -1$ ⋯⋯ ㉠

$0 \leq x < \pi$에서 함수 $y = \tan x$의 그래프와 두 직선 $y = -\sqrt{3}$, $y = -1$의 교점의 x좌표는 $\frac{2}{3}\pi$, $\frac{3}{4}\pi$

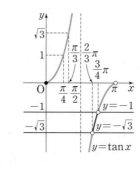

부등식 ㉠의 해는 함수 $y = \tan x$의 그래프가 직선 $y = -\sqrt{3}$보다 아래쪽에 있거나 직선 $y = -1$보다 위쪽에 있는 x의 값의 범위이므로

$0 \leq x < \frac{\pi}{2}$ 또는 $\frac{\pi}{2} < x < \frac{2}{3}\pi$ 또는 $\frac{3}{4}\pi < x < \pi$

04-3 답 $0 \leq x \leq \frac{7}{6}\pi$ 또는 $\frac{11}{6}\pi \leq x < 2\pi$

$2\cos^2 x - \cos\left(x + \frac{\pi}{2}\right) - 1 \geq 0$에서

$2(1 - \sin^2 x) + \sin x - 1 \geq 0$

$2\sin^2 x - \sin x - 1 \leq 0$

$(2\sin x + 1)(\sin x - 1) \leq 0$

$\therefore -\frac{1}{2} \leq \sin x \leq 1$ ······ ㉠

$0 \leq x < 2\pi$에서 함수 $y = \sin x$의 그래프와 두 직선 $y = -\frac{1}{2}$, $y = 1$의 교점의 x좌표는

$\frac{\pi}{2}$, $\frac{7}{6}\pi$, $\frac{11}{6}\pi$

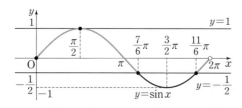

부등식 ㉠의 해는 함수 $y = \sin x$의 그래프가 직선 $y = -\frac{1}{2}$과 만나거나 위쪽에 있고, 직선 $y = 1$과 만나거나 아래쪽에 있는 x의 값의 범위이므로

$0 \leq x \leq \frac{7}{6}\pi$ 또는 $\frac{11}{6}\pi \leq x < 2\pi$

05-1 답 7

이차방정식 $x^2 + 2x + \sqrt{2}\cos\theta = 0$이 실근을 가지려면 이 이차방정식의 판별식을 D라 할 때, $D \geq 0$이어야 하므로

$\frac{D}{4} = 1 - \sqrt{2}\cos\theta \geq 0$

$\therefore \cos\theta \leq \frac{\sqrt{2}}{2}$ ······ ㉠

$0 \leq \theta < 2\pi$에서 함수 $y = \cos\theta$의 그래프와 직선 $y = \frac{\sqrt{2}}{2}$의 교점의 θ좌표는 $\frac{\pi}{4}$, $\frac{7}{4}\pi$

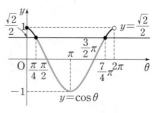

부등식 ㉠의 해는 함수 $y = \cos\theta$의 그래프가 직선 $y = \frac{\sqrt{2}}{2}$와 만나거나 아래쪽에 있는 θ의 값의 범위이므로

$\frac{\pi}{4} \leq \theta \leq \frac{7}{4}\pi$

따라서 $\alpha = \frac{\pi}{4}$, $\beta = \frac{7}{4}\pi$이므로 $\frac{\beta}{\alpha} = 7$

05-2 답 $\frac{\pi}{6} < \theta < \frac{5}{6}\pi$

모든 실수 x에 대하여 주어진 부등식이 성립하려면 이차방정식 $3x^2 - 2\sqrt{2}x\cos\theta + \sin\theta = 0$의 판별식을 D라 할 때, $D < 0$이어야 하므로

$\frac{D}{4} = (\sqrt{2}\cos\theta)^2 - 3\sin\theta < 0$

$2\cos^2\theta - 3\sin\theta < 0$, $2(1 - \sin^2\theta) - 3\sin\theta < 0$

$2\sin^2\theta + 3\sin\theta - 2 > 0$, $(\sin\theta + 2)(2\sin\theta - 1) > 0$

이때 $\sin\theta + 2 > 0$이므로

$2\sin\theta - 1 > 0$ $\therefore \sin\theta > \frac{1}{2}$ ······ ㉠

$0 \leq \theta < \pi$에서 함수 $y = \sin\theta$의 그래프와 직선 $y = \frac{1}{2}$의 교점의 θ좌표는 $\frac{\pi}{6}$, $\frac{5}{6}\pi$

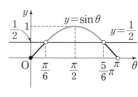

부등식 ㉠의 해는 함수 $y = \sin\theta$의 그래프가 직선 $y = \frac{1}{2}$보다 위쪽에 있는 θ의 값의 범위이므로

$\frac{\pi}{6} < \theta < \frac{5}{6}\pi$

05-3 답 $\frac{4}{3}\pi$

$x^2 - 2x\cos\theta + 1 = x$에서

$x^2 - (2\cos\theta + 1)x + 1 = 0$

주어진 이차함수의 그래프와 직선이 접하려면 이 이차방정식의 판별식을 D라 할 때, $D = 0$이어야 하므로

$D = (2\cos\theta + 1)^2 - 4 = 0$

$4\cos^2\theta + 4\cos\theta - 3 = 0$, $(2\cos\theta + 3)(2\cos\theta - 1) = 0$

$\therefore \cos\theta = -\frac{3}{2}$ 또는 $\cos\theta = \frac{1}{2}$

이때 $-1 \leq \cos\theta \leq 1$이므로 $\cos\theta = \dfrac{1}{2}$

$0 \leq \theta < 2\pi$에서 함수 $y = \cos\theta$의 그래프와 직선 $y = \dfrac{1}{2}$의

교점의 θ좌표는 $\dfrac{\pi}{3}$, $\dfrac{5}{3}\pi$

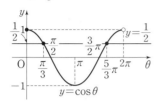

따라서 $\theta_1 = \dfrac{\pi}{3}$, $\theta_2 = \dfrac{5}{3}\pi$이므로 $\theta_2 - \theta_1 = \dfrac{4}{3}\pi$

연습문제

137~138쪽

1 $\dfrac{5}{6}\pi$ **2** ④   **3** $\dfrac{3}{2}\pi$ **4** $-\dfrac{\sqrt{3}}{2}$ **5** 7

6 0   **7** ⑤   **8** ③   **9** $\dfrac{\pi}{3}$ **10** ②

11 ②   **12** $0 < \theta < \dfrac{\pi}{2}$ 또는 $\dfrac{3}{2}\pi < \theta < 2\pi$

13 $\dfrac{7}{6}\pi < \theta < \dfrac{11}{6}\pi$ **14** ④   **15** $\dfrac{1}{2\pi} < a < \dfrac{1}{\pi}$

1 $2x - \dfrac{\pi}{3} = t$로 놓으면 $0 \leq x < \pi$에서

$0 \leq 2x < 2\pi$, $-\dfrac{\pi}{3} \leq 2x - \dfrac{\pi}{3} < \dfrac{5}{3}\pi$

$\therefore -\dfrac{\pi}{3} \leq t < \dfrac{5}{3}\pi$

이때 주어진 방정식은

$2\sin t + \sqrt{3} = 0$ $\therefore \sin t = -\dfrac{\sqrt{3}}{2}$

$-\dfrac{\pi}{3} \leq t < \dfrac{5}{3}\pi$에서 함수 $y = \sin t$의 그래프와 직선

$y = -\dfrac{\sqrt{3}}{2}$의 교점의 t좌표는 $-\dfrac{\pi}{3}$, $\dfrac{4}{3}\pi$

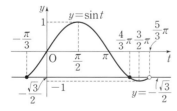

이때 $t = 2x - \dfrac{\pi}{3}$이므로

$2x - \dfrac{\pi}{3} = -\dfrac{\pi}{3}$ 또는 $2x - \dfrac{\pi}{3} = \dfrac{4}{3}\pi$

$\therefore x = 0$ 또는 $x = \dfrac{5}{6}\pi$

따라서 모든 근의 합은 $\dfrac{5}{6}\pi$이다.

2 $\cos^2 x = \sin^2 x - \sin x$에서

$1 - \sin^2 x = \sin^2 x - \sin x$

$2\sin^2 x - \sin x - 1 = 0$, $(2\sin x + 1)(\sin x - 1) = 0$

$\therefore \sin x = -\dfrac{1}{2}$ 또는 $\sin x = 1$

$0 \leq x < 2\pi$에서 함수 $y = \sin x$의 그래프와 두 직선

$y = -\dfrac{1}{2}$, $y = 1$의 교점의 x좌표는

$\dfrac{\pi}{2}$, $\dfrac{7}{6}\pi$, $\dfrac{11}{6}\pi$

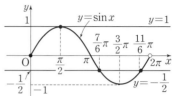

따라서 모든 해의 합은 $\dfrac{\pi}{2} + \dfrac{7}{6}\pi + \dfrac{11}{6}\pi = \dfrac{7}{2}\pi$

3 $(\sin x + \cos x)^2 = \sqrt{3}\cos x + 1$에서

$1 + 2\sin x \cos x = \sqrt{3}\cos x + 1$

$\cos x(2\sin x - \sqrt{3}) = 0$

$\therefore \cos x = 0$ 또는 $\sin x = \dfrac{\sqrt{3}}{2}$

(i) $0 \leq x \leq \pi$에서 함수
$y = \cos x$의 그래
프와 직선 $y = 0$의
교점의 x좌표는 $\dfrac{\pi}{2}$

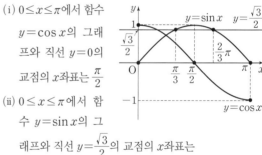

(ii) $0 \leq x \leq \pi$에서 함
수 $y = \sin x$의 그
래프와 직선 $y = \dfrac{\sqrt{3}}{2}$의 교점의 x좌표는

$\dfrac{\pi}{3}$, $\dfrac{2}{3}\pi$

따라서 모든 근의 합은 $\dfrac{\pi}{3} + \dfrac{\pi}{2} + \dfrac{2}{3}\pi = \dfrac{3}{2}\pi$

4 $0 \leq x < \pi$에서 함수
$y = \sin x$의 그래프와 직
선 $y = \dfrac{1}{3}$의 교점의 x좌
표는 α, β이므로

$\alpha + \beta = \pi$

$\therefore \sin\left(\alpha + \beta + \dfrac{\pi}{3}\right) = \sin\left(\pi + \dfrac{\pi}{3}\right) = -\sin\dfrac{\pi}{3} = -\dfrac{\sqrt{3}}{2}$

5 방정식 $\sin 2\pi x = \dfrac{1}{2}x$의 실근은 함수 $y = \sin 2\pi x$의 그래

프와 직선 $y = \dfrac{1}{2}x$의 교점의 x좌표와 같다.

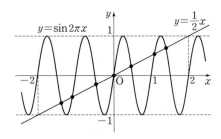

위의 그림에서 함수 $y=\sin 2\pi x$의 그래프와 직선

$y=\dfrac{1}{2}x$의 교점의 개수는 7이므로 주어진 방정식의 실근

의 개수는 7이다.

6 $\sin^2 x+2\cos x+k=0$에서 $1-\cos^2 x+2\cos x+k=0$

$\therefore \cos^2 x-2\cos x-1=k$

따라서 주어진 방정식이 실근을 가지려면 함수

$y=\cos^2 x-2\cos x-1$의 그래프와 직선 $y=k$의 교점이

존재해야 한다.

$y=\cos^2 x-2\cos x-1$에서 $\cos x=t$로 놓으면

$-1\le t\le 1$이고 $y=t^2-2t-1=(t-1)^2-2$

따라서 오른쪽 그림에서 주어진

방정식이 실근을 가지려면

$-2\le k\le 2$

따라서 $M=2$, $m=-2$이므로

$M+m=0$

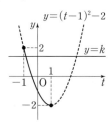

7 $|2\cos x|\le 1$에서 $-1\le 2\cos x\le 1$

$\therefore -\dfrac{1}{2}\le \cos x\le \dfrac{1}{2}$ ...... ㉠

$0<x<2\pi$에서 함수 $y=\cos x$의 그래프와 두 직선

$y=-\dfrac{1}{2}$, $y=\dfrac{1}{2}$의 교점의 x좌표는 $\dfrac{\pi}{3}$, $\dfrac{2}{3}\pi$, $\dfrac{4}{3}\pi$, $\dfrac{5}{3}\pi$

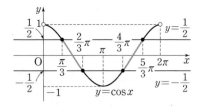

따라서 부등식 ㉠의 해는 함수 $y=\cos x$의 그래프가 직선

$y=-\dfrac{1}{2}$과 만나거나 위쪽에 있고, 직선 $y=\dfrac{1}{2}$과 만나거

나 아래쪽에 있는 x의 값의 범위이므로

$\dfrac{\pi}{3}\le x\le \dfrac{2}{3}\pi$ 또는 $\dfrac{4}{3}\pi\le x\le \dfrac{5}{3}\pi$

8 $\sin x+\cos x<0$에서

$\sin x<-\cos x$ ...... ㉠

$0<x<2\pi$에서 두 함수 $y=\sin x$, $y=-\cos x$의 그래프

의 교점의 x좌표는 $\dfrac{3}{4}\pi$, $\dfrac{7}{4}\pi$

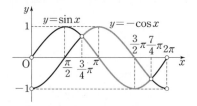

부등식 ㉠의 해는 함수 $y=\sin x$의 그래프가 함수

$y=-\cos x$의 그래프보다 아래쪽에 있는 x의 값의 범위

이므로 $\dfrac{3}{4}\pi<x<\dfrac{7}{4}\pi$

따라서 $\alpha=\dfrac{3}{4}\pi$, $\beta=\dfrac{7}{4}\pi$이므로 $\alpha+\beta=\dfrac{5}{2}\pi$

9 $2\sin^2 x-\cos x-1<0$에서

$2(1-\cos^2 x)-\cos x-1<0$, $2\cos^2 x+\cos x-1>0$

$(\cos x+1)(2\cos x-1)>0$

이때 $0\le x<\pi$에서 $\cos x+1>0$이므로

$2\cos x-1>0$ $\therefore \cos x>\dfrac{1}{2}$ ...... ㉠

$0\le x<\pi$에서 함수

$y=\cos x$의 그래프와 직

선 $y=\dfrac{1}{2}$의 교점의 x좌표

는 $\dfrac{\pi}{3}$

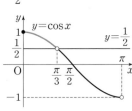

부등식 ㉠의 해는 함수 $y=\cos x$의 그래프가 직선 $y=\dfrac{1}{2}$

보다 위쪽에 있는 x의 값의 범위이므로 $0\le x<\dfrac{\pi}{3}$

따라서 $\alpha=0$, $\beta=\dfrac{\pi}{3}$이므로 $\alpha+\beta=\dfrac{\pi}{3}$

10 $\cos^2 x+2\sin x-a\le 0$에서

$(1-\sin^2 x)+2\sin x-a\le 0$

$\therefore \sin^2 x-2\sin x+a-1\ge 0$

$\sin x=t$로 놓으면 $-1\le t\le 1$이고 주어진 부등식은

$t^2-2t+a-1\ge 0$

$f(t)=t^2-2t+a-1$이라 하면 $f(t)=(t-1)^2+a-2$

$-1\le t\le 1$에서 $f(t)$의 최솟값은 $a-2$

이때 모든 실수 x에 대하여 부등식이 성립하려면

$a-2\ge 0$ $\therefore a\ge 2$

따라서 상수 a의 최솟값은 2이다.

11 $y=x^2-2x\sin\theta+\cos^2\theta$

$=(x-\sin\theta)^2-\sin^2\theta+\cos^2\theta$

이므로 꼭짓점의 좌표는 $(\sin\theta, -\sin^2\theta+\cos^2\theta)$

이 점이 직선 $y=\sqrt{3}x+1$ 위에 있으려면

$-\sin^2\theta+\cos^2\theta=\sqrt{3}\sin\theta+1$

$-\sin^2\theta+(1-\sin^2\theta)=\sqrt{3}\sin\theta+1$

$2\sin^2\theta+\sqrt{3}\sin\theta=0,\ \sin\theta(2\sin\theta+\sqrt{3})=0$

$\therefore\ \sin\theta=-\dfrac{\sqrt{3}}{2}$ 또는 $\sin\theta=0$

$0<\theta<2\pi$에서 함수 $y=\sin\theta$의 그래프와 두 직선

$y=-\dfrac{\sqrt{3}}{2},\ y=0$의 교점의 θ좌표는 $\pi,\ \dfrac{4}{3}\pi,\ \dfrac{5}{3}\pi$

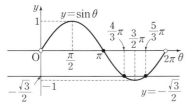

따라서 $x_1=\pi,\ x_2=\dfrac{4}{3}\pi,\ x_3=\dfrac{5}{3}\pi$이므로

$x_1+3(x_3-x_2)=\pi+3\left(\dfrac{5}{3}\pi-\dfrac{4}{3}\pi\right)=2\pi$

12 이차방정식 $x^2-2x\cos\theta+\cos\theta=0$이 실근을 갖지 않으려면 이 이차방정식의 판별식을 D라 할 때, $D<0$이어야 하므로

$\dfrac{D}{4}=\cos^2\theta-\cos\theta<0$

$\cos\theta(\cos\theta-1)<0$ $\therefore\ 0<\cos\theta<1$ ...... ㉠

$0<\theta<2\pi$에서 함수 $y=\cos\theta$의 그래프와 두 직선 $y=0,\ y=1$의 교점의 θ좌표는 $\dfrac{\pi}{2},\ \dfrac{3}{2}\pi$

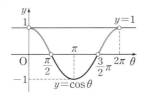

따라서 부등식 ㉠의 해는

$0<\theta<\dfrac{\pi}{2}$ 또는 $\dfrac{3}{2}\pi<\theta<2\pi$

13 $f(x)=2x^2+6x\sin\theta+1$이라 할 때, 방정식 $f(x)=0$의 두 근 사이에 1이 있으려면 $f(1)<0$이어야 하므로

$2+6\sin\theta+1<0$

$6\sin\theta<-3$ $\therefore\ \sin\theta<-\dfrac{1}{2}$ ...... ㉠

$0\le\theta<2\pi$에서 함수 $y=\sin\theta$의 그래프와 직선 $y=-\dfrac{1}{2}$의 교점의 θ좌표는

$\dfrac{7}{6}\pi,\ \dfrac{11}{6}\pi$

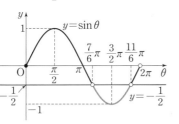

따라서 부등식 ㉠의 해는 $\dfrac{7}{6}\pi<\theta<\dfrac{11}{6}\pi$

14 $\pi\cos x=t$로 놓으면 $0\le x<2\pi$에서 $-1\le\cos x\le1$이므로 $-\pi\le t\le\pi$이고 주어진 방정식은

$\sin t=1$

$-\pi\le t\le\pi$에서 함수 $y=\sin t$의 그래프와 직선 $y=1$의 교점의 t좌표는 $\dfrac{\pi}{2}$

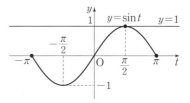

이때 $t=\pi\cos x$이므로 $\pi\cos x=\dfrac{\pi}{2}$ $\therefore\ \cos x=\dfrac{1}{2}$

$0\le x<2\pi$에서 함수 $y=\cos x$의 그래프와 직선 $y=\dfrac{1}{2}$의 교점의 x좌표는 $\dfrac{\pi}{3},\ \dfrac{5}{3}\pi$

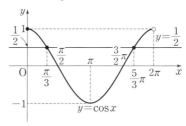

따라서 두 근의 차는 $\dfrac{5}{3}\pi-\dfrac{\pi}{3}=\dfrac{4}{3}\pi$

15 $y=\sin x-|\sin x|=\begin{cases}0 & (\sin x\ge0)\\ 2\sin x & (\sin x<0)\end{cases}$

이고 직선 $y=ax-2$는 a의 값에 관계없이 점 $(0,\ -2)$를 지난다.

이때 주어진 방정식이 서로 다른 세 실근을 가지려면 함수 $y=\sin x-|\sin x|$의 그래프와 직선 $y=ax-2\ (a>0)$가 서로 다른 세 점에서 만나야 하므로 다음 그림에서 직선 $y=ax-2$는 (i)과 (ii) 사이에 있어야 한다.

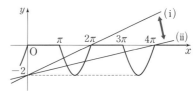

(i) 직선 $y=ax-2$가 점 $(2\pi,\ 0)$을 지날 때,

$0=2\pi a-2$ $\therefore\ a=\dfrac{1}{\pi}$

(ii) 직선 $y=ax-2$가 점 $(4\pi,\ 0)$을 지날 때,

$0=4\pi a-2$ $\therefore\ a=\dfrac{1}{2\pi}$

(i), (ii)에서 $\dfrac{1}{2\pi}<a<\dfrac{1}{\pi}$

1 사인법칙

문제

141~144쪽

01-1 답 (1) $\sqrt{6}$ (2) $3\sqrt{3}$ (3) $B=30°$, $C=30°$

(1) 사인법칙에 의하여 $\dfrac{a}{\sin A}=\dfrac{b}{\sin B}$이므로

$\dfrac{3}{\sin 60°}=\dfrac{b}{\sin 45°}$, $3\sin 45°=b\sin 60°$

$3\times\dfrac{\sqrt{2}}{2}=b\times\dfrac{\sqrt{3}}{2}$ $\quad\therefore b=\sqrt{6}$

(2) $A+B+C=180°$이므로

$A=180°-(45°+105°)=30°$

사인법칙에 의하여 $\dfrac{a}{\sin A}=2R$이므로

$\dfrac{3\sqrt{3}}{\sin 30°}=2R$, $2R\sin 30°=3\sqrt{3}$ $\quad\therefore R=3\sqrt{3}$

(3) 사인법칙에 의하여 $\dfrac{a}{\sin A}=\dfrac{b}{\sin B}$이므로

$\dfrac{\sqrt{3}}{\sin 120°}=\dfrac{1}{\sin B}$, $\sqrt{3}\sin B=\sin 120°$

$\therefore \sin B=\dfrac{\sqrt{3}}{2}\times\dfrac{1}{\sqrt{3}}=\dfrac{1}{2}$

이때 $0°<B<180°$이므로

$B=30°$ 또는 $B=150°$

그런데 $B=150°$이면 $A+B>180°$이므로 $B=30°$

$\therefore C=180°-(120°+30°)=30°$

02-1 답 $4:10:5$

사인법칙에 의하여 $a:b:c=\sin A:\sin B:\sin C$ 이므로

$a:b:c=2:4:5$

이때 $a=2k$, $b=4k$, $c=5k\,(k>0)$로 놓으면

$ab=8k^2$, $bc=20k^2$, $ca=10k^2$

$\therefore ab:bc:ca=8k^2:20k^2:10k^2=4:10:5$

02-2 답 $2:6:5$

$a-2b+2c=0$ $\quad\cdots\cdots$ ㉠

$2a+b-2c=0$ $\quad\cdots\cdots$ ㉡

㉠+㉡을 하면

$3a-b=0$ $\quad\therefore b=3a$

$b=3a$를 ㉡에 대입하면

$2a+3a-2c=0$ $\quad\therefore c=\dfrac{5}{2}a$

따라서 사인법칙에 의하여

$\sin A:\sin B:\sin C=a:3a:\dfrac{5}{2}a=2:6:5$

02-3 답 3

$A+B+C=180°$이고 $A:B:C=1:1:4$이므로

$A=180°\times\dfrac{1}{6}=30°$, $B=180°\times\dfrac{1}{6}=30°$,

$C=180°\times\dfrac{4}{6}=120°$

$\therefore \sin A:\sin B:\sin C$

$=\sin 30°:\sin 30°:\sin 120°$

$=\dfrac{1}{2}:\dfrac{1}{2}:\dfrac{\sqrt{3}}{2}=1:1:\sqrt{3}$

사인법칙에 의하여 $a:b:c=\sin A:\sin B:\sin C$ 이므로

$a:b:c=1:1:\sqrt{3}$

따라서 $a=k$, $b=k$, $c=\sqrt{3}k\,(k>0)$로 놓으면

$\dfrac{c^2}{ab}=\dfrac{(\sqrt{3}k)^2}{k\times k}=3$

03-1 답 $A=90°$인 직각삼각형

삼각형 ABC의 외접원의 반지름의 길이를 R라 하면 사인법칙에 의하여

$\sin A=\dfrac{a}{2R}$, $\sin B=\dfrac{b}{2R}$, $\sin C=\dfrac{c}{2R}$

이를 $\sin^2 A=\sin^2 B+\sin^2 C$에 대입하면

$\left(\dfrac{a}{2R}\right)^2=\left(\dfrac{b}{2R}\right)^2+\left(\dfrac{c}{2R}\right)^2$, $\dfrac{a^2}{4R^2}=\dfrac{b^2}{4R^2}+\dfrac{c^2}{4R^2}$

$\therefore a^2=b^2+c^2$

따라서 삼각형 ABC는 $A=90°$인 직각삼각형이다.

03-2 답 $a=b$인 이등변삼각형

삼각형 ABC의 외접원의 반지름의 길이를 R라 하면 사인법칙에 의하여

$\sin A=\dfrac{a}{2R}$, $\sin B=\dfrac{b}{2R}$

이를 $a\sin A=b\sin B$에 대입하면

$a\times\dfrac{a}{2R}=b\times\dfrac{b}{2R}$

$a^2=b^2$ $\quad\therefore a=b\,(\because a>0,\ b>0)$

따라서 삼각형 ABC는 $a=b$인 이등변삼각형이다.

03-3 답 $a=c$인 이등변삼각형

삼각형 ABC의 외접원의 반지름의 길이를 R라 하면 사인법칙에 의하여

$\sin A=\dfrac{a}{2R}$, $\sin B=\dfrac{b}{2R}$, $\sin C=\dfrac{c}{2R}$

이를 $(a-c)\sin B=a\sin A-c\sin C$에 대입하면

$(a-c)\times\dfrac{b}{2R}=a\times\dfrac{a}{2R}-c\times\dfrac{c}{2R}$

$(a-c)b=a^2-c^2$, $(a-c)b-(a+c)(a-c)=0$

$(a-c)\{b-(a+c)\}=0$

이때 두 변의 길이의 합은 나머지 한 변의 길이보다 크므로

$b-(a+c)\neq0$ $\therefore a=c$

따라서 삼각형 ABC는 $a=c$인 이등변삼각형이다.

04-1 답 $50\sqrt{6}$ m

$A+B+C=180°$이므로

$A=180°-(75°+60°)=45°$

삼각형 ABC에서 사인법칙에 의하여

$\dfrac{100}{\sin45°}=\dfrac{\overline{AB}}{\sin60°}$, $100\sin60°=\overline{AB}\sin45°$

$100\times\dfrac{\sqrt{3}}{2}=\overline{AB}\times\dfrac{\sqrt{2}}{2}$ $\therefore \overline{AB}=50\sqrt{6}(m)$

따라서 두 지점 A, B 사이의 거리는 $50\sqrt{6}$ m이다.

04-2 답 $8\sqrt{2}$ m

삼각형 ABQ에서 $A+B+Q=180°$이므로

$\angle AQB=180°-(75°+45°)=60°$

삼각형 ABQ에서 사인법칙에 의하여

$\dfrac{24}{\sin60°}=\dfrac{\overline{AQ}}{\sin45°}$, $24\sin45°=\overline{AQ}\sin60°$

$24\times\dfrac{\sqrt{2}}{2}=\overline{AQ}\times\dfrac{\sqrt{3}}{2}$

$\therefore \overline{AQ}=8\sqrt{6}(m)$

삼각형 PQA에서 $\angle PQA=90°$이므로

$\overline{PQ}=\overline{AQ}\tan30°=8\sqrt{6}\times\dfrac{\sqrt{3}}{3}=8\sqrt{2}(m)$

따라서 나무의 높이 PQ는 $8\sqrt{2}$ m이다.

2 코사인법칙

문제 146~149쪽

05-1 답 (1) $2\sqrt{7}$ (2) $30°$

(1) 코사인법칙에 의하여

$a^2=b^2+c^2-2bc\cos A$

$=6^2+4^2-2\times6\times4\times\cos60°$

$=36+16-24=28$

$\therefore a=2\sqrt{7}\ (\because a>0)$

(2) 코사인법칙에 의하여

$c^2=a^2+b^2-2ab\cos C$

$=(\sqrt{2})^2+(1+\sqrt{3})^2-2\times\sqrt{2}\times(1+\sqrt{3})\times\cos45°$

$=2+1+2\sqrt{3}+3-2(1+\sqrt{3})$

$=4$

$\therefore c=2\ (\because c>0)$

또 사인법칙에 의하여 $\dfrac{a}{\sin A}=\dfrac{c}{\sin C}$이므로

$\dfrac{\sqrt{2}}{\sin A}=\dfrac{2}{\sin45°}$, $\sqrt{2}\sin45°=2\sin A$

$\therefore \sin A=\sqrt{2}\times\dfrac{\sqrt{2}}{2}\times\dfrac{1}{2}=\dfrac{1}{2}$

이때 $0°<A<180°$이므로 $A=30°$ 또는 $A=150°$

그런데 $A=150°$이면 $A+C>180°$이므로 $A=30°$

05-2 답 7π

코사인법칙에 의하여

$b^2=c^2+a^2-2ca\cos B$

$=(\sqrt{3})^2+4^2-2\times\sqrt{3}\times4\times\cos30°$

$=3+16-12=7$

$\therefore b=\sqrt{7}\ (\because b>0)$

이때 삼각형 ABC의 외접원의 반지름의 길이를 R라 하면 사인법칙에 의하여 $\dfrac{b}{\sin B}=2R$이므로

$\dfrac{\sqrt{7}}{\sin30°}=2R$ $\therefore R=\sqrt{7}$

따라서 삼각형 ABC의 외접원의 넓이는

$\pi\times(\sqrt{7})^2=7\pi$

06-1 답 $60°$

코사인법칙에 의하여 $\cos B=\dfrac{c^2+a^2-b^2}{2ca}$이므로

$\cos B=\dfrac{(\sqrt{2}+\sqrt{6})^2+(2\sqrt{2})^2-(2\sqrt{3})^2}{2\times(\sqrt{2}+\sqrt{6})\times2\sqrt{2}}=\dfrac{4+4\sqrt{3}}{8+8\sqrt{3}}=\dfrac{1}{2}$

이때 $0°<B<180°$이므로 $B=60°$

06-2 답 $-\dfrac{1}{4}$

$a:b:c=\sin A:\sin B:\sin C$이므로

$a:b:c=2:3:4$

$a=2k,\ b=3k,\ c=4k\ (k>0)$로 놓으면 코사인법칙에 의하여 $\cos C=\dfrac{a^2+b^2-c^2}{2ab}$이므로

$\cos C=\dfrac{(2k)^2+(3k)^2-(4k)^2}{2\times2k\times3k}=-\dfrac{1}{4}$

06-3 답 $150°$

삼각형에서 길이가 가장 긴 변의 대각의 크기가 세 내각 중 가장 크므로 가장 큰 각의 크기는 C이다.

코사인법칙에 의하여 $\cos C=\dfrac{a^2+b^2-c^2}{2ab}$이므로

$\cos C=\dfrac{2^2+(2\sqrt{3})^2-(2\sqrt{7})^2}{2\times2\times2\sqrt{3}}=-\dfrac{\sqrt{3}}{2}$

이때 $0°<C<180°$이므로 $C=150°$

07-1 답 $A=90°$인 직각삼각형

코사인법칙에 의하여

$$\cos A=\frac{b^2+c^2-a^2}{2bc}, \ \cos B=\frac{c^2+a^2-b^2}{2ca}$$

이를 $a\cos B-b\cos A=c$에 대입하면

$$a\times\frac{c^2+a^2-b^2}{2ca}-b\times\frac{b^2+c^2-a^2}{2bc}=c$$

$$(c^2+a^2-b^2)-(b^2+c^2-a^2)=2c^2$$

$$2a^2-2b^2=2c^2 \qquad \therefore a^2=b^2+c^2$$

따라서 삼각형 ABC는 $A=90°$인 직각삼각형이다.

07-2 답 $a=c$인 이등변삼각형

$\tan A\cos C=\sin C$에서

$$\frac{\sin A}{\cos A}\times\cos C=\sin C$$

$$\therefore \ \sin A\cos C=\sin C\cos A \qquad \cdots\cdots \ \text{㉠}$$

삼각형 ABC의 외접원의 반지름의 길이를 R라 하면 사인법칙과 코사인법칙에 의하여

$$\sin A=\frac{a}{2R}, \ \sin C=\frac{c}{2R},$$

$$\cos A=\frac{b^2+c^2-a^2}{2bc}, \ \cos C=\frac{a^2+b^2-c^2}{2ab}$$

이를 ㉠에 대입하면

$$\frac{a}{2R}\times\frac{a^2+b^2-c^2}{2ab}=\frac{c}{2R}\times\frac{b^2+c^2-a^2}{2bc}$$

$$a^2+b^2-c^2=b^2+c^2-a^2$$

$$a^2=c^2 \qquad \therefore a=c \ (\because a>0, \ c>0)$$

따라서 삼각형 ABC는 $a=c$인 이등변삼각형이다.

07-3 답 $a=b$인 이등변삼각형 또는 $C=90°$인 직각삼각형

$\tan A:\tan B=a^2:b^2$에서

$$a^2\tan B=b^2\tan A$$

$$a^2\times\frac{\sin B}{\cos B}=b^2\times\frac{\sin A}{\cos A}$$

$$\therefore \ a^2\sin B\cos A=b^2\sin A\cos B \qquad \cdots\cdots \ \text{㉠}$$

삼각형 ABC의 외접원의 반지름의 길이를 R라 하면 사인법칙과 코사인법칙에 의하여

$$\sin A=\frac{a}{2R}, \ \sin B=\frac{b}{2R},$$

$$\cos A=\frac{b^2+c^2-a^2}{2bc}, \ \cos B=\frac{c^2+a^2-b^2}{2ca}$$

이를 ㉠에 대입하면

$$a^2\times\frac{b}{2R}\times\frac{b^2+c^2-a^2}{2bc}=b^2\times\frac{a}{2R}\times\frac{c^2+a^2-b^2}{2ca}$$

$$a^2(b^2+c^2-a^2)=b^2(c^2+a^2-b^2)$$

$$a^2b^2+a^2c^2-a^4=b^2c^2+a^2b^2-b^4$$

$$a^4-b^4-a^2c^2+b^2c^2=0$$

$$(a^2+b^2)(a^2-b^2)-c^2(a^2-b^2)=0$$

$$(a^2-b^2)(a^2+b^2-c^2)=0$$

$$\therefore a=b \ \text{또는} \ a^2+b^2=c^2 \ (\because a>0, \ b>0)$$

따라서 삼각형 ABC는 $a=b$인 이등변삼각형 또는 $C=90°$인 직각삼각형이다.

08-1 답 $20\sqrt{91}$ m

삼각형 ABC에서 코사인법칙에 의하여

$$\overline{\mathrm{AB}}^2=120^2+100^2-2\times120\times100\times\cos120°$$

$$=14400+10000+12000$$

$$=36400$$

$$\therefore \ \overline{\mathrm{AB}}=20\sqrt{91}\,(\mathrm{m}) \ (\because \overline{\mathrm{AB}}>0)$$

따라서 두 나무 A, B 사이의 거리는 $20\sqrt{91}$ m이다.

08-2 답 $4\sqrt{7}$ km

삼각형 ABC에서 코사인법칙에 의하여

$$\cos B=\frac{(6\sqrt{7})^2+6^2-12^2}{2\times6\sqrt{7}\times6}=\frac{2\sqrt{7}}{7}$$

삼각형 ABD에서 코사인법칙에 의하여

$$\overline{\mathrm{AD}}^2=(6\sqrt{7})^2+14^2-2\times6\sqrt{7}\times14\times\cos B$$

$$=252+196-336=112$$

$$\therefore \ \overline{\mathrm{AD}}=4\sqrt{7}\,(\mathrm{km}) \ (\because \overline{\mathrm{AD}}>0)$$

따라서 두 집 A, D 사이의 거리는 $4\sqrt{7}$ km이다.

3 삼각형의 넓이

개념 CHECK 151쪽

1 답 (1) $33\sqrt{3}$ (2) $3\sqrt{2}$

(1) $\frac{1}{2}\times11\times12\times\sin60°=33\sqrt{3}$

(2) $\frac{1}{2}\times3\times4\times\sin135°=3\sqrt{2}$

2 답 (1) $3\sqrt{3}$ (2) $24\sqrt{2}$

(1) $2\times3\times\sin60°=3\sqrt{3}$

(2) $6\times8\times\sin135°=24\sqrt{2}$

3 답 (1) 9 (2) $5\sqrt{3}$

(1) $\frac{1}{2}\times6\times6\times\sin30°=9$

(2) $\frac{1}{2}\times4\times5\times\sin120°=5\sqrt{3}$

09-1 답 (1) **60° 또는 120°** (2) $2\sqrt{26}$

(1) 삼각형 ABC의 넓이가 $3\sqrt{3}$이므로

$$\frac{1}{2}\times 4\times 3\times \sin A=3\sqrt{3} \qquad \therefore \sin A=\frac{\sqrt{3}}{2}$$

이때 $0°<A<180°$이므로

$A=60°$ 또는 $A=120°$

(2) 삼각형 ABC의 넓이가 8이므로

$$\frac{1}{2}\times 8\times c\times \sin 135°=8$$

$$\frac{1}{2}\times 8\times c\times \frac{\sqrt{2}}{2}=8 \qquad \therefore c=2\sqrt{2}$$

코사인법칙에 의하여

$$\begin{aligned}a^2&=b^2+c^2-2bc\cos A\\&=8^2+(2\sqrt{2})^2-2\times 8\times 2\sqrt{2}\times \cos 135°\\&=64+8+32=104\end{aligned}$$

$\therefore a=2\sqrt{26}$ $(\because a>0)$

09-2 답 $5\sqrt{2}$

$\cos B=\frac{1}{3}$이고 $0°<B<180°$이므로

$$\sin B=\sqrt{1-\cos^2 B}=\sqrt{1-\left(\frac{1}{3}\right)^2}=\frac{2\sqrt{2}}{3}$$

따라서 삼각형 ABC의 넓이는

$$\frac{1}{2}\times 5\times 3\times \sin B=\frac{1}{2}\times 5\times 3\times \frac{2\sqrt{2}}{3}=5\sqrt{2}$$

09-3 답 $\dfrac{12}{5}$

$\overline{AD}=x$라 하면 $\triangle ABC=\triangle ABD+\triangle ADC$이므로

$$\frac{1}{2}\times 6\times 4\times \sin 120°$$

$$=\frac{1}{2}\times 6\times x\times \sin 60°+\frac{1}{2}\times 4\times x\times \sin 60°$$

$$6\sqrt{3}=\frac{3\sqrt{3}}{2}x+\sqrt{3}x,\ 6\sqrt{3}=\frac{5\sqrt{3}}{2}x \qquad \therefore x=\frac{12}{5}$$

$\therefore \overline{AD}=\dfrac{12}{5}$

10-1 답 (1) **84** (2) **192**

(1) 코사인법칙에 의하여

$$\cos C=\frac{13^2+14^2-15^2}{2\times 13\times 14}=\frac{5}{13}$$

이때 $0°<C<180°$이므로

$$\sin C=\sqrt{1-\cos^2 C}=\sqrt{1-\left(\frac{5}{13}\right)^2}=\frac{12}{13}$$

따라서 삼각형 ABC의 넓이는

$$\frac{1}{2}\times 13\times 14\times \frac{12}{13}=84$$

(2) 삼각형 ABC의 외접원의 반지름의 길이를 R라 하면

삼각형 ABC의 넓이는 $\dfrac{abc}{4R}$이므로

$$\frac{abc}{4\times 2\sqrt{3}}=8\sqrt{3} \qquad \therefore abc=192$$

다른 풀이

(1) 헤론의 공식을 이용하면 $s=\dfrac{13+14+15}{2}=21$이므로

삼각형 ABC의 넓이는

$$\sqrt{21(21-13)(21-14)(21-15)}=84$$

10-2 답 $2\sqrt{2}$

코사인법칙에 의하여

$$\cos C=\frac{9^2+10^2-11^2}{2\times 9\times 10}=\frac{1}{3}$$

이때 $0°<C<180°$이므로

$$\sin C=\sqrt{1-\cos^2 C}=\sqrt{1-\left(\frac{1}{3}\right)^2}=\frac{2\sqrt{2}}{3}$$

따라서 삼각형 ABC의 넓이는

$$\frac{1}{2}\times 9\times 10\times \frac{2\sqrt{2}}{3}=30\sqrt{2}$$

이때 삼각형 ABC의 내접원의 반지름의 길이를 r라 하면

삼각형 ABC의 넓이는 $\dfrac{1}{2}r(a+b+c)$이므로

$$\frac{1}{2}r(9+10+11)=30\sqrt{2}$$

$\therefore r=2\sqrt{2}$

다른 풀이

헤론의 공식을 이용하면 $s=\dfrac{9+10+11}{2}=15$이므로

삼각형 ABC의 넓이는

$$\sqrt{15(15-9)(15-10)(15-11)}=30\sqrt{2}$$

이때 삼각형 ABC의 내접원의 반지름의 길이를 r라 하면

$$\frac{1}{2}r(9+10+11)=30\sqrt{2}$$

$\therefore r=2\sqrt{2}$

11-1 답 $7+6\sqrt{3}$

$$\triangle ABD=\frac{1}{2}\times 4\times 7\times \sin 30°=7$$

삼각형 BCD에서 코사인법칙에 의하여

$$\cos D=\frac{3^2+7^2-8^2}{2\times 3\times 7}=-\frac{1}{7}$$

이때 $0°<D<180°$이므로

$$\sin D=\sqrt{1-\cos^2 D}=\sqrt{1-\left(-\frac{1}{7}\right)^2}=\frac{4\sqrt{3}}{7}$$

$$\therefore \triangle BCD=\frac{1}{2}\times 3\times 7\times \frac{4\sqrt{3}}{7}=6\sqrt{3}$$

$$\begin{aligned}\therefore \square ABCD&=\triangle ABD+\triangle BCD\\&=7+6\sqrt{3}\end{aligned}$$

11-2 답 $\dfrac{19\sqrt{3}}{2}$

오른쪽 그림과 같이 선분 AC를
그으면 삼각형 ABC에서 코사
인법칙에 의하여

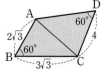

$\overline{AC}^2=(2\sqrt{3})^2+(3\sqrt{3})^2$
$\qquad -2\times2\sqrt{3}\times3\sqrt{3}\times\cos60°$
$\qquad =12+27-18$
$\qquad =21$

$\therefore \overline{AC}=\sqrt{21} \ (\because \overline{AC}>0)$

또 $\overline{AD}=x \ (x>0)$라 하면 삼각형 ACD에서 코사인법
칙에 의하여

$(\sqrt{21})^2=x^2+4^2-2\times x\times4\times\cos60°$
$21=x^2+16-4x, \ x^2-4x-5=0$
$(x+1)(x-5)=0 \qquad \therefore x=5 \ (\because x>0)$
$\therefore \overline{AD}=5$

$\therefore \square ABCD=\triangle ABC+\triangle ACD$
$\qquad =\dfrac{1}{2}\times2\sqrt{3}\times3\sqrt{3}\times\sin60°$
$\qquad\qquad +\dfrac{1}{2}\times5\times4\times\sin60°$
$\qquad =\dfrac{9\sqrt{3}}{2}+5\sqrt{3}=\dfrac{19\sqrt{3}}{2}$

12-1 답 (1) **60° 또는 120°** (2) **6**

(1) 평행사변형에서 $\overline{AD}=\overline{BC}=2\sqrt{3}$
평행사변형 ABCD의 넓이가 6이므로
$2\sqrt{3}\times2\times\sin A=6 \qquad \therefore \sin A=\dfrac{\sqrt{3}}{2}$
이때 $0°<A<180°$이므로
$A=60°$ 또는 $A=120°$

(2) 사각형 ABCD의 넓이가 $9\sqrt{2}$이므로
$\dfrac{1}{2}\times6\times x\times\sin45°=9\sqrt{2}$
$3x\times\dfrac{\sqrt{2}}{2}=9\sqrt{2}$
$\therefore x=6$

12-2 답 $18\sqrt{2}$

$0°<\theta<180°$이므로
$\sin\theta=\sqrt{1-\cos^2\theta}=\sqrt{1-\left(\dfrac{1}{3}\right)^2}=\dfrac{2\sqrt{2}}{3}$
$\therefore \square ABCD=\dfrac{1}{2}\times6\times9\times\sin\theta$
$\qquad =\dfrac{1}{2}\times6\times9\times\dfrac{2\sqrt{2}}{3}$
$\qquad =18\sqrt{2}$

1 ②	**2** 32	**3** ⑤	**4** 2	**5** $3-\sqrt{3}$
6 정삼각형	**7** 35.6 m	**8** $2\sqrt{6}$	**9** $\sqrt{2}$	**10** ④
11 $\dfrac{3}{5}$	**12** ④	**13** 120 m	**14** ③	**15** $\sqrt{3}$
16 240	**17** ①	**18** $\dfrac{41\sqrt{3}}{2}$	**19** ①	**20** ③
21 $\dfrac{\sqrt{3}}{3}$	**22** $2\sqrt{7}$	**23** ⑤	**24** $\dfrac{48}{7}$	**25** ③
26 $7\sqrt{3}$				

1 $A=180°-(60°+75°)=45°$이므로 사인법칙에 의하여
$\dfrac{2\sqrt{2}}{\sin45°}=\dfrac{b}{\sin60°}, \ 2\sqrt{2}\sin60°=b\sin45°$
$2\sqrt{2}\times\dfrac{\sqrt{3}}{2}=b\times\dfrac{\sqrt{2}}{2} \qquad \therefore b=2\sqrt{3}$

2 한 호에 대한 원주각의 크기는 같으므로
$\angle BCA=\angle BDA=30°$
삼각형 ABD에서 사인법칙에 의하여
$\dfrac{\overline{AD}}{\sin45°}=\dfrac{16\sqrt{2}}{\sin30°}, \ \overline{AD}\sin30°=16\sqrt{2}\sin45°$
$\overline{AD}\times\dfrac{1}{2}=16\sqrt{2}\times\dfrac{\sqrt{2}}{2} \qquad \therefore \overline{AD}=32$

3 $B+C=180°-A$이므로
$\cos(B+C)=\cos(180°-A)=-\cos A$
$4\cos(B+C)\cos A=-1$에서
$4(-\cos A)\cos A=-1$
$-4\cos^2A=-1, \ \cos^2A=\dfrac{1}{4}$
이때 $0°<A<180°$이므로
$\sin A=\sqrt{1-\cos^2A}=\sqrt{1-\dfrac{1}{4}}=\dfrac{\sqrt{3}}{2}$
외접원의 반지름의 길이가 4이므로 사인법칙에 의하여
$\dfrac{\overline{BC}}{\sin A}=2\times4$
$\therefore \overline{BC}=2\times4\times\dfrac{\sqrt{3}}{2}=4\sqrt{3}$

4 삼각형 ABC의 외접원의 반지름의 길이를 R라 하면 사인법칙에 의하여
$\sin A+\sin B+\sin C=\dfrac{a}{2R}+\dfrac{b}{2R}+\dfrac{c}{2R}=\dfrac{a+b+c}{2R}$
이때 외접원의 반지름의 길이가 3이고 삼각형 ABC의 둘레의 길이가 12이므로
$\sin A+\sin B+\sin C=\dfrac{12}{2\times3}=2$

5 $A+B+C=180°$이고 $A:B:C=1:2:3$이므로

$A=180°\times\dfrac{1}{6}=30°$, $B=180°\times\dfrac{2}{6}=60°$,

$C=180°\times\dfrac{3}{6}=90°$

삼각형 ABC의 외접원의 반지름의 길이를 R라 하면 사인법칙에 의하여

$a=2R\sin A=2R\sin 30°=R$

$b=2R\sin B=2R\sin 60°=\sqrt{3}R$

$c=2R\sin C=2R\sin 90°=2R$

이를 $a+b+c=6$에 대입하면

$R+\sqrt{3}R+2R=6$, $(3+\sqrt{3})R=6$

$\therefore R=\dfrac{6}{3+\sqrt{3}}=3-\sqrt{3}$

6 삼각형 ABC의 외접원의 반지름의 길이를 R라 하면 사인법칙에 의하여

$\sin A=\dfrac{a}{2R}$, $\sin B=\dfrac{b}{2R}$, $\sin C=\dfrac{c}{2R}$

이를 $a\sin A=b\sin B=c\sin C$에 대입하면

$a\times\dfrac{a}{2R}=b\times\dfrac{b}{2R}=c\times\dfrac{c}{2R}$, $a^2=b^2=c^2$

$\therefore a=b=c$ ($\because a>0$, $b>0$, $c>0$)

따라서 삼각형 ABC는 정삼각형이다.

7 $\angle BCA=43°-14°=29°$

삼각형 CAB에서 사인법칙에 의하여

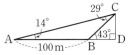

$\dfrac{\overline{BC}}{\sin 14°}=\dfrac{100}{\sin 29°}$, $\overline{BC}\sin 29°=100\sin 14°$

$\overline{BC}\times 0.48=100\times 0.24$ $\therefore \overline{BC}=50$(m)

삼각형 CBD에서

$\overline{CD}=\overline{BC}\sin 43°=50\times 0.68=34$(m)

이때 서연이의 눈의 높이는 지면으로부터 1.6 m이므로 기구와 지면 사이의 거리는 $34+1.6=35.6$(m)

8 $B+D=180°$에서 $D=180°-B$이므로

$\cos D=\cos(180°-B)=-\cos B=-\dfrac{1}{4}$

따라서 삼각형 DAC에서 코사인법칙에 의하여

$\overline{AC}^2=2^2+4^2-2\times 2\times 4\times\left(-\dfrac{1}{4}\right)=4+16+4=24$

$\therefore \overline{AC}=2\sqrt{6}$ ($\because \overline{AC}>0$)

9 삼각형 ABC에서 사인법칙에 의하여

$\dfrac{\sqrt{6}}{\sin 45°}=\dfrac{\sqrt{3}}{\sin C}$, $\sqrt{6}\sin C=\sqrt{3}\sin 45°$

$\sqrt{6}\sin C=\sqrt{3}\times\dfrac{\sqrt{2}}{2}$ $\therefore \sin C=\dfrac{1}{2}$

이때 $0°<C<180°$이므로 $C=30°$ 또는 $C=150°$

그런데 $C=150°$이면 $B+C>180°$이므로 $C=30°$

$\overline{CD}=x$ $(0<x<\sqrt{6})$라 하면 삼각형 ADC에서 코사인법칙에 의하여

$(\sqrt{2})^2=(\sqrt{6})^2+x^2-2\times\sqrt{6}\times x\times\cos 30°$

$2=6+x^2-3\sqrt{2}x$, $x^2-3\sqrt{2}x+4=0$

$(x-\sqrt{2})(x-2\sqrt{2})=0$ $\therefore x=\sqrt{2}$ ($\because 0<x<\sqrt{6}$)

$\therefore \overline{CD}=\sqrt{2}$

10 $a^2=b^2+bc+c^2$에서 $b^2+c^2-a^2=-bc$

코사인법칙에 의하여

$\cos A=\dfrac{b^2+c^2-a^2}{2bc}=\dfrac{-bc}{2bc}=-\dfrac{1}{2}$

이때 $0°<A<180°$이므로 $A=120°$

11 $\dfrac{\sin A}{3}=\dfrac{\sin B}{4}=\dfrac{\sin C}{5}$에서

$\sin A:\sin B:\sin C=3:4:5$

$\therefore a:b:c=\sin A:\sin B:\sin C=3:4:5$

$a=3k$, $b=4k$, $c=5k$ $(k>0)$로 놓으면 코사인법칙에 의하여

$\cos A=\dfrac{(4k)^2+(5k)^2-(3k)^2}{2\times 4k\times 5k}=\dfrac{4}{5}$

이때 $0°<A<180°$이므로

$\sin A=\sqrt{1-\cos^2 A}=\sqrt{1-\left(\dfrac{4}{5}\right)^2}=\dfrac{3}{5}$

12 코사인법칙에 의하여

$\cos A=\dfrac{b^2+c^2-a^2}{2bc}$, $\cos C=\dfrac{a^2+b^2-c^2}{2ab}$

이를 $c\cos A=a\cos C$에 대입하면

$c\times\dfrac{b^2+c^2-a^2}{2bc}=a\times\dfrac{a^2+b^2-c^2}{2ab}$

$b^2+c^2-a^2=a^2+b^2-c^2$

$a^2=c^2$ $\therefore a=c$ ($\because a>0$, $c>0$)

따라서 삼각형 ABC는 $a=c$인 이등변삼각형이다.

13 $\overline{PQ}=x$ $(x>0)$라 하면 삼각형 PBQ는 직각이등변삼각형이므로 $\overline{PQ}=\overline{BQ}=x$

또 삼각형 PAQ에서 $\overline{AQ}=\dfrac{\overline{PQ}}{\tan 30°}=\sqrt{3}\,\overline{PQ}=\sqrt{3}x$

따라서 삼각형 ABQ에서 코사인법칙에 의하여

$120^2=(\sqrt{3}x)^2+x^2-2\times\sqrt{3}x\times x\times\cos 30°$

$\quad =3x^2+x^2-3x^2=x^2$

$\therefore x=120$ ($\because x>0$)

따라서 타워의 높이 PQ는 120 m이다.

14 $A+B=180°-C$이므로

$\sin(A+B)=\sin(180°-C)=\sin C=\dfrac{1}{4}$

$$\therefore \triangle ABC = \frac{1}{2} \times 3 \times 4 \times \sin C$$
$$= \frac{1}{2} \times 3 \times 4 \times \frac{1}{4} = \frac{3}{2}$$

15 코사인법칙에 의하여
$$a^2 = 8^2 + 5^2 - 2 \times 8 \times 5 \times \cos 60°$$
$$= 64 + 25 - 40 = 49$$
$$\therefore a = 7 \ (\because a > 0)$$
따라서 삼각형 ABC의 넓이는
$$\frac{1}{2} \times 8 \times 5 \times \sin 60° = 10\sqrt{3}$$
이때 삼각형 ABC의 내접원의 반지름의 길이를 r라 하면
$$\frac{1}{2}r(7 + 8 + 5) = 10\sqrt{3} \qquad \therefore r = \sqrt{3}$$

16 삼각형 ABC의 외접원의 반지름의 길이를 R라 하면 삼각형 ABC의 넓이는 $\dfrac{abc}{4R}$이므로
$$\frac{abc}{4 \times 4} = 15 \qquad \therefore abc = 240$$

17 점 P는 변 AB를 2 : 1로 내분하는 점이므로
$$\overline{AP} = \frac{2}{3}\overline{AB} \qquad \cdots\cdots \ \textcircled{\scriptsize ㉠}$$
점 Q는 변 AC를 2 : 3으로 내분하는 점이므로
$$\overline{AQ} = \frac{2}{5}\overline{AC} \qquad \cdots\cdots \ \textcircled{\scriptsize ㉡}$$
두 삼각형 ABC, APQ의 넓이는
$$\triangle ABC = \frac{1}{2} \times \overline{AB} \times \overline{AC} \times \sin A \qquad \cdots\cdots \ \textcircled{\scriptsize ㉢}$$
$$\triangle APQ = \frac{1}{2} \times \overline{AP} \times \overline{AQ} \times \sin A \qquad \cdots\cdots \ \textcircled{\scriptsize ㉣}$$
㉣에 ㉠, ㉡을 대입하면
$$\triangle APQ = \frac{1}{2} \times \frac{2}{3}\overline{AB} \times \frac{2}{5}\overline{AC} \times \sin A$$
$$= \frac{4}{15} \times \left(\frac{1}{2} \times \overline{AB} \times \overline{AC} \times \sin A\right)$$
$$= \frac{4}{15}\triangle ABC \ (\because \textcircled{\scriptsize ㉢})$$
$$\therefore \triangle ABC : \triangle APQ = 15 : 4$$

18 오른쪽 그림과 같이 선분 AC를 그으면 삼각형 ABC에서 코사인법칙에 의하여 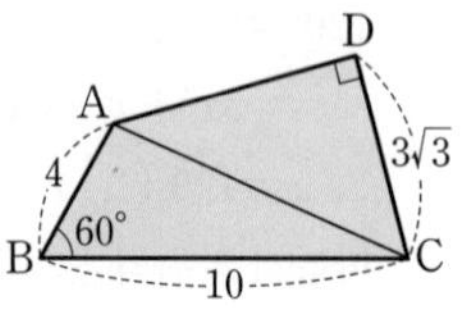
$$\overline{AC}^2$$
$$= 4^2 + 10^2 - 2 \times 4 \times 10 \times \cos 60°$$
$$= 16 + 100 - 40 = 76$$
$$\therefore \overline{AC} = 2\sqrt{19} \ (\because \overline{AC} > 0)$$

직각삼각형 ACD에서
$$\overline{AD} = \sqrt{(2\sqrt{19})^2 - (3\sqrt{3})^2} = 7$$
$$\therefore \square ABCD = \triangle ABC + \triangle ACD$$
$$= \frac{1}{2} \times 4 \times 10 \times \sin 60° + \frac{1}{2} \times 3\sqrt{3} \times 7$$
$$= 10\sqrt{3} + \frac{21\sqrt{3}}{2} = \frac{41\sqrt{3}}{2}$$

19 삼각형 APB는 ∠APB = 90°인 직각삼각형이므로
$$\overline{AB} = \sqrt{4^2 + 2^2} = \sqrt{20} = 2\sqrt{5}$$
또 삼각형 QBA는 ∠AQB = 90°인 직각이등변삼각형이므로
$$\overline{QA}^2 + \overline{QB}^2 = \overline{AB}^2 = (2\sqrt{5})^2 = 20$$
$$\therefore \overline{QA} = \overline{QB} = \sqrt{10}$$
$$\therefore \square APBQ = \triangle PAB + \triangle AQB$$
$$= \frac{1}{2} \times 4 \times 2 + \frac{1}{2} \times \sqrt{10} \times \sqrt{10} = 9$$
이때 ∠QBA = ∠QPA = 45°, ∠BAQ = ∠BPQ = 45°이므로 $\overline{PQ} = x$라 하면 $\square APBQ = \triangle PAQ + \triangle PQB$에서
$$9 = \frac{1}{2} \times 4 \times x \times \sin 45° + \frac{1}{2} \times 2 \times x \times \sin 45°$$
$$= \sqrt{2}x + \frac{\sqrt{2}}{2}x = \frac{3\sqrt{2}}{2}x$$
$$\therefore x = 3\sqrt{2}$$
따라서 선분 PQ의 길이는 $3\sqrt{2}$이다.

다른 풀이
$$\overline{AB} = 2\sqrt{5}, \ \overline{QA} = \overline{QB} = \sqrt{10}$$
∠QBA = ∠QPA = 45°이므로 $\overline{PQ} = x \ (x > 0)$라 하면 삼각형 APQ에서 코사인법칙에 의하여
$$\overline{AQ}^2 = \overline{AP}^2 + \overline{PQ}^2 - 2 \times \overline{AP} \times \overline{PQ} \times \cos 45°$$
$$(\sqrt{10})^2 = 4^2 + x^2 - 2 \times 4 \times x \times \frac{\sqrt{2}}{2}$$
$$10 = 16 + x^2 - 4\sqrt{2}x, \ x^2 - 4\sqrt{2}x + 6 = 0$$
$$(x - \sqrt{2})(x - 3\sqrt{2}) = 0 \qquad \therefore x = \sqrt{2} \ \text{또는} \ x = 3\sqrt{2}$$
그런데 $\overline{PQ} > \overline{AQ} = \sqrt{10}$이므로 $x = 3\sqrt{2}$
따라서 선분 PQ의 길이는 $3\sqrt{2}$이다.

20 평행사변형 ABCD에서 $\overline{CD} = \overline{AB} = 8$
삼각형 BCD에서 코사인법칙에 의하여
$$\cos C = \frac{10^2 + 8^2 - 12^2}{2 \times 10 \times 8} = \frac{1}{8}$$
이때 0° < C < 180°이므로
$$\sin C = \sqrt{1 - \cos^2 C} = \sqrt{1 - \left(\frac{1}{8}\right)^2} = \frac{3\sqrt{7}}{8}$$
$$\therefore \square ABCD = 10 \times 8 \times \sin C$$
$$= 10 \times 8 \times \frac{3\sqrt{7}}{8} = 30\sqrt{7}$$

21 사각형 ABCD의 넓이가 $6\sqrt{6}$이므로

$\dfrac{1}{2}\times4\times9\times\sin\theta=6\sqrt{6}$ $\therefore\ \sin\theta=\dfrac{\sqrt{6}}{3}$

이때 $0°<\theta<90°$이므로

$\cos\theta=\sqrt{1-\sin^2\theta}=\sqrt{1-\left(\dfrac{\sqrt{6}}{3}\right)^2}=\dfrac{\sqrt{3}}{3}$

22 주어진 원뿔의 전개도를 그리
면 오른쪽 그림과 같다.
호의 길이는 원뿔의 밑면인 원
의 둘레의 길이와 같으므로

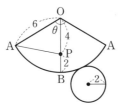

$2\pi\times2=4\pi$

이때 선분 OA의 길이는 6이므
로 부채꼴의 중심각의 크기를 θ라 하면

$4\pi=6\theta$ $\therefore\ \theta=\dfrac{4\pi}{6}=\dfrac{2}{3}\pi$

삼각형 OAP에서 $\angle POA=\dfrac{\theta}{2}=\dfrac{\pi}{3}$이고 점 P는 선분

OB를 $2:1$로 내분하는 점이므로 $\overline{OP}=4$

따라서 삼각형 OAP에서 코사인법칙에 의하여

$\overline{AP}^2=6^2+4^2-2\times6\times4\times\cos\dfrac{\pi}{3}$

$=36+16-24=28$

$\therefore\ \overline{AP}=2\sqrt{7}\ (\because\ \overline{AP}>0)$

23 ㄱ. 삼각형 BFG에서

$\angle BFG=180°-(120°+\theta)=60°-\theta$

$\therefore\ \angle BFE=\angle BFG+\angle GFE$

$=(60°-\theta)+30°=90°-\theta$

ㄴ. 이등변삼각형 EFG에서

$\overline{FG}=2\overline{EF}\cos30°=2\times2\times\dfrac{\sqrt{3}}{2}=2\sqrt{3}$

삼각형 BGF에서 사인법칙에 의하여

$\dfrac{2\sqrt{3}}{\sin120°}=\dfrac{\overline{BF}}{\sin\theta}$, $2\sqrt{3}\sin\theta=\overline{BF}\sin120°$

$2\sqrt{3}\sin\theta=\overline{BF}\times\dfrac{\sqrt{3}}{2}$ $\therefore\ \overline{BF}=4\sin\theta$

ㄷ. 삼각형 EFB에서 코사인법칙에 의하여

$\overline{BE}^2=\overline{BF}^2+\overline{EF}^2-2\times\overline{BF}\times\overline{EF}\times\cos(90°-\theta)$

$=(4\sin\theta)^2+2^2-2\times4\sin\theta\times2\times\sin\theta$

$=4$

$\therefore\ \overline{BE}=2\ (\because\ \overline{BE}>0)$

따라서 보기 중 옳은 것은 ㄱ, ㄴ, ㄷ이다.

24 $\overline{BD}:\overline{CD}=\overline{AB}:\overline{AC}=3:4$이므로 선분 AD는
$\angle CAB$의 이등분선이다.

$\therefore\ \angle DAB=\angle CAD=60°$

이때 $\triangle ABC=\triangle ABD+\triangle ADC$이므로

$\dfrac{1}{2}\times12\times16\times\sin120°$

$=\dfrac{1}{2}\times12\times\overline{AD}\times\sin60°+\dfrac{1}{2}\times16\times\overline{AD}\times\sin60°$

$48\sqrt{3}=3\sqrt{3}\,\overline{AD}+4\sqrt{3}\,\overline{AD}$

$48\sqrt{3}=7\sqrt{3}\,\overline{AD}$ $\therefore\ \overline{AD}=\dfrac{48}{7}$

25 $\overline{AP}=x$, $\overline{AQ}=y$라 하면 $\triangle APQ=\dfrac{1}{2}\triangle ABC$이므로

$\dfrac{1}{2}\times x\times y\times\sin60°=\dfrac{1}{2}\left(\dfrac{1}{2}\times4\times5\times\sin60°\right)$

$\therefore\ xy=10$

삼각형 APQ에서 코사인법칙에 의하여

$\overline{PQ}^2=x^2+y^2-2xy\cos60°$

$=x^2+y^2-2\times10\times\dfrac{1}{2}=x^2+y^2-10$

이때 $x^2>0$, $y^2>0$이므로 산술평균과 기하평균의 관계에
의하여

$x^2+y^2-10\geq2\sqrt{x^2y^2}-10$

$=2\times10-10$

$=10$ (단, 등호는 $x=y$일 때 성립)

$\therefore\ \overline{PQ}\geq\sqrt{10}$

따라서 선분 PQ의 길이의 최솟값은 $\sqrt{10}$이다.

26 $\overline{AB}=a$, $\overline{AD}=b$라 하면 $a+b=6$
삼각형 ABD에서 코사인법칙에 의하여

$(4\sqrt{2})^2=a^2+b^2-2\times a\times b\times\cos120°$

$32=a^2+b^2+ab$, $32=(a+b)^2-ab$

$32=6^2-ab$ $\therefore\ ab=4$

$\therefore\ \overline{AB}\times\overline{AD}=4$

$\overline{BC}=c$, $\overline{CD}=d$라 하면 $c+d=2\sqrt{26}$

$C=180°-120°=60°$이므로 삼각형 BCD에서 코사인법
칙에 의하여

$(4\sqrt{2})^2=c^2+d^2-2\times c\times d\times\cos60°$

$32=c^2+d^2-cd$, $32=(c+d)^2-3cd$

$32=(2\sqrt{26})^2-3cd$ $\therefore\ cd=24$

$\therefore\ \overline{BC}\times\overline{CD}=24$

$\therefore\ \square ABCD$

$=\triangle ABD+\triangle BCD$

$=\dfrac{1}{2}\times\overline{AB}\times\overline{AD}\times\sin120°$

$\qquad+\dfrac{1}{2}\times\overline{BC}\times\overline{BD}\times\sin60°$

$=\dfrac{1}{2}\times4\times\dfrac{\sqrt{3}}{2}+\dfrac{1}{2}\times24\times\dfrac{\sqrt{3}}{2}$

$=\sqrt{3}+6\sqrt{3}=7\sqrt{3}$

1 수열

1 답 (1) **17** (2) **16**

2 답 (1) **5, 8, 11, 14** (2) **3, 5, 9, 17**
    (1) $a_1 = 3 \times 1 + 2 = 5$, $a_2 = 3 \times 2 + 2 = 8$,
       $a_3 = 3 \times 3 + 2 = 11$, $a_4 = 3 \times 4 + 2 = 14$
    (2) $a_1 = 2 + 1 = 3$, $a_2 = 2^2 + 1 = 5$,
       $a_3 = 2^3 + 1 = 9$, $a_4 = 2^4 + 1 = 17$

01-1 답 (1) $a_n = n(n+1)$ (2) $a_n = n^2$
           (3) $a_n = \dfrac{1}{3}(10^n - 1)$

  (1) a_1, a_2, a_3, a_4, $\cdots$의 규칙을 찾아보면
    $a_1 = 1 \times 2 = 1 \times (1+1)$
    $a_2 = 2 \times 3 = 2 \times (2+1)$
    $a_3 = 3 \times 4 = 3 \times (3+1)$
    $a_4 = 4 \times 5 = 4 \times (4+1)$
          $\vdots$
    따라서 일반항 a_n은 $a_n = n(n+1)$

  (2) a_1, a_2, a_3, a_4, $\cdots$의 규칙을 찾아보면
    $a_1 = 1 = 1^2$
    $a_2 = 4 = 2^2$
    $a_3 = 9 = 3^2$
    $a_4 = 16 = 4^2$
         $\vdots$
    따라서 일반항 a_n은 $a_n = n^2$

  (3) a_1, a_2, a_3, a_4, $\cdots$의 규칙을 찾아보면
    $a_1 = 3 = \dfrac{1}{3} \times (10 - 1)$
    $a_2 = 33 = \dfrac{1}{3} \times (100 - 1) = \dfrac{1}{3} \times (10^2 - 1)$
    $a_3 = 333 = \dfrac{1}{3} \times (1000 - 1) = \dfrac{1}{3} \times (10^3 - 1)$
    $a_4 = 3333 = \dfrac{1}{3} \times (10000 - 1) = \dfrac{1}{3} \times (10^4 - 1)$
         $\vdots$
    따라서 일반항 a_n은 $a_n = \dfrac{1}{3}(10^n - 1)$

2 등차수열

1 답 (1) **2** (2) **−4**

2 답 (1) **1** (2) $\dfrac{1}{6}$

3 답 (1) $a_n = -2n + 9$ (2) $a_n = 4n - 5$
  (1) $a_n = 7 + (n-1) \times (-2) = -2n + 9$
  (2) 첫째항이 -1, 공차가 $3 - (-1) = 4$인 등차수열의 일반항 a_n은
    $a_n = -1 + (n-1) \times 4 = 4n - 5$

4 답 (1) $x = 1$, $y = -5$ (2) $x = \dfrac{7}{3}$, $y = \dfrac{17}{3}$
  (1) x는 4와 -2의 등차중항이므로
    $x = \dfrac{4-2}{2} = 1$
    y는 -2와 -8의 등차중항이므로
    $y = \dfrac{-2-8}{2} = -5$
  (2) x는 $\dfrac{2}{3}$와 4의 등차중항이므로
    $x = \dfrac{\dfrac{2}{3} + 4}{2} = \dfrac{7}{3}$
    y는 4와 $\dfrac{22}{3}$의 등차중항이므로
    $y = \dfrac{4 + \dfrac{22}{3}}{2} = \dfrac{17}{3}$

02-1 답 (1) $a_n = -\dfrac{2}{3}n + \dfrac{8}{3}$ (2) $a_n = 6n - 22$
  (1) 공차를 d라 하면 첫째항이 2, 제3항이 $\dfrac{2}{3}$이므로
    $2 + 2d = \dfrac{2}{3}$ $\therefore d = -\dfrac{2}{3}$
    따라서 첫째항이 2, 공차가 $-\dfrac{2}{3}$인 등차수열의 일반항 a_n은
    $a_n = 2 + (n-1) \times \left(-\dfrac{2}{3}\right) = -\dfrac{2}{3}n + \dfrac{8}{3}$

(2) 첫째항을 a, 공차를 d라 하면 제2항이 -10, 제7항이 20이므로

$$a+d=-10, \quad a+6d=20$$

두 식을 연립하여 풀면

$$a=-16, \quad d=6$$

따라서 첫째항이 -16, 공차가 6인 등차수열의 일반항 a_n은

$$a_n=-16+(n-1)\times 6=6n-22$$

02-2 답 -49

공차는 $5-8=-3$

첫째항이 8, 공차가 -3인 등차수열의 일반항을 a_n이라 하면

$$a_n=8+(n-1)\times(-3)=-3n+11$$

$$\therefore a_{20}=-3\times 20+11=-49$$

02-3 답 첫째항: 3, 공차: 2

첫째항을 a, 공차를 d라 하면

$a_2+a_4=14$에서 $(a+d)+(a+3d)=14$

$$\therefore a+2d=7 \quad \cdots\cdots ㉠$$

$a_{10}+a_{20}=62$에서 $(a+9d)+(a+19d)=62$

$$\therefore a+14d=31 \quad \cdots\cdots ㉡$$

㉠, ㉡을 연립하여 풀면 $a=3$, $d=2$

03-1 답 제18항

첫째항이 -50, 공차가 3인 등차수열의 일반항을 a_n이라 하면

$$a_n=-50+(n-1)\times 3=3n-53$$

이때 제n항에서 처음으로 양수가 된다고 하면 $a_n>0$에서

$$3n-53>0, \quad 3n>53 \quad \therefore n>17.6\cdots$$

그런데 n은 자연수이므로 n의 최솟값은 18이다.

따라서 처음으로 양수가 되는 항은 제18항이다.

03-2 답 제22항

첫째항을 a, 공차를 d라 하면 $a_5=82$, $a_{10}=57$이므로

$$a+4d=82, \quad a+9d=57$$

두 식을 연립하여 풀면 $a=102$, $d=-5$

따라서 첫째항이 102, 공차가 -5인 등차수열의 일반항 a_n은

$$a_n=102+(n-1)\times(-5)=-5n+107$$

이때 제n항에서 처음으로 음수가 된다고 하면 $a_n<0$에서

$$-5n+107<0, \quad 5n>107 \quad \therefore n>21.4$$

그런데 n은 자연수이므로 n의 최솟값은 22이다.

따라서 처음으로 음수가 되는 항은 제22항이다.

03-3 답 제23항

공차는 $-4-(-9)=5$

첫째항이 -9, 공차가 5인 등차수열의 일반항을 a_n이라 하면

$$a_n=-9+(n-1)\times 5=5n-14$$

이때 제n항에서 처음으로 100보다 커진다고 하면 $a_n>100$에서

$$5n-14>100, \quad 5n>114 \quad \therefore n>22.8$$

그런데 n은 자연수이므로 n의 최솟값은 23이다.

따라서 처음으로 100보다 커지는 항은 제23항이다.

04-1 답 28

주어진 등차수열의 공차를 d라 하면 첫째항이 -2, 제17항이 46이므로

$$-2+16d=46, \quad 16d=48 \quad \therefore d=3$$

이때 x_{10}은 제11항이므로

$$x_{10}=-2+(11-1)\times 3=28$$

04-2 답 33

공차를 d라 하면 첫째항이 3, 제5항이 19이므로

$$3+4d=19 \quad \therefore d=4$$

따라서 구하는 수는

$$x=3+d=7, \quad y=3+2d=11, \quad z=3+3d=15$$

$$\therefore x+y+z=7+11+15=33$$

04-3 답 14

첫째항이 4, 공차가 2인 등차수열의 제$(m+2)$항이 34이므로

$$4+(m+2-1)\times 2=34, \quad 2(m+1)=30$$

$$m+1=15 \quad \therefore m=14$$

05-1 답 -2, 1

x^2+2x는 $-x$와 $3x+4$의 등차중항이므로

$$x^2+2x=\frac{-x+(3x+4)}{2}$$

$$2(x^2+2x)=2x+4, \quad x^2+x-2=0$$

$$(x+2)(x-1)=0 \quad \therefore x=-2 \text{ 또는 } x=1$$

05-2 답 $x=6$, $y=4$

5는 x와 y의 등차중항이므로

$$5=\frac{x+y}{2} \quad \therefore x+y=10 \quad \cdots\cdots ㉠$$

또 5는 $-2y$와 $3x$의 등차중항이므로

$$5=\frac{-2y+3x}{2} \quad \therefore 3x-2y=10 \quad \cdots\cdots ㉡$$

㉠, ㉡을 연립하여 풀면 $x=6$, $y=4$

05-3 답 -3

$f(x)=x^2+ax+1$을 $x+2$, $x+1$, $x-1$로 나누었을 때의 나머지는 각각

$f(-2)=5-2a$, $f(-1)=2-a$, $f(1)=2+a$

세 수 $f(-2)$, $f(-1)$, $f(1)$이 이 순서대로 등차수열을 이루면 $f(-1)$은 $f(-2)$와 $f(1)$의 등차중항이므로

$$f(-1)=\frac{f(-2)+f(1)}{2}$$

$$2-a=\frac{(5-2a)+(2+a)}{2}$$

$$4-2a=7-a$$

$$\therefore a=-3$$

06-1 답 66

세 수를 $a-d$, a, $a+d$라 하면

$(a-d)+a+(a+d)=12$에서

$3a=12$ ∴ $a=4$

$(a-d)\times a\times(a+d)=28$에서

$(4-d)\times 4\times(4+d)=28$

$16-d^2=7$, $d^2=9$

$\therefore d=-3$ 또는 $d=3$

따라서 세 수는 1, 4, 7이므로 세 수의 제곱의 합은

$1^2+4^2+7^2=66$

06-2 답 1

세 실근을 $a-d$, a, $a+d$라 하면 삼차방정식의 근과 계수의 관계에 의하여

$(a-d)+a+(a+d)=3$

$3a=3$ ∴ $a=1$

따라서 주어진 삼차방정식의 한 근이 1이므로 주어진 삼차방정식에 $x=1$을 대입하면

$1^3-3\times 1^2+k\times 1+1=0$

$\therefore k=1$

06-3 답 $117°$

네 내각의 크기를 $a-3d$, $a-d$, $a+d$, $a+3d$라 하면 네 내각의 크기의 합은 $360°$이므로

$(a-3d)+(a-d)+(a+d)+(a+3d)=360°$

$4a=360°$ ∴ $a=90°$

이때 가장 작은 각의 크기가 $63°$이므로

$90°-3d=63°$, $3d=27°$

$\therefore d=9°$

따라서 가장 큰 각의 크기는

$90°+3\times 9°=117°$

문제

07-1 답 (1) -160 (2) 5

(1) 첫째항을 a, 공차를 d라 하면 제3항이 22, 제7항이 6이므로

$a+2d=22$, $a+6d=6$

두 식을 연립하여 풀면

$a=30$, $d=-4$

따라서 첫째항이 30, 공차가 -4인 등차수열의 첫째항부터 제20항까지의 합은

$$\frac{20\{2\times 30+(20-1)\times(-4)\}}{2}=-160$$

(2) 첫째항이 3, 끝항이 15, 항수가 $m+2$인 등차수열의 모든 항의 합이 63이므로

$$\frac{(m+2)(3+15)}{2}=63, \ 9(m+2)=63$$

$$\therefore m=5$$

07-2 답 1010

첫째항이 3, 공차가 5인 등차수열의 제k항이 98이므로

$3+(k-1)\times 5=98$, $5(k-1)=95$

$\therefore k=20$

따라서 첫째항부터 제20항까지의 합은

$$\frac{20(3+98)}{2}=1010$$

07-3 답 525

첫째항이 7, 공차가 4인 등차수열의 제n항을 63이라 하면

$7+(n-1)\times 4=63$, $4(n-1)=56$

$\therefore n=15$

따라서 첫째항부터 제15항까지의 합은

$$\frac{15(7+63)}{2}=525$$

08-1 답 960

첫째항을 a, 공차를 d, 첫째항부터 제n항까지의 합을 S_n이라 하면 $S_{15}=255$이므로

$$\frac{15\{2a+(15-1)d\}}{2}=255$$

$\therefore a+7d=17$ ...... ㉠

$S_{25}=675$이므로

$$\frac{25\{2a+(25-1)d\}}{2}=675$$

$\therefore a+12d=27$ ...... ㉡

㉠, ㉡을 연립하여 풀면 $a=3$, $d=2$

따라서 첫째항이 3, 공차가 2인 등차수열의 첫째항부터 제30항까지의 합은

$$S_{30}=\frac{30\{2\times3+(30-1)\times2\}}{2}=960$$

08-2 답 **755**

첫째항을 a, 공차를 d, 첫째항부터 제n항까지의 합을 S_n이라 하면 $S_{10}=155$이므로

$$\frac{10\{2a+(10-1)d\}}{2}=155$$

$$\therefore 2a+9d=31 \qquad \cdots\cdots \ \bigcirc$$

$S_{20}-S_{10}=455$에서 $S_{20}=610$이므로

$$\frac{20\{2a+(20-1)d\}}{2}=610$$

$$\therefore 2a+19d=61 \qquad \cdots\cdots \ \bigcirc$$

$\bigcirc$, $\bigcirc$을 연립하여 풀면 $a=2$, $d=3$

따라서 첫째항이 2, 공차가 3인 등차수열의 제21항부터 제30항까지의 합은

$$S_{30}-S_{20}=\frac{30\{2\times2+(30-1)\times3\}}{2}-610$$

$$=1365-610=755$$

09-1 답 **-338**

첫째항이 -50, 공차가 4인 등차수열의 일반항 a_n은

$$a_n=-50+(n-1)\times4=4n-54$$

이때 제n항에서 처음으로 양수가 된다고 하면 $a_n>0$에서

$$4n-54>0,\ 4n>54 \qquad \therefore n>13.5$$

따라서 첫째항부터 제13항까지 음수이고, 제14항부터 양수이므로 구하는 최솟값은

$$S_{13}=\frac{13\{2\times(-50)+(13-1)\times4\}}{2}=-338$$

다른 풀이

첫째항이 -50, 공차가 4인 등차수열의 첫째항부터 제n항까지의 합 S_n은

$$S_n=\frac{n\{2\times(-50)+(n-1)\times4\}}{2}$$

$$=2n^2-52n=2(n-13)^2-338$$

따라서 구하는 최솟값은 $n=13$일 때 -338이다.

09-2 답 **5**

공차를 d라 하면 첫째항이 6이므로

$$S_3=\frac{3\{2\times6+(3-1)d\}}{2}=18+3d$$

$$S_7=\frac{7\{2\times6+(7-1)d\}}{2}=42+21d$$

이때 $S_3=S_7$이므로

$$18+3d=42+21d \qquad \therefore d=-\frac{4}{3}$$

첫째항이 6, 공차가 $-\frac{4}{3}$인 등차수열의 일반항 a_n은

$$a_n=6+(n-1)\times\left(-\frac{4}{3}\right)=-\frac{4}{3}n+\frac{22}{3}$$

이때 제n항에서 처음으로 음수가 된다고 하면 $a_n<0$에서

$$-\frac{4}{3}n+\frac{22}{3}<0,\ \frac{4}{3}n>\frac{22}{3}$$

$$\therefore n>5.5$$

따라서 첫째항부터 제5항까지 양수이고, 제6항부터 음수이므로 첫째항부터 제5항까지의 합이 최대이다.

$$\therefore n=5$$

10-1 답 **850**

100 이하의 자연수 중에서 6으로 나누었을 때의 나머지가 2인 수를 작은 것부터 차례대로 나열하면

$$2,\ 8,\ 14,\ 20,\ \cdots,\ 98$$

이는 첫째항이 2, 공차가 6인 등차수열이므로 제n항을 98이라 하면

$$2+(n-1)\times6=98,\ 6(n-1)=96$$

$$\therefore n=17$$

따라서 구하는 합은 첫째항이 2, 제17항이 98인 등차수열의 첫째항부터 제17항까지의 합이므로

$$\frac{17(2+98)}{2}=850$$

10-2 답 **55350**

세 자리의 자연수 중에서 9의 배수를 작은 것부터 차례대로 나열하면

$$108,\ 117,\ 126,\ 135,\ \cdots,\ 999$$

이는 첫째항이 108, 공차가 9인 등차수열이므로 제n항을 999라 하면

$$108+(n-1)\times9=999,\ 9(n-1)=891$$

$$\therefore n=100$$

따라서 구하는 합은 첫째항이 108, 제100항이 999인 등차수열의 첫째항부터 제100항까지의 합이므로

$$\frac{100(108+999)}{2}=55350$$

10-3 답 **1566**

두 자리의 자연수 중에서 4로 나누어떨어지는 수, 즉 4의 배수를 작은 것부터 차례대로 나열하면

$$12,\ 16,\ 20,\ \cdots,\ 96$$

이는 첫째항이 12, 공차가 4인 등차수열이므로 96을 제n항이라 하면

$$12+(n-1)\times4=96,\ 4(n-1)=84$$

$$\therefore n=22$$

따라서 첫째항이 12, 제22항이 96인 등차수열의 첫째항부터 제22항까지의 합은

$\dfrac{22(12+96)}{2}=1188$ ······ ㉠

두 자리의 자연수 중에서 6으로 나누어떨어지는 수, 즉 6의 배수를 작은 것부터 차례대로 나열하면

12, 18, 24, ⋯, 96

이는 첫째항이 12, 공차가 6인 등차수열이므로 96을 제n항이라 하면

$12+(n-1)\times6=96$

$6(n-1)=84$

∴ $n=15$

따라서 첫째항이 12, 제15항이 96인 등차수열의 첫째항부터 제15항까지의 합은

$\dfrac{15(12+96)}{2}=810$ ······ ㉡

이때 4와 6으로 동시에 나누어떨어지는 수는 4와 6의 최소공배수인 12의 배수이므로 두 자리의 자연수 중에서 12의 배수를 작은 것부터 차례대로 나열하면

12, 24, 36, ⋯, 96

이는 첫째항이 12, 공차가 12인 등차수열이므로 96을 제n항이라 하면

$12+(n-1)\times12=96$, $12(n-1)=84$

∴ $n=8$

따라서 첫째항이 12이고 제8항이 96인 등차수열의 첫째항부터 제8항까지의 합은

$\dfrac{8(12+96)}{2}=432$ ······ ㉢

따라서 ㉠, ㉡, ㉢에서 두 자리의 자연수 중에서 4 또는 6으로 나누어떨어지는 수의 총합은

$1188+810-432=1566$

11-1 답 (1) $a_n=4n-5$

　　　　(2) $a_1=3$, $a_n=2n+2$ $(n\geq2)$

(1) $S_n=2n^2-3n$에서

(i) $n\geq2$일 때,

$a_n=S_n-S_{n-1}$

$=2n^2-3n-\{2(n-1)^2-3(n-1)\}$

$=4n-5$ ······ ㉠

(ii) $n=1$일 때,

$a_1=S_1=2\times1^2-3\times1=-1$ ······ ㉡

이때 ㉡은 ㉠에 $n=1$을 대입한 값과 같으므로 구하는 일반항 a_n은

$a_n=4n-5$

(2) $S_n=n^2+3n-1$에서

(i) $n\geq2$일 때,

$a_n=S_n-S_{n-1}$

$=n^2+3n-1-\{(n-1)^2+3(n-1)-1\}$

$=2n+2$ ······ ㉠

(ii) $n=1$일 때,

$a_1=S_1=1^2+3\times1-1=3$ ······ ㉡

이때 ㉡은 ㉠에 $n=1$을 대입한 값과 같지 않으므로 구하는 일반항 a_n은

$a_1=3$, $a_n=2n+2$ $(n\geq2)$

11-2 답 29

$S_n=2n^2-4n+1$이므로

$a_1=S_1=2\times1^2-4\times1+1=-1$

$a_9=S_9-S_8$

$=(2\times9^2-4\times9+1)-(2\times8^2-4\times8+1)$

$=127-97=30$

∴ $a_1+a_9=-1+30=29$

11-3 답 150

$S_n=n^2-6n$에서 $n\geq2$일 때,

$a_n=S_n-S_{n-1}$

$=n^2-6n-\{(n-1)^2-6(n-1)\}$

$=2n-7$

$a_n=2n-7$에 n 대신 $2n$을 대입하면

$a_{2n}=2\times2n-7=4n-7$

따라서 수열 $\{a_{2n}\}$은 첫째항이 -3이고 공차가 4인 등차수열이므로

$a_2+a_4+a_6+\cdots+a_{20}=\dfrac{10\{2\times(-3)+(10-1)\times4\}}{2}$

$=150$

---

1 제61항	**2** -20	**3** ②	**4** ③	**5** 24
6 ⑤	**7** 3, 5, 7	**8** 22	**9** 5	**10** ③
11 600	**12** ①	**13** 2295	**14** ③	**15** ②
16 ①	**17** -14	**18** $(-112, 78)$	**19** 2	
20 ①	**21** ③	**22** ②	**23** 16	

1 첫째항을 a, 공차를 d라 하면 제31항이 85, 제45항이 127이므로

$a+30d=85$, $a+44d=127$

두 식을 연립하여 풀면

$a=-5$, $d=3$

주어진 등차수열의 일반항을 a_n이라 하면

$a_n=-5+(n-1)\times3=3n-8$

이때 제n항을 175라 하면

$3n-8=175$ $\therefore n=61$

따라서 175는 제61항이다.

2 제3항과 제9항은 절댓값이 같고 부호가 반대이므로

$a_3=-a_9$ $\therefore a_3+a_9=0$

이때 첫째항을 a, 공차를 d라 하면

$(a+2d)+(a+8d)=0$

$\therefore a+5d=0$ ...... ㉠

제7항은 -5이므로

$a+6d=-5$ ...... ㉡

㉠, ㉡을 연립하여 풀면

$a=25$, $d=-5$

따라서 첫째항이 25, 공차가 -5인 등차수열의 일반항 a_n은

$a_n=25+(n-1)\times(-5)=-5n+30$

$\therefore a_{10}=-5\times10+30=-20$

3 첫째항을 a, 공차를 d라 하면

$a_1+a_2=132$에서

$a+(a+d)=132$

$\therefore 2a+d=132$ ...... ㉠

$a_5+a_6+a_7=63$에서

$(a+4d)+(a+5d)+(a+6d)=63$

$\therefore a+5d=21$ ...... ㉡

㉠, ㉡을 연립하여 풀면

$a=71$, $d=-10$

주어진 등차수열의 일반항 a_n은

$a_n=71+(n-1)\times(-10)$

$=-10n+81$

이때 제n항에서 처음으로 음수가 된다고 하면 $a_n<0$에서

$-10n+81<0$, $10n>81$

$\therefore n>8.1$

그런데 n은 자연수이므로 n의 최솟값은 9이다.

따라서 처음으로 음수가 되는 항은 제9항이다.

4 첫째항을 a라 하면 공차가 3, $a_{10}=-7$이므로

$a+9\times3=-7$ $\therefore a=-34$

주어진 등차수열의 일반항 a_n은

$a_n=-34+(n-1)\times3$

$=3n-37$

이때 $3n-37=0$에서 $n=12.3\cdots$이므로

$|a_{12}|=|3\times12-37|=1$

$|a_{13}|=|3\times13-37|=2$

따라서 $|a_n|$의 값이 최소가 되는 자연수 n의 값은 12이다.

5 공차를 d라 하면 첫째항이 3, 제$(m+2)$항이 78이므로

$3+(m+2-1)d=78$

$\therefore (m+1)d=75$

이때 m, d가 자연수이므로 $m+1$도 자연수이다.

따라서 $(m+1)d=75$인 경우는 다음과 같다.

$m+1$	3	5	15	25	75
d	25	15	5	3	1

공차 d는 1이 아니고 m이 최대가 되어야 하므로

$d=3$, $m+1=25$ $\therefore m=24$

따라서 m의 최댓값은 24이다.

6 이차방정식 $x^2-3x-6=0$의 두 근이 α, β이므로 근과 계수의 관계에 의하여

$\alpha+\beta=3$, $\alpha\beta=-6$

p는 α, β의 등차중항이므로

$p=\dfrac{\alpha+\beta}{2}=\dfrac{3}{2}$

q는 $\dfrac{1}{\alpha}$, $\dfrac{1}{\beta}$의 등차중항이므로

$q=\dfrac{\dfrac{1}{\alpha}+\dfrac{1}{\beta}}{2}=\dfrac{\alpha+\beta}{2\alpha\beta}=\dfrac{3}{2\times(-6)}=-\dfrac{1}{4}$

$\therefore p+q=\dfrac{3}{2}-\dfrac{1}{4}=\dfrac{5}{4}$

7 세 수를 $a-d$, a, $a+d$라 하면

$(a-d)+a+(a+d)=15$에서

$3a=15$ $\therefore a=5$

$(a-d)^2+a^2+(a+d)^2=83$에서

$(5-d)^2+5^2+(5+d)^2=83$

$d^2=4$ $\therefore d=-2$ 또는 $d=2$

따라서 구하는 세 수는 3, 5, 7이다.

8 세 실근을 $a-d$, a, $a+d$라 하면 삼차방정식의 근과 계수의 관계에 의하여

$(a-d)+a+(a+d)=6$

$3a=6$ $\therefore a=2$

따라서 주어진 삼차방정식의 한 근이 2이므로

$2^3-6\times2^2-3\times2+k=0$

$\therefore k=22$

9 첫째항이 -11, 끝항이 31, 항수가 $m+2$인 등차수열의 합이 $-11+200+31=220$이므로

$\dfrac{(m+2)(-11+31)}{2}=220$

$10(m+2)=220$ $\therefore m=20$

이때 공차를 d라 하면 제22항이 31이므로

$-11+(22-1)d=31$ $\therefore d=2$

따라서 x_8은 제9항이므로

$-11+(9-1)\times2=5$

10 $S_n=\dfrac{n\{2\times60+(n-1)\times(-4)\}}{2}$

$=-2n^2+62n$

이때 첫째항부터 제n항까지의 합이 처음으로 음수가 된다고 하면 $S_n<0$에서

$-2n^2+62n<0$, $n(n-31)>0$

$\therefore n<0$ 또는 $n>31$

그런데 n은 자연수이므로 n의 최솟값은 32이다.

11 첫째항이 a_1, 공차가 4인 등차수열 $\{a_n\}$의 첫째항부터 제100항까지의 합이 200이므로

$\dfrac{100\{2a_1+(100-1)\times4\}}{2}=200$

$\therefore a_1=-196$

$\therefore a_2+a_3+a_4+\cdots+a_{101}$

$=S_{101}-a_1$

$=\dfrac{101\{2\times(-196)+(101-1)\times4\}}{2}-(-196)$

$=404+196=600$

[다른 풀이]

등차수열 $\{a_n\}$의 공차가 4이므로

$a_2=a_1+4$, $a_3=a_2+4$, $a_4=a_3+4$, $\cdots$, $a_{101}=a_{100}+4$

$\therefore a_2+a_3+a_4+\cdots+a_{101}$

$=(a_1+4)+(a_2+4)+(a_3+4)+\cdots+(a_{100}+4)$

$=(a_1+a_2+a_3+\cdots+a_{100})+4\times100$

$=200+4\times100=600$

12 첫째항을 a, 공차를 d라 하면 $a_1+a_3+a_5=27$에서

$a+(a+2d)+(a+4d)=27$

$\therefore a+2d=9$ $\cdots\cdots$ ㉠

또 수열 $\{a_n\}$이 등차수열이면 수열 $\{a_{2n}\}$도 등차수열이므로

$a_2+a_4+a_6+\cdots+a_{20}=-310$에서

$\dfrac{10(a_2+a_{20})}{2}=-310$

$\dfrac{10\{(a+d)+(a+19d)\}}{2}=-310$

$\therefore a+10d=-31$ $\cdots\cdots$ ㉡

㉠, ㉡을 연립하여 풀면

$a=19$, $d=-5$

$\therefore S_{20}=\dfrac{20\{2\times19+(20-1)\times(-5)\}}{2}$

$=-570$

13 첫째항을 a, 공차를 d라 하면 $S_{10}=165$이므로

$\dfrac{10\{2a+(10-1)d\}}{2}=165$

$\therefore 2a+9d=33$ $\cdots\cdots$ ㉠

또 $S_{20}=630$이므로

$\dfrac{20\{2a+(20-1)d\}}{2}=630$

$\therefore 2a+19d=63$ $\cdots\cdots$ ㉡

㉠, ㉡을 연립하여 풀면

$a=3$, $d=3$

$\therefore a_{11}+a_{12}+a_{13}+\cdots+a_{40}$

$=S_{40}-S_{10}$

$=\dfrac{40\{2\times3+(40-1)\times3\}}{2}-165$

$=2460-165$

$=2295$

14 S_n이 최댓값을 가지므로 주어진 등차수열 $\{a_n\}$은 공차가 음수이고 주어진 조건에서 S_{16}의 값이 최대이므로 제16항은 양수이고, 제17항은 음수이다.

즉, 첫째항이 47이므로 공차를 $d\,(d<0)$라 하면

$a_n=47+(n-1)d$

이때 $a_{16}>0$, $a_{17}<0$이므로

$47+15d>0$ $\therefore d>-3.1\cdots$

$47+16d<0$ $\therefore d<-2.9375$

따라서 $-3.1\cdots<d<-2.9375$를 만족시키는 정수 d는

$d=-3$

15 3으로 나누었을 때의 나머지가 2인 자연수를 작은 것부터
차례대로 나열하면

2, 5, ⑧ 11, 14, 17, 20, ㉓ 26, 29, 32, 35, ㊳ $\cdots$

5로 나누었을 때의 나머지가 3인 자연수를 작은 것부터
차례대로 나열하면

3, ⑧ 13, 18, ㉓ 28, 33, ㊳ $\cdots$

따라서 수열 $\{a_n\}$은 8, 23, 38, $\cdots$이므로 첫째항이 8이고
공차가 15인 등차수열이다.

$$\therefore a_1+a_2+a_3+\cdots+a_{10}=\frac{10\{2\times 8+(10-1)\times 15\}}{2}$$
$$=755$$

16 $S_n=n^2-10n$에서

(i) $n\geq 2$일 때,

$$\begin{aligned}a_n&=S_n-S_{n-1}\\&=n^2-10n-\{(n-1)^2-10(n-1)\}\\&=2n-11\end{aligned} \quad \cdots\cdots \bigcirc$$

(ii) $n=1$일 때,

$$a_1=S_1=1^2-10\times 1=-9 \quad \cdots\cdots \bigcirc$$

이때 $\bigcirc$은 $\bigcirc$에 $n=1$을 대입한 값과 같으므로 일반항 a_n
은

$$a_n=2n-11$$

이때 $a_n<0$에서 $2n-11<0$

$2n<11 \quad \therefore n<5.5$

따라서 $a_n<0$을 만족시키는 자연수 n은 1, 2, 3, 4, 5의
5개이다.

17 두 수열 $\{a_n\}$, $\{b_n\}$의 첫째항부터 제n항까지의 합을 각각
$A_n=3n^2+kn$, $B_n=2n^2+5n$이라 하면

$$\begin{aligned}a_{10}&=A_{10}-A_9\\&=(3\times 10^2+10k)-(3\times 9^2+9k)=57+k\end{aligned}$$

$$\begin{aligned}b_{10}&=B_{10}-B_9\\&=(2\times 10^2+5\times 10)-(2\times 9^2+5\times 9)=43\end{aligned}$$

이때 $a_{10}=b_{10}$이므로

$57+k=43 \quad \therefore k=-14$

18 n개의 점이 직선 l 위에 일정한 간격으로 놓여 있으므로
점 P_n의 x좌표와 y좌표는 각각 등차수열을 이룬다.
점 P_n의 x좌표를 차례대로 나열하면

5, 2, -1, $\cdots$

이는 첫째항이 5, 공차가 -3인 등차수열이므로 일반항을
x_n이라 하면

$$x_n=5+(n-1)\times (-3)=-3n+8$$

또 점 P_n의 y좌표를 차례대로 나열하면

0, 2, 4, $\cdots$

이는 첫째항이 0, 공차가 2인 등차수열이므로 일반항을 y_n
이라 하면

$$y_n=0+(n-1)\times 2=2n-2$$

$$\therefore x_{40}=-3\times 40+8=-112, \ y_{40}=2\times 40-2=78$$

따라서 점 P_{40}의 좌표는 $(-112, 78)$

19 공차를 d라 하면 첫째항이 5, 제$(m+2)$항이 20이므로

$$5+(m+2-1)d=20$$

$$\therefore d=\frac{15}{m+1} \quad \cdots\cdots \bigcirc$$

또 제$(m+n+3)$항이 50이므로

$$5+(m+n+3-1)d=50$$

$$\therefore d=\frac{45}{m+n+2} \quad \cdots\cdots \bigcirc$$

$\bigcirc$, $\bigcirc$에서 $\dfrac{15}{m+1}=\dfrac{45}{m+n+2}$

$15(m+n+2)=45(m+1) \quad \therefore 2m=n-1$

$$\therefore \frac{n-1}{m}=\frac{2m}{m}=2$$

20 첫째항을 a, 공차를 d라 하면

㈎에서 $a_6+a_8=0$이므로

$$(a+5d)+(a+7d)=0$$

$$\therefore a=-6d$$

㈏에서 $|a_6|=|a_7|+3$이므로

$$|a+5d|=|a+6d|+3, \ |-d|=3$$

$$\therefore d=3 \ (\because d>0)$$

따라서 $a=-6\times 3=-18$이므로 일반항 a_n은

$$a_n=-18+(n-1)\times 3=3n-21$$

$$\therefore a_2=3\times 2-21=-15$$

다른 풀이

등차수열에서 a_7은 a_6과 a_8의 등차중항이므로

$$a_7=\frac{a_6+a_8}{2}$$

㈎에서 $a_6+a_8=0$이므로 $a_7=0$

이때 공차가 양수이므로

$$a_6<a_7=0$$

㈏에서 $|a_6|=|a_7|+3$이므로

$$-a_6=0+3 \quad \therefore a_6=-3$$

첫째항을 a, 공차를 d라 하면 $a_6=-3$, $a_7=0$이므로

$$a+5d=-3, \ a+6d=0$$

두 식을 연립하여 풀면

$$a=-18, \ d=3$$

$$\therefore a_2=-18+(2-1)\times 3=-15$$

21 a, b, -2에서 b는 a와 -2의 등차중항이므로

$b=\dfrac{a-2}{2}$ $\therefore 2b=a-2$ …… ㉠

-2, d, f에서 d는 -2와 f의 등차중항이므로

$d=\dfrac{-2+f}{2}$ $\therefore 2d=-2+f$ …… ㉡

㉠$-$㉡을 하면

$2(b-d)=a-f$

또 b, c, 4에서 c는 b와 4의 등차중항이고, 5, c, d에서 c는 5와 d의 등차중항이므로

$\dfrac{b+4}{2}=\dfrac{5+d}{2}$, $b+4=5+d$

$\therefore b-d=1$

$\therefore a+b-d-f=(a-f)+(b-d)$

$\qquad\qquad\qquad =2(b-d)+(b-d)$

$\qquad\qquad\qquad =3(b-d)=3\times 1=3$

22 첫째항을 a, 공차를 d라 하면 $a_2=-19$, $a_{13}=25$이므로

$a+d=-19$, $a+12d=25$

두 식을 연립하여 풀면

$a=-23$, $d=4$

주어진 등차수열의 일반항 a_n은

$a_n=-23+(n-1)\times 4=4n-27$

이때 $a_n>0$에서 $4n-27>0$

$4n>27$ $\therefore n>6.75$

따라서 등차수열 $\{a_n\}$은 제7항부터 양수이다.

$a_6=-3$, $a_7=1$, $a_{20}=53$이므로

$|a_1|+|a_2|+|a_3|+\cdots+|a_{20}|$

$=-(a_1+a_2+a_3+\cdots+a_6)+(a_7+a_8+a_9+\cdots+a_{20})$

$=-\dfrac{6(-23-3)}{2}+\dfrac{14(1+53)}{2}$

$=78+378=456$

23 수열 $\{S_{2n-1}\}$은 첫째항이 S_1, 공차가 -3인 등차수열이므로

$S_{2n-1}=S_1+(n-1)\times(-3)=S_1-3n+3$

또 수열 $\{S_{2n}\}$은 첫째항이 S_2, 공차가 2인 등차수열이므로

$S_{2n}=S_2+(n-1)\times 2=S_2+2n-2$

$\therefore a_8=S_8-S_7$

$\qquad =(S_2+2\times 4-2)-(S_1-3\times 4+3)$

$\qquad =S_2-S_1+15$

$\qquad =a_2+15\ (\because S_2-S_1=a_2)$

$\qquad =1+15\ (\because a_2=1)$

$\qquad =16$

Ⅲ-1 **02 등비수열**

1 등비수열

1 답 (1) $\sqrt{2}$ (2) $-\dfrac{1}{2}$

2 답 (1) 0.001 (2) -27

3 답 (1) $a_n=4\times\left(\dfrac{1}{5}\right)^{n-1}$ (2) $a_n=9\times\left(-\dfrac{\sqrt{3}}{3}\right)^{n-1}$

4 답 (1) $x=-3$, $y=-27$ 또는 $x=3$, $y=27$

     (2) $x=-2$, $y=-\dfrac{1}{2}$ 또는 $x=2$, $y=\dfrac{1}{2}$

(1) x는 1과 9의 등비중항이므로

$x^2=1\times 9$ $\therefore x=\pm 3$

$x=-3$일 때, 공비가 -3이므로

$y=9\times(-3)=-27$

$x=3$일 때, 공비가 3이므로

$y=9\times 3=27$

$\therefore x=-3$, $y=-27$ 또는 $x=3$, $y=27$

(2) x는 4와 1의 등비중항이므로

$x^2=4\times 1$ $\therefore x=\pm 2$

$x=-2$일 때 공비가 $-\dfrac{1}{2}$이므로

$y=1\times\left(-\dfrac{1}{2}\right)=-\dfrac{1}{2}$

$x=2$일 때 공비가 $\dfrac{1}{2}$이므로

$y=1\times\dfrac{1}{2}=\dfrac{1}{2}$

$\therefore x=-2$, $y=-\dfrac{1}{2}$ 또는 $x=2$, $y=\dfrac{1}{2}$

01-1 답 (1) $a_n=64\times\left(\dfrac{1}{2}\right)^{n-1}$ (2) $a_n=2\times(-3)^{n-1}$

(1) 공비를 r라 하면 첫째항이 64, 제6항이 2이므로

$64r^5=2$, $r^5=\dfrac{1}{32}$ $\therefore r=\dfrac{1}{2}$

따라서 첫째항이 64, 공비가 $\dfrac{1}{2}$인 등비수열의 일반항 a_n은

$a_n=64\times\left(\dfrac{1}{2}\right)^{n-1}$

(2) 첫째항을 a, 공비를 r라 하면 제2항이 -6, 제5항이 162이므로

$ar=-6$ ······ ㉠

$ar^4=162$ ······ ㉡

㉡÷㉠을 하면

$\dfrac{ar^4}{ar}=\dfrac{162}{-6}$, $r^3=-27$ $\therefore r=-3$

이를 ㉠에 대입하면

$-3a=-6$ $\therefore a=2$

따라서 첫째항이 2, 공비가 -3인 등비수열의 일반항 a_n은

$a_n=2\times(-3)^{n-1}$

01-2 답 $-64\sqrt{2}$

공비는 $-2\sqrt{2}\div 2=-\sqrt{2}$

첫째항이 2, 공비가 $-\sqrt{2}$인 등비수열의 일반항을 a_n이라 하면

$a_n=2\times(-\sqrt{2})^{n-1}$

$\therefore a_{12}=2\times(-\sqrt{2})^{11}=-64\sqrt{2}$

01-3 답 96

첫째항을 a, 공비를 r라 하면

$a_2+a_5=54$에서 $ar+ar^4=54$

$\therefore ar(1+r^3)=54$ ······ ㉠

$a_3+a_6=108$에서 $ar^2+ar^5=108$

$\therefore ar^2(1+r^3)=108$ ······ ㉡

㉡÷㉠을 하면

$\dfrac{ar^2(1+r^3)}{ar(1+r^3)}=\dfrac{108}{54}$ $\therefore r=2$

이를 ㉠에 대입하면

$18a=54$ $\therefore a=3$

따라서 첫째항이 3, 공비가 2인 등비수열의 일반항 a_n은

$a_n=3\times 2^{n-1}$

$\therefore a_6=3\times 2^5=96$

02-1 답 제11항

첫째항이 2, 공비가 2인 등비수열의 일반항을 a_n이라 하면

$a_n=2\times 2^{n-1}=2^n$

이때 제n항에서 처음으로 2000보다 커진다고 하면

$a_n>2000$에서 $2^n>2000$

그런데 n은 자연수이고 $2^{10}=1024$, $2^{11}=2048$이므로

$n\geq 11$

따라서 처음으로 2000보다 커지는 항은 제11항이다.

02-2 답 6

첫째항을 a, 공비를 r라 하면 $a_2=5$, $a_4=25$이므로

$ar=5$ ······ ㉠

$ar^3=25$ ······ ㉡

㉡÷㉠을 하면

$\dfrac{ar^3}{ar}=\dfrac{25}{5}$, $r^2=5$ $\therefore r=\sqrt{5}\ (\because r>0)$

이를 ㉠에 대입하면 $\sqrt{5}a=5$ $\therefore a=\sqrt{5}$

첫째항이 $\sqrt{5}$, 공비가 $\sqrt{5}$인 등비수열의 일반항 a_n은

$a_n=(\sqrt{5})^n$ $\therefore a_n{}^2=5^n$

$a_n{}^2>8000$에서 $5^n>8000$

그런데 n은 자연수이고 $5^5=3125$, $5^6=15625$이므로

$n\geq 6$

따라서 n의 최솟값은 6이다.

02-3 답 21

첫째항이 4, 공비가 3인 등비수열의 일반항 a_n은

$a_n=4\times 3^{n-1}$

$a_n>10^{10}$에서 $4\times 3^{n-1}>10^{10}$

$3^{n-1}>\dfrac{10^{10}}{4}$

양변에 상용로그를 취하면

$\log 3^{n-1}>\log\dfrac{10^{10}}{4}$

$(n-1)\log 3>\log 10^{10}-\log 2^2$

$\therefore n>\dfrac{10-2\log 2}{\log 3}+1=\dfrac{10-2\times 0.3}{0.48}+1=20.5\cdots$

따라서 자연수 n의 최솟값은 21이다.

03-1 답 2

공비를 r라 하면 첫째항이 2, 제10항이 1024이므로

$2r^9=1024$ $\therefore r^9=512$

$\therefore r=2$

03-2 답 1152

공비를 r라 하면 첫째항이 6, 제7항이 192이므로

$6r^6=192$ $\therefore r^6=32$

이때 x_2, x_4는 각각 제3항, 제5항이므로

$x_2 x_4=6r^2\times 6r^4=36r^6=36\times 32=1152$

03-3 답 5

첫째항이 3, 공비가 3인 등비수열의 제$(m+2)$항이 2187이므로

$3\times 3^{m+1}=2187$, $3^{m+1}=729$

따라서 $m+1=6$이므로 $m=5$

04-1 답 8

$3x$는 $x+1$과 $8x$의 등비중항이므로

$(3x)^2=(x+1)\times 8x$

$9x^2=8x^2+8x$, $x^2-8x=0$

$x(x-8)=0$ ∴ $x=0$ 또는 $x=8$

이때 $x+1$, $3x$, $8x$는 양수이므로 $x=8$

04-2 답 $x=1$, $y=-2$

x는 4와 y의 등차중항이므로

$x=\dfrac{4+y}{2}$

∴ $2x=4+y$ …… ㉠

또 y는 x와 4의 등비중항이므로

$y^2=4x$ …… ㉡

㉠을 ㉡에 대입하면

$y^2=2(4+y)$, $y^2-2y-8=0$

$(y+2)(y-4)=0$ ∴ $y=-2$ 또는 $y=4$

이때 공비가 음수인 등비수열에서 y는 음수이므로 $y=-2$

$y=-2$를 ㉠에 대입하면

$2x=4-2$ ∴ $x=1$

04-3 답 125

이차방정식의 근과 계수의 관계에 의하여

$\alpha+\beta=25$, $\alpha\beta=k$ …… ㉠

$\beta-\alpha$는 α와 β의 등비중항이므로

$(\beta-\alpha)^2=\alpha\beta$, $(\alpha+\beta)^2-4\alpha\beta=\alpha\beta$

∴ $(\alpha+\beta)^2=5\alpha\beta$

㉠을 이 식에 대입하면

$25^2=5k$ ∴ $k=125$

05-1 답 1, 2, 4

세 수를 a, ar, ar^2이라 하면

$a+ar+ar^2=7$

∴ $a(1+r+r^2)=7$ …… ㉠

$a\times ar\times ar^2=8$

$(ar)^3=8$ ∴ $ar=2$ …… ㉡

㉡에서 $a=\dfrac{2}{r}$를 ㉠에 대입하면

$\dfrac{2}{r}(1+r+r^2)=7$, $2r^2-5r+2=0$

$(2r-1)(r-2)=0$

∴ $r=\dfrac{1}{2}$ 또는 $r=2$

이를 ㉡에 대입하여 풀면 $a=4$ 또는 $a=1$

따라서 세 수는 1, 2, 4이다.

05-2 답 -8

세 실근을 a, ar, ar^2이라 하면 삼차방정식의 근과 계수의 관계에 의하여

$a+ar+ar^2=-4$

∴ $a(1+r+r^2)=-4$ …… ㉠

$a\times ar+ar\times ar^2+a\times ar^2=-8$

∴ $a^2r(1+r+r^2)=-8$ …… ㉡

$a\times ar\times ar^2=-k$

∴ $(ar)^3=-k$ …… ㉢

㉡÷㉠을 하면

$\dfrac{a^2r(1+r+r^2)}{a(1+r+r^2)}=\dfrac{-8}{-4}$ ∴ $ar=2$

이를 ㉢에 대입하면

$8=-k$ ∴ $k=-8$

05-3 답 40

세 모서리의 길이 l, m, n이 이 순서대로 등비수열을 이루므로 $l=a$, $m=ar$, $n=ar^2$이라 하면 직육면체의 부피가 27이므로

$a\times ar\times ar^2=27$

$(ar)^3=27$ ∴ $ar=3$ …… ㉠

또 겉넓이가 60이므로

$2a^2r+2a^2r^3+2a^2r^2=60$

$2ar(a+ar+ar^2)=60$

∴ $a+ar+ar^2=10$ (∵ ㉠)

따라서 모든 모서리의 길이의 합은

$4(l+m+n)=4(a+ar+ar^2)=4\times 10=40$

06-1 답 20번째

처음 선분의 길이가 l이므로 첫 번째 시행 후 남은 선분의 길이의 합은

$\dfrac{2}{3}l$

두 번째 시행 후 남은 선분의 길이의 합은

$\dfrac{2}{3}l\times\dfrac{2}{3}=\left(\dfrac{2}{3}\right)^2 l$

세 번째 시행 후 남은 선분의 길이의 합은

$\left(\dfrac{2}{3}\right)^2 l\times\dfrac{2}{3}=\left(\dfrac{2}{3}\right)^3 l$

⋮

n번째 시행 후 남은 선분의 길이의 합은

$\left(\dfrac{2}{3}\right)^n l$

따라서 남은 선분의 길이의 합이 $\left(\dfrac{2}{3}\right)^{20} l$이 되는 것은 20번째 시행 후이다.

06-2 답 $\sqrt{3} \times \left(\dfrac{3}{4}\right)^{10}$

한 변의 길이가 2인 정삼각형의 넓이는 $\dfrac{\sqrt{3}}{4} \times 2^2 = \sqrt{3}$

첫 번째 시행 후 남은 종이의 넓이는 $\sqrt{3} \times \dfrac{3}{4}$

두 번째 시행 후 남은 종이의 넓이는

$\sqrt{3} \times \dfrac{3}{4} \times \dfrac{3}{4} = \sqrt{3} \times \left(\dfrac{3}{4}\right)^2$

세 번째 시행 후 남은 종이의 넓이는

$\sqrt{3} \times \left(\dfrac{3}{4}\right)^2 \times \dfrac{3}{4} = \sqrt{3} \times \left(\dfrac{3}{4}\right)^3$

$\vdots$

n번째 시행 후 남은 종이의 넓이는 $\sqrt{3} \times \left(\dfrac{3}{4}\right)^n$

따라서 10번째 시행 후 남은 종이의 넓이는 $\sqrt{3} \times \left(\dfrac{3}{4}\right)^{10}$

2 등비수열의 합

문제 190~193쪽

07-1 답 $2 - \left(\dfrac{1}{2}\right)^{19}$

첫째항이 1, 공비가 $\dfrac{1}{2}$인 등비수열의 첫째항부터 제20항

까지의 합은

$\dfrac{1 \times \left\{1 - \left(\dfrac{1}{2}\right)^{20}\right\}}{1 - \dfrac{1}{2}} = 2 - \left(\dfrac{1}{2}\right)^{19}$

07-2 답 $\dfrac{1}{18}(3^{10} - 1)$

첫째항을 a, 공비를 r라 하면 제4항이 6, 제6항이 54이므로

$ar^3 = 6$ ······ ㉠

$ar^5 = 54$ ······ ㉡

㉡÷㉠을 하면

$\dfrac{ar^5}{ar^3} = \dfrac{54}{6}$, $r^2 = 9$ $\quad \therefore r = -3 \ (\because r < 0)$

이를 ㉠에 대입하면

$-27a = 6$ $\quad \therefore a = -\dfrac{2}{9}$

따라서 첫째항이 $-\dfrac{2}{9}$, 공비가 -3인 등비수열의 첫째항

부터 제10항까지의 합은

$\dfrac{-\dfrac{2}{9}\{1 - (-3)^{10}\}}{1 - (-3)} = \dfrac{1}{18}(3^{10} - 1)$

07-3 답 $\dfrac{1}{4}(3^{20} - 1)$

첫째항을 a, 공비를 r라 하면

$a_2 + a_4 = 15$에서 $ar + ar^3 = 15$

$\therefore ar(1 + r^2) = 15$ ······ ㉠

$a_4 + a_6 = 135$에서 $ar^3 + ar^5 = 135$

$\therefore ar^3(1 + r^2) = 135$ ······ ㉡

㉡÷㉠을 하면

$\dfrac{ar^3(1 + r^2)}{ar(1 + r^2)} = \dfrac{135}{15}$, $r^2 = 9$ $\quad \therefore r = 3 \ (\because r > 0)$

이를 ㉠에 대입하면 $30a = 15$ $\quad \therefore a = \dfrac{1}{2}$

$\therefore S_{20} = \dfrac{\dfrac{1}{2}(3^{20} - 1)}{3 - 1} = \dfrac{1}{4}(3^{20} - 1)$

08-1 답 126

첫째항을 a, 공비를 r, 첫째항부터 제n항까지의 합을 S_n

이라 하면 $S_4 = 18$이므로

$\dfrac{a(1 - r^4)}{1 - r} = 18$ ······ ㉠

또 $S_8 = 54$이므로 $\dfrac{a(1 - r^8)}{1 - r} = 54$

$\therefore \dfrac{a(1 - r^4)(1 + r^4)}{1 - r} = 54$ ······ ㉡

㉠을 ㉡에 대입하면

$18(1 + r^4) = 54$ $\quad \therefore r^4 = 2$

따라서 첫째항부터 제12항까지의 합은

$S_{12} = \dfrac{a(1 - r^{12})}{1 - r} = \dfrac{a(1 - r^4)(1 + r^4 + r^8)}{1 - r}$

$= 18(1 + 2 + 2^2) = 126$

08-2 답 324

첫째항을 a, 공비를 r, 첫째항부터 제n항까지의 합을 S_n

이라 하면 $S_{10} = 9$이므로

$\dfrac{a(1 - r^{10})}{1 - r} = 9$ ······ ㉠

또 $S_{20} = 63$이므로 $\dfrac{a(1 - r^{20})}{1 - r} = 63$

$\therefore \dfrac{a(1 - r^{10})(1 + r^{10})}{1 - r} = 63$ ······ ㉡

㉠을 ㉡에 대입하면

$9(1 + r^{10}) = 63$ $\quad \therefore r^{10} = 6$

따라서 제21항부터 제30항까지의 합은

$S_{30} - S_{20} = \dfrac{a(1 - r^{30})}{1 - r} - 63$

$= \dfrac{a(1 - r^{10})(1 + r^{10} + r^{20})}{1 - r} - 63$

$= 9(1 + 6 + 6^2) - 63$

$= 387 - 63 = 324$

09-1 답 **108**

$S_n = 2 \times 3^n - 2$에서

$a_4 = S_4 - S_3 = 2 \times 3^4 - 2 - (2 \times 3^3 - 2)$
$\quad = 2 \times 3^3(3-1) = 108$

09-2 답 **-36**

$S_n = 4 \times 3^{n+2} + k$에서

(ⅰ) $n \geq 2$일 때,

$a_n = S_n - S_{n-1}$
$\quad = 4 \times 3^{n+2} + k - (4 \times 3^{n+1} + k)$
$\quad = 4 \times 3^{n+1}(3-1)$
$\quad = 8 \times 3^{n+1}$ ...... ㉠

(ⅱ) $n=1$일 때,

$a_1 = S_1 = 4 \times 3^3 + k = 108 + k$ ...... ㉡

이때 첫째항부터 등비수열을 이루려면 ㉠에 $n=1$을 대입한 값이 ㉡과 같아야 하므로

$8 \times 3^2 = 108 + k$, $72 = 108 + k$

$\therefore k = -36$

09-3 답 **13**

$3S_n + 1 = 10^n$에서 $S_n = \dfrac{10^n - 1}{3}$

(ⅰ) $n \geq 2$일 때,

$a_n = S_n - S_{n-1}$
$\quad = \dfrac{10^n - 1}{3} - \dfrac{10^{n-1} - 1}{3}$
$\quad = \dfrac{10^{n-1}}{3}(10-1) = 3 \times 10^{n-1}$ ...... ㉠

(ⅱ) $n=1$일 때,

$a_1 = S_1 = \dfrac{10-1}{3} = 3$ ...... ㉡

이때 ㉡은 ㉠에 $n=1$을 대입한 값과 같으므로 일반항 a_n은

$a_n = 3 \times 10^{n-1}$

따라서 $a=3$, $r=10$이므로 $a+r=13$

10-1 답 ⑴ **4941000원** ⑵ **4575000원**

⑴ 연이율 8%, 1년마다 복리로 매년 초에 10만 원씩 20년 동안 적립할 때, 적립금의 원리합계는

$10(1+0.08) + 10(1+0.08)^2 + \cdots + 10(1+0.08)^{20}$
$= \dfrac{10(1+0.08)\{(1+0.08)^{20} - 1\}}{(1+0.08) - 1}$
$= \dfrac{10 \times 1.08 \times 3.66}{0.08}$
$= 494.1$(만 원)

따라서 20년 말의 적립금의 원리합계는 4941000원이다.

⑵ 연이율 8%, 1년마다 복리로 매년 말에 10만 원씩 20년 동안 적립할 때, 적립금의 원리합계는

$10 + 10(1+0.08) + 10(1+0.08)^2 + \cdots + 10(1+0.08)^{19}$
$= \dfrac{10\{(1+0.08)^{20} - 1\}}{(1+0.08) - 1}$
$= \dfrac{10 \times 3.66}{0.08}$
$= 457.5$(만 원)

따라서 20년 말의 적립금의 원리합계는 4575000원이다.

10-2 답 **2505000원**

월이율 0.2%, 1개월마다 복리로 매월 초에 10만 원씩 24개월 동안 적립할 때, 적립금의 원리합계는

$10(1+0.002) + 10(1+0.002)^2 + \cdots + 10(1+0.002)^{24}$
$= \dfrac{10(1+0.002)\{(1+0.002)^{24} - 1\}}{(1+0.002) - 1}$
$= \dfrac{10 \times 1.002 \times 0.05}{0.002}$
$= 250.5$(만 원)

따라서 24개월 말의 적립금의 원리합계는 2505000원이다.

연습문제 194~196쪽

1 ⑤	2 $\dfrac{1}{2}$	3 ④	4 ④	5 ③
6 10	7 108	8 3	9 8	10 $\dfrac{3^{10}}{2^{19}}$
11 $\dfrac{1}{2}(3^{30}-1)$	12 6	13 425	14 ④	
15 63	16 ㄱ, ㄷ	17 ④	18 100만 원	
19 10	20 ②	21 48000원		

1 첫째항을 a, 공비를 r라 하면 제3항이 12, 제6항이 -96이므로

$ar^2 = 12$ ...... ㉠
$ar^5 = -96$ ...... ㉡

㉡÷㉠을 하면

$\dfrac{ar^5}{ar^2} = \dfrac{-96}{12}$, $r^3 = -8$ $\therefore r = -2$

이를 ㉠에 대입하면 $4a = 12$ $\therefore a = 3$

따라서 첫째항과 공비의 합은

$3 + (-2) = 1$

2 첫째항을 a, 공비를 r라 하면 $a_3+a_4=24$에서

$$ar^2+ar^3=24 \quad \cdots\cdots \text{㉠}$$

또 $a_3:a_4=2:1$에서 $\dfrac{a_4}{a_3}=\dfrac{1}{2}$이므로

$$\frac{ar^3}{ar^2}=\frac{1}{2} \qquad \therefore r=\frac{1}{2}$$

이를 ㉠에 대입하면

$$\frac{1}{4}a+\frac{1}{8}a=24 \qquad \therefore a=64$$

따라서 첫째항이 64, 공비가 $\dfrac{1}{2}$인 등비수열의 일반항 a_n은

$$a_n=64\times\left(\frac{1}{2}\right)^{n-1}$$

$$\therefore a_8=64\times\left(\frac{1}{2}\right)^7=\frac{1}{2}$$

3 두 등비수열 $\{a_n\}$, $\{b_n\}$의 공비를 각각 r, s라 하면

$$a_8b_8=a_5r^3\times b_5s^3=a_5b_5(rs)^3$$

$$20=10(rs)^3 \qquad \therefore (rs)^3=2$$

$$\therefore a_{11}b_{11}=a_8r^3\times b_8s^3=a_8b_8(rs)^3=20\times2=40$$

4 첫째항을 a, 공비를 r라 하면 $a_2=6$, $a_5=48$이므로

$$ar=6 \quad \cdots\cdots \text{㉠}$$

$$ar^4=48 \quad \cdots\cdots \text{㉡}$$

㉡÷㉠을 하면

$$\frac{ar^4}{ar}=\frac{48}{6}, r^3=8 \qquad \therefore r=2$$

이를 ㉠에 대입하면 $2a=6$ $\quad \therefore a=3$

따라서 첫째항이 3, 공비가 2인 등비수열의 일반항 a_n은

$$a_n=3\times2^{n-1}$$

이때 제n항에서 처음으로 3000보다 커진다고 하면

$a_n>3000$에서

$$3\times2^{n-1}>3000, 2^{n-1}>1000$$

그런데 n은 자연수이고 $2^9=512$, $2^{10}=1024$이므로

$$n-1\geq10 \qquad \therefore n\geq11$$

따라서 처음으로 3000보다 커지는 항은 제11항이다.

5 공비를 r라 하면 첫째항이 9, 제6항이 $\dfrac{32}{27}$이므로

$$9r^5=\frac{32}{27}, r^5=\frac{32}{243} \qquad \therefore r=\frac{2}{3}$$

이때 x_2, x_3은 각각 제3항, 제4항이므로

$$\frac{x_2}{x_3}=\frac{9r^2}{9r^3}=\frac{1}{r}=\frac{3}{2}$$

6 $a+b$는 a와 $2a-b$의 등차중항이므로

$$a+b=\frac{a+(2a-b)}{2}$$

$$2a+2b=3a-b$$

$$\therefore a=3b \quad \cdots\cdots \text{㉠}$$

또 $a-1$은 1과 $3b+1$의 등비중항이므로

$$(a-1)^2=1\times(3b+1)$$

$$a^2-2a+1=3b+1$$

$$\therefore a^2-2a=3b \quad \cdots\cdots \text{㉡}$$

㉠을 ㉡에 대입하면

$$a^2-2a=a, a^2-3a=0$$

$$a(a-3)=0 \qquad \therefore a=0 \text{ 또는 } a=3$$

그런데 공비가 양수인 등비수열에서 $a-1$은 양수이므로

$$a=3$$

이를 ㉠에 대입하여 풀면 $b=1$

$$\therefore a^2+b^2=9+1=10$$

7 $2^4\times3^6$은 a^n과 b^n의 등비중항이므로

$$(2^4\times3^6)^2=a^n\times b^n$$

$$\therefore (ab)^n=(2^2\times3^3)^4$$

이때 자연수 n이 최대일 때, ab의 값이 최소이므로 $n=4$
일 때 ab의 최솟값은 $2^2\times3^3=108$

8 등차수열 $\{a_n\}$의 첫째항을 a, 공차를 d라 하면

$$a_1=a, a_2=a+d, a_5=a+4d \quad \cdots\cdots \text{㉠}$$

$a+d$는 a와 $a+4d$의 등비중항이므로

$$(a+d)^2=a(a+4d), a^2+2ad+d^2=a^2+4ad$$

$$d^2=2ad \qquad \therefore d=2a \ (\because d\neq0)$$

이를 ㉠에 대입하면 $a_1=a$, $a_2=3a$, $a_5=9a$

따라서 구하는 공비는 3이다.

9 곡선 $y=x^3-3x^2$과 직선 $y=6x-k$의 세 교점의 x좌표를 a, ar, ar^2이라 하면 a, ar, ar^2은 방정식 $x^3-3x^2=6x-k$,
즉 $x^3-3x^2-6x+k=0$의 세 실근이다.

따라서 삼차방정식의 근과 계수의 관계에 의하여

$$a+ar+ar^2=3$$

$$\therefore a(1+r+r^2)=3 \quad \cdots\cdots \text{㉠}$$

$$a\times ar+ar\times ar^2+a\times ar^2=-6$$

$$\therefore a^2r(1+r+r^2)=-6 \quad \cdots\cdots \text{㉡}$$

$$a\times ar\times ar^2=-k$$

$$\therefore (ar)^3=-k \quad \cdots\cdots \text{㉢}$$

㉡÷㉠을 하면

$$\frac{a^2r(1+r+r^2)}{a(1+r+r^2)}=\frac{-6}{3} \qquad \therefore ar=-2$$

이를 ㉢에 대입하면 $-8=-k$ $\quad \therefore k=8$

10 정삼각형 R_2의 한 변의 길이 a_2는

$$a_2 = \sqrt{3} \times \frac{\sqrt{3}}{2}$$

정삼각형 R_3의 한 변의 길이 a_3은

$$a_3 = \sqrt{3} \times \frac{\sqrt{3}}{2} \times \frac{\sqrt{3}}{2} = \sqrt{3} \times \left(\frac{\sqrt{3}}{2}\right)^2$$

정삼각형 R_4의 한 변의 길이 a_4는

$$a_4 = \sqrt{3} \times \left(\frac{\sqrt{3}}{2}\right)^2 \times \frac{\sqrt{3}}{2} = \sqrt{3} \times \left(\frac{\sqrt{3}}{2}\right)^3$$

$$\vdots$$

정삼각형 R_n의 한 변의 길이 a_n은

$$a_n = \sqrt{3} \times \left(\frac{\sqrt{3}}{2}\right)^{n-1}$$

$$\therefore a_{20} = \sqrt{3} \times \left(\frac{\sqrt{3}}{2}\right)^{19} = \frac{3^{10}}{2^{19}}$$

11 첫째항을 a, 공비를 r라 하면

$a_1 + a_3 = 10$에서 $a + ar^2 = 10$

$\therefore a(1+r^2) = 10$ $\qquad \cdots\cdots$ ㉠

$a_3 + a_5 = 90$에서 $ar^2 + ar^4 = 90$

$\therefore ar^2(1+r^2) = 90$ $\qquad \cdots\cdots$ ㉡

㉡÷㉠을 하면

$$\frac{ar^2(1+r^2)}{a(1+r^2)} = \frac{90}{10}, \; r^2 = 9 \quad \therefore r = 3 \; (\because r > 0)$$

이를 ㉠에 대입하면 $10a = 10$ $\quad \therefore a = 1$

$$\therefore S_{30} = \frac{1 \times (3^{30}-1)}{3-1} = \frac{1}{2}(3^{30}-1)$$

12 공비가 3, 제n항이 729이므로 첫째항을 a라 하면

$a \times 3^{n-1} = 729$ $\qquad \cdots\cdots$ ㉠

첫째항부터 제n항까지의 합이 1092이므로

$$\frac{a(3^n - 1)}{3-1} = 1092$$

$\therefore a \times 3^n - a = 2184$ $\qquad \cdots\cdots$ ㉡

㉠을 ㉡에 대입하면

$729 \times 3 - a = 2184$ $\quad \therefore a = 3$

이를 ㉠에 대입하면

$3 \times 3^{n-1} = 729, \; 3^n = 729$

$\therefore n = 6$

13 첫째항을 a, 공비를 r, 첫째항부터 제n항까지의 합을 S_n
이라 하면 $S_4 = 5$이므로

$$\frac{a(1-r^4)}{1-r} = 5 \qquad\qquad\qquad \cdots\cdots ㉠$$

$S_{12} = 105$이므로 $\dfrac{a(1-r^{12})}{1-r} = 105$

$$\therefore \frac{a(1-r^4)(1+r^4+r^8)}{1-r} = 105 \qquad \cdots\cdots ㉡$$

㉠을 ㉡에 대입하면

$5(1+r^4+r^8) = 105, \; 1+r^4+r^8 = 21$

$(r^4)^2 + r^4 - 20 = 0, \; (r^4+5)(r^4-4) = 0$

$\therefore r^4 = 4 \; (\because r^4 > 0)$

따라서 첫째항부터 제16항까지의 합은

$$\begin{aligned} S_{16} &= \frac{a(1-r^{16})}{1-r} \\ &= \frac{a(1-r^8)(1+r^8)}{1-r} \\ &= \frac{a(1-r^4)(1+r^4)(1+r^8)}{1-r} \\ &= 5(1+4)(1+4^2) \\ &= 425 \end{aligned}$$

14 첫째항을 a, 공비를 r라 하면

$$S_k = \frac{a(1-r^k)}{1-r}, \; S_{2k} = \frac{a(1-r^{2k})}{1-r}$$

$S_{2k} = 4S_k$이므로 $\dfrac{S_{2k}}{S_k} = 4$

$$\begin{aligned} \therefore \frac{S_{2k}}{S_k} &= \frac{\dfrac{a(1-r^{2k})}{1-r}}{\dfrac{a(1-r^k)}{1-r}} = \frac{1-r^{2k}}{1-r^k} \\ &= \frac{(1-r^k)(1+r^k)}{1-r^k} \\ &= 1+r^k = 4 \end{aligned}$$

$\therefore r^k = 3$ $\qquad \cdots\cdots$ ㉠

이때 $S_{3k} = \dfrac{a(1-r^{3k})}{1-r}$이므로

$$\begin{aligned} \frac{S_{3k}}{S_k} &= \frac{\dfrac{a(1-r^{3k})}{1-r}}{\dfrac{a(1-r^k)}{1-r}} = \frac{1-r^{3k}}{1-r^k} \\ &= \frac{(1-r^k)(1+r^k+r^{2k})}{1-r^k} \\ &= 1+r^k+r^{2k} \\ &= 1+3+3^2 \, (\because ㉠) \\ &= 13 \end{aligned}$$

15 공비를 r라 하면

$$\begin{aligned} \frac{S_9 - S_5}{S_6 - S_2} &= \frac{a_6 + a_7 + a_8 + a_9}{a_3 + a_4 + a_5 + a_6} \\ &= \frac{ar^5 + ar^6 + ar^7 + ar^8}{ar^2 + ar^3 + ar^4 + ar^5} \\ &= \frac{ar^5(1+r+r^2+r^3)}{ar^2(1+r+r^2+r^3)} \\ &= r^3 \end{aligned}$$

따라서 $r^3 = 3$이므로

$a_7 = 7r^6 = 7 \times 3^2 = 63$

16 ㄱ. $S_n = 3^{n+1} - 2$에서

    (i) $n \geq 2$일 때,

$$a_n = S_n - S_{n-1}$$
$$= 3^{n+1} - 2 - (3^n - 2)$$
$$= 3^n(3-1)$$
$$= 2 \times 3^n \qquad \cdots\cdots \text{㉠}$$

    (ii) $n = 1$일 때,

$$a_1 = S_1 = 3^2 - 2 = 7 \qquad \cdots\cdots \text{㉡}$$

이때 ㉡은 ㉠에 $n=1$을 대입한 값과 같지 않으므로

$$a_1 = 7, \ a_n = 2 \times 3^n \ (n \geq 2)$$

ㄴ. $a_1 = 7, \ a_n = 2 \times 3^n \ (n \geq 2)$이므로

$$a_1 + a_3 = 7 + 2 \times 3^3 = 7 + 54 = 61$$

ㄷ. $a_n = 2 \times 3^n \ (n \geq 2)$이므로

$$a_{2n} = 2 \times 3^{2n} = 2 \times 9^n \ (n \geq 1)$$

따라서 수열 $\{a_{2n}\}$은 공비가 9인 등비수열이다.

따라서 보기 중 옳은 것은 ㄱ, ㄷ이다.

17 $\log_2(S_n + k) = n+2$에서 $S_n + k = 2^{n+2}$

$$\therefore S_n = 2^{n+2} - k$$

    (i) $n \geq 2$일 때,

$$a_n = S_n - S_{n-1}$$
$$= 2^{n+2} - k - (2^{n+1} - k)$$
$$= 2^{n+1}(2-1) = 2^{n+1} \qquad \cdots\cdots \text{㉠}$$

    (ii) $n = 1$일 때,

$$a_1 = S_1 = 2^3 - k = 8 - k \qquad \cdots\cdots \text{㉡}$$

이때 첫째항부터 등비수열을 이루려면 ㉠에 $n=1$을 대입한 값이 ㉡과 같아야 하므로

$$2^2 = 8 - k, \ 4 = 8 - k$$
$$\therefore k = 4$$

18 연이율 2 %, 1년마다 복리로 매년 초에 a만 원씩 5년 동안 적립할 때, 적립금의 원리합계는

$$a(1+0.02) + a(1+0.02)^2 + \cdots + a(1+0.02)^5$$
$$= \frac{a(1+0.02)\{(1+0.02)^5 - 1\}}{(1+0.02) - 1}$$
$$= \frac{a \times 1.02 \times 0.1}{0.02}$$
$$= 5.1a \text{(만 원)}$$

이때 적립금의 원리합계가 510만 원이어야 하므로

$$5.1a = 510$$
$$\therefore a = 100$$

따라서 매년 초에 100만 원씩 적립해야 한다.

19 첫째항이 1000, 공비가 $\frac{1}{2}$인 등비수열의 일반항 a_n은

$$a_n = 1000 \times \left(\frac{1}{2}\right)^{n-1}$$

주어진 수열은 공비가 $\frac{1}{2}$이므로 1000부터 시작하여 항의 값이 감소하므로 1보다 큰 값이 나오는 마지막 항까지의 곱이 최대이다.

이때 제n항에서 1보다 큰 수가 나온다고 하면 $a_n > 1$에서

$$1000 \times \left(\frac{1}{2}\right)^{n-1} > 1$$
$$\left(\frac{1}{2}\right)^{n-1} > \frac{1}{1000}$$

그런데 n은 자연수이고 $\left(\frac{1}{2}\right)^9 = \frac{1}{512}$, $\left(\frac{1}{2}\right)^{10} = \frac{1}{1024}$이므로

$$n - 1 \leq 9 \qquad \therefore n \leq 10$$

따라서 $a_1 \times a_2 \times a_3 \times \cdots \times a_n$의 값이 최대가 되는 n의 값은 10이다.

20 수열 $\{a_n\}$이 등비수열이므로 수열 $\left\{\dfrac{1}{a_n}\right\}$도 등비수열이다.

수열 $\left\{\dfrac{1}{a_n}\right\}$의 첫째항을 a, 공비를 r라 하면 $T_2 = \frac{1}{2}$, $T_4 = 4$이므로

$$\frac{a(1-r^2)}{1-r} = \frac{1}{2} \qquad \cdots\cdots \text{㉠}$$
$$\frac{a(1-r^4)}{1-r} = 4 \qquad \therefore \frac{a(1-r^2)(1+r^2)}{1-r} = 4 \qquad \cdots\cdots \text{㉡}$$

㉠을 ㉡에 대입하면

$$\frac{1}{2}(1+r^2) = 4 \qquad \therefore r^2 = 7$$

$$\therefore T_8 = \frac{a(1-r^8)}{1-r} = \frac{a(1-r^4)(1+r^4)}{1-r}$$
$$= 4(1+7^2) = 200$$

21 100만 원의 24개월 동안의 원리합계는

$$100(1+0.008)^{24} = 100 \times 1.008^{24} = 120 \text{(만 원)}$$

또 이달 말부터 매달 a만 원씩 24개월 동안 적립할 때, 적립금의 원리합계는

$$a + a(1+0.008) + a(1+0.008)^2 + \cdots + a(1+0.008)^{23}$$
$$= \frac{a\{(1+0.008)^{24} - 1\}}{(1+0.008) - 1}$$
$$= \frac{a(1.2 - 1)}{0.008} = 25a \text{(만 원)}$$

이때 적립금의 원리합계가 120만 원이어야 하므로

$$25a = 120 \qquad \therefore a = 4.8$$

따라서 매달 지불해야 하는 금액은 48000원이다.

1 합의 기호 $\sum$와 그 성질

1 답 (1) $\displaystyle\sum_{k=1}^{49} k(k+1)$ (2) $\displaystyle\sum_{k=1}^{7} 5$

(3) $\displaystyle\sum_{k=1}^{13} \frac{1}{2k-1}$ (4) $\displaystyle\sum_{k=1}^{20} 3^k$

2 답 (1) $2+2^2+2^3+2^4+2^5$

(2) $-1+2-3+\cdots+(-1)^n\times n$

(3) $\dfrac{1}{1\times3}+\dfrac{1}{2\times4}+\dfrac{1}{3\times5}+\cdots+\dfrac{1}{20\times22}$

(4) $5+7+9+\cdots+15$

3 답 (1) **10** (2) **4** (3) **21** (4) **16**

(1) $\displaystyle\sum_{k=1}^{5}(a_k+b_k)=\sum_{k=1}^{5}a_k+\sum_{k=1}^{5}b_k=7+3=10$

(2) $\displaystyle\sum_{k=1}^{5}(a_k-b_k)=\sum_{k=1}^{5}a_k-\sum_{k=1}^{5}b_k=7-3=4$

(3) $\displaystyle\sum_{k=1}^{5}3a_k=3\sum_{k=1}^{5}a_k=3\times7=21$

(4) $\displaystyle\sum_{k=1}^{5}(2b_k+2)=2\sum_{k=1}^{5}b_k+\sum_{k=1}^{5}2$
$=2\times3+2\times5=16$

01-1 답 **381**

$\displaystyle\sum_{k=1}^{10}(a_{2k-1}+a_{2k})$

$=(a_1+a_2)+(a_3+a_4)+(a_5+a_6)+\cdots+(a_{19}+a_{20})$

$=\displaystyle\sum_{k=1}^{20}a_k$

$=20^2-20+1=381$

01-2 답 **9**

$\displaystyle\sum_{k=1}^{99}k(a_k-a_{k+1})$

$=(a_1-a_2)+2(a_2-a_3)+3(a_3-a_4)+\cdots+99(a_{99}-a_{100})$

$=a_1+(2-1)a_2+(3-2)a_3+\cdots+(99-98)a_{99}-99a_{100}$

$=a_1+a_2+a_3+\cdots+a_{99}-99a_{100}$

$=\displaystyle\sum_{k=1}^{99}a_k-99a_{100}$

$=20-99\times\dfrac{1}{9}=9$

01-3 답 **60**

$\displaystyle\sum_{k=1}^{14}f(k+1)-\sum_{k=2}^{15}f(k-1)$

$=f(2)+f(3)+f(4)+\cdots+f(15)$
$\qquad\qquad -\{f(1)+f(2)+f(3)+\cdots+f(14)\}$

$=f(15)-f(1)$

$=80-20=60$

02-1 답 (1) -100 (2) $\dfrac{1}{2^{12}}+\dfrac{1}{3^{12}}$

(1) $\displaystyle\sum_{k=1}^{10}(2a_k-1)^2-\sum_{k=1}^{10}(a_k+3)^2$

$=\displaystyle\sum_{k=1}^{10}\{(2a_k-1)^2-(a_k+3)^2\}$

$=\displaystyle\sum_{k=1}^{10}(3a_k^2-10a_k-8)$

$=3\displaystyle\sum_{k=1}^{10}a_k^2-10\sum_{k=1}^{10}a_k-\sum_{k=1}^{10}8$

$=3\times10-10\times5-8\times10=-100$

(2) $\displaystyle\sum_{k=1}^{12}\frac{6^{k-1}-3^k-2^{k+1}}{6^k}$

$=\displaystyle\sum_{k=1}^{12}\left\{\frac{1}{6}-\left(\frac{1}{2}\right)^k-2\times\left(\frac{1}{3}\right)^k\right\}$

$=\displaystyle\sum_{k=1}^{12}\frac{1}{6}-\sum_{k=1}^{12}\left(\frac{1}{2}\right)^k-2\sum_{k=1}^{12}\left(\frac{1}{3}\right)^k$

$=\dfrac{1}{6}\times12-\left\{\dfrac{1}{2}+\left(\dfrac{1}{2}\right)^2+\left(\dfrac{1}{2}\right)^3+\cdots+\left(\dfrac{1}{2}\right)^{12}\right\}$
$\qquad\qquad -2\left\{\dfrac{1}{3}+\left(\dfrac{1}{3}\right)^2+\left(\dfrac{1}{3}\right)^3+\cdots+\left(\dfrac{1}{3}\right)^{12}\right\}$

$=2-\dfrac{\dfrac{1}{2}\left\{1-\left(\dfrac{1}{2}\right)^{12}\right\}}{1-\dfrac{1}{2}}-2\times\dfrac{\dfrac{1}{3}\left\{1-\left(\dfrac{1}{3}\right)^{12}\right\}}{1-\dfrac{1}{3}}$

$=2-\left(1-\dfrac{1}{2^{12}}\right)-\left(1-\dfrac{1}{3^{12}}\right)$

$=\dfrac{1}{2^{12}}+\dfrac{1}{3^{12}}$

02-2 답 -5

$\displaystyle\sum_{k=1}^{5}(2a_k+b_k)=2\sum_{k=1}^{5}a_k+\sum_{k=1}^{5}b_k$

$=2\times(-4\times5)+(5^2+2\times5)$

$=-5$

02-3 답 **38**

$\displaystyle\sum_{k=1}^{n}(2^k+2)-\sum_{k=5}^{n}(2^k+2)$

$=\displaystyle\sum_{k=1}^{4}(2^k+2)=\sum_{k=1}^{4}2^k+\sum_{k=1}^{4}2$

$=(2+2^2+2^3+2^4)+2\times4$

$=\dfrac{2(2^4-1)}{2-1}+8=38$

2 자연수의 거듭제곱의 합

1 답 (1) **120**   (2) **316**   (3) **2870**   (4) **1296**

(1) $\displaystyle\sum_{k=1}^{15} k = \frac{15 \times 16}{2} = 120$

(2) $\displaystyle\sum_{k=1}^{6} k^2 + \sum_{k=1}^{5} k^3 = \frac{6 \times 7 \times 13}{6} + \left(\frac{5 \times 6}{2}\right)^2$

$\qquad\qquad\qquad = 91 + 225 = 316$

(3) $1^2 + 2^2 + 3^2 + \cdots + 20^2 = \dfrac{20 \times 21 \times 41}{6} = 2870$

(4) $1^3 + 2^3 + 3^3 + \cdots + 8^3 = \left(\dfrac{8 \times 9}{2}\right)^2 = 1296$

03-1 답 (1) -264 (2) $\dfrac{315}{2}$

(1) $\displaystyle\sum_{k=1}^{8}(4k - 2k^2) = 4\sum_{k=1}^{8} k - 2\sum_{k=1}^{8} k^2$

$\qquad\qquad\qquad = 4 \times \dfrac{8 \times 9}{2} - 2 \times \dfrac{8 \times 9 \times 17}{6}$

$\qquad\qquad\qquad = 144 - 408 = -264$

(2) $\displaystyle\sum_{k=1}^{10} \frac{1^2 + 2^2 + 3^2 + \cdots + k^2}{k}$

$\quad = \displaystyle\sum_{k=1}^{10} \frac{\frac{k(k+1)(2k+1)}{6}}{k}$

$\quad = \displaystyle\sum_{k=1}^{10} \frac{(k+1)(2k+1)}{6}$

$\quad = \displaystyle\sum_{k=1}^{10} \frac{2k^2 + 3k + 1}{6}$

$\quad = \dfrac{1}{3}\displaystyle\sum_{k=1}^{10} k^2 + \frac{1}{2}\sum_{k=1}^{10} k + \sum_{k=1}^{10} \frac{1}{6}$

$\quad = \dfrac{1}{3} \times \dfrac{10 \times 11 \times 21}{6} + \dfrac{1}{2} \times \dfrac{10 \times 11}{2} + \dfrac{1}{6} \times 10$

$\quad = \dfrac{385}{3} + \dfrac{55}{2} + \dfrac{5}{3} = \dfrac{315}{2}$

03-2 답 **7665**

$\displaystyle\sum_{k=5}^{9} k(2k-1)(2k+1)$

$= \displaystyle\sum_{k=5}^{9}(4k^3 - k)$

$= \displaystyle\sum_{k=1}^{9}(4k^3 - k) - \sum_{k=1}^{4}(4k^3 - k)$

$= 4\displaystyle\sum_{k=1}^{9} k^3 - \sum_{k=1}^{9} k - 4\sum_{k=1}^{4} k^3 + \sum_{k=1}^{4} k$

$= 4 \times \left(\dfrac{9 \times 10}{2}\right)^2 - \dfrac{9 \times 10}{2} - 4 \times \left(\dfrac{4 \times 5}{2}\right)^2 + \dfrac{4 \times 5}{2}$

$= 8100 - 45 - 400 + 10 = 7665$

03-3 답 **20**

$\displaystyle\sum_{k=1}^{n}(k+1)^2 - \sum_{k=1}^{n}(k-1)^2 = \sum_{k=1}^{n}\{(k+1)^2 - (k-1)^2\}$

$\qquad\qquad\qquad\qquad\qquad = \displaystyle\sum_{k=1}^{n} 4k = 4\sum_{k=1}^{n} k$

$\qquad\qquad\qquad\qquad\qquad = 4 \times \dfrac{n(n+1)}{2}$

$\qquad\qquad\qquad\qquad\qquad = 2n(n+1)$

이때 $2n(n+1) = 840$이므로

$n(n+1) = 420$, $n^2 + n - 420 = 0$

$(n+21)(n-20) = 0 \qquad \therefore n = 20 \ (\because n > 0)$

04-1 답 (1) $\dfrac{n(n+1)(n+2)(3n+1)}{12}$

$\qquad$ (2) $\dfrac{n(n+1)(2n+1)}{6}$

(1) 주어진 수열의 일반항을 a_n이라 하면

$a_n = n^2(n+1) = n^3 + n^2$

수열 $\{a_n\}$의 첫째항부터 제n항까지의 합은

$\displaystyle\sum_{k=1}^{n} a_k = \sum_{k=1}^{n}(k^3 + k^2)$

$\qquad = \displaystyle\sum_{k=1}^{n} k^3 + \sum_{k=1}^{n} k^2$

$\qquad = \left\{\dfrac{n(n+1)}{2}\right\}^2 + \dfrac{n(n+1)(2n+1)}{6}$

$\qquad = \dfrac{n(n+1)(n+2)(3n+1)}{12}$

(2) 주어진 수열의 일반항을 a_n이라 하면

$a_n = 1 + 3 + 5 + \cdots + (2n-1)$

$\qquad = \displaystyle\sum_{k=1}^{n}(2k-1) = 2\sum_{k=1}^{n} k - \sum_{k=1}^{n} 1$

$\qquad = 2 \times \dfrac{n(n+1)}{2} - n = n^2$

수열 $\{a_n\}$의 첫째항부터 제n항까지의 합은

$\displaystyle\sum_{k=1}^{n} a_k = \sum_{k=1}^{n} k^2 = \frac{n(n+1)(2n+1)}{6}$

04-2 답 **806**

수열 1×3, 2×4, 3×5, $\cdots$, 12×14의 제n항을 a_n이라 하면

$a_n = n(n+2) = n^2 + 2n$

이때 구하는 식의 값은 수열 $\{a_n\}$의 첫째항부터 제12항까지의 합이므로

$\displaystyle\sum_{k=1}^{12} a_k = \sum_{k=1}^{12}(k^2 + 2k) = \sum_{k=1}^{12} k^2 + 2\sum_{k=1}^{12} k$

$\qquad = \dfrac{12 \times 13 \times 25}{6} + 2 \times \dfrac{12 \times 13}{2}$

$\qquad = 650 + 156 = 806$

05-1 답 (1) **2200** (2) $5n(n+12)$

(1) $\displaystyle\sum_{k=1}^{5}\left(\sum_{j=1}^{10}jk^2\right)-\sum_{k=1}^{10}\left(\sum_{j=1}^{5}jk\right)$

$\displaystyle=\sum_{k=1}^{5}\left(k^2\sum_{j=1}^{10}j\right)-\sum_{k=1}^{10}\left(k\sum_{j=1}^{5}j\right)$

$\displaystyle=\sum_{k=1}^{5}\left(k^2\times\frac{10\times11}{2}\right)-\sum_{k=1}^{10}\left(k\times\frac{5\times6}{2}\right)$

$\displaystyle=55\sum_{k=1}^{5}k^2-15\sum_{k=1}^{10}k$

$\displaystyle=55\times\frac{5\times6\times11}{6}-15\times\frac{10\times11}{2}$

$=3025-825=2200$

(2) $\displaystyle\sum_{l=1}^{n}\left\{\sum_{k=1}^{10}(k+l)\right\}=\sum_{l=1}^{n}\left(\sum_{k=1}^{10}k+\sum_{k=1}^{10}l\right)$

$\displaystyle=\sum_{l=1}^{n}\left(\frac{10\times11}{2}+l\times10\right)$

$\displaystyle=\sum_{l=1}^{n}(10l+55)$

$\displaystyle=10\sum_{l=1}^{n}l+\sum_{l=1}^{n}55$

$\displaystyle=10\times\frac{n(n+1)}{2}+55\times n$

$=5n^2+60n=5n(n+12)$

05-2 답 **4**

$\displaystyle\sum_{m=1}^{n}\left\{\sum_{l=1}^{m}\left(\sum_{k=1}^{l}6\right)\right\}=\sum_{m=1}^{n}\left(\sum_{l=1}^{m}6l\right)$

$\displaystyle=\sum_{m=1}^{n}\left\{6\times\frac{m(m+1)}{2}\right\}$

$\displaystyle=\sum_{m=1}^{n}(3m^2+3m)$

$\displaystyle=3\sum_{m=1}^{n}m^2+3\sum_{m=1}^{n}m$

$\displaystyle=3\times\frac{n(n+1)(2n+1)}{6}$

$\displaystyle\qquad\qquad\qquad+3\times\frac{n(n+1)}{2}$

$=n^3+3n^2+2n$

이때 $n^3+3n^2+2n=120$에서

$n^3+3n^2+2n-120=0$

$(n-4)(n^2+7n+30)=0$

그런데 n은 자연수이므로 $n=4$

06-1 답 **1400**

수열 $\{a_n\}$의 첫째항부터 제n항까지의 합을 S_n이라 하면

$\displaystyle S_n=\sum_{k=1}^{n}a_k=n^2+n$

(i) $n\geq2$일 때,

$a_n=S_n-S_{n-1}$

$\quad=n^2+n-\{(n-1)^2+n-1\}$

$\quad=2n$ ······ ㉠

(ii) $n=1$일 때,

$a_1=S_1=1^2+1=2$ ······ ㉡

이때 ㉡은 ㉠에 $n=1$을 대입한 값과 같으므로 일반항 a_n은 $a_n=2n$

따라서 $a_{2k}=2\times2k=4k$이므로

$\displaystyle\sum_{k=1}^{20}(k-12)a_{2k}=\sum_{k=1}^{20}(k-12)4k=\sum_{k=1}^{20}(4k^2-48k)$

$\displaystyle=4\sum_{k=1}^{20}k^2-48\sum_{k=1}^{20}k$

$\displaystyle=4\times\frac{20\times21\times41}{6}-48\times\frac{20\times21}{2}$

$=11480-10080=1400$

06-2 답 **2728**

수열 $\{a_n\}$의 첫째항부터 제n항까지의 합을 S_n이라 하면

$\displaystyle S_n=\sum_{k=1}^{n}a_k=2^{n+1}+1$

(i) $n\geq2$일 때,

$a_n=S_n-S_{n-1}$

$\quad=2^{n+1}+1-(2^n+1)$

$\quad=2^n(2-1)=2^n$ ······ ㉠

(ii) $n=1$일 때,

$a_1=S_1=2^2+1=5$ ······ ㉡

이때 ㉡은 ㉠에 $n=1$을 대입한 값과 같지 않으므로 일반항 a_n은 $a_1=5$, $a_n=2^n\,(n\geq2)$

따라서 $a_{2k+1}=2^{2k+1}=2\times4^k\,(k\geq1)$이므로

$\displaystyle\sum_{k=1}^{5}a_{2k+1}=\sum_{k=1}^{5}(2\times4^k)$

$\displaystyle=2\times\frac{4(4^5-1)}{4-1}$

$=2728$

06-3 답 **1524**

수열 $\{a_n\}$의 첫째항부터 제n항까지의 합을 S_n이라 하면

$\displaystyle S_n=\sum_{k=1}^{n}a_k=n^2-11n$

(i) $n\geq2$일 때,

$a_n=S_n-S_{n-1}$

$\quad=n^2-11n-\{(n-1)^2-11(n-1)\}$

$\quad=2n-12$ ······ ㉠

(ii) $n=1$일 때,

$a_1=S_1=1^2-11\times1=-10$ ······ ㉡

이때 ㉡은 ㉠에 $n=1$을 대입한 값과 같으므로 일반항 a_n은 $a_n=2n-12$

따라서 $a_{2k}=2\times2k-12=4k-12$이므로 $a_{2k}\geq0$을 만족시키는 k의 값의 범위는

$4k-12\geq0$ $\quad\therefore k\geq3$

$$\therefore \sum_{k=1}^{30} |a_{2k}| = -\sum_{k=1}^{2} a_{2k} + \sum_{k=3}^{30} a_{2k}$$

$$= -\sum_{k=1}^{2} a_{2k} + \sum_{k=1}^{30} a_{2k} - \sum_{k=1}^{2} a_{2k}$$

$$= \sum_{k=1}^{30} a_{2k} - 2\sum_{k=1}^{2} a_{2k}$$

$$= \sum_{k=1}^{30} (4k-12) - 2\sum_{k=1}^{2} (4k-12)$$

$$= 4\sum_{k=1}^{30} k - \sum_{k=1}^{30} 12 - 2\{\underset{k=1}{(-8)} + \underset{k=2}{(-4)}\}$$

$$= 4 \times \frac{30 \times 31}{2} - 12 \times 30 + 24$$

$$= 1860 - 360 + 24$$

$$= 1524$$

3 여러 가지 수열의 합

개념 CHECK

207쪽

1 답 (1) $\dfrac{10}{39}$ (2) $4 - \sqrt{3}$

(1) $\displaystyle\sum_{k=1}^{10} \dfrac{1}{(k+2)(k+3)}$

$= \displaystyle\sum_{k=1}^{10} \left(\dfrac{1}{k+2} - \dfrac{1}{k+3} \right)$

$= \left(\dfrac{1}{3} - \dfrac{1}{4} \right) + \left(\dfrac{1}{4} - \dfrac{1}{5} \right) + \cdots + \left(\dfrac{1}{12} - \dfrac{1}{13} \right)$

$= \dfrac{1}{3} - \dfrac{1}{13} = \dfrac{10}{39}$

(2) $\displaystyle\sum_{k=1}^{13} \dfrac{1}{\sqrt{k+2} + \sqrt{k+3}}$

$= \displaystyle\sum_{k=1}^{13} (\sqrt{k+3} - \sqrt{k+2})$

$= (\sqrt{4} - \sqrt{3}) + (\sqrt{5} - \sqrt{4}) + \cdots + (\sqrt{16} - \sqrt{15})$

$= \sqrt{16} - \sqrt{3}$

$= 4 - \sqrt{3}$

문제

208~209쪽

07-1 답 $\dfrac{n}{4(n+1)}$

주어진 수열의 일반항을 a_n이라 하면

$$a_n = \dfrac{1}{(2n+1)^2 - 1} = \dfrac{1}{4n^2 + 4n}$$

$$\therefore \sum_{k=1}^{n} a_k = \sum_{k=1}^{n} \dfrac{1}{4k^2 + 4k}$$

$$= \dfrac{1}{4} \sum_{k=1}^{n} \dfrac{1}{k(k+1)}$$

$$= \dfrac{1}{4} \sum_{k=1}^{n} \left(\dfrac{1}{k} - \dfrac{1}{k+1} \right)$$

$$= \dfrac{1}{4} \left\{ \left(1 - \dfrac{1}{2}\right) + \left(\dfrac{1}{2} - \dfrac{1}{3}\right) + \cdots + \left(\dfrac{1}{n} - \dfrac{1}{n+1}\right) \right\}$$

$$= \dfrac{1}{4} \left(1 - \dfrac{1}{n+1}\right) = \dfrac{n}{4(n+1)}$$

07-2 답 $\dfrac{9}{5}$

수열 $1, \dfrac{1}{1+2}, \dfrac{1}{1+2+3}, \cdots, \dfrac{1}{1+2+3+\cdots+9}$의 제$n$항을 a_n이라 하면

$$a_n = \dfrac{1}{1+2+3+\cdots+n}$$

$$= \dfrac{1}{\dfrac{n(n+1)}{2}} = \dfrac{2}{n(n+1)}$$

$$\therefore \sum_{k=1}^{9} a_k = \sum_{k=1}^{9} \dfrac{2}{k(k+1)} = 2\sum_{k=1}^{9} \left(\dfrac{1}{k} - \dfrac{1}{k+1} \right)$$

$$= 2\left\{ \left(1 - \dfrac{1}{2}\right) + \left(\dfrac{1}{2} - \dfrac{1}{3}\right) \right.$$

$$\left. + \cdots + \left(\dfrac{1}{8} - \dfrac{1}{9}\right) + \left(\dfrac{1}{9} - \dfrac{1}{10}\right) \right\}$$

$$= 2\left(1 - \dfrac{1}{10}\right) = \dfrac{9}{5}$$

07-3 답 $\dfrac{5}{12}$

수열 $\{a_n\}$의 첫째항부터 제n항까지의 합을 S_n이라 하면

$$S_n = \sum_{k=1}^{n} a_k = n^2 + 3n$$

(i) $n \geq 2$일 때,

$$a_n = S_n - S_{n-1}$$

$$= n^2 + 3n - \{(n-1)^2 + 3(n-1)\}$$

$$= 2n + 2 \qquad \cdots\cdots \ \text{㉠}$$

(ii) $n = 1$일 때,

$$a_1 = S_1 = 1^2 + 3 \times 1 = 4 \qquad \cdots\cdots \ \text{㉡}$$

이때 ㉡은 ㉠에 $n=1$을 대입한 값과 같으므로 일반항 a_n은 $a_n = 2n + 2$

$$\therefore \sum_{k=1}^{10} \dfrac{4}{a_k a_{k+1}} = \sum_{k=1}^{10} \dfrac{4}{(2k+2)(2k+4)}$$

$$= \sum_{k=1}^{10} \dfrac{1}{(k+1)(k+2)}$$

$$= \sum_{k=1}^{10} \left(\dfrac{1}{k+1} - \dfrac{1}{k+2} \right)$$

$$= \left(\dfrac{1}{2} - \dfrac{1}{3} \right) + \left(\dfrac{1}{3} - \dfrac{1}{4} \right) + \cdots + \left(\dfrac{1}{11} - \dfrac{1}{12} \right)$$

$$= \dfrac{1}{2} - \dfrac{1}{12} = \dfrac{5}{12}$$

08-1 답 5

주어진 수열의 일반항을 a_n이라 하면

$$a_n=\frac{1}{\sqrt{2n-1}+\sqrt{2n+1}}$$

$$\therefore \sum_{k=1}^{60}a_k=\sum_{k=1}^{60}\frac{1}{\sqrt{2k-1}+\sqrt{2k+1}}$$

$$=\sum_{k=1}^{60}\frac{\sqrt{2k-1}-\sqrt{2k+1}}{(\sqrt{2k-1}+\sqrt{2k+1})(\sqrt{2k-1}-\sqrt{2k+1})}$$

$$=\frac{1}{2}\sum_{k=1}^{60}(\sqrt{2k+1}-\sqrt{2k-1})$$

$$=\frac{1}{2}\{(\sqrt{3}-\sqrt{1})+(\sqrt{5}-\sqrt{3})+(\sqrt{7}-\sqrt{5})$$
$$+\cdots+(\sqrt{121}-\sqrt{119})\}$$

$$=\frac{1}{2}(-1+11)$$

$$=5$$

08-2 답 $2\sqrt{3}$

첫째항이 3, 공차가 2인 등차수열 $\{a_n\}$의 일반항 a_n은

$$a_n=3+(n-1)\times2=2n+1$$

$$\therefore \sum_{k=1}^{36}\frac{1}{\sqrt{a_k}+\sqrt{a_{k+1}}}$$

$$=\sum_{k=1}^{36}\frac{1}{\sqrt{2k+1}+\sqrt{2k+3}}$$

$$=\sum_{k=1}^{36}\frac{\sqrt{2k+1}-\sqrt{2k+3}}{(\sqrt{2k+1}+\sqrt{2k+3})(\sqrt{2k+1}-\sqrt{2k+3})}$$

$$=\frac{1}{2}\sum_{k=1}^{36}(\sqrt{2k+3}-\sqrt{2k+1})$$

$$=\frac{1}{2}\{(\sqrt{5}-\sqrt{3})+(\sqrt{7}-\sqrt{5})+(\sqrt{9}-\sqrt{7})$$
$$+\cdots+(\sqrt{75}-\sqrt{73})\}$$

$$=\frac{1}{2}(-\sqrt{3}+5\sqrt{3})$$

$$=2\sqrt{3}$$

08-3 답 30

$$\sum_{k=1}^{n}\frac{1}{f(k)}=\sum_{k=1}^{n}\frac{1}{\sqrt{k+1}+\sqrt{k+2}}$$

$$=\sum_{k=1}^{n}\frac{\sqrt{k+1}-\sqrt{k+2}}{(\sqrt{k+1}+\sqrt{k+2})(\sqrt{k+1}-\sqrt{k+2})}$$

$$=\sum_{k=1}^{n}(\sqrt{k+2}-\sqrt{k+1})$$

$$=(\sqrt{3}-\sqrt{2})+(\sqrt{4}-\sqrt{3})+(\sqrt{5}-\sqrt{4})$$
$$+\cdots+(\sqrt{n+2}-\sqrt{n+1})$$

$$=-\sqrt{2}+\sqrt{n+2}$$

이때 $-\sqrt{2}+\sqrt{n+2}=3\sqrt{2}$이므로

$$\sqrt{n+2}=4\sqrt{2},\ n+2=32$$

$$\therefore n=30$$

212~215쪽

연습문제

1 ②	2 ③	3 ②	4 58	5 ③
6 ①	7 ②	8 ③	9 ②	10 91
11 ③	12 ③	13 $\frac{n(n+1)(n+2)}{6}$		14 ②
15 ④	16 $\frac{72}{55}$	17 ①	18 ①	19 18
20 ③	21 1240	22 690	23 201	24 ③
25 1729				

1 ㄱ. $\sum_{k=0}^{n-1}(k+1)^2=1^2+2^2+3^2+\cdots+n^2=\sum_{k=1}^{n}k^2$

ㄴ. $\sum_{k=1}^{n}3^k=3+3^2+3^3+\cdots+3^n$

$$\sum_{k=2}^{n+1}3^k=3^2+3^3+3^4+\cdots+3^{n+1}$$

$$\therefore \sum_{k=1}^{n}3^k\neq\sum_{k=2}^{n+1}3^k$$

ㄷ. $\sum_{i=1}^{m-1}a_i+\sum_{j=m}^{n}a_j$

$$=(a_1+a_2+\cdots+a_{m-1})+(a_m+a_{m+1}+\cdots+a_n)$$

$$=\sum_{k=1}^{n}a_k\ (단,\ n\geq m\geq2)$$

ㄹ. $\sum_{k=1}^{n}(a_{3k}+a_{3k+1}+a_{3k+2})$

$$=a_3+a_4+a_5+\cdots+a_{3n}+a_{3n+1}+a_{3n+2}$$

$$\sum_{k=3}^{3n}a_k=a_3+a_4+a_5+\cdots+a_{3n}$$

$$\therefore \sum_{k=1}^{n}(a_{3k}+a_{3k+1}+a_{3k+2})\neq\sum_{k=3}^{3n}a_k$$

따라서 보기 중 옳은 것은 ㄱ, ㄷ이다.

2 $\sum_{k=1}^{100}ka_k=600$에서

$$a_1+2a_2+3a_3+\cdots+100a_{100}=600 \quad\cdots\cdots ㉠$$

$$\sum_{k=1}^{99}ka_{k+1}=300$에서$$

$$a_2+2a_3+3a_4+\cdots+99a_{100}=300 \quad\cdots\cdots ㉡$$

㉠－㉡을 하면

$$a_1+a_2+a_3+\cdots+a_{100}=300$$

$$\therefore \sum_{k=1}^{100}a_k=300$$

3 $\sum_{k=1}^{40}(a_k+a_{k+1})=(a_1+a_2)+(a_2+a_3)+(a_3+a_4)$
$$+\cdots+(a_{40}+a_{41})$$

$$=a_1+2(a_2+a_3+\cdots+a_{40})+a_{41}$$

$$=2\sum_{k=1}^{40}a_k-a_1+a_{41}=30 \quad\cdots\cdots ㉠$$

$$\sum_{k=1}^{20}(a_{2k-1}+a_{2k})=(a_1+a_2)+(a_3+a_4)+\cdots+(a_{39}+a_{40})$$
$$=\sum_{k=1}^{40}a_k=10$$

이를 ㉠에 대입하면

$$2\times10-a_1+a_{41}=30$$
$$\therefore a_1-a_{41}=-10$$

4 $\displaystyle\sum_{k=1}^{10}k(a_k-a_{k+1})$

$$=(a_1-a_2)+2(a_2-a_3)+3(a_3-a_4)+\cdots+10(a_{10}-a_{11})$$
$$=a_1+a_2+a_3+\cdots+a_{10}-10a_{11}$$
$$=\sum_{k=1}^{10}a_k-10a_{11}$$
$$=\sum_{k=1}^{10}a_k-280=-165$$
$$\therefore \sum_{k=1}^{10}a_k=115$$

등차수열 $\{a_n\}$의 첫째항을 a, 공차를 d라 하면 $a_{11}=28$
이므로

$$a+10d=28 \qquad\cdots\cdots ㉠$$

또 $\displaystyle\sum_{k=1}^{10}a_k=115$이므로

$$\frac{10(2a+9d)}{2}=115$$
$$\therefore 2a+9d=23 \qquad\cdots\cdots ㉡$$

㉠, ㉡을 연립하여 풀면

$$a=-2,\ d=3$$
$$\therefore a_{21}=-2+20\times3=58$$

5 $\displaystyle\sum_{k=1}^{30}\log_5\{\log_{k+1}(k+2)\}$

$$=\log_5(\log_2 3)+\log_5(\log_3 4)+\log_5(\log_4 5)$$
$$\qquad\qquad\qquad\qquad+\cdots+\log_5(\log_{31}32)$$
$$=\log_5(\log_2 3\times\log_3 4\times\log_4 5\times\cdots\times\log_{31}32)$$
$$=\log_5\left(\frac{\log 3}{\log 2}\times\frac{\log 4}{\log 3}\times\frac{\log 5}{\log 4}\times\cdots\times\frac{\log 32}{\log 31}\right)$$
$$=\log_5\left(\frac{\log 32}{\log 2}\right)$$
$$=\log_5 5=1$$

6 $a_n+b_n=10$이고 $\displaystyle\sum_{k=1}^{10}(a_k+2b_k)=160$이므로

$$\sum_{k=1}^{10}b_k=\sum_{k=1}^{10}\{(a_k+2b_k)-(a_k+b_k)\}$$
$$=\sum_{k=1}^{10}(a_k+2b_k)-\sum_{k=1}^{10}(a_k+b_k)$$
$$=160-\sum_{k=1}^{10}10$$
$$=160-10\times10=60$$

7 $\displaystyle\sum_{k=1}^{10}a_k=\alpha$, $\displaystyle\sum_{k=1}^{10}b_k=\beta$라 하면

$$\sum_{k=1}^{10}(3a_k-2b_k+1)=15에서$$
$$3\sum_{k=1}^{10}a_k-2\sum_{k=1}^{10}b_k+\sum_{k=1}^{10}1=15$$
$$3\alpha-2\beta+1\times10=15 \qquad\therefore 3\alpha-2\beta=5 \qquad\cdots\cdots ㉠$$

또 $\displaystyle\sum_{k=1}^{10}(2a_k+5b_k)=130$에서

$$2\sum_{k=1}^{10}a_k+5\sum_{k=1}^{10}b_k=130$$
$$\therefore 2\alpha+5\beta=130 \qquad\cdots\cdots ㉡$$

㉠, ㉡을 연립하여 풀면

$$\alpha=15,\ \beta=20$$
$$\therefore \sum_{k=1}^{10}(a_k+b_k)=\sum_{k=1}^{10}a_k+\sum_{k=1}^{10}b_k$$
$$=\alpha+\beta=15+20=35$$

8 $\displaystyle\sum_{k=1}^{8}\left(2^{k+1}-\frac{1}{6}k^3\right)=\sum_{k=1}^{8}2^{k+1}-\frac{1}{6}\sum_{k=1}^{8}k^3$

$$=\frac{4(2^8-1)}{2-1}-\frac{1}{6}\times\left(\frac{8\times9}{2}\right)^2$$
$$=1020-216=804$$

9 $\displaystyle\sum_{k=2}^{20}\frac{k^3}{k-1}-\sum_{k=2}^{20}\frac{1}{k-1}=\sum_{k=2}^{20}\frac{k^3-1}{k-1}$

$$=\sum_{k=2}^{20}\frac{(k-1)(k^2+k+1)}{k-1}$$
$$=\sum_{k=2}^{20}(k^2+k+1)$$
$$=\sum_{k=1}^{20}(k^2+k+1)-(1^2+1+1)$$
$$=\sum_{k=1}^{20}k^2+\sum_{k=1}^{20}k+\sum_{k=1}^{20}1-3$$
$$=\frac{20\times21\times41}{6}+\frac{20\times21}{2}$$
$$\qquad\qquad\qquad+1\times20-3$$
$$=2870+210+20-3$$
$$=3097$$

10 다항식 $2x^2-3x+1$을 $x-n$으로 나누었을 때의 나머지 a_n은

$$a_n=2n^2-3n+1$$
$$\therefore \sum_{n=1}^{7}(a_n-n^2+n)=\sum_{n=1}^{7}(2n^2-3n+1-n^2+n)$$
$$=\sum_{n=1}^{7}(n^2-2n+1)$$
$$=\sum_{n=1}^{7}n^2-2\sum_{n=1}^{7}n+\sum_{n=1}^{7}1$$
$$=\frac{7\times8\times15}{6}-2\times\frac{7\times8}{2}+1\times7$$
$$=140-56+7=91$$

11 $\displaystyle\sum_{k=1}^{11}(k-a)(2k-a)$

$\displaystyle=\sum_{k=1}^{11}(2k^2-3ak+a^2)$

$\displaystyle=2\sum_{k=1}^{11}k^2-3a\sum_{k=1}^{11}k+\sum_{k=1}^{11}a^2$

$\displaystyle=2\times\frac{11\times12\times23}{6}-3a\times\frac{11\times12}{2}+a^2\times11$

$=11a^2-198a+1012$

$=11(a-9)^2+121$

따라서 $a=9$일 때 최솟값 121을 가지므로

$a=9$

12 주어진 수열의 일반항을 a_n이라 하면

$a_1=1=1\times1$

$a_2=2+4=2(1+2)$

$a_3=3+6+9=3(1+2+3)$

$a_4=4+8+12+16=4(1+2+3+4)$

$\vdots$

$\therefore a_n=n(1+2+3+\cdots+n)$

$\qquad=n\times\dfrac{n(n+1)}{2}$

$\qquad=\dfrac{n^3+n^2}{2}$

따라서 수열 $\{a_n\}$의 첫째항부터 제15항까지의 합은

$\displaystyle\sum_{k=1}^{15}a_k=\sum_{k=1}^{15}\frac{k^3+k^2}{2}$

$\displaystyle=\frac{1}{2}\sum_{k=1}^{15}k^3+\frac{1}{2}\sum_{k=1}^{15}k^2$

$=\dfrac{1}{2}\left(\dfrac{15\times16}{2}\right)^2+\dfrac{1}{2}\times\dfrac{15\times16\times31}{6}$

$=7200+620$

$=7820$

13 수열 $1\times n$, $2\times(n-1)$, $3\times(n-2)$, $\cdots$, $n\times1$의 제k항을 a_k라 하면

$a_k=k\times\{n-(k-1)\}=-k^2+(n+1)k$

$\therefore 1\times n+2\times(n-1)+3\times(n-2)+\cdots+n\times1$

$\displaystyle=\sum_{k=1}^{n}a_k$

$\displaystyle=\sum_{k=1}^{n}\{-k^2+(n+1)k\}$

$\displaystyle=-\sum_{k=1}^{n}k^2+(n+1)\sum_{k=1}^{n}k$

$=-\dfrac{n(n+1)(2n+1)}{6}+(n+1)\times\dfrac{n(n+1)}{2}$

$=\dfrac{n(n+1)(n+2)}{6}$

14 $\displaystyle\sum_{k=1}^{10}\left\{\sum_{m=1}^{n}2^m(2k-1)\right\}$

$\displaystyle=\sum_{k=1}^{10}\left\{(2k-1)\sum_{m=1}^{n}2^m\right\}$

$\displaystyle=\sum_{k=1}^{10}\left\{(2k-1)\times\frac{2(2^n-1)}{2-1}\right\}$

$\displaystyle=2(2^n-1)\sum_{k=1}^{10}(2k-1)$

$\displaystyle=2(2^n-1)\left(2\sum_{k=1}^{10}k-\sum_{k=1}^{10}1\right)$

$=2(2^n-1)\left(2\times\dfrac{10\times11}{2}-1\times10\right)$

$=200(2^n-1)$

$\therefore a=200$

15 수열의 첫째항부터 제n항까지의 합을 S_n이라 하면

$\displaystyle S_n=\sum_{k=1}^{n}a_k=\frac{n}{n+1}$

(i) $n\geq2$일 때,

$a_n=S_n-S_{n-1}$

$\qquad=\dfrac{n}{n+1}-\dfrac{n-1}{n}$

$\qquad=\dfrac{1}{n^2+n}$ $\qquad$ ...... ㉠

(ii) $n=1$일 때,

$a_1=S_1=\dfrac{1}{1+1}=\dfrac{1}{2}$ $\qquad$ ...... ㉡

이때 ㉡은 ㉠에 $n=1$을 대입한 값과 같으므로 일반항 a_n은 $a_n=\dfrac{1}{n^2+n}$

$\displaystyle\therefore \sum_{k=1}^{12}\frac{1}{a_k}=\sum_{k=1}^{12}(k^2+k)=\sum_{k=1}^{12}k^2+\sum_{k=1}^{12}k$

$\qquad=\dfrac{12\times13\times25}{6}+\dfrac{12\times13}{2}$

$\qquad=650+78=728$

16 $x^2+2x-n^2+1=0$의 두 근이 a_n, b_n이므로 이차방정식의 근과 계수의 관계에 의하여

$a_n+b_n=-2$, $a_nb_n=-n^2+1$

$\displaystyle\therefore \sum_{k=2}^{10}\left(\frac{1}{a_k}+\frac{1}{b_k}\right)=\sum_{k=2}^{10}\frac{a_k+b_k}{a_kb_k}=\sum_{k=2}^{10}\frac{2}{k^2-1}$

$\displaystyle=\sum_{k=2}^{10}\frac{2}{(k-1)(k+1)}$

$\displaystyle=\sum_{k=2}^{10}\left(\frac{1}{k-1}-\frac{1}{k+1}\right)$

$=\left(1-\dfrac{1}{3}\right)+\left(\dfrac{1}{2}-\dfrac{1}{4}\right)+\left(\dfrac{1}{3}-\dfrac{1}{5}\right)$

$\qquad+\cdots+\left(\dfrac{1}{8}-\dfrac{1}{10}\right)+\left(\dfrac{1}{9}-\dfrac{1}{11}\right)$

$=1+\dfrac{1}{2}-\dfrac{1}{10}-\dfrac{1}{11}=\dfrac{72}{55}$

17 $a_1=S_1=2$, $a_{k+1}=S_{k+1}-S_k$이므로

$$\sum_{k=1}^{10}\frac{a_{k+1}}{S_kS_{k+1}}=\sum_{k=1}^{10}\frac{S_{k+1}-S_k}{S_kS_{k+1}}$$
$$=\sum_{k=1}^{10}\left(\frac{1}{S_k}-\frac{1}{S_{k+1}}\right)$$
$$=\left(\frac{1}{S_1}-\frac{1}{S_2}\right)+\left(\frac{1}{S_2}-\frac{1}{S_3}\right)+\left(\frac{1}{S_3}-\frac{1}{S_4}\right)$$
$$+\cdots+\left(\frac{1}{S_{10}}-\frac{1}{S_{11}}\right)$$
$$=\frac{1}{S_1}-\frac{1}{S_{11}}=\frac{1}{2}-\frac{1}{S_{11}}=\frac{1}{3}$$

$$\therefore\ \frac{1}{S_{11}}=\frac{1}{2}-\frac{1}{3}=\frac{1}{6}$$
$$\therefore\ S_{11}=6$$

18 수열의 첫째항부터 제n항까지의 합을 S_n이라 하면

$$S_n=\sum_{k=1}^{n}a_k=2n^2+n$$

(i) $n\geq2$일 때,

$$a_n=S_n-S_{n-1}$$
$$=2n^2+n-\{2(n-1)^2+(n-1)\}$$
$$=4n-1 \qquad \cdots\cdots ㉠$$

(ii) $n=1$일 때,

$$a_1=S_1=2\times1^2+1=3 \qquad \cdots\cdots ㉡$$

이때 ㉡은 ㉠에 $n=1$을 대입한 값과 같으므로 일반항 a_n은

$$a_n=4n-1$$

$$\therefore\ \sum_{k=1}^{80}\frac{2}{\sqrt{a_k+1}+\sqrt{a_{k+1}+1}}$$
$$=\sum_{k=1}^{80}\frac{2}{\sqrt{4k}+\sqrt{4k+4}}$$
$$=\sum_{k=1}^{80}\frac{1}{\sqrt{k}+\sqrt{k+1}}$$
$$=\sum_{k=1}^{80}\frac{\sqrt{k}-\sqrt{k+1}}{(\sqrt{k}+\sqrt{k+1})(\sqrt{k}-\sqrt{k+1})}$$
$$=\sum_{k=1}^{80}(\sqrt{k+1}-\sqrt{k})$$
$$=(\sqrt{2}-1)+(\sqrt{3}-\sqrt{2})+\cdots+(\sqrt{81}-\sqrt{80})$$
$$=-1+9=8$$

19 오른쪽 그림과 같이 네 점 $(k, 0)$, $(k+1, 0)$, $(k, \sqrt{k})$, $(k+1, \sqrt{k+1})$을 꼭짓점으로 하는 사각형의 넓이 S_k는

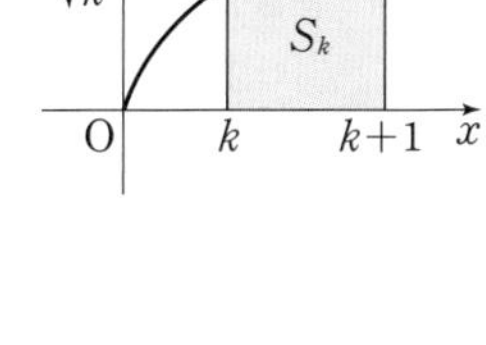

$$S_k=\frac{1}{2}\times(\sqrt{k}+\sqrt{k+1})\times1$$
$$=\frac{\sqrt{k}+\sqrt{k+1}}{2}$$

$$\therefore\ \sum_{k=1}^{99}\frac{1}{S_k}=\sum_{k=1}^{99}\frac{2}{\sqrt{k}+\sqrt{k+1}}$$
$$=\sum_{k=1}^{99}\frac{2(\sqrt{k}-\sqrt{k+1})}{(\sqrt{k}+\sqrt{k+1})(\sqrt{k}-\sqrt{k+1})}$$
$$=2\sum_{k=1}^{99}(\sqrt{k+1}-\sqrt{k})$$
$$=2\{(\sqrt{2}-\sqrt{1})+(\sqrt{3}-\sqrt{2})$$
$$+\cdots+(\sqrt{100}-\sqrt{99})\}$$
$$=2(-1+10)=18$$

20 $\sum_{k=1}^{10}a_k=a_1+a_2+a_3+\cdots+a_{10}$에서 a_1, a_2, a_3, $\cdots$, a_{10}의 각 항의 값은 0, 1, 3 중 하나이므로 항의 값이 1인 항의 개수를 a, 항의 값이 3인 항의 개수를 b라 하면

$$\sum_{k=1}^{10}a_k=10에서 1\times a+3\times b=10$$
$$\therefore\ a+3b=10 \qquad \cdots\cdots ㉠$$
$$\sum_{k=1}^{10}a_k^2=22에서 1^2\times a+3^2\times b=22$$
$$\therefore\ a+9b=22 \qquad \cdots\cdots ㉡$$

㉠, ㉡을 연립하여 풀면 $a=4$, $b=2$

$$\therefore\ \sum_{k=1}^{10}a_k^3=1^3\times4+3^3\times2=58$$

21 각 행에 나열된 모든 수의 합을 구해 보면

$$a_1=1=1^2$$
$$a_2=1+2+1=4=2^2$$
$$a_3=1+2+3+2+1=9=3^2$$
$$a_4=1+2+3+4+3+2+1=16=4^2$$
$$\vdots$$
$$a_n=n^2$$

$$\therefore\ \sum_{k=1}^{15}a_k=\sum_{k=1}^{15}k^2=\frac{15\times16\times31}{6}=1240$$

22 수열 $\{na_n\}$의 첫째항부터 제n항까지의 합을 S_n이라 하면 $S_n=n(n+1)(n+2)$이므로

(i) $n\geq2$일 때,

$$na_n=S_n-S_{n-1}$$
$$=n(n+1)(n+2)-(n-1)n(n+1)$$
$$=3n(n+1) \qquad \cdots\cdots ㉠$$

(ii) $n=1$일 때,

$$a_1=S_1=1\times2\times3=6 \qquad \cdots\cdots ㉡$$

이때 ㉡은 ㉠에 $n=1$을 대입한 값과 같으므로 일반항 na_n은

$$na_n=3n(n+1) \qquad \therefore\ a_n=3(n+1)$$

$$\therefore \sum_{k=1}^{10}(a_{2k-1}+a_{2k})$$

$$=(a_1+a_2)+(a_3+a_4)+\cdots+(a_{19}+a_{20})$$

$$=\sum_{k=1}^{20}a_k=\sum_{k=1}^{20}3(k+1)=3\sum_{k=1}^{20}k+\sum_{k=1}^{20}3$$

$$=3\times\frac{20\times21}{2}+3\times20$$

$$=630+60=690$$

23 $f(n)<k<f(n)+1$에서

$$n^2+n-\frac{1}{3}<k<n^2+n+\frac{2}{3}$$

이 부등식을 만족시키는 정수 k의 값은 n^2+n이므로

$a_n=n^2+n$

$$\therefore \sum_{n=1}^{100}\frac{1}{a_n}=\sum_{n=1}^{100}\frac{1}{n^2+n}=\sum_{n=1}^{100}\frac{1}{n(n+1)}$$

$$=\sum_{n=1}^{100}\left(\frac{1}{n}-\frac{1}{n+1}\right)$$

$$=\left(1-\frac{1}{2}\right)+\left(\frac{1}{2}-\frac{1}{3}\right)+\cdots+\left(\frac{1}{100}-\frac{1}{101}\right)$$

$$=1-\frac{1}{101}=\frac{100}{101}$$

따라서 $p=101$, $q=100$이므로 $p+q=201$

24 $S_{10}=1+2\times\frac{1}{2}+3\times\frac{1}{2^2}+\cdots+10\times\frac{1}{2^9}$

등비수열의 공비가 $\frac{1}{2}$이므로 $S_{10}-\frac{1}{2}S_{10}$을 하면

$$S_{10}=1+2\times\frac{1}{2}+3\times\frac{1}{2^2}+\cdots+10\times\frac{1}{2^9}$$

$$-)\frac{1}{2}S_{10}=\qquad 1\times\frac{1}{2}+2\times\frac{1}{2^2}+\cdots+9\times\frac{1}{2^9}+10\times\frac{1}{2^{10}}$$

$$\frac{1}{2}S_{10}=1+1\times\frac{1}{2}+1\times\frac{1}{2^2}+\cdots+1\times\frac{1}{2^9}-10\times\frac{1}{2^{10}}$$

$$=\frac{1-\frac{1}{2^{10}}}{1-\frac{1}{2}}-10\times\frac{1}{2^{10}}=2-3\times\frac{1}{2^8}$$

$$\therefore S_{10}=4-\frac{3}{2^7}$$

따라서 $a=4$, $b=3$이므로 $a+b=7$

25 위에서 k번째 줄에 나열된 수의 개수는 $2k-1$이므로 첫 번째 줄부터 9번째 줄까지 나열된 수의 개수는

$$\sum_{k=1}^{9}(2k-1)=2\sum_{k=1}^{9}k-\sum_{k=1}^{9}1=2\times\frac{9\times10}{2}-1\times9=81$$

즉, 위에서 10번째 줄의 첫 번째 수는 82이고 10번째 줄의 항의 개수는 $2\times10-1=19$이므로 10번째 줄에 나열된 모든 수의 합은 첫째항이 82, 공차가 1인 등차수열의 첫째항부터 제19항까지의 합과 같다.

$$\therefore \frac{19\{2\times82+(19-1)\times1\}}{2}=1729$$

1 수열의 귀납적 정의

문제 217~223쪽

01-1 답 (1) -13 (2) **47**

(1) 수열 $\{a_n\}$은 첫째항이 5, 공차가 -2인 등차수열이므로 일반항 a_n은

$a_n=5+(n-1)\times(-2)=-2n+7$

$\therefore a_{10}=-2\times10+7=-13$

(2) 수열 $\{a_n\}$은 첫째항이 2, 공차가 5인 등차수열이므로 일반항 a_n은

$a_n=2+(n-1)\times5=5n-3$

$\therefore a_{10}=5\times10-3=47$

01-2 답 **20**

수열 $\{a_n\}$은 첫째항이 -2, 공차가 6인 등차수열이므로 일반항 a_n은

$a_n=-2+(n-1)\times6=6n-8$

이때 $a_k=112$에서

$6k-8=112$ $\therefore k=20$

01-3 답 **42**

$2a_{n+1}-a_n-a_{n+2}=0$, 즉 $2a_{n+1}=a_n+a_{n+2}$에서 수열 $\{a_n\}$은 등차수열이다.

공차를 d라 하면 $a_1=20$, $a_4=11$이므로

$20+3d=11$ $\therefore d=-3$

따라서 주어진 수열의 일반항 a_n은

$a_n=20+(n-1)\times(-3)=-3n+23$

$$\therefore \sum_{k=1}^{12}a_k=\sum_{k=1}^{12}(-3k+23)$$

$$=-3\sum_{k=1}^{12}k+\sum_{k=1}^{12}23$$

$$=-3\times\frac{12\times13}{2}+23\times12$$

$$=-234+276=42$$

02-1 답 (1) 2×5^{11} (2) **2048**

(1) 수열 $\{a_n\}$은 첫째항이 2, 공비가 5인 등비수열이므로 일반항 a_n은

$a_n=2\times5^{n-1}$ $\therefore a_{12}=2\times5^{11}$

(2) 수열 $\{a_n\}$은 첫째항이 -1, 공비가 -2인 등비수열이므로 일반항 a_n은

$a_n=-1\times(-2)^{n-1}$ $\therefore a_{12}=2^{11}=2048$

02-2 답 $3^{16}-3$

수열 $\{a_n\}$은 첫째항이 6, 공비가 3인 등비수열이므로

$$\sum_{k=1}^{15} a_k = \frac{6(3^{15}-1)}{3-1}$$
$$= 3^{16}-3$$

02-3 답 4

$\dfrac{a_{n+2}}{a_{n+1}}=\dfrac{a_{n+1}}{a_n}$, 즉 $a_{n+1}{}^2=a_n a_{n+2}$에서 수열 $\{a_n\}$은 첫째항이 5, 공비가 5인 등비수열이므로

$$S_n = \frac{5(5^n-1)}{5-1} = \frac{5}{4}(5^n-1)$$

이때 $S_n \geq 400$에서 $\dfrac{5}{4}(5^n-1) \geq 400$

$5^n-1 \geq 320$ $\therefore 5^n \geq 321$

$5^3=125$, $5^4=625$이므로 $n \geq 4$

따라서 자연수 n의 최솟값은 4이다.

03-1 답 393

$a_{n+1}=a_n+4n-2$의 n에 $1, 2, 3, \cdots, n-1$을 차례대로 대입하여 변끼리 모두 더하면

$$a_2=a_1+4\times1-2$$
$$a_3=a_2+4\times2-2$$
$$a_4=a_3+4\times3-2$$
$$\vdots$$
$$+)\ a_n=a_{n-1}+4\times(n-1)-2$$
$$\overline{a_n=a_1+4\{1+2+3+\cdots+(n-1)\}-2(n-1)}$$

$$\therefore a_n = a_1 + 4\sum_{k=1}^{n-1}k - 2(n-1)$$
$$= 1 + 4\times\frac{(n-1)n}{2} - 2(n-1)$$
$$= 2n^2-4n+3$$

$\therefore a_{15}=2\times15^2-4\times15+3=393$

03-2 답 제7항

$a_{n+1}-a_n=3^n$에서 $a_{n+1}=a_n+3^n$

위의 식의 n에 $1, 2, 3, \cdots, n-1$을 차례대로 대입하여 변끼리 모두 더하면

$$a_2=a_1+3^1$$
$$a_3=a_2+3^2$$
$$a_4=a_3+3^3$$
$$\vdots$$
$$+)\ a_n=a_{n-1}+3^{n-1}$$
$$\overline{a_n=a_1+(3+3^2+3^3+\cdots+3^{n-1})}$$

$\therefore a_n = a_1 + \sum_{k=1}^{n-1}3^k = 1 + \dfrac{3(3^{n-1}-1)}{3-1} = \dfrac{1}{2}(3^n-1)$

이때 수열 $\{a_n\}$의 제k항이 1093이라 하면

$\dfrac{1}{2}(3^k-1)=1093$, $3^k=2187$

$\therefore k=7$

따라서 1093은 제7항이다.

03-3 답 $\sqrt{3}$

$a_{n+1}=a_n+\dfrac{1}{\sqrt{n+1}+\sqrt{n}}$에서

$$a_{n+1}=a_n+\frac{\sqrt{n+1}-\sqrt{n}}{(\sqrt{n+1}+\sqrt{n})(\sqrt{n+1}-\sqrt{n})}$$
$$=a_n+\sqrt{n+1}-\sqrt{n}$$

위의 식의 n에 $1, 2, 3, \cdots, n-1$을 차례대로 대입하여 변끼리 모두 더하면

$$a_2=a_1+\sqrt{2}-\sqrt{1}$$
$$a_3=a_2+\sqrt{3}-\sqrt{2}$$
$$a_4=a_3+\sqrt{4}-\sqrt{3}$$
$$\vdots$$
$$+)\ a_n=a_{n-1}+\sqrt{n}-\sqrt{n-1}$$
$$\overline{a_n=a_1+\sqrt{n}-1}$$

$\therefore a_n=a_1+\sqrt{n}-1=\sqrt{n}$

$\therefore a_{75}-a_{48}=\sqrt{75}-\sqrt{48}$
$$=5\sqrt{3}-4\sqrt{3}=\sqrt{3}$$

04-1 답 $\dfrac{2}{11}$

$a_{n+1}=\left(1-\dfrac{1}{n+2}\right)a_n$에서

$$a_{n+1}=\frac{(n+2)-1}{n+2}a_n=\frac{n+1}{n+2}a_n$$

위의 식의 n에 $1, 2, 3, \cdots, n-1$을 차례대로 대입하여 변끼리 모두 곱하면

$$a_2=\frac{2}{3}a_1$$
$$a_3=\frac{3}{4}a_2$$
$$a_4=\frac{4}{5}a_3$$
$$\vdots$$
$$\times)\ a_n=\frac{n}{n+1}a_{n-1}$$
$$\overline{a_n=a_1\times\left(\frac{2}{3}\times\frac{3}{4}\times\frac{4}{5}\times\cdots\times\frac{n}{n+1}\right)}$$

$\therefore a_n=a_1\times\dfrac{2}{n+1}=\dfrac{2}{n+1}$

$\therefore a_{10}=\dfrac{2}{11}$

04-2 답 23

$a_{n+1}=(\sqrt{3})^n\times a_n$의 n에 1, 2, 3, $\cdots$, $n-1$을 차례대로 대입하여 변끼리 모두 곱하면

$$a_2=(\sqrt{3})^1\times a_1$$
$$a_3=(\sqrt{3})^2\times a_2$$
$$a_4=(\sqrt{3})^3\times a_3$$
$$\vdots$$
$$\times)\ \ a_n=(\sqrt{3})^{n-1}\times a_{n-1}$$
$$\overline{a_n=a_1\times\sqrt{3}\times(\sqrt{3})^2\times(\sqrt{3})^3\times\cdots\times(\sqrt{3})^{n-1}}$$
$$\therefore a_n=a_1\times(\sqrt{3})^{1+2+\cdots+(n-1)}$$
$$=\sqrt{3}\times(\sqrt{3})^{\frac{(n-1)n}{2}}$$
$$=3^{\frac{n^2-n+2}{4}}$$

따라서 $a_{10}=3^{23}$이므로

$$\log_3 a_{10}=\log_3 3^{23}=23$$

04-3 답 16

$\sqrt{n+1}\,a_{n+1}=\sqrt{n}\,a_n$에서

$$a_{n+1}=\frac{\sqrt{n}}{\sqrt{n+1}}a_n$$

위의 식의 n에 1, 2, 3, $\cdots$, $n-1$을 차례대로 대입하여 변끼리 모두 곱하면

$$a_2=\frac{\sqrt{1}}{\sqrt{2}}a_1$$
$$a_3=\frac{\sqrt{2}}{\sqrt{3}}a_2$$
$$a_4=\frac{\sqrt{3}}{\sqrt{4}}a_3$$
$$\vdots$$
$$\times)\ \ a_n=\frac{\sqrt{n-1}}{\sqrt{n}}a_{n-1}$$
$$\overline{a_n=a_1\times\left(\frac{\sqrt{1}}{\sqrt{2}}\times\frac{\sqrt{2}}{\sqrt{3}}\times\frac{\sqrt{3}}{\sqrt{4}}\times\cdots\times\frac{\sqrt{n-1}}{\sqrt{n}}\right)}$$
$$\therefore a_n=a_1\times\frac{1}{\sqrt{n}}=\frac{1}{\sqrt{n}}$$

이때 $a_k=\dfrac{1}{4}$에서

$$\frac{1}{\sqrt{k}}=\frac{1}{4},\ \sqrt{k}=4\qquad\therefore k=16$$

05-1 답 242

$a_{n+1}=3a_n+2$의 n에 1, 2, 3, 4를 차례대로 대입하면

$$a_2=3a_1+2=3\times 2+2=8$$
$$a_3=3a_2+2=3\times 8+2=26$$
$$a_4=3a_3+2=3\times 26+2=80$$
$$\therefore a_5=3a_4+2=3\times 80+2=242$$

05-2 답 30

$a_1=1$이므로 $a_2=\dfrac{a_1+3}{2}=\dfrac{1+3}{2}=2$

$a_2=2$이므로 $a_3=\dfrac{a_2}{2}=\dfrac{2}{2}=1$

$a_3=1$이므로 $a_4=\dfrac{a_3+3}{2}=\dfrac{1+3}{2}=2$

$$\vdots$$

$$\therefore a_n=\begin{cases}1\ (n\text{은 홀수})\\2\ (n\text{은 짝수})\end{cases}$$

$$\therefore \sum_{k=1}^{20}a_k=10\sum_{k=1}^{2}a_k=10(1+2)=30$$

05-3 답 8

$a_1=3$이므로 $11a_1=11\times 3=33$을 7로 나누었을 때의 나머지는 5

$$\therefore a_2=5$$

$11a_2=11\times 5=55$를 7로 나누었을 때의 나머지는 6

$$\therefore a_3=6$$

$11a_3=11\times 6=66$을 7로 나누었을 때의 나머지는 3

$$\therefore a_4=3$$

$$\vdots$$

$$\therefore a_n=\begin{cases}3\ (n=3k-2)\\5\ (n=3k-1)\ (\text{단, }k\text{는 자연수})\\6\ (n=3k)\end{cases}$$

이때 $2020=3\times 674-2$, $2021=3\times 674-1$이므로

$$a_{2020}+a_{2021}=3+5=8$$

06-1 답 96

$S_{n+1}=2S_n$에서 수열 $\{S_n\}$은 첫째항이 $S_1=a_1=3$, 공비가 2인 등비수열이므로

$$S_n=3\times 2^{n-1}$$

수열의 합과 일반항 사이의 관계에서

$$a_7=S_7-S_6=3\times 2^6-3\times 2^5=96$$

06-2 답 $\left(\dfrac{4}{3}\right)^7$

$S_n=4a_n-3$의 n에 $n+1$을 대입하면

$$S_{n+1}=4a_{n+1}-3$$

$S_{n+1}-S_n$을 하면

$$S_{n+1}-S_n=4a_{n+1}-3-(4a_n-3)=4a_{n+1}-4a_n$$

이때 $S_{n+1}-S_n=a_{n+1}$ $(n=1, 2, 3, \cdots)$이므로

$$a_{n+1}=4a_{n+1}-4a_n,\ 3a_{n+1}=4a_n$$

$$\therefore a_{n+1}=\frac{4}{3}a_n$$

따라서 수열 $\{a_n\}$은 첫째항이 $S_1=a_1=1$, 공비가 $\dfrac{4}{3}$인 등비수열이므로

$$a_n=1\times\left(\dfrac{4}{3}\right)^{n-1}=\left(\dfrac{4}{3}\right)^{n-1} \qquad \therefore a_8=\left(\dfrac{4}{3}\right)^7$$

06-3 답 -93

$S_n=2a_n+3n$의 n에 $n+1$을 대입하면

$S_{n+1}=2a_{n+1}+3n+3$

$S_{n+1}-S_n$을 하면

$S_{n+1}-S_n=2a_{n+1}+3n+3-(2a_n+3n)$

$\qquad\qquad =2a_{n+1}-2a_n+3$

이때 $S_{n+1}-S_n=a_{n+1}$ $(n=1,\ 2,\ 3,\ \cdots)$이므로

$a_{n+1}=2a_{n+1}-2a_n+3$

$\therefore a_{n+1}=2a_n-3$

위의 식의 n에 1, 2, 3, 4를 차례대로 대입하면

$a_2=2a_1-3=2\times(-3)-3=-9$

$a_3=2a_2-3=2\times(-9)-3=-21$

$a_4=2a_3-3=2\times(-21)-3=-45$

$\therefore a_5=2a_4-3=2\times(-45)-3=-93$

07-1 답 $a_1=3,\ a_{n+1}=a_n+3(n+1)\ (n=1,\ 2,\ 3,\ \cdots)$

처음 정삼각형의 아래쪽에 작은 정삼각형 여러 개가 추가된다고 생각하면 성냥개비의 총개수 a_n은

$a_1=3$

$a_2=a_1+3\times2$ ◀ a_1에 작은 정삼각형 2개 추가

$a_3=a_2+3\times3$ ◀ a_2에 작은 정삼각형 3개 추가

$\qquad\vdots$

$\therefore a_{n+1}=a_n+3(n+1)\ (n=1,\ 2,\ 3,\ \cdots)$

07-2 답 $a_1=4,\ a_{n+1}=\dfrac{4}{5}a_n\ (n=1,\ 2,\ 3,\ \cdots)$

농도가 5 %인 소금물 160 g에 들어 있는 소금의 양은

$\dfrac{5}{100}\times160=8(\text{g})$

1회 시행 후 소금물 200 g의 농도는

$\dfrac{8}{200}\times100=4(\%)$

$\therefore a_1=4$

$a_n\,\%$인 소금물 160 g에 들어 있는 소금의 양은

$\dfrac{a_n}{100}\times160=\dfrac{8}{5}a_n(\text{g})$

이때 물 40 g을 넣은 소금물 200 g의 농도는 $a_{n+1}\,\%$이므로

$a_{n+1}=\dfrac{\dfrac{8}{5}a_n}{200}\times100=\dfrac{4}{5}a_n\ (n=1,\ 2,\ 3,\ \cdots)$

2 수학적 귀납법

개념 CHECK 224쪽

1 답 ㄴ, ㄷ

ㄱ. $p(1)$이 참이면 $p(3)$, $p(5)$, $p(7)$, $\cdots$도 참이다.

ㄴ. $p(2)$가 참이면 $p(4)$, $p(6)$, $p(8)$, $\cdots$도 참이다.

ㄷ. ㄱ, ㄴ에서 $p(1)$, $p(2)$가 참이면 모든 자연수 n에 대하여 $p(n)$이 참이다.

문제 225~226쪽

08-1 답 풀이 참조

$$\dfrac{1}{1\times2}+\dfrac{1}{2\times3}+\cdots+\dfrac{1}{n(n+1)}=\dfrac{n}{n+1} \qquad\cdots\cdots\ \text{㉠}$$

(i) $n=1$일 때,

(좌변)$=\dfrac{1}{1\times2}=\dfrac{1}{2}$, (우변)$=\dfrac{1}{1+1}=\dfrac{1}{2}$

따라서 $n=1$일 때 등식 ㉠이 성립한다.

(ii) $n=k$일 때, 등식 ㉠이 성립한다고 가정하면

$$\dfrac{1}{1\times2}+\dfrac{1}{2\times3}+\dfrac{1}{3\times4}+\cdots+\dfrac{1}{k(k+1)}=\dfrac{k}{k+1}$$

이 등식의 양변에 $\dfrac{1}{(k+1)(k+2)}$을 더하면

$$\dfrac{1}{1\times2}+\dfrac{1}{2\times3}+\cdots+\dfrac{1}{k(k+1)}+\dfrac{1}{(k+1)(k+2)}$$

$$=\dfrac{k}{k+1}+\dfrac{1}{(k+1)(k+2)}$$

$$=\dfrac{k(k+2)+1}{(k+1)(k+2)}$$

$$=\dfrac{(k+1)^2}{(k+1)(k+2)}$$

$$=\dfrac{k+1}{k+2}$$

따라서 $n=k+1$일 때도 등식 ㉠이 성립한다.

(i), (ii)에서 모든 자연수 n에 대하여 등식 ㉠이 성립한다.

08-2 답 풀이 참조

$$\dfrac{1}{2}+\dfrac{2}{2^2}+\dfrac{3}{2^3}+\cdots+\dfrac{n}{2^n}=2-\dfrac{n+2}{2^n} \qquad\cdots\cdots\ \text{㉠}$$

(i) $n=1$일 때,

(좌변)$=\dfrac{1}{2}$, (우변)$=2-\dfrac{1+2}{2}=\dfrac{1}{2}$

따라서 $n=1$일 때 등식 ㉠이 성립한다.

(ii) $n=k$일 때, 등식 ㉠이 성립한다고 가정하면

$$\frac{1}{2}+\frac{2}{2^2}+\frac{3}{2^3}+\cdots+\frac{k}{2^k}=2-\frac{k+2}{2^k}$$

이 등식의 양변에 $\frac{k+1}{2^{k+1}}$을 더하면

$$\frac{1}{2}+\frac{2}{2^2}+\frac{3}{2^3}+\cdots+\frac{k}{2^k}+\frac{k+1}{2^{k+1}}=2-\frac{k+2}{2^k}+\frac{k+1}{2^{k+1}}$$
$$=2-\frac{k+3}{2^{k+1}}$$
$$=2-\frac{(k+1)+2}{2^{k+1}}$$

따라서 $n=k+1$일 때도 등식 ㉠이 성립한다.

(i), (ii)에서 모든 자연수 n에 대하여 등식 ㉠이 성립한다.

09-1 답 풀이 참조

$1\times2\times3\times\cdots\times n>2^n$ ······ ㉠

(i) $n=4$일 때,

(좌변)$=1\times2\times3\times4=24$, (우변)$=2^4=16$

따라서 $n=4$일 때 부등식 ㉠이 성립한다.

(ii) $n=k\,(k\geq4)$일 때, 부등식 ㉠이 성립한다고 가정하면

$1\times2\times3\times\cdots\times k>2^k$

이 부등식의 양변에 $k+1$을 곱하면

$1\times2\times3\times\cdots\times k\times(k+1)>2^k\times(k+1)$

이때 $k+1>2$이므로

$1\times2\times3\times\cdots\times k\times(k+1)>2^{k+1}$

따라서 $n=k+1$일 때도 부등식 ㉠이 성립한다.

(i), (ii)에서 $n\geq4$인 모든 자연수 n에 대하여 부등식 ㉠이 성립한다.

09-2 답 풀이 참조

$1+\frac{1}{2^2}+\frac{1}{3^2}+\cdots+\frac{1}{n^2}<2-\frac{1}{n}$ ······ ㉠

(i) $n=2$일 때,

(좌변)$=1+\frac{1}{2^2}=\frac{5}{4}$, (우변)$=2-\frac{1}{2}=\frac{3}{2}$

따라서 $n=2$일 때 부등식 ㉠이 성립한다.

(ii) $n=k\,(k\geq2)$일 때, 부등식 ㉠이 성립한다고 가정하면

$1+\frac{1}{2^2}+\frac{1}{3^2}+\cdots+\frac{1}{k^2}<2-\frac{1}{k}$

이 부등식의 양변에 $\frac{1}{(k+1)^2}$을 더하면

$1+\frac{1}{2^2}+\frac{1}{3^2}+\cdots+\frac{1}{k^2}+\frac{1}{(k+1)^2}<2-\frac{1}{k}+\frac{1}{(k+1)^2}$

이때

$$\left\{2-\frac{1}{k}+\frac{1}{(k+1)^2}\right\}-\left(2-\frac{1}{k+1}\right)$$
$$=-\frac{1}{k}+\frac{1}{(k+1)^2}+\frac{1}{k+1}$$
$$=\frac{-(k+1)^2+k+k(k+1)}{k(k+1)^2}=-\frac{1}{k(k+1)^2}<0$$

즉, $2-\frac{1}{k}+\frac{1}{(k+1)^2}<2-\frac{1}{k+1}$이므로

$1+\frac{1}{2^2}+\frac{1}{3^2}+\cdots+\frac{1}{k^2}+\frac{1}{(k+1)^2}<2-\frac{1}{k+1}$

따라서 $n=k+1$일 때도 부등식 ㉠이 성립한다.

(i), (ii)에서 $n\geq2$인 모든 자연수 n에 대하여 부등식 ㉠이 성립한다.

연습문제

227~229쪽

1 ③	2 ①	3 ③	4 ③	5 46
6 50	7 ③	8 ①	9 ③	10 134
11 16	12 ③	13 (가) 9 (나) 9^k-1		14 5
15 11	16 ②	17 ④		

1 $a_{n+1}=\frac{a_n+a_{n+2}}{2}$, 즉 $2a_{n+1}=a_n+a_{n+2}$에서 수열 $\{a_n\}$은 등차수열이다.

첫째항을 a, 공차를 d라 하면 $a_5=11$, $a_9=19$이므로

$a+4d=11$ ······ ㉠

$a+8d=19$ ······ ㉡

㉠, ㉡을 연립하여 풀면 $a=3$, $d=2$

따라서 주어진 수열의 일반항 a_n은

$a_n=3+(n-1)\times2=2n+1$

이때 $a_n>100$에서

$2n+1>100$, $2n>99$ ∴ $n>49.5$

따라서 자연수 n의 최솟값은 50이다.

2 수열 $\{a_n\}$은 첫째항이 2, 공차가 2인 등차수열이므로

$S_n=\frac{n\{2\times2+(n-1)\times2\}}{2}=n(n+1)$

$$\therefore \sum_{k=1}^{10}\frac{1}{S_k}=\sum_{k=1}^{10}\frac{1}{k(k+1)}=\sum_{k=1}^{10}\left(\frac{1}{k}-\frac{1}{k+1}\right)$$
$$=\left(1-\frac{1}{2}\right)+\left(\frac{1}{2}-\frac{1}{3}\right)+\left(\frac{1}{3}-\frac{1}{4}\right)$$
$$+\cdots+\left(\frac{1}{10}-\frac{1}{11}\right)$$
$$=1-\frac{1}{11}=\frac{10}{11}$$

3 수열 $\{a_n\}$은 첫째항이 3인 등비수열이므로 공비를 r라 하면 $\log_3 a_6=6$이므로

$\log_3 3r^5=6$, $3r^5=3^6$ ∴ $r=3$

따라서 주어진 수열의 일반항 a_n은

$a_n=3\times3^{n-1}=3^n$

$\therefore a_{10}=3^{10}$

4 $\frac{a_{n+2}}{a_{n+1}}=\frac{a_{n+1}}{a_n}$, 즉 $a_{n+1}^2=a_n a_{n+2}$에서 수열 $\{a_n\}$은 등비수열이다.

첫째항을 a, 공비를 r라 하면 $S_3=78$, $S_6=2184$이므로

$\frac{a(r^3-1)}{r-1}=78$ $\cdots\cdots$ ㉠

$\frac{a(r^6-1)}{r-1}=2184$

$\therefore \frac{a(r^3-1)(r^3+1)}{r-1}=2184$ $\cdots\cdots$ ㉡

㉠을 ㉡에 대입하면 $78(r^3+1)=2184$

$r^3+1=28$, $r^3=27$ $\therefore r=3$

이를 ㉠에 대입하면

$\frac{a(27-1)}{3-1}=78$ $\therefore a=6$

따라서 수열 $\{a_n\}$은 첫째항이 6, 공비가 3인 등비수열이므로

$S_9=\frac{6(3^9-1)}{3-1}=3(3^9-1)=3^{10}-3$

5 $a_{n+1}-a_n=n$에서 $a_{n+1}=a_n+n$

위의 식의 n에 $1, 2, 3, \cdots, n-1$을 차례대로 대입하여 변끼리 모두 더하면

$a_2=a_1+1$

$a_3=a_2+2$

$a_4=a_3+3$

$\vdots$

$+)\ a_n=a_{n-1}+(n-1)$

$a_n=a_1+1+2+3+\cdots+(n-1)$

$\therefore a_n=a_1+\sum_{k=1}^{n-1}k=1+\frac{(n-1)n}{2}=\frac{n^2-n+2}{2}$

$\therefore a_{10}=\frac{10^2-10+2}{2}=46$

6 $(n+1)^2 a_{n+1}=n(n+2)a_n$에서

$a_{n+1}=\frac{n(n+2)}{(n+1)^2}a_n=\left(\frac{n}{n+1}\right)\left(\frac{n+2}{n+1}\right)a_n$

위의 식의 n에 $1, 2, 3, \cdots, n-1$을 차례대로 대입하여 변끼리 모두 곱하면

$a_2=\frac{1}{2}\times\frac{3}{2}a_1$

$a_3=\frac{2}{3}\times\frac{4}{3}a_2$

$a_4=\frac{3}{4}\times\frac{5}{4}a_3$

$\vdots$

$\times)\ a_n=\frac{n-1}{n}\times\frac{n+1}{n}a_{n-1}$

$a_n=a_1\times\frac{1}{2}\times\frac{3}{2}\times\frac{2}{3}\times\frac{4}{3}\times\cdots\times\frac{n-1}{n}\times\frac{n+1}{n}$

$\therefore a_n=a_1\times\frac{n+1}{2n}=\frac{n+1}{2n}$

이때 $a_k=\frac{51}{100}$에서

$\frac{k+1}{2k}=\frac{51}{100}$

$\therefore k=50$

7 $a_1=7$이고 $a_{n+1}=2a_n-5$의 n에 $1, 2, 3, 4, 5$를 차례대로 대입하면

$a_2=2a_1-5=2\times7-5=9$

$a_3=2a_2-5=2\times9-5=13$

$a_4=2a_3-5=2\times13-5=21$

$a_5=2a_4-5=2\times21-5=37$

$a_6=2a_5-5=2\times37-5=69$

$\therefore a_6-a_3=69-13=56$

8 $a_1=2$이므로

$a_2=\frac{a_1}{2-3a_1}=\frac{2}{2-3\times2}=-\frac{1}{2}$

$a_3=1+a_2=1+\left(-\frac{1}{2}\right)=\frac{1}{2}$

$a_4=\frac{a_3}{2-3a_3}=\frac{\frac{1}{2}}{2-3\times\frac{1}{2}}=1$

$a_5=1+a_4=1+1=2$

$\vdots$

$\therefore a_n=\begin{cases} 2 & (n=4k-3) \\ -\dfrac{1}{2} & (n=4k-2) \\ \dfrac{1}{2} & (n=4k-1) \\ 1 & (n=4k) \end{cases}$ (단, k는 자연수)

$\therefore \sum_{n=1}^{40}a_n=10\sum_{n=1}^{4}a_n$

$=10\left\{2+\left(-\frac{1}{2}\right)+\frac{1}{2}+1\right\}$

$=10\times3=30$

9 $S_n=-a_n+2n$의 n에 $n+1$을 대입하면

$S_{n+1}=-a_{n+1}+2(n+1)$

$S_{n+1}-S_n$을 하면

$S_{n+1}-S_n=-a_{n+1}+2(n+1)-(-a_n+2n)$

$=-a_{n+1}+a_n+2$

이때 $S_{n+1}-S_n=a_{n+1}$ $(n=1, 2, 3, \cdots)$이므로

$a_{n+1}=-a_{n+1}+a_n+2$

$\therefore a_{n+1}=\dfrac{1}{2}a_n+1$

위의 식의 n에 1, 2, 3, 4, 5를 차례대로 대입하면

$a_2=\dfrac{1}{2}a_1+1=\dfrac{1}{2}\times1+1=\dfrac{3}{2}$

$a_3=\dfrac{1}{2}a_2+1=\dfrac{1}{2}\times\dfrac{3}{2}+1=\dfrac{7}{4}$

$a_4=\dfrac{1}{2}a_3+1=\dfrac{1}{2}\times\dfrac{7}{4}+1=\dfrac{15}{8}$

$a_5=\dfrac{1}{2}a_4+1=\dfrac{1}{2}\times\dfrac{15}{8}+1=\dfrac{31}{16}$

$\therefore a_6=\dfrac{1}{2}a_5+1=\dfrac{1}{2}\times\dfrac{31}{16}+1=\dfrac{63}{32}$

10 n시간 후 살아 있는 단세포 생물의 수를 a_n이라 하면 1시간 후 살아 있는 단세포 생물의 수 a_1은 10마리에서 3마리가 죽고 나머지는 각각 2마리로 분열하므로

$a_1=(10-3)\times2=14$

같은 방법으로 a_2, a_3, a_4, a_5를 구하면

$a_2=(a_1-3)\times2=(14-3)\times2=22$

$a_3=(a_2-3)\times2=(22-3)\times2=38$

$a_4=(a_3-3)\times2=(38-3)\times2=70$

$a_5=(a_4-3)\times2=(70-3)\times2=134$

따라서 5시간 후 살아 있는 단세포 생물의 수는 134이다.

11 n개의 직선에 1개의 직선을 추가하면 이 직선은 기존의 n개의 직선과 각각 한 번씩 만나므로 $(n+1)$개의 새로운 영역이 생긴다.

즉, $(n+1)$개의 직선에 의하여 분할된 영역은 n개의 직선에 의하여 분할된 영역보다 $(n+1)$개가 많으므로

$a_{n+1}=a_n+n+1$ $(n=1, 2, 3, \cdots)$

이때 $a_3=7$이므로

$a_4=a_3+3+1=7+3+1=11$

$\therefore a_5=a_4+4+1=11+4+1=16$

12 $\displaystyle\sum_{k=1}^{n}(-1)^{k+1}k^2=(-1)^{n+1}\times\dfrac{n(n+1)}{2}$ $\quad\cdots\cdots$ (*)

(i) $n=1$일 때,

(좌변)$=(-1)^2\times1^2=1$

(우변)$=(-1)^2\times\dfrac{1\times2}{2}=1$

따라서 (*)이 성립한다.

(ii) $n=m$일 때, (*)이 성립한다고 가정하면

$\displaystyle\sum_{k=1}^{m}(-1)^{k+1}k^2=(-1)^{m+1}\times\dfrac{m(m+1)}{2}$

$\therefore \displaystyle\sum_{k=1}^{m+1}(-1)^{k+1}k^2$

$=\displaystyle\sum_{k=1}^{m}(-1)^{k+1}k^2+\boxed{^{(7))}(-1)^{m+2}(m+1)^2}$

$=\boxed{^{(나)}(-1)^{m+1}\times\dfrac{m(m+1)}{2}}$

$\quad+\boxed{^{(7))}(-1)^{m+2}(m+1)^2}$

$=(-1)^{m+2}\left\{-\dfrac{m(m+1)}{2}+(m+1)^2\right\}$

$=(-1)^{m+2}\times\dfrac{(m+1)(m+2)}{2}$

따라서 $n=m+1$일 때도 (*)이 성립한다.

(i), (ii)에 의하여 모든 자연수 n에 대하여 (*)이 성립한다.

따라서 $f(m)=(-1)^{m+2}(m+1)^2$,

$g(m)=(-1)^{m+1}\times\dfrac{m(m+1)}{2}$이므로

$\dfrac{f(5)}{g(2)}=\dfrac{-36}{-3}=12$

13 (i) $n=1$일 때, $9^1-1=8$은 8의 배수이다.

(ii) $n=k$일 때, $9^k-1=8m$ (m은 자연수)이라 하면

$9^{k+1}-1=\boxed{^{(7))}9}\times9^k-1=(8+1)9^k-1$

$=8\times9^k+\boxed{^{(나)}9^k-1}=8\times9^k+8m$

$=8(9^k+m)$

따라서 $n=k+1$일 때도 8의 배수이다.

(i), (ii)에서 모든 자연수 n에 대하여 9^n-1은 8의 배수이다.

14 $2^n>n^2$ $\quad\cdots\cdots$ ㉠

(i) $n=5$일 때, (좌변)$=2^5=32$, (우변)$=5^2=25$

따라서 $n=5$일 때 부등식 ㉠이 성립한다.

(ii) $n=k$ $(k\geq5)$일 때, 부등식 ㉠이 성립한다고 가정하면

$2^k>k^2$

이 부등식의 양변에 2를 곱하면

$2^{k+1}>2k^2$

이때 $k\geq5$이면 $k^2-2k-1=\boxed{^{(7))}(k-1)^2}-2>0$이므로

$k^2>2k+1$

$\therefore 2^{k+1}>2k^2=k^2+k^2>k^2+2k+1=\boxed{^{(나)}(k+1)^2}$

따라서 $n=k+1$일 때도 부등식 ㉠이 성립한다.

(i), (ii)에서 $n\geq5$인 모든 자연수 n에 대하여 부등식 ㉠이 성립한다.

따라서 $f(k)=(k-1)^2$, $g(k)=(k+1)^2$이므로

$f(2)+g(1)=1+4=5$

15 $a_2=t$ (t는 상수)라 하면 $a_1=7$이므로 ㈎에서

$a_3=a_1-4=7-4=3$

$a_4=a_2-4=t-4$

$a_5=a_3-4=3-4=-1$

$a_6=a_4-4=t-4-4=t-8$

$\therefore \sum_{k=1}^{6} a_k=7+t+3+(t-4)+(-1)+(t-8)=3t-3$

㈏에서 $a_{n+6}=a_n$이므로 수열 $\{a_n\}$은 7, t, 3, $t-4$, -1, $t-8$이 반복적으로 나타난다.

$\therefore \sum_{k=1}^{50} a_k=8\sum_{k=1}^{6} a_k+a_{49}+a_{50}$

$=8(3t-3)+7+t=25t-17$

따라서 $25t-17=258$이므로 $t=11$　　$\therefore a_2=11$

16 $a_n=3S_{n+1}-S_{n+2}-2S_n$에서

$a_n=-(S_{n+2}-S_{n+1})+2(S_{n+1}-S_n)$

이때 $S_{n+2}-S_{n+1}=a_{n+2}$, $S_{n+1}-S_n=a_{n+1}$ ($n=1, 2, 3, \cdots$)

이므로

$a_n=-a_{n+2}+2a_{n+1}$　　$\therefore 2a_{n+1}=a_n+a_{n+2}$

따라서 수열 $\{a_n\}$은 첫째항이 1, 공차가 3인 등차수열이므로 일반항 a_n은

$a_n=1+(n-1)\times3=3n-2$

$\therefore a_{20}=3\times20-2=58$

17 1개의 계단을 오르는 경우가 1가지, 2개의 계단을 오르는 경우가 2가지이므로

$a_1=1$, $a_2=2$

$(n+2)$개의 계단을 오르는 경우는 n개의 계단을 오르고 두 계단을 오르는 경우와 $(n+1)$개의 계단을 오르고 한 계단을 오르는 경우가 있으므로

$a_{n+2}=a_n+a_{n+1}$ ($n=1, 2, 3, \cdots$)

$a_1=1$, $a_2=2$이므로

$a_3=a_1+a_2=1+2=3$

$a_4=a_2+a_3=2+3=5$

$a_5=a_3+a_4=3+5=8$

$a_6=a_4+a_5=5+8=13$

$\therefore a_7=a_6+a_7=8+13=21$

유형편

정답과 해설

I-1 01 지수

기초 문제 Training
4쪽

1 (1) $\pm\sqrt{2}$ (2) -1, $\dfrac{1\pm\sqrt{3}i}{2}$

     (3) 5, $\dfrac{-5\pm5\sqrt{3}i}{2}$ (4) ±4, $\pm4i$

2 (1) ±2 (2) $-\dfrac{1}{2}$ (3) $\pm2\sqrt{2}$ (4) 없다.

3 (1) 16 (2) 2 (3) -3 (4) 2

4 (1) 2 (2) 8 (3) 256 (4) 9

5 (1) a^3 (2) $a^{\frac{1}{4}}$ (3) a (4) $a^{\frac{5}{6}}$

6 (1) 49 (2) 81 (3) 8 (4) 72

핵심 유형 Training
5~9쪽

1 ④	2 ③	3 ㄱ, ㄷ	4 ⑤	5 $\sqrt[3]{a^2b^2}$
6 ①	7 7	8 ④	9 ②	10 ①
11 ④	12 $\dfrac{9}{25}$	13 ②	14 ①	15 6
16 ③	17 ④	18 ②	19 ④	20 ⑤
21 9	22 ③	23 ③	24 $3\sqrt{6}$	25 ⑤
26 ④	27 ④	28 ①	29 ②	30 ①
31 ②	32 $\dfrac{5}{3}$	33 64	34 ④	35 ⑤
36 2.07배				

1 ① $\pm\sqrt{3}$ ② -2, $1\pm\sqrt{3}i$ ③ ±2, $\pm2i$ ⑤ 없다.
따라서 옳은 것은 ④이다.

2 $a=3$, $b=\sqrt{5}$이므로 $ab=3\sqrt{5}$

3 ㄱ. (i) n이 홀수일 때, $N(x, n)=1$, $N(x, n+1)=2$이
　므로 $N(x, n)+N(x, n+1)=1+2=3$
　(ii) n이 짝수일 때, $N(x, n)=2$, $N(x, n+1)=1$이
　므로 $N(x, n)+N(x, n+1)=2+1=3$
ㄴ. n이 홀수일 때, $N(x, n)=1$, $N(-x, n)=1$이므로
　$N(x, n)-N(-x, n)=1-1=0$
ㄷ. $N(-3, 3)=1$, $N(-1, 4)=0$, $N(2, 4)=2$이므로
　$N(-3, 3)+N(-1, 4)+N(2, 4)=3$
따라서 보기 중 옳은 것은 ㄱ, ㄷ이다.

4 ① $\sqrt[3]{9}\times\sqrt[3]{81}=\sqrt[3]{3^2}\times\sqrt[3]{3^4}=\sqrt[3]{3^6}=3^2=9$

② $\dfrac{\sqrt[4]{512}}{\sqrt[4]{8}}=\dfrac{\sqrt[4]{2^9}}{\sqrt[4]{2^3}}=\sqrt[4]{2^6}=\sqrt{2^3}=\sqrt{2^2\times2}=2\sqrt{2}$

③ $(\sqrt[3]{4})^4=\sqrt[3]{4^4}=\sqrt[3]{4^3\times4}=4\sqrt[3]{4}$

④ $\sqrt{\sqrt[3]{729}}=\sqrt{\sqrt[3]{3^6}}=\sqrt[6]{3^6}=3$

⑤ $\sqrt[18]{64}\times\sqrt[6]{2}=\sqrt[18]{2^6}\times\sqrt[6]{2}=\sqrt[6]{2^2}\times\sqrt[6]{2}=\sqrt[6]{2^3}=\sqrt{2}$

따라서 옳지 않은 것은 ⑤이다.

5 $\sqrt[3]{a^2b^3}\times\sqrt[6]{a^3b}\div\sqrt{ab}=\sqrt[6]{(a^2b^3)^2}\times\sqrt[6]{a^3b}\div\sqrt[6]{(ab)^3}$

$\qquad=\sqrt[6]{a^4b^6}\times\sqrt[6]{a^3b}\div\sqrt[6]{a^3b^3}$

$\qquad=\sqrt[6]{a^4b^4}=\sqrt[3]{a^2b^2}$

6 $\sqrt{\dfrac{\sqrt[4]{a}}{\sqrt[3]{a}}}\times\sqrt[3]{\dfrac{\sqrt{a}}{\sqrt[4]{a}}}\div\sqrt[4]{\dfrac{\sqrt{a}}{\sqrt[3]{a}}}=\dfrac{\sqrt[8]{a}}{\sqrt[6]{a}}\times\dfrac{\sqrt[6]{a}}{\sqrt[12]{a}}\div\dfrac{\sqrt[8]{a}}{\sqrt[12]{a}}$

$\qquad=\dfrac{\sqrt[8]{a}}{\sqrt[6]{a}}\times\dfrac{\sqrt[6]{a}}{\sqrt[12]{a}}\times\dfrac{\sqrt[12]{a}}{\sqrt[8]{a}}=1$

7 $\sqrt[3]{a\sqrt{a}\times\dfrac{a}{\sqrt[4]{a}}}=\sqrt[3]{\sqrt{a^2\times a}\times\sqrt[4]{\dfrac{a^4}{a}}}=\sqrt[3]{\sqrt{a^3}\times\sqrt[4]{a^3}}$

$\qquad=\sqrt[6]{a^3}\times\sqrt[12]{a^3}=\sqrt[12]{a^6}\times\sqrt[12]{a^3}=\sqrt[12]{a^9}=\sqrt[4]{a^3}$

따라서 $m=4$, $n=3$이므로 $m+n=7$

8 $\sqrt[3]{4}=\sqrt[12]{4^4}=\sqrt[12]{256}$

$\sqrt[4]{6}=\sqrt[12]{6^3}=\sqrt[12]{216}$

$\sqrt[6]{15}=\sqrt[12]{15^2}=\sqrt[12]{225}$

$\therefore \sqrt[4]{6}<\sqrt[6]{15}<\sqrt[3]{4}$

9 ① $\sqrt[3]{2\times3}=\sqrt[3]{6}=\sqrt[6]{6^2}=\sqrt[6]{36}$

② $\sqrt{3\sqrt[3]{2}}=\sqrt[3]{\sqrt[3]{3^3\times2}}=\sqrt[6]{54}$

③ $\sqrt{2\sqrt[3]{5}}=\sqrt[3]{2^3\times5}=\sqrt[6]{40}$

④ $\sqrt[3]{2\sqrt{5}}=\sqrt[3]{\sqrt{2^2\times5}}=\sqrt[6]{20}$

⑤ $\sqrt[3]{5\sqrt{2}}=\sqrt[3]{\sqrt{5^2\times2}}=\sqrt[6]{50}$

따라서 가장 큰 수는 ②이다.

10 $A-B=(\sqrt{2}+\sqrt[3]{3})-2\sqrt[3]{3}=\sqrt{2}-\sqrt[3]{3}$

$\qquad =\sqrt[6]{2^3}-\sqrt[6]{3^2}=\sqrt[6]{8}-\sqrt[6]{9}<0$

$\therefore A<B \quad \cdots\cdots \bigcirc$

$B-C=2\sqrt[3]{3}-(\sqrt[4]{5}+\sqrt[3]{3})=\sqrt[3]{3}-\sqrt[4]{5}$

$\qquad =\sqrt[12]{3^4}-\sqrt[12]{5^3}=\sqrt[12]{81}-\sqrt[12]{125}<0$

$\therefore B<C \quad \cdots\cdots \bigcirc$

$\bigcirc$, $\bigcirc$에서 $A<B<C$

11 $\{(-3)^4\}^{\frac{1}{2}}-25^{-\frac{3}{2}}\times100^{\frac{3}{2}}$

$=(3^4)^{\frac{1}{2}}-(5^2)^{-\frac{3}{2}}\times(10^2)^{\frac{3}{2}}$

$=3^2-5^{-3}\times10^3=9-\left(\dfrac{10}{5}\right)^3$

$=9-8=1$

12 $\dfrac{9^{-10}+3^{-8}}{3^{-10}+9^{-11}}\times\dfrac{26}{5^2+25^2}=\dfrac{3^{-20}+3^{-8}}{3^{-10}+3^{-22}}\times\dfrac{26}{5^2+5^4}$

$\qquad\qquad =\dfrac{3^{-20}(1+3^{12})}{3^{-22}(3^{12}+1)}\times\dfrac{26}{5^2(1+5^2)}$

$\qquad\qquad =3^2\times\dfrac{1}{5^2}=\dfrac{9}{25}$

13 $\sqrt{2}\times\sqrt[3]{3}\times\sqrt[4]{4}\times\sqrt[6]{6}=2^{\frac{1}{2}}\times3^{\frac{1}{3}}\times(2^2)^{\frac{1}{4}}\times(2\times3)^{\frac{1}{6}}$

$\qquad\qquad =2^{\frac{1}{2}+\frac{1}{2}+\frac{1}{6}}\times3^{\frac{1}{3}+\frac{1}{6}}=2^{\frac{7}{6}}\times3^{\frac{1}{2}}$

따라서 $a=\dfrac{7}{6}$, $b=\dfrac{1}{2}$이므로 $a+b=\dfrac{5}{3}$

14 $\sqrt{2\sqrt{2\sqrt{2}}}=\{2\times(2\times2^{\frac{1}{2}})^{\frac{1}{2}}\}^{\frac{1}{2}}=(2\times2^{\frac{3}{4}})^{\frac{1}{2}}=(2^{\frac{7}{4}})^{\frac{1}{2}}=2^{\frac{7}{8}}$

$\sqrt[4]{4\sqrt[4]{4}}=(4\times4^{\frac{1}{4}})^{\frac{1}{4}}=(4^{\frac{5}{4}})^{\frac{1}{4}}=4^{\frac{5}{16}}=2^{\frac{5}{8}}$

즉, $\dfrac{\sqrt{2\sqrt{2\sqrt{2}}}}{\sqrt[4]{4\sqrt[4]{4}}}=\dfrac{2^{\frac{7}{8}}}{2^{\frac{5}{8}}}=2^{\frac{1}{4}}$이므로 $k=\dfrac{1}{4}$

15 $(a^{\sqrt{3}})^{2\sqrt{2}}\times(\sqrt[3]{a})^{6\sqrt{6}}\div a^{3\sqrt{6}}=a^{2\sqrt{6}}\times a^{2\sqrt{6}}\div a^{3\sqrt{6}}$

$\qquad\qquad\qquad =a^{2\sqrt{6}+2\sqrt{6}-3\sqrt{6}}=a^{\sqrt{6}}$

따라서 $k=\sqrt{6}$이므로 $k^2=6$

16 원의 반지름의 길이를 r라 하면

$\pi r^2=\sqrt[3]{32}\pi$, $r^2=2^{\frac{5}{3}}$

$r>0$이므로 $r=(2^{\frac{5}{3}})^{\frac{1}{2}}=2^{\frac{5}{6}}$

원의 둘레의 길이는 $a\pi$이므로

$a\pi=2\pi r=2\pi\times2^{\frac{5}{6}}=2^{\frac{11}{6}}\pi$ $\quad\therefore a=2^{\frac{11}{6}}$

정육면체의 한 모서리의 길이를 x라 하면

$x^3=\sqrt[4]{27}$, $x^3=3^{\frac{3}{4}}$

$x>0$이므로 $x=(3^{\frac{3}{4}})^{\frac{1}{3}}=3^{\frac{1}{4}}$

정육면체의 겉넓이는 b이므로

$b=6x^2=6\times(3^{\frac{1}{4}})^2=2\times3\times3^{\frac{1}{2}}=2\times3^{\frac{3}{2}}$

따라서 $ab=2^{\frac{11}{6}}\times2\times3^{\frac{3}{2}}=2^{\frac{17}{6}}3^{\frac{3}{2}}$이므로

$\alpha=\dfrac{17}{6}$, $\beta=\dfrac{3}{2}$ $\quad\therefore \alpha+\beta=\dfrac{13}{3}$

17 $a=3^{\frac{1}{2}}$, $b=2^{\frac{1}{3}}$이므로 $a^2=3$, $b^3=2$

$\therefore 12^{\frac{1}{6}}=(2^2\times3)^{\frac{1}{6}}=2^{\frac{1}{3}}\times3^{\frac{1}{6}}=(b^3)^{\frac{1}{3}}\times(a^2)^{\frac{1}{6}}=a^{\frac{1}{3}}b$

18 $625^{\frac{1}{n}}=5^{\frac{4}{n}}$이 자연수가 되려면 정수 n은 4의 양의 약수이다.

따라서 모든 정수 n의 값의 합은 $1+2+4=7$

19 $(3^{\frac{1}{3}}-1)(9^{\frac{1}{3}}+3^{\frac{1}{3}}+1)=(3^{\frac{1}{3}}-1)(3^{\frac{2}{3}}+3^{\frac{1}{3}}+1)$

$\qquad\qquad\qquad\qquad =(3^{\frac{1}{3}})^3-1=3-1=2$

$(2^{\frac{1}{2}}-1)^2(2^{\frac{3}{2}}+3)=\{(2^{\frac{1}{2}})^2-2\times2^{\frac{1}{2}}+1\}(2^{\frac{3}{2}}+3)$

$\qquad\qquad\qquad =(3-2^{\frac{3}{2}})(3+2^{\frac{3}{2}})=3^2-(2^{\frac{3}{2}})^2$

$\qquad\qquad\qquad =9-2^3=1$

$\therefore \dfrac{(3^{\frac{1}{3}}-1)(9^{\frac{1}{3}}+3^{\frac{1}{3}}+1)}{(2^{\frac{1}{2}}-1)^2(2^{\frac{3}{2}}+3)}=\dfrac{2}{1}=2$

20 $a^{\frac{1}{3}}=X$, $a^{-\frac{2}{3}}=Y$로 놓으면 $a^{-\frac{1}{3}}=XY$이므로

$(a^{\frac{1}{3}}+a^{-\frac{2}{3}})^3-3a^{-\frac{1}{3}}(a^{\frac{1}{3}}+a^{-\frac{2}{3}})$

$=(X+Y)^3-3XY(X+Y)=X^3+Y^3$

$=(a^{\frac{1}{3}})^3+(a^{-\frac{2}{3}})^3=a+a^{-2}=a+\dfrac{1}{a^2}$

21 $\dfrac{1}{1-a^{-\frac{1}{8}}}+\dfrac{1}{1+a^{-\frac{1}{8}}}+\dfrac{2}{1+a^{-\frac{1}{4}}}+\dfrac{4}{1+a^{-\frac{1}{2}}}$

$=\dfrac{2}{1-a^{-\frac{1}{4}}}+\dfrac{2}{1+a^{-\frac{1}{4}}}+\dfrac{4}{1+a^{-\frac{1}{2}}}$

$=\dfrac{4}{1-a^{-\frac{1}{2}}}+\dfrac{4}{1+a^{-\frac{1}{2}}}$

$=\dfrac{8}{1-a^{-1}}=\dfrac{8a}{a-1}$

$=\dfrac{8\times9}{9-1}=9$

22 $x=2^{\frac{1}{3}}-2^{-\frac{1}{3}}$의 양변을 세제곱하면

$x^3=2-2^{-1}-3(2^{\frac{1}{3}}-2^{-\frac{1}{3}})=\dfrac{3}{2}-3x$

$x^3+3x=\dfrac{3}{2}$ $\quad\therefore 2x^3+6x=3$

$\therefore 2x^3+6x+1=3+1=4$

23 $x^{\frac{1}{2}}-x^{-\frac{1}{2}}=1$의 양변을 제곱하면

$x-2+x^{-1}=1$ $\quad\therefore x+x^{-1}=3$

$\therefore x^3+x^{-3}=(x+x^{-1})^3-3(x+x^{-1})=3^3-3\times3=18$

24 $x\sqrt{x}+\dfrac{1}{x\sqrt{x}}=x^{\frac{3}{2}}+x^{-\frac{3}{2}}=(x^{\frac{1}{2}}+x^{-\frac{1}{2}})^3-3(x^{\frac{1}{2}}+x^{-\frac{1}{2}})$

$\qquad\qquad\qquad\qquad =(\sqrt{6})^3-3\times\sqrt{6}=3\sqrt{6}$

25 $x^{\frac{1}{3}}+x^{-\frac{1}{3}}=4$의 양변을 세제곱하면

$\qquad x+x^{-1}+3(x^{\frac{1}{3}}+x^{-\frac{1}{3}})=64 \qquad \therefore x+x^{-1}=52$

$\qquad \therefore (x^{\frac{1}{2}}-x^{-\frac{1}{2}})^2=x+x^{-1}-2=50$

$\qquad$ 이때 $x>1$에서 $x^{\frac{1}{2}}-x^{-\frac{1}{2}}>0$이므로

$\qquad x^{\frac{1}{2}}-x^{-\frac{1}{2}}=5\sqrt{2}$

26 $(3^x+3^{-x})^2=9^x+9^{-x}+2=47+2=49$

$\qquad \therefore 3^x+3^{-x}=7$

$\qquad (3^{\frac{x}{2}}+3^{-\frac{x}{2}})^2=3^x+3^{-x}+2=7+2=9$

$\qquad \therefore 3^{\frac{x}{2}}+3^{-\frac{x}{2}}=3$

$\qquad (3^{\frac{x}{4}}+3^{-\frac{x}{4}})^2=3^{\frac{x}{2}}+3^{-\frac{x}{2}}+2=3+2=5$

$\qquad \therefore 3^{\frac{x}{4}}+3^{-\frac{x}{4}}=\sqrt{5}$

27 주어진 식의 분모, 분자에 a^x을 곱하면

$\qquad \dfrac{a^x+a^{-x}}{a^x-a^{-x}}=\dfrac{a^{2x}+1}{a^{2x}-1}=\dfrac{7+1}{7-1}=\dfrac{4}{3}$

28 주어진 식의 분모, 분자에 2^x을 곱하면

$\qquad \dfrac{2^{3x}-2^{-3x}}{2^x+2^{-x}}=\dfrac{2^{4x}-2^{-2x}}{2^{2x}+1}=\dfrac{4^{2x}-4^{-x}}{4^x+1}=\dfrac{5^2-5^{-1}}{5+1}=\dfrac{62}{15}$

29 $\dfrac{a^m+a^{-m}}{a^m-a^{-m}}=3$의 좌변의 분모, 분자에 a^m을 곱하면

$\qquad \dfrac{a^{2m}+1}{a^{2m}-1}=3,\ a^{2m}+1=3a^{2m}-3$

$\qquad \therefore a^{2m}=2$

$\qquad \therefore (a^m+a^{-m})(a^m-a^{-m})=a^{2m}-a^{-2m}$

$\qquad\qquad\qquad\qquad\qquad\qquad =2-2^{-1}=\dfrac{3}{2}$

30 $3^x=4$에서 $2^{\frac{2}{x}}=3 \qquad \cdots\cdots\ \bigcirc$

$\qquad 48^y=8$에서 $2^{\frac{3}{y}}=48 \qquad \cdots\cdots\ \bigcirc$

$\qquad \bigcirc,\ \bigcirc$에서 $2^{\frac{2}{x}-\frac{3}{y}}=\dfrac{1}{16}$

$\qquad 2^{\frac{2}{x}-\frac{3}{y}}=2^{-4} \qquad \therefore \dfrac{2}{x}-\dfrac{3}{y}=-4$

31 $a^x=2^4$에서 $a=2^{\frac{4}{x}} \qquad \cdots\cdots\ \bigcirc$

$\qquad b^y=2^4$에서 $b=2^{\frac{4}{y}} \qquad \cdots\cdots\ \bigcirc$

$\qquad c^z=2^4$에서 $c=2^{\frac{4}{z}} \qquad \cdots\cdots\ \bigcirc$

$\qquad \bigcirc,\ \bigcirc,\ \bigcirc$에서 $abc=2^{\frac{4}{x}+\frac{4}{y}+\frac{4}{z}}$

이때 $abc=8$이므로 $2^{\frac{4}{x}+\frac{4}{y}+\frac{4}{z}}=2^3$

$\qquad \dfrac{4}{x}+\dfrac{4}{y}+\dfrac{4}{z}=3 \qquad \therefore \dfrac{1}{x}+\dfrac{1}{y}+\dfrac{1}{z}=\dfrac{3}{4}$

32 $3^x=k$에서 $k^{\frac{1}{x}}=3 \qquad \cdots\cdots\ \bigcirc$

$\qquad 25^y=k$에서 $k^{\frac{1}{2y}}=5 \qquad \cdots\cdots\ \bigcirc$

$\qquad \bigcirc,\ \bigcirc$에서 $k^{\frac{1}{x}-\frac{1}{2y}}=\dfrac{3}{5}$

$\qquad$ 이때 $\dfrac{1}{x}-\dfrac{1}{2y}=-1$이므로

$\qquad k^{-1}=\dfrac{3}{5} \qquad \therefore k=\dfrac{5}{3}$

33 $a^x=b^y=4^z=k\,(k>0,\ k\neq1)$로 놓으면

$\qquad a=k^{\frac{1}{x}},\ b=k^{\frac{1}{y}},\ 4=k^{\frac{1}{z}}$

$\qquad$ 이때 $\dfrac{1}{x}+\dfrac{1}{y}=\dfrac{3}{z}$이므로

$\qquad ab=k^{\frac{1}{x}+\frac{1}{y}}=k^{\frac{3}{z}}=(k^{\frac{1}{z}})^3$

$\qquad\quad =4^3=64$

34 커지는 비율을 $r\,(r>1)$라 하면 2를 입력하고 버튼을 6번 눌렀을 때 4가 출력되므로

$\qquad 2r^6=4 \qquad \therefore r=2^{\frac{1}{6}}$

$\qquad$ 따라서 4에서 버튼을 4번 더 눌렀을 때 출력되는 수는

$\qquad 4r^4=4\times(2^{\frac{1}{6}})^4=2^2\times2^{\frac{2}{3}}=2^{\frac{8}{3}}$

35 음식물의 개수가 $4p$, 음식물의 부피가 $8q$일 때, 음식물을 데우는 데 걸리는 시간을 t'이라 하면

$\qquad t'=a(4p)^{\frac{1}{2}}(8q)^{\frac{3}{2}}=4^{\frac{1}{2}}\times8^{\frac{3}{2}}\times ap^{\frac{1}{2}}q^{\frac{3}{2}}$

$\qquad\quad =2^{\frac{11}{2}}\times ap^{\frac{1}{2}}q^{\frac{3}{2}}=32\sqrt{2}t\ (\because\ t=ap^{\frac{1}{2}}q^{\frac{3}{2}})$

$\qquad$ 따라서 음식물을 데우는 데 걸리는 시간은 $32\sqrt{2}$배 증가한다.

36 10년 동안 품목 A의 연평균 가격 상승률은

$\qquad \sqrt[10]{\dfrac{2a}{a}}-1=\sqrt[10]{2}-1$

$\qquad$ 10년 동안 품목 B의 연평균 가격 상승률은

$\qquad \sqrt[10]{\dfrac{4a}{a}}-1=\sqrt[10]{4}-1$

$\qquad \therefore \dfrac{\sqrt[10]{4}-1}{\sqrt[10]{2}-1}=\dfrac{(\sqrt[10]{2})^2-1}{\sqrt[10]{2}-1}=\dfrac{(\sqrt[10]{2}-1)(\sqrt[10]{2}+1)}{\sqrt[10]{2}-1}$

$\qquad\qquad =\sqrt[10]{2}+1=1.07+1\ (\because\ \sqrt[10]{2}=2^{\frac{1}{10}}=1.07)$

$\qquad\qquad =2.07$

$\qquad$ 따라서 10년 동안 품목 B의 연평균 가격 상승률은 품목 A의 연평균 가격 상승률의 2.07배이다.

I-1 02 로그

기초 문제 Training

10쪽

1 (1) $2=\log_2 4$ (2) $4=\log_{\sqrt{6}} 36$

   (3) $\dfrac{1}{2}=\log_{25} 5$ (4) $0=\log_7 1$

2 (1) $3^3=27$ (2) $\left(\dfrac{1}{2}\right)^{-3}=8$

   (3) $(\sqrt{2})^8=16$ (4) $9^{-\frac{1}{2}}=\dfrac{1}{3}$

3 (1) $x>-2$ (2) $x<3$

   (3) $6<x<7$ 또는 $x>7$ (4) $x<-2$ 또는 $-2<x<-1$

4 (1) 5   (2) -3 (3) -2 (4) 3

5 (1) -1 (2) 2   (3) 2   (4) 1

6 (1) 15   (2) $\log_2 3$

7 (1) 6   (2) 1

8 (1) $\dfrac{7}{2}$ (2) $-\dfrac{2}{3}$ (3) 27   (4) $\sqrt{7}$

핵심 유형 Training

11~14쪽

1 24	2 ④	3 ②	4 ④	5 ①
6 ②	7 3	8 7	9 $\dfrac{3}{2}$	10 ③
11 9	12 ④	13 105	14 ⑤	15 1
16 ①	17 ③	18 $A>B$		19 $\dfrac{5}{9}$
20 $a+3b$	21 $\dfrac{a+2b}{1-a}$		22 ③	23 ③
24 2	25 ③	26 ⑤	27 3	28 ⑤
29 ②	30 ③			

1 $\log_{\frac{1}{2}} x=4$에서 $x=\left(\dfrac{1}{2}\right)^4=\dfrac{1}{16}$

$\log_y 2=-\dfrac{1}{3}$에서 $2=y^{-\frac{1}{3}}$ $\therefore y=2^{-3}=\dfrac{1}{8}$

$\therefore \dfrac{1}{x}+\dfrac{1}{y}=16+8=24$

2 $\log_2\{\log_4(\log_3 a)\}=-1$에서 $\log_4(\log_3 a)=2^{-1}=\dfrac{1}{2}$

$\log_4(\log_3 a)=\dfrac{1}{2}$에서 $\log_3 a=4^{\frac{1}{2}}=2$

$\log_3 a=2$에서 $a=3^2=9$

3 $a=\log_2 9$에서 $2^a=9$

$\therefore 2^{\frac{a}{2}}=(2^a)^{\frac{1}{2}}=9^{\frac{1}{2}}=3$

4 $x=\log_5(\sqrt{2}+1)$에서 $5^x=\sqrt{2}+1$이므로

$5^{-x}=\dfrac{1}{\sqrt{2}+1}=\sqrt{2}-1$

$\therefore 5^x+5^{-x}=(\sqrt{2}+1)+(\sqrt{2}-1)=2\sqrt{2}$

5 (i) $a-5>0$, $a-5\neq 1$이어야 하므로

     $a>5$, $a\neq 6$ …… ㉠

(ii) $-a^2+11a-18>0$이어야 하므로

     $a^2-11a+18<0$, $(a-2)(a-9)<0$

     $\therefore 2<a<9$ …… ㉡

㉠, ㉡을 동시에 만족시키는 정수 a는 7, 8의 2개이다.

6 (i) $a-3>0$, $a-3\neq 1$이어야 하므로

     $a>3$, $a\neq 4$ …… ㉠

(ii) $a-1>0$이어야 하므로 $a>1$ …… ㉡

(iii) $8-a>0$이어야 하므로 $a<8$ …… ㉢

㉠, ㉡, ㉢을 동시에 만족시키는 정수 a는 5, 6, 7이므로 그 합은 $5+6+7=18$

7 (i) $|x-1|>0$, $|x-1|\neq 1$이어야 하므로

     $x\neq 0$, $x\neq 1$, $x\neq 2$ …… ㉠

(ii) $-x^2+3x+4>0$이어야 하므로

     $x^2-3x-4<0$, $(x+1)(x-4)<0$

     $\therefore -1<x<4$ …… ㉡

㉠, ㉡을 동시에 만족시키는 정수 x의 값은 3이다.

8 (i) $(a-2)^2>0$, $(a-2)^2\neq 1$이어야 하므로

     $a\neq 1$, $a\neq 2$, $a\neq 3$ …… ㉠

(ii) 모든 실수 x에 대하여 $ax^2+2ax+8>0$이어야 한다.

    ① $a=0$이면 $8>0$이 성립한다.

    ② $a>0$이고 이차방정식 $ax^2+2ax+8=0$의 판별식을 D라 하면

       $\dfrac{D}{4}=a^2-8a<0$, $a(a-8)<0$ $\therefore 0<a<8$

    ①, ②에서 $0\leq a<8$ …… ㉡

㉠, ㉡을 동시에 만족시키는 정수 a는 0, 4, 5, 6, 7이므로 최댓값과 최솟값의 합은 $7+0=7$

9 $\log_3\sqrt{15}-\dfrac{1}{2}\log_3 5+\dfrac{3}{2}\log_3\sqrt[3]{9}$

$=\dfrac{1}{2}\log_3 15+\dfrac{1}{2}\log_3\dfrac{1}{5}+\dfrac{1}{2}\log_3 9$

$=\dfrac{1}{2}\Big(\log_3 15+\log_3\dfrac{1}{5}+\log_3 9\Big)$

$=\dfrac{1}{2}\log_3 27=\dfrac{1}{2}\times 3=\dfrac{3}{2}$

10 $\log_2\Big(1-\dfrac{1}{4}\Big)+\log_2\Big(1-\dfrac{1}{9}\Big)+\log_2\Big(1-\dfrac{1}{16}\Big)$

$\qquad\qquad\qquad\qquad\quad +\cdots+\log_2\Big(1-\dfrac{1}{64}\Big)$

$=\log_2\Big(1-\dfrac{1}{2^2}\Big)+\log_2\Big(1-\dfrac{1}{3^2}\Big)+\log_2\Big(1-\dfrac{1}{4^2}\Big)$

$\qquad\qquad\qquad\qquad\quad +\cdots+\log_2\Big(1-\dfrac{1}{8^2}\Big)$

$=\log_2\Big(\dfrac{1}{2}\times\dfrac{3}{2}\Big)+\log_2\Big(\dfrac{2}{3}\times\dfrac{4}{3}\Big)+\log_2\Big(\dfrac{3}{4}\times\dfrac{5}{4}\Big)$

$\qquad\qquad\qquad\qquad\quad +\cdots+\log_2\Big(\dfrac{7}{8}\times\dfrac{9}{8}\Big)$

$=\log_2\Big(\dfrac{1}{2}\times\dfrac{3}{2}\times\dfrac{2}{3}\times\dfrac{4}{3}\times\dfrac{3}{4}\times\dfrac{5}{4}\times\cdots\times\dfrac{7}{8}\times\dfrac{9}{8}\Big)$

$=\log_2\Big(\dfrac{1}{2}\times\dfrac{9}{8}\Big)=\log_2\dfrac{9}{16}$

$=\log_2 9-\log_2 16=2\log_2 3-4$

11 $36=2^2\times 3^2$이므로 36의 모든 양의 약수는 다음과 같다.

$2^0\times 3^0$	$2^0\times 3^1$	$2^0\times 3^2$
$2^1\times 3^0$	$2^1\times 3^1$	$2^1\times 3^2$
$2^2\times 3^0$	$2^2\times 3^1$	$2^2\times 3^2$

$\therefore\ \log_6 a_1+\log_6 a_2+\log_6 a_3+\cdots+\log_6 a_9$

$=\log_6(a_1\times a_2\times a_3\times\cdots\times a_9)$

$=\log_6\{2^{3(0+1+2)}\times 3^{3(0+1+2)}\}$

$=\log_6(2^9\times 3^9)$

$=\log_6 6^9=9$

12 $\log_3 4\times\log_2 5\times\log_5 6-\log_3 25\times\log_5 2$

$=2\log_3 2\times\dfrac{\log_3 5}{\log_3 2}\times\dfrac{\log_3 6}{\log_3 5}-2\log_3 5\times\dfrac{\log_3 2}{\log_3 5}$

$=2(\log_3 6-\log_3 2)$

$=2\log_3 3=2$

13 $\dfrac{1}{\log_3 2}+\dfrac{1}{\log_5 2}+\dfrac{1}{\log_7 2}=\log_2 k$에서

$\log_2 3+\log_2 5+\log_2 7=\log_2 k$

$\log_2(3\times 5\times 7)=\log_2 k$

$\therefore\ k=105$

14 $\log_2(\log_3 5)+\log_2(\log_5 10)+\log_2(\log_{10}81)$

$=\log_2(\log_3 5\times\log_5 10\times\log_{10}81)$

$=\log_2\Big(\log_3 5\times\dfrac{\log_3 10}{\log_3 5}\times\dfrac{\log_3 81}{\log_3 10}\Big)$

$=\log_2\Big(\log_3 5\times\dfrac{\log_3 10}{\log_3 5}\times\dfrac{4}{\log_3 10}\Big)=\log_2 4=2$

15 $(\log_a b)^2>0$, $(\log_b\sqrt{a})^2>0$이므로 산술평균과 기하평균의 관계에 의하여

$(\log_a b)^2+(\log_b\sqrt{a})^2\ge 2\sqrt{(\log_a b)^2\times(\log_b\sqrt{a})^2}$

$\qquad\qquad\qquad\quad =2\sqrt{(\log_a b)^2\times\Big(\dfrac{1}{2}\log_b a\Big)^2}$

$\qquad\qquad\qquad\quad =2\sqrt{(\log_a b)^2\times\dfrac{1}{4(\log_a b)^2}}$

$\qquad\qquad\qquad\quad =2\times\dfrac{1}{2}=1$

$\qquad\qquad\Big($단, 등호는 $(\log_a b)^2=\dfrac{1}{2}$일 때 성립$\Big)$

따라서 구하는 최솟값은 1이다.

16 $\Big(\log_2 5+\log_4\dfrac{1}{5}\Big)\Big(\log_5 2+\log_{25}\dfrac{1}{2}\Big)$

$=(\log_2 5+\log_{2^2}5^{-1})(\log_5 2+\log_{5^2}2^{-1})$

$=\Big(\log_2 5-\dfrac{1}{2}\log_2 5\Big)\Big(\log_5 2-\dfrac{1}{2}\log_5 2\Big)$

$=\dfrac{1}{2}\log_2 5\times\dfrac{1}{2}\log_5 2=\dfrac{1}{2}\log_2 5\times\dfrac{1}{2\log_2 5}=\dfrac{1}{4}$

17 $5^{\log_5 2\times 2\log_2 3}\times 4^{\log_2 5}=(5^{\log_5 2})^{\log_2 9}\times 5^{\log_2 4}$

$\qquad\qquad\qquad\qquad =2^{\log_2 9}\times 5^2$

$\qquad\qquad\qquad\qquad =9\times 25=225$

18 $A=2\log_{\frac{1}{4}}8-\log_{\frac{1}{2}}\sqrt{8}=2\log_{2^{-2}}2^3-\log_{2^{-1}}2^{\frac{3}{2}}$

$\qquad =-3+\dfrac{3}{2}=-\dfrac{3}{2}$

$B=\log_{32}\dfrac{1}{512}=\log_{2^5}2^{-9}=-\dfrac{9}{5}$

$\therefore\ A>B$

19 $\log_3 9<\log_3 12<\log_3 27$이므로

$2<\log_3 12<3$ $\therefore\ x=2$

$\therefore\ y=\log_3 12-2=\log_3 12-\log_3 9=\log_3\dfrac{4}{3}$

$\therefore\ \dfrac{3^y+3^{-y}}{2^x-2^{-x}}=\dfrac{3^{\log_3\frac{4}{3}}+3^{-\log_3\frac{4}{3}}}{2^2-2^{-2}}=\dfrac{3^{\log_3\frac{4}{3}}+3^{\log_3\frac{3}{4}}}{2^2-2^{-2}}$

$\qquad\qquad\quad =\dfrac{\dfrac{4}{3}+\dfrac{3}{4}}{4-\dfrac{1}{4}}=\dfrac{5}{9}$

20
$$\log_5 54 = \log_5(2 \times 3^3) = \log_5 2 + 3\log_5 3$$
$$= a + 3b$$

21
$$\log_5 18 = \frac{\log_{10} 18}{\log_{10} 5} = \frac{\log_{10}(2 \times 3^2)}{\log_{10} \frac{10}{2}}$$
$$= \frac{\log_{10} 2 + 2\log_{10} 3}{1 - \log_{10} 2}$$
$$= \frac{a + 2b}{1 - a}$$

22
$\log_2 3 = a$에서 $\log_3 2 = \dfrac{1}{a}$

$b = \log_3 15 = \log_3(3 \times 5) = 1 + \log_3 5$

$\therefore \log_{30} 24 = \dfrac{\log_3 24}{\log_3 30} = \dfrac{\log_3(2^3 \times 3)}{\log_3(2 \times 3 \times 5)}$

$$= \frac{3\log_3 2 + 1}{\log_3 2 + 1 + \log_3 5}$$

$$= \frac{\frac{3}{a} + 1}{\frac{1}{a} + b} = \frac{a + 3}{ab + 1}$$

23
$2^a = 3$에서 $a = \log_2 3$이므로 $\dfrac{1}{a} = \log_3 2$

$3^b = 5$에서 $b = \log_3 5$

$5^c = 7$에서 $c = \log_5 7$

$\log_3 7 = \dfrac{\log_5 7}{\log_5 3} = \log_3 5 \times \log_5 7 = bc$

$\therefore \log_5 42 = \dfrac{\log_3 42}{\log_3 5} = \dfrac{\log_3(2 \times 3 \times 7)}{\log_3 5}$

$$= \frac{\log_3 2 + 1 + \log_3 7}{\log_3 5}$$

$$= \frac{\frac{1}{a} + 1 + bc}{b}$$

$$= \frac{1 + a + abc}{ab}$$

24
$27^x = 18$에서 $x = \log_{27} 18$

$12^y = 18$에서 $y = \log_{12} 18$

$\therefore \dfrac{x+y}{xy} = \dfrac{1}{x} + \dfrac{1}{y}$

$$= \log_{18} 27 + \log_{18} 12 = \log_{18} 324$$
$$= \log_{18} 18^2 = 2$$

다른 풀이

$27^x = 18$, $12^y = 18$에서 $27 = 18^{\frac{1}{x}}$, $12 = 18^{\frac{1}{y}}$

$18^{\frac{1}{x}} \times 18^{\frac{1}{y}} = 27 \times 12$에서 $18^{\frac{1}{x} + \frac{1}{y}} = 18^2$

$\therefore \dfrac{1}{x} + \dfrac{1}{y} = 2$

$\therefore \dfrac{x+y}{xy} = \dfrac{1}{x} + \dfrac{1}{y} = 2$

25
$a^2 b^3 = 1$에서 $b^3 = a^{-2}$ $\therefore b^6 = a^{-4}$

$\therefore \log_{a^2} a^7 b^6 = \log_{a^2}(a^7 \times a^{-4})$

$$= \log_{a^2} a^3 = \frac{3}{2}$$

26
$\log_a 9 = \log_b 27$에서 $2\log_a 3 = 3\log_b 3$

$\dfrac{2}{\log_3 a} = \dfrac{3}{\log_3 b}$, $2\log_3 b = 3\log_3 a$

$\log_3 b^2 = \log_3 a^3$ $\therefore b^2 = a^3$

따라서 $b = a^{\frac{3}{2}}$이므로

$\log_{ab} a^2 b^3 = \log_{a \times a^{\frac{3}{2}}}\{a^2 \times (a^{\frac{3}{2}})^3\}$

$$= \log_{a^{\frac{5}{2}}} a^{\frac{13}{2}} = \frac{\frac{13}{2}}{\frac{5}{2}} = \frac{13}{5}$$

27
$\log_3 x - 2\log_9 y + 3\log_{27} z = -1$에서

$\log_3 x - 2\log_{3^2} y + 3\log_{3^3} z = -1$

$\log_3 x - \log_3 y + \log_3 z = -1$

$\log_3 \dfrac{xz}{y} = -1$ $\therefore \dfrac{xz}{y} = 3^{-1} = \dfrac{1}{3}$

$\therefore 27^{\frac{xz}{y}} = 27^{\frac{1}{3}} = (3^3)^{\frac{1}{3}} = 3$

28
이차방정식의 근과 계수의 관계에 의하여

$\log_3 \alpha + \log_3 \beta = 3$, $\log_3 \alpha\beta = 3$

$\therefore \alpha\beta = 3^3 = 27$

29
이차방정식의 근과 계수의 관계에 의하여

$\log_2 \alpha + \log_2 \beta = -5$, $\log_2 \alpha \times \log_2 \beta = 5$

$\therefore \log_\alpha \beta + \log_\beta \alpha = \dfrac{\log_2 \beta}{\log_2 \alpha} + \dfrac{\log_2 \alpha}{\log_2 \beta}$

$$= \frac{(\log_2 \alpha)^2 + (\log_2 \beta)^2}{\log_2 \alpha \times \log_2 \beta}$$

$$= \frac{(\log_2 \alpha + \log_2 \beta)^2 - 2\log_2 \alpha \times \log_2 \beta}{\log_2 \alpha \times \log_2 \beta}$$

$$= \frac{(-5)^2 - 2 \times 5}{5} = 3$$

30
이차방정식의 근과 계수의 관계에 의하여

$\alpha + \beta = 5$, $\alpha\beta = \dfrac{5}{2}$

$(\alpha - \beta)^2 = (\alpha + \beta)^2 - 4\alpha\beta$

$$= 5^2 - 4 \times \frac{5}{2} = 15$$

$\therefore a = |\alpha - \beta| = \sqrt{15}$

$\therefore \log_a 2\alpha + \log_a 3\beta = \log_a 6\alpha\beta$

$$= \log_{\sqrt{15}} 15 = 2$$

기초 문제 Training
15쪽

1 (1) 3 (2) -3 (3) $\dfrac{4}{3}$ (4) $-\dfrac{2}{3}$ (5) $-\dfrac{3}{5}$

2 (1) 2 (2) 4 (3) -1 (4) -3 (5) -4

3 (1) **0.4786** (2) **0.4955** (3) **0.5211** (4) **0.5328**

4 (1) 정수 부분: **1**, 소수 부분: **0.4502**
  (2) 정수 부분: **2**, 소수 부분: **0.5705**
  (3) 정수 부분: **-1**, 소수 부분: **0.3365**
  (4) 정수 부분: **-3**, 소수 부분: **0.6232**

5 (1) 2 (2) 3 (3) -3 (4) -4

핵심 유형 Training
16~18쪽

1 $-\dfrac{5}{3}$	**2** ④	**3** ③	**4** 0.3266	**5** ⑤
6 21.91	**7** 6	**8** ⑤	**9** 9	**10** ①
11 $\dfrac{12}{5}$	**12** ①	**13** 2	**14** 17	**15** 100배
16 128만 원		**17** $\dfrac{1}{2}$	**18** 6%	**19** ③
20 3.3배				

1 $\log\sqrt{10}-\log\sqrt[3]{100}+\log\sqrt{\dfrac{1}{1000}}$
  $=\log 10^{\frac{1}{2}}-\log 10^{\frac{2}{3}}+\log 10^{-\frac{3}{2}}$
  $=\dfrac{1}{2}-\dfrac{2}{3}-\dfrac{3}{2}=-\dfrac{5}{3}$

2 $x=10^{\frac{3}{10}}$에서 $\log x=\dfrac{3}{10}$
  $\therefore \log 10x^3-\log\dfrac{x^5}{\sqrt{10}}+\log\dfrac{1}{\sqrt[3]{x^2}}$
  $=\log\dfrac{10x^3\times\sqrt{10}}{x^5\times\sqrt[3]{x^2}}$
  $=\log 10^{1+\frac{1}{2}}x^{3-5-\frac{2}{3}}$
  $=\log 10^{\frac{3}{2}}x^{-\frac{8}{3}}$
  $=\dfrac{3}{2}-\dfrac{8}{3}\log x$
  $=\dfrac{3}{2}-\dfrac{8}{3}\times\dfrac{3}{10}=\dfrac{7}{10}$

3 ① $\log 163=\log(10^2\times 1.63)$
    $=2+0.2122=2.2122$
  ② $\log 1630=\log(10^3\times 1.63)$
    $=3+0.2122=3.2122$
  ③ $\log 0.163=\log(10^{-1}\times 1.63)$
    $=-1+0.2122=-0.7878$
  ④ $\log 0.0163=\log(10^{-2}\times 1.63)$
    $=-2+0.2122=-1.7878$
  ⑤ $\log 0.00163=\log(10^{-3}\times 1.63)$
    $=-3+0.2122=-2.7878$
  따라서 옳지 않은 것은 ③이다.

4 $\log\sqrt{3}-\log 2\sqrt{6}+\log 6=\log\dfrac{\sqrt{3}\times 6}{2\sqrt{6}}=\log\dfrac{3}{\sqrt{2}}$
    $=\log 3-\log\sqrt{2}$
    $=\log 3-\dfrac{1}{2}\log 2$
    $=0.4771-\dfrac{1}{2}\times 0.3010$
    $=0.3266$

5 $a=\log 2340$
    $=\log(10^3\times 2.34)$
    $=3+0.3692=3.3692$
  $\log b=-1.6308$
    $=-2+0.3692$
    $=\log 10^{-2}+\log 2.34$
    $=\log(10^{-2}\times 2.34)=\log 0.0234$
  $\therefore b=0.0234$
  $\therefore a+100b=3.3692+100\times 0.0234=5.7092$

6 $\log 0.155=-0.8097$, $\log 641=2.8069$이므로
  $\log a=0.8069$
    $=-2+2.8069$
    $=\log 10^{-2}+\log 641$
    $=\log(10^{-2}\times 641)$
    $=\log 6.41$
  $\therefore a=6.41$
  $\log b=1.1903$
    $=2-0.8097$
    $=\log 10^2+\log 0.155$
    $=\log(10^2\times 0.155)$
    $=\log 15.5$
  $\therefore b=15.5$
  $\therefore a+b=6.41+15.5=21.91$

7
$$\log A = -1.2219 = -2 + 0.7781$$
$$= -2 + 0.3010 + 0.4771$$
$$= \log 10^{-2} + \log 2 + \log 3$$
$$= \log (10^{-2} \times 2 \times 3) = \log 0.06$$
$$\therefore A = 0.06 \qquad \therefore 100A = 6$$

8
$$\log 15^{30} = 30 \log \frac{3 \times 10}{2} = 30(\log 3 + 1 - \log 2)$$
$$= 30(0.4771 + 1 - 0.3010) = 35.283$$
따라서 $\log 15^{30}$의 정수 부분이 35이므로 15^{30}은 36자리의 자연수이다.

9
$$\log \left(\frac{2}{3} \right)^{50} = 50(\log 2 - \log 3) = 50(0.3010 - 0.4771)$$
$$= -8.805 = -9 + 0.195$$
따라서 $\log \left(\frac{2}{3} \right)^{50}$의 정수 부분이 -9이므로 $\left(\frac{2}{3} \right)^{50}$은 소수점 아래 9째 자리에서 처음으로 0이 아닌 숫자가 나타난다.
$$\therefore n = 9$$

10 N^{100}이 150자리의 자연수이므로 $\log N^{100}$의 정수 부분은 149이다. 즉, $149 \leq \log N^{100} < 150$이므로
$$1.49 \leq \log N < 1.5, \quad -1.5 < -\log N \leq -1.49$$
$$\therefore -2 + 0.5 < \log \frac{1}{N} \leq -2 + 0.51$$
따라서 $\log \frac{1}{N}$의 정수 부분이 -2이므로 $\frac{1}{N}$은 소수점 아래 2째 자리에서 처음으로 0이 아닌 숫자가 나타난다.

11 $\log x^2$의 소수 부분과 $\log \sqrt[3]{x}$의 소수 부분이 같으므로
$$\log x^2 - \log \sqrt[3]{x} = \frac{5}{3} \log x \Rightarrow \text{정수}$$
이때 $\log x$의 정수 부분이 2이므로 $2 \leq \log x < 3$
$$\therefore \frac{10}{3} \leq \frac{5}{3} \log x < 5$$
즉, $\frac{5}{3} \log x = 4$이므로 $\log x = \frac{12}{5}$

12 $\log x^4$의 소수 부분과 $\log \frac{1}{x}$의 소수 부분의 합이 1이므로
$$\log x^4 + \log \frac{1}{x} = 3 \log x \Rightarrow \text{정수}$$
이때 $1000 < x < 10000$에서 $3 < \log x < 4$
$$\therefore 9 < 3 \log x < 12$$
즉, $3 \log x = 10$ 또는 $3 \log x = 11$이므로
$$\log x = \frac{10}{3} \text{ 또는 } \log x = \frac{11}{3}$$
$$\therefore x = 10^{\frac{10}{3}} \text{ 또는 } x = 10^{\frac{11}{3}}$$
따라서 모든 x의 값의 곱은 $10^{\frac{10}{3}} \times 10^{\frac{11}{3}} = 10^7$

13 $\log x^2$과 $\log \frac{1}{\sqrt{x}}$의 합이 정수이므로
$$\log x^2 + \log \frac{1}{\sqrt{x}} = \frac{3}{2} \log x \Rightarrow \text{정수}$$
이때 $1 < x < 10$에서 $0 < \log x < 1$
$$\therefore 0 < \frac{3}{2} \log x < \frac{3}{2}$$
즉, $\frac{3}{2} \log x = 1$이므로 $\log x = \frac{2}{3}$
$$\therefore 3 \log x = 3 \times \frac{2}{3} = 2$$

14 (나)에서 $\log x^3 - \log \frac{1}{x^4} = [\log x^3] - \left[\log \frac{1}{x^4} \right]$이므로
$$7 \log x = [\log x^3] - \left[\log \frac{1}{x^4} \right]$$
이때 $[\log x^3] - \left[\log \frac{1}{x^4} \right]$은 정수이므로 $7 \log x$는 정수이다.
(가)에서 $2 \leq \log x < 3$이므로
$$14 \leq 7 \log x < 21$$
즉, $7 \log x = 14$ 또는 $7 \log x = 15$ 또는 $\cdots$ 또는 $7 \log x = 20$이므로
$$\log x = 2 \text{ 또는 } \log x = \frac{15}{7} \text{ 또는 } \cdots \text{ 또는 } \log x = \frac{20}{7}$$
따라서 모든 $\log x$의 값의 합은
$$2 + \frac{15}{7} + \frac{16}{7} + \cdots + \frac{20}{7} = 17$$

15 높이가 400 m인 곳의 기압을 P_1, 높이가 7 km인 곳의 기압을 P_2라 하면
$$0.4 = 3.3 \log \frac{1}{P_1} \qquad \cdots\cdots \text{㉠}$$
$$7 = 3.3 \log \frac{1}{P_2} \qquad \cdots\cdots \text{㉡}$$
㉡−㉠을 하면
$$6.6 = 3.3 \left(\log \frac{1}{P_2} - \log \frac{1}{P_1} \right), \quad \log \frac{P_1}{P_2} = 2$$
$$\therefore \frac{P_1}{P_2} = 10^2 = 100$$
따라서 높이가 400 m인 곳의 기압은 높이가 7 km인 곳의 기압의 100배이다.

16 3년 후의 중고 상품의 가격을 a만 원이라 하면
$$\log (1 - 0.2) = \frac{1}{3} \log \frac{a}{250}$$
$$3 \log 0.8 = \log a - \log 250$$
$$\log a = \log \left(\frac{4}{5} \right)^3 + \log 250$$
$$= \log \left(\frac{4^3}{5^3} \times 250 \right) = \log 128$$
$$\therefore a = 128$$
따라서 3년 후의 중고 상품의 가격은 128만 원이다.

17 처음 기억 상태가 100일 때, 1개월 후의 기억 상태를 $2a$라 하면 7개월 후의 기억 상태는 a이므로

$$\log\frac{100}{2a}=c\log 2 \quad \cdots\cdots \text{㉠}$$

$$\log\frac{100}{a}=c\log 8 \quad \cdots\cdots \text{㉡}$$

㉡$-$㉠을 하면

$$\log\frac{100}{a}-\log\frac{100}{2a}=c\log 8-c\log 2$$

$$\log 2=c\log 4,\ \log 2=2c\log 2$$

$$2c=1 \quad \therefore c=\frac{1}{2}$$

18 이번 달 저축 금액을 a라 하고 저축 금액을 매달 $r\,\%$씩 증가시킨다고 하면 12개월 후의 저축 금액은 $2a$이므로

$$a\Big(1+\frac{r}{100}\Big)^{12}=2a \quad \therefore \Big(1+\frac{r}{100}\Big)^{12}=2$$

양변에 상용로그를 취하면

$$12\log\Big(1+\frac{r}{100}\Big)=\log 2$$

$$\log\Big(1+\frac{r}{100}\Big)=\frac{0.3}{12}=0.025$$

이때 $\log 1.06=0.025$이므로

$$1+\frac{r}{100}=1.06 \quad \therefore r=6$$

따라서 매달 6 %씩 증가시켜야 한다.

19 현재 미세 먼지의 농도를 a라 하고 매년 $r\,\%$씩 감소시킨다고 하면 10년 후의 농도는 $\frac{1}{3}a$이므로

$$a\Big(1-\frac{r}{100}\Big)^{10}=\frac{1}{3}a \quad \therefore \Big(1-\frac{r}{100}\Big)^{10}=\frac{1}{3}$$

양변에 상용로그를 취하면

$$10\log\Big(1-\frac{r}{100}\Big)=-\log 3$$

$$\log\Big(1-\frac{r}{100}\Big)=-\frac{0.48}{10}=-0.048=-1+0.952$$

이때 $\log 8.96=0.952$이므로

$$1-\frac{r}{100}=0.896 \quad \therefore r=10.4$$

따라서 매년 10.4 %씩 감소시켜야 한다.

20 2004년의 매출액을 a라 하면 2005년의 매출액은 $0.5a$이므로 2025년의 매출액은

$$0.5a(1+0.1)^{20} \quad \therefore 0.5a\times 1.1^{20} \quad \cdots\cdots \text{㉠}$$

0.5×1.1^{20}에 상용로그를 취하면

$$\log(0.5\times 1.1^{20})=-\log 2+20\log 1.1$$
$$=-0.301+20\times 0.041=0.519$$

이때 $\log 3.3=0.519$이므로 $0.5\times 1.1^{20}=3.3$

이를 ㉠에 대입하면 $a\times 3.3$

따라서 2025년의 매출액은 2004년의 매출액의 3.3배이다.

I-2 01 지수함수

기초 문제 Training
20쪽

1 ㄱ, ㄹ

2 (1) **1** (2) **4** (3) $\sqrt{2}$ (4) **2**

3 (1) **1** (2) $\dfrac{1}{27}$ (3) **9** (4) **27**

4 ㄴ, ㄷ, ㅁ

5 (1) 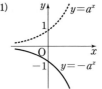   (2)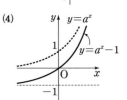

(3)   (4)
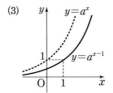

6 (1)   (2)
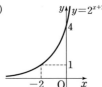

치역: $\{y\,|\,y>0\}$ 치역: $\{y\,|\,y>-3\}$
점근선의 방정식: $y=0$ 점근선의 방정식: $y=-3$

(3)   (4)
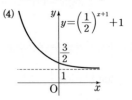

치역: $\{y\,|\,y>-2\}$ 치역: $\{y\,|\,y>1\}$
점근선의 방정식: $y=-2$ 점근선의 방정식: $y=1$

7 (1) 최댓값: **8**, 최솟값: $\dfrac{1}{2}$

　　(2) 최댓값: **9**, 최솟값: $\dfrac{1}{3}$

1 ④	**2** ㄱ, ㄷ	**3** ②	**4** ⑤	**5** ⑤
6 3	**7** ㄱ, ㄴ, ㄷ	**8** 1		**9** $\frac{1}{4}$
10 ③	**11** $3\sqrt{3}$	**12** ④	**13** $\frac{1}{5}$	
14 $b^m < b^n < a^n < a^m$	**15** ①	**16** 3	**17** 4	
18 $\frac{5}{2}$	**19** ②	**20** ④	**21** ④	**22** ③
23 11	**24** -17	**25** ③		

1 $f(m)=a^m=3$, $f(n)=a^n=6$이므로
$f(m+n)=a^{m+n}=a^m \times a^n=3 \times 6=18$

2 ㄱ. $f(m)f(-m)=a^m a^{-m}=a^0=1$
ㄴ. $f(2m)=a^{2m}=(a^m)^2=\{f(m)\}^2$
ㄷ. $f(m+n)=a^{m+n}=a^m a^n=f(m)f(n)$
ㄹ. $f\left(\dfrac{1}{m}\right)=a^{\frac{1}{m}}$, $\dfrac{1}{f(m)}=\dfrac{1}{a^m}=a^{-m}$
  $\therefore f\left(\dfrac{1}{m}\right) \neq \dfrac{1}{f(m)}$
따라서 보기 중 옳은 것은 ㄱ, ㄷ이다.

3 ㄱ. $(a, b) \in A$이므로 $b=\left(\dfrac{1}{3}\right)^a$
  양변에 3을 곱하면 $3b=3 \times \left(\dfrac{1}{3}\right)^a=\left(\dfrac{1}{3}\right)^{a-1}$
  $\therefore (a-1, 3b) \in A$
ㄴ. $(-a, b) \in A$이므로 $b=\left(\dfrac{1}{3}\right)^{-a}$
  양변을 $\dfrac{1}{2}$제곱하면 $\sqrt{b}=\left(\dfrac{1}{3}\right)^{-\frac{a}{2}}$
  $\therefore \left(-\dfrac{a}{2}, \sqrt{b}\right) \in A$
ㄷ. $(2a, b) \in A$이면 $b=\left(\dfrac{1}{3}\right)^{2a}$
  양변을 제곱하면 $b^2=\left(\dfrac{1}{3}\right)^{4a}$
  $\therefore (4a, b^2) \in A$
따라서 보기 중 옳은 것은 ㄱ, ㄴ이다.

4 함수 $y=2^{x-2}-1$의 그래프는 $y=2^x$의 그래프를 x축의 방향으로 2만큼, y축의 방향으로 -1만큼 평행이동한 것이므로 오른쪽 그림과 같다.

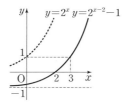

① 정의역은 실수 전체의 집합이다.
② 치역은 $\{y|y>-1\}$이다.
③ 그래프는 점 $(2, 0)$을 지난다.
④ 밑이 1보다 크므로 x의 값이 증가하면 y의 값도 증가한다.
⑤ 일대일함수이므로 $x_1 \neq x_2$이면 $f(x_1) \neq f(x_2)$이다.
따라서 옳은 것은 ⑤이다.

5 $y=3^{-x+1}-2=\left(\dfrac{1}{3}\right)^{x-1}-2$
함수 $y=3^{-x+1}-2$의 그래프는 함수 $y=\left(\dfrac{1}{3}\right)^x$의 그래프를 x축의 방향으로 1만큼, y축의 방향으로 -2만큼 평행이동한 것이므로 오른쪽 그림과 같다.
따라서 함수 $y=3^{-x+1}-2$의 그래프로 옳은 것은 ⑤이다.

6 $y=4(2^{2x}+1)=4^{x+1}+4$의 그래프는 $y=2^{2x}=4^x$의 그래프를 x축의 방향으로 -1만큼, y축의 방향으로 4만큼 평행이동한 것과 같으므로
$m=-1$, $n=4$ $\therefore m+n=3$

7 ㄱ. $y=-3^{x+1}$의 그래프는 $y=3^x$의 그래프를 x축에 대하여 대칭이동한 후 x축의 방향으로 -1만큼 평행이동한 것과 같다.
ㄴ. $y=\left(\dfrac{1}{3}\right)^x+1$의 그래프는 $y=3^x$의 그래프를 y축에 대하여 대칭이동한 후 y축의 방향으로 1만큼 평행이동한 것과 같다.
ㄷ. $y=\dfrac{3^x+1}{3}=3^{x-1}+\dfrac{1}{3}$의 그래프는 $y=3^x$의 그래프를 x축의 방향으로 1만큼, y축의 방향으로 $\dfrac{1}{3}$만큼 평행이동한 것과 같다.
ㄹ. $y=3^{3x}+1=27^x+1$이므로 $y=3^x$의 그래프를 평행이동 또는 대칭이동하여 겹쳐질 수 없다.
따라서 보기의 함수 중 그 그래프가 $y=3^x$의 그래프를 평행이동 또는 대칭이동하여 겹쳐질 수 있는 것은 ㄱ, ㄴ, ㄷ이다.

8 $y=\left(\dfrac{1}{5}\right)^x$의 그래프를 y축에 대하여 대칭이동한 후 x축의 방향으로 a만큼, y축의 방향으로 b만큼 평행이동하면
$y=5^{x-a}+b$
이때 점근선의 방정식이 $y=-1$이므로 $b=-1$
함수 $y=5^{x-a}-1$의 그래프가 원점을 지나므로
$0=5^{-a}-1$ $\therefore a=0$
$\therefore a-b=0-(-1)=1$

9 $y=2^x$의 그래프는 점 $(1, a)$를 지나므로 $a=2^1=2$

$y=2^x$의 그래프는 점 (a, b), 즉 점 $(2, b)$를 지나므로
$b=2^2=4$

$\therefore 2^{a-b}=2^{2-4}=\dfrac{1}{4}$

10 $A(a, 3^a)$, $B(b, 3^b)$에서
$\dfrac{3^b-3^a}{b-a}=2$　$\therefore b-a=\dfrac{1}{2}(3^b-3^a)$　……㉠

또 $\overline{AB}=5$에서 $(b-a)^2+(3^b-3^a)^2=5^2$

이 식에 ㉠을 대입하면
$\dfrac{1}{4}(3^b-3^a)^2+(3^b-3^a)^2=25$

$(3^b-3^a)^2=20$　$\therefore 3^b-3^a=2\sqrt{5}$ $(\because 3^a<3^b)$

11 점 A의 x좌표를 a라 하면
$A(a, k)$, $B\left(a+\dfrac{3}{4}, k\right)$

점 A는 $y=3^{2x}$의 그래프 위의 점이므로
$k=3^{2a}$　……㉠

또 점 B는 $y=3^x$의 그래프 위의 점이므로
$k=3^{a+\frac{3}{4}}$　……㉡

㉠, ㉡에서 $3^{2a}=3^{a+\frac{3}{4}}$

$\therefore a=\dfrac{3}{4}$

$\therefore k=3^{\frac{3}{2}}=3\sqrt{3}$

12 $A=8^{\frac{1}{4}}=2^{\frac{3}{4}}$, $B=\sqrt[5]{16}=2^{\frac{4}{5}}$, $C=0.25^{-\frac{1}{3}}=2^{\frac{2}{3}}$

이때 $\dfrac{2}{3}<\dfrac{3}{4}<\dfrac{4}{5}$이고 밑이 1보다 크므로
$2^{\frac{2}{3}}<2^{\frac{3}{4}}<2^{\frac{4}{5}}$　$\therefore C<A<B$

13 $\dfrac{1}{\sqrt{5}}=\left(\dfrac{1}{5}\right)^{\frac{1}{2}}$, $\dfrac{1}{\sqrt[3]{25}}=\left(\dfrac{1}{5}\right)^{\frac{2}{3}}$, $\sqrt[5]{\dfrac{1}{25}}=\left(\dfrac{1}{5}\right)^{\frac{2}{5}}$,

$\sqrt[3]{0.2}=\left(\dfrac{1}{5}\right)^{\frac{1}{3}}$

이때 $\dfrac{1}{3}<\dfrac{2}{5}<\dfrac{1}{2}<\dfrac{2}{3}$이고 밑이 1보다 작으므로
$\left(\dfrac{1}{5}\right)^{\frac{2}{3}}<\left(\dfrac{1}{5}\right)^{\frac{1}{2}}<\left(\dfrac{1}{5}\right)^{\frac{2}{5}}<\left(\dfrac{1}{5}\right)^{\frac{1}{3}}$

따라서 가장 큰 수와 가장 작은 수의 곱은
$\left(\dfrac{1}{5}\right)^{\frac{1}{3}}\times\left(\dfrac{1}{5}\right)^{\frac{2}{3}}=\dfrac{1}{5}$

14 $0<a<1$이고 $m<n$이므로 $a^m>a^n$　……㉠

$b>1$이고 $m<n$이므로 $b^m<b^n$　……㉡

$0<a<1<b$이고 $n<0$이므로 $b^n<a^n$　……㉢

㉠, ㉡, ㉢에서 $b^m<b^n<a^n<a^m$

15 $y=2^{3x}3^{-2x}=\left(\dfrac{8}{9}\right)^x$에서 밑이 1보다 작으므로

$M=\left(\dfrac{8}{9}\right)^{-1}=\dfrac{9}{8}$, $m=\dfrac{8}{9}$

$\therefore M-m=\dfrac{17}{72}$

16 $y=3^{-x}+k=\left(\dfrac{1}{3}\right)^x+k$에서 밑이 1보다 작으므로

$x=-2$일 때 최대이다.

즉, $9+k=10$　$\therefore k=1$

$x=0$일 때 최소이므로 $m=3^0+1=2$

$\therefore k+m=1+2=3$

17 (ⅰ) $0<a<1$이면 $x=1$일 때 최대이므로
$a^0+2=18$　$\therefore 3=18$ ➡ 모순

(ⅱ) $a>1$이면 $x=3$일 때 최대이므로
$a^2+2=18$, $a^2=16$　$\therefore a=4$ $(\because a>1)$

(ⅰ), (ⅱ)에서 $a=4$

18 $y=a^{3-x}=\left(\dfrac{1}{a}\right)^{x-3}$에서

(ⅰ) $0<\dfrac{1}{a}<1$이면 $a>1$이므로 $x=-1$일 때 최댓값이 a^4,
$x=2$일 때 최솟값이 a이다. 즉,
$\dfrac{a^4}{a}=8$, $a^3=8$　$\therefore a=2$ $(\because a>1)$

(ⅱ) $\dfrac{1}{a}>1$이면 $0<a<1$이므로 $x=2$일 때 최댓값이 a,
$x=-1$일 때 최솟값이 a^4이다. 즉,
$\dfrac{a}{a^4}=8$, $a^3=\dfrac{1}{8}$　$\therefore a=\dfrac{1}{2}$ $(\because 0<a<1)$

(ⅰ), (ⅱ)에서 모든 a의 값의 합은 $2+\dfrac{1}{2}=\dfrac{5}{2}$

19 $f(x)=-x^2+2x+1=-(x-1)^2+2$라 하면
$-1\le x\le 2$에서 $-2\le f(x)\le 2$

따라서 $-2\le f(x)\le 2$에서 $y=\left(\dfrac{1}{2}\right)^{f(x)}$은

$f(x)=-2$일 때, $M=\left(\dfrac{1}{2}\right)^{-2}=4$

$f(x)=2$일 때, $m=\left(\dfrac{1}{2}\right)^2=\dfrac{1}{4}$

$\therefore M-4m=4-4\times\dfrac{1}{4}=3$

20 $f(x)=2x^2-4x+5=2(x-1)^2+3$이라 하면 $f(x)\ge 3$

$f(x)\ge 3$에서 $y=a^{f(x)}$ $(0<a<1)$은 $f(x)=3$일 때 최댓값이 a^3이므로

$a^3=\dfrac{8}{27}$　$\therefore a=\dfrac{2}{3}$ $(\because 0<a<1)$

21 $f(x)=-x^2+8x-a=-(x-4)^2+16-a$라 하면

$f(x)\leq 16-a$

$f(x)\leq 16-a$에서 $y=\left(\dfrac{3}{2}\right)^{f(x)}$은 $f(x)=16-a$, 즉 $x=4$

일 때 최대이므로 $b=4$

최댓값이 $\dfrac{2}{3}$이므로 $\left(\dfrac{3}{2}\right)^{16-a}=\dfrac{2}{3}$에서

$16-a=-1$ $\quad\therefore a=17$

$\therefore a+b=17+4=21$

22 $y=\dfrac{1-2^{x+1}+4^{x+1}}{4^x}=\left\{\left(\dfrac{1}{2}\right)^x\right\}^2-2\times\left(\dfrac{1}{2}\right)^x+4$에서

$\left(\dfrac{1}{2}\right)^x=t\,(t>0)$로 놓으면

$y=t^2-2t+4=(t-1)^2+3$ $\quad\cdots\cdots$ ㉠

$-3\leq x\leq 1$에서 $\dfrac{1}{2}\leq t\leq 8$이므로 ㉠은

$t=8$일 때, $M=7^2+3=52$

$t=1$일 때, $m=3$

$\therefore M-m=52-3=49$

23 $3^x+3^{-x}=t$로 놓으면 $3^x>0$, $3^{-x}>0$이므로 산술평균과

기하평균의 관계에 의하여

$t=3^x+3^{-x}\geq 2\sqrt{3^x\times 3^{-x}}=2$

(단, 등호는 $3^x=3^{-x}$, 즉 $x=0$일 때 성립)

$\therefore t\geq 2$

$9^x+9^{-x}=(3^x+3^{-x})^2-2=t^2-2$이므로 주어진 함수는

$y=6t-(t^2-2)=-(t-3)^2+11$

따라서 $t\geq 2$에서 함수 $y=-(t-3)^2+11$은

$t=3$일 때, 최댓값은 11

24 $5^x=t\,(t>0)$로 놓으면

$y=t^2-2t+2=(t-1)^2+1$ $\quad\cdots\cdots$ ㉠

$-2\leq x\leq 1$에서 $\dfrac{1}{25}\leq t\leq 5$

㉠은 $t=5$, 즉 $x=1$일 때 최댓값은 17이고 $t=1$, 즉 $x=0$

일 때 최솟값은 1이다.

따라서 $a=1$, $b=17$, $c=0$, $d=1$이므로

$a-b+c-d=-17$

25 $y=9^x-2\times 3^{x+a}+4\times 3^b$에서 $3^x=t\,(t>0)$로 놓으면

$y=t^2-2\times 3^a\times t+4\times 3^b$

$=(t-3^a)^2-3^{2a}+4\times 3^b$ $\quad\cdots\cdots$ ㉠

㉠은 $t=3^a$일 때 최솟값이 $-3^{2a}+4\times 3^b$이다.

$x=1$, 즉 $t=3$일 때 최소이므로 $3^a=3$ $\quad\therefore a=1$

또 최솟값이 3이므로

$-3^2+4\times 3^b=3$, $3^b=3$ $\quad\therefore b=1$

$\therefore a+b=1+1=2$

I-2 **02 지수함수의 활용**

유형편

기초 문제 Training
25쪽

1 (1) $x=5$ (2) $x=2$ (3) $x=-2$ (4) $x=\dfrac{3}{2}$

2 4, 4, 2, 2

3 (1) $x=1$ (2) $x=-2$ 또는 $x=-1$

4 (1) $x<3$ (2) $x>0$ (3) $x\geq 3$ (4) $x\leq 4$

5 1, 4, 1, 4, -2, 0

6 (1) $x\leq 1$ 또는 $x\geq 2$ (2) $-2<x<0$

핵심 유형 Training
26~30쪽

1 4	2 ②	3 4	4 2	5 ⑤
6 ②	7 $x=0$	8 $x=-1$ 또는 $x=1$	9 ⑤	
10 ④	11 ③	12 ①	13 ③	14 $\dfrac{1}{27}$
15 ④	16 ③	17 ③	18 $8\leq m<10$	
19 ④	20 4	21 7	22 4	23 ①
24 -2	25 18	26 2	27 ③	28 ④
29 ③	30 ③	31 ①	32 $a\leq 2$	33 ③
34 ②	35 ④			

1 $2^x4^x=8$에서 $2^{x^2+2x}=2^3$이므로

$x^2+2x=3$, $(x+3)(x-1)=0$

$\therefore x=-3$ 또는 $x=1$

따라서 $\alpha=-3$, $\beta=1$이므로

$\beta-\alpha=4$

2 $2^{2x}=16$에서 $2^{2x}=2^4$이므로

$2x=4$ $\quad\therefore x=2$

$3^{3x}=27$에서 $3^{3x}=3^3$이므로

$3x=3$ $\quad\therefore x=1$

$\therefore \alpha\beta=2$

3 $\left(\dfrac{2}{3}\right)^{2x^2-8}=\left(\dfrac{3}{2}\right)^{5-x}$에서 $\left(\dfrac{2}{3}\right)^{2x^2-8}=\left(\dfrac{2}{3}\right)^{x-5}$이므로

$2x^2-8=x-5,\ 2x^2-x-3=0$

$(x+1)(2x-3)=0$ $\quad\therefore\ x=-1$ 또는 $x=\dfrac{3}{2}$

따라서 $\alpha=-1,\ \beta=\dfrac{3}{2}$이므로

$2\beta-\alpha=2\times\dfrac{3}{2}-(-1)=4$

4 $(2\sqrt{2})^{x^2}=4^{x+1}$에서 $2^{\frac{3}{2}x^2}=2^{2x+2}$이므로

$\dfrac{3}{2}x^2=2x+2,\ 3x^2-4x-4=0$

$(3x+2)(x-2)=0$ $\quad\therefore\ x=-\dfrac{2}{3}$ 또는 $x=2$

그런데 x는 자연수이므로 $x=2$

5 $\left(\dfrac{1}{3}\right)^x=t\,(t>0)$로 놓으면

$t^2+\dfrac{1}{9}t=9t+1,\ 9t^2-80t-9=0$

$(9t+1)(t-9)=0$ $\quad\therefore\ t=9\ (\because\ t>0)$

$t=\left(\dfrac{1}{3}\right)^x$이므로

$\left(\dfrac{1}{3}\right)^x=9,\ \left(\dfrac{1}{3}\right)^x=\left(\dfrac{1}{3}\right)^{-2}$ $\quad\therefore\ x=-2$

따라서 $\alpha=-2$이므로

$\log_2\alpha^2=\log_2(-2)^2=2$

6 $\begin{cases}2^{x+2}-3^{y-1}=29\\2^{x-1}+3^{y+2}=85\end{cases}$에서 $\begin{cases}4\times2^x-\dfrac{1}{3}\times3^y=29\\\dfrac{1}{2}\times2^x+9\times3^y=85\end{cases}$

$2^x=X,\ 3^y=Y\,(X>0,\ Y>0)$로 놓으면

$\begin{cases}4X-\dfrac{1}{3}Y=29\\\dfrac{1}{2}X+9Y=85\end{cases}$

이 연립방정식을 풀면 $X=8,\ Y=9$

즉, $2^x=8=2^3,\ 3^y=9=3^2$이므로 $x=3,\ y=2$

따라서 $\alpha=3,\ \beta=2$이므로 $\alpha+\beta=5$

7 $(f\circ g)(x)=(g\circ f)(x)$에서

$2\times2^x+2=2^{2x+2},\ 4\times2^{2x}-2\times2^x-2=0$

$2^x=t\,(t>0)$로 놓으면

$4t^2-2t-2=0,\ 2t^2-t-1=0$

$(2t+1)(t-1)=0$ $\quad\therefore\ t=1\ (\because\ t>0)$

$t=2^x$이므로

$2^x=1$ $\quad\therefore\ x=0$

8 $2^x+2^{-x}=t\,(t\geq2)$로 놓으면

$4^x+4^{-x}=(2^x+2^{-x})^2-2=t^2-2$이므로

$2(t^2-2)-3t-1=0,\ 2t^2-3t-5=0$

$(t+1)(2t-5)=0$ $\quad\therefore\ t=\dfrac{5}{2}\ (\because\ t\geq2)$

$t=2^x+2^{-x}$이므로 $2^x+2^{-x}=\dfrac{5}{2}$

$2^x=X\,(X>0)$로 놓으면

$X+\dfrac{1}{X}=\dfrac{5}{2},\ 2X^2-5X+2=0$

$(2X-1)(X-2)=0$ $\quad\therefore\ X=\dfrac{1}{2}$ 또는 $X=2$

$X=2^x$이므로 $2^x=\dfrac{1}{2}$ 또는 $2^x=2$

$\therefore\ x=-1$ 또는 $x=1$

9 $(4x-1)^{2x-5}=(2x+2)^{2x-5}$에서

(i) 밑이 같으면 $4x-1=2x+2$ $\quad\therefore\ x=\dfrac{3}{2}$

(ii) 지수가 0이면 $2x-5=0$ $\quad\therefore\ x=\dfrac{5}{2}$

(i), (ii)에서 모든 근의 합은 $\dfrac{3}{2}+\dfrac{5}{2}=4$

10 $x>0$이므로 $x^{x+6}=(x^x)^3$에서 $x^{x+6}=x^{3x}$

(i) 밑이 1이면 $x=1$

(ii) 지수가 같으면 $x+6=3x$ $\quad\therefore\ x=3$

(i), (ii)에서 모든 근의 합은 $1+3=4$

11 $(x-1)^{3+2x}=(x-1)^{x^2}$에서

(i) 밑이 1이면 $x-1=1$ $\quad\therefore\ x=2$

(ii) 지수가 같으면 $3+2x=x^2,\ x^2-2x-3=0$

$\quad\ (x+1)(x-3)=0$ $\quad\therefore\ x=3\ (\because\ x>1)$

(i), (ii)에서 모든 근의 곱은 $2\times3=6$

12 $3^x=t\,(t>0)$로 놓으면

$81t^2-81t+1=0$ $\quad\cdots\cdots$ ㉠

㉠의 두 근은 $3^\alpha,\ 3^\beta$이므로 근과 계수의 관계에 의하여

$3^\alpha\times3^\beta=\dfrac{1}{81},\ 3^{\alpha+\beta}=3^{-4}$

$\therefore\ \alpha+\beta=-4$

13 $2^x=t\,(t>0)$로 놓으면

$t^2-10t+20=0$ $\quad\cdots\cdots$ ㉠

㉠의 두 근은 $2^\alpha,\ 2^\beta$이므로 근과 계수의 관계에 의하여

$2^\alpha+2^\beta=10,\ 2^\alpha\times2^\beta=20$

$\therefore\ 2^{2\alpha}+2^{2\beta}=(2^\alpha+2^\beta)^2-2\times2^\alpha\times2^\beta$

$\qquad\qquad\quad =10^2-2\times20=60$

14 주어진 방정식의 두 근을 α, β라 하면

$\alpha+\beta=-4$

$3^x=t\,(t>0)$로 놓으면

$3t^2-t+k=0$ ...... ㉠

㉠의 두 근은 3^α, 3^β이므로 근과 계수의 관계에 의하여

$3^\alpha\times3^\beta=\dfrac{k}{3}$, $3^{\alpha+\beta}=\dfrac{k}{3}$

이때 $\alpha+\beta=-4$이므로

$\dfrac{1}{81}=\dfrac{k}{3}$ ∴ $k=\dfrac{1}{27}$

15 주어진 방정식의 두 근을 α, β라 하면

$\alpha+\beta=\dfrac{1}{2}$

$a^x=t\,(t>0)$로 놓으면

$t^2-7t+5=0$ ...... ㉠

㉠의 두 근은 a^α, a^β이므로 근과 계수의 관계에 의하여

$a^\alpha\times a^\beta=5$, $a^{\alpha+\beta}=5$

이때 $\alpha+\beta=\dfrac{1}{2}$이므로 $a^{\frac{1}{2}}=5$

양변을 제곱하면 $a=25$

16 $2^x=t\,(t>0)$로 놓으면

$4t^2-2\times2^a t+16=0$ ...... ㉠

주어진 방정식이 오직 하나의 실근을 가지면 ㉠은 오직 하나의 양의 실근을 갖는다.

이때 ㉠에서 (두 근의 곱)$=4>0$이므로 ㉠은 양수인 중근을 갖는다.

㉠의 판별식을 D라 하면 $D=0$이어야 하므로

$\dfrac{D}{4}=(2^a)^2-4\times16=0$, $4^a-4^3=0$

∴ $a=3$

이를 ㉠에 대입하면

$4t^2-16t+16=0$, $(t-2)^2=0$ ∴ $t=2$

즉, $2^\alpha=2$이므로 $\alpha=1$

∴ $a+\alpha=3+1=4$

17 $\left(\dfrac{1}{3}\right)^x=t\,(t>0)$로 놓으면

$t^2-at+2=0$ ...... ㉠

주어진 방정식이 서로 다른 두 실근을 가지면 ㉠은 서로 다른 두 양의 실근을 갖는다.

(i) ㉠의 판별식을 D라 하면 $D>0$에서

$D=a^2-8>0$

∴ $a<-2\sqrt{2}$ 또는 $a>2\sqrt{2}$

(ii) (두 근의 합)>0에서 $a>0$

(iii) (두 근의 곱)>0에서 $2>0$

(i), (ii), (iii)을 동시에 만족시키는 a의 값의 범위는

$a>2\sqrt{2}$

따라서 정수 a의 최솟값은 3이다.

18 $4^x-2(m-4)2^x+2m=0$에서

$(2^x)^2-2(m-4)2^x+2m=0$

$2^x=t\,(t>0)$로 놓으면

$t^2-2(m-4)t+2m=0$ ...... ㉠

이때 주어진 방정식의 두 근이 모두 1보다 크면 $x>1$이므로 $2^x=t$에서 $t>2$

즉, ㉠의 두 근은 2보다 크다.

$f(t)=t^2-2(m-4)t+2m$이라 할 때 ㉠의 두 근이 2보다 크려면

(i) ㉠의 판별식을 D라 하면 $D\geq0$에서

$\dfrac{D}{4}=(m-4)^2-2m\geq0$

$m^2-10m+16\geq0$, $(m-2)(m-8)\geq0$

∴ $m\leq2$ 또는 $m\geq8$

(ii) $y=f(t)$의 그래프의 축의 방정식이 $t=m-4$이므로

$m-4>2$ ∴ $m>6$

(iii) $f(2)>0$이어야 하므로

$4-4(m-4)+2m>0$ ∴ $m<10$

(i), (ii), (iii)을 동시에 만족시키는 m의 값의 범위는

$8\leq m<10$

19 $5^{x(x+1)}\geq\left(\dfrac{1}{5}\right)^{x-3}$에서

$5^{x(x+1)}\geq5^{-x+3}$ ◀ (밑)>1

$x(x+1)\geq-x+3$, $x^2+2x-3\geq0$

$(x+3)(x-1)\geq0$

∴ $x\leq-3$ 또는 $x\geq1$

20 $\left(\dfrac{\sqrt{2}}{2}\right)^x<4<\left(\dfrac{\sqrt{2}}{2}\right)^{2x-5}$에서

$\left(\dfrac{\sqrt{2}}{2}\right)^x<\left(\dfrac{\sqrt{2}}{2}\right)^{-4}<\left(\dfrac{\sqrt{2}}{2}\right)^{2x-5}$ ◀ $0<$(밑)<1

$2x-5<-4<x$ ∴ $-4<x<\dfrac{1}{2}$

따라서 정수 x는 -3, -2, -1, 0의 4개이다.

21 $\left(\dfrac{1}{2}\right)^{f(x)}\geq\left(\dfrac{1}{2}\right)^{g(x)}$에서 ◀ $0<$(밑)<1

$f(x)\leq g(x)$ ...... ㉠

주어진 그래프에서 ㉠을 만족시키는 x의 값의 범위는

$-\dfrac{14}{3}\leq x\leq2$

따라서 정수 x는 -4, -3, -2, -1, 0, 1, 2의 7개이다.

22 $\left(\dfrac{1}{2}\right)^{x+6}<\left(\dfrac{1}{2}\right)^{x^2}$에서 ◀ $0<$(밑)<1

$x+6>x^2$, $x^2-x-6<0$

$(x+2)(x-3)<0$ ∴ $-2<x<3$

∴ $A=\{x\,|\,-2<x<3\}$

$3^{|x-2|}\le 3^a$에서 ◀ (밑)>1

$|x-2|\le a$, $-a\le x-2\le a$

∴ $2-a\le x\le a+2$

∴ $B=\{x\,|\,2-a\le x\le a+2\}$

$A\cap B=A$를 만족시키는 a의 값의 범위는

$2-a\le -2$, $a+2\ge 3$ ∴ $a\ge 4$

따라서 양수 a의 최솟값은 4이다.

23 $3^x=t\,(t>0)$로 놓으면

$t^2+7\le 4(3t-5)$, $t^2-12t+27\le 0$

$(t-3)(t-9)\le 0$ ∴ $3\le t\le 9$

$t=3^x$이므로 $3\le 3^x\le 9$ ◀ (밑)>1

∴ $1\le x\le 2$

따라서 모든 자연수 x의 값의 합은 $1+2=3$

24 $\left(\dfrac{1}{5}\right)^x=t\,(t>0)$로 놓으면

$t^2\ge 20t+125$, $t^2-20t-125\ge 0$

$(t+5)(t-25)\ge 0$ ∴ $t\ge 25\;(∵\;t>0)$

$t=\left(\dfrac{1}{5}\right)^x$이므로 $\left(\dfrac{1}{5}\right)^x\ge 25$ ◀ $0<$(밑)<1

∴ $x\le -2$

따라서 구하는 x의 최댓값은 -2이다.

25 $2^x=t\,(t>0)$로 놓으면

$4t^2-at+b<0$

한편 $-2<x<1$에서 $\dfrac{1}{4}<t<2$이므로 이차항의 계수가 4

이고 해가 $\dfrac{1}{4}<t<2$인 t에 대한 이차부등식은

$4\left(t-\dfrac{1}{4}\right)(t-2)<0$, $4t^2-9t+2<0$

$t=2^x$이므로 $4^{x+1}-9\times 2^x+2<0$

따라서 $a=9$, $b=2$이므로

$ab=18$

26 $\begin{cases}2^{x^2-6}\le\left(\dfrac{1}{2}\right)^x & \cdots\cdots\;\text{㉠}\\[2mm]\left(\dfrac{1}{4}\right)^x-3\times 2^{-x}-4<0 & \cdots\cdots\;\text{㉡}\end{cases}$

㉠에서 $2^{x^2-6}\le 2^{-x}$ ◀ (밑)>1

$x^2-6\le -x$, $x^2+x-6\le 0$

$(x+3)(x-2)\le 0$ ∴ $-3\le x\le 2$ $\cdots\cdots\;$㉢

㉡에서 $\left(\dfrac{1}{2}\right)^x=t\,(t>0)$로 놓으면

$t^2-3t-4<0$, $(t+1)(t-4)<0$

∴ $0<t<4\;(∵\;t>0)$

$t=\left(\dfrac{1}{2}\right)^x$이므로 $0<\left(\dfrac{1}{2}\right)^x<4$ ◀ $0<$(밑)<1

∴ $x>-2$ $\cdots\cdots\;$㉣

㉢, ㉣을 동시에 만족시키는 x의 값의 범위는

$-2<x\le 2$

따라서 모든 정수 x의 값의 합은

$-1+0+1+2=2$

27 (i) $0<x<1$일 때,

$x-3\le 5-x$ ∴ $x\le 4$

그런데 $0<x<1$이므로 $0<x<1$

(ii) $x=1$일 때, $1\ge 1$이므로 $x=1$

(iii) $x>1$일 때,

$x-3\ge 5-x$ ∴ $x\ge 4$

(i), (ii), (iii)에서 $0<x\le 1$ 또는 $x\ge 4$

28 (i) $0<x-1<1$, 즉 $1<x<2$일 때,

$x^2-x>8+x$, $x^2-2x-8>0$

$(x+2)(x-4)>0$ ∴ $x<-2$ 또는 $x>4$

그런데 $1<x<2$이므로 해는 없다.

(ii) $x-1=1$일 때, $1<1$이므로 해는 없다.

(iii) $x-1>1$, 즉 $x>2$일 때,

$x^2-x<8+x$, $x^2-2x-8<0$

$(x+2)(x-4)<0$ ∴ $-2<x<4$

그런데 $x>2$이므로 $2<x<4$

(i), (ii), (iii)에서 $2<x<4$

따라서 $\alpha=2$, $\beta=4$이므로

$\alpha+\beta=6$

29 (i) $0<x^2-x+1<1$, 즉 $0<x<1$일 때,

$2x-5>x+2$ ∴ $x>7$

그런데 $0<x<1$이므로 해는 없다.

(ii) $x^2-x+1=1$일 때, $1<1$이므로 해는 없다.

(iii) $x^2-x+1>1$, 즉 $x<0$ 또는 $x>1$일 때,

$2x-5<x+2$ ∴ $x<7$

그런데 $x<0$ 또는 $x>1$이므로

$x<0$ 또는 $1<x<7$

(i), (ii), (iii)에서 $x<0$ 또는 $1<x<7$

따라서 자연수 x는 2, 3, 4, 5, 6의 5개이다.

30 $5^x=t\,(t>0)$로 놓으면 $t^2-5t+k\ge0$

$f(t)=t^2-5t+k=\left(t-\dfrac{5}{2}\right)^2+k-\dfrac{25}{4}$라 하면 $t>0$에서

$f(t)$의 최솟값은 $k-\dfrac{25}{4}$

부등식 $f(t)\ge0$이 $t>0$인 모든 실수 t에 대하여 성립하려면 $k-\dfrac{25}{4}\ge0$ ∴ $k\ge\dfrac{25}{4}$

따라서 자연수 k의 최솟값은 7이다.

31 $2^x=t\,(t>0)$로 놓으면 $2t^2+4t+2-a>0$

$f(t)=2t^2+4t+2-a=2(t+1)^2-a$라 하고 $t>0$에서

$f(t)>0$이 성립하려면

$f(0)\ge0,\ 2-a\ge0$ ∴ $a\le2$

따라서 모든 자연수 a의 값의 합은 $1+2=3$

32 $3^x=t\,(t>0)$로 놓으면 $t^2-3at+9\ge0$

$f(t)=t^2-3at+9=\left(t-\dfrac{3}{2}a\right)^2+9-\dfrac{9}{4}a^2$이라 하고

$t>0$에서 부등식 $f(t)\ge0$이 성립하려면

(i) $\dfrac{3}{2}a\ge0$, 즉 $a\ge0$일 때, $9-\dfrac{9}{4}a^2\ge0$이어야 하므로

$a^2-4\le0,\ (a+2)(a-2)\le0$ ∴ $-2\le a\le2$

그런데 $a\ge0$이므로 $0\le a\le2$

(ii) $\dfrac{3}{2}a<0$, 즉 $a<0$일 때, $f(0)\ge0$이어야 한다.

$f(0)=9\ge0$이므로 모든 실수 t에 대하여 성립한다.

(i), (ii)에서 $t>0$에서 부등식 $f(t)\ge0$이 성립하려면 $a\le2$

33 x분 후 실험실 A의 암모니아 분자는 $2^{10}\times8^x$개, 실험실 B의 암모니아 분자는 $4^{15}\times2^x$개이므로

$2^{10}\times8^x=4^{15}\times2^x,\ 2^{10+3x}=2^{30+x}$

$10+3x=30+x$ ∴ $x=10$

따라서 암모니아 분자 수가 같아지는 것은 10분 후이다.

34 x년 후에 1억 원 이상이 된다고 하면

$2500\times2^{\frac{x}{5}}\ge10000,\ 2^{\frac{x}{5}}\ge4$ ◀ (밑)>1

$\dfrac{x}{5}\ge2$ ∴ $x\ge10$

따라서 투자금이 1억 원 이상이 되는 것은 10년 후부터이다.

35 x주 후 불량률이 $0.2\,\%$ 이하가 된다고 하면

$12.8\times\left(\dfrac{1}{2}\right)^x\le0.2,\ \left(\dfrac{1}{2}\right)^x\le\dfrac{1}{64}$ ◀ 0<(밑)<1

∴ $x\ge6$

따라서 처음으로 $0.2\,\%$ 이하가 되는 것은 6주 후부터이다.

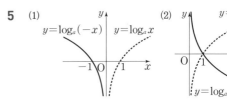

03 로그함수

기초 문제 Training
31쪽

1 ㄴ, ㄹ

2 (1) **0** (2) **1** (3) -2 (4) -3

3 (1) **0** (2) -2 (3) **3** (4) -4

4 ㄱ, ㄷ

5
(1)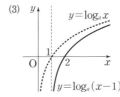
(2)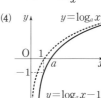

(3)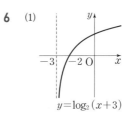
(4)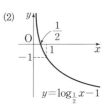

6
(1)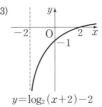
정의역: $\{x\,|\,x>-3\}$
점근선의 방정식: $x=-3$

(2)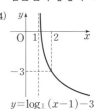
정의역: $\{x\,|\,x>0\}$
점근선의 방정식: $x=0$

(3) $y=\log_2(x+2)-2$
정의역: $\{x\,|\,x>-2\}$
점근선의 방정식: $x=-2$

(4) $y=\log_{\frac{1}{2}}(x-1)-3$
정의역: $\{x\,|\,x>1\}$
점근선의 방정식: $x=1$

7 (1) $y=\log_5 x$ (2) $y=-\log x$

8 (1) 최댓값: **5**, 최솟값: **2**
(2) 최댓값: **0**, 최솟값: -3

1 ③	**2** ㄱ	**3** ⑤	**4** ④	**5** ④
6 5	**7** -5	**8** 2	**9** ③	**10** 4
11 $\dfrac{15}{4}$	**12** ④	**13** $\log_b \dfrac{a}{b} < \log_b a < \log_a b < \log_a ab$		
14 ②	**15** ④	**16** ①	**17** 2	**18** 38
19 $\dfrac{3+2\sqrt{2}}{2}$		**20** 2	**21** ②	**22** 1
23 ①	**24** 3	**25** ④	**26** ②	**27** ④
28 24	**29** ②	**30** ①	**31** 11	

1 $f(m)=\log_a m=2$, $f(n)=\log_a n=4$이므로
$f(mn)=\log_a mn=\log_a m+\log_a n=6$

2 ㄱ. $f(ab)=\log_2 ab=\log_2 a+\log_2 b=f(a)+f(b)$

ㄴ. $f(a)+f\left(\dfrac{1}{a}\right)=\log_2 a+\log_2 \dfrac{1}{a}$
$\qquad\qquad\qquad =\log_2 a-\log_2 a=0$

ㄷ. $f(a-b)=\log_2 (a-b)$

$\qquad f(a)-f(b)=\log_2 a-\log_2 b=\log_2 \dfrac{a}{b}$

$\qquad \therefore f(a-b)\neq f(a)-f(b)$

따라서 보기 중 옳은 것은 ㄱ이다.

3 $f(x)=\left(\dfrac{x+2}{x+1}\right)^{\log_2 3}=3^{\log_2 \left(\frac{x+2}{x+1}\right)}$이므로
$f(1)\times f(2)\times f(3)\times \cdots \times f(14)$
$=3^{\log_2 \frac{3}{2}}\times 3^{\log_2 \frac{4}{3}}\times 3^{\log_2 \frac{5}{4}}\times \cdots \times 3^{\log_2 \frac{16}{15}}$
$=3^{\log_2 \frac{3}{2}+\log_2 \frac{4}{3}+\log_2 \frac{5}{4}+\cdots +\log_2 \frac{16}{15}}$
$=3^{\log_2 \left(\frac{3}{2}\times \frac{4}{3}\times \frac{5}{4}\times \cdots \times \frac{16}{15}\right)}$
$=3^{\log_2 8}=3^3=27$

4 함수 $y=\log_{\frac{1}{3}}(x+2)-3$의
그래프는 $y=\log_{\frac{1}{3}}x$의 그래프
를 x축의 방향으로 -2만큼,
y축의 방향으로 -3만큼 평행
이동한 것이므로 오른쪽 그림
과 같다.

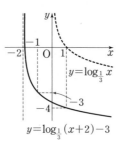

① 정의역은 $\{x|x>-2\}$이다.

② 치역은 실수 전체의 집합이다.

③ 그래프는 점 $(1, -4)$를 지난다.

④ 밑이 1보다 작으므로 x의 값이 증가하면 y의 값은 감소한다.

따라서 옳지 않은 것은 ④이다.

5 $y=\log_2 2(x-2)+1=\log_2(x-2)+2$

함수 $y=\log_2 2(x-2)+1$의 그래프
는 함수 $y=\log_2 x$의 그래프를 x축
의 방향으로 2만큼, y축의 방향으로
2만큼 평행이동한 것이므로 오른쪽
그림과 같다.

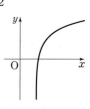

따라서 함수 $y=\log_2 2(x-2)+1$의 그래프로 옳은 것은
④이다.

6 $y=\log_5(x+2)$의 그래프를 x축의 방향으로 -1만큼, y
축의 방향으로 4만큼 평행이동하면
$y=\log_5(x+3)+4$

이 그래프가 점 $(2, k)$를 지나므로
$k=\log_5 5+4=5$

7 $y=\log_2 x$의 그래프를 x축에 대하여 대칭이동한 후 x축의
방향으로 m만큼, y축의 방향으로 n만큼 평행이동하면
$y=-\log_2(x-m)+n$

이때 점근선의 방정식이 $x=-2$이므로
$m=-2$

따라서 $y=-\log_2(x+2)+n$의 그래프가 점 $(0, -4)$를
지나므로
$-4=-\log_2 2+n \qquad \therefore n=-3$
$\therefore m+n=-2+(-3)=-5$

8 함수 $y=\log_3(x+3)$의 그래프는 $y=\log_3 x$의 그래프를
x축의 방향으로 -3만큼 평행이동한 것이므로 다음 그림
에서 빗금 친 두 부분의 넓이는 서로 같다.

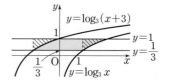

따라서 구하는 넓이는
$3\times \left(1-\dfrac{1}{3}\right)=2$

9 함수 $y=\log_{\frac{1}{3}}x$의 그래프는 점 (a, c)를 지나므로
$\log_{\frac{1}{3}}a=c \qquad \therefore a=\left(\dfrac{1}{3}\right)^c=3^{-c}$

또 함수 $y=\log_{\frac{1}{3}}x$의 그래프는 점 (b, a)를 지나므로
$\log_{\frac{1}{3}}b=a$

$\therefore b=\left(\dfrac{1}{3}\right)^a=3^{-a}$

$\therefore 3^{-a-c}=3^{-a}\times 3^{-c}=ab$

10 점 A의 좌표를 (a, b)라 하면 정사각형 ABCD의 한 변의 길이가 1이므로 $b=1$

점 A는 $y=\log_3 x$ 위의 점이므로 $1=\log_3 a$에서

$a=3$ ∴ A$(3, 1)$

따라서 점 D의 x좌표는 $3+1=4$

11 $y=\log_{\frac{1}{4}} x$에 대하여

$x=\dfrac{1}{2}$일 때, $y=\log_{\frac{1}{4}}\dfrac{1}{2}=\dfrac{1}{2}$ ∴ A$\left(\dfrac{1}{2}, \dfrac{1}{2}\right)$

$x=2$일 때, $y=\log_{\frac{1}{4}}2=-\dfrac{1}{2}$ ∴ C$\left(2, -\dfrac{1}{2}\right)$

$y=\log_{\sqrt{2}} x$에 대하여

$x=\dfrac{1}{2}$일 때, $y=\log_{\sqrt{2}}\dfrac{1}{2}=-2$ ∴ B$\left(\dfrac{1}{2}, -2\right)$

$x=2$일 때, $y=\log_{\sqrt{2}}2=2$ ∴ D$(2, 2)$

$\overline{AB}=\overline{CD}=\dfrac{5}{2}$에서 사각형 ABCD는 평행사변형이므로 구하는 넓이는 $\dfrac{5}{2}\times\dfrac{3}{2}=\dfrac{15}{4}$

12 $A=2\log_3 5=\log_3 5^2=\log_3 25$

$B=3=\log_3 3^3=\log_3 27$

$C=\log_9 400=\log_{3^2} 20^2=\log_3 20$

$20<25<27$이고, 밑이 1보다 크므로

$\log_3 20<\log_3 25<\log_3 27$ ∴ $C<A<B$

13 $0<a<1$이므로 $b<a$의 양변에 밑이 a인 로그를 취하면

$\log_a b>1$ …… ㉠

$0<b<1$이므로 $b<a$의 양변에 밑이 b인 로그를 취하면

$1>\log_b a$ …… ㉡

㉠, ㉡에서 $\log_b a<\log_a b$

$\log_a ab=\log_a b+1$, $\log_b\dfrac{a}{b}=\log_b a-1$이므로

$\log_a b<\log_a ab$, $\log_b\dfrac{a}{b}<\log_b a$

∴ $\log_b\dfrac{a}{b}<\log_b a<\log_a b<\log_a ab$

14 $A=-f(a+1)=-\log_3(a+1)=\log_3\dfrac{1}{a+1}$

$B=f(a+1)-f(a)=\log_3(a+1)-\log_3 a$

$\quad=\log_3\dfrac{a+1}{a}=\log_3\left(1+\dfrac{1}{a}\right)$

$C=f(a+2)-f(a+1)=\log_3(a+2)-\log_3(a+1)$

$\quad=\log_3\dfrac{a+2}{a+1}=\log_3\left(1+\dfrac{1}{a+1}\right)$

$\dfrac{1}{a+1}<1+\dfrac{1}{a+1}<1+\dfrac{1}{a}$이고, 밑이 1보다 크므로

$\log_3\dfrac{1}{a+1}<\log_3\left(1+\dfrac{1}{a+1}\right)<\log_3\left(1+\dfrac{1}{a}\right)$

∴ $A<C<B$

15 $y=\dfrac{1}{2}\log_2(x-3)+1$에서

$\log_2(x-3)=2(y-1)$

로그의 정의에 의하여

$x-3=2^{2(y-1)}$ ∴ $x=4^{y-1}+3$

x와 y를 서로 바꾸어 역함수를 구하면

$y=4^{x-1}+3$

∴ $a=4$, $b=-1$, $c=3$ ∴ $a+b+c=6$

16 $g(2)=4$에서 $f(4)=2$이므로

$\log_{\frac{1}{3}}(4-k)+2=2$, $\log_{\frac{1}{3}}(4-k)=0$

$4-k=1$ ∴ $k=3$

∴ $f(x)=\log_{\frac{1}{3}}(x-3)+2$

$g(1)=a$라 하면 $f(a)=1$이므로

$\log_{\frac{1}{3}}(a-3)+2=1$, $\log_{\frac{1}{3}}(a-3)=-1$

$a-3=3$ ∴ $a=6$

17 $(f\circ g)(x)=x$이므로 $g(x)$는 $f(x)$의 역함수이다.

$(g\circ g\circ g)(a)=127$에서 $g(a)=b$, $g(b)=c$라 하면

$g(c)=127$

$g(c)=127$에서 $f(127)=c$이므로 $c=\log_2(127+1)=7$

$g(b)=7$에서 $f(7)=b$이므로 $b=\log_2(7+1)=3$

$g(a)=3$에서 $f(3)=a$이므로 $a=\log_2(3+1)=2$

18 점 Q$(2, b)$가 $y=g(x)$의 그래프 위의 점이므로

점 $(b, 2)$는 $y=\log_2(x-1)$의 그래프 위의 점이다.

$2=\log_2(b-1)$에서 $b-1=2^2$ ∴ $b=5$

점 P$(a, 5)$가 $y=\log_2(x-1)$의 그래프 위의 점이므로

$5=\log_2(a-1)$, $a-1=2^5$ ∴ $a=33$

∴ $a+b=33+5=38$

19 $g(-1)=a$에서 $2^{-1}=a$ ∴ $a=\dfrac{1}{2}$

∴ D$\left(-1, \dfrac{1}{2}\right)$

$f(b)=\dfrac{1}{2}$에서 $\log_2 b=\dfrac{1}{2}$ ∴ $b=\sqrt{2}$

∴ B$\left(\sqrt{2}, \dfrac{1}{2}\right)$

함수 $f(x)$는 함수 $g(x)$의 역함수이므로

B$\left(\sqrt{2}, \dfrac{1}{2}\right)$에서 C$\left(\dfrac{1}{2}, \sqrt{2}\right)$

D$\left(-1, \dfrac{1}{2}\right)$에서 A$\left(\dfrac{1}{2}, -1\right)$

∴ □ABCD$=\triangle$ACD$+\triangle$ABC

$\quad=\dfrac{3+3\sqrt{2}}{4}+\dfrac{3+\sqrt{2}}{4}=\dfrac{3+2\sqrt{2}}{2}$

20 함수 $y=f(x)$는 함수 $y=g(x)$의 역함수이므로
$P(k, -k)(k<0)$라 하면 $Q(-k, k)$
이때 $\overline{PQ}=4\sqrt{2}$이므로
$\sqrt{(k+k)^2+(-k-k)^2}=4\sqrt{2}$, $\sqrt{8k^2}=4\sqrt{2}$
$k^2=4$ $\therefore k=-2 (\because k<0)$
점 $Q(2, -2)$는 함수 $g(x)=a^{x-1}-b$의 그래프 위의 점
이므로 $a-b=-2$ ...... ㉠
또 점 $(4, 4)$는 함수 $g(x)=a^{x-1}-b$의 그래프 위의 점이
므로 $a^3-b=4$ ...... ㉡
㉡-㉠을 하면
$a^3-a=6$, $a^3-a-6=0$
$(a-2)(a^2+2a+3)=0$ $\therefore a=2$
$a=2$를 ㉠에 대입하면
$2-b=-2$ $\therefore b=4$
따라서 $f(x)=\log_2(x+4)+1$, $g(x)=2^{x-1}-4$이므로
$f(12)+g(1)=5+(-3)=2$

21 $y=\log_{\frac{1}{2}}(x-1)+2$는 밑이 1보다 작으므로
$x=3$일 때, $M=\log_{\frac{1}{2}}2+2=1$
$x=17$일 때, $m=\log_{\frac{1}{2}}16+2=-2$
$\therefore 2M+m=2\times1+(-2)=0$

22 $y=\log_3(x+2)+k$는 밑이 1보다 크므로
$x=13$일 때, $M=\log_3 15+k$
$x=3$일 때, $m=\log_3 5+k$
$\therefore M-m=\log_3 15+k-(\log_3 5+k)=\log_3 3=1$

23 $y=\log_{\frac{1}{3}}(x-1)+b$는 밑이 1보다 작으므로 $x=a$일 때 최
댓값이 1이고, $x=10$일 때 최솟값이 -3이다.
즉, $\log_{\frac{1}{3}}(a-1)+b=1$, $\log_{\frac{1}{3}}9+b=-3$이므로
$b=-1$, $a=\dfrac{10}{9}$ $\therefore 9ab=-10$

24 (i) $0<a<1$이면 $x=-3$일 때 최대이므로
$\log_a 1+1=3$ $\therefore 1=3 \Rightarrow$ 모순
(ii) $a>1$이면 $x=5$일 때 최대이므로
$\log_a 9+1=3$, $a^2=9$ $\therefore a=3 (\because a>1)$
(i), (ii)에서 $a=3$

25 진수의 조건에서
$x-5>0$, $25-x>0$ $\therefore 5<x<25$ ...... ㉠
$y=\log(x-5)+\log(25-x)$
$=\log(-x^2+30x-125)$
$f(x)=-x^2+30x-125$라 하면
$f(x)=-(x-15)^2+100$

㉠에서 $0<f(x)\leq100$
$0<f(x)\leq100$에서 $y=\log f(x)$는 $f(x)=100$일 때 최
대이므로 구하는 최댓값은 $\log 100=2$

26 $y=\log_{\frac{1}{3}}(x^2-2x+3)$에서 $f(x)=x^2-2x+3$이라 하면
$f(x)=(x-1)^2+2$
$2\leq x\leq6$에서 $3\leq f(x)\leq27$
$3\leq f(x)\leq27$에서 $y=\log_{\frac{1}{3}}f(x)$는
$f(x)=3$일 때, $M=-1$
$f(x)=27$일 때, $m=-3$
$\therefore M^2+m=(-1)^2+(-3)=-2$

27 $y=\log_a(|x-1|+2)$에서 $f(x)=|x-1|+2$라 하면
$0\leq x\leq7$에서 $2\leq f(x)\leq8$
(i) $a>1$이면 $y=\log_a f(x)$는 $f(x)=8$일 때 최대이므로
$\log_a 8=-1$ $\therefore a=\dfrac{1}{8}$
그런데 $a>1$이므로 조건에 맞지 않다.
(ii) $0<a<1$이면 $y=\log_a f(x)$는 $f(x)=2$일 때 최대이
므로
$\log_a 2=-1$ $\therefore a=\dfrac{1}{2}$
(i), (ii)에서 $a=\dfrac{1}{2}$
따라서 $y=\log_{\frac{1}{2}}f(x)$는 $f(x)=8$일 때 최소이므로 구하
는 최솟값은 $\log_{\frac{1}{2}}8=-3$

28 $y=(\log_{\frac{1}{3}}x)^2-\log_{\frac{1}{3}}x^2+3=(\log_{\frac{1}{3}}x)^2-2\log_{\frac{1}{3}}x+3$
$\log_{\frac{1}{3}}x=t$로 놓으면 $1\leq x\leq27$에서 $-3\leq t\leq0$
이때 주어진 함수는
$y=t^2-2t+3=(t-1)^2+2$
따라서 $-3\leq t\leq0$에서 함수 $y=(t-1)^2+2$는
$t=-3$일 때, $M=18$
$t=0$일 때, $m=3$
$\therefore M+2m=18+2\times3=24$

29 $y=\log_2 x+\log_x 128=\log_2 x+\log_x 2^7$
$=\log_2 x+7\log_x 2=\log_2 x+\dfrac{7}{\log_2 x}$
$x>1$에서 $\log_2 x>0$이므로 산술평균과 기하평균의 관계
에 의하여
$y=\log_2 x+\dfrac{7}{\log_2 x}\geq2\sqrt{\log_2 x\times\dfrac{7}{\log_2 x}}=2\sqrt{7}$
(단, 등호는 $\log_2 x=\sqrt{7}$일 때 성립)
따라서 구하는 최솟값은 $2\sqrt{7}$이다.

30 $y=\log x^{\log x}-4\log 10x$

$\quad=(\log x)^2-4(1+\log x)$

$\quad=(\log x)^2-4\log x-4$

$\log x=t$로 놓으면 $10\leq x\leq 1000$에서 $1\leq t\leq 3$

이때 주어진 함수는

$y=t^2-4t-4=(t-2)^2-8$

따라서 $1\leq t\leq 3$에서 함수 $y=(t-2)^2-8$은

$t=1$ 또는 $t=3$일 때, $M=-7$

$t=2$일 때, $m=-8$

$\therefore M-m=-7-(-8)=1$

31 $y=\log_2 4x\times\log_2\dfrac{16}{x}=(2+\log_2 x)(4-\log_2 x)$

$\log_2 x=t$로 놓으면

$y=(2+t)(4-t)=-t^2+2t+8=-(t-1)^2+9$

따라서 $t=1$일 때, 즉 $x=2$일 때 최댓값이 9이므로

$a=2,\ M=9$ $\qquad\therefore a+M=11$

I-2 **04 로그함수의 활용**

기초 문제 Training
37쪽

1 (1) $x=8$ (2) $x=4$ (3) $x=3$ (4) $x=\sqrt{2}$

2 $0,\ 4,\ 4,\ 10000,\ 10000$

3 (1) $x=4$ 또는 $x=16$ (2) $x=\dfrac{1}{3}$ 또는 $x=27$

4 (1) $2<x<11$ (2) $x\leq-2$

(3) $-3\leq x<0$ 또는 $0<x\leq 3$ (4) $-2<x<1$

5 $0,\ -2,\ 4,\ -2,\ 4,\ \dfrac{1}{4},\ 16,\ \dfrac{1}{4},\ 16$

6 (1) $0<x\leq\dfrac{1}{10}$ 또는 $x\geq 100$ (2) $\dfrac{1}{3}<x<243$

핵심 유형 Training
38~42쪽

1 $x=3$	**2** ②	**3** ①	**4** $x=1$	**5** 80
6 $x=10$	**7** 5	**8** ⑤	**9** ②	**10** ①
11 ⑤	**12** ①	**13** ①	**14** -4	**15** ①
16 ④	**17** ④	**18** 2	**19** $3<x<4$	
20 4	**21** 3	**22** $0<x\leq\dfrac{1}{2}$ 또는 $x\geq 16$		
23 ④	**24** 2	**25** ④	**26** ②	**27** ④
28 ③	**29** ④	**30** 80	**31** $0<k\leq 10$	
32 $0<a\leq\dfrac{1}{4}$		**33** ①	**34** ④	**35** 6.25%

1 진수의 조건에서

$2x-3>0,\ x>0$ $\quad\therefore x>\dfrac{3}{2}$ $\quad\cdots\cdots$ ㉠

$\log_2 3(2x-3)=2\log_2 x$에서

$\log_2(6x-9)=\log_2 x^2,\ 6x-9=x^2$

$x^2-6x+9=0,\ (x-3)^2=0$ $\quad\therefore x=3$

따라서 ㉠에 의하여 $x=3$

2 진수의 조건에서

$x-1>0,\ x+2>0$ $\quad\therefore x>1$ $\quad\cdots\cdots$ ㉠

$\log_2(x-1)+\log_2(x+2)=2$에서

$\log_2(x-1)(x+2)=2,\ (x-1)(x+2)=4$

$x^2+x-6=0,\ (x+3)(x-2)=0$

$\therefore x=-3$ 또는 $x=2$

㉠에 의하여 $x=2$이므로 $\alpha=2$ $\quad\therefore 2\alpha=4$

3 진수의 조건에서

$x^2-3x-10>0,\ x-2>0$ $\quad\therefore x>5$ $\quad\cdots\cdots$ ㉠

$2\log_4(x^2-3x-10)=\log_2(x-2)+1$에서

$\log_2(x^2-3x-10)=\log_2(2x-4)$

$x^2-3x-10=2x-4,\ x^2-5x-6=0$

$(x+1)(x-6)=0$ $\quad\therefore x=-1$ 또는 $x=6$

따라서 ㉠에 의하여 $x=6$

4 진수의 조건에서

$2x+2>0,\ 2x-1>0$ $\quad\therefore x>\dfrac{1}{2}$ $\quad\cdots\cdots$ ㉠

$\log_2\sqrt{2x+2}=1-\dfrac{1}{2}\log_2(2x-1)$에서

$\dfrac{1}{2}\log_2(2x+2)+\dfrac{1}{2}\log_2(2x-1)=1$

$\log_2(2x+2)(2x-1)=2,\ (2x+2)(2x-1)=4$

$4x^2+2x-6=0,\ 2x^2+x-3=0$

$(2x+3)(x-1)=0$ $\quad\therefore x=-\dfrac{3}{2}$ 또는 $x=1$

따라서 ㉠에 의하여 $x=1$

5 진수의 조건에서 $x>0$ ...... ㉠

$\log_3 x=t$로 놓으면 $(t-1)^2=t+5$

$t^2-3t-4=0$, $(t+1)(t-4)=0$

$\therefore t=-1$ 또는 $t=4$

$t=\log_3 x$이므로 $\log_3 x=-1$ 또는 $\log_3 x=4$

$\therefore x=\dfrac{1}{3}$ 또는 $x=81$

㉠에 의하여 $x=\dfrac{1}{3}$ 또는 $x=81$

따라서 $\alpha=\dfrac{1}{3}$, $\beta=81$이므로

$\beta-3\alpha=81-3\times\dfrac{1}{3}=80$

6 진수의 조건에서 $x>0$ ...... ㉠

$2^{\log x}\times x^{\log 2}+2^{\log x}-6=0$에서

$(2^{\log x})^2+2^{\log x}-6=0$

$2^{\log x}=t\,(t>0)$로 놓으면 $t^2+t-6=0$

$(t+3)(t-2)=0$ $\therefore t=2\,(\because t>0)$

$t=2^{\log x}$이므로 $2^{\log x}=2$

$\log x=1$ $\therefore x=10$

따라서 ㉠에 의하여 $x=10$

7 밑과 진수의 조건에서 $x>0$, $x\neq 1$ ...... ㉠

$\log_5 x=t$로 놓으면

$t+\dfrac{6}{t}-5=0$, $t^2-5t+6=0$

$(t-2)(t-3)=0$ $\therefore t=2$ 또는 $t=3$

$t=\log_5 x$이므로 $\log_5 x=2$ 또는 $\log_5 x=3$

$\therefore x=25$ 또는 $x=125$

㉠에 의하여 $x=25$ 또는 $x=125$

따라서 $\alpha=25$, $\beta=125$이므로 $\dfrac{\beta}{\alpha}=5$

8 진수의 조건에서 $x>0$, $y>0$ ...... ㉠

$\log_3 x\times\log_2 y=10$에서

$\dfrac{\log x}{\log 3}\times\dfrac{\log y}{\log 2}=10$, $\dfrac{\log x}{\log 2}\times\dfrac{\log y}{\log 3}=10$

$\therefore \log_2 x\times\log_3 y=10$

$\log_2 x=X$, $\log_3 y=Y$로 놓으면

$X+Y=7$, $XY=10$

두 식을 연립하여 풀면

$X=2$, $Y=5$ 또는 $X=5$, $Y=2$

$\log_2 x=2$, $\log_3 y=5$ 또는 $\log_2 x=5$, $\log_3 y=2$

$\therefore x=4$, $y=243$ 또는 $x=32$, $y=9$

㉠에 의하여 $x=4$, $y=243$ 또는 $x=32$, $y=9$

이때 $\alpha>\beta$이므로 $\alpha=32$, $\beta=9$

$\therefore \alpha-\beta=23$

9 방정식의 양변에 상용로그를 취하면

$(x-1)\log 2=(1-2x)\log 5$

$x(\log 2+2\log 5)=\log 2+\log 5$

$\therefore x=\dfrac{\log 2+\log 5}{\log 2+2\log 5}=\dfrac{\log 10}{\log 50}$

$\quad=\dfrac{1}{\log\dfrac{100}{2}}=\dfrac{1}{2-\log 2}=\dfrac{1}{2-a}$

10 진수의 조건에서 $x>0$ ...... ㉠

방정식의 양변에 밑이 3인 로그를 취하면

$(\log_3 x)^2=3-2\log_3 x$

$\log_3 x=t$로 놓으면

$t^2=3-2t$, $t^2+2t-3=0$

$(t+3)(t-1)=0$ $\therefore t=-3$ 또는 $t=1$

$t=\log_3 x$이므로 $\log_3 x=-3$ 또는 $\log_3 x=1$

$\therefore x=\dfrac{1}{27}$ 또는 $x=3$

따라서 ㉠에 의하여 주어진 방정식의 해는

$x=\dfrac{1}{27}$ 또는 $x=3$

11 진수의 조건에서 $x>0$ ...... ㉠

방정식의 양변에 상용로그를 취하면

$(\log 5x)^2=(\log 3x)^2$

$\therefore \log 5x=-\log 3x$ 또는 $\log 5x=\log 3x$

(i) $\log 5x=-\log 3x$에서

$\quad 5x=\dfrac{1}{3x}$ $\therefore x^2=\dfrac{1}{15}$

(ii) $\log 5x=\log 3x$에서 $5x=3x$, 즉 $x=0$

$\quad$ 그런데 ㉠에서 $x>0$이므로 해는 없다.

(i), (ii)에서 $\alpha^2=\dfrac{1}{15}$ $\therefore \dfrac{1}{\alpha^2}=15$

12 $\log_2 x=t$로 놓으면 $(1+t)^2-2(3+2t)=0$

$t^2-2t-5=0$ ...... ㉠

주어진 방정식의 두 근을 α, β라 하면 ㉠의 두 근은

$\log_2\alpha$, $\log_2\beta$이므로 근과 계수의 관계에 의하여

$\log_2\alpha+\log_2\beta=2$, $\log_2\alpha\beta=2$

$\therefore \alpha\beta=4$

13 $\log_3 x=t$로 놓으면 $(\log_3 2+t)(\log_3 5+t)=2$

$t^2+(\log_3 2+\log_3 5)t+\log_3 2\times\log_3 5-2=0$ ...... ㉠

㉠의 두 근은 $\log_3\alpha$, $\log_3\beta$이므로 근과 계수의 관계에 의하여

$\log_3\alpha+\log_3\beta=-(\log_3 2+\log_3 5)$

$\log_3\alpha\beta=\log_3\dfrac{1}{10}$ $\therefore \alpha\beta=\dfrac{1}{10}$

14 $\log_4 x = t$로 놓으면 $(t+k)(t+1)+2=0$
$t^2+(k+1)t+k+2=0$ ...... ㉠
주어진 방정식의 두 근을 α, β라 하면 ㉠의 두 근은
$\log_4\alpha$, $\log_4\beta$이므로 근과 계수의 관계에 의하여
$\log_4\alpha+\log_4\beta=-(k+1)$, $\log_4\alpha\beta=-k-1$
이때 $\alpha\beta=64$이므로 $3=-k-1$ ∴ $k=-4$

15 진수의 조건에서
$x^2-2x-15>0$, $x-3>0$ ∴ $x>5$ ...... ㉠
주어진 부등식에서
$\log_3(x^2-2x-15)<\log_3(3x-9)$이므로 ◀ (밑)$>1$
$x^2-2x-15<3x-9$, $x^2-5x-6<0$
$(x+1)(x-6)<0$ ∴ $-1<x<6$ ...... ㉡
㉠, ㉡을 동시에 만족시키는 x의 값의 범위는
$5<x<6$
따라서 $\alpha=5$, $\beta=6$이므로 $\beta-\alpha=1$

16 진수의 조건에서
$1-x>0$, $2x+6>0$ ∴ $-3<x<1$ ...... ㉠
주어진 부등식에서
$\log_{\frac{1}{2}}(1-x)^2>\log_{\frac{1}{2}}(2x+6)$이므로 ◀ $0<$(밑)<1
$(1-x)^2<2x+6$, $x^2-4x-5<0$
$(x+1)(x-5)<0$ ∴ $-1<x<5$ ...... ㉡
㉠, ㉡을 동시에 만족시키는 x의 값의 범위는
$-1<x<1$

17 진수의 조건에서
$|x-3|>0$ ∴ $x\neq3$ ...... ㉠
$\log_{\frac{1}{2}}|x-3|>-2$에서 ◀ $0<$(밑)<1
$|x-3|<4$, $-4<x-3<4$
∴ $-1<x<7$ ...... ㉡
㉠, ㉡을 동시에 만족시키는 x의 값의 범위는
$-1<x<3$ 또는 $3<x<7$
따라서 정수 x는 0, 1, 2, 4, 5, 6의 6개이다.

18 진수의 조건에서
$x>0$, $\log_9 x>0$ ∴ $x>1$ ...... ㉠
$\log_{\frac{1}{2}}(\log_9 x)>1$에서 ◀ $0<$(밑)<1
$\log_9 x<\frac{1}{2}$ ◀ (밑)>1
∴ $x<3$ ...... ㉡
㉠, ㉡을 동시에 만족시키는 x의 값의 범위는
$1<x<3$
따라서 자연수 x의 값은 2이다.

19 (i) 부등식 $\log_2(x^2-2x)<3$
진수의 조건에서 $x^2-2x>0$
$x(x-2)>0$ ∴ $x<0$ 또는 $x>2$ ...... ㉠
$\log_2(x^2-2x)<3$에서 ◀ (밑)>1
$x^2-2x<8$, $x^2-2x-8<0$
$(x+2)(x-4)<0$ ∴ $-2<x<4$ ...... ㉡
㉠, ㉡을 동시에 만족시키는 x의 값의 범위는
$-2<x<0$ 또는 $2<x<4$

(ii) 부등식 $2\log_{\frac{1}{3}}(x-3)\geq\log_{\frac{1}{3}}(x+3)$
진수의 조건에서
$x-3>0$, $x+3>0$ ∴ $x>3$ ...... ㉢
$2\log_{\frac{1}{3}}(x-3)\geq\log_{\frac{1}{3}}(x+3)$에서
$\log_{\frac{1}{3}}(x-3)^2\geq\log_{\frac{1}{3}}(x+3)$ ◀ $0<$(밑)<1
$(x-3)^2\leq x+3$, $x^2-7x+6\leq0$
$(x-1)(x-6)\leq0$ ∴ $1\leq x\leq6$ ...... ㉣
㉢, ㉣을 동시에 만족시키는 x의 값의 범위는
$3<x\leq6$

(i), (ii)에서 주어진 연립부등식의 해는
$3<x<4$

20 진수의 조건에서
$-x+3>0$, $-x^2+5>0$
∴ $-\sqrt{5}<x<\sqrt{5}$ ...... ㉠
$\log_{\frac{1}{2}}f(x)\geq\log_{\frac{1}{2}}g(x)$에서 ◀ $0<$(밑)<1
$f(x)\leq g(x)$
$-x+3\leq-x^2+5$에서 $x^2-x-2\leq0$
$(x+1)(x-2)\leq0$ ∴ $-1\leq x\leq2$ ...... ㉡
㉠, ㉡을 동시에 만족시키는 x의 값의 범위는
$-1\leq x\leq2$
따라서 정수 x는 -1, 0, 1, 2의 4개이다.

21 진수의 조건에서
$x-1>0$, $\frac{x}{2}+k>0$ ∴ $x>1$, $x>-2k$
그런데 k는 자연수이므로 $x>1$ ...... ㉠
$\log_5(x-1)\leq\log_5\left(\frac{x}{2}+k\right)$에서 ◀ (밑)$>1$
$x-1\leq\frac{x}{2}+k$ ∴ $x\leq2k+2$ ...... ㉡
㉠, ㉡을 동시에 만족시키는 x의 값의 범위는
$1<x\leq2k+2$ ...... ㉢
따라서 ㉢을 만족시키는 정수 x가 7개이므로
$8\leq2k+2<9$ ∴ $3\leq k<\frac{7}{2}$
이때 k가 자연수이므로 $k=3$

22 진수의 조건에서

$x>0$, $4x>0$ $\quad\therefore x>0$ ...... ㉠

$\log_2 x = t$로 놓으면

$(5-t)(2+t)\leq 6$, $t^2-3t-4\geq 0$

$(t+1)(t-4)\geq 0$ $\quad\therefore t\leq -1$ 또는 $t\geq 4$

$t=\log_2 x$이므로

$\log_2 x \leq -1$ 또는 $\log_2 x \geq 4$ ◀ (밑)>1

$\therefore x\leq \dfrac{1}{2}$ 또는 $x\geq 16$ ...... ㉡

㉠, ㉡을 동시에 만족시키는 x의 값의 범위는

$0<x\leq \dfrac{1}{2}$ 또는 $x\geq 16$

23 진수의 조건에서 $x>0$ ...... ㉠

$\log_4 x = t$로 놓으면

$2t-t\left(\dfrac{1}{2}+t\right)+1\geq 0$, $2t^2-3t-2\leq 0$

$(2t+1)(t-2)\leq 0$ $\quad\therefore -\dfrac{1}{2}\leq t\leq 2$

$t=\log_4 x$이므로 $-\dfrac{1}{2}\leq \log_4 x \leq 2$ ◀ (밑)>1

$\therefore \dfrac{1}{2}\leq x\leq 16$ ...... ㉡

㉠, ㉡을 동시에 만족시키는 x의 값의 범위는

$\dfrac{1}{2}\leq x\leq 16$

따라서 자연수 x는 1, 2, 3, $\cdots$, 16의 16개이다.

24 진수의 조건에서 $x>0$ ...... ㉠

$\log_2 x = t$로 놓으면

$(1-t)t>-2$, $t^2-t-2<0$

$(t+1)(t-2)<0$ $\quad\therefore -1<t<2$

$t=\log_2 x$이므로 $-1<\log_2 x<2$ ◀ (밑)>1

$\therefore \dfrac{1}{2}<x<4$ ...... ㉡

㉠, ㉡을 동시에 만족시키는 x의 값의 범위는

$\dfrac{1}{2}<x<4$

따라서 $\alpha=\dfrac{1}{2}$, $\beta=4$이므로 $\alpha\beta=2$

25 $\log_{\frac{1}{3}} x = t$로 놓으면 $t^2+2at+b<0$ ...... ㉠

주어진 부등식의 해가 $1<x<9$이므로

$\log_{\frac{1}{3}} 9 < \log_{\frac{1}{3}} x < \log_{\frac{1}{3}} 1$ $\quad\therefore -2<t<0$

이차항의 계수가 1이고 해가 $-2<t<0$인 t에 대한 이차부등식은

$t(t+2)<0$ $\quad\therefore t^2+2t<0$

이 부등식이 ㉠과 일치하므로

$a=1$, $b=0$ $\quad\therefore a+b=1$

26 부등식의 양변에 상용로그를 취하면

$(x-5)\log 4 < 3-x$

$(2\log 2+1)x<3+10\log 2$

$\therefore x<\dfrac{3+10\log 2}{2\log 2+1}=\dfrac{3+10\times 0.3}{2\times 0.3+1}=3.75$

따라서 자연수 x는 1, 2, 3의 3개이다.

27 진수의 조건에서 $x>0$ ...... ㉠

부등식의 양변에 상용로그를 취하면

$(\log x)^2<3+2\log x$, $(\log x)^2-2\log x-3<0$

$\log x = t$로 놓으면 $t^2-2t-3<0$

$(t+1)(t-3)<0$ $\quad\therefore -1<t<3$

$t=\log x$이므로 $-1<\log x<3$

$\therefore \dfrac{1}{10}<x<1000$ ...... ㉡

㉠, ㉡을 동시에 만족시키는 x의 값의 범위는

$\dfrac{1}{10}<x<1000$

따라서 자연수 x의 최댓값은 999, 최솟값은 1이므로 그 합은 $999+1=1000$

28 진수의 조건에서 $x>0$ ...... ㉠

부등식의 양변에 밑이 3인 로그를 취하면

$(\log_3 x -3)\log_3 x<-2$, $(\log_3 x)^2-3\log_3 x+2<0$

$\log_3 x = t$로 놓으면 $t^2-3t+2<0$

$(t-1)(t-2)<0$ $\quad\therefore 1<t<2$

$t=\log_3 x$이므로 $1<\log_3 x<2$

$\therefore 3<x<9$ ...... ㉡

㉠, ㉡을 동시에 만족시키는 x의 값의 범위는 $3<x<9$

따라서 모든 자연수 x의 값의 합은

$4+5+6+7+8=30$

29 주어진 이차방정식의 판별식을 D라 하면 $D\geq 0$이어야 하므로

$\dfrac{D}{4}=(2-\log_2 a)^2-1\geq 0$

$(\log_2 a)^2-4\log_2 a+3\geq 0$

진수의 조건에서 $a>0$ ...... ㉠

$\log_2 a = t$로 놓으면 $t^2-4t+3\geq 0$

$(t-1)(t-3)\geq 0$ $\quad\therefore t\leq 1$ 또는 $t\geq 3$

$t=\log_2 a$이므로

$\log_2 a \leq 1$ 또는 $\log_2 a \geq 3$ ◀ (밑)>1

$\therefore a\leq 2$ 또는 $a\geq 8$ ...... ㉡

㉠, ㉡을 동시에 만족시키는 x의 값의 범위는

$0<a\leq 2$ 또는 $a\geq 8$

따라서 한 자리의 자연수 a는 1, 2, 8, 9의 4개이다.

30 이차방정식 $x^2+2(2-\log_3 a)x-\log_3 a+8=0$의 판별식을 D라 할 때, 주어진 부등식이 모든 실수 x에 대하여 성립하려면 $D<0$이어야 하므로

$\dfrac{D}{4}=(2-\log_3 a)^2-(-\log_3 a+8)<0$

$(\log_3 a)^2-3\log_3 a-4<0$

진수의 조건에서

$a>0$　　　　　　……㉠

$\log_3 a=t$로 놓으면 $t^2-3t-4<0$

$(t+1)(t-4)<0$　　∴ $-1<t<4$

$t=\log_3 a$이므로 $-1<\log_3 a<4$　◀ (밑)>1

∴ $\dfrac{1}{3}<a<81$　　　　……㉡

㉠, ㉡을 동시에 만족시키는 a의 값의 범위는

$\dfrac{1}{3}<a<81$

따라서 자연수 a는 1, 2, 3, ⋯, 80의 80개이다.

31 진수의 조건에서

$k>0$　　　　　　　　……㉠

$\log x=t$로 놓으면

$t^2+2(t+1)-\log k\geq 0$

$t^2+2t+2-\log k\geq 0$　……㉡

㉡이 모든 실수 t에 대하여 성립하려면

$t^2+2t+2-\log k=0$의 판별식을 D라 할 때, $D\leq 0$이어야 하므로

$\dfrac{D}{4}=1-2+\log k\leq 0$, $\log k\leq 1$

∴ $k\leq 10$　　　　　　……㉢

㉠, ㉢을 동시에 만족시키는 k의 값의 범위는

$0<k\leq 10$

32 진수의 조건에서

$a>0$　　……㉠

이차방정식 $x^2-2x\log_2 a+2-\log_2 a=0$의 판별식을 D라 할 때, 두 근이 음수가 되려면

(ⅰ) $D\geq 0$이어야 하므로

$\dfrac{D}{4}=(\log_2 a)^2-(2-\log_2 a)$

　　$=(\log_2 a)^2+\log_2 a-2\geq 0$

$\log_2 a=t$로 놓으면

$t^2+t-2\geq 0$, $(t+2)(t-1)\geq 0$

∴ $t\leq -2$ 또는 $t\geq 1$

$t=\log_2 a$이므로

$\log_2 a\leq -2$ 또는 $\log_2 a\geq 1$　◀ (밑)>1

∴ $a\leq \dfrac{1}{4}$ 또는 $a\geq 2$

(ⅱ) (두 근의 합)<0에서

$2\log_2 a<0$　　◀ (밑)>1

∴ $a<1$

(ⅲ) (두 근의 곱)>0에서

$2-\log_2 a>0$, $\log_2 a<2$　◀ (밑)>1

∴ $a<4$

(ⅰ), (ⅱ), (ⅲ)을 동시에 만족시키는 a의 값의 범위는

$a\leq \dfrac{1}{4}$　　　　……㉡

㉠, ㉡을 동시에 만족시키는 a의 값의 범위는

$0<a\leq \dfrac{1}{4}$

33 $k=2$, $I=3\times 10^5$, $x=1000$을 대입하면

$1000=-\dfrac{1000}{2}\log\dfrac{L\times 1000^2}{3\times 10^5}$

$-2=\log\dfrac{10L}{3}$

$\dfrac{10L}{3}=10^{-2}$

∴ $L=10^{-3}\times 3=0.003$

따라서 조도는 0.003이다.

34 처음 물의 양을 a라 하면 x일 후 남아 있는 물의 양은 $a\times\left(\dfrac{9}{10}\right)^x$이므로

$a\times\left(\dfrac{9}{10}\right)^x\leq \dfrac{1}{2}a$　　∴ $\left(\dfrac{9}{10}\right)^x\leq \dfrac{1}{2}$

양변에 상용로그를 취하면

$x\log\dfrac{9}{10}\leq -\log 2$

$x(2\log 3-1)\leq -\log 2$

∴ $x\geq \dfrac{-\log 2}{2\log 3-1}=\dfrac{-0.3}{2\times 0.48-1}=7.5$

따라서 물의 양이 절반 이하가 되는 것은 8일 후부터이다.

35 거리가 30 cm인 곳에서 $T=\dfrac{1}{2}T_0$이므로

$30=k\log_{\frac{1}{2}}\dfrac{1}{2}$　　∴ $k=30$

거리가 120 cm 이하인 곳에서 T가 T_0의 x %만큼이라 하면 $T=\dfrac{x}{100}T_0$이므로

$30\log_{\frac{1}{2}}\dfrac{x}{100}\leq 120$, $\log_{\frac{1}{2}}\dfrac{x}{100}\leq 4$

$\log_{\frac{1}{2}}\dfrac{x}{100}\leq\log_{\frac{1}{2}}\dfrac{1}{16}$　◀ 0<(밑)<1

$\dfrac{x}{100}\geq \dfrac{1}{16}$　　∴ $x\geq 6.25$

따라서 측정되는 전자파의 양은 방출량의 6.25 % 이상이다.

기초 문제 Training　　　44쪽

1 (1) $360°\times n+60°$　(2) $360°\times n+130°$
　(3) $360°\times n+335°$　(4) $360°\times n+190°$

2 (1) 제4사분면　(2) 제3사분면
　(3) 제2사분면　(4) 제1사분면

3 (1) $-\dfrac{4}{5}\pi$　(2) $\dfrac{23}{6}\pi$　(3) $-315°$　(4) $252°$

4 (1) $l=4\pi$, $S=24\pi$　(2) $l=2\pi$, $S=10\pi$

5 (1) $-\dfrac{1}{2}$　(2) $-\dfrac{\sqrt{3}}{2}$　(3) $\dfrac{\sqrt{3}}{3}$

6 (1) $\sin\theta<0$, $\cos\theta<0$, $\tan\theta>0$
　(2) $\sin\theta>0$, $\cos\theta>0$, $\tan\theta>0$
　(3) $\sin\theta<0$, $\cos\theta>0$, $\tan\theta<0$
　(4) $\sin\theta>0$, $\cos\theta<0$, $\tan\theta<0$

7 (1) 제4사분면
　(2) 제3사분면
　(3) 제1사분면 또는 제3사분면
　(4) 제2사분면 또는 제3사분면

8 (1) $\dfrac{3}{5}$　(2) $-\dfrac{3}{4}$

핵심 유형 Training　　　45~50쪽

1 ③	2 ②	3 ③	4 ④	5 ②
6 제1사분면		7 ②	8 $180°$	9 ⑤
10 6	11 ②	12 ④	13 ㄱ, ㄴ, ㄹ	
14 ②	15 $\dfrac{3}{8}\pi$	16 ③	17 ④	18 ③
19 ④	20 ①	21 $\dfrac{23}{17}$	22 $-\dfrac{7}{5}$	23 $\dfrac{3}{2}$
24 ③	25 ③	26 ②	27 ④	28 ㄱ, ㄷ
29 ⑤	30 ④	31 $-\dfrac{\sqrt{2}}{2}$	32 ⑤	33 ①
34 $\dfrac{5}{12}$	35 ③	36 $\dfrac{\sqrt{15}}{3}$	37 ④	38 ②
39 $4\sqrt{5}$	40 $3x^2+8x+3=0$			

1 ① $420°=360°\times1+60°$
② $780°=360°\times2+60°$
③ $1020°=360°\times2+300°$
④ $-300°=360°\times(-1)+60°$
⑤ $-660°=360°\times(-2)+60°$
따라서 동경 OP가 나타낼 수 없는 각은 ③이다.

2 $675°=360°\times1+315°$
ㄱ. $315°=360°\times0+315°$
ㄴ. $585°=360°\times1+225°$
ㄷ. $1125°=360°\times3+45°$
ㄹ. $-405°=360°\times(-2)+315°$
ㅁ. $-765°=360°\times(-3)+315°$
ㅂ. $-1035°=360°\times(-3)+45°$
따라서 $675°$를 나타내는 동경과 일치하는 것은 ㄱ, ㄹ, ㅁ
이다.

3 ① $840°=360°\times2+120°$
② $1200°=360°\times3+120°$
③ $1680°=360°\times4+240°$
④ $-240°=360°\times(-1)+120°$
⑤ $-1320°=360°\times(-4)+120°$
따라서 α의 값이 나머지 넷과 다른 하나는 ③이다.

4 ㄱ. $160°=360°\times0+160°$　➡ 제2사분면의 각
ㄴ. $390°=360°\times1+30°$　➡ 제1사분면의 각
ㄷ. $570°=360°\times1+210°$　➡ 제3사분면의 각
ㄹ. $-70°=360°\times(-1)+290°$ ➡ 제4사분면의 각
ㅁ. $-480°=360°\times(-2)+240°$ ➡ 제3사분면의 각
ㅂ. $-600°=360°\times(-2)+120°$ ➡ 제2사분면의 각
따라서 동경이 같은 사분면에 있는 각은 ㄱ, ㅂ과, ㄷ, ㅁ이
다.

5 θ가 제2사분면의 각이므로
$360°\times n+90°<\theta<360°\times n+180°$ (단, n은 정수)
$\therefore 180°\times n+45°<\dfrac{\theta}{2}<180°\times n+90°$
(ⅰ) $n=2k$(k는 정수)일 때,
　$360°\times k+45°<\dfrac{\theta}{2}<360°\times k+90°$
　따라서 $\dfrac{\theta}{2}$는 제1사분면의 각
(ⅱ) $n=2k+1$(k는 정수)일 때,
　$360°\times k+225°<\dfrac{\theta}{2}<360°\times k+270°$
　따라서 $\dfrac{\theta}{2}$는 제3사분면의 각

(i), (ii)에서 각 $\dfrac{\theta}{2}$를 나타내는 동경이 존재할 수 있는 사분면은 제1사분면 또는 제3사분면이다.

6 $660°=360°\times1+300°$ ➡ 제4사분면의 각

θ가 제4사분면의 각이므로

$360°\times n+270°<\theta<360°\times n+360°$ (단, n은 정수)

$\therefore 120°\times n+90°<\dfrac{\theta}{3}<120°\times n+120°$

(i) $n=3k$ (k는 정수)일 때,

$\quad360°\times k+90°<\dfrac{\theta}{3}<360°\times k+120°$

$\quad$따라서 $\dfrac{\theta}{3}$는 제2사분면의 각

(ii) $n=3k+1$ (k는 정수)일 때,

$\quad360°\times k+210°<\dfrac{\theta}{3}<360°\times k+240°$

$\quad$따라서 $\dfrac{\theta}{3}$는 제3사분면의 각

(iii) $n=3k+2$ (k는 정수)일 때,

$\quad360°\times k+330°<\dfrac{\theta}{3}<360°\times k+360°$

$\quad$따라서 $\dfrac{\theta}{3}$는 제4사분면의 각

(i), (ii), (iii)에서 각 $\dfrac{\theta}{3}$를 나타내는 동경이 존재할 수 없는 사분면은 제1사분면이다.

7 두 각 θ, 9θ를 나타내는 두 동경이 일치하므로

$9\theta-\theta=360°\times n$ (단, n은 정수)

$8\theta=360°\times n$

$\therefore \theta=45°\times n \quad \cdots\cdots \ㄱ$

$90°<\theta<180°$이므로

$90°<45°\times n<180° \quad \therefore 2<n<4$

이때 n은 정수이므로 $n=3$

이를 ㄱ에 대입하면 $\theta=135°$

8 두 각 2θ, 6θ를 나타내는 두 동경이 일직선 위에 있고 방향이 반대이므로

$6\theta-2\theta=360°\times n+180°$ (단, n은 정수)

$4\theta=360°\times n+180°$

$\therefore \theta=90°\times n+45° \quad \cdots\cdots \ㄱ$

$0°<\theta<180°$이므로

$0°<90°\times n+45°<180° \quad \therefore -\dfrac{1}{2}<n<\dfrac{3}{2}$

이때 n은 정수이므로 $n=0$ 또는 $n=1$

이를 ㄱ에 대입하면 $\theta=45°$ 또는 $\theta=135°$

따라서 모든 각 θ의 크기의 합은

$45°+135°=180°$

9 두 각 5θ, 7θ를 나타내는 두 동경이 y축에 대하여 대칭이므로

$5\theta+7\theta=360°\times n+180°$ (단, n은 정수)

$12\theta=360°\times n+180°$

$\therefore \theta=30°\times n+15° \quad \cdots\cdots \ㄱ$

$0°<\theta<360°$이므로

$0°<30°\times n+15°<360° \quad \therefore -\dfrac{1}{2}<n<\dfrac{23}{2}$

이때 n은 정수이므로 각 θ는 $n=11$일 때 최댓값, $n=0$일 때 최솟값을 갖는다.

$n=11$을 ㄱ에 대입하면 $\theta=345°$

$n=0$을 ㄱ에 대입하면 $\theta=15°$

따라서 각 θ의 최댓값과 최솟값의 합은

$345°+15°=360°$

10 두 각 θ, 5θ를 나타내는 두 동경이 직선 $y=x$에 대하여 대칭이므로

$\theta+5\theta=360°\times n+90°$ (단, n은 정수)

$6\theta=360°\times n+90°$

$\therefore \theta=60°\times n+15°$

$0°<\theta<360°$이므로

$0°<60°\times n+15°<360° \quad \therefore -\dfrac{1}{4}<n<\dfrac{23}{4}$

이때 n은 정수이므로 $n=0,\ 1,\ 2,\ 3,\ 4,\ 5$

따라서 각 θ의 개수는 6이다.

11 ① $10°=10\times\dfrac{\pi}{180}=\dfrac{\pi}{18}$

② $36°=36\times\dfrac{\pi}{180}=\dfrac{\pi}{5}$

③ $\dfrac{5}{12}\pi=\dfrac{5}{12}\pi\times\dfrac{180°}{\pi}=75°$

④ $\dfrac{8}{9}\pi=\dfrac{8}{9}\pi\times\dfrac{180°}{\pi}=160°$

⑤ $132°=132\times\dfrac{\pi}{180}=\dfrac{11}{15}\pi$

따라서 옳지 않은 것은 ②이다.

12 ① $-880°=360°\times(-3)+200°$ ➡ 제3사분면

② $985°=360°\times2+265°\qquad$ ➡ 제3사분면

③ $\dfrac{19}{6}\pi=2\pi\times1+\dfrac{7}{6}\pi\qquad$ ➡ 제3사분면

④ $-\dfrac{16}{3}\pi=2\pi\times(-3)+\dfrac{2}{3}\pi$ ➡ 제2사분면

⑤ $\dfrac{71}{10}\pi=2\pi\times3+\dfrac{11}{10}\pi$ ➡ 제3사분면

따라서 동경이 존재하는 사분면이 나머지 넷과 다른 하나는 ④이다.

13 ㄱ. $25° = 25 \times \dfrac{\pi}{180} = \dfrac{5}{36}\pi$

　ㄴ. $3 = 3 \times \dfrac{180°}{\pi} = \dfrac{540°}{\pi}$

　ㄷ. $-\dfrac{5}{6}\pi = -\dfrac{5}{6} \times 180° = -150°$이므로 제3사분면의 각
　　이다.

　ㄹ. $-\dfrac{2}{5}\pi = 2\pi \times (-1) + \dfrac{8}{5}\pi$, $\dfrac{18}{5}\pi = 2\pi \times 1 + \dfrac{8}{5}\pi$,

　　$\dfrac{38}{5}\pi = 2\pi \times 3 + \dfrac{8}{5}\pi$이므로 동경은 모두 일치한다.

　따라서 보기 중 옳은 것은 ㄱ, ㄴ, ㄹ이다.

14 부채꼴의 반지름의 길이를 r라 하면 호의 길이가 π이므로

　$\pi = r \times \dfrac{\pi}{3}$　　$\therefore r = 3$

　따라서 부채꼴의 넓이는

　$\dfrac{1}{2} \times 3^2 \times \dfrac{\pi}{3} = \dfrac{3}{2}\pi$

15 호의 길이와 넓이가 모두 $\dfrac{3}{2}\pi$이므로

　$\dfrac{3}{2}\pi = \dfrac{1}{2} \times r \times \dfrac{3}{2}\pi$　　$\therefore r = 2$

　호의 길이는 $\dfrac{3}{2}\pi$이므로

　$\dfrac{3}{2}\pi = 2\theta$　　$\therefore \theta = \dfrac{3}{4}\pi$

　$\therefore \dfrac{\theta}{r} = \dfrac{3}{8}\pi$

16 부채꼴 OCD의 넓이는 $\dfrac{1}{2} \times 16^2 \times \dfrac{5}{8}\pi = 80\pi \,(\text{cm}^2)$

　부채꼴 OAB의 넓이는 $\dfrac{1}{2} \times 4^2 \times \dfrac{5}{8}\pi = 5\pi \,(\text{cm}^2)$

　따라서 구하는 종이의 넓이는 $80\pi - 5\pi = 75\pi \,(\text{cm}^2)$

17 부채꼴의 반지름의 길이를 r, 호의 길이를 l이라 하면

　$2r + l = 16$　　$\therefore l = 16 - 2r$

　이때 $r > 0$, $16 - 2r > 0$이므로 $0 < r < 8$

　부채꼴의 넓이는

　$\dfrac{1}{2}r(16 - 2r) = -r^2 + 8r = -(r-4)^2 + 16$

　따라서 부채꼴의 넓이는 $0 < r < 8$에서 $r = 4$일 때 최대이다.

18 부채꼴의 반지름의 길이를 r m, 호의 길이를 l m라 하면

　$2r + l = 100$　　$\therefore l = 100 - 2r$

　이때 $r > 0$, $100 - 2r > 0$이므로 $0 < r < 50$

　부채꼴의 넓이는

　$\dfrac{1}{2}r(100 - 2r) = -r^2 + 50r = -(r-25)^2 + 625$

　따라서 부채꼴의 넓이는 $0 < r < 50$에서 $r = 25$일 때 최댓
　값이 625 m²이다.

19 부채꼴의 반지름의 길이를 r, 호의 길이를 l이라 하고 둘
　레의 길이가 일정하므로 $2r + l = c \,(c$는 상수$)$로 놓으면

　$l = c - 2r$

　이때 $r > 0$, $c - 2r > 0$이므로 $0 < r < \dfrac{c}{2}$

　부채꼴의 넓이는

　$\dfrac{1}{2}r(c - 2r) = -r^2 + \dfrac{c}{2}r = -\left(r - \dfrac{c}{4}\right)^2 + \dfrac{c^2}{16}$

　따라서 부채꼴의 넓이는 $0 < r < \dfrac{c}{2}$에서 $r = \dfrac{c}{4}$일 때 최대

　이므로 그때의 호의 길이는 $l = c - 2 \times \dfrac{c}{4} = \dfrac{c}{2}$

　부채꼴의 중심각의 크기를 θ라 하면

　$\dfrac{c}{2} = \dfrac{c}{4} \times \theta$　　$\therefore \theta = 2$

20 $\overline{\text{OP}} = \sqrt{(-12)^2 + 5^2} = 13$이므로

　$\cos\theta = -\dfrac{12}{13}$, $\tan\theta = -\dfrac{5}{12}$

　$\therefore 13\cos\theta - 12\tan\theta = 13 \times \left(-\dfrac{12}{13}\right) - 12 \times \left(-\dfrac{5}{12}\right)$

　$\qquad\qquad\qquad\qquad = -7$

21 θ가 제2사분면의 각이므로 원점 O에 대하여 각 θ를 나타
　내는 동경을 OP라 할 때, $\tan\theta = \dfrac{15}{-8}$에서 점 P의 좌표
　를 $(-8, 15)$로 놓을 수 있다.

　이때 $\overline{\text{OP}} = \sqrt{(-8)^2 + 15^2} = 17$이므로

　$\sin\theta = \dfrac{15}{17}$, $\cos\theta = -\dfrac{8}{17}$

　$\therefore \sin\theta - \cos\theta = \dfrac{23}{17}$

22 점 P의 좌표를 $(-3a, -4a) \,(a > 0)$로 놓으면

　$\overline{\text{OP}} = \sqrt{(-3a)^2 + (-4a)^2} = 5a$이므로

　$\sin\theta = \dfrac{-4a}{5a} = -\dfrac{4}{5}$, $\cos\theta = \dfrac{-3a}{5a} = -\dfrac{3}{5}$

　$\therefore \sin\theta + \cos\theta = -\dfrac{4}{5} + \left(-\dfrac{3}{5}\right) = -\dfrac{7}{5}$

23 ⑷에서 점 P는 제4사분면에 있으므로

　$\text{P}(a, b)$ (단, $a > 0$, $b < 0$)

　점 P는 원 $x^2 + y^2 = 4$ 위의 점이므로

　$a^2 + b^2 = 4$　　　…… ㉠

　⑺에서 $b^2 = 3a^2$　　　…… ㉡

　㉠, ㉡을 연립하여 풀면

　$a = 1$, $b = -\sqrt{3}$ $(\because a > 0, b < 0)$

　이때 $\text{P}(1, -\sqrt{3})$에서 $\overline{\text{OP}} = \sqrt{1^2 + (-\sqrt{3})^2} = 2$이므로

　$\sin\theta = -\dfrac{\sqrt{3}}{2}$, $\tan\theta = -\sqrt{3}$

　$\therefore \sin\theta\tan\theta = \left(-\dfrac{\sqrt{3}}{2}\right) \times (-\sqrt{3}) = \dfrac{3}{2}$

24 ㄱ. θ가 제2사분면의 각이므로

$\sin\theta>0$, $\cos\theta<0$ $\therefore \sin\theta-\cos\theta>0$

ㄴ. θ가 제3사분면의 각이므로

$\sin\theta<0$, $\cos\theta<0$, $\tan\theta>0$

$\therefore \sin\theta\cos\theta\tan\theta>0$

ㄷ. θ가 제4사분면의 각이므로

$\sin\theta<0$, $\cos\theta>0$, $\tan\theta<0$

즉, $\cos\theta\sin\theta<0$이고 $\sin\theta+\tan\theta<0$이므로

$\dfrac{\cos\theta\sin\theta}{\sin\theta+\tan\theta}>0$

따라서 보기 중 옳은 것은 ㄱ, ㄷ이다.

25 θ가 제3사분면의 각이므로

$\sin\theta<0$, $\cos\theta<0$, $\tan\theta>0$

$\therefore \dfrac{\sin\theta}{|\sin\theta|}-\dfrac{\cos\theta}{|\cos\theta|}+\dfrac{\tan\theta}{|\tan\theta|}$

$=\dfrac{\sin\theta}{-\sin\theta}-\dfrac{\cos\theta}{-\cos\theta}+\dfrac{\tan\theta}{\tan\theta}$

$=(-1)-(-1)+1=1$

26 (ⅰ) $\sin\theta\cos\theta<0$에서 $\sin\theta$와 $\cos\theta$의 값의 부호가 서로 다르므로 θ는 제2사분면 또는 제4사분면의 각이다.

(ⅱ) $\sin\theta\tan\theta<0$에서 $\sin\theta$와 $\tan\theta$의 값의 부호가 서로 다르므로 θ는 제2사분면 또는 제3사분면의 각이다.

(ⅰ), (ⅱ)에서 θ는 제2사분면의 각이다.

즉, $\sin\theta>0$, $\cos\theta<0$, $\tan\theta<0$이므로

$\sin\theta-\tan\theta>0$, $\cos\theta+\tan\theta<0$

$\therefore \sqrt{\cos^2\theta}+\sqrt{(\sin\theta-\tan\theta)^2}-\sqrt{(\cos\theta+\tan\theta)^2}$

$=|\cos\theta|+|\sin\theta-\tan\theta|-|\cos\theta+\tan\theta|$

$=-\cos\theta+(\sin\theta-\tan\theta)+(\cos\theta+\tan\theta)$

$=\sin\theta$

27 $(\sin\theta+\cos\theta)^2=1+2\sin\theta\cos\theta$

$(\sin\theta-\cos\theta)^2=1-2\sin\theta\cos\theta$

$\therefore \dfrac{1+2\sin\theta\cos\theta}{\sin\theta+\cos\theta}+\dfrac{1-2\sin\theta\cos\theta}{\sin\theta-\cos\theta}$

$=\dfrac{(\sin\theta+\cos\theta)^2}{\sin\theta+\cos\theta}+\dfrac{(\sin\theta-\cos\theta)^2}{\sin\theta-\cos\theta}$

$=(\sin\theta+\cos\theta)+(\sin\theta-\cos\theta)$

$=2\sin\theta$

28 ㄱ. $\dfrac{\sin\theta}{1-\cos\theta}+\dfrac{1-\cos\theta}{\sin\theta}$

$=\dfrac{\sin^2\theta+(1-\cos\theta)^2}{\sin\theta(1-\cos\theta)}$

$=\dfrac{\sin^2\theta+1-2\cos\theta+\cos^2\theta}{\sin\theta(1-\cos\theta)}$

$=\dfrac{2(1-\cos\theta)}{\sin\theta(1-\cos\theta)}=\dfrac{2}{\sin\theta}$

ㄴ. $\dfrac{\cos\theta-\tan\theta\sin\theta}{1-\tan\theta}$

$=\dfrac{\cos\theta-\dfrac{\sin^2\theta}{\cos\theta}}{1-\dfrac{\sin\theta}{\cos\theta}}$

$=\dfrac{\cos^2\theta-\sin^2\theta}{\cos\theta-\sin\theta}$

$=\dfrac{(\cos\theta+\sin\theta)(\cos\theta-\sin\theta)}{\cos\theta-\sin\theta}$

$=\sin\theta+\cos\theta$

ㄷ. $\tan^2\theta+(1-\tan^4\theta)\cos^2\theta$

$=\tan^2\theta+(1+\tan^2\theta)(1-\tan^2\theta)\cos^2\theta$

$=\tan^2\theta+(\cos^2\theta+\sin^2\theta)(1-\tan^2\theta)$

$=\tan^2\theta+(1-\tan^2\theta)$

$=1$

따라서 보기 중 옳은 것은 ㄱ, ㄷ이다.

29 $\cdot \sin^4\theta-\cos^4\theta$

$=(\sin^2\theta-\cos^2\theta)(\sin^2\theta+\cos^2\theta)$

$=\sin^2\theta-\cos^2\theta$

$=1-\cos^2\theta-\cos^2\theta$

$=1-\boxed{2\cos^2\theta}$

$\cdot \dfrac{\sin^2\theta}{\cos^2\theta}-\dfrac{\tan^2\theta}{1+\tan^2\theta}$

$=\tan^2\theta-\dfrac{\tan^2\theta}{1+\tan^2\theta}$

$=\tan^2\theta\left(1-\dfrac{1}{1+\tan^2\theta}\right)$

$=\tan^2\theta\left(1-\dfrac{\cos^2\theta}{\cos^2\theta+\sin^2\theta}\right)$

$=\tan^2\theta(1-\cos^2\theta)$

$=\tan^2\theta\sin^2\theta$

$=\sin^2\theta\times\boxed{\tan^2\theta}$

$\therefore$ ㈎ $2\cos^2\theta$ ㈏ $\tan^2\theta$

30 $\sin^2\theta+\cos^2\theta=1$이므로

$\cos^2\theta=1-\sin^2\theta=1-\left(-\dfrac{3}{5}\right)^2=\dfrac{16}{25}$

이때 θ가 제3사분면의 각이면 $\cos\theta<0$이므로

$\cos\theta=-\dfrac{4}{5}$

또 $\tan\theta=\dfrac{\sin\theta}{\cos\theta}=\dfrac{3}{4}$

$\therefore 4\tan\theta-5\cos\theta=4\times\dfrac{3}{4}-5\times\left(-\dfrac{4}{5}\right)$

$=7$

31 $\dfrac{1}{1-\cos\theta}+\dfrac{1}{1+\cos\theta}$

$=\dfrac{1+\cos\theta+1-\cos\theta}{(1-\cos\theta)(1+\cos\theta)}$

$=\dfrac{2}{1-\cos^2\theta}$

$=\dfrac{2}{\sin^2\theta}=4$

$\therefore\ \sin^2\theta=\dfrac{1}{2}$

또 $\cos^2\theta=1-\sin^2\theta=1-\dfrac{1}{2}=\dfrac{1}{2}$

이때 $\dfrac{\pi}{2}<\theta<\pi$이면 $\sin\theta>0$, $\cos\theta<0$이므로

$\sin\theta=\dfrac{\sqrt{2}}{2}$, $\cos\theta=-\dfrac{\sqrt{2}}{2}$

$\therefore\ \tan\theta=\dfrac{\sin\theta}{\cos\theta}=-1$

$\therefore\ \sin\theta\tan\theta=\dfrac{\sqrt{2}}{2}\times(-1)=-\dfrac{\sqrt{2}}{2}$

32 $0<\theta<\dfrac{\pi}{2}$이면 $\cos\theta>0$이므로

$\dfrac{\tan\theta}{\sqrt{1+\tan^2\theta}}=\dfrac{\dfrac{\sin\theta}{\cos\theta}}{\sqrt{\dfrac{\cos^2\theta+\sin^2\theta}{\cos^2\theta}}}$

$=\dfrac{\dfrac{\sin\theta}{\cos\theta}}{\dfrac{1}{|\cos\theta|}}=\dfrac{\dfrac{\sin\theta}{\cos\theta}}{\dfrac{1}{\cos\theta}}$

$=\sin\theta=\dfrac{1}{3}$

또 $\cos^2\theta=1-\sin^2\theta=1-\dfrac{1}{9}=\dfrac{8}{9}$

이때 $\cos\theta>0$이므로 $\cos\theta=\dfrac{2\sqrt{2}}{3}$

$\therefore\ \tan\theta=\dfrac{\sin\theta}{\cos\theta}=\dfrac{\sqrt{2}}{4}$

$\therefore\ \dfrac{1}{\cos\theta}+\tan\theta=\dfrac{3\sqrt{2}}{4}+\dfrac{\sqrt{2}}{4}=\sqrt{2}$

33 $\sin\theta+\cos\theta=\dfrac{1}{3}$의 양변을 제곱하면

$1+2\sin\theta\cos\theta=\dfrac{1}{9}$

$\therefore\ \sin\theta\cos\theta=-\dfrac{4}{9}$

$\therefore\ \tan\theta+\dfrac{1}{\tan\theta}=\dfrac{\sin\theta}{\cos\theta}+\dfrac{\cos\theta}{\sin\theta}$

$=\dfrac{\sin^2\theta+\cos^2\theta}{\cos\theta\sin\theta}$

$=\dfrac{1}{\sin\theta\cos\theta}$

$=-\dfrac{9}{4}$

34 $\sin\theta-\cos\theta=-\dfrac{1}{5}$의 양변을 제곱하면

$1-2\sin\theta\cos\theta=\dfrac{1}{25}$ $\therefore\ \sin\theta\cos\theta=\dfrac{12}{25}$

$\therefore\ \dfrac{1}{\sin\theta}-\dfrac{1}{\cos\theta}=\dfrac{\cos\theta-\sin\theta}{\sin\theta\cos\theta}$

$=\dfrac{-\left(-\dfrac{1}{5}\right)}{\dfrac{12}{25}}=\dfrac{5}{12}$

35 $(\sin\theta-\cos\theta)^2=1-2\sin\theta\cos\theta$

$=1-2\times\left(-\dfrac{3}{8}\right)=\dfrac{7}{4}$

이때 θ가 제2사분면의 각이면 $\sin\theta>0$, $\cos\theta<0$에서

$\sin\theta-\cos\theta>0$이므로

$\sin\theta-\cos\theta=\dfrac{\sqrt{7}}{2}$

$\therefore\ \sin^3\theta-\cos^3\theta$

$=(\sin\theta-\cos\theta)^3+3\sin\theta\cos\theta(\sin\theta-\cos\theta)$

$=\left(\dfrac{\sqrt{7}}{2}\right)^3+3\times\left(-\dfrac{3}{8}\right)\times\dfrac{\sqrt{7}}{2}=\dfrac{5\sqrt{7}}{16}$

36 $\tan\theta+\dfrac{1}{\tan\theta}=\dfrac{\sin\theta}{\cos\theta}+\dfrac{\cos\theta}{\sin\theta}=\dfrac{\sin^2\theta+\cos^2\theta}{\cos\theta\sin\theta}$

$=\dfrac{1}{\sin\theta\cos\theta}=-3$

$\therefore\ \sin\theta\cos\theta=-\dfrac{1}{3}$

$(\sin\theta-\cos\theta)^2=1-2\sin\theta\cos\theta$

$=1-2\times\left(-\dfrac{1}{3}\right)=\dfrac{5}{3}$

그런데 $\dfrac{\pi}{2}<\theta<\pi$이면 $\sin\theta>0$, $\cos\theta<0$에서

$\sin\theta-\cos\theta>0$이므로

$\sin\theta-\cos\theta=\dfrac{\sqrt{15}}{3}$

37 이차방정식의 근과 계수의 관계에 의하여

$\sin\theta+\cos\theta=\dfrac{7}{5}$ ⋯⋯ ㉠

$\sin\theta\cos\theta=\dfrac{k}{25}$ ⋯⋯ ㉡

㉠의 양변을 제곱하면

$1+2\sin\theta\cos\theta=\dfrac{49}{25}$

$\therefore\ \sin\theta\cos\theta=\dfrac{12}{25}$ ⋯⋯ ㉢

㉡, ㉢에서 $\dfrac{k}{25}=\dfrac{12}{25}$

$\therefore\ k=12$

38 이차방정식의 근과 계수의 관계에 의하여

$(\cos\theta+\sin\theta)+(\cos\theta-\sin\theta)=1$ ...... ㉠

$(\cos\theta+\sin\theta)(\cos\theta-\sin\theta)=a$ ...... ㉡

㉠에서 $2\cos\theta=1$ $\therefore \cos\theta=\dfrac{1}{2}$

㉡에서 $\cos^2\theta-\sin^2\theta=a$이므로

$a=\cos^2\theta-(1-\cos^2\theta)=2\cos^2\theta-1$

$\quad=2\times\left(\dfrac{1}{2}\right)^2-1=-\dfrac{1}{2}$

39 이차방정식의 근과 계수의 관계에 의하여

$\dfrac{1}{\sin\theta}+\dfrac{1}{\cos\theta}=k,\ \dfrac{1}{\sin\theta\cos\theta}=8$

이때 $\sin\theta\cos\theta=\dfrac{1}{8}$이므로

$(\sin\theta+\cos\theta)^2=1+2\sin\theta\cos\theta=1+2\times\dfrac{1}{8}=\dfrac{5}{4}$

그런데 $\sin\theta>0,\ \cos\theta>0$이므로

$\sin\theta+\cos\theta=\dfrac{\sqrt{5}}{2}$

$\therefore k=\dfrac{1}{\sin\theta}+\dfrac{1}{\cos\theta}$

$\quad=\dfrac{\cos\theta+\sin\theta}{\sin\theta\cos\theta}=\dfrac{\frac{\sqrt{5}}{2}}{\frac{1}{8}}=4\sqrt{5}$

40 이차방정식의 근과 계수의 관계에 의하여

$\sin\theta+\cos\theta=-\dfrac{1}{2}$

양변을 제곱하면

$1+2\sin\theta\cos\theta=\dfrac{1}{4}$

$\therefore \sin\theta\cos\theta=-\dfrac{3}{8}$

이때 $\tan\theta,\ \dfrac{1}{\tan\theta}$을 두 근으로 하는 이차방정식에서 두 근의 합은

$\tan\theta+\dfrac{1}{\tan\theta}=\dfrac{\sin\theta}{\cos\theta}+\dfrac{\cos\theta}{\sin\theta}=\dfrac{\sin^2\theta+\cos^2\theta}{\sin\theta\cos\theta}$

$\quad=\dfrac{1}{\sin\theta\cos\theta}=-\dfrac{8}{3}$

두 근의 곱은 $\tan\theta\times\dfrac{1}{\tan\theta}=1$

따라서 x^2의 계수가 3이고 두 근의 합이 $-\dfrac{8}{3}$, 두 근의 곱이 1인 이차방정식은

$3\left(x^2+\dfrac{8}{3}x+1\right)=0$

$\therefore 3x^2+8x+3=0$

Ⅱ-1 **02 삼각함수의 그래프**

기초 문제 Training
51쪽

1 (1) 주기: 2π, 치역: $\{y\,|-3\le y\le3\}$

(2) 주기: π, 치역: $\{y\,|-1\le y\le1\}$

(3) 주기: 2π, 치역: $\left\{y\,\middle|-\dfrac{1}{3}\le y\le\dfrac{1}{3}\right\}$

(4) 주기: 4π, 치역: $\{y\,|-1\le y\le1\}$

2 (1) 주기: π

점근선의 방정식: $x=n\pi+\dfrac{\pi}{2}$ (단, n은 정수)

(2) 주기: $\dfrac{\pi}{2}$

점근선의 방정식: $x=\dfrac{n}{2}\pi+\dfrac{\pi}{4}$ (단, n은 정수)

3 (1)
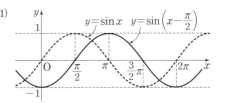

(2)
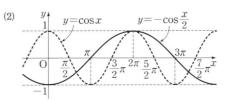

(3)
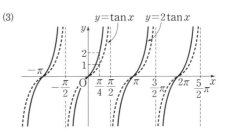

4 (1) 최댓값: 3, 최솟값: -3, 주기: π

(2) 최댓값: 1, 최솟값: -1, 주기: $\dfrac{\pi}{2}$

(3) 최댓값: $\dfrac{1}{2}$, 최솟값: $-\dfrac{1}{2}$, 주기: $\dfrac{2}{3}\pi$

(4) 최댓값: 2, 최솟값: -2, 주기: 4π

(5) 최댓값: 없다., 최솟값: 없다., 주기: 3π

(6) 최댓값: 없다., 최솟값: 없다., 주기: $\dfrac{1}{3}$

5 (1) $\dfrac{1}{2}$ (2) $-\dfrac{\sqrt{3}}{2}$ (3) $\dfrac{\sqrt{3}}{2}$ (4) $-\dfrac{1}{2}$ (5) $\dfrac{\sqrt{3}}{3}$ (6) $-\sqrt{3}$

1 ③	2 ⑤	3 ④	4 ㄱ, ㄷ	5 ⑤
6 8π	7 2π	8 $\dfrac{3}{4}$	9 ⑤	10 -8
11 $\dfrac{1}{2}$	12 4	13 $\dfrac{10}{3}\pi$	14 $-\dfrac{\pi}{2}$	15 ④
16 ②	17 25	18 1	19 -1	20 $-\dfrac{1}{3}$
21 ㄱ	22 ②	23 ③	24 $\dfrac{9}{2}$	25 6
26 ④	27 ③	28 3	29 ②	30 ④
31 9	32 ②			

1 $a=2+1=3$, $b=-2+1=-1$, $c=\dfrac{2\pi}{4}=\dfrac{\pi}{2}$이므로

$$abc=3\times(-1)\times\dfrac{\pi}{2}=-\dfrac{3}{2}\pi$$

2 함수 $f(x)$는 주기함수이고 주기를 p라 할 때, $pn=2$를 만족시키는 정수 n이 존재해야 한다.

각 함수의 주기는

① $\dfrac{2\pi}{\frac{\pi}{4}}=8 \Rightarrow 8n\neq2$　② $\dfrac{2\pi}{\frac{\pi}{3}}=6 \Rightarrow 6n\neq2$

③ $\dfrac{2\pi}{\frac{\pi}{2}}=4 \Rightarrow 4n\neq2$　④ $\dfrac{\pi}{\frac{\pi}{3}}=3 \Rightarrow 3n\neq2$

⑤ $\dfrac{\pi}{4\pi}=\dfrac{1}{4} \Rightarrow \dfrac{1}{4}\times8=2$

따라서 $f(x+2)=f(x)$를 만족시키는 것은 ⑤이다.

3 $y=\cos 2x+2$의 그래프를 x축에 대하여 대칭이동하면

$$y=-\cos 2x-2$$

이 함수의 그래프를 y축의 방향으로 $\dfrac{3}{2}$만큼 평행이동하면

$$y=-\cos 2x-\dfrac{1}{2}$$

따라서 $a=-1$, $b=-\dfrac{1}{2}$이므로 $a+b=-\dfrac{3}{2}$

4 ㄱ. 최댓값은 $3+2=5$, 최솟값은 $-3+2=-1$

　ㄴ. 주기는 $\dfrac{2\pi}{\frac{1}{2}}=4\pi$

　ㄷ. $y=-3\cos\left(\dfrac{x}{2}+\dfrac{\pi}{6}\right)+2=-3\cos\left\{\dfrac{1}{2}\left(x+\dfrac{\pi}{3}\right)\right\}+2$

　이므로 주어진 함수의 그래프는 함수 $y=-3\cos\dfrac{x}{2}$

　의 그래프를 x축의 방향으로 $-\dfrac{\pi}{3}$만큼, y축의 방향으로 2만큼 평행이동한 것이다.

따라서 보기 중 옳은 것은 ㄱ, ㄷ이다.

5 주기는 $\dfrac{\pi}{\frac{\pi}{2}}=2$

점근선의 방정식은 $\dfrac{\pi}{2}x-\pi=n\pi+\dfrac{\pi}{2}$에서

$x=2(n+1)+1$ (n은 정수)

$\therefore x=2n+1$ (단, n은 정수)

6 $y=\cos x$의 그래프에서

$$\dfrac{x_1+x_2}{2}=\pi, \dfrac{x_3+x_4}{2}=3\pi$$

$$\therefore x_1+x_2+x_3+x_4=2\pi+6\pi=8\pi$$

7 오른쪽 그림에서 빗금 친 두 부분의 넓이가 서로 같으므로 구하는 넓이는 가로의 길이가 $\dfrac{\pi}{2}$이고 세로의 길이가 4인 직사각형의 넓이와 같다.

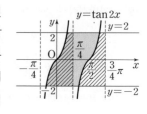

$$\therefore \dfrac{\pi}{2}\times4=2\pi$$

8 주기는 $\dfrac{2\pi}{\frac{2}{3}\pi}=3$이므로

$\gamma-\alpha=3$　$\therefore \gamma=\alpha+3$　……㉠

주어진 그래프는 직선 $x=\dfrac{3}{4}$에 대하여 대칭이므로

$\dfrac{\alpha+\beta}{2}=\dfrac{3}{4}$　$\therefore \alpha+\beta=\dfrac{3}{2}$　……㉡

㉠, ㉡에서 $\alpha+\beta+\gamma+\dfrac{3}{2}=6+\alpha$

$\therefore f\left(\alpha+\beta+\gamma+\dfrac{3}{2}\right)=f(6+\alpha)$

$=f(\alpha)=\dfrac{3}{4}$ ($\because f(x)$의 주기는 3)

9 $y=a\sin bx+c$의 최댓값이 5, 최솟값이 -1이고 $a>0$이므로

$a+c=5$, $-a+c=-1$

두 식을 연립하여 풀면 $a=3$, $c=2$

또 주기가 $\dfrac{\pi}{2}$이고 $b>0$이므로

$\dfrac{2\pi}{b}=\dfrac{\pi}{2}$　$\therefore b=4$

$\therefore abc=3\times4\times2=24$

10 ㈐에서 주기가 3π이고 $b>0$이므로

$\dfrac{2\pi}{b}=3\pi$　$\therefore b=\dfrac{2}{3}$

㈎에서 $f\left(\dfrac{\pi}{4}\right)=a\cos\left(\dfrac{2}{3}\times\dfrac{\pi}{4}+\dfrac{\pi}{6}\right)+c=1$이므로

$\dfrac{1}{2}a+c=1$　$\therefore a+2c=2$　……㉠

(내)에서 함수 $f(x)$의 최댓값이 4이고 $a>0$이므로

$a+c=4$ ...... ㉡

㉠, ㉡을 연립하여 풀면 $a=6$, $c=-2$

따라서 함수 $f(x)$의 최솟값은

$-a+c=-6-2=-8$

11 $y=2\tan(ax-\pi)+1$의 주기가 3π이고 $a>0$이므로

$\dfrac{\pi}{a}=3\pi$ $\quad\therefore a=\dfrac{1}{3}$

따라서 주어진 함수의 식은 $y=2\tan\left(\dfrac{1}{3}x-\pi\right)+1$이므

로 점근선의 방정식은 $\dfrac{1}{3}x-\pi=n\pi+\dfrac{\pi}{2}$에서

$x=3(n+1)\pi+\dfrac{3}{2}\pi$ (n은 정수)

$\therefore x=3n\pi+\dfrac{3}{2}\pi$ (단, n은 정수)

이때 $1<b<2$이므로 $b=\dfrac{3}{2}$

$\therefore ab=\dfrac{1}{3}\times\dfrac{3}{2}=\dfrac{1}{2}$

12 $y=a\sin b\left(x-\dfrac{\pi}{2}\right)+c$의 최댓값 3, 최솟값이 -1이고

$a>0$이므로

$a+c=3$, $-a+c=-1$

두 식을 연립하여 풀면 $a=2$, $c=1$

또 주기가 $\dfrac{3}{4}\pi-\left(-\dfrac{\pi}{4}\right)=\pi$이고 $b>0$이므로

$\dfrac{2\pi}{b}=\pi$ $\quad\therefore b=2$

$\therefore abc=2\times2\times1=4$

13 $y=a\cos(bx-c)+d$의 최댓값이 4, 최솟값이 0이고

$a>0$이므로

$a+d=4$, $-a+d=0$

두 식을 연립하여 풀면 $a=2$, $d=2$

또 주기가 $\dfrac{11}{6}\pi-\left(-\dfrac{\pi}{6}\right)=2\pi$이고 $b>0$이므로

$\dfrac{2\pi}{b}=2\pi$ $\quad\therefore b=1$

따라서 주어진 함수의 식은 $y=2\cos(x-c)+2$이고,

이 함수의 그래프가 점 $\left(\dfrac{5}{6}\pi,\,4\right)$를 지나므로

$4=2\cos\left(\dfrac{5}{6}\pi-c\right)+2$ $\quad\therefore \cos\left(\dfrac{5}{6}\pi-c\right)=1$

이때 $0<c<\pi$에서 $-\dfrac{\pi}{6}<\dfrac{5}{6}\pi-c<\dfrac{5}{6}\pi$이므로

$\dfrac{5}{6}\pi-c=0$ $\quad\therefore c=\dfrac{5}{6}\pi$

$\therefore abcd=2\times1\times\dfrac{5}{6}\pi\times2=\dfrac{10}{3}\pi$

14 $y=\tan(ax+b)+c$의 주기가 $\dfrac{3}{8}\pi-\left(-\dfrac{\pi}{8}\right)=\dfrac{\pi}{2}$이고

$a>0$이므로 $\dfrac{\pi}{a}=\dfrac{\pi}{2}$ $\quad\therefore a=2$

$a=2$이고 $-\dfrac{\pi}{2}<b<0$이므로 주어진 그래프는

$y=\tan2x$의 그래프를 x축의 방향으로 $\dfrac{\pi}{8}$만큼, y축의 방

향으로 1만큼 평행이동한 것이다. 즉,

$y=\tan2\left(x-\dfrac{\pi}{8}\right)+1=\tan\left(2x-\dfrac{\pi}{4}\right)+1$

$\therefore b=-\dfrac{\pi}{4}$, $c=1$ $\quad\therefore abc=2\times\left(-\dfrac{\pi}{4}\right)\times1=-\dfrac{\pi}{2}$

15 ㄱ. $y=\sin|x|$와 $y=|\sin x|$의 그래프는 다음 그림과

같다.

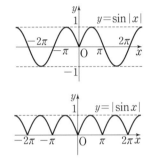

ㄴ. $y=\cos x$와 $y=\cos|x|$의 그래프는 다음 그림과 같다.

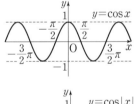

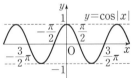

ㄷ. $y=\tan|x|$와 $y=|\tan x|$의 그래프는 다음 그림과

같다.

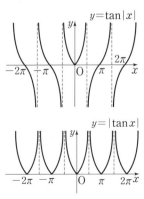

ㄹ. $y=\left|\cos\left(x+\dfrac{\pi}{2}\right)\right|$의 그래프는 다음과 같다.

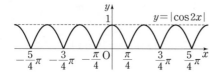

따라서 두 함수의 그래프가 일치하는 것은 ㄴ, ㄹ이다.

16 ㄱ. $y=|\cos 2x|$의 그래프는 다음 그림과 같으므로 주기는 $\dfrac{\pi}{2}$이다.

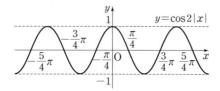

ㄴ. $y=\cos 2|x|$의 그래프는 다음 그림과 같으므로 주기는 π이다.

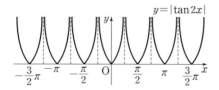

ㄷ. $y=|\tan 2x|$의 그래프는 다음 그림과 같으므로 주기는 $\dfrac{\pi}{2}$이다.

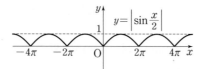

ㄹ. $y=\left|\sin\dfrac{x}{2}\right|$의 그래프는 다음 그림과 같으므로 주기는 2π이다.

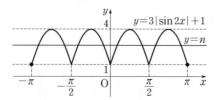

따라서 주기가 같은 함수는 ㄱ, ㄷ이다.

17 $y=3|\sin 2x|+1$의 그래프는 다음 그림과 같다.

따라서 $a_1=5$, $a_2=8$, $a_3=8$, $a_4=4$이므로
$a_1+a_2+a_3+a_4=5+8+8+4=25$

18 $\cos\dfrac{7}{6}\pi=\cos\left(\pi+\dfrac{\pi}{6}\right)$
$\qquad =-\cos\dfrac{\pi}{6}=-\dfrac{\sqrt{3}}{2}$
$\tan\left(-\dfrac{4}{3}\pi\right)=-\tan\dfrac{4}{3}\pi$
$\qquad =-\tan\left(\pi+\dfrac{\pi}{3}\right)$
$\qquad =-\tan\dfrac{\pi}{3}=-\sqrt{3}$
$\sin\dfrac{11}{6}\pi=\sin\left(2\pi-\dfrac{\pi}{6}\right)$
$\qquad =-\sin\dfrac{\pi}{6}=-\dfrac{1}{2}$
$\tan\dfrac{5}{4}\pi=\tan\left(\pi+\dfrac{\pi}{4}\right)$
$\qquad =\tan\dfrac{\pi}{4}=1$
$\therefore \cos\dfrac{7}{6}\pi\tan\left(-\dfrac{4}{3}\pi\right)+\sin\dfrac{11}{6}\pi\tan\dfrac{5}{4}\pi$
$\quad =\left(-\dfrac{\sqrt{3}}{2}\right)\times(-\sqrt{3})+\left(-\dfrac{1}{2}\right)\times 1=1$

19 $\cos\left(\dfrac{3}{2}\pi+\theta\right)=\cos\left(\pi+\dfrac{\pi}{2}+\theta\right)$
$\qquad =-\cos\left(\dfrac{\pi}{2}+\theta\right)$
$\qquad =-(-\sin\theta)=\sin\theta$
$\therefore \dfrac{\sin\left(\dfrac{\pi}{2}-\theta\right)}{1+\sin(\pi+\theta)}\times\dfrac{\cos(\pi-\theta)}{1+\cos\left(\dfrac{3}{2}\pi+\theta\right)}$
$\quad =\dfrac{\cos\theta}{1-\sin\theta}\times\dfrac{-\cos\theta}{1+\sin\theta}$
$\quad =\dfrac{-\cos^2\theta}{1-\sin^2\theta}=\dfrac{-\cos^2\theta}{\cos^2\theta}$
$\quad =-1$

20 $\tan\left(\dfrac{3}{2}\pi+\theta\right)=\tan\left(\pi+\dfrac{\pi}{2}+\theta\right)$
$\qquad =\tan\left(\dfrac{\pi}{2}+\theta\right)=-\dfrac{1}{\tan\theta}$
$\therefore \dfrac{\sin\left(\dfrac{\pi}{2}-\theta\right)}{\sin(\pi+\theta)}\times\dfrac{\cos\left(\theta+\dfrac{\pi}{2}\right)}{\cos(\theta+\pi)}\times\dfrac{\tan\left(\dfrac{3}{2}\pi+\theta\right)}{\tan(\pi-\theta)}$
$\quad =\dfrac{\cos\theta}{-\sin\theta}\times\dfrac{-\sin\theta}{-\cos\theta}\times\dfrac{-\dfrac{1}{\tan\theta}}{-\tan\theta}$
$\quad =-\dfrac{1}{\tan^2\theta}$
이때 $\theta=\dfrac{2}{3}\pi$이므로
$\tan\theta=\tan\dfrac{2}{3}\pi=\tan\left(\pi-\dfrac{\pi}{3}\right)=-\tan\dfrac{\pi}{3}=-\sqrt{3}$
$\therefore -\dfrac{1}{\tan^2\theta}=-\dfrac{1}{(-\sqrt{3})^2}=-\dfrac{1}{3}$

21 $A+B+C=\pi$이므로

ㄱ. (우변)$=\sin(B+C)=\sin(\pi-A)=\sin A$이므로
$$\sin A=\sin(B+C)$$

ㄴ. (우변)$=\cos\dfrac{B+C}{2}=\cos\left(\dfrac{\pi}{2}-\dfrac{A}{2}\right)=\sin\dfrac{A}{2}$이므로
$$\cos\dfrac{A}{2}\neq\cos\dfrac{B+C}{2}$$

ㄷ. (좌변)$=\tan A\tan(B+C)=\tan A\tan(\pi-A)$
$$=\tan A\times(-\tan A)=-\tan^2 A$$
이므로 $\tan A\tan(B+C)\neq 1$

따라서 보기 중 옳은 것은 ㄱ이다.

22 $\tan(90°-\theta)=\dfrac{1}{\tan\theta}$이므로

$\tan^2 10°\times\tan^2 20°\times\cdots\times\tan^2 70°\times\tan^2 80°$
$=(\tan^2 10°\times\tan^2 80°)\times(\tan^2 20°\times\tan^2 70°)$
$\qquad\times(\tan^2 30°\times\tan^2 60°)\times(\tan^2 40°\times\tan^2 50°)$
$=\left(\tan^2 10°\times\dfrac{1}{\tan^2 10°}\right)\times\left(\tan^2 20°\times\dfrac{1}{\tan^2 20°}\right)$
$\qquad\times\left(\tan^2 30°\times\dfrac{1}{\tan^2 30°}\right)\times\left(\tan^2 40°\times\dfrac{1}{\tan^2 40°}\right)$
$=1\times 1\times 1\times 1=1$

23 $\cos 110°=\cos(180°-70°)=-\cos 70°$
$\cos 130°=\cos(180°-50°)=-\cos 50°$
$\cos 150°=\cos(180°-30°)=-\cos 30°$
$\cos 170°=\cos(180°-10°)=-\cos 10°$
$\therefore a+b=\sin^2 10°+\sin^2 30°+\sin^2 50°+\sin^2 70°$
$\qquad\qquad+\cos^2 110°+\cos^2 130°+\cos^2 150°+\cos^2 170°$
$=\sin^2 10°+\sin^2 30°+\sin^2 50°+\sin^2 70°$
$\qquad+(-\cos 70°)^2+(-\cos 50°)^2+(-\cos 30°)^2$
$\qquad\qquad\qquad\qquad\qquad\qquad\qquad+(-\cos 10°)^2$
$=(\sin^2 10°+\cos^2 10°)+(\sin^2 30°+\cos^2 30°)$
$\qquad+(\sin^2 50°+\cos^2 50°)+(\sin^2 70°+\cos^2 70°)$
$=1+1+1+1=4$

24 $10\theta=\dfrac{\pi}{2}$에서 $\sin 9\theta=\sin\left(\dfrac{\pi}{2}-\theta\right)=\cos\theta$이므로 같은 방법으로 하면
$\sin 8\theta=\cos 2\theta,\ \sin 7\theta=\cos 3\theta,\ \sin 6\theta=\cos 4\theta$
$\therefore\ \sin^2\theta+\sin^2 2\theta+\sin^2 3\theta+\cdots+\sin^2 9\theta$
$\quad=\sin^2\theta+\sin^2 2\theta+\sin^2 3\theta+\sin^2 4\theta+\sin^2 5\theta$
$\qquad\qquad\qquad+\cos^2 4\theta+\cos^2 3\theta+\cos^2 2\theta+\cos^2\theta$
$\quad=(\sin^2\theta+\cos^2\theta)+(\sin^2 2\theta+\cos^2 2\theta)$
$\qquad\quad+(\sin^2 3\theta+\cos^2 3\theta)+(\sin^2 4\theta+\cos^2 4\theta)$
$\qquad\qquad\qquad\qquad\qquad\qquad\qquad+\underset{5\theta=\frac{\pi}{4}}{\underline{\sin^2\dfrac{\pi}{4}}}$
$\quad=1+1+1+1+\dfrac{1}{2}=\dfrac{9}{2}$

25 $y=2\sin(x+\pi)+\cos\left(x+\dfrac{\pi}{2}\right)-2$
$\qquad=-2\sin x-\sin x-2$
$\qquad=-3\sin x-2$

이때 $-1\leq\sin x\leq 1$이므로
$-3\leq-3\sin x\leq 3$ $\quad\therefore\ -5\leq-3\sin x-2\leq 1$
따라서 $M=1,\ m=-5$이므로
$$M-m=6$$

26 $\sin x=t$로 놓으면 $y=\left|t-\dfrac{1}{2}\right|+\dfrac{1}{2}$ $\ \cdots\cdots$ ㉠

이때 $-1\leq\sin x\leq 1$이므로 $-1\leq t\leq 1$
㉠의 그래프는 오른쪽 그림과 같으므로
$t=-1$일 때, $M=2$
$t=\dfrac{1}{2}$일 때, $m=\dfrac{1}{2}$
$\therefore\ M+m=\dfrac{5}{2}$

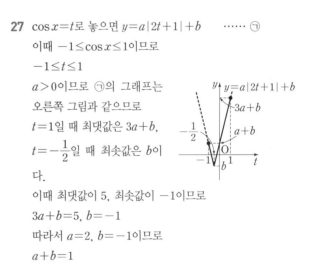

27 $\cos x=t$로 놓으면 $y=a|2t+1|+b$ $\ \cdots\cdots$ ㉠

이때 $-1\leq\cos x\leq 1$이므로
$-1\leq t\leq 1$
$a>0$이므로 ㉠의 그래프는 오른쪽 그림과 같으므로
$t=1$일 때 최댓값은 $3a+b$,
$t=-\dfrac{1}{2}$일 때 최솟값은 b이다.
이때 최댓값이 5, 최솟값이 -1이므로
$3a+b=5,\ b=-1$
따라서 $a=2,\ b=-1$이므로
$$a+b=1$$

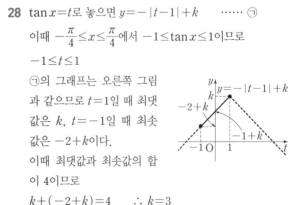

28 $\tan x=t$로 놓으면 $y=-|t-1|+k$ $\ \cdots\cdots$ ㉠

이때 $-\dfrac{\pi}{4}\leq x\leq\dfrac{\pi}{4}$에서 $-1\leq\tan x\leq 1$이므로
$-1\leq t\leq 1$
㉠의 그래프는 오른쪽 그림과 같으므로 $t=1$일 때 최댓값은 k, $t=-1$일 때 최솟값은 $-2+k$이다.
이때 최댓값과 최솟값의 합이 4이므로
$k+(-2+k)=4$ $\quad\therefore\ k=3$

29 $\sin x=t$로 놓으면 $y=\dfrac{1}{t-2}+1$ $\cdots\cdots$ ㉠

이때 $-1\le\sin x\le1$이므로 $-1\le t\le1$

㉠의 그래프는 오른쪽 그림과 같

으므로

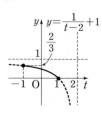

$t=-1$일 때, $M=\dfrac{2}{3}$

$t=1$일 때, $m=0$

$\therefore M+m=\dfrac{2}{3}$

30 $\cos x=t$로 놓으면 $y=\dfrac{t-5}{t+3}=-\dfrac{8}{t+3}+1$ $\cdots\cdots$ ㉠

이때 $-1\le\cos x\le1$이므로 $-1\le t\le1$

㉠의 그래프는 오른쪽 그림과 같

으므로 $t=1$일 때 최댓값은 -1,

$t=-1$일 때 최솟값은 -3이다.

주어진 함수의 치역은

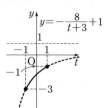

$\{y\,|\,-3\le y\le-1\}$이므로

$a=-3$, $b=-1$

$\therefore a^2+b^2=10$

31 $y=\sin^2 x-3\cos^2 x-4\sin x$

   $=4\sin^2 x-4\sin x-3$

$\sin x=t$로 놓으면

$y=4t^2-4t-3=4\left(t-\dfrac{1}{2}\right)^2-4$ $\cdots\cdots$ ㉠

이때 $-1\le\sin x\le1$이므로

$-1\le t\le1$

㉠의 그래프는 오른쪽 그림과

같으므로

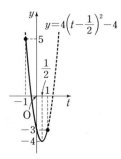

$t=-1$일 때, $M=5$

$t=\dfrac{1}{2}$일 때, $m=-4$

$\therefore M-m=9$

32 $y=\cos^2\left(x+\dfrac{\pi}{2}\right)-4\cos(\pi-x)+a$

   $=\sin^2 x+4\cos x+a$

   $=-\cos^2 x+4\cos x+a+1$

$\cos x=t$로 놓으면

$y=-t^2+4t+a+1=-(t-2)^2+a+5$ $\cdots\cdots$ ㉠

이때 $-1\le\cos x\le1$이므로 $-1\le t\le1$

㉠의 그래프는 오른쪽 그림

과 같으므로 $t=1$일 때 최

댓값이 $a+4$이다.

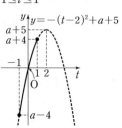

이때 최댓값은 3이므로

$a+4=3$ $\therefore a=-1$

기초 문제 Training

57쪽

1 (개) $\dfrac{\pi}{3}$ (내) $\dfrac{2}{3}\pi$

2 (1) $x=\dfrac{\pi}{4}$ 또는 $x=\dfrac{3}{4}\pi$

   (2) $x=\dfrac{5}{6}\pi$ 또는 $x=\dfrac{7}{6}\pi$

   (3) $x=\dfrac{\pi}{6}$ 또는 $x=\dfrac{7}{6}\pi$

3 (개) $\dfrac{2}{3}\pi$ (내) $\dfrac{4}{3}\pi$ (대) $\dfrac{2}{3}\pi\le x\le\dfrac{4}{3}\pi$

4 (1) $0\le x\le\dfrac{\pi}{3}$ 또는 $\dfrac{2}{3}\pi\le x<2\pi$

   (2) $0\le x<\dfrac{\pi}{4}$ 또는 $\dfrac{7}{4}\pi<x<2\pi$

   (3) $\dfrac{\pi}{3}\le x<\dfrac{\pi}{2}$ 또는 $\dfrac{4}{3}\pi\le x<\dfrac{3}{2}\pi$

핵심 유형 Training

58~60쪽

1 $\dfrac{5}{6}\pi$	**2** ④	**3** ③	**4** 3π	**5** ④
6 $x=\dfrac{\pi}{4}$	**7** ②	**8** ②	**9** $-\dfrac{25}{8}\le k\le3$	
10 ③	**11** $\dfrac{\pi}{6}$	**12** $\dfrac{3}{2}\pi$	**13** $-\dfrac{1}{2}$	**14** ⑤
15 ⑤	**16** ③	**17** ④	**18** ⑤	**19** $\dfrac{2}{3}\pi$
20 ③				

1 $2x=t$로 놓으면 $0\le x<\pi$에서 $0\le t<2\pi$이고 주어진 방

정식은 $2\cos t-\sqrt{3}=0$ $\therefore \cos t=\dfrac{\sqrt{3}}{2}$

$0\le t<2\pi$에서 함수 $y=\cos t$의 그래프와 직선 $y=\dfrac{\sqrt{3}}{2}$의

교점의 t좌표는 $\dfrac{\pi}{6}$, $\dfrac{11}{6}\pi$

이때 $t=2x$이므로

$2x=\dfrac{\pi}{6}$ 또는 $2x=\dfrac{11}{6}\pi$ $\therefore x=\dfrac{\pi}{12}$ 또는 $x=\dfrac{11}{12}\pi$

따라서 $\alpha=\dfrac{\pi}{12}$, $\beta=\dfrac{11}{12}\pi$이므로 $\beta-\alpha=\dfrac{5}{6}\pi$

2 $\dfrac{1}{2}x-\dfrac{\pi}{3}=t$로 놓으면 $0<x<2\pi$에서 $-\dfrac{\pi}{3}<t<\dfrac{2}{3}\pi$이

고 주어진 방정식은

$\sqrt{2}\sin t=1$ $\quad\therefore\ \sin t=\dfrac{\sqrt{2}}{2}$

$-\dfrac{\pi}{3}<t<\dfrac{2}{3}\pi$에서 함수 $y=\sin t$의 그래프와 직선

$y=\dfrac{\sqrt{2}}{2}$의 교점의 t좌표는 $\dfrac{\pi}{4}$

이때 $t=\dfrac{1}{2}x-\dfrac{\pi}{3}$이므로

$\dfrac{1}{2}x-\dfrac{\pi}{3}=\dfrac{\pi}{4}$ $\quad\therefore\ x=\dfrac{7}{6}\pi$

$\therefore\ \sin 4a=\sin\dfrac{14}{3}\pi=\sin\dfrac{2}{3}\pi=\dfrac{\sqrt{3}}{2}$

3 $2x+\dfrac{\pi}{4}=t$로 놓으면 $0<x<2\pi$에서 $\dfrac{\pi}{4}<t<\dfrac{17}{4}\pi$이고

주어진 방정식은

$\cos t=\sin t$ $\quad\cdots\cdots$ ㉠

$\cos t=\sin t$에서 $\cos t=0$일 때 $\sin t\neq 0$이므로

$\cos t\neq 0$

따라서 ㉠의 양변을 $\cos t$로 나누면

$1=\dfrac{\sin t}{\cos t}$ $\quad\therefore\ \tan t=1$

$\dfrac{\pi}{4}<t<\dfrac{17}{4}\pi$에서 함수 $y=\tan t$의 그래프와 직선 $y=1$

의 교점의 t좌표는 $\dfrac{5}{4}\pi,\ \dfrac{9}{4}\pi,\ \dfrac{13}{4}\pi$

이때 $t=2x+\dfrac{\pi}{4}$이므로

$2x+\dfrac{\pi}{4}=\dfrac{5}{4}\pi$ 또는 $2x+\dfrac{\pi}{4}=\dfrac{9}{4}\pi$ 또는 $2x+\dfrac{\pi}{4}=\dfrac{13}{4}\pi$

$\therefore\ x=\dfrac{\pi}{2}$ 또는 $x=\pi$ 또는 $x=\dfrac{3}{2}\pi$

따라서 모든 근의 합은 $\dfrac{\pi}{2}+\pi+\dfrac{3}{2}\pi=3\pi$

4 $\pi\sin x=t$로 놓으면 $0\leq x<2\pi$에서 $-1\leq\sin x\leq 1$이므

로 $-\pi\leq t\leq\pi$이고 주어진 방정식은

$\sin t=-1$

$-\pi\leq t\leq\pi$에서 함수 $y=\sin t$의 그래프와 직선 $y=-1$

의 교점의 t좌표는 $-\dfrac{\pi}{2}$ $\quad\therefore\ t=-\dfrac{\pi}{2}$

이때 $t=\pi\sin x$이므로

$-\dfrac{\pi}{2}=\pi\sin x$ $\quad\therefore\ \sin x=-\dfrac{1}{2}$

$0\leq x<2\pi$에서 함수 $y=\sin x$의 그래프와 직선 $y=-\dfrac{1}{2}$

의 교점의 x좌표는 $\dfrac{7}{6}\pi,\ \dfrac{11}{6}\pi$

따라서 모든 근의 합은 $\dfrac{7}{6}\pi+\dfrac{11}{6}\pi=3\pi$

5 $\cos^2 x+\sin x-\sin^2 x=0$에서

$(1-\sin^2 x)+\sin x-\sin^2 x=0$

$2\sin^2 x-\sin x-1=0,\ (2\sin x+1)(\sin x-1)=0$

$\therefore\ \sin x=-\dfrac{1}{2}$ 또는 $\sin x=1$

$0\leq x<2\pi$에서 함수 $y=\sin x$의 그래프와 두 직선

$y=-\dfrac{1}{2},\ y=1$의 교점의 x좌표는

$\dfrac{\pi}{2},\ \dfrac{7}{6}\pi,\ \dfrac{11}{6}\pi$

따라서 모든 근의 합은

$\dfrac{\pi}{2}+\dfrac{7}{6}\pi+\dfrac{11}{6}\pi=\dfrac{7}{2}\pi$

6 $\tan x+\dfrac{1}{\tan x}=2$에서 $0<x<\pi$일 때 $\tan x\neq 0$이므로

양변에 $\tan x$를 곱하면

$\tan^2 x+1=2\tan x,\ \tan^2 x-2\tan x+1=0$

$(\tan x-1)^2=0$ $\quad\therefore\ \tan x=1$

$0<x<\pi$에서 함수 $y=\tan x$의 그래프와 직선 $y=1$의

교점의 x좌표는 $\dfrac{\pi}{4}$

따라서 주어진 방정식의 해는 $x=\dfrac{\pi}{4}$

7 $3\sin^2\dfrac{A}{2}-5\cos\dfrac{A}{2}=1$에서

$3\left(1-\cos^2\dfrac{A}{2}\right)-5\cos\dfrac{A}{2}=1$

$3\cos^2\dfrac{A}{2}+5\cos\dfrac{A}{2}-2=0$

$\left(\cos\dfrac{A}{2}+2\right)\left(3\cos\dfrac{A}{2}-1\right)=0$

$\therefore\ \cos\dfrac{A}{2}=-2$ 또는 $\cos\dfrac{A}{2}=\dfrac{1}{3}$

이때 $0<\cos\dfrac{A}{2}<1$이므로 $\cos\dfrac{A}{2}=\dfrac{1}{3}$

따라서 $A+B+C=\pi$이므로

$\sin\dfrac{B+C}{2}=\sin\dfrac{\pi-A}{2}=\sin\left(\dfrac{\pi}{2}-\dfrac{A}{2}\right)=\cos\dfrac{A}{2}=\dfrac{1}{3}$

8 $\cos^2 x+4\sin x+k=0$에서

$(1-\sin^2 x)+4\sin x+k=0$

$\therefore\ \sin^2 x-4\sin x-1=k$

따라서 주어진 방정식이 실근을 가지려면 함수

$y=\sin^2 x-4\sin x-1$의 그래프와 직선 $y=k$의 교점이

존재해야 한다.

$y=\sin^2 x-4\sin x-1$에서 $\sin x=t$로 놓으면

$-1\leq t\leq 1$이고

$y=t^2-4t-1=(t-2)^2-5$

이때 오른쪽 그림에서 주어진 방정식이 실근을 가지려면
$-4 \leq k \leq 4$
따라서 $M=4$, $m=-4$이므로
$M-m=8$

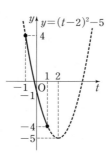

9 $2\sin^2\left(\dfrac{\pi}{2}+x\right)-3\cos\left(\dfrac{\pi}{2}+x\right)+k=0$에서

$2\cos^2 x+3\sin x+k=0$

$2(1-\sin^2 x)+3\sin x+k=0$

$2\sin^2 x-3\sin x-2-k=0$

$\therefore 2\sin^2 x-3\sin x-2=k$

따라서 주어진 방정식이 실근을 가지려면 함수
$y=2\sin^2 x-3\sin x-2$의 그래프와 직선 $y=k$의 교점이 존재해야 한다.

$y=2\sin^2 x-3\sin x-2$에서 $\sin x=t$로 놓으면
$-1 \leq t \leq 1$이고

$y=2t^2-3t-2=2\left(t-\dfrac{3}{4}\right)^2-\dfrac{25}{8}$

이때 오른쪽 그림에서 주어진 방정식이 실근을 가지려면

$-\dfrac{25}{8} \leq k \leq 3$

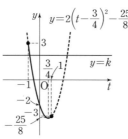

10 $\cos^2 x+\cos(\pi+x)-k+1=0$에서

$\cos^2 x-\cos x-k+1=0$

$\therefore \cos^2 x-\cos x+1=k$

따라서 주어진 방정식이 오직 하나의 실근을 가지려면 함수 $y=\cos^2 x-\cos x+1$의 그래프와 직선 $y=k$가 한 점에서 만나야 한다.

$y=\cos^2 x-\cos x+1$에서 $\cos x=t$로 놓으면
$0 \leq x \leq \pi$에서 $-1 \leq t \leq 1$이고

$y=t^2-t+1=\left(t-\dfrac{1}{2}\right)^2+\dfrac{3}{4}$

이때 오른쪽 그림에서 주어진 방정식이 오직 하나의 실근을 가지려면

$k=\dfrac{3}{4}$ 또는 $1 < k \leq 3$

따라서 모든 정수 k의 값의 합은

$2+3=5$

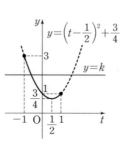

11 $2x-\dfrac{\pi}{3}=t$로 놓으면 $0 < x < \pi$에서 $-\dfrac{\pi}{3} < t < \dfrac{5}{3}\pi$이고

주어진 부등식은

$2\sin t+\sqrt{3}<0$ $\quad \therefore \sin t < -\dfrac{\sqrt{3}}{2}$

오른쪽 그림에서 t의 값의 범위는

$\dfrac{4}{3}\pi < t < \dfrac{5}{3}\pi$

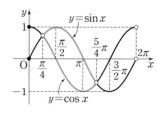

이때 $t=2x-\dfrac{\pi}{3}$이므로

$\dfrac{4}{3}\pi < 2x-\dfrac{\pi}{3} < \dfrac{5}{3}\pi$

$\therefore \dfrac{5}{6}\pi < x < \pi$

따라서 $\alpha=\dfrac{5}{6}\pi$, $\beta=\pi$이므로 $\beta-\alpha=\dfrac{\pi}{6}$

12 $\sin x-\cos x>0$에서 $\sin x>\cos x$

오른쪽 그림에서 x의 값의 범위는

$\dfrac{\pi}{4} < x < \dfrac{5}{4}\pi$

따라서 $\alpha=\dfrac{\pi}{4}$, $\beta=\dfrac{5}{4}\pi$

이므로 $\alpha+\beta=\dfrac{3}{2}\pi$

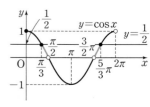

13 $\log_2(\cos x)+1 \leq 0$에서 $\log_2(\cos x) \leq -1$

$\therefore 0 < \cos x \leq \dfrac{1}{2}$

오른쪽 그림에서 x의 값의 범위는

$\dfrac{\pi}{3} \leq x < \dfrac{\pi}{2}$ 또는

$\dfrac{3}{2}\pi < x \leq \dfrac{5}{3}\pi$

따라서 $\alpha=\dfrac{5}{3}\pi$, $\beta=\dfrac{\pi}{3}$이므로

$\cos(\alpha-\beta)=\cos\dfrac{4}{3}\pi=-\cos\dfrac{\pi}{3}=-\dfrac{1}{2}$

14 $A+B+C=\pi$이므로

$\tan(B+C)=\tan(\pi-A)=-\tan A$

$\tan A-\tan(B+C)+2 \leq 0$에서

$2\tan A+2 \leq 0$ $\quad \therefore \tan A \leq -1$

오른쪽 그림에서 A의 값의 범위는

$\dfrac{\pi}{2} < A \leq \dfrac{3}{4}\pi$

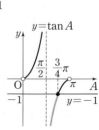

따라서 A의 최댓값은 $\dfrac{3}{4}\pi$이다.

15 $2\cos^2 x - 3\sin x \leq 0$에서

$2(1-\sin^2 x) - 3\sin x \leq 0$

$2\sin^2 x + 3\sin x - 2 \geq 0$

$(2\sin x - 1)(\sin x + 2) \geq 0$

이때 $\sin x + 2 > 0$이므로 $2\sin x - 1 \geq 0$

$\therefore \sin x \geq \dfrac{1}{2}$

오른쪽 그림에서 x의 값의
범위는

$\dfrac{\pi}{6} \leq x \leq \dfrac{5}{6}\pi$

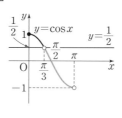

따라서 $\alpha = \dfrac{\pi}{6}$, $\beta = \dfrac{5}{6}\pi$

이므로 $\beta - \alpha = \dfrac{2}{3}\pi$

$\therefore \sin(\beta - \alpha) = \sin \dfrac{2}{3}\pi = \dfrac{\sqrt{3}}{2}$

16 $\cos x + \sin^2\left(\dfrac{\pi}{2} + x\right) < \cos^2\left(\dfrac{\pi}{2} + x\right)$에서

$\cos x + \cos^2 x < \sin^2 x$

$\cos x + \cos^2 x < 1 - \cos^2 x$

$2\cos^2 x + \cos x - 1 < 0$

$(\cos x + 1)(2\cos x - 1) < 0$

이때 $0 \leq x < \pi$에서 $\cos x + 1 > 0$이므로

$2\cos x - 1 < 0$ $\therefore \cos x < \dfrac{1}{2}$

오른쪽 그림에서 x의 값의 범
위는

$\dfrac{\pi}{3} < x < \pi$

따라서 $\alpha = \dfrac{\pi}{3}$, $\beta = \pi$이므로

$\alpha + \beta = \dfrac{4}{3}\pi$

17 $\sin^2 x + 4\cos x + 2a \leq 0$에서

$(1 - \cos^2 x) + 4\cos x + 2a \leq 0$

$\therefore \cos^2 x - 4\cos x - 2a - 1 \geq 0$

이때 $\cos x = t$로 놓으면 $-1 \leq t \leq 1$이고 주어진 부등식은

$t^2 - 4t - 2a - 1 \geq 0$

$f(t) = t^2 - 4t - 2a - 1$이라 하면

$f(t) = (t-2)^2 - 2a - 5$

$-1 \leq t \leq 1$에서 $f(t)$의 최솟값은 $-2a - 4$

이때 모든 실수 x에 대하여 부등식이 성립하려면

$-2a - 4 \geq 0$

$\therefore a \leq -2$

따라서 상수 a의 최댓값은 -2이다.

18 모든 실수 x에 대하여 주어진 부등식이 성립하려면 이차
방정식 $x^2 - 2x\sin\theta + \sin\theta = 0$의 판별식을 D라 할 때,
$D \leq 0$이어야 하므로

$\dfrac{D}{4} = \sin^2\theta - \sin\theta \leq 0$

$\sin\theta(\sin\theta - 1) \leq 0$ $\therefore 0 \leq \sin\theta \leq 1$

오른쪽 그림에서 θ의 값의
범위는 $0 \leq \theta \leq \pi$

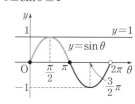

따라서 $\alpha = 0$, $\beta = \pi$이므로
$\alpha + \beta = \pi$

19 x에 대한 이차방정식 $x^2 - 2x\cos\theta + \cos\theta + \sin^2\theta = 0$
의 판별식을 D라 하면 $D = 0$이어야 하므로

$\dfrac{D}{4} = \cos^2\theta - (\sin^2\theta + \cos\theta) = 0$

$\cos^2\theta - \sin^2\theta - \cos\theta = 0$

$\cos^2\theta - (1 - \cos^2\theta) - \cos\theta = 0$

$2\cos^2\theta - \cos\theta - 1 = 0$

$(2\cos\theta + 1)(\cos\theta - 1) = 0$

$\therefore \cos\theta = -\dfrac{1}{2}$ 또는 $\cos\theta = 1$

이때 $0 < \theta < 2\pi$에서 $-1 \leq \cos\theta < 1$이므로

$\cos\theta = -\dfrac{1}{2}$

$0 < \theta < 2\pi$에서 함수 $y = \cos\theta$의 그래프와 직선 $y = -\dfrac{1}{2}$

의 교점의 θ좌표는 $\dfrac{2}{3}\pi$, $\dfrac{4}{3}\pi$

따라서 $\alpha = \dfrac{2}{3}\pi$, $\beta = \dfrac{4}{3}\pi$이므로 $\beta - \alpha = \dfrac{2}{3}\pi$

20 x에 대한 이차방정식 $x^2 + 2x\sin\theta + \cos^2\theta = 0$의 판별식
을 D라 하면 $D > 0$이어야 하므로

$\dfrac{D}{4} = \sin^2\theta - \cos^2\theta > 0$

$(1 - \cos^2\theta) - \cos^2\theta > 0$

$\cos^2\theta < \dfrac{1}{2}$

$\therefore -\dfrac{\sqrt{2}}{2} < \cos\theta < \dfrac{\sqrt{2}}{2}$

오른쪽 그림에서 θ의
값의 범위는

$\dfrac{\pi}{4} < \theta < \dfrac{3}{4}\pi$ 또는

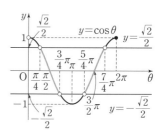

$\dfrac{5}{4}\pi < \theta < \dfrac{7}{4}\pi$

따라서 θ의 값이 아닌
것은 ③이다.

기초 문제 Training

62쪽

1 (1) $\sqrt{6}$ (2) $2\sqrt{2}$ (3) $8\sqrt{3}$

2 (1) $30°$ (2) $45°$ 또는 $135°$ (3) $60°$ 또는 $120°$

3 (1) 4 (2) $\dfrac{3\sqrt{2}}{2}$

4 (1) $\sqrt{39}$ (2) $\sqrt{5}$ (3) $3\sqrt{7}$

5 (1) $\dfrac{3}{4}$ (2) $\dfrac{\sqrt{3}}{2}$ (3) $\dfrac{1}{2}$

6 (1) 15 (2) $5\sqrt{3}$ (3) 6

7 (1) 6 (2) $48\sqrt{3}$

8 (1) $12\sqrt{2}$ (2) 9

핵심 유형 Training

63~68쪽

1 ③	**2** ⑤	**3** $2\sqrt{2}$	**4** $10\sqrt{2}$	**5** $4:2:5$
6 $\dfrac{13}{4}$	**7** ③	**8** ②	**9** ③	**10** ⑤
11 $a=b$인 이등변삼각형		**12** $30\sqrt{3}$ m		
13 ⑤	**14** $10\sqrt{6}$ m	**15** $\sqrt{19}$	**16** ①	
17 ①	**18** $\dfrac{3}{5}$	**19** $120°$	**20** $\dfrac{5\sqrt{7}}{14}$	**21** 6
22 ②	**23** $a=b$인 이등변삼각형		**24** ④	
25 $40\sqrt{7}$ m		**26** $\dfrac{169}{3}\pi$ m²		**27** $5\sqrt{2}$ m
28 ④	**29** ⑤	**30** ③	**31** ④	**32** 24
33 ③	**34** $20\sqrt{3}$	**35** ③	**36** ②	**37** $\sqrt{26}$
38 $\dfrac{3\sqrt{10}}{10}$	**39** 9	**40** $14\sqrt{3}$		

1 $A=180°-(60°+75°)=45°$이므로 사인법칙에 의하여
$$\frac{2\sqrt{6}}{\sin 45°}=\frac{b}{\sin 60°},\ 2\sqrt{6}\sin 60°=b\sin 45°$$
$$2\sqrt{6}\times\frac{\sqrt{3}}{2}=b\times\frac{\sqrt{2}}{2}\qquad \therefore b=6$$

2 $C=180°-(45°+105°)=30°$이므로 삼각형 ABC의 외접원의 반지름의 길이를 R라 하면 사인법칙에 의하여
$$\frac{12}{\sin 30°}=2R,\ 2R\sin 30°=12$$
$$\therefore R=12$$
따라서 삼각형 ABC의 외접원의 넓이는
$$\pi\times 12^2=144\pi$$

3 $B+C=180°-A$이므로
$$2\sin A\sin(B+C)=1,\ 2\sin A\sin(180°-A)=1$$
$$2\sin^2 A=1,\ \sin^2 A=\frac{1}{2}$$
$$\therefore \sin A=\frac{\sqrt{2}}{2}\ (\because 0°<A<180°)$$
사인법칙에 의하여
$$\frac{a}{\sin A}=2\times 2$$
$$\therefore a=4\times\frac{\sqrt{2}}{2}=2\sqrt{2}$$

4 $A+C=180°$이므로 사각형 ABCD는 원에 내접한다.
삼각형 ACD의 외접원의 지름의 길이가 20이므로 사인법칙에 의하여
$$\frac{\overline{\rm AC}}{\sin 135°}=20\qquad \therefore \overline{\rm AC}=20\times\frac{\sqrt{2}}{2}=10\sqrt{2}$$

5 $a+b=6k,\ b+c=7k,\ c+a=9k\ (k>0)$로 놓고 세 식을 변끼리 더하면
$$2(a+b+c)=22k\qquad \therefore a+b+c=11k$$
따라서 $a=4k,\ b=2k,\ c=5k$이므로 사인법칙에 의하여
$$\sin A:\sin B:\sin C=a:b:c=4:2:5$$

6 사인법칙에 의하여
$$a:b:c=\sin A:\sin B:\sin C=4:5:7$$
따라서 $a=4k,\ b=5k,\ c=7k\ (k>0)$로 놓으면
$$\frac{a^2+c^2}{ab}=\frac{(4k)^2+(7k)^2}{4k\times 5k}=\frac{65k^2}{20k^2}=\frac{13}{4}$$

7 $A+B+C=180°$이고 $A:B:C=1:2:1$이므로
$$A=180°\times\frac{1}{4}=45°,\ B=180°\times\frac{2}{4}=90°,$$
$$C=180°\times\frac{1}{4}=45°$$
$$\therefore \sin A:\sin B:\sin C=\sin 45°:\sin 90°:\sin 45°$$
$$=\frac{\sqrt{2}}{2}:1:\frac{\sqrt{2}}{2}=1:\sqrt{2}:1$$
사인법칙에 의하여
$$a:b:c=\sin A:\sin B:\sin C=1:\sqrt{2}:1$$

따라서 $a=k$, $b=\sqrt{2}k$, $c=k\,(k>0)$로 놓으면

$$\frac{b^2}{ac}=\frac{(\sqrt{2}k)^2}{k\times k}=2$$

8 삼각형 ABC의 외접원의 반지름의 길이를 R라 하면 사인법칙에 의하여

$a=2R\sin A$, $b=2R\sin B$, $c=2R\sin C$

$$\therefore\ a+b+c=2R\sin A+2R\sin B+2R\sin C$$
$$=2R(\sin A+\sin B+\sin C)$$
$$=2\times5\times\frac{3}{2}=15$$

9 삼각형 ABC의 외접원의 반지름의 길이를 R라 하면 사인법칙에 의하여

$$\sin B=\frac{b}{2R},\ \sin C=\frac{c}{2R}$$

이를 $b^2\sin C=c^2\sin B$에 대입하면

$$b^2\times\frac{c}{2R}=c^2\times\frac{b}{2R}$$

$$\therefore\ b=c$$

따라서 삼각형 ABC는 $b=c$인 이등변삼각형이다.

10 $\cos^2 A+\cos^2 B=\cos^2 C+1$에서

$(1-\sin^2 A)+(1-\sin^2 B)=(1-\sin^2 C)+1$

$\therefore\ \sin^2 C=\sin^2 A+\sin^2 B$ ······ ㉠

삼각형 ABC의 외접원의 반지름의 길이를 R라 하면 사인법칙에 의하여

$$\sin A=\frac{a}{2R},\ \sin B=\frac{b}{2R},\ \sin C=\frac{c}{2R}$$

이를 ㉠에 대입하면

$$\left(\frac{c}{2R}\right)^2=\left(\frac{a}{2R}\right)^2+\left(\frac{b}{2R}\right)^2$$

$$\therefore\ c^2=a^2+b^2$$

따라서 삼각형 ABC는 $C=90°$인 직각삼각형이다.

11 주어진 이차방정식의 판별식을 D라 하면

$$\frac{D}{4}=\sin^2 B-\sin^2 A=0$$

$\therefore\ \sin^2 B=\sin^2 A$ ······ ㉠

삼각형 ABC의 외접원의 반지름의 길이를 R라 하면 사인법칙에 의하여

$$\sin A=\frac{a}{2R},\ \sin B=\frac{b}{2R}$$

이를 ㉠에 대입하면

$$\left(\frac{b}{2R}\right)^2=\left(\frac{a}{2R}\right)^2$$

$b^2=a^2$ $\quad\therefore\ a=b\,(\because a>0,\ b>0)$

따라서 삼각형 ABC는 $a=b$인 이등변삼각형이다.

12 오른쪽 그림과 같이 선분 BC를 그으면 외접원의 반지름의 길이가 30 m이므로 사인법칙에 의하여

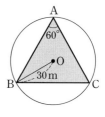

$$\frac{\overline{BC}}{\sin 60°}=2\times30$$

$$\therefore\ \overline{BC}=60\times\frac{\sqrt{3}}{2}$$
$$=30\sqrt{3}\,(\text{m})$$

13 $C=180°-(45°+75°)=60°$이므로 사인법칙에 의하여

$$\frac{60}{\sin 60°}=\frac{\overline{BC}}{\sin 45°}$$

$60\sin 45°=\overline{BC}\sin 60°$, $60\times\dfrac{\sqrt{2}}{2}=\overline{BC}\times\dfrac{\sqrt{3}}{2}$

$$\therefore\ \overline{BC}=20\sqrt{6}\,(\text{m})$$

14 삼각형 AQB에서

$\angle AQB=180°-(60°+75°)=45°$

사인법칙에 의하여

$$\frac{\overline{BQ}}{\sin 60°}=\frac{20}{\sin 45°}$$

$\overline{BQ}\sin 45°=20\sin 60°$, $\overline{BQ}\times\dfrac{\sqrt{2}}{2}=20\times\dfrac{\sqrt{3}}{2}$

$$\therefore\ \overline{BQ}=10\sqrt{6}\,(\text{m})$$

이때 삼각형 PBQ는 직각이등변삼각형이므로

$$\overline{PQ}=\overline{BQ}=10\sqrt{6}\,(\text{m})$$

15 사각형 ABCD가 원에 내접하므로

$B=180°-120°=60°$

삼각형 ABC에서 코사인법칙에 의하여

$$\overline{AC}^2=5^2+3^2-2\times5\times3\times\cos 60°$$
$$=25+9-15$$
$$=19$$

$$\therefore\ \overline{AC}=\sqrt{19}\,(\because \overline{AC}>0)$$

16 코사인법칙에 의하여

$$a^2=4^2+5^2-2\times4\times5\times\cos 60°$$
$$=16+25-20$$
$$=21$$

$$\therefore\ a=\sqrt{21}\,(\because a>0)$$

이때 삼각형 ABC의 외접원의 반지름의 길이를 R라 하면 사인법칙에 의하여

$$\frac{\sqrt{21}}{\sin 60°}=2R,\ 2R\sin 60°=\sqrt{21}$$

$$\therefore\ R=\sqrt{7}$$

17 코사인법칙에 의하여

$$b^2=(\sqrt{3}+1)^2+(\sqrt{2})^2-2\times(\sqrt{3}+1)\times\sqrt{2}\times\cos45°$$
$$=3+2\sqrt{3}+1+2-2(\sqrt{3}+1)=4$$
$$\therefore b=2\ (\because b>0)$$

또 사인법칙에 의하여

$$\frac{\sqrt{2}}{\sin A}=\frac{2}{\sin45°},\ \sqrt{2}\sin45°=2\sin A$$
$$\therefore \sin A=\sqrt{2}\times\frac{\sqrt{2}}{2}\times\frac{1}{2}=\frac{1}{2}$$

이때 $0°<A<180°$이므로 $A=30°$ 또는 $A=150°$
그런데 $A=150°$이면 $A+B>180°$이므로
$A=30°$

18 사인법칙에 의하여

$$a:b:c=\sin A:\sin B:\sin C=3:5:4$$

따라서 $a=3k,\ b=5k,\ c=4k\ (k>0)$로 놓으면 코사인 법칙에 의하여

$$\cos C=\frac{(3k)^2+(5k)^2-(4k)^2}{2\times3k\times5k}=\frac{3}{5}$$

19 삼각형에서 길이가 가장 긴 변의 대각의 크기가 세 내각 중 가장 크므로 길이가 13인 변의 대각의 크기를 θ라 하면 코사인법칙에 의하여

$$\cos\theta=\frac{7^2+8^2-13^2}{2\times7\times8}=-\frac{1}{2}$$

이때 $0°<\theta<180°$이므로
$\theta=120°$

20 정육각형의 한 내각의 크기는

$$\frac{180°\times(6-2)}{6}=120°$$

$\overline{MF}=\frac{1}{2}\overline{EF}=3$이므로 삼각형 AMF에서 코사인법칙에 의하여

$$\overline{AM}^2=6^2+3^2-2\times6\times3\times\cos120°$$
$$=36+9+18=63$$
$$\therefore \overline{AM}=3\sqrt{7}\ (\because \overline{AM}>0)$$
$$\therefore \cos\theta=\frac{6^2+(3\sqrt{7})^2-3^2}{2\times6\times3\sqrt{7}}=\frac{5\sqrt{7}}{14}$$

21 삼각형 ABC에서 코사인법칙에 의하여

$$\cos B=\frac{8^2+9^2-7^2}{2\times8\times9}=\frac{2}{3}$$

따라서 삼각형 ABD에서 코사인법칙에 의하여

$$\overline{AD}^2=8^2+6^2-2\times8\times6\times\cos B$$
$$=64+36-64=36$$
$$\therefore \overline{AD}=6\ (\because \overline{AD}>0)$$

22 코사인법칙에 의하여

$$\cos C=\frac{a^2+b^2-c^2}{2ab}$$

이를 $b=2a\cos C$에 대입하면

$$b=2a\times\frac{a^2+b^2-c^2}{2ab}$$
$$b^2=a^2+b^2-c^2$$
$$a^2=c^2$$
$$\therefore a=c\ (\because a>0,\ c>0)$$

따라서 삼각형 ABC는 $a=c$인 이등변삼각형이다.

23 삼각형 ABC의 외접원의 반지름의 길이를 R라 하면 사인법칙과 코사인법칙에 의하여

$$\sin A=\frac{a}{2R},\ \sin B=\frac{b}{2R},\ \cos A=\frac{b^2+c^2-a^2}{2bc},$$
$$\cos B=\frac{c^2+a^2-b^2}{2ca}$$

이를 $\sin A\cos B=\cos A\sin B$에 대입하면

$$\frac{a}{2R}\times\frac{c^2+a^2-b^2}{2ca}=\frac{b^2+c^2-a^2}{2bc}\times\frac{b}{2R}$$
$$c^2+a^2-b^2=b^2+c^2-a^2$$
$$b^2=a^2$$
$$\therefore a=b\ (\because a>0,\ b>0)$$

따라서 삼각형 ABC는 $a=b$인 이등변삼각형이다.

24 코사인법칙에 의하여

$$\cos A=\frac{b^2+c^2-a^2}{2bc},\ \cos B=\frac{c^2+a^2-b^2}{2ca},$$
$$\cos C=\frac{a^2+b^2-c^2}{2ab}$$

이를 $a\cos A+c\cos C=b\cos B$에 대입하면

$$a\times\frac{b^2+c^2-a^2}{2bc}+c\times\frac{a^2+b^2-c^2}{2ab}=b\times\frac{c^2+a^2-b^2}{2ca}$$
$$a^2(b^2+c^2-a^2)+c^2(a^2+b^2-c^2)=b^2(c^2+a^2-b^2)$$
$$a^4-2a^2c^2+c^4-b^4=0$$
$$(a^2-c^2)^2-(b^2)^2=0$$
$$(a^2-c^2-b^2)(a^2-c^2+b^2)=0$$
$$\therefore a^2=b^2+c^2 \text{ 또는 } c^2=a^2+b^2$$

따라서 삼각형 ABC는 $A=90°$ 또는 $C=90°$인 직각삼각 형이다.

25 코사인법칙에 의하여

$$\overline{PQ}^2=120^2+80^2-2\times120\times80\times\cos60°$$
$$=14400+6400-9600$$
$$=11200$$
$$\therefore \overline{PQ}=40\sqrt{7}(m)\ (\because \overline{PQ}>0)$$

따라서 두 나무 P, Q 사이의 거리는 $40\sqrt{7}$ m이다.

26 코사인법칙에 의하여

$$\cos A = \frac{8^2+7^2-13^2}{2\times8\times7} = -\frac{1}{2}$$

이때 $0°<A<180°$이므로 $A=120°$

삼각형 ABC의 외접원의 반지름의 길이를 R라 하면 사인법칙에 의하여

$$\frac{13}{\sin120°}=2R, \quad 2R\sin120°=13 \qquad \therefore R=\frac{13\sqrt{3}}{3}\,(m)$$

따라서 물웅덩이의 넓이는

$$\pi\times\left(\frac{13\sqrt{3}}{3}\right)^2=\frac{169}{3}\pi\,(m^2)$$

27 $\overline{PQ}=x\,(x>0)$라 하면 삼각형 PAQ에서

$$\overline{AP}=\frac{\overline{PQ}}{\sin45°}=\sqrt{2}x$$

또 삼각형 PBQ에서

$$\overline{BP}=\frac{\overline{PQ}}{\sin30°}=2x$$

삼각형 PAB에서 코사인법칙에 의하여

$$10^2=(\sqrt{2}x)^2+(2x)^2-2\times\sqrt{2}x\times2x\times\cos45°$$

$$100=2x^2+4x^2-4x^2, \quad x^2=50$$

$$\therefore x=5\sqrt{2}\ (\because x>0)$$

따라서 가로등의 높이 PQ는 $5\sqrt{2}$ m이다.

28 삼각형 ABC의 넓이가 $15\sqrt{3}$이므로

$$\frac{1}{2}\times6\times10\times\sin A=15\sqrt{3}$$

$$\therefore \sin A=\frac{\sqrt{3}}{2}$$

이때 $A>90°$이므로 $A=120°$

코사인법칙에 의하여

$$a^2=6^2+10^2-2\times6\times10\times\cos120°$$

$$=36+100+60=196$$

$$\therefore a=14\ (\because a>0)$$

29 원의 중심을 O라 하면

$$\angle BOA=360°\times\frac{3}{12}=90°$$

$$\angle COB=360°\times\frac{4}{12}=120°$$

$$\angle AOC=360°\times\frac{5}{12}=150°$$

$$\therefore \triangle ABC$$

$$=\triangle OAB+\triangle OBC+\triangle OCA$$

$$=\frac{1}{2}\times6^2\times\sin90°+\frac{1}{2}\times6^2\times\sin120°$$

$$\qquad\qquad +\frac{1}{2}\times6^2\times\sin150°$$

$$=18+9\sqrt{3}+9=9(3+\sqrt{3})$$

30 $\triangle ABC=\frac{\sqrt{3}}{4}\times8^2=16\sqrt{3}$

이때 $\triangle APR=\triangle BQP=\triangle CRQ$이고

$$\triangle APR=\frac{1}{2}\times6\times2\times\sin60°$$

$$=3\sqrt{3}$$

$$\therefore \triangle PQR$$

$$=\triangle ABC-3\triangle APR$$

$$=16\sqrt{3}-3\times3\sqrt{3}=7\sqrt{3}$$

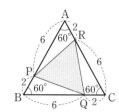

31 코사인법칙에 의하여

$$\cos C=\frac{8^2+10^2-12^2}{2\times8\times10}=\frac{1}{8}$$

$$\therefore \sin C=\sqrt{1-\cos^2C}$$

$$=\sqrt{1-\left(\frac{1}{8}\right)^2}=\frac{3\sqrt{7}}{8}$$

따라서 삼각형 ABC의 넓이는

$$\frac{1}{2}\times8\times10\times\frac{3\sqrt{7}}{8}=15\sqrt{7}$$

32 삼각형의 세 변의 길이를 a, b, c라 하면 삼각형의 외접원의 반지름의 길이가 $\sqrt{3}$이고 넓이가 $2\sqrt{3}$이므로

$$\frac{abc}{4\times\sqrt{3}}=2\sqrt{3}$$

$$\therefore abc=24$$

33 코사인법칙에 의하여

$$\cos C=\frac{5^2+7^2-8^2}{2\times5\times7}=\frac{1}{7}$$

$$\therefore \sin C=\sqrt{1-\cos^2C}$$

$$=\sqrt{1-\left(\frac{1}{7}\right)^2}=\frac{4\sqrt{3}}{7}$$

따라서 삼각형 ABC의 넓이는

$$\frac{1}{2}\times5\times7\times\frac{4\sqrt{3}}{7}=10\sqrt{3}$$

이때 삼각형 ABC의 내접원의 반지름의 길이를 r라 하면

$$\frac{1}{2}r(5+7+8)=10\sqrt{3}$$

$$\therefore r=\sqrt{3}$$

34 삼각형 BCD에서 코사인법칙에 의하여

$$\overline{BD}^2=5^2+10^2-2\times5\times10\times\cos60°$$

$$=25+100-50=75$$

$$\therefore \overline{BD}=5\sqrt{3}\ (\because \overline{BD}>0)$$

$$\therefore \square ABCD$$

$$=\triangle ABD+\triangle BCD$$

$$=\frac{1}{2}\times6\times5\sqrt{3}\times\sin30°+\frac{1}{2}\times5\times10\times\sin60°$$

$$=\frac{15\sqrt{3}}{2}+\frac{25\sqrt{3}}{2}=20\sqrt{3}$$

유형편

35 오른쪽 그림과 같이 선분 BD를 그으면 삼각형 ABD 에서 코사인법칙에 의하여

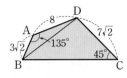

$\overline{BD}^2$

$=(3\sqrt{2})^2+8^2-2\times3\sqrt{2}\times8\times\cos135°$

$=18+64+48=130$

$\therefore \overline{BD}=\sqrt{130}\ (\because \overline{BD}>0)$

또 $\overline{BC}=x\,(x>0)$라 하면 삼각형 BCD에서 코사인법칙에 의하여

$(\sqrt{130})^2=x^2+(7\sqrt{2})^2-2\times x\times7\sqrt{2}\times\cos45°$

$130=x^2+98-14x,\ x^2-14x-32=0$

$(x+2)(x-16)=0\quad\therefore\ x=16\ (\because x>0)$

$\therefore \overline{BC}=16$

$\therefore \square ABCD$

$=\triangle ABD+\triangle BCD$

$=\dfrac{1}{2}\times3\sqrt{2}\times8\times\sin45°+\dfrac{1}{2}\times16\times7\sqrt{2}\times\sin45°$

$=12+56$

$=68$

36 오른쪽 그림과 같이 선분 AC를 그으면 삼각형 ABC에서 코사인법칙에 의하여

$\overline{AC}^2=2^2+2^2-2\times2\times2\times\cos B$

$=8-8\cos B$ ...... ㉠

삼각형 ACD에서 코사인법칙에 의하여

$\overline{AC}^2=4^2+6^2-2\times4\times6\times\cos D$

$=52-48\cos(180°-B)$

$=52+48\cos B$ ...... ㉡

㉠, ㉡에서

$8-8\cos B=52+48\cos B$

$\therefore \cos B=-\dfrac{11}{14}$

이때 $0°<B<180°$이므로

$\sin B=\sqrt{1-\cos^2 B}$

$=\sqrt{1-\left(-\dfrac{11}{14}\right)^2}=\dfrac{5\sqrt{3}}{14}$

$\therefore \square ABCD$

$=\triangle ABC+\triangle ACD$

$=\dfrac{1}{2}\times2\times2\times\sin B+\dfrac{1}{2}\times4\times6\times\sin(180°-B)$

$=\dfrac{1}{2}\times2\times2\times\dfrac{5\sqrt{3}}{14}+\dfrac{1}{2}\times4\times6\times\dfrac{5\sqrt{3}}{14}$

$=5\sqrt{3}$

37 평행사변형 ABCD의 넓이가 20이므로

$4\times\overline{BC}\times\dfrac{\sqrt{2}}{2}=20$

$\therefore \overline{BC}=5\sqrt{2}$

삼각형 ABC에서 코사인법칙에 의하여

$\overline{AC}^2=4^2+(5\sqrt{2})^2-2\times4\times5\sqrt{2}\times\cos45°$

$=16+50-40=26$

$\therefore \overline{AC}=\sqrt{26}\ (\because \overline{AC}>0)$

38 직각삼각형 ABC에서 $\overline{AC}=\sqrt{4^2+8^2}=4\sqrt{5}$

직각삼각형 ABD에서 $\overline{BD}=\sqrt{4^2+4^2}=4\sqrt{2}$

사다리꼴 ABCD의 넓이는 $\dfrac{1}{2}\times(4+8)\times4=24$이므로

$\dfrac{1}{2}\times4\sqrt{5}\times4\sqrt{2}\times\sin\theta=24$

$\therefore \sin\theta=\dfrac{3\sqrt{10}}{10}$

39 $\tan\theta=\dfrac{3}{4}$에서 $\dfrac{\sin\theta}{\cos\theta}=\dfrac{3}{4}$이므로 $\cos\theta=\dfrac{4\sin\theta}{3}$

이를 $\sin^2\theta+\cos^2\theta=1$에 대입하면

$\sin^2\theta+\left(\dfrac{4\sin\theta}{3}\right)^2=1,\ \sin^2\theta+\dfrac{16\sin^2\theta}{9}=1$

$\dfrac{25\sin^2\theta}{9}=1,\ \sin^2\theta=\dfrac{9}{25}$

이때 $\tan\theta>0$에서 $0°<\theta<90°$이므로

$\sin\theta=\dfrac{3}{5}$

$\therefore \square ABCD=\dfrac{1}{2}\times5\times6\times\sin\theta$

$=\dfrac{1}{2}\times5\times6\times\dfrac{3}{5}=9$

40 두 대각선의 교점을 O, $\overline{OA}=x$, $\overline{OB}=y$라 하면 삼각형 OAB에서 코사인법칙에 의하여

$6^2=x^2+y^2-2xy\cos60°$

$\therefore x^2+y^2-xy=36$ ...... ㉠

또 삼각형 OBC에서 코사인법칙에 의하여

$8^2=x^2+y^2-2xy\cos120°$

$\therefore x^2+y^2+xy=64$ ...... ㉡

㉡-㉠을 하면

$2xy=28\quad\therefore\ xy=14$

$\therefore \square ABCD=\dfrac{1}{2}\times\overline{AC}\times\overline{BD}\times\sin60°$

$=\dfrac{1}{2}\times2x\times2y\times\dfrac{\sqrt{3}}{2}$

$=\sqrt{3}xy$

$=14\sqrt{3}$

유형편

기초 문제 Training　70쪽

1 (1) **11** (2) **1024** (3) $\dfrac{1}{7}$ (4) **−9**

2 (1) **2, 3, 4** (2) $\dfrac{1}{4},\ \dfrac{2}{7},\ \dfrac{3}{10}$

3 (1) **−2** (2) $\dfrac{1}{2}$

4 (1) **8** (2) **3**

5 (1) $a_n=3n-2$ (2) $a_n=5n-8$
　 (3) $a_n=4n-2$ (4) $a_n=-3n-2$

6 (1) $x=5,\ y=9$ (2) $x=-1,\ y=1$

7 (1) **48** (2) **480** (3) **276** (4) **284**

핵심 유형 Training　71~76쪽

1 ④	**2** ④	**3** ②	**4** ①	**5** ③
6 $a_n=4n-16$		**7** ②	**8** 제17항	**9** ④
10 제25항	**11** 13	**12** 2	**13** 261	**14** ④
15 ①	**16** ①	**17** −6	**18** 6	**19** 5
20 −24	**21** ③	**22** 54	**23** 6	**24** ①
25 200	**26** 3	**27** 252	**28** ③	**29** ②
30 290	**31** ②	**32** 12	**33** 9	**34** ③
35 ②	**36** ③	**37** 630	**38** ④	**39** ⑤
40 12	**41** ④	**42** 6	**43** 75	**44** 143

1 $a_1,\ a_2,\ a_3,\ a_4,\ \cdots$의 규칙을 찾아보면
$a_1=(1+1)^2-1,\ a_2=(2+1)^2-2,\ a_3=(3+1)^2-3,$
$a_4=(4+1)^2-4,\ \cdots$
$\therefore a_n=(n+1)^2-n=n^2+n+1$

2 $a_1,\ a_2,\ a_3,\ a_4,\ \cdots$의 규칙을 찾아보면
$a_1=\dfrac{1}{2\times1-1},\ a_2=\dfrac{1}{2\times2-1},\ a_3=\dfrac{1}{2\times3-1},$
$a_4=\dfrac{1}{2\times4-1},\ \cdots$
$\therefore a_n=\dfrac{1}{2n-1}$
$a_k=\dfrac{1}{101}$에서 $\dfrac{1}{2k-1}=\dfrac{1}{101}$
$2k-1=101$　$\therefore k=51$

3 $a_1,\ a_2,\ a_3,\ a_4,\ \cdots$의 규칙을 찾아보면
$a_1=1\times3,\ a_2=2\times4,\ a_3=3\times5,\ a_4=4\times6,\ \cdots$
$\therefore a_n=n(n+2)$
$\therefore a_{10}-a_9=10\times12-9\times11=21$

4 첫째항을 a, 공차를 d라 하면 $a_2=7,\ a_{10}=23$이므로
$a+d=7,\ a+9d=23$
두 식을 연립하여 풀면
$a=5,\ d=2$

5 첫째항을 a, 공차를 d라 하면 $a_2+a_8=16$이므로
$(a+d)+(a+7d)=16$
$\therefore a+4d=8$ ······ ㉠
또 $a_3=2a_6$이므로
$a+2d=2(a+5d)$
$\therefore a+8d=0$ ······ ㉡
㉠, ㉡을 연립하여 풀면
$a=16,\ d=-2$
주어진 등차수열의 일반항 a_n은
$a_n=16+(n-1)\times(-2)=-2n+18$
$\therefore a_9=-2\times9+18=0$

6 제2항과 제6항은 절댓값이 같고 부호가 반대이므로
$a_2=-a_6$, 즉 $a_2+a_6=0$
첫째항을 a, 공차를 d라 하면
$(a+d)+(a+5d)=0$
$\therefore a+3d=0$ ······ ㉠
또 제5항은 4이므로
$a+4d=4$ ······ ㉡
㉠, ㉡을 연립하여 풀면
$a=-12,\ d=4$
따라서 주어진 등차수열의 일반항 a_n은
$a_n=-12+(n-1)\times4=4n-16$

7 등차수열 $\{a_n\}$, $\{b_n\}$의 첫째항을 a, 공차를 각각 d_1, d_2라 하면 $a_3 : b_3 = 4 : 5$에서 $4b_3 = 5a_3$이므로
$$4(a+2d_2) = 5(a+2d_1)$$
$$\therefore a + 10d_1 - 8d_2 = 0 \quad \cdots\cdots \text{㉠}$$
또 $a_5 : b_5 = 7 : 9$에서 $7b_5 = 9a_5$이므로
$$7(a+4d_2) = 9(a+4d_1)$$
$$\therefore a + 18d_1 - 14d_2 = 0 \quad \cdots\cdots \text{㉡}$$
㉠$-$㉡을 하면
$$-8d_1 + 6d_2 = 0 \quad \therefore d_1 = \frac{3}{4}d_2$$
이를 ㉠에 대입하면 $a = \frac{1}{2}d_2$
$$\therefore a_7 : b_7 = (a+6d_1) : (a+6d_2)$$
$$= \left(\frac{1}{2}d_2 + \frac{9}{2}d_2\right) : \left(\frac{1}{2}d_2 + 6d_2\right)$$
$$= 5d_2 : \frac{13}{2}d_2$$
$$= 10 : 13$$

8 첫째항을 a, 공차를 d라 하면 제6항이 32, 제10항이 20이므로
$$a + 5d = 32, \ a + 9d = 20$$
두 식을 연립하여 풀면
$$a = 47, \ d = -3$$
주어진 등차수열의 일반항을 a_n이라 하면
$$a_n = 47 + (n-1) \times (-3) = -3n + 50$$
이때 제n항에서 처음으로 음수가 된다고 하면 $a_n < 0$에서
$$-3n + 50 < 0, \ 3n > 50$$
$$\therefore n > 16.6\cdots$$
그런데 n은 자연수이므로 처음으로 음수가 되는 항은 제17항이다.

9 첫째항을 a, 공차를 d라 하면 $a_3 = -47$, $a_{10} = -19$이므로
$$a + 2d = -47, \ a + 9d = -19$$
두 식을 연립하여 풀면
$$a = -55, \ d = 4$$
주어진 등차수열의 일반항 a_n은
$$a_n = -55 + (n-1) \times 4 = 4n - 59$$
이때 제n항에서 처음으로 양수가 된다고 하면 $a_n > 0$에서
$$4n - 59 > 0, \ 4n > 59$$
$$\therefore n > 14.75$$
그런데 n은 자연수이므로 처음으로 양수가 되는 항은 제15항이다.

10 첫째항을 a, 공차를 d라 하면 $a_7 = 16$이므로
$$a + 6d = 16 \quad \cdots\cdots \text{㉠}$$
또 $a_3 : a_9 = 2 : 5$에서 $2a_9 = 5a_3$이므로
$$2(a+8d) = 5(a+2d)$$
$$\therefore a - 2d = 0 \quad \cdots\cdots \text{㉡}$$
㉠, ㉡을 연립하여 풀면
$$a = 4, \ d = 2$$
주어진 등차수열의 일반항 a_n은
$$a_n = 4 + (n-1) \times 2 = 2n + 2$$
이때 제n항에서 처음으로 50보다 커진다고 하면 $a_n > 50$에서
$$2n + 2 > 50, \ 2n > 48$$
$$\therefore n > 24$$
그런데 n은 자연수이므로 처음으로 50보다 커지는 항은 제25항이다.

11 공차를 d라 하면 $a_1 = 47$, $a_{10} = 11$이므로
$$47 + 9d = 11 \quad \therefore d = -4$$
주어진 등차수열의 일반항 a_n은
$$a_n = 47 + (n-1) \times (-4) = -4n + 51$$
이때 $-4n + 51 = 0$에서 $n = 12.75$이므로
$$|a_{12}| = |-4 \times 12 + 51| = 3$$
$$|a_{13}| = |-4 \times 13 + 51| = 1$$
따라서 $|a_n|$의 값이 최소가 되는 자연수 n의 값은 13이다.

12 공차를 d라 하면 첫째항이 8, 제7항이 20이므로
$$8 + 6d = 20 \quad \therefore d = 2$$

13 공차를 d라 하면 첫째항이 15, 제5항이 3이므로
$$15 + 4d = 3 \quad \therefore d = -3$$
$$\therefore x = 15 + d = 12, \ y = 15 + 2d = 9, \ z = 15 + 3d = 6$$
$$\therefore x^2 + y^2 + z^2 = 12^2 + 9^2 + 6^2$$
$$= 261$$

14 첫째항이 -10, 공차가 $\frac{3}{4}$인 등차수열의 제$(m+2)$항이 20이므로
$$-10 + (m+2-1) \times \frac{3}{4} = 20$$
$$\frac{3}{4}(m+1) = 30, \ m+1 = 40$$
$$\therefore m = 39$$

15 공차를 d라 하면 첫째항이 1, 제$(m+2)$항이 100이므로

$1+(m+2-1)d=100$

$\therefore (m+1)d=99$

이때 m, d가 자연수이므로 $m+1$도 자연수이다.

따라서 $(m+1)d=99$인 경우는 다음과 같으므로 자연수 d의 개수는 5이다.

$m+1$	3	9	11	33	99
d	33	11	9	3	1

16 a^2-1은 a와 a^2+a+1의 등차중항이므로

$a^2-1=\dfrac{a+(a^2+a+1)}{2}$

$2(a^2-1)=a^2+2a+1$

$a^2-2a-3=0$, $(a+1)(a-3)=0$

$\therefore a=-1$ 또는 $a=3$

따라서 모든 a의 값의 곱은

$-1\times3=-3$

17 a는 $1-2\sqrt{3}$과 1의 등차중항이므로

$a=\dfrac{(1-2\sqrt{3})+1}{2}=1-\sqrt{3}$

1은 a와 b의 등차중항이므로

$1=\dfrac{a+b}{2}$

$2=(1-\sqrt{3})+b$ $\therefore b=1+\sqrt{3}$

c는 5와 1의 등차중항이므로

$c=\dfrac{5+1}{2}=3$

1은 c와 d의 등차중항이므로

$1=\dfrac{c+d}{2}$

$2=3+d$ $\therefore d=-1$

$\therefore ab-c+d=(1-\sqrt{3})(1+\sqrt{3})-3+(-1)=-6$

18 이차방정식의 근과 계수의 관계에 의하여

$\alpha+\beta=6$, $\alpha\beta=6$

이때 p는 α와 β의 등차중항이므로

$p=\dfrac{\alpha+\beta}{2}=\dfrac{6}{2}=3$

또 q는 $\dfrac{1}{\alpha}$과 $\dfrac{1}{\beta}$의 등차중항이므로

$q=\dfrac{\dfrac{1}{\alpha}+\dfrac{1}{\beta}}{2}=\dfrac{\alpha+\beta}{2\alpha\beta}=\dfrac{6}{2\times6}=\dfrac{1}{2}$

$\therefore \dfrac{p}{q}=\dfrac{3}{\dfrac{1}{2}}=6$

19 a, b, 10에서 b는 a와 10의 등차중항이므로

$b=\dfrac{a+10}{2}$ $\therefore 2b=a+10$ ······ ㉠

10, c, d에서 c는 10과 d의 등차중항이므로

$c=\dfrac{10+d}{2}$ $\therefore 2c=10+d$ ······ ㉡

㉠$-$㉡을 하면

$2(b-c)=a-d$

또 b, e, 0에서 e는 b와 0의 등차중항이고, 5, e, c에서 e는 5와 c의 등차중항이므로

$\dfrac{b+0}{2}=\dfrac{5+c}{2}$, $b=5+c$

$\therefore b-c=5$

$\therefore a-b+c-d=(a-d)-(b-c)$

$\qquad\qquad\qquad =2(b-c)-(b-c)=b-c=5$

20 세 실근을 $a-d$, a, $a+d$라 하면 삼차방정식의 근과 계수의 관계에 의하여

$(a-d)+a+(a+d)=9$

$3a=9$ $\therefore a=3$

따라서 주어진 삼차방정식의 한 근이 3이므로

$3^3-9\times3^2+26\times3+k=0$

$\therefore k=-24$

21 가로의 길이, 세로의 길이, 높이를 각각 $a-d$, a, $a+d$라 하면 모든 모서리의 길이의 합이 48이므로

$4\{(a-d)+a+(a+d)\}=48$

$12a=48$ $\therefore a=4$

또 부피가 60이므로

$(4-d)\times4\times(4+d)=60$

$16-d^2=15$, $d^2=1$ $\therefore d=\pm1$

따라서 가로의 길이, 세로의 길이, 높이는 각각 3, 4, 5 또는 5, 4, 3이므로 구하는 겉넓이는

$2(3\times4+4\times5+5\times3)=94$

22 ㈎에서 직각삼각형의 세 변의 길이를 각각 $a-d$, a, $a+d\,(a>d>0)$라 하면

$(a+d)^2=a^2+(a-d)^2$, $a(a-4d)=0$

$\therefore a=4d\,(\because a\neq0)$ ······ ㉠

㈏에서 $a+d=15$ ······ ㉡

㉠, ㉡을 연립하여 풀면

$a=12$, $d=3$

따라서 직각삼각형의 세 변의 길이는 9, 12, 15이므로 그 넓이는

$\dfrac{1}{2}\times9\times12=54$

23 네 수를 $a-3d$, $a-d$, $a+d$, $a+3d$라 하면 네 수의 합이 20이므로

$(a-3d)+(a-d)+(a+d)+(a+3d)=20$

$4a=20$ ∴ $a=5$

또 네 수의 제곱의 합이 120이므로

$(5-3d)^2+(5-d)^2+(5+d)^2+(5+3d)^2=120$

$100+20d^2=120$, $d^2=1$

∴ $d=\pm1$

따라서 구하는 네 수는 2, 4, 6, 8이므로 가장 큰 수와 가장 작은 수의 차는

$8-2=6$

24 첫째항을 a, 공차를 d라 하면 $a_2=5$, $a_6=17$이므로

$a+d=5$, $a+5d=17$

두 식을 연립하여 풀면

$a=2$, $d=3$

따라서 첫째항이 2, 공차가 3인 등차수열의 첫째항부터 제20항까지의 합은

$\dfrac{20\{2\times2+(20-1)\times3\}}{2}=610$

25 등차수열 $\{a_n\}$, $\{b_n\}$의 공차를 각각 d_1, d_2라 하면

$a_1+b_1=2$, $d_1+d_2=4$

∴ $(a_1+a_2+a_3+\cdots+a_{10})+(b_1+b_2+b_3+\cdots+b_{10})$

$=\dfrac{10(2a_1+9d_1)}{2}+\dfrac{10(2b_1+9d_2)}{2}$

$=\dfrac{10\{2(a_1+b_1)+9(d_1+d_2)\}}{2}$

$=\dfrac{10(2\times2+9\times4)}{2}$

$=200$

26 첫째항이 1, 제$(m+2)$항이 58인 등차수열의 첫째항부터 제$(m+2)$항까지의 합이 590이므로

$\dfrac{(m+2)(1+58)}{2}=590$, $m+2=20$

∴ $m=18$

이 수열의 공차를 d라 하면 제20항이 58이므로

$1+19d=58$ ∴ $d=3$

27 공차를 d라 하면 $a_1=6$, $a_{10}=-12$이므로

$6+9d=-12$ ∴ $d=-2$

주어진 등차수열의 일반항 a_n은

$a_n=6+(n-1)\times(-2)=-2n+8$

이때 $a_n<0$에서 $-2n+8<0$, $2n>8$ ∴ $n>4$

따라서 등차수열 $\{a_n\}$은 제5항부터 음수이다.

$a_4=0$, $a_5=-2$, $a_{19}=-30$이므로

$|a_1|+|a_2|+|a_3|+\cdots+|a_{19}|$

$=(a_1+a_2+a_3+a_4)-(a_5+a_6+a_7+\cdots+a_{19})$

$=\dfrac{4(6+0)}{2}-\dfrac{15(-2-30)}{2}$

$=12-(-240)=252$

28 첫째항을 a, 공차를 d라 하면 $S_3=6$, $S_6=3$이므로

$\dfrac{3\{2a+(3-1)d\}}{2}=6$

∴ $a+d=2$ ⋯⋯ ㉠

$\dfrac{6\{2a+(6-1)d\}}{2}=3$

∴ $2a+5d=1$ ⋯⋯ ㉡

㉠, ㉡을 연립하여 풀면

$a=3$, $d=-1$

∴ $S_9=\dfrac{9\{2\times3+(9-1)\times(-1)\}}{2}=-9$

29 첫째항을 a, 공차를 d라 하면 $a_1+a_2+a_3+a_4+a_5=40$에서 $S_5=40$이므로

$\dfrac{5\{2a+(5-1)d\}}{2}=40$

∴ $a+2d=8$ ⋯⋯ ㉠

$a_6+a_7+a_8+\cdots+a_{15}=305$에서 $S_{15}-S_5=305$이므로

$\dfrac{15\{2a+(15-1)d\}}{2}-40=305$

∴ $a+7d=23$ ⋯⋯ ㉡

㉠, ㉡을 연립하여 풀면

$a=2$, $d=3$

∴ $S_{10}=\dfrac{10\{2\times2+(10-1)\times3\}}{2}=155$

30 첫째항을 a, 공차를 d, 첫째항부터 제n항까지의 합을 S_n이라 하면 ㈎에서 $S_{20}=90$이므로

$\dfrac{20\{2a+(20-1)d\}}{2}=90$

∴ $2a+19d=9$ ⋯⋯ ㉠

㈏에서 $S_{40}-S_{20}=490$이므로

$\dfrac{40\{2a+(40-1)d\}}{2}-90=490$

∴ $2a+39d=29$ ⋯⋯ ㉡

㉠, ㉡을 연립하여 풀면

$a=-5$, $d=1$

$$\therefore a_{11}+a_{12}+a_{13}+\cdots+a_{30}$$
$$=S_{30}-S_{10}$$
$$=\frac{30\{2\times(-5)+(30-1)\times1\}}{2}$$
$$-\frac{10\{2\times(-5)+(10-1)\times1\}}{2}$$
$$=285-(-5)=290$$

31 첫째항이 15, 공차가 -2이므로 일반항 a_n은
$$a_n=15+(n-1)\times(-2)=-2n+17$$
이때 제n항에서 처음으로 음수가 된다고 하면 $a_n<0$에서
$$-2n+17<0,\ 2n>17 \quad \therefore n>8.5$$
따라서 첫째항부터 제8항까지 양수이고, 제9항부터 음수
이므로 구하는 최댓값은
$$S_8=\frac{8\{2\times15+(8-1)\times(-2)\}}{2}=64$$

다른 풀이
$$S_n=\frac{n\{2\times15+(n-1)\times(-2)\}}{2}$$
$$=-n^2+16n$$
$$=-(n-8)^2+64$$
따라서 구하는 최댓값은 $n=8$일 때 64이다.

32 첫째항을 a, 공차를 d라 하면 제6항이 -55, 제10항이
-23이므로
$$a+5d=-55,\ a+9d=-23$$
두 식을 연립하여 풀면 $a=-95,\ d=8$
주어진 등차수열의 일반항 a_n은
$$a_n=-95+(n-1)\times8=8n-103$$
이때 제n항에서 처음으로 양수가 된다고 하면 $a_n>0$에서
$$8n-103>0,\ 8n>103 \quad \therefore n>12.875$$
따라서 첫째항부터 제12항까지 음수이고, 제13항부터 양
수이므로 첫째항부터 제12항까지의 합이 최소이다.
$$\therefore n=12$$

33 공차를 d라 하면 첫째항이 17이므로
$$S_7=\frac{7\{34+(7-1)d\}}{2}=21d+119$$
$$S_{11}=\frac{11\{34+(11-1)d\}}{2}=55d+187$$
이때 $S_7=S_{11}$이므로 $21d+119=55d+187$
$$34d=-68 \quad \therefore d=-2$$
주어진 등차수열의 일반항 a_n은
$$a_n=17+(n-1)\times(-2)=-2n+19$$

이때 제n항에서 처음으로 음수가 된다고 하면 $a_n<0$에서
$$-2n+19<0,\ 2n>19 \quad \therefore n>9.5$$
따라서 첫째항부터 제9항까지 양수이고, 제10항부터 음수
이므로 첫째항부터 제9항까지의 합이 최대이다.
$$\therefore n=9$$

34 공차를 d라 하면 $a_1=-45,\ a_{10}=-27$이므로
$$-45+9d=-27 \quad \therefore d=2$$
주어진 등차수열의 일반항 a_n은
$$a_n=-45+(n-1)\times2=2n-47$$
이때 제n항에서 처음으로 양수가 된다고 하면 $a_n>0$에서
$$2n-47>0,\ 2n>47 \quad \therefore n>23.5$$
따라서 첫째항부터 제23항까지 음수이고, 제24항부터 양
수이므로 첫째항부터 제23항까지의 합이 최소이다.
$$\therefore k=23$$
$$\therefore m=S_{23}=\frac{23\{2\times(-45)+(23-1)\times2\}}{2}=-529$$
$$\therefore k-m=23-(-529)=552$$

35 두 자리의 자연수 중에서 7로 나누었을 때의 나머지가 5
인 수를 작은 것부터 차례대로 나열하면
$$12,\ 19,\ 26,\ \cdots,\ 96$$
이는 첫째항이 12, 공차가 7인 등차수열이므로 제n항을
96이라 하면
$$12+(n-1)\times7=96,\ 7(n-1)=84$$
$$\therefore n=13$$
따라서 구하는 합은 첫째항이 12, 제13항이 96인 등차수
열의 첫째항부터 제13항까지의 합이므로
$$\frac{13(12+96)}{2}=702$$

36 100 이상 300 이하의 자연수 중에서 3으로 나누어떨어지
고 5로도 나누어떨어지는 수는 3과 5의 최소공배수인 15
로 나누어떨어지는 수이다. 이 수를 작은 것부터 차례대
로 나열하면
$$105,\ 120,\ 135,\ \cdots,\ 300$$
이는 첫째항이 105, 공차가 15인 등차수열이므로 제n항
을 300이라 하면
$$105+(n-1)\times15=300,\ 15(n-1)=195$$
$$\therefore n=14$$
따라서 구하는 합은 첫째항이 105, 제14항이 300인 등차
수열의 첫째항부터 제14항까지의 합이므로
$$\frac{14(105+300)}{2}=2835$$

37 3으로 나누어떨어지는 자연수를 작은 것부터 차례대로 나열하면

3, 6, ⑨, 12, 15, 18, ㉑, 24, 27, 30, ㉝, …

4로 나누었을 때의 나머지가 1인 자연수를 작은 것부터 차례대로 나열하면

1, 5, ⑨, 13, 17, ㉑, 25, 29, ㉝, …

따라서 수열 $\{a_n\}$은 첫째항이 9, 공차가 12인 등차수열이므로

$$S_{10} = \frac{10\{2 \times 9 + (10-1) \times 12\}}{2} = 630$$

38 $S_n = 3n^2 - 5n + 7$에서

$a_1 = S_1 = 3 \times 1^2 - 5 \times 1 + 7 = 5$

$a_{10} = S_{10} - S_9$

$\quad = (3 \times 10^2 - 5 \times 10 + 7) - (3 \times 9^2 - 5 \times 9 + 7)$

$\quad = 257 - 205 = 52$

$\therefore a_1 + a_{10} = 5 + 52 = 57$

39 나머지 정리에 의하여

$S_n = (-n)^2 + 2(-n) = n^2 - 2n$

$a_3 = S_3 - S_2$

$\quad = (3^2 - 2 \times 3) - (2^2 - 2 \times 2) = 3$

$a_7 = S_7 - S_6$

$\quad = (7^2 - 2 \times 7) - (6^2 - 2 \times 6) = 11$

$\therefore a_3 + a_7 = 3 + 11 = 14$

40 $S_n = 2n^2 + n$에서

(i) $n \geq 2$일 때,

$a_n = S_n - S_{n-1}$

$\quad = 2n^2 + n - \{2(n-1)^2 + (n-1)\}$

$\quad = 4n - 1$ ······ ㉠

(ii) $n = 1$일 때,

$a_1 = S_1 = 2 \times 1^2 + 1 = 3$ ······ ㉡

이때 ㉡은 ㉠에 $n = 1$을 대입한 값과 같으므로 일반항 a_n은

$a_n = 4n - 1$

따라서 수열 $\{a_n\}$은 첫째항이 3, 공차가 4인 등차수열이므로 $a = 3$, $d = 4$

$\therefore ad = 12$

41 $S_n = n^2 - 12n$에서

(i) $n \geq 2$일 때,

$a_n = S_n - S_{n-1}$

$\quad = n^2 - 12n - \{(n-1)^2 - 12(n-1)\}$

$\quad = 2n - 13$ ······ ㉠

(ii) $n = 1$일 때,

$a_1 = S_1 = 1^2 - 12 \times 1 = -11$ ······ ㉡

이때 ㉡은 ㉠에 $n = 1$을 대입한 값과 같으므로 일반항 a_n은 $a_n = 2n - 13$이고 $a_n < 0$에서

$2n - 13 < 0$, $2n < 13$

$\therefore n < 6.5$

따라서 $a_n < 0$을 만족시키는 자연수 n의 값은 1, 2, 3, 4, 5, 6의 6개이다.

42 n각형의 내각의 크기의 합은 $180°(n-2)$ ······ ㉠

첫째항이 95°, 공차가 10°인 등차수열의 첫째항부터 제n항까지의 합은

$$\frac{n\{2 \times 95° + (n-1) \times 10°\}}{2}$$ ······ ㉡

㉠, ㉡에서

$$180°(n-2) = \frac{n\{2 \times 95° + (n-1) \times 10°\}}{2}$$

$n^2 - 18n + 72 = 0$, $(n-6)(n-12) = 0$

$\therefore n = 6$ 또는 $n = 12$

이때 $n = 12$이면 가장 큰 내각의 크기가

$95° + 11 \times 10° = 205°$이므로 $n = 6$

43 다음 그림에서 색칠한 삼각형은 한 변의 길이와 그 양 끝 각의 크기가 같으므로 모두 합동이다.

$\therefore a_2 - a_1 = a_3 - a_2 = \cdots = a_{10} - a_9$

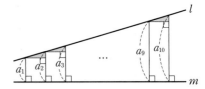

따라서 a_1, a_2, a_3, $\cdots$, a_{10}은 이 순서대로 등차수열을 이루므로

$$a_1 + a_2 + a_3 + \cdots + a_{10} = \frac{10(5+10)}{2} = 75$$

44 선분 10개를 각각 연장한 직선이 x축과 만나는 점의 x좌표를 왼쪽부터 차례대로 x_1, x_2, x_3, $\cdots$, x_{13}이라 하면

$l_n = (x_n^2 + ax_n + b) - x_n^2 = ax_n + b$ $(n = 1, 2, 3, \cdots, 13)$

이때 수열 x_1, x_2, x_3, $\cdots$, x_{13}이 등차수열이므로

$x_{n+1} - x_n = d$라 하면

$l_{n+1} - l_n = a(x_{n+1} - x_n) = ad$

따라서 수열 l_1, l_2, l_3, $\cdots$, l_{13}은 등차수열이므로

$$l_1 + l_2 + l_3 + \cdots + l_{13} = \frac{13(3+19)}{2} = 143$$

기초 문제 Training

77쪽

1 (1) 3 (2) 4 (3) $\sqrt{3}$ (4) -1

2 (1) 12 (2) -4 (3) $\dfrac{1}{32}$ (4) $-2\sqrt{2}$

3 (1) $a_n = 2^{n-1}$ (2) $a_n = 3 \times \left(-\dfrac{1}{3}\right)^{n-1}$

(3) $a_n = (\sqrt{5})^n$ (4) $a_n = 7 \times \left(-\dfrac{1}{2}\right)^{n-1}$

4 (1) $x=2,\ y=8$ (2) $x=\dfrac{1}{2},\ y=\dfrac{9}{8}$

(3) $x=6,\ y=36$ (4) $x=32,\ y=8$

5 (1) 728 (2) $-\dfrac{85}{128}$ (3) 341 (4) $\dfrac{1}{9}(1-0.1^{10})$

핵심 유형 Training

78~82쪽

1 5	**2** ④	**3** ①	**4** ③	**5** ④
6 ③	**7** 8	**8** ①	**9** ③	**10** 7
11 3	**12** ③	**13** ④	**14** $-\dfrac{9}{2}$	**15** 12
16 ④	**17** ④	**18** $\dfrac{4}{25}$ g	**19** 7번째	**20** $\dfrac{3}{1024}$
21 ②	**22** 1023	**23** 9207	**24** 9	**25** ④
26 ③	**27** ⑤	**28** ③	**29** ①	**30** 5460
31 8	**32** 1875000원	**33** ③	**34** ①	

1 첫째항이 $\dfrac{1}{2}$, 공비가 $-\dfrac{1}{2}$인 등비수열의 일반항 a_n은

$a_n = \dfrac{1}{2} \times \left(-\dfrac{1}{2}\right)^{n-1}$

$a_k = \dfrac{1}{32}$에서

$\dfrac{1}{2} \times \left(-\dfrac{1}{2}\right)^{k-1} = \dfrac{1}{32}$

$\left(-\dfrac{1}{2}\right)^{k-1} = \dfrac{1}{16},\ k-1=4$

$\therefore k=5$

2 첫째항을 a, 공비를 r라 하면 $a_4=24,\ a_7=192$이므로

$ar^3 = 24$ ······ ㉠

$ar^6 = 192$ ······ ㉡

㉡÷㉠을 하면

$\dfrac{ar^6}{ar^3} = \dfrac{192}{24},\ r^3=8$ $\therefore r=2$

이를 ㉠에 대입하면 $8a=24$ $\therefore a=3$

$\therefore a+r = 3+2 = 5$

3 첫째항을 a, 공비를 r라 하면 $a_1+a_3=5$에서

$a+ar^2=5$ $\therefore a(1+r^2)=5$ ······ ㉠

또 $a_4+a_6=-40$에서

$ar^3+ar^5=-40$ $\therefore ar^3(1+r^2)=-40$ ······ ㉡

㉡÷㉠을 하면

$\dfrac{ar^3(1+r^2)}{a(1+r^2)} = \dfrac{-40}{5},\ r^3=-8$ $\therefore r=-2$

이를 ㉠에 대입하면 $5a=5$ $\therefore a=1$

$\therefore a_7+a_8 = (-2)^6+(-2)^7 = 64-128 = -64$

4 첫째항을 a, 공비를 r라 하면 $a_3=36,\ a_5=324$이므로

$ar^2=36$ ······ ㉠

$ar^4=324$ ······ ㉡

㉡÷㉠을 하면

$\dfrac{ar^4}{ar^2} = \dfrac{324}{36},\ r^2=9$ $\therefore r=3\ (\because r>0)$

이를 ㉠에 대입하면 $9a=36$ $\therefore a=4$

따라서 $a_9=4 \times 3^8$이므로

$\log_3 \dfrac{a_9}{4} = \log_3 \dfrac{4 \times 3^8}{4} = \log_3 3^8 = 8$

5 공비를 r라 하면 첫째항이 4, 제5항이 $\dfrac{1}{4}$이므로

$4r^4 = \dfrac{1}{4},\ r^4 = \dfrac{1}{16}$ $\therefore r=\dfrac{1}{2}\ (\because r>0)$

주어진 등비수열의 일반항을 a_n이라 하면

$a_n = 4 \times \left(\dfrac{1}{2}\right)^{n-1} = \left(\dfrac{1}{2}\right)^{n-3}$

이때 제n항에서 처음으로 $\dfrac{1}{1000}$보다 작아진다고 하면

$a_n < \dfrac{1}{1000}$에서

$\left(\dfrac{1}{2}\right)^{n-3} < \dfrac{1}{1000}$

그런데 n은 자연수이고 $\left(\dfrac{1}{2}\right)^9 = \dfrac{1}{512}$, $\left(\dfrac{1}{2}\right)^{10} = \dfrac{1}{1024}$이므로

$n-3 \geq 10$ $\therefore n \geq 13$

따라서 처음으로 $\dfrac{1}{1000}$보다 작아지는 항은 제13항이다.

6 첫째항을 a, 공비를 r라 하면 $a_2=6$, $a_5=48$이므로

$ar=6$ …… ㉠

$ar^4=48$ …… ㉡

㉡÷㉠을 하면

$\dfrac{ar^4}{ar}=\dfrac{48}{6}$, $r^3=8$ $\therefore r=2$

이를 ㉠에 대입하면 $2a=6$ $\therefore a=3$

주어진 등비수열의 일반항 a_n은

$a_n=3\times 2^{n-1}$

$500<a_n<1000$에서

$500<3\times 2^{n-1}<1000$ $\therefore \dfrac{500}{3}<2^{n-1}<\dfrac{1000}{3}$

그런데 n은 자연수이고 $2^7=128$, $2^8=256$, $2^9=512$이므로

$n-1=8$ $\therefore n=9$

7 첫째항이 2, 공비가 $\sqrt{3}$인 등비수열의 일반항 a_n은

$a_n=2\times(\sqrt{3})^{n-1}$ $\therefore a_n{}^2=4\times 3^{n-1}$

$a_n{}^2>4000$에서 $4\times 3^{n-1}>4000$

$3^{n-1}>1000$

그런데 n은 자연수이고 $3^6=729$, $3^7=2187$이므로

$n-1\geq 7$ $\therefore n\geq 8$

따라서 구하는 자연수 n의 최솟값은 8이다.

8 공비를 r라 하면 첫째항이 4, 제6항이 128이므로

$4r^5=128$, $r^5=32$ $\therefore r=2$

따라서 $x_1=4\times 2=8$, $x_2=4\times 2^2=16$, $x_3=4\times 2^3=32$,

$x_4=4\times 2^4=64$이므로

$x_1+x_2+x_3+x_4=8+16+32+64$

                        $=120$

9 공비를 $r(r>0)$라 하면 첫째항이 3, 제13항이 48이므로

$3r^{12}=48$, $r^{12}=16$

$\therefore r^3=2\ (\because r>0)$

$\therefore \dfrac{x_{10}}{x_7}=\dfrac{3r^{10}}{3r^7}=r^3=2$

10 첫째항이 $\dfrac{64}{81}$, 공비가 $\dfrac{3}{2}$인 등비수열의 제$(m+2)$항이

$\dfrac{81}{4}$이므로

$\dfrac{64}{81}\times\left(\dfrac{3}{2}\right)^{m+1}=\dfrac{81}{4}$, $\left(\dfrac{3}{2}\right)^{m+1}=\dfrac{81^2}{64\times 4}=\left(\dfrac{3}{2}\right)^8$

따라서 $m+1=8$이므로

$m=7$

11 $4x+3$은 $x+2$와 $10x+15$의 등비중항이므로

$(4x+3)^2=(x+2)(10x+15)$

$16x^2+24x+9=10x^2+35x+30$

$6x^2-11x-21=0$, $(6x+7)(x-3)=0$

$\therefore x=-\dfrac{7}{6}$ 또는 $x=3$

이때 x는 정수이므로 $x=3$

12 a는 1과 b의 등차중항이므로

$a=\dfrac{1+b}{2}$ …… ㉠

또 b는 a와 1의 등비중항이므로

$b^2=a$ …… ㉡

㉠을 ㉡에 대입하면

$b^2=\dfrac{1+b}{2}$, $2b^2-b-1=0$

$(2b+1)(b-1)=0$ $\therefore b=-\dfrac{1}{2}\ (\because b<0)$

이를 ㉡에 대입하면 $a=\left(-\dfrac{1}{2}\right)^2=\dfrac{1}{4}$

$\therefore 4a+2b=4\times\dfrac{1}{4}+2\times\left(-\dfrac{1}{2}\right)=0$

13 b는 a와 c의 등비중항이므로 $b^2=ac$

$\therefore \dfrac{1}{\log_a b}+\dfrac{1}{\log_c b}=\log_b a+\log_b c$

                           $=\log_b ac$

                           $=\log_b b^2=2$

14 (가)에서 b는 a와 c의 등차중항이므로

$b=\dfrac{a+c}{2}$ $\therefore 2b=a+c$ …… ㉠

(나)에서 a는 c와 b의 등비중항이므로

$a^2=bc$ …… ㉡

(다)에서 $abc=27$이므로 이 식에 ㉡을 대입하면

$a^3=27$ $\therefore a=3$

이를 ㉠, ㉡에 대입하면

$2b=3+c$, $bc=9$

두 식을 연립하여 풀면

$b=-\dfrac{3}{2}$, $c=-6\ (\because a>b>c)$

$\therefore a+b+c=3+\left(-\dfrac{3}{2}\right)+(-6)=-\dfrac{9}{2}$

15 세 수를 a, ar, ar^2이라 하면

$a+ar+ar^2=21$에서

$a(1+r+r^2)=21$ …… ㉠

$a\times ar\times ar^2=216$에서

$(ar)^3=216$ $\therefore ar=6$ …… ㉡

ⓒ에서 $a=\dfrac{6}{r}$을 ⓐ에 대입하면

$\dfrac{6}{r}(1+r+r^2)=21$, $2r^2-5r+2=0$

$(2r-1)(r-2)=0$ ∴ $r=\dfrac{1}{2}$ 또는 $r=2$

이를 ⓐ에 대입하여 풀면 $a=12$ 또는 $a=3$

따라서 세 수는 3, 6, 12이므로 가장 큰 수는 12이다.

16 세 실근을 a, ar, ar^2이라 하면 삼차방정식의 근과 계수의 관계에 의하여

$a+ar+ar^2=p$

∴ $a(1+r+r^2)=p$ ······ ㉠

$a\times ar+ar\times ar^2+a\times ar^2=-84$

∴ $a^2 r(1+r+r^2)=-84$ ······ ㉡

$a\times ar\times ar^2=-216$

∴ $(ar)^3=-216$ ∴ $ar=-6$

이를 ㉡에 대입하면

$-6a(1+r+r^2)=-84$ ∴ $a(1+r+r^2)=14$

이를 ㉠에 대입하면 $p=14$

17 가로의 길이, 세로의 길이, 높이를 각각 a, ar, ar^2이라 하면 모든 모서리의 길이의 합이 76이므로

$4(a+ar+ar^2)=76$

∴ $a(1+r+r^2)=19$ ······ ㉠

또 겉넓이가 228이므로

$2(a\times ar+ar\times ar^2+a\times ar^2)=228$

∴ $a^2 r(1+r+r^2)=114$ ······ ㉡

㉡÷㉠을 하면

$\dfrac{a^2 r(1+r+r^2)}{a(1+r+r^2)}=\dfrac{114}{19}$ ∴ $ar=6$

따라서 직육면체의 부피는

$a\times ar\times ar^2=(ar)^3=6^3=216$

18 감소하는 일정한 비율을 $r\,(r>0)$라 하면 1번 통과한 후의 유해 물질의 양은 $100r\,\text{g}$

2번 통과한 후의 유해 물질의 양은

$100r\times r=100r^2(\text{g})$

3번 통과한 후의 유해 물질의 양은

$100r^2\times r=100r^3(\text{g})$

이때 $100r^3=4$이므로 $r^3=\dfrac{1}{25}$

n번 통과한 후의 유해 물질의 양은 $100r^n\,\text{g}$이므로 6번 통과한 후의 유해 물질의 양은

$100r^6=100\times\left(\dfrac{1}{25}\right)^2=\dfrac{4}{25}(\text{g})$

19 첫 번째 시행 후 남은 조각의 수는 3

두 번째 시행 후 남은 조각의 수는 $3\times 3=3^2$

세 번째 시행 후 남은 조각의 수는 $3^2\times 3=3^3$

⋮

n번째 시행 후 남은 조각의 수는 3^n

따라서 남은 조각의 수가 1000개를 넘는 것은

$3^n>1000$

이때 $3^6=729$, $3^7=2187$이므로 $n\geq 7$

따라서 남은 조각의 수가 처음으로 1000개를 넘는 것은 7번째 시행 후이다.

20 삼각형 $A_1 B_1 C_1$의 한 변의 길이는 $\dfrac{1}{2}$이므로

$l_1=3\times\dfrac{1}{2}$

삼각형 $A_2 B_2 C_2$의 한 변의 길이는 $\left(\dfrac{1}{2}\right)^2$이므로

$l_2=3\times\left(\dfrac{1}{2}\right)^2$

삼각형 $A_3 B_3 C_3$의 한 변의 길이는 $\left(\dfrac{1}{2}\right)^3$이므로

$l_3=3\times\left(\dfrac{1}{2}\right)^3$

⋮

삼각형 $A_n B_n C_n$의 한 변의 길이는 $\left(\dfrac{1}{2}\right)^n$이므로

$l_n=3\times\left(\dfrac{1}{2}\right)^n$

∴ $l_{10}=3\times\left(\dfrac{1}{2}\right)^{10}=\dfrac{3}{1024}$

21 $S_n=\dfrac{3(2^n-1)}{2-1}=3(2^n-1)$

$S_k=189$에서

$3(2^k-1)=189$, $2^k-1=63$

$2^k=64$ ∴ $k=6$

22 첫째항을 a, 공비를 r라 하면

$a_1+a_4=9$에서 $a+ar^3=9$

∴ $a(1+r^3)=9$ ······ ㉠

또 $a_4+a_7=72$에서 $ar^3+ar^6=72$

∴ $ar^3(1+r^3)=72$ ······ ㉡

㉡÷㉠을 하면

$\dfrac{ar^3(1+r^3)}{a(1+r^3)}=\dfrac{72}{9}$, $r^3=8$ ∴ $r=2$

이를 ㉠에 대입하면 $9a=9$ ∴ $a=1$

따라서 첫째항부터 제10항까지의 합은

$\dfrac{1\times(2^{10}-1)}{2-1}=1023$

23 첫째항을 a, 공비를 r라 하면 $a_3=6$, $a_7=24$이므로

$ar^2=6$ ⋯⋯ ㉠

$ar^6=24$ ⋯⋯ ㉡

㉡÷㉠을 하면

$\dfrac{ar^6}{ar^2}=\dfrac{24}{6}$, $r^4=4$

$\therefore r=\sqrt{2}\ (\because r>0)$

이를 ㉠에 대입하면

$2a=6$ $\therefore a=3$

주어진 등비수열의 일반항 a_n은

$a_n=3\times(\sqrt{2})^{n-1}$

$\therefore a_n{}^2=9\times2^{n-1}$

따라서 수열 $\{a_n{}^2\}$은 첫째항이 9, 공비가 2인 등비수열이므로

$a_1{}^2+a_2{}^2+a_3{}^2+\cdots+a_{10}{}^2=\dfrac{9(2^{10}-1)}{2-1}=9207$

24 첫째항을 a, 공비를 r라 하면 $\dfrac{S_6}{S_3}=28$이므로

$\dfrac{\dfrac{a(r^6-1)}{r-1}}{\dfrac{a(r^3-1)}{r-1}}=28$, $\dfrac{r^6-1}{r^3-1}=28$

$\dfrac{(r^3+1)(r^3-1)}{r^3-1}=28$, $r^3+1=28$

$r^3=27$ $\therefore r=3$

$\therefore \dfrac{a_6}{a_4}=\dfrac{ar^5}{ar^3}=r^2=3^2=9$

25 첫째항을 a, 첫째항부터 제n항까지의 합을 S_n이라 하면

$S_5=22$이므로

$\dfrac{a\{1-(-2)^5\}}{1-(-2)}=22$

$11a=22$ $\therefore a=2$

따라서 구하는 합은

$S_{11}-S_5=\dfrac{2\{1-(-2)^{11}\}}{1-(-2)}-22$

$\qquad\qquad =1366-22=1344$

26 첫째항을 a, 공비를 r라 하고 첫째항부터 제n항까지의 합을 S_n이라 하면 $S_{10}=7$이므로

$\dfrac{a(r^{10}-1)}{r-1}=7$ ⋯⋯ ㉠

또 $S_{20}-S_{10}=21$이므로

$\dfrac{a(r^{20}-1)}{r-1}-7=21$

$\therefore \dfrac{a(r^{10}-1)(r^{10}+1)}{r-1}=28$ ⋯⋯ ㉡

㉠을 ㉡에 대입하면 $7(r^{10}+1)=28$

$r^{10}+1=4$ $\therefore r^{10}=3$

$\therefore S_{30}=\dfrac{a(r^{30}-1)}{r-1}$

$\qquad =\dfrac{a(r^{10}-1)(r^{20}+r^{10}+1)}{r-1}$

$\qquad =7(3^2+3+1)=91$

27 항의 개수가 짝수이므로 전체 항의 개수를 $2n$이라 하고 첫째항을 a, 공비를 r라 하면 홀수 번째의 항의 합은

$a+ar^2+ar^4+\cdots+ar^{2n-2}=\dfrac{a(r^{2n}-1)}{r^2-1}$

$\qquad\qquad\qquad\qquad\qquad\quad =119$ ⋯⋯ ㉠

또 짝수 번째의 항의 합은

$ar+ar^3+ar^5+\cdots+ar^{2n-1}=\dfrac{ar(r^{2n}-1)}{r^2-1}$

$\qquad\qquad\qquad\qquad\qquad\quad =357$ ⋯⋯ ㉡

㉠을 ㉡에 대입하면

$119r=357$ $\therefore r=3$

28 $S_n=3^n-1$에서

$a_1=S_1=3^1-1=2$

$a_3=S_3-S_2=(3^3-1)-(3^2-1)=18$

$a_5=S_5-S_4=(3^5-1)-(3^4-1)=162$

$\therefore a_1+a_3+a_5=2+18+162=182$

29 $S_n=2\times3^{n+1}+2k$에서

(i) $n\geq2$일 때,

$a_n=S_n-S_{n-1}$

$\quad =2\times3^{n+1}+2k-(2\times3^n+2k)$

$\quad =2\times3^n\times(3-1)$

$\quad =4\times3^n$ ⋯⋯ ㉠

(ii) $n=1$일 때,

$a_1=S_1=2\times3^2+2k=18+2k$ ⋯⋯ ㉡

이때 첫째항부터 등비수열을 이루려면 ㉠에 $n=1$을 대입한 값이 ㉡과 같아야 하므로

$4\times3=18+2k$, $12=18+2k$

$\therefore k=-3$

30 $\log_2 S_n=n+1$에서 $S_n=2^{n+1}$

$n\geq2$일 때,

$a_n=S_n-S_{n-1}=2^{n+1}-2^n=2^n$

$\therefore a_{2n}=2^{2n}=4^n\ (n\geq1)$

따라서 수열 $\{a_{2n}\}$은 첫째항이 4, 공비가 4인 등비수열이므로

$a_2+a_4+a_6+\cdots+a_{12}=\dfrac{4(4^6-1)}{4-1}=5460$

31 $S_n = a^{n+1} + b$에서

(ⅰ) $n \geq 2$일 때,

$$\begin{aligned} a_n &= S_n - S_{n-1} \\ &= a^{n+1} + b - (a^n + b) \\ &= (a-1)a^n \quad \cdots\cdots \ \bigcirc \end{aligned}$$

(ⅱ) $n = 1$일 때,

$$a_1 = S_1 = a^2 + b \quad \cdots\cdots \ \bigcirc$$

이때 수열 $\{a_n\}$은 공비가 2인 등비수열이므로

$$a = 2$$

또 $\bigcirc$은 $\bigcirc$에 $n=1$을 대입한 값과 같아야 하므로

$$(a-1)a = a^2 + b$$

$a = 2$이므로

$$(2-1) \times 2 = 2^2 + b \quad \therefore \ b = -2$$

$$\therefore \ a^2 + b^2 = 2^2 + (-2)^2 = 8$$

32 구하는 원리합계는

$$\begin{aligned} &5 + 5(1+0.004) + 5(1+0.004)^2 + \cdots + 5(1+0.004)^{35} \\ &= \frac{5\{(1+0.004)^{36} - 1\}}{(1+0.004) - 1} \\ &= \frac{5(1.15 - 1)}{0.004} \\ &= 187.5(만 \ 원) \end{aligned}$$

따라서 3년 말의 적립금의 원리합계는 1875000원이다.

33 구하는 원리합계는

$$\begin{aligned} &10 + 10(1+0.01) + 10(1+0.01)^2 + \cdots + 10(1+0.01)^{19} \\ &= \frac{10\{(1+0.01)^{20} - 1)\}}{(1+0.01) - 1} \\ &= \frac{10(1.22 - 1)}{0.01} \\ &= 220(만 \ 원) \end{aligned}$$

따라서 만기 시 원리합계는 220만 원이다.

34 매년 초에 적립하는 금액을 a만 원이라 하면 10년 말의 원리합계는

$$\begin{aligned} &a(1+0.05) + a(1+0.05)^2 + a(1+0.05)^3 \\ &\qquad\qquad\qquad\qquad + \cdots + a(1+0.05)^{10} \\ &= \frac{a(1+0.05)\{(1+0.05)^{10} - 1\}}{(1+0.05) - 1} \\ &= \frac{a \times 1.05 \times (1.6 - 1)}{0.05} \\ &= 12.6a(만 \ 원) \end{aligned}$$

이때 $12.6a = 1260$이어야 하므로

$$a = 100$$

따라서 매년 초에 100만 원씩 적립해야 한다.

기초 문제 Training
84쪽

1 (1) $\displaystyle\sum_{k=1}^{10} k(k+2)$ (2) $\displaystyle\sum_{k=1}^{6} 7$ (3) $\displaystyle\sum_{k=1}^{15} 3k$ (4) $\displaystyle\sum_{k=1}^{10} \left(\frac{1}{2}\right)^k$

2 (1) $5 + 10 + 15 + 20 + 25$

(2) $-1 + 1 - 1 + 1 - 1 + 1 - 1$

(3) $1 + 4 + 7 + \cdots + 58$

(4) $3^2 + 4^2 + 5^2 + \cdots + 11^2$

3 (1) **3** (2) **7** (3) **4** (4) -17

4 (1) **28** (2) **140** (3) **784**

5 (1) **630** (2) **395** (3) **195** (4) **166**

6 (1) $\dfrac{10}{11}$ (2) **2**

핵심 유형 Training
85~88쪽

1 ③	**2** ①	**3** 19	**4** 10	**5** 4
6 1097	**7** ④	**8** 9	**9** ⑤	**10** 10
11 ②	**12** 429	**13** ②	**14** 3765	
15 $\dfrac{n(n-1)(n+4)}{6}$		**16** ③	**17** ④	**18** ②
19 ④	**20** ②	**21** ①	**22** 16	**23** ①
24 $\dfrac{10}{39}$	**25** 20	**26** 74	**27** ①	**28** $9\sqrt{2}$
29 ①				

1 ㄱ. $\displaystyle\sum_{k=1}^{10} a_k + \sum_{k=1}^{10} a_{k+10}$

$$\begin{aligned} &= (a_1 + a_2 + \cdots + a_{10}) + (a_{11} + a_{12} + \cdots + a_{20}) \\ &= \sum_{k=1}^{20} a_k \end{aligned}$$

ㄴ. $\displaystyle\sum_{k=1}^{9} a_{k+1} - \sum_{k=2}^{10} a_{k-1}$

$$\begin{aligned} &= (a_2 + a_3 + \cdots + a_{10}) - (a_1 + a_2 + \cdots + a_9) \\ &= a_{10} - a_1 \end{aligned}$$

ㄷ. $\displaystyle\sum_{k=1}^{10} a_{2k-1} + \sum_{k=1}^{10} a_{2k}$

$$\begin{aligned} &= (a_1 + a_3 + \cdots + a_{19}) + (a_2 + a_4 + \cdots + a_{20}) \\ &= a_1 + a_2 + a_3 + a_4 + \cdots + a_{19} + a_{20} = \sum_{k=1}^{20} a_k \end{aligned}$$

ㄹ. $\displaystyle\sum_{k=1}^{20}a_k-\sum_{k=1}^{19}a_{k+1}$

$\quad=(a_1+a_2+\cdots+a_{20})-(a_2+a_3+\cdots+a_{20})$

$\quad=a_1$

따라서 보기 중 옳은 것은 ㄱ, ㄹ이다.

2 $\displaystyle\sum_{k=1}^{n}(a_{3k-2}+a_{3k-1}+a_{3k})$

$\quad=(a_1+a_2+a_3)+(a_4+a_5+a_6)$

$\qquad\qquad\qquad+\cdots+(a_{3n-2}+a_{3n-1}+a_{3n})$

$\quad=\displaystyle\sum_{k=1}^{3n}a_k$

따라서 $\displaystyle\sum_{k=1}^{3n}a_k=n^2+n$이므로 $\displaystyle\sum_{k=1}^{15}a_k=5^2+5=30$

3 $\displaystyle\sum_{k=1}^{19}ka_{k+1}=247$에서

$a_2+2a_3+3a_4+\cdots+19a_{20}=247$ $\qquad$ ……㉠

$\displaystyle\sum_{k=1}^{20}(k+1)a_k=285$에서

$2a_1+3a_2+4a_3+\cdots+21a_{20}=285$ $\qquad$ ……㉡

㉡−㉠을 하면

$2a_1+2a_2+2a_3+\cdots+2a_{20}=38$

$\therefore a_1+a_2+a_3+\cdots+a_{20}=19$

$\therefore \displaystyle\sum_{k=1}^{20}a_k=19$

4 $\displaystyle\sum_{k=1}^{20}(a_k+a_{k+1})=(a_1+a_2)+(a_2+a_3)+\cdots+(a_{20}+a_{21})$

$\qquad\qquad\qquad=a_1+2(a_2+a_3+\cdots+a_{20})+a_{21}$

$\qquad\qquad\qquad=2\displaystyle\sum_{k=1}^{20}a_k-a_1+a_{21}=40$ $\qquad$ ……㉠

$\displaystyle\sum_{k=1}^{10}(a_{2k-1}+a_{2k})=(a_1+a_2)+(a_3+a_4)+\cdots+(a_{19}+a_{20})$

$\qquad\qquad\qquad=\displaystyle\sum_{k=1}^{20}a_k=15$

이를 ㉠에 대입하면 $2\times15-a_1+a_{21}=40$

$\therefore a_{21}-a_1=10$

5 $\displaystyle\sum_{k=1}^{5}(a_k+2)(a_k-1)=\sum_{k=1}^{5}(a_k^2+a_k-2)$

$\qquad\qquad\qquad=\displaystyle\sum_{k=1}^{5}a_k^2+\sum_{k=1}^{5}a_k-\sum_{k=1}^{5}2$

$\qquad\qquad\qquad=10+4-10=4$

6 $\displaystyle\sum_{k=1}^{6}(a_k+3^k)=\sum_{k=1}^{6}a_k+\sum_{k=1}^{6}3^k$

$\qquad\qquad=5+\dfrac{3(3^6-1)}{3-1}$

$\qquad\qquad=1097$

7 $\displaystyle\sum_{k=1}^{20}(2a_k+b_k)^2+\sum_{k=1}^{20}(a_k-2b_k)^2=100$이므로

$\displaystyle\sum_{k=1}^{20}\{(2a_k+b_k)^2+(a_k-2b_k)^2\}$

$\quad=\displaystyle\sum_{k=1}^{20}(5a_k^2+5b_k^2)$

$\quad=5\displaystyle\sum_{k=1}^{20}(a_k^2+b_k^2)=100$

$\therefore \displaystyle\sum_{k=1}^{20}(a_k^2+b_k^2)=20$

$\therefore \displaystyle\sum_{k=1}^{20}(a_k^2+b_k^2+1)=\sum_{k=1}^{20}(a_k^2+b_k^2)+\sum_{k=1}^{20}1$

$\qquad\qquad\qquad=20+20=40$

8 $\displaystyle\sum_{k=1}^{10}a_k=\alpha$, $\displaystyle\sum_{k=1}^{10}b_k=\beta$라 하면

$\displaystyle\sum_{k=1}^{10}(3a_k-2b_k+1)=7$에서

$3\displaystyle\sum_{k=1}^{10}a_k-2\sum_{k=1}^{10}b_k+\sum_{k=1}^{10}1=7$

$3\alpha-2\beta+10=7$

$\therefore 3\alpha-2\beta=-3$ $\qquad$ ……㉠

또 $\displaystyle\sum_{k=1}^{10}(a_k+3b_k)=21$에서

$\displaystyle\sum_{k=1}^{10}a_k+3\sum_{k=1}^{10}b_k=21$

$\therefore \alpha+3\beta=21$ $\qquad$ ……㉡

㉠, ㉡을 연립하여 풀면 $\alpha=3$, $\beta=6$

$\therefore \displaystyle\sum_{k=1}^{10}(a_k+b_k)=\sum_{k=1}^{10}a_k+\sum_{k=1}^{10}b_k$

$\qquad\qquad\qquad=\alpha+\beta=3+6=9$

9 $\displaystyle\sum_{k=1}^{10}k^2(k+1)-\sum_{k=1}^{10}k(k-1)$

$\quad=\displaystyle\sum_{k=1}^{10}\{(k^3+k^2)-(k^2-k)\}$

$\quad=\displaystyle\sum_{k=1}^{10}(k^3+k)$

$\quad=\left(\dfrac{10\times11}{2}\right)^2+\dfrac{10\times11}{2}$

$\quad=3025+55=3080$

10 $\displaystyle\sum_{k=n}^{2n}(2k-1)$

$\quad=\displaystyle\sum_{k=1}^{2n}(2k-1)-\sum_{k=1}^{n-1}(2k-1)$

$\quad=2\times\dfrac{2n(2n+1)}{2}-2n-2\times\dfrac{(n-1)n}{2}+(n-1)$

$\quad=3n^2+2n-1$

이때 $3n^2+2n-1=319$에서

$3n^2+2n-320=0$, $(3n+32)(n-10)=0$

그런데 n은 자연수이므로 $n=10$

11 $a_n=2+(n-1)\times 3=3n-1$이므로

$a_{2k-1}=3(2k-1)-1=6k-4$

$\therefore \sum\limits_{k=1}^{20} a_{2k-1}=\sum\limits_{k=1}^{20}(6k-4)$

$\qquad =6\times\dfrac{20\times 21}{2}-80$

$\qquad =1260-80=1180$

12 이차방정식의 근과 계수의 관계에 의하여

$\alpha+\beta=1,\ \alpha\beta=-1$

$\therefore \sum\limits_{k=1}^{11}(\alpha-k)(\beta-k)$

$\quad =\sum\limits_{k=1}^{11}\{\alpha\beta-(\alpha+\beta)k+k^2\}$

$\quad =\sum\limits_{k=1}^{11}(k^2-k-1)$

$\quad =\dfrac{11\times 12\times 23}{6}-\dfrac{11\times 12}{2}-11$

$\quad =506-66-11=429$

13 주어진 수열의 일반항을 a_n이라 하면

$a_n=\dfrac{1+2+3+\cdots+n}{n}=\dfrac{\dfrac{n(n+1)}{2}}{n}=\dfrac{n+1}{2}$

따라서 수열 $\{a_n\}$의 첫째항부터 제20항까지의 합은

$\sum\limits_{k=1}^{20}a_k=\sum\limits_{k=1}^{20}\dfrac{k+1}{2}=\dfrac{1}{2}\left(\dfrac{20\times 21}{2}+20\right)=115$

14 수열 $1\times 1,\ 4\times 3,\ 9\times 5,\ \cdots,\ 81\times 17$의 제$n$항을 a_n이라 하면

$a_n=n^2(2n-1)=2n^3-n^2$

$\therefore \sum\limits_{k=1}^{9}a_k=\sum\limits_{k=1}^{9}(2k^3-k^2)$

$\qquad =2\times\left(\dfrac{9\times 10}{2}\right)^2-\dfrac{9\times 10\times 19}{6}$

$\qquad =4050-285=3765$

15 수열 $2\times(n-1),\ 3\times(n-2),\ 4\times(n-3),\ \cdots,\ n\times 1$의 제$k$항을 a_k라 하면

$a_k=(k+1)(n-k)=-k^2+(n-1)k+n$

$\therefore \sum\limits_{k=1}^{n-1}a_k=\sum\limits_{k=1}^{n-1}\{-k^2+(n-1)k+n\}$

$\qquad =-\dfrac{(n-1)n(2n-1)}{6}$

$\qquad\qquad +(n-1)\times\dfrac{(n-1)n}{2}+n(n-1)$

$\qquad =\dfrac{n(n-1)(n+4)}{6}$

16 $\sum\limits_{k=1}^{10}\left\{\sum\limits_{l=1}^{5}(k+2l)\right\}=\sum\limits_{k=1}^{10}\left(\sum\limits_{l=1}^{5}k+2\sum\limits_{l=1}^{5}l\right)$

$\qquad\qquad =\sum\limits_{k=1}^{10}\left(5k+2\times\dfrac{5\times 6}{2}\right)$

$\qquad\qquad =\sum\limits_{k=1}^{10}(5k+30)$

$\qquad\qquad =5\times\dfrac{10\times 11}{2}+300$

$\qquad\qquad =275+300=575$

17 $\sum\limits_{k=1}^{n}\left(\sum\limits_{m=1}^{k}km\right)=\sum\limits_{k=1}^{n}\left(k\sum\limits_{m=1}^{k}m\right)$

$\qquad\qquad =\sum\limits_{k=1}^{n}\left\{k\times\dfrac{k(k+1)}{2}\right\}$

$\qquad\qquad =\sum\limits_{k=1}^{n}\dfrac{k^3+k^2}{2}$

$\qquad\qquad =\dfrac{1}{2}\left\{\dfrac{n(n+1)}{2}\right\}^2+\dfrac{1}{2}\times\dfrac{n(n+1)(2n+1)}{6}$

$\qquad\qquad =\dfrac{1}{24}n(n+1)(n+2)(3n+1)$

따라서 $a=24,\ b=2,\ c=1$이므로

$a+b+c=27$

18 $\sum\limits_{k=1}^{n}\left\{\sum\limits_{l=1}^{k}\left(\sum\limits_{m=1}^{l}12\right)\right\}$

$=\sum\limits_{k=1}^{n}\left(\sum\limits_{l=1}^{k}12l\right)$

$=\sum\limits_{k=1}^{n}\left\{12\times\dfrac{k(k+1)}{2}\right\}$

$=\sum\limits_{k=1}^{n}(6k^2+6k)$

$=6\times\dfrac{n(n+1)(2n+1)}{6}+6\times\dfrac{n(n+1)}{2}$

$=2n^3+6n^2+4n$

이때 $2n^3+6n^2+4n=420$에서

$n^3+3n^2+2n-210=0,\ (n-5)(n^2+8n+42)=0$

그런데 n은 자연수이므로 $n=5$

19 수열 $\{a_n\}$의 첫째항부터 제n항까지의 합을 S_n이라 하면

$S_n=\sum\limits_{k=1}^{n}a_k=n^2+n$

(i) $n\geq 2$일 때,

$\quad a_n=S_n-S_{n-1}$

$\qquad =n^2+n-\{(n-1)^2+(n-1)\}$

$\qquad =2n \qquad\qquad \cdots\cdots \text{㉠}$

(ii) $n=1$일 때,

$\quad a_1=S_1=1^2+1=2 \qquad \cdots\cdots \text{㉡}$

이때 ㉡은 ㉠에 $n=1$을 대입한 값과 같으므로 일반항 a_n은 $a_n=2n$

따라서 $a_{2k-1}=2(2k-1)=4k-2$이므로

$$\sum_{k=1}^{20}a_{2k-1}=\sum_{k=1}^{20}(4k-2)$$
$$=4\times\frac{20\times21}{2}-40$$
$$=840-40=800$$

20 수열 $\{a_n\}$의 첫째항부터 제n항까지의 합을 S_n이라 하면

$$S_n=\sum_{k=1}^{n}a_k=n(n+2)=n^2+2n$$

(i) $n\geq2$일 때,

$$a_n=S_n-S_{n-1}$$
$$=n^2+2n-\{(n-1)^2+2(n-1)\}$$
$$=2n+1 \qquad \cdots\cdots \text{㉠}$$

(ii) $n=1$일 때,

$$a_1=S_1=1^2+2\times1=3 \quad \cdots\cdots \text{㉡}$$

이때 ㉡은 ㉠에 $n=1$을 대입한 값과 같으므로 일반항 a_n은

$$a_n=2n+1$$

따라서 $a_{2k}=2\times2k+1=4k+1$,

$a_{k+1}=2(k+1)+1=2k+3$이므로

$$\sum_{k=1}^{5}ka_{2k}+\sum_{k=1}^{5}a_{k+1}$$
$$=\sum_{k=1}^{5}k(4k+1)+\sum_{k=1}^{5}(2k+3)$$
$$=\sum_{k=1}^{5}\{(4k^2+k)+(2k+3)\}$$
$$=\sum_{k=1}^{5}(4k^2+3k+3)$$
$$=4\times\frac{5\times6\times11}{6}+3\times\frac{5\times6}{2}+15$$
$$=220+45+15=280$$

21 수열 $\{a_n\}$의 첫째항부터 제n항까지의 합을 S_n이라 하면

$$S_n=\sum_{k=1}^{n}a_k=3(3^n-1)$$

(i) $n\geq2$일 때,

$$a_n=S_n-S_{n-1}$$
$$=3(3^n-1)-3(3^{n-1}-1)$$
$$=3^n(3-1)$$
$$=2\times3^n \qquad \cdots\cdots \text{㉠}$$

(ii) $n=1$일 때,

$$a_1=S_1=3(3-1)=6 \quad \cdots\cdots \text{㉡}$$

이때 ㉡은 ㉠에 $n=1$을 대입한 값과 같으므로 일반항 a_n은

$$a_n=2\times3^n$$

따라서 $a_{2k-1}=2\times3^{2k-1}=\frac{2}{3}\times9^k$이므로

$$\sum_{k=1}^{10}a_{2k-1}=\sum_{k=1}^{10}\left(\frac{2}{3}\times9^k\right)$$
$$=\frac{2}{3}\times\frac{9(9^{10}-1)}{9-1}=\frac{3^{21}-3}{4}$$

따라서 $p=21$, $q=4$이므로 $p+q=25$

22 수열 $\{a_n\}$의 첫째항부터 제n항까지의 합을 S_n이라 하면

$$S_n=\log\frac{(n+1)(n+2)}{2}$$

(i) $n\geq2$일 때,

$$a_n=S_n-S_{n-1}$$
$$=\log\frac{(n+1)(n+2)}{2}-\log\frac{n(n+1)}{2}$$
$$=\log\left\{\frac{(n+1)(n+2)}{2}\times\frac{2}{n(n+1)}\right\}$$
$$=\log\frac{n+2}{n} \qquad \cdots\cdots \text{㉠}$$

(ii) $n=1$일 때,

$$a_1=S_1=\log\frac{2\times3}{2}=\log3 \quad \cdots\cdots \text{㉡}$$

이때 ㉡은 ㉠에 $n=1$을 대입한 값과 같으므로 일반항 a_n은

$$a_n=\log\frac{n+2}{n}$$

따라서 $a_{2k}=\log\frac{2k+2}{2k}=\log\frac{k+1}{k}$이므로

$$\sum_{k=1}^{15}a_{2k}=\sum_{k=1}^{15}\log\frac{k+1}{k}$$
$$=\log\frac{2}{1}+\log\frac{3}{2}+\log\frac{4}{3}+\cdots+\log\frac{16}{15}$$
$$=\log\left(\frac{2}{1}\times\frac{3}{2}\times\frac{4}{3}\times\cdots\times\frac{16}{15}\right)$$
$$=\log16=p$$

$\therefore 10^p=10^{\log16}=16$

23 수열 $\dfrac{1}{2^2-1}$, $\dfrac{1}{4^2-1}$, $\dfrac{1}{6^2-1}$, $\cdots$, $\dfrac{1}{20^2-1}$의 제n항을 a_n이라 하면

$$a_n=\frac{1}{(2n)^2-1}$$

$$\therefore \sum_{k=1}^{10}a_k=\sum_{k=1}^{10}\frac{1}{(2k)^2-1}$$
$$=\sum_{k=1}^{10}\frac{1}{(2k-1)(2k+1)}$$
$$=\frac{1}{2}\sum_{k=1}^{10}\left(\frac{1}{2k-1}-\frac{1}{2k+1}\right)$$
$$=\frac{1}{2}\left\{\left(1-\frac{1}{3}\right)+\left(\frac{1}{3}-\frac{1}{5}\right)+\cdots+\left(\frac{1}{19}-\frac{1}{21}\right)\right\}$$
$$=\frac{1}{2}\left(1-\frac{1}{21}\right)=\frac{10}{21}$$

24 다항식 x^2+5x+6을 $x-n$으로 나누었을 때의 나머지는 n^2+5n+6이므로

$a_n=n^2+5n+6$

$\therefore \displaystyle\sum_{k=1}^{10}\frac{1}{a_k}=\sum_{k=1}^{10}\frac{1}{k^2+5k+6}$

$\qquad\qquad=\displaystyle\sum_{k=1}^{10}\frac{1}{(k+2)(k+3)}$

$\qquad\qquad=\displaystyle\sum_{k=1}^{10}\left(\frac{1}{k+2}-\frac{1}{k+3}\right)$

$\qquad\qquad=\left(\dfrac{1}{3}-\dfrac{1}{4}\right)+\left(\dfrac{1}{4}-\dfrac{1}{5}\right)+\cdots+\left(\dfrac{1}{12}-\dfrac{1}{13}\right)$

$\qquad\qquad=\dfrac{1}{3}-\dfrac{1}{13}$

$\qquad\qquad=\dfrac{10}{39}$

25 $a_n=\dfrac{2n+1}{1^2+2^2+3^2+\cdots+n^2}$

$\qquad=\dfrac{2n+1}{\dfrac{n(n+1)(2n+1)}{6}}$

$\qquad=\dfrac{6}{n(n+1)}$

$\therefore \displaystyle\sum_{k=1}^{m}a_k=\sum_{k=1}^{m}\frac{6}{k(k+1)}$

$\qquad\qquad=6\displaystyle\sum_{k=1}^{m}\left(\frac{1}{k}-\frac{1}{k+1}\right)$

$\qquad\qquad=6\left\{\left(1-\dfrac{1}{2}\right)+\left(\dfrac{1}{2}-\dfrac{1}{3}\right)+\cdots+\left(\dfrac{1}{m}-\dfrac{1}{m+1}\right)\right\}$

$\qquad\qquad=6\left(1-\dfrac{1}{m+1}\right)$

$\qquad\qquad=\dfrac{6m}{m+1}$

이때 $\dfrac{6m}{m+1}=\dfrac{40}{7}$에서

$42m=40m+40 \qquad \therefore m=20$

26 $S_n=\dfrac{n\{2\times3+(n-1)\times2\}}{2}$

$\qquad=n(n+2)$

$\therefore \displaystyle\sum_{k=1}^{8}\frac{1}{S_k}=\sum_{k=1}^{8}\frac{1}{k(k+2)}$

$\qquad\qquad=\dfrac{1}{2}\displaystyle\sum_{k=1}^{8}\left(\frac{1}{k}-\frac{1}{k+2}\right)$

$\qquad\qquad=\dfrac{1}{2}\left\{\left(1-\dfrac{1}{3}\right)+\left(\dfrac{1}{2}-\dfrac{1}{4}\right)+\left(\dfrac{1}{3}-\dfrac{1}{5}\right)\right.$

$\qquad\qquad\qquad\left.+\cdots+\left(\dfrac{1}{7}-\dfrac{1}{9}\right)+\left(\dfrac{1}{8}-\dfrac{1}{10}\right)\right\}$

$\qquad\qquad=\dfrac{1}{2}\left(1+\dfrac{1}{2}-\dfrac{1}{9}-\dfrac{1}{10}\right)$

$\qquad\qquad=\dfrac{29}{45}$

따라서 $p=45,\ q=29$이므로

$p+q=74$

27 수열 $\dfrac{1}{\sqrt{2}+\sqrt{3}},\ \dfrac{1}{\sqrt{3}+\sqrt{4}},\ \dfrac{1}{\sqrt{4}+\sqrt{5}},\ \cdots,\ \dfrac{1}{\sqrt{24}+\sqrt{25}}$의 제$n$항을 a_n이라 하면

$a_n=\dfrac{1}{\sqrt{n+1}+\sqrt{n+2}}$

$\therefore \displaystyle\sum_{k=1}^{23}a_k=\sum_{k=1}^{23}\frac{1}{\sqrt{k+1}+\sqrt{k+2}}$

$\qquad\qquad=\displaystyle\sum_{k=1}^{23}\frac{\sqrt{k+1}-\sqrt{k+2}}{(\sqrt{k+1}+\sqrt{k+2})(\sqrt{k+1}-\sqrt{k+2})}$

$\qquad\qquad=\displaystyle\sum_{k=1}^{23}(\sqrt{k+2}-\sqrt{k+1})$

$\qquad\qquad=(\sqrt{3}-\sqrt{2})+(\sqrt{4}-\sqrt{3})+(\sqrt{5}-\sqrt{4})$

$\qquad\qquad\qquad+\cdots+(\sqrt{25}-\sqrt{24})$

$\qquad\qquad=-\sqrt{2}+5$

따라서 $a=5,\ b=-1$이므로

$a+b=4$

28 $a_n=2+(n-1)\times2=2n$이므로

$\displaystyle\sum_{k=1}^{99}\frac{2}{\sqrt{a_{k+1}}+\sqrt{a_k}}=\sum_{k=1}^{99}\frac{2}{\sqrt{2k+2}+\sqrt{2k}}$

$\qquad\qquad=\displaystyle\sum_{k=1}^{99}\frac{2(\sqrt{2k+2}-\sqrt{2k})}{(\sqrt{2k+2}+\sqrt{2k})(\sqrt{2k+2}-\sqrt{2k})}$

$\qquad\qquad=\displaystyle\sum_{k=1}^{99}(\sqrt{2k+2}-\sqrt{2k})$

$\qquad\qquad=(\sqrt{4}-\sqrt{2})+(\sqrt{6}-\sqrt{4})+(\sqrt{8}-\sqrt{6})$

$\qquad\qquad\qquad+\cdots+(\sqrt{200}-\sqrt{198})$

$\qquad\qquad=-\sqrt{2}+10\sqrt{2}$

$\qquad\qquad=9\sqrt{2}$

29 $\displaystyle\sum_{k=1}^{m}a_k=\sum_{k=1}^{m}\frac{1}{\sqrt{2k-1}+\sqrt{2k+1}}$

$\qquad\qquad=\displaystyle\sum_{k=1}^{m}\frac{\sqrt{2k-1}-\sqrt{2k+1}}{(\sqrt{2k-1}+\sqrt{2k+1})(\sqrt{2k-1}-\sqrt{2k+1})}$

$\qquad\qquad=\dfrac{1}{2}\displaystyle\sum_{k=1}^{m}(\sqrt{2k+1}-\sqrt{2k-1})$

$\qquad\qquad=\dfrac{1}{2}\{(\sqrt{3}-\sqrt{1})+(\sqrt{5}-\sqrt{3})+(\sqrt{7}-\sqrt{5})$

$\qquad\qquad\qquad+\cdots+(\sqrt{2m+1}-\sqrt{2m-1})\}$

$\qquad\qquad=\dfrac{1}{2}(\sqrt{2m+1}-1)$

이때 $\dfrac{1}{2}(\sqrt{2m+1}-1)=3$에서

$\sqrt{2m+1}=7,\ 2m+1=49$

$\therefore m=24$

기초 문제 Training

89쪽

1 (1) -7 (2) $\dfrac{1}{9}$ (3) 8 (4) 30

2 (1) $a_n=3n-5$ (2) $a_n=2n+3$

(3) $a_n=2^{n-1}$ (4) $a_n=2\times\left(-\dfrac{1}{3}\right)^{n-1}$

3 (가) 1 (나) $k+1$

4 (가) $k+1$ (나) $k+2$

핵심 유형 Training

90~95쪽

1 ②	2 27	3 ⑤	4 ③	5 ④
6 22	7 ②	8 ④	9 ③	10 $\dfrac{3}{19}$
11 ②	12 ①	13 ②	14 ④	15 90
16 6	17 ②	18 ①	19 $\dfrac{21}{8}$	20 650
21 ③	22 41	23 ③	24 ㄱ, ㄴ, ㄷ	
25 ⑤	26 (가) $(k+1)^3$ (나) $\dfrac{(k+1)(k+2)}{2}$			
27 (가) 4 (나) 짝수	28 $\dfrac{7}{4}$	29 ④		

1 $2a_{n+1}=a_n+a_{n+2}$에서 수열 $\{a_n\}$은 등차수열이다.
이때 공차를 d라 하면 $a_1=2$, $a_3=5$이므로
$2+2d=5$ $\therefore d=\dfrac{3}{2}$

$\therefore a_n=2+(n-1)\times\dfrac{3}{2}=\dfrac{3}{2}n+\dfrac{1}{2}$

$\therefore a_{99}=\dfrac{3}{2}\times99+\dfrac{1}{2}=149$

2 $a_{n+1}+4=a_n$, 즉 $a_{n+1}-a_n=-4$에서 수열 $\{a_n\}$은 첫째항이 102, 공차가 -4인 등차수열이므로
$a_n=102+(n-1)\times(-4)=-4n+106$
이때 $a_n<0$에서
$-4n+106<0,\ 4n>106$ $\therefore n>26.5$
따라서 구하는 자연수 n의 최솟값은 27이다.

3 수열 $\{a_n\}$, $\{b_n\}$은 공차가 각각 2, d인 등차수열이므로
수열 $\{a_n\}$의 첫째항을 a라 하면
$b_n=\dfrac{a_1+a_2+a_3+\cdots+a_n}{n}$

$=\dfrac{1}{n}\times\dfrac{n\{2a+(n-1)\times2\}}{2}=a+(n-1)\times1$
따라서 수열 $\{b_n\}$은 첫째항이 a이고 공차가 1인 등차수열
이므로 $d=1$

4 $a_n=\dfrac{1}{3}a_{n+1}$, 즉 $a_{n+1}=3a_n$에서 수열 $\{a_n\}$은 공비가 3인
등비수열이므로 첫째항을 a라 하면 $a_2=1$이므로
$3a=1$ $\therefore a=\dfrac{1}{3}$

$\therefore a_n=\dfrac{1}{3}\times3^{n-1}=3^{n-2}$ $\therefore a_{15}=3^{13}$

5 $\dfrac{a_{n+1}}{a_n}=2$, 즉 $a_{n+1}=2a_n$에서 수열 $\{a_n\}$은 첫째항이 $\dfrac{1}{4}$,
공비가 2인 등비수열이므로
$a_n=\dfrac{1}{4}\times2^{n-1}=2^{n-3}$
이때 $a_k=512$에서
$2^{k-3}=512,\ k-3=9$ $\therefore k=12$

6 ${a_{n+1}}^2=a_na_{n+2}$에서 수열 $\{a_n\}$은 등비수열이다.
이때 공비를 r라 하면 $a_1=3$, $a_2=\dfrac{3}{4}$이므로
$3r=\dfrac{3}{4}$ $\therefore r=\dfrac{1}{4}$

$\therefore \displaystyle\sum_{k=1}^{10}a_k=\dfrac{3\left\{1-\left(\dfrac{1}{4}\right)^{10}\right\}}{1-\dfrac{1}{4}}=4-\left(\dfrac{1}{2}\right)^{18}$

따라서 $a=4$, $b=18$이므로 $a+b=22$

7 $a_{n+1}=a_n+4n-1$의 n에 1, 2, 3, $\cdots$, $n-1$을 차례대로
대입하여 변끼리 모두 더하면
$a_2=a_1+4\times1-1$
$a_3=a_2+4\times2-1$
$a_4=a_3+4\times3-1$
$\vdots$
$+)\ a_n=a_{n-1}+4(n-1)-1$
$a_n=a_1+4\{1+2+3+\cdots+(n-1)\}-(n-1)$
$\therefore a_n=a_1+4\displaystyle\sum_{k=1}^{n-1}k-(n-1)$

$=1+4\times\dfrac{(n-1)n}{2}-(n-1)$

$=2n^2-3n+2$
$\therefore a_{10}=2\times10^2-3\times10+2=172$

8 $a_{n+1}-a_n=\dfrac{1}{n(n+1)}$, 즉 $a_{n+1}=a_n+\dfrac{1}{n}-\dfrac{1}{n+1}$의 n에

1, 2, 3, $\cdots$, $n-1$을 차례대로 대입하여 변끼리 모두 더

하면

$$a_2=a_1+\dfrac{1}{1}-\dfrac{1}{2}$$

$$a_3=a_2+\dfrac{1}{2}-\dfrac{1}{3}$$

$$a_4=a_3+\dfrac{1}{3}-\dfrac{1}{4}$$

$$\vdots$$

$$+\Big)\ a_n=a_{n-1}+\dfrac{1}{n-1}-\dfrac{1}{n}$$

$$a_n=a_1+\Big(\dfrac{1}{1}-\dfrac{1}{2}+\dfrac{1}{2}-\dfrac{1}{3}+\dfrac{1}{3}-\dfrac{1}{4}+\cdots+\dfrac{1}{n-1}-\dfrac{1}{n}\Big)$$

$$\therefore\ a_n=a_1+1-\dfrac{1}{n}=3-\dfrac{1}{n}$$

이때 $|a_n-3|<\dfrac{1}{100}$에서

$$\Big|-\dfrac{1}{n}\Big|<\dfrac{1}{100},\ \dfrac{1}{n}<\dfrac{1}{100}\qquad\therefore\ n>100$$

따라서 구하는 자연수 n의 최솟값은 101이다.

9 $a_{n+1}=a_n+2^n$의 n에 1, 2, 3, $\cdots$, $n-1$을 차례대로 대입

하여 변끼리 모두 더하면

$$a_2=a_1+2^1$$

$$a_3=a_2+2^2$$

$$a_4=a_3+2^3$$

$$\vdots$$

$$+\Big)\ a_n=a_{n-1}+2^{n-1}$$

$$a_n=a_1+(2+2^2+2^3+\cdots+2^{n-1})$$

$$\therefore\ a_n=a_1+\sum_{k=1}^{n-1}2^k=2+\dfrac{2(2^{n-1}-1)}{2-1}=2^n$$

$$\therefore\ \sum_{k=1}^{10}(a_{2k-1}+a_{2k})=\sum_{k=1}^{20}a_k=\sum_{k=1}^{20}2^k=\dfrac{2(2^{20}-1)}{2-1}=2^{21}-2$$

10 $a_{n+1}=\dfrac{2n-1}{2n+1}a_n$의 n에 1, 2, 3, $\cdots$, $n-1$을 차례대로 대

입하여 변끼리 모두 곱하면

$$a_2=\dfrac{1}{3}a_1$$

$$a_3=\dfrac{3}{5}a_2$$

$$a_4=\dfrac{5}{7}a_3$$

$$\vdots$$

$$\times\Big)\ a_n=\dfrac{2n-3}{2n-1}a_{n-1}$$

$$a_n=\Big(\dfrac{1}{3}\times\dfrac{3}{5}\times\dfrac{5}{7}\times\cdots\times\dfrac{2n-3}{2n-1}\Big)\times a_1$$

$$\therefore\ a_n=\dfrac{1}{2n-1}\times a_1=\dfrac{3}{2n-1}\qquad\therefore\ a_{10}=\dfrac{3}{19}$$

11 $a_{n+1}=\dfrac{(n+1)(n+3)}{(n+2)^2}a_n$, 즉 $a_{n+1}=\Big(\dfrac{n+1}{n+2}\Big)\Big(\dfrac{n+3}{n+2}\Big)a_n$

의 n에 1, 2, 3, $\cdots$, $n-1$을 차례대로 대입하여 변끼리

모두 곱하면

$$a_2=\dfrac{2}{3}\times\dfrac{4}{3}a_1$$

$$a_3=\dfrac{3}{4}\times\dfrac{5}{4}a_2$$

$$a_4=\dfrac{4}{5}\times\dfrac{6}{5}a_3$$

$$\vdots$$

$$\times\Big)\ a_n=\dfrac{n}{n+1}\times\dfrac{n+2}{n+1}a_{n-1}$$

$$a_n=\Big(\dfrac{2}{3}\times\dfrac{4}{3}\times\dfrac{3}{4}\times\dfrac{5}{4}\times\cdots\times\dfrac{n}{n+1}\times\dfrac{n+2}{n+1}\Big)\times a_1$$

$$\therefore\ a_n=\dfrac{2(n+2)}{3(n+1)}\times a_1=\dfrac{2(n+2)}{n+1}=2+\dfrac{2}{n+1}$$

$$\therefore\ \sum_{k=1}^{10}(a_k-2)(a_{k+1}-2)$$

$$=\sum_{k=1}^{10}\dfrac{4}{(k+1)(k+2)}=4\sum_{k=1}^{10}\Big(\dfrac{1}{k+1}-\dfrac{1}{k+2}\Big)$$

$$=4\Big\{\Big(\dfrac{1}{2}-\dfrac{1}{3}\Big)+\Big(\dfrac{1}{3}-\dfrac{1}{4}\Big)+\cdots+\Big(\dfrac{1}{11}-\dfrac{1}{12}\Big)\Big\}$$

$$=4\Big(\dfrac{1}{2}-\dfrac{1}{12}\Big)=\dfrac{5}{3}$$

12 $\dfrac{a_{n+1}}{a_n}=\Big(\dfrac{1}{2}\Big)^n$, 즉 $a_{n+1}=\Big(\dfrac{1}{2}\Big)^n a_n$의 n에 1, 2, 3, $\cdots$, $n-1$

을 차례대로 대입하여 모두 곱하면

$$a_2=\dfrac{1}{2}a_1$$

$$a_3=\Big(\dfrac{1}{2}\Big)^2 a_2$$

$$a_4=\Big(\dfrac{1}{2}\Big)^3 a_3$$

$$\vdots$$

$$\times\Big)\ a_n=\Big(\dfrac{1}{2}\Big)^{n-1}a_{n-1}$$

$$a_n=\Big(\dfrac{1}{2}\Big)^{1+2+3+\cdots+(n-1)}\times a_1$$

$$\therefore\ a_n=\Big(\dfrac{1}{2}\Big)^{\frac{(n-1)n}{2}}\times a_1=2^{-\frac{n(n-1)}{2}}$$

따라서 $a_{20}=2^{-\frac{20\times19}{2}}=2^{-190}$이므로

$$\log_2 a_{20}=\log_2 2^{-190}=-190$$

13 $a_{n+1}=3a_n+4$의 n에 1, 2, 3, 4를 차례대로 대입하면

$$a_2=3a_1+4=3\times1+4=7$$

$$a_3=3a_2+4=3\times7+4=25$$

$$a_4=3a_3+4=3\times25+4=79$$

$$\therefore\ \sum_{k=1}^{4}a_k=a_1+a_2+a_3+a_4=1+7+25+79=112$$

14 $a_{n+1}=\dfrac{a_n}{1+na_n}$의 n에 1, 2, 3, …을 차례대로 대입하면

$$a_2=\dfrac{a_1}{1+a_1}=\dfrac{\dfrac{1}{2}}{1+\dfrac{1}{2}}=\dfrac{1}{3}$$

$$a_3=\dfrac{a_2}{1+2a_2}=\dfrac{\dfrac{1}{3}}{1+2\times\dfrac{1}{3}}=\dfrac{1}{5}$$

$$a_4=\dfrac{a_3}{1+3a_3}=\dfrac{\dfrac{1}{5}}{1+3\times\dfrac{1}{5}}=\dfrac{1}{8}$$

$$a_5=\dfrac{a_4}{1+4a_4}=\dfrac{\dfrac{1}{8}}{1+4\times\dfrac{1}{8}}=\dfrac{1}{12}$$

따라서 $a_k=\dfrac{1}{12}$을 만족시키는 자연수 k의 값은 5이다.

15 $a_{n+2}=\dfrac{a_{n+1}+1}{a_n}$의 n에 1, 2, 3, …을 차례대로 대입하면

$a_3=\dfrac{a_2+1}{a_1}=\dfrac{2+1}{1}=3$, $a_4=\dfrac{a_3+1}{a_2}=\dfrac{3+1}{2}=2$,

$a_5=\dfrac{a_4+1}{a_3}=\dfrac{2+1}{3}=1$, $a_6=\dfrac{a_5+1}{a_4}=\dfrac{1+1}{2}=1$,

$a_7=\dfrac{a_6+1}{a_5}=\dfrac{1+1}{1}=2$, …

따라서 수열 $\{a_n\}$은 1, 2, 3, 2, 1이 반복적으로 나타나므로

$$\sum_{k=1}^{50}a_k=10\sum_{k=1}^{5}a_k$$
$$=10(1+2+3+2+1)=90$$

16 $a_1=2<4$이므로

$a_2=a_1+2=2+2=4$

$a_2=4\geq4$이므로

$a_3=a_2-1=4-1=3$

$a_3=3<4$이므로

$a_4=a_3+2=3+2=5$

$a_4=5\geq4$이므로

$a_5=a_4-1=5-1=4$

$a_5=4\geq4$이므로

$a_6=a_5-1=4-1=3$

$a_6=3<4$이므로

$a_7=a_6+2=3+2=5$

$a_7=5\geq4$이므로

$a_8=a_7-1=5-1=4$

$\vdots$

$$\therefore a_1=2,\ a_n=\begin{cases}4\ (n=3m-1)\\3\ (n=3m)\qquad(단,\ m은\ 자연수)\\5\ (n=3m+1)\end{cases}$$

따라서 $a_k=5$를 만족시키는 20 이하의 자연수 k는 4, 7, 10, 13, 16, 19의 6개이다.

17 $S_n=-\dfrac{1}{4}a_n+\dfrac{5}{4}$의 n에 $n+1$을 대입하면

$$S_{n+1}=-\dfrac{1}{4}a_{n+1}+\dfrac{5}{4}$$

$S_{n+1}-S_n$을 하면

$$S_{n+1}-S_n=-\dfrac{1}{4}a_{n+1}+\dfrac{1}{4}a_n$$

이때 $S_{n+1}-S_n=a_{n+1}\ (n=1,\ 2,\ 3,\ \cdots)$이므로

$$a_{n+1}=-\dfrac{1}{4}a_{n+1}+\dfrac{1}{4}a_n\qquad\therefore a_{n+1}=\dfrac{1}{5}a_n$$

따라서 수열 $\{a_n\}$은 첫째항이 1, 공비가 $\dfrac{1}{5}$인 등비수열이므로

$$a_n=\left(\dfrac{1}{5}\right)^{n-1}\qquad\therefore a_{15}=\dfrac{1}{5^{14}}$$

18 $S_n=n^2a_n$의 n에 $n+1$을 대입하면

$$S_{n+1}=(n+1)^2a_{n+1}$$

$S_{n+1}-S_n$을 하면

$$S_{n+1}-S_n=(n+1)^2a_{n+1}-n^2a_n$$

이때 $S_{n+1}-S_n=a_{n+1}\ (n=1,\ 2,\ 3,\ \cdots)$이므로

$$a_{n+1}=(n+1)^2a_{n+1}-n^2a_n$$

$$(n^2+2n)a_{n+1}=n^2a_n\qquad\therefore a_{n+1}=\dfrac{n}{n+2}a_n$$

위의 식의 n에 1, 2, 3, $\cdots$, $n-1$을 차례대로 대입하여 변끼리 모두 곱하면

$$a_2=\dfrac{1}{3}a_1$$
$$a_3=\dfrac{2}{4}a_2$$
$$a_4=\dfrac{3}{5}a_3$$
$$\vdots$$
$$a_{n-1}=\dfrac{n-2}{n}a_{n-2}$$
$$\times\Big)\ a_n=\dfrac{n-1}{n+1}a_{n-1}$$
$$a_n=\left(\dfrac{1}{3}\times\dfrac{2}{4}\times\dfrac{3}{5}\times\cdots\times\dfrac{n-2}{n}\times\dfrac{n-1}{n+1}\right)\times a_1$$

$$\therefore a_n=\dfrac{1\times2}{n(n+1)}\times a_1=\dfrac{2}{n(n+1)}$$

$$\therefore \dfrac{1}{a_{20}}=210$$

19 $2S_{n+2}-3S_{n+1}+S_n=a_n$에서

$2(S_{n+2}-S_{n+1})-(S_{n+1}-S_n)=a_n$

이때 $S_{n+2}-S_{n+1}=a_{n+2}$, $S_{n+1}-S_n=a_{n+1}$ $(n=1, 2, 3, \cdots)$

이므로

$2a_{n+2}-a_{n+1}=a_n$

$\therefore a_{n+2}=\dfrac{a_n+a_{n+1}}{2}$

위의 식의 n에 $1, 2, 3$을 차례대로 대입하면

$a_3=\dfrac{a_1+a_2}{2}=\dfrac{2+3}{2}=\dfrac{5}{2}$

$a_4=\dfrac{a_2+a_3}{2}=\dfrac{3+\dfrac{5}{2}}{2}=\dfrac{11}{4}$

$\therefore a_5=\dfrac{a_3+a_4}{2}=\dfrac{\dfrac{5}{2}+\dfrac{11}{4}}{2}=\dfrac{21}{8}$

20 n번째 실험 후 살아 있는 세균의 수를 a_n이라 하면

$a_1=(50-5)\times2=90$

$a_2=(a_1-5)\times2=(90-5)\times2=170$

$a_3=(a_2-5)\times2=(170-5)\times2=330$

$a_4=(a_3-5)\times2=(330-5)\times2=650$

따라서 4번째 실험 후 살아 있는 세균의 수는 650이다.

21 n일 후 물탱크에 들어 있는 물의 양을 a_n L라 하면

$a_1=\dfrac{1}{2}\times100+10=60$

$a_2=\dfrac{1}{2}\times a_1+10=\dfrac{1}{2}\times60+10=40$

$a_3=\dfrac{1}{2}\times a_2+10=\dfrac{1}{2}\times40+10=30$

$a_4=\dfrac{1}{2}\times a_3+10=\dfrac{1}{2}\times30+10=25$

$a_5=\dfrac{1}{2}\times a_4+10=\dfrac{1}{2}\times25+10=22.5$

따라서 5일 후 물탱크에 들어 있는 물의 양은 22.5 L이다.

22 n번째 도형을 만드는 데 필요한 정사각형의 개수는 a_n이므로

$a_1=1$

$a_2=a_1+4\times1=1+4=5$

$a_3=a_2+4\times2=5+8=13$

$a_4=a_3+4\times3=13+12=25$

$\therefore a_5=a_4+4\times4=25+16=41$

23 $p(1)$이 참이므로 $p(3)$, $p(5)$도 참이다.

$p(3)$이 참이므로 $p(3\times3)=p(9)$, $p(3\times5)=p(15)$도 참이다.

$p(5)$가 참이므로 $p(5\times5)=p(25)$도 참이다.

같은 방법으로 하면 음이 아닌 정수 a, b에 대하여

$p(3^a\times5^b)$은 참이다.

① $p(30)=p(2\times3\times5)$

② $p(90)=p(2\times3^2\times5)$

③ $p(135)=p(3^3\times5)$

④ $p(175)=p(5^2\times7)$

⑤ $p(210)=p(2\times3\times5\times7)$

따라서 반드시 참인 것은 ③이다.

24 ㄱ. $p(1)$이 참이면 $p(4)$, $p(7)$, $p(10)$, $\cdots$도 참이므로 모든 자연수 k에 대하여 $p(3k+1)$도 참이다.

ㄴ. $p(3)$이 참이면 $p(6)$, $p(9)$, $p(12)$, $\cdots$도 참이므로 모든 자연수 k에 대하여 $p(3k)$도 참이다.

ㄷ. $p(2)$가 참이면 $p(5)$, $p(8)$, $p(11)$, $\cdots$도 참이므로 모든 자연수 k에 대하여 $p(3k+2)$도 참이다.

따라서 $p(1)$, $p(2)$, $p(3)$이 참이면 $p(4)$, $p(5)$, $p(6)$, $\cdots$도 참이므로 모든 자연수 k에 대하여 $p(k)$도 참이다.

따라서 보기 중 옳은 것은 ㄱ, ㄴ, ㄷ이다.

25 (i) $n=1$일 때,

(좌변)$=1\times2=2$, (우변)$=\dfrac{1}{3}\times1\times2\times3=2$

따라서 $n=1$일 때 등식 ㉠이 성립한다.

(ii) $n=k$일 때, 등식 ㉠이 성립한다고 가정하면

$1\times2+2\times3+\cdots+k(k+1)=\dfrac{1}{3}k(k+1)(k+2)$

위의 식의 양변에 $\boxed{^{(r\!)}(k+1)(k+2)}$를 더하면

$1\times2+2\times3+\cdots+k(k+1)+\boxed{^{(r\!)}(k+1)(k+2)}$

$=\dfrac{1}{3}k(k+1)(k+2)+\boxed{^{(r\!)}(k+1)(k+2)}$

$=\dfrac{1}{3}(k+1)(k+2)(\boxed{^{(u\!)}k+3})$

따라서 $n=k+1$일 때도 등식 ㉠이 성립한다.

(i), (ii)에서 모든 자연수 n에 대하여 등식 ㉠이 성립한다.

따라서 $f(k)=(k+1)(k+2)$, $g(k)=k+3$이므로

$\dfrac{f(2)}{g(1)}=\dfrac{3\times4}{4}=3$

26 (i) $n=1$일 때,

(좌변)$=1^3=1$, (우변)$=\left(\dfrac{1\times2}{2}\right)^2=1$

따라서 $n=1$일 때 등식 ㉠이 성립한다.

(ii) $n=k$일 때, 등식 ㉠이 성립한다고 가정하면

$$1^3+2^3+3^3+\cdots+k^3=\left\{\dfrac{k(k+1)}{2}\right\}^2$$

위의 식의 양변에 $\boxed{^{(7)}(k+1)^3}$을 더하면

$$1^3+2^3+3^3+\cdots+k^3+\boxed{^{(7)}(k+1)^3}$$

$$=\left\{\dfrac{k(k+1)}{2}\right\}^2+\boxed{^{(7)}(k+1)^3}$$

$$=\dfrac{(k+1)^2}{4}\{k^2+4(k+1)\}$$

$$=\dfrac{(k+1)^2(k+2)^2}{4}$$

$$=\left\{\boxed{^{(4)}\dfrac{(k+1)(k+2)}{2}}\right\}^2$$

따라서 $n=k+1$일 때도 등식 ㉠이 성립한다.

(i), (ii)에서 모든 자연수 n에 대하여 등식 ㉠이 성립한다.

27 (i) $n=1$일 때, $5^2+2\times3^1+1=32$는 8의 배수이다.

(ii) $n=k$일 때, $5^{k+1}+2\times3^k+1=8m\,(m$은 자연수$)$이라 하면

$$5^{k+2}+2\times3^{k+1}+1$$

$$=5\times5^{k+1}+6\times3^k+1$$

$$=5^{k+1}+2\times3^k+1+4\times5^{k+1}+4\times3^k$$

$$=8m+\boxed{^{(7)}4}(5^{k+1}+3^k)$$

그런데 $5^{k+1}+3^k$은 (홀수)$+$(홀수), 즉 $\boxed{^{(4)}짝수}$이므로

$n=k+1$일 때도 8의 배수이다.

(i), (ii)에서 모든 자연수 n에 대하여 $5^{n+1}+2\times3^n+1$은 8의 배수이다.

28 (i) $n=2$일 때,

(좌변)$=1+\dfrac{1}{2}=\dfrac{3}{2}$, (우변)$=\dfrac{4}{2+1}=\dfrac{4}{3}$

따라서 $n=2$일 때 부등식 ㉠이 성립한다.

(ii) $n=k\,(k\geq2)$일 때, 부등식 ㉠이 성립한다고 가정하면

$$1+\dfrac{1}{2}+\dfrac{1}{3}+\cdots+\dfrac{1}{k}>\dfrac{2k}{k+1}$$

위의 식의 양변에 $\boxed{^{(7)}\dfrac{1}{k+1}}$을 더하면

$$1+\dfrac{1}{2}+\dfrac{1}{3}+\cdots+\dfrac{1}{k}+\boxed{^{(7)}\dfrac{1}{k+1}}>\dfrac{2k}{k+1}+\boxed{^{(7)}\dfrac{1}{k+1}}$$

이때

$$\dfrac{2k+1}{k+1}-\dfrac{2k+2}{k+2}$$

$$=\dfrac{(2k+1)(k+2)-(2k+2)(k+1)}{(k+1)(k+2)}$$

$$=\dfrac{k}{(k+1)(k+2)}>0$$

이므로

$$\dfrac{2k}{k+1}+\boxed{^{(7)}\dfrac{1}{k+1}}>\boxed{^{(4)}\dfrac{2k+2}{k+2}}$$

$$\therefore\ 1+\dfrac{1}{2}+\dfrac{1}{3}+\cdots+\dfrac{1}{k}+\boxed{^{(7)}\dfrac{1}{k+1}}>\boxed{^{(4)}\dfrac{2k+2}{k+2}}$$

따라서 $n=k+1$일 때도 부등식 ㉠이 성립한다.

(i), (ii)에서 $n\geq2$인 모든 자연수 n에 대하여 부등식 ㉠이 성립한다.

따라서 $f(k)=\dfrac{1}{k+1}$, $g(k)=\dfrac{2k+2}{k+2}$이므로

$$f(3)+g(2)=\dfrac{1}{4}+\dfrac{3}{2}=\dfrac{7}{4}$$

29 (i) $n=3$일 때,

(좌변)$=2^3=8$, (우변)$=2\times3+1=7$

따라서 $n=3$일 때 부등식 ㉠이 성립한다.

(ii) $n=k\,(k\geq3)$일 때, 부등식 ㉠이 성립한다고 가정하면

$$2^k>2k+1$$

위의 식의 양변에 $\boxed{^{(7)}2}$를 곱하면

$$2^k\times\boxed{^{(7)}2}>(2k+1)\times\boxed{^{(7)}2}$$

$$2^{k+1}>\boxed{^{(4)}4k+2}$$

이때

$$(\boxed{^{(4)}4k+2})-(\boxed{^{(4)}2k+3})=2k-1>0$$

이므로

$$\boxed{^{(4)}4k+2}>\boxed{^{(4)}2k+3}$$

$$\therefore\ 2^{k+1}>\boxed{^{(4)}2k+3}$$

따라서 $n=k+1$일 때도 부등식 ㉠이 성립한다.

(i), (ii)에서 $n\geq3$인 모든 자연수 n에 대하여 부등식 ㉠이 성립한다.

따라서 $a=2$, $f(k)=4k+2$, $g(k)=2k+3$이므로

$$\sum_{k=1}^{10}\{a+f(k)+g(k)\}=\sum_{k=1}^{10}(2+4k+2+2k+3)$$

$$=\sum_{k=1}^{10}(6k+7)$$

$$=6\times\dfrac{10\times11}{2}+70$$

$$=400$$

memo